# 熱帯農業事典

日本熱帯農業学会編

東 京
株式会社
養 賢 堂 発 行

## 編集委員および編集協力者名簿

### 編集委員
| | | |
|---|---|---|
| 久馬一剛 | 京都大学名誉教授，滋賀県立大学名誉教授 | （自然環境）：委員長 |
| 菊池文雄 | 筑波大学元教授，東京農業大学客員研究員 | （植物生産） |
| 矢野秀雄 | 京都大学大学院農学研究科教授 | （動物生産） |
| 梶原敏宏 | 日本植物防疫協会会長 | （作物保護） |
| 熊崎 実 | 筑波大学名誉教授，岐阜県立森林文化アカデミー学長 | （熱帯林・林業） |
| 下田博之 | 東京農工大学名誉教授 | （農業工学） |
| 鷹尾宏之進 | 生物系特定産業技術研究推進機構理事 | （農水産加工） |
| 橋詰和宗 | 生物系特定産業技術研究推進機構研究リーダー | （農水産加工） |
| 大賀圭治 | 東京大学大学院農学生命科学研究科教授 | （社会・経済） |
| 水野正己 | 農林水産政策研究所政策研究調整官 | （社会・経済） |

### 編集幹事
| | |
|---|---|
| 林 幸博 | 日本大学生物資源科学部助教授 |

### 編集協力者（50音順）

| | | | |
|---|---|---|---|
| 淺川澄彦 | （元玉川大学） | 中嶋光敏 | （食品総合研究所） |
| 荒木 茂 | （京都大学） | 縄田栄治 | （京都大学） |
| 池田俊弥 | （森林総合研究所） | 野口明徳 | （国際農林水産業研究センター） |
| 伊藤信孝 | （三重大学） | | |
| 上野健一 | （滋賀県立大学） | 八丁信正 | （近畿大学） |
| 遠藤織太郎 | （元筑波大学） | 浜崎忠雄 | （鹿児島大学） |
| 大澤貫壽 | （東京農業大学） | 林 清 | （食品総合研究所） |
| 金井幸雄 | （筑波大学） | 林 哲仁 | （東京水産大学） |
| 川島知之 | （農業技術研究機構 畜産草地研究所） | 原田二郎 | （福井県立大学） |
| | | 日高輝展 | （元熱帯農業研究センター） |
| 菊池真夫 | （千葉大学） | 日比野啓行 | （元農業環境技術研究所） |
| 後藤章 | （宇都宮大学） | 廣瀬昌平 | （元日本大学） |
| 相良泰行 | （東京大学） | 藤巻 宏 | （東京農業大学） |
| 進士五十八 | （東京農業大学） | 増田美砂 | （筑波大学） |
| 須藤彰司 | （元森林総合研究所） | 間藤 徹 | （京都大学） |
| 高柳謙治 | （元筑波大学） | 持田 作 | （元農業研究センター） |
| 田中樹 | （京都大学） | 吉崎 繁 | （元筑波大学） |
| 寺尾富夫 | （農業技術研究機構 北陸農業研究センター） | 吉原 忍 | （農業技術研究機構 動物衛生研究所） |
| 冨田正彦 | （宇都宮大学） | 渡辺弘之 | （元京都大学） |

## 分野別執筆者一覧

### 自然環境分野
| | | | | |
|---|---|---|---|---|
| 荒木　　茂 | 久馬　一剛 | 田中　　樹 | 舟川　晋也 | 水野　一晴 |
| 小原　　洋 | 櫻井　克年 | 西淵　光昭 | 真常　仁志 | 村瀬　　潤 |
| 門村　　浩 | 佐野　嘉彦 | 肥田　嘉文 | 松本　貞義 | 吉木　岳哉 |
| 川地　　武 | 三土　正則 | 平井　英明 | 三浦　憲蔵 | |

### 植物生産分野
| | | | | |
|---|---|---|---|---|
| 秋濱　友也 | 菊池　文雄 | 高垣美智子 | 野村　和成 | 三宅　正紀 |
| 浅沼　修一 | 北村　義信 | 高橋　久光 | 林　　幸博 | 宮崎　尚時 |
| 麻生　　恵 | 倉内　伸幸 | 高橋　正昭 | 早道　良宏 | 八島　茂夫 |
| 天野　　實 | 弦間　　洋 | 高村　奉樹 | 樋口　浩和 | 安田　武司 |
| 安藤　和雄 | 河野　泰之 | 高柳　謙治 | 平沢　　正 | 山口　淳二 |
| 飯島健太郎 | 小林　伸哉 | 田中　耕司 | 廣瀬　昌平 | 山谷　知行 |
| 井上　弘明 | 前　　忠彦 | 寺尾　富夫 | 藤巻　　宏 | 山本　紀久 |
| 猪爪　範子 | 篠原　　温 | 土井　元章 | 堀内　孝次 | 横尾　政雄 |
| 位田　晴久 | 下田　博之 | 友岡　憲彦 | 前田　和美 | 米田　和夫 |
| 宇都宮直樹 | 白田　和人 | 豊原　秀和 | 牧野　　周 | 米森　敬三 |
| 江原　　宏 | 進士五十八 | 永富　成紀 | 松岡　　誠 | 若月　利之 |
| 夏秋　啓子 | 杉村　順夫 | 長峰　　司 | 松島　憲一 | 和田　源七 |
| 片岡　郁雄 | 杉本　　明 | 縄田　栄治 | 間藤　　徹 | |
| 加藤　盛夫 | 角　　明夫 | 西村　美彦 | 真野　純一 | |
| 金田　忠吉 | 関谷　次郎 | 根本　和洋 | 宮川　修一 | |

### 動物生産分野
| | | | | |
|---|---|---|---|---|
| 磯部　　尚 | 鎌田　寿彦 | 平　　詔亨 | 宮崎　　茂 | 山崎　正史 |
| 江口　正志 | 川本　康博 | 建部　　晃 | 村上　洋介 | |
| 金井　幸雄 | 北川　政幸 | 松井　　徹 | 矢野　史子 | |

### 作物保護分野
| | | | | |
|---|---|---|---|---|
| 安藤　康雄 | 夏秋　啓子 | 小林　紀彦 | 野田　孝人 | 持田　　作 |
| 植松　　勉 | 梶原　敏宏 | 小山　重郎 | 原田　二郎 | 森田　弘彦 |
| 大沢　貫壽 | 加藤　　肇 | 中園　和年 | 日高　輝展 | 守中　　正 |
| 小谷野伸二 | 草野　忠治 | 野田　千代一 | 日比野啓行 | 山口　武夫 |

### 農業工学分野
| | | | | |
|---|---|---|---|---|
| 吾郷　秀雄 | 伊藤　信孝 | 荻野　芳彦 | 小池　正之 | 小林愼太郎 |
| 石川　文武 | 遠藤織太郎 | 木村　俊範 | 河野　英一 | 笹尾　　彰 |
| 石田　朋靖 | 大槻　恭一 | 黒田　正治 | 後藤　　章 | 佐藤　政良 |

| | | | | | |
|---|---|---|---|---|---|
| 清水　直人 | 冨田　正彦 | 畑　　武志 | 三沢　眞一 | 渡邉紹裕 | |
| 下田　博之 | 豊島　英親 | 八丁　信正 | 水谷　正一 | | |
| 杉山　隆夫 | 中曽根英雄 | 堀野　治彦 | 矢野　友久 | | |
| 高瀬　恵次 | 永田　雅輝 | 真勢　　徹 | 吉崎　　繁 | | |
| 田中丸治哉 | 中野　芳輔 | 松本　康夫 | 吉野　邦彦 | | |

## 林業・熱帯林分野

| | | | | | |
|---|---|---|---|---|---|
| 浅川　澄彦 | 神崎　　護 | 後藤　秀章 | 中牟田　潔 | 山根　明臣 | |
| 荒谷明日児 | 菊池　淳一 | 小林　享夫 | 長谷川絵里 | 渡辺　和見 | |
| 池田　俊弥 | 楠木　　学 | 衣浦　晴生 | 服部　　力 | 渡辺　弘之 | |
| 伊藤進一郎 | 窪野　高徳 | 榮田　　剛 | 広若　　剛 | | |
| 尾崎　研一 | 熊崎　　実 | 佐々木太郎 | 槇原　　寛 | | |
| 金子　　繁 | 小坂　　肇 | 須藤　彰司 | 増田　美砂 | | |
| 河辺　祐嗣 | 後藤　忠男 | 竹田　晋也 | 松本　和馬 | | |

## 農水産物加工分野

| | | | | | |
|---|---|---|---|---|---|
| 井澤　　登 | 岡田　憲幸 | 鈴木　　健 | 任　　恵峰 | 山本　万里 | |
| 石崎松一郎 | 北村　義明 | 高井　陸雄 | 林　　　清 | 和田　　俊 | |
| 五十部誠一郎 | 木村　　凡 | 高野　博幸 | 林　　　徹 | 渡辺　悦生 | |
| 浦野　直人 | 小泉　千秋 | 田中　健治 | 林　　哲仁 | 渡辺　尚彦 | |
| 遠藤　英明 | 崎山　高明 | 田中　宗彦 | 藤井　建夫 | 渡部　終五 | |
| 大島　敏明 | 塩見　一雄 | 長尾　昭彦 | 村田　道代 | | |
| 大坪　研一 | 新国　佐幸 | 中嶋　光敏 | 山本　修一 | | |

## 社会・経済分野

| | | | | | |
|---|---|---|---|---|---|
| 會田　陽久 | 岡江　恭史 | 千葉　　典 | 平岡　博幸 | 諸岡　慶昇 | |
| 明石光一郎 | 上山　美香 | 南部　正弘 | 福味　　敦 | 安延　久美 | |
| 粟野　晴子 | 北原　和久 | 野口　洋美 | 牧田　りえ | 山田　隆一 | |
| 石田　　章 | 小杉　　正 | 鼻野木由香 | 見市　　建 | 横山　繁樹 | |
| 井上荘太朗 | John Caldwell | 林　　清忠 | 水野　正己 | 米倉　　等 | |

## はしがき

　熱帯は，かつてその開発のポテンシャルの大きさによって先進諸国の関心を集めたが，今日では熱帯にある 120 以上もの発展途上諸国の環境をいかに保全するのか，またそこに住む 30 億をこえ，なおも増え続ける人々の食料をどのように確保していくのか，など喫緊の諸課題を抱えて世界の注目するところとなっている．そのためわが国においても，政府の開発援助や民間のボランティア活動を通じて，熱帯の人々とともに働きながら熱帯の環境や食料問題に密接に関わって活動を続けている人の数は増え続けている．

　日本熱帯農業学会は，ここに述べたような熱帯の食料や環境，農業や農村に関わる諸問題に取り組む多くの人々を会員として擁している．学会が 1997 年に創立 40 周年を祝った機会に，そういう人々の要望として学会の記念行事の一つにとりあげられたのが，この「熱帯農業事典」の編纂である．

　人々が熱帯の農業や農村を対象として活動する場合，それぞれの専門領域の中だけでも，日本では経験しなかったような多くの問題に遭遇すると思われるが，それ以上に専門外の領域でのいろいろな知識の必要性を感じることが多いに違いない．日本におれば，周囲にいる先輩・同僚に教えを請い，あるいは自ら多くの文献や資料を渉猟して問題を解決することができるであろうが，熱帯ではそれもままならない状況におかれることがあるであろう．お手元にお届けする「熱帯農業事典」はこういう状況の中で，問題となる事象への最初の接近を可能にすることを目的として編集された．もっとも，食料と環境，農業と農村といった極めて広範な領域に関わる問題のあらゆる局面を，ハンディーな本の中で相当な深さをもって満遍なくカバーすることは実際上不可能である．そのことを承知しながら，編集委員会では，熱帯の現場に置かれた個々人が直面するであろうニーズに，できるだけ応え得るような内容を盛り込むべく努力を重ねた．この意図が十分に貫徹された事典となっていることを心から願っている．

　日本熱帯農業学会は，この事業のために学会内に「熱帯農業事典」編集のための特別委員会を設置するとともに，特別基金を積みたてて財政的な下支えをした．編集委員会はカバーすべき 8 つの重要分野ごとに編集委員をお願いして用語の選択，その重み付け，執筆候補者のリストアップ，などを順次進めた．その間，分野ごとに編集協力者をお願いして編集上のご協力を得た．計画のかなり早い時期から養賢堂と協議にはいり，及川社長の好意的なご判断を得て出版をお願いすることになり，出版の実務については矢野編集部長に大変お世話になった．ここに，本事典の出版にいたるあらゆる過程で，協力を惜しまれなかった多くの方々に心からお礼を申し上げるものである．

　最後になったが，執筆者の皆様には早い時期に原稿を頂戴したことにお礼を申し上げるとともに，編集上の諸般の事情によって，出版が今日まで遅延したことを心からお詫び申し上げたい．また，委員長の長期海外滞在中，委員長代行として多大なご尽力をいただいた日本大学元教授廣瀬昌平先生に，深甚なる感謝の意を表する．長い編集作業の間，編集幹事のもとで本事典のためにさまざまなお手伝いをして下さった日本大学生物資源科学部林研究室の大学院と学部の学生諸君にあつく御礼を申し上げるものである．

　　2003 年盛夏

　　　　　　　　　　　　　　　　　　　　　　　　　　　編集委員長　久馬一剛

## 凡　例

1) 本事典の構成は，小項目方式の記述による．また各項目の配列は 50 音順とし長音は原則として無視した．
2) 各項目は，項目名（ひらがな），漢字ひらがな交じり，（英語），説明よりなる．ただし，英字はアルファベットの読みとしカタカナで表記．数字は通常の読みの順とした．
   例：エルディー 50（えるでぃごじゅう）LD 50
   　　　ただし，FAO‐Unesco はエフエイオー‐ユネスコとした．
3) 外国語および外国人名において英語の 'v' および 'f' に相当する発音には，それぞれ 'ヴ' および 'フ' を用い，ヴァ，ヴィ，ファ，フェなどとした．
4) 執筆者の所属する学会により表記や読みが異なる場合は，編集委員協議のうえ統一した．
5) 動・植物名はカタカナ書きを原則とし，必要に応じて学名を付記した．学名は属種名をイタリック，命名者をローマン体で表した．病害名および害虫名は，関連学会の用語を基準とし，属種名はイタリックで表した．ただし，血清型による分類名称の場合にはローマン体とした．例：*Salmonella* Abortusequi
6) 人名については原則として敬称を省略し，外国人名については原綴による．
7) 図表については，説明文中に通し番号を付け一括して巻末の付表に掲げたが，必要に応じて説明文中に挿入した図表もある．
8) →矢印は同義語または詳細の記載を示す．
9) 執筆者名は執筆者一覧表で示したほか，各項目に解説のあるものは執筆者名を付記した．
10) 本書の性質上，引用または参考文献は原則として省略した．

## あ

**アイアイティーエー**（国際熱帯農業研究所：International Institute of Tropical Agriculture：IITA）

アフリカの伝統的な焼畑による移動農耕に代わる持続的な農法や湿潤および準湿潤熱帯低地の農法を改善し，より生産的な土地利用を図るため，ナイジェリアに1967年に設立された．本部は，同国のイバダンに置かれている．サブサハラ・アフリカ，特に西・中央アフリカの標高の高い湿潤，準湿潤熱帯地域における湿潤森林地帯，狭義の森林あるいはサバンナへの移行地帯，湿潤サバンナ，谷地田の生態系および小規模農業，家族農業を研究対象としている．対象作物は，バナナ，キャッサバ，トウモロコシ，ササゲ，ダイズ，プランティン，ヤムなどで，これら作物の品種改良による病害虫抵抗性や生産性の向上のための研究を行っている． (安延久美)

**アイアンストーン**（ironstone）→ラテライト化

**アイイーアール** IER（Income Equivalent Ratio）

所得等価比率の略称．間作をした場合，同一栽培管理下の単作と比較してどの程度の収益増があるかを評価する方法で，単作で得られる所得（収入）に対する間作の各作物種の所得比率合計で表わされる．IER は LER（Land Equivalent Ratio）が土地利用に基づく評価であるのに対し，収益性の観点から評価した経済用語である．その時点での作物の市場価格によって全体の評価が大きく変動する可能性がある．(→ LER) (堀内孝次)

**アイキューエフ** IQF（Individual Quick Freezing）

個別急速凍結法，バラ凍結法

食品を凍結する方法の一つであり，凍結後もそれぞれの食品は独立しており，必要な数量を取り出し利用することができる．

食品の凍結操作においては急速凍結が推奨される．急速凍結を行うことにより微小な氷結晶を食品細胞の内部と外部を問わず生成させることができる．急速凍結するためには，(1) 凍結時の温度をきわめて低くする，(2) 冷却速度を早くするために冷風の速度を大きくする，(3) 凍結の対象となる食品のサイズを小さくする，方法がとられる．食品の大きさがもともと小さい，グリンピース豆，スイートコーン粒，サイコロ型ニンジン，小型エビむき身，などは急速凍結に最適な食品といえる．

一般に急速凍結装置としてトンネルフリーザ，スパイラルフリーザ，が使用されるが IQF においては凍結時，個々の食品が独立した状態のままでなければならない．これらの条件を満たすためには個々の食品がバラバラの状態でその周りに冷たい空気，あるいは流体が流れるようにする．

粒状物の下方から空気を流すと空気の流速によっては粒状物が浮き上がる．浮いている状態では食品の周りにまんべんなく冷風が流れるようになり急速凍結が実現する条件となる．トンネルフリーザを作り，ベルトをメッシュ状のものとし，下方から高速低温冷風を送ることにより粒状の食品は浮き上がり，あたかも流動物のように振る舞う．この状態を流動状態と呼ぶ．メッシュベルトの上に食品をバラバラに並べるようにして急速凍結する方法も取られている．

液体窒素に個々の食品をバラバラに投入することによっても IQF は実現できるが製造費は高価となる．

IQF の良い点は必要な量の食品を凍結状態のままで取り分けることができることである．しかしこの状態が可能なためには貯蔵期間中にも食品が固まらないようにすることが必要である．凍結食品は貯蔵温度が高くなる焼結過程により氷同士が融着する．この現象を防ぐ為には貯蔵温度をできるだけ低くする，貯蔵期間中の温度変化を極力少なくする

ことである．IQFでは個々の食品からの水分の蒸発（昇華）を防止することはきわめて難しい．むきエビ，ホタテ貝柱のような製品ではグレーズを施し乾燥を防ぐ工夫をしなければならない．

IQFに適した食品として，ミックスベジタブル，むきエビ，フレンチフライ用蒸煮ジャガイモ短冊，ホタテ貝柱，ピラフなどのご飯類が挙げられる． （高井陸雄）

**アイソザイム**（isozyme）
同一の基質特異性を有する酵素タンパク質で，分子量や電荷が異なる分子種をアイソザイム（同位酵素）という．アイソザイムの変異は植物や動物の組織から粗酵素液を抽出した後，ポリアクリルアミドやデンプンゲルなどを支持体として電気泳動法でタンパク質を分離し，酵素の基質特異性を利用した活性染色を行うことにより泳動像のバンドの位置の違いで視覚化して検出される．バンド全体をザイモグラムといい，そのうち，遺伝分析の結果，対立遺伝子に支配されることが明らかになったバンド同士をアロザイム（対立酵素）という．アロザイムの変異から求めた多型程度は遺伝的多型であり，ザイモグラムの変異から求めた多型は表現型多型である．多数のアイソザイムを調査して集団間の遺伝的近縁度と遺伝的距離を計算して系統の類縁関係の推定にも用いることができる． （長峰　司）

**アイピーエムとがいちゅうかんり　IPMと害虫管理**（Integrated Pest Management and insect pest management）
IPMとは，有害生物（→害虫）総合管理 integrated pest management のことであって，本来害虫の総合管理；病害の総合管理；雑草の総合管理と呼ぶものではない．強いて日本流にいえば，害虫獣・病害・雑草（を一緒にした）総合管理と呼ぶべき概念である．したがって，基本的に作物に害を及ぼす怖れのあるこれら三つの障害要因をそれぞれ独立して管理するのではなく，三つとも同時に管理しようとするものである．しかし，多くの場合上記三つの障害要因は，しばしばお互いに独立して発生し，あるいは少なくても管理・防除の観点からするとお互いに関係のない／薄い手法・手段により，初めて管理・防除が可能になることが多い．一つの手段で，上記三つをすべて・あるいはそのうちの二つを共通に管理・防除することは困難であることが多いという意味である．例えば，熱帯でイネを灌漑システム下で栽培すると，水の管理を適切に行うことによって，ある種類の雑草類の発生をある程度／あるいは完全に抑制できる．同時に，ある種類の害虫（例えばケラ・コガネムシ類幼虫・ミズノメイガ類）の発生を抑制することも可能である．しかし，主要病害の発生は水の管理だけでは多分抑えることはできない．湿潤熱帯（インドネシア・カリマンタン）のスイカの場合，炭疽病・つる割病予防のため低位置に雨よけビニルフィルムを張った場合フィルムの下は高温のため花は付かず，フィルムの外側にのみ着花．しかもフィルム・その支柱が邪魔になって殺虫剤散布がむらになり，ウリノメイガ *Diaphania indica* が大発生し収穫皆無になった例がある．しかし，上記の例のように，有害生物すべての分野にわたって有用な管理技術を述べることは容易ではない．したがって，海外の多くのIPMで著名な昆虫学者が，その著書の中で，IPMとはいうもののここでは害虫についてのみ総合的にその管理を述べると記しているのは，興味深い．さて，防除（control）という語についてみれば，害虫に関しては，1匹でもいれば，殺して排除するというニュアンスがある．管理（management）には，その害虫が農産物の生産に経済的損失を与えるような重要性・密度なら排除するが，そのような水準に達しないのであれば，（とりあえず）放置しておくというニュアンスがある．より明確に経済的観点からの判断に基づくか・否かの違いである．日本国内では，未だに「防除」なる語がしばしば使用されているが，最近諸外国ではもっぱら「管理」が使われている．ただし，外国でも

防除を単に管理という語で置き換えたに過ぎないと見られるケースも見受けられる．

(持田 作)

**アウスイネ**（aus）→インディカ，生態種

**あえん　亜鉛**（zinc）

原子量65.38のアルカリ土類金属であり，Znと略記される．動植物にとって必須微量元素である．植物ではオーキシン合成に関与しており，また光合成やタンパク質合成に関与する酵素の活性に不可欠である．欠乏すると若い葉の成長が抑制され，節間が短縮しロゼット状となる．葉の白化も生じ，黄色の斑入りが生じる．アルカリ性の土壌，有機物含量の高い土壌やリン含量が高い土壌で欠乏しやすくなる．動物体内では70種以上の酵素の活性に不可欠である．欠乏により，成長抑制，皮膚・毛・羽・骨の異常，食欲不振，繁殖障害が生じる．

(松井 徹)

**アオ（たんすい）しゅすい　アオ（淡水）取水**（fresh water intake）

アオとは感潮河川の表層に突き上げられた淡水のことで，取水堰の操作によりこの淡水部分のみを取水して灌漑用水として利用する．突き上げ取水ともいう．

(荻野芳彦)

**あおがれびょう　青枯病**（bacterial wilt）

本病は熱帯から温帯地域にかけて，トマト，トウガラシなどのナス科植物をはじめ，ショウガ科，シソ科，バショウ科，トウダイグサ科など広範囲の作物に発生する被害の大きい重要な細菌病である．病原細菌は *Ralstonia solanacearum* である．本菌には，炭水化物の利用能に基づく生理型（biovar）の存在が知られ，また病原性（宿主範囲）を異にするレースも提案されている．本病の症状は，作物の種類により多少異なるものの，茎葉の一部の萎凋にはじまり全体が急激に萎凋を起こすこと，また新鮮な被害茎を切断すると，導管部の褐変，病変部から細菌の漏出が見られることにおいて共通している．代表的な土壌伝染性病害で，病原細菌は長期間土壌で生存する．そのため，本細菌は植物の根部あるいは地際部から感染し，強雨あるいは摘芽などの農作業によって被害株から隣接株に次々と伝染する．防除法としては，太陽熱利用やくん蒸剤による土壌消毒，抵抗性品種・台木の利用の他，ショウガなど栄養繁殖性の作物は無病地で栽培した種苗を用いることが大切である．

(植松 勉)

**あかごろもびょう　赤衣病**（pink disease, rubellosis）

赤衣病は担子菌に属する糸状菌の一種 *Erythricium salmonicolor* が主に木本植物に寄生して起こす病気で，病原菌は長年 *Corticium salmonicolor* の学名で呼ばれてきたが，最近では *Erythricium* 属に分類されている．本病はまず枝や幹の表面にくもの巣状に白色菌糸が広がり，その後菌糸は樹皮下に侵入する．再び樹皮に皮目状のひび割れを生じて菌糸塊を表面に現すようになり，やがてピンク色の密な菌糸膜が枝や幹の表面を覆い，その表面に担子胞子を形成する．この時期になると菌糸膜に覆われた枝についた葉は黄化や萎凋を現わし，病枝は徐々に衰弱して枯れる．本病は我が国では約11科，17種の果樹，緑化樹に発生が記録されているが，海外では主に東南アジア，中南米，メラネシア地域でゴムノキ，柑橘類，カカオ，コーヒー，コショウ，ユーカリなどの果樹，特用樹，材木に胴枯れ，枝枯れを起こし大きな被害を与える．

(楠木 学)

**アカシアるいのがいちゅう　アカシア類の害虫**（insect pests of *Acacia* spp.）

穿孔性害虫ではカミキリムシ科（Cerambycidae）のマレーアオスジカミキリ *Xystrocera festiva* が最も重要で東南アジアに分布し *Acacia mangium, A. auriculiformis* などを加害する（→マレーアオスジカミキリ）．これと同じ属のアオスジカミキリ *X. globosa* は南アジア，東南アジア，東アジア，オーストラリア，マダガスカルなどに広く分布し，各種アカシア類のほか多くのマメ科樹木を同様に穿孔加害する．*Celosterna scabrator* はインドで

は *A. catechu* などの重要害虫である．このほかタマムシ科（Buprestidae）の *Acmaeodera* 属，*Chrysobothris* 属，*Sternocera aequisignata* などの数種がインドやタイなどで穿孔性害虫として知られている．

食葉性害虫ではゾウムシ科（Curculionidae）の *Hypomeces squamosus* がインドから東南アジアに分布する多食性の食葉性害虫で *A. mangium* 他数種の葉を食害する．シロチョウ科（Pieridae）のキチョウ *Eurema hecabe* は苗畑の *A. mangium* 幼苗に被害を与え（→タイワンキチョウ），ミノガ科（Psychidae）の *Kotochalia junodi* はアフリカで，*Pteroma plagiophleps* は東南アジアで，シャクガ科（Geometridae）の *Semiothisa* spp. はインドとパキスタンで，ドクガ科（Lymantridae）の *Argyrostagma niobe* はアフリカでアカシア類にとくに多発して被害を与える．

このほかシロアリ類は *A. mangium* 造林地で生立木を加害することが知られている．

（松本和馬）

**アカシアるいのびょうがい　アカシア類の病害**（diseases of *Acacia* spp.）

マメ科のアカシア属は，北米大陸南部から中南米，アフリカ，アラビア，インド，東アジア，オセアニアの熱帯・亜熱帯地域に1,300種以上が広く分布している．アカシア類は，熱帯における3大造林早成樹種であり，ユーカリ，マツ類に次いで3番目の植栽面積を占め，アジア・太平洋地域で圧倒的に多い．アカシア類の中では，*Acacia mangium* と *A. auriculiformis* 2種の造林が盛んで，造林地の増加とともに，苗畑や造林地で種々の病害が発生するようになった．

苗畑での病害では，立枯病（damping-off, *Fusarium* spp.）の他，葉枯病（leaf blight, *Colletotrichum* sp.），さび病（leaf rust, *Aecidium fragiforme*），うどんこ病（powdery mildew, *Oidium* sp., *Erysiphe* sp.），炭疽病（anthracnose, *Pestalotia macrotricha*），すす病（sooty moulds, *Meliola* sp., *Hendersonia* sp.）などの発生が記録されている．この中で，うどんこ病は一度発生すると被害は急速に苗畑に広がり，葉が褐変，萎縮し，早期に落葉して枯死する場合もあるので注意が必要である．

造林地では，*Rigidoporus hypobrunnerus*, *Phellinus noxius*, *Tinctoporellus epimiltinus* など複数の白色腐朽菌による幹の心腐れ病害（heart rot）が大きな問題となっている．特に *A. mangium* における被害は深刻であり，植栽2年目頃から被害が発生し，6年生以上の人工林において被害率は50％（マレーシア）を超えている．*A. mangium* は枝が太く，枯れても落ちにくいため，枯れ枝から病原菌が容易に侵入するためと考えられている．したがって，本病の被害を軽減するためには，早期に枝打ちが必要である．また *A. auriculiformis* あるいは *A. mangium* と *A. auriculiformis* の交配種には，ほとんど心腐れ被害は発生しない．

このほか，アカシア類の重要病害として土壌病害（*Ganoderma* spp.）による造林地（マレーシア，インド）の集団的な枯死被害が報告されている．土壌病害は一度発生すると防除は困難であり，造林の前に前生樹の伐根などを林地からきれいに取り除くなどの処理が必要である．

（伊藤進一郎）

**アガチス**（agathis）→付表18（南洋材（非フタバガキ科））

**あきまきせい　秋播性**（winter habit）

花芽分化に必要な春化のために低温要求度が強い植物品種は，秋に播いて冬を越させる必要があり，その性質を秋播性という．秋播性程度が弱い品種は春に播いても花芽形成が可能であり，その性質を春播性という．

（横尾政雄）

**アクリソル**（Acrisols）→ FAO-Unesco 世界土壌図凡例

**アグロフォレストリー**（agroforestry）

○一般的な定義と特徴

同じ経営単位の土地から複数の産物や利益を獲得する目的で，農作物や家畜と組み合わせ意図的に樹木を育成または残存させる土地

利用システム．

熱帯の痩せた森林土壌では一年生作物の連続的な栽培が難しい．熱帯諸国の農民たちは早くから農業生産のなかに樹木の要素を組み入れ，さまざまなタイプのアグロフォレストリーを実践してきた．

通常の農業や牧畜に樹木を組み込むことの利点は，土地，陽光，水分が有効に利用されること，病害虫に対する抵抗力が強いこと，土壌流出や地力低下が防げること，限られた土地から貧しい農民たちが必要とする多様な農林産物が得られること，その一方で灌漑水や農薬，肥料などの高価な投入物にあまり頼らなくてもよいこと，などである．熱帯林の急速な消失と土地の劣化が進展するなかで，持続可能な土地利用方式として改めて注目されるようになった．

○アグロフォレストリーの類別

アグロフォレストリーには，無数のバリエーションがあり，それぞれの地域でローカルな呼称をもつものも少なくない．アグロフォレストリーの三つの基本的な構成要素，すなわち樹木と農作物と家畜の組み合わせに着目すれば，次のような類別が可能である（P. K. R. ネア・熊崎ほか訳『アグロフォレストリー入門』国際緑化推進センターによる）．

A. アグリシルヴィカルチャー（agrisilviculture）システム＝農作物（灌木やつる植物を含む）と樹木との組み合わせ

B. シルヴォパストラル（silvopastral）システム＝放牧/家畜と樹木の組み合わせ

C. アグロシルヴォパストラル（agrosilvopastral）システム＝農作物と放牧/家畜と樹木の組み合わせ

この3者は以下のようなアグロフォレストリーを含む．

A. アグリシルヴィカルチャー・システム

① 改良休閑地：「休閑期」に木本種が植えられ，放置される．

② タウンヤ：人工林造成の初期段階における木本と農作物種との結合．ミャンマーのタウンヤ（Taungya），インドネシアのトゥンパンサリ（Tumpangsari），東アフリカのシャンバ（Shamba）などがこれに入る．

③ アレー・クロッピング（生垣間作）（→）：垣根を木本種でつくったり，垣根の間の列に農作物を植える．

④ 多層樹園地：多数種，多層の密な植物群集で，系統だった配置はなされていない．

⑤ 農地における多目的樹種：樹木が無秩序に分散，あるいは堤防，段々畑，農地/農場の境界に沿って整然と分布．

⑥ プランテーション作物の結合：

　a. プランテーション作物の組み合わせによる多層の群集

　b. プランテーション作物の交互のあるいはその他規則的な配置

　c. 日除け用のプランテーション作物が分散している

　d. 農作物の間作

⑦ ホームガーデン：屋敷のなかや周辺で，さまざまな樹木と農作物とが複雑に組み合さって形成される多層の植物群集（→屋敷畑耕作）．

⑧ 土壌保全・改良用の樹木：堤防，段々畑，塚などに樹木が植えられる．草が生えている場合とそうでない場合がある．土壌改良のための樹木．

⑨ 保護林帯，防風林，生垣：農場/農地周辺の樹木．

⑩ 燃材生産：農用地やその周辺で燃材用樹種を間作．

B. シルヴォパストラル・システム

⑪ 放牧地や牧草地の樹木：樹木が無秩序に分散，あるいはいくぶん整然と配置される．

⑫ タンパク質バンク：刈り取り用飼料のために農地や放牧地にタンパク質の豊富な飼料用樹木を植える．

⑬ 牧草，家畜とプランテーション作物：東南アジアと南太平洋地域におけるココナッツ下での牛の飼育．

C. アグロシルヴォパストラル・システム

⑭ ホームガーデンと家畜：多層をなす樹木，農作物と動物との緊密な組み合わせ.
⑮ 多目的樹木の生垣：飼料用若葉，マルチ，緑肥，土壌保全その他のための樹木の生垣.
樹木と養蜂：蜜生産のための樹木.
アクアフォレストリー：養魚池の周囲の樹木，樹木は魚の「飼料」として用いられる.
多目的樹林地：さまざまな用途に用いられる（木材，飼料，土壌保全，土壌改良その他）.
○ 新しい定義
　上記の区分は必ずしも固定したものではない．生産的なアグロエコシステムがダイナミックに展開していく一つの局面になっていることもある．たとえばスマトラ島西部の高地の農民たちは，1世紀以上も前から移動耕作の休閑地にダマル，シナモン，ゴムなどの永年性商品作物や各種の果樹木などを植え込んで一種の多層樹園地を造りあげてきた．コンプレックス・アグロフォレストリー（complex agroforestry）といわれるように，単純な改良休閑地ないしはタウンヤ・タイプのものから出発して，より複雑なものへと進化し，究極的には熱帯雨林を思わせるアグロフォレスト（agroforest）になっていく．植物相，動物相がきわめて豊かなうえに，市場向けと自家用の多様な産物が継続的に得られるというメリットがある．近年，国際アグロフォレストリー研究センター（ICRAF）などではこうした動態的な側面に着目してアグロフォレストリーの再定義を試みている．その一つは，アグロフォレストリーを「生態学的に基礎づけられたダイナミックな自然資源管理のシステム」として捉え，「社会的，経済的，環境的な便益を高めるべく，農場や放牧地に樹木を組み込むことで，小農民の生産を多様化させ，持続させるシステム」であるというものだ．
(熊崎　実)

**アザミウマるい　アザミウマ類**（Thrips）
　アザミウマ類は世界では約5,000種が記録されている．作物害虫は300種が知られ，アザミウマ亜目がその大半を占める．ミナミキイロアザミウマ *Thrips palmi* は近年日本などに侵入した．イネアザミウマ *Stenchaetothrips biformis* は熱帯アジア，ヨーロッパ，南アフリカに分布する．ネギアザミウマ *Thrips tabaci* は重要害虫の一種で中央アジアから世界に広がったといわれる．ヒラズハナアザミウマ *Frankliniella intonsa* など世界的に分布する種類が多い．クリバネアザミウマ *Hercinothrips femoralis* は熱帯アフリカからその分布を拡げたといわれる．食性は植葉性，花粉，菌類，ダニなどの小動物を捕食するものに大別される．植葉性のものでは銀葉化，虫えいなど形成する種類がある．食害により新梢部の生育阻害，落葉，白穂，枯死などの被害が出る．また，ネギアザミウマは熱帯地域のトマト，ピーマンで被害が大きいトマト黄化えそウイルス病ウイルス（TSWV：tomato spotted wilt virus）を伝播する重要害虫である．また雑草防除に有効な種もある．例えば，南アメリカのガイアナからフィジーに侵入して蔓延したノボタン科の雑草 *Clidemia hirta* の防除にクダアザミウマの一種 *Liothrips urichi* が用いられ，効果をあげている．天敵生物にはアザミウマ類を捕食するアザミウマ類，捕食性ダニ類，ハナカメムシ，メクラカメムシ類，寄生蜂などが知られている．
(日高輝展)

**アサメラ**（Assamela）→付表13（アフリカ材）

**アジア・エコテクノロジー・ネットワーク**
（Asian Ecotechnology Network, AEN）
　国連環境開発会議（1992年）のアジェンダ21の決議を受け，ユネスコは開発が及ぼす長期的な帰結に配慮した意思決定に必要な学際的視点に立った研究，教育を促進している．その支援を得て，スワミナタン研究財団（The M. S. Swaminathan Research Foundation, MSSRF，インド，マドラス州チェンナイ）は，アジア地域を対象に，バイオテクノロジーなどの先端技術と在地の生態学的知識や実用技術とを混合させ，両者の生態的，経済的な長所を統合させたエコテクノロジーのデータ

ベースを構築するとともに，その学際的な研究，教育，普及を目的としたインターネット上のネットワーク組織を形成している．MSSRFでは，エコテクノロジーの実践のため，自発的に参加した村落を「バイオ村（bio-village）」に指定し，持続可能な方式で食料増産や所得稼得を目指すエコジョブの創出にも取り組んでいる． （水野正己）

**アジアイネ**（Asian rice）

世界の栽培稲は分類学上，二つの種（*Oryza sativa* L. と *O. glaberrima* Steud.）に分けられるが，そのうち前者は主にアジア各地に栽培されることからアジアイネと呼ばれ，その祖先は野生イネの *O. rufipogon* Griff. とされる．現在世界の稲作地帯で栽培されるイネはアジアイネである．後者は西アフリカに栽培が限定されており，アフリカイネと呼ばれ，その祖先野生イネは *O. breviligulata* A. Chev. et Roehr. とされている．

アジアイネはアフリカイネに比べて種子休眠性が弱く，低温や乾燥に対する感受性は小さい．また形態的には葉舌が長く，葉身は幅が狭く緑色が濃く毛茸が多い場合が多い．穂は一次枝梗数が少ないが二次枝梗数が多く，籾は有毛であることが多い．アフリカイネは一年生植物であるが，アジアイネは多年生植物である．

アジアイネの起源は稲作の起源とも相まって，多くの議論がなされてきた．祖先とされる野生イネはインド亜大陸から東南アジア大陸部ならびに島しょ部さらに中国南部まで分布が確認されている．それらの野生稲の内の多年生と一年生の中間型が栽培イネの祖先と考えられるようになってきた．一方稲作の起源地としては，野生イネの存在に加え，栽培イネの中に多くの変異が見いだされていることを根拠として，インド，中国，アッサム，雲南，あるいは広域多元の各説が提示されてきた．

近年中国長江の中下流域できわめて古い（紀元前5000年前後）稲作遺跡が発見されたこと，祖先とされる野生イネの葉緑体DNAに，アジアイネの二つの品種群（インド型と日本型）に対応すると見られる分化があることから，少なくとも中国南部とそれ以外のどこかで多元的にアジアイネが成立したと考えられるようである．

アジアイネは大きくインド型（Indica, 亜種とするときは *indica*）と日本型（Japonica, 亜種とするときは *japonica*）に分けられる．インド型は日本型に比べ葉身は広く淡緑色，止葉は上に立つ傾向にあり，籾の形は細長くて薄く，芒はないことが多く，頴毛は少なくまたあっても短い．さらに籾のフェノール反応があり，塩素酸カリ抵抗性が無く，低温感受性と耐旱性（ミモザ法による）が大きいことによっても区別される．アジアイネはさらに多くの形質の組み合わせからA型，B型，C型に3分類することもあり，A型は日本型に，C型はインド型におおむね相当する．B型は籾が大きく，いわゆる穂重型的草型を示すことを特徴とし，ジャバ型（Javanica）と称されるが，日本型の一群（熱帯日本型）と考えるべきである．アジアイネは広域で栽培されるために，多様な環境に適応して，耐旱性の違いから水田で栽培される水稲と畑で栽培される陸稲，基本栄養生長性と感光性程度の組み合わせから適作期の異なる各種の生態型（例えばバングラディシュの aus, aman, boro），デルタの浮稲，粳稲と糯稲など，各地で特徴的な品種群が栽培されている． （宮川修一）

**アジアけいざいききとのうぎょう　アジア経済危機と農業**（Asian economic crisis and its effects on agriculture）

1997年5月から約2カ月間，タイの経済運営不信に端を発するバーツ売りに対して，自国通貨への影響を懸念したシンガポール，マレーシア，香港とタイの通貨当局は，為替市場において協調介入を行った．しかし，過度の通貨防衛による国内経済への影響を懸念した各通貨当局は，通貨売りがファンダメンタルズを無視した一過性のものであるとの判

断に立って，同年7月以降相次いでドル連動制を放棄した．この結果，タイ通貨不安の影響は他の東南アジア諸国や遠くは韓国にまで波及し，これら諸国の通貨は米ドルに対して軒並み大幅に下落した．こうした対米ドル・レート急落の直接的要因として，1990年代に大量に流入した外国短期資本がごく短期間に連鎖反応的に海外に流出したことが指摘できる．米ドルを基軸通貨として経済開発戦略を展開してきたアジアの途上国にとって，自国通貨の対米ドル・レートの下落は米ドル建て債務の負担増を意味することに他ならない．これに加えて，自国通貨の下落は輸入品価格の上昇を招くことから，中間財・資本財の多くを先進国からの輸入に依存するアジアの途上国にとって大きな痛手となった．加えて，各国政府は通貨・経済危機を契機として，従来の放漫な財政運営を見直し政府支出額を大幅に削減した．この結果，多くの国々は急速な経済成長から一転してマイナス成長を経験するなど，深刻な不況に直面した．こうした通貨・経済危機によるマクロ経済への影響に比べて，農業部門への影響は一様ではない．アジアの途上国は農業機械，化学投入財，飼料穀物などの農業投入財の多くを先進国からの輸入に依存している．それ故に，これら諸国の通貨下落は輸入生産資材の価格上昇を通じて生産コストの上昇を誘発した．さらに経済危機に伴う所得水準の大幅な低下によって，外食を含む食料消費支出額は大幅に減少したために，多くの農産物価格は下落基調に推移した．この結果，国内消費向けの農産物を生産している農家は，深刻な経営悪化に直面した．しかしその一方で，通常米ドル建てで決済される農産物輸出の場合，自国通貨に換算した受取額は大幅に増加した．生産資材の価格上昇によるマイナス効果よりも，自国通貨建ての輸出額が急上昇したプラス効果の方が大きかったことから，輸出用商品作物の栽培に特化した農業サブ・セクターは概して大幅な経営黒字を計上している．つまり，通貨・経済危機が農業部門に及ぼした影響を総じてみると，国内消費向け部門ではマイナスに，反対に輸出向け部門ではどちらかというとプラスに作用した可能性が高いといえる．商品作物輸出が経済危機の悪影響を緩和したこと，さらに通貨危機を契機として食料品の輸入価格が高騰した経験などから，工業開発のみを重視してきたアジア途上国の中でも農業部門の重要性を再評価する国が出てきている． (石田 章)

**アジアたいへいようりんぎょうかいぎ　アジア太平洋林業会議** APFC ( Asia Pacific Forestry Commission)

1949年のFAO総会の決議で設けられた国際機関．アジア太平洋地域の林業政策の策定や技術的問題についての助言と勧告，情報の交換を目的とする． (熊崎 実)

**アジアのうぎょうちょうさ　アジア農業調査** (Asian Agricultural Survey)

アジア開発銀行（ADB）は1966年の創立以来，幾度か加盟途上国の農業に関連した調査報告を取りまとめてきた．第一は，1967年の Asian Agricultural Survey (AAS I, 69年刊行) であり，第二は，76年の AAS II (78年，邦訳は80年刊行) である．また，97年には AAS III に相当する調査が実施され，2000年に Rural Asia : Beyond the Green Revolution の表題で要約版が公表された．このほか，South Pacific Agricultural Survey (78/79年調査，80年刊行) および Agriculture in Asia : its Performance and Prospects — The Role of Bank in Its Development (83年調査，85年刊行) がある．中でも最も重要なのは AAS I で，これにより，日本，韓国，台湾において達成された稲作技術革新を，熱帯アジアの加盟途上国に大規模に導入することが唱導された．これに基づいて，ADBは緑の革命の推進者として，灌漑開発および農業金融に傾斜した貸出を実施することになった． (水野正己)

**あしつじゅんきこう　亜湿潤気候** (sub-humid climate)

ソーンスウエイトの気候分類における水分指数が20から0の値をとるものを湿性亜湿潤，0から−20を乾性亜湿潤とする．
(久馬一剛)

**あしぶみだっこく　足踏脱穀**（threshing by foot trampling）

1. 穀類作物を収穫，束を乾燥した後地面に広げ，人間の足で踏んで脱穀する．牛の蹄に踏ませて脱穀する方法もある．

2. 足踏みにより人力脱穀機を運転して脱穀する．選別装置がなく1人用と2人用がある．
(下田博之)

**アゼガヤ**（Chinese sprangletop）

学名：*Leptochloa chinensis* (L.) Nees　熱帯アジア原産で，アジアの亜熱帯から温帯，オーストラリアに分布するイネ科の一年生草本，まれに株が越年することがある．茎は基部でよく分枝し，伏枝を出して節から発根し，高さ1.2m程になる．葉は長さ6〜30cmの線形で葉鞘とも無毛，やや粉質をおびる．穂は長さ10〜40cmで，2〜8cmの多数の細い枝梗が水平に出る．小穂は長さ2.5〜3.5mmで枝梗に密接し，4〜6の小花がつく．日当りの良い湿った土地に普通に生育する．水田，畑を通じて強害雑草となる．湛水条件では発芽せず，水田では水のかかりが悪い場所に多発するが，水があっても種子が水面に浮かんだまま発芽し，生育する場合がある．全草を飼料とする．本属は世界の熱帯，亜熱帯に約20種が分布する．近縁種に，アジアではイトアゼガヤ（*L. panicea* Ohwi）があり，葉鞘は有毛，小穂は2〜3小花．または中米には，*L. scabra* Nees など数種があり，いずれも水田や畑の雑草となる．
(森田弘彦)

**アセチルコリンエステラーゼ**（acetylcholinesterase）

神経伝達物質アセチルコリンを加水分解する酵素．有機リン，カーバメート殺虫剤はこの酵素の働きを阻害する．
(大澤貫寿)

**アセチレンかんげんほう　アセチレン還元法**（acetylene reduction assay：ARA）→窒素固定

**あぜぬり　畦塗り**（levee coating, plastering of balk, border coating）

水田の灌漑水漏出を防ぐため，細かい土壌を畦に塗りつける作業．代掻きに合わせて行う．
(江原　宏)

**アゾベ**（Azobe）→付表13（アフリカ材）

**アゾラ**（azolla, アカウキクサ）

アゾラはアカウキクサ科に属する小形の水性シダで，条件がいい場合には水面に重なるように密に生育する．2〜3mmの葉状体の裏の空洞に *Anabena* 属のらん藻（*Cyanobacterium*）が共生し，窒素固定を行っている．らん藻は単独でも窒素固定を行うが，共生のらん藻は窒素固定酵素ニトロゲナーゼを含む細胞器官ヘテロシストの密度が高く，固定活性も高い．

熱帯には *Azolla pinnata* が自生し，水田，用水路，湖沼などで多く見かける．窒素含量が高く，また生育も旺盛であるので，バイオマス生産量が高く，これを腐熟させて土壌への窒素給源として，また，水稲の緑肥として使うことができる．東南アジア諸国や中国南部地域では古くから緑肥や家畜の飼料として使われてきた．

生育にはリン酸を多量に必要とし，昆虫の食害も受けやすい．また強光条件下では生育が阻害される．人為的に培養する場合にはそれらの点に注意を要する．→窒素固定
(浅沼修一)

**あたたかさのし（じ）すう　暖かさの指（示）数**（warmth index）

吉良によって提案された温度気候の指数であり，世界の広い地域の植生分布とよく対応することが知られている．もともと，植物の生育規定要因である温度気候の指数としては，日平均気温の積算値である積算温度が用いられることが多かったが，その計算がやっかいなことから，月平均気温の積算値としての暖かさの指数（$WI$）が提案されたものである．

$$WI = \sum_{i=1}^{n}(t_i - 5)$$

[ただし $t_i$ は $i$ 月の月平均気温, $n$ は $t_i > 5$ ℃ である月の数]

この式では5℃を植物生育の温度閾値としているが，これは経験的に導かれたものである．この暖かさの指数によって大きな気候・植生帯を区分すると，亜熱帯は $WI = 180〜240$，熱帯は $WI \geqq 240$ となるとされている．

（久馬一剛）

**あちゅうけいよう　亜中形葉**（notophyll）
→葉面積スペクトラム

**あっさく　圧搾**（pressing）

圧搾は原料を分離室へ供給し，圧力を作用させて圧縮脱液する操作である．ポンプ圧送が困難な濃厚試料の固液分離や，スラリー原料をろ過よりもさらに低水分化することを目的として，広く用いられている．食用油脂の製造などでは，含油分の多い油料種子からの一次処理として用いられ，溶剤抽出法と比べて分離効率は低いが，最近では品質のよい製品が得られる点で利用されていることもある．圧搾による機械的な固液分離は，熱などを利用する他の諸操作と比較してはるかに低コストであるため乾燥などの前処理操作として使用されることも多い．主な圧搾装置としては，圧搾型フィルタープレス，チューブ型プレス，搾汁機，スクリュープレス，ローラープレス，ベルトプレスなどがあり，材料の性状や分離処理の目的により使い分けられている．

（五十部誠一郎）

**アナプラズマしょう　アナプラズマ症**（anaplasmosis）

リケッチア目のアナプラズマ属の微生物が反芻類の赤血球に感染する疾病で，発熱，貧血などがみられる． （磯部　尚）

**あなまき　穴播き**（dibbling）

先端の尖った掘り棒や小スコップを用いて一定の間隔で適当な深さに穴を掘って，ここに種子を数粒播く方法である．トウモロコシやカボチャなど比較的大きな種子の場合や麦類や陸稲などで1点当たりに多めの種子を播く場合などで，欠株を確実に無くする利点がある． （堀内孝次）

**あねったいかじゅ　亜熱帯果樹**（subtropical fruit）

亜熱帯果樹は亜熱帯地域に自生あるいは栽培され，熱帯と温帯の中間的気候条件に適する果樹類を指す．年平均気温15℃〜25℃が生育適温とされる．亜熱帯果樹は熱帯果樹に比べると生育にそれほど高温を必要とせず，また耐寒性もすぐれる．しかし，温帯果樹よりも低温に弱く，熱帯果樹よりも高温に弱いと考えた方がよい．一般には氷点下の気温に耐えないが，一度の降霜で枯死することは少ない．亜熱帯果樹には熱帯や温帯でも経済栽培されるものがあり，その区別は厳密にはできない．種によって温度の適応範囲は大きく異なる．ゴレンシ，カンキツ類，パッションフルーツ，ストロベリーグアバ，アボカドなどは−5℃に耐える．0℃以下で大きな障害が生じるものに，チェリモヤ，レイシ，リュウガン，タマリンドなどがあり，5℃では，レンブ，サポジラ，グアバ，マンゴ，パパイヤなどがある．熱帯起源であってもある程度の低温に耐えるもの（ブンタン・タマリンドなど）がある一方，高温条件下では花芽分化を行わないもの（マンゴ・レイシ・リュウガンなど）や生育自体がすぐれないもの（パッションフルーツ・チェリモヤ）などがある．（付表1） （樋口浩和）

**あねったいこうあつたい　亜熱帯高圧帯**（subtropical high pressure belt）

南北両半球の緯度30°付近を中心とする気圧の高い地帯．赤道の上空から極に向かう大規模な大気の流れ（ハドレー循環の一部）が，地球の転向力によって西風成分をもち，緯度30°付近で下降流を生じ，亜熱帯高圧帯が形成される．亜熱帯高圧帯の高緯度側は中緯度偏西風帯が，低緯度側には熱帯偏東風帯（貿易風帯）がみられる．亜熱帯高圧帯の内部は，

いくつかの高気圧細胞に分かれている．北半球では北太平洋高気圧，北大西洋高気圧（アゾレス高気圧，バミューダ高気圧）などの亜熱帯高気圧群が亜熱帯高圧帯を形作っている．大陸上では，夏季には地表付近が熱せられ低気圧が形成され，冬季には冷却され寒帯大陸高気圧が形成されるため海洋上に比べ明瞭にみることができない．亜熱帯高圧帯の東縁では一年を通して強い沈降場となっているため，大気下層に貿易風逆転層と呼ばれる顕著な逆転層が形成され，地上では乾燥気候の一因となっている． （佐野嘉彦）

**あねったいしょくぶつ　亜熱帯植物**（subtropical plants）

亜熱帯地方を原産地とする植物の総称．亜熱帯植物は緯度20～30°内外，年平均気温が18～23℃程度の地域（暖かさの示数180～240）に分布が見られる．これらの地域は熱帯地方に比較して，快晴の日が多く降水量が少ない．亜熱帯植物には，熱帯に見られるような巨大な常緑樹はきわめて少なく，また熱帯よりも湿度が低く着生植物，つる植物なども比較的少ない．代表的な亜熱帯植物は，アコウ，ビロウ，カンキツ類，ビワ，オリーブ，ヤマモモ，キウイフルーツ，木性シダ，ソテツなどがある．亜熱帯植物のうち開花する種の特徴として，10℃以下の一定の低温期間に細胞分裂停止状態となり，その後の温度上昇時に再分裂し花芽が分化するものが多い．わが国では四国の一部，九州の南部，小笠原・沖縄が亜熱帯性気候である． （飯島健太郎）

**アピトン**（apitong）→付表19（南洋材（フタバガキ科））

**アブシジンさん　アブシジン酸**（abscisic acid）→植物ホルモン

**アブラヤシ**（oil palm, *Elaeis guineensis*）

樹幹長は10～20mに達し，頂部に20～40枚の葉を着生する．花は単性で，異なった花序に雄花・雌花を着ける．受粉は主として虫媒であり，ゾウムシを利用している．果実は，卵形で，長さ3～5cm，幅2～4cm，重さ3～30gであり，1つの果房に1,000～3,000個が密生する．1年間に6～20kgの果房が10～12個収穫できる．外果皮は橙黄色，中果皮は油脂と繊維からなり，内果皮は硬い殻である．油脂を含む胚乳が内果皮の内部にある．したがって，内果皮由来のパーム油と胚乳由来のパーム核油が得られ，それぞれの脂肪酸組成は異なっている．内果皮の厚みを基に，Dura種（厚さが2～8mmで，中果皮の比率が35～55％），Tenera種（厚さが0.5～4mmで，中果皮の比率が60～96％），Pisifera種（殻がない）に分けられ，マレーシアでのプランテーションでは，Dura種とPisifera種の交配種が普及している．油脂の生産性は他の油料作物の生産性に比べて高く，2.5～4t/ha/年である． （杉村順夫）

**アブラムシるい　アブラムシ類**（aphids）

熱帯のアブラムシ類は世界各地に広く分布する重要害虫が多い．中でもワタアブラムシ *Aphis gossypii*，ミカンクロアブラムシ *Toxoptera citricidus*，ジャガイモヒゲナガアブラムシ *Aulacorthum solani* などである．アブラムシ類は口吻により汁液を吸収するため，縮葉したり，排泄物の甘露により「すす病」を併発して生育を阻害する．また，アブラムシは植物ウイルスの重要な媒介虫である．特にモモアカアブラムシ *Myzus persicae*，ワタアブラムシ *Aphis gossypii* などはその代表的なもので，数種のウイルスを伝播し，大きな被害を与える．食性では，寄主植物の範囲がきわめて広く，その上アブラムシの有性世代と単為生殖世代で寄主植物が異なる．アブラムシ類は複雑な生活様式を営むが，一年中胎生雌虫（単為生殖をし，子虫産出する雌）のみ生じる．ただし，一次寄主植物では，有性世代を生じ，受性卵で過ごす場合もある．アブラムシ類には多くの捕食性・寄生性天敵生物がいる．これら天敵生物の活動を保護助長する配慮が必要である．殺虫剤抵抗性が発達しやすい．被覆，忌避法は有効である． （日高輝展）

## あぶらやけ　油焼け (rusting)

魚の干物や冷凍品は，製造後の時間の経過とともにエラ蓋や腹部表面が橙赤色に変色し，これに伴って酸敗臭が生じることがある．この現象を油焼けと呼ぶ．製品の風味と色を劣化させ，商品価値の低下を招く．油脂含量の高い魚を原料とした場合によく見られることから，脂質の酸化が原因であると考えられている．事実，油焼けを起こしている食品から熱アルコールやベンゼンなどの極性の高い有機溶媒で脂質成分を抽出すると，脂質成分とともに抽出残渣も褐色に変色していることがわかる．

食品の不飽和油脂は製造中に酸化されて低分子のアルデヒド，ケトン，アルコール，脂肪酸などを生成することが知られている．このうち，4-heptenal や 2,4-heptadienal, 2,4,7-decatrienal など数種のカルボニル化合物は何れも酸化した油のにおいとして官能的に感じるので，油焼けを起した製品にみられる油臭さ（酸敗臭）の原因物質である考えられている．一方，充分に精製した魚油は無色透明，無味無臭であり，多少の自動酸化の進行ではほとんど着色することはない．しかし，アンモニア，アミン類，ヘム化合物，塩基性金属化合物などを加えると，自動酸化の進行に伴って黄色から褐色へと色が変化していくことが知られている．

油焼けに伴う色の褐変には主にカルボニル化合物が関与していることは間違いないが，タンパク質を主体とする抽出残渣の褐変にアミノ－カルボニル反応が起こっている直接的な証拠は未だ見つかっていない．しかしながら，アセトアルデヒドとクロトンアルデヒドなどある種のアルデヒド類をヒラメの脱脂粉末に添加すると黄色から褐色へと色が変化すること，純粋のリノール酸エチルとカゼインの混合物を酸化させると色の褐変度と有効性リジンの減少との間に高い相関が得られることなどから考えると，不飽和脂質の自動酸化によって生成したカルボニル化合物とタンパク質や遊離アミノ酸などのアミノ基との間で起こるメイラード反応が油焼けにおける褐変に寄与している可能性が高い．

製品が乾燥するにしたがって不飽和脂質の自動酸化が最も速くなる臨界水分活性域が存在する．したがって，製品の乾燥工程ならびに冷凍貯蔵中に進行する乾燥は自動酸化を促進することがあるので注意を要する．一方，ヘムタンパク質やクロロフィルなどの光増感作用をもつ成分と不飽和脂質との共存系に可視光を照射すると，一重項酸素による不飽和脂質の光増感酸化が進行することが試験管内で確認されている．したがって，製品を直接太陽光にさらす天日乾燥は独特の風味を与え消費者に好まれる場合がある反面，脂質酸化を促進させ油焼けを起しやすくさせるさせる因子でもある．　　　　　（大島敏明）

**アフリカイネ**（African rice, *Oryza glaberrima* Steud.）

アジアイネ（Asian rice, *O. sativa* L.）とともに栽培稲の一つで，アフリカ大陸だけで栽培されている種．グラベリマイネとも呼ばれる．アフリカイネは，紀元前 1500 年頃に，西アフリカ内陸部，ニジェール河上流域において，一年生野生種 *O. breviligulata* と *O. barthii* の一群の中から成立したと考えられている．その後，セネガンビア地方やリベリアの北東部地方で分化を重ねながら西アフリカのみならず中部・東部アフリカの地域でも栽培されるようになったが，現在では中部・東部アフリカでは僅かに限られた地域にしか見当たらない．

形態的には，短く粗剛な葉舌をもつことでアジアイネと明確に区別される．また，穂の構造として二次枝梗の発達が悪い，籾の表面の頴毛が少ない，籾の長厚比と幅厚比がともに大きいなどの特徴が挙げられるが，これらは必ずしも両種を区分する指標とはならない．*O. breviligulata* と同様本種も一年生であり，成熟後に枯死する．これは，多年生野生種 *O. rufipogon* を祖先種とするアジアイネが

多分に多年生形質を残すのと対照的である。種子生産力は高く，潜在的な収量生産性は低くない。種子の休眠性は強い。

アフリカイネは，多くの形質において系統間変異の幅がアジアイネより小さく，アジアイネにおけるIndica, Japonica, Javanicaのような分化は存在しない．これはアフリカイネが一年生種を祖先としていることに加えて，栽培化の歴史がアジアイネの半分にも満たないことが関係していると考えられる．農業上とくに注目される形質として，比葉面積が大きく，葉面積生長が旺盛であることがあげられる．耐肥性は劣るものの，低窒素濃度条件下での乾物生産力はアフリカイネのほうで高い傾向にある．また，葉身窒素含量の低い段階では，葉身窒素当たりの光合成効率もアジアイネより高いとされる．また，水利用効率は概して低く，アジアイネより多水分消費型の傾向を示す．生理的耐旱性は弱いとする報告が多いが，これは現地調査および本種の地理的分布の結果とは必ずしも一致しない．アフリカイネは葉身水ポテンシャルが低下しても気孔を開き光合成を維持するとの報告がなされている．穂重増加に対する出穂期貯蔵炭水化物の寄与率が高いこともあって，アフリカイネは出穂後の旱ばつに対しては強い．アフリカイネの生態的耐旱性の評価と機構の解明に関しては未解明の点が多く残されている．

アフリカイネの中に深水，病害虫，塩分，鉄分など種々の不良環境条件に耐性を示す品種が見出されることで近年再評価を受ける傾向があり，研究機関の育種プログラムにも組み込まれている．WARDA（西アフリカ稲開発協会）（→）では，アフリカイネの各種耐性とアジアイネの多様性を組み合わせる種間雑種の利用育種が進められている．アフリカイネの再興を実現させているのは農民がアフリカイネに認めている定着した利用価値である．
〔角　明夫〕

**アフリカざい　アフリカ材**（African timbers）

主として西アフリカの海岸沿いの地域で産出され，世界の木材市場に輸出されている．マメ科，センダン科の木材が多く，アカテツ科，アオギリ科などの樹種も含む．旧宗主国の多いヨーロッパ諸国，さらにその影響で，アメリカにおいて，古くからよく知られている．日本にも，欧米で名の通った装飾的な用途の樹種が少量ずつ輸入されてきた．これは距離の遠いこと，さらに，日本の合板工業の原料となる大量の均質な木材（南洋材におけるラワン・メランチ類のような）を生産する樹種がないことなどによる．市場で見られる樹種は，時代の経過とともに，資源の枯渇，さらに，流行の変化などにより，変化してきている．家具用材あるいは化粧合板用材として，かつて，日本市場で，一世を風靡した感のある縞模様のゼブラウッド（*Microberlinia brazzavillensis* A. Chev.）を最近見かけることが少なくなったことは，そのよい例である．日常生活の中で我々の目に触れることが多いのは化粧合板を使った洋風家具であるが，最近，ブビンガが，伝統的に和太鼓の胴に使われてきたケヤキの代替材とされているのは興味深い．クラリネットに使われるアフリカンブラックウッド（*Dalbergia melanoxylon* Guill. & Perr.）も目にすることが多い．最近では，材質の特徴を生かした特定の用途に向けた樹種の輸入もある．いくつかの代表的な木材をあげるとアサメラ，アゾベ，アフリカンマホガニー，イロコ，イロンバ，エヨン，オクメ，オベチェ，サペリ，シポ，ブビンガ，マコレ，リンバなどがある．
〔須藤彰司〕

**アフリカとんコレラ　アフリカ豚コレラ**
（African swine fever）

ウイルスによる豚属のウイルス病．このウイルスは現在 Family African swine fever and related virus に分類．発熱，チアノーゼ，出血病変，間質性肺炎，関節炎および皮膚炎など多様な症状を示す．ウイルス株の病原性により急性，亜急性，慢性，不顕性と多彩な経過

をとる．サハラ砂漠以南のアフリカ諸国とイタリアのサルジニア島に発生．汚染畜産物を介して過去何度もヨーロッパや中南米に伝播し，甚大な被害を与えている．常在地では数種類のオルニトドロス属のダニが媒介．豚間の接触伝播もある．アフリカのイボイノシシは発病しない．診断には，感染豚の血液や臓器を用いた間接および直接蛍光抗体法による抗体と抗原検出，赤血球吸着反応や蛍光抗体法を指標にウイルス分離を行う．PCR法による遺伝子診断も可能．予防・治療法はなく，感染豚の摘発淘汰を行う．国際獣疫事務局による最重要疾病（リストA）の一つ．

　　　　　　　　　　　　　　（村上洋介）

**アフリカナイゼーション**（Africanization）→開発

**アフリカばえき　アフリカ馬疫**（African horse sickness）

レオウイルス科（Family Reoviridae）オルビウイルス属（Genus *Orbivirus*）に分類されるアフリカ馬疫ウイルス（African horse sickness virus）の感染によるウイルス性伝染病．発熱，呼吸困難，浮腫を主徴とし，ヌカカ（*Culicoides* spp.）などの吸血により媒介される．アフリカ諸国に発生．ウイルスには9種類の血清型がある．急性経過を示す肺臓型では，咳，高熱，上部気道，気管内の泡沫液の貯留による重度の呼吸困難を示し，致死率は90％以上になる．亜急性および慢性経過をとる心臓型では，発熱はあるが食欲は衰えず，循環器障害が特徴で，頭部，顔面，頸部および四肢の皮下に浮腫がみられる．免疫を持つ個体では一過性の発熱で回復するものもある．診断法には，培養細胞やほ乳マウスによるウイルス分離，中和テストなどによる抗体検査を行う．弱毒生ウイルスワクチンがある．国際獣疫事務局による最重要疾病（リストA）の一つ．　　　　　　　　　（村上洋介）

**アフリカンブラックウッド**（African blackwood）→付表13（アフリカ材）

**アフリカンマホガニー**（African mahogny）→付表13（アフリカ材）

**アポミクシス**（apomixis）

無性的に栄養細胞が発達して種子が形成される現象．$F_1$品種の雑種強勢の固定に利用できる可能性が検討されている．　　（長峰　司）

**アマンイネ**（aman）→インディカ，生態種

**アミノさん　アミノ酸**（amino acid）

同一分子内にカルボキシル基とアミノ基を有する化合物およびプロリンのようなイミノ酸の総称である．カルボキシル基が結合している炭素を$\alpha$-炭素と呼び，$\alpha$-炭素にアミノ基が結合しているアミノ酸を$\alpha$-アミノ酸と呼ぶ．動物栄養学において通常アミノ酸と呼ばれるものは$\alpha$-アミノ酸である．グリシン以外のアミノ酸は$\alpha$-炭素が不斉炭素となるため，D型およびL型の立体異性体が存在する．生物のタンパク質はほとんどがL型アミノ酸からなる．アミノ酸の$\alpha$-炭素と結合しているアミノ基およびカルボキシル基がペプチド結合により縮合しタンパク質となる．タンパク質は通常21種類のアミノ酸から構成されるが，ヒドロキシプロリンはプロリンとしてタンパク質に組み込まれ，その後一部が水酸化を受け，ヒドロキシプロリンとなる．タンパク質を合成する際に，そのタンパク質に含まれるヒドロキシプロリン以外の全てのアミノ酸が必要であり，1種類でも揃わないとタンパク質合成は生じない．動物は約半分の種類のアミノ酸を他の化合物から充分量合成でき，これらを非必須アミノ酸と呼ぶ．一方，合成できないアミノ酸や合成できるが合成量が充分ではないアミノ酸もある．そこで，これらのアミノ酸を摂取する必要があり，必須アミノ酸と呼ぶ．必須アミノ酸は動物種やその生理状態により異なる．反芻胃内微生物は反芻動物が必要とするすべてのアミノ酸を合成し，反芻動物はこれらを利用することができるが，生産性が高い場合はいくつかのアミノ酸が不足することもある．タンパク質の構成物として以外にいくつかのアミノ酸はカテコールアミンなどの生理活性物質の前駆

体として利用される．動物に吸収され，タンパク質合成に用いられなかったアミノ酸の多くはアミノ基が除かれた後に，グルコースや脂肪酸合成に用いられる．除かれたアミノ基は哺乳動物では主に尿素として，鳥類では主に尿酸として排泄される． （松井 徹）

**アミラーゼ**（amylase）

デンプンを加水分解する酵素の総称．エンド型の $\alpha$-アミラーゼやエクソ型の $\beta$-アミラーゼなどがある． （山口淳二）

**アミロース**（amylose）

デンプンを構成する $\alpha(1\to4)$ グルコシド結合からなる直鎖状グルコースポリマー．
 （山口淳二）

**アミロペクチン**（amylopectin）

デンプンを構成する $\alpha(1\to6)$ グルコシド結合をもった分岐状グルコースポリマー．
 （山口淳二）

**アメリカのどじょうぶんるい　アメリカの土壌分類**（soil classification in the USA）

分類基準-特徴土層と識別特徴：アメリカ合衆国で始まり，現在世界で広く用いられている土壌分類法は「Soil Taxonomy」として知られている．Soil Taxonomy には二つの大きな特徴がある．その一つは，土壌そのものの性質に基づく分類法であること，もう一つは古い概念に染まっていない特徴的な命名法を採用していることである．分類のよりどころとする土壌特性としては，生成的に意味の大きな土壌層位である「特徴土層（diagnostic horizons）」と，特徴的な土壌生成の条件や結果である「識別特徴（diagnostic characteristics）」が設定されている．特徴土層には，特徴表層と特徴次表層がある．特徴表層（epipedons）には Mollic, Umbric, Melanic, Histic, Anthropic, Plaggen, Folistic, Ochric の八つがある．これらのうち重要なのは Mollic および Umbric 表層であり，いずれも暗色の厚い表層でよく構造が発達しているが，前者では塩基飽和度が高く後者では低い．Ochric 表層は，有機物含量が低く淡い色を示し，熱帯に広く見られる．

特徴次表層には，粘土化，構造発達，酸化還元といった変化で特徴付けられる cambic 層，表層からの粘土の移動集積による argillic 層，natric 層, kandic 層, 鉄や有機物の移動集積による spodic 層，placic 層，強度に風化を受けた oxic 層, kandic 層, 水溶性塩が集積した salic 層などがある．無機質土壌に対する識別特徴には，岩石的不連続，土性の急変，黒ぼく土壌特徴などが規定されているが，熱帯における強風化の産物であるプリンサイトや後述するヴァーティソルに特徴的な鏡肌（スリッケンサイド）も含まれている．有機質土壌に対しては，まず有機土壌物質が細土（2 mm 以下の乾土）の有機炭素含量 20 % 以上のものと定義された上で，植物材料の分解度の低いものから順に Fibric, Hemic, Sapric の3種類が区別されている．さらに，重要な識別特徴として土壌水分レジームと土壌温度レジームが規定されている．土壌水分レジームには，ほぼ湿から乾の順に aquic, udic, ustic, xeric, aridic（torric）が，土壌温度レジームには低温側から cryic, frigid, mesic, thermic, hyperthermic が設定されている．夏季と冬季の平均土壌温度差が 6 ℃ 以下の場合には接頭辞 iso をつける．

分類体系：以上の特徴土層と識別特徴に基づいて，土壌の分類・命名が行われる．Soil Taxonomy は，六つのカテゴリーからなり，上位から下位に目（Order），亜目（Suborder），大群（Great Group），亜群（Subgroup），ファミリー（Family），統（Series）という階層構造をとる．目は，主たる土壌生成作用の結果として，断面内に刻み込まれた特徴土層によって分類され，Soil Taxonomy（第2版，1999）では次の12目がある；Gelisols（el），Histosols（ist），Spodosols（od），Andisols（and），Oxisols（ox），Vertisols（ert），Aridisols（id），Ultisols（ult），Mollisols（oll），Alfisols（alf），Inceptisols（ept），Entisols（ent）．括弧内は，亜目以下のカテゴリーで用いられる，目の短縮名である．この順に切り取り法（key out

法）によって検索を進める．亜目は，土壌生成作用に共通したいくつかの特性（土壌水分や土壌温度）に重きを置いて目を細分する．現在64の亜目が識別されている．命名はAquultのごとし．大群は，主として亜目を特徴土層によって細分する．現在317の大群がある（例Paleaquult）．亜群は，大群の細分で，中心概念はTypic subgroup（例Typic Paleaquult）である．その他の亜群は他の土壌との中間的な性質をもつ（例Aeric Paleaquult）．現在の亜群数は約1,300である．ファミリーは，農地管理上重要な土壌の理化学性によって特徴付けられる．特に植物根の伸張に影響のある特性が選ばれている．例えば，土性，粘土鉱物特性，温度などが主要な識別基準である（例Aeric Paleaquult（fine, mixed, hyperthermic）．現在のファミリー数は約7,500である．統は，分類上最低のカテゴリーであり，層位の種類・配列をはじめ営農上重要な性質に至るまで均質な分類単位である．その統の分布する代表地点（type localityと呼ぶ）の地名を土壌統名とする（例Miami統）．アメリカだけで現在約19,000の統がある．

　土壌各論：Soil Taxonomy（第2版）にしたがって，以下には熱帯での分布面積の大きい順に記述する．Oxisols（オキシソル）：熱帯・亜熱帯の比較的平坦な古い地形面に発達している．風化の進行に伴って，脱ケイ酸がおこり相対的に鉄やアルミニウムの酸化物（oxides；Oxisolsの語源）に富む．易風化性鉱物が少なく，粘土当たりのCECが低く，土壌肥沃度が低い．代表的なものは特徴次表層としてoxic層をもつが，強粘土質の表層土と易風化性鉱物の少ないkandic層の組み合わせをもつ場合もある．熱帯での分布面積の広い順に，亜目はUdox, Ustox, Perox, Aquox, Torroxとなっている．Ultisols（アルティソル）：表層から次表層への粘土の移動集積と低塩基飽和度が特徴である．一年のある時期，降水量が蒸発散量を上回り，水が土壌中を流下するために，塩基の溶脱が起こり酸性化する．ラテン語のultimus (last)を語源とし，風化の究極にある土壌の意である．粘土集積の結果，透水不良が原因で作物栽培に支障が出ることや低塩基飽和度のため，交換性アルミニウムが卓越し，酸性障害が起こることがある．特徴次表層は，argillic層かkandic層である．熱帯における亜目の面積が広い順に，Ustults, Udults, Aquults, Humultsとなっており，その多くはkandic層をもつ．Inceptisols（インセプティソル）：山地斜面のように地形的に不安定なところや，堆積後の時間の短い地面の上などで見られる比較的若い土壌である．長時間の風化や土壌生成を経ていないために，土壌断面には粘土の移動や酸化鉄の集積といった特徴的な変化が認められず，ochric表層とcambic層がこの土壌の代表的な特徴土層となる．水田土壌の多くもここに分類される．Inceptisolsの語源は，ラテン語のInceptum (beginning)に由来し，土壌生成が始まったばかりの土壌という意味である．熱帯における亜目は，面積の広い順にUstepts, Udepts, Aqueptsとなっている．Entisols（エンティソル）：この土壌の中心概念は，特徴的な土壌層位がほとんど認められないことである．その意味の由来は，recentにある．多くのEntisolsはochric層以外の特徴土層をもたない．繰り返し堆積を受ける氾濫原や，急傾斜で土壌侵食の激しい山地斜面など，土壌生成作用が安定に働かないような地形面上に認められる．また熱帯には強烈な風化の産物である極度にケイ酸質の砂質堆積物が広く分布するが，これらはあまりに不活性なため土壌生成に感受性がなく，Entisolになる．このPsammnets亜目の分布が熱帯では最も広く，その後Orthents, Fluvents, Aquentsの順となっている．Alfisols（アルフィソル）：この土壌は，特徴土層としてochric表層とargillic層，kandic層，natric層のいずれかをもち，塩基飽和度が比較的高い（35％以上）という特徴をもつ．熱帯では低活性のkandic層をもつものが多いが，塩基状態がよいので肥沃な土壌の

部類に入る．Alfisol の語幹の Alfi は Al・Fe に富むという意味の造語である．Aridisols と温暖湿潤気候下に生成する，Inceptisols, Ultisols, Oxisols の中間に位置する傾向にある．熱帯に出現する亜目は，面積の多い順に Ustalfs, Udalfs, Aqualfs となる．Aridisols（アリディソル）：植物生育に十分な温度が維持されているが，土壌水の水ポテンシャルが永久しおれ点よりも低いため，植物が吸水できないか，塩類濃度が高いので，塩性植物以外の植物は生育できない．主要な生成過程は，蒸発散量が降水量を大きく上回るため，塩基性風化産物の蓄積と濃縮が起こることにある．適切な灌漑水を供給できるかどうかが，農業利用上大きな問題である．特徴層位としては，aridic 水分レジームをもつか salic 層（高塩濃度の意）である．熱帯における亜目の面積が広い順に，Argids, Cambids, Calcids Gypsids, Salids となっている．Vertisols（ヴァーティソル）：この土壌は，熱帯では例外的に，活性なスメクタイト質粘土の高含量を有するので，土壌が湿潤時には膨張し，乾燥時には収縮して大きな亀裂が土の中にできる．この膨張収縮の過程で，土壌は下層深くまでよく攪拌されて均質化されるし，構造表面には特異なすべり面（鏡肌：slickensides）を示すようになる．乾雨季の明瞭な気候下で塩基性母材から生成されるために肥沃度は高いが，重粘であるため，作業性が悪く，物理的な土壌改良が困難である．Vertisol の語源は，ラテン語の verto（turn）である．亜目の面積は大きい順に，Usterts, Uderts, Torrerts となる．以上が熱帯圏での分布が世界の陸地面積の 1% 以上を占める土壌目である．黒ボク土を中心とする Andisols（アンディソル），チェルノーゼムやプレイリー土壌の Mollisols（モリソル），泥炭土の Histosols（ヒストソル），ポドゾルの Spodosols（スポドソル）は，この順に小面積ながら熱帯にも出現するが，Gelisols（ジェリソル）はツンドラ地帯にしか分布しない．

（平井英明）

アラック（arrack）→ヤシ酒

アリール（かしゅひ） アリール（仮種皮）→果実の人為分類

アリしょくぶつ　アリ植物（myrmecophytes, ant plants）

小枝，芽，葉柄あるいは幹にアリを寄生させる植物．巣への侵入穴があり，寄生部分が肥厚しているものが多い．寄生を許し，さらにデンプン粒や花外蜜腺から甘い分泌物をアリに与える一方，アリに食葉性昆虫による食害から守ってもらう．また，アリの排泄物や集めてきた昆虫の遺体が植物の栄養源となる．

（渡辺弘之）

アリソフのどうてきききこうぶんるい　アリソフの動的気候分類（Allisow's dynamic climatological classification）

動気候学に基づく気候分類の一種．ケッペンに代表される静的気候分類が月平均気温および降水量から，植生帯を分かつような指標を抽出して気候を分類するのに対し，大気の大循環や前線と気団配置の年間変動パターンなど，成因にもとづいて気候を分類するため，理論的であるといえる．地球上には赤道気団（E）と，赤道から南北に，熱帯気団（T），寒帯気団（P），極気団（A）の計七つの気団が存在し，全体として 7 月には北に，1 月には南に移動する．このため世界の各地には，年間に単一気団で覆われる地域と，二つの気団が交代する地域とができる．アリソフはこれを七つの気候帯に区分した（EE, ET, TT, TP, PP, AP, AA）．気団の境界は前線，収束帯とよばれ天候不順の地帯となる（ET の境界は熱帯収束帯，TP の境界はポーラーフロント，梅雨前線，AP の境界は極前線とよばれる）．赤道気団の中では，年中湿った西風がふいているため，この気団に覆われるとモンスーンの雨がふる．EE は，年中湿潤な熱帯（熱帯多雨林），ET は雨季と乾季が交替する熱帯（サバンナ），TT は砂漠気候，TP は温帯モンスーン気候，地中海式気候に相当する．この分類には南北方向の気候差はよく表現されているが，貿易

風の逆転に基づく大陸西岸での砂漠気候など，東西方向の気候差が表れていない欠点をもつ． (荒木　茂)

**アリソル**（Alisols）→ FAO-Unesco 世界土壌図凡例

**アリットか　アリット化**（allitization）→ラテライト化

**アリューシャせんげん　アリューシャ宣言**（Arusha Declaration）→開発

**アリるい　アリ類**（ants, Formicids）
世界で約 15,000 種がいるとされ，そのうち 1994 年までに 9,000～10,000 種に名が付けられ，1 科 16 亜科 296 属に分けられている．熱帯（ただし，温帯アジア・オーストラリアを入れて）には全世界の約 90％ の種類がいると推定される．食性は，食肉・食植・雑食性などいろいろである．通常生殖に携わる女王・王のほか，職蟻・兵蟻などのカースト（階級）がある．農業との関係ではハキリアリは作物や木の葉を切り取って巣に持ち帰るため，ブラジルではコーヒー園の大害虫となる．また多くのアリはアブラムシ・カイガラムシなどの害虫を作物保護し間接的に植物に害を与える．このほかカミツキアリ類（fire ants；Solenopsis spp.）や幼虫を使って葉を綴合わせて巣を作るツムギアリ（weaver ants；Oeciphylla）の巣を知らずに触れた時作業者に噛み付いて支障をもたらすものなど，熱帯での蟻の存在は，農業と人々の生活と深く関わっていることが多い． (持田　作)

**アールエフエルピーぶんせき　RFLP 分析**（RFLP analysis）
DNA の特定の塩基配列を認識してその部位で切断する酵素を制限酵素という．制限酵素を用いて切断された DNA は，その制限酵素の認識部位で切断され多数の DNA 断片を生じる．一般には DNA 上にはさまざまな変異が生じており，制限酵素処理を行うと断片長に差がある．この差を RFLP（restriction fragment length polymorphism 制限酵素断片長多型）という．RFLP の生じる原因は，DNA の隣接する二つの認識部位間に挿入や欠失が生じたり，あるいは認識部位に塩基置換が生じることによる．

制限酵素処理した DNA 断片をアガロースゲル中で電気泳動することにより DNA は分子量，すなわち DNA 断片の長さにしたがって分離される．数多くの切断された DNA 断片を識別するのは困難なため，RFLP の検出にはサザンハイブリダイゼーションによってバンドとして検出する．すなわち，アガロースゲル中の 2 本鎖 DNA 断片をアルカリ変性させて 1 本鎖とし，ナイロンあるいはニトロセルロースのフィルターに写し取る．あらかじめ用意したプローブを放射性同位酵素や発光色素で標識して，フィルター上の 1 本鎖 DNA と結合させ X 線フィルムに感光させる．

RFLP はメンデルの遺伝の法則に従う．すなわち，制限酵素断片長に違いがある系統間の雑種 $F_1$ では両親のバンドが現れ，$F_2$ では母親ホモ型，ヘテロ型，父親ホモ型が 1：2：1 の割合で出現する．RFLP は共優性遺伝をするため，DNA マーカーとして広く遺伝実験に用いられる．

RFLP を用いてイネ，トマト，オオムギなどの作物で遺伝子地図の作成が行われている．RFLP は検出に用いるプローブの種類および制限酵素の種類をうまく組み合わせると数多くのマーカーが利用できるので，一つの交配組み合わせで遺伝子地図の作製が可能である．また，RFLP は共優性であり，分離集団におけるヘテロ個体の検出が容易で，組換価の推定精度が高い．塩基配列の違いを検出するので，生育環境の影響を受けず，どの生育時期でも検出できる利点がある．また，従来の形質マーカーでは解析できなかった量的形質の遺伝解析や特定形質の選抜マーカーとしても有効に利用できる． (長峰　司)

**アルカリか　アルカリ化**（alkalization）
アルカリ化は土壌中の粘土などコロイド物質に $Na^+$ が吸着し，交換性ナトリウムの割合が増加する過程であり，アメリカではソーダ質

化（sodication）ともいう．アルカリ土壌は，現在はソーダ質土壌ともよばれるが，塩類土壌が見られる条件下より排水がやや良好な場合や人為的な灌漑などにより，過剰の可溶性塩類の溶脱が進むような条件下で生成する．したがって，アルカリ土壌は遊離の塩類が少なく，飽和抽出液の電気伝導度が低く（ECe＜4 mS/cm），交換性ナトリウムの飽和度が高い（ESP＞15％）という特性がある．しかし，少量存在する遊離塩の主体は炭酸ナトリウムや重炭酸ナトリウムなどアルカリ金属の炭酸塩や重炭酸塩であり，これらは溶解度の低いカルシウムやマグネシウムの炭酸塩や重炭酸塩と異なり，加水分解して強いアルカリ性を示す（pH＞8.5）．その結果，腐植が溶解し，土壌が黒色化したり，土壌中の粘土の分散と粘土の機械的移動によって，次表層部にきわめて緻密な不透水性の粘土集積層を形成する．アメリカの Soil Taxonomy では，アルカリ化の特徴的次表層であるナトリック（natric）層をもつものをアルカリ土壌として識別しており，土壌水分レジームの違いにより Natrargids, Natrustalfs, Natraqualfs 大群などに分類される．また，FAO/Unesco 世界土壌図では，アルカリ土壌はソロネッツに相当する．ソロネッツは B 層がしばしば円柱状構造を示し，褐色から黒色を呈することが特徴であり，アメリカではかつて黒色アルカリ土壌と呼んだ．アルカリ土壌は乾燥～半乾燥気候のステップ植生下に多く，pH が高いので作物に対する鉄，マンガン，亜鉛などの微量要素の可給度が低く，欠乏を生じる．また，カルシウム，マグネシウム，カリウム間のバランスが問題となる．さらに，土壌は湿ると膨潤し，透水性が悪くなる．このように農耕地土壌としては最も不良なものの一つであり，その改良には ESP を低下させて，化学性や物理性を改善することが必要である．一般には，セッコウ（$CaSO_4$）の施用と灌漑の組み合わせが行われており，交換性ナトリウム（$Na^+$）をカルシウム（$Ca^{2+}$）で置き換える．また，ESP 値が非常に高い場合は，塩化カルシウム（$CaCl_2$）などが用いられる．実際には，最終目標の ESP 値や改良すべき土壌の深さを設定し，セッコウの施用量を適切に求めることがポイントとなる．また，灌漑用水にはカルシウムの中性塩含量の高いものを使うと効果的である． （三浦憲蔵・三土正則）

**アルカリどじょう　アルカリ土壌**（alkali soils）→アルカリ化

**アルギンさん　アルギン酸**（arginic acid）
昆布など褐藻類から工業的に抽出される多糖類で，増粘剤・安定剤として食品に添加される． （林　哲仁）

**アルバルコ**（albarco）→付表 21（熱帯アメリカ材）

**アルビノ**（albino）
動物の毛色や植物の葉色素やアントシアニンの着色因子が劣性ホモの個体で白子ともいう．動物では皮膚・毛髪が乳白色で虹彩は淡紅色となる．マウス・ウサギなどでよく知られているが，家畜でも報告例がある．東南アジアにいる白色のスイギュウは，通常のアルビノでなく，アルビノイド（albinoid）といわれる．植物では，葉色素を欠くアルビノは生育できないが，アントシアニンなどの欠失植物は生存できる． （建部　晃・藤巻　宏）

**アルベド**（albedo）
ある面に入射した日射（単位は放射束密度）に対する，反射された日射の比率をアルベド（アルビード）といい，日射の反射率，あるいは日射の反射能ともいう．入射光，反射光の定義によって，またスケールの違いによってアルベドと名のつく物理量がいくつも存在する．気象学においては，アルベドは日射の波長域の全体にわたる平均値で定義されることが多く，地表面や雲，大気上端のものがよく使われる．アルベドは入射光の角度分布や大気の透過率によって変化するので，日平均値とか季節別平均値あるいは年平均値としてその値を定めることが多い．さらに，地表面アルベドは，一般にそれを構成しているおのお

のの表面の波長別，入射角度別の反射特性を総合したものであり，表面の色，凹凸，湿り気などにより変化し，一定の値を取るものではない．しかし，アルベド値は地球の放射収支に大変大きな影響を及ぼすものであり，大気大循環にも影響を与える重要な値である．

（佐野嘉彦）

**アレーグレージング**（alley grazing）→アレークロッピング

**アレークロッピング**（alley cropping）

列状に栽植した低木や高木の間（alley）に食用作物を栽培する方式で，樹木植生列には窒素固定能をもつマメ科の早生樹が用いられる事例が多い．作物を作付けしていない時期には，縦横に伸びた樹木の枝葉が地表面を被覆することで雑草防除や土壌保全に役立つ．また，作物を作付けする直前や栽培期間中に刈り込みされた樹木の枝葉がマルチ材として株間や畦間に施用され，地温上昇の抑制・土壌水分の保持・雑草の抑制・土壌侵食の防止等々の効果が期待できるのみならず，分解後には腐植として養分の供給源や土壌の生物性，物理性の改善を促す効果がある．さらに，土中深くまで根を伸長させる樹木は下層土や溶脱された養分を吸い上げるポンプの働きをすることから，養分循環効果も期待できる．栽植樹木は，つる性のマメ科作物やヤムイモなどのつるを絡ませるための支柱としても利用できる．アレークロッピングの最も大きな利点は，作付けと休閑の両段階を同時にかつ同一耕地内で行うことができる点にある．したがって，農民は耕地を休閑に戻すことなく長期間にわたって食料生産が可能となる．ただ，安定した持続的な食料生産のためには作物と樹木の両方に施肥が必要である．栽植樹種の中には，枝葉が家畜の飼料に適するものもあり，家畜生産との結合も可能である．例えば，飼料木の植生列間を広く開けてその間で家畜を放牧するアレーグレージングも提案されている．

（林　幸博）

**アレノソル**（Arenosols）→ FAO - Unesco世界土壌図凡例

**アレロパシー**（allelopathy）

アレロパシーは，植物が化学物質を生産し，周囲の環境中に放出して他の植物の生育に影響を及ぼす現象である．最初に定義したのはドイツの植物学者 Molish（1937）で，語源はギリシャ語の合成語で，allelo は allo の複数形で相互の，pathy は感ずるを意味する．現在広く用いられている日本語訳「他感作用」は沼田（1977）により提唱された．アレロパシーは植物間の相互作用としてスタートしたが，現在では作用する相手は微生物や動物にまで拡大されて理解されており，化学生態学（chemical ecology）の重要な一分野となっている．また，化学物質の放出には根からの分泌，茎葉などからの揮発性物質の揮散や降雨などによる溶脱が想定されるが，生体と限らず落葉や枯死した植物残渣（リター）や，それらの分解過程で新たに生成した物質の影響をもすべて含めて考えるのが現在では一般的である．

アレロパシーは植物間の競合，植生の遷移，純群落形成などに密接に関連しているばかりでなく，雑草害や連作障害，作付け体系など農業とも深く係わっていることが明らかとなりつつある．特に熱帯地域の開発途上国の農民は，アレロパシーが定義されるずっと前から，雑草の発生を抑制する生理活性物質を含む植物を経験的に知り，それを伝統的技術として雑草防除に利用してきた．タイで水田にすき込まれるシマミソハギは他感物質として$\alpha$-ナフトキノンを含み，雑草の発生を軽減する．フェノール化合物を多く含みマルチの材料として広く利用されているチガヤや北部タイで利用されるツノアイアシは稲わらなどより格段に高い雑草抑制効果を示す．ギンネムやオジギソウはミモジンを含み，緑肥として利用すると副次的効果として雑草発生が軽減する．マドルライラックも同様に緑肥となり，その活性成分としてクマリンが知られている．ビロウドマメは被覆作物や緑肥として

熱帯で広く利用されているがL-ドーパを含み，雑草抑制効果が期待できる．フィリピンやパプアニューギニアではクサトケイソウを栽培し，強害雑草チガヤの農耕地への侵入を防止している．これらはほんの一部にすぎずまだ知られていない利用法も多いと思われるが，開発途上国でも除草剤が急速に普及してきており，これら伝統的技術が忘れ去られる日も近い．その前に徹底した調査を行い記録に残すとともに，活性物質の単離固定を進めることが緊急の課題である．

アレロパシーの本格的な研究が始まったのは，この30年以来と思われるが，その背景には分析化学の飛躍的進歩はもちろん，農薬の低減による環境保全指向が強まっていることが大きな要因と考えられる．このため，混植，輪作，マルチ材料などとして利用可能な新たなアレロパシーを示す植物の探索，他感物質を除草剤やそのリード化合物として利用する技術の開発，アレロパシーに関与する遺伝子をクローニングして遺伝子組換え技術を用いて作物に導入し，殺草作物を開発するなどが今後の課題である．この意味で植物資源の豊庫である熱帯地域はますますその重要性が増大するものと考えられる．　　　（原田二郎）

**アロウカリア**（Araucaria）→付表18（南洋材（非フタバガキ科））

**アンスロソル**（Anthrosols）→ FAO-Unesco世界土壌図凡例

**あんせきしょくおよびせきかっしょくラトソル　暗赤色および赤褐色ラトソル**（dark red and reddish brown latosols）→熱帯土壌

**あんぜんけいすう　安全係数**（safety factor）

実験値を実際値に換算する場合に適用する係数．農薬の場合，実験動物（マウス，ラット）において毎日一定量の農薬を混入した飼料を長期間（2年間）投与し，2世代以上にわたって子孫に及ぼす影響を調べ，何ら健康に影響が認められない量「最大無作用量」から1日当たりの摂取許容量を算出する．1日当たりの摂取許容量は，最大無作用量をこの安全計数で除して算出される．この係数は実験動物と人との感受性の違い，幼児，老人などと健康成人との感受性の差などを考慮して，通常100が用いられる．　　　（大澤貫寿）

**アンドソル**（Andosols）→ FAO-Unesco世界土壌図凡例

**アンブレラほうしきぎじゅつきょうりょく　アンブレラ方式技術協力**（Umbrella Technical Cooperation）

インドネシアを対象に行われているODAによる農業技術協力の方式．ODAの問題点の一つに，受け入れ国側のセクショナリズムがある．インドネシアの場合，灌漑の第一次用水路は公共事業省，第二次用水路は農業省，末端の第三次用水路は協同組合省，また，米の生産は農業省，精米を行う農村組合（KUD）は協同組合省，流通は食料調達庁（BULOG）と管轄が分かれている．こうした縦割り行政の弊害を避けるため，資金協力（無償，有償）と技術協力（プロジェクト方式，専門家派遣，研修生受け入れ，開発調査）の有機的連携を図り，総合的効果の実現を目的に1981年より実施されている．第一次（81～85年）は米増産協力，第二次（86～90年）は主要食用作物生産振興計画協力，と時代の要請に即した全体目標が掲げられた．第三次は95年10月より5カ年間，農民の生活水準向上を目標として，農業生産性向上，農産物流通，農民組織化などを組み合わせた協力を行うとされている．　　　（横山繁樹）

**アンブロシアきん　アンブロシア菌**（ambrosia fungi）

キクイムシ類（キクイムシ科およびナガキクイムシ科甲虫）と共生関係を持っている菌類の総称．分類学的には$Ambrosiella$属のほか多数の属に及び，キクイムシ体内の$Mycangia$（または$Mycetangia$）と呼ばれる胞子貯蔵器官によって運搬される．形成層部分を摂食するキクイムシ類をbark beetles（バークビートル）と呼ぶのに対し，栄養分の乏しい材質

部に穿孔するキクイムシ類のことを ambrosia beetles（アンブロシアビートル）と呼び，坑道内に本菌を培養・繁殖させてこれを食物として生育する．ambrosia beetles の穿孔を受けた材は，坑道が形成されるだけでなく坑道周辺が黒〜黒褐色に変色して材の価値が低下するため，林業的被害が大きい． （衣浦晴生）

**アンブロシアビートル**（ambrosia beetle）

キクイムシ類の中には材内に穿孔し，坑道内に共生菌であるアンブロシア菌を繁殖させ，それを成虫と幼虫が餌としているものがある．このような生態を養菌性といい，養菌性のキクイムシ類をアンブロシアビートルと呼ぶ．養菌性はナガキクイムシ科のほぼ全種と，キクイムシ科の一部から知られている．アンブロシアビートルの成虫は，菌囊（マイカンギア）と呼ばれる器官を体の一部に持っており，その中にアンブロシア菌を取り込んで運んでいる．アンブロシアビートルは，一般に伐採丸太の害虫であり，その被害は穿孔と，それに伴う腐朽菌の進入による材質劣化である．数種のアンブロシアビートルは，生立木だけを攻撃するといわれているが，一般的には不適地における造林木や，気象害などによる衰弱木に入るか，もしくは細枝に入るのが普通である． （後藤秀章）

**アンモニアしょりわら　アンモニア処理わら**（anmonia treated straw）

繊維の消化率を上げたり嗜好性を増す目的で，アンモニアで処理したわら類．
（矢野史子）

い

**イウミ**（国際水産資源研究所：International Water Management Institute：IWMI）

IWMI は，1997 年に前身の IIMI（国際灌漑管理研究所）を名称変更した機関である．IIMI は，農作物の収量増に密接に関連している灌漑システムの管理方法や経済性の改善を図るために，各国研究機関（NARS）との協力の下，研究・教育・訓練および情報の普及を行うことを目的として設立された．フォード財団が中心となり 1983 年に設立協定が交わされ，1984 年に研究に着手した．当初はスリランカ政府との合意により，スリランカのキャンディ市郊外のデクガナに本部を設置したが，保安上の理由により 1989 年に本部をコロンボ市内に仮移転し，1991 年にスリ・ジャヤワルダナプラ・コッテに移転した．パキスタン，トルコ，メキシコに地域事務所を置き，20 カ国以上で活動を実施している．ここでは，主に灌漑稼働評価，灌漑システムの設計・管理，政策など社会科学研究，環境や健康への影響に関する研究などが実施されている．主要な研究テーマは，農業生産のための総合的水管理，小規模経営の持続的土地・水管理，持続的地下水管理，水資源管理制度および政策，水質管理，水と健康・環境の五つで，これに関連する研究が取り組まれている．
（安延久美）

**イェソトキシン**（yessotoxin）→下痢性貝毒

**イエローモットルびょう　イエローモットル病**（yellow mottle disease）

アフリカ大陸に発生するイネウイルス病で，1966 年ケニアで発見された．シエラレオネ，コートジボアール，ナイジェリア，ニジェール，ザンジバル，ブルキナファソ，マリ，タンザニア，ガーナ，マダガスカルで発生が知られている．

罹病イネは萎縮し，分げつは減少する．若い葉に黄色と緑色の濃淡斑（mottle）あるいは黄色の条斑が現われる．穂は奇形になり，不完全出穂となって，不稔粒をつける．

病原は rice yellow mottle virus（RYMV）で，*Sovemovirus* 属の直径約 30 nm の球形ウイルスである．*Sesselia pussilla* のほか数種のハムシ類によって半永続伝搬される．また，機械的にも接触伝搬される．発病イネの刈り株から生じたひこばえが感染源となる．防除法は，発病イネの早期抜き取り，田植え 2 週間前の耕起湛水が有効である．抵抗性品種に

は WARDA（西アフリカ稲開発協会）が育成した WITA7，WITA8 および WITA9 がある．
〔守中　正〕

**イカルダ**（国際乾燥地域農業研究センター：International Center for Aguricultural Research in theDry Areas：ICARDA）

CGIAR の技術諮問委員会（TAC）は，1972年に中東およびアフリカの調査を行い，この地域の食料需給の乖離を埋めるため，新たな研究センターの設立を勧告した．この勧告にもとづき，IDRC（国際開発研究センター，カナダ）が 1976 年にシリア政府と，また 1977 年にはイラン政府と，それぞれ農業研究センターの設立に関する協定を締結した．従来からフォード財団により運営されていた ALAD 計画（乾燥地農業開発計画，1968 年よりベイルートを拠点）のうち，二つの主要な研究プログラムを移転し，ICARDA が発足した．本部をシリアのアレッポに置き，オオムギ，ソラマメ，レンズマメ，ヒヨコマメ，コムギ，牧草，飼料作物などを対象に，乾燥，冷害，虫害，酷暑などの生産性阻害要因，生物多様性の喪失，土壌侵食，病害に対する研究プログラムを実施している．また，農民による集団的な資源管理やジェンダー問題，新技術導入の影響評価など，農業生産システムに影響を及ぼす社会・経済・政策研究と取り組んでいる．
〔安延久美〕

**いくしゅ　育種**（breeding）

一般には品種改良ともいう．しかし，最近のバイオテクノロジーの急速な進展により，あらゆる生物種の有用遺伝子が利用可能になり，従来の品種改良の範囲を超えた育種の概念形成が必要になっている．バイオテクノロジーの最も重要な出口の一つが育種であり，その一手段としてバイオテクノロジーを位置づけるのが妥当といえる．

育種とは，有用生物集団の遺伝的構成を改変することにより，有用生物の生産性を高めたり，品質・成分を改良する技術である．育種は，「遺伝変異の誘発」と「有用変異の選抜」の二つの重要なステップからなる．

育種の材料となる遺伝資源（または育種素材）に，人工交配，人為突然変異，組換え DNA などにより遺伝変異を誘発し，育種のもとになる「変異（基本）集団」を作る．変異集団には，豊富な遺伝変異が含まれる．この中から，人為選抜により有用な遺伝変異を探しだし，遺伝的に安定させて「改良（目標）集団」を作る．

作物の育種法は，作物の繁殖様式により異なる．イネ，コムギ，ダイズなどの自殖性作物では，自家受粉を繰り返すか，葯培養などにより作られる半数体のゲノムを倍加することにより，遺伝的固定をはかり，ホモ接合性程度の高い純系（pure line）をつくり，新品種とする．

長い間にわたり栽培され地方環境によく適応している地方品種（land race）には，豊富な遺伝変異が蓄積されており，純系の混合集団となっている．これらの中から，すぐれた特性をもつ純系を選抜して，新品種を作ることができる．

トウモロコシや多くの野菜・花き類などの他殖性作物では，ヘテロシス（heterosis，または雑種強勢，hybrid vigor）を利用する育種に重点がおかれる．高いヘテロシスを表わす組合せ能力（combining ability）の優れた近交系（inbred line）を育成し，それらを交配して一代雑種（$F_1$ hybrid）品種とする．この場合，両親とする近交系の権利を保持することにより，商業生産のための種苗の権利を守ることできる．このため，民間企業による育種が盛んに行われている．ヘテロシスを利用する一代雑種品種の開発にあたっては，効率のよい一代雑種種子の生産技術が不可欠である．とくにイネなどの自殖性作物では，遺伝的優性不稔を利用する効率的な採種体系が確立されなければ，一代雑種品種の開発・普及はおぼつかない．

一代雑種品種の開発の困難な牧草類などの他殖性作物では，他家受粉をベースとする開

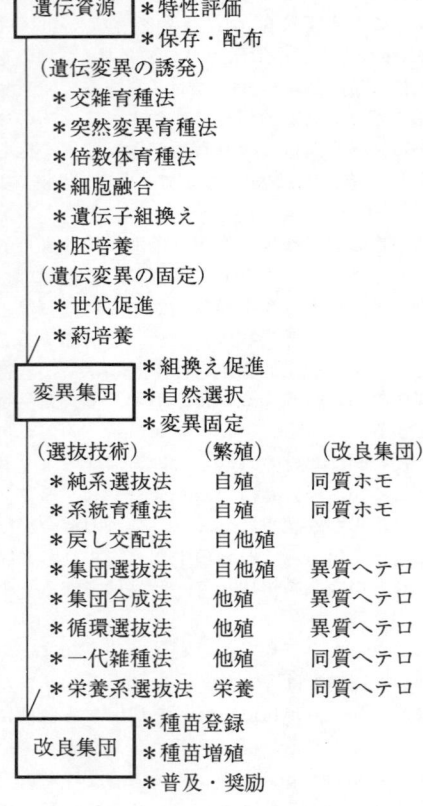

図1 作物育種の流れと操作

放受粉集団（open pollinated population）として，集団選抜（mass selection）や循環選抜（recurrent selection）などにより有用遺伝子の頻度を高める集団改良の方法がとられる．

いも類，果樹類，塊茎根・球茎根作物などの栄養繁殖性作物では，人工交配や体細胞突然変異の誘発などにより遺伝変異を拡大し，優良遺伝子型を選択的に増殖して，クローン（栄養系）品種とする．

最近では，組織・細胞培養などに伴う遺伝変異を活用する育種が注目されている．

作物育種の流れに沿って育種技術を体系的に整理すると，図1のようになる．

作物の育種方式は遺伝変異の誘発（と固定）並びに有用変異体の選抜技術との組み合わせで決まる．イギリスの Simmons & Smartt (1999) は，作物の繁殖様式と関連付けて，育種方式を四つの体系に分けている．

近年のバイオテクノロジーの進歩はめざましく，従来の育種技術では実現できないことが可能となっている．

第一に，従来の育種では，人工交配のできない遠縁種やほかの生物種の遺伝子を利用することはできなかった．しかし，細胞融合や組換え DNA 技術の発展により，生物種の壁を越えて，あらゆる種類の生物の有用遺伝子を利用できるようになっている．

第二に，組織培養などの進歩により，体細胞変異を育種に利用できるようになった．たとえば，キクの花弁に発生した豊富な花色変異セクターから，組織培養により花色の異なる品種が育成され，実用化された．

第三に，培養過程で生ずる遺伝的変異を抑え，遺伝変異を伴わない再分化系が確立され，体細胞クローンによる効率的な無性増殖が可能となれば，いかなる繁殖様式の作物でも，最も優良な遺伝子型だけをクローン増殖して，新品種とすることができるようになる．

（藤巻　宏）

**いくしゅかけんり　育種家権利**（breeders' right）→遺伝資源（植物）

**いくしゅかしゅし　育種家種子**（breeders' seed）→原原種・原種

**イクラフ**（国際アグロフォレストリー研究センター International Center for Research in Agroforestry : ICRAF）

カナダの国際開発研究センター（IDRC）の主唱により，耕作地における樹木の総合的管理による持続的かつ生産的な開発途上国の土地利用研究を行う組織として，国際林業研究評議会が設立され，1978年にその本部がケニアのナイロビに設立された．1990年の CGIAR 年次会議で傘下機関となることが決

定され，1991年に加盟し，名称を評議会からセンターに変更した．アグロフォレストリー・システムの向上を通じて，熱帯地域の森林破壊，土壌劣化，農村貧困の解消への寄与を目指している．ICRAFでは，東部・中央アフリカの準湿潤耕地，南部アフリカの準湿潤平地，西アフリカの半乾燥・湿潤地域，ラテンアメリカ，東南アジアを，活動の対象としている．資源の枯渇を招く土地利用や農業生態系の研究，アグロフォレストリー用樹木の選定・生産・管理の研究を中心に，温室効果ガスの削減が地球規模の環境問題に与える効果の研究や社会経済的研究を行っている．

(安延久美)

**イクラーム**（国際水生生物資源管理センター：International Center for Livinng Aquatic Resources Management：ICLARM）

ICLARMは，ロックフェラー財団の支援でハワイ大学で進められていたプロジェクトを受け，1975年に熱帯水産資源や小規模な養殖および沿岸水産資源の研究活動を行う機関として設立された．1977年，フィリピン共和国の公益法人組織となり，1992年に策定された水産資源に関する研究戦略に基づきCGIAR傘下の機関となった．1999年に，フィリピンのマニラから，マレーシア国立水産研究所および漁業トレーニング大学のあるマレーシアのペナンに本部を移し，バングラデシュ，マラウィ，フィリピンにプロジェクト事務所を置いている．水生生物資源の生産・管理を通じて，世界の開発途上国における人々の福利を向上させるため，熱帯開発途上国の内水源，沿岸水源，および珊瑚礁の三つの資源システムに焦点を置く，遺伝資源の改良や総合的な水産業，水産資源管理や珊瑚礁劣化の防止などの環境保全，生物多様性の保全を図る研究と取り組んでいる．

(安延久美)

**イクリサット**（国際半乾燥熱帯地域作物研究センター：International Crops Research Institute for the Semi-Arid Tropics：ICRISAT）

アジア，アフリカ，中南米，豪州に広がる半乾燥熱帯地帯の畑作物の研究センターとして，フォード財団の支援で1972年に設立された．同研究所の設立に当たっては，半乾燥熱帯地域の研究に最適な地に本部を置くために，最終的に半乾燥熱帯土壌である赤土（アルフィソル）および黒土（バーティソル）の分布が重なるインドのハイデラバードに本部が設置された．世界で最も貧困な地帯であり，世界の人口の約6分の1が集まる熱帯半乾燥地域を対象に，特に低所得者の栄養および福祉の向上に寄与するため，当該地域の主食である6つの作物（モロコシ，トウジンビエ，シコクビエ，キマメ，ヒヨコマメ，ラッカセイ）を対象に，農業生産の持続的向上に関わる国際連携研究を実施している．これらの作物を中心に，研究分野は農学，作物防除，遺伝子改良，遺伝資源，社会経済・政策，土壌，農業気象学など広範にわたる． (諸岡慶昇)

**いけいせつごうたい　異型接合体**（heterozygote）

同一遺伝子座に異なる対立遺伝子が入った接合体をいう．ヘテロ接合体ともいい，同型接合体（ホモ接合体）に対する用語．一対の対立遺伝子ではAa，二対の遺伝子座ではAaBb AaBB AABb aaBb AaBBなどの異型接合体がある．生物集団の中の異型接合体の割合は，繁殖様式により大きく異なる．自殖性集団では，一回の自殖ごとに，各遺伝子座の異型接合体の割合は半減し，やがて同型接合体のみから成る純系集団となる．一方，他殖性集団，特に無作為交配集団では，集団内の異型接合体の割合は一定に保たれる．一代雑種集団では，異型接合体の割合が最も高くなる．→同型接合体 (藤巻　宏)

**イーシー50　イーディー50　EC50**（median effective concentration），**ED50**（median effective dose）

EC50は中央有効濃度または中央影響濃度，ED50は中央有効薬量または中央影響薬量ともいわれるが，通常はEC50およびED50が用いられる．一定の条件下において供した生

物の50％に何らかの影響（生育，成育阻害）が出る薬物の濃度を有効濃度EC50で表わす．また，生物試験において農薬の用量―反応から対象生物母集団の50％が反応を示すと思われる薬量50％を有効薬量としてED50で表わす． （大澤貫寿）

**いしつばいすうたい　異質倍数体**（allopolyploid）

異なるゲノムが組み合わさって入っている倍数体．たとえば3種のゲノムA，BおよびCについて，四倍体では同質四倍体AAAA，BBBB，CCCC以外のAABB，AABCおよびABCDはいずれも異質倍数体である．これらを互いに区別するために，それぞれを二基四倍体，三基四倍体，四基四倍体などと呼ぶ．しかし，自然界に見られる種子繁殖性の倍数体の多くは偶数基の倍数体で，かつAABBのように同一ゲノムが二つずつ組み合わさった異質倍数体である．このような植物は，同一の祖先種（U）から分化したAAゲノムの植物とBBゲノムの植物との間に交雑が起こり，その雑種にたまたま生ずる非還元性の配偶子（復旧核）AB同士の接合により生じた複二倍体植物（AABB）である．このような複二倍体植物は，AA植物とBB植物との人工交配を行い，できた雑種をコルヒチンで処理することによって作出することができる．ただし，A，Bゲノムの分化程度によっては，雑種も複二倍体植物も作出できない場合もある．
 （天野　實）

**いしょくさいばい　移植栽培**（transplanting culture）

イネ，野菜などの苗を育苗していた場所から田畑に植え換えて栽培する方法．イネの移植栽培では，主に1）移植前の本田への代かきによる雑草防除，2）苗の病虫害・干害などからの保護，3）小面積の苗床による集約的な苗生産管理が可能なことから，直播栽培に比べて土地生産性が高くなるが，育苗管理，移植にかかる労力が必要となるため労働生産性は劣ることとなる．イネの移植方法には株間，条間が一定の正条植えと一定でない乱雑植えがある．熱帯地域では従来，手植えによる乱雑植えが多いが，移植後の除草などの作業性が優るため正条植えが指導されている．熱帯アジアのイネ栽培について南アジアでは直播が多いのに対し，東南アジアでは移植栽培が比較的多く見られる．東南アジア諸国の工業化に伴う労働力不足により灌漑二期作地域を中心に直播栽培も増加している．また，熱帯アジアの大河川デルタ地域や西アフリカの水田では移植と直播が併用されている場合もある． （松島憲一）

**イスナル**（国際農業研究サービス：International Service for National Agricultural Research：ISNAR）

開発途上諸国の多くは，まだ国際農業研究機関の成果や新しい開発技術を導入し，自然・経済・社会条件に応じた普及・定着を図る基盤が十分ではない．このため，1978年のCGIAR年次総会で，国際農業研究センターの成果を各国に移転し各国の農業研究体制の強化を目ざす機関の設置が勧告され，1979年にISNARが設立された．本部はオランダのハーグに置かれている．ここでは，各国の農業政策立案および研究システム開発に関わる手段の検討と分析や，各国農業研究システムの組織的能力を高めるための情報システムの構築や，各種の出版物による情報普及・交換・研修活動などを中心とした世界を結ぶ研究支援活動が取り組まれている． （安延久美）

**いぞんどじょう　遺存土壌**　→古土壌

**いちじさんぴん　一次産品**（commodities）

一次産品とは，農林水産物，鉱産物の加工される以前のものを指す．途上国には，一次産品の輸出に特化した国もあるが，一次産品は国際価格の短期的変動にさらされるという問題と，長期的に需要が非弾力的なために，交易条件が不利になるという問題を持つ．これらは一次産品問題といわれるが，それは短期的問題と長期的問題に大別される．まず短期的には，供給側の要因として，自然条件に

より生産量が大きく変動するため供給量が不安定であり，需要側の要因として，その価格弾力性が小さいために需要量が硬直的になることから，一次産品価格は一般に大きく変動しがちである．したがって，一次産品輸出国は貿易による外貨獲得において常に激しい変動に直面することになる．これは一次産品輸出国の安定的な輸入を困難にする．また，一次産品輸入国もその激しい価格変動により，一次産品を原料に使用する生産者はもとより消費者も不利益を受けることになる．次に長期的には，一次産品の工業製品に対する所得弾力性は一般に小さいとされ，特に食料品に関してはこの傾向が強い．また工業部門においては，合成繊維などの一次産品に代替する製品の出現の可能性（例えば，絹に対するナイロンの出現）や原材料である一次産品を節約する技術進歩の存在，高度な技術を使用した工業製品（例えば，コンピューター，ソフトウエア，通信機器，その他の精密機械）への需要の増大が生じる傾向がある．以上の諸条件のために，一次産品の交易条件が工業製品に対して長期的には不利化する傾向があることが指摘されている．このため一次産品輸出国は国際貿易を通した長期的な経済成長で不利益を被ることになる．一次産品輸出国は，アメリカ，カナダ，オーストラリア，ニュージーランド，デンマークなどの先進国もあるが，その大部分は途上国である．また，途上国の場合，特定の一次産品に極端に特化した国が多い．そこで，一次産品問題の不利益を解消するため，ココア，コーヒー，錫，砂糖，小麦などに関する国際商品協定が取り決められてきた．　　　　　　　　　（明石光一郎）

**いちじせんい　一次遷移**（primary succession）

火山の噴火によって生じた溶岩流上や，新しくできた湖などに，植物や動物が次々に侵入を繰り返し，種が置き換わりながら生物群集が変化していく過程を一次遷移と呼ぶ．一次遷移は，生物が全く侵入していない状態から出発する．古典的な概念では，一次遷移は先駆種が優占する状態から，極相種が優占する極相群落へと定方向的に変化していき，一つの大気候には一つの極相群落（climax community）が存在するとされた．現在ではこのような種のセットとしての極相群落の存在は否定され，個々の種の分布は，環境条件の傾度に反応してそれぞれ独自に決まり，多数の種の分布が複合したパターンとして極相群落を認識すべきであるとの考え方（極相パターン説）が一般的に受け入れられている．一次遷移にともなう生物群集の移り変わりの系列は，一次遷移系列（presere）と呼ばれる．
　　　　　　　　　　　　　　　（神崎　護）

**いちだいざっしゅ　一代雑種**（$F_1$ hybrid）
→雑種強勢，育種

**いちょうびょう　萎凋病**（wilt）

トマト，ホウレンソウなどの野菜やアスター，カーネーションなどの花きなどの病害で病原菌 *Fusarium oxysporum* という糸状菌の寄生によって発病する．病原菌は作物の根や茎の維管束に侵入して増殖するため，水分，栄養の吸収が悪くなり，下葉から黄化，萎凋して枯れる．病原菌の寄生性は明瞭で，例えば，トマトを侵す菌（*Fusarium oxysporum* f. sp *lycopersici*）はトマトのみに寄生し，他の作物を侵さない．本菌は 25℃ 異常の高温が好適条件で活動が活発となるため，被害は夏場のトマトやホウレンソウ栽培で大きい．同一作物を連作する毎に土壌中の病原菌密度は高くなるので育苗は無病土か消毒土で育苗し，汚染圃場は土壌消毒して栽培する．また，抵抗性品種や抵抗性台木による接ぎ木によっても病気を回避する．また，イチゴ，ウドにも萎凋病があり，病徴はよく似ているが病原菌は *Fusarium* ではなく，*Verticillium dahliae* という糸状菌である．

なお，このほか，つる割病，青枯病などを含めて萎凋症状を示す病害を萎凋病と総称することもある．　　　　　　　（小林紀彦）

## いちょうせいびょうがい（じゅもくの）萎凋性病害（樹木の）(wilt diseases of trees)

萎凋（wilting）とは，植物体への水分補給が断たれるか，水分供給が充分でないために細胞の膨圧が低下して植物体がしおれる現象をいう（→病徴）．萎凋の原因は，土壌の乾燥や灌水不足のほか，土壌の理化学性の悪化による根の腐敗や昆虫による根や茎の食害など物理的傷害，微生物の寄生などがある．植物の全身あるいは一部が萎凋する症状は，萎凋性病害と総称される．微生物の寄生による樹木の萎凋性病害では，微生物により導管，仮導管の異常や根の腐敗などで通水組織が異常となり，水分通導阻害が急激に生じて樹木全体あるいは一部が萎凋・枯死する．日本および東アジアで最大の樹木病害であるマツの材線虫病（pine wilt disease, *Bursaphelenchus xylophilus*），欧米で大きな被害をもたらしてきたニレ立枯病（Dutch elm disease, *Ophiostoma ulmi*），世界中に分布するならたけ病（Armillaria root rot, *Armillaria* spp.）は，その代表的な例である．

萎凋性病害の中で，導管（仮導管）が侵されて萎凋が発生する場合が最も多く，被害も大きい．萎凋の機構は病原によって異なり，病原菌による導管閉塞説，チロースによる導管閉塞説，病原菌の分泌する多糖類による導管閉塞説，細胞壁分解酵素による導管壁溶解と分解生成物による導管閉塞説，毒素説などがある．

熱帯地域における萎凋性病害としては*Fusarium oxysporum*によるカリン（*Pterocarpus indicus*）の被害（シンガポール），*F. solani*による*Eucalyptus cameldulensis*の被害（インド），*Trichosporium vesiculosum*による*Casuarina equisetifolia*の枯死（インド）が報告されている．またパプアニューギニアでは，土壌病害（*Heterobasidion annosum*, *Armillaria* sp.）によるケシアマツ，*P. patula*の萎凋枯死，*Phellinus noxius*と*Phytophthora* sp.によるチークと*Eucalyptus deglupta*の枯死被害の報告がある．その他，*Ceratocystis*, *Verticillium*, *Ophiostoma*属菌による萎凋の発生も知られている．

マツの材線虫病やニレ立枯病のように，萎凋性病害が広く蔓延し流行病となった理由は，病原微生物が苗木や丸太によって病害未発生地域に持ち込まれ，その地域で広く分布，あるいは植栽されていた感受性の樹種が次々と罹病した結果と考えられる．熱帯地域においても，造林早成樹種として外来樹種の一斉造林地が増加している．このような地域に新しい病原微生物が持ちこまれた場合には，被害は急激に拡大する危険性が大きいので充分に注意が必要である．　　　　（伊藤進一郎）

## いっせいかいか　一斉開花（general flowering, gregarious flowering, mass flowering）

同一の森林内で，多数の種が同調して一斉に開花する現象．熱帯多雨林では，数年以上の間隔をおいて，一斉開花することが知られている．熱帯多雨林では，開花の同調性は，気温の低下が引き金になっているとする説が有力で，エルニーニョ（→）とラニーニャの発生サイクルとの関連が議論されている．一斉開花は，花粉を媒介する昆虫を誘引したり，その個体群を増殖させる効果があり，受粉効率を上昇させるという説がある．

一斉開花の結果，大量の種子が同調して生産されることになる．単一の樹種の種子が，数年以上の周期で結実する現象は，隔年結果現象と呼ばれるが，一斉開花により，多数の種の隔年結果が同調する．これにより，捕食者が消費できる以上の種子が一時期に集中して生産され，種子の死亡率が低下するという仮説（飽食仮説）がある．　　　　（神崎　護）

## いでんしがた　遺伝子型（genotype）

表現型（phenotype）に対する用語で，生物の表面に現れる形質（表現型）の遺伝的基礎をなす遺伝子構成をいう．たとえば，メンデルが遺伝の研究に用いたエンドウマメの種子の「まる型」と「しわ型」は一対の遺伝子により決まる．まる型は，しわ型に対して優性で

ある．まる型（RR）としわ型（rr）を交配すると，その雑種はまる型（Rr）となる．この場合，まる型の親（RR）と一代（$F_1$）雑種（Rr）とは，表現上は同じまる型であるが，遺伝子型は RR と Rr で異なる．しわ型の親（rr）は表現型と遺伝子型が一致する．質的・量的形質を問わず，全形質に関し，表現型（P）＝遺伝子型効果（G）＋環境効果（E）となる．この式は，一対の遺伝子だけが関与する場合でも，多数の遺伝子が関与する場合でも成立する．なお，厳密には，P＝G＋E＋GE であり，GE は遺伝子型と環境の相互作用効果を表わす．

（藤巻　宏）

**いでんしぎんこう　遺伝子銀行**（gene bank）
動植物，微生物などの遺伝子資源およびその情報を保存・管理し，研究者などの利用者へ配布提供する機関．その目的は，急速に消失しつつある遺伝資源を維持保存するということもあるが，保存する遺伝資源をいかに有効に利用するかということが重要であり，そのために利用者の要請に応じて，必要な遺伝資源と情報を，的確に提供できるようにすることが大切である．

わが国では，農林水産省が昭和60年にジーンバンク事業を開始し，植物，微生物，動物，林木，水産生物および DNA の6部門について収集，保存を行い，植物，微生物，林木および DNA については配布を行ってきた．平成13年4月より，農林水産省傘下の試験研究機関の独立行政法人化に伴って，農業生物資源研究所がセンターバンクになり，植物，微生物，動物および DNA については農業生物資源ジーンバンクで，林木遺伝資源については林木育種センターを中心に，水産生物（海草類）については養殖研究所を中心に，それぞれ引き続きジーンバンク事業を実施している．

植物では，国際的には国際農業研究協議グループ（CGIAR）傘下の国際稲研究所（IRRI）や国際小麦・トウモロコシ改良センター（CIMMYT）などの11国際研究機関，CGIAR 傘下ではないが野菜類の保存を行っているアジア蔬菜研究開発センター（AVRDC）や各国で保存を行っており，その保存総数600万点に達している．その内訳は，国際機関では CIMMYT（小麦など）：約14万点，国際半乾燥熱帯作物研究所（ICRISAT：豆類等），国際乾燥地農業研究センター（ICARDA：小麦，豆類など）：それぞれ約11万点，IRRI（稲類）：8万点など，AVRDC（野菜類）：約4万点などのほか，アメリカ：55万点（国立種子貯蔵所など），中国：35万点（品種資源研究所など），インド：34万点（国立植物種子貯蔵所：NBPGRなど），ロシア：30万点（N. I. Vavilov 植物生産研究所：VIR など）などとなっている．国内では農業生物資源ジーンバンクで約21万点の種子や栄養体を保存しているほか，北海道や広島などの都道府県の機関が在来種など計約11万点を保存している．農業生物資源ジーンバンクでは稲類，麦類，豆類，いも類，雑穀・特用作物，果樹，野菜，花き・緑化植物，チャ，クワ，熱帯・亜熱帯作物に12分類して管理し，遺伝資源の来歴を記したパスポートデータ，特性情報を記した特性評価データなどをインターネット（http://www.gene.affrc.go.jp/plant/index_j.html）で公開している．

微生物では，国際微生物保存連盟（WFCC）を中心に各国の保存機関のネットワークが形成され，国内では日本微生物資源学会（JSCC）がカタログの発行などとともに，保存機関である生命工学工業技術研究所，理化学研究所，東京大学分子細胞生物学研究所，（財）発酵研究所などで保存，配布を行っている．農業生物資源ジーンバンク微生物部門もそのメンバーになっており，植物病原菌や食品微生物など農業関連の糸状菌，バクテリア，ウイルスなど微生物遺伝資源18,000点をベースコレクションとして保存し，配布・提供を行っている．DNAでは，アラビドプシスやイネなどのゲノム研究から得られた成果

を，cDNAクローンとともにその情報が公開・利用できるシステムが構築され，国際的に利用されている．　　　　　（白田和人・建部　晃）

**いでんしげん（しょくぶつ）　遺伝資源（植物）**（genetic resources（plant））

熱帯，特に湿潤熱帯は生物種の多様性に富み，遺伝資源の宝庫と目されている．人類はまだそのごく一部を利用しているにすぎないが，乱開発による環境破壊はそのような遺伝資源を急速に消失させている．他方，長年にわたって各地で栽培されてきた地方品種も，近代品種の普及に伴い急速に失われている．このような現象を遺伝的侵食（genetic erosion）というが，このような遺伝的侵食を放置しておけば，将来の育種のための遺伝的基盤が極めて脆弱なものになりかねない．特に，イネやコムギ，トウモロコシのような主要な食用作物の遺伝的多様性中心は熱帯や亜熱帯などの地域にあり，これら地域での遺伝的侵食は人類の将来にとって致命的である．これは緑の革命だけでなく，近代育種全般が関わるものである．

このため，「国際植物遺伝資源理事会」（IBPGR，現在の「国際植物遺伝資源研究所」IPGRI）を中心に1970年代から世界的な規模で組織的な収集が行われ，わが国も探索収集の共同実施などに積極的に協力してきた．このような協力活動により，600万点を超す遺伝資源が世界各国のジーンバンクや農業関係の国際研究機関に保存されるまでになった．

a.「生物の多様性に関する条約」（Convention of Biological Diversity）

1970年代，IBPGRが遺伝資源の組織的収集に取り組み始めたころ，遺伝資源は「人類共通の財産」であった．遺伝的侵食が急速に進行している原産国の多くは，熱帯や亜熱帯の開発途上地域にあり，遺伝資源の収集と保存には国際協力が必要であったことから，当時の関係者は高邁な理想に燃えて遺伝資源活動に取り組むことができた．

しかし，1980年代に入って，急速に進展したバイオテクノロジーと，いわゆる「種子戦争」による活発な品種開発は，一方で，原産国の利益配分に関する権利主張を活発化させた．自国から持ち出された遺伝資源を用いて生み出された利益を「育種家の権利」（breeders' right）として保護するなら，遺伝資源を営々と育んできた原産国の農民へその利益の一部を還元すべしとの主張であり，「育種家の権利」に対して「農民の権利」（farmers' right）と呼ばれている．

このような考え方はその後，1993年に国際法となった「生物の多様性に関する条約」（Convention of Biological Diversity：CBD）」のなかで，明確に位置付けられるに至った．すなわちこの条約は，生物の多様性の保全，持続可能な利用および利用から生ずる利益の公正かつ公平な配分を目的とし，遺伝資源が保有国の主権的権限下にあることを明確に規定している．このため，他国が遺伝資源の取得を望む場合は，保有国と利益配分などについて事前に合意することが必要となった．

遺伝資源は「生物の多様性に関する条約」のなかで，現実もしくは潜在的価値を有する遺伝素材として定義されている．遺伝資源の範疇には，作物の地方品種，育成品種のほか，既に作付けされなくなった古い栽培品種，育成途中の優れた系統，近縁種，野生種，雑草種，突然変異体のような遺伝材料などが含まれる．このような遺伝材料は，種子，球根，茎頂などの増殖の単位からなり，これらは生殖質（germplasm）と総称される．

b. 遺伝資源の収集と保存

わが国で遺伝資源の収集が本格的に行われるようになったのは明治維新以降のことであるが，欧米諸国では植民地などを対象に遺伝資源の収集を活発に続けてきた国が多い．なかでもアメリカ合衆国は建国以来，国をあげて海外からの遺伝資源の導入を進めており，そのコレクションは50万点を超す膨大な数に達している．新大陸起源の作物種が少なかったこともあって，昔から在外公館の活動を

利用したり，世界各地に探索収集隊を派遣したりして，遺伝資源の収集活動を積極的に進めてきた．

このような遺伝資源の収集に科学的な基礎を確立したのが，ロシアの N. I. Vavilov である．1887 年モスクワに生まれた Vavilov は，第一次世界大戦から第二次大戦にかけての動乱期に，世界各地で作物とその祖先種の探索収集を実施した．栽培植物の起源については，ダーウィン以降，多方面の研究者の注目を集めるところとなったが，Vavilov の提唱した栽培植物の発祥中心地は，彼ら自身の探索によって収集した膨大なコレクションについて植物地理的微分法により各種形質を解析し，その結果得られた多様性中心を基盤としたものであり，その規模や構想，学問的深化において群を抜くものであった．Vavilov 以後いろいろな学説が提出されているが，骨格は彼が提唱したものが基本となっている．現在では熱帯南アジア（イネ），東アジア（ダイズ），南西アジア（コムギ），地中海沿岸（キャベツ），アビシニア（モロコシ），中央アメリカ（トウモロコシ），南アメリカのアンデス山系（ジャガイモ）など，括弧内に挙げた作物をはじめとする多くの栽培植物の発祥に関わった第一次中心地と考えられるようになった．

収集された遺伝資源は，分類整理されて遺伝子銀行（ジーンバンク genebank）に保存される．イネやコムギなど乾燥に耐える穀物種子は，乾燥して低温で保存することによって，何十年，何百年という長期保存が可能となる．長期保存を目的とし，再増殖の特殊な場合を除き一般に配布の対象としない遺伝資源は「ベースコレクション」（base collection）と呼ばれるが，含水率 3～7％ に乾燥した種子を摂氏 0℃ 以下，できれば −18℃ 以下の低温で保存することを IPGRI では推奨している．一方，配布，交換，増殖，特性評価の目的に用いられる中期保存用の種子は，アクティブコレクション（active collection）と呼ばれ，7％ 程度の含水率で 0～5℃ で保存される．

一方，カカオ，ドリアンなど熱帯果樹や林木の種子は乾燥すると死滅してしまう難貯蔵性種子（recalcitrant seed）のものが多く，穀物の場合のように低温乾燥条件で長期保存することは難しい．また，いも類や果樹などの栄養繁殖する作物では，遺伝資源としてクローンの保存も重要であることから，芽や苗などの生殖質の長期保存法の開発も重要である．このような遺伝資源は，現在，圃場において栄養体のまま保存されることが多いが，圃場面積や労力などの負担が大きいうえに，病害や災害などによって滅失する危険性も高く，凍結保存などを用いた in vitro 長期保存法の開発が急務となっている．

まだ研究段階にはあるが，タロイモなどの遺伝資源については液体窒素を用いた超低温保存法として，茎頂を小さく切り出し特殊な凍害防止剤で処理したうえで瞬間的に凍結するガラス化法が開発されている．

ジーンバンクで遺伝資源を保存・維持する生息域外保全（ex situ conservation）とともに，野生種，林木など貴重な植物が生息している生態系を保護管理する生息域内保全（in situ conservation）が遺伝的多様性の維持に重要な方法である．また，伝統的な在来種や地方品種を栽培している農家圃場の維持保存（on farm conservation）も病害虫抵抗性などの有用な遺伝子保存にとり重要とされている．

c. 遺伝資源の評価と利用

前述のように，世界各国のジーンバンクや農業関係の国際研究機関には，600 万点を超える遺伝資源が保存されている．このような膨大な数の遺伝資源を保存するだけでなく，育種材料やバイオテクノロジーの素材として積極的に利用するためには，それぞれの遺伝資源について来歴や特性データの蓄積を図るとともに，利用者が簡便に利用できるような情報システムの整備が必要である．近年のコンピュータの発達は，このように大量で多様な情報の処理を可能としており，今後はこのような情報システムのネットワーク化を進め

る必要がある．

遺伝資源の特性を評価し，そのデータをデータベース化するうえで，基礎となるものがデスクリプタ（descriptor）である．IPGRIでは80余りの作物種について，特性評価項目と記載方法を整理して，デスクリプタリストとして刊行しており，このうちの一部はインターネットを通して入手することも可能である（http://www.cgiar.org/ipgri）．なお，これらのデスクリプタは，全世界の利用者を対象に多くの項目を網羅しているため，実際の利用にあたっては，利用者がそれぞれ現地の状況にあわせて項目を取捨選択して調査する必要がある．わが国の農業生物資源ジーンバンク事業でも，100種を超える作物種について特性調査マニュアルを作成し，そのデータを来歴データとともにインターネットで公開している（http://www.gene.affrc.go.jp）．

遺伝資源の利用には，昔の品種の復活栽培などもあるが，最も重要な利用は育種材料としての利用である．野生種のようにそのままでは育種材料として利用しにくいものについて，農林水産ジーンバンクでは育種素材化を図ってきた．このなかから，萎ちょう細菌病抵抗性のカーネーション中間母本農1号や芳香性のイチゴなど，野生種から耐病性や各種有用形質を取り込んだ育種素材が開発されつつあり，今後の展開が期待される．

（宮崎尚時）

**いでんしげん（どうぶつ）　遺伝資源（動物）（genetic resources（animal））**

人類は，少なくとも1万2千年以上にわたって野生動物の家畜化に従事し，今日では食肉，乳製品，卵類，皮革・繊維，肥料，燃料，役力，化学・工業原料，医薬品，特殊能力，情緒的快適さ，研究用などの実に多種多様な恩恵を享受しているが，これらの恩恵の供給源を動物遺伝資源と総称するようになった．我々の豊かな人間生活は，多様な動物遺伝資源に依存し，食料と農業に対する人間の総要求量の約30％は家畜が直接・間接的に供給していると推定されている．ここ20年余り前から，エネルギー，食料などの各種地球資源の有限性が強く意識されるようになり，資源の枯渇・生物多様性の消失を防ぐ意識を背景にして，グローバルな動物遺伝資源の詳細な認識・保全対策・持続的利用などの活動をFAOが中心になって把握・啓蒙していく状況にある．野生動物の家畜化の歴史を概観すると，約5万種の鳥類とほ乳類のうち30種以下が利用されたにすぎず，そのうちの14種以下で世界の畜産の90％以上を占めている．この14種のうち，次の9種：ウシ，スイギュウ，ウマ，ロバ，ブタ，ヒツジ，ヤギ，ニワトリ，アヒルで世界中に4,000を上回る品種があるとみなされている．家畜の品種数は，遺伝的多様性を示す大雑把な尺度であるが，これまでに約5,000の品種が作出され，現存品種のうち30％が絶滅の危機に瀕していると予想されている．FAOは，品種が絶滅する危険度を繁殖集団の雌雄頭数で分類し定義しているが，遺伝的多様性が消失する基本的原因は，先進国ではごく少数の品種による効率的生産システムに過度に依存（全国的に多様な生産システムの放棄），熱帯などの途上国では欧米産品種の無秩序な導入と安易な育種計画にあることを認識することが重要である．また，FAOは動物遺伝資源のデータベース構築に関し，ほ乳類については一般情報，品種の由来と開発，品種の概観，品種の利用と特別形質，管理の条件，能力形質の情報，鳥類については一般情報，集団のデータ，品種の概観，用途，管理の条件，能力，情報提供者・機関を内容とすることを提言している．同時に遺伝資源そのものの保存方法にも当然ながら言及している．FAOの動物遺伝資源に関する構想は，実に遠大であり，この10年余りにも印刷物によるかなり大量の情報提供がなされてきたが，実際の進展状況・全品種数に対する完成の程度などを掌握することは困難である．わが国の動物遺伝資源に関する組織的な活動は，10数年前から農水省の機関が

中心となってジーンバンク事業として国内資源の凍結保存が開始され進行中であるが、特性評価などの詳細な情報によるデータベースの完成が期待されている。　　　（建部　晃）

**いでんしちず　遺伝子地図**（gene map）

近年の分子遺伝学の進展はめざましく、多くの作物で遺伝子地図は急速に書き替えられている。かつての遺伝子地図は、特定の単一遺伝子による農業形質や解析の進んだ突然変異形質を支配する遺伝子の染色体上における配列を示す連鎖地図であった。地図上に遺伝子を書き込むには、多大の時間と労力をかけた連鎖分析を要し、しかも基準となる標識遺伝子の数がきわめて少ないため、その結果にはかなりの誤差を伴うことが避けられず、連鎖地図上の遺伝子を増やすのは容易でなかった。例えば1990年段階でイネの12本の染色体は僅かに311遺伝子が記載されているのみである。

その後、RFLP（制限酵素断片長多型）などの分子マーカーを用いた連鎖地図が作られるようになった。1991年から始まった日本のイネゲノム研究プロジェクトは、2003年春には全てのイネゲノムの解析を終えた。このような遺伝子地図はRFLP連鎖地図という。従来の連鎖地図とRFLP連鎖地図とを統合する作業は、簡単ではないが進められている。RFLPあるいはRAPDマーカーによって、さまざまな農業形質の遺伝子の位置決定が急速に進み、また量的形質に関与する主要な遺伝子の座位（QTL）の推定が行われるようになっている。RFLP連鎖地図では、遺伝子間の距離は組換え率で示されるので相対的な値であるが、多くのデータの積み重ねからかなりの距離が推定されても、実際には組換え型が得られないという例もある。これは、いくつものRFLPマーカーが存在しているDNAの区間で、交差が起こりにくいためと推定される。

遺伝子地図には、物理地図と呼ばれるものがある。これは染色体から切り出したDNAの断片を、染色体に並んでいたとおりに整列させたもので、そのDNA断片は保存されており、他の研究者が分譲を受け、増殖して利用することが可能である。得られた塩基配列情報は、フィードバックされて、物理地図のDNA情報が充実していく。この地図では遺伝子間の距離は塩基対の数で絶対値であること、地図と照合して染色体の必要な部分を選び、遺伝子の単離のための材料とすることができる。　　　　　　　　　（金田忠吉）

**いでんそうかん　遺伝相関**（genetic correlation）

雑種集団において外観的に観察される形質間の相関（表現型相関）のうちで、遺伝子型に基づいて起こる相関をいう。相関を構成する共分散の間には、表現型共分散＝遺伝共分散＋環境共分散という関係が成り立つ。例えば、イネの$F_2$集団において、稈長と穂数の間に相関関係があるとする。この場合、稈長を支配する遺伝子が同時に穂数を支配していたり、あるいは、稈長を支配する遺伝子の近傍に穂数を支配する遺伝子が連鎖していると、稈長と穂数の間に遺伝相関が現れる。また、肥料の影響などにより、稈長が伸びやすい条件で穂数も多くなる傾向がある場合、環境相関が現れる。遺伝相関と環境相関とは、同じ符号を持つとは限らない。その結果、正の遺伝相関と負の環境相関が相殺して、表現型相関が現れない場合もある。統計的分析により、遺伝相関と環境相関を区別し推定することができる。　　　　　　　　　（藤巻　宏）

**いでんてきかいりょう　遺伝的改良**（genetic improvement）

家畜集団の平均能力は、飼養管理法の改善がなくても有効な選抜が実施されるならば親世代よりも子世代の方が向上する。選抜による遺伝的改良量は、対象形質の選抜差とその遺伝率の積によって基本的に計算される。乳牛の場合、人工授精が普及し繁殖に供用される種雄牛が少なくなれば選抜差が大きくなり、雄親から子への遺伝的改良量は大きくなる。ただし、後代検定に要する年数のため、

雄親と子の世代間隔は雌親と子のそれよりも長くなる傾向が強い．それを補整するために，世代当たり改良量を平均世代間隔で除して年当たり改良量として表示されることも多い．こうした遺伝的改良の原理は他殖性植物にもあてはまる．　　　　　　　　（建部　晃）

**いでんてきしんしょく　遺伝的侵食**
(genetic erosion)→地方品種

**いでんてきふどう　遺伝的浮動**（genetic drift)

生物集団の遺伝子頻度が偶然的原因で変動することをいう．集団遺伝学者のS. Wrightにちなんで，ライト効果とも呼ばれる．

多数の同形の色違いの玉の入った袋の中から，一つかみの玉を無作為に取り出すと，ある色の玉の割合が元の袋の中の玉の色の割合とは違ってくる．この現象になぞらえることができる．元来，集団遺伝学の用語で，地理的隔離などによって集団の大きさが急激に縮小することにより，無作為交配集団の遺伝子頻度が偶然的に変化し，新たな進化が起こる．自然界では，遺伝的浮動が分子進化やタンパク質多型現象に重要な役割を演ずることがある．作物や家畜の改良の過程でも，集団の大きさを急激に変化させると，偶然に特定の遺伝子型が選択されて，集団の遺伝子頻度が予想外の方向に変化し，遺伝的浮動により人為選抜の効果が上がりにくくなることがある．
　　　　　　　　　　　　　　（藤巻　宏）

**いでんてきほぜん　遺伝的保全**（genetic conservation)

この20年余り前から，地球資源の有限性が強く意識されるようになり，地球規模での各種資源の枯渇や生物種の滅失や遺伝的多様性の消失が問題にされるようになった．こうした視点から，先進国や途上国で起きている，あるいは起きる恐れのある家畜や作物品種の消失に関する問題提起がされ，組織的な活動がFAOを通じて推進されるようになった．この過程で動植物遺伝資源に関する概念・意義と同時に消失対応策が明白にされていった．動植物遺伝資源の保存活動は，そのデータベース構築活動とともに車の両輪であり，前者についてFAOは効率的な手段として生殖質（植物では種子や栄養体，動物では精液や受精卵）の乾燥低温保存や凍結保存を推奨している．さらに生体のまま施設など（当然現実の経済活動を通じても含む）で保存されることも推奨している．また，改良品種の野生祖先種が自然保護区などの生息域でゆるやかに管理されている実例があるように，今後も無人離島などに特定の家畜品種による再野生化動物を作る試みをして，きわめて粗放的な管理下における家畜の遺伝的変化を研究してみることを提唱する研究者もいる．これらの生体や生殖質の保存活動は，遺伝的保全と総称されているが，野生生物全体の種の滅失を防ぐ意味で使われている用語でもある．
　　　　　　　　　　　　　　（建部　晃）

**いでんどくせい　遺伝毒性**（genetic toxicity)

農薬など化学物質などにより遺伝子に変異が生じ，それによる変化が細胞分裂後も維持され次世代に障害をもたらす毒性をいう．
　　　　　　　　　　　　　　（大澤貫寿）

**いでんぶんさん　遺伝分散**（genetic variance)

作物などの雑種集団の量的形質に現われる分散のうち，遺伝子型の違いなどの遺伝要因よる分散をいう．遺伝分散は，同じ遺伝子座の対立遺伝子の間の優性効果（dominace effect)と相加効果（additive effect)，異なる遺伝子座の対立遺伝子間の上位効果（epistatic effect)の結果として現れる．遺伝分散の評価は，異なる雑種集団の分散分析により行われる．たとえば，イネのような自殖性作物では，遺伝分散を含まない両親純系集団，遺伝変異と環境変異を異なる割合で含む雑種第2世代（$F_2$)集団や戻し交雑世代（$B_1F_1$)集団を用いて，遺伝分散と環境分散を推定する．全分散に対する遺伝分散の割合は，遺伝率（または遺伝力，heritability)と呼ばれ，量的形質の遺

伝性の程度を表わす指標とされる.
(藤巻　宏)

**いでんマーカー　遺伝マーカー**(genetic marker)

形質と密接に連鎖する，またはその発現を支配するDNAまたはタンパク質で，育種での利用が期待される.
(長峰　司)

**いでんりつ　遺伝率(力)**(heritability)

統計遺伝学的にいえば，量的形質における育種価の表現型値に対する回帰であり，子の能力の両親平均の能力に対する回帰や分散成分の割合から推定される．遺伝率の数値は，0～1の範囲にあり，その大きさは選抜による改良方法や改良の難易の指標となる．通常，小さい遺伝率とは，0.1以下，中程度とは0.3前後，大きいとは0.5以上を指すといえる．家畜などでは主要形質の推定例はきわめて多く，乳量0.3，乳成分率0.5，繁殖形質0.1以下，増体速度0.3などであるが，対象集団による推定変動は大きい．→遺伝分散
(建部　晃・藤巻　宏)

**いどうさきゅう　移動砂丘**→乾燥地形

**いどうとぶんさん　移動と分散**(migration and dispersal)

動物が生息場所の変化・過密・繁殖などに関連して，ある場所から他の場所へ移ることで，距離的にいって，短距離と長距離の移動があるが，短距離といえども，比較的遠くへの移動を意味する．移動のうち，鮭のように，およそ元の場所に戻ってくるのを回帰移動と呼ぶ．鳥の渡りもこれに当たる．昆虫では，アフリカのバッタ *Locusta migratoria migratorioides*, *Schistocerca gregaria*, *Nomadacris septemfasciata*，東南アジアのバッタ；*Locasta migratoria manilensis*，中央・東アフリカのヨトウガ1種 *Spodoptera exempta*，インドネシア・東マレーシア（サバ）からフィリピン（パラワン島南部へかけて）のナンヨウイネクロカメムシ *Scotinophara coarctata*，インドネシア・ヴェトナムのタイワンクモヘリカメムシ *Leptocorisa oratorius* などの移動がある．分散は，動物が生まれた場所，あるいは生息場所から動いて散らばることで，作物圃場に進入した害虫が，世代を繰り返して散らばっていくことや，イッテンオウメイガの孵化幼虫が産まれた卵塊のあるイネから，吐糸して，風によって周辺に次第に散っていくことなどで，短距離の移動を繰り返すことになる.
(持田　作)

**イネ　稲** (rice, *Oryza* spp.)

コムギ，トウモロコシとならんで，イネは世界人口を支える最も重要な穀実作物の一つである．寒冷乾燥気候に適するコムギや温暖乾燥に向くトウモロコシと異なり，イネは温暖湿潤気候に適し，アジア諸国の文明を育み，アジアの人々の生活を支えてきた.

世界中で，イネは，およそ1億5千万haに栽培され，全耕作面積の21％を占め，約5億5千万tの米が生産され，世界の作物生産量の約30％となっている．世界の全生産量のおよそ90％がアジア地域で生産されている.

コムギをパンやうどんに加工したり，トウモロコシを家畜の飼料としたりするのとは異なり，粒食としておいしく食べられる点で人口扶養力が高いともいえる．こうした観点から世界の人口増加に伴う食料不足に対する有力な対策として，イネの改良や米の増産に大きな期待がかけられている.

栽培イネには，被子・単子葉植物に属するイネ科イネ（*Oryza*）属の2種がある．その一つは，アジアイネ（*Oryza sativa* L.）（→）であり，東南アジアを中心に広く栽培されている．もう一つは，アフリカイネ（*Oryza glaberrima* Steud.）（→）で，西アフリカに局地的に栽培されている．*Oryza* 属には，20以上の種が含まれるが，それらのうち，人の手で栽培されているのは，*O. sativa* と *O. glaberrima* の2種のみである．（→アジアイネ，アフリカイネ）

両栽培種はいずれも体細胞の染色体数が $2n (=2x)=24$ の2倍体植物であり，*O. sativa* のゲノム構成はAA，*O. glaberrima* の

ゲノムは $A^g A^g$ とされている．A ゲノムと $A^g$ ゲノムとの間には，多少の構造上の差異があり，両種の交雑は難しい上に，雑種不稔も現われる．西アフリカにある WARDA（西アフリカ稲開発協会）と IITA（国際熱帯農業研究所）は，アフリカイネのもつ病害虫，土壌の乾燥，雑草競争力などのストレス耐性とアジアイネの多収性を組み合わせた品種の開発を目標に両者の種間雑種の育成に取り組み，種間交配による新品種 Nerica が開発された．

O. sativa と同じゲノムをもつ野生種としては，Oryza rufipogon Griff. があり，東南アジアから南アジアの沼沢地や水田の周辺に自生し，一部が雑草化している．この野生イネが栽培イネの直接的な祖先種であるか否かは定かでないが，何らかの関わりがあると考えられる．O. rufipogon には，一年草と多年生があり，一年生型を O. nivara とする考えもある．インドで収集した O. nivara がアジアの重要な病害である grassy stunt ウイルス病に対する抵抗性遺伝子を持ち抵抗性品種の育成に貢献したことは有名である．一方，O. glaberrima と同じゲノム構成の野生種として Oryza barthii（以前の Oryza breviligulata）が知られており，栽培種の祖先とみられている．

アジアイネ（O. sativa）は，古くからアジア地域で広く栽培されており，多様な自然環境に適応して，生態的分化を生じている．広く熱帯アジアに適応し分布するインディカ（Indica），高緯度の冷涼気候に適応し分化したジャポニカ（Japonica），さらに熱帯アジアの島しょ地域に分布するジャワニカ（Javanica）などの生態型が分化している．これらの生態型は，植物分類学的には亜種に相当すると考えられる．（→インディカ，ジャポニカ，生態型）

アジアイネは，異なる栽培条件に合わせて，焼畑などの畑条件には陸イネ（陸稲），自然の降雨に依存して栽培される天水イネ，灌漑水田で栽培される灌漑イネ（普通水稲），深水地帯で栽培される深水イネ，さらに数メートルもの水深でも栽培可能な浮イネなど，多様な栽培型が分化している．（→陸稲，浮イネ）

野生イネは，高い頻度で他家受粉をする部分他殖性植物であるが，栽培イネは，高率の自家受粉による典型的な自殖性植物であり，通常の栽培品種は，純系（遺伝的に純粋な系統）となっている．これらの純系品種に対して，近年中国などで広く普及しているいわゆるハイブリッドライスは，異なる純系品種を交雑して作られる１代雑種（$F_1$）品種である．

最近，西アフリカ稲開発協会（WARDA, CGIAR 傘下の国際研究機関）において，アフリカイネとアジアイネとの種間交配により新しい種類のイネが開発され，ネリカ（NEw RIce for AfriCA の略）と名付けられた．ネリカは，伝統的品種と比べ生育期間が 50 ％も短縮された極早生で，タンパク質含量が高く食味が良く，乾燥や酸性土壌に強く，害虫に強いばかりでなく，アジアイネには見られない雑草との競合性にも優れ，アフリカの自然環境や農業事情によく合う性質を備え，普及が進んでいる．

今後の地球規模での人口問題が深刻化する中で，急速な人口増加と経済発展が見込まれているアジア地域の主食作物としてのイネの重要性は増大するとみられ，一層の品種改良と栽培技術の向上による飛躍的な増産が望まれる．　　　　　　　　　　　（藤巻　宏）

**いねだっこくき　稲脱穀機（rice thresher）**

脱穀機を分類すると，人力脱穀機と動力脱穀機がある．前者は足踏み脱穀機であり，傾斜した架台，逆 V 字型のこぎ歯をもつこぎ胴および伝達装置から構成している．下部のペダルを踏むと，この上下運動がクランク機構によって回転運動に変えられ，こぎ胴が回転する．その回転するこぎ胴の上に穂を当てると，こぎ歯の打撃力によって穀粒がわら屑と一緒に脱穀される．この脱穀機は，選別装置がないため，別途唐みなどによって精選する必要がある．

動力式脱穀機としては，日本では自動脱穀

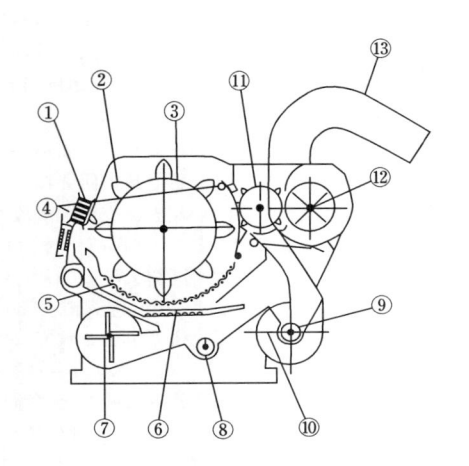

図2 自動脱穀機（稲用）
① フィードチェーン，② こぎ歯，③ こぎ胴，④ 切刃，⑤ 受け網，⑥ グレンパン，⑦ 選別ファン，⑧ 1番オーガ，⑨ 2番オーガ，⑩ 2番還元スロ⑪ 排塵胴，⑫ 吸引ファン，⑬ 排塵筒

機が使われ，フィリピンやタイ，インドネシアなどではIRRI（国際稲研究所）の投げ込み式の脱穀機またはそれをベースに改造した脱穀機が使われている．

ここでは，自動脱穀機（head feeding thresher）について説明する．作業方法の違いによって定置式と自走式に分けられる．前者の定置式は，定置で行うイネの脱穀作業に利用され，駆動はモータやエンジンによって行われる．一方，後者の自走式はクローラ式または車輪式の自走台車に自動脱穀機を搭載したものであり，圃場内を移動しながら行うイネの脱穀作業に利用されている．

脱穀機は定置式，自走式いずれも同じ構造であり，その代表的な構造を図2に示す．

自動脱穀機は，穀かん搬送部，脱穀部，選別部，2番還元部，穀粒搬送部から構成される．

穀かんをフィードチェーンに供給すると，穀かんはフィードチェーンとチェーンレールに挟持されて，穂先側だけがこぎ室内に供給され，こぎ歯によって脱穀される．脱穀と同時に発生したわら屑（チャフ）と穀粒は，こぎ室を循環しながら，穀粒の大部分と細かなわら屑は受け網から漏下する．漏下した被選別物は，グレンパン，グレンシーブ，唐みファンによって精選される．精選された穀粒は1番オーガ，揚穀オーガを経て穀粒袋に回収される．一部の穀粒とわら屑は2番オーガに落下し，大半のわら屑は吸引ファンによって機外に排出される．

一方，受け網から漏下しなかった穀粒とわら屑は排塵胴から排出され，穀粒と一部のわら屑は2番オーガに落下し，大半のわら屑は，唐みファンと吸引ファンによって機外に排出される．

2番オーガに落下した穀粒とわら屑は，2番還元スロワーによってこぎ室へ還元され，再脱穀される．

IRRIで開発された軸流式の脱穀機の脱穀部は，内側に脱穀物の搬送を補助する弓状板，周囲に棒状の歯が複数列装着したこぎ胴，受け網から構成している．こぎ室一端から投入した作物（イネ）は，こぎ胴と弓状板の作用によってこぎ室終端部まで回転しながら移動する．移動する間に，作物はこぎ歯によって脱穀され，残かんはこぎ室終端から排出される．こぎ室から漏下した穀粒と一部のわら屑は風力選別装置または揺動選別装置と風力選別装置によって精選される．　　　　（杉山隆夫）

**イノシシるい　イノシシ類**（pigs, hogs）

イノシシ科（Suidae）に属するほ乳動物で，5属（*Babyrousa, Hylochoerus, Phacochoerus, Potamochoerus, Sus*）に分けられる．その中で，イノシシ属（*Sus*）が最も種類が多く，亜種の取扱いにもよるが，通常9種に分けられ，家畜化したブタ（*S. domesticus*）も含まれる．ヒゲイノシシ（*S. barbatus*），アジアイノシシ（*S. vittatus*），スンダイボイノシシ（*S. verrucosus*），インドイノシシ（*S. cristatus*）などがアジア各地に，イボイノシシ（*Phacochoerus aethiopicus*）がサハラ以南のアフリカに分布．

ヒゲイノシシは，マレー半島，スマトラ，カリマンタンに分布，熱帯林・その二次林・マングローブ林などに生息，日中も活動するが，農作物の被害は夕方～明方に頻繁に起る．宗教上の理由からブタに触れることを嫌う回教徒の多いインドネシア・マレーシアなどでのイノシシによる農作物の被害は特に大きい．アメリカ大陸には，イノシシ類に近いペッカリー類（peccaries, Tayassuidae）がいる．

(持田 作)

**イピル・イピル**（ipil-ipil）→付表18（南洋材（非フタバガキ科））

**イプグリ**（国際植物遺伝資源研究所：International Plant Genetic Resources Institute : IPGRI）

FAOの植物遺伝資源に関する一連の活動や国連人間環境会議（1972年）を背景に，遺伝資源の保全についての認識が高まり，1974年，CGIARとの協議により，FAOの内部機関としてIBPGR（International Board for Plant Genetic Resources）がFAO本部内に設立された．その組織が強化され，1991年にIPGRIの設立協定が調印され，FAOから独立した機関となった．遺伝資源に関する法的な対応はFAOが，研究・技術的な対応はIPGRIが分担して行つている．1994年には，CGIAR傘下の研究所の一つであつたINIBAPと統合した．INBAPは，小規模バナナ栽培農家の生産性向上のために1984年にフランスのモンペリエに設立された研究所である．IPGRIでは，国内組織や各国の連携強化を行う植物遺伝資源プログラム，バナナなどを対象とした情報の収集・交換・普及プログラム，各分野の遺伝資源プログラムを中心に，情報交換や評価活動が取り組まれている． (安延久美)

**イフプリ**（国際食糧政策研究所：International Food Policy Research Institute : IFPRI）

IFPRIは，開発途上国の，特に低所得国や貧困層の食料ニーズに応え，各国および国際的な戦略や攻策を検証・分析するために1975年に設立された機関である．本部はアメリカのワシントンD.C.に置かれ，飢餓や栄養不良の軽減を目指す食料政策や農業開発に関する社会経済研究を中心に，広範で多様な分野にわたる研究が実施されている．特に，世界および各国の食料安全保障の動向把握および雇用機会や教育などの影響評価，貿易政策研究などを中心としたマクロ経済の視野に立つ経済攻策研究に多くの成果がある．その研究プログラムは，食料生産の増大や所得分配の改善を目指す各国政府や民間および公的機関などとのグローバルな共同活動により実施されており，研究結果は，各国および国際的な食料・農業政策に関わる各国攻府や研究機関などに報告されている． (安延久美)

**イペ**（ipe）→付表21（熱帯アメリカ材）

**いもちびょう　いもち病**（blast disease）

子嚢菌（*Magnaporthe grisea*（Hebert）Barr）によるイネの主要病害の一つで葉，穂などに発生．特に穂に発生すると被害が大きい．自然界では無性世代（*Pyricularia oryzae* Cav.）の胞子により伝播している．コムギ・アワ・キビ・シコクビエ・トウジンビエなどを侵す系統がある．また，タケ・ササを含む各種イネ科雑草や牧草を侵す系統・種もあり，一部栽培植物の菌系がこれらの植物を侵す場合がある．イネを侵す菌系では，イネ品種に対し寄生性の分化があり，ある菌株はある品種を侵すが，他の品種は侵せない．侵すことのできない菌系に対し，そのイネ品種はレース（菌系）特異的抵抗性を持つといい，抵抗性品種育成の一目標とされてきた．一個の抵抗性遺伝子が関与している抵抗性品種を栽培しても，これを侵す菌系が出現すると罹病化が起こる．そこで，同一品種に，異なるレース特異的抵抗性遺伝子を1個ずつ持つ系統（同質遺伝子系統）を作り，栽培地のレース分布に応じて抵抗性系統を混植する多系混合品種として防除に成功している．もう一つの育種目標として，レース非特異的抵抗性品種の育成がある．あるレースに侵されても，その発病程度はイネの品種・系統によって異なる．そ

こでこれらの品種群のなかから，この種の抵抗性を持つ系統を作り出している．この抵抗性は，ポリジーンに支配されている．品種間での強弱は同一環境下で検定されているため，栽培時の気象・施肥量などにより抵抗性の順位は逆転することがある点に留意する必要がある．いもち病菌の発育温度範囲は12～32℃で，適温は25～28℃である．流行は，平均気温20～25℃で激しい．したがって熱帯の稲作期間中の大流行は，温帯に比較して稀であるが，高標高地域では発生は増加する．最近，直播栽培が行われている地帯で大発生が見られている．密植により，葉のぬれている時間が長引く，窒素肥料の施肥，植物体の軟弱化，種子伝染などが原因と考えられる．菌の胞子が発芽し，発芽管の先端に付着器をつくり，植物体表面に取り付く．これから侵入糸を宿主細胞内に入れる．この間，水滴のあることが必要である．雨滴・露滴・溢泌液などが利用される．侵入した菌糸は宿主より栄養をとり，分枝して，細胞内に充満し，つぎつぎに隣接する細胞を侵していく．肉眼的に宿主の器官に病斑が現れるまでの期間を潜伏期間という．この期間は，温度に支配されるが，流行期間中は，葉で4～6日，籾で5～7日，穂首節で10～15日である．葉の病斑は進展すると，中央灰白色，周辺褐色の紡錘型となる．穂首節の感染時期が早いと穂は白化する．メイチュウ・白葉枯病に侵されても白穂になるので区別する必要がある．窒素・リン酸の吸収量の多いイネは本病に弱く，ケイ酸吸収量の多いものは強い．防除薬剤は非常に豊富である．抗生物質（ブラストサイジンS・カスガマイシン），リン剤（IBP・EDDP），その他の有機合成剤（イソプロチオラン・ピロキロン・フェリムゾン・フサライド・プロベナゾール・ホスダイフェン）などである．種子消毒が重要である．　　（加藤　肇）

**イリ**（国際稲研究所：International Rice Research Institute：IRRI）

　IRRIは，アジア地域をはじめ世界の多くの地域の基礎食料となっているコメの生産増を図るため，フォード，ロックフェラー両財団とフィリピン政府の協力下で，1960年にマニラ近郊のロスバニオスに設立された．既に広く知られるように，アジアの稲作を対象とした「緑の革命」を主導し，またその後の研究拠点として，コメ増産技術に関わる開発研究の中核的機能を果たしている．1971年にCGIARに加盟し，本部の他に，日本（2003年1月廃止），中国，インドなどに地域事務所を持つ．対象地域は，世界のイネの9割以上が生産・消費されているアジアを中心に，近年コメの重要性が高まってきている中南米やアフリカを含めた広範な地域で研究を展開している．研究対象は，灌漑稲作，天水田稲作，陸稲作・深水稲作生態系などのイネのエコシステム別プログラムの他，イネ遺伝資源の保存・利用・配布や，文献情報ネットワークや各種の研修計画を活動に組み込み，稲作技術の研究分野で国際農業研究をリードしている．
　　　　　　　　　　　　　　（諸岡慶昇）

**いりあいけん　入会権**（right of common）

　ある村落またはある地域の住民が，慣行的に特定の山林や原野などで木材，薪や，肥料，飼料に供する目的で落ち葉などを共同で採取する，あるいはそこで家畜の放牧などを行うことができる権利．この権利の対象となる特定の山林や原野を入会地という．近代化以前のわが国の農山村では入会権が村落経済の基礎をなしていたばかりでなく，熱帯諸国の自然村では現在も重要な村落生活の基盤であり続けている．

　入会地の土地所有権は特定の地主や国である場合と村人の共有である場合とがあり，また利用の形が寺社の改修など村全体の用に供する場合と個人の用に用いる場合とがあり，その組み合わせで入会権の具体的内容はさまざまであるが，いずれの場合もその権利は不文律の慣行権である．しかし，熱帯諸国などでは法的に登録されていたわけではないので，実態としての共有入会地が国有地などに

確定されてさまざまなトラブルを招いている例が多い． (冨田正彦)

**イルリ**（国際畜産研究所：International Livestock Reserch Institute：ILRI)

ILRI は 1995 年，CGIAR 傘下の ILCA（国際アフリカ畜産センター，本部アジスアベバ）と ILRAD（国際動物疫病研究所，本部ナイロビ）を統合し，1995 年に設立された機関である．前身の ILCA ( International Livestock Center for Africa) は 1994 年，ILRAD ( Internatiom1 Laboratory for Research on Animal Diseases) は 1973 年に CGIAR に加盟している．ILRI は，ナイロビに本所をおき，他にエチオピア，ナイジェリア，ニジェール，インド，ブルキナファソ，フィリピン，コロンビア，ペルーに地域事務所を置く．ここでは，熱帯地域の反芻動物の遺伝資源の研究を中心に，トリパノゾーマや寄生虫病の病気抵抗性を高める研究，細胞レベルでの免疫や病気抵抗性の研究やワクチンの開発研究，家畜生産性を高める飼料牧草の栄養価を高める改良試験や，反芻動物の牧草消化に関わる細菌についての研究，飼料牧草の遺伝資源保全，穀物－家畜生産システムおよび小規模酪農の生産性と持続性を目的とした政策分析などを行っている． (安延久美)

**イロコ**（iroko）→付表 13（アフリカ材）

**イロンバ**（ilomba）→付表 13（アフリカ材）

**いんじゅ　陰樹**（shade tree）

生育の初期段階に強光による障害を受けやすく，ある程度の暗い環境を必要とする樹木．耐陰性樹種（shade tolerant tree）とほぼ同義．これと対照的に，初期段階から強い光を必要とする植物を陽樹（sun tree）あるいは光要求樹種（light demanding tree）と呼ぶ．極相種は光に対する特性から見ると陰樹で，二次林種は陽樹である．陰樹は弱光下でも生存が可能で，光を強くしても光合成速度はあまり上昇しない．

一次遷移や二次遷移の過程では，陽樹から陰樹への置き換えが生じ，遷移の後期には陰樹が優占する．しかし，極相林内部でも陽樹はギャップを利用して個体群を維持することが可能である． (神崎　護)

**インスリン**（insulin）

膵臓ランゲルハンス島の B 細胞から分泌されるペプチドホルモンである．血中グルコース濃度上昇や迷走神経の興奮により分泌促進される．血中グルコース濃度低下作用やタンパク質合成，脂肪合成促進作用を有する． (松井　徹)

**インゼルベルク**（inselberg）

島状丘．東アフリカのサバンナ平原に突出する孤立丘が，海に浮かぶ島のようにみえるためその名がついた．平坦化作用（→）の産物で，硬い岩石が露出した場合と，ペディメントにとり残された残丘の場合がある． (荒木　茂)

**インディカ**（イネ）（Indica）

イネの亜種として加藤茂苞ら（1928）が記載したことに始まり，アジアイネ（*Oryza sativa* L.）のうち，ジャポニカ（Japonica）と対比するものとして現在一般に用いられている．主として中国華中以南から東南アジアおよび南西アジアに広く分布するが，ジャポニカ（広義）に比べると分布域は遥かに狭いといえる．これは最近提唱されてきた二元説のように，インディカの発祥がジャポニカよりもかなり遅れたためか，あるいは東西交易ルートに乗るのが遅れただけと考えるのか（→ジャポニカ）．ただし，近年は貿易を意識してイタリアなどでも長粒のインディカ品種の栽培がみられる．

品種の遺伝的多様性は著しいものがあり，例えば粒形で見ても日本で俗に考えられているような「インディカは長粒でジャポニカは短粒」は極めて単純な誤りで，タイの高級米のようにごく長いものから，日本米よりもっと短く小さいスリランカやインド南部などの「サンバ」群まである．また熱帯に主に分布するので，常識的にはジャポニカに比較して耐冷性が劣ると考えられるが，栽培環境によっ

ては日本の耐冷性品種を遥かにしのぐ強い品種もあって，それらは日本で遺伝資源として利用され，育種効果を上げている．

　栽培生理学的な特性でみると，インド大陸を中心とする各地で，さまざまな栽培形態に適応して，いくつかの品種群が分化した．アマン（aman），アウス（aus），ボロ（boro）などの品種群はその例であり，分化が際だった結果として相互の間に性的隔離さえ見られる場合があり，これらは生態種と見なされることが少なくない（→生態種）．

　形態・生理形質で比較的安定してジャポニカと差があるものとして，穎花の毛茸の多少・長さ，苗の塩素酸カリ抵抗性（K），および籾殻のフェノール反応（Ph）が知られており，それらを総合した識別のための関数式 $z = Ph + 1.313 K - 0.82 H - 1.251$ が提案されている．Hは毛茸の長さを mm で，Kは0～2のスコアで，Phは0か1で示し，zが＋ならインディカ，－ならジャポニカと判定する．Glaszmann（1987）はインディカとジャポニカの間に，アイソザイムの明確な区別があり，インディカがいくつもの型に別れるのに対し，ジャポニカは温帯型も熱帯型も単一の型にまとまることを示した．Nakamura and Sato（1991）は，葉緑体 DNA を分子遺伝学的に解析し，ORF100 の欠失のあるものがインディカであると明確に識別できることを示した．

（金田忠吉）

**インテークレート**（intake rate）
灌漑水または雨水が不飽和土壌の中に浸入する割合．一般に mm/h で表される．

（河野英一）

**インドがた　インド型**（Indica）→アジアイネ，インディカ

**インフォーマルぶもん　インフォーマル部門**（informal sector）
インフォーマル部門とは，行政による認可がなされておらず，行政的保護や規制，課税の対象とならない，公式統計にも把握されていない経済活動部門のことをいう．具体的には行商人や露天商，シクロ（小型三輪タクシー），ベチャ（輪タク），力車の運転手などのサービス部門が代表的であるが，大工や職人，小規模工業や零細家内企業などの工業部門も含まれることがあり，その活動範囲は多岐にわたる．これらの経済活動は各国の国民所得統計の場合，かなり粗っぽい推計ではあるが計上されているのが標準であるのに対し，製造業統計や事業者統計には含まれていないことが多い．各国の統計資料を検討する際には，どのような基準でインフォーマル部門が定義されているのかなどについて確認をする必要がある．インフォーマル部門が最初に着目されたのは1972年の ILO ケニア雇用戦略調査団報告である．その中でインフォーマル部門は，①参入が容易，②土着資源に依存，③家族経営，④小規模な運営，⑤労働集約的で適合的な技術，⑥学校教育外での技術習得，⑦規制のない競争的な市場，と特徴づけられ，フォーマル部門との対比で相対的に規定された．また，インフォーマルセクター研究の多くは，それをルイスの二重経済論やトダロの労働移動モデルなど都市フォーマル部門との関連で取り上げてきたため，都市部の経済活動のみを対象とする概念と思われがちであるが，同報告書では農村部をもインフォーマル部門の活動場所として排除しておらず，小規模な農村非農業活動もインフォーマル部門の一部に含まれている．一般に，低い技術水準，低生産性，不安定性を特徴とするこの部門の労働者は教育水準が低く，金融サービスへのアクセスも少ない．その結果，インフォーマル部門従事者の所得はフォーマル部門のそれに比べて低い傾向にあり，また，安定した雇用条件や社会保障，老齢年金などもない．インフォーマル部門従事者の多くが，農村からの流入者でフォーマル部門に就労できなかった者であり，多くの途上国において女性に対するフォーマル部門での雇用機会が少ないために女性の就労も多い．途上国経済におけるインフォーマル部門の占める規

模は大きく，従来の議論にあるような農村からの移住に伴なって増加しつづける都市労働人口のうち，都市フォーマル部門が雇用しきれない労働力を吸収するといった労働需要面のみならず，都市における各種の財・サービスの主要な供給源ともなっている．その一方で，一部のサブサハラアフリカ諸国など，政治・経済的に不安定な国では，政府の規制の外にあるインフォーマル部門が国の統制管理する非効率なフォーマル部門に取って代わる状況も起きており，従来のフォーマル部門の残余部分としての低生産性，低賃金，低所得を特徴とするインフォーマル部門という見方は現実に即さない面も多い． （上山美香）

## う

ヴァーティソル（Vertisols）→ FAO-Unesco 世界土壌図凡例

ヴイエーきんこんきん　VA菌根菌（arbuscular mycorrhiza または vesicular-arbuscular mycorrhiza）→菌根菌

ウイルスびょう（さくもつの）　ウイルス病（作物の）（virus disease）⇒病気（作物の）の種類と病原

ウイロイドびょう（さくもつの）　ウイロイド病（作物の）（viroid disease）⇒病気（作物の）の種類と病原

ウェーバーせん　ウェーバー線（Weber's line）

モルッカ海峡からチモール島東方へ至る生物分布境界線で，M. Weber が発案した．
 （竹田晋也）

うえこみしざい　植え込み資材（materials for planting）

園芸作物の移植の際に，保水性・排水性に優れた用土を植え込み資材として利用することがある．熱帯では，バーミキュライト・パーライト・ロックウールなどの園芸資材は高価で入手が困難であり，付近に産する適切な砂壌土，水ごけ，ヤシガラ（ココヤシの繊維質の中果皮），もみがらの焼灰などを適宜使用している．ヤシガラを容器に用いて水ごけを入れたものがランの栽培にしばしば用いられる．
 （樋口浩和）

ウォーターハーベスティング（water harvesting）

ウォーターハーベスティング（WH）は，主に水資源の乏しい乾燥・半乾燥地域において，降雨およびそれに伴う流出水を収集・貯留し，農業，生活などに利用する技術である．この技術では，できるだけ多くの流出水が集められるよう，集水域を人工的に整備する必要がある．集水域の面積（Ar）は，耕作地の面積（Ac）との比率（CCR）を，栽培作物の消費水量と栽培期間の設計降雨量から求めて決定する．

$$CCR = \frac{Ar}{Ac}$$
$$= \frac{\text{作物消費水量} - \text{設計降雨量} \times \text{降雨の有効率}}{\text{設計降雨量} \times \text{流出率} \times \text{適用効率}}$$
$$(\geq 0)$$

なお，適用効率とは耕作域に到達した流出水のうち，有効土層に貯えられる水量の割合のことである．

WHは，平年並み以上の降雨が得られる年には効果が期待できるが，旱ばつ年の場合一年生作物は収穫が難しくなる．この方法は耐乾性樹木の植林や多年生作物の栽培に適しており，次のような方法がある．圃場内集水域からの集水方法（マイクロキャッチメント（MC：Microcatchment））としては，ネガリムMC（Negarim MC），コンターバンド（contour bund），半円形バンド（semi circular bund），コンターリッジ（contour ridges）などがある．また，圃場外集水域からの集水方法として，コンターストーンバンド（contour stone bunds），台形バンド（trapezoidal bunds），さらに，洪水の集水方法として拡水（water spreading, diversion of spate flow）などがある．→集水工法 （北村義信）

**ウォーターロッギング**（waterlogging）
　ウォーターロッギングは湛水状態を意味するが，実際には乾燥地・半乾燥地で過剰灌漑などによって地下水位が上昇し，排水性の悪い土地が湛水被害を受けている状態を指す場合が多い．ウォーターロッギングに浸された土地では，水が停滞し，蒸発によって湛水中の塩分が濃縮されるため，作物栽培は非常に難しい．また，その周辺部は，地下水位が浅いため塩類集積が激しい．
　ウォータロッギングが起こりやすいのは，地域の低位部である．治水事業により洪水が抑制されると，集水域であった低位部に洪水による淡水や土砂の供給が途絶える．利水事業が導入されても，用水路上流で大半の水が取水されてしまうため，低位部では慢性的に淡水が不足することが多い．排水事業によって湛水被害が解消されても，十分な淡水の供給がなければ，塩類をリーチングすることができないためウォーターロッギングに浸された土地は塩類集積地として残る可能性が高い．
　　　　　　　　　　　　　　　　（大槻恭一）

**ウォルターのきこうダイヤグラム　ウォルターの気候ダイヤグラム**（Walter's climatic diagram）
　温度1℃と雨量2mmを等しい目盛りで縦軸にとり，横軸に月をとって，雨量曲線と温度曲線を一つの図に描いた温雨図．雨量曲線が温度曲線の下にくる月が乾季を，上にくる月が雨季を表わす．また植物の生育に十分な月降水量である100mmを超えるところは黒く表示する（Walter and Lieth, 1967）．
　ウォルター気候ダイヤグラムは，熱帯雨林からモンスーン林への移行など，気候と植生の関係を説明するのに便利である．しかし長期間の平均値を用いるので，偶発的な乾季は図の中には表現されない．例えば異常な乾季が開花の引き金となったり，山火事を発生させるなど，動植物にとっては，偶発的な異常値の方が重要である場合もあるので，注意が必要である．
　　　　　　　　　　　　　　　　（竹田晋也）

**ウォレシア**（Wallacea）
　西のウォレス線と東のウェーバー線の間の地域で，旧熱帯区とオーストラリア区との間の生物分布の推移帯である．　　（竹田晋也）

**ウォレスせん　ウォレス線**（Wallace's line）
　ミンダナオ島からマカッサル海峡を経てバリ，ロンボク両島間を抜ける生物分布境界線で，A. R. Wallaceが発案した．　（竹田晋也）

**うきいね　浮稲**（floating rice）
　東南アジア，南アジアの大河の流域，河口の巨大なデルタ地帯など，雨季に河川が増水し，その流域が広範囲，長期間にわたり浸水，水没し，普通のイネ品種を栽培できない地域でも栽培可能なイネ品種群である．増水による水位の上昇にしたがって，茎の節間が伸長し，植物体の上部を常に水面より上に保ち成育することが最も大きな特徴である．浮稲は，深水稲とも称される．しかし，水深1m以下の状態で生育するものを深水稲，1m以上から数mの水深のものを浮稲として区別することもある．
　浮稲栽培地域では，雨季の前には数ヶ月の乾季が続き，雨季の始まる前に畑状態で直播されるため，初期成育には耐旱性を必要とする．大地に根を張ったあと，雨季にはいると次第に水位が上昇し，水深の増加にみあって節間が伸長し，1日25cmも伸長が可能であり，植物体の上部を常に水面上に保ち光合成を行う．水中の上位節からの分げつ，水中の節からの発根がみられる．雨季が終わり，減水に見あって出穂するため感光性は強く，晩生である．次第に水が引くに従い茎が倒れていくが，茎の上部は節のところで屈曲して立つ性質を持ちkneeingと呼ばれている．浮稲の収穫は，水が引き，地面が乾いてから行われるが，水が引く前に舟に乗って収穫する地域もある．
　普通のイネ品種では，生殖成長期に節間伸長がみられるが，浮稲は，栄養成長期にも節間伸長がみられることが特徴であり，最初に伸長する節間（伸長最低節間）の節位が低い

品種ほど深水下での伸長性が高く，より深水のところで栽培されている．増水時において，葉齢の進行も早くなり，最上位の展開中の葉の着性している節の直下の節間が伸長し，細胞数の増加と細胞の縦伸長が起こる．節間伸長には，植物ホルモンであるエチレンとジベレリンが関与していることがわかっている．エチレンは，伸長抑制剤として知られるが，浮稲において水中での茎伸長促進に働くことは興味ある現象である．

浮稲は，洪水常習地で，治水工事の不可能な地域で栽培可能な点に意義があり，また，雑草防除を必要としない利点がある．雨季の最高水位は地域により差があるので，それぞれ水位に適応した品種が栽培されている．アジアで栽培されるものは，*Oryza sativa* のインド型に属する．*O. rufipogon* などの野生種にも浮稲性を持つものがあり，アフリカイネにもそのような性質を持つ品種が知られている． (安田武司)

**うきさく　雨季作**(rainy season cropping, rainy season crop)

熱帯で雨季に稲などを作付けする栽培法，または作物．無灌漑地域では雨季作となることが多い． (松島憲一)

**うきなわしろ　浮き苗代**(floating nursery, smaian rakit)

排水不良の深水地帯でのみ見られる特殊な苗代である．いかだの上に雑草あるいは稲わらを敷きそのうえに 10 cm 程度の砕土をのせ，そこに催芽もみを $m^2$ 当たり 0.6〜1.0 kg を播種する．苗が 10〜15 cm になった時に比較的水深の浅いところに仮植し，本田の水深に耐えるようになった時に本田に移植する．在来長期品種のみが利用可能である．マレーシアのペラ州に見られるが現在は非常に少ない． (和田源七)

**うけざら　受け皿**(receiving mechanism)
→開発コミュニケーション

**ウコン**(turmeric)

*Curcuma domestica*，ショウガ科の宿根草本．根茎をカレー粉などの食品黄色着色料として，あるいは衣類などの黄色染料として用いる．また，薬効があるため，医薬材料としても用いる．東南アジア原産．インド・東南アジアで生産が多い．ウコンは，温暖湿潤な気候を好み，強光を嫌う．通常，種根茎を用いた栄養繁殖で栽培する． (縄田栄治)

**ウシ　牛**(cattle)

牛は，野生牛である原牛（オーロックス au-rocks：*Bos primigenius*）から西アジアや中東の近辺で 8 千年前には家畜化されていたと考えられている．原牛は，ユーラシア大陸やアフリカ大陸に広く分布し，約 1 万 5 千年前のフランスやスペインの洞窟壁画に描かれていることで美術史的にも有名であるが，比較的近年まで野生に生息し，1627 年にポーランドで最後に狩猟され尽くされて絶滅した．この原牛を復原しようとする試みが，ドイツの動物園で 1920 年頃から開始され，外見上の特徴を手がかりにして現存品種をいくつか交雑して作出され同園にオーロックス名で展示されている．今日，世界にいる家畜牛は由来祖先により 2〜3 種類に大別される．一つは，原牛型（primigenius type）またはヨーロッパ型であり，もう一つはゼブー型（zebu type）またはインド型であり，前者は *Bos taurus*, 後者は *Bos indicus* の学名が用いられることが多い．後者の成立に原牛以外の野生原種の関与が唱えられたことがある．両者を区分する外見上の特徴は，肩の瘤と胸垂であり，前者にはなく典型的な後者ほどこれが目立つ．また，両者の中間型ともいうべき牛が，東アジア，東南アジア，西アジア，中東，アフリカ南部にと広域に分布している．わが国にいる牛は，乳牛は無論のこと，黒毛和種などの和牛も原牛型であり，日本在来牛と称す見島牛や韓国在来牛にもゼブー牛の遺伝的影響は極めて小さいと分析されている．中国の品種には，外見上から判断して原牛型とさまざまな程度の中間型が混在しているようである．世界の牛の分布状況を大雑把にいえば，熱帯・亜

熱帯地域にゼブー型か中間型が，温帯・亜寒帯地域に原牛型が分布している．西に進んだ原牛型家畜牛は，ヨーロッパで家畜化用途が明確にされ多様に品種分化し大きな品種センターとなった．19世紀末までに乳用種としてホルスタイン，エアシャー，ジャージー，ガンジー，乳用ショートホーン，レッド・デーニッシュ，スイスブラウンなど，肉用種としてヘレフォード，アンガス，ショートホーン，シャロレー，キアニナなどが作出された．種畜王国といわれたイギリスの貢献が大きいが，20世紀にはアメリカを筆頭にカナダとオーストラリアなどがこれらの品種改良に参入し大きく貢献したといえる．牛の改良は，single purpose（乳）dual results（乳と肉）といわれたほど，乳のウエイトが高く改良が進み，ホルスタイン種はその凍結精液や受精卵が血統・能力証明付きで種畜改良のために国際間で流通する国際品種といえるほどの特異的存在となった．先進国で乳・肉・卵畜産物の最終生産をヘテローシス効果を期待しない純粋種で実施している点でも特異的といえる．先進国で乳牛の飼育管理は，搾乳管理向上のために集約化・精密化がかなり急速に進行し，最近では搾乳ロボットの導入によるシステム化も試みられつつある．一方，肉牛の飼育管理は，放牧中心の粗放型が主流で，アメリカの一部やわが国でやや集約化されたフィードロット方式などを採用しており肉質重視を反映しているといえる．折衷型の夏山冬里方式も実施されている．また，放牧に適する強健性・発育性などを考慮し，純粋種よりも交雑種の方が好まれる場合も多い．熱帯・亜熱帯を代表するゼブー牛の品種分化センターは，水牛と同様にインド・パキスタンであった．役と乳利用を目的にして，地域ごとに多くの品種造成の努力が続けられ，主要な乳用タイプの乳量水準は1,500〜2,000 kgに達するものの，全国的な水準は400〜500 kgにすぎないと推測される．暑熱環境と十分でない飼育管理下では止むを得ないとも思われる．主要な品種を列記すると，サヒワール，レッドシンディ，タルパルカル，ハリアナ，ギール，カンクレジ，オンゴール，カンガヤム，ナゴリ，マルビ，アムリトマハール，シリ，デオニなどと多い．しかし，品種と呼べるものは全国の牛の1/4以下と思われ，大半は雑駁なものである．最初に記述したゼブー型と中間型家畜牛の品種分化センターはアフリカと東・東南アジアにもある．まずアフリカだが，地中海沿岸と西部のギニア海岸地方には原牛型家畜牛の品種がいる．後者の地方にいるのが，ンダマ（N'dama）で役肉用に飼育されているが，熱帯の抗病性に優れていることで知られている．もう一つがクリで，西部から中央部にかけ乳肉役利用に飼育されている．大きな体格と長大な角を有し，耐暑・耐湿性に優れている．中間型として東部のサバンナ地帯には，サンガ（Sanga 長角アフリカ牛）と総称される牛が多く，3用途兼用で小型なわりに大きな角を有する．東北部のエチオピアからアフリカ南部にかけてゼブー牛の特徴（瘤と胸垂）を示すアルシや東アフリカ小型肩峰牛（small east African zebu）が3用途用に飼育されている．一般に，アフリカの牛は，耐暑性に加えいろいろな病気に耐える抗病性の自然淘汰を受けながらも長年存続してきた長所があり，角の形状や時には斑紋にこだわる気風もみられる．中国南部には中間型家畜牛の品種が多いが，東南アジアの暑熱地帯には，ケダー・ケランタン牛やローカル・インディアン・デイリーが広く乳役用に飼育され，タイ在来牛やインドネシアのアチェ牛が役肉用に飼育されているが，いずれも程度の差があれゼブー牛の特徴を示している．しかし，フィリピンにいるバタンガス牛，イロコス牛，イロイロ牛は，体型的にはゼブー牛の特徴が薄く中国の黄牛タイプに近く役肉用に飼育されている．東南アジアの住民には，インド系を除けば乳利用文化が発達しなかったので，品種造成にもそれが反映しているといえる．北アメリカ南部の熱帯・亜熱帯地域には，ヨーロッパ発

の原牛型家畜牛が暑熱・疾病に対応できず，約1世紀前にインドから導入されたゼブー牛がアメリカン・ブラーマンとして作出され，ショートホーンとの交雑によるサンタ・ガートルーディスなどの肉用種を造成したのみならず中南米・熱帯アジアにも輸出されている．最後に，簡単に種と種間雑種に触れておきたい．原牛型（*Bos taurus*）とゼブー型（*Bos indicus*）は，通常一つの種のごとく繁殖し，種間雑種にも生殖力がある．牛と同属の近縁種に，家畜化された3種：ヤク，ガヤール，バリ牛がいて付表に示されるように当然学名は異なる．これらの3種と牛との間に種間雑種が生まれる．通常，雑種第一代の雄には生殖力がなく，雌は生殖可能である．特に前2者との種間雑種は，特殊環境化で実用家畜として重宝がられている．バリ牛との種間雑種は，オーストラリアでその利用が試みられている．さらに加えると，属間雑種が北米で作出されている．アメリカ野牛（バイソン *Bison bison*）とヘレフォード，アンガス，シャロレーとの交雑でビーファロ（beefalo）といわれるものであるが，実用価値は今のところ疑問視されている．　　　　　　　（建部 晃）

**うしかいめんじょうのうしょう　牛海綿状脳症**（bovine spongiform encephalopathy）→付表33

**うしのでんせんせいりゅうざん　牛の伝染性流産**（bovine contagious abortion）→ブルセラ症を参照

**うずそうかんほう　渦相関法**（eddy correlation method）

蒸発散量，乱流フラックスを求める方法．→熱収支

**うちつけだっこく　打付け脱穀**（threshing by hand beating）

刈り取った束を手でもって，大箆，竹や板を並べた台に打付けて脱穀する．脱粒性の容易な熱帯在来品種に適用する．　（下田博之）

**うちむきせいさく，そとむきせいさく　内向き政策，外向き政策**（inward-looking policy, outward-looking policy）→開発

**ウツボカズラ（のうじょうようしょくぶつ）ウツボカズラ（嚢状葉植物）**（pitcher plant, Nepenthes）

壷（靫）状の捕虫嚢をもつウツボカズラ（*Nepenthes*）属の植物．分布の中心は東南アジアで約70種ある．昆虫類を誘引，窒素源としており，土壌条件の悪いことを示す指標とされる．壷の中で捕らえた昆虫を溶かし栄養にするが，一方でボーフラやウツボカズラノミバエの幼虫など，50種以上の動物の生息が確認されている．　　　　　　（渡辺弘之）

**うどんこびょう　うどんこ病**（powdery mildew）

多くの植物の葉，茎または若い枝の表面にうどん粉をまいたような特徴のある症状を示す病気で，子嚢菌のうどんこ菌科に属する菌の寄生によって起こる．葉や茎の表面の白い粉状物は病原菌の菌糸および分生胞子で，大部分の菌糸は植物の内部に侵入せず，表面にまといついていて吸器を宿主の細胞に挿入して栄養をとっている．絶対寄生菌で生きている植物だけから養分をとって生育し人工培養はできない．白い菌叢は古くなると灰色に変わり，ところどころに大きさ0.1〜0.2 mmの小さな黒色の点（子嚢殻）を生じ，内部に子嚢を形成する．形成される子嚢の数や子嚢殻の外部に見られる付属糸の形状によって13の属に分けられ，属によって寄生する植物の種類も異なる．

*Blumeria* 属（ムギ類），*Erysiphe* 属（キク科，エンドウ，ニンジンその他野生植物），*Sphaerotheca* 属（草，木本の葉，新梢，茎，果実に寄生，ウリ類，キク科，マメ類，バラ，イチゴ，パパイヤなど），*Podosphaera* 属（木本植物の葉，リンゴ，モモ，ウメ，サクラなど），*Microsphaera* 属（木本植物の葉，茎，ナラ，カシ，コブシ，ツツジ，ミズキ，シデ類など），*Uncinula* 属（木本植物の葉および果実，クワ，コナラ，カシワ，ウルシなど），*Uncinuliella* 属（ノイバラ，サルスベリなど），*Sawadaea* 属

（カエデ類），*Typhulochaeta* 属（ナラ裏うどんこ病），*Pleochaeta* 属（エノキ，ムクノキ裏うどんこ病），*Phyllactinia* 属（クルミ，カキうどんこ病，コブシ，クワ，クリ裏うどんこ病），*Leveillula* 属（ピーマン，オクラ，トマト）などがある．このうち *Leveillula* 属は内部寄生（植物の表面に菌糸は見られず，組織の細胞間に菌糸が存在，分生胞子だけを表面に形成）する．乾燥した熱帯などに発生が多い．また，*Phyllactinia* 属は菌糸が宿主の気孔から侵入して，気孔周辺の細胞を侵す性質があり，主として葉の裏に発生するため他の属と区別して裏うどんこ病と呼ばれる．*Cystotheca* 属はカシ類，ナラ類などに寄生するが，若い葉を侵したときは白粉状の典型的なうどんこ状の菌叢を呈するが，葉の成長とともに菌叢は紫褐色に変わる．このためうどんこ病といわず紫かび病と呼ばれている．さらに，マサキうどんこ病などのように子嚢殻を形成せず分生胞子だけしか見られないものは *Oidium* 属に一括されている．以上のべた属は，胞子の形や寄生性によっていくつかの種に分けられているが，種によって広い範囲の植物に寄生するもの，限られた1～2の植物だけを侵すものなどさまざまである． （梶原敏宏）

**うねたてさいばい　畝立て栽培**（ridge culture）

湿潤地域や粘土質土壌などで過湿を避けるために高畦に栽培すると，乾燥しやすく昼夜の温度変化も大きくなる． （林　幸博）

**うねまかんがい　畝間灌漑**（furrow irrigation）

畦間に通水する灌漑方法．畑作や水田裏作において一般的である．灌漑効率は低い．
 （河野泰之）

**ウマ　馬**（horse）

馬は，5千年ほど前に東南ヨーロッパ，現在のウクライナ南部近辺で野生馬から食肉源用として家畜化されたと考えられている．当時の野生馬は，広範な生息域の中で3種類の生態型に分化していたとみなされている．高原型（体高150 cm前後で，復原されたタルパン馬の始祖），草原型（体高130 cm前後で，モウコノウマ別称プルツェワルスキー馬として現存），森林型（体高180 cmにもなる大型馬で，200年ほど前に絶滅）であるが，この高原型を中心にして家畜化が進行したと思われる．家畜化された馬は，食肉用・農耕用・運搬用・乗用・乳飲用などの健全路線の用途の明確化がなされたというよりも，第二次世界大戦終了時までの4千年は軍事用という肥大化された用途の使役家畜として主に供用されてきた．戦争は科学技術進歩の主動因といわれたように，今日の馬の多様な品種分化の一端も，運搬・乗用に関わる技術・用具も軍事用からの転用とみられなくもない．戦後，軍事用途の廃絶により馬の頭数は減少したが，先進国で馬のもつ優美な気品に対する愛着心と犬猫同様に人間と感情の交流・情緒の共有のできる点で，急速に人気を博してきた競馬・コンパニオンアニマル化の位置のみならず，過去に開発された用途に多様な品種資源共々存続供用されていくことが期待されている．馬は，自らに課せられた多様な用途，その用途の過激さぶり，用途の変遷といい，実に数奇な宿命を担わされた家畜である．熱帯・亜熱帯地域では，馬は物と人間の運搬用と乗用に供せられる使役家畜である．インドでは，いくつかの品種カティアワリ，マルワリ，ブチア，マニプリ，スピティ，ザンスカリがいて，いずれも概ね小型で北部の山がちの所で運搬・乗用などに使われることが多い．同様にタイも山岳部で小型の在来馬が使われるが，インドネシアでは都市部でも在来馬が活躍しスンバ馬は優れた馬種とみられている．フィリピンにも同様な在来馬がいて，わが国にいる在来馬とも遺伝的に近いと分析されている．西アジアから中東・地中海沿岸にかけても，アラブ系の血を引く馬が運搬・乗用に使われ，時にはロバとの種間雑種であるラバが同様に使役に供せられている．（建部　晃）

**うまでんせんせいひんけつ　馬伝染性貧血**（equine infectious anemia）

馬の慢性ウイルス病．持続感染し貧血と回帰熱が主徴．予防治療法なく抗体検査で摘発淘汰．　　　　　　　　　　（村上洋介）

**うまのうえん　馬脳炎**（equine viral encephalitis）

日本脳炎，ベネズエラ脳炎，西部および東部馬脳炎など馬のウイルス性脳炎．
　　　　　　　　　　　　　　　（村上洋介）

**うもうじょうし（リンゴの）　羽毛状枝（リンゴの）**（feather）→整枝

**ウルグアイラウンドのうぎょうごうい　ウルグアイラウンド農業合意**（Uruguay Round Agreement on Agriculture）

ウルグアイラウンド（UR）とは，1986年9月に南米ウルグアイで交渉が始められたガットの多角的貿易交渉で，7年にわたる難航の末，93年12月に実質的合意に達し，94年4月にマラケシュ宣言と最終文書が採択された．その成果は，従来の商品を対象とした関税引き下げに加えて，サービス貿易や知的財産権にまで交渉範囲が広げられたことや，農業保護削減が約束されたことである．また合意成立の後，世界貿易機関（WTO）が設立され，紛争処理機能の強化が図られた．UR農業合意の特徴は，国境措置以外の農業政策についても保護削減の対象としたことである．各国は農業政策の国内支持（農業補助金），国境措置（関税，輸入制限など），輸出競争（輸出補助金）の3分野にわたって，交渉合意から2000年までの6年間に保護水準を引き下げることが約束された．国内支持に関しては，全ての国内支持を，保護削減の対象となる「黄」の政策と，削減対象外となる「緑」の政策および「青」の政策とに区分した．そして「黄」の政策については助成合計量を計算し，全体として20％の削減を行うこととなった．そのほか，デミニマス政策として，産品を特定した国内助成の額がその産品の生産総額の5％以下である場合や，産品を特定しない国内助成の額が農業生産総額の5％以下である場合には，保護削減の対象から除外された．国境措置に関しては，原則として関税化（tarification）が合意された．これは，内外価格差に基づく関税相当量を算出することで，輸入数量制限など関税以外の全ての国境措置を関税に置き換え，農産物全体で平均36％（品目ごとに最低15％）削減するとしたものである．また，基準期間（1986〜88年）における輸入実績が僅かな農産物については実施期間の1年目に国内消費量の3％，6年目には5％のミニマム・アクセス機会を設けることを定めた．また世界の農産物貿易を著しく歪めていた輸出補助金は，金額で36％，対象数量で21％の削減を行うこととなった．日本の米は，ミニマム・アクセスの特例措置が適用され，関税化は見送られた．そのかわり，初年度は4％で，毎年0.8％増加し，最終年度には8％に至る高率のミニマム・アクセスが実施されることとなった．ただし，99年4月に日本の米貿易は数量関税に切り替えられたため，以後毎年0.4％の増加となり，2000年の輸入水準は国内消費量の7.2％となった．なお，合意実施の影響を緩和するため，日本ではウルグアイラウンド農業合意関連対策費として6年間で6兆円を超える予算措置（後8年間に延長）がとられた．　　（井上荘太朗）

**うるちまい　粳米**（nonglutinous rice, nonwaxy rice）

粘り気の弱い米で，もち米とは区別して利用されており，調理方法などの異なることが知られている．その差異は穀粒などの貯蔵デンプンの組成に起因する．すなわち，粳米の貯蔵デンプンは約80％を占めるアミロペクチンの他，約20％のアミロースから成り立っている．アミロース含量の少ないものほど米飯の粘りが強い．一般に外米やタイ米などと称されるようなインディカ種の多くは，日本の一般的な粳品種よりもアミロース含量が高く，米飯の粘りが弱いと考えられている．アミロースの定量にはさまざまな分析方法が

あるが，簡便にはヨードデンプン反応によりアミロースをほとんど含まないもちデンプンと区別される．アミロース含量が低く粳米ともち米の中間的な性質を持つものもある．

精米は半透明で光沢のあるものが多い．広範な地域で栽培されており，炊き干し法や蒸し飯法，湯取り法などにより飯に調理され常食されている．　　　　　　　　（小林伸哉）

**ウンカ・ヨコバイるい　ウンカ・ヨコバイ類**（planthoppers and leafhoppers）

ウンカ科 Delphacidae に planthoppers，ヨコバイ科 Cicadellidae に leafhoppers の語を用いることが多いが，アメリカでは，Delphacidae は delphacid planthoppers，マルウンカ科 Issidae は issid planthoppers のように使うことがあるが，両者の区別は厳密ではない．熱帯農業上重要なウンカ類は，イネのトビイロウンカ，セジロウンカ Sogatella furcifera, Togasodes cubanus, T. orizicolus, サトウキビのウンカ類 Perkinsiella spp., アシブトウンカ Pyrilla perpusilla, トウモロコシのウンカ Peregrinus maidis, タロイモウンカ Tarophagas proserpina など．ヨコバイ類は，イネのツマグロヨコバイ類，シロオオヨコバイ類 Cofana spp., イナズマヨコバイ Recilia dorsalis, ヒメヨコバイ類 Thaia spp., Empoascanara spp., Zyginidia spp., ワタのヒメヨコバイ類 Empoasca, マンゴーのヨコバイ類 Idiocerus spp. など．また他にウイルス・ファイトプラズマ病媒介虫もいる．　　　　（持田　作）

**うんぱんさよう　運搬作用**（transportation）

風化・侵食によって生産された岩屑などを，流水・氷河・風その他が，もとの場所から他の場所（終局的には堆積場所）へ運ぶ作用のことをいい，重力のみによる移動現象のマスムーブメントと区別される．風化・侵食・堆積作用とともに地形形成作用の一つ．運搬作用は，物質の運動形式によって，溶流・浮流（浮遊）・掃流（滑動・転動・躍動）に三大別される．溶流は化学的風化作用の結果生じた鉱物イオンが水に溶解して運ばれるもので，地下水・河川水流で顕著である．浮流は細粒な岩屑粒子が流体である運搬媒体中を浮遊・懸濁して運ばれるもので，掃流は底面付近に沿って岩屑が運ばれるものである．（水野一晴）

## え

**えいきゅうしおれてん　永久しおれ点**（permanent wilting point）→水分定数

**えいぞくせいでんぱん　永続性伝搬**（persistent transmission）

主に昆虫によるウイルス媒介様式の一つ．ウイルス獲得吸汁時間，接種吸汁時間，ウイルス保持期間が長く，潜伏期間があり，獲得吸汁前絶食効果はない．虫体内でウイルスが増殖し終生ウイルスを媒介する「増殖型」と，ウイルスが増殖せず日数とともに伝搬力が低下する「循環型」とがある．ヨコバイによるイネ萎縮ウイルス（RDV）やウンカによるイネ縞葉枯ウイルスの伝搬などは「増殖型」であり，数日の獲得吸汁と数時間の接種吸汁でウイルスを獲得し，数日の潜伏期間後に媒介を始め，経卵伝染をする．近年 RDV の構造タンパク質の一部が媒介に必須であることが明らかになった．アザミウマによるトマト黄化えそウイルスの伝搬もこの型と考えられるが，経卵伝染はしない．「循環型」には他にコナジラミによるタバコ巻葉ウイルスやウリハムシによるスカッシュモザイクウイルスの伝搬などがある．またダニやセンチュウによるウイルス伝搬もこの様式に近いと考えられる．　　　　　　　　（野田千代一）

**エイチがたせいし　H型整枝**（H-shaped training）→整枝

**えいよう　栄養**（nutrition）

生物が体外から必要な物質を取り込み，その物質の体内における代謝と呼ばれる化学変化により，エネルギーを得るとともに，生物自体の体構成成分を合成する生物にとって基本的な現象である．さらに，動物では摂取した物質に作用し，吸収できる形態に変化させ

る機能や取り込んだ物質の体内での移動，代謝の副産物として産生された不要な物質を体外に排泄しやすい物質に変え排泄する機能も含む場合がある．一般に植物は取り込んだ無機物のみからエネルギー源や体構成有機物を合成できる独立栄養生物である．動物は無機物から必須の有機物を合成できないので，これら有機物を取り込む必要がある従属栄養生物である． 　　　　　　　　　（松井　徹）

**えいようそ　栄養素**（nutrient）

栄養のために生物に取り込まれる物質である．通常，水および酸素，植物において光合成に必要な二酸化炭素を含まない．養分とも呼ばれる．一般に植物は無機塩類から必要な有機物を合成しているので無機塩のみが栄養素であると言える．一方，動物はさまざまな有機物を摂取する必要があり，炭水化物，脂質，タンパク質を三大栄養素と呼ぶ．その他に，微量栄養素であるビタミンおよびミネラルがあり，これらを含めて五大栄養素と呼ぶ．三大栄養素はいずれもエネルギー源となり得る．さらに，タンパク質は酵素として生物が行う化学反応を担っており，また体構成成分としても重要な物質である．エネルギーが不足する場合や余剰のタンパク質を摂取する場合タンパク質はエネルギー源として用いられる．栄養素が不足すると機能障害が生じ，この現象を欠乏と呼ぶ．また，栄養素の過剰摂取も障害を生じる．栄養素間には相互作用があり，ある栄養素の過剰が他の栄養素の欠乏（二次性欠乏）を生じる場合がある．

　　　　　　　　　　　　（松井　徹）

**えいようぶそく　栄養不足**（undernutrition）

FAOは，人体が運動または活動しない場合でも機能するために必要な基礎代謝量（BMR）の1.55倍に相当する1人1日当たり食事エネルギー供給量（DES）を下回る栄養摂取状態を栄養不足と規定している．これに基づくと，1969〜71年では途上国の9億人（世界の総人口の35％に相当）が，また1990〜92年では同じく8.4億人（同21％）が慢性的栄養不足人口であった．FAOによれば，現状のまま推移した場合の2010年の慢性的栄養不足人口は，サブサハラアフリカ2.64億人（同地域の全人口の30％），東アジア1.23億人（同6％），南アジア2億人（同12％）など，途上国全体で6.8億人（同12％）と予測されている．なお，最近では，途上国における栄養問題の核心は，熱エネルギー摂取量の不足よりも，むしろ，タンパク質，ミネラル，ビタミンの摂取不足であり，食物摂取の多様化が強調されている．栄養失調（malnutrition）は，栄養過多を含む，栄養素の摂取のアンバランスを指す概念である．（水野正己）

**えきか　液果**（berry）

単一子房に由来する均一で多肉質な中果皮と内果皮からなる果実．アボカド，カキ，バナナなどがあたる．　　　　（米森敬三）

**エキス**（extract）

エキスとは初めはある生物組織から特定の成分群を抽出したものを指すのに用いられたが，その後は転じて呈味・香気成分などの抽出物を示すようになった．個々の成分を指す英語表記としては extractives が適切である．それらに含まれる化合物としては含窒素化合物のアミノ酸，ペプチド，核酸関連物質，有機塩基類の他，有機化合物として有機酸，少糖類などが挙げられる．学問的には無機成分はエキスの範ちゅう外であるが，食品の一，二次機能という観点からは含める方が望ましい．

これらの成分を含む調味料としてのエキスは，本来の抽出製品以外に分解型や両者をブレンドした配合型などがある．これらはいずれも天然物を出発原料（チキン，ポーク，ビーフなどの畜産物，魚介類，甲殻類，海草類などの水産物，および野菜類，キノコ，果実類などの農産物）とし，製造工程で抽出，分解，加熱，発酵などの方法により製造され，最終製品としては液体，それを濃縮したペースト，さらに水分を除去した粉末などがある．

抽出型エキスには原料の種類，含まれる成

分の違い，またエキスの使用目的により，物理的抽出法，化学的抽出法，酵素分解抽出併用法の三方法があるが，一番利用されているのは熱水による物理的抽出法である．この場合，食品の大部分を占めるタンパク質は熱変性によって除タンパクされ，脂質もほとんど分離除去されるので，呈味性成分の抽出法としては優れている．

分解型エキスは酸加水分解または自己消化法によって，タンパク質をペプチドおよびアミノ酸にまで分解したものである．前者は塩酸などの強酸とともに原料を110～130℃程度の高温下で約半日処理すると，かなりの高収率でアミノ酸を回収できるが，このとき大過剰の酸を用いると中性脂質の加水分解で生じたグリセリンに塩素が付加し，変異原性を持つクロロヒドリン類を生成することが報告された．ただしこの問題は，製造工程にアルカリ処理を加えることで解決されている．後者は伝統的な魚醤油の製造などに古くから用いられている方法で，消化器官に含まれるプロテアーゼなどを利用するが，室温で反応させるため2～12カ月程度の長期間を要する．熱帯地方では菌の増殖に伴う腐敗を抑制するため，原料に添加する塩濃度を高くする必要があり，大豆を原料とする濃い口醤油の塩分十数％に対して，これら熱帯地方産の魚醤油では25～35％とかなりの高濃度に達している．

エキスは塩や砂糖などの基本調味料，あるいはグルタミン酸ナトリウムなどの化学調味料が持つ単純な味と違って，食品素材が本来有している天然の味と匂いを保っている．しかしそのような調味料としての働きの他にも，エキスは香気を付与したり，抗酸化活性，突然変異の抑制やがんの予防，血中コレステロール濃度の低減，血圧低下，糖尿病予防などいくつかの生理的機能を有する活性成分を含んでいることが明らかになってきた．

(任　恵峰)

**エキストラクター**（extractor）

固体または液体の原料中の成分を，溶媒を用いて分離する抽出操作を担う装置．

(五十部誠一郎)

**エキスペラー**（expeller）

搾油工業分野などにおけるスクリュー系の機械圧搾装置．スクリュープレス．

(五十部誠一郎)

**えきちくけんいんほう　役畜牽引法**（yoke, harness for draft animal）

役畜の牽引法には1頭引と2頭引，それ以上の多頭引（yoke）とがある．乾季に土壌が硬く固結する熱帯諸国では2頭引と1頭引の両者がみられる．2頭引は1.5頭引相当，4頭引きは3頭引相当の出力がある．

牛馬の牽引法には，① 頚引法，② 肩引法，③ 胴引法，④ 頚引胴引併用法，⑤ 肩引胴引併用法がある．頚引法は主としてウシに用い，首筋に頚木を装着してそこから引綱を出して（牽引力点となる）牽引する．肩引法は主としてウマに，その肩部に当てたはも（collar）を牽引力点として引く．両方とも装具が簡単なのと出力が大きい利点がある．胴引法は家畜のほぼ重心位置に鞍を置き，そこを牽引力点とするので，役畜の疲労少なく，作業機が安定して左右の振れが小さい利点を持つ．併用法はこれらの利点を取り入れた方法であるが，装具（harness）が複雑で，暑い熱帯では家畜の発汗を多くすることの欠点がある．

(下田博之)

**えきびょう　疫病**（Phytophthora rot）

植物の疫病は，藻菌類の *Phytophthora* 菌の侵害によって引き起こされる病害をいう．本菌には，地上部の茎葉を侵害する菌と地下部に感染する菌が存在する．地下部に病害を発生させる菌は多岐にわたり，また作物の種類も多い．本菌は栄養器官として菌糸体を有し，通常隔膜が存在しない．また，繁殖器官としては無性的な器官の遊走子のう，鞭毛をもった遊走子，被嚢胞子，厚膜胞子があり，有性繁殖器官としては，同株的あるいは異株的に蔵卵器と蔵精器を形成し，その受精によっ

て卵胞子を生ずる．遊走子嚢は，一般に卵形を呈するが，種によって球形，西洋ナシ型等々である．これらは，乳頭突起を有し，遊走子を放出するときは崩壊して，そこから遊走子が泳ぎ出す．腎臓形をして鞭毛を有す遊走子は，水中を遊泳して植物体に達し，被嚢胞子を形成して発芽する．発芽管から植物細胞へ侵入するときに付着器を形成する．また，雨滴の跳ね返りなどによって，果樹の主幹，果実，新葉に感染し，発病する場合がある．さらに，果樹の高い所にこの病徴が見られることがあるが，これは胞子が下葉から順次跳ね返り感染して発病した結果と考えられる．卵胞子や厚膜胞子は耐久性があり，土壌中や被害残渣中で越冬，越夏して第一次伝染源となる．卵胞子は，土壌中で数年間生存可能である．上述したように，本病は遊走子を有するため，被害の蔓延は水と深い関係にある．地上部病害の代表的なものは，ジャガイモ疫病，トマト疫病などであり，はじめ下葉に水浸状の斑点を生じ，次第に暗褐色化して大きくなる．気温が18〜20℃で湿度が高い好適条件下では蔓延が極めて速い．一方，地際部茎では，はじめ水浸状となり，その後細くくびれて軟腐，枯死する．

　罹病組織からの本菌の分離は，他の糸状菌の出現を抑制する優れた選択培地（BNPRA）があるので，きわめて容易にできる．土壌中の本菌の生存を調べる方法としては，捕捉法があり，ナスやキュウリなどの果実を土壌溶液中に1〜2日浸漬し，その後流水で洗いバットなどで保存すると，やがて果実表面に白い菌叢が出現するので，それらの菌叢を検鏡して，疫病菌であるか否か決定する．本菌の寄生範囲は極めて広く，野菜，果樹，花きなどの苗育成，定植後および収穫後のあらゆるステージで発生する病害であり，注意深い対応が必要となる．

　本病についての研究は古くから熱帯地域でも行われてきた．特に，農林水産省熱帯農業研究センター（現国際農林水産業研究センター），JICA（国際協力事業団）や大学による東南アジア，南米などとの国際研究協力によって飛躍的に発展した．例えば，タイ国においては有用作物に発生する疫病の生態調査が行われ，熱帯特有のしかも経済性の高い作物を疫病菌が侵す病害として，ドリアンの裾枯病，根腐病，果実腐敗，カンキツ疫病，パイナップル心腐病，ゴム枝枯病，バンダ黒腐病，ケナフ茎腐病，トウガラシ疫病，パパイヤ軟腐病などが確認されている．また，ドミニカ共和国ではコショウの苗から生産樹における被害の大きい主要な病害は疫病であることが明らかにされ，本作物栽培上，きわめて貴重な成果となっている．　　　　　（小林紀彦）

**エコツーリズム**（ecotourism）

　「自然とのふれあい」を重視する旅行形態の一つ．熱帯地域でエコツーリズムが注目されているのは，手付かずの自然を保全することが地元の経済にも潤いをもたらすという期待があるからである．すぐれた自然が残っていれば世界の各地から多くの観光客を惹きつけることができ，人や物資の輸送，宿泊，ガイド，土産品の販売などで地元の雇用や所得も増えるだろう．コスタリカは早くからこれを意識して自然を保護し，エコツーリズムでかなりの外貨を稼いでいる．同じような自然観光が他の熱帯域でも急速に広がっているが，観光客の支出が外国に流れて地元に落ちないとか，多数の人びとが小さな地域に入り込んで，自然そのものを傷めているという問題がある．　　　　　　　　　　　　（熊崎　実）

**エコデベロップメント**（ecodevelopment）

　エコデベロップメントとは，生態系を維持しつつ地域資源などのポテンシャルを適切かつ合理的に活用し，地域住民の生活が維持発展することを意味する．この種の地域資源活用とは，農村代替エネルギーの活用や持続的農業（外部投入をできるだけ抑え内部循環を高める農業）の推進などを指し，これらによって持続的エネルギー供給や土壌・水質の保全などが実現される．エコデベロップメント

の概念は，こうした技術的側面だけでなく，社会的・文化的側面をも含む．エコデベロップメントの三要素は，①基礎的なニーズ（衣食住）の充足，②自立自助，③生態的な持続性の確保（環境保全）であるが，これらは互いに密接に結びついている．中でも，特に貧しい人々の生活の維持・改善に焦点をあてることの重要性が強調されるようになってきた．この背景には，貧しい人々の生活が困難であれば資源の略奪的利用に頼らざるを得なくなり，環境保全も困難となるという考え方がある．　　　　　　　　　　　　　（山田隆一）

**エコロジカル・プランニング**（ecological planning）

自然ならびに自然要素の分析評価に基づき，土地利用計画（landuse plan）や地域計画（regional plan）を策定する計画手法の一つ．これまでの計画は，社会立地，経済立地に重点がおかれ，自然地理学的知見をもとに立地調査を行なおうとする視点が弱かった．これに対して，アメリカの造園家でペンシルベニア大学教授のイアン・マックハーグ（Ian L. McHarg, 1920〜）は『Design with Nature』(1969)を刊行し，自然地理的データ，例えば地形地質，植生，水理，土壌，気候，動物など分級図を濃淡でマッピングし，それらの図面で重ね合わせる（オーバーレイ手法）方法で，その土地の自然保全の必要性や開発に対する抵抗力を評価して，道路や宅地開発適地を設定するエコロジカル・プランニング手法を提案した．この方法は全世界に影響を与え，20世紀後半の自然重視時代の計画哲学となった．　　　　　　　　　　　（進士五十八）

**エスエーアール（ナトリウムきゅうちゃくひ）　SAR**（ナトリウム吸着比 sodium adsorption ratio）→灌漑水質

**エスチュアリー（さんかくこう）　エスチュアリー（三角江 estuary）**

小起伏・緩傾斜の河川流域が沈水すると，ラッパ状の平面形をもつ入り江が形成されるが，それをエスチュアリーとか三角江と呼ぶ．estuary という用語はラテン語で潮汐を意味する aetus に由来する．河川勾配が緩やかなため，河川下流部は潮汐の干満や潮流の影響を大きく受ける．ウェーザー，ガロンヌ，エルベ，テムズ，セントローレンス，ラプラタ川などの河口が好例で，広大な後背地をひかえ，良好湾となることが多く，後背地と港との交通が発達しやすいため，後背地に大都市［ブレーメン（ウェーザー），ボルドー（ガロンヌ），ハンブルク（エルベ），ロンドン（テムズ），ケベック（セントローレンス），ブエノスアイレス（ラプラタ）など］が発達する場合が多い．　　　　　　　　　　　（水野一晴）

**えだうち　枝打ち**（pruning）

樹冠の下部の枝を取り除く作業を枝打ちという．枯枝だけを取り除く枯枝打ち（dry pruning）と，生きている枝を主に取り除く生枝打ち（green pruning）があり，後者は無節材を生産するのが主要な目的である．熱帯の人工林における枝打ちは，用材を生産する樹種で幹の材質を向上する目的と，アグロフォレストリーや社会林業で植えられた樹木から燃材や飼い葉，マルチ材料，ポールサイズの材などを収穫する目的で行われる．枝を取り除く部位によって low pruning と high pruning が分けられており，材質の向上は後者によるのが普通である．前者は ground pruning とも呼ばれ，わが国でいう裾枝払いに近く，林内へのアクセスをよくする，火災被害を減らす，間伐をしやすくする，などの管理上の目的でも行われるが，材質をよくする枝打ちの手始めとしても行われ，また，前述のように枝葉を利用することを目的とすることもある．low pruning では，約 2 m くらいまでの幹の下部の枝を払い落とすか，刈り取る．一方 high pruning は，わが国で行われている枝打ちと同じで，幹の形・材質をよくするのが狙いで，国や地域により，また樹種や目的によっていろいろな基準がある．Evans (1992)が熱帯高地に植栽する針葉樹類について示している枝打ちパターンによると，林分高 6 m の時点で全

木について 2.5 m の高さまで打ちあげる（low pruning）．その後，林分高 9 m, 12 m, 15 m の時点で，最終的に残す個体に対して，それぞれ 5 m, 7.5 m, 10 m の高さまで枝打ち（high pruning）を行う．熱帯早成樹の一種 *Acacia mangium* についても，植栽後の年数か林分高によって，初めは全木について 1.5～2.5 m まで打ちあげ（low pruning），その後は，前例と同じように最終的に残す個体について枝打ち（high pruning）を行うパターンが示されている（Srivastava, 1993）．対象樹種は枝が落ちにくい針葉樹，例えば *Cupressus lusitanica* やマツ類，アローカリア類などが主で，*Cordia alliodora*，多くのユーカリ類，*Terminalia superba* のような広葉樹は自然落枝の性質が強いため，無節材を生産する目的で枝打ちを行うことは少ない．ユーカリの中では *Eucalyptus grandis*，マツの中では *Pinus caribaea* は自然に落枝する性質は中ぐらいとされている．一方，アグロフォレストリーや社会林業における枝打ちには pollarding（→萌芽更新），lopping（→萌芽更新）と呼ばれる方法も含まれ，いずれも萌芽での更新を期待する．　　　　　　　　　　　　（浅川澄彦）

**えださし　枝挿し**（stem cutting）→挿し木

**エックスがたせいし　X型整枝**（X-shaped training）→整枝

**エフエーオー　FAO**（Food and Agriculture Organization）**国連食糧農業機構**

　国連専門機関の一つで，本部をローマに置き 1945 年に設立された．わが国は 1951 年に加盟している．FAO の現在の活動は，飢餓の撲滅に主眼をおいて農業開発・栄養改善・災害時の食料確保などの活動を実行している．また，農作物や家畜などの生産統計である世界センサスといえる詳細な基礎的資料を作成し，各種の年次刊行物として出版している．この 10 年あまり前からは，地球規模で減失する恐れのある農作物や家畜の遺伝資源の保全にも力を注いでいる．また途上国を対象にした農業研究の文献情報をデータベース化して，世界各国の利用者に情報提供をしている．　　　　　　　　　　　　（建部　晃）

**エフエーオー-ユネスコせかいどじょうずはんれい　FAO-Unesco 世界土壌図凡例**

　国際土壌学会と FAO-Unesco が連携して編集した 500 万分の 1 世界土壌図に用いられた土壌の分類命名法である．この世界土壌図は，1960 年の第 7 回国際土壌学会において，「広く受け入れられる分類・命名の確立」，「世界の土壌資源の種類と分布を明らかにする」，「技術経験の移転に科学的根拠を与える」，などの必要性が認められ，翌 1961 年に作成が開始された．土壌図は全 19 図葉からなり，1971 年から 1981 年にかけて発行された．1974 年発行の凡例は，第 1 レベルの 26 個の主要土壌グループと第 2 レベルの 106 個の土壌ユニットから構成されている．主要土壌グループ名には，チェルノゼム，ポドソル，ソロネッツなど各地で古くから用いられてきた用語が主に使われた．土壌ユニット名は，主要土壌グループ名に普通（Haplic），カルシウム質（Calcic）などの修飾語を付けて作られている（例，Haplic Chernozems）．また図示単位には土壌名の他に，土性クラス，傾斜クラスおよび土地利用上注目すべき項目（例えば地表の礫，浅い基岩・盤層，塩類化）のフェーズなどが付けられる．500 万分の 1 世界土壌図完成後，発展途上国では土壌調査が進展し新たな土壌図が作成された．一方土壌分類では，米国の農務省で 1975 年に Soil Taxonomy が出版されるなど大きな発展が見られた．そのため世界土壌図凡例として 1969 年に定められた分類方式は古いものとなり，より縮尺の大きな土壌図や新たな分類体系への対応などを図るため改訂作業が行われ，1988 年には FAO/Unesco/ISRIC（International Soil Reference and Information Centre）の共同ワーキンググループによって凡例の改訂版が発行された．1988 年の改訂版では 1974 年版の凡例にあったイェルモソル，ゼロソルという砂漠・乾燥地の土壌グループがなくなり，リソゾル，

ランカー，レンジナなどの土層の浅い土壌グループがレプトソルへ統合された．また人為生成土壌としてアンスロソルが作られた．その後 FAO-Unesco 凡例の改訂作業は WRB (World Reference Base for Soil Resources) の作成作業へと引き継がれ，WRB は 1998 年に FAO の世界土壌資源レポート 84 として出版された．

◎ 1988 年度版の主要土壌グループ (major soil groupings) ［未熟な土壌］アレノソル (Arenosols, ラテン語の arena：砂) 砂質で発達が弱い土壌．レプトソル (Leptosols, ギリシャ語の leptos：薄い) 硬い岩盤，カルシウム質の層や固結した層が 30 cm 以内に出てくる土層の浅い土壌．レゴソル (Regosols, ギリシャ語の rhegos：毛布，地下の硬い基岩を覆う，粗な物質の薄い外被を意味する) 固結していない物質から出来ているが層位の発達がごく弱い土壌．フルヴィソル (Fluvisols, ラテン語の fluvius：川) 新しい沖積堆積物からなる土壌．［粘土集積層を持つ土壌］アクリソル (Acrisols, ラテン語の acer, acetum：強酸性)，粘土の陽イオン交換容量が低く，酸性で塩基飽和度も低い土壌．アリソル (Alisols, ラテン語の alumen, 高いアルミニウム含量を意味する) 粘土の陽イオン交換容量は高いが，塩基飽和度は低い土壌．リキシソル (Lixisols, ラテン語の lixivia：洗う，粘土の集積と強い風化を意味する) 粘土の陽イオン交換容量は低いが，塩基飽和度は高い土壌．ルヴィソル (luvisols, ラテン語の luere：洗脱，粘土の集積を意味する) 粘土の陽イオン交換容量が高く，塩基飽和度も高い土壌．上記の 4 土壌は，養分保持力と関係する粘土の化学的活性度 (塩基置換容量 24 cmol kg$^{-1}$ clay) と塩基状態 (塩基飽和度 50 ％) によって区分されている．ただし 1974 年の凡例には粘土の陽イオン交換容量の基準はなく，アリソルはアクリソルに，リキシソルはルビソルにそれぞれ含まれていた．類縁土壌としては次のものがある．ニティソル (Nitisols, 1974 年版ではニトソル Nitosols) 光沢のある構造を持つ土壌．ポドゾルヴィソル (Podzoluvisols) 溶脱した層の物質が粘土集積層に舌状貫入している土壌．［塩類集積に関係する土］ソロンチャック (Solonchaks) 塩濃度が高い土壌．ソロネッツ (Solonetz, ロシア語の sol：塩) ナトリウムに富む独特の粘土集積層 (Natric 層) をもち強いアルカリ性を示す土壌．カルシソル (Calcisols, ラテン語の calx：石灰) 炭酸カルシウムの集積をもつ土壌．ジプシソル (Gypsisols, ラテン語の gypsum：石膏) 硫酸カルシウム (石膏) の集積を持つ土壌．［黒土－肥沃な穀倉地帯の土壌］チェルノゼム (Chernozems, ロシア語の chern 黒 zemlja 土地) 有機物に富む黒色の表層とカルシウム集積を持つ土壌．カスタノゼム (Kastanozem, ラテン語の castanea 栗) 有機物に富む褐色から栗色の表層とカルシウム集積を持つ土壌．フェオゼム (Phaeozems, ギリシャ語の phaios 黒っぽい) 暗色の表層と 50 ％以上の塩基飽和度をもつ土壌．グレイゼム (Greyzem, アングロサクソン語の grey 灰色) 被覆されていない砂粒子を含む暗灰色の表層と粘土集積層を併せ持つ土壌．［その他の土壌］アンスロソル (Anthrosols, ギリシャ語の Anthropos 人間) 灌漑や長期間に及ぶ施肥，客土などの人為の影響を強く受けた土壌．アンドソル (Andosols, 日本語の an 暗と do 土) 主に火山放出物を母材として生成し暗色の表層を持つ土壌．カンビソル (Cambisols, ラテン語の cambiare 変化) 土色や構造が元々の岩石から変化している土壌．ヒストソル (Histosols, ギリシャ語の histos, 組織，新鮮またはわずかに分解した有機物を意味する) 泥炭などからなる有機質土壌．フェラルソル (Ferralsols, ラテン語の ferrum 鉄と alumen アルミニウム) 熱帯地域の強い風化を受け，低活性粘土 (→) と三二酸化物に富む土壌．グライソル (Gleysols, ロシアの地方語の gley 泥状土壌物質，水が過剰な状態を意味する) 水飽和と還元状態にある土壌．プラノソル (Planosols, ラテン語の planus 平坦) 平坦

## え

な地形にあり季節的に地表湛水が起こる土壌．プリントソル（Plinthosols，ギリシャ語のplinthos煉瓦）地表に露出されると不可逆的に硬化する斑紋を持つ粘土物質よりなる土壌．ポドゾル（Podzols，ロシア語のpod下とzola灰）有機酸などのため鉄やアルミニウムなどが溶脱された灰色の表層とそれらが集積した次表層を持つ土壌．ヴァーティソル（Vertisols，ラテン語のvertereひっくり返す）膨潤性の粘土鉱物に富み，乾季に深い亀裂が入る土壌．

◎土壌ユニットのための用語　Albic：強い漂白．Andic：アンドソルの性質．Aric：深い耕作層．Calcaric：カルシウム質物質の存在．Calcic：炭酸カルシウムの集積．Cambic：色・構造などの変化．Carbic：スポディック層での高い有機炭素含量．Chromic：明るい色．Cumulic：人為による堆積物の集積．Dystric：低い塩基飽和度．Eutric：高い塩基飽和度．Ferralic：高い三二酸化物含量．Ferric：鉄質の斑紋または鉄の集積．Fibric：分解の弱い有機物．Fimic：長期間の堆肥施用．Folic：水で飽和されていない有機質層．Gelic：永久凍土．Geric：強い風化作用．Gleyic：水飽和と還元状態．Glossic：ある層の下層への舌状貫入．Gypsic：石膏の集積．Haplic：普通（特殊な性質を持たない）．Humic：有機物に富む．Lithic：土層の薄い土壌．Luvic：粘土の集積．Mollic：暗色・塩基飽和度が高い肥沃な表層．Petric：浅い位置での硬化した層を持つ．Plinthic：地表に出すと不可逆的に硬化する斑紋を持つ粘土物質．Rendzic：石灰質で土層が薄い．Rhodic：赤色の土壌．Salic：高い塩類性．Sodic：高い交換性ナトリウム含量．Stagnic：地表の停滞水．Terric：良く分解し腐植化した有機物．Thionic：硫化物を含む．Umbric：暗色の表層を持つ．Urbic：市街地から出るゴミや残土など．Vertic：表土の反転．Vitric：火山ガラス質．Xanthic：黄色．

(小原　洋)

**エフピーシー　FPC**（Fish Protein Concentrate）

魚肉タンパク有効利用のため，溶剤処理などで脂質・水分を除去し，保存性ある食素材としたもの．　　　　　　　　　(林　哲仁)

**エマージェント**→巨大高木

**エム・エル・エイチ**（M. L. H.）→南洋材（非フタバガキ科）

**エムエーちょぞう　MA貯蔵**（modified atmosphere storage）→貯蔵

**エヨン**（eyong）→付表13（アフリカ材）

**エリシター**（elicitor）

植物の感染組織での抗菌成分（ファイトアレキシン）の生産・蓄積を誘導する病原菌成分の総称．　　　　　　　　　(安藤康雄)

**エルイーアール　LER**（Land Equivalent Ratio）

土地等価比率の略称．間作をした場合，単作と比較してどの程度の有利性があるかを土地利用の点から評価する方法である．定義としては，間作で得られた各作物種の収量を同一栽培管理下の単作で得るとした場合に要する土地面積の比率で，LERは単作収量に対する間作の各作物収量の比率を合計して表される．例えば，トウモロコシとダイズ間作の場合，間作でのトウモロコシ収量が$8.0\,t/ha$，ダイズ収量が$2.0\,t/ha$で，それぞれの単作収量がトウモロコシ$11.4\,t/ha$，ダイズ$3.3\,t/ha$とすると，LER $= 8.0/11.4 + 2.0/3.3 = 1.3$となる．これは間作すると，全体の生産性が単作した場合よりも30％高まったことを示し，このことは換言すると同じ収量を単作で得るには，さらに30％の土地が必要であることを意味している．ただし，この際，どのような単作を比較対象とするかによって間作の評価が異なると考えられる．通常，評価の基準は栽植密度のとらえ方によって決まる．すなわち，単作の栽植法として間作されているすべての株の栽植位置に同じ作物種を配置する場合と，間作状態から他の作物種を除いた状態の栽植法の場合が考えられる．さらには，その地域での最も一般的な単作の栽植法

を対象と考えることも可能である．いずれの場合も LER は算出される． (堀内孝次)

**エルグ（すなさばく） エルグ（砂砂漠）**
(erg) →乾燥地形

**エルディー50，エルシー50 LD50** (median lethal dose) **LC50** (median lethal concentration)

LD50 は半数致死薬量，LC50 は半数致死濃度との訳語（用語）もあるが，一般的には LD50，LC50 が用いられる．実験動物としてマウスまたはラットを用い，農薬などの化学物質を経口，経皮的に投与して必要ならば皮下または静脈注射後，一週間内に発生する死亡数を調べ，体重 1 kg あたりの 50％ 致死薬量を LD50 mg/kg で標示する．これらには経口投与による急性経口毒性試験（acute oral toxicity study）や経皮投与による急性経皮毒性試験（acute dermal toxicity study）などにより薬量を算出する．また，農薬などの化学物質を接触させたり，投与してこれら動物の 50％ の個体を死に至らしめる農薬の濃度を LC50 ppm で標示する．これら以外にガス状または揮発性の高い農薬の吸入毒性試験（acute inhalation toxicity study）がある．これらの検定では通常 3 用量以上の投与区をもうけ各用量での致死数から半数致死薬量，濃度を求める（表 1）． (大澤貫寿)

表1 農薬の毒性（LD 50）

| 投与方法<br>区分 | 経口<br>mg/kg | 皮下<br>mg/kg | 静脈<br>mg/kg |
|---|---|---|---|
| 特定劇物 | < 15 | < 10 | |
| 毒物 | < 30 | < 20 | < 10 |
| 劇物 | < 300 | < 200 | < 100 |
| 普通物 | > 300 | | |

**エルニーニョ（El Niño）**
赤道東太平洋の海面水温が，半年以上にわたって広範囲に上昇する現象．この影響は地球全体におよび，発生年を中心に異常気象が発生しやすいといわれている．エルニーニョは，本来スペイン語で「男の子」を意味し，特に定冠詞 El を大文字にすることにより「神の子」を指す言葉となる．南米ペルー沖は世界有数の漁場として有名であるが，毎年クリスマス前後の南東貿易風の一時的な衰えによって，沿岸の湧昇流が弱まり，赤道反流系の暖かい南下流が現れ，海水温が 2～3℃ 上昇する．この南下流により運ばれてくる普段みることのできない暖流系の魚を，天からの恵みと考えたことから，この南下流をエルニーニョと呼んだことによる．このペルー沖で毎年見られる高水温現象としてのエルニーニョは 3 カ月程度で終息するのが通常であるが，こ

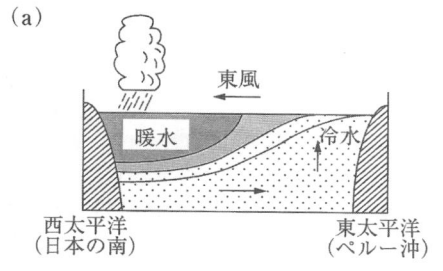

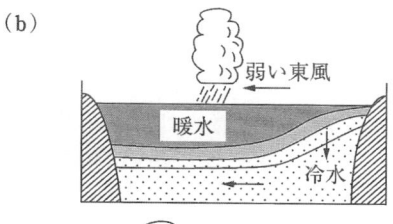

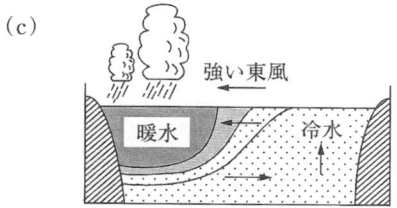

図3 赤道太平洋での大気と海洋の状態を示す模式図
(a) 通常時，(b) エルニーニョ時，(c) ラニーニャ時．

の南下流による高水温現象が長期にわたり大規模に持続することがあることも19世紀末には知られていたようである．エルニーニョという語は，現在では本来の意味よりも，数年に一度の大規模な異常高水温現象を指すことの方が多い．大規模な現象を本来のものと区別するために特にエルニーニョ・イベント，エルニーニョ現象，ウォーム・イベントとよぶこともある．さらに，Gilbert Walker卿が発見した，熱帯太平洋の海面気圧差の東西振動，いわゆる南方振動（Southern Oscillation）が，エルニーニョと高い相関を持ち，大気海洋結合系におけるエルニーニョの大気側の側面であることが Jacob Bjerknes により示され，エルニーニョと南方振動をあわせ，エルニーニョ南方振動（ENSO）と呼ぶ場合もある．エルニーニョ・イベントは毎年起こるエルニーニョと発生機構が異なり，次のような説明がなされる．熱帯太平洋における海面水温は，通常西部において高く，東部で低くなっており，大気の流れで捉えると，太平洋西部で上昇，東部で下降という東西循環（Bjerknes は Walker 循環と名づけた）がみられることになる（図3(a)）．赤道付近においては年間を通じ貿易風が東から西へ吹いており，貿易風に引きずられた西向きの海流（赤道海流）はコリオリ（転向）力により南北高緯度側へ発散し，この発散を補う形で下層の冷たい海水が湧昇してくる．さらに南米沿岸では海流が北向きであり，この海流がコリオリ力により海岸から遠ざかる，つまりは海岸近くで海水が発散する状況をつくり，ここでも湧昇がおこり海水温を低くする．対して，暖水は貿易風により西部の方へ吹き寄せられるため，海水温分布は熱帯太平洋で西高東低となる．西太平洋では28℃以上の暖水域が広がり，活発な対流活動を起こし上昇流域となっている．このような状態がエルニーニョ時になると以下のように変化する（図3(b)）．まず，何らかの原因で貿易風が弱まると東太平洋での湧昇が弱まり，暖水域が東へ広がり始める．この暖水域の東進に伴い上昇流域も東へ移動する．この上昇流域の東進は貿易風を弱め暖水域をさらに東進させる．このような正のフィードバックを持つメカニズムが赤道太平洋，特に東部において，海水温を例年より上昇させることになる．これと反対のフィードバックが働くのが，ラニーニャ La Niña 時（図3(c)）である．最近の研究の動向として，ENSO が周期性を持つことから，ENSO サイクルの解析は，エルニーニョの発生の予測をはじめ，気候変動の予測につながるのではないかという期待があり，数値モデルなどによる研究，さらに，数値モデルの精度を上げるため，実際の熱帯地域のデータを観測・収集することも積極的に行われている．

（佐野嘉彦）

## えんがい 塩害（salt injury）

塩害とは作物の生育が過剰の塩によって阻害されることである．海沿いでは海水に由来する塩，内陸では風化岩石に由来する塩が原因となる．海水飛沫が葉身に付着して害をもたらす場合もある．集約農業下の施設栽培では過剰の施肥によって塩害が発生することもある．灌漑農業においては排水不良などによって地下水位が上昇すると作物に湿害を与え，この地下水が塩を多量に含む場合には塩害が生じる．灌漑水，土壌溶液のナトリウム濃度，浸透圧，電気電導度が 20 mM，1気圧，2 dS m$^{-1}$ 以上であれば塩害の可能性を考慮する必要がある．障害をもたらす塩はナトリウム，カルシウムの塩化物，硫酸塩であることが多い．作物の塩害の感受性は種，品種によって非常に異なる．塩濃度が高くても収量が低下しにくいのは，サトウダイコン，ワタ，オオムギ，コムギ，ソルガムなどで，生育が低下し始める時の土壌の飽和抽出液のECは 5 dS m$^{-1}$ 以上である．一方，多くのマメ科，アブラナ科作物，イネ，オレンジなどは低い塩濃度から生育が低下しはじめる．イネ，オオムギ，ダイズ，トマトなどでは耐塩性の品種が同定されている．塩害は土壌溶液の塩濃度

が高く浸透圧が高いので作物が吸水できなくなる浸透圧ストレスと，塩が根から多量に体内に侵入して細胞内の代謝を阻害するイオンストレスによって生じる．したがって浸透圧ストレス下でも根からの塩の侵入を抑えつつ速く成長して，細胞内に侵入する塩を希釈できる種，品種が塩害に対して耐性を示す．塩害の生じる圃場では土壌の塩濃度が高いことに加えて，過剰の塩による窒素など栄養塩の吸収阻害，高い地下水位による湿害，アルカリ分の過剰による高 pH 障害とホウ素の過剰害，硫酸根による低 pH 障害とそれに伴う鉄，アルミニウムなどの過剰害，ストレス状態の作物への病虫害の多発，気孔閉鎖に伴う強光障害，などが相乗的に作用する．このため塩害の対策は作目ごとに圃場ごとに考える必要がある．一般にはまず暗渠，揚水ポンプなどを設置し排水して地下水位を下げ，硫酸カルシウムを散布して粘土鉱物に結合したナトリウムイオンを置換して透水性を上げ，塩濃度の低い灌漑水などでナトリウムイオンを洗脱することが試みられる．塩害に耐性を持つ品種の育種は交配法，遺伝子導入法などで試みられ有望な品種が見つかりつつある．しかし塩害地への導入にはまだ問題が多い．海沿沼沢地に自生するマングローブなど塩生植物を農業に積極的に利用することも試みられている．塩害は作物へのナトリウムの過剰害だが土壌へのナトリウム集積は水管理の失敗の結果であり，塩害の対策には適切な水管理が最も重要である．　　　　（間藤　徹・真野純一）

**えんげいさくつけたいけい　園芸作付体系**
(horticultural cropping systems)

　熱帯地域では，園芸作物においても，主食作物同様，多様な自然・社会環境に適応して多様な作付体系が成立している．園芸作物の場合，小面積で収益性の高い商品作物を栽培することが多いため，稲作や畑作程自然条件が制約とはならないが，近年導入された温帯作物などの栽培は，冷涼な気候が必要であるため，主として高地で栽培され，大規模な産地の形成も見られる．一方，近年の経済発展の結果，大都市での園芸作物需要の増大や道路網の整備に呼応し，都市近郊の低地でも産地が形成され，種々の作付体系で生産が行われている．大都市近郊の低地では，多くの在来野菜が年中栽培可能であるため，農家が主として価格変動を基準として，独自の作付体系で栽培を行っている．また，混作・単作いずれも見られるが，バンコク近郊では，果菜類は主として混作で，葉菜類は主として単作で栽培されている．亜熱帯に位置するハノイ近郊では，気温の年変化がより顕著になるため，季節変化に対応した作付体系となっている．低地での果樹生産は，いわゆる熱帯果樹が中心であり，種々の果樹の混植，単作，果樹と野菜の混植など，多様な作付体系が見られる．一方，高地では，主として温帯導入野菜の栽培が行われるが，主産地の温帯と異なり，温和な気候が年中続くため，ほとんどの作目が年中栽培可能であり，農家が輸送条件や価格等を基準に，種々の作付体系を発展させている．高地での果樹生産は，亜熱帯果樹や導入温帯果樹の生産が中心で，主として単作で行われている．稲作や畑作と組み合わせた作付体系も多く見られる．タイ北部や，ベトナム紅河デルタのように灌漑可能な地域では，乾季前半，稲作の裏作として野菜が栽培されている．また，インド亜大陸の稲作地帯では管井（チューブウェル）による灌漑を利用した乾季の野菜作が行われている．天水田地帯でも，小規模な灌漑や河川水を利用した野菜作が見られる．また，熱帯の畑作地帯はほとんどが天水で栽培が行われているが，ここでも小規模灌漑を利用した乾季の野菜作が行われている地域がある．果樹類と一年生作物との混作は，特に果樹の幼木期に見られ，熱帯の強日射を有効に利用して，種々の野菜，畑作物が混植されている．以上述べたのは，主として商品作物としての園芸作物の作付体系であるが，自家消費用の野菜・果樹は主として，ホームガーデンで行われる．熱帯地域

の農家の家屋では，多かれ少なかれ，有用植物が植えられ，食用・薬用をはじめ，日常生活に種々利用されている．特に有名なのは，ジャワ島のホームガーデン（pekarangan）で，果樹を中心に数多くの樹木作物と野菜・香辛料が植えられ，多彩に利用されている．

（縄田栄治）

**エンゲルのほうそく　エンゲルの法則**（Engel's law）
19世紀のドイツの社会統計学者，C. L. E. Engel（エンゲル）が，19世紀末にベルギーの労働者家計を対象にした調査結果から生活費に関して観察した法則．エンゲルが導き出したのは，①食料費が消費者家計の総支出に占める割合は所得の低い階層ほど大きい，②所得の増大に伴って住居費の支出割合は，初めは減少するが，ある水準を超えると同じ割合に止まるかあるいは増大する，③所得増大に従って文化費の支出割合は常に増大する，④所得の増大とともに被服費の支出割合は，初めは増大し，ある水準を超えると同一割合に止まるか，または減少する，といった関係である．なお，②の関係については，ドイツのSchwabe（シュワーベ）が，ベルリンの家計調査から，消費支出に占める家賃の割合は所得の増大とともに減少するという結論を導き出しており（シュワーベの法則），エンゲルの結論は修正される．エンゲルの示したこれらの法則は，それほど明確に導き出せるものではなく，シュワーベの法則も必ずしも各国の調査結果に厳密に適合していないが，生活水準の測定や比較に用いられている．エンゲルの法則は四つの法則の総称であるが，一般には①の法則を指すことが多い．また，この割合はエンゲル係数と呼ばれ，生活水準を表わす指標として広く用いられている．この係数は，エンゲルの法則を基に，各国間の生活水準の比較や途上国が経済成長とともに，生活水準を変化させている状況を把握する指標として用いられている．わが国でも経済成長と併行してエンゲル係数の低下がみられたが，初期の段階では経済水準が低い割に欧米諸国と比較して，エンゲル係数が高くなく，食生活が貧困である証左と考えられた．エンゲルの法則のうち最も普通に用いられる食料費の割合についての法則も，常にこのままの形で妥当するわけではなく，インフレーション時では，低い階層から所得階層が上がるにつれ初めはエンゲル係数が上昇して極大点を形成し，その後，逓減するとされる．さらに，エンゲルの法則をより一般化して捉え，エンゲル係数の変動法則をエンゲルの法則と考える場合もある．つまり，食料費と家計支出との関係だけでなく，家計支出と家計支出に占める各支出項目との関係を指し，これをエンゲル関数として捉え，家計消費の研究はエンゲル関数の動きや，その決定要因などの分析へと発展している．世界的に見て，途上国での食料不足の危惧が常につきまとっている反面，先進国では技術進歩により食料生産が増大する一方で，人口増加率は低下し，エンゲルの法則が示すように家計に占める食料費の割合は逓減しているので，食料生産は過剰になる傾向にあり，いわゆる農業問題を引き起こす場合が多く，調整は難問化している．

（會田陽久）

**えんじょのこうりつせいとゆうこうせい　援助の効率性と有効性**（efficiency and effectiveness of aid）→日本の政府開発援助

**えんしんぶんり　遠心分離**（centrifugation）
流体中に固体粒子や液滴などが懸濁している試料を回転させると，遠心力によって，懸濁粒子などは分散媒である流体との密度差に応じて回転軸と垂直な方向に沈降または浮上する．遠心分離とは，このことを利用して懸濁粒子などと分散媒とを分離する方法である．懸濁液を容器に入れてローターと呼ばれる回転体に取付ける形式の実験室規模の遠心分離機のほか，工業用途には，懸濁液を連続的に供給可能な円筒型や分離板型の遠心分離機がよく用いられる．分離板型には，固・液の分離を行うクラリファイアと固・液・液の

分離を行うセパレータがあり，牛乳の加工を例にとると，原料乳中の微細な塵埃や異物を除去する目的にクラリファイアが用いられ，牛乳をクリームと脱脂乳とに分離し，かつスラッジを除去する目的にセパレータが用いられる．分離対象にもよるが，回転速度は一般に毎分数千回転程度に設定されることが多い． （崎山高明）

**えんしんぽんぷ　遠心ポンプ**（centrifugal pump）

渦巻ポンプとも呼ばれ，灌漑用として最も広く使用されているポンプである．このポンプは，羽根車の回転により生ずる遠心力で液体にエネルギーを与え，吸込管より吸い上げられた液体を吐出管から吐出して揚水する．主要部分は，羽根車，案内羽根，ケーシング，吸込管，底弁，吐出管からなっている．種類は構造により分けられる．まず，a）案内羽根の有無により，案内羽根を持たず，低揚程（20 m以下）のボリュートポンプと案内羽根を有し，20 m以上の高揚程用のタービンポンプがある．b）吸込み方式により小水量の片吸込みポンプと大型の両吸込みポンプがある．c）羽根車の段数により，羽根車1個の低揚水用の単段ポンプと羽根車を複数もつ高揚程用の多段ポンプがある．d）主軸の方向により横軸ポンプと縦軸ポンプがある． （笹尾　彰）

**えんすいけいせいし　円錐形整枝**（conical training）→整枝

**えんせいしょうたくち　塩性沼沢地**（salt marsh）

排水不良で，常に湛水するか洪水時に湛水しやすい土地を湿地といい，その湛水する部分が広い場合，沼沢地ともいうが両者の厳密な区別はない．沼沢地のうち塩分を含むものを塩性沼沢地という．塩性沼沢地は，潮間帯沼沢地のことを指す場合が多く，それは，潮間帯や河口域の砂泥底域で多年性草本植物の生育する草原であるが，潮間帯樹林（木本植物の樹林）を含む場合もある． （水野一晴）

**えんそ　塩素**（chloride）

原子量35.45のハロゲン族元素で，Clと略記される．植物にとって必須微量元素であり，光合成の酵素活性に関与している．また，蒸散の制御に不可欠である．大型の種子を持つ穀類や豆類は塩素欠乏耐性が比較的強い．塩素が欠乏すると茎頂端の小葉がしおれ，伸長が抑制される．動物にとって必須多量元素である．動物体液中における主な陰イオンであり，浸透圧調節や酸塩基平衡調節に関与している．欠乏症として食欲低下，体重減少，便秘，嗜眠，泌乳量減少などが生じる．通常は食塩として動物に補給される．
（松井　徹）

**えんぞうひん　塩蔵品**（salted product）

塩蔵（salting）は食塩を用いて食品を貯蔵することで，原料に食塩を直接散布する撒塩漬，および食塩水に漬け込む立塩漬の方法がある．食塩濃度が高くなると，水溶液中の溶質成分の影響を受けない自由水の割合が減り水分活性が低下し，浸透圧も高くなり，微生物の繁殖は制御される．しかし好塩細菌はある程度の食塩が増殖最適塩濃度となり，塩蔵品や塩湖中に存在する．魚類の塩蔵品としてはサケ，マス，タラ，ニシン，サバなどを原料としたもの，すじこ，イクラ，たらこ，キャビア，塩かずのこなど魚卵製品，海藻の塩蔵わかめなどが挙げられる．畜肉の塩蔵品としては塩豚があるが，ハム，ベーコン製造の予備処理として塩蔵が行われる．塩漬けして発酵させたものとして，いかの塩辛，アユのうるか，ならびにニョクマム，ナンプラ，しょっつるなどの魚醤油がある．また野菜類の漬物には一時加工として塩蔵法が多く用いられており，調味液で二次加工して醤油漬や粕漬の製造を行っている． （鈴木　健）

**エンソー　ENSO**（El Niño southern oscillation）→エルニーニョ

**エンタイトルメントせつ　エンタイトルメント説**（Entitlement）

狭義には，所有や行為を正当化する権利・資格・機会が社会的に付与されること．広義に

は，それらを通じて獲得した自由に使える財・サービスの総体を意味する．社会開発の究極的な目的は，福祉＝生活の質（well-being）の向上にあるが，与えられた機会を成果に変換する能力は，自然・社会環境，ジェンダー，親から引き継いだ資産，身体的・知的能力などによって個人間で差がある．このことを重視した Amartya Sen は，潜在能力（capability）アプローチを提唱した．「潜在能力」とは，ある個人が選択可能な「機能」の集合である．「機能」とは，生活の状態（健康である）や行動（住居を移動できる）である．所得，資源，効用は生活向上の手段や結果であるのに対し，機能は福祉を直接表わす．国連開発計画（UNDP）は，この考えに基づいて社会開発の度合を適切に表わす指標として，人間開発指数（Human Development Index）を算出している． 〔横山繁樹〕

**エンツァイ（カンコン）**→在来園芸作物，付表（熱帯野菜）

**エンドファイト**（endophyte）
病気を引き起こすことなく，生活環の一部あるいは全期間を，宿主植物内で過ごす糸状菌や細菌などの微生物の総称である．実用的には，表面殺菌した植物から分離または取り出され，かつ宿主に害を与えない微生物が該当する．エンドファイトの感染は，害虫や病気の防除，植物の成長促進など宿主に対し有利に働くことがある．具体例としては，寒地型のイネ科牧野草に感染する *Neotyphodium* 属などの糸状菌，サトウキビなどの *Acetobacter* 属などの窒素固定細菌，マメ科植物の根粒菌などがある．また，寒地型イネ科牧野草に感染する *Neotyphodium* 属糸状菌などのみを狭義に指すことがある．本属菌は，家畜中毒物質を生産するというマイナス面もある．しかし，最近，中毒物質の非生産系統の発見により，今後，無毒なエンドファイトによる実用化が期待される．暖地型のイネ科植物では，これと同等の糸状菌の報告はほとんどない． 〔安藤康雄〕

**エンパワーメント**（empowerment）
エンパワーメントとは，人々がさまざまな力を獲得し，そのコントロールが可能となるプロセスをいう．エンパワーメントは，貧困からの脱却を図る上での鍵である．J. Friedman は，経済的，政治的な力からの排除は「力の剥奪（disempowerment）」の歴史的過程と理解され得るとし，力から排除されている人々を貧困層と捉えた．力は，社会的な力，政治的な力，心理的な力の3種類に分類される．そして，エンパワーメントによって，それまで排除されてきた貧困層を「社会の主流との統合」に導くことが可能であると考えた．社会的な力は，情報，知識，技術，社会組織への参加，物的資源など，家計での生産の「基盤」となるものへのアクセスに関わる．こうした基盤へのアクセスが増大すると，経済目標を設定し達成する家計の能力が高まる．社会的力は，暮らしの糧の生産において家計経済を支える主要な手段であり，八つの基盤がある．①「防御可能な生活空間」は，家庭と呼ぶ空間のみならず，近隣などの社会的交わりや他の生命維持活動がなされる場である．②「余剰時間」は，基本的な消費財の確保のしやすさや，家事に費やす時間などの事柄の関数である．余剰時間なしでは，家計の持つ選択肢は著しく制限される．③「知能と技能」は，家計の経済的な運営に要する基盤で，家計の少なくとも何人かが教育や技能訓練を習得することが不可欠である．④「適正な情報」は，衛生面での行動の改善や公共サービスへのアクセスなど家計の生存のための闘いに役立つ情報を指す．意味ある情報に接する機会なしに，知識や技能は自己開発のための資源として用をなさない．⑤「社会組織」は，家計の成員が所属するフォーマル・インフォーマルな組織のことで，教会，信用組合，小作人組合，農民組合などを指す．これらの組織は，相互扶助や集団行動の手段ともなり，家計と社会とをつなぐ．⑥「社会ネットワーク」は，互酬性に基づく自立的行動に不可欠なものであ

る．しかし，親分子分関係の中で従属関係に陥ってしまう可能性も高い．⑦「労働と生計を立てるための手段」は，家計の生産手段であり，健康であること，農村の生産者にとっては，水や肥沃な土地へのアクセスなどを指す．⑧「賃金」は，金融へのアクセスと家計の純貨幣所得を含む．政治的な力とは，自らの将来に影響を及ぼすようなさまざまな決定過程に加わり，意見を表明したり集団行動に参加することである．心理的な力とは，個人が潜在能力を感じる力である．これがあることで，個人は自信を持ち，社会的な力や政治的な力を強めようとする家計の試みに，相乗的なプラス効果が生まれる． (野口洋美)

**えんばんぷらう　円板プラウ**（disk plow）
円板プラウは，土を切り込みながら回転する凹型円板の一部で耕す機能をもっている．れき土は，円板の回転とともに上昇し，スクレーパでかき落とされて反転される．円板は進行方向に対して45～48°，鉛直方向に対して18～28°傾けてあり，それぞれ円板角，傾斜角と称する．1～7連のプラウが市販されており，小さいものはトラクタ直装型，大きいものは半直装型かけん引型が用いられている．東南アジアの水田地帯では，一次耕うん作業において耕うん機に円板プラウを装着している場合がみられる．

土への貫入は本体質量に依存するため，円板1個当たりの質量は180～540 kgと重い．貫入しにくい重粘土壌では，重りを付加して作業を行ったりする．作業中の円板プラウには，上向きの反力および軸受に大きな推力が作用する．したがって，軸受には，密閉した2個のテーパーローラ軸受を用いることが多い． (小池正之)

**えんるいアルカリどじょう　塩類アルカリ土壌**→塩類化

**えんるいか　塩類化**（salinization）
塩類化は塩類集積が作物生産に障害をもたらす程度まで発達する過程である．塩類土壌が最も顕著に生成・出現するのは，蒸発量が降水量よりも圧倒的に多い乾燥・半乾燥地域である．こうした地域では，風化により生じた可溶性塩類が土壌に集積しているため，河川水中にはこれらが溶存している．したがって，多量の塩類を含む河川水を灌漑に用いた場合，蒸発散によって塩類集積が起こる．また，灌漑水質が良好であっても排水不良の場合，地下水位が上がり，土層の浅い部分に停滞水が形成され，蒸発散による地表からの乾燥化によって毛管水の上昇が起こり，地下水中の可溶性塩類が地表面に移動・集積する．世界的に問題となる塩類化はこうした灌漑農業に起因する二次的な塩類集積である．塩類土壌中では，ナトリウム，カルシウム，マグネシウムの塩化物や硫酸塩などの中性の可溶性塩類が大部分を占めることが特徴であり，炭酸塩としては$CaCO_3$が主体である．アメリカでは，塩類土壌，アルカリ土壌，塩類・アルカリ土壌を次の通り定義している．塩類土壌：ECe ≦ 4, ESP < 15；アルカリ土壌：ECe < 4, ESP ≧ 15；塩類・アルカリ土壌：ECe ≧ 4, ESP ≧ 15．ここで，ECeは土壌の飽和抽出液の電気伝導度（mS/cm（25℃）），ESPは交換性ナトリウムの飽和度（%）である．また，土壌のESPは土壌飽和抽出液のナトリウム吸着比（SAR）から推定できるので，SARが代用され，ESP > 15はSAR ≧ 13に置き換えられる．アメリカのSoil Taxonomyでは，乾燥・半乾燥地域に分布するアリディソル（Aridisol）目のうち，塩類化の特徴的次表層であるサリック（salic）層をもつものをサリッド（Salids）亜目とし，塩類土壌を識別している．また，FAO–Unesco世界土壌図凡例では，塩類土壌はソロンチャックに該当する．塩類土壌の改良には，灌漑による除塩が必須であり，良質の水の確保や要水量の推定を行うとともに，脱塩に用いた廃水を安全な場所に排除し，地下水位の上昇を防ぐことなどが必要となる．しかし，大規模な用・排水路の完備など，現実的な対策としては困難を伴う．イスラエルでは，作物の根元への点滴灌漑が開発され，

普及している．これによれば，根域土壌の水分を適切に調節・維持できると同時に，水分は常に根圏内から外へと移動するため，根圏内の塩類の除去が可能となる．タイ国東北部は，明瞭な乾季をもつ亜湿潤気候下にあり，塩類化は本来起こらない．しかし，基盤岩として分布する砂岩やシルト岩が塩（NaCl）を含むという地質的な特異性のため，風化過程で遊離した塩が起源となり，これに森林伐採，ダムや道路の建設などの様々な人為の影響が強く関わり，塩類化が拡大したとされている．森林伐採は蒸発散量と降水量の均衡をくずし，低位部への地下水の流入量を増加させ，そこの地下水位を上げて，毛管上昇による塩類化を起こすとされ，この防止にはユーカリ植林が有効である． (三浦憲蔵)

**えんるいしゅうせき　塩類集積**（salt accumulation）→流域管理，塩類化

**えんるいどじょう　塩類土壌**（saline soils）→塩類化

## お

**おうか　黄化**（etiolation, yellowing）
緑色植物を暗所で生育させたときに，クロロフィルが形成されずにカロチノイドの黄色が目立つ現象． (篠原　温)

**おうかっしょくラテライトせいどじょう　黄褐色ラテライト性土壌**（Yellowish brown lateritic soils）→熱帯土壌

**おうれつさきゅう　横列砂丘**（transverse dune）→乾燥地形

**オーエスキーびょう（かせいきょうけんびょう）　オーエスキー病**（Aujeszky's disease, 仮性狂犬病；pseudorabies）
豚の代表的なヘルペスウイルス病．若齢で神経症状，高死亡率．死産．豚以外は掻痒症で死亡． (村上洋介)

**オオムギ**（Barley）
オオムギはイネ科，ウシノケグサ亜科（Festucoideae），コムギ族（Triticeae），Hordeum 属に分類される越年生の草本で，温帯に約25種分布している．このうち栽培種（*Hordeum vulgare* L.）は6条種（six-rowed barley）と2条種（two-rowed barley）がある．起源地は紅海からカスピ海に至る地域と推定されているが，チベット周辺との説もある．オオムギは生産量が世界4位の穀類として，世界中の温帯および亜熱帯で栽培されている．栽培地域は，ヨーロッパ，ロシアが最も生産が高く次いでアジアおよび北アメリカが続いている．熱帯においてはコムギと同様，高地および北アフリカを中心とする半乾燥地域で栽培されている． (倉内伸幸)

**オーハブランカびょう　オーハブランカ病**（hoja blanca disease）
中南米およびカリブ海諸島に分布するイネウイルス病で，1956年から65年にかけて中南米各地で大発生し問題となった．

病徴は葉に退緑条線を生じ，あるいは葉全体が白化したり，モザイク状白斑になる．根は褐変し壊死を生じる．生育初期に発病すると枯死する場合が多い．発病株は矮化する．穂は出穂が不完全で奇形となり，籾は不稔あるいは不完全稔実となる．

病原は Rice hoja blanca virus（RHBV）で *Tenuivirus* 属に分類される．ウイルス粒子は感染イネ細胞内で，幅8～10 nm のひも状集塊として観察される．ウンカ類の *Sogatodes oryzicola* が媒介虫で，永続伝搬，経卵伝染をする．

防除には，RHBV 抵抗性品種と媒介虫抵抗性品種を利用する．可能であれば，媒介虫の生息密度が低い時期にイネを栽培する．国際熱帯農業センター（CIAT）で抵抗性イネ品種の育種が行われている． (守中　正)

**オガサワラスズメノヒエ**（sour paspalum）
学名：*Paspalum conjugatum* Berg. 熱帯アメリカ原産で，世界の熱帯に広く帰化．草丈60 cm 程のイネ科の多年生草本で，全体に軟らかい感じがする．茎は硬くほふくし，節間から根を出し，しばしば紅色をおびる．葉身

は長さ5〜25cm，幅5〜15mmで周辺部に毛が多い．開花すると穂はT字形を示すので他の草種と容易に区別できる．空地，路傍，河岸，農耕地などに生育するが，やや湿った場所を好む．畑作物，プランテーション作物，果樹などの重要な雑草である．種子および耕起などによって切断されたストローンで増殖する．種子は個体当り1,500個程度生産することが知られている．防除は，アミトール，MSMA，ジウロン，パラコートなどを用いた化学的防除が有効である．若い植物が牧草として利用される． （原田二郎）

**オギ**（ogi）
アフリカの伝統的発酵食品．穀粒を浸漬中に発酵させ，調製したデンプンケーキ．本来は湿潤のケーキであるが乾燥物もある．ヨーグルト様の発酵臭あり． （林　清）

**オクメ**（okoume）→付表13（アフリカ材）

**オジギソウぞくざっそう　オジギソウ属雑草**（*Mimosa* spp.）

オジギソウ（sensitive plant, *M. pudica* L.）は熱帯アメリカ原産で，世界の熱帯・亜熱帯に広く帰化しているマメ科の一年生または多年生草本．茎は直立か斜上し高さ1mに達する．小数の鋭い刺と軟毛がある．葉は長い葉柄があって互生し，偶数の羽状複葉を掌状につける．小葉は長さ6〜15mmの広線形で10〜25対つく．葉は接触などの刺激により葉柄を含めて睡眠運動をする．葉腋より数本の花柄を出し，直径1cm程の球状の淡紅色の花序をつける．畑地，樹園地，路傍など，日当りの良い，やや乾いた所に生育し雑草となる．

オオオジギソウ（giant sensetive plant, *M. invisa* Mart. ex Colla）は南米ブラジル原産で，茎はよく分枝して斜上し，長さ2〜6mに達し密な茂みを形成する．茎の稜上に逆刺が密生するので手取り防除は困難で，農耕地に侵入した場合は大きな問題である．

*M. pigra* L.（thorny sensitive plant）は熱帯アメリカ原産の低木で高さ2〜4mに達し密な茂みを形成する．茎には5稜があって稜上に鋭い刺と剛毛がある．種子は硬実のため直ぐには発芽しない．やや湿った日当たりの良い所を好み，しばしばダム周辺，川岸，水路などに大群落を作って大きな問題となる．

これらの草種はいずれもミモジンを含み，強いアレロパシーを示す． （原田二郎）

**おすいしょり　汚水処理**（wastewater treatment process）

生活に伴って発生する生活排水 domestic wastewater を浄化すること．汚水処理は，物理処理，化学処理，生物処理を組み合わせて行う．物理処理は，ゴミや夾雑物をスクリーニング操作により取り除くスクリーン，固形物を重力により沈降させて取り除く沈殿池（または沈殿槽）などである．化学処理は，汚水のpHが極端な酸性やアルカリ性にならないようにする中和，処理水を放流する前に病原菌などを殺菌する操作などがある．生物処理は，主に微生物を利用して水を浄化する．この生物処理が汚水処理の中心である．生物処理は，酸素が十分存在する条件で活発に活動する好気性微生物を使った好気処理，酸素が非常に少ないか無い条件下で活発に活動する嫌気性微生物を利用した嫌気性処理に分けられる．好気処理は，現在汚水処理に使われている汚水処理施設の主流をなすものである．嫌気処理は高濃度の有機物（し尿や汚泥）の処理に利用される．メタン発酵はその典型例である． （中曽根英雄）

**おすいのどじょうしょり　汚水の土壌処理**（wastewater treatment by soils）

土壌には膨大な数の微生物が生息している．その微生物を利用して汚水を浄化すること． （中曽根英雄）

**おすいののうちかんげん　汚水の農地還元**（recycling of wastewater to farm lands）

汚水を処理しないでそのまま農地還元すると，土壌微生物の増殖や汚水に含まれる浮遊物質 suspended solids により，短期間で土壌間隙に目詰りを生じさせる．その結果，土壌は嫌気状態になり，嫌気分解が起こってメタン

ガスや硫化水素が発生するようになる．硫化水素は植物の根に極めて有害であり，植物の枯死や収量の減少を招くことになる．したがって，汚水をそのまま農地に還元することは不適切であるが，汚水を処理した後，処理水は灌漑用水として利用することができる．また，汚泥は60日程度腐熟させ液肥の形にし，農地還元するか，脱水した後堆肥化し，農地に還元すると良い．腐熟により，有機物は分解し，安定した液肥となる．ただし，堆肥にした場合でも，含有重金属が基準を超えていないか調べる必要がある．生物処理を行うと，食物連鎖により濃縮され，重金属は思わぬ高濃度で検出されることがある．現状では，汚水をそのまま農地還元することは困難である． 　　　　　　　　（中曽根英雄）

**オゾンそうはかい　オゾン層破壊**（destruction of the ozone layer）

陸上生物が地球の表面で生きていけるのは，有害な短波長の紫外線を，成層圏にあるオゾン層が吸収するためである．そもそも約4億年前の生物の陸地への進出が，成層圏にオゾン層ができたことの結果であった．ところが1970年代の終わり頃から，このオゾン層の一部が破壊され南極上空ではオゾン層の穴（オゾンホール）の存在が確認されたり，また近年わが国でも上空のオゾン濃度はかなり薄くなっているとの報告もある．太陽光の中の紫外線は，UV-A（400〜320 nm），UV-B（320〜280 nm），UV-C（< 280 nm）に分けられる．UV-Aはオゾンによって吸収されず，人がこれにあたっても通常の日焼けである褐色色素の沈着を起こすだけで無害である．UV-Bはオゾンにより吸収されるが，もしこれに強く曝露されると紅斑を伴う日焼けとなって皮膚の損傷を起こし，長期的には皮膚ガン発症の危険がある．UV-Cはオゾンによって強く吸収されるため地表には到達しないが，殺人光線ともいうべきものである．現在オゾン層の破壊が問題となっているのは，それによって地表でのUV-Bが増え，生物に対する有害な効果が現れる恐れがあるためである．オゾンは成層圏で太陽光のエネルギーによって酸素分子から自然に生成し，また消滅している．オゾンの消滅には天然にも微量に存在する窒素酸化物（$NO_x$）や塩素酸化物（$ClO_x$）も関与しているが，この生成と消滅の過程によってオゾン濃度のバランスが保たれてきた．ところが，近年人間活動に起因する$NO_x$，フロンなどハロゲン化合物由来の$ClO_x$や$BrO_x$の大気中濃度が上昇し，オゾンの消滅過程が促進されていることが，オゾンホールの生成など，いわゆるオゾン層破壊の原因である．農業との関連では窒素肥料由来の亜酸化窒素$N_2O$が問題となる．$N_2O$は対流圏では安定で成層圏にまで上昇し，そこで次の反応に入り，効率的にオゾンを分解する．

$N_2O + h\nu$（光エネルギー）$\rightarrow N_2 + O$
$N_2O + O \rightarrow 2NO$
$NO + O_3 \rightarrow NO_2 + O_2$
$NO_2 + O \rightarrow NO + O_2$

ここでできる$NO_2$は炭化水素の不完全分解によって生ずるペロキシアセチル・ラディカルと反応して光化学オキシダントを作り光化学スモッグの原因ともなる．しかし，$NO_2$はフロン由来の$ClO$に作用してその活性を封じ込める働きをすることも知られている．
$ClO + NO_2 \rightarrow ClONO_2$（あるいは$ClNO_3$）

農業で土壌燻蒸剤として広く使われてきた臭化メチル$CH_3Br$も，大気中で$BrO$を生じ成層圏オゾンの分解を促進する．このため，先進国間では検疫処理に用いるものを除き，土壌消毒や貯蔵害虫の殺虫に用いる臭化メチルは2005年に全廃される．なお途上国については2015年を目途に全廃することになっている． 　　　　　　　　（久馬一剛）

**オゾンホール**（ozone hole）→オゾン層破壊

**オヒシバ**（goosegrass）

学名：*Eleusine indica*（L.）Gaerth.　おそらくアジア原産と考えられるイネ科の一年生草本．世界の熱帯〜温帯に広く分布．株基部で盛んに分岐し，放射形のマット状になる．葉

身は幅5〜10 mm, 濃緑色で, 葉鞘部は左右に偏平, 葉身と葉鞘縁部には白い軟毛がある. 稈は 50 cm 程度になり上部に掌状に多数の枝梗を出し, 下向きの小穂を2列につける. 生育の悪い個体では穂が掌状にならないことがある. 小穂は長さ約6 mm, 4〜6小花からなり, 小花と包頴の長さはほぼ等しい. 小花は直下の関節で離脱し, 包頴は穂軸も宿存する. 踏圧に極めて強く, 道路, 公園など踏みつけられる機会の多い場所にもよく生育する. 一年生草本ではあるが, 強靭な根を張るので土壌侵食防止効果がある. シアン配糖体を含み家畜には有毒とされるが, 乾草やサイレージとして飼料にもされる. （森田弘彦）

**おびじょうさいばい　帯状栽培**（strip cropping）
異種作付帯を等高線沿いあるいは主風向に直角に並べ土壌の水・風食を防ぐ. 例：作物・草地. →等高線栽培　　　　（三宅正紀）

**オベチェ**（obeche）→付表 13（アフリカ材）

**オリゴとう　オリゴ糖**（oligosaccharide）
フラクトースやガラクトースなどの単糖が数個結合してできた糖. ビフィズス菌の栄養源になることから, 腸内環境の改善に役立つことで, 注目されている. （寺尾富夫）

**おんしつこうか　温室効果**（greenhouse effect）→地球温暖化

**おんしつこうかガス　温室効果ガス**（greenhouse gas, radiatively active gas）→地球温暖化

**おんしつどしすう　温湿度指数**（temperature humidity index）
動物への暑さの影響を推測するため, 温度と湿度の影響を一つの式に組み入れたもの.
（鎌田寿彦）

**オンチョム**（oncom）
オンチョムは, ピーナッツの搾油残渣を主原料に, 糸状菌を利用して, インドネシアのジャワでつくられる発酵食品である. その外観から, 黒オンチョム（Oncom hitam）と赤オンチョム（Oncom merah）に区別され, 黒オンチョムの主要糸状菌は *Rhizopus* 属, 赤オンチョムの主要菌は *Neurospora* 属である.
　一般的な製法は, まず, ピーナッツ搾油残渣を水に浸漬, 水切りし, それに, キャッサバイモデンプン製造残渣を加え良く混ぜ, 1〜1.5時間程度蒸す. 冷却後, 種菌として乾燥・粉砕されたオンチョムを混ぜて厚さ 2〜3 cm に成形し, 室温で1〜2日間糸状菌を生育させる. その際, 全体をバナナの葉で覆うことがしばしば行われる.
　オンチョムは, 薄くスライスし, 油で揚げてチップ状で食するほか, 賽の目状に切ってスープに入れたりもする.
　なお, オンチョムには, アフラトキシンが検出されることがあるので, 原料の品質や製造工程の微生物管理が重要である.
　また, ピーナッツ搾油残渣の代わりに豆腐製造残渣（おから）でつくるオンチョムもある.
（新国佐幸）

## か

**かいがいちょくせつとうし　海外直接投資**（foreign direct investment, FDI）
海外への資金の流れの中でも, 技術提携や企業経営への参加を目的とした資本移動のことで, 具体的には子会社や海外支店などの設置, 拡張, および既存の外国企業を買収しその事業に継続的に経営参加することなどをいう. 一方で, 配当や差益を目的とする株式投資などは間接投資と呼ばれ区別される. 途上国にとって, 海外からの直接投資の受け入れは債務負担とならないので, 累積債務問題を引き起こすことなく貯蓄・外貨制約を除去する役割を果たし, また技術移転が図れるといった点でも有益である. しかしながら, 企業は投資収益の最大化を目的とするので, 資本は最も安全で投資効率が高い国・地域に流れ, 最貧国が受け入れる投資は非常に少ない. 途上国への企業進出の主要目的は, 人件費の削

減を図る低賃金指向型投資であり，日本においても繊維，電気，機械産業などの労働集約型産業におけるアジア諸国への直接投資が，1985年からの円高加速以降さかんに行なわれた． （上山美香）

**かいかしゅうせい　開花習性**（flowering habit）

開花に関する生理的特性．熱帯地域は短日であり，熱帯を起源とする一年生植物は開花に短日を要する植物が多い．短日植物は一般に，限界日長以下の日長下では，気温による影響のみを受け，一定の積算温度を得た後，開花に至る．低緯度熱帯地域では，温帯に比べ日長の年内変動は小さいが，多くの植物は，限界日長が12時間に近いため，わずかな日長変動にも敏感に反応する．赤道直下の在来作物を緯度10°前後の地域で栽培すると，開花しなくなるなどは，まれな事象ではない．このように，開花習性が問題となるのは，新しい作物を導入する際である．開花に長日や低温を必要とする温帯作物の，熱帯への導入は困難で，日長非感応性あるいは低温非要求性品種の育成が前提条件となる．また，多くのアブラナ科野菜のように，バーナリゼーションに必要な低温が得られないため，今なお熱帯地域での種子生産が困難な作物もある．なお，果樹の開花習性については，熱帯果樹を参照のこと．→積算温度　（縄田栄治）

**カイガラムシるい　カイガラムシ類**（Coccoids）

同翅目のカイガラムシ上科Coccoideaに属する昆虫の通称名で，分類学者によっては15〜20科に分けられ，世界で少なくとも7,000種以上が記録されている．成虫の形態的特徴として雌雄異型で，雌は翅を欠くが，雄は有翅・時に退化して無翅のこともある．雌の虫体はロウ性の分泌物で覆われるが，外見的にロウ物質を認められない種もいる．農業害虫として重要な種が多く含まれ，吸汁加害・甘露の分泌・すす病の誘発などの害をもたらす．フサカイガラムシ科Asterolecaniidae（pit scales），カタカイガラムシ科Coccidae（soft scales），マルカイガラムシ科Diaspidae（armored scales），ワタフキカイガラムシ科Margarodidae，コナカイガラムシ科Pseudococcidae（mealybugs）[→コナカイガラムシ類]などからなる．苗木・果実などに付着して分布を拡げるので，植物検疫上問題となる種類が多い．トビコバチ科Encyrtidae・ツヤコバチ科Aphelinidaeなどの天敵がいる．
（持田　作）

**かいがんだんきゅう　海岸段丘**（marine terrace）

地盤が隆起したため，旧海食崖と旧海底面とが陸上に露出し，階段状に分布する地形．
（荒木　茂）

**かいがんへいや　海岸平野**（coastal plain）

浅い海底に積もった地層の堆積面が，地盤の隆起や海水面の低下によって海面上に現れることによってできた平野．海の方向に傾斜するルーズな砂礫や粘土層から構成されている．
（荒木　茂）

**かいじょうさきゅう　塊状砂丘**→乾燥地形

**かいしんけいせいし　開心形整枝**（open-center training）→整枝

**がいすい　崖錐**（talus）

風化生産された岩屑が急な崖から重力によって急斜面を落下し，その底部に堆積して形成された急斜面（30°〜40°）の円錐状の堆積地形．その構成物は大小さまざまな角礫からなる．形成条件は背後の自由面からの岩屑の生産が活発であることと，自由面の基部での物質の除去が行われないことなどである．堆積物はわずかな水の存在で下方に匍行し，豪雨時には上部斜面の崩壊を引き金として土石流を起こし易い．
（水野一晴）

**かいせい　海成**（marine）

海の作用でできたことを示す．（荒木　茂）

**がいせいきんこん　外生菌根**（ectomycorrhiza）→菌根菌

### かいそうこうぞう　階層構造（成層構造 stratification）

植物群落の内部で葉群や構成個体が，水平方向に層を形成し，いくつかの層が上下に配列されている状態を階層構造と呼ぶ．単一種の同齢林，たとえば植林地などでは，容易に高木層と低木層の階層構造を識別できる．階層構造の発達している熱帯多雨林では，巨大高木，高木，下層木，低木の4層もしくはそれ以上の階層から成り立っているが，ギャップの存在などによって，階層構造は乱されて層の識別は難しくなる．

このような階層構造は，熱帯林の研究の過程で古くから重視され，階層構造を森林断面図によって記載したり，階層を区分するための数学的な手法も開発されてきた．また，階層構造は森林内部の光条件を決定する大きな要因となり，森林の生産量推定などでは無視できない項目となっている（生産構造図を参照）．最近では，熱帯多雨林の種の多様性を，階層構造と光資源の分布によって説明する仮説も提唱されている．　　　　　（神崎　護）

### かいたく　開拓（reclamation and settlement）

開墾，干拓などにより農用地，集落，道路などを造成し，農業生産を行い，生活を営むこと．　　　　　　　　　　　　（八丁信正）

### がいちゅうとは　害虫とは（invertebrate pests）

日本語の害虫に相当する適当な英語はない．「虫」を貝類（ただしカタツムリ類を除いて）・カニ類を除く淡水棲・陸棲の無脊椎動物の総称とすれば，invertebrate animals となり，害虫は invertebrate pests となる．一方「pests」とは，有害生物であって，細菌・菌・ウイルス・ファイトプラズマ・雑草・線虫類（線形動物）・ナメクジとカタツムリ類（軟体動物）・ダンゴムシ類とダニ類と昆虫類とエビ類とカニ類（節足動物）・害獣害鳥（脊椎動物）などがこの範ちゅうに入る．植物を除いた害虫・害獣・害鳥を言うのであれば，animal pests, vermin となる．pest control は有害生物防除，pest management は有害生物管理で，いずれも病害・虫獣鳥害・雑草害をすべて含む（→ IPM）．昆虫だけが害をするのであれば insect pests である．いずれも農産物・その加工品を直接・間接的に加害し，経済的損害を与える生物をいう．　　　　　　　　　　　　　（持田　作）

### がいちゅうぼうじょ　害虫防除 →害虫とは，IPM

### かいてきおんどたい　快適温度帯（thermo-comfort zone）

熱的中性圏の中でも心地よいと感じられる気温条件の範囲．人の場合は各気温条件で感じるさまを言葉によって表現し明らかにできるが，動物の場合は特定するのが難しく，おおよそ次のように見なすことができる．体温調節に最も努力を要しないところで，熱的中性圏の物理的調節を要しない範囲，すなわち，① 外界と接触している体表面積を増減する姿勢の変化を行わないで体温を一定に維持できる，② 血管の拡張や収縮を行わないでも体温を一定に維持できる，③ 快適温度帯の上限部にあっては発汗量が最低（＝飲水量の増加がない）で体温を一定に維持できる，の条件を満たしている．ここでは体温維持に要するエネルギーが最小となるので生産効率が最も高くなる．快適温度帯は適応状態によっても異なる．　　　　　　　　　　　　（鎌田寿彦）

### かいとうけい　解糖系（glycolysis）

解糖系（別名エムデン-マイヤーホフ-パルナス経路）は，ほとんどの生物に存在し，ATP 生産などエネルギー代謝の骨格をなす代謝系である．11段階の酵素反応から構成されており，グルコースからグルコース-6-リン酸，フルクトース-1,6-ビスリン酸などを経てトリオースリン酸に解裂してピルビン酸に至り，最終的に乳酸が生成される．この間にグルコース 1 mol 当たり 2 mol の ATP が生成する．酵母などではピルビン酸からエタノールが生成される．動植物を含むほとんどの生物は $O_2$ が存在する好気的条件で生育するが，そ

の場合，解糖系で生じたピルビン酸は，アセチル CoA を経て TCA サイクル（別名クレブスサイクルあるいはクエン酸サイクル）に入り，乳酸やエタノールは生じない．TCA サイクルはさらに電子伝達系，酸化的リン酸化と共役して効率的な ATP 生産を行っている．解糖系自身は $O_2$ を必要としないが，ほとんどの生物はその生存のために解糖系とともに TCA サイクル，電子伝達系，酸化的リン酸化が機能することが必須であり，電子伝達系の最終電子受容体として $O_2$ が必要となり，いわゆる呼吸が行われる．好気条件で 1 mol のグルコースが完全に酸化されると 38 mol の ATP が生成される．しかし代謝中間体は他の代謝経路に使われたりするため実際に生成される ATP 量は 38 mol より少ないが，嫌気状態で解糖系だけが機能する場合に比べるとはるかに効率的な ATP 生産を行っている．高等植物も酸素欠乏状態（例えば湛水下においたイネの根など）では解糖系でピルビン酸からエタノールを生成することが知られている．発芽種子などでは貯蔵型多糖であるデンプンから，ホスホリラーゼ反応によってグルコース-1-リン酸が生じ，さらにグルコース 6-リン酸となって解糖系の基質となる．スクロースはスクロース合成酵素などで分解された後，グルコース-6-リン酸とフルクトース 6-リン酸となって解糖系の基質となる．オリゴ糖やデンプンなどが加水分化して生じたグルコースは直接解糖系の基質として利用される．また脂肪酸の b-酸化やアミノ酸の異化によって生じたアセチル CoA も TCA サイクルの基質として利用される．解糖系と TCA サイクルの代謝中間体である 2-オキソ酸はアミノ酸の炭素骨格として，ジヒドロキシアセトンはグリセロ脂質のグリセロール残基の前駆体としても使われている．原核生物では，解糖系と TCA サイクルは細胞質に，電子伝達系と酸化的リン酸化系は細胞膜に存在するが，真核生物では，解糖系は細胞質に，TCA サイクルはミトコンドリアのマトリックスに，電子伝達系と酸化的リン酸化系はミトコンドリアの内膜に存在する．グルコース-6-リン酸を起点としてペントースリン酸サイクルが解糖系に連なっているが，細胞の還元的代謝に必要な NADPH と核酸合成に必要なリボース-5-リン酸を供給している．

（関谷次郎）

## かいはつ　開発（development）

開発は 20 世紀の後半に興隆し，やがて 20 世紀を特徴づける現象の一つとなった．開発は，一般に計画に基づいて将来の人間生活に変化をもたらす意図に関係する．この場合の変化は，進歩，前進，向上，改善といった何らかの意味で望ましい変化を指している．しかしながら，その具体的な意味内容は開発に関係する主体のいかんによってさまざまであり，またそれは時代とともに変化してきた．現在の開発途上地域の開発は，アジア，アフリカ，ラテンアメリカが欧米列強による植民地支配下にあった時代に遡る．当時の開発とは，多くは未開拓の土地や資源の開発と同義であった．第二次世界大戦後に政治的独立を果たした途上国（後進国，低開発国）は国民形成を目指して，いわゆる近代化の過程を歩みだした．この段階の開発は，旧宗主国（先進国）が実現した社会経済状態を達成することとされた．また，そのモデルが西欧社会でしかなかったことから西洋化とも呼ばれた．しかしながら，例えばアフリカ諸国においては，脱植民地化の運動の昂揚から，社会経済制度のアフリカ化およびその主体のアフリカ人化を内容とするアフリカナイゼーションが活発化した．また，独自の開発を求める動きは途上国のさまざまなレベルで生起した．その一つに 1967 年のアリューシャ宣言がある．これは，タンザニアがニエレレ大統領の下でアフリカ社会の伝統と近代科学とに基づくアフリカ社会主義による開発を謳ったものであり，小農民を開発の中核に据えた点に意義があった．アジアではこの時期に，緑の革命が始まろうとしていた．開発を規定する大きな

要因は「貧困」である．1970年以前の時期においては，先進国経済の発展の歴史的経験をモデルとして，後進国経済に欠落する要素や，近代化・工業化の妨げとなる経済的，非経済的要因が摘出された．貧困の原因は一国的な枠組みの中で捉えられ，低生産性→低所得→低貯蓄→低投資→低生産性といったいわゆる貧困の悪循環や，貧困の罠，低所得水準の罠から脱却するため，外部からの多大な投入が不可欠とされた．開発が経済成長と同義とされ，国内自給指向の内向き政策（中国，インド）と輸出指向の外向き政策（国内市場が狭隘な国）との長短が，成長促進的か否かによって論じられた．開発の実践面においては，政府開発援助（ODA）ばかりでなく，民間部門，特に多国籍企業の果たす役割を無視することが決してできなくなった．また，農業の分野においては，特定の商品の生産とその国際市場における確保（逆輸入）を意図した開発輸入も盛んに行われた．さらに，海外直接投資も隆盛を極めた．こうして，開発は先進国においても，また途上国においても，成長産業として定着した．この開発の半世紀を終始先導してきたのは世界銀行であり，同行が毎年刊行する『世界開発報告』は，開発研究に必携の書となった．開発は政策の中心に据えられ，経済成長や工業化を第一義的な国家政策とし，それに向けて全資源を動員する開発主義のイデオロギーが席巻するに至り，開発をすべてに優先させる開発独裁すら生み出した．開発する政府と開発しない政府（例えばスハルト政権とカストロ政権）に対して，世界銀行・IMF（国際通貨基金），アメリカを代表とする世界の開発中枢はきわめて対照的な対応を示し，前者が無条件に歓迎された．しかしながら，既に半世紀にわたる開発は，貧困の蔓延，BHN（人間の基礎的必要）の充足の不足，貧困層の人権問題，累積債務，南北格差の拡大といった開発の道徳的，倫理的側面の問題を数多くもたらすものであった．開発は本来的に価値と無関係ではありえず，このため，経済成長一辺倒の開発から，人間開発や社会開発，人間中心の開発を重視する声が90年代以降ますます高まってきている．

（水野正己）

**かいはつえんじょいいんかい　開発援助委員会**（Development Assistance Committee, DAC）→政府開発援助

**かいはつきょういく　開発教育**（development education）
途上国が抱える諸問題の理解，その実践的解決，先進国のあり方の再検討を促す学習．

（石田　章）

**かいはつけいかく　開発計画**（development plan）
開発は，国家から住民に至るいずれのレベルにおいても計画の立案から始まる．計画を作成する目的は，開発に対する関係者全員の合意形成を行なうことと，計画の実施過程におけるモニタリングや終了時の評価のための判断基準を事前に用意しておくこと，にある．開発計画は，一旦決定されれば変更不可能なものではなく，適宜見直しをして，政情不安や災害などの外部条件の変化に応じて修正を加え，常に最適最良であることが求められる．最も上位レベルの計画は国家開発計画で，10～20年間を対象とした長期計画と，3～5年間を対象とした中期計画，さらに1年ごとの短期計画に分けて作成される場合が多い．開発の基本政策を示すもので，一般にマクロ経済政策，部門別政策および予算計画から成る．いかに内容の充実した国家開発計画を作成できるかは，その国の行政能力を判断する一つの指標ともなり，民主化後まだ間もない途上国に対して国家開発計画の策定そのものが援助対象プロジェクトとなる場合もある．国家開発計画と整合性をとり，特定の地域あるいは部門を対象とし，現状，課題，制約条件などを整理した上で，今後着手すべき開発計画の内容およびその優先度を明示したものをマスター・プランと呼ぶ．一般に，このマスタープランをもとに個別のプロジェクトが立案さ

れ，フィージビリティ・スタディ（技術的・経済的観点からプロジェクトの実施可能性を検討すること）が実施される．途上国のマスター・プラン作りも援助の対象となる場合が多い．例えば，JICA（国際協力事業団）の開発調査事業は，マスター・プランを策定し，その枠組みの中で提案された個別プロジェクトが実施に結びつくことを最終目標としているものの，マスター・プランの策定過程を通じて相手国政府に技術移転を行なうことも重要な事業目的となっている．個別プロジェクトの計画立案においては，まず最初に誰を受益者（対象住民）とするかについて十分な検討を行なう必要がある．次に，特定された受益者自身が計画立案に参加することを通じて，彼らの意見が十分に反映された計画を作成しなければならない．計画には，事業内容，事業に必要な投入（要員，機材，資金，土地など），事業実施により期待される成果，成果の達成によって目指すべきプロジェクトの目標，成果および目標の達成度を測る具体的指標，プロジェクトの成立に不可欠な前提条件，プロジェクトに影響を及ぼすことが予期される外部条件などが盛り込まれる．さらにプロジェクトは常に地域社会の中で実施されるため，計画には直接組み入れられていなくとも，プロジェクトが周辺の受益者以外の人々や対象地域外に与える影響についても併せて考慮する必要がある． 　　　　　　（牧田りえ）

**かいはつコミュニケーション　開発コミュニケーション**（development communication）

開発プロジェクトの適切な進行を支援するため，プロジェクトの立案，実施，評価の過程で用いられるコミュニケーションに関する取り組みの総称．コミュニケーションの目的は，エイズ撲滅キャンペーンのような啓発から，新しい農業技術の普及，プロジェクトの受け皿となる被援助国の対象地域の住民や実施機関の開発プロセスへの主体的な参加の促進，さらには援助機関を含め文化や国籍の異なる人々が協力していく上で不可欠な相互理解に至るまで，多様である．テレビ，ラジオのようなマスメディアから，ポスター，パンフレット，演劇などの小規模メディア，対人関係のスキルまで，目的に応じて幅広い手段が用いられる．かつては，援助を与える側の知識や技術を対象地域の住民に上意下達式に伝えるためのコミュニケーションが多かったが，現在は受益者のニーズをボトムアップで吸い上げ双方向のコミュニケーションを図ることが主流となり，また受益者にとって最も受け入れやすいコミュニケーション手段を選択することが重視されるようになっている．
　　　　　　（牧田りえ）

**かいはつしゅぎ　開発主義**（developmentalism）→開発

**かいはつしょきじょうけん　開発初期条件**（initial conditions for economic development）

開発初発段階の人口，自然条件，社会・歴史的条件，国家や共同体の性格などの総体．
　　　　　　（水野正己）

**かいはつせいさく　開発政策**（development policy）

旧植民地諸国など貧困に苦しむ国々の経済成長や，その国民の生活水準向上のために実施される政策．1950 年代から 60 年代は，輸入規制や国内産業に補助金を設ける輸入代替工業化政策など政府の役割を重視する方策が多かった．しかし途上国政府の能力の限界や，経済成長が貧困層の生活改善に結びつかない反省から 70 年代は BHN（人間の基礎的必要）に代表される個々人の生活改善を図る政策が台頭した．しかし二度の石油危機などによる途上国の財政破綻は BHN を充実させるには至らず，80 年代には途上国の財政・貿易赤字を解消すべく世界銀行・IMF（国際通貨基金）は構造調整政策を導入した．これは市場メカニズムに全面的に依拠した政策で，貿易・投資などの自由化や政府・公営部門の民営化などが図られた．しかしながら，この政策は貧困層や環境への配慮に欠けた点もあり，90 年代に入りより直接的に貧困，環境，

女性や子供の人権に焦点を合わせた政策へシフトするようになった．なお，以上のような開発政策から定まる目標を達成するための方策を開発戦略と呼ぶ．　　　　（南部雅弘）

　**かいはつせんりゃく　開発戦略**（development strategy）→開発政策

　**かいはつどくさい　開発独裁**（development dictatorship）→開発

　**かいはつとじょうこく　開発途上国**（developing countries）

　開発途上国の定義および分類は国際機関によって異なるが，一般に GNP などの経済指標に基づく貧困国を指す．世界銀行は，低所得国（1998年時1人当たり GNP 760 \$ 以下），中所得国（同 761～9,360 \$），高所得国（同 9,361 \$ 以上）に大分類し，低所得国と中所得国を併せて開発途上国としている．世界銀行の分類によると，1999年時点の開発途上国は，旧ソ連・東欧諸国の移行経済国を含む合計 157 カ国である．一方，経済協力開発機構（OECD）の開発援助委員会（DAC）が作成している援助受取国リスト（DAC リスト，3年毎に見直し）では，開発途上国を政府開発援助（ODA）の対象国に限定し，いくつかの移行経済国を除外している．さらに DAC では，低所得国（1995年時1人当たり GNP 766 \$ 未満），低位中所得国（同 766～3,036 \$），高位中所得国（同 3,036～9,385 \$），高所得国（同 9,385 \$ 以上）に四分類し，原則として3年間連続して高所得国に該当した国を ODA の対象国から外している．しかし，以上の分類は現実を反映するには不十分なため，人間開発の視点から開発の度合を判断する試みが国連開発計画（UNDP）を中心に進められている．　　　　　　　　　　　　（牧田りえ）

　**かいはつにおけるじょせいしえん　開発における女性支援**（Women in Development, WID）→ジェンダーと農業

　**かいはつプロジェクト　開発プロジェクト**（development project）

　途上国に対する日本の農業技術協力には，個別協力方式，センター協力方式，プロジェクト協力方式などがあり，1954年のコロンボ・プラン加盟以降，個別協力方式から順次プロジェクト方式に重点を移してきた．個別協力方式は，途上国から日本に招へいして人材の育成を図ったり，日本の専門家を派遣する方法である．この方法はある程度開発の進んだ国には効果的であったが，制度が未整備な国の場合には必ずしも成功せず，日本からの派遣専門家の数も増えなかったため，効率的な開発方法とはされなかった．センター方式は個別方式の反省から，専門家の派遣，カウンター・パートの受け入れ，機材供与などを行い，相手国の人材を用いて共同で運営する方法である．農業分野では，1960年に東パキスタンに農業訓練センターが開設されたのを端緒に，70年にはマレーシアに農業機械化センターが開設されている．センター方式は，研修員受入れ，専門家派遣，機材供与の三つを有機的に組み合わせ，かつ普及のための地域的な広がりも考慮に入れた「プロジェクト方式技術協力」に引き継がれることになる．現在では，プロジェクト方式技術協力が技術協力の基本的な手段となっている．プロジェクト方式による開発では，通常3～5年間にわたって事業を実施し，その後，相手国に引き継ぐ．事業計画の立案から実施・評価までを計画的かつ総合的に行うことによって，技術移転や人造りを効率的に実施する方法である．途上国の経済成長を担う人材を効果的に育成し，国造りを支援することを目的とする．プロジェクト方式技術協力の一般的な形態は，協力期間が3～5年間のうちに長期派遣専門家が3～8名程度派遣され，さらに短期派遣専門家が必要に応じて派遣（通常年間4～8名）される．また，カウンターパートの研修生としての受入れは年間3～5名行われている．機材供与はプロジェクトの内容いかんにもよるが，2億円程度となっている．農林水産分野における案件数は，1975年度に23件だったものが，80年度40件，85年度

54件, 90年度67件, 98年度89件に増加している. また, 98年の農林水産分野の件数は全分野の40％を占める. 地域別にみると, 当初はアジア地域を中心に進められてきたが, 近年, 中南米, アフリカなどへ広がりをみせている. また, 農業プロジェクトの内容は, 日本において経験・知識が豊富な稲作などの基礎的食料の生産が中心であったが, 近年は, 途上国の食生活の多様化に伴う園芸作物, 畜産物生産への協力, 住民参加型の農村総合開発協力, 植物遺伝資源などの高度な専門的協力, 半乾燥地緑化, 森林保護などの環境保全協力など多様化・高度化している.

(安延久美)

**かいはつゆにゅう　開発輸入**（investment in production process for import purpose）

木材など天然資源を輸入する際に, 産出国の輸出業者から買い付けるのではなく, 輸入業者自ら開発をおこない, その生産物を輸入する方式. 前者を商業輸入として区別する.

日本における南洋材需要の拡大とともに, 供給地はフィリピンからマレーシア, インドネシアへと移っていった. しかしとくにインドネシアでは, 天然林開発に必要な先行投資や技術を担いうる国内資本を欠くという問題があった. そこへ1967年, インドネシアが積極的な外資導入策へと転じたため, 日本の商社はこぞって木材生産加工部門へ進出し, 開発輸入という用語を普及させることとなった. しかし80年代以降再び外資規制が強まるとともに, 今日ほとんどの日系企業が生産部門から撤退することとなった.

開発輸入という貿易形態は, 必ずしも日本と発展途上地域とのかかわりの中だけに生じるものではない. 植民地期におけるヨーロッパ系企業活動や, 日本企業の対米進出においても同様の形態をみることができる.

(増田美砂)

**かいはつりんり　開発倫理**（development ethics）→開発

**かいひさいばい　回避栽培**（evasion culture）

台風が多く来襲する8～9月に出穂期となることを避ける栽培方法で, 出穂期を早める早期栽培と遅らせる晩期栽培がある.

(高橋久光)

**がいぶきせいちゅう　外部寄生虫**（external parasites）

宿主の体外に寄生あるいは生息する寄生虫の総称で, 腸管に寄生する線虫や条虫, 宿主の体内に寄生する吸虫などの, いわゆる内部寄生虫に対応して使われる. ダニ, シラミのほか, 広義には, ハエ, カ, ヌカカ, アブなどの飛翔性の節足動物も含まれる. 吸血による直接的被害の他, 安眠を妨げたり, 騒音など間接的被害を引き起こすものもある.

(磯部　尚)

**がいぶけいざい　外部経済**（external economies）→公共財

**かいようせいきこう　海洋性気候**（maritime climate）

大陸性気候に対する言葉であり, 海洋の強い影響を受ける沿海地方にみられる気候である. 海洋性気候は, 海洋の上や海の中の小島に支配的な海洋気候（oceanic climate）を含む概念である. 気温の年較差, 日較差が小さく, 雲量や湿度, 降水量が多い.　(久馬一剛)

**かいようだいじゅんかんモデル　海洋大循環モデル**（oceanic global circulation model, OGCM）

海水の運動は一定の方向性と循環性があり, このうち循環の規模が全球規模のものを海洋大循環と呼ぶ. 海流も海洋大循環の一部である. OGCMは, 流体力学や熱力学の方程式を用いて, 海洋大循環を計算機でシミュレートできるようにしたモデルのこと. 従来は, 海洋大循環により輸送される熱量は大気大循環に比べて少ないと思われていたが, 最近の研究では, 海洋大循環が全球規模の気候に大きく影響することがわかり, 大気大循環モデルと結合させた気候モデル（大気海洋大循環結合モデル）が構築されている. この結

合モデルは，二酸化炭素の増加による温暖化のシミュレーションを始めとする気候変動の研究にも用いられている．また，この結合モデルを基礎とし，生物化学過程なども取り込んだモデル作りも始まり，全球的な環境変化のシミュレーションが行われている．
　　　　　　　　　　　　　　（佐野嘉彦）

**かいようびょう　潰瘍病**（bacterial canker）
　潰瘍病は，カンキツ類，キウイフルーツ，マンゴ，ウメ，チャ，ポプラなどの主に樹木において，またトマトやチューリップなど数種の草本類において発生し，疾患部が潰瘍症状を示す細菌による病害である．病原細菌は宿主植物により異なる．例えば，ミカン潰瘍病菌は *Xanthomonas campestris* pv. *citri*，マンゴ潰瘍病菌は *X. campestris* pv. *mangiferaeindica*，チャ潰瘍病菌は *X. campestris* pv. *theicola*，キウイ潰瘍病菌は *Pseudomonas syringae* pv. *actinidiae*，核果類潰瘍病菌は *P. syringae* pv. *morsprunorum*，トマト潰瘍病菌は *Clavibacter michiganensis* subsp. *michiganensis* である．病徴は病原細菌の種類，宿主植物，感染部位などにより異なるものの総じて幹，枝鞘，葉，花器，果実などに"かさぶた状"あるいは"くずれた潰裂状"のいわゆる潰瘍病斑を作ることにおいては類似する．また，これら病原細菌はそれぞれ固有の伝染環をとるため，その種類に適応した防除の方法が必要となる．
　熱帯では，特にミカン潰瘍病（citrus canker）の被害が大きい．ミカン科（Rutaceae），ミカン属のカンキツ類（*Citrus* spp.）はいずれも感受性であり，葉や新梢に発生した場合には，早期落葉や枝枯れを起こし，樹勢を衰退させる．また，果実にはコルク化した黄色〜褐色の"かさぶた病斑"を作るため，著しく商品価値を落とす．本細菌は害虫の食痕や強風雨など損傷による傷口から感染するので，ハモグリガなどの加害を防いだり，防風林を設置して強風による損傷を防ぐことが有力な防除法である．強風雨の前後に銅剤や抗生物質製剤などを散布する．なお，中南米においてレモンやライム（cancrosis B）およびメキシカンライム（cancrosis C）に発生している病原細菌はその病原性や血清学的性状においてアジアに発生している本病（cancrosis A）とは少しずつ異なるとし，cancrosis B の病原細菌は *X. campestris* pv. *citrumelo* および cancrosis C のそれは *X. campestris* pv. *aurantifolia* と命名提案されている．　（植松　勉）

**がいらいじゅしゅ　外来樹種**（exotic tree, exotics）
　その国にもともと分布していなかった樹種で，普通には意図的に導入された樹種．導入樹種（introduced tree），輸入樹種ともいう．外来樹種のうち，導入された土地に自然に更新し，定着した種を帰化種（naturalized species）という．同じ国の別の地域から持ち込まれた樹種は移入種と呼んで区別されるが，これも外来種に含めることもある．熱帯の場合には，植民地時代の宗主国の施策や担当技術者の考え方で，特に早成の外来樹種が早くから導入されており，その結果，最近まで植栽樹種に占める外来樹種の割合が高かった．アフリカの例をみると，外来樹種は少ないところでも 1/3，多いところでは 2/3 にも達しており，ラテンアメリカでもやや少ないくらいである．外来樹種の長所は，種子を入手しやすい，造林技術がわかっている，成長がよいものが多い，利用方法がほぼ確立している，などであるが，反面，種子が高価である，一旦病害虫が発生すると防除が困難である，ときに雑草化することもある，などの短所もある．導入は慎重に行うことが必要で，いざという事態に備えて，できるだけ多くの産地・系統を導入しておく．
　病虫害が発生して対策に悩まされている例をあげると，東アフリカの特にケニアにおいて発生したラジアータマツの赤斑葉枯病（病原菌 *Dothistroma pini*），同じく東アフリカにおけるイトスギ類および近縁針葉樹のアブラムシ被害（害虫 *Cinara cupressi*），カリブ諸島からアジア・オセアニアに拡がり，最終的に

はアフリカにまで拡がったギンネムのキジラミ被害 (害虫 *Heteropsylla cubana*) などである．一方，導入種の雑草化は，ケニア西部で野生化したオーストラリア産のアカシアの一種 (*Acacia mearnsii*)，マラウィで野生化，天然更新によって分布を拡げ，原植生の *Widdringtonia cupressoides* (ヒノキ科) を駆逐している熱帯マツの一種 (*Pinus patula*)，などが知られている．野生化したことの是非はおくとして，ペルー原産とされるコショウノキ (*Schinus molle*) や，ミャンマーまたは南アジア原産とされるインドセンダンが，かって植栽された各地で野生化しているのも似た現象である． (浅川澄彦)

**カイラン** →在来園芸作物, 付表29 (熱帯野菜)

**カオドクマリ** (khao dok mali) →芳香米

**カオマク** (khaomak)
少量のアルコールを含む甘い餅米．餅米を蒸した後，ラギー (種菌) を加え冷所で2～3日間発酵．タイではカオマクと呼ばれており，東南アジア各地に存在． (林 清)

**かおりまい** 香り米 (aromatic rice) →芳香米

**カカオバター** (cacao butter) →ココアバター

**かがくてきしゅうふく** 化学的修復 (chemical remediation) →環境修復

**かがくてきふうか** 化学的風化 (chemical weathering) →風化

**かがくてきぼうじょ (がいちゅうの)** 化学的防除 (害虫の) (chemical control)
化学物質である殺虫剤 (殺ダニ剤・殺線虫剤・殺貝剤・殺白蟻剤) ・昆虫成長制御剤 (IGR) ・(合成) フェロモン・誘引剤・忌避剤・不妊剤などを使用して，害虫を防除・管理すること．→病害の防除の化学的防除法
(持田 作)

**かがんだんきゅう** 河岸段丘 (river terrace)
地盤の隆起や海水面の低下によって河川の侵食力が復活し，河川沿いにできる階段状の地形． (荒木 茂)

**かき** 花き (ornamental plant)
観賞に供される植物を花きと呼び，利用形態別に切り花，鉢物 (苗物を含む)，花木・緑化樹木，球根，芝・地被植物などにわけられる．熱帯，亜熱帯地域では，国内需要向けの切り花や鉢物の生産以外に，外国資本も参入した輸出用の切り花生産が盛んである．ヨーロッパ市場へは北アフリカ諸国やケニア，イスラエル，アメリカ市場へは中米諸国やコロンビア，日本市場へは東南アジア諸国やインドが主たる輸出国で，*Dendrobium*, *Pharaenopsis*, *Anthurium*, *Heliconia* などの熱帯・亜熱帯性切り花以外にも，カーネーションやバラなどの温帯性の切り花が熱帯高地の冷涼で安定した気候条件を活かして生産されている．また，人件費が安価なことから，花きの組織培養苗の大量増殖やキクの挿し穂生産が行われる．これらの地域では，生産物の品質管理と輸送に問題が多く，流通ロスが大きい．特に輸出用の切り花に関しては，コールドチェーンの確立とともに，検疫などを含め流通経路をチェーンシステム化する必要に迫られている． (土井元章)

**かきねじたて** 垣根仕立て (espalier training, headge-row training) →整枝

**かきふにん** 夏季不妊 (summer sterility) →繁殖障害

**かきょう** 華僑 (overseas Chinese) →中間商人

**かきん** 家禽 (poultry)
家禽の代表はニワトリであるので，野鶏の家畜化 (家禽化) から記載し，最後にその他の家禽にも簡単に触れる．ニワトリは，今なお東南アジア・南アジアに現存する野鶏から5千年ほど前に東南アジアの中心部近辺で家畜化されたことは確実である．野鶏は以下の4種がいて，赤色野鶏はインド東北部から中国南部までの東南アジア一帯に広域に生息している．灰色野鶏はインド南部に，セイロン野

鶏はスリランカに，緑襟（アオエリ）野鶏はインドネシアのジャワ島とその東方諸島に生息している．家畜化されたのは赤色野鶏が主体で，残りの3種はほとんど関与していないという考え方が有力である．しかし今なお，インドネシアで鑑賞鶏の作出に野鶏が用いられていることなどにより野鶏と家鶏（家畜化されたニワトリ）には遺伝子の交流はある．家鶏は，紀元前7世紀頃にはイタリアに到達し，わが国へ中国・朝鮮半島経由で紀元前に伝播してくる少し前の紀元前5世紀頃にヨーロッパ東北部まで到達していたことが知られている．西方への伝播の過程で，家鶏は食用のみならず，祭事・闘鶏用にも使われた．日本への渡来ルートには，上記の北方陸上ルートが主で南方の島づたいの海上ルートもあったことが遺伝分析でわかっている．現代の先進国の養鶏産業は，高度に工業化（斉一製品の大量生産システム化の意味）され，飼育場は精密工場化（温湿度・光線，給餌・衛生管理のシステム化）し，アニマル・マシーンのように10万羽単位でオールイン・オールアウトされる企業形態もかなりみられるようになっている．このような企業養鶏に用いられるのは，採卵鶏（レイヤー layerともいう）と採肉鶏（ブロイラー broilerと通常いう）でいずれも高度に改良された品種内系統が系統間交配された最終的なニワトリで，次世代を作る種鶏として使われることはない．ニワトリの用途は採卵と採肉に大別され，これらは実用鶏と総称されるが，採卵・採肉を目的にしないニワトリが鑑賞鶏（愛玩鶏ともいう）で後ほど一括して触れる．家鶏全体（簡単にニワトリ）は，3種類の分類の仕方つまり用途・体型・品種成立起源地別に分けられるが，通常簡便なやり方である用途別を中心にして分類する．その前に体型別分類に触れると，3種類に大別されることがある．野鶏型・シャモ型・コーチン型で，野鶏からの品種分化の顕著な差異が体型を通じて見られるということでもある．野鶏型は，野鶏と同様に軽快なタイプでとさかは単冠をし，鑑賞鶏の地鶏（ぢどり）や高度に品種改良された卵用種に多く，サイズは中程度が多い．シャモ型は，マレー半島を中心とした東南アジアに多い放飼鶏の中で目立つシャモ型種で，胸部が発達し脚が長く上体が立ったものである．とさかは，3枚冠かクルミ冠であり，高度に品種改良された肉用種のコーニッシュはこの典型であり鑑賞鶏にもいる．サイズは，小型・中型・大型とさまざまである．コーチン型は，中国のバフコーチンのような重量感にあふれた体型をし，卵肉兼用種や肉用種に多く，サイズは中型から大型が多い．主分類の用途別にみると，卵用種・肉用種・（卵肉）兼用種と三分類されるが，先進国では兼用種は減少しつつあり，用途の選別が鮮明になっていることを反映している．世界的にみた家鶏の飼育形態が，放飼鶏（雑種鶏が多い），農家の庭先飼い（簡単な鶏小屋を用いる），家内工業的な飼育場，大規模な動物工場的な飼育（ウインドウレス（無窓）鶏舎）とあえて分類した場合に，前の方の飼育形態が将来も存続していけば兼用種も存続していくことになる．また，最近のわが国のスーパーに見られる卵・肉銘柄鶏（特殊卵や特に肉質にこだわった鶏肉）も中よりの飼育形態で飼われる兼用種タイプに依るといえる．品種に触れよう．卵用種には，イタリア原産の白色レグホーンが特別に有名で，単冠の白レグ（略称）は国際的な採卵鶏となり，多くの系統が作出されている．初年度産卵数が平均260個・平均卵重60gである．とさかと毛色が様々なものが作出され，褐色レグホーンはイギリスに多い．その他，スペイン原産の黒色ミノルカと青色アンダルシアン，ハンバーグなど地中海沿岸・ヨーロッパ種に著名な品種が多く，さらにイギリス・アメリカでも一層品種改良されていて，企業名を冠する品種内系統が多い．肉用種には，イギリスとアメリカで作出・改良された白色コーニッシュが特別に有名で，白レグと同様に国際的に用いられている．この品種の作出には，大型

シャモが大いに寄与している．白色以外にも暗色などの羽色のもいる．これ以外の品種には，コーチン，ブラーマ，マレーなどがある．卵肉兼用種には，アメリカで作出された品種が多い．プリマスロック（横斑と白色），ロードアイランドレッド，ニューハンプシャー，オーピントン，オーストラロープ，名古屋種などである．注意すべきことは，最終的な採卵・採肉を担う実用鶏は上記の用途別品種の純粋種でなく交雑種であることである．最終的な採卵鶏が白レグの場合があるかもしれない（この時でも系統間交配種）が，ブロイラー生産では白色コーニッシュなどが交雑種生産に雄系として用いられるということである．卵肉兼用種は，中間品種として最終的な採卵鶏とブロイラー生産，特に後者のために供されることが多くなる傾向にある．先進国の養鶏産業は，技術・経営的にも高度・精密であるように交配システムは企業秘密であり実体は把握しにくい．上述したように，ニワトリの卵肉兼用種は他の畜種の兼用種と意味合いを異にするともみられるが，無論最終的な実用鶏（一定期間の採卵後，肉利用する）として飼育されてもよいのは当然である．生きている芸術作品の趣のある鑑賞鶏は，江戸時代のわが国で作出されたものが多く20以上の品種数になるが，天然記念物指定され根強いわずかな愛好者に保存活動を委ねられていても滅失する懸念が強い．鑑賞鶏は，ヨーロッパで毛冠や小型の矮型タイプ（バンタム）が，中国で小国などが開発されたが，これらの一部を用いつつ作出された長尾鶏（土佐のおながどり，ヨコハマ：イギリス図鑑の正式呼称でありニワトリの品種名にはレグホーン，コーチンなど積出港の名に因むのが多い），長鳴鶏（東天紅，唐丸とうまる，声良こえよし），矮型種（ちゃぼ，鶉尾うずらお，尾曳おひき，小軍鶏こしゃも）などは世界に冠たる位置を占めていたと今ではいえよう．特異的な容貌をした烏骨鶏（うこっけい）は，実用鶏として用いられることがある．わが国や英国などでは廃れた闘鶏は，東南アジアなどの一角で庶民の娯楽（ギャンブル）として存続しているようだが，用いられるニワトリは無論シャモ型である．だが，鑑賞を主たる目的にした鶏飼育は，東南アジアなどに残っているようでもある．ニワトリ以外の家禽に順次簡単に触れる．ニワトリに次いで品種分化が進んだのは3種の水禽類アヒル・バリケン・ガチョウである．アヒルは，西暦紀元前後に中国とヨーロッパで別々に渡り鳥のマガモから家畜化され卵肉用に用いられる．日本，インド，インドネシアなどでも品種が造成されている．最近のわが国で，アイガモ（マガモとアヒルとの交雑種）農法として水田除草とその後の肉利用の多目的に用いられることがある．バリケンは，マスコビー（タイワンアヒル）ともいわれ，台湾ではこれの雄とアヒルの雌との間の属間雑種第一代が肉用として珍重されている．ガチョウは，渡り鳥のガンから中国とヨーロッパで卵肉用に家畜化され，これの特殊肥育による肥大させた脂肪性の肝臓がフォアグラとして珍重されることがある．家畜化された鳥類の中で特異的な存在はハト（鳩）である．ユーラシア大陸に野生するカワラバトから2千年ほど前には家畜化され，帰巣本能を利用した伝書バトとして通信用に特に戦場の軍事連絡用に利用された．さらに食用バトとしていくつか品種造成がなされ，今なお欧米で飼育されている．現在でもハトレースは実施されているが，平和・友好のシンボルとしてスポーツの式典に活用されている．なお，鳥類の家畜化に関与する特有な性質に触れておきたい．離巣性・留巣性である．ニワトリや水禽類のように地上に営巣する鳥類はおおむね離巣性で，孵化後まもなくして雛は自ら親鳥と同様な採餌行動を開始する（その間体内に残った卵黄嚢を栄養源としている）．一方，ハトや小鳥のように樹上に営巣する鳥類は概ね留巣性で，孵化後巣立ちするまで親鳥から口移しで餌をもらうことが多い．ハトは雛の消化を助けるそのう乳（クロップミル

ク crop milk）が分泌されることが知られている．鳥類の家畜化で，飛翔能力は弱められたが，ハトは逆に強化される方向であったといえる．離巣性家禽の方が家畜化が容易であるのは無論である．また，雛側からでなく親側からみると，ニワトリの就巣性は産卵性と強い関係がある．就巣性の強い品種ほど産卵数が少なく，高度に改良された採卵鶏では就巣性は消失している．最後に身近な話題に触れておきたい．わが国の伝統的な鵜飼や鷹匠に供せられている鳥類は，家畜化されたものでなく，捕獲された一代限りの調教によるものである．また，ダチョウ飼育が，肉・皮革などの利用目的で南アフリカ・アメリカ・オーストラリア・中国など，わが国でも進行中であるが，定着するのか一時的ブームで終息するのか関心がもたれる．数10年先に，家畜化への一歩であったかどうか結論が出るであろう． 　　　　　　　　　　　（建部　晃）

**かきんコレラ　家禽コレラ**（fowl cholera）
（パツレラ症を参照）

*Pasteurella multocida* の感染によって鳥類，特にアヒル，シチメンチョウ，ウズラおよびニワトリで問題となる発症率，致死率の高い急性の伝染病である．原因菌の血清型はCarterの莢膜抗原型A型に分類されるものが多く，また菌体抗原型はHeddlestonの分類では1，2，4型が，波岡の分類ではO-5，O-8，O-9型のものが多い．アジア，アフリカ，中近東，欧米諸国で発生がある．年間を通して発生するが，東南アジアでは雨季にアヒルで集団発生する．本病の発生と経過は気候，栄養，皮膚・粘膜の損傷，ストレスなどの影響を受ける．感染鳥や感染動物，原因菌で汚染された餌や水などが感染源となる．アヒルなどでの集団発生は水系の汚染によることが多い．潜伏期間は24時間以内であり，沈うつ，発熱，食欲廃絶，羽毛の粗鬆化，口からの粘液漏出，下痢，呼吸促迫などの臨床症状を呈し，数日の経過で死亡する．本病は発症後の経過が早いため，抗菌性物質などによる治療は手遅れになることが多い．予防には流行血清型に対応したワクチン接種が有効である．
　　　　　　　　　　　（江口正志）

**かきんチフス　家禽チフス**（fowl typhoid）
*Salmonella* Gallinarum biovar Gallinarum によって起こるニワトリの消化器感染症である．成鶏では10～50％ないしこれを超える致死率を示す．日本での発生は確認されていないが，アジア，アフリカ，オセアニア，ヨーロッパ，南北アメリカなど世界中で発生している．ヒナ白痢（ヒナ白痢を参照）の原因菌，*Salmonella* Gallinarum biovar Pullorum とは血清学的に区別できないものの，生化学性状で区別される．感染経路はヒナ白痢と同様であるが，介卵感染の頻度はヒナ白痢より低い．成鶏間では同居経口感染により伝播する．雛ではヒナ白痢と類似した症状を呈す．成鶏では食欲低下あるいは廃絶，元気消失，羽毛の逆立ち，貧血などを呈し，1週間前後で死亡する．本病の診断はヒナ白痢凝集反応によっても可能であるが，原因菌の分離が確実な診断法である．本病に対する防除対策はヒナ白痢に対する対策と同じである． 　（江口正志）

**かきんペスト　家禽ペスト**（fowl plague, 高病原性鶏インフルエンザ；highly pathogenic avian influenza）
高病原性A群鶏インフルエンザウイルス感染症．沈うつ，肉冠などの腫脹紫変，顔面浮腫を示し高死亡率． 　　　　（村上洋介）

**かくいしょく　核移植**（nuclear transfer）
→胚移植

**かくか　核果**（stonefruit）→果実の人為分類

**かくすい　拡水**（water spreading, diversion of spate flow）→ウォーターハーベスティング

**かくだいぞうりん　拡大造林**（afforestation）
わが国で第二次世界大戦後間もない時期に強く進められた施策で，天然林を伐採した跡地や原野などに人工造林を行うことを指した

が，熱帯では，これまで森林でなかった土地，あるいは少なくとも最近50年間は森林がなかった土地で行う人工造林に用いられている．これに対して，森林を伐採した跡地にすぐ造林する場合を再造林（reforestation）と呼んで区別する．ただし両者を区別するのは難しいこともあり，併せて re-afforestation, reafforestation とすることもある．（浅川澄彦）

**かくねんけっかげんしょう　隔年結果現象**（masting）→一斉開花

**かこうさく　過耕作**（over cultivation）

生態系あるいは土壌が持つ資源量や諸機能の回復力を超えて繰り返し耕作されることを過耕作という．例えば，地力の回復を休閑に委ねている農耕システム下で，耕作期間の延長と休閑期間の短縮により養分資源量が回復することなく減少の一途をたどれば過耕作とみなすことができる．また，耕うんによる土壌攪乱の頻度が増すことで土壌構造が破壊され，土塊の形成あるいは安定性の回復がそれに追いつかず，土壌の固結や透水性・保水性の低下が進む場合もそうである．社会経済状況の変化に伴い，農村部での換金作物畑の拡大や相続による土地分割，都市化域への人口の流入など，相対的に人口圧が高まっている土地では過耕作に陥る危険性が高い．とはいえ，これは生態系や土壌の能力と人為の働きとの相対的関係により決まるものであり，農耕形態や土地条件によりその様相は多様である．なお，過耕作とは不均衡な資源環境利用が行なわれている状況を指す概念であり，今のところ明確な定義や定量的な指標を持たない用語であるため，濫用せぬよう注意を要する．（田中　樹）

**かさいるい　果菜類**（fruit vegetables）

果実を食用とする野菜の総称である．熱帯の在来野菜では，ウリ科やナス科の野菜の種類が非常に多い．ナス科では，ナス，ケナス（*Solanum stramonifolium*），シロスズメナスビ（*S. torvum* Swartz），イヌホウズキ（*S. nigrum* L.），トマト，トウガラシなどがあり，ウリ科では，スイカ，カボチャ，キュウリ，メロン，トウガン，トカドヘチマ（*Luffa acutangula* L. Roxb.），ハヤトウリ（*Sechium edule* Swartz），ヘビウリ（*Trichosanthes anguina* L.），ニガウリ（*Momordica charantia* L.）などがある．他にも，アオイ科のオクラや，ササゲやシカクマメ（*Psophocarpus tetragonalobus*）などのマメ類の利用が多く見られる．スイカ，カボチャは，幼果や新芽も野菜として利用されている．（高垣美智子）

**カシアマツ**（benguet pine）→熱帯産マツ類の木材，付表23

**かじくぶんし　仮軸分枝**（sympodial branching）→単軸分枝

**かしつじゅんきこう　過湿潤気候**（perhumid climate）

ソーンスウエイトの気候分類における水分指数が100かそれ以上の値をとる．
（久馬一剛）

**かじつしょくどうぶつ　果実食動物**（frugivore）

果実を専門に食べる哺乳類や鳥類のことをいう．1年中，果実が存在する熱帯多雨林にはとくにこの果実食動物が多い．サイチョウ（ホーンビル）など，特定の植物の果実だけを食べるものもいる．アマゾンでは果実食の魚がいる．いずれも種子の大きな散布者となる．（渡辺弘之）

**かじつのじんいぶんるい　果実の人為分類**（artificial classification of fruit）

果実の分類には植物分類学による自然分類と，可食部分による人為分類とがある．人為分類では，モモなど中果皮を利用する核果類，クリなど種子を利用する堅果類（殻果類），リンゴなど花托を利用する仁果類などに分けられる．しかし，熱帯・亜熱帯には，アリール（仮種皮）を利用する果実（ドリアン・マンゴスチンなど）や内果皮を利用する果実（カンキツなど）が多く，こうした温帯果実の分類法はかならずしも当てはまらない．他に，可食部が子房に由来する真果と，花托などに由

来する偽果とに分類する方法や，多数の花から発達した集果（集合果）と，単一の花から生じた単果（単花果）とに分類する方法がある．
　　　　　　　　　　　　　　　（樋口浩和）

**かしょうかエネルギー　可消化エネルギー**（DE, digestible energy）→飼養標準

　飼料の総エネルギー（GE）のうち家畜の糞中へ損失しない部分．　　　（矢野史子）

**かすいかんせいか　下垂幹生花**（penduliflory）

　ネジレフサマメノキ（*Parkia speciosa*）などのように，下垂する花序をいう．送粉者は葉や枝に邪魔されることなく，容易に花に到達できる．　　　　　　　　　　（渡辺弘之）

**カスタノゼム**（Kastanozem）→ FAO-Unesco 世界土壌図凡例

**かせい　河成**（fluvial）

　川の作用でできたことを示す．（荒木　茂）

**かせいがん　火成岩**（igneous rock）

　マグマが固化して形成された岩石．（図4 火成岩の分類表）　　　　　（吉木岳哉）

**かせきすい　化石水**（fossil water）

　地層生成時に封じ込められた停滞性の古い地下水で，通常の水循環からは孤立している．　　　　　　　　　　　（堀野治彦）

**かせきどじょう　化石土壌**（fossil soil）→古土壌

**かせんりゅうしゅつ　河川流出**（river run-off）

　河川流域に降雨としてもたらされた雨水は，地表での滞留・流下，土壌中への浸入，地下水など様々な経路を経て，一部を蒸発散として失いつつ，最終的には河川の流水を形成する．河川流出とは，この現象，あるいは結果としての流出流量を指す．また，降雨から流出にいたる流域での水の挙動のプロセスを流出過程と呼ぶ（→水循環）．

　過大な降雨は洪水を引き起こし，寡少な降雨は渇水，河川流量の枯渇をもたらす．したがって，洪水を予測・制御したり（治水），水資源を開発・利用する（利水）には，原因としての降雨時系列と，結果としての河川流量時

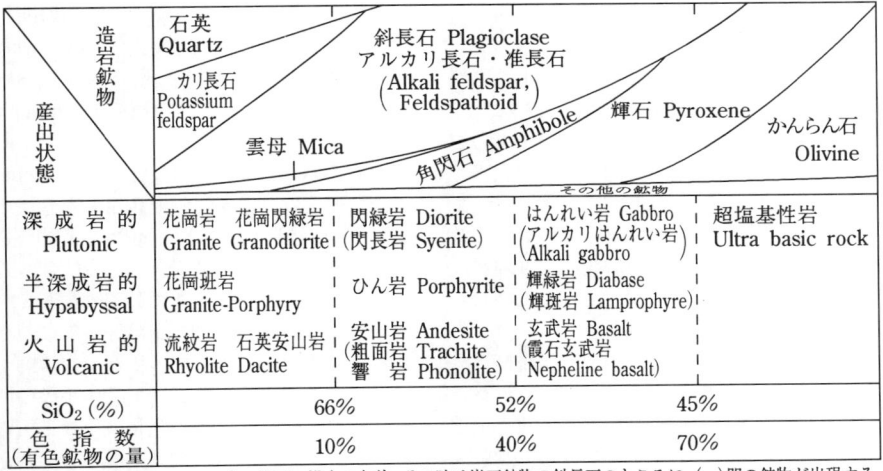

| 造岩鉱物 | 石英 Quartz | 斜長石 Plagioclase アルカリ長石・准長石 (Alkali feldspar, Feldspathoid) | | |
|---|---|---|---|---|
| 産出状態 | カリ長石 Potassium feldspar 雲母 Mica | 角閃石 Amphibole | 輝石 Pyroxene | かんらん石 Olivine |
| | | その他の鉱物 | | |
| 深成岩的 Plutonic | 花崗岩 花崗閃緑岩 Granite Granodiorite | 閃緑岩 Diorite (閃長岩) Syenite | はんれい岩 Gabbro (アルカリはんれい岩 Alkali gabbro) | 超塩基性岩 Ultra basic rock |
| 半深成岩的 Hypabyssal | 花崗斑岩 Granite-Porphyry | ひん岩 Porphyrite | 輝緑岩 Diabase (輝斑岩 Lamprophyre) | |
| 火山岩的 Volcanic | 流紋岩 石英安山岩 Rhyolite Dacite | 安山岩 Andesite (粗面岩 Trachite 響岩 Phonolite) | 玄武岩 Basalt (霞石玄武岩 Nepheline basalt) | |
| SiO₂ (%) | 66% | 52% | 45% | |
| 色指数 (有色鉱物の量) | 10% | 40% | 70% | |

岩石名の（　）内はアルカリの多い岩石の場合の名前・その時は岩石鉱物の斜長石のところに，（　）門の鉱物が出現する。

図4　火成岩の分類表
出典：大久保雅弘・藤田至則 編著（1984）『新版・地学ハンドブック』築地書館

系列との関係を把握しておくことが必要となる．この関係は流域の諸条件によって異なり（→流出特性），これを数量的に解析することを流出解析（→流出解析）という．

河川流出は，降雨出水に伴う一時的な流出の高まりと，出水にはさまれた期間の低水流出とに分けられる．こうした流出流量の時間的変化を表したグラフをハイドログラフと呼ぶ．降雨でもたらされた雨水は，一時的出水に寄与する直接流出成分，無降雨期間の低水時の流出（基底流出）を形成する間接流出成分と，土壌水分として貯えられたのち最終的に蒸発散で失われる部分とに分けられる．直接流出成分は，一般に，地表を流下する表面流出と，一時地中に入りながら比較的早く地表に現れる中間流出とで構成されると考えられている．また，基底流出・間接流出成分は，地下水流出に対応する．

熱帯地域においては，蒸発散が流出に与える影響が大きい．砂漠気候下や乾季の卓越した熱帯モンスーン気候下では，蒸発散が降水を消費しつくしてしまうため，通常または季節的に，河川から流水が消失することが多い（→ワジ，季節河川）．

一般に，森林は雨水を貯留し，流出を調整する機能（保水力 retention capacity）を有している．大規模な森林伐採は流域の保水力を低下させ，降雨による一時的出水を増大させる．同時に地下水の枯渇も生じやすい．また，モンスーン・アジアでは，水田の持つ貯留機能・地下水涵養機能が流域の水循環に大きな役割を果たしているが，これを無視した無秩序な都市開発も多く見られる．

水資源・水環境の利用・管理・保全は，流域を単位とした一貫した視点で進められることが必要であり，またそれには，流域の土地利用の保全・管理を含むことが要請される．このような，健全な水循環を流域レベルで総合的に保全・管理する「流域管理（watershed management）」の重要性が近年ますます増大している．　　　　　　　　　　（後藤　章）

**かぞくけいかく　家族計画**（family planning）

個人または夫婦の希望通りに子供の数，出産の間隔および時期を決定できるという考え方．多くの国において，家族計画は母子保健の向上の有効な手段であり，かつすべての人に保障されるべき基本的人権の一つとみなされている．また，人口問題解決のための対処法として家族計画が推進される一面があるが，家族計画およびその手段である避妊は個人レベルの問題であるとし，人口問題と絡ませることへの反対意見も少なくない．近年では，家族計画を含む包括的なリプロダクティブ・ヘルス（reproductive health：性と生殖に関する健康）の概念が提唱されるようになった．従来の家族計画思想に加え，女性が安全に妊娠，出産できること，またエイズ問題の影響から性感染症を回避することを強調した点が新しい．リプロダクティブ・ヘルスの達成には，適切な家族計画手法の普及だけでなく，女子教育の拡充，栄養改善，さらには貧困削減のための全般的な方策が必要とされる．

（牧田りえ）

**かぞくしゅうき　家族周期**（family cycle）→家族農業

**かぞくしんしょく　加速侵食**（accelerated erosion）→土壌侵食

**かぞくのうぎょう　家族農業**（family farm）

家族農業とは農業経営学の企業形態論の中では「家族経営」と呼ばれ，資本主義的経営へ移行する過渡的な存在として位置づけられ，そのためそれが存在する国の資本主義の発展段階，すなわち生産者の商品経済への包摂の程度とその様相によって多様な存在形態があるとされる．企業形態とは，生産手段の所有と経営の支配形態による経営の分類と定義されることが一般的である．すなわち，誰が生産手段を所有し，どういう性格のものが労働力となっているか，その生産手段と労働力をどういう目的で誰が結合しているか，という視点からの農業経営の分類である．家族経営

は家族を主要な労働力とするために，その労働力の特質に基づいた経営上の特質がある．すなわち，同じ技術水準であれば，経営規模は家族労働力の量に規定される．家族労働力は家族周期に規定され，家族員数といった労働力の量，成員の年齢や性別といった質的特徴を持つ．これが効率的な労働力配置を前提とする作業組織の編成を困難にし，他方で農業生産や農作業の季節性に規定されて，家族労働力には多種多様な農作業が要求される．また，労賃制約を契機とする作業能率の向上や作業管理が発達せず，慣習的作業慣行に順応する傾向が強いといった特徴がある．アメリカの農業研究では，「必要な多くの労働を自ら提供し，多くの経営決定を自ら行い，多くのリスクを背負いつつ自らの決定によって利益も損失も受ける農業者とその家族によって運営されている経営」を，「家族経営」とする共通理解があるとされる．長憲次氏の整理によると，家族経営の要件として，①家族による経営の所有または農業労働のいずれかの要素と，家族による経営の管理との結合があること，②家族による経営の管理に加え，家族が経営を所有することを重視する立場と家族が労働を担う点を重視する立場がありうるが，家族経営の特徴は労働に特徴をみるべきであること，③所有を否定するのではなく，自己資本の蓄積，すなわち農場資本の一定部分の所有を経営目標としてもっていること，④自立可能な大規模経営だけではなく兼業農家もその中に含めることが，地域社会の維持という観点からも必要であり，⑤パートナーシップ，法人経営の中でも特に家族型法人経営は，上述した家族経営の条件を概ね備えた経営体であるという点から，こうした法人経営も含める，とされている．途上国において農業経営を担っているのは「家族経営」である場合が多いが，これはプランテーションなどのエステート経営や大地主による大農場制と対比される企業形態である．その性格は，自給的色彩の強いものからそうでないものま

で，国や地域の市場の発達の程度に依存する歴史的概念である．したがって，厳密には「家族経営」という用語は自給を中心とした経済における生産（生業）とは区別して用いられるべきである． 　　　　　（安延久美）

**ガソリンきかん　ガソリン機関**（gasoline engine）

途上国・先進国を問わず世界で最も普及している内燃機関の一つである．Ottoにより発明され，蒸気機関に取って代わり飛躍的に普及した．

燃料（fuel）：ガソリン機関であるから燃料は主としてガソリンを用いるが，ガソリン以外の燃料でも運転は可能である．例えばバイオマス資源から生産のエタノール，メタノールなどのアルコール類，ユーカリやミカンの皮から生産のオレンジ油などでも運転は可能である．21世紀に向けて急増する人口から食料増産の必要性が強調されている．食料生産はエネルギー抜きでは語れない．エネルギーの大量消費は環境に負荷をかける．再生可能（renewable）で環境に優しい（environment friendly）バイオマス燃料（biomass fuel）は熱帯でも潜在的賦存量が多く化石燃料代替として大きな期待が持てる．

しかしガソリンは燃えやすく，圧縮比を上げると吸入した混合気（空気とガソリンの混合気体）はピストンが最上部にくる上死点（top dead center）に到達するまでに自然発火する．したがって圧縮比の向上が熱効率の向上につながることは周知であっても，あるレ

表2　4サイクルと2サイクルの比較

| 項目 | 4サイクル | 2サイクル |
| --- | --- | --- |
| 構造 | 弁機構複雑 | 弁機構なし簡単 |
| 重量 | 重い | 軽い |
| 排気 | 無色 | 青白い |
| 爆発 | 2回転に1回 | 1回転に1回 |
| 作業 | 定置型作業適 | 可搬型作業適 |
| 燃料 | ガソリン | ガソリンと潤滑油 |

ベル以上圧縮比を上げることはできない．従来は4エチル鉛を添加して圧縮比を上げる対応がなされていたが，排気ガス中の鉛成分が光化学スモッグの発生や健康にも良くないとの指摘から鉛の添加は禁止された．燃えやすいガソリンを燃えにくくする指標がオクタン価である．ハイオクタンガソリンは圧縮比をあげても燃えにくく，高い熱効率を求めるものである．それだけに単位排気量（リットル）あたりの価格も高い．ガソリン機関の熱効率は25～28％である．

構造：ガソリン機関には4サイクルと2サイクルの2種類があるが，基本的に吸入・圧縮・爆発・排気の4行程（cycle）を遂行する．4サイクルと2サイクルの比較を表2に示す．

重要構成部分：ガソリン機関の特徴は空気を吸入する段階で，燃料であるガソリンを気化した混合気を吸入し，圧縮・膨張して電気的に着火する方式を採っている．したがってガソリン機関の心臓部は燃料であるガソリンの気化がうまく行われているか，電気系統が正常に作動しているかが重要である．燃料の気化はベンチュリ管（venturi tube）により行われる．機関が無負荷（idling）時の供給燃料の調整は主噴管の内部に装着された針弁（needle valve）の調節により行われる．

調速機（governor）：自動車と異なり農業・産業用機関では作業負荷に応じて機関出力がそれにうち勝たねばならない．そのため作業に応じて所要の回転数を設定しておく必要があるが，農作業における負荷の変動は激しく，そのつど機関回転数を調節する必要がある．このことを実現する装置が調速機である．最も典型的な調速機の一つが振り子式調速機である．機関によって振り子の数は異なるが一般には二つ，もしくは三つの質量重りを用いたものが多く用いられている．

保守（maintenance）：所要の運転を終え，長期間機関の運転をしない場合には燃料コックを閉じ，浮子室内の燃料を使い切っておく必

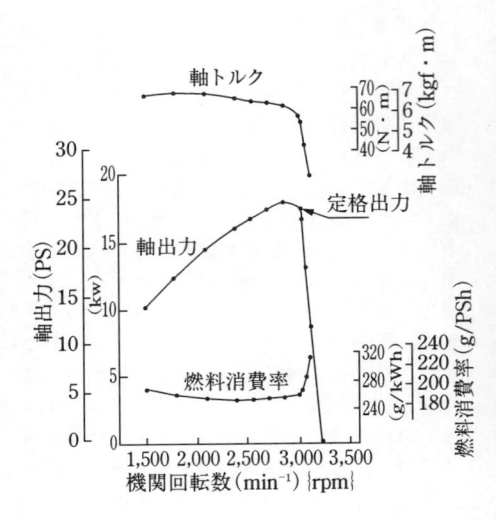

図5　機関性能図
（出典：新版 農業動力学「文永堂出版：田中　孝 他7名著」107頁）

要がある．これによって浮子室内残留の燃料の変質，またそれによる主噴管内の詰まりを回避できる．新品の機関でもこのケアを怠ると次期の機関始動が困難となる．機関始動が困難な場合のもう一つのケースは電気系統である．特に点火栓（spark plug）での電気的着火の確認は必務である．点火栓内に体積したカーボンススの除去により，機関始動困難の問題は解決する．

機関の性能：機関の性能は主として，①軸出力性能，②燃料消費率，③軸トルク性能で評価される．いずれも機関のクランク軸回転数（rpm＝1分間当たりのクランク軸回転数）を横軸に採り，縦軸に軸出力（kWまたはPSで表示），燃料消費率（specific fuel consumption，単位軸出力，単位時間当たりの燃料消費量で表示＝g/kW・h），軸トルク（N・mまたはkgf・m）を採って評価する（図5参照）．

（伊藤信孝）

**かちくか　家畜化**（domestication）

家畜化とは，地球上に生息する野生動物を家畜にする作業であり，現在もその作業は継

続されていると考えることができる．無論，家畜化の作業は，数千年〜1万年以上前から開始された場合が多く，現在いる家畜の祖先種の野生動物が絶滅していなかったり，野生動物の特定が未解決の場合もある．では家畜とは何か．家畜の厳密な定義は困難であり柔軟な概念でもあるので，野生動物と必ずしも峻別できない場合もある．が，家畜とは，人為的管理下で継続的に繁殖し，人間生活に有益性（恩恵）を提供する動物であるといえよう．有益性（恩恵）は，動物遺伝資源の項目の最初に列記したもので，その提供する内容によって，農用動物（farm animal），愛玩動物（pet：最近ではこの言葉の語感を嫌いコンパニオンアニマルという表現が用いられることもある），実験動物（experimental animal）に分類される．第一義的な家畜は農用動物であり，後二者を家畜から分離する場合もある．また，ニワトリなどの鳥類の場合に家禽という別称があるが，家禽を含めて家畜と総称する場合が多い．野生動物との峻別困難の例としてゾウがいる．タイやインドでゾウはよく調教されて材木の運搬や人間の乗用（観光目的が主）の使役に供せられていることがある．一見すると家畜といえるが，ゾウは人為的管理下で繁殖が極めて困難であり，わが国などの動物園やサファリパークで繁殖成功例は極めて少ない．使役ゾウは，調教された雌ゾウを野生ゾウと交尾するように放ち，子ゾウを捕獲後に馴致して作出される．このような野生種との目的をもった意識的な繁殖例は，ブータンのウシ，インドなどのスイギュウ，インドネシアのニワトリ，わが国のブタ（イノブタの生産）などが知られている．また，ウシといえばすべてが家畜であるわけでなく，家畜化のされていない明白な野生動物の牛属がいる．使役ゾウを準家畜とか半家畜と曖昧に表現したくはないので，人為的管理下の継続繁殖と認める立場で家畜とみなしたい．つまり，ゾウは一般には野生動物であるが，一部には家畜といえるゾウもいるという

ことであり，その視点から家畜をリストしたのが付表3である．家畜と動物は，日本語では二分された表現であるが，英語ではanimalの前に形容詞をつけて正確さ（限定性）を高めているように，両者の関係は連続的でもあり部分的でもある．animal genetic resources（動物遺伝資源）という用語が最近多用されるが，このanimalと動物は家畜そのものを指しているのであり，わずかに家畜化有力動物を含めるかもしれないという程度である．この用語は，すでに作出されている家畜の有益な品種資源が消失していくのを防ぐ発想で生まれたものであり，未知の動物の中から有望な遺伝材料を探そうという発想では全くない．先進国で家畜化の作業は，エンドレスの作業という点から，現在でも継続されていると考えることもできる．だからである．ホルスタインの泌乳能力という用途を高める作業は，家畜化の作業に該当するといえなくはないが，通常は飼養管理法の改善，品種改良，育種，遺伝的改良といった方が正確である．また，極端なほどの用途にのみ限定されて家畜化された代表例に競走馬がいる．ウマは，熱帯などの途上国では運搬用・乗用・農耕用の使役家畜であるが，先進国では競走という使役であったり食用の場合もある．南米で開発されたミニホースは，先進国でコンパニオンアニマルとして重宝がられているし，ポニーも先進国に多い．ウマとイヌは，最も好かれる家畜であり，コンパニオンアニマルの筆頭といえる．先進国のイヌには新用途が与えられている場合がある．盲導犬，麻薬探知犬，警察犬，介助犬，災害救助犬，競走犬などがあるが，専用品種もいれば品種を問わず訓練・調教による場合もある．このように先進国の家畜化の用途は，個別的に多用途化しているし，個々は先鋭化され飼養管理技術も高度化されている．途上国の家畜化の用途は，1品種で多目的である兼用種タイプも多く，環境適応性を保持させるために用途の先鋭化が困難な場合もある．家畜の新用途の開発の点で

注目されるのは，家畜化の従来の延長線上にないことが先進国で具現化しつつある．医薬品などの生理活性物質や移植用臓器などを遺伝子導入動物（transgenic animal）を通じて作出することであり，この技術と体細胞移植技術とドッキングさせて安定生産を図ろうとするものである．この技術に供せられる主家畜はヤギとブタであるが，完全閉鎖型のシステム化の下では支障なく大きな経済ポテンシャルをもった活動に発展すると思われる．最後に，先進国で従来型の家畜化の試行も積極的に実施されている．資源動物の畜産的利用ともいえるが，シカ，ダチョウ，ワニなどによる肉・卵・皮革などが利用目的であることはいうまでもない．このように，先進国では実に多種多様な家畜化の類型があるが，目的意識にしても経済行為としても先鋭化し，高度資本主義のもつ投機性を畜産分野でも色濃く反映していると思われる．一方，熱帯などの途上国の家畜化は，先進国のようなビジネス行為の先鋭化現象はなく，自然の環境適応性（抗病性や耐暑性など）と社会的な規範（宗教や慣例など）の課す制約の中で食生活向上型を中心にしてゆっくりと進行している．家畜化の有益性向上は，卵肉と乳生産に比較的顕著である．熱帯アジアに顕著な庭先養鶏に加えて，養鶏産業が勃興しつつある．熱帯アジアに見られる食物忌避の中で，動物性タンパク質の供給向上源として鶏卵と鶏肉の摂取は食生活に浸透しやすい．ただし，アジアの豊かな家禽資源でなく，外来の品種資源への依存が高くなれば遺伝資源の減少が危惧されることになる．インド以西の熱帯で，乳生産の主力はスイギュウとゼブーなどのウシである．前者の泌乳能力向上は，インド・パキスタンで着実に進展しているが，背景に聖牛崇拝がスイギュウ育種に障害となっていないことが幸いしている．ゼブー牛などの泌乳能力向上は，自らの品種改良でなく外来の品種資源との交雑育種に依存するようになれば，遺伝資源の減少が懸念されることになる．アフリカではウシの固有の抗病性育種も重要であるが，畜産を取り巻く社会環境の整備に先決問題があるので能力向上に障害となっている．また一方で，熱帯における家畜化の試行は，南米アマゾン流域などへのスイギュウ導入，カピバラの牧場的な飼育，アフリカのダチョウやエランドなどの飼育を長年月続け，ゆっくりとした変化の兆しもみられる．先進国と途上国に共通しているのは，家畜化の進展によって原因の異なる動物遺伝資源の消失が問題視されるようになってきたことである．さらに先進国では，家畜化の目的意識が先鋭化され，環境保全や動物福祉にも立脚しながら健全な畜産物生産のために家畜の飼育・屠殺法が細かく法規制されると同時に遺伝子導入動物の作出が社会的な許容性を巡って問われつつある．

(建部　晃)

**かちくたんい　家畜単位**（animal unit, livestock unit）

異なる家畜種の経済的数量を換算する単位で，家畜家禽の総数をおおまかにあらわす単位．大家畜単位ともいわれる．大家畜（牛馬）1頭を1単位とし，ブタ1頭0.2単位，めん山羊1頭0.1単位，成鶏・兎1羽を0.01単位とする．
(矢野史子・山崎正史)

**かちくのしゅるい　家畜の種類**（付表）

**かちくふんにょう　家畜糞尿**（manure）

家畜糞尿の量は乳牛で20〜30 kg，肉牛では25 kg，ブタでは糞約2 kg，尿3.5 kgとBOD換算では，ウシ1頭がヒト62人分，ブタ1頭がヒト10人分に相当する．家畜糞尿中には，肥料の3大成分である窒素，リン，カリウムが多く含まれるので，有機肥料として農地に還元され，作物生産に利用されている．家畜糞尿を材料とした堆厩肥は，土壌の有機物量の増加，pHの上昇，栄養交換の向上，水分保持能力の改善などの効果を有している．発展途上国では，家畜糞尿は肥料資源であり，重要な燃料源でもある．生産が大規模な畜産経営へと変遷するにつれて，家畜糞尿は，公

害問題の要因となり，堆厩肥以外への利用も検討されている．家畜糞尿を池に投入してナマズなどの魚養殖に利用したり，糞尿の嫌気発酵時に発生するメタンガスをエネルギー源として利用する方法も実用化されている．またニワトリの排泄物は乳牛用の飼料としても利用できる．　　　　　　　　　　（矢野史子）

**カツオ**（skipjack/bonito）

多獲性回遊魚で，節加工により長期保存性を持つ調味料となる．生食・缶詰原料にも適する．　　　　　　　　　　　　（林　哲仁）

**かつおぶし　かつお節**（boiled and smoke-dried skipjack fillet）→節類

**カッコウアザミ**（tropic ageratum）

学名：*Ageratum conyzoides* L. 熱帯アメリカ原産で，世界の熱帯・亜熱帯に広く帰化．キク科の一年生草本．茎は高さ30〜120 cmで葉とともに軟毛を密生する．葉は卵形か心形で葉縁に鋸歯があり，2〜10×0.5〜5 cm．枝先に白色か淡紫色の管状花だけからなる小頭花を60〜70個散房状に群生する．農耕地，空地，プランテーションなどのやや湿った所に生育し，重要な畑地雑草となる．特に高標高地帯に好んで生育する．種子で増殖．防除には2,4-D，MCPAなどフェノキシ系除草剤の早期散布が有効である．家畜が食べると有毒で，葉は多くの用途に薬用として利用される．

近縁種オオカッコウアザミ（*A. houstonianum* Mill）も熱帯アメリカ原産で，しばしば前種と混同されているが，濃い青紫色の頭状花をつけ，冠毛は花冠筒より短く，総苞は長毛があり，葉は円形で心脚がある点などで前種と区別される．東南アジアの熱帯では前種よりも高標高地帯で多くみられる．

　　　　　　　　　　　　　（原田二郎）

**かっすい　渇水**（drought）

連続旱天により河川流量や地下水位，湖沼水位などが著しく落ち込んだ状態を渇水という．これはもとより自然現象であるが，水需要に対する供給力の低下，すなわち水不足を引き起こすことから，しばしば水不足と同義にも用いられる．

そうした渇水や水不足を克服するための計画が水資源開発である．そこでは一般に，数年に1回程度起こると考えられる厳しい渇水を想定し，そこで不都合の生じない，つまり受益地区の水需要に対して供給が釣り合うような計画を立てる．しかし，開発途上国における灌漑計画では一般に，潜在的水需要の存在に対して，受益地区の限定が曖昧になること，配水システムの操作・維持管理の不良などから，水供給が計画どおりに運ばず，灌漑地区内における水の奪い合い，そして水不足の頻発，慢性化をもたらすことが多い．また，河川上流部での無秩序な水資源開発が下流部の水不足を深刻化させるケースも見られる．

　　　　　　　　　　　　　（後藤　章）

**かっせいさんそしゅ　活性酸素種**（reactive oxygen species）→強光阻害

**かでんゼロてん　荷電ゼロ点**（zero point of charge（ZPC））

自然界では土壌粒子は通常負の荷電を帯びている．その負荷電を陽イオンが中和し，電気中性則が成り立っている．一方，粒子表面の荷電には永久荷電，変異荷電という2種類の荷電が存在する．前者は粘土鉱物内部の同形置換に基づいて発生しその大きさはpHやイオン濃度などの外液の条件に左右されないが，後者は（水）酸化物としての，あるいは粘土鉱物端面の鉄，アルミニウム，ケイ素や，土壌有機物などの表面で発現し，その大きさや正負の符号は外液の条件の影響を受ける．この変異荷電性物質表面での荷電の合計がゼロとなるpH点を荷電ゼロ点（等電点）という．ただし，土壌は永久・変異両荷電の混成系であるから，その混成系の表面荷電の合計がゼロとなる点を正味荷電ゼロ点と呼ぶことが多い．熱帯の強風化土壌では鉄・アルミニウムの酸化物が表面荷電の主体をなすことが多く，荷電ゼロ点は6以上と高い．風化の程度が弱く交換性アルミニウム含量が高い強酸性

土壌では，結晶性粘土鉱物含量も高く，4前後と低い．火山灰土の荷電ゼロ点は非晶質のアルミノケイ酸塩鉱物に富むため6程度である．有機物含量の高い森林土壌表層などでは，荷電ゼロ点は4以下の場合もある．このように，荷電ゼロ点は母材の性質と風化の程度の指標となる．　　　　　　　　（櫻井克年）

**カナート**（qanat）→地下水灌漑

**カニふうみかまぼこ　カニ風味かまぼこ**（surimi-based imitation crab products, crab leg analog kamaboko）→練り製品

**カノムーチン**（Khanom-chin）
素麺に似たタイでつくられる米の麺．粳米を水引・磨砕後，乳酸発酵させてから製麺される．　　　　　　　　　　　　（新国佐幸）

**かはいらん　過排卵**（super ovulation, multiple ovulation）→胚移植

**かひじゅう　仮比重**（apparent gravity, bulk density）→容積重

**カビどく　カビ毒**（mycotoxin）
カビが産生する二次代謝産物の中で，人または家畜の健康をそこなう有毒物質をカビ毒（マイコトキシン）と呼び，マイコトキシンによって引き起こされる疾病をカビ中毒症または真菌中毒症と呼んでいる．主なものに，アフラトキシン，ステリグマトシスチン，オクラトキシンA，パツリン，フザリウム・トキシンがあげられる．

マイコトキシンによる中毒症は，古くから知られているものは，麦角菌による中毒であり，国内でマイコトキシンが注目を浴びるようになったのは，1953年輸入米によって起こった黄変米事件である．現在，マイコトキシンは200種類以上知られているが，最も有名なものは，アフラトキシンである．アフラトキシンは天然物質の中で最も発がん性が強いことと，世界的に見て農産物への汚染が広く発生していることである．アフラトキシンを産生する菌は，*Aspergillus flavus*, *A. parasiticus*, *A. nomius* および *A. tamarii* の特定の菌株であることが一般に是認されている．麹菌はアフラトキシン産生菌と分類学的には同じ菌群に属するが，産生しないことが証明されており，味噌，醤油，酒などの安全性が確かめられている．東南アジアおよび日本における土壌中のアフラトキシン産生菌の分布を調べると，年平均気温16℃以上の本州南部から東南アジアにかけて分布していることがわかった．農産物の中には，汚染され易いものと，されにくいものがある．アフラトキシンは，わが国においては食品からは検出されてはならないことになっており，また飼料については配合飼料中の濃度が10 ppbもしくは20 ppb以下（飼料の種類によって異なる）となっている．世界各国でも規制値が決められている．

ステリグマトシスチン産生菌としては，多くの報告があるが，代表的な産生菌としては*A. versicolor*, *A. nidulans* が一般に認められている．この菌は世界に広く分布し，土壌，農作物，特に穀類に広く分布している．急性毒性は弱いが，発がん性があり，発がん力はアフラトキシンB1の約1/250と推定されている．

オクラトキシン産生菌は，*Aspergillus* と *Penicillium* に属する多くの種類の菌が報告されているが，自然汚染を起こす主な菌は *A. ochraceus* と *P. viridicatum* である．*A. niger* 菌群の中にもオクラトキシンAを産生するものがあることが明かとなってきた．*A. ochraceus* の分布域は広く，コメ，ムギ，トウモロコシ，アズキ，ダイズ，グリーンコーヒー，煮干などから見出されている．ヨーロッパのバルカン地方の風土病バルカン腎症の人々の血液から，オクラトキシンAが検出されている．

パツリンは，*Penicillium patulum* の代謝産物として分離されたことからこの名称がつけられたが，産生菌の種類は多く，*P. expansum*, *P. melinii*, *P. claviforme* や *Aspergillus* 属の *A. clavatus*, *A. giganteus*, *A. terreus* の報告もある．パツリンは，リンゴの腐敗菌である *P.*

*expansum* からも大量に産生されことから，腐敗リンゴやリンゴジュースによく汚染が認められているが，国産リンゴジュースの汚染報告はない．主として毛細血管の拡張と出血をきたすほかは著しい臓器障害は示さない．

*Fusarium* 属菌は植物病原菌としてよく知られる菌類であるが，一方，穀類などに増殖して，摂取したヒト，家畜，家禽に障害をもたらす有毒代謝産物を産生することが明かになり，一段と注目されてきた菌類である．*Fusarium* 属菌の有毒代謝物として，12,13-エポキシトリコテセン類と総称される一連の化合物であるトリコテセンおよびマクロライド系のマイコトキシンに分類されるエストロジェン様物質ゼアラレノンが最も問題視される．また最近話題となっているマイコトキシンとして，フモニシンが挙げられる．トリコテセン系マイコトキシンの中で自然汚染が確認されているのは，ジアセトキシスシルペノール，T-2トキシン，ニバレノール（NIV），デオキシニバレノール（DON）のわずか4種類である．ムギの赤かび病菌として知られる *F. graminearum* は，DON や NIV の産生菌として有名である．トリコテセン系マイコトキシンの毒性は，一般に急性毒性はかなり強いが，発がん性は認められていない．フモニシンは，1988年に南アフリカで発見されたマイコトキシンである．ウマの白質脳症の原因菌として *F. moniliforme* が検討され，その原因物質が本菌の産生するフモニシンであることが判明した．がんのプロモーターの役割が有名であるが，発がん性も1999年には明らかになった．フモニシンを産生するカビは，*F. moniliforme, F. proliferatum, F. nygami, F. anthophilum, F. dlamini, F. napiforme, Alternaria alternata* などが挙げられ，産生菌は広く分布している． （田中健治）

**カピバラ**（capybara）

南米のアマゾン河流域などの湿原地帯に生息する最大のげっ歯類で，体長1.5 m，体重50 kgになることもある．同じ仲間の南米産モルモットが，もともと肉利用されていたように，バイオマスによる肉資源として注目された．わが国の動物園などでも飼育されている． （建部 晃）

**かびんかんし　過敏感死**（hypersensitive death）

糸状菌，ウイルスなどの病原体の侵入によって，宿主植物の細胞が急激に反応し壊死する現象．過敏感死を起こした細胞内の病原体は，増殖，成長が阻害され，周囲の細胞に移行・伸展することはできない．高度抵抗性品種などで見られる抵抗反応の一種である．

（梶原敏宏）

**カプール**（kapor）→付表19（南洋材（フタバガキ科））

**かぶだしさいばい　株出し栽培**（ratooning）

サトウキビの初年度収穫株（親株）の再生（株出：ratoons）によって数年間連続して収穫する栽培． （林 幸博）

**カブトムシるい　カブトムシ類**（stag beetles, *Dynastidae*）

カブトムシ類はココヤシ，ナツメヤシ，アブラヤシなどのヤシ類を始め，ヤム，トウモロコシ，コムギなどを害する約6種が知られている．タイワンカブトムシ *Oryctes rhinoceros* は熱帯アジア，ミクロネシア，メラネシア，ポリネシアに広く分布し，主にココナツを加害する．成虫はヤシの生長点を食害するため，V字型に葉が切断される．被害が大きいときは，樹木が枯死，葉が消失する．ココナツ樹木の腐食部分に産卵，2週間で幼虫になり3齢を経過して，2カ月後に蛹となる．3週間後に成虫となる．成虫は夜間活動性である．雌成虫は3～4カ月生存し，1雌当たり50個以上を産卵する．成虫は長距離飛翔して広範囲にヤシ類を加害する．*Oryctes boas* および *Oryctes monoceros* の2種は主にアフリカ，マダガスカル島に分布する．また，ヤムカブトムシ *Prionoryctes caniculus* とクロメイズカブトムシ *Heteronychus licas* はアフリカに分布する． （日高輝展）

かふんばいかいしゃ　**花粉媒介者**（pollinators）

訪花して花粉を媒介する動物．昆虫類（ハチ類［熱帯では社会性のミツバチ（*Apis*）より単独生活の花蜂がより重要］・ハナバエ類・蝶蛾・甲虫類など）・鳥類・コウモリなど．変わった例では吸血種を含むヌカカ（Ceratogonidae）がカカオの生産に花粉媒介者として重要とされる（コスタリカ・西アフリカ）．

（持田　作）

かほうぼく　**過放牧**（overgrazing）

放牧圧が強いために継続した草の生産がなく，結果として家畜に好ましくない植物が増え，土壌も劣化していく状態をいう．砂漠化の要因の一つといわれている．放牧圧が高まると，家畜によって選択採食された嗜好性の高い草の再生が間に合わず，嗜好性の低い草の割合が増え，最終的には植物による被覆がなくなる．その結果土壌侵食が深刻になり表土が失われると，植物が再生する機会はますます少なくなり，土壌侵食が加速する．放牧圧が高まる要因には，草地の耕地への転換による草地面積の減少，遊牧民の定着による村周辺での放牧機会の増大，中央政府の介入による伝統的な放牧管理システムの崩壊などが挙げられる．したがって，砂漠化の原因としての過放牧を止めるには，その背後にある社会経済的問題の解決が必要である．

（真常仁志）

かぼくしょくさい　**下木植栽**（underplanting）

樹下植栽ともいう．初めに先駆種（パイオニア種）を植え込み，それらの樹冠が閉鎖し始める時期に，全光条件下よりもいくらか暗い光環境のほうがよく育つ樹種，普通には極相種（クライマックス種）の苗木を，初めに植えた樹木の間に植え込む．後から植えた苗木がしっかり根付いたら，それらが適時に十分な光を得られるように，先に植えた樹木を抜き取ったり，枝を打つなどして光環境を改善してゆく．疎開のための手入れが遅れると，後から植えた樹木の成長が抑えられるが，早過ぎても早成の先駆樹種や雑草木が生い茂って下木の成長を抑えることになりかねない．後から植え込んだ樹木をうまく育てるには，光環境改善のタイミングと，適度の光条件にすることが重要である．東南アジアでは，稚樹が強光に弱いフタバガキ科の樹木の森林を再生する場合にこの方法が試みられている．

（浅川澄彦）

**カポック**（Kapok）

パンヤ科（Bonbacaceae）落葉高木，熱帯広汎に分布，朔内壁に棉絮生ず．（早道良宏）

かみきりむしるい　**カミキリムシ類**（longhorn beetles）

カミキリムシ類は世界的に見て，圧倒的に熱帯地域に多くの種類が分布しており，その加害による農林業的な被害は少なくない．その加害の特徴から整理すると次のようである．

① 体が大きく生立木を加害し，造林地の害虫となる種は，東南アジアに広く分布し，チーク，メリナを食害するビロウドカミキリの仲間の *Acalolepta cervina*，柔らかい材の心材を加害する *Plocaederus obesus*，インドシナでチークの若齢木を食害する *Aristobia approximator*，*Acacia arabica* やチークの根部に穿孔する *Celosterna scabrator*，南アメリカでナスの茎を食害する *Alcidion deletum* などが知られる．プランテーションの害虫ではアフリカでコーヒーノキを加害する *Anthores leuconotus*，*Bixadus sierricola*，*Dirphya princeps*，多くの果樹を食害し，東南アジアに分布するクワカミキリの仲間の *Apriona germari*，シロスジカミキリの仲間である *Batocera rubus*, *B. rufomaculata*，アフリカに分布する *Batocera whllei*，東南アジアでマンゴの生枝に穿孔する *Rhytidodera simulans*，南アメリカとフロリダでカカオを食害する *Steirastoma brev* などがいる．その他，幼虫が地中で果樹の根を食害しインド，インドシナに分布する *Dorysthenes hugeli*，中央・南アメリカに広く，そしてハワ

イまで分布し，サトウキビの茎を加害する Lagocheirus araneiformis，キャッサバの茎を食害する Lagocheirus undatu が知られている．②生立木，建築材関係なく被害を与える種としてアフリカの Oemida gahani が有名である．③衰弱木を特に加害し，枯死させる種として熱帯アフリカに分布する Phryneta leprosa がある．④通常は枯死木や衰弱木を加害するが，時には生立木を加害して被害をもたらす種としては，東南アジアの Epepeotes spinosus, Hoplocerambyx spinosus，熱帯アフリカに分布する Monochamus centralis が知られる．⑤伐採直後の材や皮つき丸太が加害を受け，さらに海外に輸出され被害をもたらす種としてオーストラリアが原産地であるが南アフリカ，南アメリカ，地中海沿岸地域まで分布するようになった Phoracantha semipunctata が有名である．⑥生きたランを加害する特殊なものとして Diaxenes dendrobii が著名で，元来ミャンマーやインドに分布しているが，ランと共に運ばれ，イギリス，フランスで発見されることもある．⑦乾燥した材や竹に穿孔するため，家屋害虫として知られる種として，アジアに広く分布していたが，現在はオーストラリア，ハワイまで生息が知られているタケトラカミキリ Chlorophorus annularis，インド，インドシナとマダガスカルに分布する Stromatium barbatum，東南アジアが元々の分布地であるがオーストラリア，日本の南西諸島まで分布を拡げたイエカミキリ Stromatiu longicorne などがある．→付表2

（槇原 寛）

**カムしょくぶつ　CAM植物（CAM plant）**
乾燥地帯に生育するベンケイソウ，サボテン，パイナップルなどの植物は，夜間に $CO_2$ を吸収し，光合成の炭素源を蓄え，昼間気孔を閉じ光合成を行う独特な代謝機構を持っている．この光合成の代謝をベンケイソウ科の酸代謝，crassulacean acid metabolism の頭文字をとって CAM という．また，CAM 光合成を行なう植物を CAM 植物という．CAM 植物では，夜間，おもにデンプンを基質に解糖系が駆動し，細胞質内で PEP が供給され，一方で気孔を開き $CO_2$ を吸収し，PEP カルボキシラーゼが炭酸固定を行っている．生じた有機酸は液胞に蓄えられる．昼間は，気孔は完全に閉鎖され，夜間に液胞に蓄えた有機酸の脱炭酸が行なわれ，放出された $CO_2$ が Rubisco （→）によって固定され通常の $C_3$ 型光合成が行われる．このように，CAM 植物は，日中乾燥から身を守るため気孔を閉じながら光合成を行うことで，$C_3$ 植物（→）や $C_4$ 植物（→）が適応できないような乾燥地帯に生育している．しかし，同一種でも CAM の発現程度は環境条件に左右される種もあり，そのような種では比較的水分条件に恵まれた場合など標準的な $C_3$ 光合成に変化する場合がる．すなわち，CAM 光合成はきびしい乾燥環境に適応した光合成であり，$C_4$ 光合成のようにポテンシャルとして高い光合成を構築している機構ではない．

（牧野 周）

**カメムシるい　カメムシ類（plant bugs）**
狭義にはカメムシ科 Pentatomidae（stink/shield bugs）を指す．しかし日本語の総称「カメムシ類」に相当する適当な英名はない．強いて近似語を探せば，(plant) bugs（英語）・true bugs（米語，ただし広義では異翅目 Heteroptera 全体を表わすことあり）である．Schuh & Stater (1995) は全世界の異翅目約38,000種を調べ，農作物害虫を含むものとして16科と人畜害虫を含むものとして2科を挙げた．いずれも臭腺（stink glands）を持ち，カメムシ特有の臭気を出す．上記16科のうち，最大のカメムシ科は世界で約760属4,100種を含む．ミナミアオカメムシ Nezara viridula （カメムシ科，世界各地に分布，90種以上の植物を食害），Oxycarenus hyalipennis（メクラカメムシ科，アフリカ・南アジア・ブラジル，ワタ・オクラなど），アシビロヘリカメムシ Leptoglossus australis（ヘリカメムシ科，中央アフリカ・奄美大島以南～熱帯アジア・オーストラリア北部，ウリ類・グアバ・柑橘など），

ミナミクモヘリカメムシ類 *Leptocorisa oratorius* (ホソヘリカメムシ科, 東洋区～オーストラリア, 乳熟期の稲穂), *Stenocoris southwoodi* (同科, アフリカ, 乳熟期の稲穂) など重要な害虫が含まれる. 一方これらの科の中には捕食性で害虫の天敵になる種も含まれている. （持田 作)

**ガヤール** (gayal)

ガウルから家畜化されたと考えられているウシでミタン (mithan) と呼ばれることもある. ガヤールはブータンなどに分布し, 同国では家畜牛との雑種1代目の雌牛を乳用種としてとりわけ重用している. 毛色は黒褐色から黒色で, 四肢にストッキングを履いたような淡黄白色の被毛を有する. なお, ガウルは現存する大型の野生牛で, インドからマレー半島まで広域に生息するが, 絶滅の危機に瀕している地域が多いようである.

（建部 晃)

**カラキ 唐木** (karaki)

カラキは木材取引上の名前と考えてよい. かつて, 中国 (唐) 人の木材商を通じて, 東南アジアから日本に輸入が始められた貴重材のことで, 中国産の木材ではない. シタン (紫檀), コクタン (黒檀), タガヤサン (鉄刀木), コウキ (紅木), カリン (花梨) などの木材およびビャクダン (白檀), ジンコウ (沈香) などの香木を含む一群の木材の総称である. 美しい材面を持つもの, 特別な性質を持つなどの理由によって高価で取り引きされるもので, 樹種が限定されている. 一方で, 市場では, より広範囲の樹種で, 美しい材面を持つものを銘木 (fancy wood) と呼んでいる. カラキは, 銘木中に含まれるが, 伝統的に, 他の銘木から区別してカラキと呼ぶことがある. カラキという言葉を使うのは, 一般的に, カラキ細工のように, 木材をムクの形で使うことの多い家具, 指物などを取り扱う分野で多い. 同じ樹種を使っても, 化粧単板のような場合にはカラキという呼び方はしないことが多い. シタン：本シタン, 手違シタンなどと市場で呼ばれるものがあるが, これらは商品として取り扱う際の材面による名前で, 樹種名と正確に関連付けるのは難しいことが多い. *Dalbergia* 属の木材の総称を rosewood (ローズウッド) と呼ぶことが定着しているが, それをシタンの英訳とする場合とシタンをその一種とする場合がある. 最も伝統的なシタンは, タイ, インドシナ半島産の *Dalbergia cochinchinensis* Pierre で, カラキ細工に賞用され, *D. latifolia* Roxb. はインディアンローズウッドの名前で知られている. 後者にはバラの花様の香りがある. ベイシタンと呼ばれるものがあるが, 南米産のココボロ (→熱帯アメリカ材) で, カラキではない. カリン類：名前は同じであるが, バラ科のカリンとは異なる. 英語の総称としては padauk (パドウク) が使われる. 産地の広いのは, カリン (*Pterocarpus indicus* Willd.) で, ナーラ, ニューギニアローズウッド, さらには多くの産地名でよばれている. コウキ (*P. santalinus* Linn. f.), 紅カリン (*D. dalbergioides* Roxb.) なども知られている. 三味線の胴としては最適の材料され, また, 家具, 内装, 細工物など装飾的な用途は広い. アフリカ材の中には同属のアフリカンパドウクがある. タガヤサン：最近目に触れることは少なくなった. マメ科の *Cassia siamea* Lam. であるが, 造林木は, 用材としてよりは燃料とされる. ムラサキタガヤサンは *Millettia* 属の木材で, タガヤサンと同属ではない. 一見タガヤサンに似ているが, 紫色で, 化粧用に利用される. コクタン：カキノキ属の木材で, 本黒, 縞黒, 青黒, 斑入りなどが知られているが, これらの分類は, 取引上のもので, それぞれを種と結びつけるのは難しいことが多い. 本黒檀は *Diospyros ebenum* Koen., *D. ferrea* ( Willd. ) Bakh. などで, 最近比較的目に触れるのは縞黒檀 (*D. discolor* Willd.) である. 香木：ジンコウとビャクダンがある. ジンコウ (沈香) はジンチョウゲ科の *Aquilaria agallocha* Roxb. の木材中に, 病理的な原因により, 樹脂

が浸出して濃色になったものである．燃やして薫香材とする．ビャクダンはビャクダン科の *Santalum album* L. の木材で，永続性のある芳香を持つ．仏像，小箱，櫛，扇子など小型の工芸品が作られ，薫香，線香などにも用いるられる． （須藤彰司）

**ガラスしつ　ガラス室**（glass house）→温室（green house），プラスチックハウス（plastic house），ビニールハウス（vinyl house），ファイロンハウス（FRP house） （米田和夫）

**カランパヤン**（kelampajan）→付表18（南洋材（非フタバガキ科））

**ガリ**（gari）
キャッサバの根を磨砕後，発酵，脱水，加熱し調製した粒状の乾燥デンプン．南部ナイジェリアの主食． （林　清）

**カリウム**（potassium）
原子量39.10のアルカリ金属で，Kと略記される．動植物にとって必須の多量元素である．植物においてカリウムは，原形質構造の維持や，pHと浸透圧の調節に関与している．カリウム欠乏症状は古い葉から現れる．その症状としては葉の先端が黄褐色となったり，褐色の斑点を生じたり，下葉から枯れ上がったりする．また，イネ科の牧草やアルファファでは白斑を呈するようになり，水稲では青枯れ状態となる．カリウムの不足はアンモニア態窒素の過剰と相乗的な影響をもたらす．カリウムは植物に吸収されやすいが，カリウムの過剰はカルシウムやマグネシウムの吸収抑制を生じる．動物では，その90％が細胞内に，2％が体液中に存在する．ナトリウムや塩素とともに体液の浸透圧や酸塩基平衡の維持に重要な役割を果たしている．また，細胞内の様々な代謝機構に重要な役割を果たしている．植物は多量のカリウムを含むので，通常家畜にはカリウムを補給する必要はない．一方，カリウムの多量摂取はナトリウムやマグネシウムの要求量を高める．
（松井　徹）

**ガリしんしょく　ガリ侵食**（gully erosion）
リル侵食が発達し，下層土や基盤に達する流路痕と側壁の崩落を伴う土壌侵食の形態．峡谷侵食，地隙侵食ともいう．→土壌侵食
（松本康夫）

**かりとりき　刈取機**（reaper）
刈取機には人力式と動力式があり，動力式刈取機には刈倒し型，集束型，結束型の3種類の刈取機がある．ここでは東南アジアを中心に利用され，日本からも輸出している刈倒し型の刈取機（リーパ）を説明する．
現在，市販されているリーパは刈取搬送部，走行部，ハンドル，機関部から構成している．刈取搬送部は，デバイダ，スターホイル，刈刃，搬送チェーンなどから構成している．刈取部には，刃幅120 cmの往復動刃が取り付けられており，車高の調節で刈高さを10～30 cmまで変えられるようになっている．搬送部はチェーンとガイド棒からなり，刈り取られた作物を横方向に搬送し，機体右側に放出するようになっている．機関部は2.3 PSのガソリン機関を搭載しており，約1 m/sの速度で作業を行うことができる．走行部は広幅のラグ付きタイヤが使われているが，湿田用に鉄車輪を使うこともある．（杉山隆夫）

**カリビアマツ**（Caribbean pine）→熱帯産マツ類の木材，付表23

**カリビアンスタイロ**（Caribbean stylo）
学名：*Stylosanthes hamata* (L.) Taub.，カリブ海から西インド諸島を原産地とする，短年生の暖地型マメ科牧草である．現在，オーストラリアの北部（熱帯地域），タイ，ナイジェリアをはじめ西アフリカ諸国で栽培されている．
染色体数は $2n = 20 (2x)$，$2n = 40 (4x)$．品種は cv. *Verano*（ベラーノ）と cv. *Amiga*（アミーガ）がある．
草高は0.5 mあるいはそれ以上あり，直立型から半直立型である．葉は3枚の細い（幅3～6 mm，長さ16～26 mm）小葉からなり，先端は尖っている．花は8～14個の黄色の小花が集合して咲く．短日性ではあるが，スタ

イロほど日長に敏感に反応しない．茎はスタイロ（*Stylosanthes guianensis*）やタウンズビルスタイロ（*Stylosanthes humilis*）と異なり，剛毛がなく滑らかである．有毛で2個の接合した莢は，上部では突起部があるが下部にはない．種子は2～2.5 mmの暗茶色で，1,000粒重は約2.2 gである．

降雨量500～2,000 mmの熱帯気候条件に適する．すなわち，耐湿性と耐旱性を兼ね備えている．わが国南西諸島では，北部（平均気温22℃）での生育より，南部（平均気温24℃）での生育が極めて良好である．

生産量はおよそ1 DM/10 aである．乾物消化率は66～72％，粗タンパク質は17～25％である．乾草利用もあるが，放牧利用が多い．スタイロ同様，やや強めの放牧圧によって，分枝の木質化を抑える．

形態的には類似する，タウンズビルスタイロ（Townsvill stylo, *Stylosanthes humilis*）があるが，ブラジル原産の一年生で，カリビアンスタイロと比較して，茎の剛毛が多い．

（川本康博）

**カリン**（padauk）→カラキ

**カルシウム**（calcium）

原子量40.08のアルカリ土類金属で，Caと略記される．動植物にとって必須多量元素である．植物体では，カルシウムは中葉でペクチン酸カルシウムとして存在し，細胞構造の維持に役立っている．液胞中ではシュウ酸などの有機酸と結合し，体内で生じた有機酸を中和する作用を有する．また，いくつかの酵素の活性にも関与している．栽培植物では窒素，リン，カリウムに次いで欠乏しやすいが，その要求量は植物の種類により大きく異なり，葉面積の小さい植物よりも広葉の植物は欠乏しやすい．欠乏症としては果皮や心葉の褐変壊死がある．植物のカルシウム吸収力は低い．酸性土壌はカルシウム含量が低く，さらにカルシウムの吸収が抑制される．動物体内で最も多く存在するミネラルであり，骨や歯，卵殻の構成成分として重要である．筋収縮，血液凝固に関与しており，細胞内情報伝達物質としての作用も有する．体液中のカルシウム濃度は厳密に保たれており，摂取が不足すると骨から体液へ補給される．欠乏症としては，骨の脆弱化，成長抑制，泌乳量低下，カルシウムテタニーと呼ばれる痙攣がある．カルシウムとリン代謝は密接な関連があり，産卵鶏を除いて飼料中のカルシウム：リンは2：1～1.5：1が望ましい．

（松井　徹）

**カルシソル**（Calcisols）→FAO-Unesco世界土壌図凡例

**カルストちけい　カルスト地形**（karst topography）

石灰岩やドロマイトが地上に広く分布すると，この岩体の溶食により地下水系が発達し，さまざまなカルスト地形が形成される．この条件としては，厚い石灰岩が層理や割れ目をもっていること，ある程度の降水があること，侵食基準面からかなりの比高をもつことが挙げられる．岩体の表面は，岩質や水路が不均一なために波うち，水の吸い込み口は陥没してドリーネがつくられる．地下水系は溶食によって流路を広げ，垂直，水平方向に複雑な鍾乳洞が形成される．カルスト台地の溶食が進むと，ドリーネなどの凹地形が発達して原面は失われる．凹地形が侵食基準面に達すると，その底が水平方向に拡がりはじめ，残丘を残すカルスト準平原がつくられる．これら一連の過程は，カルスト輪廻と呼ばれる．中国南部など熱帯湿潤地域に多くみられる円錐カルストは，カルスト輪廻の壮年期を示している．

（荒木　茂）

**カルダモン**→付表4（香辛料）

**かんいのうそんちょうさほう　簡易農村調査法**（Rapid Rural Appraisal, RRA）→参加型農村調査法

**かんおんせい　感温性**（thermosensitivity）

植物の生殖生長は一般に高温によって早まり低温によって遅れる．温度（気温）によって生殖生長が左右される性質を感温性という．しかし，植物の生殖生長の結果である早

晩性は感温性だけでは説明できない．例をイネにとると，品種の早晩性は基本栄養生長性と感温性，感光性の相互作用によって決まり，早期出穂を必要とする寒冷地では，基本栄養生長性が大きく，感温性は高く感光性の弱い品種が栽培され，他方，気温の高い暖地では，基本栄養生長性が小さくても栄養生長が不十分のまま出穂しないように，感温性は低く感光性は強い品種が栽培されている．

品種の早晩性を支配する要因として，かつて，感温性は基本栄養生長性に加えて感光性と対立する意味でとらえられてきたが，温度変化に対する花芽分化反応を生長反応から切り離してとらえることは困難であった．また，基本栄養生長性と感光性については特定の遺伝子が見い出されているのに対し，花芽分化を支配する特異的な温度作用をとらえる適切な分析手法がないため，感温性の遺伝分析は行われていない．そのため，近年では，品種の早晩性は基本栄養生長性と感光性によって説明し，感温性は基本栄養生長性に組み込まれて解釈されている．

高温によって生長が促進される上記のような感温性とは別個の性質として，一年生冬植物や二年性植物の生殖生長に入るための前提となる温度反応として，「春化（バーナリゼーション）」がある．冬を越して育つ植物は一般に，生育の初期に0～10℃の低温に一定期間さらされてはじめて，花芽分化の準備段階に達する．低温によるこのような効果が春化であり，低温要求の程度は品種によって異なる．コムギ，オオムギ，ライムギ，ナタネ，エンドウなどでは低温にあうことによって花芽形成が促進されるが，低温にあわなくても多少の遅れで花芽が形成されるので，この性質を量的あるいは相対的低温要求性と呼ぶ．一方，キャベツ，ニンジン，テンサイ，セルリーなどでは，低温にあわないと花芽は形成できず，いつまでも栄養生長を続けるものが多く，この性質を質的あるいは絶対的低温要求性と呼んでいる．牧草などの多年生草本植物や果樹などの木本植物でも，花芽形成には必ず低温を必要とするので，絶対的低温要求の型に入る．

春化には，催芽種子が低温に感応する種子春化と，生育がある程度進んでから低温に感応する緑体春化がある．種子春化には0℃近辺の低温が，また，緑体春化にはそれよりもやや高い温度が有効である．低温要求性の測定にはコムギでは0～2℃を用い，低温処理必要日数の長い品種を秋播性，その短い品種を春播性として区別している．低温要求性には複数の遺伝子が特定されている．春化のための低温処理の途中で高温にあうと，それまでに得た春化の効果の全部あるいは一部を消失する現象（離春化，デバーナリゼーション）がある．低温に感応する部位は，茎頂あるいは芽であると考えられている． （横尾政雄）

**かんがい　灌漑**（irrigation）

人工的な工作物（灌漑施設）によって，利用可能となった水（灌漑用水）を，農地に送水配水（狭義の灌漑）し，農産物（食糧，繊維，花き，果樹など）の生産を行うための用水配分システムの全体を広義の灌漑という．灌漑管理を行う水利組合などの団体も含めて考える．自然の降雨に恵まれて灌漑を必要としない農業を天水農業と呼んで，灌漑によって成り立つ農業（灌漑農業）と区別される．

灌漑施設は，貯水施設（貯水池・ダム，ため池），取水施設（頭首工，堰，水門，揚水機・ポンプ），送水・配水施設（幹線・支線水路，分水工，水位調節・チェック工，落差工，調整池，末端取水施設など基幹施設から末端の圃場への引水までさまざまな機能と容量を持った施設に分類される．

灌漑用水は，作物生育に必要な水分量（蒸発散量あるいは純用水量）にそれを水源から圃場に送配水する際に生じる損失（ロス）を加えて（粗用水量），さらに，雨量などの有効な収入（有効雨量など）を差し引いて決定される．作物の生育段階ごとに決まる期別用水量と生育全期間を合計した総用水量と区別し

て表わされる．

灌漑操作には，水田灌漑に見られるような同時一斉に連続的に灌漑管理がなされる場合（代掻き田植え時期は除く）と畑地灌漑のように輪番（ローテーション）的に間断灌漑される場合がある．水田灌漑の場合でも，異常渇水（旱ばつ）の時には連続灌漑からローテーション灌漑に切り替えて，節水が図られることが一般的である．

灌漑には作物の必要とする水分を全量供給する完全灌漑と降雨などがある程度有効に利用できて，不足分を補給する補給灌漑がある．乾燥地や半乾燥地では完全灌漑で，湿潤地では補給灌漑が主である．わが国の水田灌漑では，降雨は季節的にまた年変動するので，灌漑計画にあたっては湿潤地にあっても異常渇水（おおむね，10年に1回生じる渇水年）を想定して計画される．

灌漑用水の主な水源には，河川，ため池，地下水があり，それぞれ河川灌漑，ため池灌漑，地下水灌漑などと呼ばれる．河川灌漑とため池灌漑は主として開水路を利用した自然の重力で送配水されるが（重力灌漑），地下水灌漑ではポンプによる揚水灌漑である．灌漑施設の送水方式には開水路方式とパイプライン方式があり，開水路は重力による自然流下方式で，パイプラインは加圧ポンプによる加圧水方式である．河川灌漑地域の下流域ではしばしば用水不足が生じ，地下水灌漑との併用が見られる．

また，灌漑方法により地表灌漑，頭上（散水）灌漑，地下灌漑，ドリップ（点滴）灌漑の4種類に分類される．地表灌漑には，水田灌漑のように地表を湛水する湛水灌漑，畝間に用水を注ぎ込む畝間灌漑，その他，ボーダー灌漑，ベースン灌漑などの灌漑用水を地表に注ぎ込む方法がある．頭上（散水）灌漑はスプリンクラ灌漑のように作物の上から散水する方式で，センターピボット，リール，ラテラル，レインガンなどと呼ばれる方法がある．地下灌漑は作物の根群域に有孔管を挿入して用水を土壌内に直接供給する方式である．有孔管を用いたドリップ（点滴）灌漑やさまざまなノズルを用いたエミッター灌漑が施設園芸などでよく利用されている．

灌漑用水の操作管理には，政府機関（国や地方自治体）が管理する施設（例えば，洪水調節などと兼用する多目的ダムや上水道などと兼用する取水堰や幹線水路など）と農家が組織する水利組合である土地改良区および末端水利施設を操作維持管理する申し合せ水利組合などの組織が重層的に関わっている．しかし，発展途上国では灌漑用水の操作維持管理は政府機関が行い，農民による操作維持管理や水利費の負担はほとんど見られない．現在，農民参加型の灌漑管理組織の構築とWID（女性の役割）がこれらの途上国で模索されている．

老朽化した灌漑水利システムを更新し近代化する際に灌漑システムを中央監視制御するメカトロナイゼーションが導入されることがある．灌漑水路のパイプライン化，給水の自動化が操作管理労働の省力化，用水の節水に有効であると考えられている．また，灌漑の多面的機能，すなわち，利水，治水，親水，景観や生態系保全および灌漑施設の多目的利用，例えば，スプリンクラー施設の薬剤・肥料散布，さらに，灌漑施設の他目的使用，例えば，農業用用排水路の下水道との兼用などが現在注目されている．　　　　（荻野芳彦）

**かんがいかいはつ　灌漑開発**（irrigation development）

灌漑開発が農業生産力の発展に果たす役割は非常に大きい．アジアで灌漑開発が注目されるのは，1960年代以降の「緑の革命」技術の端緒となった水稲改良品種の導入時である．灌漑施設の整った地域において，この改良品種の導入は成功をおさめた．第二次大戦後，東南アジア諸国では灌漑投資が急速になされ，こうした生産基盤の改善に伴って水稲生産力が向上し，食料生産の安定化に寄与した．こうした灌漑開発のプロセスは，国によ

って異なっているため，一概に総括することは困難である．以下では灌漑開発が成功し「緑の革命」の優等生といわれたマレーシアを例に，灌漑開発の効果と限界について述べる．マレーシアでは，戦前の英領植民地時代にも多額の灌漑投資がなされたが，これらは主として中小規模の灌漑開発であった．戦後は，ムダ灌漑計画のような世界銀行の融資による大規模灌漑投資が始められ，1970年の完成後，水稲の二期作が可能となった．ダムなどの施設の完成をうけて，① 水利施設の有効利用，② 稲作を中心とした農業の振興，③ 地域経済の活性化を図ることを目的に，76年にムダ農業開発庁（MADA）が設立され，排水計画の策定や技術普及，農民の研修，農民組織化への支援，農業資材の購入，販売など，幅広い活動が行われてきた．大規模灌漑施設の建設だけでなく，灌漑水の管理システムが形成されたことも，開発計画を成功に導いた要因である．灌漑開発を契機として始まった稲の二期作によって，1966年の単作時の農業所得を100とすると，72/73年のそれは約211，75年には395になったと報告されている．さらに，貧困線以下の農家割合は72年の68％から，82年には55％に減少し，二期作化による農家所得の改善が示された．このムダ灌漑の設計計画は1960年代の初めに遡るが，それは非常に平坦なムダ平野（海抜7m以下の低地で1/5,000の緩傾斜）を，ダムと降雨から得た用水によって灌漑する内容のものであった．末端配水単位は第二次用水路と第二次排水路間に囲まれた200～800 haで，この1灌漑地区内は約1カ月かかる田越し灌漑でなされるしかなかった．このように灌漑施設のネットワークが不十分であるため，二期作開始後も約7,300 haの水田は配水の遅れや不足という問題が常態化していた．この問題の解決のため，80年から第三次用排水路を新たに敷設する計画がスタートし，用排水路密度は11.2～11.7 m/haから30～32 m/haに改善された．これにより，灌漑水が7日のうちに完全に全圃場に到達するようになったが，事業はムダ地区全灌漑面積の25％にとどまっている．この第三次用水路の敷設に伴い，灌漑区管理が始められた．これにより，各灌漑区を四～五つのISA（irrigation service area：ほぼ140～200 ha）と呼ぶサブ・ブロックに分割し，別々に用排水管理を行うことが可能になった．各ISAはさらに平均六つのISU（Irrigation Service Unit：24～28 ha）とよばれる灌漑区に分割されている．マレーシアには日本でみられるような水利組合はないが，ISUを単位としてグループ・ファーミングが形成され，水の有効利用を図る努力が行われている．マレーシアの例は，灌漑開発はそれ自体生産力発展の重要な契機となりうるが，それが農業経営や農家経済の現場において発現するためには，物的インフラストラクチャーといったハード面の整備にとどまるのではなく，それを有効に利用する制度などの仕組みのあり様が重要であることを示唆している．　　　　　　　　　　　　　　　（安延久美）

**かんがいこうりつ　灌漑効率**（irrigation efficiency）

灌漑効率は半乾燥地の畑地灌漑から生まれた概念であり，水源で取り入れた水のうち作物栽培に利用される水の比率（百分比）のことをいう．灌漑効率（$E$）を式で示すと，

$$E = 100\, Ec \cdot Ea\ (\%)$$

となり，ここで$Ec$は搬送効率，$Ea$は適用効率と定義される．

搬送効率は，水源水量（$Wi$）と圃場入口に至る送水過程の損失水量（$Wl$）を対象としたものであり，搬送損失率を$Lc$とすれば，

$$Ec = 1 - Lc\ \ ここに,\ Lc = Wl/Wi$$

となる．

適用効率は，圃場入口に到達した水量に対して作物が利用可能な水量（$Wa$）の比，

$$Ea = Wa/(Wi - Wl) = Wa/(Wi \cdot Ec)$$

で表わされる．なお，作物が利用可能な水量は，灌漑方法によって異なり，たとえば散水灌漑（スプリンクラ灌漑など）の場合はノズ

ルからの吐出し水量（$Wn$）と蒸発飛散・葉面遮断水量（$Wr$）を考えて，

$Wa = Wn - Wr$

で示され，地表灌漑の場合は灌漑で有効土層中に貯えられた水量を $Wa$ とする．

　畑作地帯の灌漑効率は水の有効利用という面からだけではなく，ウオーター・ロギングや塩類集積による農地の劣化・不耕作地化と併せて議論されることが多い．たとえばパキスンタンのインダス河水系では，搬送効率が0.5，適用効率が0.8程度で灌漑効率は40％に過ぎず，上記した問題が深刻化している．

　水田地帯の灌漑効率については，搬送効率の評価は上の方法でよいが，適用効率は圃場の湛水・浸透の許容，反復利用があるため畑地灌漑の方法を適用できず，別の評価方法が必要となる．　　　　　　　　（水谷正一）

　**かんがいしせつのいじかんり　灌漑施設の維持管理**（maintenance of irrigation facility）

　灌漑施設の機能を維持するとともに通水量を確保するために，日常的，季節的，年次的もしくは緊急時に行う堰や水路，分水施設の点検・補修・修理を総称して維持管理という．

　日常的な維持管理は灌漑施設に流付するゴミ・草などの除去が中心である．季節的な維持管理は水路内や法面に繁茂した植物の藻刈り，水路に溜まった土砂の浚渫などで，灌漑期の直前や雨季・洪水期の前に行う．年次的な維持管理は灌漑施設の点検と補修，溜池などの貯留施設ではドロ上げがその内容をなす．

　揚水施設，遠方監視・操作機器，ダムに付帯する諸施設などでは，定期点検と補修がマニュアル化されている．

　緊急時に行う維持管理は多くの場合，異常な出水によって灌漑施設が破壊されたときに行う修理をいう．特に，灌漑作物の作期に水利施設が壊れた場合は緊急性が高く，迅速な対応が必要とされる．　　　（水谷正一）

　**かんがいすいしつ　灌漑水質**（irrigation water quality）

　乾燥・半乾燥気候下の農業では，水分不足が作物生育の最大の阻害因子となり，灌漑が必須となる．しかし，こうした地域では，風化により生じた可溶性塩類が土壌に集積しており，地表水中にはこれらが溶存している．そのため，不用意な灌漑は土壌の塩類化（→）やアルカリ化（→）を招く危険性が大きく，塩類濃度の低い灌漑用水の確保が課題となる．灌漑水質の評価法として，アメリカ農務省は，全可溶性塩類（total soluble salt, TSS）とナトリウム吸着比（$SAR$）を指標として用いている．水中の全可溶性塩類濃度（$TSS$）は電気伝導度（$EC$）と次式のような関係があるので，便宜上 $EC$ を用いて塩類化の指標とする．

　$TSS$（ppm）≒ $640 \times EC$（mS/cm）

　また，次式で与えられる $SAR$ はアルカリ化の危険を示す．

　$SAR = [Na^+]/([Ca^{2+}] + [Mg^{2+}])^{1/2}$

[　]内は各陽イオン濃度（mmol/$l$）．例えば，$EC < 0.25$ mS/cm かつ $SAR < 8$ なら，塩類化およびアルカリ化の危険はないと判定される．　　　　　　　　　　（三浦憲蔵）

　**かんがいすいとうさいばい　灌漑水稲栽培**

　畦畔に囲まれた水田に，降雨のみで不足する水を河川，運河，池などから灌漑し水稲を栽培する．　　　　　　　　　（安田武司）

　**かんがいはたさく　灌漑畑作**（irrigated upland cropping）

　熱帯畑作における灌漑はより安定した増収効果をもたらし，その形態は伝統的方法も含め多岐にわたる．乾燥地の年間降水量が約300 mm以下では灌漑なしには耕作できない．また熱帯モンスーン地域では雨季，乾季の出現により灌漑は主に乾季に必要とされる．しかし，雨季においても安定した栽培のために補助的灌漑も必要とされる．灌漑方式として自然重力による畦間灌漑が一般的であるが類似の形態にボーダー，コンター，ディチ，水盤灌漑がある．また道具，資材を必要とするがより水の効率性をもつスプリンクラ（含センターピポット），多孔管，ドリップ（点滴

灌漑がある．また水源からの分類として河川，湖池からの導水，地下水を利用する井戸（含自噴水），カナートなどが挙げられる．さらに表流水利用の典型的なシステムとして乾燥地におけるウオーターハーベストは古くから導入されている技術である．灌漑は飛躍的な増収効果をもたらす一方で塩類の集積という大きな問題を抱えることになり，また土壌通気性の悪化の問題もあり，畑作における灌漑計画は長期的観点から取り組む必要がある．　　　　　　　　　　　（西村美彦）

**かんがいようきかい　灌漑用機械**（irrigation machinery）

灌漑用機械は機械灌漑を行うために用いられる機械で，多くのものは排水も兼ねている．営農用には揚水機とスプリンクラが用いられる．

揚水機は低所の水を高所に上げる機械機具の総称であり，簡易揚水機具（つるべ類，筒車，踏車など）とポンプに大きく分けられる．一般に機械としてはポンプを指す．

農業用には特に，渦巻ポンプ，斜流ポンプ，軸流ポンプが使われるが，近年ではスプリンクラの利用が高まり，また，回転ポンプも利用される．渦巻ポンプは遠心ポンプに対応する．軸流ポンプは曲管状のケーシングの中でプロペラ形の羽根車を回転させ，管の一方から他方へ，軸と同方向に水を送り出す構造で，大容量・低揚程の場合に適している．斜流ポンプは渦巻ポンプと軸流ポンプの長所を取り入れた両者の中間的特性を有するもので，軸流ポンプの案内羽根のところが太くふくれたケーシングと，軸流ポンプ・渦巻ポンプの中間形の羽根車とからなっている．これも大容量・低揚程（3～15 m）に適する．回転ポンプは吸込口と吐出口とを有する密閉した器内でロータを回転し，容器とロータとの間に水を包み込んで先へ送り出す容積形ポンプである．スプリンクラに用いられている．歯車ポンプ，ローラーポンプ，可とう翼ポンプがある．関連用語として，遠心ポンプ，バーチカル・ポンプ，スプリンクラを参照．

（笹尾　彰）

**かんがいようすいシステム　灌漑用水システム**（irrigation system）

灌漑用水システムでは，灌漑用水をどのように確保し，取水，送水，配分するかという仕組みが問題になる．水利施設の構造と，その管理体制，管理方法がその具体的内容である．灌漑の水源としては，河川が最も一般的であるが，その他，ため池，地下水も利用される．河川が水源の場合も，一時的，長期的な用水不足を解消するために，貯水池が建設されることがある．特に，東南アジアなど，明瞭な雨季と乾季があるような地域では，雨季の灌漑を安定化させる，もしくは乾季の作付けを実現する（二期作，三期作）ために貯水池が建設される．しかし，乾季に灌漑地域全体を灌漑できるほど貯水池が大きくない場合，どの範囲を灌漑するかが問題になり，灌漑可能区域（irrigable area）と実灌漑区域（irrigated area）の区別が生じる．

送水のためのエネルギーに関しては，重力灌漑と揚水灌漑の別がある．山間，丘陵地などの地形勾配がある地域では重力灌漑が可能であるが，大河川下流のデルタ地帯などの低平地域では揚水灌漑が多く用いられる．個人レベルの揚水では，人力，畜力，トラクタのエンジン，専用ポータブルエンジンなどが動力として使用される．

灌漑と排水は密接な関係を持つ．日本の江戸期に成立した主要な水田農業用水のように，河川の旧河道を幹線用水路として利用したような場合，用水路が地域の排水路としても機能する用排兼用水路となる．そのような水利系統では，上流部からの落水は自動的，不可避的に下流部の耕地にとっての水源になり，用水の有効利用が図られる．上流部で用水の一部が地下水になり，下流で利用されるなど，用水の conjunctive use の視点が重要である．

用水の配分方法としては，受益地全体に一

斉，連続灌漑が採用される場合と，ローテーション灌漑（番水方式）が実施される場合などがある．前者は水田灌漑に広く見られ，後者は水不足時，あるいは水不足地帯で採用される．末端部で用水路が十分に整備されていない水田では，田越し灌漑（plot-to-plot irrigation）が採用され，用水，排水のいずれについても，隣接圃場の水管理から制約を受けることになる．水稲をはじめとして，安定的ではあるが低収量の伝統品種に代えて，高収量品種の導入が進んでいるが，それを十分有効にするためには用排水条件の改良－用水と排水の自由なコントロール－が求められる．

日本では，農業用水の管理は農民組織である土地改良区が担っているが，第二次大戦後に熱帯地域で建設された大規模灌漑施設では，政府が直轄管理していることが多い．しかし，その管理状態は良好とはいえず，灌漑効率の低さ，破壊などによる施設の劣化，政府の財政難による維持管理費支出の削減などが問題になっており，water user group や water user association などを設立させて農民自身に管理を任せる参加型水管理（participatory irrigation management, PIM）の動きがある．

(佐藤政良)

### かんがいようすいりょう　灌漑用水量 (irrigation water requirement)

灌漑用水量は圃場での作物自身の生育とその生育環境の保持・調節のために必要な水量（水田では減水深，畑地では日消費水量と呼ばれる），栽培技術上の水管理などのための栽培管理用水量，施設管理用水量，有効雨量，地区内利用可能量などからなる．これらから，灌漑用水量の算定に必要な圃場単位用水量，圃場へ実質に灌漑すべき水量である純用水量および圃場へ純用水量分の水量を送配水するために取水施設で取入れるべき水量である粗用水量が求められる．

なお，施設管理用水量とは，水路損失水量と長大な水路系での配水管理操作上回避できない送配水量の減少分である配水管理用水量との二者の合計水量をいう．また，地区内利用可能量とは，地区内の溜池，渓流などの補足的な水源から確保される水量である補完的水源量と地区内圃場からの落水が地区内で再利用される水量である反復利用量との二者の合計水量をいう．

灌漑用水量の算定は，まず減水深あるいは日消費水量に栽培管理用水量を加えて圃場単位用水量を，次いで圃場単位用水量から有効雨量を差し引いて純用水量を，さらに純用水量に施設管理用水量を加えて粗用水量を求め，最後に粗用水量から地区内利用可能量を差し引いて行う．

(河野英一)

### かんがいようすいろ　灌漑用水路 (irrigation canal)

灌漑用水の水源である河川，湖などから，灌漑地である水田，畑などへ用水を送る水路．灌漑システムの規模によって，導水路，幹線，支線，二次支線，三次支線などを経由して，末端の各圃場へ用水を供給する小用水路（field ditch）に至る．水田用水開発の初期段階では，資金の制約などから幹線と支線のレベルだけが建設されることが多く，用水管理の改善のため，三次支線以下のレベルの水路整備が課題になる．灌漑用水路は，基本的に，受益地のなかの相対的に高い場所に配置する必要があるので，伝統的な灌漑システムでは，地形の等高線に沿った用水路配置となることが多い．技術的には，必要な水量を送れることのほか，送水中の漏水を抑えること，水路壁の侵食，崩壊を防止すること，必要な水面高さを保つことなどが重要である．水路の材料については，土水路，ブロック積み（レンガなど）水路，コンクリート水路などがあり，送水形式については，開水路，管水路がある．

(佐藤政良)

### かんき　換気 (ventilation)

畜舎内の空気を外気と入れ換えること．上昇気流を用いたり天然の風を利用する自然換気と，換気扇による機械換気とがある．

(鎌田寿彦)

**かんきさく　乾季作**（dry season cropping, dry season crop）

熱帯で乾季に稲などを作付けする栽培法，または作物．乾季は受光量が多いので高収量となり易い． （松島憲一）

**かんきょうえいきょうひょうか　環境影響評価，EIA**（environmental impact assessment）

環境保全の見地から，開発行為などが環境に及ぼす影響について，その程度，範囲，対策および代替案の比較検討を含めて，事前に調査・予測・評価を行うこと．その結果を公表し，地域住民など利害関係者の意見を聞いたうえで，十分な環境保全対策を講じ，環境悪化を未然に防止することを目的としている．一般的な環境アセスメントの手続きは，①スクリーニング（開発行為などが環境影響評価を必要とするかしないかの判断），②スコーピング（環境影響評価の対象となる空間的・時間的範囲や内容の確定），③計画案および代替案についての環境影響の予測・評価，④報告書の公開と修正，⑤開発期間中のモニタリング，⑥完了後の監査，の順である．環境影響評価は，事業の実施前にできるだけ早期に開始し，総合的に，そして計画段階・実施段階・完成後を通して一貫して，これに当たる必要がある．なお，環境影響の経済評価には貨幣的価値評価が困難なさまざまな環境価値も対象となるが，これに対して，代替法，ヘドニック法，仮想評価法（CVM）などのいくつかの評価手法が開発されている．
（小林慎太郎）

**かんきょうしげん　環境資源**（environmental resources）

従来は生産に必要な土地や石炭，石油，鉱石などの埋蔵物，水，人などが重要な資源であった．最近では資源の対象が拡大され，生活や経済活動全般に有用なものが資源と理解されている．このため，健康やレクリエーション活動の対象，史跡・遺跡，自然環境なども資源とされる．特に，自然破壊や改変の進む開発国では，自然環境自体が人の健康，情緒的安定さらには生態系の調和などに貴重な役割を果たすことが認識され，環境資源の意義が定着した．環境資源を構成する要素には大気，水，土壌，自然景観，動植物などがある．これらの要素は相互に依存関係にあり，ある範囲までは自律，自浄作用が及ぶが，極端な改変は他の要素にも壊滅的打撃を与える．このため，他の資源と異なり，環境資源は相互のバランスを考慮した管理が必要である． （川地　武）

**かんきょうしげんもんだい　環境資源問題**（environmental and resource problems）

人間の生活や生産活動は，人間と環境との相互関係によって成り立っている．経済活動は，生産，流通と消費からなる．生産には鉱物資源から得られたエネルギーを利用してモノをつくりだす工業と同様，農業も太陽光による自然の力を利用して作物生産を行う人間の活動の一つである．こうした生産過程で用いられる大気，水といった自然環境は，これまでだれもが自由に制限なく利用できる財とみなされていた．しかし近年，環境そのものが限りのある資源であるという考え方をとるようになっている．この背景には，環境悪化が地球規模で生起していることや，開発を追い求めた結果，自然のもつ自浄力が機能しなくなってきているという認識が広まったことなどがある．このように，環境資源問題とは，環境資源が枯渇の危機に瀕しており，さまざまな局面で問題が顕在化している状況をいう． （安延久美）

**かんきょうしゅうふく　環境修復**（environment remediation）

環境汚染への対応には汚染の拡散防止，汚染源の除去，汚染した環境の修復などがある．環境修復は同じ修復でも文化財などの修復とは異なる点が多い．文化財のうち歴史的建造物の修復では，劣化した部位の部分的補修や解体，変形した建造物などを復元し，外観や機能の回復を図る．この場合，どの程度まで復元するのが好ましいかが問題となる．一

方，空気，水，土壌，生態系などの修復では劣化部位や修復対象が連続し，良好な部材や要因による代替が不能の場合が多い．このため，環境劣化要因の除去だけでなく，劣化した環境を自律的に復旧する環境を創出する必要がある．大気や開放系水域の汚染や破壊された生態系を復元・修復する場合，汚染は広範囲に拡散していることが多いため，修復の範囲や程度によっては莫大な労力，時間，費用を必要とする．一方，土壌や閉鎖性水域の汚染の場合，汚染範囲は大気汚染などに比較して局限されるため，人工的な手法による修復も不可能ではない．汚染した土壌や閉鎖性水域の環境修復を行うためには環境汚染の進行程度と原因，汚染経路を把握することが必要である．汚染原因には汚染した工場や鉱山排水の漏洩，流入，家庭排水の流入，農業による農薬や肥料の過剰投与，水循環系の切断，廃棄物の不法投棄，廃棄物処理法施行以前の産業廃棄物捨場などがある．このように多岐に及ぶ汚染原因の主なものを特定し，まず発生源対策を講じる．あわせて，汚染物質の蓄積した土壌や水域から汚染物質を除去，分解，活性低下などの手法により修復する．汚染環境の修復技術（レメディエーション）を土壌について見ると，非汚染土による置換や分級，洗浄などの物理的修復，薬剤を注入あるいは混合して汚染物質の形態変化や不活性化を行う化学的修復，生物による分解や吸収を利用する生物的修復（バイオレメディエーション）などがある．このうち，植物による吸収を利用する方法はファイトレメディエーションと呼ばれる．また，これらの修復手法は原位置で行う方法（*in situ*）と汚染した土や水を掘削，集水し地上プラントで浄化・修復する方法（off-site あるいは on-site）とに分けられる． (川地　武)

**かんきょうストレス　環境ストレス**（environmental stress）

旱ばつ，多雨，洪水，高温，土壌の塩類化など，環境要因によって引き起こされる，植物の成長に不利な状態をいう．熱帯地域で見られる主要な環境ストレスには，水ストレス，高温ストレス，強光ストレス，塩ストレスを含む栄養ストレス，根系の湛水に起因する根の酸素ストレスなどがある．環境ストレス下においては，通常，光合成速度・蒸散速度の低下による成長の低下・遅延，体内ホルモン異常による異常成長などが引き起こされる．熱帯地域の農業生産は恒常的にストレス環境下で行われているといって過言でなく，環境ストレスは熱帯における農業生産の最大の限定要因となっている．環境ストレスに対して，灌漑排水の整備など，栽培環境の人工的改変を行う工学的適応（→）は，効果が大きいが，大資本を要し，環境問題を引き起こすことがある．一方，耐性品種の育成，作付体系の整備など，農学的適応（→）は，持続的であるが，効果が限定的であることが多い．また，ストレス耐性のメカニズムが複雑であるため，耐性品種の育成も容易でない．→乾燥耐性，塩害． (縄田栄治)

**かんきょうほぜん　環境保全**（environmental conservation）

人間が安全かつ健康で，美的・文化的にも快適な生活を営めるように，災害や公害を防ぎ，自然環境を保ち，歴史的風土や文化財を保存し，地域空間およびその景観を保つなど，環境諸条件のよい状態を守り保つこと．公害問題の多発を契機として，1970 年代初めから全世界的な課題となったが，80 年代後半以降，地球環境問題の争点化に伴って，いまや人類最大の社会的課題の一つとなっている．もともとは，1960 年代からの高度経済成長期に，経済的要請のみを重視して，自然・社会環境を大きく改変させるさまざまな開発事業が行われた結果，環境悪化をひき起こすなどの国民の福祉にマイナスをもたらした反省にたち，開発に対して環境を守る意味合いで表現されてきた．しかし，近年では，現状の環境水準が劣悪な場合，環境の保護のみでは不十分な地域も多く，周辺環境に積極的に手を

加え環境水準の向上を図り,環境創造や環境回復の営為をも広義には環境保全に含めて表現されるようになった.

熱帯地域においては,近年の急激な人口増加を発端としてさまざまな環境問題が地域レベル,地球レベルで顕在化してきた.土壌劣化,土壌侵食,都市の過密化,森林破壊さらには砂漠化などがその典型例であり,基本的には環境容量を超えた人間活動の営みの結果もたらされたものといえる.自然と人間が共生しうる,いわゆる持続可能な社会システムをいかに構築していくかが環境保全の鍵となる. (小林愼太郎)

**かんきょうほぜんがたのうぎょう 環境保全型農業**(environment-conservative agriculture)

環境と農業との関係が注目されはじめた1990年代初め頃から提唱されるようになったが,明確な定義や内容をともなった用語とはいえない.農林水産省ではこれを「適切な農業生産活動を通じて国土・環境保全に資するという観点から,農業の有する物質循環機能などを生かし,生産性の向上を図りつつ,環境への負荷の軽減に配慮した持続的な農業」と定義しているが,保全すべき環境とは何か,あるいは保全のためにどのような投入が必要か,またそのために誰かが介入する必要があるのか,そしてこの農業が経営的に成り立つのかなど,まだ多くの検討すべき課題を残している.現状では,この言葉が提唱される以前からいわれていた「環境調和型農業」などとどういう違いがあるのかが明確ではなく,環境にやさしい農業,環境に配慮した農業のような言葉とそれほど変わらない行政上の用語という感すらある.従来型の資材多投入集約的農業と有機農業を両極とすれば,その間に位置するさまざまな試行を環境保全型農業と総称しているといってよい.環境保全型農業が提唱されるようになったのは,農産物の過剰生産や地球環境問題への関心が高まるなかで,特にEC諸国やアメリカ合衆国において,水質汚染や景観破壊を招いてきた機械化,大型化,化学化などの従来の農業に代わって環境を保全する農業の必要性がうたわれるようになってからである.こうした動きを背景に,農産物の自由化をめぐって日本でも農業の役割をめぐる議論が活発になって,農業のもつ環境保全機能を高めるとともにその機能を農業のもつ効用として広く世論に訴えることの重要性が認識され,環境保全型農業技術の開発が重点的に進められるようになった.環境負荷を軽減できる投入資材の開発,化学肥料や農薬使用量の軽減,天敵利用や耕種的防除などを組み合わせた総合的害生物管理(IPM)技術の開発,廃棄物の農地生態系内での循環,土地利用型農業の確立などに関するさまざまな関連研究や農家の実例調査が農林水産省などを中心に行われている(農林水産技術会議事務局編『環境保全型農業技術』農林統計協会,1995,環境保全型農業技術指針検討委員会編『作物別環境保全型農業技術』家の光協会,1997).ところで,先進国で進められている以上のような技術をそのまま熱帯地域の開発途上国にあてはめて環境保全型農業を推進しようとするのは適切ではない.一方では,一層の生産増大を優先させなければならないという経済的社会的諸事情があり,また一方では,市場経済の浸透に対応して一層の生産性の向上や商品作物生産の増大が必要になるという現状があるからである.このような現状を念頭におきながら環境保全にも目を向けなければならないところに,ファーミングシステム研究のような総合的アプローチが熱帯農業の研究手法として必要とされる理由がある. (田中耕司)

**かんきょうホルモン 環境ホルモン**(environmental hormone)

内分泌撹乱化学物質(endocrine disruptors;EDs)とも呼ばれる.生体の外部環境にあって,体内で合成されるホルモンと同様の働きをし,本来のホルモンの働きを撹乱する化学物質をいう.日本国内で広く用いられている

環境ホルモンという名称は，学術的に不正確であるとの批判はあるものの欧米に比べ遅れていた人工化学物質の生態環境に対する世間の意識を高めるきっかけとなった．"EDsに関するワークショップ（スミソニアン会議；1997年）"における定義では「生体の恒常性，生殖，発生，あるいは行動に関与する種々の生体内ホルモンの生合成，貯蔵，分泌，体内輸送，結合，またホルモン作用そのものや，そのクリアランス，などの諸過程を阻害する性質をもつ外来性物質」とされている．1991年7月，アメリカ・ウィスコンシン州でのウイングスプレッド会議において，シーア・コルボーンなどが初めてこの問題を指摘したことを機に，環境ホルモンは世界的な社会問題となった．コルボーンは『奪われし未来（Our Stolen Future）』のなかで，アメリカ・フロリダ州のワニの生殖器異常や数の減少，北海のアザラシの大量死，イギリス河川におけるニジマスの雌雄同体，精子数の減少，乳がん，子宮内膜症の増加といった野生生物やヒトの健康への影響と環境中に放出される人工化学物質との関連を警告した．1997年環境庁がまとめた内分泌撹乱作用をもつと疑われる約70種の化学物質のうち，40種以上は農薬の有効成分である．この中にはすでに国内での生産・使用が中止された有機塩素系化合物のDDT, 2,4,5-T, エンドリン, PCB, HCH, クロルデンといった物質が含まれている．しかし，東南アジア，南アメリカ，アフリカなどではいまだにDDTが多量に使用されている．また，プラスチック原料であるビスフェノールA，可塑剤のフタル酸エステル類，界面活性剤分解物のノニルフェノールなどの物質が挙げられている．さらに，ダイズやクローバーなどの植物に含まれている天然の植物性エストロゲンの影響も危惧されている．ごみ焼却の際に発生する「ダイオキシン類」も内分泌撹乱作用を有する物質として注目されている．これにはポリ塩化ジベンゾ-p-ジオキシン，ポリ塩化ジベンゾフラン，およびコプラナーPCBが含まれる．ダイオキシンは多種多様な毒性を示し，ベトナム戦争で使用された枯葉剤に混入していた2,3,7,8-テトラクロロダイオキシンはその中で最も強い毒性をもっている．これらの物質は脂溶性であるため体内残留性が高く，生物濃縮されると考えられる．また従来の毒性学の概念とは異なる，胎仔期における低濃度曝露による内分泌撹乱作用が，生後あるいは次世代の健康に悪影響を及ぼす恐れがある，として懸念されている．しかし，野生生物やヒトに対する影響との因果関係や作用機構の解明はいまだ十分なされていない．
(肥田嘉文)

**かんきょうようりょう 環境容量**（environmental assimilating capacity）

汚濁物質が環境中に排出されたときに，その汚濁物質を自然が浄化できる量のことで，その量以内の排出量であれば，環境の悪化をもたらさない限界量として受け止められている．

例えば河川に排出された有機物は，流下の過程で自然浄化作用により分解されるため，それが限界量以下であれば海または湖に到達する時点では，有機物量の指標であるBODやCODの値が下がって，海や湖に負荷を与えない．また地球温暖化の原因物質である二酸化炭素は化石燃料の消費量の58％が大気中の濃度の上昇につながっており，残りの42％は海洋の吸収などによって大気から除去されている．これなどは環境容量を超えた排出が，大きい環境問題を引き起こしている例である．
(三沢眞一)

**かんきんさくもつせいさん 換金作物生産**（cash crop production）

自給的農業（自給自足農業）は，農家が自らの生活に要する食料を，自らで充足することを建前とする農業生産をいう．例えば，自家用飯米の生産はこれにあたる．生産物は，このように自給用に仕向けられる他に，飼料として利用するか，加工用材料として利用するか，市場へ売る商品として仕向けるかのいず

れかである．しかし，家畜飼養の場合も，最終生産物を販売せずに自家用に飼育している限りでは，自家生産した飼料を与えていても自給的生産となり，自家用に用いる製品の加工原料としての利用であれば，これも自給的農業生産になる．生産物が商品として売られるためには，そのための市場が必要である．農家は生産および再生産に必要なすべてを自ら作り出すのではなく，貨幣を媒介とした交換によって現金を得て，これによって生活や生産に必要なものを購入する．このために行われるのが換金作物生産である．より狭義には，主として自給的な食料生産を行っている農家が市場仕向をめざした野菜の生産を新たに導入する場合などを指して換金作物生産とすることが多い．ここでいう換金作物は，ある特定の作物をいうのではなく，その生産物が自家用に仕向けられているか，市場向けに生産されているかの相違によって決定される． 　　　　　　　　　　　　　（安延久美）

**がんげんせいしけん　癌原性試験**（oncogenicity study）

農薬など化学物質の腫瘍を発生させることを調べる毒性試験の一種である．通常の農薬の発がん性試験は，ラット（24カ月）およびマウス（18カ月）を用いて農薬など化学物質を餌に混入し投与する．ラットを用いる農薬の発がん性試験は，慢性毒性試験との併用試験として実施される．死亡はしないが何らかの明確な症状を示す用量を用いて，病理組織学的，血液学的に検査される．農薬の発がん性は対照群には発生しない腫瘍が発生した場合，対照群にも発生する腫瘍の発生率が上昇した場合，対照群に発生する腫瘍が対照群よりも早期に発生した場合に発がん性ありと判断される．　　　　　　　　　（大澤貫寿）

**かんこうかいはつ　観光開発**（tourism development）

20世紀の後半から国際的な観光量（観光客数，観光支出額）が激増し始めた．この国際観光客は，先進国から途上国へと一方向的な流れをなしており，受入国である途上国にとって外貨収入源として大きな比重を占める．途上国では，観光が国家の開発計画に組み込まれ，観光拠点を中心に大型リゾート施設が建設され，観光年キャンペーンが相次いで設定された．このマス・ツーリズム（大衆・大量観光）は，途上国の自然，秘境，異文化を切り売りし，地域社会にさまざまな影響をもたらしている．一般に，地元民の雇用機会の増大や農産物需要の増加には程遠く，伝統産業との結びつきも小さく，逆にリゾート開発地を中心に地価高騰がもたらされるなど，負の影響が著しい．こうした観光に対して，もう一つの観光（alternative forms of tourism）や「持続可能な観光開発」，エコ・ツーリズム（環境・生態観光）などの代替観光が提唱されている．
　　　　　　　　　　　　　（水野正己）

**かんこうせい　感光性**（photo sensitivity）

明期または暗期の長さの変化によって引き起こされる生体反応である光周性（photo peridism）のうち，連続した暗期の長さに反応する植物の花芽分化誘導反応を感光性という．植物は感光性によって，短日（性）植物は，中性植物，長日（性）植物に分けられる．短日植物は，ある一定期間より長い継続した暗期を含む光周期が与えられたときに花芽を形成するか，花芽形成が促進される植物であり，イネ，キク，ダイズなどは自然界では日長が比較的短いときに花芽を分化する．一方，長日植物は，限界暗期より長い継続した暗期を含む光周期が与えられると，花芽を形成しないか，花芽形成が抑制される植物であり，ホウレンソウ，コムギなどは自然界では日長が比較的長いときに花芽を分化する．

光周性は，Garner and Allard によって，ダイズとタバコの開花実験から発見された．品種の感光性の強さは，日長時間を変えた条件で栽培したときの発芽から花芽分化までの日数で表わすことができる．一般に，生長点における花芽分化を観察することは容易ではないので，その代わりにイネでは出穂期を，ム

ギ類では止葉抽出期をあてている．例をイネにとると，品種の感光性は，① 出穂が最も促進される日長＝適日長，② 適日長を過ぎて長日条件になって出穂が遅れ始めるときの日長＝適日長限界，③ それを過ぎてさらに長日条件における出穂遅れの程度＝過剰日長下の遅延度，の三つで表わされる．適日長条件下の発芽から花芽分化までの期間を基本栄養生長性といい，イネ品種の早晩性はこの基本栄養生長性の大きさと過剰日長下の遅延度の和で表される．この場合，基本栄養生長性は日長の変化によって消去されない部分である．感光性は量的形質としてとらえられるが，これに作用する多くの主働遺伝子が見出だされている．感光性遺伝子が基本栄養生長性の大きさをも同時に支配するといわれている．感光性の程度は，自然日長下で播種期をずらした栽培によっても検定できる．感光性の弱い品種は，どの播種期でもほぼ一定の生育期間をもつが，感光性の強い品種は，長日条件下では晩生になり，短日条件下では早生になる．1960年代以降，緑の革命とうたわれてイネとコムギの単位面積当たりの生産量の飛躍的な増加をみた．これは品種の半矮性に加えて，感光性の弱い遺伝的特性を利用したものである．感光性の強い地方品種に比べ，非感光性の品種は緯度や季節の違いによらず，気温が十分に確保できるならば，ほぼ一定の生育日数で成熟するため，広い地域に適応する．近年，DNAマーカーとの連鎖を利用したQTL（量的形質遺伝子座）分析法が花芽形成遺伝子に対して適用され，連鎖地図上にこれまでに関係づけられた遺伝子以外にも，基本栄養生長性および感光性に関与する新たな遺伝子（遺伝的効果をもる部分）が染色体上に位置づけられつつある．将来，雑種世代におけるDNAマーカーによる間接選抜によって，望ましい熟期と他の優良特性を組み合わせた品種の育成が可能となると期待されている．感光性遺伝子の形質発現にはまだ解明されていな事象が多い．色素タンパクフィトクロムは光の受容体として葉にあり，光情報に応答して花芽分化を調節し，感光性に関係するといわれている． （横尾政雄）

カンコン（エンツァイ）→在来園芸作物，付表29（熱帯野菜）

かんさく　間作（intercropping）

同一の耕地内に2種以上の複数作物が，同時に一定の株間あるいは畦間を置いて交互に栽培される．間作には，畦内間作（intra-row intercropping）と畦間間作（inter-row intercropping）がある．前者は同一畦内に複数の作物種を交互にあるいは混在させて栽培するものであり，後者は異なる作物種の畦を交互に配置して複数作物を栽培する．混作との違いは，播種の間隔に一定の規則性を有している点にあるが，混作やアグロフォレストリーと同様に作物の空間的配置と時系列的配置の両面をもつ作付け体系である．作物種の組み合わせと配置によっては，単位面積・単位時間当たりの生産量を増加させる効果がある．これは，草型の違いによる日射エネルギーの利用効率や，根系分布の違いによる土壌養水分の吸収効率が高まることによる．さらに，病害虫に対する感受性の違いやアレロパシー効果をもつ同伴作物との組み合わせは病害虫防除の効果をもつ．降雨分布などの環境変異が大きい熱帯地域では，一定の収穫を確保するための危険分散効果が期待できる．

（林　幸博）

かんしゅうほう　慣習法（customary law）

個々の社会において慣習的に認められている法．制定法や判例法に対し，一般には不文法をなす．

特に非西欧社会においては，移植された近代法に対する慣習法の位置づけが問題となる．慣習法の律する範囲は，家族や社会関係にとどまらず，土地や資源に及ぶことも多く，大規模な天然資源開発を前提とした法体系を導入し，推進する国家との間に，しばしば対立を生み出している．

林野をめぐる慣習法と成文法との関係は，

次のように整理できる．

　熱帯林をめぐる近代化の過程は，植民地期に端を発する．それは換言すると，実測とともに林地（forest reserve）を創出する過程であり，多くの場合国有化というかたちをとる．その結果森林は既存の慣習法体系から切り離され，林野行政機構に組織された専門家集団の管理するところとなり，同時に人々は森林から排除される．

　こうした林野の国有化が完遂した地域として，オランダの直接統治下にあったインドネシアのジャワ島が挙げられる．一方，北部ナイジェリアやガーナのように，英国による間接統治のもとで伝統的政治権力が温存された地域では，特定の区画が林地として指定されても，必ずしも所有権の移転をともなわず，経営主体も多様であった．このように近代法体系といえど，森林法一つとってみても，地域固有の条件や時代背景との接点において，さまざまな差異が生み出されることとなった．さらに植民地支配のさほど及ばなかった地域をみると，タイは統一的な林野制度を欠いており，パプアニューギニアでは憲法が慣習法を保障し，森林を含め国土の大半が慣習法体系のもとにある．

　林野の囲い込みがさなれた地域では，多くの場合，独立とともにその作業は中断し，森林の一部は林地として近代法体系のもとにおかれる一方，残りは林地外にあって，多くは慣習法によって律せられるという断絶を生じさせた．したがって今日，特に熱帯林の保全を論じる際には，林地と一体となった森林のことなのか，国土計画における林地としての利用区分をともなわない森林なのかを分けてみる必要がある．

　林地外にある森林や樹木については，まず，どのような制度がその所有や管理，利用にかかわってくるのかを明らかにしなければならない．それを律するのが慣習法体系であれば，さらに個々の慣習法圏について，土地の支配形態と土地利用体系はどのような相互関係にあり，また森林や樹木の保全に関して，いかなる規制が存在するのかが具体的に示されないと，森林や樹木のおかれている状況はみえてこない．

　もう一つ留意すべき点として，慣習法とは決して固定的なものではないということをあげておきたい．特に土地や資源の分配および処分にかかわる部分は，外部からの干渉や経済など外部条件の変化に影響されやすい．樹木作物の導入にともない，土地の支配形態が家族・個人分割へと向かいつつあるという傾向は，世界各地で報告されている．

〔増田美砂〕

**かんしゅうてきのうぎょう　慣習的農業**（traditional agriculture）
　農学的技術，すなわち科学的な技術やその体系に基づいた農業生産ではなく，経験的・慣習的に行われる農業を踏襲する生産を指していう．近代的な科学技術が生み出した化学肥料や機械の利用はほとんどなく，したがって，その利用を促すための信用制度なども未整備である．生産性は低く，単位面積当たりの収量は少ない．販売可能な余剰は少なく，また農産物市場そのものも未発達である．生産は天候など自然条件の影響を受けやすく，収量変動に対しては，分益小作制度，雇用機会の相互依存，現物賃金支給などを通じた慣習的なセーフティネットの仕組みが観察されることが多い．小規模な家族労働を主体とした経営が一般的である．血縁的な親族集団や一定の地縁的な結合に基づく集団による共同労働を伴う場合もある．農地に関する所有権など権利の形態も，近代法的な観点からいえばしばしばあいまいである．農業資源の管理や使用もこのような共同体的な小規模な集団の範囲を越えず，慣習的ルールに基づいて維持される．

〔米倉　等〕

**かんじゅせい　感受性**（susceptibility）
　植物が病気に対して罹病性の場合，および病原体が薬剤に対して抵抗性のない場合に用いる．

〔山口武夫〕

かんすいほう　灌水法（irrigation method）
　熱帯地域の野菜園や果樹園では，種々の灌水法で灌水が行われている．河川・貯水池・井戸の水を人力で灌水することが多いが，ポンプやスプリンクラの使用も普及しつつある．また，作物を植えた高畝の周囲を水でめぐらし，人力やボートに載せたポンプを用いて灌水を行う方法も，熱帯アジアを中心に広く見られる．半乾燥地では，最も節水可能な灌水法として，圃場に穴を開けたパイプを設置して灌水を行う点滴灌水の普及が期待されているが，多額の初期投資を要するほか，半乾燥地特有の塩類を多く含む水質のため，水の噴出口が詰まりやすく，実用化に至っているのは限られた地域のみである．噴霧灌水も同様の理由で普及していない．水田や畑への灌漑については，灌漑の項を参照のこと．
　　　　　　　　　　　　　　（縄田栄治）

がんすいりつ　含水率（moisture content）
　穀物に含まれる水分を百分率で表わしたもの．湿量基準と乾量基準とがある．→穀物水分計　　　　　　　　　　　（木村俊範）

かんせいか　幹生花（果）（cauliflory）
　パラミツ（ジャックフルーツ），ホウガンノキ，クワ科イチジク（Ficus）属のように花が直接幹につき，果実に成長するものをいう．花粉の媒介や種子の散布を大型動物に頼っている．　　　　　　　　　　（渡辺弘之）

かんせいひん　乾製品（dried product）
　食品の原料となる動植物は一般に水分を多く含み，生命を維持するため水分は必須である．乾製品は食品中の水分を減少させて水分活性を下げることにより，腐敗細菌の増殖あるいは自己消化を防止し，保存性を向上させること，あるいは新たな色，味，香り，ならびに舌触りを作るために加工した食品をさす．乾燥の方法としては，天日乾燥，熱風乾燥，冷風乾燥，焙乾燥，真空乾燥，真空凍結乾燥，噴霧（スプレー）乾燥，赤外線乾燥，マイクロ波乾燥などがある．生のままで乾燥した素干品として干しかずのこ，干したら，するめ，昆布などの水産物，切干し大根，干し椎茸，干しぶどう，干し柿，乾燥肉などの農畜産物がある．煮熟して乾燥した煮干品として煮干しいわし，干しえび，干しわかめ，ひじきなど，塩漬けして乾燥した塩干品としてイワシ，アジ，サバなど，燻製品としてベーコン，サケ・マス，ニシン，イカなどがある．
　　　　　　　　　　　　　　（鈴木健）

かんせん　感染（infection）
　植物病理学では，感染は「病原体が感受性植物に接触して栄養授受の関係が成立するまでの過程」を指し，発病は「感染が成立し，病徴が現れること」と定義している．しかし，病原体が接触した植物の総てが発病するわけではなく，大多数の病原体は植物に接触しても感染に失敗するか，あるいは感染に成功しても発病に至らない場合もある．感染の成否，発病への道筋は，植物と病原体が接触した後の一連の相互作用によって決定されるが，感染の過程は病原体の種類によって大きく異なっている．
　接触・付着と侵入：ウイルス，ウイロイド，ファイトプラズマなどの病原体は，自力で植物と接触することができないので，必ず媒介者が必要となる．これらの病原体は，昆虫，線虫，菌類などの生物によって媒介されるものが多く，これらの媒介生物が植物と接触し，病原体は媒介者によって直接植物細胞内に送り込まれる．また，傷口の細胞の細胞膜やプロトプラストの細胞膜に付着したウイルスやウイロイドはエンドサイトーシスによって細胞内に取り込まれる．細菌の場合には，べん毛などによって水中を移動して植物に到達し，細菌の菌体外多糖質が関与して植物に付着する．付着した後は，傷口や気孔・水孔などの自然開口部から植物体の内部に侵入し，一部の糸状菌のように植物の表皮組織を溶解または破壊して角皮侵入することはない．糸状菌の場合，菌の種類によって接触・付着と侵入の過程は異なるが，いずれも胞子あるいは菌核から発芽管あるいは遊走子発芽をし

て，それが植物体表面に付着する．発芽管の先端には多糖や糖ペプチド，繊維質を成分とする粘質物質が分泌され，付着に関与するとともに，その中には，クチナーゼ，ペクチナーゼ，セルラーゼなどのクチクラや細胞壁分解酵素が含まれていて，植物体への侵入に関与する．菌類の植物体侵入方法は，傷口からの侵入，気孔や水孔，皮目などの自然開口部からの侵入，クチクラや細胞壁を分解して直接細胞内への侵入，などがある．クチクラを通して侵入・感染する場合，病原菌は植物体表面に付着器（appressorium）という器官を形成し侵入の場を確保する．また，絶対寄生菌では，侵入した植物細胞内に吸器（haustorium）という栄養を摂取するための器官を形成する．病原体はどの植物にも侵入・感染・発病できるものではなく，病原体と宿主植物との間に特異的な関係が存在する．　　（山口武夫）

### かんそう　乾燥（drying）

乾燥は，溶媒（一般には水）を含む固体，あるいは溶液に熱を与えて溶媒を蒸発させる操作方法である．溶液のときは，最終的に固体状態まで蒸発させるときに乾燥という．熱の供給方法，まわりの気体（熱媒体，たいていは空気）の状態により，さまざまな乾燥操作に分類される．熱風を材料に対流伝熱で供給する対流熱風乾燥，加熱板と材料を接触させ伝導加熱する伝導乾燥，（遠）赤外線で材料表面に放射伝熱で供給する放射乾燥，マイクロ波などにより材料自体を発熱させる均一発熱乾燥，真空中で伝導あるいは放射加熱して乾燥する真空乾燥，材料自身の保有する溶媒の過熱蒸気を熱媒体とする過熱蒸気乾燥などがある．材料をあらかじめ $-30\,°C$ 程度に凍結し，真空乾燥すると氷が昇華する．この方法は，凍結乾燥といい，熱に不安定な食品や医薬品に利用されるが，他の乾燥に比べてコスト高となる．

乾燥においては，含水率 $X$（kg-水/kg-乾燥固体）で水分濃度を，単位時間・単位面積当たりの水分蒸発量で乾燥速度 $J = (Ws/A)(-dX/dt)$ [kg-水 m$^{-2}$s$^{-1}$] を定義する（$Ws$：乾燥固体重量，$A$：乾燥（蒸発）面積）．その他に，$Jv = -(dX/dt)$ の乾燥速度も使用される．乾燥させる材料の物理的性質により，乾燥機構と乾燥速度は異なる．溶液あるいはゲル状材料においては，水分拡散により水分は材料表面に移動して蒸発する．多孔質固体では，自由水粘性流れ，蒸気拡散などにより水分が移動する．典型的な乾燥挙動を図6に示す．乾燥直後の材料余熱期間と呼ばれる短い期間の後に，乾燥速度が一定の領域が存在する．これを，恒率（定率）乾燥期間といい，材料に供給される熱がすべて水の蒸発に利用される．このとき，材料温度は一定で，熱が熱風のみから供給されるときは湿球温度と等し

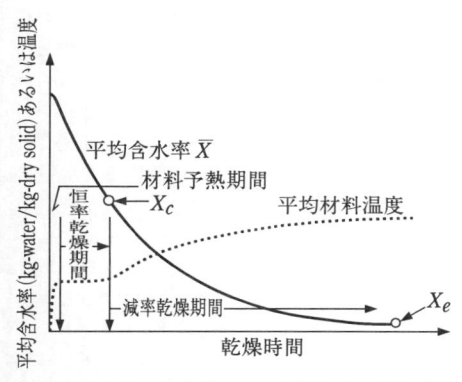

図6　典型的な含水率および材料温度と乾燥時間の関係

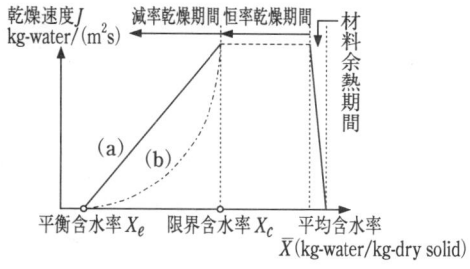

図7　乾燥特性曲線

くなる．材料内部の水分移動速度が遅くなり，材料表面への供給が追いつかなくなると，恒率乾燥期間は終了し，乾燥速度は低下する．この時点の含水率を，限界含水率 $Xc$ という．これ以降を，減率乾燥と呼び，最後に平衡含水率 $Xe$ に到達すると変化しなくなり終了する．

厳密な乾燥機構は複雑であるが，乾燥装置の設計には乾燥特性曲線（乾燥速度と含水率の関係）を知ることから出発すればよい．乾燥特性曲線を図7に示す．恒率乾燥期間後の減率乾燥速度（図中の(a)あるいは(b)のような形状が多い）は重要ではあるが，推算は難しく実験により求めることが望ましい．また，乾燥速度は形状変化（収縮や変形）により，同じ材料でも大きく異なることがある．

減率乾燥時に形成される材料内部の水分濃度分布が乾燥製品の品質に影響することがある．たとえば，木材や食品ではひび割れなどが生じるので，このような品質低下を避けるため，乾燥速度を遅くして製造されることも多い．木材では数日，パスタなども 60〜90℃ 程度で数時間以上かけて乾燥製造されている．一方，液状食品では水分濃度分布が形成されることにより，表面に皮膜状の層が形成され，芳香物質が封じ込められるという現象が起きる．これを，選択拡散と呼び，適切な乾燥条件と皮膜形成材料を選択すると香り高い食品を乾燥製造することができる．

乾燥終了時の平衡含水率 $Xe$ は水分脱着平衡により決定される．一般に，水分活性 $Aw$（水蒸気圧の飽和水蒸気圧に対する割合）と平衡含水率の関係を水分脱着等温線という．$Aw$ は，食品の安全性の指標として重要である．$Aw < 0.7$ では，ほとんどの微生物は生育しない．乾燥は，$Aw$ を下げて保存安定性を向上するとともに，容積減により流通保存に便利な形態にする操作ということもできる．

（山本修一）

**かんそうきこう　乾燥気候**（arid climate）
ソーンスウエイトの気候分類における水分指数が $-40$ から $-60$ の値をとる．

（久馬一剛）

**かんそうこうりつ　乾燥効率**（drying efficiency）→穀物乾燥機

**かんそうしすう　乾燥指数**（aridity index）→ソーンスウエイトの気候分類

**かんそうたいせい　乾燥耐性**（drought tolerance）

植物が生きていくためには水が必要であるが，どれぐらい水が少ない（=乾燥した）状態に耐えられるかを乾燥耐性という．乾燥抵抗性（drought resistance）もほぼ同義に使われている．

乾燥耐性は，供給される水の量が少ない場合にどの程度耐えることができるかという意味で狭義に使われる場合と，広義に旱ばつからの回避を含めた乾燥地適応性の意味で使われる場合がある．狭義の乾燥耐性には多くの生理反応が関与しているが，特殊な例として，サボテンやベンケイソウ属（Crassulaceae）のような多肉植物に見られる CAM（Crassulacean Acid Metabolism）光合成が挙げられる．これらの植物は，昼間は気孔を閉じて水を逃がさない代わりに炭酸固定もせず，光化学反応で得たエネルギーを有機酸合成に使い，夜間に気孔を開いて，有機酸を分解したエネルギーを使って炭酸固定を行う．日射が強く飽差が大きい日中に気孔を閉じることに加えて，少ない表面積と厚いクチクラ層を持つため，水分の損失が少なく乾燥地に最も適応している．昼間に気孔を開けて光合成を行う $C_3$ および $C_4$ 植物においても，気孔開度とクチクラ蒸散の量は水分の保持に重要な役割を果たす．乾燥ストレスがかかったときに気孔がほぼ完全に閉じて蒸散がほとんどなくなることが乾燥耐性の重要な要因である．気孔の開閉にはアブシジン酸が関与している．また，乾燥ストレスに反応して細胞内にグリシンベタインやプロリンあるいはある種の糖類などが蓄積される．これらの物質は浸透圧調節を行って強い負の水ポテンシャルを作り出

し吸水力や水分保持力を高める役割をするが，同様に浸透圧調節をする他の糖類や立体異性体では効果がないことがあり，最近では細胞内器官保護の役割が重要視されている．また変性タンパク質の再生に関与するタンパク質シャペロンも乾燥ストレスに対する耐性あるいは回復過程に関与していると考えられている．さらに，カタラーゼ，アスコルビン酸ペルオキシダーゼ，スーパーオキシドディスムターゼなどの過酸化物除去酵素も，乾燥条件下で強い日射が当たった場合に生産される活性酸素などの過酸化物が組織を壊すのを防ぐことにより，乾燥耐性に関与している．近年，これらの物質やその合成酵素をコードする遺伝子のストレスによる誘導過程が明らかにされてきており，多くの遺伝子の発現を制御する制御タンパク質の遺伝子が明らかにされている．この制御タンパク質遺伝子の発現を制御することにより，乾燥耐性に関与する多くの遺伝子を同時に発現させることが可能である．広義の乾燥耐性には根の分布域の拡大による吸水力の増加や早生品種による旱ばつの回避なども含まれる．根の分布に関しては，深根性の方が有利と考えられがちだが，実際には深層での広範囲にわたる根の分布がより重要である．また，生育期間が短い品種による旱ばつの回避は，雨季の短期間にのみ降水が見られる乾燥地帯で作物を育て収穫するには重要な技術である． 　　　　（寺尾富夫）

**かんそうちけい　乾燥地形**（arid landforms）

雨がごくまれにしか降らず，植生を欠く地表面が広がる熱帯乾燥地域，特に砂漠地域では，激しい日射と温度変化に起因する機械的風化と風による侵食・運搬・堆積の作用が強力に働きかけるために，湿潤地域にはない独特の地形が見られる．山地は，尖った露岩の山嶺や岩礫で覆われた斜面で特徴づけられ，平原上に峻立する．散在する丘は島状丘（インゼルベルク（→））と呼ばれ，ドーム状硬岩の小丘には特にボルンハルト（bornhardt）の名が与えられている．山麓には，基盤を切って緩勾配のペディメント（pediment）（硬岩上）やグラシ（glacis）（軟岩上）が発達する場合と，岩礫が堆積して扇状地（alluvial fan）が形成されている場合とがあり，扇状地が並ぶ景観はバハダ（bajada）と呼ばれる．盆地底などの凹地には，豪雨時にのみ湛水する浅い湖の跡・プラヤ（playa）（南部アフリカではパン（pan））がよく見られる．こうした湖の跡は，粘土や岩塩，珪藻土など，過去の湿潤気候期にたまった堆積物で埋められており，風食で削られると複雑な凹凸を呈する小地形，ヤルダン（yardan）が形成される．平原の砂漠は，表層物質の種類によって，砂のエルグ（erg），礫のレグ（reg）/セリール（serir）（中国ではゴビ（gobi）），岩石のハマダ（hamada），塩類のショット（chotte）/セブカ（sebkha）などに分けられる．砂砂漠では，砂が平原上を薄く覆うサンドシートから，バルハン砂丘（barchan dune）など大小の砂山が集合した砂丘群までの多様な景観が見られる．卓越風との関係からは，峰が風向に並行する縦列砂丘（longitudinal dune），峰が風向に直交する横列砂丘（transverse dune），風向が一定しないところに形成される塊状（massive dune）ないし星型（star dune）の砂丘，風上側の斜面をはい上がる登坂砂丘（climbing dune），障害物の風上側の離れたところにできるエコーデューン（echo dune），低木などを足がかりに形成される小砂丘のネブカ（nebkha）などがある．裸の砂丘では，秒速数 m を超える風が吹くと，乾いた砂がほふくや転動によって動きはじめ，砂丘全体としても風下側に徐々に移動する（移動砂丘（shifting dune）または活動砂丘（active dune））．植生で被覆されるか，地下水面が上昇して砂が湿ると，砂の動きが止まって固定砂丘（fixed dune）となる．サハラなど熱帯砂漠周辺の赤道側には，2万〜1万2千年前の乾燥期に活動した後，8千年前以降の湿潤期に植生で覆われて固定した化石砂丘（fossil dune）が分布する．レグやハマダでは，

吹き飛ばされずに残った礫や岩片が地表を覆うデザートペーブメント（desert pavement）が拡がる．オーストラリアでは，このような景観をギバープレーン（gibber plain）と呼ぶ．礫や岩片の表面は，酸化鉄・酸化マンガンの黒ずんだ皮膜・砂漠ワニス（desert varnish）で覆われている．台地の表層を酸化鉄や石膏，石灰，ケイ酸などの集積層からなる硬い皮殻（duricrust）が覆うところでは，急崖をめぐらすメサ（mesa）やビュート（butte）の地形がよく見られる．
(門村 浩)

**かんだんかんがい　間断灌漑（intermittent irrigation）**

非連続で間断的な灌漑方法．輪番灌漑も間断灌漑の一種である．畑作や水源水量が不足する水田地帯で一般的に行われている．
(河野泰之)

**かんちがたいねかぼくそう　寒地型イネ科牧草（temperate grass）**

ヨーロッパから西アジア原産で温帯から寒帯地域で栽培・利用される牧草．わが国で広く栽培されている．約700属1万種あるイネ科草種を5亜科に分類すると，寒地型イネ科牧草は全てPooideae（イチゴツナギ亜科）あるいはFestucoideae（ウシノケグサ亜科）の1亜科に属する．生育適温は15〜25℃であり，5℃以下では生育停止する．また，夏季の平均気温が22℃以上の日が2〜3カ月継続するわが国本土以南では夏枯れを起こす．寒地型イネ科牧草はすべて$C_3$型の光合成回路（カルビン－ベンソン回路）を有し，$C_4$型回路の暖地型イネ科牧草と対比される．（→暖地型イネ科牧草）

世界的にも代表的な草種は以下の通りである．

① ペレニアルライグラス（perennial ryegrass）

永年生で比較的耐寒性が高く，放牧に適する．ヨーロッパやニュージーランドの放牧地の主要牧草である．乾燥と夏季の暑さには比較的弱い．

② チモシー（timothy）

耐寒性が極めて高く，栄養価の低下割合が小さく，良質の乾草が得られるため，主に採草用として利用されるが，再生能力が低いため，放牧では密度が低下しやすいとされている．

③ オーチャードグラス（orchardgrass）

世界の温帯地域に広く分布する永年生の長草型草種である．

耐暑性は弱く，夏枯れを起こしやすく永続性は劣る．耐寒性は品種にもよるがチモシーより弱く，土壌凍結により冬枯れを生じやすい草種である．放牧，採草ともに用いられる．

④ メドウフェスク（meadow fescue）

メドウフェスクは，ペレニアルライグラスに次いで消化率が高く，嗜好性も高い草種です．耐寒性が高く，道東地域の集約放牧にも利用可能である．

⑤ トールフェスク（tall fescue）

トールフェスクは長草型草種であるが，地下茎があるため短草型利用では茎数密度が高まり，集約的な利用も可能な草種である．耐暑性，耐旱性，耐病性が強く，適用範囲が広い．寒地型イネ科牧草のなかでも，比較的葉身が粗剛で，嗜好性や栄養価が低い．
(川本康博)

**かんどこうか　乾土効果（air drying effect on ammonification）**

土壌を乾燥したあと，水田あるいは畑状態の水分状態にして保温すると，土壌中の有機態窒素が無機化する現象を乾土効果という．窒素の無機化量は乾燥によって土壌の含水比がほぼ一定になるまでは含水比の低下に伴って無機化量が増大する．土壌の含水比がほぼ一定になった後は乾燥期間が長くなるほど無機化量が増大する．乾燥期間と土壌有機物の無機化量との関係は土壌の種類によって異なる．この現象は土壌中の有機物の一部が乾燥のため脱水作用を受けて変化したためと土壌の乾燥によって死滅した土壌中の微生物のバイオマス窒素の両者に由来する．乾土効果に対する微生物バイオマス窒素の寄与率は水田

土壌では 20～50 % であり，畑土壌でいわれている 45～50 % に比してわずかに低い．

熱帯で土壌の乾燥により増加する無機態窒素が水稲の窒素吸収に影響を与えるのは移植後 5 週間程度である．　　　　（和田源七）

**かんどちょくはん　乾土直播**（dry seeding）
乾土直播の方法は場所により異なる．マレーシアの第一作では雨季になる前に耕うん砕土の後，乾燥もみ 100～150 kg/ha を散播しその後覆土するかトラクタで鎮圧する．水利の便の良いところでは播種後灌水および落水により土壌の水分含量を発芽に好適な状態にする．水利の便の悪い地域では降雨により発芽させる．発芽は播種後 1 カ月間の降水量に影響され降水量が 100 mm 以上で発芽が良好となる．また，前作のコンバイン収穫時に田面に落ちたもみが降雨により発芽したものをそのまま栽培するか，少量の乾燥もみを補助的に播種する方法もとられている．浮稲の場合は耕うん整地後，雨季の到来を待って乾燥もみ 100～150 kg/ha を散播する．アメリカ（南部）ではレーザービームを利用して田面の勾配を 0.001～0.002 程度に均平にした後，耕うん整地しブロードキャスターで施肥しデイスクハローをかけた後，機械力で散播あるい条播する．播種量は 100～150 kg/ha である．草丈が 10～15 cm になった時湛水する．中央アジアでは耕うん整地後，乾燥もみ 150～250 kg/ha を散播し直ちに灌水する．発芽開始時に 2～3 日間芽乾しその後湛水状態におく．　　　　（和田源七）

**カントリエレベータ**（grain drying and storage facility, country elevator）
穀物を圃場で栽培し，収穫した後には，穀物の品質を損なわない安全な水分まで乾燥し，出荷するための調製を行い，あるいは長期貯蔵する必要がある．このための施設が乾燥調製（貯蔵）施設である．大型の施設となるので，多くの農家が共同で利用する形態が取られるのが普通であり，共乾施設と略称されることが多い．共乾施設には，乾燥・調製の機能を備える乾燥調製施設（ライスセンタ grain drying and processing facility, rice center），これに貯蔵機能を備えた乾燥調製貯蔵施設（country elevator），および貯蔵乾燥の機能をもち，カントリエレベータやライスセンタに付設される貯蔵乾燥施設（grain storage drying bin）がある．

日本におけるカントリエレベータは，普通，生籾を荷受して玄米で出荷する．施設の規模は 2,000～3,000 t で，生籾受け入れピーク時のための送風機付き一時貯留ビン，乾燥機，サイロへの投入・搬出搬送機，籾貯蔵サイロ，精選機，籾摺機および玄米出荷タンクなどより構成されている．　　　　（吉崎　繁）

**かんばつにたいするたいおうせんりゃく　旱ばつに対する対応戦略**（coping strategy with drought）
旱ばつなどを原因とする深刻な食料不足に対して，一般に世帯やコミュニティのレベルで採られる具体的対応策には，① 家畜，貴金属，その他の資産の売却，② 食料を求めての移動，③ 種子用の貯蔵穀物の消費，④ 飢饉救援物資の請求，⑤ 共同体の共有財産の活用，などがある．また，食事については，① 節食や 1 日当たりの食事回数削減，② 野生食物の採取の増加，③ 非加熱食料の摂取の増加，などが知られている．A. Sen は，こうした対応戦略の基礎をエンタイトルメント（権源）と規定した．一方，Jeremy Swift は，それを「資産」として捉え，① 投資（教育，生産手段，灌漑などの生産基盤），② 貯蔵（食料，貴金属，現金），③ 請求（近隣の他人，親分，政府，国際社会）に区分し，飢饉はこの資産の消失によって顕在化するとした．これによると，飢饉の早期警戒システムにおいては，人々が資産を切り崩してさまざまな対応戦略をとり始める前兆段階の把握が重要になる．

　　　　（水野正己）

**かんぴせい　寛皮性**（loose-skin character）
ウンシュウミカンなどは皮が果肉と密着しておらず，容易に手で剥くことができる．こ

のような性質を寛皮性という． (樋口浩和)

**カンビソル**（Cambisols）→ FAO - Unesco 世界土壌図凡例

**かんようしょくぶつ　観葉植物**（foliage plant, indoor plant）

鉢植えとして主として葉を観賞する植物を観葉植物と呼ぶ．その多くは室内の弱い光のもとでも比較的長期間の観賞に耐える熱帯性の陰性草本植物やシダ植物が栽培化されて用いられている．斑入りや葉の切れ込みなどに変化を求めて改良されており，種子繁殖されるヤシ類を除き，ほとんどの場合挿し木，株分け，組織培養などで栄養繁殖される．また，*Dracaena, Yucca, Pachira* のように木本で，熱帯地域で養成した植物を丸太状にして輸出し，消費地で挿し木を行って萌芽させ製品化している場合もある．アナナス類やツユクサ科，サトイモ科などの植物では花も観賞の対象になるが，これらも観葉植物に分類される．観葉植物のうち，熱帯・亜熱帯を原産とする品目は耐寒性に劣る．強光下では葉やけを起こしやすいが，利用に際して急激な弱光下への移動はしばしば落葉の原因となるので，鉢物生産の最終段階で弱光順化を行うことが有効とされている． (土井元章)

## き

**ギー**（ghee）

ウシ，スイギュウ，ヤギ，ヒツジの乳から調製したバターを加熱し，水分を蒸発させた後，冷却し調製．冷蔵でなくとも保存可能．主にインド．水分0.1～1％，脂肪97～98％． (林　清)

**キオビエダシャク**（*Milionia basalis* Walker）

日本の南西諸島からインドにかけて分布する昼飛性のガで，幼虫は針葉樹の葉を食害し，時々大発生する．日本ではイヌマキやナギなど *Podocarpus* 属の害虫だが，東南アジアにはマツを寄主とする集団が知られ，北スマトラではメルクシーマツ *Pinus merkusii* の重要害虫である．これら食性の異なる地域集団が全て同種かどうかは再検討を要する．幼虫はシャクトリムシで，老熟すると体長3.5～4 cm，橙黄色で腹部に黒と黄白色の細かい縦縞斑を持つ．地中に浅く潜って蛹化し，蛹の体長は17～18 mm．成虫は前翅長4～4.5 cm，地色は藍色光沢のある黒色で，前翅中央と後翅外縁に橙黄色帯状斑を持つが，この色が白色の型もある．熱帯アジア～ニューギニアに近縁種が多く，そのうちフィリピンの *M. cronifera* Swinhoe はベンゲットマツ *Pinus kesyia*，ニューギニアの *M. Isodoxa* はフープハイン *Araucaria cunninghamii* を加害する． (松本和馬)

**キオビセセリモドキ**（teakd efoliator）

セセリモドキ科に属する開長3～4 cmの比較的小型のガで学名は *Hyblaea puera*．アジア，アフリカ，中南米，オーストラリアなど，赤道をはさんで両半球に広く分布する．チークが主な寄主であるが，その他にも数種の寄主が記録されている．古くからチークの害虫として知られており，生長の季節の初期に若葉を食害し被害が大きい．本種の食害によりチークが枯死することはないが，生長量は著しく損なわれる． (後藤秀章)

**きが　飢餓**（starvation）

飢餓とは食物摂取量の不足状態を指し，慢性的な食物摂取の不足状態は慢性飢餓と呼ばれる．飢きん（famine）は，食物摂取水準の突然の減少による食物摂取量の不足状態を指す．この場合，食料の欠乏よりも，それによって抵抗力が弱まり疾病による死亡の方が多くなる可能性に留意する必要がある．現在は，食料の不足よりもその偏在により大きな関心が寄せられ，食料生産物の分配や，それを入手するエンタイトルメント（権源）がより根本的な問題とされている．また，飢餓への備えとしての緩衝装置が作動しているのが一般的であり，その変化を早期に発見して対策を講じることが重要とされている．なお，

飢餓や飢きんの問題を技術的，経済的問題として捉えるアプローチのほかに，アフリカ各地でみられるように，政治抗争，地域紛争，食料にアクセスする基本的権利に対する国際社会の冷めた対応などの，政治的文脈で捉える研究アプローチもある． (水野正己)

**きかいかさぎょうたいけい　機械化作業体系** (mechanized working system)

農業の機械化作業体系は一連の農作業の合理化に機械を有機的に結合し，これを利用することによって農業経営改善を実現しうるものでなければならない．すなわち，機械化作業体系は農作業を合理化し，労働単位当たりの負担面積を増大し，生産性の向上に寄与するものでなければならない．このように機械化作業体系は経営合理化を実現するために導入されるものなので，どのような作業体系を導入するかは，それぞれの経営体に内存する諸条件やその経営体の外部諸条件によって異なってしかるべきものである．このことは，それぞれの経営体にはそれに相応しい作業体系があるということを意味する．したがって，このような機械化作業体系は外部から押し付けられるものではなく，また一つの方式にこだわるものでもなく，常にその経営体にとって最も有効適切なものであるか否かという見地から比較評価されなければならないということである．すなわち，このような体系は机上で機械の利用を想定することで成立するものではなく，実際の経営合理化計画の中で，それに即して組み立てなければならないものである．しかし，機械化作業体系は作業合理化を実現するための手段でもあるので，一つのまとまった作業の合理化に使用される機械には多種多様なものが考えられ，これらの適正な組み合わせによりいろいろな体系ができる．例えば刈り取りと脱穀作業の合理化に利用される機械の組み合わせでは，刈取機＋脱穀機，刈取結束機＋脱穀機，ウインドローア＋ピックアップ・コンバイン，コンバ

表3　水稲不耕起移植栽培の大型機械化作業体系

| 作業名 | 使用農業機械等 | 作業能率 (h/ha) | 人員 (人) | ha当たり労力 (人・h/ha) |
|---|---|---|---|---|
| 種子予措・播種 | 育苗センター利用 | | | 0.0 |
| 育苗管理 | 購入苗管理，ビニルハウス | | 1 | 4.2 |
| 畦畔整備 | 畦塗り機 | 1.48 | 1 | 1.9 |
| 除草剤散布 | 乗用管理機　散布幅15m　作業回数2回 | 0.80×2 | 2 | 4.6 |
| | 資材運搬トラック3km | 0.10×2 | 1 | 0.2 |
| 田植え | 側条施肥機付き不耕起田植機 | 5.20 | 2 | 14.8 |
| | 資材運搬トラック6km | 0.20 | 2 | 0.8 |
| 除草剤散布 | 乗用管理機　散布幅15m　回数2回 | 0.59×2 | 1 | 1.6 |
| | 資材運搬軽トラック3km×2回 | 0.10×2 | 1 | 0.2 |
| 追肥 | 乗用管理機　散布幅15m | 0.61 | 2 | 1.8 |
| | 資材運搬トラック3km | 0.10 | 1 | 0.1 |
| 病害虫防除 | 乗用管理機　作業回数3回 | 0.59×3 | 1 | 2.4 |
| | 資材運搬軽トラック3km×3回 | 0.10×3 | 1 | 0.3 |
| 水管理 | 軽トラック　作業回数30回 | 0.38×40 | 1 | 19.0 |
| 畦畔除草 | 刈払機　作業回数2回 | 0.70×2 | 1 | 1.8 |
| | 機材運搬軽トラック3km×2回 | 0.10×2 | 1 | 0.2 |
| 収穫 | 自脱型コンバイン5条刈りグレンタンク付き | 2.88 | 1 | 4.1 |
| | 籾運搬トラック10km | 0.30 | 1 | 0.4 |
| 乾燥・調製 | ミニライスセンター利用 | | 1 | 13.1 |

(注) ha当たり労力は実作業効率を考慮して算出．(澤村ら 1995 をもとに作成)

イン単一利用など多様な体系がつくれる．さらにこれらの機械にも大小，手動用と自動式，穂こぎ式脱穀機と投げ込型脱穀機など様々な型式があり，それらの組み合わせによって作業方法も変わってくるので，きわめて多くの作業体系ができる．これに他の体系とも組み合わせると無数の体系ができることになる．このように機械化作業体系はこれでなければいけないと決まったものではなく，各経営体にとって最適な機械利用を考えて，その経営体で組み立てて行くべきものであり，むしろ多種多様のものが存在し，選択の余地が大きいことが望ましいのである．この選択には農作業の機械化システムの最適化手法が有効である．機械化作業体系の一例を水稲不耕起移植栽培の大型機械化作業体系について示すと表3のようになる．この体系は省力効果が大きく，省エネルギー効果や二酸化炭素発生量の低減効果もあると評価されており，これからの移植栽培作業体系として期待されている．　　　　　　　　　　　（遠藤織太郎）

**きかいかてんすいはたさく　機械化天水畑作**（mechanized rainfed upland cropping）

灌漑施設を有しない天水畑においての増収は栽培適期に栽培面積の拡大を図ることで可能となる．特に限られた作業期間（適期）で作業の能率化を図るためには耕作において機械化は重要な条件となる．歴史的にはインド，小アジアでは牛を中心とした畜力利用の農耕がまたヨーロッパでは馬を利用した畜力牽引耕作が機械化の基となっている．天水畑耕作における耕起，整地，うね立て，播種，中耕・除草は機械化の中心となる作業である．畜力牽引耕作機も作業者の走行を伴う形態から，車輪を付けたカートに作業器を取り付けた牽引の形態へと発達している．天水畑における機械化は気候条件と土壌条件の要因によって作付体系がかわる．通常，熱帯地域の天水畑は乾季の終わりから雨季の始めにかけて作業が行われるが，Vertisolのような粘土分の多い土壌地域では雨季における機械作業が困難なことから雨季明け後に栽培を行う機械化体系が採られる．　　　　（西村美彦）

**きかいはいすい　機械排水**（pump drainage）

重力排水が不能の場合，ポンプによる排水が必要となる．（→排水）　　　（後藤　章）

**きかれいきゃく　気化冷却**（evaporative cooling）

水などの液体が蒸発する際に必要とする潜熱（気化熱）を利用して冷却すること．液体が気体へと相変化するときに気化熱を必要とし，この気化熱は液体が接触している物体から供給される．そのため，液体が存在している物体は気化熱量だけ熱量を放出し冷却される．通常は水を用いる場合が多く，畜舎内で散水を行ったり，細霧を吹き出して行う場合が多い．また，換気扇（ファン）による畜舎内への入気を，水を滴下して常時濡らしておくパッドを通過させ，入気温を外気の湿球温度近くまで下げるパッドアンドファン方式もある．気化冷却は湿度が高い場合はあまり効果なく，かつ実施により湿度がさらに高くなるので，微生物の生息環境に好的に働いて衛生面でマイナスになる場合がある．（鎌田寿彦）

**きかんかして　機関貸し手**（institutional lender）→機関金融，非機関金融

**きかんきんゆう，ひきかんきんゆう　機関金融，非機関金融**（institutional finance, non institutional finance）

政府の政策的意義に基づいて設立・育成された公的な金融機関を機関貸し手，機関貸し手による金融を機関金融という．それに対して，金貸し・商人・地主などの非機関貸し手による金融を非機関金融という．農業は一般の金融機関の融資対象となりにくい特質を持っており，多くの途上国においても1960〜70年代にかけて農業金融を担う公的機関が設立され，政策的な低利融資が農業部門に対して行われた．これを支えたのがツーステップローンである．これは，援助国からの資金がこれらの公的金融機関に貸し出され（金融

の卸し），そこから農民に再貸出された（金融の小売り）．この政策金融は，緑の革命を側面から支え，食料増産に貢献する一方で，貯蓄動員の不足や低い資金回収率などの問題を残した．このような中で，D. Adams らを中心とする農村金融市場論が脚光を浴びた．この理論では，政策的な低利融資と外部からの資金供与が貯蓄動員不足と金融機能の低下をもたらしており，市場の調整力を通じて適切な利子率が設定されれば貯蓄動員が進み金融機関の経営の健全性も高まり，農民の自発性・合理性も活用できるとする．市場メカニズムを強調するこの理論は，80年代に行われた構造調政策下の農業金融再編に影響を与えた．だが，この理論の弱点は，市場機能の前提となる情報が途上国では不十分なことを見落としている点にある．情報が不完全な状態においては，貸し手が借り手の投資行動を完全に把握できないため，利子率を上げると逆にリスクの大きい借り手が集まってしまう逆選択や，借り手が高い利子率を払うためにリスクの高い投資行動を行うモラルハザードの問題を引き起こす．そのため，需要が多いからといって貸し手は利子率を上げるのではなく貸し手を絞る行動をとり，信用割り当てが生じる．村落共同体的規制が強固な場合は情報の不完全性を補完し，モラルハザードを防ぐ機能を果すことがある．

また，機関金融は農村地域の貯蓄動員によって，工業化のための資本蓄積の役目も負っている．この点でいえば，多くの途上国で支配的な非機関金融の残存は経済発展の面から問題視する考え方もある．また，収穫物を一定割合で地主と小作とで分配する分益小作制や商人による金融などは搾取的であり，この機関金融によって代替されなければならないとする考え方もある．しかし，農業生産は天候による豊凶のリスクが大きく，小作農にとっては分益小作制はリスク回避の保険としても機能している．また情報が不完全な農村においては，商人は情報の不完全性を補完しう

るものである．また，非機関貸し手が行う複合契約もモラルハザードを防ぐ役割を果たしていることも評価すべきであろう．また伝統的な農村慣行として存続してきた無尽（→）も，零細農民のリスク回避の面から評価する必要がある． (岡江恭史)

**キクイムシるい　キクイムシ類**（bark beetle, ambrosia beetle）

キクイムシ科とナガキクイムシ科の総称．この両科は，ともにコウチュウ目ゾウムシ上科に含まれ，生活型や加害様式に類似点が多いため，便宜的に一括して取扱われることが多い．キクイムシ類は，そのすべてが植物体内に穿孔し，親子が同一坑道内で共存する亜社会性を営み，通常その食性から，食植生のバークビートル（広義）と，養菌性を営むアンブロシアビートル（→アンブロシアビートル）に分けられる．

キクイムシ類の多くは衰弱木，伐倒木，枯死木，他の病害虫の被害木などに穿孔して繁殖する，2次性の穿孔虫であるが，台風や山火事の被害木や放置された間伐木など，好適な寄主が多量にある場合に急速に生息密度を上げ，生立木を加害する場合がある．また，ニレの立枯病菌の媒介者である *Scolytus scolytus* のように，植物病原菌の媒介者として重要なものも多く含んでいる． (後藤秀章)

**キクユグラスちゅうどく　キクユグラス中毒**（kikuyugrass poisoning）

イネ科チカラシバ属のキクユグラス（*Pennisetum clandestinum*, kikuyugrass）は熱帯型牧草であるが，これが原因と思われる中毒が報告されている．有毒なキクユグラスを摂食した動物は，24～48時間後から食欲不振，沈うつ，起毛，流涎，疝痛，歯ぎしり，消化管運動の停止，便秘などの症状を呈する．また，疑似飲水行動（sham-drinking）も特徴的で，動物は水を飲もうとするが飲むことができない．

キクユグラスはサポニン，硝酸塩，シュウ酸などの有害物質を含むが，草食獣のキクユ

グラス中毒の原因は明らかにはなっていない．南アフリカやニュージーランドの研究者は，キクユグラスと army worm との関連を指摘しているが，オーストラリアでは army worm がいなくても中毒が発生している．何らかのマイコトキシンが関与しているのではないかという研究者もいるが，真菌の関与を否定する研究者もいる．　　　　（宮崎　茂）

**きけんこうう　危険降雨**（critical rainfall）

水食が発生しうる降雨である．水食の発生には，降雨の量と強度が関わる．土壌の受食性によって異なるが，10分間2～3 mm以上の雨が一般に目安となる．ジンバブエ，タンザニア，マレーシアでは25 mm/時が危険降雨の閾値として報告されている．USLE，RUSLEでは，降雨開始後無降雨が6時間以上続くまでの降雨を一連降雨とみなし，その累計が12.5 mm未満の場合，土壌侵食量は極めて小さいとして降雨係数の計算から除外している．　　　　　　　　　　（真常仁志）

**きこうず　気候図**（climatic chart）

気候図とは，気候の状態を表わすために気候要素を図的に表現したものである．分布図，グラフなどで示されるが，気候要素の地理的分布図が一般に気候図として認識されることが多い．具体的には，年平均気温や年降水量による等値線図，Köppen の気候区分図などが挙げられる．分布図に対し，グラフによるものとして，ハイサーグラフ（雨温図），クライモグラフなどがあげられる．一例としてクライモグラフ（climograph）を取り上げると，クライモグラフは気候ダイアグラムの一種である．考案者は G. Taylor．クリモグラフ，湿温図ということもある．縦軸に湿球温度，横軸に相対湿度をとって，それぞれの月平均値によって12の点をプロットし，月の順序に従って折れ線で結んだもの．湿球温度は体感温度と，相対湿度は体感的な乾湿の程度と関係あるため，グラフ上の位置，形状によって体感気候上の特性を直感的に把握できる．さらに同一図中に何地点かの情報を重ねあわせることができるため，地点間比較が容易にできるという利点も持つ．湿球温度の観測値が少ないため，縦軸を気温，横軸を降水量にして描いた図も Taylor によって考案された．この図も，クライモグラフとしてよばれることもあるが，実際にはハイサーグラフと呼び，区別をすることが望ましい．

　　　　　　　　　　（佐野嘉彦）

**きこうでんどうど　気孔伝導度**（stomatal conductance）

気孔は植物のガス交換の主要な通路となる．盛んに蒸散している葉では葉から出る水蒸気の8～9割あるいはそれ以上が気孔を通る．$CO_2$ は通常の大気の $CO_2$ 濃度条件（約350 $\mu l\, l^{-1}$）ではクチクラは非常にわずかしか通らず，もっぱら気孔を通って葉内に拡散する．植物は気孔の開閉を通じて体内水分の調節を行うとともに，光合成速度も気孔の開閉によって大きな影響を受ける．$H_2O$ や $CO_2$ のそれぞれの気体分子の拡散に対する気孔における抵抗を気孔抵抗（stomatal resistance）といい，これによって気孔のガス交換機能を量的に表わす．気孔伝導度は気孔抵抗の逆数で表わされる．気孔抵抗（伝導度）とクチクラ抵抗（伝導度）が水蒸気に対する葉の拡散抵抗（伝導度）を構成する．$CO_2$ に対する気孔抵抗は，水蒸気に対する気孔抵抗と $CO_2$ と $H_2O$ の拡散係数の比とから求められる．

　　　　　　　　　　（平沢　正）

**ぎし　擬死**（thanatosis, death feigning, death mimicry）

動物が急な刺激で，死んだような静止状態になること　　　　　　　　　（持田　作）

**きしゅそ　気腫疽**（blackleg）

*Clostridium chauvoei* の感染によって起こるウシの感染症で，肩部，臀部などに不整形の浮腫が生じ，それを圧した時に捻髪音がする．その他に浮腫部周辺の体表リンパ節の腫大，跛行，呼吸困難，発熱，振戦などの症状も呈す．　　　　　　　　　　（江口正志）

**キジラミるい　キジラミ類**（jumping plant-lise）

カメムシ目キジラミ科（Psyllidae）の小型の昆虫で植物から吸汁する．虫えい（虫こぶ）を作るものもある．これらのうちカリブ海地域原産のギンネムキジラミ *Heteropsylla cubana* が最も重要で，ギンネムの新梢から吸汁して落葉や生長阻害を引き起こす．最近熱帯，亜熱帯各地に分布が拡がり問題となっている．テントウムシの一種 *Curinus coeruleus* が有効な捕食性天敵で，フィリピン，サイパン，インドネシア，パプアニューギニアで防除のため導入された．また，ギンネムの種，系統により抵抗性のものがある．（松本和馬）

**きすいせい　汽水成**（brackish）

海水と淡水が混ざり合った地域でできたことを示す．　　　　　　　　　　　　（荒木　茂）

**きせいとほしょく　寄生と捕食**（parasitism and predation）

寄生とは，一方（寄生者：parasite）が他方（寄主・宿主）の体外・体内に付着し何らかの利益（特に栄養）を得，寄主が損害を受けること．〔寄生者が最終的に寄主を殺す場合・あるいは寄主の生殖能力を奪う時（ネジレバネ類など），その寄生者を特に偽寄生者と呼ぶことがある〕．捕食とは，一方の動物（捕食者：predator）が他方（被食者）を食物として捕らえること．いずれも，食う者と食われる者の関係にある．　　　　　　　　　　　（持田　作）

**きせつかせん　季節河川**（seasonal stream）

乾季の卓越した気候下で，雨季にのみ流水を有し，乾季には干上がってしまう河川のこと．　　　　　　　　　　　　　　　（後藤　章）

**きせつてきしょうちょう　季節的消長**（seasonal occurrences, prevalences, abundances）

動物が年間に示す個体数の変動．温帯では冬期の存在が個体密度低下の最大要因になることが多いが，乾季のある熱帯の食植性昆虫では乾季の到来とそれに付随して起こる植物の（量的・質的）変化が，（昆虫の休眠・死亡・（短距離の）分散と移動などを通して）個体数変動に関与することが多い．明瞭な乾季がない地帯では，個体密度の変動はあまり顕著でなく，一定の面積に（温帯と比較して）より多くの種類が，種毎に見るとより少ない個体密度で存在する傾向がある．→害虫の発生生態
　　　　　　　　　　　　　　　（持田　作）

**きせつふう　季節風**（monsoon）

モンスーン．英語の語源は，アラビア語の季節を意味する mausim からきている．また，アラビア海では南西風と北東風が半年交代で吹き，これも mausim と呼ばれ，中世からアラビアの航海者たちに利用されてきた．モンスーンの定義は数多くあるが，気象学においては，大陸・海洋間の大気加熱の差が夏と冬で逆転することによって引き起こされる大規模な風系の季節的変化と，それに伴う降水活動として定義される．季節的な風系の変化にともなって，雨季乾季の入れかわりが起きることが多く，広い意味では，季節風にともなう雨季も含めてモンスーンと定義されることも多い．さらに雨季自身を指す言葉としても用いられることもある．古典的には，海洋と陸地との熱的な性質の差によって引き起こされる，夏と冬で大きく風向が変わる卓越風系を指す．具体的には，海洋（水）は比熱が大きく，陸地（岩石）は比熱が小さいことから，夏は大陸が海洋に比べ気温が高く，大陸に低圧部が海洋に高圧部が現われ，海洋から大陸へ風が吹き，冬は陸地が冷やされ高圧部ができるため，大陸から海洋へ風が吹くというものである．これに対し，定義の中に成因を含めずに形式的に定めたものも見られる．例えば，Khromov は，夏と冬の卓越風のステディネスが大きく，1月と7月の卓越風向の変化が120〜180度の地域を季節風帯として定義した．この定義による季節風帯の範囲には，熱帯，温帯の季節風帯以外に，北極地域にも季節風が存在することになるが，実際には極地域が季節風帯と呼ばれることはあまりない．さらに近代的な考え方では，モンスー

をプラネタリー風系の季節による南北シフトの中に組み込み，水陸配置，大地形の影響をメカニズムに取り入れて説明するようになった．季節風が卓越する地域は，モンスーン（季節風）気候帯と呼ばれる．モンスーン気候帯として，アジア東・南部から（赤道直下を除く）インドネシア，オーストラリア北部にかけての地域，西アフリカの海岸地域と中米の一部が考えられる．特にアジア大陸からオーストラリア北部にかけての地域は，風系の季節変化と乾季雨季の区別が明瞭で，最も典型的なモンスーン気候帯といえる．最近の研究の動向として，モンスーンの季節内振動の原因がチベット高原の熱的・地形的影響であると考えられており，より詳しい観測および研究が必要であるとの認識がある．また，モンスーンの年々変動とエルニーニョ南方振動（ENSO）（→）との関係は，19世紀末にWalker卿によって既に指摘されていたが，この関係が，エルニーニョの予測などに関連して注目を浴び，エルニーニョが熱帯太平洋における大気海洋相互作用だけではなく，アジアモンスーンにも関連している可能性があることが徐々に解明されつつある．　　(佐野嘉彦)

**キセニア**（xenia）

被子植物の重複受精により生じる胚乳の形質に，花粉の形質が現われる現象．
（秋濱友也）

**ぎそうしつぎょう　偽装失業**（disguised unemployment）

労働の限界生産物がゼロであるが，農作業などに従事することで偽装され，雇用状態にあるかのようにみえること．　　(鼻野木由香)

**きたいぞうだいかくめい　期待増大革命**（revolution of rising expectation）

植民地支配から政治的独立を達成した諸国では，政治的エリートを中心に近代化に向けた急速な社会変化への期待が高まる一方，その現実的な達成状況との間に大きなギャップが拡がった現象をいう．国家建設における西欧福祉国家への憧憬，民主主義，政党制，普通選挙，市民的自由などの政治的目標，経済開発や計画に基づく開発といった経済的目標が謳われたが，実際には権威主義的政治体制とその下での外国援助に支えられた開発が進められた．期待増大革命が特に著しいのは，高等教育の分野である．大学卒業者に有利な給与体系のために，より高い学歴を得ることによって達成可能になるであろう中産階級的消費水準への期待から，途上国においてはより高水準の教育が熱望され，経済成長率とは無関係に高等教育への投資が行われた結果，都市と農村との格差の拡大，階級分化の促進，中堅技術者の不足，高学歴失業者の輩出やその一部の国外への流出により，社会建設への参加を困難にするなど，高等教育の普及の負の影響ともいうべき現象がもたらされた．
（水野正己）

**きたかいきせん　北回帰線**（the Tropic of Cancer）→熱帯

**きどう　気動**（air movement）

空気の動き．天然の風や送風機などによる人工の空気の移動速度と方向．暑熱条件では家畜体に送風し体温上昇を防ぐといった気動の働きを利用した方法が設備費や運転経費が少なく，冷却効果があることから有効である．気動の効果は風速の平方根に比例するとされている．
（鎌田寿彦）

**ギニアグラス**（guinea grass, baffalo grass）

学名：*Panicum maximum* Jacq. var. *maximum*
染色体数 $2n = 16, 18, 32, 36, 44, 48$. ほとんどが永年生の暖地型イネ科牧草であるが，短年生の品種もある．原産地は熱帯の東アフリカである．18世紀から20世紀初頭までに熱帯アジアから太洋州・オーストラリアに導入されたものと考えられている．現在，熱帯・亜熱帯の各地域に広く分布，あるいは栽培されている．

品種は広く栽培されている cv. *Common Guinea*（コモンギニア），cv. *Coloniao*（コロニアン）の他に，cv. *Hamil*（ハミル），cv. *Riversdale*（リバースデール），cv. *Gatton*（ガット

ン), cv. *Makueni* (マクエニ), cv. *Embu* (エンブ), cv. *Natsukaze* (ナツカゼ), cv. *Natsuyutaka* (ナツユタカ) などが登録されている.

ギニアグラスは本来，熱帯アフリカの肥沃な土壌で自生し，草型は叢生・直立型で，最適降雨条件は 1,000～1,300 mm とされていたが，各地に導入されるに伴い，遺伝的な変異が大きくなり，生態型も多い．そのため，草高は小～中型が 1～1.5 m のものから，大型は 2.5～3.0 あるいはそれ以上になり，比較的耐旱性の高いものから耐湿性の高いものまである．草型も Embu (エンブ) のように，半直立で，各節から発根する品種もある．

各品種を通じて，葉柄は幅 1.5～3.0 cm, 葉長 60～80 cm, 穂は円錐花序で幅 12～30 cm, 長さ 15～40 cm である．ギニアグラスの多くの品種は，葉は濃緑色で，葉鞘や茎も無毛であるが，Coloniao (コロニアン) や Hamil (ハミル) をはじめ 3 m を越える大型品種は，葉鞘基部に硬い毛，葉には柔かな毛が密生している．多くの小穂をまばらにつける．小穂には 3～4.5 mm の大きさで先は細く尖り，緑色～淡紫色である．

ギニアグラスの生殖様式は種子繁殖であるものの，アポミクシス系統が存在する．アポミクシスは胚乳形成に必要な極核の受精において，卵核は受精することなく，卵細胞近くの体細胞が発生を開始し胚となるため，母株の体細胞と同一の遺伝形質を有する種子形成が行われる．ただし，品種にもよるが，有性生殖胚も 1～5 % 発生する．近年，わが国ではアポミクシスの特性を利用して，Natsukaze (ナツカゼ) と Natsuyutaka (ナツユタカ) が作出された．

ギニアグラスは短日性で種子生産量は 1 収穫期当たり 5～35 kg/10 a である．休眠性が強い．

ギニアグラスは窒素肥料にきわめて敏感に生産量に反映する．品種や生育環境にもよるが，1.5～2 カ月間隔の刈り取りで，年間 80 kgN/10 a 以上の窒素施肥を行えば，年間 3～4 t 乾物/10 a 以上が可能である．栄養価値も生育環境条件，栽培・管理条件で変動するが，乾物消化率は 50～70 %, 粗タンパク質含有量は 1～3 % である．家畜への利用方法は採草用が多く，生草，乾草あるいはサイレージとして利用される．わが国南西諸島の南部地域では，主として採草利用，一部放牧利用に品種ガットンを栽培し，その作付面積がこれまでのローズグラスに代わって増加している．放牧利用の場合は重放牧では個体数の減少と雑草の侵入をもたらす．採草用としての品種ナツユタカの各刈取時の乾物収量は 4 t/10 a 程度である．品種ナツカゼは生長速度が速く，高収量性の品種で葉幅は 3～4 cm と広く，葉部割合が大きく，栄養価も比較的高い．ナツカゼはわが国低暖地の夏季に栽培されている．本来，短年生であるが，ほとんど越冬できないため，一年生としての利用である．なお，ネコブセンチュウを防除するとされており，園芸作物の緑肥作物としての利用も多い．

採種された種子は休眠性が強いため，そのままでは発芽率が 5～20 % と低い．播種前に冷蔵庫で保存し，20 ℃ 以上の室温で 1～2 カ月保存し，播種に供する．ジベレリン処理によって，休眠打破を行う方法もある．

排水良好で肥沃な土壌を好み，アルカリ性から酸性まで適応する．特に，耐酸性が強いものの，リン酸施肥によって増収効果が高い．

一般にギニアグラスは近縁種であるグリーンパニック (*Panicum maximum* var. *trichoglume* Eyles) とともに耐陰性が高く，プランテーションの下草として利用され，30 % の遮光ではむしろ無遮光の場合よりも高い生産性を示すことも報告されている (Wong & Wilson, 1980). 〔川本康博〕

**キネマ** (Kinema)

キネマは，ネパール東部の丘陵地方やネパールに近いインドのシッキムやダージリン地域において，日本の納豆菌と同種の *Bacil-*

*lus subtilis* を利用してつくられている納豆によく似た大豆発酵食品である．

ネパールにおけるキネマの作り方は，まず，水煮した大豆を熱いうちに木製の臼と杵で軽くつぶし，それをバナナの葉を敷いた竹カゴに詰める．その際，少量のかまどの灰を煮豆に振り混ぜることが行われる．詰めた煮豆の表面をバナナの葉で覆い，さらに全体を麻の袋に入れ，かまどのそばに置いて2～3日間発酵させればキネマになる．なお，ネパールに近いインドのシッキムやダージリン地域では，通常，バナナの葉ではなくシダの葉が用いられる．

キネマの味や香りは納豆によく似ており，糸も引く．保存する場合は，天日乾燥させる．キネマは，通常，香辛料入り野菜の炒め煮であるネパール料理タルカリの素材の一つとして用いられる． （新国佐幸）

**ギバープレーン**（gibber plain）→乾燥地形

**きはつせいえんきちっそ　揮発性塩基窒素**（volatile basic nitrogen, VB-N）

魚介類を貯蔵しておくと，アンモニアやトリメチルアミン（trimethylamine, TMA）などの揮発性アミン類が生成し，次第に増加する．これらのアンモニアや揮発性アミン類を総称して揮発性塩基という．魚介類の鮮度指標として用いられるが，このような場合にはアンモニア態窒素に換算して，揮発性塩基窒素として表わす．

一般に，動物が死ぬと，筋肉は死後硬直を起こし，次いで解硬，自己消化を経て腐敗に至る．死後硬直から自己消化までの変化は，主として本来筋肉組織に含まれている酵素系の作用により進行するが，腐敗はいわゆる腐敗細菌由来の外来酵素系により進行する．自己消化の後期から腐敗へ至る過程で筋肉中のアミノ酸は脱アミノ反応を受けてアンモニアを生成する．また，海産魚類の筋肉中にはトリメチルアミンオキサイド（trimethylamine oxide, TMAO）が含まれているので，これが細菌の還元酵素の作用を受けて，TMAを生成する．一方，淡水魚類はTMAOを含まないので，鮮度が低下してもTMAはほとんど生成しない．

このように，魚肉のVB-N量から，その魚肉が受けた細菌の作用の程度，すなわち鮮度を知ることができる．多くの魚介類で，鮮肉100g当たりVB-Nが5～10 mgなら新鮮，15～25 mgで普通鮮度，30～40 mgで初期腐敗，50 mg以上は明らかに腐敗と判定される．しかし，サメ類やエイ類は例外で，これらの魚種には筋肉中に多量の尿素が含まれているため，新鮮であっても尿素から比較的多量のアンモニアが生成していることがある．この種の魚の鮮度判定には，VB-Nは適用できない．

VB-Nの測定法には通気法，減圧法，Conwayの微量拡散法などがある．このうち微量拡散法は，比較的多数の検体のVB-Nを比較的短時間内に測定できる利点があり，広く利用されている．

魚介類の鮮度指標には，VB-Nのほかに$K$値がある．$K$値は，VB-Nとは異なり，魚肉上に細菌が増殖して分解活動を開始する以前の鮮度を表わす指標として考案された．魚の死後，筋肉中ではアデノシン三リン酸（ATP）は，筋肉組織中に本来存在する酵素系の作用によりアデノシン二リン酸（ADP），アデニル酸（AMP），イノシン酸（IMP），イノシン（HxR），ヒポキサンチン（Hx）へと順次分解される．したがって，死後の時間経過が長くなると，魚肉のATPは分解し，HxRやHxは増加する．$K$値は，ATPおよびその分解生産物の全量に対するHxRとHxの合計量の百分率として，次のように定義される．

$$K 値 (\%) = \frac{HxR + Hx}{ATP + ADP + AMP + IMP + HxR + Hx} \times 100$$

多くの魚で，$K$値が20％以下なら新鮮で刺身で食べられるが，20～50％の場合には加熱調理が必要とされる．$K$値の測定法とし

て，これまで鮮度測定器，バイオセンサ法，鮮度試験紙法などが考案されている．
(小泉千秋)

**きはつせいしぼうさん　揮発性脂肪酸**（volatile fatty acids）

水蒸気蒸留により得られる短鎖脂肪酸である．VFAと略記される．水に溶けやすい．酢酸，プロピオン酸，酪酸，カプロン酸，カプリル酸や分枝したイソ酪酸やイソカプロン酸が含まれる．草食動物の消化管内微生物は主に炭水化物から揮発性脂肪酸を合成する．これらを草食動物はエネルギー源として利用する．特に反芻動物では主なエネルギー源となる．給与飼料は反芻胃内発酵のパターンに影響を及ぼし，繊維成分の多い飼料を給与すると酢酸の合成比率が高まり，デンプン質の多い濃厚飼料を給与するとプロピオン酸の合成比率が高まる．動物体内で酢酸や酪酸はアセチルCoAとなり，ATP合成や長鎖脂肪酸の合成に用いられる．泌乳牛では酢酸は乳脂肪合成の原料の一つであるので，濃厚飼料を多給すると乳脂肪分が減少する．プロピオン酸はATP合成やグルコース新生の原料となる．
(松井　徹)

**きばん　基盤(岩)**（basement, basement complex）

①対象としている地層よりも下位にあるすべての地層・岩体を指す．対象としている地層の形成時には地形を構成していた．相対的なものであり，対象とする地層によって基盤とされる地層・岩体も異なる．固結した岩石の場合，基盤岩（basement rock, bedrock）ともいう．②古生代以降の堆積岩類に不整合に覆われ，通常火成岩または変成岩からなる先カンブリア時代の岩体を指す．③地殻とマントルとの境界であるモホロビチッチ不連続面より上方にあり，堆積岩類よりも下位にある地殻部分を指す．
(吉木岳哉)

**ギブサイト**（gibbsite）

Al(OH)$_3$の化学式で示されている結晶化粘土鉱物の一種．シアリットおよびアリット風化が卓越する温帯，熱帯地方の土壌中に広く出現する．低いSi濃度，高い水素イオン濃度，低い塩基濃度のもとで生成する．結晶末端に露出したAl-OH基は，H$^+$を取り込んだり，放出することによって正または負に荷電し，イオン交換反応を行う．

$$Al-O^- \xleftarrow{-H^+} Al-OH \xrightarrow{+H^+} Al-OH_2^+$$

X線回折では0.483 nmおよび0.434 nmに回折を，示差熱分析では310℃付近にシャープな吸熱ピークを示す．
(三土正則)

**キマメ，ピジョンピー**（pigeon pea, angola pea）

学名：*Cajanus cajan* (L.) Millsp. 種子は食糧としても利用される暖地型マメ科植物．ギンネムよりも標高の高い地域で栽培できる．嗜好性は高く種子が大きい．適応する土壌も多い．
(川本康博)

**キメラ**（chimera）

二つ以上の遺伝子型の細胞，あるいは異なった種の細胞から作られた1個の生物個体．または，同一生物個体の中に，二つ以上の異なる遺伝子型の細胞や組織が共存する状態．
(秋濱友也)

**ぎゃくしんとう　逆浸透**（reverse osmosis）→分離，膜分離，濃縮

**ぎゃくめつぎ　逆芽接ぎ**（reversed budding）→接ぎ木

**キャッサバ**（キイモ，cassava, manioc, tapioca, *Manihot esculenta*）

キャッサバはトウダイグサ科の食用作物であり，熱帯地域住民の食料カロリー源として重要である．1999年の世界生産量は1.8億tに達している．キャッサバの生産地は熱帯の発展途上国に多い．その理由はこの作物が熱帯起源（メキシコ，グァテマラに及ぶ地域とブラジル北東部）であることのほかに，①繁殖が容易，②悪環境に対する耐性，③多生産性，④省力栽培の適応性，⑤常食可能なデンプン作物である，ことが関係している．近年

アフリカでの栽培が急増しているのは上記の特性によるところが大である.

キャッサバは草丈 1.5～4.0 m に達する灌木であり, 地下に大きな塊根を形成し, その乾物含有量は 25～40％ で, そのほとんどがデンプンである. 生育期間（デンプン含量が最高値に達するまでの期間）は品種にもよるが, 4～5 カ月の極早生種から 16～20 カ月の極晩生種まである. キャッサバは青酸を含有することが知られているが, その含有率が少ない（生塊根 1 kg 当たり 80 mg 以下）甘味種と含有率が多い（同 80 mg 以上）苦味種がある. 前者は生食用, 後者は加工用にされることが多い.

キャッサバの栽培地は一般に 27～28 ℃ の高温が最適であるが, 南・北 30° の緯度内が栽培範囲である. 標高は 1,500 m くらいまでが生育に悪影響なく栽培できる上限である. 降雨量は年間 500～5,000 mm の地域で栽培可能とされるが, 水はけの悪い土壌で, 多雨は塊根の腐敗を招き, 減収する. 一方, キャッサバは活着すると乾燥に耐えて, 6 カ月ぐらいの乾季にも普通に耐える. さらに, 低肥沃度条件下でもある程度の収量を上げうる作物である. しかし, キャッサバの適地は肥沃地であり, 多量の土壌養分を吸収し, 収奪した養分の補給がなければ, 土壌の肥沃度を急速に枯渇させる. 他の根菜類と同じようにカリウムの吸収量が多いほど収量およびデンプン量が増大する.

キャッサバの根付けは茎（先端部を除き）を約 25～30 cm に切断し, その 3 分の 1 程度を残し土壌中に斜めに挿し込むか, 土壌中に水平に埋め込む. 栽植密度は 1 ha 当たり 1 万本（1 m×1 m）が普通であるが, 小農による栽培は大部分が他の作物との間混作が一般的である. 収穫は地上部を刈り取り, 茎の基部を持って引き抜くが人力では意外と労力を要する. キャッサバにとって大きな問題は塊根の収穫後 24 時間前後に皮層部に現れる変質（ネクロシス）と 5 日目頃からはっきりする土壌微生物による維管束部の腐敗である. そのため収穫後数日以内に乾燥チップにして貯蔵する. キャッサバの病虫害のうち, キャッサバモザイク病（ウイルス病）はアフリカで, 伸長病 (superelongation disease) は南アメリカ北部にそれぞれ限定して重大な病害であり, 葉枯れ病 (cassava bacterial blight) は全栽培地域に発生している. 虫害ではダニ類, カイガラムシ類が近年天敵のいないアフリカに移入されて, 大被害を引き起こしている.

(廣瀬昌平)

**キャッサバしゅうかくき　キャッサバ収穫機**（cassava digger）

キャッサバの塊根を掘り取る機械として次のようなものが使われている. キャッサバの収穫法としては, 地上茎を地表から 30 cm のところで刈り取り, その後茎の根元を手でもって引き上げ, 地中に残った塊根は鍬などで掘り上げる収穫方式と, 地上茎を刈り取りその後改良したボットンプラウで塊根を浮き上がらせて収穫する方式の 2 種類がある.

(杉山隆夫)

**キャットクレイ**（cat clay）→酸性硫酸塩土壌

**ギャップ**（gap）

森林群落において, 林冠を構成する樹木が, 暴風雨や落雷で枯損したり, 自然枯死して生じた林冠の空隙部分を指す. 林冠ギャップ (canopy gap) とも呼ぶ. ギャップの内部へは, 光がさし込むようになり, 林床の実生・稚樹は急激に成長を始める. 土壌中に種子バンク (seed bank) として蓄えられていた休眠種子 (dormant seed) の多くも, 光環境の変化と温度環境の変化を引き金として発芽を開始する. こうしてギャップの内部では, 次の世代の林冠木となる個体が, 旺盛な成長を開始する.

発達した原生林の多くでは, ギャップがパッチ状に分布しており, 年々新たなギャップが形成されるとともに, 古いギャップは徐々に閉鎖していく. このようなギャップの形成

をきっかけとする森林の更新を，ギャップ更新（gap regeneration）と呼ぶ．この場合，森林は林齢を異にする小林分がモザイク状に組み合わさった構造を示し，このような構造は再生複合体（regeneration complex）と呼ばれる．

森林を構成する種は，このようなギャップの発生を利用して個体群の更新を行っている．ギャップの発生に対して，実生・稚樹の形で待機している種を実生・稚樹バンク型（seedling-sapling bank type），埋土種子の形で待機している種を種子バンク型（seed bank type）と呼び，先駆種は後者の更新様式を持っている．ギャップの面積が小さい場合には，林床部分から新たに成長してきた個体が林冠に達する前に，周囲の林冠木の枝が伸長してギャップが閉鎖されてしまうことも多い．一方先駆種が更新できるのは面積が約 400 m² 以上のギャップに限られることが多い．

熱帯多雨林や熱帯季節常緑林などでも，ギャップ更新によって森林は維持されている．しかし，熱帯モンスーン林では，高木の密度が低く林冠の空隙部分が多いため林内は明るい．このような森林ではギャップの発生による光環境の改善よりも，森林火災や林床に生育している林床植物との競合が排除されることが更新に不可欠で，ギャップ更新のパターンは明瞭には見いだせなくなる．（神崎　護）

**ぎゅうえき　牛疫**（rinderpest）

伝染力の強い偶蹄類のウイルス病．国際獣疫事務局（OIE）による最重要疾病（リストA）の一つ．

原因：パラミクソウイルス科（Family Paramyxoviridae）パラミクソウイルス亜科（Subfamily *Paramyxovirinae*）のモルビリウイルス属（genus *Morbillivirus*）の牛疫ウイルス．ウイルスはエンベロープを持つ RNA ウイルスで，同属のウイルスには麻疹，犬ジステンパー，小反芻獣疫の各ウイルスがある．血清型は単一であるが，ウイルス株の病原性に差異がある．pH 4～10 の間で安定．熱処理に弱い．有機溶剤に感受性で，フェノールや脂質溶解性の多数の消毒液が有効である．

疫学：自然感染するのは，ウシ，スイギュウ，ヒツジ，ヤギ，ブタおよびウシ科野生動物．ウシとスイギュウの感受性が高い．品種による感受性の差があり，東アジアのウシは感受性が高い．感染後発熱前 1～2 日から鼻汁，涙，唾液，糞尿にウイルスが排出される．感染経路は感染動物の分泌液や排泄物の飛沫吸入やこれら動物との直接接触による．キャリア動物は存在しない．本病は中部アフリカ，中東および南西から中央アジアで発生があるが，国際機関の協力による撲滅計画が進められている．

症状と病変：ウイルス株の病原性と宿主の感受性の違いにより多様な症状を示す．潜伏期間は 3～15 日．元気消失，食欲不振，反芻回数の減少，呼吸速迫とともに 40～42 ℃ の発熱．流涎，鼻漏，膿性眼脂および口腔粘膜の壊死とび爛による食欲廃絶が数日間続く．解熱後から粘膜や壊死片を含む悪臭の血様下痢が始まり，裏急後重（渋り腹），脱水，腹式呼吸を示す．その後，横臥し 8～12 日の経過で死亡．甚急性は発病後 1～2 日で，急性は発病後 4～7 日で急死，いずれも高死亡率を示す．亜急性は上記症状のいくつかを示すが死亡率は低い．また不整発熱と軟便のみを示す非定型的な症状もある．不顕性感染は軽症又は無症状で，抗体検査でのみ感染の確認ができる．ヒツジとヤギでは不整の発熱と下痢および食欲不振がみられる．ブタでは元気消失，発熱，結膜炎，口腔内び爛などを示し死亡するものがある．特徴的な病変は，口腔及び消化管粘膜の出血性変化，壊死，偽膜またはび爛形成，肝の腫脹，黄疸様混濁，胆嚢の膨大などで，大腸粘膜面の充出血病変はシマウマ様斑状を呈する．組織学的病変は，全身のリンパ組織で顕著．脾臓の中心動脈周囲やリンパ濾胞への多核巨細胞の浸潤，濾胞内リンパ球の壊死，細網細胞の活性化など．

診断：類症鑑別としては，ウシでは口蹄疫，牛ウイルス性下痢・粘膜病，牛伝染性鼻気管

炎，悪性カタル熱，水疱性口炎，サルモネラ症，仮性結核，壊死桿菌症およびヒ素中毒が，またヒツジとヤギでは小反芻獣疫が重要．病原診断には，ゲル内沈降反応，ELISA，蛍光抗体法，免疫組織化学，PCR などによるウイルス抗原または核酸の検出，Vero 細胞や牛腎細胞によるウイルス分離を行う．血清診断には ELISA や中和テストを行う．

予防：流行地域では，発病動物の隔離淘汰，死亡畜の消毒処分，汚染地域の隔離と清浄地域の防疫帯設定による蔓延防止策をとる．発生地域からの生畜，畜産物の輸入を制限．流行地域では組織培養生ワクチンが有効．疫学調査手法は OIE の基準に従う．　（村上洋介）

**きゅうがるい　吸蛾類**（fruit-piercing moths）
口吻で果実表皮に孔を開け果汁を吸汁するヤガ科シタバガ亜科 Catocalinae の成虫類．
（持田　作）

**きゅうこうさくもつ　救荒作物**（emergency crop）
救荒作物はイネなどの主作物が天候不順や風水害に際し，凶作となった場合でもなお相当の収量を上げうる作物．例えばアワ（*Setaria italica*）・キビ（*Panicum miliaceum*）・ヒエ（*Echinochloa utilus*）・ソバ（*Fagopyrum esculentum*）・ジャガイモ（*Solanum tubelosum*）・サツマイモ（*Ipomoea batatas*）などがある．その他に，主作物の栽培が播種後の旱ばつなどによって生育途中で失敗したとき，その替わりに急きょ栽培される作物（置換作物/catch crop）を含む場合もある．置換作物には，ソバなどの生育期間の短い作物が使われる．
（根本和洋）

**きゅうこんしょくぶつ　球根植物**（bulbous plant）
地下部に根，茎，葉の一部が肥大した貯蔵兼繁殖器官を有する多年生の草本植物．熱帯性の球根植物には，タロイモ，キャッサバの他，*Gloriosa* や *Caladium* などがある．
（土井元章）

**きゅうじ　給餌**（feeding）
餌を飼槽などに入れ，家畜に与えること．家畜の健康を維持しつつ生産性を上げるために各種の必要な栄養素がバランスを保って採食できるよう，餌として使う飼料の質と価格，飼料給与方式，飼料給与装置などに配慮する．飼槽に常に餌があるようにして家畜が食べたい時に食べたい量だけ自由に摂取できる不断給餌方式と，一定量を決められた時刻毎に給与する制限給餌方式とがある．飼槽での個体間の競合による闘争が起こらないように配置，大きさ，給餌方式の検討が必要である．暑熱条件では食欲が低下することと，採食直後から熱量増加が生じるので，比較的涼しい早朝や夜間に給餌を行うのがよいとされている．飼槽に餌を長時間入れておくと変敗することがあるので，短時間に食べきる量を回数を分けて与えるのが望ましい．（鎌田寿彦）

**きゅうじき　給餌機**（feeding equipment）
畜舎の構造，規模によって異なるが，サイロアンローダとバンクフィーダとより成る．
（吉崎　繁）

**きゅうすい　給水**（water supply）
家畜への飲水の給与．動物の体の約 60 % は水分であり，生命維持に対して水の必要性は大きい．水は体内で物質の輸送，化学反応，体温の維持の役割を果たしている．飼料摂取に伴い飼料中の水分が取り込まれる水，また体内の消化過程で生成される水もあるが，飲水によって体内に取り込まれる水の量が多い．常温下では飲水量は採食量との関係が強く，採食量の 2〜3 倍の量を飲水する．暑熱時には皮膚や呼吸気道からの蒸散による熱放散が体温上昇を防ぐために重要となるので，家畜が欲する水分を十分量供給するように心がけなければならない．冷たい水を給与することにより，さらにある程度の冷却効果がある．また，暑熱時には水が変質しやすいのでなるべく新鮮な水を給与することが望ましく，ニップル方式などの給水装置がこれに適している．しかし冷涼感を得るために水を体

に触れさせる行動をとる場合があるので，水の使用量の増加に注意を払う必要がある．高温時には常温時の1.5〜2倍量を飲水する場合がある．
　　　　　　　　　　　　　　　（鎌田寿彦）

**きゅうせいどくせい　急性毒性**（acute toxicity）

農薬など化学物質の一定量を動物に投与した場合に生じる毒性である．急性毒性試験には急性経口毒性，経皮毒性，吸入毒性試験などがある．経口毒性試験は農薬などの化学物質を経口投与し，症状，死亡数，死亡に至る時間，回復時間などを観察する．一般には3用量投与区をもうけ，各用量での死亡数から半数致死薬量（LD 50）を計算する．経皮毒性試験は農薬などを経皮的に投与し，経口毒性試験と同様の検査を実施する．吸入毒性試験は農薬の使用者の安全のための試験である．ガスまたは揮発性の高い農薬について暴露装置，チャンバーで4時間連続暴露して急性毒性を検討する．14日間の観察試験中の累積死亡率から半数致死濃度（LC 50）を算出する．有機リン系化合物についてはニワトリを用いての神経症状にもとづく急性遅発性神経毒性試験（delayed neurotoxicity study）がある．必要に応じていずれかの試験をする．
　　　　　　　　　　　　　　　（大澤貫寿）

**きゅうちゅう　吸虫**（trematoda）

吸虫は，扁形動物門の1綱で，家畜の寄生虫として重要なものが含まれている．体は一般に木葉状で左右対称，原則として前端と中央部付近にそれぞれ1個の吸盤がある．消化管は口に始まって分岐した腸盲嚢に終わり，肛門はない．住血吸虫科の吸虫だけが雌雄異体であり，他の吸虫は雌雄同体である．家畜に寄生する吸虫は，一つまたは二つの中間宿主をとる．主な吸虫は，二腔吸虫科（槍形吸虫，膵蛭），後睾吸虫科（肝吸虫，タイ肝吸虫），肝蛭科（肝蛭，肥大吸虫），棘口吸虫科（棘口吸虫），異形吸虫科（横川吸虫），短咽吸虫科（鶏盲腸吸虫），住胞吸虫科（ウエステルマン肺吸虫），双口吸虫科（多属であるため双口吸虫として総称することが多い），住血吸虫科（日本住血吸虫，ビルハツル住血吸虫，マンソン住血吸虫，椋鳥住血吸虫）などである．熱帯の家畜で重要な種類は肝蛭，肝吸虫，膵蛭，肥大吸虫，住血吸虫などである．住血吸虫は，人の寄生虫として重要である．
　　　　　　　　　　　　　　　（平　詔亨）

**ぎゅうでんせんせいびきかんえん　牛伝染性鼻気管炎**（infectious bobine rhinotracheitis）→付表33

**きゅーねつ　Q熱**（Q fever．別名コクシェラ症，Coxiellosis）→付表33

**ぎゅうはいえき　牛肺疫**（contagious bovine pleuropneumoniae）

*Mycoplasam mycoides* subsp. *mycoides* の小型集落（small colony：SC）株の感染によって起こる致死率の高いウシの感染症である．本病による経済的被害は甚大であるため各国は撲滅に力を入れ，現在では多くの国，地域で本病は清浄化されているものの，アフリカ，中近東，中央アジアでは発生が続いている．清浄化に成功したヨーロッパでも1980年に再び発生が確認されたことから，清浄国であっても本病の侵入に警戒を怠ることはできない．本病常在地においては感染しても無症状保菌牛となることが多いが，清浄地域のウシが感染すれば死亡率は高い．特に1歳未満のウシの致死率は50％以上に達する．しかし3歳以上のウシは耐過し保菌牛となることが多い．伝播は通常，感染牛との直接接触あるいは病原体を含む飛沫を吸入することによって起こる．感染初期には発熱，食欲不振がみられ，その後疼痛性の発咳，鼻汁漏出，泌乳停止を起こし，食欲廃絶，呼吸困難となり死の転帰をとる．本病の肺病変は特徴的である．典型的な胸膜肺炎および線維素性間質肺炎を起こし，胸水が大量に貯留する．肺割面は肝変化部分と正常部分とが混在し，それらを水腫により厚くなった間質が取り囲み，大理石様紋理を呈する．耐過牛では肺にチーズ様の内容を含む結節が認められる．本病は蛍

光抗体法で病変部の圧片標本中の原因マイコプラズマを直接検出することにより迅速に診断できる．原因マイコプラズマの分離培養も可能である．補体結合反応などにより血清学的診断も行われる．常在地ではワクチンにより予防対策が講じられているが，清浄地域ではワクチン接種は行われず摘発・淘汰による防疫が行われている．　　　　（江口正志）

**ぎゅうはっけつびょう　牛白血病**（bovine leukemia）→付表33

**きゅうみつどうぶつ　吸蜜動物**（nectarivore）

花の蜜（nector）を吸う昆虫・鳥類・ほ乳類など．吸蜜時に花粉を付着させ，送粉の役割を果たしている．アフリカのミツオシエはミツバチの巣を襲い，蜂蜜を食べる．
　　　　　　　　　　　　　　（渡辺弘之）

**きゅうみん　休眠（昆虫の）**（diapause of insects）

昆虫がその発育・生存にとって不適当な環境に置かれた時，一時的に発育・活動を停止する現象を休止（dormancy）と呼ぶ．この場合条件が好転すると，発育・活動を速やかに再開する．これに対して，不適当な環境条件の到来以前の要因により，生物自体がその内的物質代謝機能を変化して，不良環境に耐えるためある特定の発育段階（卵・幼虫・サナギ・成虫）で活動を不活性状態におくことを休眠（diapause）という．内分泌系が主導的役割を果たすと考えられている．この場合，環境が好転したからといって，外見上直ちに発育・活動を再開するとは限らない．休眠発育（diapause development）・後休眠発育（postdiapause development）を経なければならないとされる．休眠は種類によってどの発育段階（卵・幼虫・サナギ・成虫）のどのステージで起こるかが定まっており，卵・幼虫・サナギ・成虫休眠がある．温帯では比較的容易に区別できる休止と休眠も熱帯では判然としないことが多い．乾季と雨季の区別がある熱帯では，乾季（あるいは夏）の到来が休眠誘起，雨季の到来が休眠終了の契機になることが多く，いわゆる夏眠（aestivation）である．しかし，この逆の雨眠（pluviation）もあるとされる．湿度（水分）・日長・温度・食物の質的変化（植物の成熟に伴う枯れ上がりなど），あるいはそれらの組み合わせによって，夏眠が誘起されると考えられている．バッタ Nomadacris（成虫），オオタバコガ Hericoverpa armigera（サナギ），スジマダラメイガ Ephestia kueniella（幼虫），オンブバッタ Zonocerus variegatus（卵）がその例である．天水田・畑では，イネのシロメイガ Scirpophaga innotata（老熟幼虫），イッテンオオメイガ S. incertulas（老熟幼虫），アフリカシロメイガ Maliarpha separatella（老熟幼虫），タイワンクモヘリカメムシ Leptocorisa oratorius（成虫）の夏眠が見られる．しかし，灌漑して年中稲の栽培が行われると，S. innotata では夏眠する個体は見られなくなる．ナンヨウイネクロカメムシ Scotinophara coarctata 成虫は乾季になると稲田だった所から，一斉に見えなくなり，他所に移動するが（インドネシア・ジャワ島，東マレーシア・サバ州，フィリピン・パラワン島），単なる移動なのか，休眠（＝夏眠）に関係する移動なのか明らかにされていない．乾季と雨季の区別が判然としない熱帯雨林や日長変化の少ない赤道直下地帯での害虫の休眠については，よくわかっていない．これには，自然界では休眠・非休眠個体群が混在して休眠現象の解明を難しくしている場合もあると考えられる．
　　　　　　　　　　　　　　（持田　作）

**きゅうりょうち　丘陵地**（hills）

平野よりも起伏が大きく，山地に比べると起伏が小さな地域を指すが，山地・丘陵地・平野を区別する明確な基準はない．周囲の地形との起伏度の違いによって相対的に区別されるものであり，丘陵地とよばれる地形は地域ごとに異なる．日本列島の場合，山地と平野の間に位置する，開析の進んだ標高300m程度以下の地形が一般に丘陵地と呼ばれ，その多くは新第三系あるいは更新統の地形面が開

析を受けたものである．世界的にみた場合，丘陵地と呼ばれる地形の成因・形態は多様である．プレート境界に位置するヒマラヤ山脈南縁のシワリーク（Siwalik）丘陵は500 m以上の起伏を有し，30°以上の急斜面によって刻まれる．一方，安定大陸（→クラトン）の侵食面地域では傾斜10°に満たない波状の緩斜面からなる高まりがしばしば丘陵地と呼ばれる．丘陵地は丘の集合した地域であり，一つの丘，たとえば一つのインゼルベルク（孤状丘・島状丘：→）に対して丘陵地とはいわない．　　　　　　　　　　　　　　（吉木岳哉）

**きょうかいそうていこう　境界層抵抗**（boundary layer resistance）

植物体表面では風速が植物体から離れた大気の風速より小さく，空気のよどんだ層ができる．植物体と大気との間の$CO_2$や$H_2O$などの気体分子の拡散においては，この空気の層における抵抗も全拡散過程における抵抗に加わる．この抵抗を境界層抵抗といい，葉では葉面境界層抵抗という．葉面境界層抵抗は葉が大きくなると増加し，葉表面の毛などの存在によって大きくなる．葉の形も葉面境界層抵抗に影響する．境界層抵抗は風速によって大きな影響を受ける．葉面境界層抵抗は風速が小さいときは大きいが，風速が増加すると急激に小さくなり，そして風速による影響も小さくなる．$H_2O$の拡散に対する葉面境界層抵抗は，葉と同形の湿らせた濾紙面からの蒸発速度，大気の水蒸気圧（濃度），ろ紙表面温度における飽和水蒸気圧（濃度）とから計算される．　　　　　　　　　　　（平沢　正）

**きょうかまい　強化米**（thiamin-enriched rice）

精白米1 g中に合成ビタミン$B_1$を1.5 mg以上濃縮強化させ，黄色に着色したもの．
　　　　　　　　　　　　　　　　（吉崎　繁）

**ギョウギシバ**（bermuda grass）

学名：*Cynodon dactylon* (L.) Pers. アフリカ原産で，世界の熱帯から温帯にかけて広く分布するイネ科の多年生草本．茎はよく分枝し，地表をはって拡がり，節から発根してマット状を呈する．葉は線形で葉舌付近に白色の長毛がある．穂は長さ15～40 cmの稈の先に3～7本の枝が掌状につき，枝の長さは3～8 cm．小穂は長さ約2 mm，無柄で穂枝の外側に2列につき，通常は1小花からなる．路傍，庭園，草原，堤防などに発生し，畑や水管理不良な水田では防除困難な強害雑草となる．暖地性の牧草や芝生として用いられるが，しばしば逸出して雑草化する．熱帯に同属の *C. nlemfuensis* Vanderystなど数種が分布する．　　　　　　　　　　　（森田弘彦）

**きょうけんびょう　狂犬病**（rabies）

ラブドウイルス科（Family Rhabdoviridae）リッサウイルス属（Genus *Lyssavirus*）の狂犬病ウイルスが原因．全ほ乳類に病原性を示し，神経や唾液腺で増殖する街上毒と，ウサギ脳で継代され潜伏期一定の末梢感染性が弱い固定毒がある．発生は世界的．無発生の国はオセアニア，スカンジナビア半島，日本およびイギリス程度．伝播様式は主に咬傷感染で，犬を介する都市型と野生動物を介する野生型がある．潜伏期は1週間から1年半（平均1カ月）で不定．不安行動，食欲不振，挙動異常を示す前駆期が1～2日続き，その後狂躁型または麻痺型に移行．80％以上が狂躁型で，異嗜，反射機能亢進，顔貌邪悪，筋肉の攣縮，震え，角膜乾燥，嗄声，流涎を2～4日示したのち，運動失調，下顎下垂，脱水，意識不明となり死亡．麻痺型は麻痺症状が数日続き死亡．大脳アンモン角部神経細胞にネグリ小体形成．蛍光抗体法，ウイルス分離，PCR法などで診断．不活化および生ワクチンにより予防．人は潜伏期が長いので暴露後免疫も有効．人獣共通感染症．　　（村上洋介）

**きょうこうそがい　強光阻害**（photo-inhibition）

強光のもとで葉に吸収される光エネルギーが葉でのエネルギー消費（主として$CO_2$固定による）を上回ったときに引き起こされる光合成阻害や組織の損傷を強光阻害という．陰

生植物の日焼けが典型的な例である．陽生植物でも，低温でカルビン回路酵素の活性が低下したり，乾燥や塩類土壌条件下で気孔が閉鎖し葉緑体への $CO_2$ 供給が低下すると，$CO_2$ 固定によるエネルギー消費速度が低下し，光エネルギー供給が相対的に過剰になるため，強光阻害が生じる．塩害の一要因である．葉緑体の光化学反応で生ずる三重項クロロフィルや活性酸素種（一重項酸素，スーパーオキシドラジカル，過酸化水素など）などの反応性分子によるタンパク質，脂質，DNA の酸化損傷が原因である．　　　　　（真野純一）

**きょうしんはいとうたい　強心配糖体**（cardiac glycoside）

配糖体（glycoside）は，非糖体（アグリコン，aglycon あるいはゲニン，genin）と糖が $O$-グリコシド結合した化合物であり，強心配糖体（cardiac glycoside）は，ステロイドをアグリコンとする配糖体で，心筋に作用し，うっ血性心不全に著効のある物質の総称である．代表的な強心配糖体には，ジギタリス（*Digitalis purpurea*）などに含まれるジギトキシン（digitoxin）やジゴキシン（digoxin），*Strophanthus gratus* に含まれる，G-ストロファンチン（G-strophanthin，ウアバイン（ouabain）），キョウチクトウ（*Nerium oleander*）に含まれるオレアンドリン（oleandrin）などがある．強心配糖体は，細胞膜に存在する $Na^+$，$K^+$-ATPase の細胞外部分に結合し，この酵素活性を阻害する．このため，細胞内に入った $Na^+$ が流出せず，流出した $Na^+$ の流入に共役する $Ca^{2+}$ の流出も阻害され，結果として細胞内に $Ca^{2+}$ が蓄積する．心筋は骨格筋に較べて $Ca^{2+}$ 濃度への依存性が高く，$Ca^{2+}$ が蓄積すると心筋の収縮が増強される．

ジゴキシンは，イヌやウマのうっ血性心不全やイヌの不整脈の治療薬として臨床応用されているが，一方強心配糖体を含む植物の摂取による中毒も多発している．中毒症状としてはまず流涎，嘔吐，疝痛，下痢などの消化器障害が現われ，ついで心臓作用が現れる．はじめ脈拍は異常に強盛，かつ緩徐で，ついで心筋の異常興奮のため脈拍頻数となり，呼吸も浅弱を示し，痙攣，麻痺，呼吸困難を呈するといわれているが，家畜の場合には急死で中毒に気づくことも多い強心配糖体を含む植物の中で，熱帯から亜熱帯地域に広く分布しているのは *Nerium oleander*, *Thvetia peruviana* などのキョウチクトウ科（Apocynaceae）の植物であり，これによる動物あるいはヒトの中毒が報告されている．キョウチクトウにもっとも多く含まれている強心配糖体はオレアンドリンである．オレアンドリンの非糖体はオレアンドリゲニン（oleandrigenin）で，これとオレアンドロース（oleandrose）と呼ばれる糖が $O$-グリコシド結合したものがオレアンドリンである．

南アフリカでは，強心配糖体の一種 bufadienolide を含む *Hormeria pallida*，*H. miniata*，*Moraea polystachya* などによるウシの中毒が報告されている．

コウマ（*Corchorus capsularis*）は重要な繊維植物で，その繊維をジュートと呼んでいるが，コウマの種子にはコルコロシド（corchoroside）などの強心配糖体が含まれている．また，コウマと極めて近縁のモロヘイヤ（*Corchorus olitorius*）の葉は食用にされているが，この種子にも強心配糖体が含まれており，コウマやモロヘイヤの種子によるウシの中毒が報告されている．　　　　　（宮崎　茂）

**きょうせい　共生**（symbiosys）

異種の生物間の緊密で依存的な関係を，共生と呼ぶ．共生する二つの種間の利益の有無によって相利共生（mutualism），片利共生（commensalism），寄生（parasitism）に分けられる．相利共生は2種がともに利益を得る場合で，花粉とそれを運搬する吸蜜性の動物との関係が相当する．片利共生は一方の種だけに利益があり，他方の種には利益も不利益も無い場合で，動物の毛に付着して運ばれる種子と運搬する動物の関係が相当する．寄生は片方の種に利益があり，他方の種には不利益

が多少なりとも存在する場合を示し，病原菌と寄主（host）との関係がこれに相当する．ただこのような区分については異論も多く，たとえば共生を相利共生と同義に用いる場合もある．

熱帯では共生関係が非常に発達していて，熱帯における高い種の多様性も，共生関係の多様さと結びついていると考えられている．
（神崎　護）

**きょうせいつうふうれいきゃく　強制通風冷却**→換気，冷房（cooling by forced ventilation），パット・アンド・ファン，蒸発冷房
（米田和夫）

**きょうせんてい　強せん定**（heavy pruning, severe pruning）→せん定

**きょうゆうしげん　共有資源**（common resources）
多数の人間が自由にアクセスできる天然資源のことで，コモンズ（→）とも呼ばれる．途上国の農村では，共有資源はこれまで地域住民に食料，用水，燃料，生活資材，薬品，家畜飼料，建材といったさまざまな資源を提供してきた．しかしながら，近年その急激な衰退・劣化が指摘されている．その原因としては，人口増加，市場経済制度の浸透，技術変化，私的所有の拡大，制度の変更（特に林野の国有化など）による伝統的資源管理制度の弛緩や共有資源へのオープンアクセス化によるところが大きいとされる．日本では，18世紀初頭に耕地の外延的拡大が限界に達したとき，希少な天然資源を管理するための慣習的規範（社会的強制）を伴う村落共同体が成立した．だが，もともと人口が希薄で共有資源を管理する規範の存在しない社会で急速に人口が増大した場合，それをどのように管理するかが，途上国の直面している大きな問題の一つになっている．
（岡江恭史）

**きょうゆうちのひげき　共有地の悲劇**（tragedy of the commons）
生物学者 G. Hardin が 1968 年の論文で提唱した概念で，農民が共有地に牛を放牧する際に，皆が我さきにと過剰に放牧を行なったがために，放牧地が荒れ果ててしまったという例を取り上げ，個々人が合理的な行動を行なった結果，結局は全員が損失を被るということを示したもの．共有資源とは，一般に公共財の性格のうち，非排除性はあるが非競合性に欠ける資源を指すが，多数の人が一つの共有資源に対する利用権を有する時，資源の過剰利用インセンティブの発生，あるいは多数の人が何らかの資源を提供する義務に対する過少供給という「ただ乗り問題」が発生する．規則を守らせ，このようなモラルハザードが生じないようにするには，相互監視や罰則の強化が考えられる．途上国の農村にみられる共同体は，互いのメンバーが狭い範囲内で親密な社会関係を保持しているため，相互監視機能がうまく作用し，モラルハザードを防止する役割を果たしていると考えられる．
（上山美香）

**きょうよう　狭葉**（stenophylis）
渓流沿い植物（rhenophyte）に特徴的な流線型の細い葉のこと．
（神崎　護）

**きょうりょくざい　協力剤**（synergist）
それ自身は目的とする生理活性を対象病害虫に示さないが薬剤と混合することによりその活性を増強させる物質．
（大澤貫寿）

**きょくそうしゅ　極相種**（climax species）
遷移の最終段階の極相群落で優占する種群．森林を極相とする地域では，極相種は寿命が長い，耐陰性が強い，成長が遅い，材の比重が大きい，種子が大きいなどの特徴を有する．アジアの熱帯多雨林では多くのフタバガキ科の樹種などがこれに相当する．
（神崎　護）

**きょくちふう　局地風**（local wind）
特定の限られた地域（気象学的には10kmオーダー以上の広がりを持つ地域）に，ある気圧配置のもと，固有の風向，風速，頻度で吹く風．季節も限られている場合が多い．強風，降水や，砂塵を伴う急激な気温変化，湿度変化をもたらすなど，特徴的な風である場

合が多く，植物や人間活動に与える影響も大きい．それぞれの地方固有の呼称を持つものが多い（例えば西アフリカのハルマッタン）．局地風の影響，特に農業や生活など社会に対する影響を考えた際に重要なポイントになるのが，局地風の持つさまざまな性質であろう．高温と高い湿度をもたらす風が人体に影響を与えている例は，シロッコが吹くと，地中海沿岸，特にイタリア南部では老人や乳幼児の死亡率が上がるといった古くからの報告により指摘され，寒冷な風によって影響が出ることは，ブリザードによって凍死者がでることや，北日本太平洋側のやませによる冷害からも指摘される．このように，一般には，気象学的成因を問うことはなく，乾燥をもたらす高温乾燥の風か，寒冷な風か，砂塵を伴う風か，といった区分をすることも多い．しかし，局地風の予測を行ない，対策を立てるためには，成因を理解し，局地風の発生条件を詳しく解析する必要がある．成因的には特定の気圧配置に支配され，メソスケールの範囲をもつ地方風，気圧配置と局地的な地形や熱的要因とが関連して生じる局地風，一般風が弱いときに熱的，地形的影響を強く受けて吹く局地風などにわけられるが，これらの例には以下のものがある．① 特定の気圧配置に基づくもの；エテジア，スハベイなど，② 強い気圧傾度による風；ハムシン（カムシン），シロッコ，ブリザード，③ 前線の通過に伴う風；パンペロ，④ 特定の気圧配置と地形による風 (1) 峡谷などの地形的な影響によるジェット効果流；，ミストラル，(2) 山越え斜面下降気流；フェーン，シヌーク，ボラ，嵐，やまじ風，広戸風，⑤ 一般風の弱いときに生じる風で熱的に形成されるもの；海陸風，山谷風．
（佐野嘉彦）

**きょじゅうかんきょう　居住環境**（residential environment）

人間居住を支える環境．家族レベルの住宅環境と，コミュニティレベルの集落環境・街区環境と，定住圏レベルの地域環境と，国レベルの国土環境と，地球環境の5階層があり，それぞれ整備の主体や方法，環境要素が異なる．住宅環境は居住者自身の計画と費用負担によって，生活に合わせて造られる．集落環境は，住民主体あるいは住民参加で計画策定され，費用は，熱帯諸国の農村では住民が担うことが多いが，わが国では公共負担による．建築協定や緑化協定などの住民自治にかかる側面も多い．地域環境・国土環境は自治体や政府の責任で整備されるが，先進国では計画段階への住民意向の反映が重要視されてきている．地球環境は人間居住自体が劣化の原因であることが解決を難しくしている．居住環境は安全性，保健性，快適性，利便性などで評価される．近年では自然的，情緒的快適性をアメニティ（amenity）と称し，評価尺度として重要視するようになっている．
（冨田正彦）

**ぎょしょうゆ　魚醤油**（fish sauce）

魚醤油は，魚介類に20～35％の食塩を加え，腐敗を防ぎながら微生物やそれ自身が持っているプロテアーゼなどの酵素を利用して，自然発酵により原料中のタンパク質を分解し，ペプチドやアミノ酸に低分子化したものである．東南アジアのメコン川流域が発生地で，稲作とともに中国（魚露）・日本（しょっつる・いしる）および東南アジア諸国（ベトナムのニョクマム，フィリピンのパティス，タイのナンプラ）へ伝播した．

魚醤油は特有の臭気を持つが，大豆から作った穀醤よりも濃厚な旨味を持っている．水産物の調理加工に味や香りがなじむので，日本では鍋物などに利用されるが，熱帯地方ではつけ醤油，かけ醤油としても使われている．日本では近年魚醤油はごく少量作られている程度であったが，最近では海産微生物から単離した高塩濃度下でも高い分解活性を示す酵素を用い，工業的に魚醤油を製造することが盛んになってきており，伝統的食文化の復権をうかがわせる．
（任　恵峰）

**きょだいこうぼく　巨大高木**（emergent tree）
熱帯多雨林の最上層を形成する樹高 60 m に達する巨大な樹木のこと．エマージェント，超出木などとも呼ばれる．→階層構造
（神崎　護）

**きょだいよう　巨大葉**（megaphyll）→葉面積スペクトラム

**ぎょどう　魚道**（fishway）
魚類の遡上を可能にするため取水堰，ダムなどに設けられる階段式水路などの施設．
（佐藤政良）

**ぎょどくせい　魚毒性**（fish toxicity）
農薬が水生生物に傷害を与えることを言う．一般に魚類に対する急性毒性の試験としては，コイを用い 48 時間後でも 50 % が耐える薬剤濃度（median tolelance limit, TLm 48（ppm））で標示される．TLm 48 > 10 ppm ならば魚毒性 A 類とされ通常使用しても影響がない農薬である．10 ppm > TLm 48 > 0.5 ppm ならば B 類とされ一時に広範囲に使用する場合は注意をする．TLm 48 < 0.5 ppm ならば C 類とされ河川に流入しないようにする．特に魚毒性が大きい農薬は D 類と指定され使用規制が厳しい．表 4 に示した基準はコイに

表 4　魚毒性の区分

| 区分 | 基準（TLm） |
| --- | --- |
| A 類 | コイ > 10 ppm<br>ミジンコ > 0.5 ppm |
| B 類 | コイ 10ppm − 0.5 ppm<br>ミジンコ ≦ 0.5 ppm |
| C 類 | コイ ≦ 0.5 ppm |

対しては 48 時間後の TLm 値であり，ミジンコに対しては 3 時間後の TLm 値である．
（大澤貫寿）

**ぎょふん　魚粉**（fish meal）→製造副生産物

**ぎょゆ　魚油**（fish oils）
魚の全魚体あるいは主に肝臓などの内臓器官から抽出，生成した脂質成分を魚油と呼んでいる．食用魚油の原料魚としてはタラ，ハドック，ヘリング，イワシなど，非食用油の原料魚としてはサメ，エイなどが用いられる．主成分はトリグリセリドであり，その構成脂肪酸は植物油や陸上動物油脂に比べて，不飽和度の高いエイコサペンタエン酸やドコサヘキサエン酸などの高度不飽和脂肪酸の組成比が高いといった特徴を持つ．非グリセリド脂質成分としてはビタミン $A_1$, $A_2$, $D_1$, $D_2$, $D_3$ などの栄養成分やコレステロール，スクアレンなどの工業原料を含む．

原料魚は 90 ℃ で 15 分ほど蒸煮したのちスクリュープレスで搾汁される．ここで得られた固形残渣はフィッシュミールに加工される．煮汁は高温下で遠心分離，熱水洗浄，脱ガム化（リン脂質の除去），アルカリ洗浄（遊離脂肪酸の除去），水洗，脱水・乾燥，ブリーチング，脱臭などの工程を経て食用油を得る．必要に応じて，ブリーチングの後に水素添加を行うことがある．

食用魚油はマーガリン，ショートニング，魚油カプセルなどに加工されるほか，エイコサペンタエン酸を主成分とする医薬品も開発されている．スクアレン（スクワラン）はハンドクリームなどの化粧品基材として利用される．
（大島敏明）

**キラス** →ラテライト皮殻

**きりかえしせんてい　切り返しせん定**（cutting back pruning, heading back pruning）→せん定

**きりつぎ　切り接ぎ**（veneer-grafting）→接ぎ木

**きりんけつ　麒麟血**（dragon's blood）
キリンケツ（*Daemonoropus draco*）の果実の鱗片の間から分泌される赤色の樹脂で，着色剤や漢方薬として使われる．（竹田晋也）

**ギルガイ**（gilgai）
ヴァーティソル，グルムソル（アメリカ），黒綿土，レグール（インド），マーガライト土壌（インドネシア）などいろいろに呼ばれる土壌にみられる特異な微地形．激しい膨張・

収縮の結果土層の上層部は下層に下層は上部へと反転する．その結果，地表の波状の微起状をもつ独特の地形が発達する．農耕地にするときは，凹凸を削って平坦化するが，地表下にA/C層が波状をなしているのが認められる．

土層が反転するために，極端な場合には電柱や樹木が傾いたりすることがある．

(三土正則)

**きんかく　菌核**（sclerotium, pl. Sclerotia）

糸状菌で多数の菌糸が堅く密に集まって一つの塊を形成したものを菌核と呼ぶ．その形は，小球状，腎臓型，馬蹄形，角状など様々で，主として耐久生存器官としての役割を持ち，不良な環境条件に対する耐性が強く，宿主植物が存在しない状態でかなり長期間生存できる．菌核には同質の細胞が集まったものと，外皮と内層に分化しているものがある．菌核の大きさは，*Verticillium* 属菌では数十 μm～数百 μm の微小菌核，*Sclerotium* 属菌では1～20 mm 位の肉眼的大きさのものまでさまざまで，褐色ないし黒色に着色している場合が多い．菌核は，形成後，ある期間休眠して，良好な環境条件下で発芽して，菌糸を生じ，あるいは子実体（子のう盤，担子器果）をつくり，子のう胞子，または担胞子を形成して，宿主植物を侵し拡がる．

菌核を形成する主なものは，子嚢菌類では *Sclerotinia* 属菌，担子菌類では *Typhula* 属菌，不完全菌類では *Sclerotium* 属菌および *Verticillium* 属菌などである．また，*Sclerotinia* 属菌および *Sclerotium* 属菌による病害を菌核病と称する．

(山口武夫)

**ギンゴウカンちゅうどく　ギンゴウカン中毒**（ロウカエナ中毒 leucaena poisoning）

亜熱帯地域や熱帯地域の標高 1,000 m 以上で生育する *Leucaena leucocephala* などのネムノキ科ギンゴウカン属（*Leucaena* 属）の木本は飼料として用いられることがあるが，原産地以外へ導入されたこれらの植物が，場合によっては家畜の中毒の原因になることが知られている．

*Leucaena* 属植物の有毒成分は，アミノ酸の一種であるミモシン（mimosine）とこれの第一胃内代謝産物 3-hydroxy-4(1H)-pyridone (3,4-DHP) である．また，*Leucaena* 属植物はタンニンも多量に含んでいる．ミモシンは反芻獣に対して脱毛作用があり，3,4-DHP は甲状腺腫誘発作用がある．原産地以外へ導入されたこれらの植物が有毒作用を示すのは，原産地以外の反芻獣の第一胃には 3,4-DHP を分解する細菌がいないためである．したがって，*Leucaena* 属植物中毒の予防には，3,4-DHP 分解細菌の移植が有用である．

(宮崎　茂)

**きんこうたいか，きんこうじゃくか，きんこうじゃくせい　近交退化，近交弱化，近交弱勢**（inbreeding degeneration, inbreeding derioration, inbreeding depression）

近縁関係にある生物個体どうしの交配によって，遺伝的なホモ化を促進し表現型の斉一化を図る試みでは，時には近交退化が生じることがある．この現象は，発育不良・矮小化・繁殖力の低下・飼料の利用性（家畜）の低下などをきたすもので，（乳牛の場合）乳量においては近交度が10％上昇すればおよそ3％減少するといわれている．

トウモロコシなどの他殖性作物でも顕著な近交弱勢が見られる．近交弱勢は雑種強勢と裏腹の関係にある．

(建部　晃・藤巻　宏)

**きんこんきん　菌根菌**（mycorrhizal fungi）

植物の根と共生して菌根（mycorrhiza）を形成する糸状菌をいう．菌根はアカザ科やアブラナ科といった少数の例外的植物グループを除くほとんどすべての樹木，草本に形成される．菌根菌は，土壌中の養分，特にリンを効率良く吸収し植物に供給しており，植物側からは，光合成産物をもらい，植物と相利共生している．菌根は大きく内生菌根（endomycorrhiza）と外生菌根（ectomycorrhiza）の二つのタイプに分けられる．前者に属し，最も普遍的な菌根のタイプとして VA 菌根（arbuscular mycorrhiza または vesicular-arbuscular mycorrhiza) が挙げられる．VA菌根は接合菌類の Glomales に属する 150 種類程度の菌によって形成され，外生菌根などの他の菌根を形成しない全ての樹種に形成される．形態的特徴としては細根の細胞内に形成される樹枝状体 (arbuscule) と小胞 (vesicle) があり，樹枝状体で宿主との養分のやりとりが行われており，小胞にはリン脂質などの養分が蓄えられている．宿主特異性は一般に見られず，どの菌も全ての宿主に感染可能であるため，野外では植物の根はVA菌根菌を介して互いに結ばれている．

外生菌根菌はその多くが担子菌類と子嚢菌類に属しており，5,000 種を超えるとされている．マツ科，ブナ科，カバノキ科，フタバガキ科，ジャケツイバラ科，モクマオウ科などに属する樹木に菌根を形成する．マツタケやトリュフといった高価な食用キノコの多くは外生菌根菌に属している．外生菌根の形態的特徴としては，細根を覆う菌糸によってできる菌鞘 (sheath または mantle) と根の細胞間隙に侵入した菌糸構造であるハルティッヒネット (Hartig's net) が挙げられる．根の周りを菌糸が覆っているため，外見から容易に菌根を見分けることができる．宿主特異性を持つものが多く，ある外生菌根菌は一定の植物群としか菌根を形成しない．

養分吸収能力の高いVA菌根菌を農業や植林に利用する研究は広く行われてきている．VA菌根菌は人工培地上での培養が不可能なので，利用に際しては主に，ポット苗に感染させ，増殖させた胞子または胞子や菌糸を含んだ土が用いられている．

熱帯での植林における利用としては，これまで，外来樹種のマツなどを植える場合に外生菌根菌が多く利用されてきた．培養のしやすさや宿主範囲，感染力などは外生菌根菌の種類によって大きく異なるため，広く利用されている種類は限られている．自生樹種を植える場合には，天然林の近くでは土着の菌根菌が存在するため，接種した菌と自然感染による菌根菌同士の競争が生じるので，効果が出にくい場合がある．これに対して，鉱山跡などの荒廃地では自生の菌根菌の密度が低く，顕著な接種効果が期待できることが多い．

〔菊地淳一〕

**きんしんこうはい　近親交配，近交** (inbreeding)

同一品種内で特に近縁関係にある個体どうしの間，すなわち親子，きょうだい，いとこ，おじめい，祖父娘などの交配をいう．この交配により能力の飛躍的向上はみられないが，遺伝的な固定に適する．ブリーダーが試みる交配であるが，近交退化が生じる恐れが多分にある．

イネやコムギなどの自殖性作物では自家受粉という最も極端な近親交配によって品種改良が行われる．また，トウモロコシなどでは一代雑種の親は近親交配で作られる．

〔建部　晃・藤巻　宏〕

**きんだいてきのうこうぎじゅつ　近代的農耕技術** (modern cultural technology)

近代的農耕技術とは，化学肥料・農薬，トラクタ・耕うん機，動力ポンプによる灌漑などの利用と，近代的な実験農学の方法によって開発された，改良品種，耕種法，施肥方法，水管理，除草法などを組み合わせ，石油などの化石エネルギーに大きく依存した栽培方法である，と一般には定義される．個々の技術は，研究室，農場などでの試験によって，その効果が確認された理論的な根拠をもっている．技術の効果に対する説明は，普遍的な理論を根拠とするために説得力がある．近代農学が目指した技術は，篤農家による経験と勘に頼った技術ではなく，特別な経験を伴わなくても理論と常識に従えば，誰もが使いこなせる客観性が内容となった技術である．したがって，誰もが納得しやすく，効果も即効的である．熱帯地域では1960年代に導入された「緑の革命」がその典型的事例で，それ以降，政府の農村開発政策とともに，各国の農

業試験場を中心にさかんに導入・開発が試みられている．特に，2〜5年という短期的な目標が掲げられる援助プロジェクト絡みの農業技術開発および農業改良普及事業に関係する人々や，農家自身も近代的農耕技術にひかれやすい傾向がある．しかし，注意しなければならないのは，合理的な技術である近代的農耕技術も，その技術が適用される自然環境や，社会・経済環境に大きく影響されるということである．「緑の革命」とともに，1960年代〜70年代にかけて，先進国から熱帯地域の発展途上国へ近代的農耕技術がそのままの内容で技術移転されたケースでは，その多くは移転された技術が根づかなかった．その理由の一つに上記の点への配慮が欠けていたことが挙げられよう．「場」に限定され実践されている農業において，工業のように単純な技術移転は困難である．熱帯地域の各国，各地域の試験場もしくは研究機関が，主体的に近代農耕技術の開発に取り組んでこそ，「場」に適した近代的農耕技術が新たに生まれ得よう．このことは近年では熱帯地域で活動する先進国出身の農業関係者の間で常識となりつつあるが，今一度肝に銘じておかなければならない問題である．近代的農耕技術のもう一つの大きな特徴は，受け入れる農民にとっては外来の技術であるという点である．農民にとって受け入れやすく，かつ持続的にその技術を使いこなしていくための条件を整えなければならない．つまり外来の技術が在地の技術となっていくプロセスが重要であり，そのためには技術の質が問われる．熱帯地域の農民が昨日までの技術をすべて捨てて，まったく新しい技術を選択することは，ほとんどあり得ない．新しい技術は，現在使用されている技術との何らかの接点をもちながら農民に受け入れられ，定着していく場合がほとんどである．この変化のダイナミズムを在地性と呼ぼう．外来技術が，いかに現在の技術に馴染みながら，在地性を獲得していくか．それを視野に入れた近代的農耕技術の導入と開発が望まれ

ているのである．そのためには，現在農民が慣れ親しんでいる在地の技術もしくは伝統的農耕技術への深い洞察と観察により，導入すべき近代的農耕技術の内容を注意深く決定することはもちろんであるが，技術の導入後にも絶えず農民と接し，農民の主体的な問題提起に耳を傾け，在地化のプロセスを息長く模索するアプローチが熱帯地域の農業技術移転・開発に携わる人々に求められている．

(安藤和雄)

**ギンネム**（Leucaena）

学名：*Leucaena leucocephala* (L.) deWit，一般名はルキーナ，ハワイでは kao haole, フィリピンでは ipil-ipil, カリブ海周辺では lead tree, コロンビアでは acacia bella rosa, インドでは wild tamarind と呼ばれている．中国や台湾では銀合歓であるため，和名はギンネムあるいはギンゴウカンとも呼ばれている．*Leucaena glauca* と同種である．原産地は中米，南米から太洋州の諸島とされているが，現在，熱帯・亜熱帯の各地域に分布している．永年生の熱帯性マメ科飼料木である．染色体は $2n = (36), 104 (8X)$．

樹高 2〜10 m に達する灌木である．11〜17 対の小葉が一つの羽状複葉をなし，1 羽の複葉羽片の長さ約 10 cm, 4〜9 対の羽状複葉で長さ 15〜20 cm からなる葉を形成している．年中開花結実を繰返し繁殖力がきわめて旺盛である．花は白い円頭状の集合花が主枝から伸びた小枝の先に房状になる．莢は 15〜20 cm で，幅約 2 cm で直径数 cm の 10〜20 個の黒褐色〜茶色の光沢のある種子を包んでいる．種子重は約 20 個/g である．

本種は Hawaiian type（ハワイ型）または Peruvian type（ペルー型）と呼ばれる低木型のものと，Sarvador type（サルバドル型）と呼ばれる高木型のものとがある．この三つの型から幾つかの品種が登録されている．① cv. Hawaii：ハワイ原産でペルー型やサルバドル型よりも小型であるが葉部割合が多い．② cv. ElSalvador：エルサドバドル原産で直立型

表5 ギンネムの飼料成分

| 乾物率 | 粗タンパク質 | 粗脂肪 | 粗灰分 | 粗繊維 | 可溶性無窒素物 | |
|---|---|---|---|---|---|---|
| 27.4 | 22.7 | 5.7 | 6.6 | 15.0 | 50.0 | |
| 乾物消化率 | 中性ディタージェント繊維 | セルロース | ヘミセルロース | リグニン | シリカ | タンニン |
| 77.1 | 23.3 | 7.4 | 11.8 | 4.1 | 0.1 | 2.3 |

で基部からの分枝も少なく,種子生産量,乾物生産量も少ない品種である.1962年にオーストラリアで登録された.③ cv. Guatemala:エルサドバドル品種と同様,直立型で基部からの分枝も少ない品種である.④ cv. Peru:ペルー原産で Hawaii 型よりも樹高,葉,莢あるいは種子については大型である.1962年にオーストラリアで登録された.⑤ cv. Cunningham:オーストラリアの CSIRO (Commonwealth Scientific and Industrial Research Organization)の Hutton 博士によって育種された品種で,cv. Peru と cv. Guatemala(系統番号 CPI18228)との交雑種から選抜された8倍体である.種子は小型で基部からの分枝が多い.乾物生産量は cv. Peru よりも多い.

ギンネムは年間降雨量 750 mm を超え,最寒月 10 ℃ 以上で,平均気温 22〜30 ℃ の熱帯・亜熱帯地域に生育可能である.わが国南西諸島や小笠原諸島(30〜24°N)にも分布し,特に,年間降雨 2,500〜3,000 mm のわが国 24°N 付近の琉球石灰岩由来のアルカリ土壌ではきわめて生育旺盛である.ギンネムは深根性であるため,他の飼料木同様,耐旱性に優れるが,耐湿性は低く,排水の良い土壌を好む.生育土壌は pH 5〜8 まで可能であるが,他の多くのマメ科草種同様,アルカリ性での生育が良好である.根粒菌はギンネム以外の植物とは共生関係を作らない宿主特異性である(Date, 1976)が,栽培前歴がある地域では土着菌が存在している可能性がある.必要であれば,オーストラリアなどの種子販売会社で CB81 など入手可能である.

ギンネムの茎葉部は粗タンパク質 20〜30 % あるいはそれ以上,カルシウムやマグネシウムが多く含まれ,ビタミン K やカロチン含量に富み,高い消化率を示すことから,家畜に対して高い嗜好性を与え,熱帯・亜熱帯では収量も高いことから,これらの地域では有望な飼料資源と考えられている.沖縄県で,十分な施肥を行った場合の可食部(葉+小枝)の乾物収量は年間 2〜3 t/10 a,オーストラリアでは 4 t という報告もある.

飼料成分について,これまでわが国で調査したいくつかの分析結果をまとめると,表5のようである.

しかし,あらゆる目的の飼料としての利用は,含有するアミノ酸の一種であるミモシン(mimosine, $\beta$-[N-(3-hydroxy-4-pyridone)]-$\alpha$-aminoprppionic acid)によって制限されてきた.すなわち,単胃家畜におけるギンネム茎葉部の給与は,発育阻害,脱毛,繁殖障害などを発現させることが知られている.しかし,反芻家畜では,長期間多給しない限り,このような症状は発現しない.このことは,反芻胃内に存在する微生物群によって,ミモシンの一部が,3-hydroxy-4(1H)-pyridone(DHP)に分解されることによることが報告されている.しかし,その後,Hegarty ら(1964)はこの DHP は家畜において甲状腺腫を発現させることを明らかにしたが,ミモシンよりも毒性は弱いことを報告している.ところが,Jones ら(1983)はこの DHP を解毒するルーメン(第一胃)バクテリアをイン

ドネシアで発見した．オーストラリアでは，ルーメン内に培養したこのバクテリアを注入することで，毒性はなくなり，採食量も制限されなくなった．わが国で栽培したハワイ品種のミモシン含量（乾物当たり）は若葉で8～9％，成熟葉で5～7％，種子で2～5％，小枝（茎部）で1～3％であり，若い葉が最も高いようである．

ギンネムに対しての特異的な病害虫はこれまで少なかったものの，1983年にアメリカフロリダ州からカリブ海にかけて発生したギンネムキジラミ（jumping plant lice, psyllid, 学名：*Heteropsylla cubana*）が葉に集中的な食害をもたらした．特に，1986年以降，太洋州諸国やわが国南西諸島でもほぼ時を同じくして大きな被害を受けた．2000年現在では，発生個体数はきわめて少なくなったが，皆無ではない．今後も大発生の危険性があることも否めない．散布する薬剤はジメトエート乳剤が効果的と考えられている．一方では，この害虫に抵抗性がある品種（*Leucaena leucocephala* × *L. diversifolia*）が作出されつつある．

ギンネム種子は休眠性があるため，播種栽培に際しては硬実処理を行うことによって，発芽率が高まる．すなわち，熱湯に浸漬するか，濃硫酸に2～3分浸漬し，流水で十分に洗浄する．

ギンネムの利用は薪や垣根などの建築資材に利用される場合もあるが，緑肥あるいは飼料木としての利用が主である．嗜好性は良好とする報告が多い．小農家では生草の刈り取り利用（cut and carry）が行われるが，イネ科牧草地に4～10m間隔の条に1～2m間隔で点播し，放牧を行う利用方法も見られる．オーストラリアではこの造成された放牧草地が大規模に見受けられる．わが国では，昭和50年代の草地開発事業で南西諸島南部（24°N周辺）において，パンゴラグラスやジャイアントスターグラスの放牧草地内にギンネムが導入され，現在も草高1m以内で放牧が行われている．また，ギンネム単独であるいはイネ科草種にタンパク質を補給する目的でのサイレージ調製も行われている．　（川本康博）

**きんのう　菌嚢**（mycangia）→アンブロシアビートル

**きんぺいき　均平機**（land leveler）→車輪型トラクタ

**キンマ**（*Piper betel*）コショウ科の常緑蔓性植物．葉でアレカヤシの種子（ビンロウジ）を包み石灰とともに咬噛料として利用する．熱帯アジア原産．インド洋・太平洋の島しょおよびその周辺で生産・消費とも多い．キンマを噛むと口が赤くなる．薬効があるとされるが定かでない．　　　　　（縄田栄治）

## く

**グアーガム**（guar gum）

西パキスタン，西インドのインダス川流域の乾燥地帯に生育するマメ科グアー（*Cyamopsis tetragonolobus*）の種子胚乳部から得られる多糖類（ガム質，食物繊維）．食品添加物．D-ガラクトースとD-マンノースが重合したガラクトマンナンで，ローカストビーンガムとよく似た構造をもつが，ガラクトースとマンノースの構成比は1：2である．このガムは冷水によく溶け，粘性は非常に高い．溶液は中性で，塩類による影響はほとんどなく，広範囲のpHに安定であり，デンプンやタンパク質とよく混ざるため，各種食品の増粘やゼリー形成に利用されるが，酸性領域での耐熱性がやや悪い欠点がある．また，食物繊維（ダイエタリーファイバー）としての生理機能性では，糖質代謝改善作用（糖尿病改善），脂質代謝改善作用（血中コレステロール改善，生活習慣病予防），便通改善作用などが明らかになってきた．最近，低粘性のグアーガムとしてグアーガム酵素分解物が開発された．　　　　　　　　　　　　　（山本万里）

**くうきでんせんびょう　空気伝染病**（airborne disease）→病気（作物の）の生態

**くうちゅうていえん　空中庭園**（aerial garden）
　熱帯雨林には，ビカクシダ・オオタニワタリ・ラン・ブロメリアなどの着生植物が多いが，これらは葉の基部の間に上からの落葉を貯め，それを一種の腐植・土壌とし，そこに根を張り，養分を吸収する．樹上にそれらがコロニーをつくり，植物園の温室のような特異な景観ができる． 　　　　（渡辺弘之）

**くさがた　草型**（plant type）
　草型は，植物体の草高，茎，葉などの各器官の形態とそれらの量および空間的配置によって規定される植物の態勢である．草型は受光態勢を通して群落による太陽エネルギーの利用に関わるほか，群落内でのガス拡散，雑草との競合などとも関連し，作物生産において収量に関係の深い形質である．
　作物収量の増大は，全乾物生産量の増加と収穫指数の向上により達成される．作物は個体集団つまり群落状態で栽培され，種や品種によって異なる群落構造を作る．そのため作物の多収には，群落としての乾物生産能力つまり群落光合成速度の向上が重要であり，群落光合成速度は主に葉面積指数，受光態勢および個葉光合成速度によって決定される．群落光合成速度を大きく維持するためには，できるだけ早く高い葉面積指数に達し，かつ個々の葉ができるだけ強い光を受けるように受光態勢を維持することが重要である．理想的には群落の葉面積指数が高まるとともに，草型が変化し，全生育期間を通して生産効率が高い受光態勢を維持することが望ましい．受光態勢とは葉面積指数，葉の傾斜角度，厚さおよび空間的配置などによって決まる形態的特性であり，群落の光の受け方を示す．受光態勢は，群落の生産構造図と吸光係数により評価される．草型育種では，葉面積指数と吸光係数の組み合わせを生育期間を通してより適切な状態にすることが草型改良の目標とされる．いくつかの作物で吸光係数が小さく受光態勢の良いことが，乾物生産が高い品種の重要な性質として明らかにされている．
　イネやコムギでは，半矮性遺伝子を導入した短稈で耐肥性の強い品種の育成によって収量の著しい増加が実現されてきた．半矮性は育種上最も重要な目標の一つで，受光態勢および収穫指数にかかわる草型の特性であるとともに，耐肥性，耐倒伏性などとも関連して，多収性に密接に結びついた特性である．半矮性遺伝子の利用による草型改良は，長稈で葉は長く垂れやすく，多肥により倒伏しやすい品種から，短稈で直立した葉を持ち，肥料が多いほど多収となる，画期的な耐肥多収品種を作り出した．メキシコ半矮性コムギおよびイネ半矮性品種など半矮性品種が緑の革命に果たした役割はきわめて大きいといえる．
　日本においてもイネの多収は，主に群落における受光態勢の改良および収穫指数の向上を目標に品種・栽培技術の改良により実現されてきており，育種上においては多肥条件下で良好な受光態勢を維持するため，短稈で葉身直立型の品種が育成されてきた．
　　　　　　　　　　　　　　　（加藤盛夫）

**クサヨシちゅうどく　クサヨシ中毒**（*Phalaris* poisoning）
　イネ科クサヨシ属（*Phalaris* 属）の植物はインドールアルカロイドを含んでおり，神経症状を示す中毒が報告されている．
　　　　　　　　　　　　　　　（宮崎　茂）

**くにべつえんじょけんきゅう　国別援助研究**（JICA development study by country）
　国際協力事業団（JICA）が1986年度から毎年3，4カ国を対象に実施している援助研究．学識経験者からなる国別援助研究会を設置し，対象国のマクロ経済，政治・社会，経済の各セクターの分析に基づき，開発の制約要因および開発課題を抽出し，中・長期的観点から開発の基本方向，日本の開発援助のあり方を検討している．提言としてまとめられた報告書は，援助政策，援助計画策定の基礎資料として活用される．98年までに，16カ国が対象国に取り上げられている．インドネ

シア，フィリピンなどの重点国は複数年次にわたり研究対象にされており，それぞれの経済社会状況の変化に応じて援助方針の見直しが行なわれている．また，対象をアフリカなどの地域に拡大した地域別援助研究も実施されている． （牧田りえ）

**くみあわせのうりょく　組み合せ能力**（combining ability）→雑種強勢

**クミス**（kumiss）
中央アジアの伝統的飲料．乳酸菌と酵母を用いて発酵させた乳酒．本来は馬乳が原料．ケフィア参照． （林　清）

**くものすびょう　くもの巣病**（web-blight）
無胞子菌目（Agonomycetes）の *Rhizoctonia solani* によって起こる植物の病気．温帯から熱帯地域に広く分布し，食用作物・特用作物・花き類・野菜や緑化樹木・林木の苗木に発生して，主に葉腐れ・株腐れ被害を起こす．植物が繁茂して地表を覆い，通風・通光が不良で暗黒・過湿の状態になると，病原菌が地上にはい上がって下葉や葉柄，茎に淡褐色の菌糸を伸ばして絡みつきくもの巣状を呈する．灰色かび病とは，粉状の分生子塊を生じない点で類別される．菌糸の絡みついた茎枝葉はしだいに萎れ退色し，激しい場合は緑がなくなるほど枯れ上がり，ついには苗あるいは株全体が枯死する．マメ科の草・木本では，しばしば早朝に，侵された茎葉表面に有性世代（テレオモルフ，*Thanatephorus cucumeris*）の子実層を形成，多量の担子胞子を形成して白粉状を呈する．担子胞子は風により伝播し，菌糸による発病とは異なり，葉に小褐点状の病斑を多数形成する． （小林享夫）

**グライソル**（Gleysols）→FAO-Unesco世界土壌図凡例

**くらげ**（jellyfish）
無性的に増殖する腔腸動物で水分が98％以上占める．塩蔵品は中華用食材となる．
（林　哲仁）

**くらつぎ　くら接ぎ**（saddle grafting）→接ぎ木

**クラトン（ちかい，ごうかい）　クラトン（地塊，剛塊）**（craton）
大陸的規模の構造単元であり，内部で褶曲や断層運動などの地殻変動を起こさない，安定した大陸地殻からなる地域である．クラトン全体が穏やかに隆起または沈降する造陸運動は起きる．造山帯（orogene）に対応する語であり，剛塊・安定地塊・安定大陸・安定陸塊などともいう．単に地塊ということもあるが，地塊の語は異なる意味でも用いられる．クラトンはカンブリア紀以前の造山活動によって激しい変成・変形を受けたが，その後は長期間安定しており，新生代の造山活動は受けていない．おもに片麻岩・結晶片岩などからなる．これらの基盤岩石が侵食によって広範囲に露出する低平な平原または高原からなる地域を楯状地（shield）（→），その上に厚い被覆層がほぼ水平に堆積した地域を卓状地（platform）（→）といい，クラトンは楯状地と卓状地を合わせたものに相当する．
（吉木岳哉）

**グラミンぎんこう　グラミン銀行**（The Grameen Bank）
バングラデシュにて，零細事業用資金を貧困層に貸付ける銀行で，1975年に大学教授が開始したプロジェクトを起点とする．貧困層が仲買人などから事業資金を高利で借り入れ，正当な報酬が得られない状況を改善すべく始められた．担保に代わるグループ連帯保証制度，顧客の集会所で業務を行なう移動銀行，週払いの返済など，貧困層が融資を利用する際の障害を克服するための革新的な方法を編み出し，貧困層の返済能力と融資による貧困削減効果を示した．そして，貧困層向け小口融資（マイクロクレジット）を世界に広める先駆けとなった．援助機関の支援を受けて規模が拡大し，83年には政府認可の特殊銀行になり，84年に住宅融資も開始した．全国に支店網を持ち，99年11月現在，会員数は235万人で，その95％を女性が占める．日本も95年に有償資金協力により30億円を供

与した．同銀行方式に基づく小口融資は世界に拡がり，23カ国の77機関が連合組織を形成するに至っている．　　　　　（粟野晴子）

**クリークかんがい　クリーク灌漑**（creek irrigation system）

河川デルタや干拓地では，灌漑用水はクリークと呼ばれる水路から圃場に引水される．クリークは灌漑区域内をネットワーク状に配置されて用水を水源から送水し，圃場に配水する．クリークの持つ機能には，送水・配水のほかに貯水機能を有している．低平地帯では水路の勾配はゼロに近いから，流速もそれだけ小さいので遠距離送水は適していない．したがって，水路を貯水池と見なして一定の時間調整が行えるようになっている．クリークの形状は末端水路としては断面が大きく，水位は圃場面に近く，揚水灌漑が行われる場合も多い．また，排水施設の不備な地域も多く，クリーク水路が排水路を兼用する場合がほとんどである．灌漑の発展過程から見ると，低湿地帯に水路（クリーク）を掘削して地表湛水を排除し，比較的初歩的な灌漑施設ということができる．クリークは生活用水の補給もしたり，農道の未整備の場合は舟運として利用され，また，アヒルや魚を飼ったり，水浴びや洗濯など農村生活の多面的な機能を有している場合が多い．　　　　（荻野芳彦）

**グリーン・ツーリズム**（green tourism）

農村観光．農村滞在や農村体験を目的とした新しい観光潮流．20世紀初頭にソーシャル・ツーリズムが叫ばれ，旅行は人間生活の中の重要な出来事として位置づけられる．旅は，軍人や役人など一部の人間のものではなく大衆のものになったのだ．一般に観光とは，名所旧跡など非日常的な場所へ移動し，他国や他の地方のめずらしいものを体験するのが目的であるが，20世紀後半の都市社会の高密度化や管理社会化，あるいは人工化などの環境変化は，人々をして，脱都市，脱人工，すなわち田園志向，野生自然志向をもたらした．それがグリーン・ツーリズム，エコ・ツー

く　[141]

リズムである．特にドイツなどでは「農村で休暇を!」というキャンペーンがなされ，政府自体農村の経済活性化施策としても位置づけている．その背後には「わが村は美しくコンクール」など郷土美化・郷土愛護に対する永年にわたる国民的運動の蓄積があったことも忘れてはならない．　　　　（進士五十八）

**グリシンベタイン**（glycinebetain）

コリンから合成される4級アンモニウム化合物．浸透圧調節や代謝系の保護に関係する．　　　　　　　　　　　（山谷知行）

**クルイン**（keruin）→付表19（南洋材（フタバガキ科））

**グルタミンごうせいこうそ　グルタミン合成酵素**（glutamine synthetase）→窒素同化

**グルタミンさんごうせいこうそ　グルタミン酸合成酵素**（glutamate synthase）→窒素同化

**クルマエビ**（prawn）

高級食用中型エビ類の代表種で，東南アジアの養殖物が大量に冷凍輸入されている．
　　　　　　　　　　　　　　　　（林　哲仁）

**グルムソル**（Grumusols）→熱帯土壌

**グレイゼム**（Greyzem）→FAO-Unesco世界土壌図凡例

**クレセック**（kresek）→イネ白葉枯病

**グローバルか　グローバル化**（globalization）

1990年代に各国経済の開放体制への移行が進展し，その世界経済への統合が加速した．この背景として，一部の途上国での経済開発の成功により新たな工業製品輸出国が誕生したことや，東西冷戦の終結により旧社会主義諸国が市場経済の枠組みに参入したため，世界市場の拡大が進んだことがある．さらに情報通信網の発達により，資本や技術，労働力の国境を越えた移動が容易となり，各国企業の国際化が急速に進展し，世界経済の一体化が飛躍的に進んできたのである．こうした経済のグローバル化は，世界規模での資源利用の効率化をもたらすものであるが，一方で市

場競争の激化, 貧富の差の拡大, 環境破壊の世界的拡大, 金融・通貨システムの不安定化, 失業問題の深刻化, 犯罪の国際化など, 多くの問題を誘発している.　　　　(井上荘太朗)

### くろほびょう　黒穂病 (smut)

黒穂病は, 穂が黒い粉をまぶしたような特有の黒穂症状を呈する病害で, イネ科, カヤツリグサ科, キク科およびタデ科の植物に発生する. 病原菌は, 担子菌で, クロボキン目のクロボキン科 (Ustilaginaceae) およびナマグサクロボキン科 (Tilletiaceae) に属し, 黒穂胞子 (冬胞子) を形成する. 黒穂病の発生は, イネ科作物のイネ, ムギ類およびトウモロコシなどで多く, その被害が問題となっている.

イネには, モミに発生する墨黒穂病 (*Tilletia barclayana*) および葉に発生する黒しゅ病 (*Entyloma oryzae*) が報告されている. ムギ類では, オオムギに, 堅黒穂病 (*Ustilago hordei*), 裸黒穂病 (*Ustilago nuda*) およびなまぐさ黒穂病 (*Tilletia controversa*), コムギに, 裸黒穂病 (*Ustilago nuda*), 網なまぐさ黒穂病 (*Tilletia caries*), 丸なまぐさ黒穂病 (*Tilletia foetida*), から黒穂病 (*Urocystis agropyri*), エンバクに, 堅黒穂病 (*Ustilago hordei*) および裸黒穂病 (*Ustilago avenae*) などが発生する. トウモロコシには黒穂病 (*Ustilago maydis*) および糸黒穂病 (*Sphacerotheca reiliana*) が発生する.

本病は汚染種子, 感染種子, あるいは土壌中の胞子が伝染源となるので, 防除は種子消毒が効果的であり, 薬剤による種子処理の他, 物理的防除法として温湯浸法や冷水温湯浸法が有効である.　　　　(山口武夫)

### クロマトグラフィー (chromatography)

複雑な混合物を分別・同定するのに有効な方法. 固定相と移動相との分配を利用した移動速度差分離の総称. 移動相の状態により, ガスクロマトグラフィー (gas chromatography, GC) と液体クロマトグラフィー (liquid chromatography, LC) に大別される. 超臨界流体を移動相とする超臨界流体クロマトグラフィー (supercritical fluid chromatography, SFC) もある. 固定相と移動相の形状により, ろ紙を使用するペーパークロマトグラフィー, 粒子を充填したカラムクロマトグラフィー, GCでよく用いられる細管内面に固定相をコートしたキャピラリークロマトグラフィーなどがある.

カラムクロマトグラフィーでは, 試料注入後, 移動相組成を一定で溶出分離する等組成溶出 (isocratic elution), 移動相の1成分 (modulator) を連続的に変化させて溶出する勾配溶出 (gradient elution), 不連続に変化させる段階溶出 (step elution) が用いられる. その他に試料注入後, より固定相に親和性が強い物質 (displacer) を流して分離する置換クロマト分離法もある.

カラム性能の評価には, ピーク幅とピーク保持時間からHETP (理論段相当高さ) を測定する方法が利用される. HETPと流速 (移動相線速度) $u$ の関係は, van Deemter式とよばれるHETP $= A + B/u + Cu$ で記述できる. HETPが小さいほどピークが狭く性能がよい. ここで, $A$ は充填層内の混合を, $B$ は移動相における分子拡散を, $C$ は固定相における物質移動 (拡散) を表わす項である. $C$ は, 充填剤粒子径の二乗に比例し, 固定相内拡散係数に反比例する. LCでは, 拡散項が支配的であり, 高性能化するために粒子を小さくして, $C$ の値を小さくする. 現在では, 10 $\mu$m 以下の充填剤の高性能 LC (high performance LC, HPLC) も市販されている. SFCでは, 超臨界流体中における拡散が早いことにより高性能化が可能となる. 工業生産プロセスでは, 充填層の圧力損失や充填剤のコストなどから数10 $\mu$m から数100 $\mu$m 程度の充填剤が使用される.

分離原理である固定相と移動相との分配機構として, LCでは, 分子の大きさを認識して分配するサイズ排除 (ゲルろ過) クロマトグラフィー, 電気的性質により分配するイオン交換クロマトグラフィー (IEC), 疎水的性質

により分配する疎水相互作用クロマトグラフィー（HIC）あるいは，逆相クロマトグラフィー（RPC）などがある．これらの LC では，それぞれの分配に適当なリガンド（官能基）が固定相に導入されている．その他に，生物学的親和性を利用するバイオアフィニティクロマトグラフィーは，抗体を固定化したイムノアフィニティカラムや群特異的リガンドとして，色素，レクチン，プロテイン A などを導入したカラムが利用される．前述した溶出方法では，初めに分配が大きく徐々に小さくする方法が勾配溶出であり，不連続に小さくする方法が段階溶出になる．分配が，比較的小さなときに等組成溶出が実施される．

移動速度差原理では，多少でも分離されると（ピーク保持時間差があると）カラム長，流速，粒子径などにより，分離を向上することが可能であり，ほかの分離法にくらべて容易に分離条件が確立できる．一方，工業プロセスとしてみると，非定常回分操作であり，生産性は低い．連続操作として，回転クロマトグラフィーがあるが生産性は回分操作と等しい．2成分連続分離法として，数本のカラムをバルブ操作で切り替え，連続化する擬似移動層があるが，定常運転に到達するまでの時間などを考慮して，生産性を見積もる必要がある．　　　　　　　　　　（山本修一）

**くろやにびょう　黒やに病**（tar spot）

葉上に数ミリ大の円形で，中央がやや盛り上がり，光沢のある黒色かさぶた状の病原菌の子座と呼ばれる器官が形成される．その周囲が黄化し，さらに円状にえ死して褐色から灰褐色の病斑になる．病原菌は子囊菌類に属する *Phyllachora* 属菌である．熱帯では多数の樹種が罹病し，なかでもマメ科樹種には多種の病原菌が記載されている．苗畑と植栽地ともに発生するが，一般には生育に大きな影響を与えないようである．しかし，苗畑では樹種によっては罹病葉の黄化が発生し，早期落葉の原因になる場合もある．タイ東北部の苗畑ではシタン（*Dipterocarpus cochinchinensis*）が黒やに病とさび病に罹病し，早期落葉を起こしたこともある．激しい被害の場合には薬剤散布が必要で，ベノミルなどが有効である．なお，盤菌類の *Rhytisma* 属菌による病気も同じ英名であるが，和名では黒紋病と区別している．　　　　　　　　　（河辺　祐嗣）

**クロロフィルけいこう　クロロフィル蛍光**（chlorophyll fluorescence）

生葉，葉緑体，または，チラコイド膜などにクロロフィルの吸収波長の光を照射すると主にクロロフィル a からの赤色の蛍光が観察される．室温では，照射直後は低く時間とともに蛍光の強度が高くなる2相性を示す．強度一定のバックグラウンドの蛍光（$F_0$）はアンテナクロロフィル・タンパク質の中で行き場を失った励起エネルギーの再放出で，アンテナクロロフィルがタンパク質から遊離すると著しく高くなる．時間とともに変化する可変蛍光（Fv）は，光化学系・で光エネルギーを利用して電荷分離して生成した電子供与体の酸化型と電子受容体の還元型が，照射時間とともに蓄積し，再結合して吸収した光エネルギーを一部蛍光として放出したものであり，電子伝達活性にその強さが依存している．生葉などでは pH 勾配の生成や還元力の利用効率の低下など電子伝達に影響する要因により Fv の強度は変わるので，非破壊的に光合成器官の状態を Fv によりモニターすることができる．　　　　　　　　　　（高橋正昭）

**ぐんけい　群系**（formation）→相観

**くんせい　薫製**（smoked product）

薫製品は，一般に調理，塩漬け，塩抜き，風乾，薫乾，仕上げ工程により製造される．薫材には，樹脂が少なく，薫煙に芳香があるブナ，ミズナラ，クヌギ，カシ，シラカバ，ヒッコリーなどが使われる．薫製法は，薫乾工程における薫煙室の温度により冷薫法，温薫法および熱薫法に分けられる．

冷薫法は，薫煙室の温度を 15～23℃ に保ち，2～3週間薫乾する方法で，製品は水分が低く，塩分が比較的高いので，保存性はよい．

魚の薫製の場合，原料魚をまず強めに塩漬け（塩蔵品を使うこともある）したのち，最終製品の塩分が8〜10％になるように塩抜きをする．薫煙室内の掛け棒に吊して風乾し，次いで夜間に薫煙をかけ，日中は薫煙室に風を入れて放冷，乾燥を行う．サケ・マス類，ニシン，ブリ，タラ類，ホッケなどが冷薫品に加工される．

温薫法は，薫煙室の温度を30〜80℃に保ち，3〜8時間薫乾する方法である．主として，香味を付与する目的で薫乾されるため，製品は水分が高く，また塩分が低いので，保存性は劣る．サケ・マス類，ニシン，タラ類，サンマ，イワシ類，ウナギ，イカ・タコ類などの製品がある． （小泉千秋）

**グンドルック**（gundruk）
ネパールでつくられる食塩を使わない野菜の漬物．天日乾燥して保存される．
（新国佐幸）

**ぐんらくこうぞう　群落構造**（community）
植物の群落構造を構成する要因は種々あるが，最も基本的なものは葉の繁茂度つまり葉面積指数である．しかし，葉面積指数が同じであっても葉の傾斜角度，あるいは葉の空間的配置によって群落内部に浸透する光の量は著しく異なる．そこで，葉の傾斜角度，葉の空間的配置を数量的にとらえることによって群落構造を表わし，その群落による生産量と結びつけようとする試みがされている．植物群落内への光の透過性を表現する方法に群落吸光係数が知られている．群落吸光係数とは，葉面積指数，広葉か長葉であるか，葉が立っているかどうかといった形状などで決まる群落固有の係数である．この係数が小さいほどその群落内部へ光の浸透性はよくなる．例えばイネ科植物の場合0.3〜0.5，マメ科植物の場合0.7〜1.2という値が得られている．
（倉内伸幸）

**くんれんとほうもん　訓練と訪問**（training and visit（T/ V）system）
1975年に世界銀行によって開発，導入され，一つの重要な技術普及方法として定着した巡回指導システムのこと．よく訓練された普及員の助けをかりながら，多くの農民の生産技術の改善を図るために試みられる．普及員は，担当地区のすべての農民を対象にするのではなく，何人かの進歩的農民や中核農民（contact farmer）を対象に，週一回決まった曜日に，できれば当該農民の圃場を訪問し，そこで農業生産技術の指導や討論を行う．この時に他の農民の参加を妨げない．普及員の仕事は，農民の圃場における作業の進行状況や問題の発見，解決の手助けを行うことが中心である．普及現場におけるこの方法の限界としてしばしば指摘されている点は，この方法が，従来の上意下達式の普及方法の中に組み込まれてしまい，農民による問題解決や，適切な技術の普及につながらず，むしろ現状にそぐわない高度な技術や研究者の関心に重点がおかれてしまう場合があることである．また，この方法は，普及員が接触する中核農民に対して，農村における自発的な普及リーダーとしての役割期待を前提しているが，必ずしもその期待どおりにならない点も指摘されている． （安延久美）

## け

**けいかくきじゅんかくりつ　計画基準確率**
（reference probability for design）
事業の計画や水利構造物などの計画・設計に際しては，特定の気象・水利条件などを計画・設計の基準とするが，そのような基準となる気象・水利条件などの生起確率をいう．例えば，洪水のように大きい水文量（降水量，河川流量など）を対象とする場合は水文量がある値 $Xu$ 以上となる確率（超過確率 $W(Xu)$）を，渇水のように小さい水文量を対象とする場合は水文量がある値 $Xl$ 以下となる確率（非超過確率 $F(Xl)$）を安全度の指標として計画・設計を行う．なお，$Xu$ 以上あるいは $Xl$ 以下の水文量が平均的に T 年に1度の

割合で生起するとき，T年を $Xu$, $Xl$ のリターンピリオドといい，$Xu$, $Xl$ をT年確率水文量という．年最大値や年最小値のように水文量が毎年1個の値で表わされるとき，リターンピリオドは超過確率あるいは非超過確率の逆数となり，$T=1/W(Xu)$, $T=1/F(Xl)$ と表わされる．計画の基準となる確率は，このリターンピリオドで表現するのが一般的である．　　　　　　　　　　　　（田中丸治哉）

**けいきじょうはつりょう　計器蒸発量**（pan evaporation）→蒸発散能

**けいざいあんていかけいかく　経済安定化計画**（economic stabilization program）→構造調整

**けいざいかいはつりろん　経済開発理論**（theories of economic development）

経済開発理論は，第二次世界大戦後に独立を果たした途上国をいかにして経済的に自立させ，持続的な経済成長を達成させていくかという問題意識から誕生した比較的新しい分野の学問である．また，経済理論の隆盛に影響を受けるとともに，国際機関や先進諸国の開発援助政策および途上国が採用する開発戦略と相互に強く関連しながら展開してきた政策指向的な学問分野であるといえよう．このおよそ半世紀の間に大まかな学説の流れとして2回の転換期がみられた．具体的には，1950〜60年代にかけて主流であったケインズ経済学の影響を強く受けた構造主義アプローチから，輸出指向型開発戦略，世界銀行・国際通貨基金（IMF）の構造調整政策を代表とする新古典派アプローチへの転換が70年代にみられ，そして近年では新たに，途上国における市場の不完全性，情報の不完全性に着目し，情報の経済学や取引費用の経済学に用いる諸理論を取り入れたアプローチや内生的成長理論，Amartya Senによるケイパビリティー・アプローチといった分野へと中心が移っている．このような開発理論の変遷の流れを受けて，実際に採用される開発戦略にも変化がみられる．1950年代は，経済開発理論は政府主導の大規模な開発計画に対する理論的裏付けを行う役割を果たした．この時期の諸理論の共通点に，途上国と先進国との経済構造の異質性，途上国においては供給サイドが硬直的であるが故に先進国のようには市場が機能せず，したがって政府は積極的に介入し工業化を図るべきであるとする考え方があり，これらを構造主義アプローチと呼ぶ．途上国の貧困の原因が資本および外貨の不足，インフラ不足，企業者不足，近代的な法体系・政治制度の欠如，勤労倫理の不足など，さまざまな供給側の制約にあると捉える考え方である（供給制約論）．ここで最も重要となるのは資本不足であり，貯蓄および投資の増大こそが経済成長をもたらす重要な鍵であるとされ，ハロッド・ドーマーモデルが適用された．W. W. Rostowの発展段階論によれば，発展段階は「伝統的社会」→「離陸への先行条件期」→「離陸」→「成長への前進期」→「高度大衆社会」の5段階から成り，途上国から先進国への転換は「離陸」が行われたかどうかによって決まるが，その離陸の条件となるのが，国民所得に占める生産的投資率の10％以上への上昇，産業連関効果の大きな製造業の発展などである．ここから出てくる結論は，経済成長には大規模な工業化およびそのための大規模な投資が必要ということであり，その意味において供給制約説と工業化論の双方の議論を代表する典型的な議論といえる．また，今日においても大きな影響を有するW. A. Lewisの「無制限労働供給下での経済発展」モデルも，資本蓄積と工業化の重要性を示すものとされている．構造主義アプローチのもうひとつ重要な特徴は，途上国では市場メカニズムは十分に機能せず，市場にまかせておいては経済発展は望めないと考える市場の失敗論である．構造主義アプローチはケインズ経済学の影響を受け「万能な政府」を想定し，経済成長のためには政府がインフラを整備し，国内市場向けの工業化を行い，大規模な投資を行うことによって供給制約の解消，工業化

の進展をはかることが重要であると考えた．計画経済による重工業化を最も早くから取り入れたのは旧ソ連などの社会主義国であったが，多くの途上国もその後を追うように，政府主導の大規模な工業化戦略を謳う開発政策を取り入れ，また先進国および国際機関による援助も交通，電力などの経済インフラ整備に対する大規模プロジェクトに集中した．1960年代後半から，政府主導型工業化戦略に対する批判が多く出されるようになり，70年代には政府主導の構造主義アプローチにかわり，市場の自由化を重要視する新古典派アプローチ，人間の基礎的必要（BHN）の充足や所得分配に目を向けた改良派アプローチ，従属論といった学説が台頭するようになった．その中でも，中心を占めたのは新古典派アプローチである．新古典派アプローチは，途上国は先進国と何ら質的な相違はなく，各経済主体は合理的に行動し，市場は機能するとの考えに基づいている．構造主義アプローチと新古典派アプローチの最も顕著な違いは，前者の「市場の失敗」と対照的に，後者は「政府の失敗」を強く打ち出し，政府の規制をなくし市場の自由化を強調する点にある．そこから出てくる具体的な政策としては，構造主義アプローチの特徴である輸出ペシミズム論および大規模工業化論に基づく輸入代替工業化戦略を徹底的に批判し，市場の自由化を伴なう輸出指向型工業化戦略が打ち出された．また，これまでの工業化一辺倒の開発戦略から農業の重要性にも着目する考え方にシフトし，「緑の革命」をはじめとした農業の近代化の重要性，人的資本投資の重要性がT. Shultzによって論じられた．これら一連の議論から発見されたのは途上国の合理的農民像であり，それ以前の議論の前提にあった途上国の農民は非合理的であるが故に貧しいという議論は覆された．このように，全く対照的な構造主義アプローチと新古典派アプローチではあるが，共通する考え方に，トリックル・ダウン仮説の有効性を前提としている点がある．トリックル・ダウン仮説とは，経済成長により一国の経済自体が大きくなれば，その恩恵が次第に貧困層をも含む国全体に浸透し，貧困も緩和されるという考え方である．この考え方に異議を唱えたのが，改良派アプローチである．1960年代に世界的な経済の高成長が起こったにもかかわらず南北格差は縮まらず，ましてや途上国内での貧富の格差が拡大するといった現実から，これまでの経済成長イコール経済開発とする発想を排除し，雇用政策や貧困緩和，不平等の解消と経済成長がともに満たされてこそ開発であるとの主張を行ない，雇用促進やBHNの充足，公平な所得分配に重点をおいた政策を提言した．これらは大規模な経済インフラの建設から，絶対的貧困撲滅のための教育，保健，栄養などのBHN充足へと援助政策に一定の変化をもたらしはしたが，輸出指向型工業化戦略を採用した韓国，台湾などアジアNIEs（新興工業経済地域）の急成長と対比して強烈なインパクトを与えることはなく，新古典派アプローチを超える存在とはならなかった．そして，その後の世界銀行・IMFの構造調整融資の開始とともに新古典派アプローチが開発理論，政策の両面において圧倒的な影響力を持つに至った．しかしながら，80年代の後半に入ると，すべての国に対し画一的な政策を迫る構造調整プログラムへの疑問とともに，第二のパラダイム転換を迎えることになる．新しく登場したアプローチに共通するのは，新古典派アプローチが政府の失敗を強調したのに対し，政府にも果たすべき役割があり，政府介入の余地があると考える点である．また，それぞれの国の持つ歴史的背景や制度など，個別の状況をも考慮すべきであるとの考えの広まりも近年の特徴である．つまり，これまでの「市場」か「政府」かという二者択一ではなく，そこに「制度（組織）」という視点を組み込んだ分析を行なうということである．パラダイム転換以後のアプローチには，開発国家論などの政治経済学的な分析，内生

的成長論などさまざまあるが，そのなかでも近年，研究の進展が著しいのが開発ミクロ経済学と呼ばれる分野である．これまでのアプローチは人的資本論など一連の Shultz の議論などを除けばマクロ変数に関心の中心があることが多く，その裏づけとしての経済主体のミクロ経済学的な行動にはほとんど関心が示されてこなかった．しかし，近年の情報の経済学など応用ミクロ経済学の発達に伴ない，経済開発理論においてもそれらの理論が用いられるようになっている．開発ミクロ経済学では，途上国は不完全市場であり情報の不完全性や取引費用が存在するために，各経済主体が合理的であっても，新古典派アプローチが想定する完全市場におけるような結論は導かれないと考える．特に途上国を考える際には，リスクの存在と情報の非対称性の問題が重要であるが，このような状況下では市場に任せておくだけでは社会的に最適な資源配分は達成されず，その場合には政府の介入する余地がある．また，これまで経済的合理性とは無縁であると考えられてきた途上国における伝統的制度に対して，市場メカニズムの不充分さを補う積極的な意義を持つとの評価がなされるようになったことは重要である．途上国の制度に関する研究では，これまで地主の小作に対する搾取と位置づけられてきたものを，リスク・シェアリングの観点から双方の合理的な選択の結果と解釈した分益小作制の研究が有名であるが，その他にも伝統的規範や相互扶助，インターリンケージ取引の存在など，さまざまな分野の研究が行なわれている．今後ともミクロ経済学を基礎とした研究は進展を続けると考えられるが，途上国の経済発展を考える際には，これらのミクロ的分析を如何にしてマクロ的分析に結びつけるかが，有意義な政策インプリケーションを生み出す鍵となるであろう． （上山美香）

**けいざいコスト** 経済コスト（economic cost）→経済評価

**けいざいじゆうか** 経済自由化（economic liberalization）→構造調整

**けいざいせいちょう** 経済成長（economic growth）

国民総生産（GNP，一国の国民・居住者に帰属する付加価値の合計額．これに対して，一国の国境内での付加価値合計額を国内総生産，GDP という）の人口一人当たりでみた実質的増加の長期的趨勢を経済成長という．経済成長をもたらす要因は，① 社会成員の属性（人口，階級，労働の質，教育など），② 社会制度（行為や思考の様式など），③ 生産要素の供給の成長率，④ 技術進歩，などに大別される．このうち ① と ② の変化は長期的なものであることから，短期的には ① と ② を一定とし，③ と ④ の要因による経済成長を「狭義の経済成長」と呼び，① ～ ④ のすべての要因に基づく経済成長を「経済発展」と呼ぶことがある．成長メカニズムの分析においては，③ の生産要素の投入量の変化（成長の源泉）と，④ の投入要素の生産性の変化（成長の原因）とを，区別することが重要である．経済成長の基本問題は，一国の持つ資源のうちどれだけを現在の消費に使い，どれだけを将来の世代の消費のために使うかという点にあるが，経済成長が政府の経済政策の重要な目標とされるようになったのは第二次大戦後のことである．表6は，途上国の 1965 年以降の GDP 成長率の推移を示している．それによると，すべての所得水準の国について，年平均 GDP 成長率は，1965～80 年の期間の方がその後の期間よりも高かった．80 年代は，中所得国の成長率の鈍化が著しい．東アジア・太平洋地域は，65 年以降の全期間について，「東アジアの奇跡」を反映して，高い成長率を達成している．また，経済成長は定義に照らして人口成長との関連で捉えられねば意味がない．同表において，GDP 成長率から人口増加率を差し引くと，80 年代のラテンアメリカ・カリブおよび中東・北アフリカでマイナス成長となり，前者の「失われた 10 年」といわれる所以となっている．90 年以降のヨー

表6 開発途上国のGDP成長率および人口増加率の推移（単位：％/年）

| 開発途上国 | GDP成長率 | | | 人口増加率 | | |
|---|---|---|---|---|---|---|
| | 1965 – 80 | 1980 – 90 | 1990 – 97 | 1965 – 80 | 1980 – 90 | 1990 – 97 |
| 低所得国 | 4.9 | 4.3 | 4.2 | 2.3 | 2.4 | 2.1 |
| 中所得国 | 6.3 | 2.8 | 2.5 | 2.3 | 1.6 | 1.3 |
| 　低位中所得国 | 5.5 | 3.7 | 2.2 | 2.4 | 1.6 | 1.3 |
| 　上位中所得国 | 7.0 | 1.7 | 2.9 | 2.2 | 1.9 | 1.5 |
| （参考）高所得国 | 3.7 | 3.2 | 2.1 | 0.9 | 0.7 | 0.7 |
| 低・中所得国 | 5.9 | 3.0 | 2.8 | 2.3 | 2.0 | 1.6 |
| 　東アジア・太平洋地域 | 7.3 | 7.8 | 9.9 | 2.2 | 1.6 | 1.3 |
| 　ヨーロッパ・中央アジア | – | 2.9 | – 5.4 | 1.1 | 0.9 | 0.1 |
| 　ラテンアメリカ・カリブ | 6.0 | 1.8 | 3.3 | 2.5 | 2.0 | 1.7 |
| 　中東・北アフリカ | 6.7 | 0.4 | 2.6 | 2.8 | 3.0 | 2.5 |
| 　南アジア | 3.6 | 5.7 | 5.7 | 2.4 | 2.2 | 1.9 |
| 　サブサハラ・アフリカ | 4.2 | 1.7 | 2.1 | 2.7 | 2.9 | 2.7 |

（資料）世界銀行『世界開発報告』（1992, 98/99年版）
（注）　1997年の一人当たりGNPにより，低所得＝785ドル以下，低位中所得＝785〜3125ドル，上位中所得＝3126〜9655ドル，高所得＝9655ドル以上，に分類される．

ロッパ・中央アジアでは大幅なマイナス成長を記録しており，市場経済移行国の窮状を示唆している．高所得国は低率ながら全期間を通じてプラスの経済成長を実現しており，経済の南北格差の拡大傾向がうかがわれる．
(水野正己)

**けいざいとうごう　経済統合**（economic integration）
複数国がグループを形成し，域内の経済関係の緊密化や自由化を図る一方，域外に対して保護の強化を図ることを，経済統合という．地域的に近接した国々で構成される場合が多く，地域経済統合と呼ぶこともできる．統合の理念と目的や自由化の範囲と程度などによって，特恵関税地域，自由貿易地域，関税同盟，共同市場，経済同盟などに分類される．西欧における経済統合は，農産物貿易の域内自由化，域外国境措置，共通農業政策を推進してきたEC・ヨーロッパ共同体（現EU，ヨーロッパ連合）として知られる．開発途上地域については，1960年代以降，ラテンアメリカおよびアフリカで経済統合が試みられてきた．近年のアジアでは，東南アジア諸国連合（ASEAN）諸国の域内経済協力の進展，ASEAN域内の貿易・投資の自由化を目的とする1992年のAFTA（アセアン自由貿易地域）の創設が注目される．北米では，アメリカとカナダにメキシコが94年に加わったNAFTA（北米自由貿易地域），そして太平洋をまたいでAFTAとNAFTAを包含するAPEC（アジア・太平洋経済協力閣僚会議）がある．南米では，95年にブラジル，アルゼンチン，ウルグアイ，パラグアイによる関税同盟として発足したMERCOSUR（南米共同市場）に加えて，アメリカが目論むNAFTAとMERCOSURを包含するFTAA（米州自由貿易地域）構想などが代表的である．グローバル化やアジア経済危機からの経済回復の過程で，経済統合に新たな関心が集まっている．
(水野正己)

**けいざいはってんにおけるのうぎょうのやくわり　経済発展における農業の役割**（role of agriculture in economic development）
経済の発展に貢献することが産業セクターとしての農業に課せられる期待である．農業

の役割は，大きくは食料生産など生産活動自体によるもの，労働など生産要素を通じた貢献，工業製品の市場としての役割，農業一次産品や二次加工品輸出による外貨獲得源としての役割に大別できるであろう．人口増加率が高く人口稠密な熱帯アジアの多くの途上国では，主食たる米あるいは小麦の増産とその安定的供給は，経済社会の発展と安定の基礎条件として重要である．また，工業化の初期においては，食料の供給セクターとしてのみでなく，資本の蓄積と安価な賃金労働力を供給するうえで農業は重要な役割を担う．また食料農産物や輸出農産物価格を低く抑えることで工業部門や輸出部門の発展に資するよう政策的に誘導されることが少なくない．工業を始めとする非農業セクターの発達が十分でない段階では，農業は雇用機会を提供し非農業や都市部への急激な労働移動を緩和する役割を果たす．農業は，増加する人口を吸収する農村社会を支える経済基盤の役割を果している．熱帯アジアの多くの途上国では，特にこの役割が重要である．また，農業発展とともに人口の多い農業地域は衣料などの工業製品の市場として，あるいは農機具・機械や化学肥料など投入財の市場としても期待されるようになる．生糸の輸出によって経済発展に成功した日本は，農業一次産品輸出による開発の一つの成功モデルとしてみられ，多くの途上国でもこのようなモデルが適用された．しかも，加工度を引き上げより高い付加価値の獲得を目指す方向で踏襲された．しかし，モノカルチャー的な農業構造を反映して，対外的には脆弱な経済体質の要因となる場合もみられた．自然や社会環境の保全を含む農業の多面的機能が，日本など先進国において重視されている．このような機能は開発の過程で重視される場合もあるが，成長と発展の加速という第一義的な課題の下ではしばしば無視ないし軽視されることが多い．熱帯林の急速な減少や森林火災はこのような開発政策のひとつの帰結でもある．経済のグローバル化の下で，途上国の農業についても市場経済化と国際経済競争にさらされる度合いは一段と強まりつつある．しかしながら，多くの場合，市場制度は未整備であり，市場取引が成り立っていない場合も多い．市場が未整備であったり，市場が欠如した状態からの改善が，途上国農業における焦眉の課題とされている．

（米倉　等）

**けいざいひょうか　経済評価**（economic evaluation）

経済評価は，開発事業を投資として捉え，当該事業の収益性を経済的視点から明らかにするものであり，事業採否の意思決定に大きな影響を持つ．経済評価の手法としては，純便益の現在価値（NPV，事業実施によって付加される純便益の現在価値），便益費用比率（B/C，事業に係る便益と費用との比率），内部収益率（IRR，便益と費用との現在価値を等しくする割引率．開発事業の貨幣的収支に基づいて収益性を評価する財務分析では，市場価格で算出した財務的内部収益率が用いられ，国民総生産の増加といった観点からなされる開発事業の経済分析では，市場価格の歪曲性を除去するために国際価格や経済価格で評価する経済的内部収益率が用いられる）がある．このほか，生産の増加よりも，それによる国民総効用の増加に基づく開発事業の評価手法として社会分析があり，この場合は，社会価格に基づいて算出される社会的内部収益率が評価基準として用いられる．このような経済指標に基づく開発事業の収益性評価においては，コスト・オーバーラン（費用超過）や費用過少見積の可能性の有無について，特に留意する必要がある．以上のような開発事業の経済評価に加えて，近年，開発事業が実施対象地域の住民に具体的にどのようなプラス・マイナスの影響を及ぼすかを評価する社会的妥当性分析（social soundness analysis）も重視されるようになっている．この場合，開発事業がもたらす便益を最大化し，負の影響を最小化するため，当該事業の内容とプロジ

ェクトのサイクルに合わせた社会的効果・影響の調査分析が行われ，必要な対策や改善点が提示される．参加型農村調査法が活用される場のひとつが，ここにある．さらに，社会的弱者や社会的に不利な立場におかれている住民男女が自発的な行動と組織化を通じて能力向上を図り，社会・政治構造の変革と持続可能な社会開発を実現する「ジェンダーと開発（GAD）」の考え方を開発に反映させるために，ジェンダー社会分析が開発事業の各段階において行われるよう提起されている．

(水野正己)

**けいさいるい　茎菜類**（stem vegetables）

茎を食用とする野菜で，熱帯ではあまり多くの種類は見られない．アブラナ科では，キャベツの仲間で茎の基部が球形に肥大するコールラビや，非常に多くの変種があり，茎を葉と共に食用にするカラシナがある．茎レタスは中国原産のレタスの一種で，セルタス，アスパラガスレタス，中国レタスとも呼ばれる．直径4cm位に肥大した茎を炒めたり，煮たりして食用にする．アスパラガスは温帯から導入された野菜で，東南アジアでは当初，輸出用に栽培されていたが，現在では日常的に食べられるようになった．　(高垣美智子)

**けいしゃちのうぎょう　傾斜地農業**（slope-land agriculture）

焼畑移動耕作に適正な耕作/休閑期間がとれなくなり，土壌が劣化した広大な傾斜地農地が生じた．多くはもと森林だったので樹木要素の多い果樹・コーヒー・茶園は草生，マルチなどの保全策で経営できる．焼畑耕作の替わりとしてアレイクロッピングなどがある．等高線状のマメ科低木列（草を含む）の間に普通作物・野菜を作るのである．低木の枝葉は飼料，マルチ材，薪になる．土壌侵食防止，肥沃度維持を図りつつ経済性を保とうというのである．そのほか屋敷林の多毛作，多層作などアグロフォレストリーの諸法が適用できる．またウシ・ヤギと組み合わせた三層飼料システム（1.イネ・マメ科牧草，2.マメ科低木，3.飼料木）もある．急傾斜地は段畑・斜面畑化する必要がある．傾斜農地の土壌保全は下流域のシルト堆積，洪水，渇水にも影響するので現地住民のみならず流域全体の重要事である．→焼畑移動耕作，アレイクロッピング，屋敷林，アグロフォレストリー，段畑，斜面畑　(三宅正紀)

**けいちょうつぎき　茎頂接ぎ木**（micro-grafting）→接ぎ木

**けいちょうばいよう　茎頂培養**（shoot apex culture, shoot tip culture, stem tip culture）→組織培養

**けいとういくしゅほう　系統育種法**（pedigree breeding method）

イネ，コムギ，マメ類などの自殖性作物の改良に古くから利用され，今日でも最も重要な育種法の一つである．人工交配や人為突然変異により遺伝変異を誘発して作られる集団の中から，個体別に採種した種子をひとまとめにして，次世代の系統を作る．系統の平均的な形質表現に人為選抜の重点をおく系統選抜を基礎とする育種法である．一つの組み合せの雑種集団から多数の系統を養成し，農業上重要な特性を厳密に比較し，育種目標に合った特性をもつ系統を選抜する．色や形などの遺伝率の高い形質の選抜は，初期世代でも有効である．しかし，農業上重要な収量，品質，成分含量，環境ストレス耐性など，遺伝率の小さい量的形質の選抜は，自殖などにより遺伝的固定の進んだ後期世代で有効となる．系統の特性は，環境条件を変えて調べる必要がある．病気の出やすい環境で耐病性検定を，また，冷害の発生しやすい環境で耐冷性系統を選抜するのが効果的である．また，いろいろな異なる環境で収量を比較することにより，広域適応性のある系統を選抜することができる．　(藤巻　宏)

**けいとうはんしょく　系統繁殖**（動物）(line breeding)

雌雄にかかわらず優れた個体が出現した場合に，その個体の遺伝子を強く保有する集団

または個体を作る目的で，その特定な個体の子孫どうしを選び計画的に交配を進めていくことをいう．必然的に近親交配を伴う．系統と呼ばれるには血縁係数が20％程度は有するのが望ましい． (建部　晃)

**けいはん　畦畔**（bund, border）
灌漑用水の拡散・流れを制御し，水田一筆の湛水を保持するために設けられる畝．
(八丁信正)

**けいはんしんとう　畦畔浸透**（percolation through border）
畦畔は，土地所有権の境界として，また，水田に水を貯留するため，水田区画の周囲に構築されたいわゆる土手で，通常現地の水田圃場の粘質土を盛り上げて築造されている．

畦畔浸透は，水田圃場内の湛水位と隣接する圃場や開水路の水位との間の水頭差により，横方向に生ずる．その量は，水頭差の他，畦畔材料の透水係数，畦畔幅（浸透路長）などの水理条件，ならびに，乾燥によるクラックやカニ・ネズミの巣穴などによる畦畔内のミズミチなど管理条件に大きく左右される．

畦畔浸透抑制対策としては，畦畔に泥を塗るいわゆるクロヌリ，畦畔内への止水板挿入，コンクリートブロック畦畔の設置，カニ・ネズミの駆除などがある．

畦畔浸透量の測定は，N型減水深測定装置によるほか，数メートルの畦畔の圃場側に，プラスチックシートや土手などで囲った1 m幅ほどの小さなポンド内の水量減少量測定による．単位は $l/m/day$ で表わす．
(八島茂夫)

**けいやくさいばい　契約栽培**（contract farming）
農業経営者が企業など他の経済主体との契約に基づいて特定の作物を生産する農業の形態．契約農業の類型には数量契約，価格保証，委託生産などさまざまなものがある．企業と生産・出荷について契約を結ぶことで，農業経営者が生産物を販売する負担は軽減される．また価格契約を締結すれば価格変動リスクの負担も低下する．その他，信用の供与や技術指導といった面からも企業からサービスを受ける場合もある．畜産物を含むあらゆる作物が契約農業の対象となり得るが，特に均質な材料を大量に必要とする加工原料，大量に流通する農産物，大規模な加工施設を必要とするものなどが契約農業の対象となることが多い．熱帯地域では，バナナをはじめとする果実，生鮮または冷凍の野菜，サトウキビなどの加工原料農産物が契約栽培の対象になっている． (井上荘太朗)

**けいらんでんせん　経卵伝染**（ovarial transmission）
植物ウイルスが昆虫の卵を経て次世代に伝わること．例えばイネ萎縮ウイルスの粒子は，保毒しているヨコバイから子孫へ卵を通じて伝染する． (野田千代一)

**ゲーサイト**（goethite）
ゲーサイト $\alpha$-FeOOH は土壌に褐色，黄色の色を与えている主要な鉄鉱物で，土壌中に存在する鉄鉱物としては，もっとも広く分布する．溶解・沈殿の過程を経て結晶化する．カンボジアのほぼ純粋なゲータイトの標本では，マンセル表色法で5YR3/4が得られた．ゲーサイトはX線回折では0.418 nm，0.245 nm，0.269 nmに明瞭な反射を示す．温帯土壌中にもっとも遍在する． (三土正則)

**ケスタ**（questa）
構造平野のなかにみられる，非対称な断面形をもった丘陵の連なり．緩傾斜した硬岩層と軟岩層の互層が差別侵食をうけてつくられた．ケスタの背面（緩傾斜面）は，石灰岩や砂岩などの硬い岩層あるいはチョークのような透水性に富む層からなることが多い．急斜面の下には丘陵にそって浅い谷がつくられる．地層の傾斜が15°以上になると，走向山稜とよばれる． (荒木　茂)

**ケチャップ**（kecap）
インドネシアでつくられる醤油様大豆発酵調味液．糖が多量に添加された kecap manis と糖が少ない kecap asin がある． (新国佐幸)

けっかく　結核（tuberculosis）

　結核菌の感染によって起こる慢性の人畜共通感染症である．家畜ではウシとニワトリの結核が問題となるが，その他の家畜，動物，鳥類にも発生する．感染初期の症状は明瞭ではなく，徐々に咳，削痩，貧血，一般所見の悪化などが進行する．ニワトリでは肉冠や肉垂の退色，削痩，貧血，跛行，産卵低下および停止などが観察され，大部分は数カ月で死亡する．結核菌として Mycobacterium tuberculosis（人型結核菌），M. bovis（牛型結核菌），M. avium（鳥型結核菌）が知られている．結核菌は菌体染色の際，酸による脱色に抵抗性を示すことから抗酸菌とも呼ばれる．結核菌は熱や消毒薬に対する抵抗性は低い．直射日光に暴露されると数分で，60℃の加熱処理では30分で，常用される消毒剤では約4時間で死滅する．しかし，糞便中や土壌中，肥料中，水槽などでは3～6カ月間も生存する．結核に罹患した動物から分離される結核菌の種類は各種結核菌に対する動物の感受性の違い，動物の飼育環境，飼育条件などの違い，さらにヒトを含めた各種動物，鳥類での結核の発生状況の違いなどによりさまざまである．

　ウシでは汚染飛沫の吸入による感染が多い．多くは牛型菌の感染によるが，欧米では鳥型菌による感染も多い．人型菌や鳥型菌はウシに対して病原性が弱いため，限局性の病巣形成にとどまるか，ツベルクリン検査のみ陽性の無病巣反応牛となり病変を形成しないこともある．無病巣反応牛は結核以外の非定型抗酸菌の感染によることもある．肺およびその付属リンパ節や腸間膜リンパ節などに広範囲に結核病巣が分布する重症例はその牛群の感染源となり，短期間に同居牛に結核が拡がる．人型結核菌の感染は飼養者またはその家族の結核，汚染飼料などが原因となる．鳥型結核菌の感染源は結核に罹患した同居鶏，汚染飼料，汚染牧野などである．

　ニワトリでは成鶏に発生が多い．肝臓に結核病巣が多発し，そこから胆管を介して腸管内に運ばれた結核菌が糞便とともに排出され，土壌や環境が汚染される．それらが感染源となり経口的に感染が広がる．放置された死亡感染鶏も感染源となる．

　ブタは鳥型結核菌に容易に感染するが，病巣はリンパ節に限局することが多い．人型結核菌や牛型結核菌が感染することもある．非定型抗酸菌がブタの結核様病巣から分離される例が増加しており，ヒトの非定型抗酸菌症の原因菌と一致することから公衆衛生上問題となる．

　めん羊，ヤギでの発生は少ない．イヌは人型，牛型結核菌に同程度の感受性を示すが，飼い主からの感染が多いため人型結核菌の分離頻度が高い．ネコでは牛型結核菌の分離頻度が高かったが，それはネコが人型結核菌に抵抗性を示すことと牛型結核菌に汚染された乳汁を摂取したことによる．動物園の動物にもしばしば結核が見つかることがある．

　本病はツベルクリン検査，細菌検査，病理組織学的検査などによって診断される．経済性，所要時間などを考慮すると現実的な治療法はなく，清浄群にあってはその維持，汚染牛群にあっては感染動物の早期摘発淘汰と汚染源の徹底的な排除が重要である．

（江口正志）

けっかく　結核（concretion）→コンクリーション

けっかしゅうせい　結果習性（bearing habit, fruiting habit）

　果樹では種類により，新梢上の花芽形成位置や果実の着生位置が異なっている．しかし，同じ種類の果樹では規則性があり，これを結果習性と称している．花芽の種類には，純生花芽（pure flower bud）と混合花芽（葉芽を含む，mixed flower bud）がある．混合花芽には，ほう芽した時に枝の先端に花を着生するものとほう芽した時葉腋に花を着生するものの2種類がある．さらに，新梢上の花芽の着生位置により，頂生花芽（リンゴ，ナシ，ビワ，マンゴなど），頂側生花芽（カンキツ類，

アボカド, パパイヤ, リュウガンなど), 側生花芽 (モモ, アセロラなど) がある. さらに熱帯果樹の一部の種類では, 直接幹や枝に花が着生する幹生花 (cauliflory) があり, ドリアン, ジャックフルーツ, ゴレンシ, ランサー, カカオなどがある. 　　　　　　(井上弘明)

**けっきゅう　結球** (head formation, bulb formation, bulbing)

ハクサイ, キャベツ, レタスなどのように, 生育初期はロゼット状であるが, 生育が進むと新しい葉が次第に立ち上がって巻き込み, その内側に新しくできる葉も互いに巻き合い葉球 (head) を形成する現象. 内部葉の立ち上がりは, 葉数の増加にともない外側の葉が内側の葉を遮光することにより起こる. そして新たにできる葉の形は幅が広く丸く葉柄の短いものになっていく. 良好な結球には, 外葉の充分な発達による内部葉の遮光と, 同化産物の供給, さらにそれぞれの作物の結球適温が必要である. 高温や過度の低温は結球を阻害する. タマネギ, ニンニクなどでも生育が進むと葉身が成長しなくなり, 葉鞘のみの鱗葉を形成し, それが肥厚して鱗茎 (bulb) を形成する. これも結球であるが, 球形成, 鱗茎形成と呼び区別することもある. 球形成誘発条件はタマネギでは長日, ニンニクでは低温でいずれも品種によりその程度に差があるので地域に合わせた品種選択が重要である.
　　　　　　(位田晴久)

**けっぷん　血粉** (blood meal) →製造副生産物

**ケッペンのきこうぶんるい　ケッペンの気候分類** (Köppen's classification of climate)

熱帯気候の分類の中で最もよく知られているのがオーストリアの Köppen の気候分類である. Köppen は世界中の各種植物群について生育のための条件をつぶさに調べ, それらを気象要素と関係付けることによって次の 5 気候区を立てた. A 湿潤熱帯；B 乾燥；C 湿潤温帯；D 湿潤寒帯；E 極地. これらのうち熱帯に出現するのは A 気候区と B 気候区である. A 気候区は, 最寒月の平均気温が 18 ℃以上で, かつ降水量が蒸発量を上回る湿潤熱帯気候地域をカバーする. A 気候区は降雨の量と分布により次のように細分される. Af 熱帯雨林気候：最乾月でも 60 mm 以上の降水があり, 年中乾季がない. Am 熱帯モンスーン気候：短い乾季をもつが, 森林を支え得る. Aw 乾雨季をもつ熱帯気候, 熱帯サバンナ気候：低日期 (冬) に乾季をもつ. 最乾月の降水量が < 60 mm. 熱帯アジアについてみると, 大まかには, Af は赤道から南北緯 5〜7°ぐらいの範囲に分布し, それより外側には Aw が広く分布するが, Am が両者の中間にくることがある. 厳密には Am と Aw は最乾月の降水量と年降水量のかねあいによって区分され, たとえばデカン半島西岸のように年降水量が多いところでは相当強い乾燥があっても Am となる. B 気候区は年間の蒸発量が降水量を上回る乾燥気候地域をカバーし, 熱帯に出現するのは BWh と BShw の二つである. W はドイツ語の砂漠 (Wüste), S はステップ (Steppe) を, また h は暑い (heiß) ことを意味する. w は先の Aw の場合と同様低日期＝冬 (Winter) の乾燥を示す. 夏の乾燥は s (Sommer) となるが熱帯には出現しない. BShw ステップ気候, 熱帯および亜熱帯半乾燥気候：Aw に隣接して出現し, 長い乾季と短い雨季をもつ. アジアではデカン半島の主要部を占める. BWh 砂漠気候, 熱帯および亜熱帯乾燥気候：サハラ砂漠や西オーストラリアの砂漠地帯をカバーする. Köppen が用いた乾燥月の限界降雨量 60 mm は, その後の研究者によっても踏襲されており, 樹高の高い熱帯雨林が維持されるための限界的降雨量として用いられている.
　　　　　　(久馬一剛)

**げどく　解毒** (detoxification)

農薬が生物生体内に入り, 代謝を受け無毒化され体外に排泄されやすい物質に変化させる一連の生体内代謝反応. 　　(大澤貫寿)

**ケニアホワイトクローバー** (Kenya white clover)

学名：*Trifolium semipilosum* Fresen. 赤道周辺の東アジア諸国のやや高い高度（1,000〜3,000 m）地域原産の永年生の暖地型マメ科牧草である．ホワイトクローバーと同じ属ではあるが，異種である．直根性の根から，地上に水平に伸びるほふく茎の各節を通じて発根する．登録品種はサファリ（*Trifolium semipilosum* Fresen. var. *glabrescens* cv. Safari）がある．根粒菌は特異性があるため，CB782などを接種する必要がある．至適土壌 pH は 5〜7.5 で低 Ca，高 Al，高 Mn の酸性土壌での生育が可能である．

年間降雨量 550〜1,400 mm の亜熱帯地域に適する．同じ生育適温をもつ，キクユグラスとの混播に適している． （川本康博）

### ゲノム（genome）

生物が正常な生命活動を保持するために必要な1組の染色体に含まれるDNA（遺伝情報）の総体．ゲノムDNAは，細胞が必要とするさまざまなタンパク質を，必要なときに必要なだけ合成するように司令を出す遺伝子として働く．DNAは長いひも状の分子であるが，細胞が分裂するとき，特殊な一群のタンパク質と結びついて凝縮し，棒状構造を持つ染色体となる．染色体や遺伝子の数は生物によって決まっている（表7）．ゲノムのサイズも生物によって決まっており，複雑な生物ほどゲノムサイズが増加する傾向がある．しかし，例外もあり例えば両生類のイモリのゲノムサイズはヒトの10倍もある．一つのタンパク質を作るのに必要な遺伝子DNAの大きさは平均して 2,000〜3,000 塩基程度なので，ヒトの遺伝子としてタンパク質の合成を指令する働きを持つ部分は，200〜300メガ塩基でありゲノムDNAの中の数%ということになる．高等生物の遺伝子はゲノムの中に散在しているのである．ゲノムDNAには遺伝子以外に，遺伝子を働かせるか働かせないかを決める調節機能を持つ部分や，文字配列が変化したために働けなくなってしまった擬遺伝子，ゲノムの中を動き回る小さいDNA断片（転位因子），過去に感染したウイルスの残骸，同じ配列が繰り返し出現する反復配列部分など，過去に何かの働きをしていた部分やその働きが不明な部分が含まれる．多細胞生物の場合，遺伝子の中にもイントロンと呼ばれるDNAが挟まっていることが多い．近年ゲノムを総体として理解する試み（ゲノム解析）が様々な生物を対象に，世界中で行われるようになった．日本では，ヒトゲノム，ブタゲノム，イネゲノム，カイコゲノムなどのプロジェクトが行われている．ゲノムプロジェクトでは，①ゲノムDNAの構造解析（全遺伝子の構造と位置さらに全塩基配列の解明），②ゲノムDNAの機能解析（遺伝子が作るタンパク質の構造や機能の解明），③ゲノム情報のデータベース化と公表などの研究活動を行なっている． （友岡憲彦）

### ケフィア（kefir）

発酵乳の一種で，乳酸菌と酵母を用いて乳を発酵して調製する．原産地は，旧ソ連のコーカサス地方．東欧諸国で消費されており，乳酸含量 0.9〜1.1%，アルコール含量 0.5〜1.0%．

表7 さまざまな生物種の染色体数，ゲノムサイズおよび遺伝子数

| 生物種 | 染色体数 | ゲノムサイズ（塩基） | 遺伝子数 |
| --- | --- | --- | --- |
| 大腸菌（バクテリア） | 1 | 4.7メガ | 4,000 |
| 酵母（単細胞真核生物） | 3 | 13メガ | 8,000 |
| 線虫 | N=6 | 100メガ | 13,100 |
| シロイヌナズナ | 2N=10 | 70メガ | 20,000〜25,000 |
| イネ | 2N=24 | 450メガ | 40,000 |
| ヒト | 2N=46 | 3000メガ | 100,000 |

ケフィアの語源は「さわやかな味」であり，ケフィアを食べると整腸作用がある．発酵中に発生する炭酸ガスのため，ピリッとした食感となる．わが国では「ヨーグルトきのこ」の名前でも知られているほか，健康食品として注目されている．

ケフィアでは，乳酸発酵の他，酢酸発酵，酵母によるアルコール発酵が進行しており，この点で，乳酸発酵だけのヨーグルトと大きく異なる．

全乳を 95 ℃，5 分間加熱しタンパク質を変性・均質化した後，特殊な菌塊 (kefir grain) を接種し，23 ℃で 20 時間発酵させ調製する．菌塊には，乳酸菌として，*Lactococcus lactis*, *Lactobacillus casei*, *Lactobacillus acidophilus* が，酵母として *Candida kefyr*, *Kluyveromyces fragilis* が見出されている．

中央アジアの馬乳から調製するクミスを参照．　　　　　　　　　　　　　（林　清）

**ケランガス**（クランガス kerangas）

ヒース林 (heath forest) に対するボルネオ島イバン族が使用していた呼称．強く溶脱された，真っ白なケイ砂の厚い堆積層の上に成立している樹高の低い森林．ポドゾル化が進んだ酸性 (pH 4.0 以下) の土壌のために，植物の成長は悪く，農地化には適さない．

ヒース林が広く分布する地域は，南米内陸部，ボルネオ島の海岸ならびに丘陵地域，アフリカのガボンやカメルーンの海岸地域などである．分布地での降水量は多いが，粘土質の乏しい土壌のために，数日間の無降雨日が続くと地下水位は著しく低下し，植物は強い乾燥にさらされる．このため，ヒース林の構成種は小型で厚い革質の葉を持つものが多い．サラワクのケランガスでは，ナンヨウスギ科の *Agathis* 属，マキ科の *Dacrydium* 属，モクマオウ科の *Casuarina* 属，フトモモ科の *Tristania* 属などが林冠を構成し，ツツジ科の植物やウツボカズラのような食虫植物，アリと共生するアリ植物を伴う．　　（神崎　護）

**げりせいかいどく　下痢性貝毒**（diarrhetic shellfish poison, DSP）

1976 年に宮城県と岩手県で，ムラサキイガイ摂食による胃腸障害（下痢，吐き気，嘔吐，腹痛）を主徴とする中毒が発生し，この事件を契機に DSP が発見された．その後 DSP 中毒事件は，わが国のみならずヨーロッパ，南米などでも各種二枚貝により発生している．食後 15 分から 4 時間以内に発症し，症状は比較的軽く通常 3 日以内に回復する．DSP 成分はオカダ酸 (OA) とその同族体であるジノフィシストキシン類を含めた OA 群，ペクテノトキシン群およびイェソトキシン群の三つに大別され，強い下痢原性を示す OA 群が主要な中毒原因毒である．毒の生産者は *Dinophysis fortii*, *Prorocentrum lima* などの渦鞭毛藻で，二枚貝は毒を中腸腺に蓄積する．ヒトの中毒量は 4MU（DSP の 1MU は体重 16〜20 g のマウスを 24 時間で死亡させる毒量と定義されている）で，毒化貝類の出荷規制（規制値は 0.05MU / g）が行われている．

（塩見一雄）

**けんか　堅果**（nut）→果実の人為分類

**げんかいにっちょう　限界日長**（critical day length）

開花や球形成など日長の影響を受ける種々の生理反応の転換点となる日長．→開花習性．　　　　　　　　　　　（縄田栄治）

**げんがいろか　限外ろ過**（ultra filtration）→分離，膜分離

**けんぎょう　兼業**（part‐time farming）

一般に所得補充目的で農民世帯員が非農業の多様な職業に従事すること．途上国では，多くの農民世帯が常態として兼業である．

（水野正己）

**げんげんしゅ　原原種**（foundation seed）・**げんしゅ　原種**（registered seed）

一般に育成品種が普及されるまでには三段階の種子増殖過程がある．育成者が保有する育種家種子 (breeders' seed) は，育成最終段階の高純度の集団から採種したもので，その特性を失わないように育種家・育種機関が維持

する．これから増殖・生産される最初の種子が原原種（foundation seed）で，さらにその一部を用いて，1株1本植えで純度を確認しながら生産される第二段階の種子を原種（registered seed）という．例えばイネでは，原原種は県が直接に，あるいは県の監督をうけて種子公社のような機関が，種子生産のための栽培管理に当たる．原種は市町村段階で生産されるのが普通である．ここで生産された種子が一定の規格に適合していることが確認されると，登録種子（registered seed）となる．登録種子は普通は県の手を離れて，種子生産団体あるいは認定を受けた農家に渡され，第三段階の種子生産に用いられる．そこで生産される種子が一定の規格を満たせば，保証種子（certified seed）となって農家の一般栽培のために供給される．

栄養系で増殖するバレイショの場合は，増殖率の低さに加えて，栄養系で次世代に伝搬するウイルス病を予防する必要があり，わが国では各地の原原種農場（現在は種苗管理センター）で生産したいもを道県の原原種生産事業に用い，その生産物を種いもとして農家に供給している．

このように種子の生産体制を整える一方で，生産される種子の検査体制が必要であり，単に持ち込まれる種子を検査するばかりではなく，収穫までに生産圃場を実際に検分して，品種の純度や栽培管理状況を見ることが必要である．種子では判別できない品種の混じりも，圃場で出穂期や成熟まぎわの立毛状況を観察から，容易に見つけることができ，栄養系の作物では各種の線虫やウイルス媒介昆虫などの監視ができる．

こうした体制の整備・運用はかなりの経費を必要とし，多くの開発途上国では制度化するのが困難である．農家の側でも種子購入のメリットは認識されにくく，実際に一般稲作農家が用いる種子は自家採種によるものが圧倒的に多い． 　　　　　　　（金田忠吉）

**げんしゅうアセスメント　減収アセスメント**（yield loss assessment）→虫害の経済的評価

**げんすいしん　減水深**（water requirement in depth）

減水深は，水田区画における蒸発散量と地盤・畦畔浸透量の和を水深で表わしたもので，水田の灌漑計画や圃場水管理における基本的な要素である．単位としては通常 mm/day で表わす．

このうち蒸発散量は，生育段階や気象による変化はあるが，地域別・栽培法別には大差はない．浸透量については，区画により，大きな差が生ずるが，地域内で反復利用が効率的に行われている場合には，広域的には蒸発散量に近い値となる．

水資源の豊富な日本では，根域の生育環境を良好に維持し，単位面積当たり収量を高めるため，通常 20～30 mm/day を適正減水深として採用している．一方，水資源の乏しい開発途上国では，単位水量当たり収量を重視し，浸透ロスを極力低く押さえ，10 mm/day 以下の計画減水深を採ることが多い．

耕区内（一筆減水深）の減水深は，耕区の水面の低下量を測定して得られる．その際，流量計により灌水量や落水量などの栽培管理用水量，雨量計により降水量を測定して，水深変化量を減水深に補正する必要がある．

　　　　　　　　　　　　　（八島茂夫）

**げんちゅうびょう　原虫病**（protozoan diseases）

原生動物いわゆる原虫が人や家畜の血液，消化管および組織に寄生して起きる疾病をいう．動物に寄生する原虫には，肉質鞭毛虫門（*Sarcomastigophora*）やアピコンプレックス門（*Apicomplexa*）など5門にわたり種々の疾病を引き起こす．七面鳥の盲腸や肝臓に寄生するヒストモナス症，ウシの血液に寄生するトリパノソーマ症，ニワトリの血液に寄生するロイコチトゾーン症，消化管に寄生するコクシジウム症，ほ乳類の赤血球に寄生し貧血および血色素尿を起こすバベシア症，リンパ

節の腫脹を起こすタイレリア症，ほ乳類，鳥類および爬虫類の筋肉に寄生する住肉胞子虫症などさまざまな疾病がある． （磯部　尚）

**けんていじょう　検定場**（testing station）
家畜の重要な経済形質の記録を得るために実施される能力検定が，飼育条件が多様な農家という現場でなく，飼育条件をきちんと設定できる施設で実施される場合にその施設を検定場という． （建部　晃）

**けんねつほうさん　顕熱放散**（sensible heat loss）
顕熱とは物質の温度の上昇・下降をもたらす熱をいい，物体の周囲温度と物体の温度との温度差（温度勾配）にしたがって移動する．顕熱放散は顕熱によって熱が体外へ出ることで，放射，対流，伝導の三つの方式がある．放射は離れた物体間での熱の移動であって，物体から熱エネルギーが電磁波として放出される現象で，家畜体からの熱放散においては生体より温度の低い周囲の物体に向かって熱が移動する．放射による熱放散量は次式で表わされる．

$R = A\sigma(e_1 t_{as}^4 - e_2 t_e^4)$
$R$：放射による放熱量（kcal / hr・m$^2$）
$A$：畜体の有効表面積（m$^2$）
$\rho$：ステファンボルツマンの恒数 $4.92 \times 10^{-8}$ kcal / m$^2$ / hr
$e_1$：家畜の熱放出率 0.95
$t_{as}$：家畜の体表面の絶対温度
$e_2$：周囲の物体の熱放出率 1
$t_e$：周囲の物体の表面の絶対温度

対流は生体と流体（通常は空気）間での移動で，空気の流れによって熱が運ばれる現象である．家畜の体表で暖められた空気は比重が軽くなり，上方に移り，比重の重い低い温度の空気が入り込んでくる．これが繰り返されて対流がおこり，放熱される．対流による熱放散量は次式で表わされる．

$Cv = h_e A v^{1/2}(t_{as} - t_e)$
$Cv$：対流による放熱量（kcal / hr・m$^2$）
$h_e$：対流による放熱の常数
$v$：気流の速度（m / sec）

伝導は他の物体と接している部分での熱の移動で，接している面積と温度勾配に比例する．伝導による熱放散量は次式で表わされる．

$Cd = h_k A(t_{ab} - t_e)$
$Cd$：伝導による放熱量（kcal / hr・m$^2$）
$h_k$：熱伝導計数
$t_{ab}$：家畜の深部体温

体からの顕熱による熱放散量は放射・対流・伝導のいずれもが体とその対応する物体との温度差によって決定されるので，暑熱条件での小さいことが多い． （鎌田寿彦）

**ケンパス**（kempas）→付表 18（南洋材（非フタバガキ科））

**げんぼくゆしゅつ　原木輸出**（export of industrial roundwood）
製品輸出に対し，丸太の状態で輸出すること．国際的趨勢としては，原木・半製品輸出から，より高付加価値の製品輸出へと推移している．

FAO (1998) によると，アフリカ諸国の原木輸出量を合計したものは 468 万 m$^3$（5.7 %），アジア 796 万 m$^3$（9.7 %），オセアニア 692 万 m$^3$（8.5 %），ヨーロッパ 4,911 万 m$^3$（59.9 %），北・中米 1,049 万 m$^3$（12.8 %），南米 292 万 m$^3$（3.6 %）となり，必ずしも工業化の遅れた地域固有の輸出形態ではない．国別にみると，ロシア連邦の 1,669 万 m$^3$ がもっとも多く，次いでアメリカの 896 万 m$^3$，マレーシアの 567 万 m$^3$ となっている．

しかし，日本向けの 552 万 m$^3$ をはじめ中国，韓国にも輸出しているロシア連邦を除いたヨーロッパ産，および北米産の原木は，基本的に域内で加工されている点に留意する必要がある．またアジア以外の地域では，域内の木材生産量が消費量を上回っているのに対し，ことアジアだけが大幅に不足を来し，将来的にもその傾向が続くと見込まれている．

（増田美砂）

### けんまいき　研米機 (rice polisher)

乾式と湿式がある．乾式研米機は，なめし皮，ベルト片，ポリウレタン発泡材などで精白後の米を磨き，付着している糠微粒子を除去する機械で，縦型が多い．湿式研米機は，精白後の米にミスト状の水を吹き付け，糠微粒子を完全に除去し，光沢のある精白米に仕上げる機械である．米粒の縦溝に付着している糠微粒子も除去できるので，白米の貯蔵性が向上し，炊飯前の洗米が不要となる．

（吉崎　繁）

## こ

### こうう　降雨 (rainfall)

大気中の水蒸気が上空において凝結・凍結・昇華などにより雲粒・氷晶となり，それが成長して雨・雪・霰（あられ）・雹（ひょう）などとして地表に降下する現象は，一般に降水 (precipitation) として総称される．降雨は，この中の一部である．

水蒸気を含む空気塊が何らかの原因で断熱的に上昇すると，空気塊は冷却され，水蒸気は飽和・過飽和の状態に達する．この時，過飽和の水蒸気は空気塊中に含まれる非常に微細なガス状物質（例えば，大陸上では化石燃料の燃焼に伴う硫酸アンモニウム，海洋上では植物性プランクトンに由来する硫酸ガスなど）やエアロゾル（土壌粒子，海塩粒子，すす，粉塵などの浮遊微粒子）を核として，温度が高い場合には凝結して雲粒を，温度が低い場合には氷晶を形成する．その後，これらはさらに衝突併合などにより成長し，やがて地上へと落下する．なお，氷晶の形成は，水滴が凍結する場合と水蒸気が昇華する場合とに大別される．このような形成・成長過程により，雨滴の形成は「暖かい雨」型と「冷たい雨」型に分類され，前者は熱帯地方に，後者は中・高緯度地方に多く見られる．また，降雨の発生をもたらす空気塊の上昇には，地形的要因によるもの，前線や低気圧によるもののほか，不安定な大気の形成によって生ずる急激な上昇気流などがある．

世界の降水量の分布を概観すると，前線が通過する地域や大規模な地形性降雨が発生する地域では降水量が多く，前線が通過しない地域や地形性降雨の風下では降水量が少なく砂漠となっているところが多い．エジプトのアスワンでは年降水量がわずか 1 mm，カイロでも 24 mm である．イギリスのロンドンでは 753 mm でほぼ地球上の陸地の平均値となる．一方，わが国の年降水量は約 1,800 mm で，インドネシアなどでは 4,000 mm を超す年降水量が観測されている．

降雨量（単に雨量ともいう）の測定には，通常直径 20 cm の受水口をもつ雨量計が用いられ，集水された雨水を受水口の断面積で除して水深換算し，mm 単位で表わす．古くは，雨量計に溜まった雨水を定時に人力によって測定していたが，近年では受水口の下部に設けられた 0.5 mm または 0.1 mm 相当の容量の転倒マスの転倒回数が自記記録されている．さらに，最近ではレーダーを用いた降雨量観測も行われるようになり，降雨量のほか雨雲・雨域の分布や移動状況など詳細な気象情報を得ることができるようになった．

なお，雨量計によって観測される雨量は，あくまで観測地点における値で，これを地点雨量と呼ぶ．一方，対象地域全体に降る雨の総量は面積雨量と呼ばれ，さまざまな計画や調査では面積雨量が重要となる．面積雨量は直接測定することが不可能なため，対象地域内で観測された地点雨量を加重平均することによって求められる．この平均法には，算術平均法，ティーセン法，等雨量線，雨量－高度法などがあり，観測点数や対象面積の大きさなどに応じて最も適切な方法が選択されなければならない．

（高瀬恵次）

### こううんき　耕うん機 (power tiller)

一般に営農用に発展普及した歩行型二輪トラクタを耕うん機と称している．これは，主にロータリ耕うん装置を装着した状態で利用

されるため，駆動型動力耕うん機とも呼ばれている．日本では作業機械の大型化が進行し，車輪型トラクタの普及が目覚しい反面，耕うん機の新規発録台数は漸減する傾向にある．一方，開発途上国では価格の値ごろ感や利便性などの理由から，耕うん機の需要は上昇基調にあり，関連製造業への経済的波及効果は大きい．普及の阻害要因としては，農家収入の恒常的な低迷に加えて，投入エネルギーや農業機械の高価格水準，地場産業における未熟な機械製造技術，不十分な制度資金などが挙げられる．

耕うん機は機能上の特色から，けん引型，駆動型，兼用型の3種類に分類される．けん引型は，耕うん作業機部の取外しを容易にしたものであり，プラウやすき（犂）による耕うん作業以外に除草や代かきなどに用いられる．出力2～4kWの4サイクルガソリンエンジンが使用され，総質量は100～130kg，園芸用管理機で25～50kg程度である．駆動型は耕うん専用機として設計されており，一般にロータリ耕うん機と称する場合はこの機種を指す．5～10kWのエンジン出力をもち，耕幅は550～650mm，耕深は120～150mm，全質量は300～380kgである．ここにおいて，ロータリの耕幅は後車輪外幅より広いことが，ロータリ設計の留意点のひとつとなっている．兼用型は，ベルト駆動の動力取出軸を持ち，後部ヒッチにロータリなどの作業機を装着して使用する．エンジン出力は4～6kWである．装着作業機としては，けん引型でプラウ，すき，各種のハローなど，兼用型で中耕機，除草機，ロータリ駆動装置などが用いられる． (小池正之)

**こうえきじょうけん　交易条件**（terms of trade）

農家の受取価格と支払価格との指数を除して得る．農工間の価格水準の比較に用いる． (水野正己)

**こうえん　鉱塩**（mineral block）

家畜に給与するために，食塩に他のミネラルや糖蜜をまぜて成型したもの． (矢野史子)

**こうおんしょうがい　高温障害**（high temperature injury）

作物には，開花期および果実・種子の発育の初期段階において，さまざまな原因によって果実・種子形成の失敗が起こる．例えば，イネの開花期の高温障害の場合，高温が襲来したときに開花期を迎えていた頴花に最も強い障害が起こる． (倉内伸幸)

**こうおんすわり　高温坐り**（high temperature setting）→坐り

**こうかがくけい　光化学系**（photosystems I・II）→葉緑体，クロロフィル蛍光

**こうがくてきてきおう　工学的適応**（technological adaptation）

タイのチャオプラヤー水系をモデルに，前近代の東南アジア大陸部における稲作展開の地域差を，自然への適応形態の違いによって捉えようとした用語．水系下流部のデルタ地帯に展開した農学的適応の稲作に対して，上流部の山間盆地では，重力灌漑を利用した工学的技術によって稲作が成立したことから，この用語が生まれた．近代的な土木技術が導入される以前から，この地域では山地から流れる小河川の水位を小規模な井堰で堰き上げて水路灌漑を行う稲作が成立していた．この水利技術にとくに注目して，この地域の稲作を工学的適応の稲作と呼んだ．

この言葉は，タイにおける国家形成と稲作展開との関係を，水制御への適応形態の違いにもとづいて説明しようとする歴史学用語として，石井米雄によって最初に提唱された（石井米雄編『タイ国－ひとつの稲作社会』創文社，1975）．水系上流域の山間盆地に成立した古代的国家は，井堰灌漑などの水利施設の改造に王権が関与する「準水力社会」であり，下流域のデルタに成立した交易国家としての中世的国家とは王権と稲作との関わり方に大きな違いがあったことを対比的に述べて，前者の稲作を工学的適応の稲作とした．「準水力社会」という言葉にうかがえるよう

に，この用語の背景にはウィットフォーゲルの水力社会（hydraulic society）の概念があった．

農学的適応と工学的適応の二つの用語は，稲作を通じた自然に対する人間や社会の関わり方を包括的に表現していたために，王権の成立を説明する歴史学分野の用語にとどまらず，稲作技術，なかでも水利技術の発達を論じるときにこの用語がよく用いられるようになった．紅河デルタの水利事業に関して農学的適応の段階から工学的適応の段階への移行があったというような記載や，第二次大戦後の大チャオプラヤー計画によってチャオプラヤー・デルタでも本格的な工学的適応の時代が始まったというような表現に，本来の概念を拡大したこの用語の用例がうかがえる．また，デルタや山間盆地を問わず工学的適応と農学的適応の両側面が稲作発展にみられるというような表現や，井堰灌漑を発達させた日本や朝鮮の稲作では，同じ地域に工学的適応と農学的適応の両タイプの稲作技術が並び用いられ，なかでも工学的適応の側面がより強く働いていたというような用例からも，本来の概念が拡大されて，稲作技術発展の歴史的過程を述べる用語としてこの言葉が広く用いられるようになった経過がうかがえる（渡部忠世・福井捷朗編『稲のアジア史』第1巻，1987）．このため，稲作発展を技術史的に扱おうとする場合には，工学的適応に代わって「立地形成型技術」（environment-formative technology）という用語を使うのがよりふさわしいという考えも提出されている．→農学的適応．　　　　　　　　　　（田中耕司）

**こうかんせいようイオン　交換性陽イオン**（exchangeable cations）

土壌に吸着されている陽イオンのうち，他の陽イオンを含む塩溶液を加えたときに交換溶出できるものを交換性陽イオンという．イオンごとに土壌に吸着される強さに違いがあるので，高濃度の塩溶液を加えて強制的に交換溶出されるものを測定する．交換性塩基（$Na^+$, $K^+$, $Ca^{2+}$, $Mg^{2+}$）は1M酢酸アンモニウム（pH 7.0）で，交換性$Al^{3+}$, $H^+$は1MKClで抽出する．交換性$H^+$は変異荷電性画分に，$H^+$を除く五つの交換性陽イオンは土壌粘土中の永久荷電性画分に吸着されているのが普通である．熱帯の強風化土壌では陽イオン保持に寄与する永久荷電性画分の割合が小さく，逆に変異荷電性画分の割合が大きい．土壌肥沃度の指標としてpH 7におけるCEC（→陽イオン交換容量）の大きさを測定するが，変異荷電性画分に富む熱帯土壌では肥沃度の過大評価につながる．そのため，交換性陽イオン5種（$Na^+$, $K^+$, $Ca^{2+}$, $Mg^{2+}$, $Al^{3+}$）の合量を有効CEC（Effective CEC, ECEC）として求め，実際に現場で発現している負荷電量の指標として用いることが多い．強風化土壌では交換性塩基の総量は2 cmol $kg^{-1}$以下であるのが普通である．一方，ECECには$Al^{3+}$も含まれるので，酸性の強い土壌では10 cmol $kg^{-1}$以上になることもある．強風化土壌ではpHが5.0以下と低い土壌の場合，ECECに占める交換性$Al^{3+}$の割合が50 %を越える場合が多い．逆にpHが5.5以上の土壌では交換性$Ca^{2+}$の割合が50〜90 %と高いことが多い．　　　　　　　　（櫻井克年）

**こうぎょうか　工業化**（industrialization）

工業化は，狭義には製造業の創出をいうが，経済発展の文脈においては広義の意味での工業化がより重要である．すなわち，製造業のみならず，鉱業，運輸・通信，建設，電気・ガス・水道，その他の社会的間接資本の建設（さらに，これらに加えて，機械化・化学化・装置化による農業の工業化を含める立場もある）を含む第二次産業部門が，生産および雇用において他の産業部門よりも大になる過程を指す．近代的経済成長は，工業化の過程において達成されるとされ，中でも第二次産業の中核を占める製造業の伸長の果たす役割が大きい．先進国の歴史的経験によれば，経済発展に伴い，所得構成においてもまた労働力構成においても，農林漁業を中心とする第一

次産業は低下傾向を示し，第二次産業，さらには第三次産業の占める比重が高まることが知られている．貿易構造の変化から工業化をみると，①伝統産品輸出期（農産物，一次産品の輸出），②第一次輸入代替期（軽工業品の輸入代替＝国産化），③第一次輸出代替期（軽工業品の輸出），④第二次輸入代替期（重工業品の輸入代替＝国産化），⑤第二次輸出代替期（重工業品の輸出）のような発展局面を経由するとされる．事実，アジアの新興工業経済地域とされる韓国，香港，台湾，シンガポールはこのような経路を辿ってきたことが知られており，これらをASEAN（東南アジア諸国連合）の工業化国であるタイ，マレーシア，フィリピン，インドネシア，そして中国が追っている．なお，タイは農産物の加工業とその製品輸出に成功し，新興農業関連工業国と称される．工業化を通じた伝統的な経済構造から近代的な産業構造を有する社会への変化の総体は，産業化（industrialization）と呼ばれる．先進国の経験によれば，産業化の過程で，①人口増加と人口転換，②都市化，③核家族化，④教育投資と社会移動の活発化，⑤分業の深化と官僚制化，⑥民主化，⑦合理化と世俗化などがともに進展した．しかしながら，途上国においては，十分な経済成長や工業化を伴わずに人口爆発が生じており，ここに途上国の開発問題の特質と困難性がある．

（水野正己）

**こうきょうざい　公共財**（public goods）

公共財は，ひとたび供給されると，個人によるその財の使用を排除することが不可能な性格，すなわち不可分性を有する．そのため，個人の公共財の使用量が計測不可能になり，その利用に対する価格が徴収不能となる．民間部門が公共財を供給しない理由はここにあり，代わりに政府が財政支出により供給することになる．生産または消費行動が，市場取引を経由せずに他者の経済的利益または不利益をもたらすことを，外部経済または外部不経済（外部効果，外部性）という．公共財のうち，外部効果が全国に及ぶものは純粋公共財，それが地域的に限定され地方政府によって供給されるものは地方公共財と呼ばれる．農業開発における公共財としては，水路灌漑や農業研究開発が代表的である．例えば，モンスーンアジアの場合，灌漑施設がひとたび建設されると，個々の農民が消費する灌漑水量を計量することは実際上不可能であり，また水路末端の農民が流水を利用するのを排除することも困難である．その結果，水路灌漑事業は遂行目的からみて公共財として取り扱われることになり，灌漑事業は財政支出によって賄われ，施設の維持管理は公社・公団組織が担っている．水路の上流部で多量に取水すれば，水路末尾の農民は十分な水量が得られないこと（混雑 congestion）が生じるが，これは市場の失敗の例証である．　（水野正己）

**こうさくぼくり　交錯木理**（interlocked grain）→熱帯材の特徴

**こうざついくしゅ　交雑育種**（cross breeding）

家畜の育種は，本来は先進国であれ熱帯の途上国であれ純粋種の品種改良によって推進されるべきであり，先進国では現に長らく営々と実施されてきている．純粋種の遺伝的改良が行き詰まった場合，つまり選抜限界に達した時にはじめて模索・試行されるのが交雑育種といえるが，そうでなくても交雑育種は先進国・途上国の双方で実施されている．だが，実施の目的や意義はやや異なっていると考えられる．まずは先進国の場合から触れてみると，乳牛の場合ホルスタインやジャージーなどの少数の品種が，人工授精と科学的な能力検定によるシステム化で着実な遺伝的改良を達成しており，将来も当分品種改良が進展していくので，品種間交雑やヘテローシス育種への指向はほとんど予期されない現況にある．ブタの場合，発育がよく効率的な肉生産の体型をしたランドレースや大ヨークシャーなどの品種や肉質の特長を有するハンプシャーやデュロックなどの品種改良が先進各

国で進められ，最終的な肉畜（食肉生産豚）はヘテローシス効果を期待したこれらの三元交配種や四元交配種などであって，純粋種そのもの（わが国で黒豚といわれるバークシャーなども）であることは例外的である．ニワトリ（採卵鶏もブロイラーも）は，ブタよりもさらに一層品種内の系統作出が高度化され，ヘテローシス効果を最大にする組み合わせ検定を経て最終的な卵・肉生産用の実用鶏がシステマチックに作出され，そのプロセスの技術は企業秘密となっていることが多い．肉牛の場合は，乳牛やブタの場合ほど明白でない．つまり，乳牛の場合と同様に純粋種の品種改良が進められ，最終的な肉畜生産も純粋種である場合（わが国の黒毛和種生産が典型例）とブタの場合のようにヘテローシス効果を期待して最終的な肉畜生産が肉牛品種間の交雑種である場合とがある．そして後者の場合，科学的な検討を経て新品種の造成へ進展する場合があり，その時には交雑育種がなされたといえる．先進国の家畜では現在，交雑育種の試みが肉牛でなされているといえよう．熱帯の途上国では，科学的な交雑育種の試みも恣意的な雑種化（雑種の反復生産）も多くの畜種でよくみられる．前者の例として，インドのゼブー牛の場合が有名である．サヒワールなどの品種が持つ抗病性・耐暑性などの環境適応性に加えてより高い泌乳能力を付与しようとして，ホルスタインやジャージー種を累進交配して最適な両者の血液割合を明白にしようとする試みは国立の試験研究機関で実施されている交雑育種であり，新品種の造成にもなる．一般論でいえば，目標の明確化された交雑育種でない限り，一代限りの能力向上がみられるだけで単なる雑種化に埋没する恐れがあるので，環境適応性の優れた純粋種の品種改良を重視すべきである．

作物の育種においては，異なる性質をもつ品種を交雑して遺伝変異を作り出す交雑育種は，最も重要な育種法であり，作物の品種改良に広く利用されている．

（建部　晃・藤巻　宏）

こうじ　麹（koji）

麹は，生や加熱蒸煮した穀類，またはその粉砕・成形物に，糸状菌を生育させ，デンプン分解酵素やタンパク質分解酵素などの酵素を蓄積させて，発酵飲食品の製造に利用するもので，西洋の麦芽に相当する．

麹には，加熱・蒸煮した穀類に糸状菌を生育させたいわゆる撒麹（ばらこうじ）と加熱しない穀類またはその粉砕・成形物を用いた餅麹がある．

わが国では，伝統的に撒麹が用いられている．酒，みりん，味噌醸造などに使われる米麹や，醤油醸造に用いられる醤油麹には，$Aspergillus\ oryzae$ に代表される黄麹菌が使われている．また，焼酎，泡盛醸造には，$Aspergillus\ awamori$ などの黒麹菌やその白色変異株が使われている．

一方，タイの Loogpan（Luk-paeng），インドネシア・マレーシアの Ragi，フィリピンの Bubod，ネパールやインドの Murcha は餅麹である．これらも，発酵飲食品の製造に利用される．原料としては，米や小麦の粉，キャッサバの粉などが使われ，水で練って，成形し，発酵過程を経て製造される．主要な糸状菌としては，$Rhizopus$ 属の糸状菌が知られている．

（新国佐幸）

こうしゅうせい　光周性（photoperiodism）→感光性

こうしゅうりょうひんしゅ　高収量品種（high yielding variety）

高収量品種が世界の脚光を浴びるようになったのは，1960年代以降の「緑の革命」において中心的な役割を担ったからである．しかし，「緑の革命」以前にも高収量を目指した品種改良が，インド，パキスタン，バングラデシュやインドネシアを統治した，イギリスやオランダの植民地政府でも，すでに試みられていたのである．しかし，植民地政府が取り組んだ改良品種と，「緑の革命」の推進母体となったメキシコのトウモロコシ・小麦改良セ

ンター（CIMMYT）や，フィリピンの国際稲研究所（IRRI）がつくりだした高収量品種では，品種特性が大きく異なっていた．イネについて，このことを考えみたい．「緑の革命」では，イネの収量性を高めるために，化学肥料，農薬，灌漑というパッケージになった栽培技術を使うことを前提とした品種を育成するというイネの理想型（ideal type）が設定された．窒素を中心とする大量の化学肥料と十分な空気と水，日光を効率よく吸収し，健康体であることで活発な光合成を保障し，籾に貯蔵されるデンプンの増加するイネと栽培方法が理論的に求められた．その典型が，草型（plant type）に現われている．受光体勢を整え，倒伏を防ぐためには，短稈で直立型の葉をもっていること，強稈で倒伏しない耐肥性が求められた．このようなイネ品種は，稲作を主にしているアジアの熱帯諸国の地方品種には見られない特性で，多肥多収性を実現するために理想型のイネに向かって1962年にフィリピンに設立されたIRRIで，品種特性を組み換えるための交雑育種法（hybridization breeding）が試みられる．こうしたIRRIの活動に先だつ1956年，台湾で半矮性の短稈品種の台中在来1号が育成された．この品種の一方の親が，わい性のインディカ在来品種，低脚烏尖である．これがIRRIに導入され，低脚烏尖とインドネシアの在来品種 Peta が交配され，1966年に奇跡のイネと呼ばれた高収量品種 IR8 が生まれた．そして，その品種特性を最大限に発揮させる施肥，農薬，水管理などの栽培方法が IRRI で確立され，奇跡のイネとパッケージとなった稲作技術が普及されていった．戦後の人口の急増，食糧不足を解決する切り札として，当初，食味は度外視された．まずくても多収が確保されることが必要であると考えられていた．こうした育種はIRRI のみが行っていたわけではない．先に触れた台湾の例を挙げるまでもなく，第二次世界大戦後には，熱帯地域の品種改良の主な方法として積極的に行われた．1950年にも

FAO によってジャポニカ・インディカ交雑育種計画が開始されている．インディカ稲にジャポニカ稲の多収性を組み込もうとする試みで，インドで Adt27，マレーシアでは日本の技術協力で，1964年に Malinja が，1965年にMashuri が育成された．つまり，第二次世界大戦後の近代農学における交雑育種法や1960年代の日本における草型理論の確立と，栽培技術の模索，化学肥料，農薬生産を担った工業力の進歩が，こうした流れの背景にあることを無視してはならない．

　一方，第二次世界大戦前の植民地政府の品種改良はどうであったのだろうか．一部では交雑育種法や外国品種の導入育種法（introduction breeding）が試みられていたが，主な技術は純系選抜法（pure line selection）であった．地方品種から優良な個体を選抜し，遺伝的に固定した系統（純系）をつくる育種法が主力であった．つまり地方品種がもっている基本的な品種特性を大きく変えることなく，食味や品質を中心に，多収かつさまざまな環境耐性のある品種が在来品種から選抜されていた．当時の伝統的稲作は，化学肥料，農薬をほとんど使わず，せいぜい厩肥，堆肥などの有機質肥料と木灰が肥料と呼ばれるものであった．つまり，化学肥料の多施肥にはまったく不向きで，施肥により倒伏を起こした．草型は，雑草との競合に負けないために長稈で，葉は水平方向に垂れた水平型である．日光の透過性が低く雑草の発生を抑えるが，同時に，葉は重なりやすく，受光体勢が悪かった．こうした特性をもつ地方品種の中での純系選抜法による高収量品種への改良が困難であった．また，この時期，熱帯地域における稲作灌漑面積は決して多くはなかった．ほとんどが雨季の天水田での栽培で，バングラデシュなど一部の国や地域で，伝統的な灌漑方法が雨季に補助的に用いられたり，乾季に全面的に伝統的灌漑に依存した稲作が行われていた．IR8 の初期の導入地である，当時の東パキスタンでさえ，最初に栽培されたのは雨

季であったという．乾季の灌漑稲作はあくまで，脇役としての位置しか与えられておらず，稲作は雨季に天水で行うという伝統的技術が定着していた．こうした伝統的技術の特徴は，環境条件と生態均衡系が保たれていることであるが，のみならず社会経済的にもある種の均衡系が保たれていたとみなすことができよう．そうした均衡の上に稲作が営まれていたのである．したがって，この均衡を崩すことなく各国，各地域で，地方品種の中から多収性品種が選抜された．

1970年代の「緑の革命」に対する反省は，伝統的技術の再評価を生みだしたばかりでなく，高収量品種に対する考え方も改めさせた．各国の地方品種のよい面を取り入れようとする努力が払われるようになったのである．各地の条件に適応した新しいタイプの高収量品種が，地方品種とIRRIの高収量品種の交配によって誕生している．

IRRIは1975年までIRナンバーの品種を公表してきたが，1976年以降，直接新品種の育成は行わず，育種材料，交配系統を各国の試験・研究機関に配布し，育種事業に協力している．こうして各国で育成された高収量品種は，いわゆるHYVではなく，近代品種（MV, Modern Variety）と呼ばれるようになった．農家の自家採取が可能で，地域の自然環境にも適応している近代品種は，地域の作付体系にも親しみやすかった．近代品種は，熱帯諸国で急速に栽培面積を拡大している．遺伝資源の保全や育種の視点からだけでなく，農業生態保全や農業体系との関連からも，地方品種の保全維持は，重要な課題となっている．

もう一つの大きな問題は，高収量品種としてのハイブリッド一代雑種である．自給的小農が大多数の熱帯諸国，特にアジアの稲作各国において，種籾生産が企業に独占されたまま単に多収性と栽培し易さのみでハイブリッドライスの栽培を無制限に拡げて行くことは，かならずや問題となる．このことは，次の「緑の革命」に生かすべきではなかろうか．
（安藤和雄）

こうしゅてきぼうじょ　耕種的防除（cultural control）

耕種的手段により病害虫を管理・防除する方法で害虫の場合は次のような方法がある．① 耐虫性作物・品種の選択（メイガの一種 *Ostrinia nubilalis* に対するトウモロコシ品種；トビイロウンカに対するイネ品種；ダイズシスト線虫に対するダイズ品種など）→耐虫性，② 輪作（シスト線虫などに対し，非寄生性の作物と；イネミズゾウムシ類 *Lissorhoptrus* spp. の被害水稲田を数年に一度陸畑作に切替え（中南米），③ 場所の選択，④ 栽培・収穫の時期，⑤ トラップ作物・品種（成熟期の早いダイズ品種・同一品種を一部早く作付けして，殺虫剤散布），⑥ 耕起，⑦ 圃場の清掃，⑧ 混作（豆類とマリゴールドあるいはキダチハッカ *Satureia hortensis* と混作，ハムシ *Epilachna varivestis* の誘引を減少させる），⑨ 間作（トマトの間にメボウキ *Ocimum* を植え，スズメガ *Manduca quinquemaculata* を減少させる），⑩ その他（排水不良水稲田に常発しやすいミズメイガ類防除のための排水（アフリカ・東南アジア）．
（持田　作）

こうじょうせんホルモン　甲状腺ホルモン（thyroid hormone）

甲状腺から分泌されるアミノ酸であり，ホルモンとして作用する．下垂体由来の甲状腺刺激ホルモンにより分泌促進される．分子内にヨウ素を四つ有するチロキシン（$T_4$）と三つ有するトリヨードチロニン（$T_3$）があり，活性は後者が強い．成長促進作用や基礎代謝亢進作用を有する．
（松井　徹）

こうしんせんてい　更新せん定（renewal pruning）→せん定

こうしんりょう　香辛料　→付表4

こうしんりょうやさい　香辛料野菜（condiments, herb）

特有の香りや辛味などを含み，料理に加えてその風味を添える野菜．シソ科（シソ，

バージル,ハッカ類など),セリ科(コリアンダー,ウィキョウ,パセリ,ディルなど),アブラナ科(カラシ,ワサビ,ウォータークレスなど),ユリ科(ネギ,ニンニク,ニラなど)が多い.その他,トウガラシ,コショウの生葉なども含まれる.葉,茎,根,果実や種子を利用する.コリアンダーのように複数の部位(果実・根・葉,それぞれの香りが異なる)を利用するものもある.また,古くから薬用利用されてきたもの,精油分を抽出し香料として,食品の香りづけに利用されてきたものもある.熱帯でも,広く利用されているが,特にインド亜大陸および東南アジアで,多彩な種類および利用法が見られる.(米田和夫)

**こうずい 洪水**(flood)

一般に,降雨により河川流量が増大した状態を(降雨)出水といい,そのうち特に大きいものを洪水という.このとき,河川流水は河道からあふれ,河川沿岸部や低地部に氾濫する.大河川デルタでは肥沃な土砂を供給するなど,洪水が恵みをもたらす側面もあるが,一般的には人間の生産・生活活動に被害を与えるものであり,これを回避するための種々の治水対策が講じられる.

治水対策の主な手段は,河川流路の変更,堤防の建設(→堤防),ダムや遊水池による流量調節,排水路整備(→排水)などである.このうちダムは,治水対策だけでなく,貯留した洪水流量を渇水期に放流することで利水に活用したり,発電も含む多目的ダムとして計画されることが多い.大河川の洪水を完全にコントロールすることには,多くの困難が伴う.洪水被害の緩和には,工学的手段だけでなく,住民の自治的防災活動などソフトな対策も重要である. (後藤 章)

**こうずいいね 洪水稲**(flood rice)

洪水常習地域で栽培される丈の高いイネのことである. (安田武司)

**こうすいきょうど 降水強度**(precipitation intensity)

雨や雪などの降り方の強さをいう.単位時間あたりの降水量で表わし,雨の場合は雨量強度,または降雨強度という.単位時間として1分,10分,1時間などを採るが,通常1時間が多い.これは,その強度の降水がもし1時間一定に降り続けばどれだけの降水量になるのかを表わすことを基本とすることが多いからである.したがって単位は mm/hr となる.雪の場合は1時間に何 cm 積もるかで強度を表わす降雪強度が別に定義されている.雨の降り方により,強度 0(弱い:瞬間強度 0.0~3.0 mm/hr 未満),1(並み:同 3.0~15.0 未満),2(強い:同 15.0 以上)と 3 段階で表わすことがある.地面が湿る程度の静かに降る雨は 3 mm/hr 以下,雨音がする強い雨は 15 mm/hr 以上と考えることもできるが,これは目安にすぎない.また,大雨警報・注意報の基準も降水強度を目安にする.例えば西日本では,警報の基準は時間降水量 40~50 mm 以上,3 時間降水量 60~100 mm 以上などのように考えられているが,他の地域ではまた違った基準が設けられており,降水強度に対する考え方も地域によって異なるものであることを認識すべきである.ただし,降水強度は短時間の豪雨による道路の冠水,洪水,土砂崩れ,表土の流出などの災害に対する重要な情報であることは確かである.上昇流を生じさせる気象擾乱の空間・時間スケールの差異により,また水蒸気を補給する気流の持続性の差により,雨の降り方が異なるので,一雨の中でも降水強度は絶えず変化する.驟雨(しゅうう)性の雨は降水強度の時間的変化は大きく,地雨は弱いながら比較的一様な強度で降り続く.短時間の強雨は積乱雲から生ずるが,積乱雲の寿命は半時間ほどなので,局所的に十分な水蒸気量と大きな鉛直不安定があれば中緯度でも熱帯に匹敵する短時間強雨が生じることもある.雨量強度は,転倒ます型自記雨量計でも測定できるが,受水器で補足された雨水の点滴数を光学的方法で測って求める降雨強度計もある.熱帯地域の降水は,降水強度が大きく,降水量の大部分は時

折くる豪雨によってもたらされる．農業にとって豪雨の水は，扱いにくくほとんど利用できないばかりか，洪水や土壌侵食を引き起こすといった問題を生じさせる．特に土壌侵食の問題は非常に深刻である．熱帯地域の豪雨は降り始めに大きな降水強度を持つため，土壌表面の破壊が起き，さらにその後，土壌侵食が起きるというメカニズムが考えられる．瞬間降水強度 2.0 mm/m（120 mm/hr）においてはどのような土壌面からも常に土壌侵食が生じたという観測の報告もある．→危険降雨，土壌侵食　　　　　　　　（佐野嘉彦）

**こうずいちょうせつ　洪水調節**（flood control）

河川流を放水路で分水したり，洪水調節池，遊水池などで一時貯留して洪水氾濫を防ぐこと．　　　　　　　　　　　　　（畑　武志）

**ごうせいひんしゅ　合成品種**（synthetic variety）

他家受粉植物品種の高位安定を図るために用いられる育種法の一つ．

他家受粉植物集団のような遺伝的にヘテロな集団の育種法として，トップ交配や総当たり交配による組合せ能力検定や，循環選抜のように数世代にわたって選抜して，優れた遺伝子型を集積する方法がある．集団の大きさを考慮して，原集団のなかからいくつかの特徴ある個体を選抜し，事前にそれらの交雑検定（トップ交配など）を行い，有望な組み合せを含む個体・系統からなる集団を作り，混合して「合成品種」とする．いくつかの雑種（分離集団）を混合して「複合品種」（広義の合成品種に含める）とすることもある．合成品種は，何世代放任採種をしても，その品種の能力が落ちないことが理想だが，一般には限界がある．牧草などの育種に多く取り入れられてきた．育種法として，トウモロコシなどの代表的な他家受粉植物で理論的に発達したが，雑種第一代などの「交雑品種」（単交配，複交配）に劣る．　　　　　　　（高柳謙治）

**こうせいぶっしつ　抗生物質**（antibiotics）

ペニシリンやストレプトマイシンなどが有名であるが，その他にも多くの種類がある．抗生物質とは放線菌，真菌，細菌などの微生物が生産し，微生物の発育や増殖を阻止する，あるいは死滅させる物質の総称である．現在では人工的に合成されているものが多い．抗生物質は一般に，微生物細胞に特異的な部位，機構に選択的に作用するため，同じような効果を持つ消毒薬（消毒を参照）と異なり，選択毒性は高い．また作用機序の特異性から効果を発揮する微生物の範囲が抗生物質の種類によって限定される．抗生物質が効かなくなる微生物の耐性化は微生物が産生する分解酵素，修飾酵素などによる薬剤の不活化，膜透過性や親和性の低下などによる．耐性化にプラスミドが関与することもある．抗生物質の使用に当たっては感受性試験を行い，原因菌が感受性を示すことを確認することが望ましい．　　　　　　　　　　　　（江口正志）

**こうせきだいち　洪積台地**（diluvial upland, diluvial terrace）→段丘

**こうせんかびんしょう　光線過敏症**（photosensitization）

光線過敏症（光過敏症）は，特定の化学物質が太陽光線によって活性化してラジカルを発生し，発生したラジカルが皮膚炎を起こす疾病である．皮膚炎は，太陽光線を受けやすい鼻鏡や雌の外陰部のような無毛部，体毛が白色な部位などに発生し，黒色部には起こりにくい．

光線過敏症には一次型（primary）と二次型（secondary）がある．一次型の光線過敏症は，飼料中の光作用性物質（photosensitizer, photodynamic compounds）が体内に吸収され，太陽光線と反応して皮膚に障害をもたらすものである．植物中の光作用物質としては，セイヨウオトギリ（*Hypericum perforatum*, St. John's wort）のヒペリシン（hypericin），ソバ（*Fagopyrum esculentum*, buckwheat）のファゴピリン（fagopyrin），そしてセリ科のパースニップ（*Pastinaca sativa*, parsnip），パセリ（*Petro-*

*selinum crispum*, parsley), セロリ (*Apium graveolens*, celery) などに含まれるフロクマリン (furocoumarin) などがある。これらの光作用物質は可視光や UVA で活性化され,セミキノンラジカル,一重項酸素,スーパーオキシドアニオンなどを発生し,これらのラジカルが種々の生体反応を引き起こすと考えられている.

一方,二次型の光線過敏症は,放牧中の動物が肝障害を起こしたときに発生する。このため,二次型光線過敏症は肝原性 (hepatogenous) 光線過敏症とも呼ばれる.牧草中に含まれるクロロフィルの代謝産物であるフィロエリスリンは,肝臓で処理されて胆汁へと排泄される。しかし何らかの原因で肝機能が障害されると,フィロエリスリンを胆汁へ排泄できなくなり,フィロエリスリンが体内に蓄積してしまう。フィロエリスリンは光作用物質であるため,青草を食べている動物では,種々の肝毒性物質が光線過敏症の原因となる.

熱帯あるいは暖地型の *Panicum* 属 (イネ科キビ属;クレイングラス (*Panicum coloratum*, Klein-grass) など), *Brachiaria* 属 (イネ科ビロードキビ属), *Tribulus terrestris* などの草で,肝原性光線過敏症 (facial eczema, 顔面湿疹) が起こることが知られている。発症した動物は肝機能が障害されており,胆管には結晶物が見られる。この結晶物は,植物由来のステロイドサポニンのカルシウム塩であることが明らかになっており,これが肝障害の原因と考えられている。しかし,これらの植物中に存在する濃度のステロイドサポニン単独では光線過敏症はほとんど起こらず,マイコトキシンの一種であるスポリデスミンなど他の要因の関与も指摘されている (→マイコトキシン).

また,シチヘンゲ属の *Lantana camara* によるウシの肝障害や腎障害が,南アフリカ,メキシコ,オーストラリアなどで報告されており,光線過敏症の原因の一つといわれている.

(宮崎 茂)

**こうそ 酵素** (enzyme)

酵素は,生体内の触媒作用を司っており,タンパク質を主成分とする生体高分子であり, ase (アーゼと読む) という接尾語を付けて呼んでいる。酵素反応は,① 常温常圧で反応が進行する,② 特定の物質とだけ反応する (基質特異性),③ 酵素反応の生産物などが酵素に結合し,酵素の立体構造を変化させ,酵素活性を制御する (アロステリック効果) などの特徴を有する.

国際生化学連合により,すべての酵素に 4 項目の通し番号 (例えば, EC3.2.1.17) と系統名が決められている.また,酵素が触媒する反応の種類により,① 酸化還元酵素,② 転移酵素,③ 加水分解酵素,④ 除去酵素,⑤ 異性化酵素,⑥ 合成酵素の 6 種類に大別されている。酵素反応速度は, pH や温度に依存し,最大速度を与える pH や温度を,至適 pH,至適温度という。酵素の触媒作用に関係深い部位を,活性部位あるいは活性中心と呼ぶ.

現在までに,発見されている酵素は, 3,200 種類ほどであり,その数は年々増加している.そのうち,産業用に使用されている酵素となると,デンプン分解酵素 (アミラーゼ),タンパク質分解酵素 (プロテアーゼ),脂質分解酵素 (リパーゼ) など,わずか 30 種類である。① 酵素を生産する微生物名が異なっていると,酵素の性質が異なる,② 酵素を生産する微生物名が同じであっても,菌株が異なると酵素が多少異なる,③ 市販酵素剤には様々な酵素が含まれており,各酵素のバランスが異なるため酵素剤全体としての性質が異なる,などの理由により多くの銘柄が市販されており,その数は 500 種を超える。食品産業をはじめとする多くの分野で酵素が活用されており,わが国の酵素生産額は 240 億円,そのうち医薬品用が 120 億円,食品・工業用が 120 億円と推定されている.

産業用の酵素としては,パパイン (パパイヤから抽出したタンパク質分解酵素),ブロメ

ライン(パイナップルから抽出したタンパク質分解酵素),レンネット(子牛の胃から抽出した酵素でチーズ製造時に不可欠)などの一部の酵素を除けば,糸状菌,酵母,細菌,放線菌といった微生物由来の酵素が用いられている.これは,微生物が,温泉のような高温条件下から,深海のような超高圧条件下でも生育でき,我々が必要とする多種多様な酵素を生産しているからである.また,微生物は,動物や植物とは異なり簡単な設備で,多量に増殖でき,酵素生産に適している.

新規酵素の開発は,たゆまざるスクリーニング技術に支えられてきた.新たな特性,必要とされる特性を備えた酵素を生産する微生物を検索するのである.バイオテクノロジーの発達に伴い,これまでは重要な因子であった酵素生産性は,もはや障壁とはならなくなった.すなわち,酵素遺伝子が得られれば,細菌,酵母などを宿主として多量生産することが可能となった.この酵素生産性の障壁が取り払われたことにより,多種多様な微生物が存在する熱帯の発酵食品が有用酵素生産菌の供給源として着目されている. (林 清)

**こうぞうせん 構造線**(tectonic line, structural line)

大規模な断層によって接する両地域ではしばしば地質構造または構造発達史が異なる.その断層を構造線といい,構造線によって区画される異なった特徴をもつ地域を構造区または構造帯という.構造線を地質構造線ということもある.構造線は巨視的には線であるが,微視的には多くの断層帯からなり,断層帯も密集して発達する多くの断層からなる.構造線の例としては,日本の糸魚川-静岡構造線,アメリカ合衆国のサンアンドレアス断層,東アフリカ大地溝,インドネシアのスマトラ断層などが挙げられる. (吉木岳哉)

**こうぞうちょうせい 構造調整**(structural adjustment)

1970年代に生じた二度の石油危機とそれに続く世界的長期不況を契機として,途上国の累積債務問題が深刻化した.本来,国際収支調整が目的の短期資金を融資するための国際機関であった国際通貨基金(IMF)は,途上国の国際収支赤字と債務危機が構造的なものであるとの認識から,1974年に拡大信用供与(EFF)を創設し,経済の安定化と構造調整のための政策実施を求めるコンディショナリティーのついた,中期的な融資を実施するようになった.IMFの経済安定化計画は,マネタリスト的な国際収支調整モデルに基づいており,インフレの抑制と国際収支の赤字を目的とする,三つの措置からなる.すなわち,為替レートの引き下げ,マネー・サプライ増加率の抑制,政府の財政赤字の縮小を行うものである.これらに加えて,構造調整融資では,供給側の経済効率の改善をはかる政策と,貯蓄率と投資率の増加をはかる政策が実施されることとなった.一方,途上国を対象とした長期的な開発プロジェクトに対する融資を主に行う機関であった世界銀行も,途上国の経済発展にとって国際収支の不均衡が重大な阻害要因になっているとの認識から,1980年から構造調整融資(SAL),83/84年からは部門別調整融資(SECAL)といった構造調整プログラム融資を実施し,国際収支調整の支援を行うようになった.世界銀行の構造調整プログラム融資は,特定市場への政府の過度の介入が資源の効率的配分を阻害し,輸出と生産を低位に押しとどめ,国際収支の危機を生み出したとの認識から,価格体系の歪みを是正する政策を実施することを求めている.具体的には,財政支出の見直し・合理化,公営企業の改善,低い農産物買い入れ価格や工業部門への行き過ぎた保護政策の是正,貿易の自由化,金融部門の改革といった一連の経済自由化を求めるものであった.かくして「構造調整」という思想の下で,IMFと世界銀行との協調融資が定着した.1986年に創設されたIMFの構造調整ファシリティ(SAF)のもとでは,借入国はIMFと世界銀行との協議に従って「政策フレーム文書(PFP)」を作成し,

構造調整プログラムを実行することが義務づけられた．このことは，市場メカニズムによる需給調整能力への信頼に基づく新古典派経済学的な考え方が，国際開発援助の枠組みの中で制度化されたことを意味する．構造調整融資は，膨大な累積債務を抱え破綻に瀕していたラテンアメリカ諸国などの中進国の経済再生においては，多くの成果をあげたといえる．しかし，サブサハラアフリカをはじめ，低所得開発途上国の経済発展には，あまり効果を上げていないことも事実である．また，構造調整融資に対しては，借入国に対する政策実施の強要，貧困層への不利な影響，デフレ政策をとることによる景気の悪化，失業の増大，公的部門の行き過ぎた縮小など，さまざまな批判が出されている． （井上荘太朗）

**こうぞうへいや　構造平野**（structural plain）→侵食平野

**こうそけつごうこうたいほう　酵素結合抗体法**（ELISA；enzyme linked immunosorbent assay）

タンパク質などの検出技術の一つで，さまざまな手法がある．いずれも，検出しようとする植物ウイルスやファイトプラズマ，ホルモン，毒素などを抗原として作製した抗体を用い，抗体と特異的に結合する抗原を試料から検出する技術である．ELISA法の一手法である二重抗体サンドイッチ法では，マイクロタイタープレートのウエルとよばれる小穴の中に，抗体を吸着させる．次に，試料を添加し，抗体と反応させる．この時点で，試料内に目的とする抗原が存在すれば，これが抗体と結合する．次に，アルカリフォスファターゼなどの酵素を結合した二次抗体（酵素標識抗体）を添加して，ウエル内の抗原と反応させる．さらに，基質（アルカリフォスファターゼに対してはパラニトロフェニルリン酸）を加えると，これが酵素により分解され黄色に発色する．吸光度を測定して，抗体の濃度を判定することもできる．ELISA法は，検出感度が高く，短期間で多数の試料の検査が可能である点が優れている．市販の検査キットも利用することができる． （夏秋啓子）

**こうたいおん　高体温**（hyper body temperature）

体内で蓄熱が起こり体温が正常時より高くなること．そのまま推移すると危険な時がある． （鎌田寿彦）

**こうだいけんてい　後代検定**（progeny test）

乳用雄牛の泌乳能力は，自身では泌乳現象を示さないために直接に把握することができないし，肉用雄牛の産肉能力も肉質など屠殺して調査しないと正確な情報が得られない．乳・肉用種雄牛は，通常人工授精に供せられ，きわめて多くの子を生産して遺伝的改良に寄与する．このため，乳・肉用種雄牛の遺伝的な泌乳・産肉能力は，自らの後代（乳用種では娘牛，肉用種では息牛）の泌乳・産肉能力を他種雄牛によるそれらのデータとともに集計・分析することによって推定される．このように，種雄牛の能力検定は，多大な労力・経費を要する後代検定によって実施される．また，後代検定が終了し能力が判明するまでに7～8年の年数を要し，その間種雄牛の供用は通常待機中になる．肉用種雄牛の後代検定を間接検定とも言う．また，肉質などの詳しい産肉能力を必要とせず，種雄牛自身が示す発育・繁殖能力などを推定する場合には直接検定という．後代検定の推定手法は，長年にわたり研究・改善され，同期比較法からBLUP法に移行している．また，後代検定に要する年数を短縮するために，受精卵移植などの新技術を活用する実施法が試行されだした．

作物育種では，イネやコムギなど自殖性作物の改良の主力となっている系統育種法やトウモロコシなどの他殖性作物の循環選抜法には，後代検定の原理が活用されている．
　　　　　　　　　　　　（建部　晃・藤巻　宏）

**こうちくかく　耕地区画**（farmland block）

道路や水路，畦畔によって囲まれた区域を指す．農区，圃区，耕区，畦区に区分できる．

(八丁信正)

**こうちざっそう　高地雑草**（weeds in highland）

　熱帯地域に分布する高標高地は，高度100m上るごとに0.6℃の割合で気温が低下するため，高緯度地域の温帯に比較すると日射が強く昼夜温較差が大きいなどの違いはあるが温帯に近い気候であるため，熱帯では付加価値の高い温帯野菜や果樹が栽培できる重要な農業地帯となっている．また，タイ，ミャンマー，ラオスなどの山岳地域では，山地少数民族によって焼畑による森林破壊が行われ，そこで違法にケシが栽培されアヘンの生産がおこなわれている点からグローバルな社会問題として憂慮されている．

　これら高地に生育する雑草は当然熱帯平地とは異なっている．北部タイ山岳地帯で行った調査（原田ら北陸作物学会報27：84, 1992）によると，記録された草種43科，140属，216種のうちイネ科に属する草種が最も多く（全体の27.3％），次にキク科（18.5％），マメ科（6.9％），カヤツリグサ科（6.5％），ヒユ科とタデ科（ともに4.2％）の順で，日本など温帯のフロラに類似した．また，これら草種の多くが在来種ではなく帰化種である点も日本の市街地雑草の場合と同様であり，焼畑による植生の破壊も開発による裸地化と共通性があるためであろう．ただし，原産地は熱帯アメリカなどが多数を占め，ヨーロッパ原産の草種が半数以上を占める日本の帰化雑草とは大きく異なっている．それぞれの草種では，カッコウアザミが最も広く分布し，コセンダングサ，ベニバナボロギク，オオアレチノギク，オヒシバ，ヒマワリヒヨドリ，キバナオランダセンニチ，チガヤ，コゴメギク，イヌホウズキ，オムナグサ，アゲラテアなどの順で，高地だけにみられる草種も多い．

　また，焼畑跡地に新大陸原産のキク科の帰化雑草ヒマワリヒヨドリ，アゲラテア，ニトベギクの侵入がみられる．これらの雑草はいずれも強いアレロパシーを示すため他の植物は侵入できず単純群落を形成し，遷移は完全にストップする．その結果，森林への再生は困難となり大きな問題である．

　熱帯高地における雑草防除は手取り除草が主な手段となっているが，近年除草剤の使用も急速に増加している．これらの高地は河川の水源となっているだけに，除草剤の使用に当っては水質汚染をひき起こさないよう慎重な対応が必要である．　　　　（原田二郎）

**こうちのがいえんてきかくだい　耕地の外延的拡大**（external extension of cultivated land）

　農業増産の必要に対して，農地開発などによる耕地面積の拡大が進むことをいう．未利用可耕地の存在が前提されるが，現在の東南アジア諸国における，19世紀中葉以降から第二次世界大戦前までの農業発展は，基本的にこの経路によるものであったとされる．

（米倉　等）

**こうちのないえんてきかくだい　耕地の内延的拡大**（internal extension of cultivated land）

　農地の単位面積当たりの生産物を増大させる農業発展の経路で，耕境の拡大が不利な段階になって初めて意味を持つ．　（水野正己）

**ごうちんきぎょう　郷鎮企業**（Chinese Township and Villege Eenterprise）

　中国の農村工業およびその推進主体．郷と鎮はともに農村の行政単位を指す．所有主体別では，郷営，鎮営，村営，個人営，外資系企業がある．1984年以降は個人営の企業数が圧倒的に多い．その結果，相対的には少数で大規模な郷営，鎮営，村営企業と，零細多数の個人営企業という二極化が生じている．78年末に始まる改革開放政策以来，急速に伸びた郷鎮企業はさまざまな業種に及んでおり，その生産物は，食用植物油，砂糖，原塩，紙・板紙，石炭，セメント，電力，肥料，石灰，農薬，農機具，生糸，綿布など多岐にわたる．その生産額は中国農村経済の基幹産業として位置づけられる程度まで増加し，87年

以降は農村非農業生産額が農業生産額を上回るようになった．地理的分布については，沿海地域に偏在しているが，徐々に内陸部へも展開しつつある．農業所得向上，農民所得向上，農村雇用，余剰労働力の吸収源として大きな役割を果たしている． （水野正己）

**こうていえき　口蹄疫**（foot-and-mouth disease）

口蹄疫は口蹄疫ウイルスの感染による伝染力の強いウイルス病で，ウシ，スイギュウ，ブタ，ヒツジ，ヤギ，ラクダなどの主要家畜をはじめ，野生動物を含む多種類の偶蹄類が罹患する．発病動物は口，蹄，乳房周辺の皮膚や粘膜に水疱を形成する．原因ウイルスには相互にワクチンが効かない7種類のタイプがある．さらに同一タイプ内でもウイルス抗原は多様でワクチンによる予防を困難にしている．口蹄疫による死亡率は幼畜では高いが成畜では低い．しかし，発育障害，運動障害および泌乳障害などによる生産性の低下は大きな畜産上の経済被害をもたらす．さらに，発生国あるいは発生地域には厳しい生畜および畜産物の移動制限が課せられるため，畜産物の国際流通にも影響が大きく，間接的に生じる社会経済的な被害は甚大なものとなる．このため，本病は国際獣疫事務局（OIE）により最も重要な家畜伝染病（リストA疾病）に位置付けられ，OIE加盟国は迅速な発生報告の義務を持つ．

原因：口蹄疫ウイルスはエンベロープを持たない直径21～25 nmの小型球形ウイルスで，ピコルナウイルス科（Family Picornaviridae）のアフトウイルス属（Genus *Aphthovirus*）に分類される．このウイルスは，低温条件では pH 7.0～9.0の中性領域では安定であるが，加熱処理やこの pH 域外ではウイルス粒子がサブユニットに分解し免疫原性と感染性を失う．pHの変動や加熱に対する抵抗性はウイルスのタイプや株によって差がある．消毒薬には，クエン酸，水酸化ナトリウム，炭酸ナトリウムなどの酸や塩基性薬剤が用いられる．口蹄疫ウイルスには，O，A，C，SAT（South African territory）1，SAT 2，SAT 3および Asia 1の7種類のタイプと，同一タイプにも従来はサブタイプと呼ばれていた抗原の多様性がある．分離株間の抗原関係の解析には液相競合エライザ・サンドイッチ法が用いられ，株間の抗原関係 $r_1$ は牛標準血清に対するヘテロウイルス株とホモウイルス株の抗体価の比で表わされる．$r_1$ 値が 0.7 を越える場合に，相互のウイルス株の間に交差感染防御能があると推定され，ワクチン株選択の指標にされる．口蹄疫ウイルスにみられる著しい抗原の多様性は，免疫圧力よる選択的抗原変異によると考えられている．分離株は血清型/分離地/株番号/分離年で表わされる．

疫学：1990年代のタイプ別口蹄疫の発生件数をみると，Oタイプが最も多く全体の約半数を占め（49％），A（25％），Asia 1（10％），C（6.5％），SAT 2（5.8％），SAT 1とSAT 3タイプ（1.7％）の順となる．現在，ヨーロッパの一部，中央アメリカ，アジアおよびアフリカ諸国に発生がある．南米のように周辺国や国際機関との協力で清浄化が進みつつある地域もあるが，新しいウイルス株が出現して発生域が拡大している地域もある．

口蹄疫ウイルスの宿主域は広く60種類以上の動物種が感染する．宿主の大半は偶蹄類であるが，宿主域の広さは本病の防疫を困難にしている．一般に家畜ではウシが最も感受性が高く，次いでブタ，ヒツジ，ヤギの順であるが，特定の宿主にのみ高い親和性を示すウイルス株もある．

口蹄疫が発生後蔓延する際の主要感染源は潜伏期および発病期の感染動物である．感染動物は臨床症状がみられる前の潜伏期からウイルスを排出する．伝播様式には，感染動物が排出したウイルスによる直接あるいは間接的な接触伝播と，高湿度，短日照時間，低気温などの気象条件下でみられる風による伝播がある．なお，平均潜伏期間は，ブタ約10日，ヒツジとヤギ約9日，ウシ約6日である．

またウシやヒツジとヤギに比較して，ブタには感染成立に多量のウイルスを要し，一旦感染すると大量のウイルスを排出するという特徴がある．発病動物の口や蹄に形成される水疱，乳汁および糞尿にも多量のウイルスが含まれる．野ネズミや野鳥などの非感受性動物による機械的伝播，汚染された飼育器具，機材，飼料，人，車両などを介した間接的な伝播もある．また反芻獣では，感染後ウイルスが咽喉頭部位や食道に長期間持続感染するキャリア化がみられ，キャリア化動物が感染源になる．アフリカスイギュウでは5年間，ウシでは3年間キャリア化が持続した例があるが，ブタはキャリアにならないと考えられている．

口蹄疫ウイルスの国際伝播では，感染家畜，汚染農，畜産物の流通，船舶や航空機の汚染厨芥，風や人，鳥によって物理的に運ばれるものなど原因はさまざまである．感染動物はウイルス血症を起こすため，皮膚，臓器，筋肉，血液，リンパ節，骨などすべての組織にウイルスが含まれ，これらが感染源となる．

症状：ウシでは通常，発熱，涎，跛行などの症状がみられる．搾乳牛では発病前から乳量が著しく減少する．水疱は，舌，口腔や鼻の粘膜，蹄の間，乳房，乳頭などにみられ，やがて数日以内に上皮が剥離し，潰瘍やび爛になる．蹄の水疱は細菌の二次感染を受けやすい．ヒツジやヤギでも水疱はウシと同じ部位にできるが，症状はウシほど明瞭ではない．ブタでは，発熱，食欲不振，ついで鼻鏡や鼻腔粘膜，舌や口腔の粘膜，乳房，蹄の皮膚などに水疱がみられる．ブタでは蹄の周辺の水疱による疼痛で跛行や犬座姿勢をとる．蹄の水疱は破裂しやすく，出血，び爛，仮皮形成，落蹄，二次感染などを起こす．まれに流産もある．

類症鑑別では，ブタでは豚水疱病，水疱性口炎および豚痘など水疱や水疱に似た病変を示すウイルス病が，またウシでは，牛伝染性鼻気管炎，牛ウイルス性下痢・粘膜病，ブルータング，趾間腐爛など，涎が顕著で口の中に潰瘍を起こす疾病や蹄周辺の疾病が重要である．

診断：口蹄疫の発生は畜産物の国際流通に多大の影響を及ぼす．このため，材料の採取，輸送，検査手法などの診断手順はOIEにより標準化されている．OIE加盟国は，診断の確定後は国際機関と関ີ国に迅速な通報義務が課せられる．診断手法には，補体結合反応やELISAによる抗原検出，ウイルス分離，PCRによるウイルス核酸の証明，ELISAや中和テストによる血清診断などがある．口蹄疫ウイルスの抗原は変異を起こしやすく，新しい抗原性状を示すウイルスが絶えず出現する．このため，正確な診断を行うには地球規模での流行株の監視体制が必要で，OIEと国連食糧農業機関（FAO）は，世界に4カ所の口蹄疫リファレンス機関を指定して診断と流行株の性状解明を分担している．

防疫：世界的には，国連FAO，OIEおよび国際原子力委員会などの国際機関が中心になり，本病の防疫活動が推進されている．特に，WTO-SPS協定（sanitary and phytosanitary measurements）が発効して以来，口蹄疫をはじめとする重要な家畜伝染病の蔓延防止の観点から，OIEの家畜衛生規則（International animal health code）は畜産物の国際流通に極めて重要な意味を持つようになっている．この規則で，口蹄疫についてもその清浄度区分と認定条件，境界措置あるいは清浄国への復帰条件などが詳細に規定されている．

口蹄疫のワクチンは不活化ワクチンである．培養細胞で大量培養したワクチン株ウイルスを不活化し，濃縮精製後アジュバントを加えて製品化される．生ワクチンは病原性復帰の問題が避けられないので使用されていない．通常ワクチン接種を実施していない口蹄疫清浄国では，ワクチン接種による動物のキャリア化やウイルス抗原の変異などの問題を避けるため，本病の発生に際してはワクチンを使用せず，殺処分方式を基本とする防疫が

行われる.しかし,こうした国でも突発的な発生に対し,蔓延防止を図り防疫活動を容易にするため一時的にワクチン接種が必要になる場合がある.また発生国や発生地域では全面的あるいは段階的に疾病除去を目的とするワクチン接種が必要となる.前者は戦略ワクチンと呼ばれ,清浄国に発生した場合に発生地を中心に防疫帯を作るために使用される.それには,清浄国への復帰を効率よく速やかに進めるため,接種動物の標識と移動制限,感染動物との隔離,さらに最終的にはワクチン接種動物の淘汰などの措置を伴う.一方,後者は予防ワクチンと呼ばれ,発生国や地域およびそれらと清浄地域の境界などで使用されている.戦略ワクチンの一つとして,高度精製不活化抗原を液体窒素に凍結保存し,発生時にその流行株の性状を調べて保存ワクチンを選択し,適切なアジュバントを加えて緊急に製品化する,いわゆるワクチンバンクが世界的に普及しつつある. (村上洋介)

**こうはいしっち 後背湿地**(back marsh, back swamp)
→三角州

**こうはいちりょくか 荒廃地緑化**(rehabilitation for degraded land)
熱帯には,いろいろな要因で荒廃した広大な土地がある.比較的最近まで森林であったところであればそこに森林を再生し,長らく森林がなかったところであればそこに森林を造成することが緊急の課題である.このような土地は,物理的にも化学的にも劣化しており,いきなり生産性の高い森林を再生あるいは造成することは困難である.そこで普通には,窒素固定樹木,例えば多くのマメ科樹木やモクマオウ類などを植え込んで土壌の改良をはかることが必要である.このように荒廃した土地に取り急ぎ樹木を植え込み,木本植生で被覆することを緑化と呼び,英語では rehabilitation と呼んでいる. (浅川澄彦)

**こうばいりょくへいか 購買力平価**
(Purchasing Power Parity, PPP)→貧困

**こうはつかいはつこうか 後発開発効果**
(late development effect)
海外の既存技術が導入可能な後発国は,より急速に経済開発が可能であるとする議論.
(見市 建)

**こうはつかいはつとじょうこく 後発開発途上国**(Least Developed Countries, LDC)
国連の基準に基づく開発途上国の中でも最も貧しく経済的に遅れた国々.1971年の国連総会で24カ国が認定されたが,99年10月時点で48カ国に増加している.LDCには債務救済など,さまざまな優遇策がとられてきた.LLDC(Least-less Developed Countries, Least among Less Developed Countries)の呼称は今日では使用されなくなってきている.
(牧田りえ)

**こうびょうげんせいけいインフルエンザ 高病原性鶏インフルエンザ**(highly pathogenic avian influenza)→家禽ペスト(fowl plague)

**こうほうはんてんろうどうきょうきゅうきょくせん 後方反転労働供給曲線**(backward bending labor supply curve)
賃金率の上昇に伴い,労働供給量が(経済の常識とは逆に)減少するような労働供給曲線. (上山美香)

**こうま 黄麻**(jute)
シナノキ科(Tiliaceae) 一年生草本,靭皮部繊維は木化粗剛,品質苧麻に劣る.
(早道良宏)

**こうまくほうし 厚膜胞子**(chlamidospore)
不適当な環境に耐え,あるいは他の微生物との競合に打ち勝って生き残るため無性的に形成される胞子で,菌糸の先端または中間の細胞が大きさを増すと同時に細胞壁が厚くなり,多くは二重になる.細胞内には脂肪顆粒などの貯蔵物質に富む.このような厚膜胞子は *Fusarium* 属菌など土壌病原菌でよく形成され耐乾燥性,耐熱性などに優れ数年から十数年生存するものもあり,次の感染源となる.
(小林紀彦)

## コウモリガるい　コウモリガ類（hepialid moths）

コウモリガ科（Hepialidae）のガ類．比較的原始的なガで，世界に約600種あり，オーストラリアに多い．幼虫は一般に植物の茎，幹に穿孔するため，農・林業害虫を多く含む．メス成虫は飛びながら多数の卵をばらまく．幼虫が複数の植物を渡り歩いて加害することも多い．若齢幼虫が林床の枯れ枝や草本，低木に食入し，中齢以降の幼虫が造林木に穿孔することもある．インドでは Sahyadrassus malabaricus がチークやユーカリ，オーストラリアでは Zelotypia staceyi がユーカリ，Aenetus lignivorus がユーカリとアカシア，Abantiades labyrinthicus がユーカリの根を加害する．マレー半島では Endoclita gmelina，サバではよく似た E. aroura がチークとグメリナを加害する．近縁の E. hosei はサバでユーカリの ring-bark borer として知られるが，マレー半島ではカカオなど有用樹の害虫である．穿孔中の幼虫を殺すには穿孔部への薬剤注入が効果的である．　　　　（中牟田 潔）

## コーンハーベスタ（corn harvester）

コーンハーベスタは，デントコーンを収穫する専用のフォーレージハーベスタであり，かき込み部，刈取部，供給部，細断・吹き上げ部から構成されている．

コーンハーベスタは，かき込み部によりコーンをかき込み，刈取部で刈り取った後，供給部から細断・吹き上げ部へ供給される．細断・吹き上げ部では供給されたコーンをそのまま細断し，シュートから伴走ワゴンおよび自車の荷台へ吹き上げるようになっている．

かき込み部には，波状の一対のチェーンによってかき込みを行うギャザリングチェーン式，チェーンの代わりにスクリュを利用したギャザリングオーガ式，回転するドラムを利用したギャザリングドラム式がある．

刈取部には，往復動刃（レシプロ刃），回転円板に刈刃を取り付けた回転刃やギャザリングドラムに直接刈刃を取り付けたものなどがある．

供給部はフィードローラ方式が一般的であるが，他の方式も若干ある．

細断・吹き上げ部には，シリンダ型あるいはフライホイール型のカッタブロワが使われている．

コーンハーベスタのほとんどは，1条刈のトラクタのサイドマウント式である．

（杉山隆夫）

## コガネムシるい　コガネムシ類（Scarabaeids）

鞘翅目コガネムシ上科のコガネムシ科（Scarabaeidae）の昆虫で，この科を広義あるいは狭義とするかで，含まれる種類は大きく異なる．また科・亜科の扱いも学者によって一致しないことがある．ここでは農林業の害虫が多く含まれるスジコガネ亜科 Rutelinae（世界で3,500種以上）・コフキコガネ亜科 Melolonthinae（5,000種以上）・カブトムシ亜科 Dynastinae（約1,300種）を含む広義（少なくても約25,000種）について述べる．コフキコガネ・スジコガネの成虫は植物葉，カブトムシの成虫は樹液・果実などを，コフキコガネ・スジコガネの幼虫は植物根部・腐植物，カブトムシの幼虫は朽木・腐植物などを食する．卵は土や腐植物中に産まれる．幼虫頭部は脱皮直後白～透明だがやがて茶～黒褐色になる．体は白～乳白黄色で C 型形状を呈し，地虫 white grub と呼ばれ，3齢を経て蛹化する．Olyctes boas, O. monoceros（以上アフリカ・マダガスカル），タイワンカブトムシ O. rhinoceros（熱帯アジア・沖縄・八重山諸島）の成虫はヤシ類の生長点を食害，被害葉は V 字形を呈し，やがて幹も枯死する．Schizonycha spp.（東アフリカ，トウモロコシ・ヤムなど），Cocliotis melolonthoides（タンザニア，サトウキビなど），Cyclocephala spp.（南米，トウモロコシ・ダイズなど）など重要害虫が多い．ハナムグリ類成虫は花に集まる．センチコガネ・ダイコクコガネ類の幼虫はいわゆる糞虫であ

る． (持田　作)

**こきゅうせいアルカローシス　呼吸性アルカローシス**（respiratory alkalosis）

血液と体組織の pH を上昇させる病的過程をアルカローシスといい，呼吸が原因のものを呼吸性アルカローシスという．呼吸性アルカローシスは呼気量が多くなり過ぎ，生体で産生される炭酸ガス量に対して，肺から排出される炭酸ガスが過剰になった状態で，動脈血の pH の上昇，炭酸ガス分圧の低下，炭酸ガスイオン濃度の低下が起こる．症状としては疼痛，低酸素症，発熱，硬直がある．呼吸をコントロールしている器官の異常によってもおこるが，暑熱条件で呼吸気道からの蒸散による放熱を促進するための熱性多呼吸が肺の換気量までも増加させて，呼吸性アルカローシス状態になることがある．治療方法としては原因を取り除くことが一番であり，暑熱条件では日陰に移す，風を送る，飲水をさせるなどがある． (鎌田寿彦)

**こくさいねったいもくざいきかん　国際熱帯木材機関**（International Tropical Timber Organization, ITTO）

ITTA に基づき設置された国際機関で，熱帯林の適切かつ効果的な保全と開発を目的とする．本部事務局は横浜市に所在．
(熊崎　実)

**こくさいねったいもくざいきょうてい　国際熱帯木材協定**（International Tropical Timber Agreement, ITTA）

1983 年に熱帯木材の生産国 15 カ国と消費国 20 カ国により採択され，85 年より発効した国際協定．その目的は，熱帯の森林および木材に関し，①研究・開発の促進，②市場情報の改善，③生産国における加工の増進，造林・森林経営活動のの支援の 4 分野について生産国，消費国の国際協力を促進すること．
(熊崎　実)

**こくさいのうぎょうけんきゅうきょうぎグループ　国際農業研究協議グループ**（Consultative Group on International Agricultural Research : CGIAR）

世界の食料生産の向上に先進国の官民学が一体的に取り組み寄与するため，ロックフェラー財団およびフォード財団が，1969 年に日本を含めた先進諸国政府および国際機関の代表者をイタリアのベラジオに招へいし，国際農業研究機関の設立を提唱した．これに賛同した世界銀行が中心となり，1971 年に CGIAR が設立された．設立時より，傘下の研究機関の自主的協力と相互信頼による全会一致方式を原則とする独自の活動を展開している．

CGIAR は，メンバー（先進国，開発途上国，民間団体，地域・国際機関）および研究協力機関，公共・民間機関より財政的・技術的支援を受け，開発途上国における食料の安全保障，貧困の撲滅，天然資源の保全管理の促進を目指している．現在，当グループは 16 の国際研究センターで構成されており，国際的な研究ネットワークを構築している（付表 6）．研究の中心は，食用作物，森林，家畜，灌漑，水産などに関する農業研究であり，生産力の増強，健全な資源の利用，持続的な農業生産，農村開発などに寄与している．また，植物遺伝資源の保存，開発途上国の科学研究の再構築および強化に資するための研究も行っている．これまでは年次会議および年央会議を毎年開き，国際的視野に立った農業研究課題，地球規模の研究問題，研究課題へ向ける取り組み，パートナーシップなどについて論議し，研究戦略についての相互の理解を深めている．なお，CGIAR 傘下の国際農業研究機関については巻末の付表 6 に，またそれぞれの機関の概要は機関名ごとに本文に紹介されている． (諸岡慶昇)

**こくさいボランティアちょきん　国際ボランティア貯金**（Postal Savings for International Voluntary Aid）

通常郵便貯金の税引き後の利子の 2 割を貯金者の寄附とし，寄附金を民間海外援助団体に配分して，途上国援助を行う制度で，1991

年1月創設.99年12月末で2,587万件の加入件数があり,同年度の寄附金配分は50カ国,237事業,11億8,023万8,000円にのぼる. (安延久美)

**こくさいりんぎょうけんきゅうきかんれんごう 国際林業研究機関連合**(International Union of Forestry Research Organization, IUFRO)

森林・林業・林産業の分野での国際的な研究協力を目的として1892年に設立された機関. (熊崎 実)

**コクシジウムしょう コクシジウム症**(coccidiosis)

コクシジウムには,*Eimeria, Sarcocystis, Toxoplasma, Isospora, Cryptosporidium, Neospora* 属など多くの種類の原虫がある.一般にコクシジウム症は,このうち *Eimeria, Isospora* 属の原虫によって起こる腸管感染症を言う.特にニワトリのコクシジウム症,ウシのコクシジウム症が問題となっている.症状は,食欲不振,沈うつ,水様性または粘血性下痢,削痩で重度の場合死亡することもある.診断は,症状の確認,糞便検査によるオーシストの検出,剖検による腸管病変の確認により行う.予防・治療には,サルファ剤が有効. (磯部 尚)

**コクタン**(ebony)→カラキ

**こくていへいや 谷底平野**(valley plain)

谷の中にある狭長な低平地.河川の下方侵食よりも側方侵食が増したためにできた場合と,埋積によってできた場合がある. (荒木 茂)

**こくないのうぎょうけんきゅうたいせい 国内農業研究体制**(National Agricultural Research Systems, NARSs)

国際農業研究協議グループ(CGIAR, 1972年発足)傘下の国際農業研究体制に対して,各国別の農業研究体制をいう.緑の革命期を通じて肥大化したが,1990年代以降の農業研究投資の頭打ち・減少傾向の中で,研究領域・資金源の多様化,農業研究への民間企業の参入(知的所有権保護強化や農業研究の公共財的性格の変化),研究への契約・競争原理の導入などの制度がNARSsにも導入されつつあり,小農民のニーズを反映した農業研究の継続が懸念されている.日本の場合,食料の確保と農業の持続的発展,さらに農業の多面的機能による生存環境を維持,向上させるために,農林水産省には国立の農業研究機関として農業研究センターをはじめ19の研究機関(うち6機関は農業試験場)が置かれ,農林水産技術会議事務局による研究調整の下で研究推進が図られてきた.林業研究には1機関,水産研究には9機関がそれぞれ設置されてきた.また,都道府県には公立の農業研究機関が設置されており,各県の農林水産業の特性に応じた試験研究が実施されている.なお,国立の農林水産試験研究機関は,1機関を除いて2001年4月から独立行政法人へ移行した.また,途上国を対象とした農業研究は,1970年に設立された農林省熱帯農業研究センターで開始されてきたが,93年に改組され,国際農林水産業研究センターへ発展的に継承された.同センターでは,それまでの熱帯・亜熱帯の途上国を対象とした農業研究協力の成果と経験を活かし,さらに対象圏域を中国北部や中央アジアに拡げ,海外研究情報の受発信,生物資源や環境研究,水産研究など,国際化に対応したよりグローバルな研究が行われている.また,途上国から研究員を招へいし,国内で共同研究を進展させる研究計画も組まれ,国内外を結節する顕著な成果をあげている.同センターの共同研究には,国内の農業機関から研究課題に応じて研究員の交流などを行い支援する体制が組まれている.

また,開発途上諸国から研究員を招へいし,国内での共同研究を進める研究計画も組まれ,国内外を結節する顕著な成果をあげつつある.このセンターの共同研究には,他の独立行政法人(農業技術研究機構,生物資源研究所,農業環境技術研究所,食品総合研究所,

農業工学研究所，森林総合研究所，水産総合研究センター）から研究課題に応じて研究員の交流などを行い支援する体制が組まれている．

大学でも国立・私立を合わせ広範に海外農業研究が取り組まれているが，熱帯における開発途上国の技術問題に対しては，京都大学の東南アジア研究センターをはじめ，東京農業大学，日本大学などで比較的長い研究の蓄積があり，東京大学東洋文化研究所，アジア経済研究所などでは分化や社会経済面に研究の対象を置く研究が推進されている．また，最近では都道府県の自治体が独自の試験研究プログラムを組み，海外との連携関係を強めている． （諸岡慶昇）

**ごくびしょうけいよう** 極微小形葉（leptophyll）→葉面積スペクトラム

**こくまい** 黒米（black rice）→紫稲

**こくめんど** 黒棉土（black cotton soils）→熱帯土壌

**こくもつかんそうき** 穀物乾燥機（grain dryer）

コメ，ムギ，トウモロコシなどの穀物に含まれる水分を貯蔵や加工に適する範囲まで除去する目的を持つ操作を乾燥といい，そのための機械を乾燥機という．乾燥は外部から供給される空気や熱エネルギーによって液体である水分を蒸発させ，蒸気の形で取り出すので，穀物乾燥機には空気供給のための送風機とエネルギー供給のための火炉が備えられている．

穀物乾燥機の分類法には，材料の動きによって，静置式，流下式，循環式に分類する場合，また空気と材料の動きとの相互関係に基づく向流式，併流式，交叉流式に分類する場合などがあり，さまざまである．

乾燥速度は主として温度と湿度に影響され，加温した高温度で低湿度の空気を使う加熱通風乾燥の場合，早く乾燥する．加温のエネルギー源としては，石油の燃焼が一般的であるが，発展途上国では籾殻の燃焼による場合が多い．一方，単に加熱して高温の空気を使うと，風の当たる面だけが急速に乾燥して穀物温度を上昇させ，乾燥むらが生ずるのみならず，熱感受性の高い成分（例えば，脂質）が変質したり，穀粒にひび割れを発生させ，質的にも量的にも損失となる場合がある．静置式の場合は，この影響が出易いので，通風温度の設定には注意が必要である．この改善策として穀物をかき混ぜたり，空気に当たる時間を制限する間断乾燥による流下式や循環式乾燥機が普及している．アジアやアフリカの発展途上国の大型精米工場（乾燥設備を持つのが普通）では，LSU型と呼ばれる流下式乾燥機がかなり普及しており，一方わが国では独特の循環式乾燥機が個別農家から乾燥施設にまで広く普及している．

近年，わが国では良食味への関心の高まりに伴って，加熱の影響に注意が払われ，空気を除湿して湿度を下げ，ほとんど加熱しなくても実用レベルの乾燥速度を出せる除湿乾燥方式も実用化されている． （木村俊範）

**こくもつすいぶんけい** 穀物水分計（moisture meter）

穀物に含まれる水分（含水率）は，100℃以上の高温下で水分を完全に蒸発させ，その減量分ともとの重量との比（百分率）で示される（絶乾法）．乾燥や貯蔵を行う現場では，穀物の含水率を短時間でかつ精度良く知ることが必要であり，迅速・簡便な測定法が望まれる．

そこで，穀物に含まれる水分量と密接に関係する物理情報を計測し，その変化と絶乾法による水分変化とから含水率を求める方法が普及している．中でも電気特性変化を利用した水分計が良く利用され，水分量による電気抵抗変化を計る電気抵抗式，および静電容量変化を計る電気容量式が広く使用されている．これらは乾燥機にも取り付けられ，目標含水率に到達したら自動的に乾燥機を停止するなど，乾燥機の自動化にも貢献している．

（木村俊範）

**こくもつせいせんき　穀物精選機**（grain cleaner）

穀物中の夾雑物を分離除去する機械で，普通，数種類の精選機の組み合わせで用いられる．　　　　　　　　　　　　（吉崎　繁）

**こくもつせんべつき　穀物選別機**（grain sorter）

穀物を，寸法，形状，色彩などの物理的特性を基準にして分離する機械．（吉崎　繁）

**こくもつちょぞうこ　穀物貯蔵庫**（warehouse for grain storage）

穀物貯蔵庫には，穀物を麻袋などに入れて袋詰で貯蔵する平型倉庫と，バラのままで貯蔵する鋼板ビンやサイロなどがある．入出庫に便利な地域に設置し，幹線道路に接した，鉄道や大型トラックによる積み降しの荷役作業ができるスペースがあり，できるだけ直射日光を遮る環境であることが望ましい．また，周辺に住宅が密集しているところは，くん蒸処理による環境公害が発生するおそれがあり，さける必要がある．

平型倉庫を主体構造によって分類すれば，①鉄筋コンクリート造り，②コンクリートブロック造り，③鉄骨モルタル造り，④土蔵造りなどである．①は，耐用年数が長く，耐震・耐火性が優れているが，断熱性が劣り，建設費も高い．②は，耐震性が劣るので，基礎・柱・梁をコンクリート造りとし，その間にブロックを積み上げる構造になっているものが多い．③は，主体構造の軸組を鉄骨とし，屋根や壁の外面に鉄板や石綿板などの資材を用いている．この構造は，断熱性や機密性が劣り，米の貯蔵庫としては適さない．④は，保温性が優れ，庫内は夏涼しく冬暖かいので，米の貯蔵に適している．土壁は30 cm程度，屋根は二重構造のものが多い．現在は，資材やコストの面から，新たに建設されていない．

出入口は，床面積200 m$^2$以上であれば，2カ所に設け，機械荷役のためには，幅3 m，高さ3.5 mとする．

扉は，密閉戸と網戸の二重にする．密閉戸は火災や盗難防止のために，鉄板を使用して堅牢な構造とする必要がある．網戸は木製で鉄の格子を付け，網目の寸法は害虫の侵入を防ぐために，3 mm以下が望ましい．さらに，ねずみの侵入を防ぐために，鉄板で高さ60 cm以上で俯角60度をもたせた「ねずみ返し」を設ける必要がある．　　　（吉崎　繁）

**こくもつのかんそうほうほう　穀物の乾燥方法**（methods of grain drying）

穀物の乾燥方法には，自然乾燥と人工乾燥とがあり，熱帯の発展途上国では，天日による自然乾燥が未だに一般的である．先進国では，通気乾燥を主体とする人工乾燥が普及しており，穀物乾燥機の項目において紹介したように，大小多数の方式が使われている．

人工乾燥で最も一般的な通気乾燥においては，通気の温度と湿度および通気速度などが乾燥速度を支配する要因であり，対象穀物の化学組成や水分を勘案して適正な条件設定が望まれる．

通気乾燥を効率的に行う方法の一つとして，乾燥工程の合間に休止期間を挿入する間断（テンパリング）乾燥法は胴割れ防止にも効果的であり，穀粒の保全が重要とされる米乾燥に広く普及している．　　　（木村俊範）

**こくりつこうえん　国立公園**（national park）

優れた自然景観や自然環境の保護，さらにそれらのレクリエーション利用などを目的として設定される保護区域．1872年に指定されたアメリカのイエローストーン国立公園に始まる．その後，途上国を含めて全世界に広がり，IUCN（国際自然保護連合）リストによれば，1997年現在143カ国1,689公園（350,545,008 ha）が登録されている．わが国では昭和6（1931）年に「国立公園法」が制定され，現在までに28公園（2,048,817 ha）が指定された．国立公園の中には，アメリカのように厳正な保護がなされているものから，リゾートや観光地を含む開発色の強いものまでさまざまなタイプのものがある．熱帯地域の

国立公園には貴重な野生動植物が多く，それらの保護と地域開発や観光利用との調整が大きな課題となっている．一方，近年では自然環境や地域社会にインパクトを与えない「エコ・ツーリズム」が新しい国立公園の利用形態として脚光を浴びてきている．　（麻生 恵）

**こくれんかいはつの10ねん　国連開発の10年**（United Nations Development Decade）
アメリカ大統領 J. F. Kennedy の提唱で開始された国連開発キャンペーン．1960年代が第一の10年．　（水野正己）

**ココアバター**（cocoa butter）
焙炒したカカオ豆（油脂含量50〜55％）から圧搾採油される．特有の芳香を持つ薄黄色の固体脂（融点32〜39℃）である．主要な脂肪酸はパルミチン酸，ステアリン酸，オレイン酸であり，全脂肪酸の約95％以上を占める．その他の脂肪酸としてミリスチン酸，パルミトレイン酸，リノール酸，アラキジン酸などが含まれる．トリアシルグリセロールの主要な分子種は 2-オレオ-パルミト-ステアリン，2-オレオ-1, 3-ジステアリン，2-オレオ-1, 3-ジパルミチンであり，約80％以上を占める．このような単純な分子種組成のため融点以下では固いが体温付近で急激に融解する性質を示し，チョコレートの原料油脂とし優れた特徴を持っている．製菓用以外に，薬品や化粧品にも用いられる．カカオ豆の圧搾粕はココアとして利用される．（長尾昭彦）

**ココナッツミルク**（Coconut-milk）
ココヤシの胚乳部を削り取り，水または熱湯を加えて布で絞って得られる白い液をいう．　（高野博幸）

**ココボロ**（cocobolo）→付表21（熱帯アメリカ材）

**ココヤシ**（coconut palm）
*Cocos nucifera*. 樹幹長は20〜30mになり，頂部に30〜40枚の葉を着生する．幹には縞模様の葉痕があり，基部が多く肥大したもの，幾分肥大したもの，肥大がないものに区別され，品種分類の一形質になっている．5〜7m長の羽状葉では，200〜300枚の小葉が着く．約1カ月間隔で葉腋から花序が出穂する．分枝型の花軸で，上部に多数の雄花が密生し，基部にピンポン玉状の雌花を着ける．受精後，約11カ月で完熟果実が収穫できる．外果皮は灰褐色で，中果皮は粗い繊維（ハスク）からなり，内果皮は硬い殻（シェル）であり，活性炭の材料になる．内果皮の内壁に沿って約1cmの胚乳層が発達する．この胚乳を乾燥したものをコプラと言い，搾油原料になる．種子内部の空間部は胚乳液（ココナッツ水）で満たされている．三つの品種群（*Typica, Javanica, Nana*）がある．ココヤシ油は中鎖脂肪酸型油脂であり，界面活性剤などの工業用原料として重要である．　（杉村順夫）

**こさくのう　小作農**（tenant）→土地改革
**こさくりょう　小作料**（farm rent）→土地改革

**ごしゅう（せい）　互酬（性）**（reciprocity）
個人や社会集団の間の give and take に基づく相互扶助の関係．互恵（性）ともいう．
　（水野正己）

**コショウ**（pepper）
*Piper nigrum*. コショウ科のつる性植物．インド南部・西ガーツ山脈周辺で起源したとされる．乾燥した果実をそのまま（黒胡椒），あるいは果皮を除去した（白胡椒）ものが，香辛料として広く利用される．また，果実が生で調理に利用されることもある．高温湿潤を好むため，湿潤熱帯低地で栽培が多い．現在の主産地は，熱帯アジア諸国で，特に，インド，マレーシア，インドネシアで栽培が多い．コショウは，開花結実に特定の関係条件を必要とせず，一定の齢に達すると開花結実する．通常，挿木繁殖を行う．コショウは，紀元前にアラビア半島を経てヨーロッパに伝えられ，ニクズク・チョウジと並ぶ，香辛料貿易の主役となった．しかし，大航海時代までに，アジア全域に栽培が広まっていたせいか，ニクズク・チョウジと異なり，大規模なプランテーションで栽培されることが少なく，今に

至るまで，農家主体で小規模に栽培されることが多い．　　　　　　　　（縄田栄治）

**コストオーバーラン**（cost overrun）→経済評価

**こせい　湖成**（lacustrine）
湖の作用でできたことを示す．（荒木　茂）

**こたいぐんせいちょうりつ　個体群生長率**（CGR：crop growth rate）
単位期間内に増加した単位面積内の乾物重を表わす．これは，その期間内に得られた貯金の利子に相当する．
$$CGR = w_2 - w_1 / t_2 - t_1$$
（$w_1$，$w_2$ は時点，$t_1$，$t_2$ における単位面積内にある全個体の乾物重）
　　　　　　　　　　　　　　（倉内伸幸）

**こつにくふん　骨肉粉**（bone and meat meal）→製造副生産物

**こてい　固定**（true-bred）→育種

**こていさきゅう　固定砂丘**（fixed dune）→乾燥地形

**コデックスのうやくざんりゅう　Codex農薬残留**（Codex Pesticide Residue）
農薬が同じ農産物に各国で異なった残留基準が設定されていると円滑な国際貿易の障害となるので基準の国際的な統一があるのが望ましい．そこで残留農薬規格部会（Codex Committee on Pesticide Residue）では各国政府間で統一の基準が得られるようにFAO/WHO合同残留農薬専門家委員会が作成した各農薬の作物ごとの残留基準値の妥当性を各国政府代表で討議してCodex農薬残留を設定している．特定の農薬の国際残留基準の設置を希望する場合は，その政府は食品規格委員会（Codex Alimentarius Commission）を経て残留農薬委員会に報告するとともに，農薬使用の正当性，毒性試験成績，適正使用時の残留性，使用農作物への移行量，残留農薬分析法などに関する資料ならびに残留許容量基準案を提出する．委員会が基準設置の必要性を認めるとFAOおよびWHOの合同残留専門家会議に対して評価を依頼する．合同会議は，年会において提出資料を基に基準設定の必要性を審議する．その資料が農薬の残留性，安全性などを十分に評価できると判断したなら残留農薬委員会のために残留許容量基準を勧告する．　　　　　　（大澤貫寿）

**こどじょう　古土壌**（paleosols）
地質時代に生成した土壌を総称していう．このうち現世の土壌の下に埋没している古土壌は化石土壌，地表に露出している古土壌はレリック土壌または遺存土壌と呼ぶ．古土壌学は，古土壌を鍵層として地層の対比に用いられるほか，過去の自然環境の復元や，現在の土壌の生成に及ぼす時間因子の解析などに有効な手段となる．
例えば，日本各地の高位段丘にみられる赤色土は更新世間氷期に形成された赤色土のレリック土壌または化石土壌であり，地形面の対比の指標として活用されている．また氷河堆積物を被ったヨーロッパ，北アメリカでは，湿潤温暖な間氷期を指示する風化の進んだ何枚もの古土壌が挟在し，氷河期編年の指標として有用である．
　　　　　　　　　　　　　　（三土正則）

**コトン・ピッカ**（cotton picker）
コトンピッカは，棉の摘み取り機械で，棉の木から綿を摘み取るヘッダ部，摘み取った綿をコンテナ装置まで搬送する搬送部，収穫した茎葉を収容するタンク装置から構成している．棉の木から一対の摘み取りローラに取り付けられた突起部で綿を摘み取り，集められた綿をスロワにより収容コンテナまで搬送する構造である．ハイクリアランストラクタにヘッダ部分を装着したものや自走式のもの，あるいは収容コンテナが本機に伴走する形を取るもの，また，摘み取り条数が2条用と4条用など種類は多いが，日本では棉の栽培がないため，まったく普及していない．
　　　　　　　　　　　　　　（杉山隆夫）

**コナカイガラムシるい　コナカイガラムシ類**（Pseudococcidae, mealybugs）
カイガラムシ上科のコナカイガラムシ科の昆虫で，体は長楕円形で柔らかく，粉状ある

いは綿状の分泌物で覆われている．植物の地上部ばかりでなく根部にも寄生・吸汁する種もおり，アリとの共生・甘露の分泌・すす病の誘発など作物に大害を与える種が多い．サトウキビコナカイガラ Saccharicoccus saccharii は東アフリカ・熱帯アジア・オーストラリア・メキシコ～アルゼンチンに分布，サトウキビ・ソルガム・陸稲などを加害．パイナップルコナカイガラ Dysmicoccus brevipes はアフリカ～熱帯アジア・メキシコ～ブラジルに分布，パイナップル・サトウキビ・ラッカセイ・コーヒーなどを加害する．（持田　作）

**コナギぞくざっそう　コナギ属雑草**（pickerel weed）

コナギ：*Monochoria vaginalis*（Brum. f.）Presl はアジアの熱帯から温帯にかけて広く分布するミズアオイ科の一年生草本．子葉は糸状で先端に種子殻を乗せる．幼葉は短い葉鞘の先端が先にリボン状の葉身をつけ，通常6枚目位から葉身と葉柄の区別のある成葉をつける．成葉の葉身は先端が尾状に尖った心臓形で濃緑色，光沢があるのが基本であるが，形態は非常に変化に富む．茎は下部で分枝して地をはい，節から根を出して花茎は高さ30cm程，上部に1枚の葉をつけ，しばしば葉状になる苞のある1花序をつける．花序は葉より上には出ない．花は直径2cm程で，6花被岸，青色，2～6花．通常は1花序全部が同時に開花し，午前中でしぼむ．花後，花序は下向きに曲がり，長さ1cm程のさく果となり，多数の種子をいれる．水田にごく普通に発生する代表的な雑草．2,4-D などフェノキシン系除草剤が有効である．

近縁種にナンヨウミズアオイ *M. hastata* (L.) Solms があり，東南アジア原産，アジアの熱帯からオーストラリアにかけて分布する多年生草本で，地中に太い根茎が横走し，多数の葉と花茎をだして高さ30～120cm に達する．池，水路などの水中に生育し，しばしば水田にも発生して雑草となる．（森田弘彦）

**コナジラミるい　コナジラミ類**（Aleyrodidae, whiteflies）

成虫は体長1～3mm，体と翅とが白い微粉で覆われている．単眼は2個で，各々複眼の前方近くにある．世界で200種以上が知られ，重要な害虫を含んでいる．タバココナジラミ *Bemisia tabaci*（sweetpotato whitefly）は世界に広く分布，きわめて多犯性で60科以上の植物を加害する．ワタ・ダイズ・トマト・サツマイモ・花きなどで被害が大きい．ダイズ・ササゲ・インゲンマメなどのマメ科植物のカウピーマイルドモトルウイルス CMMV およびトマト黄化萎縮病の病原ウイルス（TLCV および TYLCV）を媒介する．トマトでは着色異常果を生じる．コナジラミの一種 *Aleurodicus dispersus* は東南アジアではトウガラシ・ダイズなどで最近発生している．葉の裏側に白色の輪を描くのが特徴である．*Aleurocanthus woglumi*（Citrus blackfly）は東アフリカ・熱帯アジア・中米に分布，主として柑橘類・マンゴ・コーヒーなどを加害する．ミカンコナジラミ *Dialurodes citri*（Citrus whitefly）はインド・スリランカ・ベトナム・日本・アメリカ（フロリダ）・中南米各地に分布，柑橘類・コーヒーを加害する．（持田　作）

**ゴニオトキシン**（gonyautoxin）→麻痺性貝毒

**コーヒー**（coffee）

コーヒー属（*Coffea*）に属する常緑の灌木または小高木で，主として栽培されているのは，*Coffea arabica*（エチオピア・アビシニア高原起源）と *C. robusta*（中央アフリカ起源）．乾燥加工した種子を炒った後，嗜好料として飲用する．両種とも，広く利用されているが，*C. arabica* の方が品質に優れる．*C. robusta* は主としてインスタントコーヒーの原料として利用される．コーヒーは，*C. arabica* の起源地であるエチオピアからアラビア半島に伝わり，その後世界中に広まった．*C. arabica* は，温暖な熱帯高原を栽培適地とし，比較的乾燥した気候を好む．また，強風・強光を嫌うため，防風林及び被陰樹の共植を必要とする．

高温により花芽を分化し，乾燥後の降雨により開花する．一方，C. robusta は，より広範な環境での栽培が可能であり，開花も特定の環境条件を必要としない．コーヒーは，大航海時代以降，世界各地でプランテーション作物として大規模に栽培されてきた．現在も，生産の中心は大規模な農園であるが，小農による生産も熱帯アジアを中心に広く見られる．
(縄田栄治)

**ごまはがれびょう　ごま葉枯病**（Helminthosporium leaf spot, southern leaf blight）
葉枯れ症状を示すイネ，トウモロコシ，テオシント，アワの病気．初めごま粒をちりばめたように小さい多数の病斑を生ずるためにこの名がある．病勢が進展すると病斑は融合し葉全体が枯れる．病原はいずれも子嚢菌類の *Cochliobolus* 属に属する．不完全時代は，古くは *Helminthosporium* 属とされ，病名の英語一般名（common name）も Helminthosporium leaf spot と呼ばれているが，最近は *Bipolaris* 属が用いられている．イネごま葉枯病はイネの重要な病気の一つで，主に葉に褐色～濃褐色の楕円形のごま粒大の病斑ができる．発生が多いと葉はまもなく枯れる．また，節，穂首，籾なども侵され，不稔籾の原因になる．熱帯地域での発生が多く，品種によっては病斑も大きく，被害も大きい．病原は *Cochliobolus miyabeanus* で，不完全時代は長い間 *Helminthosporium oryzae* が用いられていたが，現在では *Bipolaris oryzae* が用いられている．トウモロコシごま葉枯病は葉に淡褐色の小さな病斑を生じる病気で，元来それほど重要な病気ではなかった．しかし，1970年アメリカで雄性不稔細胞質をもった $F_1$ 品種に大発生し有名になった．病原菌は *C. heterostrophus*（*Bipolaris maydis*）である．
(梶原敏宏)

**コミュニティかいはつ　コミュニティ開発**（community development）
地域社会の住民の創意や努力を基本とする開発をコミュニティ開発（コミュニティ・デベロップメントとも呼ばれる）という．村落レベルでの改良農業技術の普及による増産や生活向上，教育の普及，協同組織化の達成を企図するものであり，1950年代に途上国開発において広く唱導され，特にインドのそれが知られている．60年代以降は，都市開発や都市のスラム対策としても応用された．コミュニティ開発の成否は，開発事業へのコミュニティの関与，参加にかかっている．プログラムの実施にコミュニティが参加しない弊害として，真のニーズに対応することができなかったり，コミュニティの慣習や伝統を無視したプログラムによって，事業の持続可能性が損なわれことが指摘され，コミュニティレベルの建設・維持・管理体制が重要であるとされてきた．さらに，経済組織としてのコミュニティが，地方公共財（local public goods）の供給に関し，市場・政府に対して比較優位を持つ点が注目される．例えば，灌漑や共有地といった地方公共財の維持・管理には，ただ乗り問題が発生しやすい．市場・政府は，こうした問題に対処する有効な方法を持たないが，不正行為を行った際のコミュニティ内部の社会的制裁が，ただ乗りの抑制に対して有効なことがあるとされる．
(野口洋美)

**コミュニティりんぎょう　コミュニティ林業**（community forestry）
天然林は，その成立過程に労働投下をともなわない自然資源をなし，加えて高い公益性を有するという根拠のもと，多くは国有化され，政府直営による管理経営システムが確立した．あるいは熱帯雨林帯に多くみられるように，開発の圧力が先行した地域では，コンセッション制のもと，民間資本が経営の担い手となった．
ところが実際には，国有化以前から流域の奥まで人々が居住し，森林に依存して生活していた．その人権に加え，地球的規模の環境問題という要素が加わったときの森林をめぐるステイクホルダーは，世界/国/地域というレベルごとに多岐にわたり，しかもその利害

は必ずしも一致せず，むしろ対立することが多い．こうした背景のもと，中央集権制による画一的な森林経営は，特定の集団の利益のみを代表しかねず，効率性にも欠くという批判が高まることとなった．

近年の森林経営をめぐる趨勢は，先進国/発展途上国を問わず，分権化（decentralization）および民営化（privatization）に向かい，イギリスやニュージーランドは1980年代より造林地を中心に国有林地を売却していった．アメリカでは都市部を対象に，住民による緑地管理や植林を補助金により奨励し，それを都市林業（urban forestry）あるいはコミュニティ林業と称している．

発展途上国においては，ジャカルタで開かれた1978年第8回世界林業会議がforest for peopleを統一テーマに掲げた．また同じ年にインドで，フォード財団の援助により，コミュニティ林業のワークショップが開催された．そこではコミュニティ林業を資源再配分，参加，および共同を骨子とする，地域社会と林野行政当局とが一体となって行なう作業と規定した．

こうした流れの中，インドでは1988年の国家森林政策において共同森林管理（joint forest management）が制度化されることとなった．ネパールは1993年の森林法改正とともにコミュニティ林業を導入し，ミャンマー，タイ，ラオス，フィリピンや，アフリカ，ラテンアメリカ諸国でも同様の動きが生じている．FAOも1990年代に入り，Forests, Trees and People Programme（FTPP）を立ち上げ，コミュニティ林業の可能性を模索している．一方インドネシアでは社会林業（social forestry）のスローガンのもと，主としてジャワ島において，国有林の部分開放や林野行政当局による農村開発事業を実施している．

コミュニティ林業/共同森林管理/社会林業の概念にはそれぞれ相違がみられるが，明確な用語法が確立しているわけではない．ただいずれにおいても，開発の波が去り荒廃した林地が残された段階にいたってようやく，国有林が人々に開放されるという点を指摘しておきたい．また林地所有権は依然として国に帰属し，利用の範囲も限定されるなど制約をともなった上での開放であることが多い．

新世紀における森林経営モデルとしてコミュニティ林業を掲げるには，単に国有林経営失敗の後始末を地域に委ねるのではなく，森林の存在が地域の発展につながる仕組みを，個々の地域に即して確立する必要がある．

（増田美砂）

コムギ（Wheat）

コムギはイネ科，ウシノケグサ亜科（*Festucoideae*），コムギ族（*Triticeae*），コムギ属（*Triticum*）に属する．基本的に越年生の草本で，20種以上がある．これらは稔実する小花の数により1粒系，2粒系，普通系に分類される．またこれら3系は染色体がそれぞれ2倍体（14），4倍体（28），6倍体（42）でありゲノム構成は，それぞれAA，AABB，AABBDDである．起源地はイラン，イラク周辺と考えられている．コムギのうちパンコムギ（*Triticum aestivum* L.）は世界で最も栽培されている食用作物である．栽培分布域は広く，スカンジナビア半島の64°N，ロシアやアメリカの60°Nを北限とし，南限は45°S付近である．熱帯地域では高温のため栽培に適さないが5°S付近でも高地では栽培可能である．標高ではメキシコ，エチオピア，ヒマラヤなどで3,000 m，ペルーで3,500 mで栽培されている．主要栽培地域はヨーロッパからロシアに及ぶ大陸中央平原地帯，北アメリカ中央平原地帯，インド北西部，中国北部，オーストラリア南部や南アメリカ南部などであり，熱帯地域では栽培が少ない．半乾燥地域の北アフリカ，西アジア，インド，中国に及ぶ地域では灌漑による栽培も行われている．

（倉内伸幸）

こむぎだっこくき　小麦脱穀機（wheat thresher）

日本では，小麦専用の脱穀機はなく，稲用

の自動脱穀機（head feeding thresher）が使われている．パキスタンなどのアジアの小麦の産地では，IRRI で開発した稲用の軸流式脱穀機をベースとした投げ込み式の脱穀機が使われている．　　　　　　　　　（杉山隆夫）

ゴム（rubber）

ゴム物質を分泌する植物の総称であるが，狭義には天然ゴム原料として最も多く栽培されるパラゴムノキ（Hevea brasiliensis）を指す．ここでは，パラゴムノキについて述べる．パラゴムノキはトウダイグサ科の高木で，樹液を加工乾燥した生ゴムを工業原料として利用する．熱帯アメリカ原産で，コロンブスの新大陸到達以後，その存在は知られていたが，利用が拡まったのは 18 世紀半ば以降．かつては，原産地の気候に近い，年降雨量 2,000 mm を超える湿潤な熱帯雨林地域が栽培適地とされ，かつ栽培も熱帯雨林地帯に集中していたが，現在は乾季のある，熱帯モンスーン・熱帯サバンナ地域・亜熱帯モンスーンにも栽培が拡がっている．主要な産地は東南アジア島しょ部で，タイ・マレーシア・インドネシア 3 国で世界の生産の大半を占める．繁殖は，種子または接ぎ木による．樹液の採取は，タッピングと呼ばれ，樹齢 5 年以上（地域によって異なる）で開始する．専用の鋭利な小刀で，幹の周囲を形成層の外側まで斜め線状に切り，最下部に採取用のコップを取り付け，樹液を採取する．

パラゴムノキは，典型的なプランテーション作物で，植民地時代のプランテーションやそれを引き継いだステイトファームやエステートなどの大規模な農園で栽培されることが多いが，タイでは 4～5 ha 規模の小農が生産の中心となっている．天然ゴムの需要は，石油加工品である人工ゴムの普及により一時低下したが，近年エイズなど感染症の世界的拡散に伴う使い捨て消毒用品の需要増や高品質タイヤの需要増により，品質に優る天然ゴムは需要・生産共に再び増加している．

パラゴムノキは，近年，木材としても注目を集めている．安価な家具材料として人気を呼び，通常の樹液採取年限を短縮して，材として価値あるうちに伐採する農家も多く，主としてヨーロッパ方面へ輸出されている．
　　　　　　　　　　　　　　　（縄田栄治）

ゴムノキ（rubberwood）→付表（南洋材（非フタバガキ科））

ゴムびょう　ゴム病（リンゴの）（internal breakdown）

リンゴでみられる貯蔵障害．果肉外層部が褐変軟化し，果実がゴムのような弾力性を示す．　　　　　　　　　　　　（米森敬三）

こめのけいたい・そしき　米の形態・組織（form・tissue of rice）

米の粒形は玄米の粒長/粒幅比で表示される場合が多い．国際稲研究所（IRRI）の基準では粒長と粒長/粒幅比により粒形が以下のように分類されている．玄米の粒長に基づいて短（粒長 5.5 mm 以下），中（粒長 5.51～6.60 mm），長（粒長 6.61～7.50 mm），極長（粒長 7.51 mm 以上），さらに玄米の粒長/粒幅に基づいて円（1.0 以下），中円（1.1～2.0），中（2.1～3.0），細（3.1 以上）．粒長/粒幅の分類は精米の分類にも適用されることがある．

玄米の組織は糠層（果皮・種皮・糊粉層），胚，胚乳から構成される．その割合は品種によって異なるが重量比で糠層 5～6%，胚 2～3%，胚乳 91～92% である．可食部である胚乳部は，デンプン細胞が重なっており，1 個の細胞の大きさは $40 \times 50 \sim 80 \times 105\ \mu m$ で，その中に多くのデンプン粒が詰まっている．デンプン粒の大きさは直径が $2 \sim 9\ \mu m$ で，細胞膜の厚さは $0.25\ \mu m$ である．細胞膜にはセルロース，ヘミセルロース，ペクチンが存在し，細胞膜に隣接してタンパク質が分布している．　　　　　　　　　　　　（清水直人）

こめのこかとくせいしけん　米の糊化特性試験（gelatinization property test of rice flour）

米粉または米デンプンを水に懸濁させ一定速度で攪拌しながら，加熱による米粉の膨潤糊化過程ならびに冷却による糊化液の老化過

程における粘度変化を連続的に測定することによって米粉の糊化特性を評価する．代表的な測定器はブラベンダー社のアミログラフ／ビスコグラムがある．アミログラフよりも少量試料で短時間で測定できるラピッド・ビスコ・アナライザーやTSビスコグラフといった機器がある．アミログラムの特性値は，① 糊化開始温度：粘度が上昇し始める温度．② 最高粘度：加熱に伴うデンプン粒の膨潤が最高に達した点．③ 最低粘度：加熱，冷却過程における粘度が最低に達した点．④ ブレークダウン（最高粘度－最低粘度）．⑤ 最終粘度：冷却した場合の粘度．⑥ コンシステンシー（最終粘度－最低粘度）である．わが国ではアミログラム特性値の糊化温度が低くて，最高粘度が高くブレークダウンが大きくて，最終粘度が低い米の食味が好まれるとされている．

(豊島英親)

**こめのしょくみひょうかほう　米の食味評価法**（evaluation method of eating quality of rice）

炊飯米を複数のパネル（12～20名）で試食し，科学的に食味の良否（おいしい，おいしくない）を決める食味試験（官能検査）が基本であり，食味と関連がありそうな米の物理的性質や化学的成分を測定する理化学的測定からなる．官能検査は，試食者の選定から始まり，炊飯，米飯試料の盛り付け，所定の官能検査項目・尺度に基づいた評価の手順で行われる．方法は米飯の香りが「良い」，「悪い」，「好き」，「嫌い」といった評価を行う嗜好型官能検査，香りが「強い」，「弱い」といった評価を行う分析型官能検査に大別される．米の食味に関係のある理化学的測定項目には，米飯の物理的性質の直接測定，精白米粉の糊化特性測定，食味に関係する化学成分（アミロース含量，タンパク質含量，マグネシウム，カリウム含量）測定がある．結果の取り扱いには注意を要するが，多変量解析手法を組み合わせた近赤外分光法などを基本とする食味関連測定装置によって米の食味評価も行われつつある．

(清水直人)

**こめのすいはんとくせいしけん　米の炊飯特性試験**（cooking quality test）

少量の精白米を試料とする炊飯特性試験は，昭和30年代の初め，当時輸入していた外国産米の調査のため，アメリカ農務省の研究所の方法に準拠して食糧研究所（現食品総合研究所）の竹生らによって開発された．8～10gの精白米を金網かごの中に入れ，大過剰の水（約160ml）を加えたトールビーカ中に吊してビーカごと電気炊飯器中で加熱炊飯して，炊飯後の米の膨張容積，加熱吸水率，炊飯液のヨード呈色度（IBV），溶出固形物（TS）などを測定する．これらの指標のなかで，炊飯液のヨード呈色度は，炊飯中に熱水に溶出した炭水化物の量および質を表わし，米の食味と高い相関を示し，呈色度の低いものほど，またIBVをTSで除したIBV/TSが低いものほど一般に米飯のねばり（粘着力）が大きく，食味も良好である．

(清水直人)

**こめのぶつりかがくてきせいしつ　米の物理化学的性質**（physicochemical properties of rice grain）

米の性状には外観，形状，容積重，比重，剛度などの物理的性質と水分，デンプン，タンパク質，脂質，繊維，無機質，酵素などの各種の化学成分のほかに，米に水と熱を加えて，米飯やもちにしたときの粘り，こしなどといわれるような力学的性質を含んだ物理化学的性質が重要な特性として加わる．米デンプンの糊化における物理化学的性質の状態変化は，デンプン粒の膨潤，透明化などが起こるが米粒の形態では明確ではないがデンプンの性状の変換点として明らかな差が見られるので，米の特性値として重要である．もち米デンプンはアミロペクチンのみで，うるち米デンプンはアミロースとアミロペクチンから構成されている．米飯物性測定では一般にアミロース含量が高い米の米飯は硬く粘りの少ない飯になり老化が早く，アミロース含量の低い米は軟らかく粘りのある米飯になり老化が

遅い．アミロース含量は米の物理化学的性質の指標として重要である． （豊島英親）

**こめのブレンド　米のブレンド**（mixing of milled rice）

日本の精米工場では，品種，産地，場合によっては生産年度の異なる精白米を所定の割合で混合する，いわゆるブレンドが行われている．区分別に仕分けられた貯留タンクから開口バルブ方式や回転羽根方式によって体積流量を調整・混合するようになっている．

ブレンドの目的は，多種多様な米のそれぞれの特徴を生かして，年間を通じて食味の変化が少なく，消費者の嗜好に合った商品を供給することにあるが，その詳細は企業秘密となっている．多くの国では，まず精白米を完全粒と数区分の砕米に分離・貯留し，その後等級に対応して完全粒に上記砕米を一定の比率で混合している． （吉崎　繁）

**こめのほうそう　米の包装**（packaging of rice）

普通，30 kgの精白米を麻袋，樹脂袋，紙袋に充填する．冬眠密着包装などもある．
 （吉崎　繁）

**コモンズ**（commons）

狭義には，中世イングランドを中心に，封建領主の荘園（manor）や王領地（forest）に対して確立した農民の放牧，林産物・泥炭採集，漁労などの活動をめぐる権利およびその区域をあらわす．近代化とともにコモンズは解体あるいは変容を余儀なくされたが，20世紀に入ると，管理主体の自治体への移行とともに，オープンスペースとしての意義を認められるようになった．

より抽象的には，まず資源と制度の関係について，①私有（private property），②共有（common property），および③オープンアクセスに区分される中で，コモンズとは，②のうち，特定の構成員に対し，一定の規制とともに認められる資源へのアクセス権，あるいはその対象となる特定の領域として定義される．換言すると自然資源の伝統的共同管理・利用システムを表わし，歴史的には日本の入会をはじめ，世界各地に例をみることができる．また地球環境問題とともに，コモンズのもつ自然資源の管理メカニズムが再び注目されるようになった．→共有資源，共有地の悲劇 （増田美砂）

**コリアンダー** →香辛料野菜，付表29（熱帯野菜）

**コルドンせいし　コルドン整枝**（cordon training）→整枝

**コロンボけいかく　コロンボ計画**（Colombo Plan）

南・東南アジアの協同経済開発のため英連邦諸国により1951年に発足をみ，後にアメリカ，日本が加盟．加盟国間の二国間援助を中心とする． （小杉　正）

**こんこうフタバガキりん　混交フタバガキ林**（mixed dipterocarpus forest）

東南アジアの森林ではフタバガキ科樹種が優占するが，特異な場所を除いて，特定の樹種が純林を形成することは少なく，他のフタバガキ科樹種，あるいはマメ科，ブナ科，センダン科，ムクロジ科，クスノキ科などの樹種と混交していることが多い． （渡辺弘之）

**こんさいるい　根菜類**（root crops, tuber crops, root vegetables）

野菜の種類を分類する一項目で，地下部を食用とする野菜の総称である．植物としては，直根（ダイコン，ニンジン，カブ，ゴボウ），塊根（サツマイモ，キャッサバ，クズイモ），塊茎（ジャガイモ），坦根体（ヤマイモ），球茎（サトイモ，ショウガ，クワイ），根茎（レンコン，食用カンナ），りん茎（ユリ）など，さまざまな器官が地下部を形成している．

根菜類は，副食品として使われる場合は野菜であるが，多くの地域ではエネルギー源の主食として，またデンプンの原料としてもきわめて重要である．例えば，東南アジア諸国ではサツマイモが，中央アフリカや南米ではキャッサバが，温帯諸国ではジャガイモが，人々のエネルギー源として重要な役割を担っ

ている．

エネルギー生産効率の面からも，ヤムやキャッサバは，イネやムギを上回り，熱帯における労働生産性から，キャッサバは面積当たり，労働投下量当たり最高の収量をあげる作物といえる． （篠原　温）

**こんさく　混作**（mixed cropping）

複数作物が同時に同一耕地内で，一定の規則性をもたないで混在して栽培される．間作と混同して用いられることが多い．混作の機能と効果は，間作とほぼ同様と考えられるが，間作よりも多種の作物が同一耕地内に混在して栽培する場合が多い．またその組み合わせも多様である．→間作 （林　幸博）

**コンセッション**（concession）

一般には，政府・監督機関から与えられる特権をあらわすが，こと熱帯で問題とされるのは天然林伐採をめぐるコンセッションである．

人力，畜力による伐出の可能な季節林や沿岸部低湿地林に対し，熱帯雨林における木材生産は，ベースキャンプや林道建設といったインフラ整備にはじまり伐出作業までを重機に依存し，固定資本が経営の大半を占める．

こうした資本集約的技術体系は，必然的に私企業による大規模かつ長期的な経営，すなわちコンセッション制と結びつき，数万～数10万 ha の林区を取得した企業が，長期にわたって生産に従事する．立木処分と較べ，資源調査から経営計画策定も当該企業が担い，政府は単に計画の認可や年間伐採許容量の割当などを通じてのみ経営に関与する点が異なる．

コンセッション制は逆に，多大の初期投資をいかに早く回収するかという企業の行動様式を生む．さらに，政府が伐採企業から徴収するコンセッション・フィーやロイヤルティが，本来支払われるべき地代や立木代を正しく反映していない，また開発以前から森に住んでいた人々の存在を無視して林区の線引きがなされているなど，近年さまざまな批判に

さらされている． （増田美砂）

**コンターあぜ　コンター畦**（contour ridges）→ウォーターハーベスティング

**コンターストーンバンド**（contour stone bunds）→ウォーターハーベスティング

**コンターバンド**（contour bund）→ウォーターハーベスティング

**こんちゅうしょくどうぶつ　昆虫食動物**（insectivore）

昆虫を主食とする鳥類・ほ乳類．アリ・シロアリを専門に食べるアリクイ・センザンコウなどがいる． （渡辺弘之）

**コンディショナリティー**（conditionality）

国際金融市場での資金調達が困難な途上国は，国際収支の調整のために IMF（国際通貨基金）の融資制度を利用する．IMF の融資制度には，拡大信用供与，拡大構造調整融資，体制移行融資，保証偶発融資制度などがあり，多くはその条件として借入国に，金融・財政政策の引き締めを基本とする経済調整プログラムを策定し，遵守することが求められる．この融資条件のことをコンディショナリティーという．先進国の民間銀行も途上国に対する貸付においては，債務不履行のリスクが増大するにつれて，IMF のコンディショナリティーに対応させて追加融資を行うケースが多く，IMF 融資の影響は途上国にとっては決定的である．1997年に生じたアジア経済危機では，IMF が求めた急激な引き締め政策の実施によって，失業の大幅な増加や物価の上昇が短期間に生じ，借入国の国民生活に大きな影響をもたらした． （井上荘太朗）

**ゴンドワナたいりく　ゴンドワナ大陸**（Gondwana, Gondwanaland）

古生代後期から中生代前期にかけて南半球に存在した広大な大陸であり，ゴンドワナ古陸，ゴンドワナ超大陸ともいう．ゴンドワナ大陸は中生代前期に分裂を開始し，現在の南極大陸，南米，アフリカ，マダガスカル，アラビア半島，インド，オーストラリアなどに解体され，各大陸塊の間は新しい海洋底とな

った．各大陸塊の地史・地質構造には多くの類似点があり，植物・動物化石によって示される古生物の分布にも多くの共通性がみられる．また，石炭紀後期～ペルム紀初めにおける大陸氷床の痕跡の分布は，現在遠く隔てられた各大陸塊が当時は一連の大陸として存在していたことを強く示唆する．これらの諸事実は大陸移動説の重要な地質学的証拠である．南半球のゴンドワナ大陸に対して，現在の北米，グリーンランド，ユーラシアなどからなる一連の大陸はローラシア大陸と呼ばれる．南のゴンドワナ大陸と北のローラシア大陸の間には東西方向にのびるテーチス海（Tethys sea）があり，テーチス海は東端で太平洋とつながっていた．中生代から古第三紀までの間にテーチス海底に堆積した厚い堆積物は，現在，南ヨーロッパ，北アフリカ，中央アジア，ヒマラヤ，東南アジア，中国南部などの広い地域にわたって分布する．地中海はテーチス海の名残と考えられている．

(吉木岳哉)

**コンバイン**（combine）

コンバインは刈り取り，脱穀，選別を同時に行う収穫機である．脱穀方式の違いから自脱型コンバイン（head feeding combine）と普通型コンバイン（whole-crop feeding combine）がある．前者は，自脱型コンバインの項で説明しているので，ここでは普通型コンバインについて説明する．普通型コンバインは，作物を刈り取り，刈り取った作物の全量を脱穀部に供給して脱穀するコンバインであり，刈り取った作物の穂部だけを脱穀する自脱型コンバインとは，根本的に機構が異なっている．海外で利用されているコンバインの大半は，この普通型コンバインであり，脱穀部の作物の流れの違いで直流型と軸流型に分類できる．

国産の普通のコンバインは，いずれもスクリュ型脱穀機構を装着した軸流型のコンバインであり，ヘッダ部，刈り取り・搬送部，脱穀部，選別部，穀粒処理部，わら処理部，走行部，機関などから構成されている．このコンバインは，水稲，ムギ，ダイズを始め，多くの作物に利用できることから汎用コンバイン（combine for multi-crops）と呼ばれている．現在刃幅が2mクラスのものと3.5mクラスのものが市販され，農業の低コスト化に大きく貢献している．　　　(杉山隆夫)

**こんぱん**　混播（mixture, mixed culture, mixed seeding）→暖地型イネ科草種，→暖地型マメ科草種

**コンベヤ**（conveyor）

コンベヤは，使用場所，水平面あるいは上下の移動の別，荷の性状や荷姿の違いなどによって，それぞれに適したものが開発・利用されており，種類が非常に多い．主として構造の違いにより分類すれば，①ベルトコンベヤ，②チェーンコンベヤ，③ローラコンベヤ，④スクリュコンベヤ，⑤振動コンベヤ，⑥流体コンベヤ，⑦バケットエレベータに分けられる．以下に農業関係で利用されている代表的なコンベヤについて簡単に述べる．

①は，両端のプーリにエンドレスベルトを掛け，送り側の上部ベルト上に被運搬物を載せ，ベルト下面をキャリアローラで支持して運搬するものである．水平または±25度までの傾斜，長距離運搬に適する．運搬能力が大きく，構造が簡単で，被運搬物の損傷が無く，消費動力が少ないことから，一般に広く用いられている．②は，エンドレスに張ったチェーンによるか，それにスラット，バケットなどを取り付け，荷を運搬するコンベヤの総称で，非常に種類が多い．一般に短距離運搬に適し，運搬能力と消費動力は中程度である．⑦は，ベルトまたはチェーンにバケットを取り付け，ケーシング下部で被運搬物をバケットに受け入れ，上部車を通過した後排出して高所に運び上げる．穀物や塊状のばら物の鉛直輸送に多用されている．据付面積が少なく，消費動力が少ないが，粘着性の荷には適用できない．　　　　　(吉崎　繁)

**こんりゅうきん　根粒菌**（Rhizobium, root nodule bacteria）

根粒菌は土壌に生息する細菌で，マメ科植物に根粒を形成して共生し，空気中の窒素をアンモニアに変換する（生物的窒素固定）．宿主のマメ科植物から光合成産物を受けとり，固定窒素をアミド態化合物（グルタミン酸やグルタミン）として宿主に供給する．

根粒菌には一般に宿主特異性がある．現在，*Rhizobium* 属（エンドウ，インゲン，クローバーなど），*Sinorhizobium* 属（アルファルファ，ダイズなど．*S. saheli* はアカシア，ギンネムなど熱帯のマメ科林木），*Mesorhizobium* 属（ミヤコグサ，ゲンゲなど），*Brady Rhizobium* 属（ダイズ，カウピー，ラッカセイなど），それに *Sesbaniarostrata* に茎粒と根粒を作る *Azorhizobium* 属の5属に分けられている．

熱帯はマメ科植物の宝庫であるが，その根粒菌はまだあまり検索されていない．熱帯から，すでに広宿主範囲の根粒菌 *Rhziobium* sp. NGR234 が分離されており，今後，温帯とは性質の異なる根粒菌の検出の可能性がある．（→窒素固定，アゾラ）　　　（浅沼修一）

## さ

**さいきけいせい　催奇形性**（teratogenicity）

農薬など化学物質の奇形発生性を示し，催奇形性試験によりその有無を調べる．試験とは農薬など化学物質をマウスやラット母動物に投与し，妊娠への影響を調べ，胚子に影響を及ぼし奇形を誘発する作用があるか否かを検索する毒性試験である．　　　（大澤貫寿）

**さいきんびょう　細菌病（作物の）**（bacterial disease）→病気（作物の）の種類と病原

**サイクロメーター**（psychrometer）

水蒸気圧から水ポテンシャルを測定する装置または方法．サンプルと空気中の水含量が平衡に達した後，露点湿度を測ることにより，水ポテンシャルを算出する．　（寺尾富夫）

**サイクロン**（cyclone）→熱帯低気圧

**さいしょうこううんほう　最少耕うん法**（minimum tillage method）

作業の同時化，省略で圃場の一部または表面を保全耕うんし，作物残留物は表面に残す．
　　　　　　　　　　　　　　（遠藤織太郎）

**さいしょうこうきさいばい　最少耕起栽培**（minimum tillage cultivation）

土壌構造維持・省力のための原理．実際にはディスク・チーゼル耕，不耕起栽培などがある．→不耕起栽培　　　（三宅正紀）

**さいだいじょうはっさん　最大蒸発散**（potential evapotranspiration）→ソーンスウエイトの気候分類

**さいばいてきぼうじょ　栽培的防除**（cultural control）→病害の防除

**さいばいひんしゅ　栽培品種**（variety, cultivar）

同一作物をその特性に基づいて分類し，栽培あるいは利用上さしつかえない程度に均質にした集団を品種と呼ぶ．栽培品種の英名は，従来 variety を用いたが，植物分類上の変種と区別するために cultivated variety を略した cultivar を用いることが一般的になっている．イネの IR36, IR64, IR72 などは品種名である．各品種の特性は，その作物の通常の繁殖法によって子孫へ永続することのできる遺伝的性質のものでなければならない．一代雑種はそのもっている遺伝的性質は一代限りであるが，一代雑種の両親が遺伝的性質を維持しているので品種として取り扱っている．
　　　　　　　　　　　　　　（豊原秀和）

**さいぶんぱいをともなうせいちょう　再分配を伴う成長**（growth with redistribution）

国全体の経済成長が，一部の富裕層のみならず貧困層の所得や生活水準の向上をも導く状態で，いわゆるトリックルダウンが発生することである．ILO（国際労働機関）が人間の基礎的必要（BHN）論を展開した1960年代後半の状況に照らして提起されたが，現実には経済成長と貧困の緩和が両立するケースは

極めてまれである．韓国，台湾，香港，シンガポールなどは，80年代後半から90年代前半にかけて年平均10％近くの経済成長を遂げ，同時に貧困の緩和をも実現したが，こうした状況を世界銀行は「東アジアの奇跡」と表現した．この「奇跡」の要因としては，これらの国・地域が，アメリカ，日本などの外国市場を前提にした輸出指向型工業化政策に成功したことに加え，初期条件としてもともと資産・所得格差が小さかったこと，国民全体において基礎教育・医療などが充実していたことなどが指摘できる． （南部雅弘）

**さいまいりつ　砕米率**（percentage of broken rice）

砕米とは，日本ではその大きさが完全粒の2/3未満，FAO基準では3/4未満のものをいう．砕米率とは，砕米の全量に対する重量百分率と定義される．日本の農産物規格規定では，大きさが完全粒の2/3〜1/4（針金25番線ふるい目の開き1.7 mmのふるいをもって分け，そのふるいの上に残る程度の大きさをいう）の大きさの精白粒を砕粒と定義し，主として精白米中の砕粒の重量百分率の最高限度により等級を定めている． （吉崎　繁）

**ざいむぶんせき　財務分析**（financial analysis）→経済評価

**さいやせいかどうぶつ　再野生化動物**
（feral animal）

人為的管理下で繁殖している家畜が，離島などに放置され，その後現地環境に適応し自然繁殖を重ね，野生動物のように生息している家畜を指していう．わが国では小笠原諸島の野生ヤギ，鹿児島と沖縄の野生ウシ，ウサギなどが知られているが，北海道和種馬（通称どさんこ道産馬）の成立過程では再野生化動物を経ているかもしれない．世界各地に多くの実例が知られており，ウマ，ウシ，スイギュウ，ヤギ，ウサギ，イヌなど多種多様でとりわけオーストラリアに多い．似た概念の帰化動物の例として，わが国でハブ対策用に導入されたマングース，戦前の軍服生産用のヌートリア，食用のアメリカザリガニ・ウシガエルなど例がかなり多く，生態系の破壊が問題とされることがある．再野生化動物にしても帰化動物にしても，現地環境に適応してしまうと滅失させることは非常に困難であり，前者は資源として積極的に利用する試みがなされることがある．例えば，わが国では肉用・闘牛用であるが，オーストラリアでバリ牛の肉牛品種造成など知られている．元来家畜であるので，場合によっては積極利用を促進すべきであり，さらには今後滅失の懸念のある家畜品種を無人島などで遺伝的保全を図ることも検討する余地があろう．
（建部　晃）

**ざいらいえんげいさくもつ　在来園芸作物**
（indigenous horticultural crops）

ある地域で起源し，あるいは古い時代に伝えられ，その地域の長い歴史の中で育まれた作物を在来作物と呼ぶ．熱帯地域には栽培・利用に特徴のある多くの在来作物が見られる．在来作物の多くは，熱帯の厳しい自然環境に適応して成立したため，高温，多湿あるいは乾燥といった環境ストレスや病虫害に対して耐性・抵抗性が強い．また，熱帯・温帯にまたがって栽培・利用されている作物にも，熱帯地域特有の在来品種が存在する．熱帯地域の在来園芸作物のうち在来果樹は，いわゆる熱帯果樹や亜熱帯果樹であり，別項の熱帯果樹・亜熱帯果樹で詳述されているので，そちらを参照されたい．ここでは，主として在来野菜，在来香辛料について述べる．

一般に熱帯野菜と称される野菜は，ほとんどが在来野菜である．熱帯地域の市場に行くと，所せましと並べられた見慣れない在来野菜が目をひく．熱帯アフリカのササゲやオクラ，熱帯アジアのアサガオナ（カンコン）やシカクマメ，ウリ類，熱帯アメリカのカボチャ類，トマト，ハヤトウリなどは，代表的な在来野菜である．また，商業的に栽培されることのほとんどない，ある地域でのみ栽培・利用される在来野菜も多く存在する．別項で解

説する樹木野菜のほとんどは，東南アジアの一部でのみ利用されている．このように，その地域に起源し，古くから栽培・利用されているもののほか，比較的近年に導入されたとはいえ，導入後ある程度の年月が経過し，その地域の環境に適応した品種群を成立させて，その地の在来野菜の一翼を担っているものもある．例えば，熱帯アジアのナガササゲや，トマト，クズイモなどである．

一方，香辛料は，香料貿易の主役を果たしたコショウやチョウジ，ニクズクのように，大規模に商業的栽培が行われることが多いものもあるが，地域で小規模に栽培され，伝統的に利用される在来香辛料も多く存在する．また，上記の3種のように大規模に栽培される香辛料も，地域によっては，近縁種も含めて多様な栽培・利用形態が存在する．例えば，コショウは乾燥したものが国際商品として取引されているが，熱帯アジアでは未熟の果房が生で利用される．また，通常生で利用される香料野菜は，ほとんどが在来作物であり，その地域特有の品種・利用法が存在する．トウガラシ・キダチトウガラシ・スイートバジル類・コリアンダーなどが，代表的な在来香料野菜である．→熱帯果樹，亜熱帯果樹，樹木野菜．香辛料野菜．　　　（縄田栄治）

**ざいらいじゅしゅ　在来樹種**（indigenous tree, native tree）

その国あるいは地域にもともと分布している樹種．郷土樹種ともいう．なお，その地域にもともとあった栽培品種を在来品種または地方品種（land race）と呼んでいる．厳密には，もともとその国に分布していたものでも，植えようとする地域に分布していないものは外来樹種とする．熱帯の例をあげると，西イリアンやモルッカ諸島に分布する *Acacia mangium* はインドネシアの在来樹種であるが，カリマンタンやスマトラについていえば移入種である．なお，古くから植栽されてきた樹種の中には，在来か外来か判定しがたい樹種もある．例えば，*Tamarindus indica* はアフリカの原産，つまり在来樹種とされているが，文献によっては，インドや東南アジアの一部でも在来樹種とされている．反対に，*Casuarina equisetifolia* はアフリカでは普通には外来樹種とされているが，例えばケニアの海岸地方では在来樹種だとする説もある．
　　　　　　　　　　　　　　　　（浅川澄彦）

**ざいらいひんしゅ　在来品種**　→地方品種

**サイラトロ**（Siratro）

学名：*Macroptilium atropurpureum* cv. Siratro，一般名：Siratro（サイラトロ），中国名：賽豆，和名：クロバナツルアズキ，旧学名：*Phaseolus atropurpureus* DC., 染色体数 $2n = 22$. 本草種はメキシコ北部からコロンビア，北部ブラジルを原産地とする永年生の暖地型マメ科牧草である．メキシコでは異なる生態型が存在する．最初に種子の流通が行われたマメ科牧草の一つで，熱帯・亜熱帯のオーストラリア，南アメリカ，太洋州諸国，東南アジア地域に広く分布している．本草種は1960年にオーストラリアのCSIROのHutton博士によって，メキシコから異なる2種の生態型を交配し育成された．これまで1草種1品種であったが，近年，オーストラリアからさび病耐性のある品種 cv. Aztec が登録されている．

直径2cmにもなる深根性の直根をもち，そこからつる性の茎が伸長する．普通，土壌表面が柔らかく，適度な水分・養分がある条件では茎基部から2次根が発達する．葉は葉縁に2～3の特徴のある浅い切れ込みが入った3枚の小葉からなる．表面はわずかに毛がある暗緑色だが，裏面は淡い銀色でさらに毛が多い．葉の大きさは長さ2.5～8 cm，幅2.5～5 cmである．花軸は長さ10～30 cmで6～10個の深紫色の2個の蝶形の花が着生する．褐色～黒色の卵型の種子が10数個入っている莢は，長さ4～8 cm，幅4～6 mmで，先端が尖り，成熟すると自らはじける．種子重は1,000粒重は10～14 gである．種子は落下し，すぐ発芽するものもあるが，比較的

硬実が多く（40〜70％），土中で数年間発芽能力を維持できる．採種した種子は後述の方法で硬実処理を行うことによって，発芽率を高める．

サイラトロは比較的湿潤で，年間降雨量800〜1,500 mm が適するとされている．広い範囲の土性や pH（pH 5〜8）に適応し，水はけの良い砂質土壌を好む．耐湿性は低い．最適気温は昼/夜が 30℃/25℃ とされており，夏季高温で湿潤熱帯を最も好む．比較的乾燥地域（年間降雨量 250 mm 程度）でも生育可能であるため，耐旱性は高い．高度 1,600 m 以上，緯度 30°以上での生育は不適である．霜には敏感で，強い霜を受けると，地下部は生存する場合が多いが，地上部は枯死する．

根粒菌はカウピー型であるため，通常の圃場条件では特別に接種する必要はないが，オーストラリアなどの種子販売会社で CB756 などが入手可能である．

病原菌に対する抵抗性は比較的高いが，知られている病害として，糸状菌による根腐病（*Rhizoctonia crocorum*）や苗立枯病（*Rhizoctonia solani*），あるいは，細菌によるかさ枯病（*Pseudomonas syringae* pv. *phaseolicola*）などが報告されている．害虫はモグリバエ（*Melanagromyza phaseoli*）やマメゾウムシ類の被害もある．ネコブセンチュウには抵抗性が高い．

繁殖形態は種子による．播種量は 200〜600 g/10 a である．播種に際して，濃硫酸に 1〜数分浸漬し，十分に洗浄し播種すると発芽率が高まる．

サイラトロはイネ科草との混播に適するが，移動式焼畑農業での緑肥，あるいは被覆作物としても有用である．熱帯の陸稲・水稲作地域での地力を高めるための後作としても効果的である．本草種の窒素固定能力は高く，わが国南西諸島の調査では 7〜54 kgN/10 a/年間（北村・西村，1983）とされている．

ほぼ十分な施肥管理条件での生産量は乾物で 0.9〜1.2 t/10 a であり，茎葉を含む地上部の飼料成分は生育段階にもよるが，1〜3 カ月の刈り取り間隔では乾物消化率で 60〜70％，粗タンパク質含量 15〜25％ を示す．

飼料としての利用は生草，乾草，サイレージ，放牧がある．サイレージの場合は可溶性糖含量が比較的少なく，酪酸発酵に進展しやすいため，糖蜜などの発酵基質を添加する必要がある．放牧は重放牧を行うと，垣根，牧柵周辺のみで生育するため，軽放牧か採草利用が好ましい．ただし，刈り取り利用の場合も低取りや刈取り間隔が短いと再生が遅延し，個体数を減少させるため注意を要する．
〔川本康博〕

**サイレージ**（silage）
生草類をサイロや適当な容器に詰めて密封し，嫌気的に乳酸発酵させて貯蔵性を高めたもの．年間の平衡的給与，生草不足時期の貯蔵飼料として用いられ，貯蔵中の養分損失が比較的少なく，家畜の嗜好性もよい．乾草調製よりも天候への対応が容易で特に多雨多湿な地域では，サイレージ調製のほうが適している．サイレージ調製では，嫌気的条件の保持と酪酸発酵の抑制がきわめて重要である．酪酸菌は低水分や低 pH に弱いため，原料草を予乾して水分含量を低くすること（70％前後）が基本で，予乾のかわりに稲わらや乾燥ビートパルプを混合添加することも有効である．乳酸生成により pH が低下するので，乳酸発酵を促進するため，原料を切断して糖を含む汁液が滲出しやすくしたり，原料草の糖含量が少ないときは糖蜜，セルラーゼなどを添加する必要がある．サイレージの品質判定には化学分析（有機酸組成，アンモニア態窒素，pH）と官能検査（色沢，香気，触覚など）がある．
〔北川政幸〕

**サイロ**（silo）→カントリエレベータ

**さぎょうのうりつ　作業能率**（operation efficiency）→作業精度

**さぎょうどうさ・しせい　作業動作・姿勢**（operating action・working posture）
農業労働の問題解決の手段として，機械化

作業か人力作業かを問わず，作業者の行動軌跡，動作，姿勢面から考察を進めることは大切である．

トラクタ座席に座って行う作業でも，作業内容や周囲の環境条件によって，緊張感が低下し，作業に関係の薄い動作（副次行動）が現われる．作業が単調でかつ機械操作の頻度が少ない場合，目配りの頻度減少，作業と関係のないところを眺める，姿勢をかえる，座りなおす，深呼吸をする，あくびをする，といった動作が現われる．単純単調労働時の覚醒度低下への自然対応ともいえるが，集中力の低下でもあるので，このような動作が認められた場合には事故につながることも予測できる．

機械作業の合間には，人の巧緻性に頼った人力作業があり，その強度は比較的きついものである．長時間の同一姿勢の維持や腰曲げ，ひねり姿勢はできるだけ避けるような作業支援システムの導入が必要となる．

（石川文武）

**さくがた　作型**（crop sequence）

わが国では，1～数種の作物からなる，単独または複数の"作物結合単位"によって，各地域の作付方式が構成されていると考えられている．そして，"イネ-ムギ類1年二作型"や"ムギ類-ダイズ1年二作型"などの二毛作型，"イネ科作物-マメ科作物-根菜類"の3～5年にわたる長期畑輪作方式などのように，ある一定の作物の組み合わせによる作付の順序が作型と呼ばれている．これに"cropping type"や"type of cropping"の英語をあてている例があるが，外国でのこの用語の用例は見られない．作型と同義と考えられる"作物結合単位"や"作物結合型"という用語に対しては，英語にも"crop association unit"という用語がある．他に"cropping system"の用語が同義に使われている例もあるが，これらは作付順序－"crop sequence"に統一できよう．

（前田和美）

**さくつけきょうど　作付強度**（cropping intensity）

作付強度は，作付集約化の程度からみた耕地の利用度を表わす概念で，ある耕地における"1年間の作物作付総面積／純耕地面積×100"の値（％）で表わされる．この値が大きくなるほど作物収穫量が増大する．"Multiple Cropping Index"（Beets, 1982）も同じ概念の用語である．作付強度は，耕地面積あたりの農家人口密度，耕地の規模，降水量，灌漑設備の有無，土壌の種類・性質，適した生態的特性をもった作物や品種の有無など，多くの要因に支配される．→作付体系　（前田和美）

**さくつけたいけい　作付体系**（cropping system）；作付方式（作付様式）；作付順序

作付体系は，ある耕地において1年間に作付される作物の時間的および空間的配列の諸方式，すなわち，作付方式（作付様式）に，作物の生産に必要な資材の投入，圃場の管理，作物およびその栽培技術などを含めた概念で，農法-営農システムの主体となる重要な要素である．その作付方式の内容は，作物の種類とその組み合わせ，作付の順序（→作型）などだけでなく，自然的，社会・経済的要因も関係してきわめて多様で，地域による差異が顕著である（図8）．

1）作物の時間的配列方式－作付順序　熱帯地域では，農業的な自然条件の違いによって，作物を1年間のある時期に1回だけ作付し，残りの期間は休閑（fallow）する一毛作地域もあれば，二毛作以上の作付，すなわち多毛作（狭義）が可能な地域もある．農民，特に小農は，生産性を高めることよりも食料や換金用作物の収穫の最大限の保証を得るために，多くの種類の作物を，各季節の自然条件に適した順序で何回も作付して，作付の集約度と耕地の利用度を時間的に高める多毛作の方式を発達させてきた．

天水農業地域では，主食となる穀類や換金用作物が雨季に前作物として作付され，乾季には残留水分だけに依存する耐乾性の強いマメ類などが後作物として作付られることが多

いが，土壌水分の不足で乾季作の収穫が保証されないこともしばしば起こる．"catch crop" とは，このような主作物の収穫後に残りの水分や養分を利用して作付られる重要度の低い作物を意味する．連続作は，年内に1種あるいは2種以上の作物を，季節的な休閑をしないで短い間隔で作付を連続する方式で，イネの二期作や三期作，後述のつなぎ作もその一方式である．

多毛作では，輪作と同じように，作物や作

```
                    農 法
                 Farming Systems
                         │
資材投入，圃場管理，   作 付 体 系
作物，栽培技術など    Cropping system
                         │
                    作 付 方 式
                    （作付様式）
```

作物の時間的配列方式
作付順序（作型）
Crop sequence

1毛作　single cropping
2毛作　double cropping
3毛作　triple cropping
4毛作　quadruple cropping
　・
多毛作　multiple cropping

連続作 sequential cropping　　輪作 crop rotation

単作
sole cropping;
mono-culture

作物の空間的配列方式
Cropping pattern
混作 Mixed cropping;
Crop mixture

間作 Intercropping
畦(条)間作(交互作)
　row-intercropping;
　inter-row intercropping
畦(条)内間作 intra-row intercropping
周囲間作・垣根間作
防風間作　annual wind strip cropping
帯状間作　strip／lane -intercropping
交互高畦間作
　alternating bad system

つなぎ作 relay inter-cropping
再生作 株出し作 ratoon cropping
多層作 multi-storey cropping
潅木間作 alley inter-cropping

多 毛 作（広義）
Multiple cropping（polyculture）
（複 作）

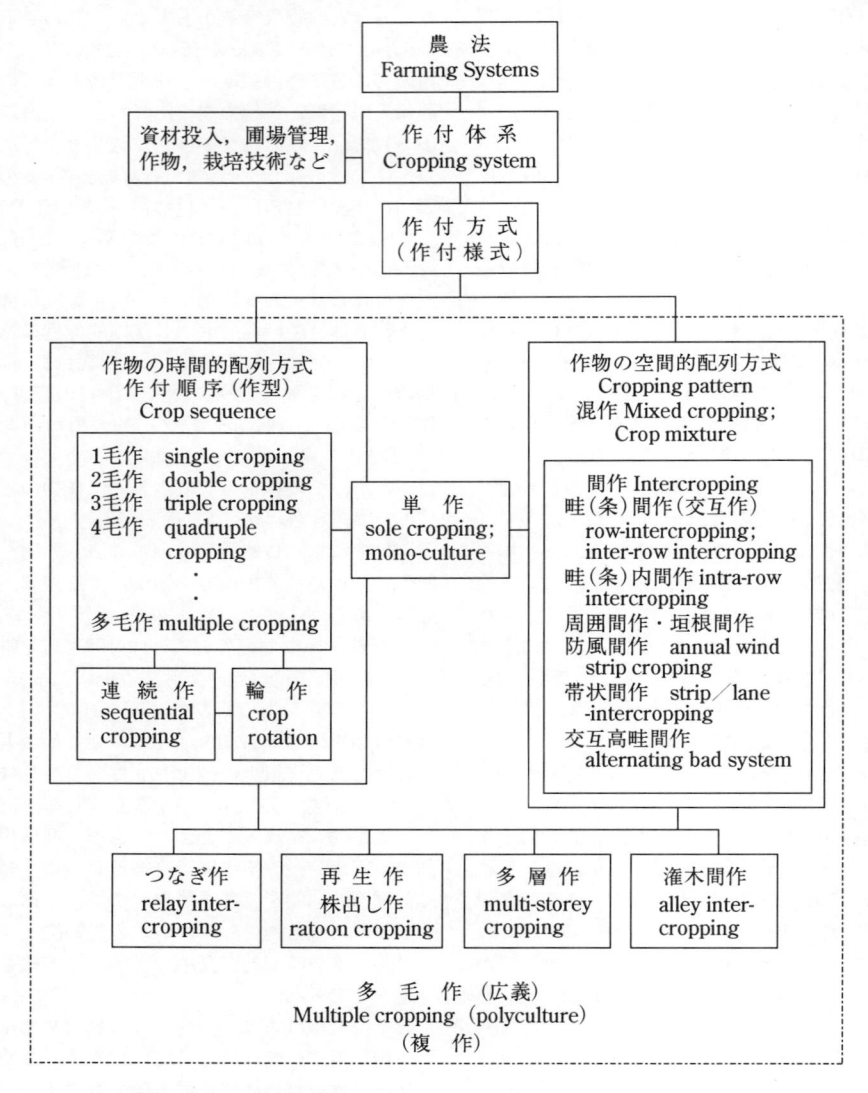

図8　熱帯地域における伝統的作付体系の諸方式－その用語と相互関係（前田1986．修正）

付の交代が，地力維持や，連作障害，病虫害，雑草害を抑えるなどの役割を果たしている．

2) 作物の空間的配列方式　ある耕地に1種類の作物だけを作付する単作は，最も単純な作物の空間的な配列の方式である．単作はプランテーションや大農による採用が多いが，前述の多毛作は，作物の空間的な配列の方式によって内容が多様化され，作付の集約度(→作付強度)が高められる．その原型が狭義の混作(以下，混作と呼ぶ)で，同じ耕地に種類の異なる作物や，同じ作物の熟期の異なる品種が雑然と混播，作付される．

混作には，雨季の降水量の変動による旱ばつや洪水，病虫害などによる作物生産の危険の分散；種類だけでなく，栄養的にも多様な食料の自給；いつでも必要な時に作物を収穫，供給できる；播種や収穫などの労働力の軽減，時期的分散と吸収；作物の被覆による周年的な土壌保全；マメ科作物との組み合わせによる地力維持；草型や根系，生育相，熟期などの異なる作物や品種の組み合わせで，耕地の空間的，時間的利用度を高め，太陽エネルギー，土壌の養水分などの資源が効率的に利用できる；など多くの長所があり，小農による採用が多い(→マメ科作物：付表5，7)．

しかし，混作では，作物の管理に不便であることや，異種の作物間で地上部および地下部における生長や資源の競争が起こるために，収量の大きな増加が難しい．そのために，異種の作物を畦(うね)や条によって空間的に分けて配列，作付して混作の短所を改善する方式が間作である．したがって，間作は広義の混作に含めることができる．作物の選択，栽植密度，栽培管理などによって異種作物間の生長の競争を抑えて，生育が相互に補完的または協同的な関係になるような間作では，全体の相対的な収量や収益が個々の作物の単作の場合よりも優れる例も多い．

間作には多くの方式があるが(図8)，異種の作物を，異なる畦ごとに分けて作付する畦(条)間作(交互作)と，同一畦内に作付する畦(条)内間作が最も一般的である．狭義の混作では，作物間の主と副の関係が明瞭でないが，間作では主食の穀類作物や換金用の商品作物など主作物(major crop)の作付量－畦の数や畦内での株数などが副作物(companion crop)よりも一般に多い．後者がボーナス作物と呼ばれることもある．

乾燥地域では，土壌の風食や水分の蒸発，飛砂などから作物を守るために，畦や帯状にミレット類，マメ類，家畜の飼料になる多年生草種などを挿入する防風間作がみられる．同じ目的で，耕地の周囲に一年生作物を作付する周囲作(垣根間作 fencing)や，水田のあぜにダイズやリョクトウを栽培する周囲作も間作の一方式である．

帯状間作は，同じ耕地内で，種類の異なる作物を，帯状または，ある面積にまとめて交互に作付する方式である．畦間作での遮光による生育の阻害が帯状間作で軽減される．また，傾斜地で土壌保全の目的でも行われる(→付表7)．

交互高畦間作の例は，インドネシアで，排水の悪い低湿地の水田に，畑作物に適した水分と土壌の環境を作るソルジャン(sorjan)方式と呼ばれる天水田イネ作改良方式に見られる．雨季には畑作物は不適でイネの一毛作が行われ，乾季には休閑していた水田に，厚さ約25cmで表土を掘って盛り上げ，高さ約50cm，幅が約2～数mの高畦と溝を交互に作る．雨季には，湛水する溝の部分はイネの2毛作が可能となり，排水の良い高畦ではリョクトウやトウモロコシなど畑作物の2毛作ができる．さらに乾季には，高畦は休閑して適湿になったイネの収穫跡へ畑作物が移動する．

以上のような作付が年内に完結する諸方式の他に，つなぎ作，再生作(株出し作)，多層作，および灌木間作など，作付が2年以上にわたる方式がある．これらは時間的および空間的な作物の配列方式のいずれにも属する性格を持っているといえる(図8)．

つなぎ作は，ある作物の収穫の少し前に，その株間に別の作物を播種または移植して作付をつなぐ間作の方式である．一般の畦間作に比べて，2作物の生育が重なる期間は短いが，前作の作物の収量が減ることを最小限にするためにその適期作付や，間作作物に早熟性品種を選ぶことなどが必要である．つなぎ作には，間作物が，生育初期に前作物の立毛により保護される，生育日数が確保されて早く収穫ができるので天候の不順による減収を免れ，市場価格でも有利になるなどのほか，灌漑ができない地域では，残った土壌水分を利用できるなどの長所がある．ネパールでは，収穫前のトウモロコシの株間につなぎ作としてシコクビエを播種または移植する．台湾で，イネの収穫の10～50日前に，株間にサツマイモ，タバコ，コムギ，野菜，サトウキビなどを作付するつなぎ作は，明，清の時代から大陸の華中や華南で行われてきた套作に由来するが，「套」にはかさねるの意味がある．

再生作（株出し作）の例は，刈株からの再生（ratooning）を利用して1～3回，収穫を行うサトウキビでよく知られている．イネ，モロコシ，キマメなど本来は一年生の作物でも，主作期の後の温度，日長時間，水分供給が十分な地域では，休閑なしに栽培が続けられる二毛作の代替方式として再生作が伝統的に行われて来た．多層作は，果樹やココヤシ，アレカヤシなど背の高い樹木作物の間に，用途，生育期間，草型や草丈，耐陰性の程度などが異なる複数の作物が多層的，立体的に生育する混作方式である．熱帯地域のホーム・ガーデン（屋敷林）はこの典型的な例である．灌木間作は，ギンネムなど生長の速いマメ科の灌木を一年生作物の畦間に列に植えて間作する方式である．光や養水分の競争の抑制，作物へのマルチング材料とするために，随時，灌木の枝や葉を刈り込むが，断根も必要である（→付表7）．

以上に述べたような作物の時間的および空間的な配列方式から見た作付方式の全体を総括する用語としては，英語ではmultiple croppingが一般に用いられている．Intercropping（間作）それ自体が時間的，空間的集約化の両面を持つ作付方式であるとする見解もある．わが国で，multiple croppingを複作とする訳語の提案や，polycultureを同義に用いて，これを複作と訳する意見もあるが，ここでは，広義の「多毛作」を用いた（図8）．

自然条件の厳しい熱帯地域で，小農たちによって発明され，受け継がれてきた伝統的な作付体系の技術，特に間作方式がもつ資源の持続的，効率的利用と作物生産の安定化における意義が再評価されるようになったのは，1900年代の後半からのことである．資材投入量の低い条件下での作付体系の研究は，熱帯地域の持続的農業と農民の経済的向上をはかる上で一層重要となっている．→園芸作付体系
（前田和美）

**さくにゅうき　搾乳機**（milking machine）
乳牛の搾乳を人力に代わって自動的に行う機械．
（伊藤信孝）

**さくはくさよう　削剥作用**（denudation）
外作用（風化・マスムーブメント・侵食）によって地表の上部をおおう物質を除去して下の岩石を露出することや，外作用による地表の消耗低下を指す．風化や溶食・雨食・風食・雪食・氷食・河食・波食などを含む．削剥作用が長期間継続して行われると，陸上の高地は海水面に近い平坦面にまで削られると考えられる．この場合，海水面を削剥の基準面と呼ぶ．削剥を侵食と混同して使用される場合があるが，元来，侵食は地表面を削り減らすことで，削剥は地下の岩石を露出することを意味し，侵食が一般に風化を含まぬ語として用いられるのに対し，削剥は風化を強く意識した語である．
（水野一晴）

**さくもついじかんりきかい　作物維持管理機械**→ブーム・スプレーヤ

**さくもつけいすう　作物係数**（crop coefficient）

灌漑計画策定などにおいて，実蒸発散量を推定するために蒸発散能に掛ける係数．作物の種類，生育ステージ，植被率により変化する．
（石田朋靖）

**サゴデンプン**（sago starch）
ヤシの一種であるサゴヤシ（主として本サゴ；学名 *Metroxylon sagu*）の幹から得られるデンプン．サゴヤシはインドネシアからニューギニア近辺が原産であり，インドベンガル地域から，東南アジア，オセアニア，メラネシアにわたって分布する．デンプン源として利用しているのは東南アジアを中心とした地域であり，他の多くの地域では未利用である．サゴヤシの幹は直径30～80 cm，高さ6～12 mあり，100 kg以上ものデンプンを蓄積している．デンプン粒は粒径10～65 μmの楕円形であり，糊化温度や粘性はポテトスターチと似ているが，アミロース含量が約27％程度であり，老化性が高くゲル化し易い点では，コーンスターチに似ている．タピオカと同様に，湿潤状態で加熱し半糊化状態で乾燥して球状に加工したものがサゴパールとして売られている．一般的に価格が低いため，各種発酵原料や，デンプン糖，化工デンプンなどの加工用原料として多用されている．
（北村義明）

**さしき　挿し木**（cutting）
植物体の一部である葉，茎，根などを直接土にあるいは砂やバーミキュライトなどを入れた挿し床に挿し，発芽と発根をさせて個体を得る栄養繁殖の一つの方法．作物によって挿し木繁殖が容易な種類と困難な種類がある．茎や枝を材料とする挿し木には，若い充実した枝を用いる緑枝挿し（softwood cutting）と，木化した枝を用いる熟枝挿し（hardwood cutting）とがある．コーヒー，ゴム，ココア，一部の熱帯果樹では緑枝挿しにより容易に個体を得ることができる．キャッサバは収穫後の茎を挿し木の材料とする．

挿し木繁殖が容易な作物では遺伝的に均一な個体を大量に増殖することができる．しかし挿し木個体は，主根が発達しないので，実生個体に比べると根系が浅くなったり，あまり発達しなくなることがある．

発根や発芽，その後の生長を促すため，一般には，挿し木は遮光下で行われる．
（宇都宮直樹）

**さっきん　殺菌**（sterilization, pasteurization）
食品の変敗防止や病原菌の感染防止などを目的として，微生物を死滅させること．すべての微生物を死滅または除去することを特に滅菌（sterilization）と呼ぶ．これに対して狭義の殺菌（pasteurization）は，病原微生物を死滅させ，その他の汚染微生物をゼロまたはそれに近付けることであり，必ずしも生菌数がゼロであることを保証しない．ただし，殺菌という語が滅菌と同義で使用されることも多い．殺菌の方法としては加熱処理が最も一般的であるが，殺菌作用を持つ薬剤による処理，紫外線や放射線の照射，高圧処理などの方法もある．加熱殺菌において，湿潤状態で加熱（湿熱）した場合には，微生物細胞内の酵素をはじめとするタンパク質が変性することにより死に至る．乾燥状態で加熱（乾熱）した場合には，主として酸化反応が死滅原因であるとされている．一般に湿熱の方が乾熱よりも殺菌効果は高い．ただし，微生物の種類によって耐熱性は異なり，60℃前後の温度で容易に死滅する微生物も多いが，*Bacillus subtilis* や *Clostridium botulinum* のような芽胞形成菌などは100℃以上の高温でも生き残り得る．100℃以下の温度で行う低温殺菌は，食品中の病原菌や非耐熱性腐敗菌などを殺菌し，食品の衛生性や貯蔵性を向上させることを目的としたものである．したがって，完全滅菌されているわけではないため，殺菌処理後に残存する微生物の増殖を何らかの方法（例えば冷蔵）で抑制する必要がある．高温ではより高い殺菌効果が期待できるが，加熱と同時に食品の風味や色，テクスチャー，栄養成分などに対しても加熱の影響が及ぶため，

食品としての価値を損ねることのないように必要最小限の加熱を目指す必要がある．なお，加熱殺菌における死滅速度は見かけ上一次反応形式となる場合が多く，その反応（死滅）速度定数は Arrhenius 型の温度依存性を示す．一般に微生物の死滅速度の温度依存性は大きく，見かけの活性化エネルギーで比較すると，死滅反応（220～340 [kJ/mol]）はビタミンの失活など通常の低分子反応（40～100 [kJ/mol]）の数倍となる．したがって，高温では，加熱によって併発する低分子反応の速度に比して死滅速度が著しく大きくなるため，好ましくない低分子反応があまり進行しないうちに滅菌を達成することが可能となる．この原理に基づく殺菌法が高温短時間 (high temperature short time, HTST) 殺菌法や超高温 (ultra high temperature, UHT) 殺菌法である．なお，加熱方式としては，熱水・水蒸気を熱源とした伝導または対流伝熱のほか，遠赤外線による放射伝熱，マイクロ波による誘電加熱，通電加熱 (ohmic heating) などがある．薬剤殺菌の場合，食品添加物として使用可能な殺菌料は過酸化水素，次亜塩素酸ナトリウムおよび高度さらし粉である．ただし，過酸化水素は最終製品の完成前に分解または除去されなければならず，次亜塩素酸ソーダはゴマに使用してはならない．また，加工設備や包装材料の殺菌用途には，エチレンオキサイドやハロゲン系殺菌剤なども使用されるが，これらの使用は食品中に移行あるいは残留しないことが前提となっている．紫外線照射の場合には，波長 250～260 nm で殺菌効果が最大となる．これは，核酸を構成する塩基の一つであるチミンがこの波長の紫外線を吸収して励起し，二量体を形成するためとされている．X 線や $\gamma$ 線などの放射線の場合は，紫外線よりもエネルギーが高いため，照射によって核酸の主鎖自体の切断やイオン生成が起こり，死に至る．放射線照射では 60Co を線源とした $\gamma$ 線がよく用いられ，医療用器具，臨床検査器具，医療品容器や包装材料，無菌動物飼料などの滅菌に実用化されている．食品に関しては，欧米を中心に香辛料への適用が進んでおり，畜肉および鶏肉への適用が許可されている国もある．放射線殺菌では，薬剤殺菌の場合のような殺菌剤の残留などによる毒性の心配はないが，照射による材料の劣化や着色，臭い（照射臭）が生じる場合がある．数千気圧の圧力を負荷する高圧殺菌では，高圧によるタンパク質の変性などが微生物の死滅要因とされている．ジャムの製造では高圧処理によって加工と殺菌とを同時進行させることができ，加熱加工したものに比べて色や風味に優れた製品が得られる．精密ろ過などの物理的な方法により微生物を除去する除菌操作も，広義には殺菌（滅菌）法に含まれる．なお，微生物の増殖に不都合な環境となるように温度や水分，酸素濃度などを調節したり，保存料と呼ばれる増殖阻害物質を添加することにより，微生物の増殖を抑える方法を静菌という．　　　　　　（崎山高明）

**さっきんざい　殺菌剤**（fungicide）

殺菌作用をもつ薬剤で硫酸銅や硫黄などが古くから病害防除に利用されてきた．近年水銀剤やジチオカーバメイト系の発見によって合成殺菌剤への期待が高まり，多くの種類の新規合成殺菌剤が開発されてきた．殺菌剤には抗菌剤，抗真菌剤 (antifungal agents) と抗細菌剤 (antibacterial agents) がある．使用上の分類からは種子殺菌剤，土壌殺菌剤，茎葉散布殺菌剤に分けられる．化学的組成に基づく薬剤の種類は，有機銅剤，硫黄剤，有機塩素系，有機リン剤，ベンゾイミダゾール系，酸アミド系，ジカルボキシイミド系，アゾール系，ストロビルリン系（メトキシアクリレート系），アニリノピリミジン系などがある．作用機構からは，① 抗生物質（カスガマイシン）に代表されるタンパク質合成過程の生合成阻害剤，② 有機リン剤，イソプロチオランなどの脂質生合成阻害剤，③ ポリオキシンなどのキチン生合成阻害剤，④ EBI 剤などアゾール系エルゴステロール生合成阻害剤，⑤ トリシ

クラゾールなどのメラニン生合成阻害剤, ⑥ベノミルなどの有糸核分裂阻害剤, ⑦ジチオカーバメイト系ジラムなどのエネルギー代謝阻害剤, ⑧メトキシアクリレート系のチトクローム電子伝達系阻害剤, ⑨プロベナゾール剤の作物の病害抵抗性誘導剤などに分類できる. この他に非病原性微生物 (*Erwinia carotovora*) によるハクサイ軟腐病防除剤などがある. (大澤貫寿)

### ざっこくるい　雑穀類 (millet)

世界で栽培されているイネ科穀類は 33 種に達する. このうち, 栽培面積および生産量のほとんどをコムギ, イネ, トウモロコシなどの主要穀類が占める. 一方, 栽培面積および生産量は少ないが, 農耕文化が始まって以来, 伝統的に多種多様で人間生活に重要な役割を果たした穀類がある. このような穀類はその多くが雑穀 (millet) と総称されている. 雑穀とは, イネ科穀類の中でもアワ, キビ, ヒエなどの総称である. 雑穀類の多くは熱帯に起源しており, 現在も主要穀類が栽培できない乾燥地域, 高標高地帯などで主要食用作物として, あるいは伝統的行事, 文化と密接に結びついて栽培されている. →付表 8

(倉内伸幸)

### ざっしゅ　雑種 (hybrid, mongrel)

異品種間の交配を交雑 (crossing) というが, 交雑により産まれた子を交雑種 (crossbred) または雑種 (hybrid) という. この交配は, 現在の品種にはなく他の品種がもっている特定の形質を与えたい場合, 現在の品種を基にして二つ以上の品種のもつ別々の長所を有する新しい品種を作る場合や雑種強勢を期待する場合などに用いられる. 熱帯アジアでゼブー牛にホルスタインやジャージー牛を交配する例など多くの事例がある. ただし, 複数の異品種間交配がなされ, 来歴不明の雑ぱくな個体を雑種 (mongrel) ということもある. (建部 晃)

### ざっしゅきょうせい　雑種強勢 (hybrid vigor, heterosis)

家畜や他殖性作物において, 近親交配 (近交) によって弱勢化したものどうしを交雑すると, 近交を始める前よりも生育旺盛になる現象をいう. 雑種強勢は, 自殖性作物の純系間にも現れることがある.

家畜の場合, 雑種強勢の現れた一代雑種どうしを交配しても, 得られる産子は, ばらつきが大きく, 一代雑種の優良性も均一性も維持することはできない. 雑種強勢がみられるのは, 繁殖効率, 生存率, 体格, 発育などであり, 発育のなかでも, 体重, 胸囲, 腹囲などのような肉と関連する形質に顕著で, 体高, 体長など骨の発育と関連した形質では, 顕著でない.

先進国の養鶏・養豚産業では, 雑種強勢が最大限発揮されるように遺伝的改良の行われた素材を用い, 科学的で計画的な交配が実施されている. 肉牛産業でも, 雑種強勢を活用する育種が行われていると考えられる. 乳牛の品種間交配では, ほとんど雑種強勢はみられない. 熱帯地域の途上国では, ゼブー牛にホルスタインなどの乳牛品種を交配することによって, 乳量の向上が図られている.

作物の収量などの実用形質は, 多数の遺伝子に支配されているため, 通常は, 一代雑種が両親の中間となることが多いが, 雑種強勢が起きると, 一代雑種の形質が両親のいずれよりも大きく (または小さく) なる.

作物の場合, 雑種強勢が草丈や生体重に現れても, それが増収に結びつくとは限らない. 牧草や葉菜類のように栄養体全体を収穫の対象とする時はよい. しかし, 穀物やイモ類などのように, 茎葉を収穫するのではなく, 穀実や塊茎根などを収穫する場合, 収穫指数などに現れる雑種強勢の方が好都合である.

雑種強勢の理論：雑種強勢の遺伝的機構は, 今のところ次の 2 説に大別される. 1) 優性遺伝子連鎖説；染色体上に連鎖している生活力に関係する多数の優性遺伝子と劣性遺伝子のうち, $F_1$ では生育に有利に働く優性遺伝子が集積され劣性遺伝子の不利な働きが抑えら

れるために雑種強勢が生じる．2) 超優性説；一組の対立遺伝子（A, a）がヘテロ（Aa）になることにより両親（AA もしくは aa）の範囲を超えるような変異が，収量などに関する多くの対立遺伝子のそれぞれに起こる場合に雑種強勢が生じる．雑種強勢を利用した育種法：雑種強勢育種法は主として収量など，量的形質の改良に用いられる．

雑種強勢は雑種第一代に最も強く現われ，第二代以降は急速に減退するため，一代雑種育種法が行われることが多い．トウモロコシ，ハクサイ，テンサイなどの他殖性作物で実用化され，次いでソルガムのような部分他殖性の作物，さらにコムギやイネのような自殖性作物にまで応用されるようになった．この方法では組み合せ能力の高い系統を選抜することが重要である．組み合わせ能力には2種類ある（一般組み合せ能力：ある品種・系統を不特定多数の品種・系統と交雑したときに得られる $F_1$ 個体が示す平均的な雑種強勢の程度を表わす．特定組み合せ能力：特定の品種・系統間の交雑で得られる $F_1$ 個体の雑種強勢の程度を表わす．）．また，大量の $F_1$ 種子を容易に確実に採種することも重要である．この点から，ホウレンソウなど雌雄異株の作物や，キュウリ，カボチャ，トウモロコシなど，雌雄異花の作物は有利である．また，ソルガム，タマネギ，トマト，テンサイなど，雄性不稔を利用できる作物や，カンラン，ハクサイなど，自家不和合性の作物も交配に際して除雄の必要がないため有利である．熱帯・亜熱帯の糖料作物であるサトウキビなどの栄養繁殖性作物も優良 $F_1$ を直接種苗とできるため有利である．サトウキビ品種は雑種性が強いため，品種間交配により顕著な雑種強勢が表れることは期待しがたいが，実用品種を種子親とした種属間交雑が変異の拡大や近縁化を避けるために行われる．サトウキビ野生種との交雑第一代には分げつや伸長が優れ両親を上回る収量をもつ系統が現れる事例が多い．　　　　　　　　　　（杉本　明・建部　晃）

**ざっそうのせいぶつぼうじょ　雑草の生物防除**（biological control of weeds）

生物を用いて雑草を防除しようとする試みは古くから行われてきた．ウシ，ウマ，ヤギなどの草食性の家畜を利用して雑草の繁茂を抑制したり，アヒルやガチョウ，淡水魚などを水田に導入し，田面を撹拌することによって雑草の発生を抑制しようとする手法である．また，農民は雑草の発生を抑制する生理活性物質を含む植物を経験的に知り，これらを混植，輪作，土壌すき込み，マルチの材料などとして用いることによって雑草防除に利用してきた．（→アレロパシー）一方，熱帯地域では他から侵入した帰化雑草が原産地では重要な雑草ではないにもかかわらず，しばしば大繁茂して大きな問題となる場合が多い．その理由として，害虫や病原微生物などの天敵が密接に関与しているものと考え，原産地で天敵を探索し，その導入によって帰化雑草を防除しようとする試みがなされた．東南アジアでターゲットとされた主な草種（原産地）を以下に示す．カッコウアザミ（熱帯アメリカ），ハリビユ（熱帯アメリカ），コセンダングサ（熱帯アメリカ），ヒマワリヒヨドリ（南アメリカ），ホテイアオイ（ブラジル），*Mikania micrantha*（南アメリカ），*Mimosa pigra*（熱帯アメリカ），*M. invisa*（ブラジル），ボタンウキクサ（原産地不明）など．このうち，ヒマワリヒヨドリでは，*Aulacochlamys* sp., *Rhodobaenus* sp., *Melanagromyza* sp., *Bucculatrix* sp. などの昆虫，ホテイアオイでは，*Neochetina* sp., *Bellura densa*, *Haimbachia infusella*, *Sameodes albiguttalis* などの昆虫やダニの *Orthogalumna terebrantis*, カビの *Cercospora rodmanii*, *Mimosa invisa* では *Heteropsylla spinulosa*, *Scamurius* sp. などの昆虫, *Mimosa pigra* では *Coelocephalapion* sp., *Acanthoscelides* sp., *Chlamisus* sp., *Neurostrota* sp. などの昆虫，ボタンウキクサでは *Criotettrix* sp., *Elophila* sp., *Parapoynx* sp., *Spodoptera* sp. などの昆虫が導入され，一部の地域では良い結果が得ら

れている．これらの生きた生物の導入に当たっては，他の作物などの病害虫とならない，在来種と交雑し，遺伝子の拡散が起こらないなど十分な検討が必要である．近年，在来の害虫や病原微生物を大量に増殖，培養し，高密度に放飼，散布して防除しようとする試みも行われている．特に微生物の場合はより感染力の強いものを遺伝子組み換え技術で作出して利用するなど今後期待される手法といえよう．生物防除は除草剤を用いた化学的防除に比べてより環境に優しい技術であると誤解している者も多いが，思わぬバイオハザードが潜んでいる可能性のあることを常に銘記し，慎重に対応する必要がある．(原田二郎)

**ざっそうのりよう　雑草の利用**（utilization of weeds）

農耕地をはじめ我々の生活環境に繁茂する雑草はいろいろな形で人間生活に支障を与え，その防除が大きな課題となっている．反面我々は種々の目的で雑草を利用してきた．熱帯地域においては，現在の日本などに比べ，かつて日本もそうであったようにその利用頻度は一層高いように思われる．利用の一例をあげると次のようなものがある．

食用：タカサブロウ（葉），ホテイアオイ（若葉，葉柄，花），シログワイ（塊茎），ヌマキクナ（若い地上部），アサガオナ（地上部），キバナオモダカ（若い葉，花，花茎），コナギ・ナンヨウミズアオイ（葉，地上部），ミズオジギソウ（地上部）など．

薬草：カッコウアザミ（全草をカゼ，マラリア），ツルノゲイトウ（全草を咳血，尿道炎，蛇毒），ハマスゲ（塊茎を胸腹痛，月経不順，外傷），タカサブロウ（全草を出血，利尿，慢性肝炎，湿疹），シマニシキソウ（全草を腸炎，消化不良，皮膚病），アサガオナ（全草，根を食中毒，利尿），クサトケイソウ（全草，果実をせき，むくみ）など．

飼料：多くのイネ科雑草．ただし，セイバンモロコシやオヒシバのようにシアン化合物を含み，生のまま与えると家畜に有毒なため，乾草やサイレージに加工される場合もある．

住居の材料：チガヤ（屋根），ヨシ，セイコノヨシ（壁材）など．

農業上の利用：熱帯地域では手取り除草が主要な雑草防除の手段であるが，取られた雑草は土壌にすき込まれ緑肥として利用される．また，農耕地周辺の雑草は刈り取られ，稲わらなどと混ぜて堆肥として利用される．雑草はそれ自体裸地を覆い土壌の流亡を防止し国土保全上重要な役割を担っているが，特にマメ科雑草や *Azolla pinnata* などは窒素固定能を有し，土壌の肥沃化に貢献している．生長阻害物質を含む雑草は，混植，すき込み，マルチの材料などとして雑草防除に利用される（→アレロパシー）．

手工芸品などの材料：手工芸品は地域振興や農家の副業として重要であり，種々の雑草がその材料となっている．一例をあげると，つる性のカニクサ属のシダ *Lygodium polystachyum*, *L. flexuosum* などやホテイアオイの葉柄（ハンドバックや帽子の材料），ホソバキンゴジカの茎や *Tysanolaena maxima* の穂（ほうきの材料），*Cyperus corymbosus* の茎（マットの材料）などがある．

その他：都市部の河川は工場や家庭からの排水によって著しく汚染されているが，ホテイアオイが窒素やリンを効率よく吸収し水質浄化に役立っている．この性質を利用して，スズ鉱山の露天掘跡の池水に含まれるカドミウムなど有害な重金属を除去しようとする試みがなされている．今後は，バイオマス，医薬など生理活性物質源，遺伝資源などとして利用する新たな開発が求められており，植物資源の宝庫である熱帯地域は一層その重要性が増大するものと考えられる．　（原田二郎）

**さっそざい　殺鼠剤**（rodenticide）

野ネズミ，野ウサギやモグラの防除に用いられる農薬をいう．ネズミは，ほ乳動物の中で繁殖性の高い動物群の一つである．田畑ではハタネズミ，アカネズミなどがイネなど多くの作物をまた森林では苗木などを食い荒ら

す．古くは黄リンや亜ヒ酸を用いてきた．種類は無機系のリン化亜鉛，硫酸タリウムや有機合成剤で特定毒物指定のモノフルオル酢酸やクマリン系のワルファリン，クマテトラリルなどがある．これら殺鼠剤の作用は，無機系の神経障害を誘起させ死に至らしめるものやモノフルオル酢酸などのTCAサイクルの遮断，ワルファリンの血液凝固作用の阻害などがある． （大澤貫寿）

**さっちゅうざい　殺虫剤** (insecticide)

害虫に対して致死効力を持つ薬剤である．天然物を素材として古くから害虫防除が行われてきたがDDTやHCH（BHC）の発見によって合成殺虫剤への期待が高まり，多くの種類の新規合成殺虫剤が開発されてきた．

化学構造から，有機リン系，カーバメイト系，ピレスロイド，ニコチノイドや有機塩素系などに分類できる．これらの内ピレスロイドは除虫菊の成分ピレトリンをもとに，カーバメイト系はカルバー豆の成分エゼリンをもとに，ニコチノイドはタバコの成分ニコチンをもとにして開発されてきた．殺虫剤を使用法から分類すると，①経皮的に体内に侵入する接触剤，②経口的に体内に入る食毒剤，③植物を通して加害する害虫に浸透移行する浸透性，④ガス状にして害虫の気門から侵入する燻蒸剤に分けることができる．作用機構から分類すると以下の通りである．①有機リン剤，ピレスロイド剤やDDT，HCHなどの有機塩素系農薬などは神経伝達阻害剤として神経のシナプス，軸索伝導の働きを阻害する．②ロテノンやリン化アルミニウムなどは昆虫のエネルギー代謝阻害剤として解糖系，TCA回路や電子伝達系を阻害する．③その他に昆虫の表皮合成阻害作用を持つウレア系殺虫剤もある．この他に微生物を利用した殺虫剤BT剤（*Bacillus thuringiensis*）や線虫による害虫防除剤などがある． （大澤貫寿）

**サトウキビ** (sugar cane)

ショ糖の原料となるイネ科サトウキビ属の多年生草本で，起源種の学名は *S. officinarum* L., 英語はnoble cane, 日本語では高貴種と呼ばれる．現在の栽培品種は，高貴種とサトウキビ野生種の種間雑種の後代である．サトウキビ属にはこの他，かつて日本国内で広く栽培された *S. sinense* Roxb., インド由来栽培種として知られる *S. barberi* Jeswiet, さらに幼穂を食料にする *S. edule* Hassk., 野生種である *S. robustum* Brandes & Jeswiet ex Grassl（ロバスタム種），および *S. spontaneum* L.（サトウキビ野生種）がある．高貴種の起源はスラウェシ島，ニューギニア島近傍で，北インド起源のサトウキビ野生種が，インドシナ半島，インドネシア，ニューギニア島に分布を広げる過程でロバスタム種を経て高貴種に進化したとする説が有力である．高貴種の染色体数は $2n=80$, サトウキビ野生種の染色体数は $2n=48〜96$ 程度，栽培品種は変異の範囲が広い．熱帯・亜熱帯地域に広く栽培され，最大の生産国はブラジル，次いでインド，さらに，中国，タイ，パキスタンなどと続く．日本は生産量で世界44位（1995年）である．種子島以南の南西諸島が主産地であるが，小規模な栽培は九州，中国，四国，東海地方でも見ることができる．茎の節に腋芽が互生しており，実用栽培は茎を種苗とする栄養繁殖で行うが，開花結実し自殖・他殖いずれも可能であるため，品種改良は交配によって作出した変異個体の選抜によるのが普通である．$C_4$型光合成が特徴であり，十分な養水分・日照の存在下では草丈4〜5mにも達する．地上部の茎を刈り取った後に土壌中の腋芽が萌芽するため，再生株を養成することにより数回にわたる収穫の継続（株出し栽培）が可能である．要水量が低く，根系が大きいため，熱帯・亜熱帯各地で広く栽培されている．
 （杉本　明）

**サトウキビしゅうかくき　サトウキビ収穫機** (cane harvester)

サトウキビを収穫する機械であり，現在使われているのはすべて裁断式（チョッピング式）である．この方式のサトウキビ収穫機は，

分草-刈り取り-裁断-風選（または脱葉）-積み込みの機能を持ち，刈り取った蔗茎を25～30 cmの長さに切断し，きょう雑物を除去した後に自車の荷台あるいは伴走の荷台に収納する構造となっている．機種によっては，梢葉部の切断装置（タッパ）を装備しているものもある．また，サトウキビ収穫機としてはトラクタ装着式もあるが，現在日本で使われている機種はすべて全油圧駆動の自走式であり，走行部は車輪式と装軌式などがある．収穫前の処理として，圃場に火入れした後に収穫する方式（バーン収穫方式）もあったが，現在日本で使われている機種はすべて火入れをしないで収穫する方式（グリーン収穫方式）である．
(杉山隆夫)

**さばくか　砂漠化**（desertification）

砂漠化とは資源・環境に対する不適切な人間活動に起因するさまざまな荒廃現象を指す．砂漠化の定義は，国連砂漠化会議（UN-COD, 1977）から地球規模土壌劣化評議会（GLASOD, 1990）を経て，国連環境開発会議（UNCED/Agenda 21, 1992）および砂漠化対処条約（UNCCD, 1994）に至るまでいくつかの変遷をみた．砂漠化対処条約（1994）における砂漠化の定義を例に取ると以下のように要約される：① 砂漠化とは，乾燥地，半乾燥地，亜湿潤地における種々の要素－気候変動や人間活動－に起因する土地の荒廃をいい，② 土地荒廃とは，乾燥地，半乾燥地，亜湿潤地にある天水耕地・灌漑耕地・牧草地・放牧地・林野・森林における生物学的および経済的生産性と多様性の減少または喪失であって，それは土地の利用あるいは単独または複合的プロセスによって引き起こされ，③ そのプロセスには，人間活動や居住形態から派生する風食・水食，土壌の物理的・化学的・生物学的あるいは経済的性状の劣化，そして長期にわたる自然植生の喪失，が含まれる．砂漠化の要因である人間活動として，過放牧・過耕作や農耕地の拡大・樹木の伐採・不適切な灌漑などが指摘されている．砂漠化が顕在化するか否かはその地域の人間活動の程度とそれに対する資源環境の許容力あるいは回復力によっている．なお，人口増加も要因としてしばしば指摘されるが，農村部ではむしろ都市への人口流出による過疎化が顕著であり，人手不足のため侵食防止や植林などの環境修復作業ができないという実態にも注意を向ける必要がある．砂漠化の表徴ともいうべき荒廃現象を整理すると，① 植生の劣化：森林・叢林・草原など植物被覆の減少，裸地化，植物相の単純化；② 土壌劣化：水食・風食による表土の消失，養分および有機物の減少・塩類化・酸性化・汚染など化学性の劣化，固結化・圧密化・透水性および通気性の不良化など物理性の劣化；③ 地形変化：雨裂（ガリー）や侵食谷の形成，砂丘の移動，漂砂の堆積による井戸や農耕地の埋没；④ その他：井戸や河川湖沼の水資源の枯渇，旱ばつ害あるいは水害の頻発，などが挙げられる．熱帯雨林の伐採や湿潤熱帯の農耕地での養分の溶脱や土壌侵食などを指して砂漠化と称する場合もあるが，それは拡大解釈に過ぎ学術・技術用語としては不適切な用法である．一般には，生態的に脆弱な資源環境条件と変動の大きい水文条件下にある乾燥～亜湿潤気候圏での不適切な人間活動に起因する荒廃現象を指すのが適当である．そして，多くの場合，それぞれの地域の環境・社会的条件に応じて複数の要因が絡み合うためその様相は複合的で多様である．したがって，その兆候や進行過程，因果関係を明らかにし対応策を講ずるには，社会・経済的背景を意識しつつ人間活動と環境・資源の連関を把握することが必要である．
(田中　樹)

**さばくかたいしょじょうやく　砂漠化対処条約**（United Nations Convention to Combat Desertification in Countries Experiencing Serious Drought and/or Desertification, Particularly in Africa：略称 UNCCD）

一般には「砂漠化防止条約」と称せられる．1994年採択，1996年発効　→砂漠化

(熊崎　実)

**さばくきこう　砂漠気候**(hot desert climate)→ケッペンの気候分類

**サビキンるい　サビキン類**→さび病

**さびびょう　さび病**(rust)
担子菌類さび菌目(Uredinales)に属する菌類，すなわちさび菌類の寄生によって起こる植物の病気の総称である．さび菌類は世界で約5,000種，わが国では60属870種が知られており，ムギ類，マメ類，ナシなどの果樹類，マツなどの樹木類など多くの重要な農作物や林木に寄生して被害を与え，産業上の影響が大きい．さび病が発生すると植物は葉や茎に胞子層（胞子堆ともいう）を形成，この胞子層に多数の胞子ができる．胞子の塊りは赤褐色のものが多く，鉄さびによく似ているためさび病とよばれる．さび菌の栄養器官は菌糸体で宿主植物の細胞間隙に進展，菌糸から宿主細胞内に吸器を挿入して栄養分をとっている．繁殖は胞子によるが，さび菌の胞子は5の異なった胞子型をもっており，さび菌類の大きな特徴になっている．すなわち，さび柄胞子（精子ともいう），さび胞子，夏胞子，冬胞子および小生子である．典型的なさび病菌はこれら5の異なった胞子型を生活史の中に持っているが，さび柄胞子，さび胞子を欠くもの，冬胞子だけで生活史を繰り返すものもある．また，さび胞子時代と夏・冬胞子時代を全く異なった植物（→中間宿主参照）ですごす性質（異種寄生性）をもつなど複雑な生活史をもっている．病徴も夏・冬胞子時代に見られる典型的な鉄さび症状の他，樹木の幹が肥大してこぶ状になるもの，細い枝が多数出ててんぐ巣状になるものなど変化に富んでいる．このため，さび病と呼ばず，こぶ病，てんぐ巣病，変葉病などの病名が付けられたものもある．また，同一の植物に2種以上のさび菌が寄生する場合も多く，それぞれを区別するため，夏胞子層，冬胞子層の色や発病の部位によって，赤さび病，黄さび病，褐さび病，黒さび病，白さび病，赤星病，葉さび病などの病名がつけられている．さび菌は冬胞子の性状からメランプソラ科（層生さび菌科）とプクキニア科（柄生さび菌科）に分けられる．メランプソラ科の冬胞子は柄が無く，主な属には *Cronartium*（マツこぶ病菌など），*Melampsorella*（モミてんぐ巣病菌など），*Coleosporium*（マツ葉さび病菌など）などさび胞子時代が針葉樹に寄生して被害を与えるものの他，*Melampsora*（アマさび病菌など），*Phakopsora*（ダイズ，ブドウさび病菌など）がある．プクキニア科は冬胞子に柄があり，代表的な属は *Puccinia* である．この属のさび菌はムギ類，トウモロコシ，イネ科牧草類，ネギ，キクその他340種の農作物を含む植物に寄生し重要な病害を起こす．このほか *Uromyces*（ソラマメ，インゲンマメ，カーネーションさび病菌など），*Gymnosporangium*（ナシ，リンゴ赤星病菌など）が重要である．熱帯地域では歴史的にも重要なのは *Hemileia vastatrix* によるコーヒーノキさび病である．この病気の発生によってアラビカ種のコーヒーの生産地であったセイロン（現スリランカ）ではコーヒーの栽培を断念し，チャに改植した話はあまりにも有名である．その他の地域でも，アラビカ種から抵抗性のロブスター種に改植されたところが多い．この他，熱帯ではダイズやトウモロコシのさび病の発生が多い．樹木類では苗畑や若い造林地の，チーク（病原菌: *Olivea tectonae*），アカシアなどマメ科樹木（病原菌: *Ravenelia, Uromyces, Atelocauda* 属などの多種），アガチス類（病原菌: *Caeoma* sp., *Aecidium balansae*）などで発生が多い．アガチス類ではさび胞子世代により病気が起こり，葉や幼茎にあばた状の菌体が形成される．さび病の防除は，中間宿主を除去し，抵抗性品種を栽培するなどの耕種的方法のほか，発生時期にトリアジメホン剤ほかステロール合成阻害剤やメトキシアクリレート系殺菌剤，無機・有機硫黄剤などの農薬を散布する．　（梶原敏宏・金子　繁）

**サブサハラアフリカのかそくてきかいはつ　サブサハラアフリカの加速的開発**（accelerated development in Sub-Saharan Africa）

1981 年刊行の経済構造調整政策の推進を前提とした世界銀行のアフリカ開発戦略文書．89 年刊の Sub-Saharan Africa : From Crisis to Sustainable Growth に引き継がれた．
（水野正己）

**サプリメント**（supplement）

飼料にタンパク質や微量成分を補足する目的で使用される濃厚飼料のこと．（矢野史子）

**サプロライト**（saprolite）

腐朽岩石と訳される．岩石が風化に際して，その構造を保持しながら腐朽したもの．乾燥によって固結することはない．
（舟川晋也）

**サペリ**（sapelli）→付表 13（アフリカ材）

**サヘルちいき　サヘル地域**（Saherian region）

西アフリカのギニア湾岸の熱帯雨林帯とサハラ砂漠との中間に位置する乾燥・半乾燥帯．サヘル 6 カ国をあわせた人口は 1995 年で 4,721 万人，面積は 529 万 $km^2$．1 人当たり所得は 97 年で最も高いセネガルが 550 ドル，モーリタニアは 450 ドル，マリは 260 ドル，ブルキナファソとチャドは 240 ドル，ニジェールは 200 ドルで，世界の最低水準にある．年間降水量 100〜400 mm の乾燥帯では，ヒツジ，ヤギ，ラクダの牧畜と，ミレット，ソルガムの栽培が行われ，年間降水量が 400〜600 mm の半乾燥帯では，牧畜のほか，ミレット，ソルガム，ササゲ，落花生などが栽培される．人口増加の下で，耕地拡大とそれに伴う過放牧，燃材の過伐，旱ばつに伴う土地の劣化・砂漠化が懸念される．70 年代の初めと 80 年代の初めに大旱ばつに見舞われた経験から，サヘルの農牧民は，換金作物生産や家畜生産物の販売への依存度が高いほど，生産の変動や市場の変動の影響を受けやすいことが知られている．
（水野正己）

**サメ**（shark）

筋肉中に尿素を多量含み，鮮度低下すると悪臭を放つ．ひれ（鰭）はコラーゲンで，食材として珍重．
（林　哲仁）

**サルボダヤ・シュラマダナうんどう　サルボダヤ・シュラマダナ運動**（Sarvodaya Shuramadana Movement）

1958 年，スリランカの一青年教師であった A. T. Ariyaratne が農村で始めた都市エリートの子弟教育ワークキャンプを発端に，初期の 10 年間は実践教育・訓練を中心とした教育改革運動を展開．1968 年に，ガンジー生誕 100 年を記念した「100 カ村開発計画」に着手し，以後，農村住民自身による農村開発に取り組み，1985 年までに同国の農村の 35 ％ に普及した農村開発・社会奉仕運動をいう．ガンジーの思想を引くが，スリランカの伝統思想に根づく独自の開発理念（サルボダヤ：全人の覚醒）と方法（シュラマダナ：分かち合い）を農村開発実践の過程で築き上げた．南アジアの農村の現実から出発し，西洋近代社会を目指す開発ではなく，富裕国の過剰開発への批判とアジア的思想に基づき，貧困のない社会（No Poverty Society）の建設を目指す開発理念と方式は，国際的にも高い評価を得ている．
（水野正己）

**サルモネラ**（Salmonella）

グラム陰性の腸内細菌科の細菌で，卵や食肉，鳥肉などで起こりやすい食中毒の原因菌として重要である．
（藤井建夫）

**サルモネラしょう　サルモネラ症**（salmonellosis）

サルモネラが本病の原因菌で，さまざまな動物に下痢あるいは敗血症を起こす．サルモネラはヒトの食中毒の重要な原因菌でもある．たくさんの血清型が存在し，宿主適応性の低い血清型と高い血清型がある．例えば *Salmonella* Typhimurium がさまざまな宿主から分離されるのに対し，S. Dublin はウシ，S. Cholerasuis はブタ，S. Gallinarum はニワトリ，S. Abortusequi はウマ，S. Typhi はヒトから主に分離され，宿主適応性の高い血清型は

適応宿主以外に対する病原性は低い．サルモネラによる病型には下痢症型と時に死の転帰をとる敗血症型とがある．

家禽では *S.* Serovar gallinarum biovar pullorum によるヒナ白痢（→）と *S.* Serovar gallinarum biovar gallinarum による家禽チフス（→）のほか，*S.* Enteritidis や *S.* Typhimurium，その他多くの血清型による下痢を主徴とするパラチフスと呼ばれる感染症がある．パラチフスの原因血清型の株は哺乳動物にも感染し，ヒトの食中毒の原因になる．

ウシのサルモネラ症は *S.* Typhimurium, *S.* Dublin, *S.* Enteritidis，その他の多くの血清型によって起こる．子牛では発熱，食欲不振，下痢，時に肺炎の症状を呈し，数日以内に敗血症で死亡することもある．成牛ではさまざまな程度の下痢症状を主徴とし，発熱，食欲低下，乳量低下，時に肺炎，早・流産などを併発し，まれに死亡することもある．本病の診断は臨床症状，下痢便や死亡牛の主要臓器からのサルモネラの分離成績などから総合的に行う．

ブタのサルモネラ症には *S.* Cholerasuis や *S.* Typhisuis による急性敗血症型と *S.* Typhimurium や *S.* Derby，その他多くの血清型による下痢を主徴とする慢性腸炎がある．いずれも生後4カ月齢前後までの感染が多く，急性敗血症型では発熱，食欲不振，元気消失の後，数日以内に死亡する例もある．下痢型では死亡率は高くないものの，その後の成長に悪影響を与えることもある．

*S.* Abortusequi によるウマのサルモネラ症は馬パラチフスと呼ばれている．妊娠馬が感染すると流産を起こす．診断は凝集反応でも可能であるが，通常は臨床症状などを加味して総合的に行う．

サルモネラ症の治療には原因菌株が感受性を示す化学療法剤が使用される．しかし除菌は容易ではなく，保菌し続け感染源となる場合もある．馬パラチフスでは高度免疫血清が併用されることもある．

ヒトでは *S.* Typhimurium, *S.* Enteritidis, その他の多くの血清型により下痢，腹痛など主徴とする食中毒が起こる．　　　　（江口正志）

**さんか　参加**（participation）

途上国開発において「参加」は，開発の手段であると同時に開発の目的として捉えられているが，それぞれの意味内容は，開発にかかわる主体および時代によってさまざまであり，一般化は困難である．けれども，いずれの場合においても，比較的ポジティブな意味で用いられることが多く，その限りでいえば，参加を否定する開発は存在しない．1950年代のコミュニティ開発の時代から，60年代の緑の革命期，70年代の農村（総合）開発の時代を通じて，農村大衆の参加（popular participation）が強調されてきたが，この場合，政策としての開発に農村地域住民をどのようにして参加させるかが課題とされた．70年代にうたわれた自力更正的な，もう一つの開発においては，農村コミュニティにおける小規模開発の主体としての農村住民の参加が強調された．80年代の経済構造調整の時代には，開発主体としての政府の相対的な後退と民間部門の台頭が進んだ結果，市場メカニズムを通じた参加に重点が移行した．80年代の末になると，深刻化する世界の貧困問題への取り組みが求められ，それまでの開発の見直しが進み，参加型開発の時代を迎えた．これに伴い，国際機関においても参加型開発がさかんに論じられ，OECD/DAC（経済協力開発機構・開発援助委員会）は参加について次のような要件を提示するに至った．すなわち，① 生産過程への幅広い人口の参加，個人の発意の発揮，成長の成果の公平な分配を促す経済政策，② 人的資本形成のための基本的サービス（教育，訓練，医療，水，家族計画など）へのアクセス，③ 計画への参加（立案，実施，監視，評価），④ 小企業，NGO，草の根の運動を含む民間部門の活動の振興，⑤ 女性の参加，である．さらに，90年代に入ると，開発は「参加型」であることが当然のようになった．

日本のODAについてみても,「国民参加型援助」あるいは「国民参加型協力」の推進がうたわれるようになった. そこには, 途上国の多様化し高度化するニーズへの的確な対応が求められていることと, 国内の援助・協力主体の多様化・すそ野の広がりとの, 相互関係がみられる. こうして, 両者を結びつける「人間中心の開発」や「住民参加に配慮した協力」が強調されるに至っている. しかしながら, 参加は開発に不可欠の要素になったものの, その意味内容は依然として開発に関与する主体のいかんによって多様である. ブループリント・アプローチと呼ばれる科学的計画手法と資本投資に基づく, 従来から行われている上からの開発への住民の参加から, 開発の主体を途上国の貧困層や地域住民とし, かれらの開発に援助・協力する側が参加する下からのアプローチが要求する参加への変革は, 今後の課題である. (水野正己)

**さんかがたのうそんちょうさほう　参加型農村調査法**(Participatory Rural Appraisal, PRA)

上意下達型の開発援助は, 住民ニーズの把握不十分, 農村内の経済格差拡大といった問題がある. 住民全体に恩恵が行きわたったとしても, 援助依存体質を植えつけるという弊害がある. 途上国政府の官僚や農村開発に関与する外国人(NGO, 国際機関職員, 専門家, 研究者, コンサルタントなど)は, 当該国に滞在する場合でもほとんど都市に居住している. 開発プロジェクトの計画・立案の基礎になる農村調査は, 政府の担当官が準備し, 短期間にプロジェクト・サイトをまわり, 村役人や代表者からの表面的な情報収集に終始する. 農村には, 民族・宗教対立, 開発業者と住民との紛争など政治的な問題も多いが, 政府はそれらのことに外来者が接することを望まない. このような農村開発調査旅行は, 観光パック旅行になぞらえることができる. その結果, 50〜60年代には「低開発」の原因は慣習にとらわれた農民の無知, 合理性の欠如に求められ, 問題解決の処方箋として外部者の指導による外来の技術移転(technology transfer)が標榜された.「緑の革命」に代表されるパッケージ技術は, 灌漑, 生産資材の供給, 生産物の販路といった諸条件が整備されている地域では比較的順調に普及した. しかし, 農業開発の焦点が天水農業地帯に移るに従って, 技術移転パラダイムは機能しなくなる. 条件不利地域は地域的個性も多様なため, 開発戦略にも多様性が求められる. 以上のことから, 70年代には「人口の全ての部分が開発プロセスに参加すること」が強調され, それにより, ①的確なニーズ把握による効果的なプロジェクト, ②住民の資源や在来技術の活用により外部からの投入が節約でき効率的, ③自分たちのプロジェクトであるとの意識(ownership)が芽生え, 施設の維持管理が主体的になされる, ④以上を通じてプロジェクトの持続性が確保されること, が期待された. 住民参加は何らかの形での組織化を必要とする. 農村社会は, 地主, 自作農, 小作, 土地無し労働者, 雑業層などさまざまな階層で構成されており, 彼らの間には政治・社会的支配関係や利害対立もある. プロジェクトは直接, 間接にすべての住民に関わるが, そのすべてに等しく恩恵がもたらされることはまれであり, マイナスの影響を被るグループも存在する. したがって, 計画・立案段階で十分な合意形成を図ることが不可欠である. プロジェクトの具体的内容は, 農地, 森林, 灌漑, 道路, 市場といった共有資源・公共財の形成・改善に関わることが多い. 実施段階でも住民の動員が必要であるし, プロジェクト終了後の維持管理も組織を通じてなされる. 弱者の参加を促し, 彼らの発言権を高めることも住民組織化の重要な目的である. しかし, プロジェクトを契機に新たに作られた平等主義的組織は十分に機能しない例が多かった. このような経験を経て, 伝統的な権力構造に基づく在来の組織も再評価されるようになり, 在村リーダーの役割も認識されるに至

っている．また，息の長いNGOの活動などから，在来の組織や権力関係も決して固定的ではなく，外部からの働きかけや新しい組織との相互作用を通じて，開発に協力的な方向で変化しうることが明らかにされている．参加型調査手法は，開発現場での試行錯誤を通じて，受益者（農民，住民）と外部者（研究者，普及員，開発実務者）の関係性の変化に応じて発展してきた．70年代以降，農業の技術体系を農村社会・経済・文化と一体のものとしてより深く理解するために，農業経済学者，文化・社会人類学者らによる詳細な世帯・農村調査がなされるようになった．それらは農民をとりまく社会経済環境，農村生活・文化に関する有益な情報を開発専門家に提供したが，そのような調査に膨大な時間，労力，資金を投ずることに対しては強い批判もあった．すなわち，結果が出るまでに時間がかかりすぎ開発調査としては役に立たない，特定の村の詳細な記述はあるが一般性が不明，データの信ぴょう性が担保されていない，などである．また，研究者たちは調査を進めるに従って，農民は地域の生態系に関して独自の知識体系を有しており，それらに適合的な技術を築きあげてきた，との認識を深めていった．このようなことを背景に，簡易農村調査法（Rapid Rural Appraisal, RRA）と称される一連の調査手法が，70年代末から開発されてくる．この調査法の原則は，農民との対話やグループ・トッキングなどを通じて定性的なデータを迅速かつ少人数で収集する，作物，栽培技術，地勢・土壌条件などの自然や生態系を住民の認識・分類・世界観に基づいて（emic）理解しようとすることにある．研究者の基本的姿勢は，農民に「教える」ではなく農民から「学ぶ」に逆転することが求められる．アジア，アフリカ，ラテンアメリカの各地の実情に応じたさまざまなRRAの試みがなされ，80年代半ば以降は農民参加，農民の主体性がより強調されるようになり，各種の参加型手法が合流して，PRA（参加型農村調査法）と呼ばれるようになった．RRAとは連続的であって，両者を明確に分かつことはできない．RRAは主に大学や援助機関の研究者によって開発・利用されていたのに対し，PRAではその担い手がNGOやGOのプロジェクト実施者に移っている．RRAは調査票を用いたフォーマルな農家・農村調査では見落とされていた土着の知識・技術を収集・体系化することで，適正技術の開発・普及に貢献した．さらに進んでPRAでは，活動の主役を住民自身とし，彼らのエンパワーメントと地域の創造力（local creativity）の創出に重きが置かれる．それに対応して，外部者の役割も住民の手助け（facilitator）へと変化してきた．方法論的には，住民参加の幅（非識字者，女性，子供）を広げ，内容を深めることを可能にする視覚的な方法が多く開発された．そのような視覚的方法は，言語で記述する方法に比べ，問題把握の仕方がよりemicであるとされる．さらに近年では，対象地域・領域が農村開発から都市での成人教育や住民組織化をも含むようになったこと（ruralの限定は不要），活動の目的・領域が計画・立案・実施・評価の一連の行動（action）に重きを置くようになったこと（appraisalを超えている），そして開発手法そのものよりも参加者（外部者，地域住民）の態度の変化，その過程（learning）をより重んずるようになったことから，PLA（Participatory Learning and Action，参加型学習と行動）の呼称も生まれている．実践，応用，修正の繰り返しのプロセスそのものともいえる「参加型開発」の特徴から，RRAやPRAに明確な定義づけをすることは困難であるが，参加型開発のエッセンスは以下のようにまとめることができる．すなわち，地域住民に彼ら自身がもっている生活や環境に関する知識・技術を，彼らおよび外部者が共有し，分析し，それらを改良（新技術導入も含める）することを通じて，生活の質の向上を図ることである．計画・立案→実施→モニタリング（→修正）→評価の一連のプロセスは，住民主

導でなされ，外部者はそれを支援するとされる．　　　　　　　　　　　（横山繁樹）

**さんかくす　三角州（delta）**
河川によって運ばれた砂泥が，湖沼や海などの静水域に堆積して形成された地形．デルタと呼ばれるのは，ナイル川河口の三角州が，ギリシア文字のデルタΔに形が似ているためである．三角州の発達は，流域の規模や地形，気候条件に支配された河川堆積物の量や粒径組成，さらに河口部の湖・海の水深，波浪，沿岸流，潮流などの影響を大きく受ける．三角州は，低湿で勾配が緩く，河川は蛇行し，河口部で分流するのが一般的である．河川の両側には砂などの堆積した微高地が形成され，自然堤防と呼ばれる．自然堤防上は，集落や畑地，道路などが立地する．洪水時などに自然堤防を超えた河川水は，その後河川に戻ることができず，自然堤防の背後には湿地，すなわち後背湿地が形成される．後背湿地は自然堤防よりもさらに細かい粒子の堆積物，すなわちシルトや粘土でできていて，アジアでは水田として利用されている場合が多い．東南アジアでは浮稲がつくられている場合もある．　　　　　　　（水野一晴・荒木　茂）

**さんかぼうし　酸化防止（anti-oxidation）**
酸化とは，1）物質と酸素が結合する，2）物質から水素を奪う，3）物質から電子を奪う，以上のいずれかの現象を意味する．酸化防止とは，この酸化現象を防止することである．

酸化は，有機物質，無機物質，金属のすべての物質で起こる現象である．物質が酸化を受けると，それが有する化学的，物理的，生化学的性質が大きく変化する．例えば，金属が錆びるという現象は酸化現象であり，その金属が有する電子を他の物質に奪われた結果観察されたものである．（金属ではこれを防止するために，① ポリマーなどで被覆することによる酸素との接触防止，② 母体金属よりイオン化傾向が大きい金属をメッキする，などの手段が使用されており，これらの方法は缶詰で使用する金属で採用されている．）

食品での酸化を考慮する際に問題となるのは，食品保存中の諸成分の酸化劣化である．これは食品の保存を考える際，微生物による腐敗に次いで重要である．空気中の酸素は食品中の諸成分と反応して香味，色沢を劣化し，品質上の劣化を起こす．特に食用油脂が自動酸化（autoxidation）を起こす場合は，それによって香味が劣化するばかりでなく，有害な酸化生成物のために衛生上の見地から，流通，消費が禁止される場合もある．

油脂の酸化は，それに結合している脂肪酸の酸化により起こる．脂肪酸には大きく分けて，飽和脂肪酸と不飽和脂肪酸が存在し，これらの違いは，脂肪酸中の炭素-炭素二重結合の有無である．酸化を考慮する際問題となるのは，不飽和脂肪酸である．不飽和脂肪酸には，モノ不飽和脂肪酸（例：オレイン酸など）と多価不飽和脂肪酸（例：リノール酸，$\alpha$-リノレン酸など）が存在し，特に多価飽和脂肪酸が酸化を受けやすい．これは，多価不飽和脂肪酸の分子内に存在するbis-アリル位水素が，活性酸素もしくは活性酸素種により引き抜かれ（奪われ）やすいためである．水素を引き抜かれた脂肪酸は，すぐさま空気中の酸素と反応し，ペルオキシラジカルへと変化する．ペルオキシラジカルは活性酸素種の一つであり，近隣に存在する多価不飽和脂肪酸中のbis-アリル位水素を奪い，ヒドロペルオキシドとなり安定化する．これを過酸化脂質と呼ぶ．一方ペルオキシラジカルにより水素を引き抜かれた多価不飽和脂肪酸は，同様の過程を経て酸化を受ける．このように一つの活性酸素（活性酸素種）が原因で連鎖反応により多くの過酸化脂質が生じる酸化を自動酸化と呼ぶ．

生成した過酸化脂質は不安定である．特に金属，熱，光が存在する環境下においては，ヒドロペルオキシドの分解が促進され，新たな活性酸素や活性酸素種の生成原因となる．過酸化脂質の分解はアルデヒドやケトンなどの二次酸化生成物を発生させる主因となる．ア

ルデヒドやケトンは酸敗臭の原因となり，また，4-ヒドロキシノネナールのように非常に強い細胞毒性を発揮するものも存在する．これら二次反応生成物はアミノ酸と反応することにより，タンパク質の変性を招く．

このような食品中の油脂の酸化を防止するために，① 酸素の除去（不活性ガスによる置換），② 酸化防止剤（抗酸化剤）添加，③ 遮光，冷所保存，④ キレート剤の添加，のような方法が実用化されている．

1）酸素の除去（不活性ガスによる置換）

不活性ガス雰囲気下で食品を保存すると酸化の原因である酸素が食品と接触しないため，酸化を防止することが可能となる．これを行うことにより，活性酸素の生成，自動酸化の進行を防止することが可能になる．

2）酸化防止剤（抗酸化剤）添加

酸化防止剤の添加により，油脂の自動酸化を抑制することが可能となる．酸化防止剤は自動酸化で生成する脂肪酸のヒドロペルオキシラジカル，もしくは自動酸化の原因となる活性酸素（活性酸素種）に水素を供与（還元）することにより安定化させ，酸化を停止させることが可能である．

酸化防止剤は，天然型と合成型，さらに脂溶性と水溶性に分類することができる．食品においては通常天然型酸化防止剤が使用されている．天然型脂溶性酸化防止剤としては，ビタミンE類の$\alpha$-トコフェロール，$\gamma$-トコフェロール，$\delta$-トコフェロール，ユビキノールなどがある．天然型水溶性酸化防止剤としては，ビタミンC（アスコルビン酸），尿酸，ポリフェノール類，カテキン類，フラボノイド類などが知られている．合成型脂溶性酸化防止剤としては，BHA, BHTなどがあり，合成型水溶性酸化防止剤としては，$\alpha$-トコフェロール誘導体のTroloxが知られている．

3）遮光，冷所保存

光や熱は，食品中において活性酸素（活性酸素種）生成の原因の一つである．例えば光エネルギーは基底状態にある分子状酸素（三重項酸素）を活性酸素の一つである一重項酸素に励起し，ene反応により過酸化脂質を生成する．また，光や熱エネルギーは過酸化脂質を分解し，活性酸素種の一つであるアルコキシラジカルを生成し，食品中の油脂の自動酸化を開始する．そのため，遮光，冷所保存は食品中の油脂の自動酸化を抑制する有力な手段となりうる．

4）キレート剤の添加

食品中の油脂の酸化において鉄や銅などの遷移金属は強力な酸化触媒となり，加速度的に食品中の油脂を劣化させる．これはHerver-Waise反応（鉄が触媒になる際はFenton反応）と呼ばれる反応が油脂中で起こり，過酸化脂質よりアルコキシルラジカル，もしくはペルオキシラジカルなどの活性酸素種を生成するためである．

この反応を停止するためには，エチレンジアミンテトラアセテート（EDTA），デスフェロキサミンなどの金属キレート剤により反応系中の遷移金属をキレートし，それが有する平衡電位を大きくシフトすることにより抑制することができる． 　　　　（和田　俊）

**さんすいかんがい　撒水灌漑**（sprinkler irrigation）→畑地灌漑

**さんせいう　酸性雨**（acid rain）

自然に降る雨は大気中の炭酸ガスを溶かし込んでいるために微酸性である．大気中に存在する約0.03 %（300 ppmv）の炭酸ガスと平衡にある水のpHは約5.6であるために，これよりpHの低い雨を酸性雨という．（炭酸ガスの大気中の濃度は現在0.035 %をこえているが，pHの計算上はまだ補正をする必要はない．）しかし，大気中には炭酸だけでなく自然状態でも硫酸，塩酸などの無機酸が，例えば火山の噴気中などに含まれており，硝酸も稲妻など大気中での放電現象によって生成されるため，自然の雨のpHはさらに低く5.3程度とする考えもある．現在わが国に降っている雨の平均pHは4.8程度であり，明瞭に酸性雨の範囲に入っている．この原因となって

いるのは主として硫酸と硝酸である．硫酸は火山，海面や湿地など自然の発生源からの硫黄化合物と石油・石炭の燃焼，銅・ニッケルなど非鉄金属の精錬などの人間活動から出る硫黄化合物が大気中で酸化されてできたものである．自然と人為の両発生源からの寄与はほぼ同じぐらいと見積もられている．硝酸はもともと大気中の窒素が生物的あるいは工業的に固定されてアンモニア，あるいは硝酸になったものに由来する．生物的固定の中には人間が栽培する植物（マメ科作物など）によって固定されたものを含んでおり，自然と人為という分け方からすると，現在では人為によるものが自然の過程からくるものよりも大きくなっている．大気中で生成された硫酸と硝酸などが雨にとけて降る湿性降下物がいわゆる酸性雨であるが，これらがエアロゾルとなったり，他の物質に吸着あるいは結合して降下する乾性降下物もある．乾性降下物の中には地表面から揮散したアンモニアが，大気中の硫酸と反応してできた硫安（$NH_4)_2SO_4$）の降る例が報告されている．この硫安は大気中では硫酸を中和して生成するが，地上に落下すると土壌中で微生物的に酸化（硝酸化成あるいは硝化）されて次のように硝酸と硫酸になり，強く土壌を酸性化する結果になる．$(NH_4)_2SO_4 + 4O_2 = 2HNO_3 + H_2SO_4 + 2H_2O$．この例の硫安のように，雨にとけても酸性を示さないが，土壌中で酸化されて酸となるようなものを含め，かつ雨としてではなく乾性の降下物として落下するものをも含めて酸性化の原因となる物質をいうときに，酸性降下物という言葉が使われる．長期的には酸性雨の植物，水，土壌に対する影響が問題になる．ヨーロッパでの大規模な森林の枯損は良く知られているし，わが国でもスギ林の衰退などが報告されている．水については北欧で湖沼の酸性化による淡水魚絶滅の例もある．土壌についてもスウェーデンで森林土壌が過去50年で明瞭に酸性化したというデータが報告されているが，熱帯ではまだそれほど明りょうな酸性雨被害の例はない．

(久馬一剛)

**さんせいこうかぶつ　酸性降下物**（acid deposition）→酸性雨

**さんせいりゅうさんえんどじょう　酸性硫酸塩土壌**（acid sulfate soils）

海岸の海水性，汽水性湿地に成立するマングローブ林は，熱帯から亜熱帯の海岸に特徴的な景観をつくりだしている．マングローブを構成する樹種は海水の流れの緩やかな泥質の海岸に根を下ろし，潮の干満によって陸と海の条件を繰り返し経験する．このマングローブ下の堆積物は大量の有機物を含むため，湛水下ではきわめて嫌気的な条件がつくられる．そこでは海水中の硫酸根が微生物の作用によって還元されて硫化物を生じ，その多くは二硫化鉄（黄鉄鉱，パイライト：$FeS_2$）として堆積物の中にため込まれる．マングローブが自然に陸化したり，あるいは干拓されると，この二硫化鉄は酸化されて水酸化第二鉄を沈殿しながら硫酸を生じ，そのために堆積物は強い酸性を呈する酸性硫酸塩土壌となる．このときの酸化産物の一部はジャローサイト（jarosite）$[K \cdot Fe_3(SO_4)_2(OH)_6]$という非常に特徴的な淡黄色をした沈殿物をつくるが，このジャローサイトを含有する酸性の堆積物をキャットクレイ（cat clay）と呼ぶことがある．もともとはオランダ語で，このジャローサイトの色が猫の糞に似ているところからの命名であるという説がある．また，酸化してキャットクレイとなる嫌気的条件にある二硫化鉄含有堆積物のことをマッドクレイ（mud clay），あるいは潜在的酸性硫酸塩土壌とよぶことがある．マングローブでなくとも，流れのゆるやかな海水～汽水条件の下で，有機物の供給が多ければマッドクレイができる．わが国では汽水湖への下水の流入によってマッドクレイができた例が知られている．土壌分類では酸性硫酸塩土壌は sulfuric 層（pH < 3.5 でジャローサイトの斑紋をもつ）の存在によって定義されている．FAO-Unesco

の世界土壌図凡例では，sulfuric層をもつ土壌にThionicという形容詞をつけて区分する（例：Thionic Gleisols）．アメリカのSoil Taxonomyでは，土壌大群Sulfaqueptが酸性硫酸塩土壌の中心概念にあたる．酸性硫酸塩土壌を農業的に利用するためには土壌改良が必須であるが，水で飽和ないし湛水した湿地条件に置いて二硫化鉄の酸化を妨げる方法では，高い生産性を上げることができないし，かといって酸化させて硫酸を洗浄除去する方法も，一般に粘土質な堆積物では効果が上がりにくく，これまであまり成功している事例はない．マングローブを伐採して養魚池をつくる場合にも，池を掘って積み上げた堤防の部分が酸化されて硫酸ができ，それが池の水を酸性化して養魚を失敗させ，いたずらに環境破壊に終わっている例も多い．酸性硫酸塩土壌の生成は，ジャローサイトの存在や強制酸化によって簡単に予知できるから，事前調査によって酸性硫酸塩土壌地帯を開発予定地から除外するのが最も賢明であろう．

（久馬一剛）

**さんそうぶんぷ　三相分布**（three phase distribution）→土壌三相

**さんちしけん　産地試験**（provenance test）
ある樹種について，いろいろな産地の材料の生育状況を比較する試験．「産地」の定義は，現在では「種子を採取した林分のある場所」とするのが一般的で，その林分が天然生の場合にはoriginと同じになるが，植栽された林分の場合には，originは，その林分の造成に使われた種子または苗木が導入されたもとの場所（原産地）ということになる．天然分布が広い樹種の場合には，とくに産地によって形質や成長が違うのが普通であるから，そのような違いを知っておくことが必要である．例えば，*Eucalyptus tereticornis*はオーストラリアのヴィクトリア州南部（38°S）からPNG（6°S）にわたって分布しているし，アメリカ大陸の*Cordia alliodora*は25°Nから25°Sにわたって分布しているとされ，産地ごとの遺伝的性質が異なるのは当然として，各産地の気候条件も著しく異なるはずで，このように分布の広い樹種では特に産地試験が必要である．具体的には乱塊法が用いられており，各プロットは産地当たり少なくとも数本程度，ばらつきが大きい場合には25～50本くらいを植えるのがよいとされている．

（浅川澄彦）

**さんねつりょう　産熱量**（heat production）
動物体内で生産される熱の量で，通常は体重の$2/3$～$3/4$乗に比例する．　（鎌田寿彦）

**さんばいたい　三倍体**（triploid）
ゲノムを構成する基本染色体数（x）の3倍を有する植物を三倍体という．したがって，三倍体は三つのゲノムからなる植物で，ゲノム構成上，AAA，AABおよびABB，たまにABCがある．このうち，同一のゲノムからなるAAAを同質三倍体，それ以外を異質三倍体という．同質三倍体は，二倍体や同質四倍体に比べ生育が旺盛で，茎葉・果実も大きいことがある．サトイモやバナナは，この有利な特性により，古くから，株分け（栄養繁殖）により栽培されてきた最も古い作物である．同質三倍体は母方の非還元性配偶子に父方の正常な配偶子が接合して生ずる．一般に成熟分裂（減数分裂）が不規則で不稔性となる．しかし，この不稔性を利用して，四倍体と二倍体との交雑によって同質三倍体のたね無しスイカが人工的に作出された．しかし，スイカは栄養繁殖がきかないため毎年，親植物同士を交配して，三倍体種子を作らなければならない．

（天野　實）

**さんぱん　散播**（broadcast seeding）
種子を圃場全体に播く方法．作業が簡単で労力を要することも少ないが，種子を多く必要とする．また，播かれた種子の分布が均等にならないので生育が不整になりやすい．

（堀内孝次）

**さんぱんき　散播機**（broadcaster）
一般にブロードキャスタと呼ばれ，穀類や牧草の種子のばら播きおよび粒状肥料の散布

に用いる．機種としては，人力用の手回し式散粒機の他，トラクタ用の直装式およびけん引式のブロードキャスタがある．また歩行形トラクタ（履帯車両）に装着した自走式の専用機もある．

散布形式には，筒揺動式と回転羽根円板式があり，前者をフリッカタイプ，後者をスピナタイプという．フリッカタイプはホッパの落下口に取り付けられた揺動筒を左右へ動かして散布する構造である．スピナタイプは，ホッパ下部にあるスピナを高速回転させて，ホッパの落下口（スリット）から落下する種子あるいは肥料をスピナの羽根に当て，遠心力で飛ばして散布する構造である．スピナはPTOで駆動させ，散布量はシャッタの開度で調節する．散布幅は10〜20mである．

（永田雅輝）

**さんりゅうき　散粒機**（granular applicator）

散粒のための防除機や施肥機などの機械である．種子の散播などにも利用されることがある．これには，散粉兼用人力前掛け散粒機，散粉兼用人力背負い散粒機，遠心飛散形人力前掛け散粒機，背負い動力散粉・散粒兼用機がある．構造は散粉機と同様で，粉の代わりに粒剤を対象としたものである．対象とする粒径は250〜1,500 $\mu$m で平均粒径は850 $\mu$m である．散粒機の多口ホース噴頭には工夫をこらし，吐出し口を大きくしたり，衝突板（衝壁）をつけてあり，散粉機の噴頭とは兼用できない．すなわち，粒剤を均一に落下させるために噴頭口の間隔を小さくし，口径を大きくしている．したがって，送風機の静圧が下がって風量が増大する．それに対して，衝壁を高くして（5〜8mm程度）静圧を高めて風量を押さえて，同時に高い衝壁により粒剤を捕らえやすく設計されている．また，除草剤や肥料を対象にした粒剤用畦畔噴頭が用いられる．噴頭の交換により除草剤散布機にもなる．

（笹尾　彰）

## し

**シアット**（国際熱帯農業研究センター：Centro Internacional de Agricultura Tropical：CIAT）

CIATは，小規模農民の貧困と飢餓の軽減を目ざす農業改良を行う国際農業研究機関で，フォード，ロックフェラー，ケロッグの各財団とコロンビア政府との合意により設立された．本部は1967年にコロンビアのカリに設立され，1971年にCGIARに加入している．同機関では，作物改良，生物多様性の保全・研究・利用，病害虫管理，土質改善と生産システム，土地利用管理の5つを研究の中心に置き，天然資源を保全し，食料生産の持続的な増大を図る農業研究と取り組んでいる．対象作物は，マメ，キャッサバ，熱帯飼料，コメの4作物で，主な対象地域は，特に生態環境が危惧される傾斜地農業，森林縁，サバンナ，アフリカ・アジアの4地域である．

（安延久美）

**しいくみつど　飼育密度**（stocking density）

単位面積あるいは空間当たりに収容されている家畜頭羽数をいう．1頭羽当たりの占有面積，あるいは単位面積当たりの頭羽数で表わされる．単位面積当たり飼育する頭羽数を過度に多くすると，競合が起こり十分量の採食ができなかったり，闘争が増えりすることで，1頭（羽）当たりの生産成績は低下するが，畜舎建設に関わる初期投資などの観点からは単位面積に多くの数を収容することが望ましく，個体毎の生産性を第一に考えた適正な飼育密度と，総合的な生産性を考慮に入れた時によい飼育密度とは一致しないことが多い．飼育密度としては，肉牛1頭当たり3 $m^2$，肥育後期のブタで1頭当たり約1 $m^2$，産卵鶏で1羽当たり約400 $cm^2$，ブロイラーで1羽当たり330〜600 $cm^2$ といわれている．暑熱条件で個体間の近接の程度が強くなると，互いの間での放射熱授受があり集団とし

て見たときの放熱が妨げられる．したがって適温条件より密度を低くするほうがよい．

（鎌田寿彦）

**シーイーシー　CEC**（cation exchange capacity）→陽イオン交換容量

**しえきかちく　使役家畜**（draught animal, draft animal）

畑や水田などの耕作，農産物・農業資材・人の運搬，水や薪などの生活必需品の運搬，売買用交易物資の運搬などの使役に供せられる家畜をいうが，役専用でなく乳肉などの多用途に利用される場合の方が多い．水牛，ウシ，ウマ，ロバ，ラクダ，ヤク，イヌ（北極圏の犬そりなど）などの，地域に適する利用形態があり家畜文化を形成している場合もある．先進国では戦後，上述した用途の家畜はトラクタ・車などに置換されて消失していき，わが国でも沖縄にいる水牛，北海道和種馬や対州馬などが細々と利用されているにすぎない．しかし，熱帯などの途上国ではその耕作地の半分以上で使役家畜が利用されていると推定されている．途上国でも今後減少傾向が予測されているが，多くの使役家畜の糞が耕作地の肥料源として，料理や暖房用の燃料として，さらにはバイオガス生産源としての利用もあり，生活に密着した家畜文化として存続が尊重されなければならない．（建部　晃）

**シーエーちょぞう　CA貯蔵**（controlled atmosphere storage）

密封容器に食品を入れ，その気相を一定に維持することにより品質保持をする貯蔵法で，主に野菜や果実の鮮度保持のために低温と併用して用いられる．低酸素または高二酸化炭素雰囲気により青果物の呼吸が抑制され，糖（呼吸の基質）の消費が減少するので風味が保たれ，また，緑色が保持され，成熟・老化ホルモンであるエチレンの生成が抑制されるため保存効果が発揮される．しかし，酸素濃度が極端に低くなると異臭が生じ，また二酸化炭素濃度が高すぎると異臭や褐変を生じるので，雰囲気ガス組成を一定に保つための装置が必要である．これと類似のガス置換包装（MA貯蔵）はプラスチックフィルム袋に食品を入れ，一定の組成の混合気を封入する方法で，CA貯蔵より簡便であるが，貯蔵中のガス組成の調整はできない．→貯蔵

（藤井建夫・米森敬三）

**ジェットきりゅう　ジェット気流**（jet stream）

狭い領域内を集中的に吹く速い気流のことで，その状態が気体の噴流に似ているところからこう名づけられた．一般に中緯度帯の対流圏上部に存在する，偏西風の強化された部分をいうことが多い．→偏西風，ポーラーフロント　　　　　　　　　　（佐野嘉彦）

**シーエヌひ　C/N比**（C/N ratio）

土壌の全炭素と全窒素の比をC/N比とよぶ．炭素率ともいう．微生物によって有機物が分解されるとき，炭素の多くは炭酸ガスとして失われるが，窒素は大部分が菌体合成に利用されるためC/N比は低下し，分解条件によってある一定のC/N比を示すようになる．水田土壌耕土層ではおよそ10，畑地耕土層で10～20，森林土壌表層で15～30程度と高い値を示す．森林土壌の表層でC/N比が高くなるのは，植物体由来のC/N比の高い粗大な有機物が多量かつ継続的に添加されるためである．一方，有機物含量の低い下層土では表層よりC/N比が低いことが多いが，これは粘土鉱物によるアンモニア態窒素固定のためであるとされる．熱帯の耕地土壌のC/N比も一般的に高い．強風化を受けた土壌の場合，地力として土壌が保持する窒素含量が低い，堆肥などの有機物の添加量が少ない，微生物活性が高い，などの要因は，いずれもC/N比を高くする方向に働く．C/N比の高い有機物が土壌に添加されると，微生物による活発な分解と菌体合成の過程で添加された有機物中の窒素だけでなく，土壌中の窒素まで微生物に利用されるようになるため，植物にとって相対的に窒素が不足し，一時的に窒素飢餓の状態となることがある．

(櫻井克年)

**ジェービックかんきょうガイドライン**
**JBIC 環境ガイドライン**（JBIC environmental guidelines）

旧海外経済協力基金（OECF）が 1989 年に策定した「環境配慮のための OECF ガイドライン（初版）」および同第 2 版（95 年）を継承し，99 年の国際協力銀行（JBIC）の発足に伴い，「円借款における環境配慮のための JBIC ガイドライン」と改称されている．同ガイドラインは，借入国が借款申請に先立ち，プロジェクトの計画準備段階において配慮すべき環境面の諸事項を示すとともに，JBIC が開発プロジェクトの審査の際に借入国から提出された資料に基づき環境配慮の視点からチェックすべき項目と，予想される問題への対処方針を明らかにしている．円借款の主要融資対象 17 部門の各々につき，公害，自然環境問題，社会環境問題，その他の 4 項目を設け，チェックリスト形式でまとめている．95 年の改訂で，環境面での影響が大きい事業について環境アセスメント（Environmental Impact Assessment, EIA）の実施が借入国側に義務づけられた．97 年 8 月以降の要請事業に対して，EIA が適用がされている． (牧田りえ)

**ジェルトン**（jelutong）→付表 18（南洋材（非フタバガキ科））

**ジェンダーとのうぎょう ジェンダーと農業**（gender and agriculture）

途上国では特に農業生産・農村生活の両面で女性が重要な役割を担っている．そのため，女性の技術向上を図ることによって農業生産の増大，農村生活の改善に大いに役立つことが期待されている．しかし，実質的に農業を担っているのが女性であるにもかかわらず，土地などの農業資産が男性の所有であったり，女性が家計を任されていないために所得を有効に利用できないといった問題がある（農業における女性の課題）．また，開発計画の策定に際しても，女性の視点を無視した技術の開発・普及になってしまうケースもみられる．これは，開発によってトータルな便益の向上が目指され，その分配の不平等性に着目してこなかったためである．こうした状況に鑑み，ジェンダー視点に立って，開発における女性支援を行う必要性が提起されている．ここでジェンダー（gender）とは社会的性差のことを指す．ジェンダー視点を考慮した開発計画では，プロジェクトの実施の中で，女性や女性世帯主など社会・経済的弱者が自らの問題を認識し，問題解決のために積極的にプロジェクトに参加し，意思決定権や資源に対する認識を高め，そのアクセスやコントロールの機会を持つようになる（すなわちエンパワーメント）ことも重要な成果として期待されている．ジェンダー視点が強調されてきた背景には，次のような国際世論の高まりがあったことを見逃せない．1975 年の「国連婦人年」とそれに続く「国連婦人の 10 年」以来，国連婦人開発基金（UNIFEM）の設立（76 年），国連総会における「女子差別撤廃条約」の採択（79 年），世界婦人会議における「婦人の地位向上のためのナイロビ戦略」の採択（85 年）などの国際的な動きを背景に，各国はこれらの条約や決議の完全実施にむけて行動を起こしている．途上国も，女性の能力を経済社会の開発過程に積極的に活かすべき方途を求めて努力を重ねており，また国際機関および先進国はその努力に対する支援をより積極的に行うようになった．こうして，WID（開発における女性支援）というコンセプトが次第に広がりをみせてきた．アジア・太平洋地域においても，女性と開発に関してどのような課題が残されているがアジア太平洋開発センターなどにより報告されている．そこでは，急速な経済成長やそれに伴う人口移動といった社会の変化に対応した雇用や教育の機会均などへの課題，さらにバランスのとれた男女の役割形成を促す制度変革に関する課題などが指摘されている．例えば，マレーシアは ASEAN 諸国の中でも近年急速な経済成長を達成し，労働節約技術の導入や，非農業部

門の成長による農業の過剰人口の非農業部門への吸収など, 農業環境は大きな変貌をとげている. 同国の稲作地帯における男女の役割分担に関する研究の結果は, 家族労働の総労働時間が減少していること, 作業別には耕起, 収穫などが機械化されたことにより男女とも労働時間が減少し, 革新技術の導入によって男女間の分業関係が変化していること, すなわち男性が生産活動を担うのに対し, 女性の仕事は家事に特化していることを示している. また, 経済階層別には「貧しい」と分類された世帯以外については, 女性の労働時間が急減しているが, 貧しい世帯は女性の労働が強化されていること, すなわち経済階層によって男女間の分業関係の現れ方が異なっている点を明らかにしている. このことは, 新技術の開発や導入の評価において, 社会的地位(ジェンダーや経済階層)を考慮しなければならないことを示している. また同じマレーシアの別の報告では, かつて女性の担っていた仕事(例えば田植え)が, 現在では機械力か男性の仕事に置き換えられた点が指摘されている. この要因として, 新技術の適応にはより高度な教育が必要とされるが, 女性はこうした教育を受ける機会を逸しがちであるという問題が指摘されている. このように, 作業別, 階層別, 男女別, 作物別に, 農村における女性の生産への参加の程度を調査する方法は, 男女別の生産への関与に関して一定の知見を提供するという意味で, ジェンダー視点を考慮した開発計画策定に寄与するものである. ジェンダー視点にたった調査研究方法には他に, 時間利用(time allocation)調査を行ったものがある. この調査によって, ①生産および再生産労働における女性の役割の評価, ②農業生産における女性の活動参加に対する貢献度, ③女性の生産・再生産活動, 家族内における役割のイデオロギーなどと資源に対する接近方法と管理との関連, ④女性のニーズ, の4点を明らかにすることができる. この方法を用いた調査事例からは, 調査員が調査村に住み込んで詳細な時間配分に関わる記録を得ることにより, 実態が正確に把握され, 家族経営において生産と家族周期とが相関していることが明らかにされている. 途上国では農業生産の担い手の多くが家族であることを考慮すると, この家族周期は消費活動だけではなく生産活動にもさまざま影響を及ぼすと考えらる. また, 文化人類学者によるマレーシア稲作農村研究では, 農村女性の問題として, ①政策の担当者が開発計画をたてる場合, 常に男性が「世帯主」であるという先入観を拭えない点などが指摘されている. また, ②農業生産所得に対する女性の寄与は男性に比較して低く取扱われている. この原因の一つとして, 賃金の支払われない労働は価値がないというマレー農村女性が直面している文化的制約があると考えられる. さらに, ③マレーシアの事例では, 男女の生産所得に対する貢献は貧しい層ではほぼ同じであるが, 裕福な層では男性の方が大きくなっている. これは家庭内の仕事の方が高い価値を持つといったマレー的価値観を反映している. また, ④農民で組織されている農民組合は低利の生産信用を提供するが, 多くの場合, 妻や娘, 女性世帯主は組合員資格が得られない. これは加入に際し信用危険性が考慮されるため, 女性の世帯主の場合, 加入を拒否されることがあるからである. したがって, 女性が世帯主の農家は, 低利信用の利用ができず, 高利の質屋金融などを利用せざるを得ない現実が指摘されている. ⑤各種の農業研修への参加なども男性を中心に企画されており, 女性に対して提供されるのは料理などの家事に関するものである. 実際に家畜飼養などは伝統的に女性の仕事であるにもかかわらず, 女性が研修を受ける機会は設けられていない. また, 宿泊コースが多く, 家庭を留守にすることのできない主婦にとっては, 参加するのが困難なコースが多いことなども, 問題として挙げられている. 以上のように, 農業技術の普及や開発計画の策定・実施にあたってジ

ェンダーを配慮することが不可欠となっているが，そのためには，ステレオタイプの女性の役割を前提とすることなく，その当該地域固有の考え方，価値観，性別，階層，民族，宗教による考え方の差異を把握する必要がある．これは，新技術の導入やプロジェクトの開始に際して，老若男女を含めた地域住民のコンセンサスを得るためにも必要なプロセスである．また，留意すべき点として，コミュニティや家族内での個人の関係を明らかにするためには，女性のみを対象として調査をするのではなく，男性や経済階層などの異なるものを同時に視野に入れない限り，問題の把握が偏ったものになる可能性がある．例えば，家庭内における所得分配をめぐる実態や文化的差異については，夫と妻の双方の調査をする必要がある． 〔安延久美〕

**じかさし　直挿し**（direct cuttings）
挿し穂を林地あるいは植栽予定地に直かに挿し付ける方法である．熱帯でも，発根しやすい樹種，例えば *Gliricidia sepium* や *Erythrina* spp.（いずれもマメ科）などで用いられている．これらの樹種の場合には，林分を造成するというよりもむしろ，アレークロッピング方式（→）の樹木列や生け垣，街路樹（並木）として挿し付けられることが多い．直挿しが可能とされている樹種（群）には *Commiphora* spp., *Euphorbia balsamifera*, *E. tirucalli*, *Ficus* spp., *Moringa* spp., *Pterocarpus* spp., *Sclerocarya birrea* などがある．なお，マングローブの主要な構成種であるオヒルギ（*Bruguiera conjugata*），メヒルギ（*Kandelia candel*），オオバヒルギ（*Rhizophora mucronata*）など，いわゆる胎生種子を形成する樹種の場合は，それらの繁殖体（または散布体，普通の樹木の実生苗に相当する）の植え付けは直挿しとよばれている． 〔浅川澄彦〕

**じかじゅふん　自家受粉**（self-pollination）
同一の花，同一個体または同一遺伝子型（品種）の他個体の花粉を柱頭に授粉または受粉すること．この操作によって受精し種子をつける植物を自家受粉植物（または自殖性植物）という．イネ，コムギ，トマト，ダイズなどがそれらの代表である．

専ら自家受粉で種子をつける植物は，遺伝的に同質（ホモ）化する傾向が強い．一方，自然界には自家受粉によって種子をつけることのできない仕組みをもつ植物もあり，他家受粉植物と呼ばれている．ただし，両者の中間には，部分的に他家受粉をするものや，条件によって連続的に変動するものがあるので，画然と区別するのは困難である．

一般に，自家受粉植物は，同種の他個体とも容易に他家受粉によって交雑するので，異なる品種を隣接して栽培すると，風媒や虫媒により他家受粉が起こり，品質低下・遺伝的混入（コンタミネーション）の原因となるので注意が必要である． 〔高柳謙治〕

**しがた　翅型**（wing forms）→多型

**シガテラ**（ciguatera）
熱帯から亜熱帯海域，特にサンゴ礁海域に生息する魚の摂食による死亡率の低い中毒をシガテラと総称している．シガテラ毒魚は数百種に及ぶといわれ，中でも問題となるのはドクウツボ，ドクカマス，バラハタ，バラフエダイ，サザナミハギなどの約20種である．患者数は毎年2万人を越えると推定され，自然毒中毒としては世界最大規模である．わが国では南西諸島が中毒海域である．中毒症状は食後30分から数時間で現われ，温度感覚異常（ドライアイスセンショーション），筋肉痛，関節痛などの神経系障害，下痢，嘔吐などの消化器系障害，血圧低下などの循環器系障害がみられる．中毒原因毒は多くのシガテラ魚に含まれる脂溶性のシガトキシン類で，主成分はシガトキシン1Bである．サザナミハギからは水溶性のマイトトキシンも得られている．シガテラ毒の起源は渦鞭毛藻の *Gambierdiscus toxicus* である． 〔塩見一雄〕

**シガトキシン**（ciguatoxin）→シガテラ

**じかふわごうせい　自家不和合性**（self-incompatibility）→不和合性

じかまき　直播き（direct seeding, direct sowing）

造林予定地に直かに種子を播いて森林を造成あるいは再生する方法である．熱帯では Acacia senegal や A. nilotica, Faidherbia albida, Prosopis cineraria, あるいは Pinus caribaea, P. oocarpa などで成功した例が報告されている．地表の条件が良いところでは，ほかの樹種，例えば Swietenia spp., Gmelina arborea でも成功例がある．成否は地表の植生の種類や密度によるが，雑草木が多いところでも，屋敷周りや，頻繁に見回れる畑の周囲など，手入れをしやすい場所では成功している例が多い．苗畑で育てた苗木を運んで植える方法だと経費がかかる上，育苗期間を考慮して数カ月も前から準備しなければならないので，社会林業における造林，いわゆる住民造林で，直播きによる樹林の育成法が見直されている．　　　　　　　（浅川澄彦）

じかまきさいばい　直播き栽培（direct sowing, direct seeding）

近年，東南アジアおよび南アジアでは田植時の労力不足，重労働の回避，労働生産性の向上のため直播き栽培が急速に普及しつつある．特に，直播き栽培は機械化が容易なことから労働力不足の地域ではその面積が急増している．

直播き栽培は生育期間の短縮，機械化が容易なこと，労働力の節減などの長所がある反面，雑草害，倒伏，発芽障害による苗立ちの不安定などのために収量の低下を招いたりして収量が不安定になりやすい欠点がある．

直播き栽培法には播種時の土壌の状態により見て潤土直播，乾土直播および湛水直播の3法があるが東南アジアおよび南アジアでは潤土直播栽培が一般的である．一部の水利の便の悪い地域あるいは乾期の末期より直播き栽培を始める地域および浮稲栽培地域では乾土直播栽培が行われている．播種法には散播，条播および点播法があるが，東南アジアおよび南アジアでは散播直播栽培が主流であり，一部の地域に点播栽培が見られ，条播栽培は非常に少ない．したがって，これらの地域の直播栽培は潤土散播直播栽培が一般的である．

直播水稲の生育期間は播種様式に関係なく，移植水稲に比し 7～15 日ほど短くなる．直播き栽培による生育期間の短縮は日長の長い時期ほど大きい．分げつの発生も移植水稲と異なり低位の節よりの分げつが多く，分げつの発生も早く，最高分げつ期も早くなる．したがって初期の生育量が大きい反面，中後期の生育が落ちる傾向がある．最高分げつ期の早まりの程度は出穂期の早まりの程度に比べて大きく栄養生長停滞期（vegetative lag phase）が長くなる．この傾向は直播き栽培の水稲の栽植密度の高いほど著しい．

点播直播水稲の生育経過は栽植密度に差がなければ移植水稲のそれとは大きな差がなく収量の成立経過も大きな差がない．これに対し散播水稲は一般に移植水稲に比し栽植密度が高いことから生育経過に大きな差がある．幼穂形成期間および登熟期間には両者に差がないので両者の生育期間の差は栄養期間の差である．散播水稲の最高分げつ期は播種後 25～30 日前後であるのに対し，移植水稲の最高分げつ期は移植後 30～40 日（播種後 60～70 日）である．両者の出穂期の差は 7～14 日前後であることより vegetative lag phase に大きな差を生じ散播水稲のそれは移植水稲のそれより 20 日前後長くなる．これらのことより散播水稲の初期の生育量は移植水稲に比し大きいが幼穂形成期以後の乾物生産量が大きいとは限らず退化穎花が多く登熟歩合が低下しやすい．

また，散播水稲の収量は苗立ちの良否に影響され，個体数が $m^2$ 当たり 150 以下で収量の低下が見られ，100 以下になると収量は個体数に応じて低下する．また無植物面積（50×50 cm の面積に稲がない）が全面積の 15％ を越すと収量の低下が見られる．したがって，散播直播栽培では個体数が $m^2$ 当たり 100

以下の面積をなくすことが重要である.
(和田源七)

**しきじりつ　識字率**（literacy rate）

Unescoの定義によれば，15歳以上の人口に占める，日常生活を営む上で必要となる簡単な短文を理解し，かつ読み書きできる人口の比率をいう．識字率はしばしば一国の開発状態，特に基本的な教育水準を表わす指標とされ，UNDPが作成する人間開発指標においても知識面の指標として用いられている．途上国の識字率はここ数十年間で大幅に上昇し，1970年の48％から，95年には70％まで上昇した．しかしながら，東南アジアやラテンアメリカ諸国の高い識字率と比べると，南アジアやサブサハラアフリカ諸国では未だに低く，地域による格差がみられる．また，男女別では，どの地域においても男性に比べて女性の識字率が低くなっており，特に南アジア，中東，北アフリカでその格差が顕著である．近年の研究では，女性への教育が出生率や子供の健康状態などに良い影響を与えるとの結果が出ており，女性の識字率上昇は重要な課題である．
(上山美香)

**じきゅうてきのうぎょう　自給的農業**
（subsistance agriculture）→換金作物生産

**シグナルグラス**（signal grass）

学名：*Brachiaria decumbens* Stapf, 一般名：signal grass（オーストラリア），suriname grass（ジャマイカ），Kenya sheep grassなどと呼ばれる．東南アフリカ原産で，現在は熱帯および亜熱帯に分布する永年生暖地型イネ科牧草である．染色体は$2n = 36$．

8～10 mmの幅の皮針形の厚い葉を持ち，2～5 cmの長さの2～5列の総状花序に幅広い繊毛状の穂軸と4 mmの小穂を有し，長いほふく茎から生じる直立茎は約50 cmの高さとなり，密度の高い草地を形成する多年生のほふく型草種である．短日植物である．

生育適温は30～35℃と高く，霜害を受けやすい．耐旱性もあるが，1,500 mm以上の降水量を好む．さまざまなタイプの土壌に適応し，土壌の高アルミニウム含量や土壌の浅さの影響をほとんど受けない．生産能力を最大限に発揮するには排水と肥沃度に優れる土壌を必要とするが，肥沃でない土壌にも堪える．リン施肥あるいは窒素施肥によって収量が増加することが報告されている．弱光条件でも旺盛に生育する．生殖様式は単為生殖（アポミクシス）である．

牧草として利用されるが，耕作地における雑草でもある．刈取試験においては，年間20～30 tに達する乾物収量も報告されており，かなり高い収量が得られる．栄養分組成および消化性については，タンパク質含量が8～12％とあまり高いといえず，成熟が進むと栄養価，嗜好性および消化性は，かなり低下する．ミネラル含量については，リン，銅，マグネシウムおよび亜鉛が不足する例が報告されている．毒性について，シュウ酸が乾物当り1.0％あるいは1.10％含有されたとする報告もある．

種子収量は，1 ha当たり100～200 kgに達する．当初栄養茎を用いて栽植されていたが，最近ではほとんど種子を利用した造成が行われている．種子数は，1 kg当たり22～22.5万個に達し，種子は休眠する．硫酸で10～15分処理することにより，収穫直後の種子の発芽率は改善される．播種量は2～5 kg/haが適当とされ，1 cm以上深く播種せず，播種後は鎮圧する．実生の活性は非常に旺盛であり，3カ月以内に完全な被覆が達成される．また，比較的疾病にかかりにくいともいわれる．混播を行う場合，シグナルグラスの生育がおう盛なため，年を経るに従い同伴牧草の生育を抑制するが，雑草の抑制力も強い．

放牧管理に関しては重放牧に適し，良好な草地を維持するには，窒素施肥が必要である．特に降水量の多い条件においては，頻繁な窒素施肥により，栄養価の高い状態が維持され，家畜の増体も改善される．

サイレージの品質に優れるとは考えられないが，乾草の品質は非常に優れる．また，天

候条件が良ければ立毛貯蔵飼料としての利用も可能である．さまざまな昆虫による被害が報告されている． （川本康博）

**しけんかん（ない）ほぞん　試験管（内）保存**（*in vitro* preservation）

試験管（内）保存には，組織培養を利用し，植物体の一部を培養物の形態で維持し，継代培養しながら植物体を保存する継代保存と液体窒素などの超低温下で凍結保存する方法がある．継代保存の材料には，植物では茎頂が用いられる場合が多く，いも類，果樹類およびイチゴなど栄養繁殖性作物の保存技術として一部実用化されている．その最も一般的な方法は低温下で培養する方法で，通常の組織培養の最適温度は25℃前後であるが，それを0〜20℃の温度で維持すると成長速度が緩慢になるため，継代期間を1年あるいはそれ以上に延長することが可能である．また，培地組成を最適条件からずらして成長を抑制する方法がある．基本培地の組成を一部あるいは必須成分の量を加減することで成長を抑制させて維持する方法である．ショ糖濃度を変え培地の浸透圧を調節したり，アブシジン酸などの成長抑制剤を加えて培養する．ナシでは低糖・低養分培地で5℃下で培養保存することで，継代期間を2年程度まで延ばせることが確認されている．ただし，低温下や成長抑制剤を利用した培養保存では，保存中に形態的異常が見られる場合がある．また，材料によってはカルス化しやすいものがあり，遺伝的変異の可能性も否定できない．なお，国際ばれいしょセンター（CIP）（ペルー）などではバレイショについて，国際熱帯農業研究所（IITA）ではヤムイモについての継代保存がすでに実用化され，遺伝資源の配布材料として無毒化した茎頂を試験管内に封じて各国に配布している．

一方，カルスや培養細胞の場合には，培養中にトランスポゾンによる遺伝子破壊や染色体異常が生じる可能性が高く，遺伝的変異の発生が想定されるため，長期間の継代は適当ではないが，セルラインの多くは継代培養によって維持されている．保存中の変異発生を回避するためには，組織を凍結して保存する方法が最適であり，細胞を特殊な凍害防御剤で処理したうえで，瞬間的に液体窒素で凍結させるガラス化法などが開発されている．

（白田和人）

**しけんじょうとのうかほじょうとのしゅうりょうさ　試験場と農家圃場との収量差**（yield gaps between experiment station and farmer's field）

同じ技術実証試験であっても，それを試験場で行う場合と農家の圃場で行う場合で，収量差が生じることはよくあることである．その理由は，実証の対象となる技術以外の条件が必ずしも同一ではない場合が多いからである．異なる条件とは，土壌条件（塩類集積，微量要素の不足などを含む）や水利条件（水量の不足，水質の低位性など）の他に，農民の栽培管理，収穫・脱穀・乾燥調整作業，および他部門との生産要素の競合関係の違いなどである．この収量差に相当する分量だけ技術的には増収の可能性があることから，農業技術は農民の圃場での試験を通じてその条件に合わせるように適正化し，実証されてはじめて実用化されうるものとなる． （山田隆一）

**しげんリサイクル　資源リサイクル**（resources recycling）

地球環境保全に世界的な関心が集まっている．農業もその例外に漏れず，環境保全型農業・持続型農業への転換が図られようとしている．このような情勢の中，いままで廃棄されてきた藁など，未利用農業資源や処分に困っている畜産廃棄物の循環再利用に大きな関心が寄せられている．稲わらは水田土壌に鋤き込んだり，家畜の敷料として利用されているが，麦わらは焼却処分されることが多く，毎年6月になると煙害に悩まされる地方もある．1960年代まで，麦わらを原料にしたわら半紙が市場にも出回り使用されてきた．何らかの新しい利用技術の開発が望まれる．畜産

廃棄物は，食生活の変化により，多量に発生するようになった．畜産廃棄物の多量発生は，穀物飼料のほとんどを輸入に頼っているからである．畜産業は大規模化が進んで，畜産廃棄物発生に地域的偏りがあり，循環再利用を困難にしている．特に，畜産廃棄物は，流通システムをいかに構築するかが課題である．　　　　　　　　　　（中曽根英雄）

**しこうりょうるい　嗜好料類**　→付表9

**じこしょうか　自己消化**（autolysis）
自己分解ともいう．細胞や組織が死んだとき，それらを構成している物質がその中に存在している酵素によって，無菌状態においても分解する現象．その主なものとしては，グリコーゲンから乳酸の生成，ATP・クレアチンリン酸のような有機リン酸化合物から無機リンの生成，タンパク質からペプチドやアミノ酸の生成などが挙げられる．自己消化は一般に死後に起こり，動物組織での分解は細胞内のリソソーム（lysosome）中に存在する各種加水分解酵素が，リソソームの分解に伴って細胞質内に遊離して起こると考えられている．リソソームは赤血球以外のすべての動物細胞に見られる比較的大きなオルガネラで，30～40種類の加水分解酵素を含む．リソソーム酵素群の最適pHは平均5付近で，微酸性になるとこれら酵素が作用し始める．すなわち，タンパク質はプロテアーゼで，RNAはリボヌクレアーゼで，DNAはデオキシリボヌクレアーゼで，多糖類はグルコシダーゼで加水分解される．

食品での自己消化の好例を食肉の熟成と魚肉の鮮度低下の過程で見ることができる．と殺後の骨格筋では，嫌気的代謝による乳酸の生成がpHの低下を引き起こし，リソソームが破壊される．リソソーム中に存在したカテプシン類がタンパク質を加水分解してペプチドが生成し，さらにペプチダーゼの働きでアミノ酸に分解される．また，ATPの分解物としてイノシン酸（IMP）が生成することもあわせて，結果として食肉の食味，風味が向上し，テクスチャーも軟化する．このような変化を一般に肉の熟成と呼んでいる．自己消化は酵素反応であるため，その速度は温度が高いほど速く，36～38℃付近で最大となる．

一方，魚肉のように組織が軟らかいものでは，自己消化によって食味は低下し，さらに微生物による腐敗作用が促進する可能性が大きいため，熟成させない．ただし，マグロ類やカジキ類のような大型魚では熟成させると風味が向上する．死後硬直が終わると自己消化により魚肉は次第に軟化し，イノシン酸はイノシン，さらにはヒポキサンチンに分解され，旨味成分であるイノシン酸量は減少する．すなわち魚の「生きの良さ」は低下する．一般に赤身魚の自己消化は白身魚よりも速く，また海産魚は淡水魚に比較して自己消化の至適温度が高いといわれている．

肉の自己消化を積極的に利用した加工品に塩辛，魚醤油，フィッシュソリュブルなどがある．自己消化の進行に伴って，腐敗や変敗が起こりやすくなるため，食塩の使用や低温の利用などによりこれをコントロールする必要がある．　　　　　　　　　　（田中宗彦）

**シーさんしょくぶつ　$C_3$ 植物**（$C_3$ Plant）
地球上のすべての植物は光エネルギーを利用して，$CO_2$ と水から有機物を生産する反応（光合成）を行っている．その光合成の $CO_2$ 固定によって生産される最初の化合物が phosphoglyceric acid（PGA）である光合成を，PGAが炭素三つの化合物であることから $C_3$ 光合成という．そして，その光合成を行う植物を $C_3$ 植物という．

光合成は，葉肉細胞や気孔の孔辺細胞に多く存在する葉緑体と呼ばれる細胞内オルガネラで行なわれる．葉緑体は短径1～3μm，長径約5μmほどの楕円型の円体をしていて，内部は偏平な円盤状の袋が重なり合った部分（チラコイドと呼ばれる）と空洞の部分（ストロマと呼ばれる）からなる．チラコイドは脂質とタンパク質からなり，ストロマには多量のタンパク質が溶解している．また葉緑体を

構成するいくつかのタンパク質をコードするDNAやリボゾームもストロマに存在する．光合成の反応は，①光エネルギーを獲得する集光・光化学反応，②獲得した光エネルギーを化学エネルギーに変換し，高化学エネルギー物質であるATPと還元物質であるNADPHを生産する電子伝達系・光リン酸化反応，③そのATPのエネルギーとNADPHの還元力を用いて$CO_2$ガスから有機物を生産する炭酸同化反応，および④光合成の最終産物であるデンプンとショ糖を生産する最終産物生産反応，の四つの過程の反応から成り立っている．

①と②はチラコイドと呼ばれる部分で行われ，光エネルギーの獲得はクロロフィルと呼ばれる光合成色素によって行われる．すべてのクロロフィル分子はタンパク質と結合している．光エネルギーを獲得した光合成色素は励起状態となりその励起エネルギーは効率よく反応中心のクロロフィルへ伝達される．反応中心では電荷の分離が生じ，放出された電子はそれにつながる電子伝達系に伝達され，一方で$H_2O$が分解され$O_2$が発生する．③の反応はストロマで行われる．$CO_2$の固定は酵素Rubisco（→）によって行われる．またこの$CO_2$の受容体である五炭糖ribulose 1, 5-bisphosphate（RuBP）を生産する代謝には10種の酵素が関与し，その一連の代謝反応はカルビン回路またはカルビン・ベンソン回路と呼ばれている．④の反応は，デンプンがストロマでショ糖は葉緑体ではなく細胞質で生産される．

これらの過程は，植物の種の違いにかかわらず，基本的には同じ機構で成り立っている．しかし，地球上には，さまざまな環境要因に適応して，③の炭酸同化の過程に，異なる機構を付加的に持っている植物が存在し，それらの植物はその代謝の機構の違いから$C_4$植物とCAM植物（→）と呼ばれ，基本的な四つの過程のみから成り立っている$C_3$植物と区別されている．なお，地球上の全植物の90％以上は，$C_3$植物に属すると推定されている． 　　　　　　　　　　　　（牧野　周）

**シージーアイエーアール（CGIAR）**→国際農業研究協議グループ

**ししつ　脂質**（lipid）

水に不溶でエーテル，ベンゼンやクロロフォルムのような脂肪溶剤に溶解する物質の総称である．脂質には脂肪酸と各種アルコールのエステルである単純脂質，脂肪酸とアルコール以外にリンや糖が結合した複合脂質，脂肪酸や高級アルコールなどの単純脂質や複合脂質の加水分解産物が含まれる．単純脂質には脂肪酸とグリセロールが結合した中性脂肪（トリアシルグリセロール）とろうが含まれ，複合脂質にはリンを分子内に持つリン脂質，糖を分子内に持つ糖脂質がある．ろうは脂肪酸と高級アルコールのエステルであり，植物茎葉の表面に微量存在し，内部保護の機能を有している．ろうは一般に融点が高く動物は利用できない．中性脂肪は植物では種子に，動物では皮下や内臓周囲の脂肪組織に分布し，エネルギー貯蔵物質として機能している．中性脂肪中の脂肪酸は通常4から30個程度までの炭素を含み，脂肪酸1分子内の炭素数は偶数である場合が多い．含まれる炭素数が2から4のものを短鎖脂肪酸，5から10のものを中鎖脂肪酸，11以上のものを長鎖脂肪酸と呼ぶ．また，分子内の二重結合の有無により飽和脂肪酸と不飽和脂肪酸に分類される．特に，二重結合を二つ以上有するものを多価不飽和脂肪酸と呼ぶ．動物は二重結合を脂肪酸分子内に入れることができるがその部位は限られており，リノール酸や$\alpha$-リノレン酸を合成できない．リノール酸は動物体内で生理活性を有するプロスタグランジンやトロンボキサンチンとなる．また，$\alpha$-リノレン酸はドコサヘキサエン酸となり，哺乳動物の脳，神経や網膜の機能を保つのに必須である．そこでリノール酸や$\alpha$-リノレン酸は動物が摂取する必要があり，必須脂肪酸と呼ばれる．リン脂質は生物の細胞膜やオルガネラ膜など

の生体膜の主要な構成成分である．ステロールは環状のアルコールであり，動物にも植物にも存在する．植物ステロールの一種であるエルゴステロールはビタミン $D_2$ の前駆物質である．コレステロールは肝臓や小腸で脂肪酸から合成され，胆汁酸，ステロイドホルモンやビタミン $D_3$ などの前駆物質となる．動物は摂取した中性脂肪を胆汁と混合し，膵臓から分泌されるリパーゼにより脂肪酸とモノアシルグリセロールに分解し，小腸から吸収する．次いで粘膜細胞内で再び中性脂肪となった後にタンパク質とともにカイロミクロンを形成し，リンパ管に放出される．カイロミクロンはその後血液中に入り，脂肪組織などの末梢組織に取り込まれる．反芻動物では，摂取した脂肪酸は胃内微生物の作用により水素添加を受け，二重結合の数が減少する．したがって，反芻動物の脂肪組織における中性脂肪は単胃動物と比較し飽和脂肪酸が多く，融点が高い．単胃動物では脂肪酸をグルコースから合成するが，反芻動物ではこの反応はほとんど生じない．飼料中成分としてはエーテル抽出物を粗脂肪として示す．　（松井　徹）

**しじょう，せいふ，きょうどうたいのやくわり　市場，政府，共同体の役割**（roles of market, government and community）

資本主義経済における再生産のための資源の生産と分配は，原則的に市場での商品交換を通じて行われ，人間のさまざまな能力の支出である労働力さえも商品として市場で取り引きされる．しかし，資本主義は歴史的存在であり，あらゆる資源の生産と分配が市場経済によって完全に支配される社会は空想の産物に過ぎない．現実の社会は多かれ少なかれ市場経済以外の秩序を含んでいる．経済人類学者 K. Polanyi は，市場経済以外の秩序原理として互恵（互酬）および再配分を挙げ，市場経済システムは社会組織の一機能にすぎないと論じた．共同体は，歴史的にこれらの秩序原理に基づく資源の生産と分配を担っており，特に開発途上地域では共同体の機能が今なお広範に観察される．他方，近代国家における政府は，通貨発行やインフラ整備，社会福祉，雇用確保，あるいは環境保全といった，市場経済では十全に維持できない社会的機能を果たす役割を担ってきたが，経済のグローバル化が進展する現在，政府の役割の適正範囲が改めて問われている．　（千葉　典）

**しじょうきんびょう　糸状菌病（作物の）**（fungal disease）（→病気（作物の）の種類と病原）

**しじょうけん　市場圏**（marketing area）

商品交換の場としての市場は，社会的分業の深化と現物経済の崩壊による商品生産の出現・発展とともに，発展・拡大していく．一般に，複数の市場が地理的に重なり合いながら，商品交換によって持続する経済に基づく再生産が行われるようになると，その空間は市場圏と呼ばれる．したがって，市場圏の存在形態は，時代によって異なってくる．大塚久雄によれば，現代経済に連なる資本主義の発生は，中世における旧い商業資本の発達の単なる延長線上にではなく，封建制支配と封建制下の商業とが危機に陥り著しく後退する時期に，農村地帯の各地で各種の手工業者が混住しいくつかの村落がまとまった形で形成される，自給自足的傾向を帯びた地域的な商品経済に基づく再生産圏に求められるという．この再生産圏は局地的市場圏と呼ばれ，農民や手工業者の間の直接的な商品交換に支えられている．局地的市場圏における経済活動は，旧来の都市におけるギルドや前期的資本の制約を受けにくく，そこで発生する余剰は容易に資本蓄積に向けられ得ることから産業資本の成長を促し，複数の局地的市場圏は融合・拡大を続け，より大規模な地域的市場圏が形成される．こうした地域的市場圏が一国の政治領域と地理的にほぼ重なった形で成立すると，国民経済が一つの市場圏として形成されることになる．しかし，理論的にはともかく，単一の市場圏で完全な自給自足と再生産が行われることはまれであり，現実に成

立した地域的市場圏には，他の地域的市場圏との商品交換によって再生産を保証される部分が残らざるを得ない．産業資本主義段階に到達したイギリス，フランスなどの国民経済は，特に熱帯産工業原材料など一次産品について，主にアジア，アフリカの植民地からの輸入に頼らざるを得なかった．資本主義の発展の結果，他の列強諸国もまた植民地から食料や工業原材料の調達を図り本国を頂点とする自給自足経済を建設しようと企てたため，後発のドイツ，イタリア，日本といった諸国の植民地再分割要求によって二度にわたる世界大戦が勃発するに至った．このような，19世紀後半から20世紀前半にかけて出現したいわゆる帝国主義諸国の経済圏も，一定の自給自足的再生産圏を目指したという点では，暴力的に創出された一種の市場圏であると考えることができる．経済のグローバル化が急速に進展する今日では，一見すると国民経済を超越した世界経済が展開しているようにみえる．確かに，金融取引や石油，穀物などの取引といった分野では，実際に地球規模の市場機能が観察される．しかし，EUの成立や北米，南米，東南アジアなどでみられる多国間市場統合への動きは，経済活動が一国の規模を超えながらも依然として広域的な再生産圏を主軸として営まれていることを示している．また，農産物の中でも輸出産品ではなく地域的に生産・消費される食料などについては，まさに小規模の地域的市場の発達がその成長の鍵を握っている．熱帯農業の発展にとって農産物の販路としての市場圏をどのように獲得するかは，農業技術開発と並んで依然として重要な課題である． (千葉 典)

**しじょうしこうがたせいさく　市場指向型政策**（market-oriented policy）

一般的には，政府の役割を限定する一方で，市場メカニズムを重視し，経済自由化を促進する一連の政策体系のことを指す．具体的には国内における規制緩和，公営企業民営化や，対外的な貿易・資本自由化の推進などによって特徴づけられる．1980年代以降，それまでの伝統的なケインズ政策下に蓄積された膨大な財政赤字を前に，多くの先進国がこの種の政策体系を採用するようになったが，それは経済学における新古典派経済理論の台頭と歩調をともにするものでもあったといえるだろう．現在，IMF（国際通貨基金）や世界銀行などの国際金融機関による融資もまた，同様の政策体系の採用をコンディショナリティとして実施されており，それは経済政策における世界的なコンセンサスとなりつつあり，市場経済移行国の出現や中国の社会主義市場経済（論）もこの一連の流れに沿うものといえる．その一方で，かかる政策は世界的な競争を激化させ，所得格差の拡大をもたらすなど，数々の問題点を内包するとされることから，その帰結は必ずしも楽観視できるものではないことも指摘されている． (福味 敦)

**しじょうのしっぱい　市場の失敗**（market failure）

市場機構は資源配分の効率性を実現するが，必ずしも万能でなく，公害など有効に働かない局面が存在すること． (會田陽久)

**じせいいね　自生稲**（volunteer rice）

野生で自然のままに，人の保護を受けずに増殖している稲のこと． (安田武司)

**しせいか　枝生花**（ramiflory）

ドリアンなどのように，太枝に花・実をつけることをいう． (渡辺弘之)

**しせつえんげい　施設園芸**（protected horticulture, horticulture under structure）

ガラス温室・ビニールハウス・トンネルなど施設下の比較的安定した環境条件下で園芸生産を行う技術．種々の被覆資材を使用したマルチ栽培も含まれる．施設園芸は天候・地域条件に左右されやすい園芸作物の生産を生育環境の制御によって安定させるとともに，計画的な供給体制を可能とするが，その反面，施設資材などの装備や化石エネルギーの使用などに経費を要すること，作物の栽培管理に露地栽培とは異なったむずかしさがあるなど

の問題点が指摘されている．熱帯地域では，主としてコスト面での問題から，実用的な施設園芸はあまり見られないが，バンコクなど大都市近郊の花卉生産で見られるほか，マレーシア・カメロン高地では，多雨による病気の多発を避けるため，大規模な雨よけハウスで野菜・花き生産が行われている．

（米田和夫）

### しぜんじょうかきのう　自然浄化機能
(natural purification function)

河川や湖沼などの水域においては水質を浄化する機能が存在しており，それを自然浄化機能と呼んでいる．自然浄化も物理的，化学的，生物的な浄化に分けることができる．物理的な浄化の例として，沈殿が挙げられる．化学的な浄化には，曝気による空気からの酸素の取り込み，あるいは水田などで見られる還元ゾーンによる硝酸の脱窒が挙げられる．生物的浄化としては植物による栄養塩の取り込み，礫や石に付着した微生物や水中の浮遊微生物などによる有機物の分解などがある．農業地帯などでは，広域的な水循環が行われているが，自然浄化機能も多く，これらを汚水循環の過程に取り入れることにより，効果的に水質保全を行うことができる．

（三沢眞一）

### しぜんていぼう　自然堤防 (natural levee)
→三角州

### しぜんとつぜんへんいたい　自然突然変異体（動物）(mutant)

極めてまれに生じた生存上不利でない突然変異体の遺伝様式を究明・利用した例は，先進国の畜産では肉牛のいくつかの無角品種の造成やニワトリの速羽性遺伝子を利用した性判別法の開発などいろいろあるが，熱帯の暑熱環境下でニワトリの裸頚が飼育効率で重宝がられたことがあった．このような形態上の明白な突然変異体は，遺伝様式の究明・利用が容易になるが，熱帯家畜の優れた病気抵抗性・環境適応性に関して血液成分などの質的生理形質に遺伝変異があるのだろうが究明は困難である．

（建部　晃）

### しぜんほごスワップ　自然保護スワップ
(Debt for Nature Swap)

国際的な自然保護団体などが，開発途上国に対する債務を民間銀行から取得し，これを途上国の現地通貨建ての債券に交換して，当該国の政府ないしは自然保護団体の活動に充てるもの．途上国の対外債務の軽減すると同時に自然保護のための財源確保を狙っている．米国の民間団体コンサベーション・インターナショナルがボリビア政府とのあいだで1987年に行なったのが最初である．

（熊崎　実）

### じぞくかのうなかいはつ　持続可能な開発
(sustainable development)

持続可能な開発という用語を一般に定着させたのは，「環境と開発に関する世界委員会」報告書『我ら共有の未来(Our Common Future)』である．同報告書によると，持続可能な開発とは，「将来の世代が自らの欲求を充足する能力を損なうことなく，今日の世代の欲求を満たすような開発をいう」とされ，また環境保全と開発とは相反するものではなく，不可分なものであるとする「持続可能な開発」の考え方を提案し，世界の支持を得ている．一方，1992年にIUCN（国際自然保護連合），UNEP（国連環境計画），WWF（世界自然保護基金）が共同で作成した「新・世界環境保全戦略」では「持続可能な成長というのは矛盾した術語であって，自然界では無限に成長できるものではない」と指摘した上で，「人々の生活の質的改善を，その生活支持基盤となっている各生態系の収容能力限界内で生活しつつ達成すること」と定義している．このように，「持続可能な開発」を正確に定義づけることは難しいが，国連は「世界の貧困に対する基本的ニーズに合致する開発であるとともに，周囲の環境に対して人間の活動の影響という観点から経済学的なアプローチのある開発」と示し，これをアジェンダ21などの具体的施策の実施などを通じて，積極的に位

置づけている．アジェンダ21とは，「持続可能な開発」をキーワードに1992年6月に開催された「国連環境開発会議（地球サミット）」において採択された「環境と開発に関するリオ・デ・ジャネイロ宣言」の理念を具体化し，持続可能な開発のための行動計画を定めたものである．なお，「持続可能な開発」と似た概念に，「持続可能な農業（sustainable agriculture）」がある．カルフォルニア大学によると，持続可能な農業には三つのゴールがあるとし，環境に対して健全であること，経済的に収益性があること，社会的・経済的公正，としている．そもそも持続可能な開発という概念は，1972年にローマクラブが『成長の限界』を上梓した頃から，経済発展が環境を脅かすことによって，人間の生存環境そのものの悪化をもたらすという危機感から生まれた考え方といってよい．すなわち，何の手だてもとらないでこのままの開発を進める限り，環境の耐久力はなくなってしまうという危機感である．しかし，当時は「成長（あるいは開発）」と環境が，いわばトレードオフの関係にあるという主張はなされなかった．途上国が抱えている環境問題をめぐっては，まだ多くの議論がなされているところである．これは，開発が環境汚染などを引き起こすとする先進国と，未開発・貧困などが最も重要な人間環境の問題であるとする途上国との，主張の対立に象徴されている．「持続可能な開発」という概念の下，南北間の対話が前進しつつあるものの，具体的な取組に関しては依然障害が多い．「持続可能な開発」のためには，南北間の公平性を確保する仕組みが必要とされている．　　　　　　　　　　　（安延久美）

**じだつがたコンバイン　自脱型コンバイン**（head feeding combine）

自脱コンバインは刈取搬送部，脱穀部，選別部，穀粒処理部，走行部，機関部などから構成し，刈取，脱穀，選別を同時に行う，日本独特の自走式コンバインであり，稲や麦の収穫に利用されている．現在，日本では約115万台の自脱型コンバインが普及しており，水稲栽培面積の約85%以上がこのコンバインで収穫されている．作物を往復動刃（レシプロ刃）で地際から刈り取り，株元を挟んで搬送し，穂先の部分のみを脱穀装置に挿入して脱穀を行う形式のコンバインである．現在，市販されている自脱型コンバインは，2～6条刈り（刃幅が0.55～1.97 m）で，6～80 PSのディーゼル機関を搭載している．脱穀部は自脱形式，選別部は揺動選別・風力選別併用式，走行部は装軌式，穀粒処理部は袋詰め式あるいはタンク式となっている．
　　　　　　　　　　　　　　（杉山隆夫）

**シタン**（rosewood）→カラキ

**シチヘンゲちゅうどく　シチヘンゲ中毒**（ランタナ中毒 Lantana poisoning）→光線過敏症

**しちゅうこん　支柱根**（stilt root, flying buttress）

幹から発生した不定根がタコの足状に地面に達した根のこと．樹体の支持の機能と，気体の出入り，ならびに地中では栄養分の吸収の役目を果たしている．タコノキ，マングローブ樹種のうちのヤエヤマヒルギ，ヤシの仲間などに見られる．　　　　（神崎　護）

**しつじゅんきこう　湿潤気候**（humid climate）

ソーンスウエイトの気候分類における水分指数が80～20の値をとるもので，高いほうから順にB4～B1とする．（久馬一剛）

**しつじゅんしすう　湿潤指数**（humidity index）→ソーンスウエイトの気候分類

**しつぜつ　湿舌**（moist tongue）

対流圏下層において，湿潤域（高混合比の空気）が乾燥域へ舌状（帯状）にのびている領域のこと．湿舌の形成は，水蒸気収束とそれに伴う，水蒸気の鉛直輸送が大きく寄与している．湿舌の動向の解析は，豪雨，雷雨の予測に利用されている．　　　　　（佐野嘉彦）

**しつてきけいしつ　質的形質**（qualitative trait, qualitative character）

色や形の違い，成分の種類や有無など不連続に区分される形質で，作用の大きい1～少数の主働遺伝子（major gene）により発現する．エンドウマメの種子の形，子葉の色，草丈の高低など，メンデルが遺伝の法則の発見に使ったのはいずれも質的形質であった．糯・粳性，病害に対する真性抵抗性，アントシアン色素の有無，果実や花の色など，農業上重要な質的形質は少なくない．質的形質は，メンデルの法則に従って遺伝する場合が多く，環境が変わっても形質の発現が安定していて遺伝率が高く，量的形質に比較して選抜や改良が容易である．　　　　（藤巻 宏）

**シップ（国際イモ類研究センター）**International Potato Center, Centro Internacional de la Papa : CIP

ジャガイモの遺伝資源の導入・保存と育種的利用を図るため，1971年にロックフェラー財団およびノースカロライナ大学でそれぞれ独自に取り組まれていた国際イモ研究計画（International Potato Program : 在メキシコ）を前身としたCIPが，ジャガイモの発祥地に近い南米ペルーのリマに設立された．ここでは，ジャガイモ，サツマイモに関するさまざまな分野の協調的なプログラムを実施し，また世界規模で共同研究や研修を行い，共通の問題の解決に各国が協力して当たっている．特に，疫病の研究，ジャガイモの品種改良，サツマイモの生産性向上，アンデスの天然資源管理（根塊類の多様性の保全）などの研究に顕著な成果を挙げている．　（安延久美）

**シデライト（siderite）**

炭酸第一鉄（$FeCO_3$）のノジュールをいう．菱鉄鉱ともよばれる．低湿地のグライ層中に灰白色の硬化～半硬化二次生成物として見いだされ，特に日本海に面する低湿地によくみられる．α-α′ジピリジル試薬で赤色を呈し，酸で発泡すればシデライトと判定してよい．強還元状態で易分解性有機物が多く，土壌水中にⅡ価鉄および炭酸ガス濃度が高いことなどが生成条件のように考えられる．

（三土正則）

**ジニけいすう　ジニ係数**（Gini' coefficient）

所得分配の不平等度を測る尺度で，その値が小さいほど所得分布は均等に近づく．

（水野正己）

**じぬし　地主**（landlord）→土地改革

**しのうほうし　子嚢胞子**（ascospore）

子嚢菌類の有性胞子をいう．子嚢の内部に通常は8個が一列に並んで生じる．子嚢胞子形成の過程で，子嚢内部で雌雄の核の融合があり，続いて減数分裂と一回の有糸核分裂によって8個の核となって形成される．形は球形，楕円形，紡錘形，糸状，針状などがあり，通常は無色のものが多い．　（梶原敏宏）

**ジノフィシストキシン**（dinophysistoxin）→下痢性貝毒

**じばんしんとう　地盤浸透**（percolation through plowsole）

田面から地盤を通じての浸透は，縦方向に浸透してそのまま地下水になるもの，並びに，一旦縦方向に浸透してから，横方向に浸透し，湧水や河川や排水路への流入水など，再び地表水に戻るものなどがある．

理論的には，縦浸透量は地下水位と田面湛水位との水頭差，浸透路に当たる土層厚とその透水係数から求められる．実際には，クラック，水稲や雑草の根の痕跡などの土層中のミズミチの存在が大きく影響するので，実測による検証が必要である．

圃場における測定には，N型減水深測定装置，迅速浸透量測定装置，浸潤計などを用いる．

地盤浸透量は，耕種条件によっても大きな影響を受ける．代掻きは表層のミズミチを塞いで浸透を著しく削減する．代掻きを伴わない乾田直播や不耕起栽培では浸透量は大きくなる．また，排水路の水位を高めることにより，地下水位を高めて，浸透を抑制することができる．一方，浸透を促進するためには，耕盤破砕や暗渠排水を施工する．（八島茂夫）

**ジーピーエス　GPS**（Global Positioning System）

4個以上のGPS衛星からの電波を同時に受信して，地上の3次元座標を計測するシステム．　　　　　　　　　　　　　　（吉野邦彦）

**しびよう　脂尾羊**（fat-tailed sheep）

アフガニスタン，イラン，イラクなどの西アジアや中東の乾燥地帯では，羊は最も重要な家畜で毛・肉・乳生産と多目的に最大限利用される．これらの乾燥地帯には多くの在来品種がいるが，大部分大きな脂肪塊を尾根部にもち，脂尾羊と総称される．　（建部　晃）

**ジプシソル**（Gypsisols）→ FAO-Unesco世界土壌図凡例

**シーフォール（国際林業研究センター）** Center for International Forestry Research : CIFOR

1980年代中期の環境問題への関心の高まりを背景に，FAOが中心となり，CGIAR内に森林・林業に関する国際的な研究所の設立構想が具体化され，1990年の年央会議で国際林業研究機関の設立が決定された．1992年に設立理事会が開催され，熱帯雨林や生物多様性研究に対するインドネシア政府の積極的な支援により，翌年5月に同国のボゴールに本部を置くCIFORが設置された．ここでは，森林システムおよび林業に関する共同研究およびその関連研究を通じて，開発途上国の特に熱帯諸国の人々の持続的な福祉に貢献することを目指している．現在，政策と森林，森林生態系管理，天然林管理，評価指標，荒廃地回復，生物多様性の保存，共同体による森林管理，特用林産物，森林生産物の世界的需給動向の解析などの研究が取り組まれている．
　　　　　　　　　　　　　　（安延久美）

**ジベレリン**（gibberellin）→植物ホルモン

**シポ**（sipo）→付表（アフリカ材）

**しほんちくせき　資本蓄積**（capital accumulation）

資本主義経済を動かす基本原理は利潤追求であり，資本家が取得する利潤の源泉は労働力によって生み出される剰余価値である．この剰余価値の一部を当初の資本に追加し，さらに多量の資本によって生産を続けることにより，資本家はより多くの剰余価値と利潤とを手にすることができる．このように，利潤原理に基づく生産活動を繰り返す中で資本を追加し，資本量を拡大していくことを，資本蓄積と呼ぶ．追加資本が生産活動によって生み出される最も単純な過程は以下の通りである．資本家は，当初所有する貨幣資本（$G$）によって，原材料や生産財などの商品（不変資本：$c$）と労働力という商品（可変資本：$v$）とを購入し，これらを組み合わせて農産物や工業製品などの商品を生産する．生産された商品には，その生産に投入された商品の価値（$G = c+v$）が移転しているだけでなく，労働の支出のうち労働者に支払われなかった価値も含まれている（剰余価値：$m$）．したがって，生産が1サイクル終了した後に得られる総価値（$c+v+m$）は，剰余価値部分（$m$）だけ当初の資本量を上回る．資本家はその一部または全部を次期の生産のための資本に繰り込むことによって，資本蓄積が継続する．このような資本主義的生産が継続的に行われるためには，原材料や生産財などと労働力とが商品として市場で調達可能でなければならない．特に労働力が商品として市場で販売されるためには，資本も土地も所有せず，自らの労働力を販売しなければ生存できない労働者が，一定数存在していなければならない．このような階級としての労働者は自然発生的に出現してきたのではなく，歴史的にはイギリスにおける囲い込み運動のような形で，かつては土地に生活の基礎を置いていた農民を強制的に土地から追い出すことによって生み出されてきた．こうした労働者と土地との切り離しの過程を資本の本源的蓄積と呼ぶ．資本蓄積は資本主義経済の存続に不可欠な過程であるが，農業部門における資本蓄積は工業部門のように急速に展開してはこなかった．その理由として，工業部門に比して土地所有による

制約を強く受けること，生産過程における自然力の影響が強く資本の回転期間が制限されること，歴史的にみて小規模な土地と資本を有する家族的経営が，資本家でも労働者でもない小商品生産者として広範に残存してきたことなどが挙げられる．特に開発途上地域では，ラテンアメリカにみられる大土地所有制やアジアで根強い地主制などの伝統的土地所有形態が依然として支配的な場合も多く，農業における資本蓄積の主体たる農業資本家が自生的に発展してこなかったばかりか，植民地時代の遺産としての熱帯農業が輸出部門として世界市場と直接結びつく一方，その利潤が国内農業に還元せず，資本投下が停滞するという事態が展開している．農業部門における資本蓄積をどのように促進し，農業発展の契機としていくかは，いまなお重要な課題である．　　　　　　　　　　　　　（千葉　典）

**しほんとうひ　資本逃避（capital flight）**
途上国に投資された資本が，カントリーリスクが高くなることに伴い引き揚げられる現象．　　　　　　　　　　　　　（水野正己）

**シミット（国際トウモロコシ・小麦改良センター）** Centro Internacional de Mejoramiento de Maiz y Trigo：CIMMYT）
世界の三大穀物（コムギ，トウモロコシ，コメ）のうちコムギおよびトウモロコシについて，1943年以降，ロックフェラー財団とメキシコ政府が共同で農業研究事業を実施してきたが，1966年に再編し，メキシコ国内法に基づくCIMMIYTが設立された．本部をメキシコのメキシコシティーに置き，コムギの新品種の開発により「緑の革命」に先鞭をつけた．ここでは，開発途上国の貧困の軽減と食料の安全を保障するために，天然資源を保存しながらコムギおよびトウモロコシを対象に，遺伝資源の保全，遺伝子改良，環境ストレス管理，持続的生産システムの開発研究を実施している．また，栽培システムの生産性や営利性，持続性の向上を図る研究活動に加え，人材育成および技術移転，普及などを重視する計画が組まれている．なお，同センターのコムギ研究の功績で，Borlaug博士に対し1970年にノーベル平和賞が授与された．
　　　　　　　　　　　　　（諸岡慶昇）

**しめころししょくぶつ　絞め殺し植物（strangler）**
イヌビワ属（*Ficus*）の一部の種では，他の樹木の上部の枝に付着した種子が発芽し，そこから気根を地表にまで伸ばして成長を続ける．やがて肥大成長した気根は，自分が着生している樹木の幹を覆いつくして枯死させて，最終的には肥大した複数の気根によって自分自身を支え，相手の樹木が枝を広げていた空間を奪い取ってしまう．このような生活様式を持つ植物を絞め殺し植物と呼ぶ．同様の生活型はゴマノハグサ科の*Wightia*属やオトギリソウ科の*Clusia*属にも見られる．
　　　　　　　　　　　　　（神崎　護）

**ジャイアントスターグラス（giant star grass）**
学名：*Cynodon aethiopicus*，一般名が地域によって若干異なり，Naivasha star grass（*Cynodon plectostachyus*）やAfrican star grass（*Cynodon nlemfuensis* Vanderyst）と分類にも混乱が見られる．
原産地は東アフリカとされている．ほふく性の永年生暖地型イネ科牧草である．深根性で根の張りも旺盛である．形態的には，花序や小穂の形や草型から同属のバミューダグラスと非常によく似ているが，地下茎を持たず，バーミューダグラスと比較して大型の草種である．同種はほとんど2倍体であるが，3倍体も見られる．種子は不稔割合が高く，繁殖茎を用いた栽培が行われる．耐旱性も高く，アルカリ性から酸性土壌まで幅広く生育する．我が国南西諸島の南部（lat. 24°N, 2,500 mm）の放牧地の主要な草種で，十分な施肥管理によって，25～35 t DM/haの生産力があり，高い牧養力を期待できる．
　　　　　　　　　　　　　（川本康博）

### ジャイアントポドゾル（giant podzol）

熱帯の海岸砂丘地帯には，しばしば真っ白に漂白された表層土をもつ砂質土壌が分布する．マレー半島の東岸，サバ・サラワクなどボルネオ島の北岸，カリマンタンの東岸など，砂丘（ないし浜堤）列が発達している海岸の内陸側の古い砂丘の上にこの種の土壌が見られる．通常，漂白された表層土の厚さは1mをこえず，その下に黒い腐植の集積層，赤褐色の鉄集積層が続き，見事なポドゾルの断面形態を示す．分類上かつては地下水ポドゾルと呼ばれ，アメリカの新分類ではSpodosol目Aquod亜目に入るものが多い．ジャイアントポドゾルと呼ばれるものには，漂白された表層土が例外的に厚く数mをこえるようなものがあり，その下にやはり集積層が現われる．ただし，これはEntisol目のQuartzipsamment大群に入る．これらの漂白層をもつ，きわめて瘠薄なポドゾルの上には，マレー語でケランガス（kerangas）（→）と呼ばれる貧弱な植生が乗っているのが普通である．（久馬一剛）

### ジャヴァニカ（javanica）→ジャポニカ

### しゃかいかいはつ　社会開発（social development）

貧困解消や基礎保健，女性のエンパワーメントなど，より直接的に人間の生活水準にかかわっている分野を対象とした開発の総称．1960年代には，社会開発とは経済開発を補完するもの，つまり経済開発では直接対象にならなかった港湾・道路・電気・水道などの社会資本を充実させることが社会開発と捉えられていた．ところが，70〜80年代にかけ，そうした経済開発を中心として行われていた開発がさまざまな社会問題，すなわち環境汚染や都市問題，あるいは貧富の格差の問題を顕在化させた．その結果，経済成長のみならず，そうした社会問題への対応が開発の目標に含まれるようになった．ILO（国際労働機関）が提唱した栄養・保健・住居などのBHN（人間の基礎的必要）が，世界銀行の援助分野として積極的に取り上げられるようになったのも，その頃である．90年代には，社会開発がより人間を対象に据えるようになる．UNDP（国連開発計画）は，生活水準や開発評価の指標として所得のみならず教育年数・識字・寿命データを用いた『人間開発報告書』を1990年に発刊し，貧困・保健・医療・教育・女性などの分野を明示的に開発の対象とした．この「人間開発」の概念は前述のBHNの延長線上にあるが，BHNが福祉を提供する主体として政府を想定していたのに対し，人間開発においては主体は（開発の対象でもある）住民とされている．これは，開発に参加する過程そのものにも人間開発の意味があるととらえていると同時に，こうした参加型開発は自らの需要などを意思表示できるため，経済成長の恩恵を個々の住民がより受けやすくなるという考えに裏打ちされていることに他ならない．95年の世界社会開発サミットは，こうした開発の目的が人間中心へと展開されている状況を象徴するものであった．同サミットで採択された宣言では，現在および将来にわたって「人間を中心に置く社会開発の枠組みを構築」することがうたわれ，貧困・環境・人権・女性のエンパワーメントなどを重点分野とすることが提唱された．社会開発は，人間開発の側面を重視するという捉え方とともに，経済開発とは相対するものという位置づけがなされる場合も多くみられる．例えば，前述の世界社会開発サミットにおいても，政府間サミットでは経済成長や経済自由化政策がいずれ人間の生活水準の向上に繋がるとし，経済開発重視の立場を採ったのに対して，NGOが参加するフォーラムでは，逆にそうした手段が貧困や失業を増大させるとして，人間を中心とした開発政策が主張された．（南部雅弘）

### しゃかいしゅぎしじょうけいざい（ろん）　社会主義市場経済（論）（socialist market economy）→市場指向型政策

### しゃかいてききょうつうしほん　社会的共通資本（social overhead capital）

一国または特定の地域が豊かな経済生活を

営み，すぐれた文化を展開し，魅力ある社会を安定的に維持することを可能にする社会装置のこと．私的資本と対置され，社会全体にとっての共通財産として，社会的な基準に従って管理・運営される資本を意味する．狭義には，財・サービスの生産活動に間接的に貢献する経済社会インフラ（道路，港湾，上下水道，公園など）を指すが，広義には，教育，医療といった社会サービスや経済社会を円滑に営むための諸制度も含まれる．さらに，1990年代半ばから開発論の中で，コミュニティ内の信頼や相互依存を喚起し，社会経済活動の量と質に影響を及ぼすネットワークや人間関係としてのsocial capitalが認知されるようになった．社会の結束力が強く，成員が規範を遵守するように社会的ネットワークが機能しているコミュニティでは，成員を共通の目的の充足に向けて組織化することが容易で，地域社会の生産性や福祉の向上に貢献するとされる．なお，この社会学用語のsocial capitalの定訳はまだないが，経済学用語と区別するため，例えば社会関係資本あるいは関係資本といった訳語が当てられている．（牧田りえ）

**しゃかいりんぎょう　社会林業**（social forestry）

主として開発途上地域の農村集落のメンバーや小土地保有者が，自ら消費したり，販売収入を得るために行なう，さまざまな林業活動（樹木と森林にかかわる活動）のこと．典型的な例としては，農民たちが自分の土地や共有地に，燃料用・小丸太用の樹木を植林するケースであるが，地元住民の必要を満たすべく政府や他のグループが公有地に植林するケースも含まれる．さらに，農民たちが個別ないし共同でおこなう林野産物の採取，加工，販売も，社会林業活動の一つに数えられている．この場合の林野産物とは果実，薬草，きのこ類，蜂蜜，篭材料などをいう．

社会林業は「住民の，住民による，住民のための林業」である．通常の林業活動と区別されるのは，① 地域住民の林業活動への参画，② 住民による決定と責任，③ 便益の住民への帰属，があるからである．逆にいえば，従来の林業においては，地域住民への配慮を欠いていたということであろう．例えば第二次大戦後の東南アジア諸国の熱帯林開発は，製材用材や合板用材，パルプ原木など産業用丸太の生産を意図したもので，以前から森林を利用してきた住民を排除しながら，伐採や植林が強行されることが多かった．これに対する住民の反発が，熱帯林を荒廃させる一因をなしたともいわれている．

社会林業を標榜した最初のプロジェクトは，深刻な燃材不足の緩和を目的として1960年代のインドで実施された．これが世界中に広まるのは，1970年代の後半あたりからである．特に1978年にジャカルタで開かれた第8回世界林業会議は，「住民のための森林」をスローガンに掲げ，熱帯林開発戦略の転換を世界に印象づけた．それ以来，世界銀行や工業国からの開発援助においても，社会林業関連のプロジェクトが優先されるようになった．

社会林業とほぼ同様の意味で使われる用語に，農場林業（farm forestry），コミュニティ林業（community forestry），農村開発のための林業（forestry for local community development）がある．社会林業の対象が農場レベルか，村落レベルか，あるいはより一般的な農村開発の一部に位置づけられるかによって，これらの用語が使い分けられているようである．農作物や家畜と樹木の結合を意味するアグロフォレストリーは，どちらかというと技術的な概念であって，社会林業の重要な用具ではあるが同義ではない．　　　　（熊崎　実）

**じゃくせんてい　弱せん定**（light pruning）→せん定

**じゃくどくウイルス　弱毒ウイルス**（attenuated virus）

人工的に作出，または自然界から選択した病原性が弱いウイルスの系統．植物ワクチンとしてウイルス病防止に利用される．

**しゃこうさいばい　遮光栽培**（shade culture）

遮光資材を用いて気温と地温を下げ，露地条件では困難な夏期の高温期に行う栽培で，遮光率40～50％の資材を用いる．また，日照時間を短縮し開花を調節する栽培方法も含まれる．　　　　　　　　　　（髙橋久光）

**ジャックフルーツ**→熱帯果樹，付表1，22（熱帯・亜熱帯果樹）

**シャドウ・プライス**（shadow price）

市場のわい曲性を除去した財・サービスの計算価格で，開発事業の経済評価の基礎とされる．　　　　　　　　　　　　（水野正己）

**ジャポニカ（イネ）**（*japonica*）

イネの亜種として加藤茂苞ら（1928）が記載したことに始まり，アジアイネ（*Oryza sativa* L.）の1群を指す語としてインディカと対比して用いられている．後にジャヴァニカが別に立てられたことから，わが国では一般にジャポニカを狭義に見ることが多いが，アイソザイムや分子遺伝学的研究などから，現在世界的には，ジャヴァニカは熱帯ジャポニカ，本来のジャポニカは温帯ジャポニカと区別することはあっても，基本的には同一群として扱われている．

温帯ジャポニカは，主として中国華中以北から極東，東欧，ロシア，西欧，エジプトなどの地域に分布し，熱帯ジャポニカは熱帯アジアの山岳地域やジャワ島など，西アジア，中近東，アフリカの陸稲の一部などにみられ，西欧や北米，南米の品種も熱帯ジャポニカの血が濃いと見ることができ，分布域は極めて広い．

熱帯ジャポニカは概して稈が長く少けつで，温帯ジャポニカよりも粒が長く大きく，世界的に著名な良質良食味品種のバスマティやイラン品種群などが含まれる．

近年の考古学とDNA研究の結びつきで，ジャポニカの発祥は9000年前までもさかのぼり，アッサム・雲南地域でインディカと分かれたとする一元説に対して，長江中流地域でインディカとは別に発生したとする二元説が新たに提唱されている．

ジャポニカの細胞質は他の群との交雑親和性に関する何かがあるようで，アフリカイネとアジアイネの交雑も，熱帯ジャポニカを母にしたときだけ成功しており，インドマニプール州の多様な在来品種も，インディカとジャポニカの特性を合わせ持つ品種はすべてジャポニカ型細胞質であった．
　　　　　　　　　（金田忠吉・佐藤洋一郎）

**ジャラガグラス**（jaragua grass）

学名：*Hyparrhenia rufa*（Nees）Stapf　600～1,400 mmの降水量を好むが季節的な冠水にも耐性を示す，草高60～300 cmの永年生イネ科草種で熱帯アフリカや熱帯アメリカの極相草原の優占種でもある．　　（川本康博）

**しゃりんがたトラクタ　車輪型トラクタ**（wheeled tractor）

トラクタは，耕起，管理，収穫，調整，運搬，土層改良など使用範囲が広く，その汎用性から農作業のベースマシーンとしての位置を占めている．走行装置の種類からは，車輪型トラクタと履帯式トラクタに区別される．

トラクタの普及台数（1996年現在）は，世界全体で約27,000千台であり，日本は2,200千台規模を維持している．アジアでは，フィリピンで11千台，タイで149千台，インドで1,400千台，イランで235千台程度使用されている．

技術面の変革としては，エンジンの効率的利用を目指したトルク性能の向上，過給化，直噴化，燃焼効率の改善が図られている一方，作業効率の向上として多段変速化，四輪駆動化，軽量化，多用途化への試みが実施されている．人間工学的観点からは，振動や騒音の低減対策としての多気筒化，低回転大排気量化などが，また操作環境・安全性については，運転席周辺空間の確保と座席の改良が図られている．トラクタの質量は年々軽量化と高出力化の傾向をたどっており，単位出力当たり

（夏秋啓子）

の質量は平均 48 kg/kW としている．日本でのトラクタ作業は水田におけるロータリ耕うんが主であるため，けん引性能よりも走行性能，旋回性能，PTO（動力取出）軸駆動性能が重視される．

トラクタ用エンジンとしては，今日ほとんどの機種で 4 サイクルディーゼルエンジンが搭載されている．なかでも，中・大型機では，縦型水冷ディーゼルエンジンが多く用いられる．エンジン出力を走行駆動輪や PTO 軸などに伝達する動力伝達機構には，機械式変速機構，油圧駆動変速装置，前輪駆動機構，差動装置がある．電磁油圧式デフロック機構は，差動装置の機能を停止して，トラクタが枕地や圃場端で旋回しやすくするための機構であり，トラクタ特有の装置である．

走行装置には，ラグ付空気タイヤと補助装置が採用される．軟弱地ではラグ高さの高いハイラグタイヤが，他方，芝地のような草生地では，ラグのないブロックパターンをもつ芝地用タイヤが用いられたりする．水田のように地盤の支持力が小さく，そのため車輪の沈下量が大きくなり，けん引性能の低下を招くような圃場では，鉄車輪を使用したり，タイヤにフロートラグなどの補助車輪を取り付けたりする．トラクタの多くは，作物の畦間に合せて輪距を調節しうる構造を採っている．かじ取り装置には，ステアリングホイールを回転すると，前車輪に操舵角が与えられ，前車軸の延長線が後車軸の延長線上の 1 点で交わるアッカーマン式機構を用いている．油圧を利用したパワーステアリング機構の需要は増えている．また，かじ取りを確実にし，直進性を保つため，前車輪にはキャンバ角，キャスタ角，キングピン角，トーインと称する角度が設定される．

機体転倒時のオペレータ保護装置として，安全フレームと安全キャブがある．それらの強度試験方法は，国際的には ISO（国際標準化機構）で規定されている．PTO 軸の回転速度は 540 rpm と 1,000 rpm の 2 種類が規格化されており，正転と逆転が可能な数段階の変速段数を備えている．

トラクタの性能には大別して，けん引性能と駆動性能がある．前者は，土性や走行路面の種類により大きく左右される．作業時に発生する負荷の大きさは，変動幅が大きい．例えばプラウ作業では，最大出力付近での作業が長時間続く場合が多く，低いエンジン回転速度領域で十分なトルク特性を維持することが要求される．後者は PTO 軸性能と等価であり，最大出力，最大トルクの性能値とともに，燃料消費率も考慮して性能の良否を評価する必要がある．

装着あるいはけん引型作業機としては，耕盤層を破砕して心土の膨軟化を図る心土破砕機，ばね鋼を弧状に曲げた刃をもつスプリングハロー，四辺形または円形断面の刃を横棒に固定したスパイクハロー，設定高さより高い部分の土壌を切削，運搬，敷均しすることにより田面を均平にする均平機などがある．また，トラクタの直装型作業機として用いられる水稲直播機では，播種後の種子に覆土した後を鎮圧する鎮圧輪の転動動力源をけん引力に求めている．一方，溝掘機のようにエンジンを直接搭載した，トラクタのけん引機能に依存しない自走機械も多く使用されている．

開発途上国におけるトラクタの製造形態は，組立て製造に特化している．エンジンは自国内の外資系工場あるいは輸入による供給に依存し，車体の構造と組立て作業は地場産業における製造業者が担っている．これらのトラクタは PTO 軸を装備していない場合が多く，それゆえもっぱら，けん引作業と運搬作業を使用対象とした，いわゆる「農民車」として位置づけられている場合が多い．

所有形態としては，共同利用方式がその大半を占めており，個人所有方式は少ない．共同利用方式では，農業共同組合と民間資本による 2 種類のサービス方式が代表的である．国情や民情による差異はあるが，最近，高価

であるが高い作業能率をもつトラクタの効率的運用方式として，民間資本主導型賃耕方式の採用が目立つ傾向にある（例えば，タイやインドネシア）．　　　　　（小池正之）

**ジャレビ**（jalebi）
小麦粉，ヨーグルトを混合後，発酵させ，油で揚げたスナック．主にインド．水分32～38％，炭水化物47～52％．　　（林　清）

**ジャローサイト**（jarosite）→酸性硫酸塩土壌

**シャンバ**（Shamba）→アグロフォレストリー

**しゅうかくごのロス　収穫後のロス**（post-harvest loss）
作物の収穫後の量的・質的損耗を指す．米についてみると，収穫後のロスは，収穫時，収穫後～脱穀直前，脱穀作業時，籾乾燥期間および貯蔵期間に発生する．収穫時の落粒ロスはインディカ種がジャポニカ種より大きく，またインディカ種内においても品種間差異が大きい．さらに，収穫期が遅延すると落粒ロスが生じたり，砕米率が増加したりする．収穫～脱穀直前のロスは，刈り取り後の籾の過乾燥により増加する．脱穀作業時のロスは稲わら，籾の水分が高い場合に高まる．コンバインによる収穫・脱穀ロスは機械の性能や収穫時の作業条件によって著しく異なる．籾乾燥期間のロスは，雨期の乾燥不良による米の品質低下，乾期の籾の過乾燥による砕米率の増加などによって高まる．貯蔵段階においては，微生物，カビによる品質低下や貯穀害虫による損耗などが指摘される．　（山田隆一）

**しゅうかくしすう　収穫指数**（harvest index）
収量に関係の深い形質として作物の草姿（草型）があげられる．穀類を例に取ると穂はできるだけ大きく（1穂粒数が多いことも含めて），逆に稈長は倒伏しないように短く，という方向で選抜が加えられてきた．大部分の穀類で短稈長穂の選抜が進んでいる．物質生産という生態学的な見方を加えると，地上部乾物重を収量部分と非収量部分に分け，その比を収穫指数として選抜に利用する考え方が短稈長穂という草型を別の角度からとらえ直したものである．近代における収穫指数の大きさは，シンク（光合成生産の貯蔵部位）の拡大により実現したと考えられている．
　　　　　　　　　　　　　（倉内伸幸）

**じゅうきんぞくによるどじょうおせん　重金属による土壌汚染**（soil pollution due to heavy metals）
一般に重金属汚染といっている中には，ヒ素やセレンのように厳密な意味での重金属ではない元素による汚染も含まれていることが多い．正しくは有害元素（hazardous elements）による汚染というべきである．明治の足尾銅山以来，わが国では多くの鉱毒事件と呼ばれる重金属汚染問題が知られている．八代湾の水銀汚染は水俣病の悲劇を生んだし，神通川流域のカドミウム汚染はイタイイタイ病によってよく知られている．底質や土壌に入った重金属は固相により特異的に吸着されてその場に蓄積する．そこから吸収されて植物に入り，あるいは徐々に溶解して水棲動物に摂取され，食物連鎖を経て人間に害を及ぼすことになるのである．カドミウムはしばしばリン酸肥料の不純物として土壌に入る．わが国の土壌ではカドミウムや亜鉛のレベルはかなり高いといわれている．　（久馬一剛）

**シュウさんちゅうどく　シュウ酸中毒**（oxalates poisoning）
熱帯・亜熱帯型の牧草である buffelgrass（Cenchrus ciliaris），パンゴラグラス（Digitaria decumbens, pangolagrass），setaria（Setaria sphacelata），キクユグラス（Pennisetum clandestinum, kikuyugrass），ギニアグラス（Panicum maximum, Guinea grass）などは，可溶性のシュウ酸塩（シュウ酸，シュウ酸ナトリウム，酸性シュウ酸カリウム）を多量に含む．多量のシュウ酸は，消化管粘膜を刺激して炎症を起こす．また，シュウ酸はカルシウムと結合して不溶性のシュウ酸カルシウムとなる

ため，カルシウムの吸収が阻害されてカルシウム欠乏症となる．さらに，シュウ酸カルシウムの結晶により腎機能が障害されることもある．第一胃でシュウ酸が分解されるため，ウマよりもウシの方が感受性が低いといわれている．2％以上の可溶性シュウ酸が含まれると急性のカルシウム欠乏症（低カルシウム血症）になるといわれている．　（宮崎　茂）

**しゅうすいこうほう　集水工法**（water harvesting techniques）

乾燥地，半乾燥地の植林では，植栽木を活着させるために天水をできるだけ有効に利用しなければならない．そのために行う工法で，厳密な定義はないが，斜面にテラスを造る方法，植え穴に天水が集まりやすいようなマイクロキャッチメントを造る方法，等高線に沿って溝（明渠）を掘る方法などがある．テラス法におけるテラスも，等高線に沿って作設するが，その間隔は斜面の傾斜角度によって変えられており，西アフリカではステピック法（methode steppique）が知られている．マイクロキャッチメント法には円形，V字形，方形などがあり，サイズは適宜に変えられている．また円形，V字形では単独方式と連結方式が考案されている．いずれの方式でも，その効果は土性によって影響される．→ウォーターハーベスティング　（浅川澄彦）

**しゅうだんいくしゅほう　集団育種法**（bulk method）

自殖性作物の育種では，人工交配のあと数世代にわたる自殖により形質の固定をはかる．雑種初期世代で作られる系統には遺伝的分離が多く，人為選抜の効果があがりにくい．そこで，雑種初期世代（自殖の場合，$F_2 \sim F_5$）を集団として維持し，遺伝的固定の進んだ雑種後期世代になって系統を養成するのが集団育種法である．収量関連形質，病害虫に対する圃場抵抗性，成分含量など，農業上重要な多くの量的形質の改良には，集団育種法がきわめて有効であり，わが国のイネやコムギの改良では，この育種法が現在でも最も広く利用されている．この育種法での雑種初期世代の集団には，意識的な選抜を加えないのが原則である．標本抽出に伴う機械的浮動による雑種集団の遺伝的偏りをできる限り少なくするため，雑種集団の各個体から1粒（または2粒）ずつ種子をとり，次世代の集団を作る単粒系統法（SSD, single seed decent method）などが用いられる．わが国のイネの品種改良では世代促進による集団育種法が広く用いられている．→世代促進　（藤巻　宏）

**じゆうちかすい　自由地下水**（free groundwater）

自由地下水面を持つ不圧帯水層に存在する地下水をいう．不圧地下水（confined groundwater）とも呼ばれる．　（堀野治彦）

**しゅうやくてきのうぎょうちくけいかく　集約的農業地区計画**（Intensive Agricultural Development Districts）

1959年にフォード財団がインド政府に提出した報告書に基づいて実施された食料増産計画．マドラス，アーンドラ・プラデーシュ，ビハール，パンジャーブ，ウッタル・プラデーシュの州内の限られた県を対象地区に指定し，各種の農業投入財を「パッケージ・プログラム」として農民に提供した．この指定された地区に限らず，インドの実耕作者の多くは小作農であり，高率小作料の支払いや小作権の不安定性のため，その大多数は貧しく，同プログラムが意図した投資は困難であった．また，地主の同意なしに小作農の生産計画を作成することをちゅうちょする村落普及員や，融資に地主の同意を要求する協同組合など，小作農の融資の利用には困難が伴った．かくして，パッケージ方式のうち利用できる投入財も限定され，収量増加も限定的な結果に終わった．　（水野正己）

**しゅうらく　集落**（settlement）

共同生活を営む家屋の集まり．都市と村落に大別され，道路なども含めた空間領域を指す．　（冨田正彦）

**しゅうらくようすい　集落用水**（villagers' water use），あるいは**地域用水**（multiple water use）

農業用水は作物生産のための灌漑用水のみならず，農村部の生活や地場産業と密接に結びついた各種の用途に利用されている．こうした農業用水に含まれる，灌漑用途以外の水の利用を総称して集落用水あるいは地域用水という．

途上国で一般に見られる集落用水の用途には飲用（村人および家畜），水浴，家事・洗濯，家禽の飼養，魚の養殖，魚の採捕，食用水生植物の栽培，水車動力，舟運などがあり，さらに子ども達には遊び場を提供している．こうしたさまざまな利用行為は，かつてのわが国でも広範に見られたものである．

わが国では社会の近代化過程で上記した集落用水に含まれる幾つかの用途が上水道・道路・電気などで代替えされた．しかし，近年に至って農業用水の多面的な利用が注目されるようになり，地域活動用水（防火，雑用，消・流雪，小規模発電，洗滌，魚養殖など），レクリエーション用水（親水，水辺景観保全，水遊びなど），環境用水（生態系保全，水質保全など）などといった地域用水の利用が拡大している．　　　　　　　　　　　　　（水谷正一）

**しゅうりょうこうせいようそ　収量構成要素**（yield component）

作物の収量を分析するため，収量を'収量構成要素'の積としてとらえ，それぞれの収量構成要素の大きさが決まる経過から作物の生産過程を明らかにすることができる．

イネでは，1株収量＝1株当たりの穂数×1穂当たりの頴花数×登熟歩合×玄米 1,000 粒重，ムギ類では，オオムギの場合，単位面積当たり穂数，1穂当たり粒数，稔実歩合，1,000 粒重の4要素からなり基本的にはイネと同じである．コムギでは，1穂粒数がさらに小穂数と小穂当たり粒数とに分解できる．

オオムギ・ハダカムギでは，穂の下部に充実不良の小穎花があるので，よく充実した穎花の半分以上の大きさのものを稔実粒とみなす．

マメ類では，単位面積当たり有効莢数×平均1莢当たり稔実粒数×完全粒歩合×100粒重の積として表される．有効莢とは1粒でも稔実粒数を含む莢のことをいい，紫斑病や裂傷粒でも完全粒に近いものは完全粒とみなす．

イモ類では，サツマイモ収量は，単位面積当たり塊根数×上いも歩合（40g以上）×平均塊根重の積，ジャガイモの収量は，単位面積当たり塊茎数×上いも歩合（20g以上）×平均塊茎重の積として表わされる．デンプン収量を求める場合には，それぞれにデンプン歩留まりまたはデンプン価を乗ずる．
　　　　　　　　　　　　　（倉内伸幸）

**じゅうれつさきゅう　縦列砂丘**（longitudinal dune）→乾燥地形

**じゅえきるい　樹液類**→付表 10

**シュガーケーントップ**（suger cane top）

サトウキビの葉や穂先のことで，家畜の飼料として利用される．　　　　　（矢野史子）

**しゅかんけいせいし　主幹形整枝**（central leader training）→整枝

**じゅこんさくもつ　需根作物**（イモ類）→付表 11

**じゅじょうせっそくどうぶつ　樹上節足動物**（arboreal arthropods）

樹上に生息する節足動物のこと．腐植食性のササラダニと昆虫のトビムシ類が多い．くん煙剤散布での調査がはじまり，多様な，またきわめてたくさんの節足動物が生息すること，樹上と地表を往復していることなどがわかってきた．　　　　　　　　　　　（渡辺弘之）

**しゅしょく　主食**（staple food）

途上国の食事を主食に従って分類すると，米，トウモロコシ，小麦，ミレットおよびソルガム，キャッサバ・ヤム・タロ・プランテンの五つに分類される（表8参照）．このFAO の分類に従えば，日本は，米以外の食料摂取が多いため，トウモロコシ型に分類され

表8　開発途上国の主食の型

| 米 | トウモロコシ | 小麦 | ミレット，ソルガム | キャッサバ，ヤム，タロ，プランテーン |
|---|---|---|---|---|
| バングラデシュ | ボリビア | アフガニスタン | ブルキナファソ | アンゴラ |
| カンボジア | ブラジル | アルバニア | マリ | ベナン |
| 中国 | コロンビア | アルジェリア | ナミビア | ブルンジ |
| 北朝鮮 | コスタリカ | ボツワナ | ニジェール | カメルーン |
| インド | キューバ | ブルガリア | スーダン | 中央アフリカ |
| インドネシア | ドミニカ共和国 | チリ |  | チャド |
| ラオス | エクアドル | エジプト |  | コンゴ |
| ミャンマー | エルサルバドル | エチオピア |  | コートジボワール |
| マレーシア | グアテマラ | (含むエリトリア) |  | ガボン |
| ネパール | ホンジュラス | 旧ユーゴスラビア |  | ギニア |
| フィリピン | ジャマイカ | イラン |  | ハイチ |
| 韓国 | ケニア | イラク |  | リベリア |
| セネガル | レソト | ヨルダン |  | マダガスカル |
| シェラレオネ | マラウイ | リビア |  | モザンビーク |
| スリランカ | モーリシャス | モーリタニア |  | ナイジェリア |
| タイ | メキシコ | モロッコ |  | ルワンダ |
| ベトナム | ニカラグア | パキスタン |  | トーゴ |
|  | パナマ | パラグアイ |  | タンザニア |
|  | 南アフリカ | ルーマニア |  | ウガンダ |
|  | トリニダード・トバゴ | ソマリア |  | ザイール |
|  | ベネズエラ | シリア |  |  |
|  | ジンバブエ | チュニジア |  |  |
|  |  | トルコ |  |  |
|  |  | ウルグアイ |  |  |
|  |  | イエメン |  |  |

(資料) 国際連合食糧農業機関（国際食糧農業協会訳）『FAO 世界の食料・農業データブック-世界食料サミットとその背景-[上]』1998年，239頁，第2表より筆者作成．
(注)・1989〜91年の3ヵ年平均のカロリーベースの消費量による国民平均消費量による分類である．
・原資料では，マレーシアは「トウモロコシ」型に分類されている．
・データが不充分なため分類されていない国は，バハマ，バルバドス，ベリーズ，ブルネイ，カーボベルデ，コモロ，キプロス，ジブチ，オランダ領西インド諸島，フィジー，フランス領ポリネシア，ガンビア，グアドループ，ビニアビサウ，ガイアナ，香港，アイスランド，クウェート，モルジブ，マルタ，マルティニーク，モンゴル，ニューカレドニア，パプアニューギニア，レユニオン，サモア，ソロモン諸島，スリナム，スワジランド，アラブ首長国連邦，バヌアツ，ザンビアである．

る． （水野正己）

**じゅしょくせい　受食性**（erodibility）→土壌侵食

**しゅすいぜき　取水堰**（diversion dam, diversion weir または barrage）

河川から用水路へ水を引き入れるのに際して，河川の水位を高め，取水の安定を図るために設ける堰で，河川を横断する方向に築く．取水堰なしに取水する方式を自然取り入れ（取水）という．その場合，渇水時の水位低下，河川流心の変化などの影響を受けやすい．取水堰は，比較的小規模な河川では，石を積んだもの，杭を河床に並べて打ち込んでその間を板や竹，草でふさいだものなどが使用される．近代的な大規模灌漑事業では，多くは，河川を直線的に締め切るコンクリート堰が採用されるが，最近では，ゴム引き布を用いた起伏堰（空気または水で袋を膨らませ，必要に応じてしぼませる）も使われるようになっている．取水堰の設置にあたっては，必要な水位を確保できることのほかに，洪水時に，堰が破壊されないこと，上流側の水位を上昇させて悪影響を起こさないことが重要で，そのような判断基準に従って，固定堰，可動堰

(ゲートなどのついたもの)の形式が選択される. 　　　　　　　　　　　(佐藤政良)

**しゅすう-めんせききょくせん　種数-面積曲線**(species-area curve)

調査面積と，その内部に出現する種数との関係を示す曲線．調査する面積を広げるとその中に出現する種数は増加するが，増加曲線の傾きは徐々にゆるやかになる．この曲線を比較することで，種多様性の比較を行ったり，調査に必要な最小面積を推定したりする．この曲線のモデルとしては，KylinのモデルArrheniusのモデル，Fisherのモデルなどがある. 　　　　　　　　　　　(神崎　護)

**じゅせいてきき　授精適期**(optimal time for insemination)→人工授精

**しゅっけつせいはいけつしょう　出血性敗血症**(haemorrhagic septisemia)(パスツレラ症を参照)

全身の皮下，諸臓器の漿膜面に点状出血斑が形成される，特定血清型の *Pasteurella multocida* 株によって起こるウシ，水牛の急性感染症である．致死率が高く，東南アジア，アフリカ，中近東，中南米では畜産の大きな脅威となっている.

*P. multocida* の莢膜抗原型はCarterにより5種類(A，B，D，E，F)に分類されており，東南アジアおよびアフリカではそれぞれB型とE型の株が流行している．これらの菌株の菌体抗原型は波岡の方法では0-6型に，Heddlestonの方法では2,5型に分類される．東南アジアは流行株と同じ血清型の株がヤギやメン羊，ブタなどにも感染している．本菌の感染経路は経口および経鼻と考えられており，感染牛や保菌牛との接触，汚染された牧草，敷料，飲水など介して伝播する．発症は通年みられるが，宿主の状態が発症に大きく影響し，栄養状態の悪い時期に多発する傾向がある．流行地では上部気道内に保菌する健康牛が状態の悪化に伴って発病したり，あるいは感染源となる．罹病率は30～60%といわれ，感染牛のほとんどが死亡する．発症から死亡までの経過は数時間から数日間と短く，発症群内の流行は1～2週間で終息する．発熱，元気消失，反芻停止，流涙，流涎，粘液性鼻汁の漏出，下顎の腫脹，咳，呼吸促迫に続き，呼吸困難，横臥，体温低下などの後死亡する．経過の早い例では死亡するまで感染に気がつかないこともある．経過が急であるため有効な治療法はない．予防にはワクチンが応用されている． 　　　　　　(江口正志)

**しゅびょうせいさん　種苗生産**(seed production)

種苗とは，繁殖に供される種子，果実，茎，根，母本，苗，苗木，穂木，台木または種菌をいい，これを繁殖する行為を種苗生産という．その植物の繁殖様式に応じて，新品種成立時にもっている特性を失わないように維持増殖が計られなければならない．品種の維持・増殖にあたっては，その植物の繁殖様式や品種の遺伝的組成によって異なる．

自殖性作物は何代も採種を繰り返している間に品種の特性が次第に変化していく退化現象が生じる．この原因として，異品種の機会的混入，自然交雑，突然変異，機会的浮動，微動遺伝子の分離，採種条件の生理的影響などが考えられる.

他殖性作物品種は，種々の遺伝子型がヘテロ接合体の状態の集団であるので，次代には多くの遺伝子型を分離し，集団を構成する個体数が少ないと機会的浮動や自殖弱勢などにより集団の遺伝組成が変化する．他集団との自然交雑による品種の特性の変化，劣化が起こるので，採種に当たって特に注意が必要である．多くの作物では，隔離栽培が行われている.

一代雑種利用による品種は，他殖性作物，自殖性作物とも盛んに行われている．一代雑種の採種は，原種の採種と栽培用種子の採種とでその体系が異なる．原種は，両親系統を自殖採種する．アブラナ科作物のように自家不和合性を利用した品種の場合は人為的(蕾受粉あるいは炭酸ガス施用)に自殖を行う必

要がある．また，雄性不稔を利用した品種の場合は，一般には，不稔性維持系統による交配を毎年繰り返さなければならない．栽培用種子の採種は，両親系統を適当な割合で混植して採種する．1花当たりの種子量が多く，収益性の高い果菜類では両親系統を人為的に交配している場合が多い．

栄養繁殖性作物は，栄養器官を利用した挿木，挿芽，接木などが古くから行われている．近年，組織培養を利用した繁殖法が多くの作物で可能になり，特に収益性の高い花き類で取り入れられている．

熱帯における種苗生産の問題については，熱帯果樹・導入園芸作物・開花習性を参照のこと． 　　　　　　　　　　　　（野村和成）

**しゅびょうほう　種苗法**（Seeds and Seedling Low）

農林水産業の生産基盤を支えるものとして，優良品種の育成は重要な柱である．そのため，育成者の権利を保護することを目的に，1978年から種苗法による品種登録制度が発足した．こうした制度の国際的なものとして，欧米諸国を中心に約40カ国が加盟しているUPOV条約（植物新品種保護国際条約）があり，日本は1982年に加盟した．1992年の生物多様性条約を契機に，一段と植物遺伝資源の重要性が増し，育成者の権利の強化が図られてUPOV条約が改正され，種苗法もその線に沿って1998年に改正された．改正の要点は，対象植物の限定を廃止し，「育成者権」を明確に位置づけてその有効期間を20年に延長し，「従属品種」の概念を導入して育成者の許諾の範囲を大幅に拡大し，出願公表から登録までの間の権利侵害にも補償金の請求を認めるなどである．品種登録の要件は，区別性，均一性，安定性，未譲渡性で，かつ品種名が既存のものと紛らわしくないことが必要である． 　　　　　　　　（金田忠吉）

**シュミット・ファガソンしすう　シュミット・ファガソン指数**（Schmidt and Ferguson's index）

気候の乾湿を表現するためにSchmidtとFergusonが提案した簡単な指数．月平均降雨量を用いるのではなく，実際の各月の月間降水量から乾燥月と湿潤月の数を求め，$Q=$（乾燥月数/湿潤月数）$\times 100$で求める．
　　　　　　　　　　　　（神崎　護）

**じゅもくさくもつ　樹木作物** →付表12

**じゅもくやさい　樹木野菜**（tree vegetables）

草本の野菜（単菜）に対して，木本の野菜（木菜）をさすことば．

木本植物の葉や新梢，花を食用とするもので，熱帯の中でも東南アジアで多く見られる．新梢は特に多くの種類で利用されており，タイでは，約20種類が日常的に食用されている．年間を通じて利用できるものには，*Sesbania grandiflora* L.（シロゴチョウ），*Leucaena leucocephala* De Wit.（ギンネム），*Tiliacora triandra* Diels，*Morinda citrifolia* Linn.，*Cassia siamea* Brittなどが，季節性のあるものには，*Sauropus androgynus* Merr.，*Cratoxylum formosum*（Jack）Dyer，*Melientha sauvis* Pierre，*Moringa oleifera* Lamk.（ワサビノキ）などがある．森林からの採取が現在も見られるが，消費量の多い種類のものは，集約的に栽培が行われている．繁殖は，種子と挿し木によるものが多い．近年の健康志向で，タイでは関心と需要が高まっている．
　　　　　　　　（竹田晋也・高垣美智子）

**しゅようがいちゅう　主要害虫**（key/main/major insect pests）

防除・管理対象になる害虫で，通常1カ所で1～数種（近縁種混在時は数グループ）の場合が多い． 　　　　　　　　（持田　作）

**シュラビースタイロ**（shrubby stylo）

学名：*Stylosanthes scabra*，スタイロサンテス属（*Stylosanthes* spp.）のなかで最も耐旱性が高い，直立型の種である．牧草というより，永年生の熱帯マメ科飼料木に分類される．
　　　　　　　　　　　　（川本康博）

## しゅりょうさいしゅうみん　狩猟採集民
(hunter-gatherer / gatherer-hunter / foraging people)

採集活動の比重が高い場合が多いということから，採集狩猟民とする場合もある．

歴史的にはどの社会も狩猟採集段階を経ており，また狩猟採集活動自体は，未だほとんどの社会で存続している．しかし農耕や牧畜をともなわず，狩猟採集のみに依拠する人々は，今日その存続をおびやかされ，新石器時代以前のすがたという意味ではもはや存在しない．それとともに，過去30年間に著しい発展を遂げた狩猟採集民を対象とする研究分野も，転機を迎えているとされる．

いずれにせよ，狩猟採集民に限らず，極北や沙漠，密林などの隔絶された地域に取り残された人々は，開発の進行とともにさまざまな適応を迫られてきた．さらに残された原生林や海洋生態系が，今度は自然保護という名目のもとに囲い込まれることによって，二重の圧力を受ける．そうした中，人々の存在を前提とした上で，今後どのように生物多様性を保全していくかが重要な課題となりつつある．
(増田美砂)

## しゅりょうじゅう　狩猟獣 (game, game animals)

食肉，皮革，毛，骨，角や牙を求めて狩猟が行われた結果，絶滅近くまで減少した野生動物が，熱帯地域には少なくない．じゃ香を得るためのジャコウジカや，角を漢方薬に用いるためのサイがその典型である．こうした野生動物の保護が必要であることはいうまでもない．一方で，野生動物は，十分に多い生息数の確認がなされたならば，狩猟獣として経済的に積極的な意味を持つ．その利用のために，大きくは次の二つの方法がとられている．一つは，野生動物は生息している土地の生態環境に非常によく適合しているために，乾燥が著しく強い地域やツェツェバエ感染地域周辺などの畜産経営を行うには一般には適さない条件下で，在来の野生動物や外部から導入したものを増殖させ，それを維持しながら一定量を捕獲する方法である．もう一つは，野生動物を捕獲後，農場や牧場で家畜と共に，あるいは家畜なしで野生のままか，半家畜化した状態で飼う方法である．
(山崎正史)

## しゅんか　春化 (vernalization) →感温性

## じゅんかんせんばつ　循環選抜 (recurrent selection) →育種

## じゅんけい　純系 (pure line) →育種

## じゅんすいしゅ　純粋種 (pure breed)

純粋種の純粋（ウマでは純血という表現を用いたりする）とは，生物学上の厳密な定義に依るものでなく，むしろ社会的に設定された規準に適合するかどうかで判断される意味で用いられている用語といえる．さらに具体的にいえば，登録協会の定める登録条件に合致すれば純粋種と認定されるし，欠格条件に相当すれば種系ないし雑種扱いとなる．しかし，登録は経済行為でもあり，確実に純粋種と認定される個体であっても登録申請をしなければ，その個体やその子供は個体販売の際には通常不利益を被ることになる．先進国では家畜の各品種ごとに，同好の士が集まり登録協会を設立し数10年ないし100年以上も営々と登録事業と能力検定を継続してきたことが pure breeding（純粋種繁殖，純粋種化）の歴史であり品種改良でもある．ホルスタインなどの乳牛や競走馬のサラブレッドの品種では，登録の相互認定による国際取引も成立しグローバルな純粋種ともいえるが，品種の純粋種定義は自国内に限定されるのが通常である．熱帯の途上国では，家畜の各品種で登録協会の設立や能力検定の励行という経済負担の大きい社会的行為が概して弱く，また交雑育種的嗜好への傾斜により，純粋種作出・維持には課題があり，折角の純粋種も雑種 (mongrel) 化に埋没しかねない恐れがある．
(建部　晃)

## じゅんどうかりつ　純同化率 (NAR : Net Assimilation Rate)

単位葉面積当たりの乾物増加速度を指す．すなわち，

NAR $= 1/L \times dw/dt$

($L$：ある時点における葉面積，$dw/dt$：その時点における乾物重の増加速度)

(倉内伸幸)

**じゅんどちょくはん　潤土直播**(wet seeding)

現在，東南アジアおよび南アジアで最も一般的な直播栽培法である．本田を耕耘代かきし，均平にしたのち表面水を排除して機械または人力で催芽もみあるいは乾燥もみを播種する．機械播種の場合は乾燥もみを人力播種では催芽もみあるいは乾燥もみを使用する．発芽をよくするためには催芽もみの使用が望ましい．播種法は散播が主流で一部に点播が見られる．播種量は機械による散播で80〜150 kg/ha，催芽もみ使用の手播きで30〜90 kg，点播で30〜40 kg/haある．施肥量は移植栽培の場合とほぼ同様である．点播の栽植密度は移植の場合とほぼ等しい．

土壌の均平度が不良の時は低地に水たまりができ，その部分では発芽障害を起こしやすくなり低収の原因となる．地表水を排除する方法として，地表面に小さな溝を作る方法，土俵で表面を均平にする方法，トラクタを播種後に水田を走行させて溝を作って排水する方法がある．

(和田源七)

**じゅんのう　順応**(acclimatization)

季節などの気象条件の変化や，すむ場所の移動といった地理的条件の変化への生体の適応．適応とは，動物の示す形態や機能がその動物のすむ環境における生存に適合していることであり，また，環境の変化に適合して生存していく過程でもある．暑熱や寒冷など以前とは異なった気象条件のもとで新たな安定状態を作り出せることが順応である．ある地域で優れた生産成績を示しているものを，別な場所に移した場合でもある水準以上の生産成績を達成することが期待されるが，これが可能かどうかについては順応が大きく関わっている．温帯地方を起源とする家畜を亜熱帯や熱帯地方に移し，以前と異なった環境下で順応できるかは家畜生産において重要な問題である．順応できるかに関与する要因としては，その家畜の能力のほかに，以前の環境と新たな環境の差，新たな環境へ移すに際して時間をかけて徐々に環境を変えていったというような変化過程，新たな環境に移されてからの経過時間，などがある．また，その世代で達せられる順応といくつかの世代を経た後に達せられる順応とがある．

(鎌田寿彦)

**じゅんへいげん　準平原**(peneplain, planation surface)

平原に準ずるの意．多少とも起伏をもった平原で，高まりを連ねた面(接峰面)は一定の高度を示す(定高性)ことが多い．長期間の侵食によって平坦になった地形(侵食平坦面)と考えられているが，その形成機構については諸説がある．アメリカの地形学者デーヴィスは侵食輪廻(erosion cycle)(→)説の中で，地盤の間欠的な隆起による山地形成とその後の侵食による地形変化を，幼年山地，壮年山地，老年山地に区分し，山地解体の最終段階を準平原と呼んだ．日本の山地は第三紀の準平原が隆起・侵食を受けてつくられ，その原面は中国山地や日本アルプスなど山頂平坦面として保存されていると考えられている．しかし熱帯の大陸では，かつての造山帯以外の地域にも広く侵食平坦面がみられるので，これらに対しては別の形成機構が提案されている(→平坦化作用)．

(荒木　茂)

**ショウガ**　→付表4(香辛料)

**しょうかしけん　消化試験**(digestion trial)　→飼養標準

飼料の消化率を測定する目的で行う試験．

(矢野史子)

**しょうかりつ　消化率**(digestibility, digestion coefficient)

飼料が家畜によって消化吸収される割合．{(摂取した成分量－糞中成分量)/摂取した成分量}×100

(矢野史子)

**しょうかくしゅうすい　小区画集水**（microcatchments）
斜面長が20〜30m程度以内の集水域からの地表流を集水し，作物，樹木などに利用する技術である．→ウォーターハーベスティング　　　　　　　　　　　（北村義信）

**しょうけいよう　小形葉**（microphyll）
→葉面積スペクトラム

**じょうさん　蒸散**（evaporation）→潜熱放散，体温調節機構

**しょうさんかんげんこうそ　硝酸還元酵素**（nitrate reductase）→窒素同化

**しょうしゃしょくひん　照射食品**（irradiated food）→食品照射

**しょうすいろしゅうすい　承水路集水**（floodwater harvesting by collector drain）
流出水を承水路で集め，それを牧草地などへ供給する技術である．オーストラリアの牧草地などでよく用いられている．（北村義信）

**じょうちゅう　条虫**（cestoda）
条虫は，扁形動物門の1綱で，通称，サナダムシといわれている内部寄生虫である．成虫は，偏平な多数の片節が鎖状に連なった片節連体（ストロビラ）で構成され，その前端に頭節と吸盤がある．ある種の条虫の幼虫は囊虫，包虫と呼ばれ，人獣共通寄生虫として重要である．　　　　　　　　　　　（平　詔亨）

**しょうどく　消毒**（disinfection）
消毒とは感染症を防止するために病原性のある微生物を死滅させることをいう．すべての微生物を死滅させる殺菌とは異なる．消毒効果を持つ薬剤を消毒剤という．消毒剤は類似効果を持つ抗菌性物質とは異なり，微生物にのみ選択的に作用することはなく，生体組織に対しても強い作用を有するため，生体内に適用することは極めてまれで，もっぱら外用として皮膚や粘膜の消毒，各種医療器具，衛生的に保つ必要のある生産器材の消毒，病気の伝播に関係する恐れのある各種器材や汚物の処理などに用いられる．消毒剤にはタンパク質と結合して細胞機能を阻害するもの（昇汞など），酸化により細胞機能を阻害するもの（過酸化水素，過マンガン酸カリ，さらし粉，ヨウ素，ポピドンヨードなど），細胞内成分を水解して細胞機能を阻害するもの（強酸，強アルカリなど），膜を通過して原形質を溶解するもの（メタノール，エタノールなど），タンパク質を凝固あるいは変性して細胞機能を阻害するもの（石炭酸，クレゾール，イソプロパノール，ホルマリンなど），細胞内必須酵素系の働きを阻害するもの（陽性石鹸，色素系薬剤，ホウ酸など）などがある．（江口正志）

**しょうのうけいざい　小農経済**（peasant economy）
家族労働を基本に生業的農業に従事する生産と消費の未分化な主体で構成される経済．
　　　　　　　　　　　　　　　　　（水野正己）

**しょうのうみんかいはつけいかく　小農民開発計画**（Small Farmer Development Program）
途上国では人口に占める農民あるいは農業就業者の割合が高く，またその中でも大多数を占める小規模農民は，家族の生存維持を基本的な目的に自給的な農業生産を行っている貧困層である場合が多い．開発は本来的には大多数を占める国民の福祉・生活水準の向上を目指すべきであり，その点からもターゲットを小規模農民層に絞った開発がより望ましい．こうした考え方に立ち小農民を開発の中核に据えて行われる開発計画で，ネパールなど南アジア諸国の例が知られている．他方，途上国の農業には大規模農場や企業的経営によるプランテーションといった生産形態もあり，資本が短期間に集中的に投資されるために小農民開発と比較して成果があがりやすいことや，外貨獲得のための輸出作物の生産性向上などの利点を持つ．いずれの農業に開発の優先度を置くかの判断はたいへん難しい．それには，各国の多様な農業構造，農業問題に対する理解が不可欠で，そのためにも慎重な事前の調査研究が重要である．（安延久美）

**じょうはっさん　蒸発散**（evapotranspiration）

地表にある海洋，湖沼，河川，土壌などの水が水蒸気となって大気中に移動する現象が蒸発（evaporation）であり，植物体を通過した水が蒸発する場合を特に蒸散（transpiration）という．しかし，植生のある地表面では両者を区別することが困難な場合が多く，両者を合わせて蒸発散として扱うことが多い．

蒸発散量の測定には，土壌水分分布の変化やライシメーターの重量変化などで土壌水分減少量を求める直接法と，植生上の微気象データから求める間接法がある．間接法には，風速と水蒸気圧の鉛直分布から求める空気力学的方法（aerodynamic method），植生面でのエネルギー収支を基礎として純放射量，地中熱伝導量，ボーエン比（顕熱と潜熱フラックスの比で二高度の温度と水蒸気圧から求まる）を測定して求める熱収支法（heat balance method, ＝ボーエン比法：Bowen's ratio method）などがある．→熱収支　　（石田朋靖）

**じょうはっさんのう　蒸発散能**（potential evapotranspiration）

植生が十分に茂って土壌水分が十分な時の蒸発散量のこと．蒸発散位，（最大）可能蒸発散量ともいい，実際の蒸発散量の上限値であり，気象条件だけから推定できる．ソーンスウエイト（Thornthwaite's formula）式やブラネイ・クリドル式（Blaney and Criddle's formula）のような実験式を使い月平均気温から計算する簡便な方法もあるが，より信頼性を高めるにはペンマン式（Penman's formula）を使って計算するとよい．

ペンマン式は熱収支法と空気力学的方法を組み合わせて作られた理論式であり，1日平均の蒸発散能を計算するには，1高度における気温，湿度，風速の日平均値と純放射量の日積算を使う．純放射量は，日照時間などのデータを使い，ブルント式（Brunt's formula）で推定することも可能である．

口径4フィート，深さ10インチの蒸発計（class A pan）の水深変化から計器蒸発量（pan evaporation）を求め，係数を掛けて蒸発散能を推定することもある．しかし，この係数は風速や周囲の状態などで0.35～0.85程度に変化するため，使用には注意を要する．
　　　　　　　　　　　　　　　　（石田朋靖）

**しょうはんすうじゅうえき　小反芻獣疫**（Peste des Petits Ruminant）→牛疫（rinderpest）

**しょうしけん　飼養試験**（feeding experiment）　→飼養標準

飼料の価値を検討する目的で，実際的条件で家畜家禽を飼養する試験．　　（矢野史子）

**しょうひょうじゅん　飼養標準**（feeding standard）

家畜，家禽は成長過程や生産量に応じて，必要な養分量が変化する．飼養標準とは，家畜・家禽を合理的に飼養する際に，飼料の経済的利用，生産能力の向上などを考慮して，飼料として給与すべき水分，エネルギー，タンパク質，無機物，ビタミンなどの栄養素の必要量を家畜の種類，使用目的別あるいは成長ステージ別に示したもので，多くの飼養試験や消化試験の結果を元に作成されている．アメリカではNRC（National Research Council）の家畜栄養委員会が，乳牛，肉牛，ブタ，家禽，イヌ，ネコを含む家畜および実験動物，毛皮獣などについての飼養標準を発表している．これらはNRC飼養標準と呼ばれ，世界で最も権威ある飼養標準とされている．イギリスではARC（Agricultural Research Council），現在はAFRC（Agricultural and Food Research Council）が反芻家畜，ブタ，家禽の養分要求量を示しており，ARC飼養標準と呼んでいる．日本では農林水産省農林水産技術会議が乳牛，肉牛，ブタ，家禽，メン羊の飼養標準を発表し，日本飼養標準と呼んでいる．養分量のうちエネルギーの単位としては，可消化養分総量（TDN），可消化エネルギー，代謝エネルギーなどが示されている．タンパク質としては，粗タンパク質，可消化粗タンパ

ク質に加えて，必須アノミ酸の要求量も示されている．家畜改良の状況や飼養条件の違いがあるので，国によって異なる数値が示されることもある．例えば肉牛の場合，日本では和牛という日本独自の肉用種を中心に飼育され，生産物である牛肉の品質の評価法も諸外国とは異なっている．飼料方法，飼育期間なども異なるため，肉牛については，日本独自の飼養標準が設定されている．熱帯地域においては，特徴的な家畜として，暑熱に強いゼブ系のウシ（サヒワール，タルパルカー，ギル，ブラーマンなど）や水牛（スワンプ型水牛，リバー型水牛）が乳用種，肉用種あるいは役畜として飼育されている．これらの家畜の成長速度や乳量はまちまちで養分要求量に関する研究データはまだ十分ではなく，飼養標準は設定されていないのが現状である．熱帯地域の在来家畜の中には，特異な環境に耐え，粗放な飼養管理の下で生産性を発揮する能力を有するものがいる．また，外国種の家畜では，環境条件の違いにより十分な生産性を発揮できないこともある．それぞれの家畜飼養が社会条件に見合った畜産類型として確立すれば，独自の飼養標準も必要になるであろう．

(矢野史子)

**しょうみエネルギー　正味エネルギー**
(NE, net energy)
飼料エネルギーのうち乳肉卵などの生産にのみ用いられるエネルギー． (矢野史子)

**しょくじエネルギーきょうきゅうりょう　食事エネルギー供給量**(dietary energy supply, DES) →栄養不足

**しょくせい　食性**(food habitat)
昆虫の食性は，摂食する場所から，食葉性，食茎性，食根性，食材性，食殻性，食菌性，食屍性，食糞性，食血性などに分けられる．食葉性では，農作物害虫類に多くみられ，コブノメイガ Cnaphalocrosis medinalis，ハスモンヨトウ Spodoptera litura などがある．また，葉内に潜入して葉肉を食べるハモグリバエ類，葉に虫えいを形成するアブラムシ類，タマバエ類などがある．食茎性昆虫では，ニカメイガ Chilo suppressalis 幼虫が茎内に穿孔して摂食，イネノシンタマバエ Orseolia oryzae 幼虫は生長点に入り，そこで摂食しながら虫えいを形成する．食根性昆虫は，土中に棲み，作物の根を摂食して被害を与える．イネミズゾウムシ Lissorhoptrus oryzophilus，コガネムシ類，ネキリムシ類などが挙げられる．食材性では，シロアリ類，キクイムシ類，ボクトウガ類，カミキリムシ類などがある．シロアリ類は消化管内に共生する微生物が同化したものを栄養として吸収している．食穀性昆虫は主に貯蔵害虫類である．アズキゾウムシ Callosobruchus chinensis，コクゾウムシ類，ナガシンクイ Rhizopertha dominica，ノシメマダラメイガ Plodia interpunctella，イッテンコクガ Paralipsa gularis などである．カメムシ類ではタイワンクモヘリカメムシ Leptocorisa oratorius，ハリカメムシ Cletus trigonus，ミナミアオカメムシ Nezara viridula などのように出穂後の乳熟期籾などを食する．食菌性ではハキリアリ類のように，アリの巣中で採取した葉を噛み砕き，そこにきのこを栽培して食する．食屍性昆虫は，シデムシ類，キンバエ Lucilia caesar などのハエ類である．ハエ類では，死体検証に役立つ場合がある．食糞性昆虫は，牛，馬，象など動物の糞を食べるハエ類，ダイコクコガネ Copris ochus 類などがある．糞虫スカラベは有名である．食血性は吸血昆虫類で，カ類，ノミ類，アブ類などで知られ，衛生害虫と呼ばれる．

食物が一種のものに限られるものとして，カイコ Bombyx mori，サンカメイガ Scirpophaga incertulas，トビイロウンカ Nilapalvata lugens などがある．寡食性では，アゲハ幼虫が柑橘類および芸香科植物を食餌とする．広食性は雑食性で数種以上の食物をとる．マイマイガ Lymantria monacha 幼虫，ヨトウムシ Mamestra brassicae，カメムシ類などがある．この他，食肉性昆虫は，コバチ類，クロタマゴバチ類の寄生蜂，アリ類，カメムシ類など

の捕食虫などがあり，乾燥昆虫標本を食するヒメマルカツオブシムシ *Anthrenus verbasci* などがある．

　昆虫類の中には，中国，中近東，アフリカで大発生後，長距離移動するワタリバッタ *Schistocerca gregaria* は農作物から雑草，樹木の葉など手当たり次第に食べ大被害を与える．昆虫の食性は，幼虫，成虫雌雄で異なるものがある．例えば，蚊の幼虫は水中の微生物を食べる．成虫雌は人畜の血液を吸汁するが，雄は花蜜を摂食する．昆虫の野外での食性生態調査は防除法を考える上で重要である．
〔日高輝展〕

**しょくせいかつのへんか　食生活の変化**（dietary change）
　穀物中心の食生活から，所得の増加に伴い，畜産物消費が多い食生活に変わること．
〔會田陽久〕

**しょくちゅうしょくぶつ　食虫植物**（insectivorous plants）
　粘液（モウセンゴケ），落とし穴（ウツボカズラ），閉じこめ（ハエトリグサ），吸い込み（タヌキモ），誘い込み（ゲンリセア）などの方法で，昆虫類を捕獲する植物．〔渡辺弘之〕

**しょくにく　食肉**（meat）
　畜肉と家兎肉，家禽肉の総称．東南アジアでは家畜などがおもに小農により，乳，食肉，卵，毛，皮，動力などの幅広い目的をもって飼養されてきた．そのため一度に売却，と殺される家畜は少なく，しかも繁殖用や役用に使用できなくなった老廃畜であった．こうした状況は，現在でも地方ほど変わりない．しかし近年，都市人口の増加と個人所得の向上により高まった食肉需要に応えるために，温帯諸国で既に開発された技術の導入が図られている．例えば，制限給餌を解いた後の急激な増体（代償性成長）を期待した飼養管理法，体部位あるいは組織の発達が最大になる時期に順序があることを踏まえて最大体重に達する前にと殺することなどである．また，熱帯地域では一般的に，食肉の生産，処理，流通の際に高温と多湿の少なくともいずれか一方による衛生上の問題を恒常的に抱えており，冷却，加塩，くん製，乾燥などにより腐敗を防ぎ保存性を高めるための改善に取り組まれている．
〔山崎正史〕

**しょくひんしょうしゃ　食品照射**（food irradiation）
　食品に放射線を照射する技術を食品照射という．食品照射に利用できる放射線はコバルト60およびセシウム137のガンマ線，エネルギーが1,000万電子ボルト以下の電子線，エネルギーが500万電子ボルト以下のエックス線に限られている．これは放射線を照射された食品中に放射能が誘導されるのを防ぐためであり，これらの放射線を照射する限り，照射食品が放射能を帯びることはない．なお，照射された食品を照射食品と呼ぶ．

　食品を照射する目的には，発芽抑制，成熟遅延，殺虫，殺菌がある．バレイショ，タマネギ，ニンニク，クリなどの発芽や発根は0.03〜0.15キログレイの線量の放射線を照射することにより抑制される．マンゴ，パパイア，バナナなどの熱帯果実の成熟は0.2〜1キログレイの照射で遅延することができ，きのこの開傘やアスパラガスの伸長も1.0〜1.5キログレイの照射により遅らせることができる．穀物や果実の害虫は0.1〜1キログレイの照射で殺虫できる．また，豚肉などの寄生虫も1キログレイ程度の照射で殺滅できる．ほとんどの胞子非生成細菌は5キログレイ以下の線量を照射することにより死滅する．したがって，サルモネラ，病原性大腸菌，カンピロバクター，エルシニア，リステリアなどの食中毒菌を殺菌対象とした食鳥肉，畜肉，冷凍エビ，冷凍カエル脚，およびシェルフライフ延長を目的としたチーズ，イチゴなどは1〜7キログレイの線量で殺菌できる．しかし細菌胞子の殺菌には5〜10キログレイの放射線を照射する必要があり，香辛料，乾燥野菜，アラビアガム，酵素製剤などの殺菌には7〜10キログレイを照射する必要がある．ま

た完全殺菌すなわち滅菌には20キログレイ以上の線量が必要であり、病人食、宇宙食、キャンプ食などを滅菌するために20〜50キログレイの放射線が照射される.

照射食品の健全性は国際的に確認されており、1980年に開催された国連食糧農業機構(FAO)、国際原子力機関(IAEA)、世界保健機関(WHO)の国連3機関合同の照射食品の健全性に関する専門家委員会において「平均線量が10キログレイ以下の放射線を照射したいかなる食品も健全性に問題がない.」という結論が出された. FAO/WHO食品規格委員会は、1983年に食品照射に関する国際規格を策定している.

食品照射は約40ヵ国で許可されており、約30ヵ国で実用化されている. 実際に照射されている食品としては、バレイショ、タマネギ、ニンニク、コムギ、香辛料、乾燥野菜、冷凍エビ、冷凍カエル脚、アラビアゴム、食鳥肉、イチゴ、チーズ、宇宙食、病人食などがある. 特に香辛料や乾燥野菜は各国で放射線殺菌されている. わが国では、バレイショの照射のみが許可されており、士幌町農業協同組合でバレイショが照射されて市場に流通している. （林　徹）

**しょくぶつけんえき　植物検疫**（plant quarantine）

病害虫による農作物の被害を防ぐため、海外からわが国への病害虫の侵入を防ぐとともに国内に存在する病害虫のまん延を防止する措置を植物検疫といい、その実施はわが国では1914年に制定された植物検疫法（現在は1950年に制定された植物防疫法による）によっている.

植物検疫は国際植物検疫と国内植物検疫に大別される. 国際検疫は海外からわが国への重要な病害虫の侵入を防止するため、法律に基づいて農産物およびその加工品を含めた植物の輸入の制限、禁止、輸入植物などの検査、廃棄、消毒などの処分、輸出植物の検査などを実施する. 輸入の禁止、制限は国際植物防疫条約によって各国政府は病害虫の侵入を防止するために行うことができるようになっている. わが国の場合、諸外国で大きな被害を与えている病害虫でわが国に未発生のもの（例えば、タバコべと病、リンゴ火傷病、チチュウカイミバエ、コドリンガ、コロラドハムシその他）を定めて、特定地域からの輸入を全面的に禁止するほか植物の輸入に際しては原則として検査を行い、必要に応じて廃棄、消毒を行うことになっている. また、わが国の基幹作物である稲の生産安定を図るために、稲わらを含む稲全体の輸入については、農林水産大臣の特別の許可を受けなければ輸入できないなどかなり厳しい制限が設けられている. しかし、このような措置は近年農産物貿易の自由化を求める国々との間で貿易上の紛争にまで発展することがある.

国内検疫は新たにわが国に侵入、または既に国内の一部に存在している病害虫のまん延を防止するため、種苗や生産物についての検査や移動を制限するなどの措置を講ずると同時に、それらの病害虫が植物に重大な損害を与える恐れがある場合や有用な植物の輸出が阻害される恐れがある場合、農林水産大臣によって、組織的かつ強力に防除する緊急防除が適用される.

これら植物検疫の業務は、わが国では農林水産省植物防疫課が所掌し、実務は横浜、名古屋、神戸、門司の植物防疫所とそれに属する各地の支所、出張所が担当している. 植物検疫は輸出入の植物が対象になるが、各国とも慣例上、外から侵入する病害虫を防ぐことに重点がおかれ、輸入の検査が最も重視されている. 業者を通じて大量に輸入される農産物、植物はそれぞれ陸揚げ港（空港も含む）で植物防疫官により検査されるほか、海外旅行などで個人的に持ち込まれる農産物や特定の植物などについても成田その他主要空港で検査を受けることになっている. このほか球根などの大量生産地にはそれぞれの国との協定により、輸入国から係官を派遣し生産地で検

**しょくぶつせいちょうちょうせつざい　植物成長調節剤**（plant growth regulator）

作物の成長過程において，発芽，発根，伸長，花芽に分化，開花，着果の促進と抑制などを生理的に制御する種類の薬剤である．植物の成長を促進する剤としては，① 野菜の成長促進や花卉の開花促進に用いられるジベレリン，② サツマイモの発根促進やタマネギの肥大効果を示す塩化コリンなどがある．成長を抑制するものとしては，① ジベレリンの生合成を阻害する抗ジベレリン剤，② オーキシンの生合成を阻害する抗オーキシン剤などがある．さらに作物の収穫時期を調節する登熟調節剤などがある．　　　　　　　（大澤貫寿）

**しょくぶつホルモン　植物ホルモン**（phytohormone）

植物によって生産され，低濃度で植物の生理・成長過程を調整する物質群の総称．植物ホルモンは，植物の発育段階ごとに量的，質的に変化して植物の発生・成長に影響を及ぼすシグナル物質と考えられている．それらの示す生理作用は多面的で，植物種，器官，添加量の違いによって全く異なる場合があるので注意が必要である．植物ホルモンは以下に示す5種類が知られている．最近では，ブラシノステロイドなどの新規の成長物質が見出され，それらも植物ホルモンとして認知されはじめている．受容体（receptor），シグナル伝達関連遺伝子の同定，遺伝子発現制御の仕組みなどが明らかとなりつつある．

オーキシン（auxin）：茎中を基部に向かって極性移動しながら成長を促進する物質として発見された．天然オーキシンはインドール酢酸かその類縁体であり，合成物として，2,4-ジクロロフェノキシ酢酸（2,4-D）などがある．オーキシンは茎切片の伸長成長，果実の肥大成長などの細胞の拡大成長とともに，不定根の形成やカルスの形成などの細胞分裂の制御，また頂芽優性，花芽形成などに作用し屈性を示す．植物の屈性の多くは茎内のオーキシンの不均一分布に由来する．

ジベレリン（gibberellin）：イネ馬鹿苗病菌より徒長成長を引き起こす物質として発見された．ジベレリンは単一物質ではなく，生理作用の異なる類縁化合物が 100 種類以上同定されている．活性型のジベレリンとして，GA1 や GA3（ジベレリン酸 gibberellic acid）が知られている．ジベレリンは茎や葉の伸長成長，休眠打破，発芽促進などとともに花芽形成にも作用する．内生ジベレリン量の低下は植物の矮化を引き起こす．また穀物種子ではジベレリンによってアリューロン層における $\alpha$-アミラーゼの合成が促進される．略語はGA．

サイトカイニン（cytokinin）：カイネチン，ゼアチンなどの細胞分裂促進物質の総称．サイトカイニンは細胞分裂，芽の伸長を促進し，葉の老化を抑制するとともにクロロフィルの合成を促進する．オーキシンとの同時添加によりカルスが生成するが，サイトカイニンの割合が高いと葉の分化が起こる．

アブシジン酸（abscisic acid）：休眠や器官脱離を引き起こす物質として発見された．休眠促進，貯蔵物質の蓄積，成長抑制，種子発芽抑制，冬芽の萌芽抑制や老化の促進作用を示す．アブシジン酸はまた気孔を閉孔させる働きがあり，植物の乾燥耐性獲得に重要な働きをする．また多くの場合ジベレリン作用を抑制する．略語 ABA．

エチレン（ethylene）：無色の気体．エチレンは，茎の上偏成長，茎の肥大成長，茎の成長抑制，屈地性の消失，不定根形成促進などの生理作用を示す．また，エチレンは果実の熟成を促進し，その結果合成されるエチレンによって他の未熟果実を成熟させる作用をもつ．傷害によっても合成は促進される．
　　　　　　　　　　　　　　（山口淳二）

**しょくみんちしゅぎ　植民地主義**（colonialism）→開発

し

### ショクヨウガヤツリ (yellow nutsedge)

学名：*Cyperus esculentus* L. ヨーロッパ原産と考えられ，世界の熱帯〜温帯に広く帰化し，近年日本にも侵入しているカヤツリグサ科の多年生草本．茎は直立し高さ 30〜90 cm，3 稜形，黄緑色で平滑．ひげ状の多数の根をつけ，根茎は地中をはい，先に卵形〜球形で長さ 1〜2 cm の硬い塊茎をつける．葉は茎と同長かやや長く，黄緑色で中肋が裏面にへこみ，基部は鞘で茎を抱く．花は総苞中央より長短の花柄を 10 本ほど出し，黄褐色の小穂を穂状につける．小穂は線形で 1〜3 cm，10 花以上が 2 列につく．畑地，樹園地，牧草地，荒地などの比較的日当たりの良い場所に好んで生育する．土壌の種類や乾湿条件に対する適応性は高い．畑作物の強害雑草である．種子と塊茎で増殖する． (原田二郎)

### しょくりょうあんぜんほしょう 食料安全保障 (food security)

人々が必要な食料を入手する基本的権利を保障することをいう．また，食料問題の解決のための総合的アプローチを助長することを食料安全保障の確保という．これを，世界銀行 (Poverty and Hunger : Issues and Options for Food Security, 1986) は「すべての人々の，あらゆる時点での，活動的で健康的な生活のために十分な食料へのアクセスであり，その基本は食料の入手可能性および食料を獲得できる能力である」と規定している．その特徴は，食料の供給のみならず，食料へのアクセス，すなわち食料エンタイトルメントが強調されていること，および平均値でなくすべての人々の食料アクセスとしていることである．また，一定の社会集団が飢餓に直面する食料リスク（所与の人口が凶作，所得低下などにより食料への十分なアクセスができなくなる確率）を軽減することが，食料安全保障の確保につながるとする考え方もある．食料安全保障を脅かす原因に，アフリカ地域に典型的にみられる地域紛争，貧困，資源の劣化などがある．逆に，貧困，資源の劣化，食料安全保障の低下が，地域社会不安や政治抗争を生じさせ，長期化させているとされ，悪循環をなしている．1990〜95 年の間に，人間開発指標の低位国の 57 % で地域紛争が生じているが，高位国は 17 % にとどまっている．食料安全保障の確保は，農業研究，技術改善，食料政策などの供給対策とともに，貧困の解消，資源の持続的利用，紛争回避の如何にかかっている．また，21 世紀の途上国の食料安全保障においては，近年の技術開発により，多国籍企業や先進国が独占的に取得しているバイオテクノロジー関連の特許が，途上国の貧困層の食料安全保障にどのように影響するか，逆に途上国の農民の知識や農民の権利の法的保護の進展が，かれらの食料安全保障にどのような効果を果たし得るかが，重要課題である．さらに，94 年の国連開発計画『人間開発報告』で取り上げられた人間中心の開発規範は，健康の安全保障（医療，保健衛生，水），環境の安全保障（環境保全，公害対策），個人の安全保障（身体の安全，社会的弱者支援），地域社会の安全保障（地方自治，地域紛争予防），政治の安全保障（基本的人権，軍事費削減），経済の安全保障（雇用，労働条件）に，食料安全保障を含めた「人間の安全保障」を規定しており，食料安全保障の確保も開発問題全体の文脈で捉えられなければならない．

(水野正己)

### しょくりょうえんじょ 食料援助 (food aid)

途上国の食料不足に対応した援助を指し，プログラム援助（被援助国府が販売するもの），プロジェクト援助（栄養計画や「労働を対価とする食料」など特定目的のもの），緊急援助（飢きんなどの救援目的のもの），調整援助（構造調整政策に伴う悪影響の緩和が目的のもの）から構成される．食料援助を行う側の論拠には，余剰穀物処理の一手段（第二次大戦後にアメリカは自国の世界戦略として活用．EU も同様）であるとともに，人道上の理由，穀物市場の確保，国際政治上の地位の確

保が含まれる．最も議論の余地の大きいのは食料のプログラム援助である．そのメリットは，①乏しい外貨を節約し，開発に必要な他の財の輸入を可能にする，②政府の財政収入の一部として，雇用創出，農村開発，貧困解消計画のための資本財の購入を可能にする，③緩衝在庫などを通じた食料品価格の安定に寄与する，④食料の消費者価格の安定により，食料消費水準を引き上げ，国民の栄養摂取を改善する，⑤途上国政府に対する資金援助の追加になる，である．逆にデメリットは，①国内供給を増加させ，穀物の国内市況を押え込み，国内生産を減少させる，②援助食料（例えばコムギ）が国内の主食穀物（例えばキャッサバ，ソルガム，ミレット）に代替し，その需要を低下させ，長期的には輸入穀物への依存度を高める，③食料援助の量は，先進国の供給変動や国際市況に左右され，供給が少なく国際価格が高騰し食料援助が減少する時と，被援助国が国内市場の安定を最も必要とする時とが重なる，というものである．食料援助は，1970年代初頭は先進国のODA全体の14％を占めたが，90年代の始めには約5％に低下している．援助食料の量としては，92/93年に過去最高の約1,700万tを記録した．近年は，①余剰穀物の提供から，資金援助への移行（現物供与の減少傾向），②後発開発途上国，低所得食料不足国（LIFDC），緊急援助への重点化，③援助食料の三角取引や現地調達の増加，の傾向が出てきている．日本は食糧援助（KR援助，GATTのケネディラウンド交渉で成立した国際穀物協定の食糧援助規約に基づいて行っているため，この呼称がある）および食糧増産援助（第2KR援助，食糧増産に必要な肥料，農薬，農業機械などの購入資金供与）からなり，いずれも無償援助である．地域別には，アジアから，アフリカ，中南米，東欧・旧ソ連へと重点が移動している．　　　　　　　　　　　（水野正己）

**しょくりょうきき　食料危機**（food crisis）

前工業化社会は，食料危機と隣合わせであったとされるが，開発途上地域についても，農業の発展や交通通信の発達，飢きん対策の改善により，その頻度は大きく低下した．しかしながら，マルサスの人口法則（幾何級数的に増加する人口は，算術級数的にしか増加しない食料生産に制約される）こそ妥当しなかったが，1943年のベンガル飢きん，72年の旧ソ連の記録的減産による世界的な食料不足，1972～74年「大サハラ旱ばつ」に襲われたサヘル地域，洪水に見舞われたバングラデシュ，さらには1982～84年大旱ばつが来襲したサヘル地域，94年の平成米騒動の日本，97年のエルニーニョ現象に影響された東南アジアなど，食料危機に対する懸念は解消されたわけではない．また，70年代の食料危機を契機に，アメリカは世界支配の戦略の一環として自国の食料穀物生産を位置づけるに至った．
　　　　　　　　　　　　　　　（水野正己）

**しょくりょうじゅきゅうひょう　食料需給表**（food balance sheet）

世界各国が，FAO（国連食糧農業機構）で取りまとめた食料需給表作成の手引きに準拠して毎年度作成し，FAOに報告しているものである．一国の国民に提供している食料の内容と数量を把握する統計であり，食料の国内仕向量は，（国内生産量＋輸入量－輸出量±在庫の増減量）で表わされる．国内仕向量から，（飼料用＋種子用＋加工用＋減耗量）を引いたものが粗食料であり，粗食料に歩留まりをかけたものが純食料となる．一国の食料需給をマクロレベルで把握するためには最も適した統計であり，厳密には供給量ではあるが，各国民の食料消費水準の実態がわかり，国際比較にもよく用いられる．　　　（會田陽久）

**しょくりょうせいさく　食料政策**（food policy）

資本主義経済における商品としての食料は，人々の生命を維持するために必要不可欠であるという，他の商品とは異なる使用価値を持つ．それゆえ，食料の市場を安定的に維持すること，特にその供給を絶やさず，さま

ざまな所得水準の人々が入手可能な価格に保つことは, 政治的・社会的に極めて重要な課題である. しかし, 食料もまた商品として生産される以上, 資本主義経済の属性である生産の無政府性を逃れることができないから, 食料需給を安定化させるためには, 市場原理のみに頼るのではなく, 政府による介入が必要になる. ここに, 食料政策を導入する根拠を求めることができる. 食料政策の起点は生産政策であり, これは多くの場合, 農業政策とほとんど同義である. 必要な食料を国内で生産することは, 資本主義以前の時代から基本的な経済活動であり, 多くの先進国では経済成長に伴い増加する人口を養うため, 食料増産に向けた農業技術開発が政府によって積極的に推進されてきた. 19世紀のアメリカにおける土地交付大学 (Land Grant College) の設置はその典型事例である. また, 先進国では農民存在の政治的重要性により, 急激な産業構造調整が困難であったことから, 農業保護政策が採用されてきたこともあり, 日本など一部の国を除いて, 今や日常的には供給不安を感じないほどの食料生産水準に達している. 他方, 本来的に食料輸出国であったブラジル, タイなどを除く多くの途上国は, 基本的に食料不足の状態を脱することができず, 食料増産は重要な政策課題である. 飢餓に苦しむアフリカ諸国はもちろん, 緑の革命によって一旦は米自給を達成した東南アジア諸国では, その成果を適正に維持・管理していくことが困難になってきており, 生産政策は依然として重大な役割を演じている. 食料の輸入も含めた国内の食料供給に対する政府の介入が流通政策である. 食料の輸入に政府が介入するには, 国家が直接関与する国家貿易や, 輸入・輸出数量制限, 関税の導入などの手法があり, 関税については国内の生産を保護する場合は輸入税が, 国外への流出を防ぐ場合は輸出税が, それぞれかけられる. これとは逆に, 余剰食料を国外へ売りさばく場合は, しばしば輸出補助金が利用される.

国内の食料流通に対しては, 政府機関による全面管理, 業者の許可制・流通量の割当などの手法による部分管理から, 完全に規制を撤廃した自由化まで, 国情に応じてさまざまな形態が取られている. 社会的観点から最も重要なのは, 食料の分配政策であろう. 最終市場に政府が介入する場合は, 公定価格の設定や小売業者に対する規制などを通じて, 消費者に対する食料供給の確保を図ることが多い. また, 特に低所得者層を対象として, 食料の現物支給や食料のみと交換可能な商品券を交付する施策などが採られることもあり, この場合, 食料政策は福祉政策としての性質も帯びることになる. 以上のように食料政策の中味は多岐にわたるが, 経済のグローバル化が進展する中で, これらの手法の一部が貿易わい曲的であるとしてWTO (世界貿易機関) における削減や禁止の対象とされ, 途上国では財政不足のため政策の維持が困難となるなど, 政府による介入の余地は狭まっているのが現状である. 限られた条件の中で食料の確保と安定供給を図るため, 特に数多くの食料不足に直面している途上国にとって, 効率的な食料政策の活用が求められている.

(千葉　典)

**しょくりょうもんだい　食料問題**(food problem)

農産物需給の観点からとらえた場合, 食料問題とは農業(調整)問題に対立する概念として理解される. 食料市場において, 需要が供給を上回り, 食料価格が上昇し, 消費者の家計を圧迫したり, 食料の入手が困難になる場合, 一時的な需給のアンバランスであれば通常は価格および数量の変動によって調整されるが, 何らかの構造的要因によって需要超過の状態が恒常化することがある. これが, 食料問題と呼ばれる事態である. 多くの開発途上地域でみられるように, 食料消費の水準が比較的低位で人口増加が著しい場合, 経済成長が加速して所得水準が上昇し始めると, 食料需要が急速に増大する. 他方, 農業技術

の開発は短期間では生産性の増加に結びつきにくく，自然条件が異なる地域からの技術移転も困難なことから，食料供給の増加が需要の増加に追いつかず，食料問題が発生しやすい． (千葉　典)

**じょせいのせたいぬし　女性の世帯主** (female-headed household) →ジェンダーと農業

**じょせいののうぎょう　女性の農業** (female farming) →ジェンダーと農業

**じょそうき　除草機** (weeder)

水田用除草機は，水稲の生育初期から中期に発生する雑草の物理的な除去に用いられる．

近年，除草剤施用が普及したものの，除草剤による環境汚染問題や費用節減への要求の高まりなどの理由により，機械除草が見直され始めている．

東南アジアでは，人力用および畜力用の除草機が使用されているが，わが国ではもっぱら動力用が用いられている．除草機には歩行用一輪トラクタで3条用作業機をけん引する型式と，小型ガソリンエンジンで除草爪を回転し，前進しながら作業を行う2～4条用自走式がある．転車部の構造は，6角形の転車軸の各面にショベル状の除草刃を4～5本取り付けたものが一般的である．作業能率は，作業速度0.4～0.5 m/sで約15 a/hrである．株間の除草は，一般に困難である．構成部材の材質としては，最近，アルミニウム材を採用して軽量化を図っており，この場合，人力除草機と比べて作業強度は50％程度軽減される． (小池正之)

**じょそうざい　除草剤** (herbicide)

除草剤は作物に害を与えることなく雑草を防除する薬剤の総称である．雑草防除は主に人力によってきたが2,4-Dの発見によって新規合成除草剤の開発が活発に行われている．除草剤の分類は処理法，選択法，作用機構や化学構造によって分類される．処理法によっては，土壌処理による雑草の発芽抑制と茎葉散布による生育期の殺草にわけられる．防除対象雑草の種類による選択性の高い薬剤と非選択性の薬剤に分けられ，広葉雑草に効果の高いものとイネ科に対して選択的に効果を示すものがある．作用性からは，①カーバメイトや酸アミド系の細胞分裂阻害，②トリアジン，尿素系の光合成阻害，③酸アミド，スルフォニルウレア系のタンパク質合成阻害，④ピラゾレート系の葉緑素合成阻害，⑤フェノール系の呼吸阻害，⑥フェノキシ系の植物ホルモンかく乱，⑦ジフェニルエーテル系の光関与型，⑧パラコートに代表される四級アンモニウム塩の過酸化物生成型などがある．この他に雑草に感染している病原微生物 (*Xanthomonas campestris*) を利用したスズメノカタビラ防除用除草剤などがある． (大澤貫寿)

**じょそうざいさんぷき　除草剤散布機** (herbicide applicator) →散粒機

**ジョンコン** (jongkong) →付表 (南洋材 (非フタバガキ科))

**シーよんしょくぶつ　$C_4$植物** ($C_4$ Plant)

熱帯系の植物であるトウモロコシ，サトウキビ，ソルガムなどは，光合成の炭酸同化反応に付加的に独自の$CO_2$濃縮機構を有し，強光，高温などの熱帯性気候に適した光合成を行っている．これらの植物では，通常の植物 ($C_3$植物) が葉肉細胞の葉緑体を中心に光合成を行っているのに対して，葉肉細胞のみならず，維管束鞘細胞にも発達した葉緑体を持ち，光合成の炭酸同化を両細胞間で高度に分業し行っている．これらの植物では，葉肉細胞の細胞質に溶け込んだ$HCO_3^-$ ($CO_2$ではない) をホスホエノールピルビン酸 (phosphoenolpyruvate, PEP) カルボキシラーゼ (PEP carboxylase) という酵素が最初に炭酸固定する．$HCO_3^-$の受容体はPEPで，生産物は4炭素化合物であるオキザロ酢酸である．オキザロ酢酸は，速やかにリンゴ酸，アスパラギン酸などに代謝されたのち，維管束鞘細胞に移され，脱炭酸され，ピルビン酸となる．生じ

たCO$_2$は，効率良く維管束鞘細胞の葉緑体に局在するRubisco（→）によって再同化され，通常の光合成と同じカルビン回路へ流れ込む．この時，Rubiscoの炭酸固定活性に対してPEPCの炭酸固定活性は有意に高いため，維管束鞘細胞内でのCO$_2$濃度は非常に高濃度になる．脱炭酸されて生じたピルビン酸は葉肉細胞の葉緑体に戻され，ここに局在するピルビン酸リン酸ジキナーゼ（pyruvate orthophosphate dikinase, PPDK）がATPのエネルギーを利用してリン酸化し，PEPに変換する．そのPEPがCO$_2$の受容体として細胞質に送られている．この光合成は，炭酸固定の初期産物オキザロ酢酸が炭素四つの化合物であることからC$_4$光合成と呼ばれ，それに対して普通の光合成では初期産物PGAが炭素三つの化合物であることからC$_3$光合成と呼ばれ，区別されている．そして，C$_4$光合成を営む植物をC$_4$植物という．C$_4$植物では，維管束鞘細胞内のCO$_2$濃度が大気条件の3～15倍ぐらいまで濃縮されているので，結果としてRubiscoのオキシゲナーゼ活性が著しく抑制され，光呼吸はほとんど生じていない．そのため，その分だけ光合成効率が高くなっている．また，CO$_2$濃縮経路を持つため低い気孔開度でも高い光合成速度を維持できるので（蒸散速度に対する光合成速度が高い），C$_3$植物より乾燥に強い．しかし，そのCO$_2$濃縮を行う経路（PEPを生産する経路）で余分にATPを消費するので，CO$_2$固定に対するエネルギー効率は悪くなり，光が十分でない環境条件では逆に不利な光合成となっている．（牧野　周）

**しらきぬびょう　白絹病**（southern blight）

白絹病は世界の温帯から熱帯にわたる多湿な地帯の極めて多種類の植物に広く発生する土壌伝染性病害である．白絹病菌は不完全時代には不完全菌類の白絹病菌属（*Sclerotium*）に属し*Sclerotium rolfsii*であり，有性時代には担子菌類のコウヤクタケ科*Athelia*属に入る*Athelia rolfsii*とされている．白絹病菌は菌核を形成し，土壌中で長期間生存して，それ

が第一次伝染源となる．菌核は，白色の菌糸層の表面に群生し，大きさは粟粒大（直径1～2mm）の球形，表面は平滑で光沢があり，淡黄褐色～褐色を呈するが内部の菌糸は無色である．スイカ，キュウリ，カボチャ，ジャガイモ，タバコ，コンニャク，その他きわめて多種類の植物（55科160種前後）に寄生する典型的な多犯性菌であり，また幼植物には立枯れ，成植物には一般に茎腐れの症状を起こし，地上部全体がしおれ，病勢が進むと褐変枯死する．罹病植物の地際部周辺には白色の菌糸が取り巻くようになり，そこに菌核が形成されているのがよく観察される．熱帯アジアでは水田跡の畑作物にもよく発生する．
（山口武夫）

**しらはかれびょう（イネ）　白葉枯病（イネ）**（bacterial leaf blight）

イネ白葉枯病は熱帯地方における最も重要なイネ病害の一つである．病原菌は細菌の一種で学名は*Xanthomonas oryzae* pv. *oryzae*である．大きさは1～2×0.5～0.8μmの短桿状で1本の極性鞭毛を有する．好気性のグラム陰性菌で培地上では黄色のコロニーを形成する．症状は初め葉の周縁部に白い小さな病斑を生じ，次第に進展して維管束に沿った波形で黄白色の葉枯症状を呈する．症状の激しい場合は葉全体が白化して枯死する．比較的新鮮な感染葉では枯死部と健全部との間に幅1mm程度の黄橙色の境界部分があるので本病を診断する目安となる．なお，東南アジアでは上記のような葉枯症状の他に，主に苗の時期に茎葉や根部から侵入した病原細菌がイネ体内で急激に増殖し，株全体が萎凋・枯死してしまうクレセック（kresek）と呼ばれる症状が発生する．本症状の場合，株の地際部を切り取って指で押すと，切り口から黄色の細泥が出てくるので容易に診断できる．感染・発病は風雨や灌漑水によって運ばれた病原細菌が水孔や傷口からイネ体に侵入し，導管組織に達して増殖するために起こる．その後，導管内で増殖した細菌が水孔，傷口から

再び排出されて新たな感染源となり隣接株に蔓延していく．発生初期には坪状に発病が認められ，その後，次第に拡大していくが，台風などによる暴風雨や洪水の後では大規模に発生することが多い．また，窒素肥料の多用は本病の発生を助長し，多肥栽培を前提とした高収量改良品種やハイブリッド稲は一般に本病に対する抵抗性が弱い．近年，日本では本病の発生量が激減している．その主な理由として，① 農業基盤の拡充・整備による浸冠水の減少，② 用水路の改修によるサヤヌカグサ，マコモなどの宿主雑草の減少，③ 機械移植栽培の普及による苗代感染の減少，④ 適肥栽培の普及，⑤ 抵抗性品種の普及（日本晴，コシヒカリなどは圃場抵抗性が強い），などを挙げることができる．

本病は典型的な導管病であるため，一旦発病すると茎葉面散布薬剤によって防除することは難しい．最も有効な防除方法は抵抗性品種の栽培であるが，本病原細菌には病原性タイプ（レース）の異なる菌株が存在するため，抵抗性品種を導入して本病を防除しようとする場合には，現地に分布している菌株の病原性を検定して有効な抵抗性遺伝子を前もって明らかにしておく必要がある．最近まで，病原菌株のレース検定は各国で独自に判別品種を選定して実施していたが，現在では世界の統一基準である国際判別品種（異なる既知の抵抗性遺伝子を持つ品種のセット）を利用して判定が行われている．一般に，本病の多発地帯には病原性範囲がより広く，また，多様な病原性特性を持つ菌株が分布している．

〔野田孝人〕

**シラミ**（lice）

ウシジラミ，ブタジラミなどを含むシラミ目の吸血性昆虫の総称で，世界的に分布する．大きさは，4〜5 mm のブタジラミを除き，普通 1〜3 mm である． 〔磯部　尚〕

**シリカ**（silica）→熱帯材の特徴

**しりょうエネルギー　飼料エネルギー**（feed energy）

飼料を完全に燃焼させて生じる熱量を飼料の総エネルギー（GE, gross energy）という．
〔矢野史子〕

**しりょうせつだんき　飼料切断機**（forage cutter）

牧草やトウモロコシ，稲わらなどの飼料を切断する機械であり，その切断方法によりホイール型カッタ，シリンダ型カッタがある．
〔杉山隆夫〕

**しりょうてんかぶつ　飼料添加物**（feed additives）

飼料添加物とは，① 飼料品質の低下防止，② 飼料の栄養成分その他の有効成分の補給，③ 飼料が含有している栄養成分の有効な利用の促進をはかるために，家畜の飼料に添加して用いられるもので，抗酸化剤，防かび剤，アミノ酸，ビタミン，ミネラル，酵素剤，抗菌物質，生菌剤などがある．国によって指定された飼料添加物は個々の成分規格並びに製造などの方法および表示の基準が定められており，これに適合しないものは飼料に添加することはできない．抗菌性物質などは使用できる対象飼料と用量が定められている．熱帯では，配合飼料の利用は少ないが，土壌にリンや銅が不足しているところが多く，これらのミネラルの添加は生産性を飛躍的に向上させる．動物用医薬品のうち疾病の予防・治療を目的に飼料に添加，混和または湿潤して投与する薬剤は飼料添加剤という． 〔矢野史子〕

**しりょうぼく　飼料木**（fodder tree, browse）

飼料作物として主に草本性植物，根菜類および木本性植物が用いられているが，そのうち，灌木を含む木本性植物のことを飼料木という．飼料木の多くはマメ科草種でマメ科飼料木の中で，ギンネム（*Leucaena leucocephala* de Wit）が最も広く利用されている．その他，グリリシディア（*Gliricidia sepium*），カリアンドラ（*Calliandra calothyrsus*），フレミンジア（*Flemingia macrophylla*），セスバニア（*Sesbania grandiflora, Sesbania sesban*）など比較的高い樹種で，シュラビースタイロ

(*Stylosanthes scabra*) などは灌木型である．これらの飼料木の利用目的は多岐にわたり，生け垣，耕作不能地帯の植生，作物の間作などに利用される．飼料木は集約的でない粗放な畜産を営む発展途上国におけるタンパク質源（プロテインバンクと称することもある）としての重要な飼料源である．また，直根性であるため，比較的乾燥した環境や乾季が長い地域に適応しており，そのような地域での飼料源としての重要性も高い．飼料木と草本性植物との間作も期待される．（浅川澄彦・川本康博）

**シロアリるい　シロアリ類**（termites）
シロアリ目（Isoptera）の昆虫の総称．食材性の社会性昆虫で，一つのコロニーに女王（メス），王（オス）各1個体と，多数の兵蟻，職蟻などの階級（カスト）を持つ．主に雨季に多数の雌雄が羽化し，群飛して番いを形成しコロニーを創設する．熱帯を中心に2,000種以上があり，森林生態系における分解者として重要であるが，熱帯では生立木の樹幹に侵入して害虫となるものもあって，寄主特異性がないため多くの樹種を加害する．地中に営巣する種類に対する防除法としては，被害木の根本に殺虫剤をそそぐ方法が取られるが，熱帯諸国では残効性の強い塩素系殺虫剤を使用することが多いので，使わないよう注意すべきである．樹上に営巣する種類に対しては被害木を伐倒除去する．林床の倒木，切り株はコロニー創設の場を提供するので造林地にこれらを残さないことも予防として有効である．農作物でも木本，特にココヤシ，アブラヤシ，さらにサトウキビ，ワタ，シバ，花き類の苗などが加害される．（松本和馬）

**しろかき（あらしろ）　代かき（荒代）**（puddling and leveling (first puddling, coarse puddling)）
水田を湛水状態にして行う砕土と整地のための作業であり，荒代では砕土が主な目的．
（江原　宏）

**しろかきき　代かき機**（puddling implement）
作土層の下に水漏れ抑止効果をもつ耕盤を形成するため，水田土を撹拌する作業機．
（小池正之）

**シロッコ**（scirocco）
冬から春にかけて地中海地域の中部から南部を吹く砂塵を伴う湿った熱風．→局地風
（佐野嘉彦）

**じんか　仁果**（pomaceous fruits）→果実の人為分類

**しんこう　深耕**（deep plowing, deep tillage）
深く耕起すること．作土を深くすることによって物理的，化学的性質を改善する．
（江原　宏）

**ジンコウ　沈香**（aloeswood）→カラキ

**しんこうこうぎょうけいざいちいき　新興工業経済地域**（Newly Industlializing Economies）→工業化

**じんこうじゅせい　人工授精**（artificial insemination）
発情期の雌の生殖道（子宮頸管内または子宮体部）へ，人手を介して精液を注入する操作を人工授精という．人工授精では1回の射出精液を希釈保存することによって，数10頭（ウマ，ブタ，ヒツジ）から数100頭（ウシ）に授精することができるので，遺伝的に優れた雄の利用効率を高め，家畜の遺伝的改良に大きく貢献する．また，交尾によって伝染する生殖器病の防止や，雄畜の維持管理に要する経費が不要になるなどの利点がある．人工授精は，精液を採取し，希釈・保存する過程と，この保存精液を雌の生殖道内に注入（授精）する一連の過程からなる．精液採取には，人工膣法（ウシ，ウマ，ヒツジ，ヤギ），手掌圧迫法（ブタ），電気刺激法（四肢に障害のある種雄畜や野生動物）などの方法がある．いずれも射精を誘起して射出精液を採取する．採取した精液は，直ちに精液性状（精液量，精子濃度，精子生存率，運動能，奇形精子率などを総称して精液性状という）の検査に付され，これにより希釈・保存の条件が決

められる．希釈保存の目的は，単なる精液の増量にあるのではなく，精子の生存性と受精能力の延長を図ることである．家畜では，それぞれの畜種ごとに異なる組成の希釈保存液が開発され，ウシでは卵黄クエン酸緩衝液が広く用いられている．凍結精液：希釈精液は低温（ウシ4℃，ブタ15℃）で約1週間保存できるが，グリセリンあるいはジメチルスルフォキシド（DMSO）などの凍害保護物質を希釈液に加えることにより，凍結精液（frozen semen）として長期保存する方法が一部の家畜で実用化されている．凍結精液は現場での利用性に優れ，特にウシで発達している．ウシの場合，最終濃度で7％程度のグリセリンが用いられ，液体窒素中で半永久的に保存される．一方，ブタやニワトリの精子は，低温障害を受けやすい（特にブタ），あるいはグリセリンが受胎率を低下させる（ニワトリ）などの問題があり，凍結精液の利用は一部に限られている．授精適期：人工授精による受胎の正否は発情・排卵時間と密接な関係があり（発情の項を参照），高い受胎率が期待できる時間帯を授精適期（optimal time for insemination）という．授精適期は，ウシでは発情の中期〜末期，ブタでは発情開始後10〜26時間，ヒツジとヤギではそれぞれ発情開始後12〜18時間，25〜30時間とされている．毎日産卵するニワトリでは，特に授精適期と呼ばれる時期はなく，週に1回希釈保存精液を膣深部または子宮部に注入する．どの動物でも，人工授精による受胎率は，精液の性状および授精時期に影響される他，精液や器具の取扱いの過誤によっても大きく変動する．授精は野外で行う場合が多く，特に熱帯地域では，凍結融解後の精液の温度管理，使用する器具の滅菌などについて，十分な注意が必要である． （金井幸雄）

**じんこうせいさく　人口政策**（population policy）

人口政策には，人口動態に直接影響を与えることを意図した中央および地方政府の政策のみをいう狭義の考え方と，間接的に人口動態の諸要因へ影響を与える政策をも含めた広義の考え方とがある．前者が人口増加の促進や抑制などを目的とした結婚，出産，移動といった人口動態への介入を意味するのに対し，後者には，直接的には人口動態の変化が目的ではないが，結果として人口移動や人口分布に変化が生じるような政策も含まれる．人口が急増する問題を抱える多くの途上国では，主として家族計画による出生力抑制が人口政策の大きな課題であった．メディアや教育を通じた小規模家族の普及推進，保健サービスの供給や避妊のための家族計画プログラムの確立，出生力に関する経済的インセンティブの操作などの政策が多くの国で採用されたが，特に中国の一人っ子政策が知られている． （上山美香）

**じんこうてんかん　人口転換**（demographic transition）

一国の人口動態において，経済社会の発展に伴って，長期的に人口増加率の低い局面である「多産多死」の状態から，高出生率を維持したまま死亡率のみが低下するため高い人口増加率となる「多産少死」時期を経て，女性の機会費用の上昇などの理由から出生率も低下する「少産少死」の低人口増加状態に移行する過程を，人口転換という．第二次世界大戦後に，医療の発達とともに，公衆衛生，清潔な飲料水，近代的な保健・医療が途上国を含めた世界のより広い範囲に普及したことによって，死亡率の本格的な低下がもたらされ，急激な人口増加が引き起こされた．その後，途上国も含め多くの国で出生率の低下もみられるようになり，アジアでは過去50年間に合計特殊出生率は5.9人から2.6人へと急速に低下した．アフリカ諸国では出生率の低下は緩慢ではあるものの，今日ではほとんどの国が多産から少産への人口転換を開始しており，人口転換の中間段階にあるといえる． （上山美香）

**しんこうのうぎょうかんれんこうぎょうこく　新興農業関連工業国**（Newly Agro-Industrializing Countries）→工業化

**じんこうばくはつ　人口爆発**（population explosion）

20世紀初頭には世界の人口は約15億人であった．これが1960年までには約2倍になり，2000年にはその4倍の60億人を超えたとされ，この100年で急激な人口増加が起こったことになる．第二次世界大戦後，アジア，サブサハラアフリカ，およびラテンアメリカの諸地域を中心に人口増加率が急速に高まり，世界人口が急激に増大した．特に1960年代には，約30年間で人口倍増という勢いを示す数値である2%を超える年平均増加率を記録し続け，将来の世界人口の増大に対する不安が叫ばれるようになった．こうした状況を表現したのが人口爆発という用語である．その最も大きな原因は，途上国の死亡率が，保健衛生水準の上昇，医療の進歩などにより，西欧諸国がかつて経験した速度よりもはるかに急速に低下したことである．その一方で，死亡率が大幅に低下したにもかかわらず，出生率は依然として高い状態が続いたため，途上国の人口増加率は多くの国で2%以上，国によっては3%を超える非常に高いものとなった．このような世界人口の急増の結果，人口問題を途上国の国内問題としてとらえるだけでなく，環境問題や将来の地球資源に対する関心とあいまって，世界全体の問題として受け止め，その解決に向けた取り組みがなされるようになった．途上国政府による出生力抑制のための各種の人口政策の実施や先進国による人口分野への援助政策などの結果，今日では大部分の途上国において出生率が減少してきており，世界全体を平均した人口増加率は1980〜90年の2.9%から，90〜98年の1.6%に減少しており，世界人口増加の加速も抑えられてきている．その結果，現在は人口爆発と称されるほどの状態ではなくなってきている．出生率の低下もアジア，ラテンアメリカにおいて過去50年間で半分以下（アジアで5.9人から2.6人，ラテンアメリカで5.9人から2.7人）まで急速に低下している．しかしながら，依然，サブサハラアフリカ，南アジアといった最貧地域において人口増加率が最も高く，サブサハラアフリカでは6.5人から5.5人と出生率低下は僅かなものに留まっている．また，女性一人当たりの合計特殊出生率は低下してきているものの，過去における高い出生率の結果，現在出産年齢にある人口が非常に多いため，出産の絶対数は当面のあいだ減少することはなく，今後も人口が増加し続けることは確実である．

（上山美香）

**しんこくさいけいざいちつじょ　新国際経済秩序**（New International Economic Order, NIEO）

1970年代の石油ショックに勢いを得て，第三世界の国々で資源ナショナリズムが高揚し，74年の国連資源特別総会において，「新国際経済秩序樹立に関する宣言」および「行動計画」が全会一致で採択された．NIEOは，先進工業国が主導する資本主義的発展がもたらした厳しい格差の拡大と低開発の悪化の状態から脱却するため，全ての国が主権平等・平和共存・内政不干渉のもとに，国際協力と協調を促進するとともに，途上国は資源ナショナリズムにより原料供給国を脱して工業化を推し進め，自力更正による経済自立化を目指す世界の開発秩序とされる．さらに，70年代の末には，情報通信の南北格差是正をうたう新国際情報秩序構想も提起された．しかしながら，NIEOの基盤たる資源ナショナリズムの高揚は，非産油途上国など資源を持たない貧しい途上国の存在を浮き彫りにするものでもあった．

（水野正己）

**しんしょくへいや　侵食平野**（erosional plain）

侵食によってできた平野．日本の平野のように堆積によってできた平野においては，平坦面は最も新しい地層（沖積層）の堆積した

面とみなされる．しかるに侵食平野は，構成する地盤を侵食してできたために，平坦面は構成する地層と無関係で，地層の生成時期と時間的に大きく隔たっている．基盤岩石の硬軟，地質などが地形に反映され，ケスタ(→)やモナドノック（残丘）(→)など，独特な地形がみられる．準平原，侵食平坦面，構造平野，ペディプレーンなどの種類がある．これらのうち構造平野は，侵食抵抗性の大きい，ほぼ水平に堆積した地層の表面が露出してできたものをさす（地質構造によって規定された平野）．ロシア平原，アメリカ内陸低地，コロラド台地，東北タイのコラート高原などがその例である．(→準平原，ペディプレーン).

(荒木　茂)

**しんしょくりょく　侵食力**（erosivity）→土壌侵食

**しんすいいね　深水稲**（deep water rice）(→浮稲)

浮稲と同義に使われることが多いが，水深1m以下の状態で生育するものを深水稲，1m以上のものを浮稲と区別されることもある．

(安田　武司)

**しんせいていこうせい　真性抵抗性**（true resistance）

病気に対する植物の抵抗性は，真性抵抗性と圃場抵抗性に分けられる．真性抵抗性は病原菌の伝染源の量を減らす方向に働き，病原菌の特定のレース（群）に対して作用するので特異的であり垂直抵抗性とも質的抵抗性ともいい，主働遺伝子によって支配される．20世紀の作物栽培では，多くの作物種で真性抵抗性の崩壊現象を経験した．ある病気に抵抗性を示す品種が広域に栽培されると，普及後，数年のうちに品種は著しく罹病した．新たに育成して普及させた抵抗性品種もまた，数年のうちに抵抗性の効果を失った．この現象を遺伝学や病理学の立場から追究したところ，抵抗性は主働遺伝子支配であり，罹病化はこの抵抗性遺伝子に対して特異的に病原性を示すレースが増殖したために生じた現象である

ことが判明した．そのため作物育種の分野では，どのレースにも一様に中程度の抵抗性を示す圃場抵抗性に依存するようになった．近年栽培されている多く品種は圃場抵抗性だけを備えているか，真性抵抗性に圃場抵抗性を組み合わせている．真性抵抗性を積極的に活用する方法として，①抵抗性品種が罹病化の兆しをみせたときに新たな抵抗性遺伝子をもつ品種に置き換えるなど，抵抗性遺伝子を次々に交替する，②病気の発生様相に応じて抵抗性遺伝子を地理的にモザイク状に配置する，③一つの品種に複数の抵抗性遺伝子を集積する，④一つの品種の中に複数の抵抗性遺伝子を含ませる（多系（混合）品種），などがある．真性抵抗性と圃場抵抗性についての上記の概念は，害虫に対しても適用できる．

(横尾政雄)

**しんたん（よう）りん　薪炭（用）林**（fuel-wood/firewood plantation）

燃材林ともいう．近年，特に熱帯の発展途上国で，薪炭材を生産する目的で造成，管理される森林を指している．わが国でかつて薪炭林と呼んだものは，薪炭材の生産を主目的とした森林で，普通には萌芽によって更新され，伐期が短く，英語でいう coppice forest を指していた．熱帯における薪炭林の更新も，ほとんどのユーカリ類などでは皆伐，萌芽更新（coppicing）によるが，それらも最初は植樹造林により，樹種によっては収穫のたびに植樹造林による．気候帯ごとに主な樹種をあげる．湿潤熱帯：*Acacia auriculiformis, Calliandra calothyrsus, Gliricidia sepium, Leucaena leucocephala, Sesbania grandiflora*（以上マメ科），*Casuarina equisetifolia, Eucalyptus* spp., *Gmelina arborea, Terminalia catappa* など，潮間帯：マングローブ類，熱帯高地：*Acacia mearnsii, Cassia siamea, Dalbergia sissoo*（以上マメ科），*Alnus acuminata, Eucalyptus* spp., *Grevillea robusta, Melia azedarach* など，半乾燥地：*Acacia* spp., *Albizia lebbeck, Parkinsonia aculeata, Prosopis cineraria, P.*

*juliflora*, *Sesbania sesban*（以上マメ科），*Azadirachta indica*, *Balanites aegyptiaca*, *Eucalyptus* spp., *Zizyphus mauritiana* など．
(浅川澄彦)

**しんたんざい　薪炭材**（fuelwood and charcoal, firewood and charcoal）

あるいは燃料材．FAO（1995）によると，世界の木材生産の63％を薪炭材が占め，その約90％は発展途上国において消費された．またエネルギー需要の70％以上を薪炭に依存する国は34カ国にのぼる．

木質エネルギーの利用形態は，薪（まき）および炭に分けられる．先進国では，パルプ製造工程における廃液（black liquor）のエネルギー利用が大きい比重を占める．また利用目的として，産業用と家庭用に大別される．

これらの生産・消費動向については，統計資料の欠如により多分に推計を含んでいる点に留意する必要がある．家庭用燃料については，一般に農村部では薪，都市部では炭という利用形態の相違がみられ，経済発展とともに化石燃料へと移行するが，自国内で化石燃料を産出するかどうかによっても薪炭材依存度が異なると考えられる．

近年，先進国では再生可能資源として木質エネルギーが脚光を浴びる一方，発展途上国では森林破壊の要因にあげられている．
(増田美砂)

**しんどこう　心土耕**（subsoiling, subsoil plowing, subtillage）

作土の下層を破砕することにより透水性を増加させるとともに，作物根の伸長を促す作業．
(江原　宏)

**しんどはさいき　心土破砕機**（pan-breaker）→車輪型トラクタ

**しんぶたいおん　深部体温**（deep body temperature）

体の中で脳や内臓部などの体の中心部の温度のことで，外界の気温条件の影響を受けにくく安定している．これに対し，環境の気温によって影響を受ける体表の温度を皮膚温という．皮膚温は気温が高くなると深部体温との差が小さくなり，気温が低くなると深部体温との差が大きくなり変動するが，深部体温はほぼ一定である．深部体温はその動物の健康状態を表す体温として使用される．家畜の深部体温は，水銀体温計などを肛門から直腸に挿入して測定される場合が多い．

正常時の深部体温はウシで38〜39℃，ブタで38〜39℃，ヒツジで38〜40℃，ヤギで38〜40℃，ニワトリで41〜43℃程度である．
(鎌田寿彦)

**しんぽてきのうみん　進歩的農民**（progressive farmer）→訓練と訪問

**しんようのしおれ　新葉のしおれ**（開葉としおれ flush and wilt）

湿潤熱帯の樹種の中には，新しく展開した葉がしばらくの間しおれているような状態で垂れ下がる現象がよくみられる．この時期の葉は同時に葉緑素を欠いていて，赤色や白色，まれには青色を呈していることも多く，熱帯の植物の特徴のひとつとされている．その適応的な意義については，強い光による加熱を防ぐため，雨滴による機械的傷害を避けるため，あるいは下層への光の透過を確保し古い葉の光合成を確保するためなどの説があるが，いまだ決定的な説明はなされていない．
(神崎　護)

**しんりんきゅうかん　森林休閑**→焼畑移動耕作

**しんりんげんそくせいめい　森林原則声明**（Non-legally Binding Authritative Statement of Principles for a Global Consensus on the Management and Sustainable Development of All Types of Forests）

1992年の地球サミットにおいて採択された，森林に関するはじめての世界的な合意．すべての森林の管理，保全，持続的な開発に関する原則を示したもので，法的拘束力のある条約ではないが権威ある原則声明として位置づけられている．前文と原則から構成されていて，前文では森林問題が包括的な文脈の

なかで検討さるべき課題であるとの認識のもとに，森林の有する多様な機能の保全と持続可能な開発の重要性が強調され，原則では森林の財とサービスの適切な評価，開発途上国の取組に対する国際協力，森林政策への市民参加，林産物貿易の自由化など今後の対策の方向を示している． （熊崎　実）

**しんりんにかんするせいふかんパネル　森林に関する政府間パネル**（Intergovernmental Panel on Forests, IPF）

すべてのタイプの森林の管理，保全，持続可能な開発に関して合意を得るべく，1995年に国連の持続可能な開発委員会（CSD）が設置した時限的なパネル． （熊崎　実）

**しんりんにかんするせいふかんフォーラム　森林に関する政府間フォーラム**（Intergovernmental Forum on Forests, IFF）

IPFが進めてきた森林政策に関する国際的な対話を継続すべく，1997年の国連総会で設置が定められた時限的なフォーラム．
（熊崎　実）

**しんりんにかんするでんとうてきちしき　森林に関する伝統的知識**（indigenous knowledge on forests）

かつては単線的進化論の影響のもと，狩猟採集民や焼畑耕作民は遅れた存在とみなされていた．ところが1950年代以降，民族誌などを通じてそうした人々の周囲の環境に対する知識が紹介されるようになり，伝統的知識の体系が一躍注目されるようになった．

例えば，1950年代にH. Conklinの調査したフィリピンの焼畑民ハヌノオ（Hanunoo）は，1,600種にのぼる植物を区別したとされる．世界各地に残る伝統的生活に関する同様の報告は，民俗科学（ethnoscience）や民俗生態学（ethnoecology），民俗植物学（ethnobotany）といった分野を生みだし，さらに野生動植物の利用実態をめぐる科学的翻訳は，民俗医学（ethnomedicine）あるいは医療人類学（medical anthropology）と呼ばれる分野へと発展した．

こうした詳細な知識の体系は，多様性にめぐまれた環境にあってこそ発達しえたのであり，したがって生物多様性の喪失は，伝統的知識の喪失にもつながるものとして危惧されている． （増田美砂）

**しんりんそん　森林村**（forest village）

森林の伐採跡地に村落をつくり，農民をそこに入植させて，食糧の確保とともに植林を進める制度．技術的には木材生産用の苗木を植え付けると同時に，最初の年から数年にわたって同じ土地に農作物を作付けるアグロフォレストリー（タウンヤ・システム）（→）に依拠していることが多い．林間耕作のための土地を農民に貸し与え，農民が行う植林に対しては賃金や報奨金が支払われる．これによって熱帯林地帯でよく見られる無秩序な移動耕作の抑制と，伐採跡地の確実な更新が期待されている．これまでにタイ，ミャンマー，インド，ケニア，ナイジェリアなどで試みられてきたが，成功の度合いはさまざまである．
（佐々木太郎）

## す

**すいぎゅう　水牛**（water buffalo）

アジアを中心とした熱帯・亜熱帯地域に飼育されている水牛は，河川水牛と沼沢水牛の二つのタイプに大別されているが，これらは共にインドに現存している野生原種から約4,500年前に家畜化された．この野生原種は，インド北東部のアッサムなどの保護区に生息しており，その外貌や習性は沼沢水牛に似ているといわれる．この付近の農民は，所有する雌水牛を放ち野生雄水牛と交雑させて，頑丈で乳量の多い産子が得られるとして遺伝子の流入を今でも行っているといわれる．水牛の家畜化は，牛・馬などの代表的な家畜に比べて歴史が浅く，繁殖性・搾乳性などの生産性の改良がまだ十分に進んでいない家畜化途上にある動物といえる．これは，水牛の主な飼育地帯が熱帯・亜熱帯の途上国に限られ，し

かもその用途が牛（ゼブー種）と同じで、お互いが競合関係にあったことにも起因していよう．しかし、水牛は牛よりも粗飼料利用性・病気抵抗性などの環境適応性が優れているなどの特徴があり、世界的な頭数の増加率はこの数10年間では牛よりもかなり高い．現在、世界の水牛の過半数を超える約1億頭近くがインドで飼育されている．水牛の乳利用の改良は、河川型水牛としてインド・パキスタンで進められ、特徴のある角の形状と相俟って品種分化が進んだ．代表的な品種としてムラー、ニリラビ、スルティなどで、良好な管理下では初産乳量1,500～1,800 kg、乳脂率7～8%となる．乳供給源としてゼブー牛よりも大きく、飲用として主要な動物性タンパク質供給源であるばかりでなく、ギー（液状バター）として調理に用いられる．今日、河川型水牛はインド・パキスタンから西へ分布域を広げ、中東、バルカン地方、地中海沿岸諸国に及び、イタリアでの主要な飼育目的がモッツァレラという軟質チーズの生産用となっている．河川型水牛の利用目的は、概して乳、役、肉の順といえよう．バングラデシュより東の熱帯アジア（中国南部、台湾、フィリピンまで）にも、沼沢型水牛として分布域が広がったのであるが、品種分化が進まず、飼育目的は農耕などの役中心で乳肉の利用は少ないし、頭数が減少傾向にある地域が多い．毛色変異である白色水牛がタイ北部、ラオス、バリ島などに多く、白黒斑水牛がインドネシア・トラジャ地方にいるが、いずれも合理的な飼育目的はない．この1世紀の間にブラジルのアマゾン河流域や中米の一部に、イタリアやインドなどから水牛が導入され増加しており、まだアフリカのそれの半分にも満たないものの増加のポテンシャルは大きいとみられている．飼育目的は、肉、乳、役の順のようである．沼沢水牛と河川水牛は染色体数が48と50と異なるが、雑種は可能で子にも繁殖能力がある．中国やフィリピンなどで、水牛による乳利用を促進するために雑種利用が試みられている． 〔建部　晃〕

**すいこうさいばい　水耕栽培**（water culture, hydroponics）

培地を使わず、根を培養液に直接接触させる養液栽培．→養液栽培　〔篠原　温〕

**すいしつおだく　水質汚濁**（water pollution）

河川、湖沼および海などの公共用水域が、生活排水・産業排水・汚染土壌からの排水・船舶の漏油・埋め立てや山砂利洗浄からの汚水の流入により汚染されることを水質汚濁という．人間や他生物の生存に脅威を与える有毒物質が自然水中に混入することを汚染（contamination）、毒性とは直接関連のない有機化合物や栄養塩類を含む有機・無機化合物の増加により生物が異常繁殖して水環境が悪化する現象を汚濁（pollution）と呼んで区別することもある．水質汚濁の原因物質としては、シアン・有機リン・有機塩素化合物や重金属などの有毒物質、富栄養化をもたらす有機性汚濁物質や窒素・リン化合物のほか、粘土などの無機浮遊物質や高温排水なども含まれる．発生源は鉱工業・農林水産業・都市・土木工事・交通機関などさまざまである．混入した汚濁物質は、拡散・分解・沈殿・吸着などの自浄作用によって除かれ、水域は清浄状態を保つことができるが、自浄能力を超える量が流入すると汚濁が進行する．わが国では、水質汚濁防止法に基づいて環境水の階級づけがされており、溶存酸素量、生物化学的酸素要求量（BOD）・化学的酸素要求量（COD）・浮遊物質量・pH値・細菌数のような水質指標および有害物質の含有量で汚濁度が表示される．農業活動が引き起こす水質汚濁としては、農薬や肥料成分、土壌粒子の流出などが考えられる．一般に、熱帯地域の土壌は有機物量が少なく粘土の風化が進んでいるため養分の保持能力に乏しく、作物が吸収しなかった肥料成分は雨水などにより容易に流亡・溶脱し、河川水や地下水に対する汚濁負荷の原因となる．また、畜産廃棄物や農村の生活排水もそ

の処理が充分でない場合，汚染源となる．熱帯・亜熱帯地方では，わが国で現在使用が禁止されているDDT・BHC・アルドリン・ディルドリンなどの難分解性塩素化合物が現在も農薬として使用されている．DDT・BHCの急性毒性はそれほど高くないが，脂溶性が高いために生物濃縮が起こりやすく特に魚類への影響が懸念されている．散布された農薬は一部大気へ揮発し広域に拡散したのちに降雨により再び地上に降り注ぎ広範囲に汚染をもたらすが，熱帯地方では高温のため温・寒帯に比べ農薬の揮散が容易に起こることが知られている．また傾斜地に作られた農地の不適切な管理や農地開発に伴う山林の伐採は土壌の流出をもたらす．土壌流出は農地の肥沃度を低下させるだけでなく，周辺水域の水質汚濁の原因となる．特に開発途上国では本来農業活動には適さない傾斜地を極限まで開拓することがあり，土壌流出は深刻な問題である．
(村瀬　潤)

**すいしつおだくせいのうやく　水質汚濁性農薬**(water pollutant pesticide)

農薬を広い範囲でまとまって利用する場合，水生動植物に著しい被害が発生するおそれがあるか，または公共水の水質を汚濁することにより，これらの水を利用する人畜に被害を生ずるおそれのある農薬をいう．農薬の使用に伴う公共用水の水質保全をはかるために環境基本法に基づく水質環境基準が設定されており，これに対応するため水質汚濁性農薬が定められている．
(大澤貫寿)

**すいしつしひょう　水質指標**(water quality index)

水質は水の汚濁の程度を知る上で必要なものであるが，その項目は，非常に多岐に渡っており，簡単に水質汚濁の程度を評価することは難しい．そこで代表的な項目で，汚濁の程度を判定できる水質の基準値を示したものが水質指標である．代表的な例として生物学的に水域の水質等級を区分した，貧腐水性水域，β中腐水性水域，α中腐水性水域，強腐水性水域の区分があるが，これらに判別する水質指標としてDO(溶存酸素)，BOD(生物化学的酸素要求量)，細菌数などがある．また水域の生物を指標にして水質を判定する場合もあり，この場合判定に用いられる生物を生物指標という．
(三沢眞一)

**すいしゃ　水車**(water turbine)

水を利用して動力を得る装置である．水は空気に比べ密度が約800倍であり，同一出力では水車は風車よりはるかに小型で済む．古く中世までは水車は石うすの駆動・揚水などの作業に用いられ，風物詩に見られるようなのどかな光景を楽しむことさえできたが，産業として本格的な動力の需要が急務になってから様相は一転した．途上国では未だそうしたのどかな風景をいくらか見ることができるが，現時点で水車というと，村単位のローカルエネルギー(local energy)を得るというよりは，もっと広範囲の地域(region)を対象として，電力エネルギーを供給するだけの容量を有する装置としての認識が一般的である．

地球規模での環境問題への関心が高まる中で水車は安定性があり，貯水が可能で，計画的な利用ができるという点でクリーンなエネルギーである．しかし，大規模水車となると自然の流れを人工的に変えて大容量の水を貯える必要があり，このことから生態系に好ましくない状況を引き起こす場合も少なくない．建設にあたって十分な環境アセスメントが必要なことはいうまでもない．

水車の出力と効率：水車の理論的出力 $L$，および正味出力 $L_e$，効率 $\eta$ は次のように表わされる．

表9　在来水車の種類と効率

| 種類 | 構造と方式 | 効率(％) |
|---|---|---|
| 1 下掛け水車 | 水の流速を利用 | 20〜40 |
| 2 胸掛け水車 | 下掛け水車の改良板 | 50〜60 |
| 3 上掛け水車 | 水の落差を利用 | 約70 |
| 4 らせん水車 | 水の流速と落差を利用 | 30 |

$L = \gamma QH/75$ (PS) あるいは $9.8 QH$ (kW)
$Le = \eta L$　　$\eta = (Le/L) \times 100$ (%)
ただし，$\gamma$：水の比重量（kgf/m³），$H$：有効落差（m），$Q$：流量（m³/s）

効率$\eta$は水車の形式・形状の大小により異なるものの，おおむね70～94％の範囲にある．

在来水車：在来水車についてまとめると表9のようになる．

ペルトン水車：圧力水管で導かれた高圧水がノズルを通過する時に高速ジェットとなって噴出する．この噴出水がランナに装着されたバケットに衝突し，その反力でランナが主軸周りに回転して動力が得られる．高落差で水量の少ない場合の利用に適しているが，中容量以下では横軸形，大容量では縦軸形が用いられる．ランナとノズルの数の組み合わせにより単輪単射形，2輪4射形，単輪6射形などに分類される．主要構成部は高速噴射水を受けて回転するランナ，高速水を噴射するノズル，高速噴射水の量を調節するニードル弁，ランナを包み込むケーシングからなり，100m以上の高落差での使用において高い効率を得ることができる．

フランシス水車：ペルトン水車とランナ，主軸，ケーシングなど構成部はほぼ同じであるが，ガイドベーン，吸い出し管などが装着されていることが異なる．水圧管からの高圧水はガイドベーンを通って加速され，このときに得られる旋回速度成分によって水車が回転する．ランナから出た水の放流エネルギーが最小になるように，水は水車内および吸い出し管内を充満していることが必要である．落差も5～10mから200～400m程度まで多くの適用範囲があり，形式も種々あるものの主に渦巻き形が多く用いられる．この方式は横軸単輪単流形，横軸単輪複流形，縦軸単輪単流形が主流で，高圧水はケーシングを一周する間にガイドベーンの内を通りランナの全周に一様に流入して主軸を回転させ，その後吸い出し管より流出する．効率は70～80％程度である．

プロペラ水車：0.5～30m位の低落差で大水量の条件に適する高比速度形水車で，縦軸形，横軸形がある．二つの吸水管から取り入れた流入水をその合流点に設けたプロペラ形の水車（ランナ）に導き主軸を回転させて動力を得る構造を有する．流入した水は軸方向に通過する．構造はランナ，ランナベーン，主軸，ガイドベーン，ステーリング，ケーシングなどから成り，ランナベーンが可動式の構造を有する物を特にカプラン水車という．

その他：落差の範囲が50～150mで，かつ大水量という条件で用いられる斜流水車，水車とポンプの機能を兼ね備えたフランシス形ポンプ水車，斜流形ポンプ水車，プロペラ形ポンプ水車などがある．　　　　（伊藤信孝）

すいしょく　水食（water erosion）
　降雨や融雪，融氷およびこれらに伴って発生する表流水によって土壌が分散され流亡する現象．多雨地域を初め，季節的に強い降雨が発生する傾斜地で一般的に見られる．降雨特性，表流水の流下形態，土性，土壌構造，斜面の勾配と長さ，地被状態，保全作業の様式などの諸要因とこれらの相互作用によって影響される．裸地緩斜面の水食は，まず雨滴が直接土壌面に当たると土壌が分散，飛散される．次第に土壌の間隙が閉塞され，転圧されてクラスト（Crust）ができ浸透しにくくなると，斜面に表流水が現れ集まるようになって土壌を流し小溝が形成される．一挙に小溝から流れた土壌は，表流水の掃流力や輸送力が低下する所で一部溜まる．表流水は下方の直下流でまた集まって小溝ができる．斜面の水食は，表面水の流れに沿って小溝と流された土壌の滞留が交互に起こりながら多量の表流水が集まる下流側から上方に向かって小溝の谷頭を伸ばしていくような過程をとることが多い．降雨や土壌，地形の要因は，このような水食過程の進行速度を左右する基本的なものである．→土壌侵食　　　　（松本康夫）

すいせいざっそうとそのぼうじょ　水生雑草とその防除 (aquatic weeds and their control)

熱帯地域の多くの国々では，河川や湖沼，クリークなどの陸水環境が日常生活の場となっている場合がしばしばみられ，生活用水や農業用水，水上交通路，淡水魚生産の場などとして極めて重要である．これらの場所に生育する水生雑草は，水流をせき止め灌漑や交通の障害となるばかりではなく，雨季に頻発する洪水の原因となるなど，種々の形で人々の生活に支障を与えている．これらの雑草をその生育特性から沈水性雑草，浮遊性雑草，抽水性雑草，陸水環境の周辺雑草に区分し，その代表草種を挙げると次のようなものがある．

沈水性雑草：*Blyxa japonica*（ヤナギスブタ），*B. echinosperma*（スブタ），*Ceratophyllum demersum*（マツモ），*Chara zylanica*（ハダシシヤジクモ），*Hydrilla verticillata*（クロモ），*Myriophyllum brasilience*（フサモの一種），*Najas graminea*（ホッスモ），*Potamogeton malaianus*（ササバモ）など．

浮遊性雑草：*Azzolla pinnata*（アカウキクサの一種），*Eichhornia crassipes*（ホテイアオイ），*Hygroryza aristata*（イネ科の草種），*Lemna minor*（コウキクサ），*Neptunia oleracea*（ミズオジギソウ），*Nymphoides indica*（カガブタ），*Pistia stratiotes*（ボタンウキクサ），*Salvinia molesta*（オオサンショウウモ），*Trapa bispinosa*（ヒシ）など．

抽水性雑草：*Aeschynomene indica*（クサネム），*Alternanthera philoxeroides*（ミズツルノゲイトウ），*Coix aquatica*（ジュズダマの一種），*Colocasia esculenta*（タロイモ），*Echinochloa stagnina*（多年生のヒエ），*Eleocharis dulcis*（シログワイ），*Monochoria hastata*（ナンヨウミズアオイ），*Polygonum barbatum*（タデの一種），*Scirpus grossus*（オオサンカクイ）など．

陸水環境の周辺雑草：*Brachiaria mutica*（パラグラス），*Mimosa pigra*（オジギソウの一種），*Phragmites australis*（ヨシ），*Saccharum spontaneum*（ワセオバナ），*Typha angustifolia*（ヒメガマ）など．

これら水生雑草の防除には，現在 2,4-D などのフェノキシ系ホルモン剤やパラコート，グリホサートなどの非選択性除草剤が一部で使用されている．しかし，陸水環境は日常生活や淡水魚生産の場であり，また，水生雑草はしばしば野菜として利用されていることなどから，水質汚染が懸念されるので望ましいものではない．最も広く実行されている人力などによる除去は水質を汚染しないので理想的な方法といえるが多大の労力を必要とし，将来機械化を進めるにあたっては除去後の植物体をバイオマス源として，積極的に利用の拡大を図っていく必要がある．この場合高い水分含量が大きな障害となるものと考えられる．昆虫や微生物利用による生物防除については成功例もあり，今後の進展が期待される（→雑草の生物防除）．水生雑草の繁茂は水質の富栄養化と密接に関連しているので，下水道の整備を進めるなどによって都市周辺部の陸水環境の浄化を図ることもまた，防除上極めて重要なことと考えられる．

（原田二郎）

すいせいどじょう　水成土壌 (hydromorphic soils)

土壌が季節的にまたは継続的に水飽和・還元の状態にあり，それが土壌の断面形態や理化学性の発達に重要な特徴を与える．水成土壌には以下のような種類がある．

地下水湿性　グライ低地土　灰色低地土
停滞水湿性　グライ台地土　灰色台地土
灌漑水湿性　集積水田土　　灰色化水田土

「グライ」とは年間を通じ遊離鉄がⅡ価の状態にあり $\alpha$-$\alpha'$ ジピリジル反応を呈すること，「灰色」とは多雨時に水飽和し季節的に $\alpha$-$\alpha'$ ジピリジル反応を呈することを示す．土色はグライ土壌では一般に青灰色，灰色土壌では灰色である．集積水田土は作土下方に鉄，マンガンの集積層をもつ水田土壌，灰色

化水田土は灌漑水による灰色化が表層から下層深くまで及んでいる水田土壌をいう．集積層にはコバルトCoも濃縮しており，コバルトがマンガンと類似した行動をとることがわかる．

停滞水とは，緻密難透水性の土層の上に溜まった水であるから，土壌は細粒かつ充塡が密で，乾湿の繰り返しのもと構造がよく発達している．　　　　　　　　　　（三土正則）

**すいでんうらさく　水田裏作**（winter cropping, off-season cropping on drained paddy field）

稲を栽培しない時期に他作物を作付けすること．天水田では雨季に稲，乾季に裏作となる．　　　　　　　　　　　　（松島憲一）

**すいでんかんがい　水田灌漑**（paddy field irrigation）

水田とは，湛水状態において作物生産を行う農地をいい，水稲，レンコン，イグサ，ワサビなどが栽培される．普通は，水稲が栽培される水田，すなわち水稲水田（paddy field）を指す．ここでも，水田灌漑を水稲水田に対する灌漑として解説する．

水稲は生育に比較的多くの水を必要とするため，十分で安定した用水の供給は，収量増大の重要な要素である．世界の水田は，現在約1億5,000万haで，その内で，水路などの施設によって灌漑されている水田（灌漑水田）は約53％であるが，平均収量は4.9 t/haと全水田平均3.5 t/haに比べ非常に大きく，世界の全コメ生産の量（約5億2,000万t）の約75％を担っている．

灌漑水田は，一定の期間，湛水状態を維持できる構造が必要であり，通常は畦畔で周囲を囲まれ，湛水の深さを均等にするために，圃場面はほぼ均平にならされる．また，過剰な水を排除できるように，畦畔の一部に欠口が設けられ，圃場外に排水ができるようになっている．圃場は，水路に接していれば，用水を水路から直接取水したり，水路へ直接排水することができる．整備水準の高い水田では，用水路・排水路がそれぞれ整備され，圃場では独立した用排水操作ができる．一方，世界的には，水路に接している一部の圃場で取水された用水が，隣接する圃場へ排水され，そこで用水として利用され，さらに下流側圃場に排水されていく場合（→田越し灌漑，flow-through irrigation）が多い．

水稲は，苗床（苗代）で育成された苗を水田に移植して栽培する場合（移植栽培）と，水田に種籾を直接播いて栽培する場合（直播栽培）に大別される．移植栽培の場合，移植前に水田に多量の灌水を行い，作土を水で飽和した上で耕起・泥ねい化・均平作業を行い，移植（田植え）と苗の活着をやりやすくする．この一連の作業を代かきと呼ぶが，短期間に多くの圃場で多量の灌水がなされることになり，水田灌漑の大きな特徴を形成する．一方，直播栽培では，代かき後に播種する場合と，乾いた圃場に播種後に灌水する場合があり，どちらにせよ生育の初期段階で多量の灌水が必要となる．

水田灌漑に必要な用水量の中心は，水稲生育の場である圃場での必要水量（圃場必要水量）である．代かき・移植や播種後の灌水がなされた後は，水稲の蒸散，湛水や土壌面からの蒸発，土壌や水路などへの浸透などによって圃場で消費される水量を補給することになる．その量は，地形・土壌，水路構造・地下水位，気象や水稲生育などの条件に支配され，時期によって変化する．この内，圃場に直接降る降雨でまかなわれる分があれば，それを差し引いた水量が供給すべき水量となる．各圃場に必要な用水を供給するには，水源から用水を取水する取水施設（頭首工や揚水機），圃場近くまで用水を送る送水路・配水路が必要で，水路システムには，送水や水の配分を調整するために，水位調整施設や分水施設が設けられることもある．水源で取水する水量は，圃場で必要な水量に加えて，送配水の過程で水路から蒸発や浸透で失われる損失分や，その他の必要水量（不足が生じないよう

送配水を行うための余裕分や，水田灌漑施設を利用して取水や送配水を行って水田灌漑以外の目的ための取水量）とを加えたものとなる．送配水のための余裕分は，日本では「送配水管理用水量」と呼ばれるが，多くの国では送配水過程での「ロス」と認識される．また，圃場で浸透によって失われる水量も，多くの国では「浸透ロス」と見なされる．

　水田灌漑は，流域における水循環や水利用の視点からは，以下のような特徴を持つことになり，水資源の開発や管理に影響を与えることになる．まず，水稲の生育期間の数ヵ月（100～150日程度）多量の用水取水がなされる．そして，取水された水の内で蒸発散で消費される以外の部分は，浸透した後，水路や河川に還元されたり，地下水をかん養し，下流の地域で再び利用されることが多い．水田の灌漑期間中も，代かき期間中には特に多量の取水がなされ，その後の普通生育期間でも，稲の穂ばらみ期や出穂・開花期など特に多量の用水取水が必要となるなど，生育段階によって用水量に大きな変動がある．　（渡邉紹裕）

**すいでんざっそうとそのぼうじょ　水田雑草とその防除**（paddy weeds and their control）

　世界のコメの90％以上がアジアで生産され，そのうち東南アジアや南アジアなどアジアモンスーン熱帯地域が占める割合も高く，そこで生活する人々の主食となっている．主要な生産の場は，灌漑田や天水田など湛水状態の圃場であるため，そこに生育する雑草の種類は当然畑雑草とは大きく異なっている．また，自然湿地や河川，湖沼などの陸水環境に生育する水生雑草と比較しても，水田は耕起，代かき，収穫などの農作業によって毎年撹乱されているので，共通種はあっても同一ではない．さらに水田でも栽培条件（移植・直播）や水管理などによって発生する雑草の種類は異なることが知られているが，主要な水田雑草を挙げると次の通りである．

　イネ科雑草：イヌビエ，コヒメビエ，*Echinochloa picta*，アゼガヤ，タイワンアイアシ，タイワンアシカキ，キシュウスズメノヒエ，野生稲など．

　カヤツリグサ科雑草：タマガヤツリ，コゴメガヤツリ，ヒデリコ，シログワイ，クロタマガヤツリ，イヌホタルイ，オオサンカクイ，コウキヤガラなど．

　広葉雑草：コナギ，ナンヨウミズアオイ，キカシグサ，ケミズキンバイ，タゴボウモドキ，キダチキンバイ，アサガオナ，ナンゴクデンジソウ，タカサブロウ，ナガボノウルシ，キバナオモダカ，ナンヨウオモダカ，クサネム，オオサンショウモ，ミズツルノゲイトウなど．

　その他：深水水田の場合はボタンウキクサやホテイアオイなどの浮遊性雑草が侵入し，天水田など灌漑水が十分でない場合には畑雑草の発生がしばしば認められる．これらの雑草を防除するにあたって最も重要な点は，耕種的管理技術によっていかに雑草密度を低減するかである．例えば，収穫後の耕うんがある．この作業は，収穫後発生する雑草の生育を抑え，種子形成を妨げることによって土壌中の種子量を減少させるばかりでなく，多年生雑草の栄養繁殖器官を乾燥，枯殺する効果も期待できる．また，移植密度（直播の場合は播種密度）を高くすることによってできるだけ早く葉面積指数を増加させ田面に到達する光量を減らしてやれば，雑草発生量は著しく減少する．熱帯アジアの農家が用いている種子には他の品種や雑草種子の混入がしばしばみられ，これがボランティアライスや雑草の発生密度を高めている原因となっている．この点からクリーンな種子を用いることが重要である．さらに灌漑水も雑草種子や栄養繁殖器官の伝播に一役かっている場合が多いので注意が必要である．耕起，代かきをていねいに行い田面を均平に保つことは，それ自体が雑草の発生を抑制するばかりでなく，適切な水管理を可能とし，その結果さらに雑草の発生を抑えることができる．露出した田面には多くの雑草が発生し，一方深水管理は雑草の発生を著しく抑制することはよく知られた

事実である．

熱帯アジアにおける稲作雑草防除技術は，常にその技術の経済評価を厳しく行って，それが農家の収益性の面でプラスでなければ決して採用されない．現在でも手取り除草は主要な防除の手段であり，"ガチョック"などの除草道具を使用してきたインドネシアやフィリピンでは人力回転除草機の普及もみられる．もちろんこの場合はランダム移植は無理で，正常植えや並木植えが要求される．しかし，近年の労働人口の農村から都市への流出や労賃の高騰から，除草剤を用いた化学的防除が急速に普及してきた．マレーシアで一般的な散播による直播き栽培は手取り除草は無理で，除草剤の使用を前提とした栽培法である．使用される除草剤も，比較的安価なプロパニル（ヒエおよび広葉雑草対象）や2,4-D（広葉雑草，タマガヤツリ対象）の外に，ブタクロール，プレチラクロール，チオベンカーブ，ベンタゾン，オキサジアゾン，ベンスルフロンメチルなどのスルホニルウレア系除草剤も使用されるようになった．いずれも水和剤や液剤で，日本や韓国で一般的な粒剤は試験圃場で良好な結果がえられても，適切な水管理が困難な農家圃場には適用できないので留意する必要がある．今後，熱帯地域においても水稲用除草剤の使用は着実に増加し，市場の拡大に伴いより高度な新剤も次々と開発されてくるものと考えられる．熱帯地域では水田養魚がしばしば行われており，また河川は人々の日常生活の場となっている場合が多いので，水質汚染には十分な注意が必要である．さらに，生物多様性保全の見地から非ターゲット生物に対する影響評価や，除草剤抵抗性雑草の出現などにも留意しつつ，慎重な普及を図っていくことが極めて重要である．　　　　　　　　　　　　（原田二郎）

**すいでんどじょう　水田土壌**（paddy soils）

生成と分類：イネは湛水状態下で栽培されるので多くは水掛かりのよい沖積低平地に造成される．低地のうち年間を通じて水で飽和され，かつ土砂の流入がない所では，「泥炭土」や「黒泥土」が発達する．一方同様の条件で土砂の流入がある所では「グライ低地土」が分布する．地下水位が年間上下し酸化と還元が繰り返される地帯には「灰色低地土」が分布する．年間を通じて地下水の影響を受けない自然堤防や扇状地などの地下水位の低い地帯には「褐色低地土」が分布する．

以上のうち地下水の影響を強く受けて発達する泥炭土，黒泥土，グライ土〜灰色低地土は，水田として利用しても水文条件に本質的変化はないので断面形態に目立った変化は起こらない．ところが，灌漑水が土壌断面形成に圧倒的な影響を及ぼしている場合が排水状態のよい自然堤防や扇状地に見られる．これらの土壌は元来水持ちの悪い水田であるから水持ちをよくするため鋤床が形成される．これらの土壌では，湛水状態の下で作土と鋤床は水で飽和され，強還元状態となる．下層土の充填が粗のときは，湛水下でも下層土は酸化的で，溶脱した鉄・マンガンはことごとく酸化沈殿し鋤床直下に顕著な鉄・マンガン集積層が形成される．下層土の充填が密になると，還元作用が下層土にまで及び，土層は次第に灰色となる．もっと細かく見ると，水の通路である孔隙から灰色化は進み基質には輪郭のぼんやりした黄色の斑鉄（雲状）が形成される．

近年，Soil Taxonomy や FAO-Unesco では灌漑水の影響の下で発達した土壌をまとめてそれらが属する土壌大群の「Anthraquic（水田化）亜群」と呼ぶようになった．わが国では，灌漑水の影響で形成される溶脱・集積層で特徴づけられる土壌を「集積水田土」，下層土の還元溶脱による灰色化で特徴づけられる土壌を灰色化水田土と呼ぶ方向で検討中である．

耕地としての優位性：水田は「優れた生産装置」であるだけでなく，土地・水・大気などの環境を浄化し保全する重要な公益的機能を果たしている．

① 水田地帯は無数の小さなダムに似て，そ

の貯水能力は約50億t，現在洪水防止の目的をもつダムの総貯水容量24億tの約2倍に達する．水田の一枚一枚は小さいが，トータルとしての洪水防止機能はきわめて大きいということができる．

② わが国は山国で水田も傾斜地に造成されることが多い．そこで一枚一枚の田は厳密に均平化され畦で囲まれて階段状をなし，法面は石垣などで頑丈に保護されている．これは傾斜地の侵食防止にとって理想的な構造である．

③ 近年畑地帯では窒素肥料，家畜糞尿の多量施用による地下水汚染が問題にされる．これとは逆に水田では，$NH_4^+$ の形で存在するものは粘土に吸着されて不動化し，$NO_3^-$ の形で存在するものは，還元状態に遭遇し下記の過程を経て $N_2$ となり大気中に返る（脱窒）．

$NO_3^- \rightarrow NO_2^- \rightarrow NO \rightarrow N_2O \rightarrow N_2 \uparrow$

このようにして，水田は下流域の水系の富栄養化を防いでいる． （三土正則）

**すいでんようしょく　水田養殖**（paddy field pisciculture）

水田・灌漑水を用いる淡水魚養殖．湛水田の畦の内側に溝・魚溜りを設け稲と共に養魚し，休閑期には養魚池とする，灌漑水の流れを網・柵で囲うなどの場合がある．インドネシアでは戦前からコイの中国・ドイツ交配種が養殖されていた．コイ類（中国系：草魚，ハクレン，コクレンなど，インド系：ラベオ，カトラなど），ティラピア，ナマズ類，グラミ，ライギョ，sepat siam（*Trichogaster pectoralis*）などが対象になっている．ナマズ，ライギョなどは空気呼吸もできるので溶存酸素の少ない環境で生存できる．えさには野菜（カンコン，グンジャー：キバナオモダカ），家畜・家禽糞（時に人糞），厨芥，農産廃物などが用いられる．大河原産の魚種（中国コイなど）は採卵・苗ができないので，稚苗は輸・移入する．

ジャワのミナパディ（水田養魚）を例示すると，灌漑水路から水を屋敷林内に引込み，母屋，果樹園，野菜畑，ニワトリ・アヒル小屋を巡って，もとの水路に戻す．入口・出口を網で塞ぎ，その流れを養魚池とする．→屋敷林（プカランガン） （三宅正紀）

**すいばいでんせん　水媒伝染**（water transmission）→病気（作物の）の生態

**すいばんかんがい　水盤灌漑**（basin irrigation）

小規模な堤防で囲まれた区画を湛水し，その湛水が浸透した後，土壌中に貯えられた水分を利用して作物を栽培する灌漑方法．
 （河野泰之）

**ずいはんさくもつ　随伴作物**（companion crop）→同伴作物

**すいぶんかっせい　水分活性**（water activity）

食品の水分をその保存性との関連で問題にする場合，全水分含量や，自由水あるいは結合水といった水の存在状態よりも，微生物が利用し得る水分量を表わす水分活性（Water activity：Aw）を用いる方が適切であるとされ，食品業界などでこの尺度が広く用いられている．その理由は，組織や食品中の水は溶質を溶かした水溶液の状態で存在するので，一部の水は溶質の周りに強く引き付けられていて微生物の発育や増殖に利用されにくいため，食品の保存性を考える場合には，溶質の影響を受けていない水分量の方がより重要であるからである．

水分活性（$Aw$）は，$Aw = P/P_0$ として定義され，このときの $P$ は食品の示す蒸気圧，$P_0$ は純水飽和水蒸気圧を意味する．$P/P_0$ はその環境下の湿度とも関係するので，$Aw = RH/100$ となる．ここで $RH$ は相対関係湿度（relative humidity）を示す．したがって，食品の $Aw$ は，密閉されたチャンバー中で平衡に達した空気の相対湿度と同じであることより，実際にはこの原理を応用して測定されている．$Aw$ は0と1の間の値をとり，この値を知ることにより，食品の保存性，安全性や安定性を予測することが可能となる．

食品を $Aw$ 値で分類すると，0.65 以下：蜂蜜，パスタ，クラッカー類，コーンフレークなど，0.65〜0.80：ジャム，ゼリー，ナッツなど，0.80〜0.87：濃縮果汁，加糖練乳，小麦粉，米など，0.87〜0.91：発酵ソーセージ，スポンジケーキ，マーガリンなど，0.91〜1.00：野菜，食肉，魚肉，ミルクなどとなる．なお，$Aw$ が 0.65〜0.85 の値をとる食品を特に中間水分食品（Intermediate moisture food：IMF）という．

水分活性は，食品の非酵素的褐変，脂質の酸化，ビタミンの分解，酵素反応，タンパク質の変性，デンプンの糊化などの化学的・生化学的反応などにも影響を与え，さらに，食品が有する食感などの物理的性質にも影響を与える．

非酵素的褐変では，$Aw$ 値が高くなるにつれて反応は速まり，$Aw$ 値が 0.6〜0.7 で最高になる．逆に脂質の酸化は $Aw$ 値が 0.3〜0.4 で最小になり，$Aw$ が高値あるいは低値になると増加する．食品中の水溶性ビタミンの分解は $Aw$ 値が高くなるに伴い進行し，酵素反応は $Aw$ 値が 0.8 以下で阻害されることが知られている．

微生物学的な観点では，毒素生産のかびおよび酵母の生育限界は，それぞれ $Aw$ 値が 0.61 および 0.78 であるので，これ以下の $Aw$ 値ではそれらは生育できない．大多数の変敗微生物の繁殖限界 $Aw$ 値は 0.90 といわれている．食品の保存では，毒素産生の微生物の繁殖を防止することは大切であり，食品の水分活性を適切な値に保つことが重要となる．水分活性を低下させ食品の保存性を高める方法としては，乾燥，塩漬，砂糖漬，凍結，冷蔵，包装技術の工夫などがあり，一般に行われている．　　　　　　　　　　（和田　俊）

**すいぶんしすう　水分指数**（moisture index）→ソーンスウエイトの気候分類

**すいぶんしゅうし　水分収支**（water balance）→ソーンスウエイトの気候分類

**すいぶんていすう　水分定数**（water constants）

土壌水の挙動や植物の生育に関連する水分状態の目安を水分定数（あるいは水分恒数）という．参考書によって数値は若干異なるが，おおむね次のような水分定数がある．① 最大容水量：土壌の全孔隙が完全に水で飽和した時の水分量；② 圃場容水量（24 時間容水量）：降雨か灌漑をしてから 24 時間後の水分量（pF 1.8）をいい，土壌の保水能力を知る目安となる．その境界値は通常 pF 1.8 とされるが，湿潤地の土壌では pF 1.5〜1.8，乾燥地では pF 2.3 前後をとることがある．；③ 水分当量：水で飽和した土壌を重力の 1,000 倍の遠心力で脱水した場合に残る水分量（ほぼ pF 2.7）；④ 毛管連絡切断点：毛管水のつながりが切れ毛管作用による水の移動がほとんど停止する点の水分量（pF 2.7〜3.0）をいい，わが国の畑灌漑では潅水時期の目安としている；⑤ 初期しおれ点（初期萎凋点）：植物が一時的にしおれる水分量（pF 3.8）；⑥ 永久しおれ点（永久萎凋点）：植物への給水を再開しても回復せず枯死する水分量（pF 4.2）；⑦ 吸湿係数：温度 20 ℃・相対湿度 98 ％ の空気と平衡した時の水分量（ほぼ pF 4.5）；⑧ 風乾土水分量：風通しの良い日陰の大気と平衡した時の水分量（pF 5.5）；⑨ 単分子層吸着量：土壌固相表面に水 1 分子が吸着した水分量（pF 6.5）であり，土壌の比表面積（土壌 1 g の全表面積，$10^4$〜$10^6$ $m^2/kg$）に大きく影響される．植物によって利用されうる水分は，圃場容水量と永久しおれ点の境界点水分まで（pF 1.8〜4.2）であり，この範囲にあるものを有効水分と呼ぶ．これはさらに圃場容水量から初期しおれ点までの易有効水分（pF 1.8〜3.8），初期しおれ点から永久しおれ点までの難有効水分（pF 3.8〜4.2）に区分される．最大容水量から圃場容水量まで（pF 0〜1.8）の重力水や永久しおれ点から風乾土水分まで（pF 4.2〜5.5）の吸着（湿）水は，有効水とはみなされない．なお，実際に植物が利用しうる土壌水分は，根の分布範囲（深さ）や地表面からの

蒸発，下層からの水分供給の程度などに左右されるため，有効水分とは必ずしも一致しない．→土壌の水ポテンシャル　（田中　樹）

**すいぶんとくせいきょくせん　水分特性曲線**（moisture characteristic curve）

土壌の保水性の特徴を表わす曲線をいう．土壌の砂柱法・加圧板法・遠心法・蒸気圧法などにより所定の圧を与えて平衡に達した土壌の水分量を求め，それに相当する水ポテンシャル（pFやPa表示）と水分量をプロットすると水分特性曲線が得られる．水分特性曲線により水分恒数や有効水分量を知り，その土壌の水分保持力や植物への利用可能性を推定することができる．　（田中　樹）

**すいりかんこう　水利慣行**（customary water use）

農業用水の利用をめぐる紛争や論争（水論という）を経験するなかで，利水者集団の相互間もしくは利水者集団の内部で慣習的に成立した水利用の規範（水利秩序）を水利慣行という．水利慣行は，河川や水路では上流と下流あるいは左岸と右岸の利水者集団，溜池などの貯留施設では池敷の提供者と非提供者あるいは地主層と自作農層の間などの利害対立を背景に形成された．また，用水のみならず排水方法についても各種の水利慣行が成立している．

水利慣行の多くは，渇水時もしくは洪水時の利水・排水方法の取り決めをその内容としている．それ故に，何らかの技術手段によって渇水や洪水が緩和されると，既に成立していた水利慣行は社会的な意味を失うが，新たな条件下で再び新たな水利慣行が形成されるという様に，水利慣行は質的な変化を遂げながら存続するのが一般的である．（水谷正一）

**すいりけん　水利権**（water right）

近代法では河川や湖沼の水は公水とされており，公水を特定の者が利用するときは水利権を取得しなければならない．公水は国家が管理するから，国家は一定の手続きのもとに利用者にたいして水利権を認可することにな り，これを許可水利権という．

慣習に基づいて継続的な水利用が行われている場合は，慣習法の精神から社会的に承認された水利権とみなされる．わが国のケースでは，明治期の河川法の成立（1896年）以前から水利用の事実があった利水者にたいして水利権を認め，これを慣行水利権と称している．

水利権は排他的・独占的な権利であり，他者による権利侵害から擁護されている．また，一般に水利権の取得においては先行の水利権者の権利が優越する．すなわち，後発の利水者は先発の利水者の権利を犯さない範囲でその水利権が認められる．

世界に目を転じると河岸の土地の優先的な水利用を認めた沿岸権，飲用・永年作物などの水利用を優先する水利権などがある．
（水谷正一）

**すいりひ　水利費**（irrigation feeあるいはwater charge）

農業用水の利用者が農業用水の管理者に支払う水使用の対価を水利費という．

わが国では経常賦課金と特別賦課金という二種類の水利費がある．経常賦課金は土地改良区（水利組合）の管理運営費に，特別賦課金は水利施設の改良事業などに充当される水利費である．それ故に経常賦課金は毎年徴収されるが，特別賦課金は事業を行ったときの借入金の返済に当てるため，返済期間においてのみ徴収される．近年では水利費の支払いは金納が一般的となったが，かつては物納（米）や労役提供で代替することもあった．水利費の賦課方法には面積均等割，面積等級割，水量割などがある．

モンスーンアジアの国々にはさまざまな形態の水利費が存在する．最近は金納が導入されつつあるが，維持補修のための資材および労役の提供といった形態の金銭に代わる負担行為が一般的である．　（水谷正一）

**すいりょくはつでん　水力発電**（hydroelectric power generation）→多目的ダム

**すいろそんしつ　水路損失**（conveyance losses）

灌漑用水は水路によって取水施設から末端の圃場へ送水される．あるいは，それは圃場の直前にある調整池，ファームポンド，配水槽などの調整施設へ送水され，それらの調整施設から圃場へ配水される．これらの送配水の間に，灌漑用水は水路水面からの蒸発，水路側面・底面からの浸透・漏水などによって失われる．これを水路損失という．水路損失水量には，水路の路線条件，水路延長，水路様式（素堀り水路，石積み水路，ライニング水路，パイプラインなど）などがかかわっている．水路損失水量は，配水管理用水量などとともに，灌漑用水量のうちの施設管理用水量に属する．

わが国の灌漑計画では，水路損失水量の粗用水量に対する割合である水路損失率が用いられ，一般に5〜10％程度の値が採用されている．また，配水管理用水量についても，これの粗用水量に対する割合である配水管理用水率が用いられ，わが国の灌漑計画では一般に水路損失率と同様の5〜10％程度の値が採用されている．粗用水量はこれらの率を用いて純用水量から次式により算出される．

（粗用水量）＝（純用水量）/｛1－（水路損失率＋配水管理用水率）｝　　（河野英一）

**スクミリンゴガイ**（golden apple snail, apple snail, cohol ; *Pomacea canaliculata*）

アルゼンチンなど南米原産の淡水性巻貝．アジアへの移入はアルゼンチンへの移民中国系婦人が1979年台湾へ里帰り時食用に持ち帰ったのが，養殖池より河川・水田などに逃れて野生化した．台湾・中国本土（広東・福建・マカオなど）・日本・マレーシア・フィリピン・インドネシア・タイ・ラオス・ヴェトナムなどで野生化．田植え後間もない水稲，特に播種後間もない滞水直播水稲で被害大．1卵塊100〜300の卵が用水路石垣・コンクリート壁・木杭・植物体などの水面より上の部分に産まれ，産下直後は透明だが，間もなく鮮ピンク色を呈す．卵期間約3週間．孵化幼貝は落下して水中生活を始め，稲幼苗や水中植物を摂食．食物が豊富なら，1年で大人の握りこぶし大（殻径8cm前後）に成長．青魚 *Mylopharygodon piceus* は好んでこの貝を食すが，水深の浅い水田では天敵として有効ではない．かつて駆除に metaldehyde, 錫剤, niclos-amide が使用されたが，現在低魚毒・人畜無害でこの貝に有効な薬剤はない．
　　　　　　　　　　　　　　（持田　作）

**スクレイピー**（scrapie）

ヒツジのプリオン病で世界的に発生した．神経組織に空胞変性が生じ運動失調など神経症状で死亡する．　　　　　　（村上洋介）

**スケトウダラ**（walleye pollack）→すり身

**スコール**（squall）

急に風が強まり，数分後におさまる現象．陣風，早手（疾風，はやて）ともいう．激しい雷雨の際によく観察されるので，一過性の風雨をスコールという場合があり，熱帯地方に見られるにわか雨を指すことも多い．にわか雨という観点でスコールを論じると，降水強度の変化が大きく，持続時間の短い雨であり，非常に局地的な現象である．つまり，太陽高度の日変化に対応した局地的な対流活動により引き起こされる現象であると考えられる．降水を伴なわないスコールをホワイトスコール，黒い雨雲や降水を伴なうものをブラックスコール，雷を伴うものをサンダースコールという．スコールには対流活動が原因のもののほかに地形性のものもあり，頻繁に発生する地域では固有名詞的呼び名がつけられている．
　　　　　　　　　　　　　　（佐野嘉彦）

**すすびょう　すす病**（black mildew, sooty mold）

主に常緑の果樹・特用樹・緑化樹木など木本植物に発生する病気．葉や葉柄，果実の，時には枝や幹の樹皮の，表面に黒色の菌叢を発達させ，煤に覆われたように見えるところからすす病の名が付いた．外観の汚れのための観賞価値－美観の低下が問題になる．大き

くは寄生性すす病 (black mildew) と腐生性すす病 (sooty mold) の二つのグループに分かれる.

寄生性すす病は外部寄生性の病原菌によって起きる. 菌叢は葉の表面に発達し, 菌糸から吸器 (haustorium) を挿入して植物の細胞から栄養を吸収する. 宿主への寄生害に被覆による光合成阻害が加わる. 宿主植物の種類の豊富な熱帯・亜熱帯は寄生性すす病菌の宝庫といわれ, 種の分化が進んでいる. 腐生性すす病は植物細胞から養分を摂取することができず, 植物体表面に寄生する吸汁性害虫 (カイガラムシ, アブラムシなど) の排泄物などを栄養源として繁殖し, 被覆による光合成阻害を起こす. 吸汁性害虫と一緒に発生するため, 美観を損なうこと著しい.　　(小林亨夫)

### スズメガるい　スズメガ類 (hawk moths)

成虫は飛翔が迅速である. 一部は昼飛性, 体は紡錘形で太い. 前翅は長く大きいが, 後翅は短く小さい. 口吻は長い. 幼虫は顕著な尾角がある. イモムシ型幼虫である. 各種の植物の葉を食べる. 老熟幼虫は土中で蛹化する. 農作物害虫は, セスジスズメ *Theretra oldenlandiae* は日本, 熱帯アジア, オーストラリアに分布し, ブドウ, ヤブガラシ, ホウセンカ, サトイモ, コンニャク, サツマイモなどを加害する. コスズメ *Theretra japonica* は日本, 台湾に分布する. ブドウ, ノリウツギ, オオマツヨイグサなどの葉を食べる. エビガラスズメ *Agrius convolvuli* は全世界に分布して, サツマイモ, タバコ, アズキ, コーヒーなどを食害する. スズメガ類は花粉媒介することが知られている. また, ヤドリバエ類の捕食虫, ヒメバチ・コマユバチ類の寄生蜂などによる自然制御が行われている. (日高輝展)

### スターグラス (star grass)

学名: *Cynodon plectostachyus* (K. Schum.) Pilger 野生地はアフリカのエチオピア, ケニア, 北部ウガンダおよび北部タンザニアのごく限られた地域しかない. ほふく性の永年生暖地型イネ科牧草である. 包頴の長さが小穂の 1/3 以下と短い点が特徴的である. 降水量 500〜875 mm の半乾燥地帯に適するが, 一時的な冠水にも耐性を示す. 酸性からアルカリ性土壌までよく生育するが, 比較的肥沃な土壌で旺盛に生育する. 本草種の生育は非常に旺盛で雑草に対する競合力も強く, 他の草種との混播は困難であるが, *Medicago* 属やケニアシロクローバ, ロトノニスとの混播の成功例の報告がある. 嗜好性がよく, 強放牧にも耐える. 土壌侵食を防止するための被覆作物としても利用される.　　(川本康博)

### スタイロ (stylo)

学名: *Stylosanthes guianensis* ( Aublet ) Swartz, Var. *guianensis*, 外国名: stylo (スタイロ, オーストラリア, マレーシア), ブラジリアン・ルーサン (Brazilian lucerne, コロンビア, ベネズエラ), 泰楽豆, 筆花豆 (中国)

*Stylosanthes* (スタイロサンテス) 属は約30種から構成されており, 種によっては多様な環境適応性を示す. 本属のうちで *guianensis* (ギアネンシス) 種を指す. 南米原産の永年生の暖地型マメ科牧草あるいは飼料木である. 栽培品種として, cv. Schofield (スコフィールド), cv. Endeaver (エンディバー), cv. Graham (グラハム), cv. Cook (クック) がある. 現在, 南米, 中米はもとより, オーストラリア, 太洋州諸国, 東南アジア, アフリカの熱帯の各地域で利用されており, 牧草 (あるいは飼料木) としての利用価値は極めて高い.

直立あるいは半直立の草本性から木本性に分類され, 草高 0.5〜1.0 m から刈取り間隔が長い場合や放置すると, 1.5 m 以上になる. 直径 1〜2 cm あるいはそれ以上になる丈夫な直根を有し, 長さは 1 m 以上に伸長する深根性である. 茎基部からは多くの分枝が出る. 刈取り利用の場合では, 前述のように直立あるいは半直立型であるが, 放牧条件下ではほふく性になる. 茎は細く硬い毛に被われ, 生育の進行に伴い, 茎基部は木質化する. 葉は互生で3小葉で, 葉柄は 1〜12 mm, 葉軸は

0.5〜1.5 mm, 葉柄に着生する托葉は2〜15 mmである. 小葉は幅2〜20 mm, 長さ5〜45 mmであるが, 大きさや毛の有無は栽培品種によって異なる. すなわち, グラハム品種, クック品種, エンディバー品種は, ササ状の葉形をしているが, スコフィールド品種はルーサンに似た楕円形である.

花は黄色から橙色の小花が頂部で密な数個の穂状花房を形成する. 花穂は無柄で多毛, 単包葉に包まれている. 茶色の莢は多毛で突起があり, 1個の種子を包んでいる. 種子は茶色から黄褐色で1〜2 mmの腎臓形をしている. 70％以上の硬実が含まれる場合が多い. 1,000粒重は2.8〜3.8 gである.

根粒菌はカウピー型のものが適応するため, 特別な根粒菌接種の必要はないと考えられる. 接種する必要がある場合はCB756などが適当である.

スタイロは比較的湿潤な夏季高温の熱帯地域に適し, 一時的な冠水にも耐える. しかし, 一方では栽培品種によっても異なるが, 相対的に耐旱性は高い. 暖地型マメ科牧草のうちで特徴的な性質は, アルミニウムやマンガンの集積した, 有効態リン含量が少ない酸性土壌でも生育可能なことである. 好適土壌pHは6.5〜4.5とされている.

病害としては, 炭疽病 (*Colletotrichum* spp.) に敏感受性であり, ブラジルでは大きな被害を被った例もある. CIAT (コロンビア) の報告では湿潤地域の方が耐性が高い.

播種前に, 硬実処理として, 80℃の熱水に約10分間浸漬する方法, 80℃2時間の乾熱する方法, 硫酸に浸漬後, 洗浄する方法などがある. 播種量は利用目的に応じて, 200〜600 g/10 aが適当である.

スタイロはプランテーションの被覆作物として, あるいは移動式焼畑農業の緑肥としても利用される.

栄養価値は乾物消化率で60〜70％, 粗タンパク質は10〜20％である. 乾物収量は単播で1 t/10 aを越えることもある. 嗜好性は暖地型マメ科牧草のなかでは比較的低い. 暖地型イネ科牧草の各草種との混播にも適する. 放牧利用では茎部の木質化を避けるためにもやや重放牧が良好である.

スタイロの栽培品種は四つある.

1) cv. Schofield (スコフィールド): ブラジルから導入された系統をオーストラリアで育種された栽培品種である. 前述の葉に, 小葉は他の栽培品種よりも丸みを帯びている.

2) cv. Endeaver (エンディバー): ガテマラの山間部の系統をオーストラリアで育種され

表10

| | *Stylosanthes* (スタイロサンテス) 属の種 | | | | | |
|---|---|---|---|---|---|---|
| | *guianensis* | *hamata* | *humillis* | *scabra* | *capitata* | *viscosa* |
| 高地湿潤熱帯 | ◎ | △ | ◎ | ◎ | △ | ◎ |
| 赤道付近 | ◎ | △ | ○ | ◎ | | ◎ |
| 湿潤熱帯 | ◎ | ◎ | ◎ | ◎ | | ◎ |
| 熱帯 (乾雨季) | ◎ | ◎ | ◎ | ○ | △ | ◎ |
| 半乾草熱帯 | | ◎ | △ | ○ | | ◎ |
| 乾燥亜熱帯 | | | | | | ◎ |
| 亜熱帯 (乾雨季) | ○ | ◎ | | △ | | |
| 高地熱帯乾燥 | △ | △ | △ | ◎ | ○ | |
| 高地熱帯雨林 | | | △ | △ | | △ |

◎: 優れる, ○: 良好, △: 可能
(Burt & Reid, 1976より抜粋)

た栽培品種である．

3) cv. Graham（グラハム）：ボリビアから導入さえれた系統に由来し，1979年に登録販売された．炭そ病（*Colletotrichum* spp. による）に耐性が高い．

4) cv. Cook（クック）：コロンビアから導入された系統を育種し，登録された栽培品種．スタイロの栽培品種のなかでは，比較的低温でも生育可能である．

このほか，一般名 Fine stem stylo（ファイン・ステム・スタイロ），以前の学名が *Stylosanthes guianensis* var. *intermedia* (Vog.) Hassler であったが，現在は *Stylosanthes hippocampoides* とされている．唯一，登録されている栽培品種は cv. Oxley がある．

5) スタイロサンテス属の他の種との生育特性の比較

表10にもあるように，他の代表的な種と比較して，湿潤熱帯には高い適応性を示すもの，季節的に乾燥あるいは旱ばつのある地帯には適応性がやや劣る傾向にある．

（川本康博）

**スーダングラス**（sudan grass）

学名：*Sorghum sudanense* (Piper) Stapf. 熱帯アフリカ原産の一，二年生の暖地型イネ科飼料作物．生草，サイレージに利用される．

（川本康博）

**スタンプなえ　スタンプ苗**（stump, stump seedling）

根株苗ともいう．掘りあげた裸根苗の地上部，地下部を切り詰め，棒状の繁殖体（根株）として，普通にはある期間貯蔵してから，植栽の適期に山出しする．地上部は，芽の着き方にもよるが 5 cm 前後，地下部は 20 cm 前後に切り詰める．もともとチーク（*Tectona grandis*）で開発された方法らしいが，主として季節林地帯に分布する樹種に適用できることが知られている．本来は運びやすい繁殖体（propagule）とすることが狙いであったが，調製したスタンプ苗を框に詰めた砂に埋め，雨水がかからないようにすると約半年は保存で き，植栽時期を延ばせるだけでなく，掘りあげ直後よりも活着も初期成長も良いといわれる．大規模に適用されているのはクマツヅラ科のチークとメリナ（*Gmelina arborea*）であるが，ほかにもアオギリ科，アカネ科，ウルシ科，キワタ科，キョウチクトウ科，クロウメモドキ科，クワ科，シクンシ科，センダン科，トウダイグサ科，ノウゼンカズラ科，フタバガキ科，マメ科，ミソハギ科，ムラサキ科などの一部の樹木にも適用できるといわれる．なお，雨季でも降雨が著しく不規則な地域では，植え付け時期の決断が難しく，その時期が成否を分ける．

（浅川澄彦）

**ステップきこう　ステップ気候**（steppe climate）→ケッペンの気候分類

**ストーンライン**（stone line）

石英に富んだ母岩より生成したラテライト層の中や，あるいはその下部に隣接してしばしば見出される，地形面に平行なれき層．たいていは土壌表層から 50 cm から 3 m の間に見いだされる．その生成については，ストーンラインの下層を過去の風化産物，その上層を崩積性母材からの生成物とする見解，石英岩脈が破壊されたものとする見解，シロアリなどの寄与を重視する見解などさまざまな説がある．

（舟川晋也）

**スパイクハロー**（spike－tooth harrow）→車輪型トラクタ

**スーパーオキシドディスムターゼ**（superoxide dismutase）

$O_2$ の1電子還元で生ずるスーパーオキシドラジカル（$O_2^-$）を $O_2$ と $H_2O_2$ とに不均化する酵素（下式）．

$2 O_2^- + H^+ \rightarrow O_2 + H_2O_2$
（真野純一）

**スーパーオキシドラジカル**（superoxide radical）→スーパーオキシドディスムターゼ

**スバック**　→水管理

**スピードスプレーヤ**（speed sprayer）

送風機を利用して液剤を散布するもので，風量の大きな送風機の噴頭に多数のノズルを配置し，ノズルで霧化した粒子を送風空気で

散布する有機噴霧方式の走行動力散布機である．機体は大型で，トラクタで牽引するもの，搭載する形式のもの，さらに，自走式のものがある．送風機には風量の多い軸流形が用いられている．

スピードスプレーヤは比較的平坦な果樹園で用いられ，従来の定置配管式薬剤散布施設に比べて，省力的であり，作業能率も大きい．また，配管式に見られる圧力損失や残留農薬による無駄が少ない．一方，急傾斜地や果樹の仕立て方や植列形式によっては利用できないことがある．また，重量があるため走行による土壌の締め固めが起こるなどの欠点もある．搭載期間は出力5 kWのガソリンエンジンから45 kW程度のディーゼルエンジンまで大きさには幅がある．　　　　　（笹尾　彰）

**スプリングハロー**（spring-tooth harrow）
→車輪型トラクタ

**スプリンクラ**（sprinkler）
スプリンクラは散水灌漑に用いられる機械施設で，水圧でスプリンクラ頭部のノズルを自動的に回転しながら散水するもので，移動式と定置式がある．装置は散水器，配管，ポンプおよび原動機で構成されている．散水器はY形噴射管本体と反動アームとを有し，噴射管の先端から圧力水が噴射されると，反動アームの反し板に当たり，その反動で本体が回転する．アームはバネの力でもとの位置に戻る．配管は送水管（幹線），散水管（支線）および立上がり管からなっている．散水管は送水管に直角に，かつ，散水直径の60％ぐらいの距離ごとに接続する．しかし，風が強い場合は間隔を狭め，4 m/s以上では散水直径の22～30％ぐらいにする．圃場内に適当な水路があるときは，送水管を省き，可搬式ポンプから直接散水管に送水することもできる．また，立上がり管の高さは作物の種類により異なるが，普通1 mくらいで，作業中の動揺を防ぐために支柱で支持される．
　　　　　　　　　　　　　　　（笹尾　彰）

**スプロール**（sprawl）

都市の住宅化が無秩序，無計画に郊外に広がり，森林や農地が虫食い状態になること．
　　　　　　　　　　　　　　（小林愼太郎）

**スモーニッツァ**（smonitza）→熱帯土壌

**ずらししゅうかく　ずらし収穫**（staggered harvest）
作物が収穫可能となった畑で，まず一部を収穫し，他の部分はさらに生育をつづけさせて，後日収穫する方法をいう．例えばキャッサバの栽培では，収穫期に達したとみられる株を，畑の一部からまとめて，もしくは間引きながら，時間を追って次々に収穫して利用することをいう．またときには一株のキャッサバを一部だけ掘り出して，あとはそのままにすることもあるが（partial harvesting），残された塊根はさらに生長をつづけるものの，株が不安定で倒伏し，収量の低下を招きやすい．またアフリカではキャッサバの生長途中で，半分の株にせん定をして，収穫期をずらし，一方であらたな株を別に植え付ける連続作（staggered planting）もみられるが，畑表面を露出させず，また食用の若葉を常に得るためとされている．　　　　　　　（高村奉樹）

**スラム**（slum）→都市化

**スリッケンサイド**　（鏡肌）（slickenside）
特異に発達したストレスキュータン．ストレスキュータンは集積キュータンと異なり，乾いていた土壌が湿るときに構造面が互いに押し合うために生成する圧迫面で，圧力の結果粘土が配向性をとるようになりにぶい光沢を示す．乾燥・湿潤を繰返すモンスーン気候下で，膨張性粘土鉱物にとむ土壌によくみられる．Soil Taxonomyでは，スリッケンサイドの存在をヴァーティソルに分類されるか否かを判定する条件の一つにしている．
　　　　　　　　　　　　　　　（三土正則）

**すりみ　すり身**（surimi）
すり身とは，一般的に魚介類の肉を水さらしして臭みを取り除き，同時に色を白くした肉のことを指す．近年，主としてかまぼこなどの練り製品に用いられている冷凍すり身

は，この水さらしして精製した肉に冷凍変性を抑える役目を持つ糖類などを加えて，ブロック状に成形し，最終的に冷凍保存したかまぼこの中間素材である．したがって，簡単にいえば，(冷凍)すり身に食塩やその他の副原料を加えてすり潰し，形を整えてから加熱すればかまぼこが出来上がる．現在，冷凍すり身として流通しているのは，スケトウダラをはじめ，シログチ，イトヨリダイ，キンメダイ，パシフィック・ホワイティング，ホキ，ミナミダラなど多種類にわたっている．冷凍すり身は，陸上工場で生産される陸上すり身と洋上加工船で製造される洋上すり身に分けられる． (石崎松一郎)

**すわり 坐り**(Suwari, setting)
塩を加えてすり潰した魚の塩ずり肉を50℃以下の温度で加熱すると，比較的透明感のあるしなやかで弾力のあるゲルに変化する．この現象を坐りという．坐りには20℃以下で生じる低温坐りと30〜50℃で生じる高温坐りがあり，前者は魚肉中に内在するトランスグルタミナーゼが筋原線維タンパク質の主成分であるミオシン重鎖を重合させることによって起こり，後者は主にタンパク質分子の変性による分子間疎水性相互作用やS-S結合に起因している．これらの坐りを導入した練り製品の製造方法は2段加熱法と呼ばれており，練り製品の製造工程で広く採用されている．坐り現象は，魚種によって異なることが知られており，スケトウダラ，ホキ，マイワシなどはきわめて坐りやすく，ティラピア，サメ，シイラ，カジキなどは坐りにくいことが報告されている． (石崎松一郎)

## せ

**せいかつかんきょうしせつ 生活環境施設**
(facilities on living environment)
広義には生活に関連する施設(学校，店舗，病院，老人ホーム，上下水道施設など)を指すが，狭義に，わが国の農村環境整備事業では，事業で整備することのできる道路，上・下水道，公園，集会施設などのみを指す．
生活環境施設の妥当な整備水準は社会全体の発展ないし近代化水準と不可分なところに難しさがある．農地の妥当な区画形状や土壌構造も農作業の方法や肥料の種類で異なるとはいえ，例えば，わが国の農地と熱帯諸国の農地がまるで異質なものというようなことはない．対して生活環境施設では，例えば，わが国の村立病院と熱帯諸国の農村部でよく見かける簡易診療所では水準も分布密度も著しく異なる．しかし，その差異は文化や歴史を背負っていて，そのギャップを整備によって解消することができるにせよ，それが妥当な整備水準だとは限らないからである．施設は一般に公的に整備されるので，生活水準と投資効率のバランスが重要なことになる．
(冨田正彦)

**せいかつけん 生活圏**(sphere of living)
一般的には，生活に関する行動の及ぶ範囲をいう．地理学や地域計画学では重要な概念であるが，その内容は一義的ではない．すなわち，生活圏というからには，「生活」という人間活動の総合的な判定によって規定されなくてはならないが，現実には，生活のうちの何か特定の面，例えば，買物・通勤・レクリエーションなどの面から，それぞれ買物圏・通勤圏・レクリエーション圏などによって広義の生活圏の概念の一部分が設定されている．それらのおのおのを生活圏と呼ぶこともあるが，正しくは，多少とも総合的な内容を持たせて使用すべきものである．
生活圏は生活機能的側面から，自然集落を相隣的な空間単位とみなし，その一次生活圏(例えば，小学校の通学区域)，二次生活圏(例えば，中学校の通学区域)，三次生活圏(中心となる都市と通勤，通学，買物などに直接関係する区域)というように，階層的に構成されている． (小林愼太郎)

**せいかつのしつしひょう 生活の質指標**
(Physical Quality of Life Index)

経済成長に偏った開発への批判が高まった1970年代に、貨幣タームで表示される1人当たりGNPは、各国間の福祉水準を正しく比較するには不十分であるとの問題意識から、住民の福祉水準をより正確に表わすために考案された指標。アメリカのOverseas Development CouncilにおいてMorris David Morrisらが開発した（"Measuring the Condition of the World's Poor — The Physical Quality of Life Index", Morris David Morris, Pergamon Policy Studies, 1979）。世界各国の識字率、幼児死亡率、1歳時平均余命をそれぞれ0から100まで指数化し、これら3指標を各国ごとに単純平均して作成された合成指数である。例えばスリランカのように1人当たりGNPの低い国でも、採用される教育政策や福祉政策によっては高い生活の質指標を持ちうることが明らかとなり、大きな反響を呼んだ。
（井上荘太朗）

**せいかつはいすい　生活排水**（domestic wastewater）

人間生活に伴って排出するし尿と、台所、洗濯、風呂場から排出される生活雑排水を合わせたものである。下水道が普及する以前、し尿は汲み取り、し尿処理場に運んで処理するか、し尿浄化槽で処理された。し尿浄化槽は各家庭に設置され使用されるが、管理の不適切さから、処理状態の悪い施設が多かった。そのため、下水道を敷設できない散居地域では、し尿と生活雑排水を合わせ処理する合併浄化槽が普及した。合併処理の方が、微生物にとって栄養バランスが良いので、処理状態は良好である。生活排水は、生活スタイルや生活水準により水量・水質に大きな差を生じる。わが国は入浴する習慣が行き渡っているので、アメリカ（600 l／人・日）ほどではないが、1人当たりの水使用量（300 l）は比較的大きい。ヨーロッパ諸国は、水が硬水で直接飲用することが少なく、風呂でなくシャワーを使うので、1人当たりの水使用量は少ない。反面、汚水濃度は、わが国の2倍程度になっている。
（中曽根英雄）

**せいきしんしょく　正規侵食**（normal erosion）

河川によって営まれる地表面の侵食作用。河食（fluvial erosion）ともいう。W. M. Davis（1899）は河食が地球上で最も広い範囲にわたって普遍的にみられる侵食作用であると考えて、これを正規侵食と呼び、河食による一連の地形進化の過程を正規輪廻と呼んだ。その後、「正規」の形容詞は気候地形学の立場から批判され、現在はほとんど用いられていない。
（水野一晴）

**せいきんすう　生菌数（食品の）**（viable count）

生きた細菌数のことである。生菌数測定に世界ではじめて成功したのがパスツールとともに微生物学の創始者の一人とよばれるコッホである。コッホは1876年にゼラチンを使用した固形培地表面に微生物を含んだ水滴試料を広げ培養すると、肉眼でもみえる微生物子孫の集合体（コロニーと呼ぶ）ができることを示した。コロニー数によって生菌数を知ることができる。培地には微生物が増殖出来るように肉汁などの栄養成分を入れておく。この方法は初めガラス板を使用したことから平板法と名付けられた。現在、一般に用いられている生菌数測定法（試料中に含まれる雑多な菌をすべて計測しようという方法）は、基本的にはコッホの平板法によっている。異なる点は、その後ペトリによって考案されたふた付き皿を使うようになったことと（現在、この皿はペトリ皿と呼ばれている）、ゼラチンのかわりに寒天を用いていることである。

固形物試料中の微生物を計測する場合、顕微鏡法の場合と同じように食品の細菌をまず水のなかに分散させる。つぎに分散液1 ml中の細菌数を適当な密度になるよう希釈し、寒天表面に広げる。試料水滴を寒天表面に広げる方法を平板塗沫法というが、ガラスシャーレにまず水滴を入れ、その上から45℃程度に融解した寒天培地を注下する方法（平

板混和法）を行う場合もある．いずれにせよ，35℃48時間，時にはもっと長く培養して，現われたコロニーを数えて試料中の細菌数を求める．この方法は，現在，一般生菌数として，食品の鮮度指標などとして用いられている．また，海洋や河川中の細菌数の計測には顕微鏡を使う場合がある．1980年代に入り，生物の証であるDNAのみを染色する蛍光試薬（アクリジンオレンジやDAPI）が開発され，比較的共雑粒子の少ない海水や河川水などの水滴試料に関しては顕微鏡が有効となり，生態学に大いに力を発揮している．

一方，食中毒菌など特定の有害菌については，現状では生菌数は選択培地に増殖することが出来る細菌数をさす場合がほとんどであるが，いくつかの問題点も指摘されている．食中毒菌は海水や海泥中においては栄養枯渇や高塩分や太陽光など各種ストレスを受けた状態にある場合が多く，これらの細胞を直接強い選択性のある培地に接種すると菌が死滅し，定量や検出において過小評価をする恐れがある．また，環境生息細菌についても，細菌が河川水など環境水中では飢餓などの生理ストレスにより，viable but nonculturable state（VBNC），すなわち，生きてはいるが培養できにくい状態になりうることが指摘されている．このように，これまでの培養法では，見落としてしまっていた可能性のある細菌の環境中での分布や感染力の回復の有無も含めた生理状態に関しては，不明な点が多い．

〔木村　凡〕

**せいこうさくもつ　清耕作物**（cleaning crop）

連作障害対策として永続的な地力維持を考慮して輪作体系に組み込まれる作物のこと．

〔根本和洋〕

**せいさんこうぞうず　生産構造図**（production structure diagram）

群落の内部での葉（同化器官）と，幹や枝のような支持器官（非同化器官）の垂直的な分布を示した図．群落内の光の垂直分布もあわせて表示する．

葉の光合成速度は，光条件によって変化するので，それぞれの高さでの葉の量と光の量を明示したこの図を用いると，群落全体の光合成量を推定することが可能となる．このため，草原，耕作地，森林を問わず，生産構造図の作成は，植物群落の生産力推定のための基本的な手法として利用されてきた．また，生産構造図は植物群落の葉群の階層構造を比較するのにも利用される．

〔神崎　護〕

**せいさんはいとうたい　青酸配糖体**（cyanogenic glycoside）

青酸配糖体は青酸がアグリコンの配糖体で，植物が持っている青酸配糖体加水分解酵素や腸内細菌の$\beta$-グルコシダーゼで酵素的に加水分解されると青酸（シアン）を遊離する．青酸はミトコンドリアの呼吸酵素シトクロムオキシダーゼ活性を阻害し，ATPが枯渇してしまい，動物は呼吸促迫，興奮，あえぎ，ふらつき歩行，痙攣，麻痺を経て死亡する．

青酸は体内で代謝されてチオシアネート（thiocyanate）となるが，青酸配糖体を継続的に摂取して，血中チオシアネート濃度が高い状態が続くと，種々の障害がみられることが報告されており，慢性の青酸中毒と呼ばれている．

スーダングラス（*Sorghum sudanense*, Sudan grass）のようなソルガム（イネ科モロコシ属）は，生育初期から中期に青酸配糖体を生成する．また，熱帯型の牧草である*Cynodon*属の草やキャッサバ（*Manihot esculenta*, cassava）などにも青酸配糖体が含まれている．

〔宮崎　茂〕

**せいさんりょくけんてい　生産力検定**（yield trial）

品種育成の過程において，ある程度遺伝的に固定が進んだ系統の生産力をみるための検定試験．予備試験で選ばれた系統はさらに本試験でより詳細に調査する．予備試験では系統選抜試験と違って1区面積が大きく，反復もあるために系統の特性が把握しやすくな

る．普通は供試系統が多いので，明らかに劣った系統は収量を調査しないこともある．本試験ではさらに熟期ごとに群別して，作期，施肥量，栽植密度などの条件を変えて標準品種との優劣の比較を行う．通常は数回反復とし，データの統計処理ができるように扱う．

わが国では系統選抜と生産力検定とは画然と分けられるが，例えばIRRIの稲の場合は，生産力検定圃場でほぼ固定しておりかつ有望と認められると，そこで集団採種して，以後は系統選抜から離れた別個の系統として扱う．この利点は集団内に多くの未確認の遺伝子型を残し，将来不測の病害虫の発生などの事態に対処できる可能性を保持できることにある． （金田忠吉）

せいし　整枝（training）

整枝とは，「仕立て」とも呼ばれ，樹の生産力を向上させると同時に，栽培管理作業の効率化を図るために，各々の種類の生長特性および栽培条件に応じた樹の骨格枝の空間配置を形づくる作業，またはそれらの形状をいう．

整枝法は，樹が自立可能な種類に適用される「立木仕立て」と伸長枝の支持が必要なブドウやキウイフルーツのような蔓（つる）性の作物に用いられる「棚仕立て」に大別される．立木仕立には，主幹形，変則主幹形，開心形，開心自然形，垣根仕立てなどの整枝法がある．主幹形整枝は円錐形整枝とも呼ばれ，ジャックフルーツ，ドリアンなど比較的頂芽優勢の性質の強い種類に適用されてきた．主幹から多くの側枝を横方向に発生させるため，大木になると受光状態の不良を招きやすく，また高所のため作業効率も低下する．このため主幹形は通常，わい性台木を用いたリンゴ栽培のような低木密植栽培に適用される．この場合には，早期収穫を得るために羽毛状枝（Feather）と呼ばれる側枝を多く着生した苗を用いることが望ましい．

変則主幹形整枝は，樹を主幹形で一定の期間生育させた後，先端上部の主枝を切除するもので，生産効力を維持しつつ作業性を改善するために用いられる．リンゴ，カキ，セイヨウナシなどの温帯果樹に用いられ，熱帯果樹ではマンゴ，サポジラ，リューガン，ランブータンなど多くの樹種に適用されつつある．

開心形整枝は，盃状形整枝とも呼ばれ，主枝を低位置で分岐させ，盃状の樹形をつくるもので，花芽形成の促進やより低い位置での管理作業が可能となる．モモ，ウメなどの核果類，ビワ，イチジクなどに適用されている．しかし，強制的な枝の配置は徒長枝の発生を招きやすく，生産性の高い結果枝の維持が難しい．

開心自然形は，開心形を改良した方法で，主幹を比較的低い位置で分岐させ，主枝をやや斜立させる整枝法で，樹の性質を考慮しながら，結果枝の適正な空間配置と作業効率の維持を図ることができる．温帯果樹ではモモ，スモモ，ビワ，クリなど，熱帯果樹ではバンレイシなどAnnona属果樹に適用される．

垣根仕立ては，枝を垂直あるいは斜め方向の面状に配置する整枝法で，一定間隔で張ったワイヤーに誘引して形作られることが多い．枝の分岐位置や配置の方向によって，パルメット整枝，Y字（タチュラ）整枝などさまざまな方式がある．

ブドウ，キウイフルーツ，パッションフルーツなどのつる性の植物においては，通常棚仕立てが適用される．主枝を棚面に配置し，個々の結果母枝を2～3芽に切り返す短梢せん定を組み合わせた方式をコルドン整枝という．主枝の形状により一文字整枝やH型整枝と呼ばれる．コルドン整枝はブドウの整枝法として広く用いられている．一方，棚仕立てには主枝を棚面に広く配置し，長梢せん定により比較的長い結果母枝を棚面に分布させる方法があり，主枝をX字型に配置するものをX字型整枝という． （片岡郁雄）

ぜいじゃくせい　脆弱性（vulnerability）

微小な変化や変更が重大な結果をもたらす場合を形容する用語．対語は頑健性（robustness). 農業において資源や環境制約が大きくなるに従い, このような問題が注目されるようになった. 例えば, 土壌などの農業環境や生物相の多様性などが一旦傷つけられると復元が困難である場合などをいう. 乾燥・半乾燥熱帯においては, 過放牧による草地の後退や灌水による塩害などに関わって, このような脆弱性が特に問題とされている. また, 焼畑における休閑期間の短縮化などにより, 農民の生存基盤そのものが脅かされる状況もみられる. さらに, 植民地支配の影響を受けた多くの途上国ではモノカルチャー的な農業構造を呈するようになり, 独立後の経済発展をこのような特定産品の輸出に依存せざるを得なくなった結果, 経済構造の脆弱性の要因ともなっている. 生産や国際価格の変動, さらには為替変動のリスクを負わされるようになり, 順調な経済の発展を困難にする要因ともなっているのである. （米倉 等）

**せいしゅうき　性周期**（estrous cycle）

哺乳動物の雌が性成熟期に達すると, 一定の周期で発情（雄を受入れる状態）を繰り返す. この周期を性周期または発情周期という. また, 交尾刺激があった場合にのみ排卵する動物（交尾排卵動物）以外では, 発情は自然排卵を伴うので, 性周期は排卵周期と同義でもある. 性周期の長さは動物種によって異なるが, 家畜では, ウシで17～24日（平均21日）, ブタで19～23日（平均21日）, ヒツジで14～19（平均17日）, ヤギで18～22日（平均21日）, ウマで16～24日（平均22日）である. 性周期は卵巣機能の周期的変化に対応し, 卵巣における卵胞の成熟・排卵の過程（卵胞期）と排卵後の卵胞から生じる黄体の形成・成長・退行の過程（黄体期）の2相からなる. 家畜では, 卵胞期は比較的短く（2～5日）, 性周期の大半は黄体期で占められる. ウシを例にとれば, 21日の性周期のうち約16日は黄体期である. 性周期の把握, 特に発情の確認は, 人工授精を採用する畜産経営では重要かつ必要不可欠な家畜管理業務の一つである. 低栄養や暑熱などのストレスは卵胞発育を抑制し性周期を不規則にするので, 温帯品種を熱帯に導入して畜産を行う場合には, 適切な飼育管理が必要である. 性周期の調節機序：卵巣における卵胞発育と黄体形成は下垂体から分泌される性腺刺激ホルモン（gonadotropin, GTH）によって制御される. GTHには, 卵胞刺激ホルモン（follicle stimulating hormone, FSH）と黄体形成ホルモン（luteinizing hormone, LH）の二つがある. FSHは主に卵胞の発育と持続に関係し, 一度に発育する卵胞の数や排卵数を規定する. 一方, LHはFSHと共同して卵胞を発育させるとともに, 成熟卵胞に作用して排卵を起させ, さらに排卵後の卵胞を黄体化させる. 黄体から分泌される黄体ホルモンはLHの分泌を抑制するので, 黄体期には卵胞が発育しても排卵が起らない. 妊娠が成立すると黄体は妊娠黄体となって長期間存続するが, 交尾や人工授精を行わないか, または不受胎に終わった場合（不妊周期）, 黄体は黄体退行因子の作用によって一定期間後に退行する. この黄体退行因子は, 家畜では子宮から分泌されるプロスタグランジンである. 黄体退行によって黄体ホルモンが減少すると, LHの分泌が盛んになり, FSHによって発育過程に入った卵胞が成熟する. 成熟卵胞からは多量の卵胞ホルモンが分泌され, この卵胞ホルモンが中枢に作用して発情行動を誘発するとともに, 排卵に必要なLHの大量放出（LHサージ）を促す. 性周期の同期化：黄体期から卵胞期へ移行は黄体ホルモンの減少が引き金になっているので, ホルモン剤を用いて人為的に黄体期を延ばしたり, あるいは逆に黄体退行を早めたりすれば, 複数の個体の性周期や発情を揃えることができる. この技術を性周期同期化（synchronization of estrous cycle）または発情同期化（estrus synchronization）といい, 多数の個体に一斉に種付けする時や, 胚移植の際に受胚側の性周期を調節する場合などに使われる. （金井幸雄）

**せいじょうさくもつ　清浄作物**（cleaning crop）→清耕作物

**せいしゅうきどうきか　性周期同期化**（synchronization of estrous cycle）→性周期

**せいじょううえ　正条植え**（regular planting）

稲移植の際，株間，条間を一定に苗を移植する方法．栽培密度管理や移植後の雑草防除の上で有効となる．　　　　　（松島憲一）

**せいしょくしつ　生殖質**（germplasm）→植物遺伝資源の収集，保存と利用

**ぜいしんざい　脆心材**（brittle heart）→熱帯材の特徴

**せいせいじゅく　性成熟**（sexual maturity）

個体の性機能が完成し，繁殖可能な状態になること性成熟という．精巣における精子形成，卵巣における卵胞発育などの性機能は，体成長が一定段階に達した時期に始まる．これを春期発動（puberty）と呼び，その後さらに一定期間を経て，生殖器の各部が同時に機能的に発達し，性成熟を迎える．一般的には，雌では周期的な排卵，雄では射精能の確立が性成熟の指標とされる．ただし，この時期にはまだ体と生殖器の発達が十分ではなく，特に雌では妊娠と泌乳に多量の栄養を必要とするので，家畜の場合にはさらに成熟を待って繁殖に用いる．これを性成熟と区別し，繁殖供用開始と呼んでいる．性成熟あるいは繁殖供用開始の時期は，動物種によって異なることはもちろんのこと，遺伝的改良の進んだものほど早く，また栄養の良否によって大きく影響される．したがって，一般に熱帯の在来品種は温帯種よりも性成熟が遅いのが普通である．温帯における主要な家畜の性成熟期は，ウシ8〜12カ月，ウマ25〜28カ月，ブタ7カ月，ヒツジ・ヤギ6〜7カ月である．また，スイギュウはウシよりも性成熟が遅く，乳用種で18〜24カ月，役用種で24〜38カ月である．れる．　　　　　　　　　　（金井幸雄）

**せいそう　生草**（green forage）

牧草，青刈飼料作物，根果菜の茎葉，野草，樹葉などを総称して生草といい，採草，放牧利用されるか，乾草，サイレージとして貯蔵される．　　　　　　　　　　（北川政幸）

**せいぞうふくさんぶつ　製造副生産物**（food processing by-products）

農産製造の工程で副産物として得られるもので，家畜の飼料として利用できるものを製造副生産物という．大豆や，油ヤシなどの油実類から圧搾や抽出などによって採油した後に得られる油粕類や精米，製粉で得られるぬか，ふすま類は製造粕類と呼ばれている．この他に，デンプン製造副産物（デンプン粕やグルテンフィード），発酵工業副産物（ビール粕，アルコール粕，ウイスキー粕，醬油粕など）およびその他の製造副産物（糖蜜，パイナップル粕）などがある．また，畜産水産製造かすである骨・肉粉，血粉，フェザーミール，魚粉，フィッシュソリュブルなども良いタンパク質源である．これらは，原料から食用部を取り除いた残渣であって，生のものは水分が多いので貯蔵しにくく，運搬などの取扱いが困難なので，乾燥したものが飼料原料として用いられることが多い．油粕類の中でも，大豆粕はタンパク質を多量に含み（粗タンパク質約44〜48％），エネルギー価も高く，良質なタンパク質飼料となる．油ヤシの核から油をとった粕であるパーム核粕は，粗タンパク質約13％，粗繊維11％程度でフスマに類似している．ココヤシの実の果肉を乾燥したコプラから油をとった粕であるコプラミール（パーム核粕）はタンパク質含量が20％程度で，乳牛の飼料として用いられている．これらのヤシ粕の脂肪酸組成は不飽和脂肪酸をほとんど含まないので体脂肪やバターが硬くなりやすい．米ヌカ，大麦ヌカ，小麦フスマなどの成分や飼料価値は穀類の種類や製法によってかなり異なるが，タンパク質や繊維が多く，またリン，ビタミンB群が多い．東南アジアで多く生産されるタピオカ（キャッサバ）デンプン粕は，粗繊維が多くエネルギー価が低く，タンパク質，ビタミン，カルシウム，リ

ンなども少ないがブタなどの飼料として利用されている．製糖工場副産物のサトウキビ糖蜜（cane molasses）は，水分が20〜30％で，粗タンパク質は低いがエネルギー価は高い．乳酸発酵を高める目的でサイレージに糖分として添加したり粘結剤として利用されている．し好性が良いのでアルファルファミール，ビートパルプ，ぬか類と混合した糖蜜吸着飼料は，主に牛などの飼料として利用されている．同じく，サトウキビから糖汁を搾り取った残滓であるバガスは低品質の粗飼料で，糖蜜を加えて牛などの飼料に利用することもある．サトウキビの葉や穂先であるシュガーケーントップも熱帯ではウシの飼料として利用される．パイナップルの缶詰めを製造する際に副産物として得られるパイナップル粕は，果実の中心部と外殻部よりなる．生のまま牛やブタに給与できるが，普通は乾燥したものが飼料として利用されている．これに糖蜜を添加すると，栄養価が高くなり，家畜の嗜好性が良くなる．　　　　　　　（矢野史子）

**せいそくいきがいほぜん　生息域外保全**（ex situ conservation）→生息域内保全

**せいそくいきないほぜん　生息域内保全**（in situ conservation）

生物種の遺伝的多様性をその種が生息する環境下で保全することで，種の遺伝的多様性が最も高い地域（遺伝子中心）で行うことが効率的である．生息域外保全（ex situ conservation）を補完する概念として用いられる．植物の生息域外保存は，生息域から種子などを収集し，ジーンバンクと呼ばれる種子貯蔵庫において低温乾燥条件下で保存する方法である．この方法は，低温乾燥下で長期間種子が保存できる 'orthodox' seeds をもつ多くの主要作物の保全に有効であった．一方，木本種に多い，低温乾燥による保存ができない 'recalcitrant' seeds や，熱帯作物に多い栄養繁殖の種に対しては，生息域内保全が有効である．生息域内保全では，新たな適応的変異の発生（進化）が期待できる上，対象となる生息域を構成する生物群集も同時に保全できるなどの利点があげられる．　　　　　　　（友岡憲彦）

**せいぞんすいじゅんけいざい　生存水準経済**（subsistence economy）→無制限労働供給理論

**せいたいがた　生態型（昆虫の）**（biotypes）

形態的に区別できないが，生態的，特に作物の抵抗性品種間で，加害程度に明らかな相違を示す害虫の同一種内での個体群をいう．特にイネのトビイロウンカ，セジロウンカ，ツマグロヨコバイ類，シントメタマバエでは異なった地域・同一地域由来の害虫であっても，個体群によって抵抗性品種に異なる反応を示す．ただし，遺伝的に固定されたものでなければ，生態型と呼んではならないという意見もあり，国際稲研究所では，1983年頃以降公式には使用しなくなった．しかし，育種部門などではいまだ使用する人もいる．
　　　　　　　　　　　　　　　　（持田　作）

**せいたいしゅ，せいたいがた　（植物の）生態種，生態型**（ecospecies, ecotype）

有性生殖で繁殖した1群で，ある環境に適応して分化し，その結果他のものと交配したとき多少不稔を生じるような群を生態種という（Turesson, 1922）．これはリンネ種の下位の群に相当するが，亜種との異同は必ずしも明確ではない．さらに下位の単位で生態型（ecotype）があるとされるが，これも同一種で特異な環境によって生態的な選択で生じたものをいい，実際には生態種との区分は必ずしも画然としていない．環境に適応して分化するとしても，例えば水稲 IR8 がマダガスカルに導入されて低地型，高地型に分化したのは，もとの群が遺伝的純度が低い段階で生態的な淘汰が働いた結果と考えられ，こうした例は遺伝資源の交流が盛んになるとしばしば見られるであろう．

生態種で有名なものは水稲の Indica 群の分化である．特定の群間雑種には不稔を生じることがあるが，一般に雑種稔性は高いので，種にまでは分化していないとみるべきであ

る．インド，バングラデシュ，スリランカなど南アジアの稲作は，日長・気温・水などで多様な栽培環境が見られる．最も普通の作期である雨季に適した品種は aman 群で，収穫期は短日の冬期に入り，栽培地の水条件に応じて，早くから水が引く地域には早生品種が，遅くまで冠水する地域には感光性の強い晩生品種が，また深水地帯には浮き稲が分化している．インドネシアのチェレ群は aman 型である．さらに早く，秋に収穫できる品種群をベンガル地域やビハール州などでは aus 群と称する．在来の農法では，aus 品種を植えた同じ田に aman 品種も植えて，時期をずらして収穫するという，いわば土地利用の高度化をねらった方式がある．aus・aman 間の分化の程度は大きくないので，秋稲，冬稲の区分として考えた方がよいかもしれない．これに対して，boro 群は aman との間の雑種稔性がやや低く，Indica としてはやや特殊な形質をもつ．それは秋に播種して年を越してから移植し，春に収穫するという栽培法に適応してかなりの耐寒性をもち，粒が一般に中粒であること，熱帯 Japonica ともある程度の雑種稔性があること，など品種分化の上で興味深い位置を占めている．boro 群もベンガル地域やビハール州などで称するもので，インド全域に通用する語ではない．　　　　（金田忠吉）

**せいちょうかいけいぶんせき　成長会計分析**（growth accounting）

産出成長率に対する総投入成長率，すなわち，土地，労働，機械，経常投入財の貢献度を求める分析方法を成長会計分析という．農業の場合，投入要素が土地，労働，機械，経常投入財と多岐にわたるため，適切なウェイト付けをする必要がある．産出成長率から総投入成長率を引いた残差は，全要素生産性（total factor productivity, TFP，総要素生産性とも呼ぶ）成長率と定義される．TFP 成長率は通常は研究および教育投資を反映するものと考えられ，研究開発投資，農民に対する教育活動や普及活動に対する投資がきわめて重要であることが示唆される．　（明石光一郎）

**せいちょうかいせき　成長解析**（growth analysis）

成長解析とは，作物の成長過程を解析する方法の一つである．この方法は，生育を植物体の乾物増加過程を中心として追跡するものである．作物の量的成長過程は，複利による貯金の増加過程に模して考えられる．つまり，単位期間内に増加した乾物重は貯金の利子の増加と考えられる．この利子の増加は元金（単位期間の最初の乾物重）が大きいほど大きく，利率（乾物生産能率）が大きいほど大きい．

植物体の乾物重を $w$，時間を $t$ とすると，$dw/dt$，つまり単位時間当たりの乾物増加量は，植物体の大きさ $w$ と，植物体単位乾物重あたりの乾物増加量（相対成長率，$RGR$）の2要素の積としてとらえることができる．

すなわち，

$$dw/dt = w \times (RGR)$$

また，植物個体重の増加は主として葉における光合成に依存するため，葉だけを生産者とみなし，$dw/dt$ を葉面積（$L$）と単位葉面積あたりの乾物増加量（純同化率，$NAR$）の2要素の積としてとらえることもできる．このことから次式が得られる．

$$Dw/dt = L \times (NAR)$$

また，植物体の乾物重に対する葉面積の比（$L/w$）を葉面積比（$LAR$ : Leaf Area Ratio）という．この葉面積比を使うと相対成長率（$RGR$）は純同化率（$NAR$）と葉面積比（$LAR$）の積で表される．

$$RGR = NAR \times LAR$$

この式から，$RGR$ が一体 $NAR$ と $LAR$ のどちらに大きく支配されているのかがわかる．

種，品種，環境条件などによって乾物重の面からみた生長過程に差が生じた場合，成長解析法ではそれを $RGR$，$NAR$，$LAR$ の諸要素に分解して検討し，差異の由来を探ることができる．それが成長解析法の大きな利点となっている．　　　　　　　　（倉内伸幸）

## せいちょうホルモン　成長ホルモン (growth hormone)

下垂体前葉からパルス状に分泌されるペプチドホルモンである．ソマトトロピンとも呼ばれ，GH または ST と略記される．視床下部由来の放出ホルモンにより分泌促進される．成長促進，泌乳促進作用やタンパク質合成，脂肪分解促進作用などを有する．これら作用の一部は肝臓からのインスリン様成長因子-Ⅰ分泌促進を介して行われる．　（松井　徹）

## せいど　制度 (institution)

制度は，社会的な相互作用の過程において人間の行動を規制する規範の複合体であり，公的（formal）なものと非公的（informal）なものとに大別される．公的制度には，所有物の獲得・利用・統制・処分に関連した行為を規制する財産権制度，さらに，裁判制度，政権交代のルールなどがある．近代社会では，法律が公式の制度の中心をなす．非公的制度は，社会の歴史・文化・宗教から生ずる社会的拘束力，タブー，慣習，伝統などであり，地域独自に形成される．制度は人々の行動を抑制し，人々は行為の規範，あるいはパターンに従うことを期待されるようになる．そのため，不完全な情報の下でも，制度の存在によって，ある程度までは相手側の行動を予測することが可能となる．制度は固定的なものではなく，大きな変革がなされることもある．また法律条文の修正解釈や人々の非公的な取り決めなどを通じて徐々に変化することもある．　（野口洋美）

## せいはくど　精白度 (degree of milling)

精米により除去されたぬかの量の程度で，簡便法として精白米の光電白度計で示される白度．　（吉崎　繁）

## せいはくロール　精白ロール (milling roller)

チル鋳物製のピッチ 35〜50 mm のねじで，精白室内で米粒を圧送・撹拌するもの．　（吉崎　繁）

## セイバンモロコシ (johnson grass)

学名：*Sorghum halepense* (L.) Pers. 地中海沿岸地域原産で，現在世界の熱帯〜温帯に広く帰化．草丈 0.5〜3 m のイネ科の多年生草本．茎は太く，束生して大きな株となる．葉は長さ 20〜60 cm，幅 0.5〜5 cm，目立つ中肋と多くの葉脈があり，無毛．葉舌は低く，裂けて長毛が並ぶ．花序は 15〜50 cm と大型で，紅紫色をおびる．小穂は有柄のものと無柄のものが対になってつき，有柄小穂は雄性で結実しない．路傍，空地，農耕地に生育し畑作物の強害雑草となるが，典型的な熱帯気候よりも温暖で湿潤，特に夏期降雨のある環境を好み，このような気候をもつ地域ではしばしば大繁茂し大きな問題となる．種子と地下茎による栄養繁殖によって増殖する．アレロパシーを示し，他の植物の発芽，生育を抑制することが知られている．防除は除草剤による化学的防除が有効であるが，一年生対象除草剤の使用は競合をなくし，むしろ本種を増加させるという．一部地域で飼料とされるが，若い植物は青酸を含み家畜に中毒を引き起こすことがある．　（原田二郎）

## せいびようきぐ　整備用器具 (repair & maintenance instrument)

熱帯諸国で農業機械の整備に最少必要な器具，主な用途を列挙すれば次の通りである．
ボール盤：工作物の穴あけ，電気ドリル，卓上ボール盤など．グラインダ：工作物，溶接部の研磨．ポータブル型，卓上型．用途により粒度の異なる砥石を使う．ジャッキ：車両の整備，洗車，給油など．ポータブルジャッキ，ガレージジャッキ．ガス溶接装置：溶接，切断，加熱など．① アセチレン発生器，② ガス容器，③ 圧力調節器，④ 導管，⑤ 吹管（溶接吹管，切断吹管），⑥ 溶接用具．電気溶接装置：① 交流溶接器および付属装置，② 作業用器具．給油脂器具：ドラムポンプ，オイルポンプ，グリースガン・ポンプなど．部品洗浄台：分解した部品の洗浄用．充電器，エアコンプレッサ，テスタ器具（ノギス，マイクロメータ，ダイヤルゲージ，シックネスゲージ，

比重計, ノズルテスタ, 回転計など）ツールボックス（スパナほか一式）． （下田博之）

**せいふかいはつえんじょ　政府開発援助**
(Official Development Assistance, ODA)

開発途上国に流れる資金は，（ア）公的開発資金（ODF），（イ）輸出信用，（ウ）民間資金に三区分される．このODFのうち，OECD/DAC（経済協力開発機構の開発援助委員会）が定める要件を満たすものが政府開発援助（ODA）である．その要件として，①政府ないし政府の実施機関によって供与されること，②途上国の経済発展や福祉の向上に寄与することを主な目的としていること，③資金協力の供与条件が途上国にとって重い負担にならないようグラント・エレメント（G.E.,増与相当部分．金利・返済期間・据置期間に応じて決められ，商業条件の借款をG.E. 0 %，贈与をG.E. 100 %とする．）が25 %以上であること，のすべてを満たすことと規定されている．DACに加盟する全21カ国のODAの総額は，1982～83年509億ドル（年平均，97年固定価格，以下同じ）から，87～88年555億ドル，97～98年530億ドルと推移している．同じ期間について，上記（ア）と（ウ）の比率をみると，35：54，60：30，28：65と変化してきており，特に90年代以降は資金の流れ全体に占める民間資金の割合が高くなっている．日本のODA総額が欧州諸国のそれを上回ったのは83年であり，またアメリカを抜いて世界最大になったのは93年である．DAC主要国のODAの分野別内訳は表11のとおりで，30 %が教育，保健・人口計画などの社会インフラの整備に投じられている．ODAの受取国については，97～98年の平均でサブサハラアフリカ諸国が最も多く，世界全体の37 %を占め，東・東南アジアおよびオセアニア22 %，南・中央アジア15 %，ラテンアメリカ・カリブ13 %，中東・北アフリカ13 %となっている．重債務貧困国（HIPCs）に対する債務救済問題が2000年の九州・沖縄サミットにおいても取り上げられたが，結局，99年のケルン・サミットにおける合意（ケルン債務イニシャティブ）を超える救済措置は打ち出されなかった．

（安延久美・水野正己）

**せいぶつがくてきふうか　生物学的風化**
(biological weathering) →風化

表11　DAC主要国のODA分野別内訳　　　（1998年）単位：%

| | 日本 | 米国 | 英国 | フランス | ドイツ | イタリア | カナダ | オランダ | ベルギー | スペイン | スウェーデン | DAC平均 |
|---|---|---|---|---|---|---|---|---|---|---|---|---|
| 社会インフラ整備[1] | 19.6 | 35.4 | 27.7 | 43.7 | 42.1 | 12.2 | 26.1 | 24.9 | 31.1 | 33.0 | 31.6 | 30.4 |
| 経済インフラ整備[2] | 37.8 | 7.3 | 10.9 | 8.5 | 11.8 | 1.1 | 6.6 | 6.5 | 3.2 | 14.6 | 9.1 | 17.7 |
| 生産振興 | 12.4 | 4.4 | 11.1 | 8.3 | 12.2 | 4.9 | 6.9 | 9.0 | 11.6 | 4.7 | 6.9 | 9.5 |
| うち，農業 | 9.3 | 4.1 | 7.1 | 6.7 | 10.7 | 3.6 | 3.6 | 7.3 | 8.5 | 3.8 | 6.0 | 7.3 |
| 工業 | 2.7 | 0.1 | 3.8 | 1.4 | 1.0 | 0.9 | 3.2 | 1.0 | 2.3 | 0.7 | 0.6 | 1.7 |
| 商業 | 0.4 | 0.2 | 0.2 | 1.2 | 0.5 | 0.4 | 0.1 | 0.7 | 0.4 | 0.2 | 0.3 | 0.5 |
| マルチセクター援助 | 4.3 | 8.7 | 3.2 | 7.5 | 12.2 | 2.3 | 6.5 | 9.2 | 4.9 | 16.7 | 7.2 | 7.2 |
| プログラム援助 | 11.9 | 18.0 | 6.8 | 3.2 | 2.5 | 9.6 | 9.4 | 0.9 | 6.8 | 1.4 | 1.6 | 8.4 |
| 債務救済 | 3.0 | 0.6 | 17.6 | 21.3 | 5.8 | 56.7 | 7.3 | 12.4 | 21.7 | 14.7 | 0.8 | 8.6 |
| 緊急援助 | 1.0 | 14.1 | 6.7 | 0.3 | 4.0 | 3.6 | 11.9 | 10.7 | 3.5 | 2.4 | 20.2 | 6.2 |
| 行政経費・その他 | 10.0 | 11.5 | 16.0 | 6.2 | 9.4 | 9.6 | 25.3 | 26.4 | 17.2 | 12.5 | 22.6 | 12.0 |
| 合計 | 100 | 100 | 100 | 100 | 100 | 100 | 100 | 100 | 100 | 100 | 100 | 100 |

資料：1999年DAC報告
(注1) 教育，保健・人口計画，給水・衛生，行政・市民社会サービスを含む.
(注2) 運輸・通信，エネルギー，その他の経済インフラ整備を含む.

**せいぶつきせつがく　生物季節学**（phenology）→フェノロジー

**せいぶつたようせいじょうやく　生物多様性条約**（Convention on Biological Diversity）
生物の多様性を包括的に保全し，かつ持続可能な方法で利用することを目的として1992年にケニアのナイロビで採択され，93年に発効した条約.　　　　　　　　　　（熊崎　実）

**せいぶつてきしゅうふく　生物的修復**（biological remediation, bioremediation）→環境修復

**せいぶつてきぼうじょ　生物的防除**（biological control）
狭義には，ある害虫の寄生性・捕食性動物あるいは寄生性微生物（天敵生物と呼ばれる）を使用してその害虫の密度を低下させ，被害を免れる方法．広義には，耐虫性作物・品種（耕種的防除に入れる人もいる）・不妊化技術（遺伝的防除に入れる人もいる）・IGR・キチンタンパク剤・フェロモン利用などをも加えることがある．狭義には．天敵生物は次のように三大別される．①寄生性天敵（→偽寄生虫）：寄生蜂（ヒメバチ科 Ichneumonidae，コマユバチ科 Braconidae，トビコバチ科 Encyrtidae，ヒメコバチ科 Eulophidae，タマゴヤドリコバチ科 Trichogrammatidae，クロタマゴバチ科 Scelionidae など）・寄生バエ（ヤドリバエ科 Tachinidae など），②捕食性天敵（サシガメ類，捕食性カメムシ類，ショクガバエ類，捕食性テントウムシ類，クサカゲロウ類，クモ類，捕食性ダニ類，捕食性貝類 Rumina など），③昆虫寄生性微生物：昆虫寄生性ウイルス，細菌（*Bacillus thuringiensis*），糸状菌（*Beauveria bassiana*），原虫（*Nosema*），線虫（*Heterorhabditis, Steinernema* など）．さらにこの方法は，有力天敵を他所より導入・増殖・野外放飼して定着させ，害虫の密度を抑制する永続的方法（classic biological control），人為的に大量増殖した天敵を放飼する大量放飼法（天敵の農薬的使用），在来天敵を積極的に保護利用する三つに分けられる．熱帯における成功例は，サトウキビ（カンショシンクイハマキ［アジア］，メイガ類 *Eldana saccharina*［アフリカ］・*Scirpophaga nivella*［アジア・オーストラリア］・*Diatraea saccharalis*［中南米］に対する卵寄生蜂），キャッサバコナカイガラムシとキャッサバハダニに対する南米からの導入天敵（アフリカ），ダイズのカメムシ類（*Nezara viridula* と *Euschistus heros*）に対する卵寄生蜂 *Trissolcus basalis* と *Telenomus podisi*（ブラジル），ワタのゾウムシ *Anthonomus grandis* に対するコマユバチ *Bracon mellitor*（ブラジル），コーヒーのシャクガ *Ascotis* の寄生バエ *Exorista*・カメムシ *Antestiopsis* の寄生バエ *Bogosia*（アフリカ），カンキツ・コーヒー・マンゴーなどの害虫 *Siphanta acuta* に対する卵寄生蜂 *Aphanomerus pusillus*，ダイズ害虫ヤガの一種 *Anticarsia gemmatalis* に対する NPV（核多核体ウイルス）（ブラジル）などがある．広く利用される卵寄生蜂 *Trichogramma* spp. の熱帯での使用は，トウモロコシ（メキシコ・コロンビア），サトウキビ（インド・中国・フィリピン・インドネシア・コロンビア・ペルー・キューバ・ボリヴィア・ブラジル），ワタ（コロンビア・メキシコ），ダイズ（コロンビア），ソルガム（メキシコ・コロンビア）などの害虫が対象になっている．　　　　　　　　　　（持田　作）

**せいぶつのうしゅく　生物濃縮**（biological concentration）
生物は一般に外界の物質を摂取・吸収すると，体内の代謝系を経て異化・同化を行い生命を維持し，同時に代謝産物や不要物質を体外へ排泄する．一方，特定の生物については体内で特定の物質が分解や排泄を受けずに生体内に蓄積される場合があり，その結果として生体の組織や器官における特定物質の濃度が，生体外環境のそれと比べて高くなる現象を生物濃縮と呼ぶ．特に自然界では食物連鎖の上位にある生物群ほど，生物濃縮の比率が高まる傾向がある．近年では人間の社会生活に伴い自然界に放出された低濃度の重金属や

内分泌撹乱化学物質が食物連鎖を経て，連鎖上位生物に環境の数千倍濃度に至る生物濃縮が発生している例がある．生物濃縮がその生物自身の生存に重大な影響を及ぼすと同時に，それを食する人間にも深刻なる影響を及ぼすのではないかということが，懸念されている．　　　　　　　　　　　（浦野直人）

**せいぶつのうやく　生物農薬**（biological pesticide）

わが国では，一般的に農薬取締法に定める農薬としての目的で，微生物や天敵昆虫などを生きた状態のまま（BT 剤などの一部は死んだものもある）で製品化されたものを生物農薬という．別のいい方では，病害虫など有害動植物の生物的防除に用いる生物資材のうち，農薬登録を受けた製品を生物農薬ということができる．生物農薬に利用される生物群は，① 昆虫類（寄生蜂などの天敵昆虫，捕食性ダニなど），② 線虫，③ 微生物（ウィルス，細菌，糸状菌など）に分類できるが，特に ① を天敵農薬，③ を微生物農薬ということもある．現在，わが国で利用されている天敵は，すでに 1911 年にカンキツの害虫イセリヤカイガラムシに対し，天敵のベタリアテントウムシを導入し防除に成功した例があるが，天敵農薬としては 1951 年ルビーロウムシの防除用としてルビーアカヤドリコバチが最初に登録された．その後，ヤノネカイガラムシの防除にヤノネキイロコバチおよびヤノネツヤコバチの 2 種の天敵が導入され成功を収めた．現在，農薬として登録され利用されている天敵の代表的なものは，コナジラミ類の防除用としてオンシツツヤコバチ（商品名エンストリップ），ハダニ類の防除用としてチリカブリダニ（商品名スパイデックスなど）がある．微生物農薬としては，タバコ白絹病の防除にトリコデルマ菌が登録され（1954 年）利用されたが，最も代表的なものは鱗翅目害虫に広く効果を示す BT 剤である．BT 剤は *Bacillus thuringiensis* という細菌，またはその産生物質を利用したもので，生物農薬でありながら化学農薬と同じように散布して使用できる特徴をもっている．また最近は，芝の雑草（スズメノカタビラ）の防除に病原細菌 *Xanthomonas campestris* が登録・利用されている．このほかウィルス病の防除に弱毒ウィルスが利用された例はあるが，農薬としてはまだ登録されていない．なお近年，生物防除の手段として広く利用されるようになった昆虫の性フェロモンは，農薬として登録されているが，微生物の産生する抗生物質と同様，生物農薬としては扱われてはいない．　（大澤貫寿）

**せいふんき　製粉機**（flour mill）

粉砕機とは，固体原料の寸法を化学的成分を変えることなく小さくする機械で，農業関係で使われているものはロールクラッシャ，ローラミル，ハンマミル，ディスクアトリションミルなどである．製粉機とは，一般にコムギを粉砕する機械を指し，製粉には石臼の粉砕機構を二つのロールの接触部で実現したローラミルが用いられている．なお，フルイ分けとは，各種寸法の固体粒子混合物をふるいを介して二つ以上の部分に分離することをいう．コムギ粒は，普通，胚乳 85 %，ふすま部 12.5 %，胚芽 2.5 % からなり，製粉工程ではコムギ粒を破砕開皮し，できるだけ多くの胚乳を取り出そうとするもので，精選や調湿を行う前処理工程，コムギ粒を粉砕して粉とふすまに分離する粉砕工程，二次加工の目的に従っていくつかのグループに混合取り分けて製品とする後処理工程からなる．

　　　　　　　　　　　　　　　（吉崎　繁）

**せいまいき　精米機**（rice whitener）

籾（paddy grain, rough rice）より "ふ" すなわち籾殻（husk, hull, shell）を取り除き，玄米（brown rice）とする機械を籾摺機（rice husker, rice sheller）という．一対のゴムロールの周速度を互いに異にして反対方向に回転させ，ロールの間隙に籾を供給して接触させ，ロールの変形による接触圧力とロール間の周速度差による "ふ" に作用する主としてせん断力によって脱ぷを行うゴムロール式籾摺機

が代表的なものである．東南アジア諸国では，摩擦式臼型（under-runner disc sheller）やエンゲルバーグ式籾摺機（steel huller）なども使われている．

玄米の糠層を除去し，精白米（milled rice）にする機械を精米機という．

玄米の糠層は，普通，果皮（20〜30 μm），種皮（1 μm）の外糠層と外胚乳（2 μm），糊粉層（25〜40 μm）の内糠層からなる．糠の玄米に対する質量割合は4〜6 %程度であるが，精米により胚芽と胚乳の一部も取り除かれ，8〜10 %程度になる．なお，日本では籾摺機により籾から"ふ"を取り除いて玄米を得て，その後精米機により糠層を除去して精白米を得るが，東南アジア諸国では，前出のエンゲルバーグ式籾摺機で籾から直接精白米を得る場合もある．

精米機は，主たる精白作用から摩擦（圧力）式と研削（速度）式に大別される．

(1) 摩擦式精米機　玄米に大きな圧力を加えるものである．精白室内のロールの表面周速度は300 m/min以下，玄米速度は150 m/min以下で，$2 N/cm^2$以上の強い圧力を加えて精白する．

　a. 円筒摩擦式：タンク内に張り込まれた玄米は，流入口よりロールに供給され，ねじ部でその先端の精白室に送られる．ここでタンク内の米の重量と抵抗装置による圧力によって精白作用を受けながらタンク内を上昇する．米粒は精白米に成るまで機内を数回循環する．

　b. 一回通し式：精白室における精白作用を，砕米が発生しない程度の強力なものとし，1回の通過で精白米に仕上げる精米機である．精白室は，普通，六角形の目抜き鋼板でできており，そのスリットは米粒の流動する方向と平行に設けられている．1回の通過で精白するので，米粒の温度がかなり上昇するため，ロール軸を中空にしてその中に風を送り，精米中の米粒を冷却するとともに，糠を金網の外に排出するようになっている．

　c. 縦型精米機：円筒摩擦式や一回通し式精米機は横型であるため，精白室内の米粒の流れや抵抗が不均一になりやすい．精白ロールを鉛直に設け，米粒が重力方向に流動して精白される縦型は，これらの欠点を少なくしたもので，均一な精白が可能となり，砕米の発生も若干低下する．

(2) 研削式精米機　主として精白室内で周速度600 m/min以上の高速で回転する金剛砂ロールの研削作用で精白するもので，精白室内の米粒相互の圧力は$0.5 N/cm^2$以下と低い．金剛砂の粒度は一般に #30〜40程度が用いられている．なお，金剛砂はカーボランダムあるいはコランダムに粘土，長石類の粉末に結合剤と水を混合して成形し，十分に乾燥させて1,380〜1,440 ℃に加熱して焼結したものである．

研削式精米機には，ロール軸の方向によって縦型と横型のものがある．精白室は，金剛砂ロールと二重円筒より構成されている．精白圧力が低いので，砕米が発生しやすい長粒型品種の精白に適している．また，金剛砂ロールの粒度と周速度および圧力によって精白室内の米粒の運動状態が変化し，精白米を球状，棒状，扁平など条件に応じた形状に仕上げることも可能である．このため，酒造米や胚芽米の精白にも使用されている．なお，東南アジア諸国では，金剛砂ロールが逆円錐形の縦型研削式の精米機も広く使われている．

（吉崎　繁）

**せいまいこうじょう　精米工場**（commercial rice mill）

規模や設置年次によって設備内容は異なっ

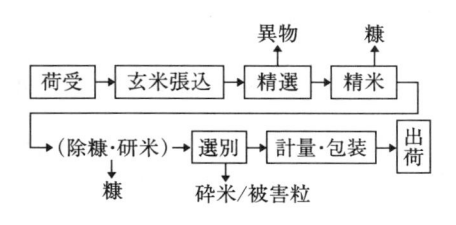

図9　精米工場の基本工程

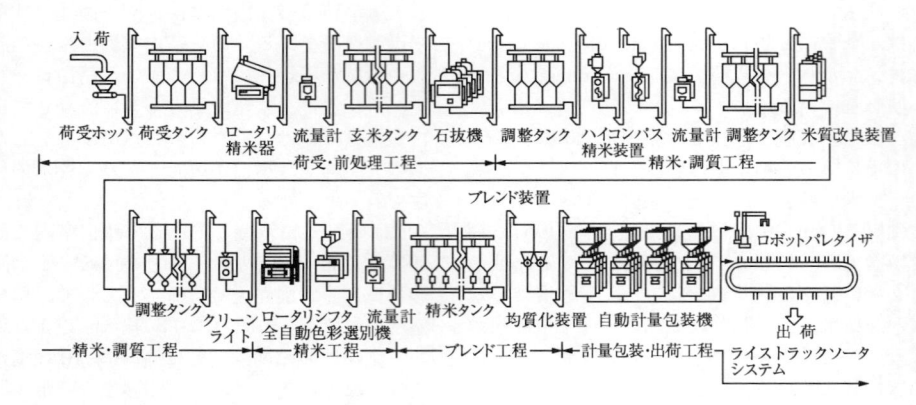

図10 大型精米工場のフローチャートの一例

ているが，精米工場の基本工程は図9のとおりである．

日本の大型精米工場は，精米前後に高性能の新型機器が導入され，大容量処理による操業率の向上，精米コストの引き下げ，無洗米，胚芽米，強化米など品質の向上と多様な製品の生産が図られている．

図10は大型精米工場のフローチャートの一例で，a.荷受・前処理工程，b.精米工程，c.選別・混米工程，d.出荷工程などより構成されている．なお，東南アジア諸国の精米工場では，一般に受け入れ原料は日本の場合と異なり籾であり，受け入れ籾の仕上げ乾燥場，籾の精選機器などが付帯される．また，米糠の搾油施設を附設している精米工場も見受けられる． (吉崎 繁)

**せいみつろか** 精密ろ過（microfiltration）→分離，膜分離

**せいようか** 西洋化（westernization）→開発

**せおいしきふんむき** 背負式噴霧機（knap-sack type sprayer）

噴霧機の中で携帯型で背負って作業するものをいう．動力源から，人力用と動力用に分けられる．人力用では，タンク内の加圧に，てこを作動させながら散布する半自動形の背のう形噴霧機と背負う前に空気ポンプでタンク内を加圧し，その圧力で自動的に散布する背負自動噴霧機がある．

背負動力噴霧機は，15～20 lのタンクと小形エンジンで駆動する動力噴霧機を背負いの架台に搭載して使用するもので，2 Mpa程度の圧力で薬剤散布を行う． (笹尾 彰)

**せかいかいはつほうこく** 世界開発報告（World Development Report）→開発

**せかいしんりん・りんぎょうかいぎ** 世界森林・林業会議（World Forest Congress）

森林・林業問題を世界的なレベルで幅広く意見交換するため，おおむね6年に一度FAOと開催国の政府が共催する会議．(熊崎 実)

**せきおうしょくポドゾルせいどじょう** 赤黄色ポドゾル性土壌（Red-yellow podzolic soils）→熱帯土壌

**せきおうしょくラトソル** 赤黄色ラトソル（Red-yellow latosols）→熱帯土壌

**せきかっしょくラテライトせいどじょう** 赤褐色ラテライト性土壌（Reddish brown lateritic soils）→熱帯土壌

**せきさんおんど** 積算温度（accumulative temperature）

開花をはじめ種々の生理反応に必要な，基準以上の温度と時間の積．→開花習性．

(縄田栄治)

**せきどうせいふう　赤道西風**（equatorial westerlies）

熱帯収束帯の内側の対流圏下層に吹く西風．この西風は地表においては，その強さ，出現などが急変し，必ずしも定常的な風ではない．しかしこの西風域は，位置的には降水活動の活発なところに相当し，気候学的には重要である．この風の存在は，熱帯収束帯内を西進する低気圧に吹き込む赤道の西風，あるいは冬半球からの貿易風の転向したものなどとして説明されている．→熱帯収束帯

(佐野嘉彦)

**せだい　世代**（generation）

遺伝的改良の結果は，親から子へ世代が代わったときに現われる．子が産まれたときの親の平均年齢を世代の長さ（generation length）あるいは世代間隔（generation interval）という．ヒトでは約30年であり，ウシでは約5年である．先進国では凍結精液の利用により，子—父親の世代間隔が大きくなる傾向がある．年当たり改良量を計算するときに必要な数値である．

(建部　晃)

**せだいそくしん　世代促進**（rapid generation advance）

世代促進とは育種年限の短縮を目的として雑種集団の世代を短期間に進めることをいう．自殖性作物の集団育種法は雑種集団の遺伝的変異を減少させないで世代を進め，形質の遺伝的固定を図って後期世代で選抜を行う育種法であり，初期世代に世代促進を有効に用いることができる．世代促進には自然条件を利用する方法と施設を利用する方法がある．前者は，熱帯・亜熱帯の低緯度気象条件を利用して1年に2～3回作物を栽培し世代を促進する方法である．わが国では沖縄県の石垣島におけるイネの世代促進，鹿児島県の南西諸島におけるアズキ類の世代促進などの例がある．中国では海南島においてイネなど各種作物の世代促進が行われている．後者は，冬季の暖房，日長時間調節などを組み合わせて植物を通年栽培できる施設を用いた世代促進であり，日本では多くの育種研究室で行われている．

(長峰　司)

**せっかいさんぷき　石灰散布機**（lime sower）

ライムソワーともいい，土壌改良材として施用する石灰を風による飛散を防ぐために低位置から，すじ条に落として，圃場全面に散布する作業機．トラクタ直装形やけん引形が普及している．構造は，石灰を入れるふた付きの横長のホッパ，撹拌および落下口の開閉のためのアジテータおよびシャッタ，拡散板などからなる．アジテータは，石灰の撹拌と繰出し作業を容易にするために，落下口の上部に取り付けられた切り込みとひねりを加えた羽根を多数付けた回転軸のことで，地輪またはPTOで駆動され，一定流量で石灰を落下させるものである．石灰は落下中，一度拡散板に当てられ細かく砕かれてから地面に散布される．

(永田雅輝)

**せっこうけっしょう　石膏結晶**（gypsum crystals）

硫酸カルシウム（$CaSO_4$）が土壌中で濃縮硬化したもの．灰白色で，酸に溶ける．乾燥気候下の水の集まる凹地によく出現する．炭酸カルシウムが出現するより乾燥した気候下で生成する．アメリカでは，硬化石膏にとむ層位を特徴層位（petrogypsic horizon）として定義し，土壌分類の基準に用いている．

(三土正則)

**せっし　截枝**（セッシ）→萌芽更新（lopping）

**せっすいさいばい　節水栽培**（water saving culture）

用水不足のため旱害にあう溜池掛りの地帯で，溜池水の使用を効率的にした灌漑法を中心とした栽培方法．

(高橋久光)

**せっそくどうぶつ（ばいかいかんせんしょう）　節足動物（媒介感染症）**（arthropod borne disease）

節足動物は無脊椎動物の一つで，一般に小

型．多くの環節からなり外皮は硬く，発育の途中で変態するものが多い．地球上の多くの地に分布し，種類・生態にも変化が多い．この中には，カ，ヌカカ，ダニ，ハエ，アブなどのものが含まれる．これら節足動物が媒介する微生物感染を節足動物媒介感染症という．広義には，ハエ，アブなどによる機械的伝播も含むが，一般には媒介動物である節足動物体内で媒介される微生物が増殖した後，感染を伝播する生物学的媒介を指す場合が多い．例えば，カによる日本脳炎ウイルス，ヌカカによるアカバネウイルスの伝播，ダニによるウシのバベシア症，タイレリア症原虫の媒介感染がある．　　　　（磯部　尚）

**せっちゅうなわしろ　折衷苗代**（semi-irrigated nursery）

苗代の作成および管理方式は苗立ちが完了するまでは水苗代と同じであるが，苗立ち後は苗床の周辺の溝にのみ湛水する．

（和田源七）

**セドロ**（cedro）→付表（熱帯アメリカ材）

**セネシオちゅうどく　セネシオ中毒**（seneciosis）

キク科キオン属（Senecio 属）の植物はピロリチジンアルカロイド（pyrrolizidine alkaloid）を含み，家畜に中毒を起こす．オーストラリア，ニュージーランドおよび欧米では古くからセネシオ中毒が知られている．また，南アフリカでは，Senecio latifolius や S. retrorsus による家畜の中毒が報告されている．ピロリチジンアルカロイドは肝臓毒性を有し，急性には肝細胞の壊死などを起こす．長期間摂取すると，肝の線維化や肝硬変を誘発する．また，ピロリチジンアルカロイドの多くは発がん性も有する．ピロリチジンアルカロイドは全草に含まれるが，その含量は生育地域，生育段階などにより大きく異なる．また，ムラサキ科ヒレハリソウ属（Symphytum 属），マメ科タヌキマメ属（Crotalaria 属）などにも，有毒のピロリチジンアルカロイドを含んでいるものがある．　　　　（宮崎　茂）

**せひき　施肥機**（fertilizier distributor）

栽培様式によって，粒状，粉状，液状の各化学肥料を地表および地中の所定位置にすじ状または全面に散布する機械．（永田雅輝）

**セプター**（septir）→付表18（南洋材（非フタバガキ科））

**ゼブラウッド**（zebrawood）→付表13（アフリカ材）

**セランガンバツ**（selangan batu）→付表19（南洋材（フタバガキ科））

**せんいさくもつ　繊維作物**→付表14

**せんいしつ　繊維質**（fiber）

植物の細胞壁を構成する成分であり，茎葉に多く存在する．主にセルロース，ヘミセルロースおよびリグニンからなる．セルロースやヘミセルロースをブタやニワトリなどはエネルギー源として利用できないが，草食動物は消化管内微生物の発酵によりこれらを揮発性脂肪酸に変え利用している．リグニンは動物により利用されない．植物の生長に伴いリグニンは増加し，その結果草食動物による繊維消化性は低下する．一般に，南方系牧草は北方系牧草よりも繊維質含量が高く，反芻動物における消化性は低い．また，イネ科牧草と比較しマメ科牧草のリグニン含量は高い．近年，わら類や牧草を液化アンモニアで処理することによる繊維消化率の向上が行われている．

従来は飼料中成分として繊維含量を粗繊維として示すことが行われてきたが，近年は中性デタージェント繊維（NDF；セルロース，ヘミセルロースおよびリグニン），酸性デタージェント繊維（ADF；セルロースおよびリグニン），およびリグニンの分別定量が行われている．　　　　（松井　徹）

**せんくしゅ　先駆種**（pioneer species）

一次遷移や二次遷移の初期に出現する植物種．一次遷移の場合には，極端な貧栄養状態や水不足の条件にも耐えられる種であることが多いが，二次遷移の場合の先駆種は，小型の種子でいち早く裸地に侵入し，栄養分と光

を最大限利用して急速に成長する．樹木の場合には先駆樹種（pioneer tree）と呼ばれる．熱帯多雨林ではオオバギ属（*Macaranga*）やセクロピア属（*Cecropia*）がこれに相当する．
(神崎　護)

**せんじゅうみん　先住民**（natives, native people）

ある地理的領域において，近世の主権国家が形成される以前から，もしくはある集団が移住してきてその土地を占有する以前から，そこに居住している人びとのこと．

類義語に「原住民」があるが，今日用いられる先住民の語には，抑圧的な状況のもとで不当な支配を受け，何らかの意味で犠牲をこうむってきた人びととか，文明国の開発政策により権利を侵害されている少数民といったニュアンスを含んでいることが多い．今日，先住民族として類別される民族の集団は4,000〜6,000，その総人口は国連の推計で約3億人と見られている．

熱帯林地域には，アフリカのピグミー，ボルネオ島のダヤック諸民族，ニューギニア島のパプア諸民族，マレー半島のセノイ，タイの山岳民族，南米のインディヘナなど多くの先住民が居住している．これらの人たちは狩猟や採集，焼畑耕作などで生計を立て，長い間森林生態系と調和した生活を営んできた．しかし20世紀の半ば以降，木材伐採や農地造成などの大規模な開発事業の進展で，その生存基盤を奪われ，特有の文化が急速に失われている．

ようやく先住民の権利回復のためのさまざまな運動が各地で展開されるようになった．1975年に「世界先住民会議」が発足し，コロンブスの新大陸到達から500年目を迎えた1992年には大きな盛り上がりを見せた．国連は1993年を「国際先住民年」と定め，1994年12月末日以降の10年間を「世界先住民族国際10カ年」とすることを宣言している．
(渡辺和見)

**せんじょう　洗浄**（cleaning）

付着した汚れを除去すること．この場合，汚れとは単に汚物という意味ではなく，本来無いはずの場所に存在する物質を指す．例えば食品製造工程では，食品成分自体が加工装置表面に付着して除去すべき汚れとなる．洗浄工程は一般に水洗浄と薬剤洗浄に大別される．水洗浄は，予備洗浄として装置表面などに残存する製品を排出除去するためと，薬剤洗浄工程間の中間洗浄または後洗浄のために行われる．薬剤洗浄では界面活性剤をはじめ，酸，アルカリ，酵素などが洗剤として使用される．界面活性剤は油脂類などの汚れの表面を被覆し，乳化分散を容易にさせる．酸は沈着した無機成分の溶解除去に，アルカリはタンパク質などの有機成分の除去作用に優れている．デンプンを分解するアミラーゼやタンパク質を分解するプロテアーゼ，脂肪を分解するリパーゼなどの酵素は，各々特定の汚れ成分を分解することによって汚れの溶解または分散を促進する．
(崎山高明)

**せんじょうち　扇状地**（alluvial fan）

河川運搬物質の堆積によって形成された半円錐形状（平面形は扇状）の地形であり，地形図では等高線が同心円状を示す．同様の形態を示す地形は侵食作用によっても形成されるため，それと区別するために沖積扇状地ともいわれる．「沖積（alluvial）」とは河川による堆積作用を意味する言葉であり，時代的な意味はない（→「沖積」）．おもに土石流によって形成された小規模なものを沖積錐（alluvial cone）という．山地を流れてきた河川が平野へ出ると，川幅の拡大と流水の浸透によって水深と流速が減少する．このため河川の運搬力は急激に低下し，それまで運搬してきた物質を山地からの出口付近に堆積させる．堆積によって河床が高まると河川は新たな低所を求めて流路を移動させるため，その繰り返しの結果として山地と平地との境界部に厚い堆積物からなる扇状地が形成される．扇状地の表面には放棄された河道跡がしばしばみられる．扇状地の上流端を扇頂，中央部を扇央，

下流端を扇端といい，扇頂から扇端に向かって扇状地の勾配は緩くなり，堆積物は細粒化する．扇状地の多くは礫質堆積物によって構成されるが，気候，地質，河川勾配，集水面積などの違いによって堆積物も異なり，砂質または泥質の堆積物からなることもある．一般に堆積物の粒径が大きいほど勾配は急である．扇状地を流れる河川は扇頂で流量が最大であるが，扇状地堆積物は一般的に透水性が大であるため河川は次第に伏流し，流量を減じる．下流の扇端付近では伏流水が泉として湧出することが多い．扇状地は断層運動などの地殻運動を受けた山地の周縁，山地と平野との境界が明瞭なところにつくられやすい．隣接する河川によって山麓部に連なって形成された扇状地群を合流扇状地，異なる時期に形成された扇状地が上下に重なっている扇状地を合成扇状地，現在は堆積作用が停止し侵食を受けている扇状地を開析扇状地という．沖積扇状地に似た形態を示す地形は侵食作用によっても形成される．河川の側方侵食によって形成され，薄い被覆層をもつ半円錐形状の地形を侵食扇状地という．ボーリング調査などによって堆積物の層厚が明らかになるにつれて，これまで沖積扇状地と考えられてきた地形が実際には侵食扇状地であったという事例は日本でも多い．乾燥地域にみられる侵食性の緩斜面であるペディメント（→）もしばしば半円錐形状の形態を示す．（吉木岳哉）

**せんしょくたい　染色体**（chromosome）

細胞分裂の際に観察される塩基性色素で濃く染まる棒状の構造体（colored body）である．遺伝学の発展に伴い，遺伝現象と染色体との対応が明らかになり，細胞中の大部分のDNAが染色体上に存在することから，染色体は遺伝情報の担体であると考えられるようになった．

今日では細胞分裂の際にみられる染色体はもちろん，間期や核内染色質を含めて染色体と呼ぶようになった．また，ウイルスや原核生物の核様体，葉緑体など細胞小器官にある線状配列などを含め，広く染色体というようになった．

生物は種によって，染色体の数や形が決まっている．例えばコムギは$2n = 42$，イネは$2n = 24$，ヒトは$2n = 46$である．また体細胞分裂の中期で観察される染色体には，それぞれユニークで，二倍体の体細胞では同形同大の相同染色体が二本ずつある．（天野　實）

**ぜんせんせいこうう　前線性降雨**（frontal precipitation）

前線に伴う降水である前線性降水のうち，特に降雨に対していう．密度の異なる二つの気団の境界が維持されているときに，この境界のことを前線というが，空気の密度は温度で決まることが多く，大雑把には温度の異なる気団の境界面と考えることもできよう．前線，または前線面と表記されるが，気団の境界は決して幾何学的意味を持つものではなく，遷移層が形成されていると考える方がよい．遷移層は二つの境界面，つまり暖気側の面と寒気側の面とを持ち，地上天気図での前線は暖気側の面と地表面との交線としている．前線付近は水平温度傾度の極大域に対応し，前線を含む温度傾度の大きい領域を前線帯と呼ぶことが多い．前線は風，気圧，露点温度の不連続や悪天を伴うことから，天気変化と密接に関連する．また，温帯低気圧は前線を伴うことが多いので，前線性降水は低気圧性降水と分類しにくく，両用語は混同して使われることがある．前線性降水には低気圧前方に広がる温暖前線の降水と寒冷前線に沿ってのびる寒冷前線の降水，また，梅雨前線のように停滞前線の降水もある．（佐野嘉彦）

**センターピボットかんがい　センターピボット灌漑**　→地下水灌漑

**せんたくどくせい　選択毒性**（selectivity toxicity）

薬剤の生物に対する毒性などの作用に差のあることである．農薬では，人畜など非標的生物に害作用が少なく標的生物に害作用の大きいことが望ましい．（大澤貫寿）

**センダンかじゅもくのがいちゅう　センダン科樹木の害虫**（insect pests of meliaceae）
センダン科には *Melia*, *Azadirachta* 属のセンダン類，*Swietenia*, *Khaya*, *Toona*, *Cedorella* 属などのマホガニー類の有用樹種がある．穿孔性害虫としては新梢に穿孔するメイガ科（Pyralidae）のマホガニーマダラメイガ類（*Hypsipyla* 属）が最も重要である（→マホガニーマダラメイガ）．ボクトウガ科（Cossidae）の *Zeuzera coffeae* はインドからニューギニアにかけて分布し，多くの樹種の幹を穿孔加害するが，タイワンセンダン，マホガニーなどセンダン科樹木も被害を受け，若い木は穿孔されると枯れる．キクイムシ科（Scolytidae）の *Xylosandrus compactus* ほか数種，ナガキクイムシ科（Platypodidae）の *Crossotarsus externedentatus*, *Platypus gerstaeckeri* などもセンダン科の幹に食入する．これらのキクイムシ類は苗や若い木に加害して衰弱，枯死を引き起こすことも多い．このほかゾウムシ科（Curculionidae）の *Pagiophloeus longiclavis* の幼虫はインド，ミャンマー，中国南部などでマホガニーや *Toona* の幹の形成層・辺材に穿孔加害し，若木を加害した場合しばしば枯死を引き起こす．
食葉性害虫では，東南アジアに分布するゾウムシ科（Curculionidae）の *Hypomeces squamosus* および *Alcidodes cinchonae* の成虫が多食性でセンダン科をはじめ多くの科の樹木の葉を食害する．また巨大な蛾で知られるヨナグニサン *Attacus atlas* の幼虫も多くの植物を加害するが，マホガニーも好む．大型のため摂食量が多いので幼齢木は少数個体でも葉を食い尽くされて衰弱し，枯れることもある．
(松本和馬)

**せんちゅうびょう（じゅもくの）　線虫病（樹木の）**（plant and insect prarasitic nematodes）
現在の熱帯林・林業において，線虫病は大きな問題になってはいない．しかし，熱帯樹木の造林拡大や病害虫の移出入増加に伴い，各種線虫による病害が重要な問題となる可能性がある．今後，特に注意すべき線虫は樹木成木を枯死させる，マツノザイセンチュウ（*Bursaphelenchus xylophilus*）とココヤシセンチュウ（*Rhadinaphelenchus cocophilus*）である．前者は，亜熱帯・温帯東アジアのマツに被害を与えており，近年，ヨーロッパ（ポルトガル）においても本線虫による被害が確認された．後者は，中南米のココヤシに被害を与えている．これら線虫病の防除は，被害材の除去と媒介昆虫に駆除が中心である．ネグサレセンチュウ（*Pratylenchus* spp.）とネコブセンチュウ（*Meloidogyne* spp.）は野菜類では大きな被害を与えており，材木苗畑でも被害を引き起こす．防除とは，土壌燻蒸剤の施用が基本である．昆虫寄生線虫は，昆虫に様々な病気を引き起こす．森林害虫の生物的防除素材として，樹木穿孔性害虫に寄生する Sphaerularioidea 上科の線虫（Sphaerularioid nematodes），シヘンチュウ（mermithid nematodes）および殺虫能力が高く人工培養可能な昆虫病原線虫（entomopathogenic nematodes）が有望である．
(小坂 肇)

**センチュウるい　（主として植物）センチュウ類**（nematodes）
センチュウ類は，無脊椎動物の1群で，動物分類学上，袋形動物門（Aschelminthes）の線虫綱（Nematoda），または，線虫門（Nemata）とされる．地球上のあらゆる生息場所（極地，海，河沼，温泉，酢，土壌，動・植物体）に分布し，自由または捕食・寄生生活を営む．基本体形は，糸状であるが洋梨形などに発育する種もある．体長は 0.3〜数 10 mm，植物寄生種は 3 mm 以下が多い．体表は伸縮性クチクラに覆われ，体節はなく，体環（annule）をもつ．組織・器官系は，消化，生殖，神経・感覚，分泌，排泄および筋肉系からなり，呼吸器と循環器系を欠く．内部諸器官の間は擬体腔となり，体液を満たす．消化器は，体前方の口腔から食道，腸，直腸と続き，体後部の肛門で終わる．口腔とその周辺，食道，

生殖器官と尾部周辺の形態は，分類学上の指標となる．雌雄異体を原則とするが，雌のみの種，雌雄同体と雄の種，さらに環境変化による雄多発生の種などがある．両性生殖または単為生殖により，卵を産む．卵は，植物寄生種では数日で1期幼虫に発育し，1回脱皮後，2期幼虫でふ化する．以後，摂食と成長に伴い3回の脱皮（3，4期幼虫）を経て成虫となる．脱皮のみを反復した後摂食・成長する種もある．脱皮と摂食・成長の関係は，特に動物（昆虫）寄生種で多様であり，種個有の繁殖・生存戦略を形成する．植物寄生種の発育温度域は15～30℃にあり，1世代所要日数は，20～35日である．産卵数は，数10～3,000個で，種，生息密度や環境条件により変異する．植物寄生種は，口腔が槍状に進化した1本の口針を通じて植物の葉（芽）または根の組織・細胞から養分を摂取する．被害植物は，組織・細胞の壊死または変形，養水分吸収障害や発育不全・衰弱を来たし，あるいは枯死に至る．また，センチュウは，他の病原菌を媒介し，感染・発病を助長する．約3,000の植物寄生種が知られ，熱帯の畑作・野菜・コショウ・コーヒー・パイナップルの重要種は，根に内部寄生するネコブセンチュウ類（*Meloidogyne*），ネグサレセンチュウ類（*Pratylenchus*）やニセフクロセンチュウ類（*Rotylenchulus*），外部寄生性の種類（*Helicotylenchus, Xiphinema*）など数多い．ブラジルでは最近，ダイズシストセンチュウ（*Heterodera glycines*）が大発生し，スリランカには寒地性ジャガイモシストセンチュウ（*Globodera rostochiensis*）が分布する．柑橘やバナナでは進展性衰弱症を起こす種類（*Radopholus, Tylenchulus*）が，水稲では芽に寄生するイネクキセンチュウ（*Ditylenchus angustus*）やイネシンガレセンチュウ（*Aphelenchoides besseyi*）が，ココヤシでは，*Rhadinaphelenchus cocophilus* が重要である．防除対策上，線虫汚染種苗・土壌の移動と使用禁止，減農薬，輪作，抵抗性作物，有機物施用，天敵利用などを組み合わせた総合的害虫管理技術（IPM）の開発・実用が望まれる． （中園和年）

**せんちゅうるい （主として動物）センチュウ類**（nematodas）

線虫は袋形動物門の1綱で，家畜の内部寄生虫として重要なものが多種，含まれている．体は糸状で両端に向かって細くなるものが多い．口は体の前端にある．原則として雌雄異体で，雄は雌より小形で尾端が曲がっており，交接嚢，生殖乳頭などの付属交尾器官がある．体の腹面正中線上には排出孔，肛門，陰門が開く．肛門は体の後端近くにあり，これより後方の部分を尾という．主な種類（科）は，糞線虫，鉤虫，円虫，開嘴虫，毛様線虫，肺虫，ヘテラキス，回虫，蟯虫，螺尾虫，顎口虫，アクアリア，眼虫，糸状虫，オンコセルカ，ステファノフィラリア，鞭虫，旋毛虫，腎虫である．多くは，その発育に中間宿主がなく，直接発育する．一般に宿主特異性が強く，それぞれの家畜（ウシ，ウマ，めん羊，ブタ，ニワトリ）に固有の寄生線虫種が寄生し，交叉感染はほとんど成立しない．熱帯の家畜には，通常，複数の線虫が混合感染している．診断には，寄生虫の寄生部位と発育ステージに応じた検査法を行う． （平　詔亨）

**せんてい　せん定**（pruning）

せん定とは樹体の一部を切除することをいい，①樹の性質や栽培条件に適合した樹形を形作り，これを維持する，②栄養と生殖生長の均衡を保ち，生産効率を高く維持することなどを目的に行う．

多くの枝梢を一度に切除する（強せん定）を行うと強勢な新梢が発生し，樹の栄養生長が盛んとなるが，逆に生殖生長（花芽の形成）は抑制される．特に若木ではこの傾向が著しく，早期着果のためには弱せん定を心がける必要がある．強せん定により枝梢の生長が過剰となると花や果実との間に養分競合が生じ，着果や果実生長が妨げられる．

せん定は，一般に枝梢の生長が停止しているかあるいは緩慢な時期に行われる．温帯性

の落葉果樹のせん定は冬季の休眠期を中心に行われるが，熱帯・亜熱帯性の果樹でも気温の低下する時期や乾季に行うのが望ましい．果実が着果している場合には，生長や品質への影響を考慮し収穫後に行われる．

せん定の方法には，枝梢の基部から全体を切除する間引きせん定と枝梢の一部を残して切除する切り返しせん定がある．樹冠内の枝の配置や新たに発生する新梢の方向や数を考慮しつつ，これらのせん定を組み合わせるが，着果量の確保には樹種毎の花芽の着生の性質（結果習性）を把握しておく必要がある．頂芽に花芽を形成する種類では切り返しせん定を多用すると着果量は大きく減少する．

樹冠内で，互いに陰となる平行枝や重なり枝，全体の枝の伸長方向に逆らって伸びる逆行枝や太枝の基部に発生するふところ枝は，早めにせん除して光線透過や通気条件を良好に保つ必要がある．短期間に極端に伸長した枝（徒長枝）は通常せん除する．

連年結実し，生産力が低下した亜主枝・側枝は適切な位置に発生した新梢を残して，せん除し，新たに生産性の高い状態に戻す（更新せん定）．

実際の枝の切除にあたっては，乾燥を防ぎ，ゆ合を促すため，切り口の面積が最少となるよう枝の付け根を切る．枝の基部の切り残しは，枯れ込みが生じ，ゆ合を妨げるので完全に切り取る． （片岡郁雄）

**せんどしひょう　鮮度指標**（freshness index）→揮発性塩基窒素

**せんどはんてい　鮮度判定**（freshness evaluation）

鮮度の定義：野菜，果物，精肉類，魚介類などの生鮮食品に対して鮮度が良いという言葉でその品質を表現する．キュウリやトマトのもぎたてや，家庭で作ったしぼりたてのトマトジュースは鮮度が良いとか新鮮とはいうが，しぼりたてのビールを鮮度が良いとはいわない．またカツオやマグロの刺身を鮮度の良し悪しで判断するが，畜肉の場合は鮮度は重視しない（畜肉はエージングといって肉組織を軟化させるために低温で10日間位ねかせている）．以上のように考えると農水産物で用いられる鮮度とは必要十分とはいえないが限りなく生きてる状態に近いものを表現しているわけで，これにおいしさや見た目の良さなどの考えが挿入された状態をあいまいに表現しているものと解釈できる．

野菜，果実の鮮度評価方法：上記のような観点にたてば，それぞれの経過時間に応じて観察される生物学的，物理学的，あるいは化学的変化が定量的に評価できるならばそれらが鮮度指標として利用できる．野菜や果実の場合，鮮度低下に伴って以下のような現象が観察される．①色の変化，②匂いの変化，③糖度の変化，④硬度の変化，⑤ビタミンCなどの成分変化，⑥酸度の変化．

現在のところこれらの現象をたくみに組み合わせて総合的に評価する方法が一般的であるが，最新の画像処理技術によって形状，色，光沢などは精密に解析できるようになってきた．

魚肉，畜肉の鮮度評価方法：魚肉，畜肉の場合も野菜や果実の場合と同様，死後生物学的，化学的，物理学的変化を伴う．以下に魚肉，畜肉の死後変化を述べる．

魚肉，畜肉の死後変化：生体内で分解，合成，酸化，還元などの化学反応が常温，常圧，中性付近の生理的条件で容易に行なわれるのは，主として多種多様な酵素が存在し，それらが細胞の特殊な微細構造の中で適当に配置されて作用することによるといわれている．酵素は熱には非常に鋭敏で普通20～40℃に最適温度があり，60℃以上では変性して急速にその機能を失う．また，タンパク質は両電解質であるので，その電離状態ひいては酵素の活性および安定度は水素イオン濃度（pH）により著しく左右される．さて，魚の生存時，その筋肉のpHは，ほぼ7.4付近に維持されているが，死後，筋肉グリコーゲンの嫌気的分解による乳酸の蓄積のため，そのpH

は低下する．pHの低下に伴いATPaseの活性化，さらにはヘキソキナーゼの不活性化が進行し，グリコリシスの低下，筋肉の硬直が始まる．筋肉の収縮は，生細胞では，神経刺激による筋小胞体からの$Ca^{2+}$の放出により発生するが，死細胞では，pH低下などから引き起こされる筋小胞体の生理的機能の喪失による$Ca^{2+}$の漏出によって生じると考えられている．硬直はミオシン，アクチン両フィラメント間に強い結合が生じた結果として起こるが，更なる$Ca^{2+}$濃度の増加によるZ線の小片化，ミオシン，アクチン間結合の弱まりにより筋肉は徐々に軟化する（解硬）．解硬とともに，上述した各種酵素の作用による自己消化が起こり，その結果，アミノ酸，その他の低分子窒素化合物が生成され，細菌の繁殖を著しく助長し腐敗に至る．畜肉の場合は，ほとんど魚肉の場合と同様の変化をたどるが，死後，解糖作用により，より多くの乳酸を生成し，酸性となるものの，その持続時間は魚肉のそれに比べてはるかに長く，微生物の増殖に適したpHになりにくい．また，畜肉には基質タンパク質が多く硬い．かつ水分含量が魚肉（75～80％）に比べて少ない（34～80％）のが主な特徴であろう．

鮮度の指標：これまでに提案された鮮度指標は大きく二つに大別できる．一つは魚介類の一般的な鮮度判定を目的とするもので，実用されている方法も多く，VBN，K値，生菌数などがこれに属する．もう一つは主にタンパク質の変性度を指標にしたもので，魚類筋肉のねり製品加工適性の判定などに用いられている．① VBN：アンモニア，トリメチルアミン，ジメチルアミンなどを揮発性塩基窒素（VBN）といい，これらは鮮度低下に伴って増加する．VBNは魚の死後初期にはAMPの脱アミノによって生成するアンモニアを主体とし，続いてトリメチルアミンオキシドの分解生成物であるトリメチルアミン，ジメチルアミン，アミノ酸の脱アミノによるアンモニアなどが加わる．この指標は魚肉の鮮度判定に広く用いられているが，熟練を要する，操作が煩雑などの欠点がある．アンモニアやアミン類は畜肉の品質判定にも利用されている．一方，多量の尿素やTMAOを含むサメ類などの軟骨魚類ではTMAやアンモニアの生成が著しいので本法を適用することはできない．VBNは筋肉抽出液から除タンパクしたものを試料液とし，コンウェイのユニットを用いて微量拡散法で定量する．VBN（mg/100 g）と鮮度との関係は以下の通りである．10以下：きわめて新鮮，10～20：新鮮，20～25：やや鮮度低下，25～30：初期腐敗，30以上：腐敗．② K値：魚の死後，筋肉中において，ATP関連化合物は下記に示すように尿酸にまで分解されるが鮮度低下とともにATP，ADP，AMPのすみやかな分解とイノシンとヒポキサンチンの蓄積が認められる．これらATP関連化合物の総量はほぼ一定であることから，斉藤らはこの総量に対するイノシンとヒポキサンチンの合計量の百分率を求め，これをK値と呼んで魚肉の生鮮度を表わすことを提案した．詳細な追試の結果，ATP，ADP，AMPのIMPへの移行がきわめてすみやかである事が明らかにされたので，鮮度指標Ki値が提案され，後述のKi値計測用酵素センサシステムが考案された．K値が低いほど鮮度良好なことを示し，魚種や取り扱いの違いにより多少異なるが，即殺魚では10％以下，刺身用では20％以下，調理加工用は20～40％とされている．K値の測定法には魚肉の過塩素酸抽出液を試料にしたカラム法，酵素法，比色法，液クロ法，バイオセンサ法，鮮度測定器法，試験紙法などが提案されているが，ここでは最も簡便な方法としてバイオセンサ法を後述する．③ 生菌数：前述したように，食品の腐敗と微生物の増加は密接な関係にある．したがって，生菌数より鮮度を判定することはしばしば行なわれているが，測定時間に少なくとも3～10日位を要する致命的欠点がある．実験室レベルでの鮮度判定には現在でも用いられている方法である．一般に，筋

肉1g当たり102〜104：新鮮，106〜107：初期腐敗，108以上：腐敗と判定される．④タンパク変性：各種タンパク質は$\alpha$-ヘリックス，$\beta$構造，ランダムコイル部分からなるポリペプチド鎖がさらに複雑に折りたたまれた高次構造を有している．タンパク質の立体構造の安定化には側鎖間の種々の結合が関係している．水素結合，ジスルフィド結合，解離基間の塩結合，非極性基間のファンデルワールス結合などが側鎖間にでき，主鎖の配位を維持している．特に，ジスルフィド結合は立体構造の維持に大きな寄与をしており，酸化または還元によってS-Sを開裂すると立体構造は破壊される．しかしながら，鮮度とSH-基との関係は明らかにされていない．疎水結合もまた，タンパク質の立体構造の安定化に大きな寄与をしている．特に，この結合は水溶液中で安定である．立体構造の一部に疎水性側鎖が集まって，いわゆる疎水領域を形成すると，この部分は非常に強固な構造になる．魚肉を利用したすり身の場合，塩溶性タンパク質の溶解性，筋原繊維タンパク質のATPase活性などを測定することにより，変性の程度を推定している．溶解性は，塩溶性タンパク質であるミオシンおよびアクトミオシンの塩溶性を意味し，それがこれらタンパク質の指標すなわち魚肉の加工適性の指標となり得るものと考えられている．また，アクトミオシンあるいは筋原繊維はATPase活性を有するのでCa-ATP活性を指標にしてこれらタンパク質の変性程度を知ることができる．以上，変性指標を簡単に述べたが，その他，酵素活性，脂質酸化の程度，肉色変化なども有効であろう．いずれの場合も製品の品質をよく表わすものを指標に選ぶべきである．

バイオセンサ：本センサシステムは，2種類の固定化酵素リアクタとそれぞれの後に配置された酸素電極からなるダブルセンサ方式で，ペリスタポンプ，A/Dコンバータ，マイクロコンピュータより構成されている．固定化酵素リアクタA（ヌクレオシドホスホリラーゼ＋キサンチンオキシダーゼ）により，まず，魚肉中のイノシンをヌクレオシドホスホリラーゼによってヒポキサンチンに変換し，ついでキサンチンオキシダーゼによるヒポキサンチンの酸化反応で消費された酸素量から（イノシン＋ヒポキサンチン）量を計測する．次に，固定化酵素リアクタB（ヌクレオチダーゼ＋ヌクレオシドホスホリラーゼ＋キサンチンオキシダーゼ）により，まずヌクレオチダーゼによってイノシン酸をイノシンに変換し，以下，リアクタAと同様の反応により消費される酸素量から（イノシン酸＋イノシン＋ヒポキサンチン）量を計測する．1分析に要する時間は試料調製も含めて5分程度であり，約60回の連続計測が可能である．

〔渡辺悦生〕

**セントロ**（centro）

学名：*Centrosema pubescens* (L.) Benth., 一般名：centro（オーストラリア），jetirana（アルゼンチン，ブラジル），bejuco de chivo（コロンビア），campanilla（コロンビア），butterfly peaなどと呼ばれ，南アメリカ熱帯の原産である．和名：ムラサキチョウマメモドキ．現在では熱帯で広く栽培されている永年生の暖地型マメ科牧草．自家授粉性，$2n=20$．わが国では，*Centrosema* spp.（セントロシーマ属）のなかで，*pubescens*種を指す場合が多いが，牧草としては，この他に*virginianum*種や*pascuorum*種がある．ただし，*pascuorum*種は一年生で葉の形も異なるため，オーストラリアではセンチュリオン（centurion）と呼ばれている．

葉は3葉型であり，小葉の大きさは約$4\times3.5\,\mathrm{cm}$で，花は大きく美しい．莢はほぼ真っ直ぐで$7.5〜15\,\mathrm{cm}$の長さで，熟すると黒褐色になり，約20個の種子を含む．種子は短い楕円形で，$4〜5\,\mathrm{mm}\times3〜4\,\mathrm{mm}$の大きさで，黒褐色をしている．ほふく型でつる性のはい上がる習性のある多年生草である．

夏季に生育し冬季は休眠する．耐霜性は低く，降霜により大きなダメージを受ける．降

水量が 1,750 mm を超える湿潤熱帯あるいは灌漑地を好み耐旱性も強いが乾季の生育は遅い．冠水耐性は非常に強くサイラトロよりもあるが，熱帯クズほどではない．

砂質から粘土質までさまざまな土壌に生育する．pH 4.0 でも根粒を形成するが，根粒形成に最適な pH は 4.9～5.5 であり，酸性土壌でも旺盛に生育する．セントロは根粒を形成するために特定の根粒菌を必要とするので，栽培に当たっては注意が必要である．

肥沃な土壌では施肥なしに旺盛に生育する．肥沃でない土壌ではリンおよびモリブデン施肥に対して反応し，マグネシウム施肥に対して反応することもある．カリウムは要求しない．定着は比較的遅いが，一旦定着すると非常に旺盛に生育し，2年目にはさらによく生育し，葉部割合の高い草地となる．

牧草や緑肥作物として利用される．Playne et al. (1955) は，フィジーの Sigatoka において 1950～1952 年の 3 年間の平均収量は 4,950 kgDM/ha/year であったと報告した．

(川本康博)

**せんねつほうさん　潜熱放散** (latent heat loss)

潜熱とは物質の温度の上昇・下降変化をもたらさず，状態の変化（相変化）するために使われる熱で，潜熱放散は体の水分が蒸発する際におこる熱の移動をいう．潜熱放散は汗の蒸発による感蒸散と，呼吸器および体表での汗以外の水分の蒸散による不感蒸散とに分けられる．いずれの経路においても水分が蒸発するときには家畜体の熱エネルギーを使い熱放散が生じる．1 g の水が蒸散するときには，水温によって異なるが，およそ 580 cal (2,428 J) を必要とするので，この体熱に相当するエネルギーが体外に放出される結果，体からの熱放散がある．潜熱放散量のうち，汗および汗以外の体表での蒸散による放熱量は次式で表される．

$Qse = he \cdot A \cdot AM^{1/2} (Pas - Ps)$

$Qs$：体表面からの蒸散による放熱量（kcal/hr・m²）

$he$：蒸散に関する定数（約 0.58 kcal/水 1 g）
$A$：蒸散に関する有効表面積（m²）
$AM$：風速（m/秒）
$Pas$：家畜体表面の水蒸気圧（mmHg）
$Ps$：環境空気の水蒸気圧（mmHg）

潜熱放散量のうち，呼吸気道からの潜熱放散量は次式で表わされる．

$Qres = he \cdot V \cdot (Pe - Pa)$

$Qres$：呼吸気道からの蒸散による放熱量（kcal/hr）
$V$：呼吸量（l/hr）
$Pe - Pa$：呼気と吸気間の水蒸気圧の差（mmHg）

潜熱放散は物理的には大気が含んでいる水分量が影響し，湿度が低いときに多くなる．一方，生物学的には気温が低いと皮膚表面に出てくる水分が少なくなり，呼吸量も少ないので潜熱放散量は少ない．熱性多呼吸は高温時の潜熱放散量を増加させる重要な役割をもっている．

(鎌田寿彦)

**ぜんのうせい　全能性** (totipotency)

分化全能性または全形成能ともいう．生物の細胞が，その種の個体を構成するすべての組織・器官に分化しうる能力を持っていることをいう．動物では受精卵は全能性をもっているが，発生の過程で失われる．しかし，植物においては，受精卵だけでなくほとんどすべてのの体細胞が全能性を有していると考えられている．

分化全能性という考え方は 20 世紀初頭に G. Haberlandt により示され，以後，植物の分化を制御するための研究に多くの研究者が取り組んだ．1950 年代後半には数種の植物において培養した体細胞が植物個体に再分化することが確認され，植物の分化全能性は実験的に証明された．植物細胞のもつ全能性を利用することで植物組織培養の手法は発展し，今日の植物バイオテクノロジーの基礎となっている．

(松岡　誠)

**せんばつ　選抜**（selection）

家畜や作物の改良における最も重要な育種操作の一つである．選抜には，いろいろな方法がある．第一は，家畜や作物の遺伝変異を含む集団の中から，表面にあらわれた形質による「表現型選抜」で，育種家の経験と勘で遺伝的な能力のすぐれた個体や系統を選ぶ最も重要な操作である．特に，質的形質などの遺伝力の高い形質の選抜に有効である．第二は，「後代検定による選抜」で，高い精度で遺伝的能力をもつ系統や子孫を選ぶことができ，量的形質の改良に効果的である．第三は，「特性検定による選抜」で，選抜に有利な特別な環境を設定して，特定の形質の選抜を効果的に行う．例えば，病害虫の発生しやすい環境での病害虫抵抗性，特定のストレスのかかる環境での環境ストレス耐性，あるいは，成分分析による品質特性などの選抜である．第四に，「自然選択を利用する選抜」もある．例えば，ある特定の病害の発生しやすい自然環境で，雑種集団を養成することにより，その病害に特に弱い個体を淘汰することにより，病害抵抗性個体の割合を高めたりすることができる．さらに，最近では，分子マーカーなどを用いた直接的な「遺伝子型選抜」も可能となっている．

作物の改良では，自殖系統選抜や栄養系選抜がよく用いられるが，これらは，後代検定による選抜の一種と見ることができる．また，作物の育種では，主要な病害虫や気象災害，あるいは品質などに関する特性検定による選抜は，欠かすことができない．

家畜の育種では，改良しようとする形質について個体の遺伝的能力を評価し，優れた個体を選りすぐり繁殖に供用することであるが，改良対象外の形質に重大な欠陥があれば淘汰されることもある．選抜法には個体自身の能力に基づく個体選抜ときょうだいなどの家系平均能力に基づく家系単位でする家系選抜に大別される．前者はウシ，ブタなどで広く実施されているが，後者は鶏などで実施されることが多い．改良対象が乳用雄牛の泌乳形質や肉用雄牛の肉質型質の場合には，後代検定の個体選抜による．また，改良形質が複数の場合には，それぞれの形質に基準値を設けてそれを満たすものを選抜する独立淘汰水準法とその方法を効率化した選抜指数法がある．後者は，先進国で科学的に発展してきた手法で，ウシ・ブタ・ニワトリで多様に採用されている．　　　　（藤巻　宏・建部　晃）

**せんよう　剪葉**（defoliation）→牧草

**ぜんようそせいさんせい　全要素生産性**（total factor productivity, TFP）→成長会計分析

## そ

**ソイルタクソノミ**（soil taxonomy）→アメリカの土壌分類

**ソイルタクソノミーエフエーオーーユネスコ土壌分類対比表**　→付表15

**ソイルファウナ**（soil fauna）→土壌動物

**ソイルマイクロフロラ**（soil microflora）→土壌微生物

**そうかこうか　相加効果**（additive effect）→遺伝分散

**そうかびょう　そうか病**（scab, spot anthracnose, super elongation）

① 子嚢菌類の *Elsinoe* 属またはその不完全時代の *Sphaceloma* 属菌の寄生によって起こる作物の病気．葉，葉柄，茎，果実に小さなかさぶた状の病斑を多数生じる．病斑の中心部は灰白色になるものが多い．また，新葉にもよく発生し萎縮することがあるほか，キャッサバのように徒長することもある．*Elsinoe* または *Sphaceloma* 属菌による病害には，ブドウ黒痘病，チャ，サトウキビの白星病，サツマイモの縮芽病，バラ，キリなどの木本類では痘瘡病などの病名が付けられているものもある．英名は果樹を含む農作物では scab，ポプラなどの林木 spot anthracnose，特別なものとしてキャッサバでは super elongation と呼

ばれる．病原は宿主の種類によって病原性が明瞭に異なるため，ほとんどが別種となっている．最も代表的なものは *Elsinoe fawcettii* によるカンキツ類そうか病で果実に発生し被害が大きい．この他，発生の比較的多いものは *E. ampelina*（ブドウ），*E. araliae*（ウド，ヤツデ），*E.euonymi - japonici*（マサキ），*Sphaceloma punicae*（ザクロ），*S.paeoniae*（シャクヤク）などがあり，熱帯地域で発生が見られるものは，カンキツ類そうか病のほか *E. sacchari*（サトウキビ白星病），*E. batatas*（サツマイモ縮芽病），*E. leucospila*（チャ白星病），*E. iwatae*（マングビーンそうか病）などがある．

② ジャガイモの重要な病気で放線菌の *Streptomyces scabies* の寄生によって起こる．塊茎だけに発生し，かさぶた状の大きな病斑を生じ，商品価値が全くなくなり，被害が大きい．土壌 pH の高いところで発生が多い．

(梶原敏宏)

### そうかん　相観 (physiognomy)

植物群落の外観上の形質のことで，群落を構成する主要な植物の生活型や葉の形態などによって特徴づけられる．地球上の植生を大きく区分する際には，構成種の違いは無視して，相観の違いと気候帯の名称を組み合わせて，温帯常緑広葉樹林，熱帯落葉広葉樹林，温帯草原などの群系 (formation) に区分する．

ある地域で優占する生活型は，その地域の気候を反映しているため，同一の相観をもつ植生が成立していれば，その地域は類似した気候を有していることが予想される．このため，初期の地理学者は，植生を記述したり地理学的な区分を行う時に相観を利用してきた．現在でも，地球全体の植生の動態や，植物の現存量・一次生産量を扱う場合には，相観に基づいて植生を分類し研究を進めるのが一般的である．

(神崎　護)

### そうごうおんねつしひょう　総合温熱指標 (thermal index)

温熱環境の生体への影響を推測するため，気温，気湿，気動，放射熱などのすべての温熱環境に影響する気象要因を式に組み込んだものを総合温熱指標という．家畜の感じている暑さ・寒さの程度を，それに関与する要因すべてを入れた式で表わすこころみ．気温と気湿の上昇および放射熱の増加は家畜の暑いと感じる程度を増し，気動が増加すると暑いと感じる程度を減少させる．家畜においては各気象要因が家畜の感じている暑さ，寒さにどのように関与しているかを判断するのが難しく，実用化できる総合温熱指標はまだ完成していない．二つの要因の関与の程度を表わしたものには以下のようなものがある．気象条件を表わすときに最もよく使われる温度と湿度を用いた温湿度指数 (THI) では次の式が多く用いられる．

ウシの $THI = 0.35\ DBT + 0.65\ WBT$
ブタの $THI = 0.65\ DBT + 0.35\ WBT$
ニワトリの $THI = 0.75\ DBT + 0.25\ WBT$
(DBT：乾球温度，WBT：湿球温度)

家畜種間での乾球温度と湿球温度の関与の違いは皮膚上での潜熱放散量の違いを表わしている．気動の影響を組み込んだ体感温度指標 (STI) ものとしては次のようなものがある．

ウシの $STI = DBT - 10\ (AM) 1/2$
ブタの $STI = DBT - 4\ (AM) 1/2$
ニワトリの $STI = DBT - (3〜5)・(AM) 1/2$ (AM：気動 m/秒)

気動の影響はその大きさの平方根に比例するとされている．また，暑熱条件の緩和策として大きな効果をもたらすことがこれらの式から推測される．放射熱の影響を組み込んだ体感温度指標 (STI) ものとしては次のようなものがある．

ウシの $STI = DBT + 11\ RD$
(RD：$cal/cm^2・min$)

放射熱の影響が大きくなるのは，屋外にいて日射が強い場合や，屋内でも屋根の断熱性が不十分な場合であるので，適切な環境の舎内にいる場合は放射熱の影響を考慮しなくてもよい．それぞれの要因は相加的に関与する

と考えられているが，交互作用の存在の可能性もあり，シンプルな構造の総合温熱指標を作成するのは困難が予想される．また，同種内でも，品種，性，年齢，生産活動水準，順応程度などによっても異なってくると考えられる．家畜への気象要因の総合的影響をよく表わしているものとして，暑熱時には呼吸数と体温が使われ，呼吸数でより鋭敏に影響が見られる．　　　　　　　　　　（鎌田寿彦）

**そうせいじゅしゅ　早成樹種**（fast-growing tree species）

早生樹種とも書く．多くはパイオニア樹種で，初期成長が速いかわりに早く成長速度が鈍り，樹木としての寿命が短いとされている．アカシア類（*Acacia* spp.），ユーカリ類（*Eucalyptus* spp.）に多く，単一の樹種としてはカランパヤン（*Anthocephalus chinensis*），モクマオウ（*Casuarina equisetifolia*），メリナ（*Gmelina arborea*），ギンネム（*Leucaena leucocephala*），モルッカネム（*Paraserianthes falcataria*）などがよく知られている．
（浅川澄彦）

**そうぞく　相続**（inheritance）→土地制度

**そうたいせいちょうりつ　相対生長率**
(RGR：Relative Growth Rate)

ある時点における乾物重当たりの乾物生産能率を表す．これはある時点における貯金の利率に相当する．

$RGR = 1/w \times dw/dt$

（$w$：ある時点における乾物重，$dw/dt$：その時点における乾物重の増加速度）（倉内伸幸）

**そうち　草地**（grassland）

草本性の植物群落を主体とする土地利用区分を指す．英語では植物学的な区分で使われる草原とともに grassland で表わされるが，放牧草地は pasture，採草地は meadow と呼ぶことが多い．　　　　　　　　　　（川本康博）

**そうちきゅうかん　草地休閑**→焼畑移動耕作

**そうふう　送風**（air blast）

家畜への暑さの影響を和らげるため，換気扇などを用いて畜体に直接風をあてること．
（鎌田寿彦）

**そうふん・じゅふん　送粉・受粉**（pollination）

熱帯において風媒花は一般に少なく，花蜜と花粉で送粉者となる動物を誘引し，受粉を成功させる．ハチドリなど鳥類はもちろん，夜間，バナナなどに吸蜜にくるミクイコウモリ（オオコウモリ）から，昆虫類，特に甲虫やハナバチ類，イチジクの送粉・受粉を助けるイチジクコバチまで，多様な動物が送粉・受粉に関与し，植物と送粉動物との間に精密なメカニズムが存在する．　　　（渡辺弘之）

**ゾウムシるい　ゾウムシ類**（weevils, Curculionids）

口吻があるゾウムシ上科の甲虫で，研究者によって異論があるがゾウムシ科・オトシブミ科・ヒゲナガゾウムシ科・オサゾウムシ科・ミツギリゾウムシ科など約12科の総称名．最大のゾウムシ科には世界で約40,000種以上が知られている．成虫は前方に伸びたいろいろな長さ・幅・形状の口吻を持つ．成・幼虫とも食植性で，植物のほとんどの部分（葉・幹・根・果実・種子・花など）を食害する．多くの種では幼虫に胸脚はなく（イネミズゾウムシ幼虫には胸脚あり），潜葉性・潜根性・水棲性のものもいる．雌が植物組織内に口吻で孔を穿ち，その中に産卵する種が多い．単為生殖系統を有する種もいる．コクゾウムシ *Sitophilus zeamais*（世界各地，コメ・トウモロコシ種子），*Rhynchophorus* spp.（熱帯，ココヤシ・アブラヤシ），*Anthonomus grandis*（合衆国南部〜中米，ワタ），*Cosmopolites sordidus*（熱帯各地，バナナ），アリモドキゾウムシ *Cylas formicarius*（アフリカ・熱帯アジア・オーストラリア・合衆国南部〜カリブ海沿岸，サツマイモ），*C. puncticollis*（アフリカ，サツマイモ）など重要害虫を含む．一般に防除が困難な害虫が多い．和名に「ゾウムシ」という名前がついてもマメゾウムシ科 Bruchidae は口吻がなく，むしろハムシに近い種（bean weevil と呼ぶことあり）である。　　（持田　作）

**そうよういゆうこうすいぶんりょう　総容易有効水分量**（TRAM : total readily available moisture）

制限土層内の有効水分量が消費されるまでに，有効土層全体で消費される全消費水量であり，総迅速有効水分量ともいう。TRAM は有効土層をいくつかの土層に区分した各土層の有効水分量を各土層の土壌水分消費型の割合で除した値のうちの最小値である。最小値となった区分土層が制限土層である。言い換えれば，制限土層は有効水分量が最も早く消費される区分土層である。なお，有効土層とは，圃場用水量に到達した後，土壌面蒸発，作物根の吸収，毛管補給などに関わって土壌水分が消費される土層深さである。土壌水分消費型（SMEP）とは，作物が正常に生育し得る土壌水分状態下における有効土層全体での消費水量に対する各区分土層での消費水量の割合である。

また，TRAM は 1 回の最大灌漑水量にも相当する。したがって，TRAM を日消費水量で除することで，次の灌漑までの間隔日数である間断日数が求まる。　　（河野英一）

**そうりんきゅうかん　叢林休閑**　→焼畑移動耕作

**ぞうりんちびょうがい　造林地病害**（diseases in forestation）

熱帯地域における天然林の消失にともない，特に，ユーカリ類，マツ類，アカシア類樹木などの早成樹種の造林が広く行われるようになり，また最近では，フタバガキ科樹木の造林も進められている。一般に，天然林に比べて一斉造林地では病害虫の発生が多く，特に伝染性の強い病害が発生した場合には深刻な被害を蒙る。

造林地病害として，最近次のような被害が報告されている。ユーカリ類：*Eucalyptus tereticornis*（マレーシア）の赤衣病（*Erythricium salmonicolor*）（→赤衣病），*E. tereticornis*, *E. urophylla*, *E. camaldulensis*（ベトナム）の落葉と枝枯れ，*E. camaldulensis*（ベトナム，ラオス，タイなど）の葉枯れ（*Cylindrocladium quinqueseptatum*, *Cryptosporiopsis eucalypti*, *Pseudocercospora eucalyptorum*），*E. camaldulensis* の葉枯れ，枝枯れ（*C. eucalypti*, タイ），*E. grandis* の葉枯れ（*Calonectria multiseptata*, インドネシア），ユーカリ類の胴枯れ（*Endothia gyrosa*, *Cytospora eucalypticola*, *Valsa* sp., タスマニア）など。チークでは，土壌病害による苗木枯死（*Ralstonia solanacearum*, バングラデッシュ），萎凋落葉枯死（*R. solanacearum*, マレーシア，フィリピン，インドネシア），土壌病害（*Fusarium* spp., *Armilalria mellea*, *Helicobasidium compactum*, タイ，タンザニア，ナイジェリア，マレーシアなど），さび病による異常落葉（*Olivea tectonae*, バングラデッシュ，スリランカ，タイ，フィリッピンなど），斑点性病害による落葉（*Colletotrichum gloeosporioides*, インド，マレーシア），斑点病（*Phomopsis* sp., インド，マレーシア），胴枯病害（*Fusarium solani*, *Nectria haematococca*, インドネシア，タイ，アフリカ），萎縮・落葉（ウイルス病，マレーシア），心腐れ被害（インド，マレーシア），土壌病害（*Helicobasidium compactum*, *Fusarium* spp., タイ），胴枯性病害による枯死（*Nectria haematococca*, タイ），ヤドリギによる被害（*Dendrophthoe pentandra*, タイ）などの記録がある。

その他，*Acacia mangium*（スマトラ，カリマンタン）と *A. auriculiformis*（ジャワ）の苗畑や幼齢林において，さび病（*Atelocauda digitata*）による葉や幹の肥大被害，*Azadirachta excelsa*（マレーシア）の土壌病害（*Phellinus* sp., *Ganoderma* sp.），てんぐ巣症状，葉の萎縮，メルクシマツの葉ふるい病（*Lophodermium* spp., インド）やヤドリギ（*Arceuthobium minutissimum*, インド）の寄生などが報告されている。　　（伊藤進一郎）

**そぎつぎ　そぎ接ぎ**（whittle grafting）→接ぎ木

**そくりょう　測量**（surveying）

地球表面上にある各地点間の距離，角度，高低差などを測定し，対象物の位置あるいは形状を定め，地図を作成する技術．

測量の作業は，基準点測量または骨組み測量と細部測量の順序で行われる．基準点測量には，トラバース測量，三角測量が用いられ，細部には平板測量，写真測量などが用いられる．基本的な測量法として次のものがある．

① 距離測量：光波測距儀や巻尺・テープを用いた2地点間の距離の測量．

② 角測量：トランシットやセイオドライト，トータルステーションを用いた水平角，鉛直角，仰角，俯角などの角度の測量．

③ 水準測量：レベル（水準儀）やレーザーレベルを用いた高低差の測量．

④ 平板測量：平板を用いて，狭い範囲で大縮尺の図面を作成する時に行う測量．

⑤ スタジア測量：トランシットなどの望遠鏡に取り付けたスタジア線を用いた測量

⑥ 写真測量：航空写真または地上写真を用いた空中三角測量を行う．

⑦ トラバース測量（多角測量）：三角測量で決めた骨組みの間にさらに，細かい基準点を設けて細部測量に利用する測量．あるいは，それほど広くない地域の骨組み測量として用いる測量．

⑧ 三角測量：広い地域の基準点測量として用いられる．対象地域内に設置した複数の基準点で三角網を構成し一つの三角形の内角と1辺の長さを基線として精密に測量し，三角法の公式を応用して各辺の長さを計算し，順次，各基準点，すなわち三角形の頂点の位置を正確に求める測量．

⑨ GPS測量：GPSを利用して，広い地域の基準点測量に用いられる．

⑩ その他：使用する機械によって，コンパス測量，六分儀測量または，緯度，経度，方位などを定めるための天文測量がある．

また，以下のように測量の規模，目的，法律や使用する機械によってさまざまに分類される．

規模による測量の分類：① 地球が球形であることを考慮に入れなければならない広い範囲を精密に測量する測地学的測量

② 地球の表面を平面と考えて行う平面測量

2）測量の目的による測量の分類（応用測量）

① 地形測量，② 路線測量，③ 河川測量，④ 地籍測量，⑤ トンネル測量，⑥ 鉱山測量，⑦ その他，港湾測量や森林測量がある．いずれも，基本となる測量方法をその目的に適するように組み合わせて行う．

3）法律による測量の分類

わが国では測量の実施の基準および実施に必要な機能を定め，測量精度の向上などを確保する目的で，その適用を受ける次の3種類の測量を測量法で定めている．① 基本測量，② 公共測量，③ 基本測量および公共測量以外の測量．　　　　　　　　　　（吉野邦彦）

**そしきばいよう　組織培養**（tissue culture）

動植物の組織，細胞を適当な培養容器内で生育，増殖させる技術全般をいう．一般に植物では葉，茎，根などを切り取り，その組織片を人工培地のうえで無菌的に培養する．器官やその一部の組織を分化したままの状態で培養する場合（茎頂培養，子房・胚培養など）は器官培養とよび，脱分化した状態の組織・細胞を培養するカルス培養や液体振とう培養（懸濁培養　suspension culture）とは区別される．脱分化（dedfferentiation）とは一度分化した組織が組織の特性を失って未分化な分裂細胞に転換することをいい，植物組織の外植体から不定形の細胞塊・カルスが誘導される過程でもある．

通常，組織，細胞の培養は無菌条件下で行われる．培養に用いる培地は液体か，または寒天やゲルライトなどの培地固型化剤により固化した固形培地を用いるのが一般的である．培地には培養中の組織，細胞の生存，生育に欠くことのできない無機塩類とアミノ酸やビタミンなどの有機物，また炭素源として

ショ糖などの糖を加える必要がある．さらに培養の目的によって，これに植物生長調節物質（植物ホルモン）が添加される．植物組織培養でよく用いられるのはインドール酢酸（IAA），2,4-ジクロロフェノキシ酢酸（2,4-D），ナフタレン酢酸（NAA）などのオーキシン類とカイネチン，ベンジルアデニン（BA），ゼアチンなどのサイトカイニン類である．これらの物質は植物細胞の分裂，増殖，また組織の脱分化や再分化（redifferentiation）に深く関わっている．植物種によってこれらの物質に対する反応が著しく異なることが知られており，オーキシンならびにサイトカイニンはさまざまな組み合わせや濃度で用いられている．一般的に組織からの脱分化やカルスの増殖，不定芽の形成やカルスからの再分化は，培地に添加するオーキシンとサイトカイニンの量比によって人為的に制御することができる．このほか細胞の伸長を促進する作用をもつジベレリンや，生長抑制物質として知られているアブシジン酸（ABA）なども使用されることがある．

植物組織培養は，植物の育種研究において利用が進んでおり，代表的なものとしては，①遠縁交配による雑種植物の作出において，受精後に胚の発育が停止，致死する場合，これを摘出し救助する胚培養（embryo culture），②花粉由来の半数性植物体の作出においてきわめて有効な葯培養（anther culture），③酵素処理により細胞壁を取り除いたプロトプラスト（原形質体）を利用して有性的交配ができない種間・属間の雑種個体作出を可能にする細胞融合（cell fusion）がある．この他，培養のさまざまな段階で生じるソマクローナル変異（体細胞性変異）も利用され，有用な形質をもつ変異個体の選抜が行われている．そして組織培養は遺伝子操作によるトランスジェニック植物（遺伝子組換え植物）の作出においても欠くことのできない基礎技術として重要である．また，種苗生産の分野では，多くの栄養繁殖性植物でウイルスフリー植物育成のために茎頂培養が行われており，さらに培養により得られるシュート（苗条）や多芽体は大量増殖による種苗の生産（クローン増殖，メリクロン培養）にも利用されている．この他，農業分野以外においても，植物組織培養の技術を応用し，医薬，香料，色素などに利用できる有用な代謝物質を生産する技術開発が進められ，一部ではすでに実用化されている．
（松岡　誠）

**そしりょう　粗飼料（forage, roughage）**
→濃厚飼料（concentrate）と対比される．

**ソーシャル・キャピタル（social capital）**
→社会的共通資本

**ソーシャル・セーフティ・ネット（social safty net）**
社会的弱者に所得や雇用を確保する手段を指す．途上国は一般に社会保障・福祉制度が未整備なため，インフォーマルな保障制度の支援・強化やそれらとフォーマルな保障制度との接合が求められる．インフォーマルな保障制度は，家族・親族関係（血縁），地域コミュニティ（地縁），知人・縁故関係に依存しており，災害後の生活再建，情報入手，心理的支え，物的・精神的支援の獲得などを通じて，個人や世帯が生活を維持し，社会変化に適応して行く過程で不可欠な要素となっている．例えば，豊凶変動による小作料減免，収穫雇用労働の交換，落穂ひろい，共同体の規範に基づく弱者救済といった伝統的な農村社会慣行は，所得再分配や社会保障機能を果たしてきたことが知られている．アジア経済危機の教訓の一つに，こうしたソーシャル・セーフティ・ネットに対する支援，強化の必要性がある．
（水野正己）

**ソーダしつか　ソーダ質化（sodication）**
→アルカリ化

**ソーダしつどじょう　ソーダ質土壌（Sodic soils）**→アルカリ化

**ゾーニング（zoning）**
法的手段で土地や施設の用途，形態，種目などを規定する計画規制の一つ．

**ソフトインフラ**（soft infrastructure）
生産基盤を補完するシステムやサービス．例えば，灌漑施設に対する水利組合が該当する．　　　　　　　　　　　（牧田りえ）

**ソフトエレクトロン**（soft-electron）
エネルギーが30万電子ボルト以下の低エネルギーの電子線をソフトエレクトロンと定義する．ソフトエレクドロンの透過力は$\gamma$線や電子線よりははるかに小さく，紫外線よりは大きい．すなわち，紫外線は対象物の表面で止まり，$\gamma$線と電子線は対象物を突き抜けてしまうのに対して，ソフトエレクトロンは対象物の表層部のみ透過する．エネルギーが数万〜30万電子ボルトの電子であるソフトエレクトロンの物体中での透過力は数十〜数百ミクロンである．ソフトエレクトロンは品質変化をほとんど起こさずに穀物，豆，香辛料，茶葉などの殺菌や殺虫が可能であり，種子の発芽力に影響することなく殺菌することも可能である．ソフトエレクトロンは馬鈴薯の発芽抑制にも利用することができる．
　　　　　　　　　　　（林　徹）

**ソフトステイト**（soft state）
G. Myrdalが，南・東南アジアの11カ国を対象に，その経済的後進性を表した用語で，軟性国家の訳語がある．その最大の特徴は社会的規律の欠落とされる．具体的には，政府の政策決定とその履行とのかい離，強制力・執行力を欠く立法措置，経済計画における策定と実施とのかい離，国民に多くの義務や強制を求めない政府の態度，強制や力による支配よりも，人間の内面からの変化を重視するインド的伝統思考法，政府の政策に対する国民の無関心などである．その結果，国民の間の規律のなさ，公衆道徳や公共心の欠如，脱税，闇取引の横行，汚職のまん延を生んでいるとする．そして，そのほとんどが植民地からの独立国である軟性国家の原因を，植民地主義による村落共同体の解体とそれに替わる社会の再構成の欠落，政治的権力に対する非協力，　　　　　　　　　　　（小林愼太郎）

不服従の伝統に求め，村落末端に及ぶより強固な社会的規律なくして，急速な経済発展は望めないと結論した．　　　　　（水野正己）

**ソロヂ**（Solodi）
ソロネッツ土壌における塩基の洗脱がさらに進み，表層の陽イオン交換座から$Na^+$が失われ代わって$H^+$で飽和された土壌．表層から粘土および粘土が分解して生ずる遊離酸化アルミニウム，酸化鉄などが下層へ除去されて，ケイ酸$SiO_2$が残留富化した特有の溶脱層をもつ．　　　　　　　　　　　（三土　正則）

**ソロネッツ**（Solonetz）→ FAO-Unesco世界土壌図凡例，アルカリ化

**ソロンチャック**（Solonchaks）→ FAO-Unesco世界土壌図凡例，塩類化

**ソーンスウエイトのきこうぶんるい　ソーンスウエイトの気候分類**（Thornthwaite's classification of climate）
植生との関連を重視して気候を分類するときには，降水の絶対量ではなく，降水の有効性を考慮する必要があり，例えば年降水量（$P$）を年平均気温（$T$）で除したLangの雨量係数などが提案されている．アメリカのソーンスウエイトは，1930年代のはじめから$P/E$指数（雨量/蒸発量比）による気候区分を提唱していたが，1948年には，さらに植物による蒸散量をも考慮に入れた最大（潜在）蒸発散量（potential evapotranspiration）に基づく気候分類を提出した．ソーンスウエイトによるこの方法は，土壌の水分保持容量を考慮にいれると月別の水分収支を計算しうるため，気候分類だけでなく，地点別に年間の水分動態を推定する目的でも広く使われている．ソーンスウエイトは水供給に制約がないときの最大蒸発散量（$e$）を気温の関数として計算し，それと降水量との比較から水の過剰（$s$）と不足（$d$）を，いずれも月別の値の年間合計値として求め，それらから湿潤指数（$Ih$），乾燥指数（$Id$），水分指数（$Im$）の三つの指数を計算して分類の基準としている：$Ih=100\,s/e$；$Id=100\,d/e$；$Im=(100\,s-60\,d)/e$．気候型

としてA過湿潤，B4〜B1湿潤，C2〜C1亜湿潤，D半乾燥，E乾燥を $Im$ 値によって区分する．その上で，AからC2までの湿潤気候は $Id$ 値により $r, s, w$ に細分され，またC1からEまでの乾燥気候は $Ih$ 値によって $d, s, w, s_2, w_2$ に細分される．熱効率性は $e$ 値によってA'メガサーマル，B'メソサーマル，C'ミクロサーマル，D'ツンドラ，E'フロストに区分される．このうちA'のメガサーマルが熱帯低標高地に相当することになる．気候分類は上の記号を組み合わせて，例えばAA'rのごとく表わすが，これは乾季のない（r），過湿潤（A）熱帯（A'）気候ということになる．上で月ごとに最大蒸発散量，水過剰量，水不足量を計算したが，さらに土壌の保水容量の値がわかれば，各地点の水分収支図を画くことができる．ソーンスウエイト自身は一律に土壌の保水容量を100 mmとして収支の計算をしているが，地点を特定すれば，そこでの土壌保水容量を実測して水分収支の計算に用いることができる． （久馬一剛）

**そんらくきょうどうたい　村落共同体**（rural community）

農村地域のある一定区域内において近代資本主義が成立する以前から存在し続けた社会関係をいう．共同体の内部に注目すれば，主として定着農業が行われている地域において農業生産の効率性追求のための，社会的強制を伴う規範を有する農民間の社会関係として捉えられる．村落共同体のあり様は，その地域の持つ自然条件および歴史的経緯によって異なる．日本においては，18世紀初頭に耕地の外延的拡大が限界に達したとき，希少な天然資源を管理するための慣習的規範を伴う村落共同体が成立した．これに対して熱帯地方（特に人口が希薄な東南アジアやアフリカ）では，人口が稠密な日本に比べて村落共同体の持つ規範の強制力は弱い．利己心を行動原理とする経済人が自由な市場において価格を唯一のシグナルとして取り引きすることが最適な資源配分をもたらすという古典的な経済論においては，村落共同体の持つ行動規範は市場経済を阻害する桎梏としてしかとらえられない．しかし，古典派が想定する市場は情報の完全性が前提となる．多くの途上国においては情報が不完全であるために，経済取引には取引相手の行動の監視といった取引費用がかさむ．村落共同体はこの取引費用を削減し，むしろ市場の不完全性を補う役割を持つ．そもそも村落共同体の規範そのものが，それが形成された時点での適切な資源分配をもたらすための合理的なルールであったことに鑑みれば，農民社会の行動規範が経済合理性から必ずしもかけ離れているわけではない．途上国の経済開発において近代的な制度を農村地域に構築する場合，一定の経済合理性をもって歴史的に存在し続けてきた村落共同体に配慮する必要がある．例えば，それまで村落共同体によって管理されていた林野を国有化した途上国の多くでは，逆に森林破壊が進んだとされる．中央政府は広大な森林のすべてを有効に管理する人員も資金も持たない．また農民にとって中央政府は自らの共同体にとって外の存在であるため，外部の資源の盗用を共同体の論理で禁止することは不可能になる．このため，国家としては，国家と個人との間を取り持つ存在として村落共同体を有効活用することが重要となる．日本においては，村落共同体を基盤にして農業協同組合をはじめとする各種の農業組織・団体が形成され，政府の開発政策の農村への浸透を円滑にしてきた．また，無尽のような伝統的な金融互助組織の基盤ともなった． （岡江恭史）

### た

**たいおんちょうせつきこう　体温調節機構**（body temperature control mechanism）

哺乳動物であるウシ，ブタなどの家畜や，鳥類であるニワトリ，アヒルなどの家禽は体温を一定の範囲内に維持できる恒温動物であり，体内での熱産生量と熱損失量が等しくな

るよう機能している．このとき一定に保たれる体温とは体の末端部の体温ではなく脳や内臓の位置する深部体温をいう．体温維持の状態を数式モデルで表わすと次のようになる．

$$M = E \pm Cd \pm Cv \pm R \pm F\ (\pm \Delta S)$$

　$M$：産熱量，$E$：蒸散による熱損失量，$Cd$：伝導による熱移動量，$Cv$：対流による熱移動量，$R$：放射による熱移動量，$F$：採食や飲水による熱移動量，$\Delta S$：蓄積した熱量，±の記号がついているものは＋が体からの熱損失，－が体への熱流入を示す．熱流入があるのは周囲の温度が体温より高い場合であるが，家畜が飼育されている環境ではこのような条件はまれである．また，$\Delta S$は通常 0 で，産熱量（左辺）と熱損失量（右辺）が等しい．$\Delta S$が＋になるのは産熱量が熱損失量を上回ったときで，体内での熱蓄積がおこり体温上昇となる．これは高温条件時に生じる可能性がある．$\Delta S$が－の場合は熱損失量が産熱量を上回ったときで体温下降となることを意味し，低温条件時に生じる可能性がある．

　熱の流出入の経路としては顕熱があり，これは放射，対流，伝導の三つの様式がある．潜熱は熱の流出経路としてのみ働き，方式としては蒸散がある．高温時には体温と外界との温度差が小さくなるので顕熱による熱損失が小さくなり，蒸散量の程度が体温平衡に大きく関係する．蒸散による熱放散を増加させるには汗または皮膚表面の蒸散と呼吸気道上での蒸散がある．汗腺の発達していない家畜では呼吸回数を多くして呼吸気道からの蒸散による熱放散が体温上昇を防ぐ上で重要な役割を果たす．太陽の放射熱を避けるために日陰を探すなどの行動での調節も行われる．低温時には外気温と体温との差が大きくなるので，顕熱による熱損失が増加し，体温を一定に保つためには熱流出量に見合った産熱量が必要で，採食量は増加する．また，熱放散を少なくするために，縮こまる姿勢をとる，互いに寄り合うなどの行動が見られる．
　　　　　　　　　　　　　　　　（鎌田寿彦）

**たいがいじゅせい　体外受精**（*in vitro fertilization*）→胚移植

**だいぎ　台木**（rootstock, stock）→接ぎ木

**たいきおせん　大気汚染**（air pollution）
　昔から，工場排煙などによって引き起こされる人や植物への害作用（煙害）は，大気汚染の代表であった．ロンドンのスモッグや四日市ぜんそくは古典的な大気汚染の事例である．近年は，こういう直接の害作用だけでなく，長期的には地球温暖化を引き起こす炭酸ガス濃度の上昇のように，人為に起因する大気組成の正常値からのずれも，すべて大気汚染の中に数えている．したがって，人為起源で地球温暖化の原因となる温室効果ガスや，オゾン層破壊に寄与する揮発性のハロゲン化合物，さらには酸性降下物として結局は地表へ降ってくる硫黄酸化物や窒素酸化物は，すべて大気汚染物質ということになる．これら以外にも自動車の排出する炭化水素や浮遊粒子状物質，揮発性の農薬類など，大気汚染に関わる物質はきわめて多い．大気汚染の結果として酸性雨が降り，光化学スモッグを生じるなど，環境の悪化や人・家畜の健康被害が問題となる．大気汚染物質に起因するオゾン層の破壊は紫外線への曝露を通じて皮膚がんの増加につながり，また粉塵や各種有機物質は，原因はまだよくわかっていないものの，人のアレルギや松枯れのような植物の被害を引き起こす要因になっていると疑われている．大気汚染については，国境を越えて被害を起こす事例の多いことが一つの特徴となっている．西日本の広い範囲で酸性雨を降らしている硫黄酸化物のかなりの部分は，偏西風に乗って中国や韓国から飛来したものであろう．このことは，大気汚染問題の解決には緊密な国際的協力が必要であることを教えている．
　　　　　　　　　　　　　　　　（久馬一剛）

**たいきだいじゅんかんモデル　大気大循環モデル**（general circulation model）
　大気大循環の一部または全部を再現するモデルのこと．実験モデルと数値モデルの 2 種

類に区分されるが,一般には後者の数値モデルを指すことが多い.実験モデルは,水平断面がドーナツ状になった円筒に水を入れ,円筒中央部と外縁部に温度差を与え,その円筒を回転させることにより,中緯度の大気の流れを再現させるものである.数値モデルでは,連続的である実際の大気を,有限の鉛直方向の大気成層と水平方向の格子点の組み合わせ,いわば3次元的な格子点に置き換える方法が広く利用されている.それぞれの点に対して変数(気温や風,気圧などの数値)を与え,大気の運動方程式,熱エネルギー保存式などを用いて,大気の状態変化を数値的に求めるものである.これにより,数日先,数カ月先,数年先の大気の状態を求めることができる.現在,気象庁でも長期予報などに大気大循環モデルを用いている. (佐野嘉彦)

**だいけいバンド　台形バンド**(trapezoidal bunds)→ウォーターハーベスティング

**だいけいよう　大形葉**(macrophyll)→葉面積スペクトラム

**たいさいぼうへんい　体細胞変異**(somaclonal variation)

ソマクローナル変異ともいう.植物の組織培養における脱分化,培養,再分化の過程で細胞に起こる突然変異をいう.細胞に生じたこの突然変異は,増殖の過程で失われない場合に,細胞のクローンや再生させた植物体に遺伝する.突然変異が生じる原因については不明な点が多いが,染色体の倍加や減数などの染色体レベルの変異,遺伝子突然変異,細胞質突然変異などが確認されている.体細胞性突然変異は培養方法によって発生頻度が異なると考えられており,茎頂培養や不定胚を利用した培養よりもカルス培養やプロトプラスト培養において頻度は高いとされている.これらの変異は優良個体の大量増殖にはマイナスであるが,育種においては,突然変異誘発のための有用な手法としても利用されている.サトウキビでは培養により得られた再分化植物体から病害抵抗性などの有用な特性をもつ変異個体も選抜されている. (松岡　誠)

**たいしゃエネルギー　代謝エネルギー**(ME, metabolizable energy)→飼養標準

飼料の可消化エネルギー(GE)のうち,メタンと尿として損失しなかった部分.
(矢野史子)

**たいすいきりようのうぎょう　退水期利用農業**(recession farming)

残留はん濫水利用農業ともいう.氾濫水が退くときに残った水たまり,水分を利用してトウモロコシ,ソルガム,ミレットなどを作付けする伝統農法である. (北村義信)

**たいすいそう　帯水層**(aquifer)→地下水

**たいせいしゅし　胎生種子**(viviparous seed)

種子が散布される前に発芽し,胚軸が伸長した状態で散布される種子.ヒルギ科のマングローブ植物にみられる. (神崎　護)

**たいせきがん　堆積岩**(sedimentary rock)

堆積物が物理的・化学的・生物学的な続成作用により固結して形成された岩石の総称である.続成作用とは堆積物が岩石になるまでの変化過程をいう.堆積岩は堆積物の起源によって,礫岩・砂岩・泥岩などの砕屑岩,凝灰岩・凝灰角礫岩などの火砕岩,石膏・岩塩などの蒸発岩,石灰岩・石炭などの生物岩に大別される.堆積岩の堆積構造・組織・組成などは堆積時の環境とその後の続成過程を反映して形成されるため,堆積岩は地史の復元にとって重要な研究対象である.地質年代層序区分の代・紀・世の期間中に形成された地層・岩体に対しては,語尾にそれぞれ界・系・統をつける.例えば,第三紀の地層は第三系,更新世の地層は更新統である. (吉木岳哉)

**たいせきさよう　堆積作用**(sedimentation)

地表温度・圧力のもとで動的媒体から沈殿・沈積する物質の挙動をいう.岩石は地上で機械的・化学的風化作用によって多くの岩石片になり,一部は流水に溶け込む.岩石片は重力による滑落や斜面崩壊などで落下し,その後流水や風などによって運搬される.特に,

乾燥地帯では風によって細粒物質が運搬・堆積され、砂漠などを形成する。河川によって運ばれた砕屑粒は、河底に堆積したり、海まで運ばれて三角州や陸棚で堆積する。細かい粒径のものは海流でさらに陸から離れた場所まで運搬される。堆積作用は物理的・化学的・生物的要因のいずれか、またはその相乗作用の下で進行する。その過程は、気候・地形・流体の性質が影響しあい、さらに造構運動の特徴が大きくかかわり、各環境ごとの多種多様な性質をもつ堆積物が形成される。

(水野一晴)

**たいちゅうせい（さくもつの） 耐虫性（作物の）**（crop resistance and tolerance to insect pests）

害虫（→害虫とは）自体の増殖あるいはその加害を避けるために、自然あるいは人為的に導入された（作物の）性質。さらに、抵抗性（resistance）と耐性（tolerance）に大別されることもある。抵抗性とは作物体に侵入した害虫やその加害を、（害虫に対する）毒素（生育阻害物質など）・組織の形態的構造（茎葉の毛の有無・硬い表皮・害虫が侵入しやすい太い茎）などにより、排除する性質で、最も抵抗性が高い場合は免疫（immune）と呼ぶこともある。耐性とは害虫の増殖・侵入・加害などはある程度許すが、作物自体は枯死などの深刻な被害を受けることなく、ある程度の生産物を生じる性質をいう。いずれにしても、遺伝的抵抗性（アンチキセノシス antixenosis・抗生作用 antibiosis・耐性の三つの要因による）と生態的抵抗性（偽抵抗性 pseudoresistance と導入抵抗性 induced resistance）のいずれか、あるいは両者の組合せによって、忌避・産卵阻止・孵化阻害・摂食阻害・発育阻害などの要因が関与して耐虫性を示す。導入抵抗性としては、昆虫寄生細菌 *Bacillus thuringiensis*（→ BT 剤）由来の遺伝子をトマト・タバコ・ジャガイモ・ワタなどに導入した例が有名である。熱帯で長く栽培されている作物・品種の多くは、すでに耐虫性を有していると考えられる。というのは、有力な防除手段を持たなかった熱帯では、害虫の被害を厳しく受ける以前に収穫する（例、ミバエ類の被害を免れるために、マンゴ・バナナ・パイナップルなどの果実、カボチャ・トマトなどの果菜類を完熟前の早期に収穫する）などの方法か、あるいは耐虫性の作物・品種が長年自然・あるいは人為的に選抜されてきたと考えられるからである。近年選別・育種された耐虫性品種を含む熱帯作物はイネ（トビイロウンカ、ツマグロヨコバイ類、イナズマヨコバイ、イネシントメタマバエなど）、ソルガム（メバエの一種 *Antherigona soccata*）、マメ類（アブラムシの一種 *Aphis fabae*・ゾウムシの一種 *Chalcodermis aeneus*）、ワタ（ヒメヨコバイ類 *Empoasca* spp.）、トウモロコシ（アワノメイガの一種 *Ostrinia nubilalis*）、ダイズ（線虫）などがある。耐虫性が単一主働遺伝子（例：トビイロウンカに対するイネの 10 個の主働遺伝子）、少数主働遺伝子（ワタのワタアカミムシ・スリップス *Thrips* spp.、ソルガムのタマバエ *Contarinia sorghicola*）、ポリジーンに依存している場合（トウモロコシのヨトウガの一種 *Spodoptera frugiperda*・タバコガの一種 *Helcoverpa zea*、ソルガムのメイガの一種 *Chilo partella*、オクラのヒメヨコバイ類 *Empoasca* spp.、ダイズのテントウムシの一種 *Epilachna verivestis* など）がある。耐虫性主働遺伝子は、イネでトビイロウンカに関して 10 個（優性 5、劣性 5）・セジロウンカに関して 5 個（優性 4、劣性 1）・タイワンツマグロヨコバイに関して 8 個（優性 6、劣性 2）・イナズマヨコバイに関して 3 個（すべて優性）・イネシントメタマバエに関して 2 個（すべて優性）、ワタのスリップスに関して 3 個（すべて優性）・ヒメヨコバイ類に関して 3 個（すべて優性）、ササゲのマメアブラムシ *Aphis craccivora* に関して 3 個（すべて優性）・ヨツモンマメゾウムシ *Callosobruchus maculatus* に関して 2 個（すべて劣性）などが知られている。抵抗性主働遺伝子（*Bph 1*）によるイネのトビ

イロウンカに対する強い抵抗性のメカニズムは生化学的に示されている．抵抗性遺伝子 *Bph 1* を有する栽培種 Mudgo はアスパラギン酸の含有量が低く，トビイロウンカの篩管からの吸汁を阻害する β sitosterol を多く含んでいる．β sitosterol はアスパラギン酸濃度が低い時その吸汁阻害作用をより強く発揮するので，ウンカ成虫・若虫とも Mudgo 上では栄養分を吸汁できず死亡する．同一種内の異なったバイオタイプ（→バイオタイプ）の害虫に対して，異なった抵抗性反応を示す作物の垂直抵抗性 vertical resistance の例は，イネのトビイロウンカ・セジロウンカ・タイワンツマグロヨコバイ・イネシントメタマバエで示されている．ある害虫のすべてのバイオタイプに対して同じ反応を示すポリジーンに基づく抵抗性は水平抵抗性 (horizontal resistance) と呼ばれる（垂直抵抗性を真性［true］抵抗性，水平抵抗性を圃場［field］あるいは偽［pseudo］抵抗性と呼ぶ人もいる）．その例はトビイロウンカに対するインドネシアのイネ品種 Kuncana で観察されている．この品種上でトビイロウンカは増殖するものの，ホッパー・バーン（→ hopper burn）に至るほどウンカの個体密度は高まらず，他の品種がホッパー・バーンで収穫皆無になるような状態でも Kuncana は収穫される．これはまた次に述べる圃場抵抗性の一例とも考えられる．ポリジーンに基づく圃場抵抗性（field resistance）はトビイロウンカのバイオタイプ2に対するイネ IR46 が挙げられる．IR46 は抵抗性主働遺伝子がないにもかかわらず，バイオタイプ2のトビイロウンカが生息する圃場で中程度の耐虫性を示し，枯死することはない．圃場抵抗性はインド起源のイネの2栽培種 Utri Rajapan と Triveni でも見られ，いずれもトビイロウンカに対して中程度の耐虫性を示し，前者は耐性，後者は抗生作用と耐性によるとされ，ポリジーンが関与していると考えられている．耐性はナンヨウイネクロカメムシ *Scotinophara coarctata* に対するイネの1系統 IR 13149-71-3-2 でも見られる．フィリピンのパラワン島では東マレーシアのサバから飛来侵入した上記カメムシが1982年頃から大発生し，特に水稲に多大の被害をもたらした．現地圃場で検証した結果，この系統は穂ばらみ期以降イネ1株に数十頭以上のクロカメムシ成・若虫が寄生するような高密度では枯死（→バッグ・バーン）するが，通常の発生（出穂後水稲株当たり10〜20頭程度）では，他の品種が黄化・枯死する状態でも，収穫でき，ポリジーンによると考えられている．コブノメイガ幼虫の食害は IR5605-26-1，TKM6，CO7，ASD7 など多くの accessions で少ないことが報告されている．トウヨウイネクキミギワバエ *Hydrellia philippina* に対してイネ品種 IR40 は中程度の耐虫性を示す．しかし，そのメカニズム・関与する遺伝子は明らかでない．西アフリカ稲作の主要害虫デメバエ *Diopsis thoracica* によるイネ芯枯れ被害には少なくても16の accessions に抵抗性があるとされている．多食性を示すアワヨトウ *Mythimna separata* 幼虫についても，イネの品種間で葉食害に差異が認められるが，耐虫性品種育成にまで至るような有力なものではない．本種老熟幼虫の稲穂の食いちぎり加害についての品種間差異についての報告は無い．イネノミズノメイガ（類）*Parapoynx* については，国際稲研究所 IRRI でイネ・野生稲8587の accessions を1982〜85年に調べたが，耐虫性を示したものはなかった．しかし，西アフリカで4・インドで5の accessions が耐虫性を示した．タイワンクモヘリカメムシによる乳熟期の籾の吸汁被害は有芒品種で少ないとの古い観察があるが，抵抗性 accessions の報告はない．メイガ類幼虫に対するイネの耐虫性はポリジーンに基づくと推定されており，メイガ雌成虫の産卵阻止・卵の孵化阻止・幼虫の発育阻害・死亡を引き起こす程強力で，他の防除法を必要としない程有効な耐虫性は，IRRI で17,000以上の accessions についての検定したが，栽培イネ（*Oryza sativa* と *O.*

glaberrima）と野生稲（*Oryza* spp.）のいずれでも発見されなかった．将来見つかる可能性もきわめて低いと考えられる．イネにおけるニカメイガに対する（ある程度の）耐虫性は，イネ品種 TKM6 を除いて，イネにおけるイッテンオオメイガに対するそれと独立していると考えられている．すなわちニカメイガにある程度の耐虫性を示す品種で，イッテンオオメイガにもある程度の耐虫性を示す共通の品種（IR20，IR36，IR40，IR50，*O. punctata* [IRRI acc. no. 101417]，IET 2845）はきわめてわずかで，また逆も同じである．例外的に，TKM6 は両種に対してフィリピン・インド・インドネシア・タイ・スリランカで耐虫性を示した．しかし，中国では TKM6 はニカメイガに対して耐虫性を示さなかったという．ニカメイガに対する TKM6 の耐虫性は雌成虫の産卵行動の阻害・幼虫発育の抑制・幼虫生存率の低下に関与するアロモン（pentadecanal）の存在によると考えられている．ナンベイイネシロメイガ *Rupela albinella* については少なくとも五つのイネ品種に，ナンベイトウモロコシメイガ *Elasmopalpus lignosellus* については四つのイネ系統に耐虫性が報告されている．現在栽培されている耐虫性品種の中には，遺伝子分析・耐虫性のメカニズムの解明がなされていないものが多く含まれている．遺伝子操作による育種が最も進んでいるアメリカでは，BT 遺伝子導入品種はトウモロコシ（field corn）で 17 種（1999 年当初）に及び，ワタ（主な対象はタバコガ類 *Helicoverpa virescens* と *H. zea*，ワタアカミムシ *Pectinophora gossypiella*），ジャガイモ（コロラドハムシ *Leptinotarsa decemlineata*）などでも商品化されている．さらに cholesterol oxidase 関与遺伝子がトウモロコシに導入され，アワノメイガの一種 *Ostrinia nubilalis* を対象に品種化されつつある．一方従来の交配育種による耐虫性品種も，例えばトウモロコシでは少なくとも 3 種（対象害虫は *O. nubilalis*），ダイズ（ダイズシストセンチュウ）では 23 種が商品化されている．これらの抵抗性品種が，現在熱帯でどの位栽培されているのかを示す正確な資料は見当たらない．しかし，早晩熱帯地方でもこれらのいくつかは導入栽培されるであろう．

耐虫性品種育種の方向は，現存する遺伝資源を検証して，耐虫性がある場合はその遺伝形質を利用し，見つからない場合はバイオテクノロジー手法により人為的に耐虫性を付加するよう国際的に提唱されている．サツマイモのアリモドキゾウムシ類 *Cylas* spp. に対する抵抗性遺伝子源の探索は世界的な規模で 1990 年代実施されたが，有力なものは見出せなかった．それでバイオテクノロジー手法による抵抗性の付加が模索されつつある．

〔持田　作〕

**だいとちしょゆうせい　大土地所有制**（latifundio）→土地制度

**たいひさんぷき　堆肥散布機**（manure spreader）

堆厩肥の圃場搬入と圃場散布作業を兼ねたワゴン式構造の作業機械．けん引式や自走式がある．

〔永田雅輝〕

**たいふう　台風**（typhoon）→熱帯低気圧

**たいりくせいきこう　大陸性気候**（continental climate）

海洋の影響を受けることが少ない大陸内部に支配的な気候であり，海洋性気候と対置される．気温の年較差，日較差が海洋や海岸地方に比べて著しく大きく，また，気温の上昇や冷却が急速である．これは大陸内部では一般に湿度が低く，雲や雨が少ないため，日中の太陽照射が大きいのに蒸発による熱損失が小さいこと，地表を形成する岩石や土壌の熱容量が海洋の水に比べてほぼ半分と小さいこと，などのために高温になり易いのに対し，夜間はやはり晴天のため放射冷却が大きいことによっている．季節的には，冬は高気圧におおわれて晴天が多く，夏は相対的に雨が多い．

〔久馬一剛〕

**たいりついでんし　対立遺伝子**（allele）
両親から伝えられる同一座の遺伝子　→同型接合体
（秋濱友也）

**たいりゅう　対流**（convection）→顕熱放散，体温調節機構

**タイレリアしょう　タイレリア症**（theileriosis）
アピコンプレックス門，ピロプラズマ目に属する小型のタイレリア原虫が，ウシ，メン羊など反芻動物に感染して貧血を起こす疾病．マダニが媒介し，特にウシに感染する *Theileria parva* は強い病原性を持ち，被害も大きくアフリカの東海岸に分布することから East coast fever（東海岸熱）と呼ばれる．日本では，フタトゲチマダニが媒介する *Theileria sergenti* があり，バベシア属が大型ピロプラズマと呼ばれるのに対して，小型ピロプラズマと呼ばれている．
（磯部　尚）

**タイワンキチョウ**（three-spot grass yellow）
学名は *Eurema blanda*（Boisduval）　インド南部，スリランカ，東南アジア，中国南部，台湾，ニューギニア，ソロモン諸島にかけて分布するシロチョウ科（Pieridae）のチョウで，前翅長23～25 mm，前・後翅とも黄色で外縁は黒色に縁どられる．ネムノキ類，ホウオウボクなどマメ科樹木を食害する．マレーシア，インドネシア，フィリピンのモルッカネム（*Paraserianthes falcataria*）造林地でよく大発生し，激しい食葉害を引き起こす．高い枝の葉芽に数十卵ずつ卵塊で産卵し，幼虫は頭部が黒く体色は黄緑色で集合して生活する．近似のキチョウ *Eurema hecabe*（L.）はタイワンキチョウとよく混同されるが，造林地での大発生はほとんど見られない．キチョウは低い枝や稚樹の葉に好んで産卵し，むしろ苗畑のネム，アカシア類に被害が出る．
（松本和馬）

**たうえき　田植機**（rice transplanter）
田植機は，乗用形と歩行形に大別される．植付け条数は乗用形で4～8条，歩行形で2～6条が最も普及している．使用される苗は，稚苗から中苗のマット苗用と中苗から成苗用のポット苗用があるが，稚苗の使用が主流である．

主要部の植付け機構は，歩行形ではクランク式，乗用形では回転式（ロータリ式）が一般的に用いられる．クランク式植付け機構は，4節リンク機構から成り，クランク軸の回転により，中間リンク延長上の植付けアームに植付け動作を与え，その先端の植付け爪がマット苗から苗をかき取り（これを分苗という），植付け動作軌跡の最下点近くで苗を土中へ植え付ける．回転式植付け機構は，回転ケースに取り付けられた植付け爪が，ケース内の遊星歯車の働きによって苗の植付けを行う．回転ケースには1条当たり2本の植付け爪が取り付けられ，1回転で分苗と挿苗（植付け）を行うので，高速田植えができる．また，植付け時の振動が少ない．

機関は空冷4サイクルエンジンが使用され，乗用形の場合は，4条植えで3～5 kW，6条植えで8～10 kW，8条植で7～13 kW程度である．一部にディーゼル機関を搭載した機種もある．

車両は車輪とフロートによって耕盤および表層部で支持される．耕盤の凹凸による植付け精度の低下を防ぐため，歩行形では車輪を上下させてフロートを土表面に対して適切な高さを保持する機構になっている．乗用形では表層部からの反力をフロートで検出し機体にある油圧シリンダで植付け部全体を適切な高さに保つ自動化装置を備えている．

植付け条間は，一般に30 cmであり，一部28 cm，33 cmの場合もある．植付け条間は固定式である．植付け株間は栽培様式に適応できるように，走行車輪と植付け装置駆動部の回転速度から，11～22 cmの範囲で6段階に調節できる．植付け深さは，植付け爪とフロートとの相対位置を変えることにより，1～5 cmの範囲で4～6段階に調節できるものが多い．作業速度は歩行形で0.3～0.8 m/s，乗

用形で 0.2～1.4 m/s である．作業能率は歩行形で 25～40 min/10 a，乗用形で 15～30 min/10 a である．

作業の効率化をねらった田植機として，側条施肥機付き田植機や不耕起，部分耕田植機などがある．側条施肥機付き田植機は，田植えと同時に苗の側方の土中に施肥を行うもので，粒状肥料用とペースト肥料用がある．不耕起田植え機は，乗用田植機の植付け爪の直前に溝切り円盤を装着した構造であり，部分耕田植機は，乗用田植機の植付け部の直前に狭幅のロータリを装着した構造である．
〔永田雅輝〕

**タウチョ**（tauco）
インドネシアでつくられる味噌によく似た大豆発酵食品．カビ付けした煮豆に食塩を加えて仕込み，熟成後，ヤシ糖などを加え，味を調整して瓶詰め出荷される．〔新国佐幸〕

**タウン**（taun）→付表 18（南洋材（非フタバガキ科））

**タウンヤ**（taungya）→アグロフォレストリー，農林複合農業

**ダオ**（dao）→付表 18（南洋材（非フタバガキ科））

**たかうねさいばい　高畝栽培**（high ridge culture）
高畝にする理由は湿地で過湿を避けたい場合，畝間の水を灌漑に利用したい場合，根菜類など根域を広く取りたい場合などである．東ジャワの水田・サトウキビ輪換では高畝間の溝に灌漑される．マレーシア・マラッカの酸性硫酸塩土壌地帯でのハクサイなどの野菜栽培では過湿防止とともに降雨による酸洗い流しが期待されている．ナイジェリアのマウンド栽培は水田に畑作物をつくる場合，ヤムイモなど根域を広く取りたい場合に利用されている．低肥沃土壌でわずかに理化学性の優る表土をかき集めるのである．バンコク周辺水郷地帯の野菜，果樹栽培では水は灌漑に利用される．東アフリカの高地国ルワンダには山麓湿地，河川敷に高畝栽培がみられる．サツマイモその他の自給作物が作られている．土地改良などが期待できない条件下で過湿を防ぎ水を確保する工夫である．〔三宅正紀〕

**たかがり　高刈り**（high level reaping）
稲を中央部から上の高さで刈り取る方法．湿っている土壌や稲束の乾燥，運び出しが容易で，刈り取り後家畜を放牧して食させる．
〔下田博之〕

**たかじゅふん　他家受粉**（cross pollination）
自家受粉ができないか，自家受粉をしても受精が起こらず，種子ができない植物がある．これを他家受粉植物（または他殖性植物）と呼ぶ．種によって違いはあるが，花粉がつかない原因や，受精が起こらない原因には，いくつかある．自家花粉が柱頭に着かないもの（雌雄異株；ホウレンソウ，アスパラガスなど，雌雄異花；キュウリ，スイカなど），または着きにくいもの（雌雄異花＜雄穂先塾＞；トウモロコシ）など．自家花粉が柱頭についても，花粉が発芽しないか，発芽しても柱頭に侵入できないもの（胞子体型不和合性），花粉管が柱頭に侵入しても花柱内で伸長を停止するもの（配偶体型不和合性）などがある．

自家受粉を妨げる機構をもつ植物は，遺伝的異質性（ヘテロ性）を維持しようとする性質を持っている．植物の進化の中で，自殖性（ホモ）が先か，他殖性（ヘテロ）が先か議論のあるところであるが，人間は両者の優れた点を有効に利用してきている．〔高柳謙治〕

**たかつぎ　高接ぎ**（top-working, top-grafting）→接ぎ木

**たかとりほう　高取り法**（air layering）→取り木

**たくじょうち（テーブルランド）　卓状地**（tableland, plateau；platform）（テーブルランド）
水平またはほぼ水平の硬い地層からなる平坦な台地または高原を卓状地（tableland, plateau）という．軟岩層を水平またはほぼ水平に覆う硬岩層が侵食を受けると，軟岩層の露出した部分では，侵食が急速に進んで地表が

低下するのに対し，硬岩層とそれに覆われた軟岩では侵食が進まないため，その結果，硬岩層の傾斜に支配された頂部の平坦面とそれを取り囲む急崖からなる卓状地が形成される．大型の組織地形の一種であり，小規模なものはメサ（mesa）という．アフリカ南端ケープタウンの Table Mountain，カンボジア・アンコールワット北方の Phnom Kulen が有名である．古生代以降の堆積物がほぼ水平に楯状地（→）を覆っている大陸地塊に対しても卓状地（platform）の語が用いられる．（→クラトン）　　　　　　　　　　（吉木岳哉）

**たけい　多型**（polymorphism）

同一種でありながら，形態・形質的に二つまたはそれ以上の異なった個体群を生じる現象．社会性昆虫（シロアリ・アリ・ミツバチなど）のカースト制（雌・雄・働者・兵など），異翅目・同翅目・コウロギ・寄生蜂などの長・短・無翅型，アブラムシ類の幹母・虫えい・娘型，主に熱帯の雌蝶に見られる多型的擬態など．
（持田　作）

**たけい（こんごう）ひんしゅ　多系（混合）品種**（multiline cultivars）

異なる種類の抵抗性遺伝子をもつ同質遺伝子系統を混合して作った多系（混合）品種（マルチライン品種）は，抵抗性に関する遺伝的多様性によって病原菌に対する緩衝作用を生じ，急激な罹病化と病気の蔓延を防ぐ効果をもつ．

真性抵抗性をもつ品種が広域に普及すると，それを侵す病原性レースが特異的に増殖し，普及後，数年のうちに抵抗性の有効性が失われる「抵抗性の崩壊現象」を20世紀の作物栽培でしばしば経験した．それに対して，一般特性がほぼ同じで真性抵抗性だけ異なる同質遺伝子系統を戻し交雑によって育成し，その種子を機械的に混合して多系品種とする概念が出され，これまでにコムギの黒さび病・黄さび病，エンバクの冠さび病，イネのいもち病に対して多系品種が開発された．多系品種では，真性抵抗性によって病原菌の初期伝染源量が少なくなり，さらに品種内の病原菌の伝播・増殖が抑えられることから，一種の圃場抵抗性の作用をもつといわれる．

多系品種の適用に当たっては，①病原菌の病原性変化に対応可能な真性抵抗性の種類を多く用意する，②病気発生と病原菌レースのモニタリングを確実に行う，③レース変化に対応した理想的な抵抗性割合を維持する，④同質遺伝子系統育成に必要な戻し交雑反復親を的確に選定する，などの配慮が必要である．
（横尾政雄）

**たこくせききぎょう　多国籍企業**（multinational corporation）→開発

**たこしかんがい　田越し灌漑**（flow-throught irrigation）

末端用水路が整備されていない地域で，用水を水路から水路に隣接する圃場へ取水した後，その用水を水路に隣接しない周囲の圃場へ畦畔を切って順次配水する灌漑方法．この灌漑方法は，熱帯諸国における伝統的な水利システムにおいても，第二次世界大戦後に開発された大規模灌漑事業においても一般的に見られる．とりわけ多くの大規模灌漑事業においては，数キロメートルから数百メートル間隔の幹支線用水路は政府によって建設されたが，末端水路網は未整備のままであり，実際にはほとんどすべての圃場が田越しで灌漑されている．田越し灌漑は，つぶれ地と水管理労力が小さいという長所をもつが，用水配分と圃場水管理を厳格に行なうことは困難である．したがって湛水深を精緻に操作しない場合には，営農上，さしたる問題を生まない．社会的には，同一農家が経営する圃場の田越し灌漑と，経営者が異なる圃場間の田越し灌漑を明確に区別する必要がある．（→水田灌漑）　　　　　　　　　　（河野泰之）

**たじょうまき　多条播き**（dense drilling）

細いすじ播きの条間を密にせばめた播種法で密条播きともいう．ムギの場合，生育の仕方は散播が初期から中期にかけて生育は良いが後期にはやや落ちるのに対し，点播は逆で

**ただのりもんだい ただ乗り問題**（free rider）→共有地の悲劇

**たちがれびょう 立枯病**（stem rot, wilt, take all, Fusarium blight）

立枯病という病名は，主として植物の茎や根が侵されて，折れ曲がったり，水分の通りが悪くなってしおれたりする症状を表わす病気に命名されている．英名では stem rot, wilt, take all, Fusarium blight などと呼ばれている病害である．非常に多くの病原体が報告されているが，いずれも土壌伝染性の病原体である．細菌では，*Ralstonia* (*Pseudomonas*) *solanacearum* によるタバコの立枯病，糸状菌では，*Fusarium* 属菌によるダイズ，エンドウ，ソラマメ，アマ，ワタ，ショウガなどの立枯病，*Gaeumannmyces graminis* によるムギ類の立枯病，*Rhizoctonia* 属菌によるゴマ，ミツバ，ケナフ，アワなどの立枯病，*Pythium* 属菌によるアスター，ホウレンソウ，レンゲなどの立枯病などがある．また，サツマイモ立枯病（soil rot）は，放線菌 *Streptomyces ipomoeae* によって生じ，トウガラシ立枯病（Nectoria blight）は，*Nectoria hamatococca* によって生じる．このようにきわめて多種類の病原体によって発生するため，防除法も多岐にわたる．なお *Ralstonia* (*Pseudomonas*) *solanacearum* は多くの作物を侵すがタバコ以外の作物では青枯病と呼ばれる．また，*Fusarium* 属菌による病気はサツマイモ，キュウリ，シロウリなどではつる割病と呼ばれるが，これらはいずれも末期の症状が立枯れになる病害，すなわち立枯性病害であり，これらを総称して立枯病と呼ぶこともある．立枯病はいずれも土壌伝染性の病原体によるため，その防除法は，薬剤あるいは熱による土壌消毒が主流である．生物的防除法として青枯病では，抵抗性台木の利用，サツマイモつる割病では非病原性 *Fusarium* 属菌による抵抗性誘導などがある．

（山口武夫）

**だつさんそざい 脱酸素材**（oxygen scavenger）

脱酸素材は空気中の酸素と容易に結合・酸化される物質を小袋に包装したもので，これを食品と一緒に包装するだけでその包装内の酸素を除去できる．その結果，カビ発生，好気性菌腐敗，油脂の酸化・劣化，変退色，虫の発生など，空気中の酸素に起因する食品の劣化を防止できる．

食品に使う脱酸素材は，万一食品に混入しても人体に害がない，速すぎず遅すぎない適当な酸素吸収速度を有するなど諸条件を満たす必要がある．現在の脱酸素材の主流は鉄粉を使用したもので鉄が錆びるときに酸素と結合することを利用している．脱酸素材を使って包装系内を必要期間無酸素状態に保つには，酸素バリア性の高い材質の包装材または容器を使う，シールを完全にする，適正な品種・サイズの脱酸素材を選択し容器内の酸素濃度を必要期間内でゼロに近接させることが必須の条件になる．

（渡辺尚彦）

**だっすい 脱水**（dehydration）

材料中の水分を除去するための固液分離操作であり，デンプンやパルプなどの製造工程の主工程であると同時に，高水分の加工副産物の一次処理として広く用いられている．処理方法としては機械的圧搾処理，遠心分離処理，電気浸透脱水処理などが用いられる．材料の低水分化には脱水処理後，用途に合わせた乾燥処理を行っている場合が多い．

機械的圧搾処理は，固液系混合物を分離処理部へ供給し，圧力を作用させて圧縮脱液する操作である．遠心分離処理は遠心力を使用して物質を分離処理する操作である．この場合には，分離対象となる試料の固形物含量は数 % 以内に限られる．分離操作により遠心沈降，遠心ろ過とに分けられる．材料によってはこれらの物理的処理での脱水には限界があり，凝集剤の添加による脱水の促進や，固体が表面電位を持つ場合には電気浸透処理が併用されることもある．

（五十部誠一郎）

**だっぷりつ　脱ぷ(稃)率**（husking ratio）
脱ぷ率＝（脱ぷされた玄米の粒数）/（籾摺り機に供給された籾の粒数）　　（吉崎　繁）

**だつぶんか　脱分化**（dedifferentiation）→組織培養

**たつまき（トルネード）　竜巻（たつまき）**（spout（landspout, aterspout）tornado）（トルネード）
積雲や積乱雲などの対流性の雲によって生じる激しい渦巻き．局地的スケールでは最も破壊的な現象．トルネードはアメリカ合衆国中南部において発生する陸上竜巻のことをいう．　　（佐野嘉彦）

**たてしおづけ　立塩漬け**（brine salting）
食塩を用いて食品を貯蔵する方法を塩蔵という．塩蔵法には立塩漬け，撒塩漬け（まきしおづけ dry salting）などがある．立塩漬けは，サケ・マス類，タラ類，サバ，サンマ，イワシ類などの塩蔵に用いられる．

タンク，おけなどの容器に所定濃度の食塩水を入れ，これに魚を漬け込む．このとき，塩蔵中に魚体から浸出する水による食塩濃度の低下を防止する目的で，固形の食塩（合塩あいじお）を必要に応じて加える．また同様の目的で，仮漬けと本漬けの二回漬けが行われることがある．

立塩漬けは，魚体に固形の食塩をふりかけ塩蔵する撒塩漬けに比べて，① 食塩の魚体への浸透が均一であり，② 塩蔵中に魚体が外気に触れないため，脂質酸化が起こりにくく，③ 製品は過度の脱水がなく，外観や風味が良い，などの長所がある．一方，① 設備や管理に費用が掛かる，② 多量の食塩が必要である，などの短所がある．　　（小泉千秋）

**たてじょうち　楯状地**（shield）
先カンブリア時代に造山運動をうけたが顕生代（古生代以降）には安定化し，その後の造山運動の影響をうけなかった土地．先カンブリア界の片麻岩や結晶片岩を含む基盤岩類（basement complex）を侵食してできた平原が楯を伏せたような緩やかな地形をしているのでその名がついた．先カンブリア界の岩石が地表に現われている地域のみならず，顕生代の地層に被われた地域を含む．45億年の地球の歴史において大陸は，プレートテクトニクスの作用によって分裂と衝突・融合を繰り返し，そのたびに陸地の面積を増加させてきた．5億年前に超大陸であったゴンドワナ（→）は，分裂してアフリカ，ブラジル，インド，東南極，オーストラリアの各楯状地になった．先カンブリア時代にすでに安定化していた地塊は剛塊（クラトン）（→）とよばれ，楯状地の中に取り込まれている．　　（荒木　茂）

**たなだ　棚田**（rice terrace）
東南アジアや日本にみられる棚状の傾斜地水田開発の形態．湧水や渓流水を巧みに田面に湛え，土壌流亡の抑制効果がきわめて高い．　　（松本康夫）

**たなもち　たな持ち**（shelf life）→整枝

**ダニ**（tick & mite）
節足動物門（Arthropoda）の中に属し，マダニ，コナダニ，イエダニ，ツツガムシなど約1万種がある．大きさは0.1 mm以下の微小なものから2 cmほどの大きなものまでさまざま．体は頭胸部と腹部が結合した形で，脚は，幼虫期は3対のものが多いが，その他の時期には一般に4対ある．卵生で幼虫が1～数回脱皮して若虫になり，さらに脱皮して成虫となる．多くは自由生活性で，農作物や樹木の葉を害するものの他，バベシアやタイレリア原虫を媒介するマダニのようにヒトや家畜に寄生し病気の媒介をするものもある．　　（磯部　尚）

**たにくしょくぶつ　多肉植物**（succulent plant）
多肉植物とは，肥厚した葉，茎，根などの器官を持ち耐乾燥性に富む植物の総称である．この肥厚した部分は貯水組織であり，また光合成を行うことができる．園芸的にはツルナ科，パイナップル科，キク科，ベンケイソウ科，トウダイグサ科，ユリ科，スベリヒユ科の仲間など，およそ50科が多肉植物と

して紹介されている．この中の多くの種類で，乾燥適応機構とされる CAM 型光合成を営んでいることが確認されている．多くは降雨量の少ない乾燥地や砂れき地を自生地とするが，熱帯地方に産する種類もあり，降雨量に恵まれていても岩盤面や樹上などのように根圏の土壌が恒常的に乾燥するようなところに自生している．なお，サボテン（サボテン科）も多肉植物であるが，園芸上は「サボテンと多肉植物」として区別されるケースが多い．
（飯島健太郎）

**タネバエるい　タネバエ類**（seedflies）

タネバエ類はハナバエ科 Anthomyiidae に属する．タネバエ *Delia platura* は世界共通種である．幼虫はマメ類，ウリ類などの発芽，まいた種子を加害する重要害虫である．成虫は体長 5 mm，体の地色は黒色，表面は粉で覆われ，雄では暗褐色，雌では灰色がかる．成虫雌は未熟の堆肥，魚糟，油粕に誘引されるので，このような場所では被害が増大する．卵は土塊の間を好んで産付される．卵は白色，長さ 1 mm，幼虫は乳白色ないし黄白色で，体長 6〜7 mm，地中で蛹化し，褐色，長楕円形の囲蛹で 4〜5 mm 長である．一年 2〜5 世代を経過する．アフリカ，アラビアなどにはムギタネバエ *Delia arambourgi* が発生，加害する．幼虫がオオムギなどの茎に穿孔して被害を与える．防除対策は，新しく耕起した土地での播種を避ける．堆肥，油かすなどの代わりに，化学肥料を用いる．（日高輝展）

**タバコ**（tobacco）

学名：*Nicotiana tabacum*　ナス科の一年生草本，熱帯・亜熱帯地域では，2〜3 年生．起源値は熱帯アメリカのどこかであるとされる．通常，乾燥加工したものを，喫煙する．噛み煙草・嗅ぎ煙草としても利用される．タバコは，コロンブスのアメリカ到達以降，瞬く間に世界中に広まった．高温で比較的乾燥した気候を好むが，低温にもよく耐えるため，温帯でも盛んに栽培される．耐霜性はない．量的短日植物であるが，限界日長が長く，通常は一定の齢に達すると開花を開始する．タバコは世界中で広く栽培されてきたため，各地でその地域の環境に適応したタバコの在来品種群が成立している．（縄田栄治）

**タバコガるい　タバコガ類**（Helicoverpa (Heliothis) complex）

ヤガ科に属する．タバコガ *Helicoverpa assulta*，オオタバコガ *H. armigera*，タバコガの一種 *H. zea* など世界共通の重要害虫である．*H. zea* は北・中・南米大陸に発生，他の 2 種は，アフリカ，ヨーロッパ，アジア，オーストラリアなどに発生する．これら 3 種とも，トマト，ナス，ピーマン，トウガラシ，タバコ，カボチャ，ワタ，トウモロコシなどの各種作物を加害する多食性害虫である．タバコガ幼虫は，ピーマン，トマトの果実に食入する．オオタバコガ幼虫はトウモロコシでは伸長中の穂軸に外側から孔をあけ，体前半分を実の中に入れて食害する．ワタでは花蕾，さっ果を加害，早期に落果する．*H. zea* はオオタバコガの食性と同様である．殺虫剤による防除適期は幼虫孵化直後である．被害果実はまとめて処分する．サシガメ類，ハンミョウ類などの天敵生物がいるので，農薬散布には注意が肝要である．（日高輝展）

**タピオカ**（tapioca）

中南米原産の多年草作物であるトウダイグサ科のキャッサバ（cassava：学名；*Manihot esculenta*）の根茎から得られるデンプンをタピオカデンプン，または単にタピオカと呼ぶ．原料のキャッサバはラテンアメリカ，アフリカ，アジアなどの熱帯，亜熱帯地域で多く栽培される．苦味種と甘味種の 2 種があり，前者には青酸系の有毒配糖体が含まれているが，デンプンの製造過程で除去され，デンプン原料としては利用される．タイやマレーシアの近代的な工場で生産されたデンプンは，わが国やヨーロッパ諸国に多く輸出されている．デンプンの糊液は透明性が高く，老化しにくく，ワキシースターチと似た性質であり，加工食品や造粘剤，加工デンプンの原料とし

てよく用いられる．また，すぐれた粘着力を持ち，接着力の高い糊料として，段ボールや建材用接着剤に利用される．湿潤状態で加熱し半糊化状態で乾燥して球状に加工した食品はタピオカパールとして知られる．

(北村義明)

**タペ**（tape）

インドネシアでつくられる発酵食品．糯米からつくる tape ketan，キャッサバイモからつくる tape singkon（tape ketela）が知られている．

(新国佐幸)

**ダポックなわしろ　ダポック苗代**（dapog method）

苗床は水苗代と同じように作り，床面にバナナの葉かセメント袋を広げ周囲に5～8 cmの壁を築く．そこに催芽もみを $m^2$ 当たり1.1～1.6 kgを播種する．苗代のかわりにコンクリトの面を使うこともある．播種後3～6日間，朝夕灌水しながら手や板で軽く抑える．その後1～2 cmに湛水する．コンクリート床の場合は散水を繰り返す．10～14日で移植に適した苗となる．根をそとにマット状に巻き本田に運ぶ．フィリピンで見られる．

(和田源七)

**たまねぎしゅうかくき　玉ねぎ収穫機**（onion harvester）

玉ねぎを掘り取り，タッピング，コンテナ収納を一工程で行う収穫機．乗用自走型が大半であるが，歩行用が開発され，現在急速に普及しつつある．

(杉山隆夫)

**タマバエるい　タマバエ類**（gall midge）（Cecidomyiidae））

農作物を加害するタマバエ類の種類は多い．イネシントメタマバエ Orseolia oryzae，アフリカイネシントメタマバエ O. oryzivora は稲の重要害虫である．ソルガムを加害する Contarinia sorghicola，ゴマを加害する Asphondylia sesami などがある．

(日高輝展)

**タマリンド** →熱帯果樹，付表1，22（熱帯・亜熱帯果樹）

**ターミナリア**（terminalia）→付表18（南洋材（非フタバガキ科））

**ダム**（dam）

河川峡谷部を横断する堤体によって流れをせき止め，大量の水を貯める水利施設のことである．堤高が15 m以上を大ダムと呼んでいるが，大きな水圧を受けるため，構造上安定し，一般には強固堅牢な地盤が要求される．ダム堤体の使用材料によってコンクリートダムとフィルダムに大別される．前者はさらに重力ダム，中空重力ダム，アーチダム，バットレスダムがある．後者にはゾーン型ダム，均一型ダム，表面遮水型ダムがある．特殊なものとして地下に止水壁を設け，地下水として貯水量を確保してポンプによって取水利用する地下ダムがある．フィルダムは基礎地盤の制約は比較的少ない．地形，地質などの自然条件，築堤材料が得られるか否か，また工期などダム地点の条件を総合的に検討してダム形式が選定される．また，ダムサイトの選定には自然的条件は勿論，社会・文化への配慮が欠かせず，文化的遺産，歴史景観への悪影響がないよう慎重に吟味する必要がある．

(畑　武志)

**ためいけ　ため池**（irrigation pond）

農業用水を貯えるために人工的に築造された貯水池．ため池には，せき堤で谷をせき止めて造ったものと，平地において池を掘り込み周囲に堤防を築いて造ったものがあり，後者は皿池と呼ばれる．わが国では，古墳時代から中世，近世にかけて数多くの溜池が造られた．特に降水量が少ない近畿地方と瀬戸内海沿岸に多数のため池が造られており，香川県，兵庫県南部，奈良盆地，大阪平野には高い密度でため池が分布している．これらの地域では，現在でもため池が灌漑用水源として重要な役割を担っている．都市化が進行している地域のため池では，本来の灌漑用水源としてだけでなく，洪水調整池や地域住民のための水辺空間としての利用といった多目的な利用も進められている．

(田中丸治哉)

**たもうさく　多毛作**（multiple cropping/sequential cropping）

一年間に同一耕地で複数回の作物の作付け，収穫を行うことで，「毛」とは畑作物またはその穂をさし収穫を表わす．年2回の異種作物を栽培することを二毛作（水稲とダイズの組み合わせなど），同種作物（水稲と水稲の組み合わせ）を2年回栽培することを二期作といい，一般に前者の延長線上にある年3回以上の異種作物の作付け概念を称するが，広義的には後者（二期作は水田以外では考えにくい）も多毛作の定義に入れる場合もある．また，年3回以上の異種作物栽培を作物の時系列配置の作付方式として，狭義に cropping sequence ということもある．また空間的配置からの混作，間作，つなぎ作も広義では多毛作の概念に含まれる（前田）．つまり英語の multiple cropping は年間を通じて同じ耕地に二つ以上の作物を栽培することで sequential cropping と inter-cropping も含まれる．多毛作としての二毛作，三毛作にはローテーションの概念もあり「輪作」と称す場合もある．
→作付体系　　　　　　　　　　　（西村美彦）

**たもくてきじゅしゅ　多目的樹種**（multi-purpose tree〔and shrub〕species, MPTS, MPTs）

多くの樹木では，最終的に木材を利用できるのは当然として，飼い葉が採れる，樹皮の繊維が利用できる，葉・果実が食用になる，養蜂のための蜜源となる，ワックス・樹脂・精油・タンニン・ゴムなど各種の成分が利用できるなどのほか，環境的な役割として，耐火性がある，被陰効果が大きい，土壌の浸食防止効果が大きい，窒素固定能によって土壌改良効果があるなどのいろいろな効用が知られている．これらの中の複数の効用を備えた樹種の呼称で，特に社会林業の範疇での造林では，果樹とともに主要な植栽材料となる．ICRAF（1992）のデータベースには1,100種も記載されているらしいが，例えばグリリシディア（*Gliricidia sepium*），ギンネム（*Leucaena leucocephala*），モルッカネム（*Paraserianthes falcataria*），タマリンド（*Tamarindus indica*）（以上マメ科），インドセンダン（またはニーム，*Azadirachta indica*），カポック（*Ceiba pentandra*），ハゴロモノキ（*Grevillea robusta*），ワサビノキ（*Moringa oleifera*）などは典型的な MPTS といえよう．　（浅川澄彦）

**たもくてきダム　多目的ダム**（multi purpose dam）

灌漑用など単一目的をもったダムに対して，二つ以上の利用目的をもつダムのことである．灌漑以外では洪水調節，水道用水，工業用水，発電用水などの利用目的がある．貯水を多目的に利用でき，建設費も各利用セクターで負担できることから，水力発電と洪水調節目的のダムを中心にこのタイプのダムが多く建設されてきた．セクター間で利用量と建設コストの配分調整が欠かせない．特に，洪水調節と他目的とではダムの利用形態が相反し，後者ができるだけ多く貯水されている状態が有利であるのに対し，前者では豪雨がある前にできるだけ貯水量を減らしておく方が有利である．このため，例えば制限水位方式では，洪水が予想される期間中は制限水位以上に貯水させないようにして，洪水調節容量を確保している．洪水発生前に一時的に放流する予備放流方式も考え方としてはある．一般的優先順位は，洪水調節が最優先され，続いて流水の正常機能維持，そして各利水量である．　　　　　　　　　　　（畑　武志）

**たればがた　垂れ葉型**（planophyll type）

品種の草型で，上位葉が長く垂れやすいと過繁茂になり，群落の物質生産上不利となる．
　　　　　　　　　　　　　　　　（加藤盛夫）

**タレントこうか　タレント効果**（talent effect）

1960年代後半から緑の革命が進行し始めたアジアにおいて，農業投資が有利化したことを背景に，富農層は農地集積を進め，貧農や土地無し層の労働力に依存した経営を展開するケースが生じた．農村雇用労働力の買い手たる富農層の優位性は，その特権的地位や

識字能力，法的・行政的・金融的制度に関する知識，政治権力などを含む農村の階級関係に基づいていた．かかる社会的，経済的要因の相互作用により，富める者はますます富み，貧しい者はますます貧困に陥った．耕作目的の農地需要の増加や，人口の着実な増加は，こうした過程をいっそう強化する方向に作用した．こうした両極分化が生起する状況を，国連社会開発研究所の A. Pearce は，その報告書 "Seeds of Plenty, Seeds of Want" (1980) の中で「タレント効果」と呼び，このような経済的分極化に対応した政策に対する政治的意思の欠如は，開発の進展による貧困の創出につながるとした． (水野正己)

**ダワダワ**（Dawadawa）
西アフリカで locust bean（イナゴマメ）からつくられる納豆様の発酵食品． (新国佐幸)

**たんいけつじつ　単為結実**（parthenocarpy）
単為結果ともいう．被子植物で子房だけが発達し種子なしの果実を生ずる現象．例，バナナ． (天野 實)

**たんいせいしょく　単為生殖**（parthenogenesis）
処女生殖，単性生殖とも呼ばれる．雌だけで繁殖するもので，雄は見当たらない．寄生性蜂類，ヤサイゾウムシ Listroderes constirostris，イネミズゾウムシ Lissorhopyrus oryzophilus，季節的にアブラムシ類 Aphids などがある． (日高輝展)

**たんかんしゅ　短稈種**（short culm variety）
地際から穂首までの長さがおおむね 90 cm より短いもの．倒伏に強く，改良品種に多い．→半矮性 (小林伸哉)

**だんきゅう　段丘**（terrace）
過去に河川・湖・海の水面付近に形成された平坦面が，水面の相対的な低下によって陸上に出現（離水）した地形を指す．複数の平坦面と急斜面からなる階段状の地形としてみられることが多く，平坦面を段丘面（terrace surface），急斜面を段丘崖（terrace scarp, terrace cliff）という．各段丘面は形成時期が異なり，下位の面ほど新しい．段丘のみられる位置によって河岸段丘（→），湖岸段丘，海岸段丘（→）と区別されるが，その平坦面の成因が明確な場合には河成段丘（fluvial terrace），湖成段丘（lacustrine terrace），海成段丘（marine terrace）と呼ぶほうが正確である．段丘面は堆積面であることも侵食面であることもある．河成段丘の平坦面は過去の谷底平野（→）・はん濫原（→）などが起源であり，湖成段丘では湖底，海成段丘では浅海底や波食台などが起源である．海成段丘面の内縁は段丘面形成時の汀線に相当し，その高度は当時の海水準高度を示す．海成段丘の離水は氷河性海面変動または地盤の間欠的隆起によって引き起こされ，時代の明らかな海成段丘面の旧汀線高度はその地域の地盤隆起量・隆起速度などを推定する際の重要な指標となる．河成段丘は，気候変化・海水準変動・地盤変動などの影響を受けて河床縦断形が変化することによって形成される．特に気候変化は重要であり，降水量や植生の変化などによって河川流量と河川運搬物質の量および特性が変化し，それに対応して河床縦断形が変化する結果として段丘が形成される．このような気候変化を反映して形成された河成段丘を気候段丘（climatic terrace）という．一方，地盤運動によって形成された河成段丘を構造段丘（tectonic terrace）という．なお，更新世段丘・完新世段丘を意味して洪積段丘（洪積台地）・沖積段丘の語が使用されることがあるが，本来「洪積」「沖積」は時代を意味する語ではないため使用すべきでない．段丘面と段丘崖の形態に類似した階段状の地形が，基盤地質がほぼ水平の硬軟互層からなる地域にみられることがある．これは差別侵食によって形成される組織地形の一種で，組織段丘（structural terrace, rock terrace）とよばれるが，その成因は本来の段丘地形とはまったく異なる．

(吉木岳哉)

**たんさく　単作**（mono culture）
同一耕地内に，単一の作物種のみを栽培す

る．間・混作に比べて生産規模の拡大が容易に可能であり，規模のメリットが得られる．その背景には，機械化と作物品種の改良，化学肥料や農薬の発達がある．単一の作物栽培に特化することより，専門の知識や技術，専用の農機械を用いることで圃場管理が容易になる．問題は，作物の市場価格の変動が，直接農家経済に影響を与える不安定性と，連作障害の危険性にある． （林　幸博）

たんじくぶんし　単軸分枝（monopodial branching）

枝や地下茎の分枝の様式のうち，1本の主軸が伸長を続け，主軸から次々に側方に枝を分岐する様式．これに対して仮軸分枝（＝連軸分枝）は，主軸から分岐した枝のいずれかが次の主軸になり，次々と主軸が移り変わる様式を指す．温帯のタケの地下茎は単軸分枝が多いが，熱帯のタケでは仮軸分枝が多い．
（神崎　護）

たんすいか　湛水化（waterlogging）→ウォーターロッギング

たんすいかぶつ　炭水化物（carbohydrate）

糖質とも呼ぶ．炭素，水素および酸素の3元素からなる有機物質である．狭義にはCn(H$_2$O)$_m$という一般式で表される物質であるが，広義には多価アルコールのアルデヒド，ケトン誘導体，これらの近縁物質や縮合体も含む．炭水化物には単体である単糖，単糖が数個（2から10）縮合したオリゴ糖，さらに多くの単糖が縮合した多糖がある．天然に存在する単糖は多くの場合3，5または6個の炭素を有し，それぞれ三炭糖，五炭糖，六炭糖と呼ばれる．五炭糖からなる多糖をペントサン，六炭糖からなる多糖をヘキソサンと言う．単糖にはアルデヒド基を持つアルドースとケトン基を持つケトースがある．単糖にはいくつかの不斉炭素が存在し，特にアルデヒド基やケトン基から最も離れた位置の不斉炭素の立体配置によりD型とL型の立体異性体が存在するが，生物由来の単糖ではD型が多い．五炭糖や六炭糖は環状構造をとる場合が多く，環状構造により五員環（フラノース）または六員環（ピラノース）と呼ばれる．環状構造形成により新たな不斉炭素が加わり，$\alpha$-型と$\beta$-型の立体異性体が生じる．単糖またはその誘導体と非糖質が結合した化合物を配糖体と呼ぶ．植物中には多くの配糖体が存在しており，動物に対する薬理作用や毒性を有する物もある．多糖には1種類の単糖の縮合により生じる単純多糖と2種類以上の単糖からなるヘテロ多糖がある．また，炭水化物がタンパク質や脂質と共有結合したものを複合糖質と呼ぶ．植物体内に多く存在する多糖類としては，デンプン，セルロースやヘミセルロースなどがある．デンプンは$\alpha$-D-グルコピラノースの縮合体であり，植物においてエネルギー貯蔵機能を有する．動物により摂取されたデンプンは唾液および膵液中のアミラーゼにより部分的に分解され，ついで小腸粘膜上の酵素によりグルコースとなり吸収される．セルロースは$\beta$-D-グルコピラノースの縮合体であり，ヘミセルロースはキシロース，グルコースやウロン酸からなるヘテロ多糖である．セルロース，ヘミセルロースはリグニンとともに細胞壁を形成し，植物体の構造を支持する機能を有する．動物はセルロースやヘミセルロースを分解する酵素を有しないが，反芻動物では反芻胃内微生物が，ウサギやウマなどの非反芻草食動物では大腸内微生物がこれらを分解し，揮発性脂肪酸を合成する．揮発性脂肪酸をこれら草食動物はエネルギー源として利用している．グリコーゲンは動物体内特に筋肉や肝臓に存在する$\alpha$-D-グルコピラノース縮合体であり，エネルギー貯蔵機能を有する．飼料成分として炭水化物は繊維質を主成分とする粗繊維とデンプンなどを主成分とする可溶無窒素物に分けて表わされることがある．また植物の細胞壁成分を構造性炭水化物，デンプンや単糖など細胞内容物を非構造性炭水化物と分類する場合もある．さらに，動物の消化液による分解性から易消化性炭水化物と難消化性炭水化物に分類

することもある.　　　　　　（松井　徹）

**たんすいしん　湛水深**（ponding depth）
　農地など土地に湛水している水の深さをいう．農地の湛水深は，水田などで作物生産に必要な湛水の深さをいう場合と，畑地を含めて排水不良や洪水はん濫などによる被害をもたらす湛水の深さをいう場合がある．
　　　　　　　　　　　　　　（渡邉紹裕）

**たんすいちょくはん　湛水直播**（flood seeding）
　東南アジアおよび南アジアではほとんどみられず，アメリカの稲作地帯（カリフォルニア）では主流である．耕うん整地から施肥までは乾土直播と同様である．圃場整備終了後5～10 cm の深さに湛水し，数日後に，24～48時間程度浸水した催芽種子を飛行機で地上約10 m の高さから播種する．播種量は150～200 kg/ha である．播種数日後芽が1～3 cm に伸長した時点で芽乾しし，その後苗立ちが揃った後湛水状態にする．カリフォルニア州では乾土直播が発芽時の鳥獣害が大きいために湛水直播に移行した．
　中央アジアの直播栽培は作業的にみれば乾土直播であるが，生態的にみれば湛水直播と見ることもできる．東南アジアおよび南アジアに湛水直播が見られない一因は当地で栽培されている品種の発芽時の酸素要求量の大きいことと播種作業が難しいことにあるとみられる．
　　　　　　　　　　　　　　（和田源七）

**たんそ　炭疽**（anthrax）
　*Bacillus anthracis* の感染によって起こるウシ，ウマ，ブタ，メン羊などの敗血症を主徴とする急性感染症である．人にも感染し重症例では敗血症により死亡するが，皮膚に限局性の病変が形成（皮膚炭疽）されるにとどまることが多い．日本でも僅かに発生しているが，中近東，南アフリカ，東南アジアなどで多く発生している．*B. anthracis* はグラム陽性の芽胞を形成する長大桿菌で，培養には特殊な培地を必要とせず，周縁不整の大きな縮毛状の集落を形成する．芽胞は熱，乾燥，消毒などに抵抗性が大きく，汚染土壌中に長く生残し感染源となることから，本病は土壌病の一つとされている．
　　　　　　　　　　　　　　（江口正志）

**たんそびょう　炭疽病**（anthracnose）
　禾穀類，マメ類などの普通作物，野菜，草花，果樹，樹木などの有用作物の葉，枝，果実，種子などに発生する病気で，葉では淡褐色～褐色の類円形の病斑を，果実などでは褐色～暗褐色のへこんだ円形の病斑ができ，後に病斑の表面に桃色～鮭肉色の粘質物（分生胞子の塊）を生ずる．広い範囲の植物・作物に発生する．病原は糸状菌でその不完全時代の形態により，分生胞子層に剛毛のある *Colletotrichum* 属と剛毛のない *Gloeosporium* 属に分け，さらに分生胞子が楕円形～長楕円形，あるいは三カ月形で両端がとがるなどの形態的な差，寄生性の違いによって，世界で1,000種以上が記載されていた．しかし分類の基準となっていた分生胞子層の剛毛は，環境条件によって変化しやすく分類の基準にはなりえないとの理由で *Gloeosporium* 属は *Colletotrichum* 属に統合された（von Arx, 1957）．また完全時代（子嚢胞子時代）は *Glomerella* 属で，完全時代が確認されたものは *G. cingulata*, *G. glycines*, *G. tucumanensis* など10種ほどに統合されている．しかし完全時代が確認されていない大部分のものは分生胞子の形状により von Arx の説に従って整理されてきたが，まだ未整理のまま旧学名が使用されているものもある．わが国では90近くの種が記載されている．これらのうち果樹に寄生するもので葉だけに寄生するものを葉炭疽病と区別して呼ぶ場合や，例外的な病名としてブドウの晩腐病やヤツデの黒斑病などがある．主な炭疽病には次のようなものがある．① リンゴ，ナシ，ピーマンその他果樹，樹木などの炭疽病：*Glomerella cingulata* の寄生によるもので，この菌は宿主の範囲が広い．② カンキツ類，ナシ，クリ，ビワ，ラン類，シャクナゲ類，カエデ類その他樹木類の炭疽病：*Colletotrichum gloeosporioides* の寄生による．この

菌も宿主の範囲が広い. ナシ, クリでは葉を侵すので葉炭疽病といわれる. ③イチゴ炭疽病：病原は *Glomerella cingulata* および *C. acutatum*. ④トウモロコシ, コムギ, チモシーなどのイネ科の作物, 牧草の炭疽病：*C. graminicola* の寄生による. この菌も宿主の範囲が広く, 葉や種子に発生する. ⑤ウリ類炭疽病：*C. lagenarium* の寄生によるもので, キュウリ, スイカなどの露地栽培で発生が多く, 葉, 果実が侵される. ⑥マメ類炭疽病：*C. lindemuthianum* が病原で, インゲンマメ, ササゲなどの莢および種子に発生, 特に莢では特徴のある典型的な病斑を生ずる. ⑦炭疽病は熱帯地域でも, 果実その他に広く発生する. とくに重要なものはコーヒーノキ：*C. coffeanum*, ワタ：*Glomerella gossypii* および *C. dematium*, バナナ：*C. musae*, パパイヤ：*C. gloeosporioides* ( = *C. caricae* ), チャ：*C. theae - sinensis* などで被害が大きい. またサトウキビ赤腐病は *C. graminicola* の寄生による重要な病気である. これらのほか *C. gloeosporioides* はシザルアサ, チョマ, ケナフ, マンゴ, キョウチクトウ, オリーブ, ヒマにも寄生し, 炭疽病を起こす. また最近の報告では, 沖縄などの亜熱帯でカボチャ, トウガラシ, パパイヤのほか, ハイビスカス, スターチス, キクなどの花類に *C. capsici* による炭疽病の発生が明らかにされている.

(梶原敏宏)

**だんちがたイネかぼくそう　暖地型イネ科牧草**(tropical pasture grass)

牧草は暖地型 (あるいは熱帯性) 牧草と寒地型 (あるいは温帯性) 牧草に大きく分けられる. 牧草として利用されるイネ科草やマメ科草についても, 同様に分類される. 暖地型イネ科牧草は特異的な光合成回路をもち, 寒地型イネ科牧草や暖地型マメ科牧草といくつかの異なる特徴を有する. それらの違いが牧草の生産性やひいては栄養価に関しても重要となる.

熱帯地域やわが国南西諸島で栽培利用される永年生牧草のほとんどは暖地型イネ科牧草である. 暖地型イネ科牧草は温帯地域や我が国温帯地域で栽培利用される寒地型イネ科牧草とは異なる $C_4$ 型光合成系を有しており, 十分な水分条件では熱帯の高い日射量あるいは照度と高い気温環境下で高い生産性を示す. 以下に詳細を記載する.

主要な暖地型イネ科牧草は植物分類学的には, Panicoideae (キビ) 亜科や Eragrostoideae (スズメガヤ) 亜科に属し, 原産地は東～南アフリカの熱帯地域とされる. その地域からは, シグナルグラスに代表される *Brachiaria* (チカラシバ) 属, ブッフェルグラスに代表される, *Cenchrus* (クリノイガ) 属, ローズグラスに代表される *Chloris* (オヒゲシバ) 属, バーミュダーグラスに代表される *Cynodon* (ギョウギシバ) 属, ギニアグラスに代表される *Panicum* (キビ) 属, ネピアグラスに代表される *Pennisetum* (チカラシバ) 属, セタリアグラスに代表される *Setaria* (エノコログサ) 属などがある. その他, バヒアグラスに代表される *Paspalum* (スズメノヒエ) 属は中央アメリカ, 南アフリカが原産地とされている.

光合成経路はジカルボン酸回路あるいは $C_4$ 回路と呼ばれる.

$C_4$ イネ科牧草の単葉の光合成速度は $100～120\ mg\ CO_2\ dm^{-2}h^{-1}$ ($C_3$ 植物は $45\ mg\ CO_2\ dm^{-2}h^{-1}$ 以下) と高く, 光呼吸が認められない. このことは, $CO_2$ 取り込み分子の PEP (ホスホエノール・ピルビン酸) とその触媒である PEP カルボキシラーゼは $C_3$ 植物における $CO_2$ の取り込み経路での反応よりも活性が高いためである. 光合成の光飽和は 10 万 lux (太陽光の地上での最高照度) あるいはそれ以上, 平均気温 35～40 ℃ で高い光合成能力を示す. また, 密閉した容器中で $CO_2$ 濃度を 0 にまで減少させることができる. すなわち, $CO_2$ 補償点はほぼ 0 ($C_3$ 植物の補償点は通常 30～70 ppm $CO_2$) である (Ludlow & Wilson, 1972). 葉の気孔抵抗は $CO_2$ 速度に敏感に反応するが, 葉肉抵抗は低い. このことは蒸散

量が低く，水利用効率に優れることを示しているため，旱ばつに比較的強い草種が多い．

暖地型イネ科草種の生殖様式は大きく種子繁殖と栄養繁殖に分けられる．種子繁殖（seed propagation）は有性生殖（sexual reproduction）とアポミクシス（apomixis，異型有性生殖あるいは無接合生殖）に分けられる．有性生殖はトウモロコシやソルガム類などの有性自殖性とローズグラス，バーミューダグラスなどの有性他殖性がある．アポミクシスは胚乳形成に必要な極核の受精において，卵核は受精することなく，卵細胞近くの体細胞が発生を開始し胚となる．したがって，母株の体細胞と全く同一の遺伝形質を有する種子が形成される．近年この性質を利用して，種子によるクローン化を行うなど，植物育種におけるアポミクシスの重要性が高めっている．この生殖様式を有する草種は，暖地型イネ科牧草に多く見られている．*Brachiaria* 属（*B. decumbens*，シグナルグラス），*Cenchrus* 属（*C. ciliaris*，ブッフェルグラス），*Panicum* 属（*P. maximum*，ギニアグラス），*Paspalum* 属（*P. notatum*，バヒアグラス，*P. dilatatum*，ダリスグラス），*Pennisetum* 属（*P. clandestinum*，キクユグラス）など，これまでに各属のいくつかの種で示されており，今後もさらに明らかにされるものと考えられる．

栄養繁殖（vegetative propagation, cloning）は無性生殖（asexual reproduction）あるいは単為（無配）生殖とも呼ばれる．この生殖様式も暖地型イネ科牧草が多く含まれる．すなわち，*Cynodon* 属，*Digitaria* 属，*Pennisetum* 属などに含まれる多くの種の種子は不稔であるため，栄養茎を植え付けることによって繁殖する．

暖地型イネ科牧草は前述のように高い生産性を示すものの，一般に，採食量と消化率，粗タンパク質含量などの栄養価や採食性を含む飼料価値については，寒地型イネ科牧草に劣るとされている．これまでの世界の文献（Minson, 1990）からみると，採食量と高い正の相関を示す暖地型イネ科牧草の乾物消化率や粗タンパク質含量は，寒地型イネ科牧草と比較してそれぞれ 13％単位，3％単位低いことが知られており，家畜生産を行う上においては制限要因となる．このことは暖地型イネ科牧草の高い乾物生産性に伴い，乾物消化率や粗タンパク質含量と負の相関を示すとされる繊維成分の増加割合が寒地型イネ科牧草に比較して大きいことに起因すると考えられている．消化率や粗タンパク質含量の低下は採食量と正の相関があり，家畜生産性の低下にもつながるとされている．また，暖地型イネ科牧草の低い消化率は生育温度の高さにも関与することも示唆され，一定の草齢でも生育温度が高いと消化率は低いとされている．

家畜生産性を高める場合，暖地型イネ科牧草の低い飼料価値を高めるため，栄養価値の低下割合が低く，全般的にミネラル含量が高い暖地型マメ科牧草を混播することが多い．マメ科牧草の混播は空中固定した窒素を直接的あるいは間接的に同伴イネ科草種を通じて草地に付加するためにも併せて有効である．

熱帯・亜熱帯で利用されている主な暖地型イネ科牧草を付表 16 に示した．併せて，乾季あるいは雨季での生育状況を比較し示した． （川本康博）

だんちがたマメかぼくそう　**暖地型マメ科牧草**（tropical pasture legume）

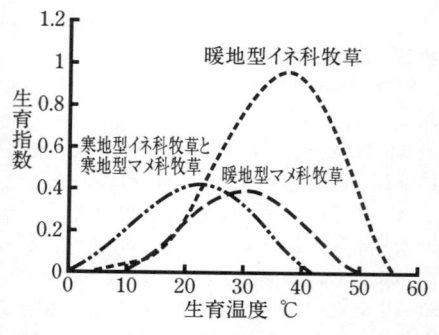

図 11　暖地型マメ科牧草の一般的な温度反応
　　　（Whiteman, 1980 を参照）

マメ科牧草は大きく暖地型（あるいは熱帯性）マメ科牧草と寒地型（あるいは温帯性）マメ科牧草に分けられる．その違いは，光合成回路が $C_3$ 型と $C_4$ 型で異なるイネ科草種の場合と違い，いずれも $C_3$ 型回路を有する．したがって，原産地に由来する生育適温の違いである．すなわち，寒地型マメ科牧草が欧州から西アジアを原産地とするのに対して，暖地型マメ科牧草の原産地は，*Pueraria* 属（熱帯アジア），*Lotononis* 属（アフリカ南部），*Trifolium semipilosum*（ケニアホワイトクローバー）（東アジア）など，一部の草種を除き，ほとんどの草種は熱帯の中南米とされている．そのため，生育適温は寒地型マメ科牧草が $10～25℃$ であるのに対し，暖地型マメ科牧草は $25～35℃$ である．また，ほとんどの暖地型マメ科牧草は $15～17℃$ でほとんど生育しない．暖地型マメ科牧草の一般的な温度反応を図11に示した．

マメ科植物（Leguminosae あるいは Fabaceae）はバラ目（Rosales）に属し，ネムノキ亜科（Mimosoideae），ジャケツイバラ亜科（Caesalpinoideae），マメ亜科（Papilionaceae あるいは Faboideae）の三つの亜科群からなる約600属12,000種から構成されている．牧草として利用されている群はそのほとんどがマメ亜科に属している．環境適応性が高く，進化も進んでおり，属も多い．暖地型マメ科牧草として重要な属は，*Aeschynomene* 属，*Arachis* 属，*Calopogonium* 属，*Centrosema* 属，*Desmodium* 属，*Glycine* 属，*Indigofera* 属，*Lablab* 属，*Leucaena* 属（飼料木に含む場合が多い），*Lotononis* 属，*Macroptilium* 属，*Macrotyloma* 属，*Neonotonia* 属，*Pueralia* 属，*Stylosanthes* 属，*Trifolium* 属，*Vigna* 属などである．

熱帯草地における暖地型マメ科牧草はきわめて重要である．熱帯の多くの地域では，窒素欠乏は草地生産性の主な制限要因である．これは，窒素施肥量の増加に伴い，牧草の乾物生産量が増加するという顕著な反応を示している数多くの窒素施肥試験結果からも伺える．暖地型マメ科牧草は根粒菌との共生において，マメ科植物は根粒内の根粒菌に対し糖質を供給し，根粒菌は宿主に対して固定した窒素を供給し，相互に利益をもたらしあう共生関係がある．したがって，草地への窒素供給という点で大きく二つの観点から評価されている．一つは，乾物生産量をある程度まで高める働きである．二つめは，家畜生産におけるタンパク含量の維持あるいは向上である．暖地型マメ科牧草は他のマメ科草種と同様，この他に比較的高い消化率，ミネラル含量などからもたらされる家畜し好性，採食量の増大が挙げられる．

付表16に熱帯・亜熱帯で広く実用栽培されている暖地型マメ科牧草とその農業的適応性を要約した．ただし，適応根粒菌型は従来までの分類によった． （川本康博）

## タンパクしつ　タンパク質（protein）

$α$-アミノ酸がペプチド結合により縮合した高分子化合物がペプチドであり，10以上のアミノ酸が縮合したものをポリペプチドと呼ぶ．ポリペプチドが特定の立体構造を形成し機能を有するものをタンパク質と呼ぶ．タンパク質にはアミノ酸のみから構成される単純タンパク質とアミノ酸以外の無機または有機物質を含む複合タンパク質がある．タンパク質は生物の維持に不可欠な基本物質であり，その機能としては，酵素作用，生物体内における物質輸送，抗体反応，情報伝達（ペプチドホルモンやホルモン受容体など），動物の構造維持などがある．非反芻動物により摂取されたタンパク質は胃液中のペプシンにより部分的に分解され，次いで膵液中のトリプシン，キモトリプシン，エラスターゼおよびカルボキシペプチダーゼによる分解を受ける．その後小腸粘膜上の酵素によりアミノ酸まで分解され吸収される．反芻動物では摂取したタンパク質や核酸やアミド，尿素などの非タンパク態窒素の多くは反芻胃内微生物の作用によりアンモニアとなる．アンモニアは反芻胃内微生物により，アミノ酸，次いで微生物態タ

ンパク質となる．反芻動物は微生物態タンパク質を消化し利用している．反芻動物が多量のタンパク質を摂取すると，反芻胃内微生物は産生したアンモニアを微生物態タンパク質にしきれない．このアンモニアを反芻動物は吸収し，その多くを尿素として尿中に排泄する．マメ科種実にはトリプシン阻害物質が存在しており，タンパク質の消化を抑制する．この物質は熱に対して不安定であるので，加熱により阻害作用は消失する．飼料中成分としてタンパク質含量は粗タンパク質として表わされる場合がある．タンパク質は通常約16％の窒素を含むので，窒素を測定しその窒素量に 6.25 を乗じたものを粗タンパク質として示す．粗タンパク質には純タンパク質以外に，非タンパク態窒素化合物が含まれる．特に単胃動物や家禽ではタンパク質中の必須アミノ酸含量を考慮し，各アミノ酸量として飼料中タンパク質の価値を示す場合も多い．

(松井　徹)

**だんりゅうあんていせい　団粒安定性**（aggregate stability）

団粒は，砂やシルト，粘土あるいは有機物などで構成される粒子群の高次の集合体である．団粒に富む土壌は，作物の生育に好適な保水性・透水性・通気性を持ち，植物根の伸張や微生物が生息する空間を与え，侵食を受けにくいうえ耕起し易いという性質がある．逆に，団粒が脆弱であれば，土壌はクラストの形成や固結により不良な物理状態となる．団粒安定性の評価には一般に湿式篩別法が用いられるが，より現場に近い条件での評価を意図して，風乾状態の団粒を水と接触させ沸化作用による破壊を経てから湿式篩別する場合もある．団粒は，土壌中の非晶質成分や多価カチオンなどの無機成分と微生物由来の高分子多糖類，糸状菌の菌糸や植物の細根などの有機成分により安定化する．農耕地土壌では降雨や耕作に伴う機械的な破壊作用が常に加わるため，破壊を極力抑える耕起法の採用や有機物の投入など団粒化を促進するような土壌管理が必要である．

(田中　樹)

**たんりゅうけいとう　単粒系統**（single-seed-descent）→集団育種法

**たんりゅうしゅ　短粒種**（short grain variety）

イネの籾長がおよそ 7.7 mm よりも短いもの．日本の標準的な品種などジャポニカに多い．

(小林伸哉)

## ち

**ちあいにく　血合肉**（dark muscle）

魚類に特有の筋肉で，筋肉の大部分を占める普通肉に対比する．血合肉は収縮速度の遅い哺乳類の遅筋に，一方，普通筋は速度の大きい速筋に相当する．魚類の場合，肉は肉眼的にも普通肉とは明瞭に区別でき，遅筋と速筋が混じり合って筋肉を構成する哺乳類の場合とは大きく異なる．

血合肉は回遊魚が遊泳運動を持続するときに使われる筋肉で，逆に普通肉は餌をとるときや敵生物から逃避するときなどの急激な運動に用いられる．血合肉は魚類の側線に沿って表皮の直下に分布する表層血合肉と，マグロやカツオなどの大型回遊魚に発達している深部（真正）血合肉がある．表層血合肉はイワシやサバなどの沿岸性の回遊魚に特に発達している．一方，回遊運動をほとんど行わない底生魚は血合肉がきわめて少ない．

血合肉は好気的代謝でエネルギー源 ATP を生産する筋肉で，嫌気的代謝の普通肉に比べてミトコンドリアが多く，したがってこの細胞小器官が行う酸化的リン酸化に関与する酵素が多い．また，酸素を貯蔵する色素タンパク質ミオグロビン（Mb）の含量も多い．Mb はタンパク質のグロビンと鉄原子を含むヘム部分から構成される．ちなみに血液中には同じ分子ファミリーに属するヘモグロビン（Hb）と呼ばれる色素タンパク質が存在する．Hb はエラや肺から吸収した酸素を末端組織に運搬し，Mb は筋肉中にあって Hb によって

運ばれてきた酸素を貯蔵する役目をもつ.

血合肉にはMbとHbの両色素タンパク質が含まれているが,その合量のうち80%以上はMbである.Mb含量はホンマグロでは普通肉でも筋肉の湿重量100 g当たり500～600 mgに達するが,血合肉ではさらに3,000～5,000 mgにもなる.この値はウマ肉の350 mg前後よりはるかに高く,クジラやイルカの5,000～8,000 mgに匹敵する.サバの血合肉では800～1,000 mgとなるが,普通肉においては10 mg程度にすぎない.

Mbはヘム中の鉄原子が2価のときは赤色を呈するが,鉄が自動酸化されて3価になると褐色となる.このように自動酸化したMbをメトMbと呼ぶ.血合肉やマグロのように普通肉でもMbの多い筋肉組織では,死後Mbがメト化(変色)して褐色となると,商品価値が著しく低下する.

血合肉はMbを大量に含むことから鉄含量も高く,食品としての栄養価は高い.特にヘム中に含まれる鉄は人が摂取したときの吸収率も高い.このほか種々のビタミンも多い.しかし血合肉ではトリメチルアミンの蓄積量が多いことなどが原因で,独特の魚臭さを呈して単独に食品として利用するには適さない.また,3価となった鉄イオンは血合肉に多い脂質の酸化を促進するので,高度不飽和脂肪酸の多い魚肉の貯蔵に関しては注意が必要である. (渡部終五)

**ちいきかいはつ　地域開発**(regional development)→農村開発

**チェリモヤ**→熱帯果樹,付表1(熱帯・亜熱帯果樹)

**チェルノゼム**(Chernozems)→FAO-Unesco世界土壌図凡例

**チェンジ・エージェント**(change agent)
農民の行動様式を変えようとする普及員.農民や農村住民は近代的知識に欠け,しばしば伝統を固守しがちだとされてきたため,彼らの意識や考え方が変わり,新しい技術を取り入れ,行動様式を変革することが,農業改良・生活改善普及活動の主目的とされた.普及員が「チェンジ・エージェント(変革促進者)」とされてきたゆえんである.近年は,外から変革を起こすよりも,農民が自発的に問題解決することがしやすくなるように支援(facilitate)する機能の方に重点が置かれるようになった. (コールドウェル)

**チェンバーほう　チェンバー法**(chamber method)→熱収支

**ちかすい　地下水**(groundwater)
地下を掘り進むとやがて土壌は水で飽和され,その間隙水圧が大気圧と等しい自由地下水面(単に地下水面ともいう)に到達する.地下水は,広義には地表面下に存在する水を指すが,狭義にはこの地下水面下に存在する水を指す.地下水面下にあって比較的間隙率や透水性に富み,したがって可動性の地下水で満たされた地層を帯水層と呼ぶが,井戸などによる実用的見地から,この帯水層中の水を地下水と限定することもある.帯水層に対し,透水性が低く水を排出しにくい層を不透水層という.上下を不透水層に挟まれ加圧された帯水層が被圧帯水層であり,地下水面をその上端とし加圧されていない帯水層が不圧帯水層である.また,大域的な地下水面の上位に局所的に存在する不透水層によって保持されたレンズ状の飽和帯の地下水を特に宙水という.なお,帯水層と不透水層の判定は相対的なものであり,例えば両者を区別する透水係数の明確な閾値は定義されていない.

(堀野治彦)

**ちかすいい　地下水位**(groundwater level)
不透水層上の透水層内の土壌間隙を完全に満たし,重力の作用により運動する水を地下水といい,大気圧と等しい地下水面の標高を地下水位という.2層の不透水層に上下を挟まれた透水層には,大気圧より高い圧力を持つ地下水が存在することがある.これを被圧地下水という.被圧地下水の圧力が地面より高い場所にある井戸は自噴井となる.

乾燥地では,地下水が重要な水源となって

おり，地下水位は地下水の水源量を把握するための重要な指標である．水源を地下水に頼る多くの地域では，過度の地下水汲み上げにより地下水位の低下，すなわち地下水の枯渇が問題となっている．地下水位の低下は地盤沈下の原因ともなる．

過剰な灌漑が行われている乾燥地では，地下水位の上昇が激しい地表面蒸発と塩類集積を促し，農地を不毛化する．UNDP（国連開発計画）は，塩類集積被害を受けた世界の灌漑地は4,000万 ha に達すると推定している．塩類集積を防ぐには，点滴灌漑など節水灌漑により地下水位の上昇を防ぐとともに，排水の強化により地下水位の低下を図る必要がある．

日本の水田では，排水路のゲートや暗きょ排水の水閘を操作することにより地下水位を制御し，稲の生育や農作業に適した圃場条件を創り出し，生産性向上を図る．一方，水資源や水管理施設の乏しい開発途上国では，高い地下水位を維持し，水消費を抑制するのが普通である．　　　　　　　　　（八島茂夫）

**ちかすいかんがい　地下水灌漑**（groundwater irrigation）

熱帯地域の灌漑では，インド以西の乾燥地域で地下水への依存率が高くなる．例えば，湿潤アジアでの灌漑の大部分が地表水灌漑で占められるのに対して，インドでは灌漑農地の 52 %，モロッコでは 75 %，チュニジアでは 95 % を地下水に依存している．それは，降水量が少なく地形的にも平坦な個所の多い乾燥地域では，近傍に安定的な地表水の水源を見いだしにくく，遠距離の水の搬送は大きな蒸発損失などを招く結果となるからである．このような気象・地勢条件を背景に，乾燥地域では古くから掘抜き井戸（dug well）からの人・畜力による揚水技術（ペルシャ水車，サーキアなど）や，地下水路を通して灌漑水を搬送するカナート（地域により，カリーズ，乾児井とも呼ばれる）などの灌漑技術が普及していた．近年は化石燃料を動力源とする管井（tubewell）やセンターピボット灌漑も普及するようになり，地下水の枯渇など環境問題の一因ともなりつつある．　（真勢　徹）

**ちかすいかんよう　地下水涵養**（groundwater recharge）

地下水を広義に捉えるならば，地下への水の浸透すべてが地下水涵養となるが，一般には帯水層への水の浸入を意味する．安全な地下水利用のためには涵養量の的確な評価が望まれる．直接的な涵養源は基本的に雨水であり，河川や湖からの涵養も存在するが，面的な広がりを考慮すれば不圧帯水層では雨水の降下浸透による涵養が大きい．また，水田地帯では灌漑水の浸透が大きく寄与している．乾燥地では地表からの雨水浸透はあまり期待できないが，遠く離れた涵養域からの間接的な側方涵養によって地下水体が維持されていることが多い．これに対し，被圧帯水層では雨水浸透による直接的な涵養はほとんどなく，上位の帯水層からの漏出水や，湾曲した帯水層の末端が地表に露出しているようなところからの浸透水によって涵養される．一方，開水路や貯水池，井戸などを利用して人工的に地下水涵養を行う技術もある．これらは，地下水環境の修復や地下水利用の増強（水資源対策）などをねらいとしている．

（堀野治彦）

**ちかダム　地下ダム**（groundwater dam）

地下水の流れを止水壁によって制御し，地下水の有効利用を行うための施設をいう．

（堀野治彦）

**ちかはいすい　地下排水**（subsurface drainage）→排水

**チガヤ**（cogon grass）

学名：*Imperata cylindrica*（L.）P. Beauv. アジアの熱帯から温帯にかけての地帯を中心に，アフリカ，オーストラリアに分布するイネ科の多年生草本．褐色の鱗片の多い粗大な根茎を密に伸ばして群生する．稈は直立して高さ 15～120 cm に達する．葉は長さ 150 cm，幅 4～18 mm で，初めは紫色をおび，葉

身基部から葉鞘縁部にかけて短毛がある．穂は長さ3〜20 cm，幅0.5〜2.5 cm，多数分枝するが開出せず円柱状，小穂は長さ3〜6 mm，基部から出る白色〜銀白色の1 cm程の長軟毛に包まれる．雄ずいは長さ約3 mmで茶褐色，頴果は長さ1〜1.3 mm．日当たりの良い場所に速やかに侵入して群落を形成するため，畑地，草地，樹園地を始めとする耕地での強害雑草となっている．本種の繁茂は耕地の荒廃や低地力の指標とされる．
（森田弘彦）

**ちきゅうおんだんか　地球温暖化**（global warming）

われわれが地球上で快適に暮らして行けるのは地球の常温が15℃付近に保たれているからである．これも大気中の水蒸気や炭酸ガスなどの存在によって起こる温室効果の現われであり，もしも温室効果が全くなければ，地表の温度は人間の生存を許さないほど低く（−18℃）なっていたと考えられている．太陽エネルギーを受けた地表面は，その温度に対応する波長分布をもった赤外線（熱線）を大気中へ放射する．大気中の水蒸気や炭酸ガスの分子は，この熱線の中のある波長域に吸収帯をもっていて熱エネルギーを吸収し，その一部をまた地表へ向かって再放射する．これが温室効果を生み出すのである．赤外線領域に吸収帯をもつ微量ガスを温室効果ガスといい，二酸化炭素（炭酸ガス），メタン，一酸化二窒素（亜酸化窒素），フロン（CFCs）などがその例である．人間の活動に伴って，大気中の温室効果ガスが増えると，太陽からの入射エネルギーは変わらないのに，地球から放出されるエネルギーの一部は温室効果ガスによって吸収されて大気中に留まるために，エネルギーのバランスが崩れて地球の温度が上がってくる．この現象を「地球温暖化」と呼んでいる．つまり，地球温暖化をもたらすのは温室効果であり，それを引き起こすのが温室効果ガスということになる．熱帯農業との関わりで地球温暖化問題を考えると，農地開発や焼畑のための森林の伐採消却，それに伴う土壌有機物の分解促進が，現在の年間の人為的炭酸ガス生成量の1/5ぐらいになると見積もられていることが，やはり最も重要であろう．それとともに，窒素施肥量の増加が亜酸化窒素の生成量を押し上げている．熱帯アジアでは水田からのメタン生成が今後も問題になり続けると思われる．生産増強のためだけでなく，メタン対策としても灌漑排水基盤の整備が望まれる．
（久馬一剛）

**チーク**（teak）→付表18（南洋材（非フタバガキ科））

**チークのがいちゅう　チークの害虫**（insect pests of teak）

チークの害虫として，タイでは60種，インドでは187種の昆虫が記録されている．食葉性害虫の中では，セセリモドキガ科のキオビセセリモドキ（*Hyblaea puera*）が造林地で大発生を繰り返し甚大な被害を与える．特に，若葉が食害を受けると著しく成長が遅滞する．一方，メイガ科のチークスケルトナイザー（*Eutectona machaeralis*）は葉脈だけを残して網目状に食害するが，発生期がおそいため成長量への影響は小さい．

穿孔性害虫では，ボクトウガ科のビーホールボーラーによる被害が最も重大である（→ビーホールボーラー）．また，北インド，バングラディシュ，ミャンマーやタイでは，カミキリムシ科の*Glenea indiana*が若いチークの幹や枝，伐倒木に穿孔する．また，ボクトウガ科の*Zeuzera coffeae*は幼齢木に穿孔し，穿孔部から先端を枯死させる．コウモリガ科では，タイだは*Phassus signifer*，マレーシアでは*Endoclita gmelina*，インドでは*Sahyadrassus malabaricus*が苗木に穿孔したり，若齢木の幹根元近くを環状に食害し折損の原因になる．インドネシアでは，レイビシロアリ科の*Neotermes tectonae*が生立木の心材に長い垂直な巣を造り，特に20〜30年生林に重大な被害を与える．
（後藤忠男）

## ちくりょくりよう　畜力利用（use of animal power）

熱帯諸国の多くは，現在でも農作業の原動力を畜力に依存している所が多い．アジア一帯の水田ではスイギュウが最も多く，インドではウシが主体で，また中国北部や山間部，そして多くの半乾燥地帯ではウマが多く，それにラバ，ロバ，ラクダなども利用されている．

いずれの家畜も路上の運搬作業に最も頻繁に利用されるが，圃場農作業での利用はいまだ限られている．その中で，スイギュウはアジアの稲作地帯の耕起・代かき作業，さらに収穫・乾燥後の蹄による籾脱穀作業に重要な役割を果たしている．ウシは水田にも使われるが，畑地の耕うん作業のほか播種，中耕作業などに一部の地域で使われている．

牛馬の出力は体重と最も関係し，その常用牽引力はおおよそ体重の $1/8 \sim 1/10$ である．スイギュウの平均体重は $500 \sim 550$ kg，ウシ，ウマは $500 \sim 700$ kg 以上とみれば，常用牽引力は $50 \sim 70$ kg で，ウシ，ウマの歩速をそれぞれ $0.8 \sim 0.5$ m/s，$1$ m/s として，その仕事量はウシで $0.5 \sim 0.6$ PS（$0.37 \sim 0.45$ kw），ウマで $0.7 \sim 0.9$ PS（$0.52 \sim 0.67$ kw）と推定される．熱帯諸国の家畜は飼料構成が貧弱で，特に乾季の飼料は栄養価に乏しく，体重が落ちて使用に耐えない状態があり，改善策が必要である．

しかしながら，家畜の瞬間的けん引力はその体重の $100 \sim 150\%$ と大きいので，けん引抵抗の変化の大きい農耕作業に適し，また瞬間馬力の必要な開拓地の抜根作業などに利用すれば有利である．

畜力けん引作業ではけん引抵抗，歩行速度および作業時間の間に深い関係がある．すなわちこのいずれかを大きくすれば，他を小さくする必要がある．熱帯途上国の高温多湿の環境要因は人力はもちろん家畜にも厳しく，作業時間を同じとした畜力耕うん作業の場合，歩行速度が一定な故にけん引抵抗を小さくする必要が生じる．そのために，浅耕とするとか，降雨の後の畑地や灌水後の水田のように土壌の耕うん抵抗の小さい時に作業するなどの制限を受ける．

土壌のけん引抵抗には作業機の性能，作業幅が大きく影響する．熱帯諸国では在来農具の改良によって性能を向上させる必要がある．また，作業幅は作業能率に関わるので，経営規模の大きい場合には一頭引よりも二頭引が必要となり，二頭引の地帯も少なくない．わが国でかつて使われた種々の畜力農機具はほとんど一頭引用であり，二頭引用に改良されれば途上国の在来農具に比較して，その性能は高く，畜力を利用できる農耕作業の範囲も広まることが期待される．　（下田博之）

## ちけいりんね　地形輪廻（geomorphic cycle）

新たに生じた原地形が，外的営力によって一定の順序に従って，次地形から終地形へと変化する系列．W. M. Davis により 1889 年に提唱された発生論的地形学の概念で，これを地理学的輪廻と呼んだが，侵食輪廻，地形輪廻ともいう．これによって，地表の複雑な地形が，地形変化の順序に従って系統化され，それらをひとつの循環系列とみることができるようになった．輪廻の出発点となる地形，すなわち原地形（原面）には，地殻運動あるいは海面変化によって陸化した旧海底，新たに噴出した火山の表面，地殻運動または海面変化によって，侵食基準面に対する位置関係を変化した地表面（隆起準平原を含む）などがある．原地形は外作用（侵食）により変化していくが，その経過順序により幼年期・壮年期・老年期に分けられる．幼年期では，大河川から支流が発達していき，谷間地の部分にはまだ原面が広く分布し，分水界の位置は不明瞭，河道は滝や早瀬などがあるという特徴を持つ．幼年期山地は，原面が広く残り，その面積が谷の面積より広い状態のものを指す．山地の解析が進み，谷密度が増大していって，壮年期に移行する．壮年期山地は谷面

積の方が原面より広くなったものとする．早壮年期山地は，まだ原面が残存して平頂峰を特徴とするが，満壮年期山地は鋸歯状地形となり，起伏量は最大となる．晩壮年期山地は，山頂が丸みを帯びた従順山地となる．滝や早瀬は消滅し，河道は一般に平衡河川の状態に近づき，川はいっそう蛇行して谷幅を広げる．老年期に入ると川は自由に蛇行してさらに谷幅を広げ，河間地は低下して波浪状の地形となり海面付近まで侵食されていき，準平原の終地形となる．準平原上には，侵食から取り残された部分が突出していることがあり，残丘 monadnock（→）と呼ばれる．原地形から準平原にいたる地形変化を一輪廻と呼ぶが，輪廻の途中に地盤運動が起こると，地表面は侵食基準面に対する位置関係を変えるから，新しく原地形となり，それまでの輪廻の進行が中断され（輪廻の中絶），そこから新しい侵食輪廻が始まる．複数の輪廻に属する地形が同一地域にみられるとき多輪廻地形という．河食作用による侵食輪廻は最も一般的にみられるので，正規輪廻と呼ばれる．この他，氷食輪廻・乾燥輪廻・海食輪廻・カルスト輪廻など，それぞれの外的営力の種類に応じた地形変化の循環がある．輪廻説は地形の進化を巧みにとらえ理解しやすかったため，よく普及し，地形学に与えた影響はきわめて大きかった．しかし，この説の前提としている，急激な著しい隆起とその後の長期にわたる安定は，実際にはそのまま成立する場合を見いだすことがむずかしく，輪廻説は観念的抽象的であるという批判がなされ，特に，内作用と外作用の組み合わせによって地形ができると説く W. Penck（1924）の考えとは真っ向から対立した． (水野一晴)

**ちこう　地溝**（graben）

両側を断層によって限られ，幅よりも長さのほうが長い陥没凹地を指す．地溝の両側を正断層崖で限られているものを正断層地溝，逆断層崖で限られているものを逆断層地溝という．地溝の語は例えば奈良盆地のような相対的に規模の小さな地形に対して用いられ，東アフリカ大地溝や中央海嶺の中央にみられる大規模な凹地に対してはリフトバレー（rift valley）が通常用いられる．リフトバレーは広がり（分離し）つつあるプレート境界に形成される． (吉木岳哉)

**ちしつねんだいしゃくど　地質年代尺度**
（地質年代表）（geologic time scale）→図 12

**ちせい　地生**（terrestrial）

（本来着生植物であるラン類で）土壌中に根を張って生育する性質． (土井元章)

**チゼルプラウ**（chisel plow）

近年は，耕うん整地作業の省エネルギー化の観点から，簡易耕法あるいは保全農法と呼ばれる耕法が欧米を中心として用いられるようになった．チゼルプラウは，一次耕うんに利用する作業機であり，耕土を反転することなく，作土をけん引づめで破砕し膨軟にする．乾いた土壌や堅硬土では，その機械的作用による耕うん効果が顕著である．

主要部は，本体部取付枠にシャンクを固定し，その先端につめを取り付ける構造になっている．わが国では，15〜45 kW 級トラクタ向けの型式が使用されているが，北米では大型トラクタ用で作用幅が 10 m 前後の大型チゼルプラウも用いられている．

けん引抵抗は，未耕地において耕速 8 km/h，耕深 12.5 cm で作業する場合，作業幅 1 m 当たり 3.6〜6.5 kN であり，耕深とは比例関係を示す．一方，砕土作業時のけん引抵抗は，作業幅 1 m 当たり 2〜3 kN 程度である．

(小池正之)

**ちだい　地代**（land rent）→土地改革

**ちちゅうかいせいきこう　地中海性気候**
（Mediterranean climate）

ヨーロッパ地中海地方に標識的に見られる温帯気候の一つである．この地方では夏は中緯度高圧帯におおわれて晴天が多いのに対し，冬は低気圧の影響で雨が多いのが特徴である．こういう温帯冬雨気候のもとにあるのは，ヨーロッパ地中海地方の他に，北米西海

| 累代 | 代 era | 紀 period | 世 epoch | 百万年前 Ma |
|---|---|---|---|---|
| 顕生累代 Phanerozoic | 新生代 Cenozoic | 第四紀 Quaternary | 完新世 Holocene | 0.01 |
| | | | 更新世 Pleistocene | 1.64 |
| | | 第三紀 Tertiary (新第三紀 Neogene / 古第三紀 Paleogene) | 鮮新世 Pliocene | 5.2 |
| | | | 中新世 Miocene | 23.3 |
| | | | 漸新世 Oligocene | 35.4 |
| | | | 始新世 Eocene | 56.5 |
| | | | 暁新世 Paleocene | 65 |
| | 中生代 Mesozoic | 白亜紀 Cretaceous | | 146 |
| | | ジュラ紀 Jurassic | | 208 |
| | | 三畳紀 Triassic | | 245 |
| | 古生代 Paleozoic | ペルム紀 Permian | | 290 |
| | | 石炭紀 Carboniferous | | 363 |
| | | デボン紀 Devonian | | 409 |
| | | シルル紀 Silurian | | 439 |
| | | オルドビス紀 Ordovician | | 510 |
| | | カンブリア紀 Cambrian | | 570 |
| 隠生累代 Cryptozoic | 原生代 Proterozoic | | | 2450 |
| | 始生代 Archean | | | 3800 |
| | 冥王代 Hadean | | | 4600 |

図12 地表年代尺度

岸のカリフォルニア地方，南半球ではアフリカ大陸最南端のケープタウン地方，オーストラリアの南西部から南部の海岸地方などである． (久馬一剛)

**ちっそケイち　窒素K値（K value）**→揮発性塩基窒素

**ちっそこてい　窒素固定（nitrogen fixation）**
空気中の窒素ガス（$N_2$）をアンモニアガス（$NH_3$）に変換することを窒素固定という．窒素固定には工業的窒素固定と生物的窒素固定がある．工業的窒素固定はハーバー・ボッシュ法に基づく固定で，鉄にアルミナと酸化カリウムを加えたものを触媒とし，高温・高圧下（数百気圧・400～500℃）で行われる．アンモニアは窒素肥料の生産にも使われる．

一方，生物的窒素固定は窒素固定微生物（窒素固定菌）による固定で，自然界で常温・常圧下で行われるのが特徴である．ニトロゲナーゼという酵素の作用で窒素ガスがアンモニアに還元される．アンモニアは菌体内でアミノ酸やタンパク質の合成に利用され，また，後で述べる根粒菌のように，共生相手のマメ科植物に供給する場合もある．

窒素固定菌およびその共生相手の植物は有機物合成に必要とする窒素のかなりの部分を生物的窒素固定から得ることができるので，その分，菌体外または根から吸収する無機態窒素が少なくてすむ．また，菌体などの死滅に伴って，窒素が個体外に放出され，土壌に窒素が付加されることになるので，地球全体として数十年以上という長期間でみれば重要である．マメ科作物の栽培においても窒素肥料の代替えとしての効果が大きい．

窒素固定菌には宿主植物と共生して窒素固定を行うものと，土壌中で単独で行うものがあり，その数は50属を越える．共生するものにはマメ科植物に根粒を形成する細菌の根粒菌（*Rhizobium*），ハンノキ，ヤマモモやモクマオウなどの非マメ科木本植物に根粒を形成する放線菌フランキア（*Frankia*），水性シダの一種アゾラと共生するらん藻（*Cyanobacterium*）がある．単独のものでは好気性の *Azotobacter* や嫌気性の *Clostridium*，それに通性嫌気性の *Klebsiella* などの細菌が代表的なものである．最近，サトウキビやサツマイモなど非マメ科植物の茎や葉の細胞間隙に生息する細菌や糸状菌などの内生菌（endophyte）の窒素固定が注目を浴びてきている．

これらの窒素固定菌のなかで，農業上最も重要なのは根粒菌で，熱帯の農業においてもダイズ，カウピー，インゲンなどのマメ科作物やギンネム（*Leucaena leucocephala*）やセスバニア（*Sesbania rostrata, Sesbania sesban*）などのマメ科林木で利用されている．マメ科植物と根粒菌の間には宿主特異性がある．マメ科作物の栽培において，土壌中に特異的な根粒菌が生息していない場合には，一般に種子粉衣による人工接種が行われる．その場合，酸性やアルミニウム耐性の根粒菌菌株を選抜して利用することも行われている．

窒素固定活性の評価方法にアセチレン還元法がある．窒素固定酵素ニトロゲナーゼがアセチレンをエチレンに還元することを利用した方法で，検出感度が非常に高い．比較的簡単なガスクロマトグラフがあれば，短時間で測定できるので，熱帯でも広く使われている．（→根粒菌，アゾラ）　　　(浅沼修一)

**ちっそこていじゅもく　窒素固定樹木（nitrogen fixing tree）**
窒素固定微生物（nitrogen fixing organism）の共生によって形成される根粒（root nodule）の中で固定される土壌中の窒素を利用する樹木をいい，根粒樹木または肥料木ともいわれる．この機能は，特に瘠悪な土壌や砂地で樹木を育てる場合に有効である．わが国の海岸砂地の造林において，窒素固定樹木であるニセアカシアを混植あるいは先行植栽したことはよく知られているが，熱帯の荒廃地の造林でもしばしば窒素固定樹木が先行植栽されたり，混植されている．窒素固定樹木はマメ科樹木と非マメ科樹木に分けられ，前者は *Rhizobium* 属の細菌類と，後者は *Frankia* 属の放

線菌類と根粒を形成する．マメ科はマメ亜科，ネムノキ亜科，ジャケツイバラ亜科に分けられるが，前の2亜科に属する樹木はほとんどが根粒を形成し，したがって窒素を固定する．一方，ジャケツイバラ亜科の樹木では *Intsia bijuga*, *Saraca indica* などは根粒を形成するが，よく植栽されている *Cassia* spp., *Parkinsonia* spp., *Peltophorum* spp. などはこれまでのところ根粒を形成しないとされている．同じ亜科の *Tamarindus indica* については，根粒は形成されないとする文献（MacDicken, 1994）と形成するという文献（松本，1997）がある．熱帯の非マメ科樹木としては，モクマオウ属，ハンノキ属，ウラジロエノキ属，ヤマモモ属などがあげられる．

（浅川澄彦）

**ちっそすいとう　窒素出納**（nitrogen balance）

動物体への窒素の出入り．家畜では窒素の蓄積はタンパク質の蓄積とみなされている．

（矢野史子）

**ちっそどうか　窒素同化**（nitrogen assimilation）

無機態窒素の有機化反応を意味する．狭義では，グルタミン合成酵素（GS）の触媒による $NH_4^+$ のグルタミン（Gln）への同化反応を示すが，広義では $NO_3^-$ の硝酸還元酵素（NR）・亜硝酸還元酵素（NiR）による $NH_4^+$ への還元反応と，グルタミン酸合成酵素（GOGAT）の触媒による Gln からグルタミン酸（Glu）の合成までを含む．NR は Mo を含み，NADH を電子供与体とする．NAD（P）H を用いるイソ酵素もあり，サイトソルに局在する．NiR はプラスチドにあり，還元型フェレドキシン（Fd）を電子供与体とする．両酵素は，$NO_3^-$ で誘導されるが，NR では翻訳後修飾による活性制御系がある．GS には，サイトソル型（$GS_1$）とプラスチド型（$GS_2$）のイソ酵素があり，ATP 依存で Glu のアミド基に $NH_4^+$ を有機化する．GOGAT には Fd 依存型と NADH 依存型の二分子種があり，GS 反応と共役して，Gln と 2-オキソグルタル酸から二分子の Glu を合成する．葉の $GS_2$ と Fd-GOGAT は，光呼吸代謝で主に機能する．

（山谷知行）

**チップバーン**（tip burn）→葉菜類

**チテメネ・システム**（chitemene system）

① 東部アフリカの半乾燥疎開林（miombo：優占種はマメ科ジャケツイバラ亜科の木本）での焼畑農耕システム．

② 乾季に主として樹木の枝，葉，一部は樹幹を伐採し乾燥後，伐採面積の約 1/6～1/8 にあたる中心部の 0.5～1.0 ha に運び円型に積み上げ火入れして耕作地とする．雨季の到来をまって，初年次にはキャッサバ苗を植え，その株間にシコクビエを撒播して間作する（ubukura）．シコクビエは乾季に穂刈収穫するが，つづく一，二年は雨季にラッカセイかバンバラマメを点播，栽培し（chifuani），キャッサバは二年目の乾季から徐々に収穫され，そのあとの一角には多数の小畝をつくりインゲンマメを植え，以後休閑する．

従来20年以上の休閑，森林の再生を待つこの焼畑農業は，貧栄養土壌条件下で作物生産を確保する適応技術として，タンザニア南部地方からザンビアにかけて広く行われたが，現在では，ザンビア北部のベンバの人々が，一方ではトウモロコシ，ヒマワリなどの一年生作物の常畑栽培を試みながら，つづけている．なおチテメネはベンバ語のクテ（樹木を刈る）に由来するといわれるが，農林複合農業の一種といえる．

（髙村奉樹）

**ちひょうはいすい　地表排水**（surface drainage）→排水

**ちほうひんしゅ　地方品種**（local breed landrace）

家畜では特定の地域にのみ偏在し，全国的に分布していない品種を指していうが，しっかりした意味を持った用語でなく習慣的に用いられる呼称ともいえる．わが国の与那国馬，見島牛などが該当するといえる．また，特定の地域に多く品種としての純粋性を積極

的に保持しようとしていない品種らしき集団に対して，地方品種という場合がある．熱帯の途上国に実例が多いようであるが，品種と地方品種を区別する境界はなく社会的認識による用語といえる．

　作物では，伝統的な農業の中で長年にわたり農民によって栽培されてきた品種で，栽培地域の環境条件に良く適応し，地域的特徴と遺伝的多様性に富んでいる．地方品種は他品種の混入・自然交雑・突然変異などにより，いろいろな遺伝子型をもつ個体の混合集団になっている場合が多い．純系選抜法は，遺伝的変異を含む地方品種の中から，すぐれたものを選抜し新品種とする方法である．近代品種の普及に伴い，病害虫抵抗性やストレス耐性など潜在的価値をもつ地方品種が減少傾向にあることが懸念されている（遺伝的侵食）．

（建部　晃・豊原秀和）

**ちほうぶんけんか　地方分権化**（decentralization）

　一般に途上国は中央集権的である．その理由として，中央集権的計画による経済開発，工業化政策への傾斜，首都一極集中型の都市化，人材不足，特定民族集団による中央政府支配，分離独立の恐れなど国家統合や国民形成との不整合，独立政府による権威の保持，開発（援助）資源の配分の独占などがある．地方分権化が現実的課題になったのは，1980年代の構造調整の結果，中央政府の財政削減，地方分権化によるインフラ整備の効率的実施，地方からの公共投資に対する要求の高まり，そして参加型開発の隆盛に対応して，主として援助国の主導，資金援助により推し進められてきた．行政サービスの地方分権化には，地方行政組織の形成とともに地方財政基盤の確立が不可欠である．また，中央政府と村落社会とを仲介する中間組織の欠如・未成熟性により，地方自治を支えるキャパシティ・ビルディング（問題解決能力の向上）が不可欠となっている．

（水野正己）

**チャ**（tea）

*Camellia sinennsis* 主要な栽培変種に var. *assamica*（アッサムチャ）と var. *sinennsis*（中国チャ）がある．ツバキ科の常緑小高木・灌木．起源地の中国南部から東南アジア大陸部，インドアッサム地方にかけての山岳地帯から，世界中に広まった．収穫・製茶後，嗜好飲料として喫する．製茶法により，数種の茶があるが，最も一般的なのは，発酵茶である紅茶，ウーロン茶をはじめとする半発酵茶，非発酵茶である緑茶である．主として，紅茶原料として栽培されるアッサムチャは，葉が大きく収量性は高いが，芳香性に劣り，低温に弱い．インド・スリランカ・インドネシアが主産地で，通常高地で栽培されている．一方，主として半発酵茶・緑茶の原料として栽培される中国チャは，葉が小さく収量性は低いが，芳香性に優れ，低温に耐性がある．東アジアで栽培が多いが，熱帯では，東南アジア大陸部の山岳地帯で栽培が見られる．起源地近くでは，発酵した葉を食す（タイでは，"Miang"と称する）．

（縄田栄治）

**チャオ**（chao）

　ベトナムの発酵食品．Mucor（酵母，細菌も見出される）を用いて豆乳を発酵させた半固形物であり，滋養物として消費されている．乳から製造したチーズとはかなり異なる．タンパク質4～16％，脂質7～8％，食塩6～7％，水分60～63％．

（林　清）

**ちゃくせい　着生**（epiphytic）

　ラン類など木や岩に付着し気根を出して生育する性質．

（土井元章）

**ちゃくせいしょくぶつ　着生植物**（epiphytes）

　樹木に着生する植物のこと．湿潤な多雨林，また霧によって水分が供給される山岳林には，ラン，オオタニワタリ，ビカクシダ，ツツジ科樹木などの高等植物，さらには地衣・藻類など，多様な植物が付着する．

（渡辺弘之）

**チャパティ**（chapattii，インド）

　小麦全粒粉，食塩および水で生地を調整し，円形に延ばしフライパンで焼き，カレーと食べ

る.　　　　　　　　　　（高野博幸）

**ちゅうえい　虫えい**（plant gall, insect gall）

虫えい（虫こぶ）はタマバエ類 gall midges，アブラムシ類 aphids，タマバチ類 cynipids などの植物への産卵により，植物組織が異常成長して，こぶ状ないしストロー状に変形されたものをいう．　　　　　　　（日高輝展）

**ちゅうがいのけいざいてきひょうか　虫害の経済的評価**（economic evaluation of insect pests）

農産物，特に立毛下の農作物の害虫による経済的損失は，強力な合成有機殺虫剤による未処理・処理区の生産物の比較により，虫媒ウイルスなどの場合を除いて，かなり正確に推定できる．イネ・コムギ・オオムギ・ソルガムなどの穀類では，虫害は主として減収として現れるが，野菜・果実・花きなどでは量的減収だけでなく，品質劣化となって商品性を失うので，その推定は穀類の場合より，より複雑になる．「作物の虫害はいかほどか，虫害を減じる・害虫管理のやり方を改良することによって，どれほど増収が期待できるのか」などの質問はよく聞かれる．これには，以下の問題点を含んでいる．

1. 害虫管理以外の現在の栽培技術を変えない場合：① 現在なにも害虫管理を行っていない．この場合の害虫による経済的損失，② 現在何らかの害虫管理を行っているが，いまだに害虫による損害が出ていると推定される．この場合の害虫による経済的損失．

2. 害虫管理以外の現在の栽培技術を改良して作物生産力/収量を上げた場合の害虫による経済的損失（通常収量が上がると虫害も増えることが多い）

害虫による作物の被害の推定での難点は，圃場における害虫の発生が均一性を欠き自然条件下では反復試験が困難な場合が多い，有効な殺虫剤を適切に使用しても全ての害虫の被害を完全に抑制することは困難なことが多い，被害の推移は特に熱帯では急速に進むことである．作物の全生産費から害虫管理に要した費用・害虫管理より得た利潤（収量増）を計算することは複雑なので，害虫管理の経済的評価は通常便益率（コスト・ベネフィト）から推定される．　　　　　　（持田　作）

**ちゅうかんぎじゅつ　中間技術**（intermediate technology）

E. F. Schumacher が提唱した在来技術でも近代的技術でもない生産・生活の現場に最適な技術．　　　　　　　　　（水野正己）

**ちゅうかんしゅくしゅ　中間宿主**（alternate host）

植物病原菌のうち，その菌が生活環を完成するために，植物学的に全く種類の違った2種の植物を通過する性質を異種寄生性（heteroecious）といい，通過する2種の植物のうち，人間生活にとって意味の少ないほうの宿主を中間宿主という．異種寄生性の代表的なものはさび病菌にみられる．例えばコムギ赤さび病は，コムギの葉に寄生して赤い鉄さび状の夏胞子をつくり，さらに冬胞子を生ずる．冬胞子が発芽してできる小生子は，コムギでなくアキカラマツを侵し，ここでさび柄胞子，さび胞子ができ，さび胞子がコムギを侵す．この場合アキカラマツがコムギ赤さび病の中間宿主である．また，ナシ赤星病もさび病の一種であるが，この場合はさび柄胞子，さび胞子時代がナシに寄生し害を与えるが，冬胞子時代はビャクシン類に寄生し，ビャクシン類が中間宿主といわれる．

　　　　　　　　　　　　　（梶原敏宏）

**ちゅうかんしょうにん　中間商人**（middleman）

中間商人とは，ある財の生産者と消費者の間に位置して，その財の流通に従事することによって利益を得ている者のことである．市場が未発達な途上国では，農産物の円滑な流通に果たす中間商人の役割は大きい．また，彼らは単に流通業者としての役割を果たすにとどまらず，資金不足に直面している生産者に信用やその他の付随的便宜を提供することが多い．このため，公的機関による農業信用

や生産物市場が十分整備されていない経済発展の初期段階において，中間商人の存在意義を看過することはできない．しかし，中間商人は排他的な商慣行を行うギルド的組織を形成することが多く，加えて複合契約による生産者搾取を行うなど，いくつかの問題点が指摘されている．一般に，多民族国家が多い途上国においても，中間商人層は特定の民族によって形成されることが多い．例えば東南アジアにおける中間商人の多くは，中国南部から同地域に移住した華僑（華人）である．

(石田　章)

**ちゅうけいよう　中形葉**（mesophyll）→葉面積スペクトラム

**ちゅうせきさよう　沖積作用**（alluviation）
河川の運搬堆積物（砂・シルト・礫など）が沖積層を生成しながら埋め立てていく作用．

(水野一晴)

**ちゅうせきへいや　沖積平野**（alluvial plain）
河川の堆積作用によってでき，現在までその作用が続いているような新しい平野．一般に上流から海岸にかけて，扇状地，自然堤防と後背湿地，三角州の3地帯で構成されるが，流域の地形，地質条件によってさまざまなタイプがある．山地が急峻で，土砂の生産が多いと，扇状地が直接海に接し，三角州を欠く（富山平野，天竜川，富士川扇状地など）．また，大きな湾にそそぐ大河川の場合は3地帯がそろったものとなる（関東平野，濃尾平野など）．また沖積平野は，1万年BPより始まる沖積世（完新世）に堆積した地層からなる平野を意味する場合がある．日本でふつう沖積面と呼んでいるのはこれに相当する．この場合，海岸平野，海岸砂丘，湖成平野を含めた広い意味となる．

(荒木　茂)

**ちゅうばいでんせん　虫媒伝染**（insect transmission）→病気（作物の）の生態

**ちゅうわせっかいりょう　中和石灰量**（lime requirement）
酸性土壌では，作物に水素イオンの濃度障害，酸性で可溶化するアルミニウムやマンガンの過剰障害，カルシウム，マグネシウム，リン酸などの欠乏，微生物活性の低下などが発生する（→土壌酸性）．酸性土壌を農林業に適した土壌に改良する目的で，土壌pHを中性付近にまで矯正するのに必要な石灰資材の量を決定する．これを中和石灰量という．しかし，実際には土壌を中和することによる弊害も多いことから，至適pHにするために必要な石灰量を求めるのが妥当である．測定方法としては，風乾細土に炭酸カルシウム，水酸化カルシウム，焼成ドロマイトなどの石灰資材を何段階かで加えてpHを測定することによってpH緩衝曲線を作成し，至適pHとするのに必要な所要量を算出する．また，交換性アルミニウム含量の高い熱帯土壌では，その濃度を一定レベル以下に低下させるのに必要な資材量を決定する方法を用いることもある．この場合，交換性アルミニウム含量の約1.5倍（砂地土壌）から2倍（粘土質土壌）の量の石灰を加えることを目安にすればよい．

(櫻井克年)

**ちょうえつぶんり　超越分離**（transgressive segregation）
雑種世代において両親の範囲を超える形質分離．

(藤巻　宏)

**ちょうえんビブリオ　腸炎ビブリオ**（Vibrio parahaemolyticus）
グラム陰性，好塩性の桿菌で，海産魚介類で起こりやすい食中毒の原因菌として重要である．

(藤井建夫)

**ちょうがい　鳥害**（bird damage）
①農作物・農産物の食害，②農作物・建物などの糞汚染，③直接・間接に病気（histoplasmosis, cryptococcosisなど）の人間・鶏・搾乳動物への伝播，④空港・道路での障害，⑤騒鳴音・吸血性ダニ類運搬による人間生活のかく乱害がある．アフリカ・南中北アメリカ・熱帯アジアなどで，トウモロコシ・ソルガム・イネ・ヒマワリ・果物・野菜の圃場・養魚池などに群飛し被害甚大．キンパラ・ギンパラ

類 Lonchura（世界各地），ハタオリドリ類 Quelea, Ploceus（アフリカ），スズメ類 Passer（世界各地），ムクドリモドキ［Red winged blackbirds］Agelaeus（カリブ海沿岸）などがいる．対策として，視覚（かかし）・聴覚（警戒音・騒音発生）装置，忌避剤（ねぐらや巣での鳥もち使用を含む），機械的障害物，トラップ，猟銃，毒餌，麻酔剤，羽毛付着剤（feather - wetting agents），生物的防除（巣とねぐらの破壊，不妊剤）がある．播種種子や熟果への食害対策には，忌避剤（特に播種後のナフタリン），旗・のぼりの類，張糸と吹流し，防鳥ネットの設置などがある．張糸は養魚池，鳴子は穀物畑でも有効．忌避剤には 4-aminopyridine, anthraquinone, captan, chlorolose, シュウ酸銅, methiocarb, naphthalene, PDB (p-dichlorobenzene), 4-aminopyridine, thiram など，殺鳥剤には methiocarb, Starlicide, strychnine などがある． （持田 作）

**ちょうかんしゅ　長稈種**（long culm variety）

直立する草型のもので稈長がおおむね 90 cm 以上のものをいうことが多い．地方品種に多い． （小林伸哉）

**ちょうかんたい　潮間帯**（tidal zone）

低潮線と高潮線の間の海岸．潮差の大きさによって，その範囲は時期・場所ごとに異なる．干潮の際に空中に露出する時間（干出時間）の違いによって，それぞれ特有な動植物が帯状に分布している．潮間帯はさらに高潮帯（upper littoral zone）・中潮帯（middle littoral zone）・低潮帯（lower littoral zone）の 3 亜帯に区分される．潮間帯にすむ生物は，昆虫のゴミムシ類やハネカクシ類の一種のような特殊な種類を除けば陸生生物はほとんどなく，大部分が海産生物で，その点からすると，陸と海の中間帯というよりは浅海系と考える方がよい．砕け波の侵食作用が最も激しい場所であり，間欠的に陸化・乾燥を受ける特異な環境をもつ．底質は岩礁・礫・砂・泥など変化に富み，底質にともなって複雑な底生動物の生態系が発達する．潮間帯の堆積物を起源とする地層には，異地生の動物化石や甲殻類の生痕が含まれる．また，潮間帯生物の付着痕や死後の白色帯を利用して，旧汀線の追跡や地震時の変位量の測定が可能な場合もある．
 （水野一晴）

**ちょうしゅつぼく　超出木**→巨大高木

**ちょうせいち　調整池**（regulating reservoir）

通常灌漑用水路への水供給が安定的であるのに対して水の需要が変動的であることによる水需給の短期的なギャップを調整するために，用水路システムのなかに設置する貯水施設．貯水池と比較して，より短期間の水量調節を対象とする．ファームポンドも調整池の一種であるが，畑地灌漑を目的に含む日本の大規模灌漑システムの場合，幹線用水路，支線用水路のレベルで設置される数日程度の調整機能を持つものを調整池という．

長い開水路による送水では，用水の到達に時間がかかるため，末端用水需要の急な増減に河川などからの取水が対応できない．そこで，中下流部の需要地近くに設置した調整池を使って，まず用水を供給あるいは貯留し，その後に河川から補填する．送配水操作の容易化，用水使用における自由度の上昇，無効放流の抑制などが実現できる．また，水路が開水路から管水路へ移行する場合，その接続部に設けられることもある． （佐藤政良）

**ちょうせきかんがい　潮汐灌漑**（tidal irrigation）

河川デルタの下流部や干拓地では，灌漑用水を感潮河川に依存している．河川の水位は外海の潮位によって上下し，取水の安定は取水せきの操作管理によっている．すなわち，満潮時に河川水位が上昇したときにせきを開いて取水し，干潮時には堰を閉じて用水の流出を防ぐ．満潮時には表層の淡水のみを取水し，比重の大きい下層の海水は流入しないように行い，干潮時には水路に流入した海水のみを放流し淡水の流出を防ぐのが取水堰の操

作管理の基本である．干ばつ時には表層の淡水層が薄くなり，不可避的に海水を流入させることになる．水稲はある程度の耐塩性をもっているが，畑作物の場合は塩類障害を受けることがある．したがって，潮汐灌漑では干ばつ被害と塩類障害が重畳的に生じる．取水せきには観音扉と呼ばれる自動開閉式のものや2重のスルースゲートにより表層水と下層水の流入流出をコントロール出来るものなど地域により独特の工夫がこらされている．河川流量が季節的に大きく変動するモンスーン地帯では，河川流量が減少し淡水の取水が困難になる乾季に水路を締め切り塩水の侵入を防止したり，水路に水門を設置して水門内部を淡水化し，年間を通じて淡水取水を可能にしている．潮汐灌漑地域では，作付カレンダーが太陰暦に基づいている場合が多い．水稲移植用水などの大量の取水を，とりわけ干満差の大きい大潮時に行なうからである．その結果，うるう月のある年には，作付体系が変化し，多期作化する場合がある．

(荻野芳彦・河野泰之)

**チョウジ**（clove）学名：*Eugenia aromatica*
フトモモ科の常緑小高木．インドネシア・マルク（モルッカ）諸島を原産とする．乾燥した花蕾を，そのまま，あるいは粉末にして，香辛料として用いる．蒸留精製したクローブオイルも，香料としての他，薬用にも用いられる．インドネシアでは，チョウジ入りのタバコ（ロコクレテック）が人気を集め，ヨーロッパ方面への重要な輸出品目となっている．チョウジは，熱帯の島しょ地域を栽培適地とし，インドネシア（マルク諸島）・マレーシア・タンザニア（ザンジバル島・ペンバ島）・マダガスカルが主産地．通常，1年に2回開花結実するが，開花条件などの詳細はわかっていない．主として，種子繁殖．ニクズクと並び，長く香料貿易の中心であり，17世紀初頭のオランダによる独占的生産管理・専売以降，プランテーションによる生産が行われてきたが，近年は農家による小規模生産が主体とな

っている． (縄田栄治)

**ちょうみかんせいひん　調味乾製品**（seasoned and dried product）
魚介類を調味液に浸した後，これを乾燥して貯蔵性を高めた製品をいう．主な製品には，みりん干し，裂きいか，塩コンブ，ふりかけなどがある．みりん干しは，イワシ，サンマなどの魚介類を醤油，砂糖，グルタミン酸ナトリウムを配合した調味液に漬け込み，乾燥した製品である．焼いて食べるが，温かい焼きたてのものが美味である．みりん干しは従来，水分20％以下のものが多かったが，最近はかたい製品は好まれないので，水分40％程度のものが主流となっている．しかし，これらは水分活性も高く，保存性に劣るため，熱帯域での生産では注意が必要である．一方，裂きいかはイカを細かく裂いた調味乾製品であり，原料イカの内臓，頭脚部，ひれ肉を除去して煮熟した後，調味料を水切りした煮熟肉に加え，調味し，乾燥させてつくる．初めはするめから作られたが，最近では生イカまたは冷凍イカから製造されるソフト裂きいかが多くなっている． (遠藤英明)

**ちょうりゅうしゅ　長粒種**（long grain variety）
イネの籾長が約7.7 mm以上で細長い籾型のもの．籾幅の広いものは大粒種として区別される． (小林伸哉)

**ちょくりつようがた　直立葉型**（erect-leaved type）
品種の草型で，上位葉が直立する方が受光態勢が良く，群落の物質生産上有利となる．
(加藤盛夫)

**ちょこくがいちゅう　貯穀害虫**（post-harvest grain pests）→貯蔵害虫

**ちょすいち　貯水池**（reservoir）
文字通り水を貯める池のことであり，人工的な水利施設である．河川をダムでせき止めたダム湖あるいはダム貯水池と呼ばれる比較的大規模なものから，大小さまざまな灌漑専用の貯水池があり，ため池と呼ばれる．大阪

の狭山池や香川県の満濃池のように古く7, 8世紀に建設された大規模なものなど，全国21万カ所に及ぶ数多くのため池が現存している．小規模なものでは，用水の無効利用を最小化するため，用水路から圃場群へ配水される前に建設されるファームポンドと呼ばれるコンクリート製などの一時貯留施設も貯水池の一つである．ため池は比較的小規模で，長大な水路の建設が不要な灌漑農地に近い場所で人力施工も可能であり，古くから建設されている．谷間を短い堰堤でせき止めるダムタイプから平地を堤防で囲んだり，掘削による皿池状のものまであるが，土堰堤によるものが一般で，侵食や漏水を防止する必要がある．地震の多い地帯では耐震設計が必要である．

（畑　武志）

**ちょぞう　貯蔵**（storage）

熱帯果樹は低温耐性が弱く低温下におくと常温に戻したときに低温障害が生じる．スターフルーツ，ドリアン，フェイジョア，グワバ，バンレイシなどは熱帯果樹の中では比較的低温に強く，5℃付近での貯蔵が可能であるが，バナナ，パイナップル，ジャックフルーツ，チェリモヤ，マンゴ，マンゴスチン，パパイヤ，サポジラ，ランブータンなどは非常に低温に弱く，10～12℃前後で貯蔵する必要があり，貯蔵可能期間（日持ち）も2～3週間と短い．MA（modified atmosphere）貯蔵やCA（cotrolled atmosphere）貯蔵により低温障害を軽減し，貯蔵期間を延長出来る可能性が報告されており，アボカド，バナナ，マンゴーなどでは一部実用化されている．この場合，品種によっても差異があるが，一般的には$O_2$濃度2～5％，$CO_2$濃度2～10％の範囲で貯蔵される場合が多い．また，熱帯性のものは貯蔵中高湿度を維持することの効果が大きいとされ，その意味で果実へのワックス処理なども効果があることが報告されている．

（米森敬三）

**ちょぞうがいちゅう　貯蔵害虫**（storage pests, postharvest pests）

収穫後貯蔵している農産物・その加工品（穀類・豆類やその加工品である粉類，いも類，油脂物（コプラなど），植物繊維，タバコ，果実など）を食害する害虫（・害獣→ネズミ類）．少なくても，鱗翅目3科，鞘翅目11科，双翅目1科，ダニ目に及ぶ．熱帯を含めた世界共通種が多い．主な種は次の通り：メイガ科 Pyralidae（チャマダラメイガ *Ephestia elutella*，スジコナマダラメイガ *E. kuehniella*，ノシメマダラメイガ *Plodia interpunctella*，スジマダラメイガ *Cadra cautella*，カシノシマメイガ *Pyralis farinalis*，コメノシマメイガ *Aglossa dimidiata*，ツズリガ *Paralipsa gularis*，メイガの一種 *Corcyra cephalonica*），キバガ科 Gelechidae（コクマルハキバガ *Martyringa xeraula*，バクガ *Sitotroga cerealella*），ヒロズコガ科 Tineidae（コクガ *Nemapogon granellus*），マメゾウムシ科 Bruchidae（インゲンマメゾウムシ *Acanthoscelides obtectus*，ソラマメゾウムシ *Bruchus rufimanus*，アズキゾウムシ *Callosobruchus chinensis*，ヨツモンマメゾウムシ *C. maculatus*），ゾウムシ科 Curculionidae（ココクゾウムシ *Sitophilus oryzae*，コクゾウムシ *Sitophilus zeamais*），ゴミムシダマシ科 Tenebrionidae（ガイマイゴミムシダマシ *Alphitobius diaperinus*，ヒメゴミムシダマシ *A. laevigatus*，フタオビツヤゴミムシダマシ *Alphitophagus bifasciatus*，オオツノコクヌストモドキ *Gnathocerus cornutus*，コゴメゴミムシダマシ *Latheticus oryzae*，ヒメコクヌストモドキ *Palorus ratzeburgii*，コヒメコクヌストモドキ *P. subdepressus*，チャイロコメノゴミムシダマシ *Tenebrio molitor*，コメノゴミムシダマシ *T. obscurus*，コクヌストモドキ *Tribolium castaneum*，ヒラタコクヌストモドキ *T. confusum*），ナガシンクイムシ科 Bostrychidae（ナガシンクイムシ *Rhyzopertha dominica*，チビタケナガシンクイムシ *Dinoderus minutus*），カツオブシムシ科 Dermestidae（ヒメマルカツオブシムシ *Anthrenus verbasci*，オビカツオブシムシ *Dermestes lardarius*，ヒメアカカツオブ

シムシ Trogoderma granarium)，カッコウムシ科 Cleridae（アカアシホシカムシ Necrobia rufipes)，ケシキスイ科 Nitidulidae（ガイマイデオキスイ Carpophilus dimidiatus)，コクヌスト科 Trogossitidae（ホソチビコクヌスト Lophocateres pusillus, コクヌスト Tenebroides mauritanicus)，シバンムシ科 Anobidae（タバコシバンムシ Lasioderma serricorne, ジンサンシバンムシ Stegobium paniceum)，ホソヒラタムシ科 Silvanidae（タバコヒラタムシ Cathartus quadricollis, オオノコギリヒラタムシ Oryzaephilus mercator, ノコギリヒラタムシ O. surinamensis)，ヒラタムシ科 Cucujidae（サビカクムネヒラタムシ Cryptolestes ferrugineus, カクムネヒラタムシ C. pusillus)，チーズバエ科 Piophilidae（チーズバエ Piophila casei)，ダニ目 Acarina（アシブトコナダニ Acarus siro, サトウダニ Carpoglyphus lactis, チビコナダニ Suidasia nesbitti など)．

(持田 作)

**ちょぞうびょうがい** 貯蔵病害（post-harvest disease) →病気（作物の）の生態

**ちりじょうほうシステム** 地理情報システム・GIS (Geographical Information System)
2次元，3次元空間上の点，線，面，塊状の多種多様な属性情報（あるいは，環境情報）をデジタルデータベース化し，それらの位置情報（空間座標値）を用いて，地理情報と属性情報とを統一的に扱う機能を有する，近年，急速に進歩したコンピュータシステム．

データの入力・更新，管理・蓄積，検索，分析，表示・出力機能を，基本的に具備する．GIS は，コンピューターにより膨大な情報処理能力を有している．そのため，扱える情報・データの多種多様性，分析処理法における融通性，データの収集，編集，分析，処理や他者への配布・提供の容易さは従来の地図に比較してきわめて優れている．また，一旦，GIS データベース化された属性情報は，コンピュータネットワークを通じて，リアルタイムで他者と共有することが可能である．そのため GIS の利用可能な分野は広範であり，特に資源管理，都市計画，地域情報管理，環境シミュレーションの分野での応用が進んでいる．

(吉野邦彦)

**ちんあつりん** 鎮圧輪（press wheel) →車輪型トラクタ

## つ

**つぎき** 接ぎ木（grafting)
接ぎ木は増殖する植物体（枝・芽・根）の一部分（穂木）を母樹から採って，他の植物体（台木）に接ぎ，組織をゆ着させて新個体を育成する栄養繁殖法．特に果樹では遺伝的に雑種性が強く，接ぎ木により優良形質の品種個体を増殖している．花き，造園樹木，野菜類（ウリ・ナス科）でも行われている．接ぎ木の利点としては，品種特性の維持，高増殖率，開花・結実促進，樹勢調節，環境ストレス耐性・病害虫抵抗性の付与，果実品質の向上，品種更新の短期化などがある．欠点としては，接ぎ木不親和性の存在，接ぎ木技術習熟の必要性，ウイルス伝播の危険性などがある．

接ぎ木方法の種類としては，接ぎ木場所によって居接ぎ（台木を掘り上げない）と揚げ接ぎ（台木を掘り上げる）がある．接ぎ穂の種類，台木の切り方によって，切り継ぎ（発芽直前に2～3芽の穂木を接ぐ），芽接ぎ（T字型芽接ぎともいう，台木の皮を T 字型に切り，1芽の穂を挿入），逆芽接ぎ（台木の皮を T 字型の逆に切り，1芽の穂を挿入），寄せ接ぎ（呼び接ぎともいう，両個体を根つきのまま，枝をそぎ合わせて結束），割り接ぎ（台木を割ってクサビ状の穂を挿入），くら接ぎ（舌接ぎともいう，台木上部をくら形に削り，穂木基部を台木のくら形に合わせてクサビ形に切り込み接ぐ），そぎ接ぎ（台木と継ぎ穂の一面をそぎ，その削傷面を合わせて接ぐ），橋接ぎ（幹・根の中間部の損傷部をまたいで，枝や根を上下に挿入）がある．

台木上の接ぎ木位置によっては，高接ぎ

(枝の幹の高所に接ぐ），腹接ぎ（枝や幹を切らないで，その途中に接ぐ），根接ぎ（根際で根を接ぐ）がある．近年では，茎頂接ぎ木（無菌培地上で発芽させた個体に，目的品種の茎頂を接ぐ）も行われている．

接ぎ木の活着には，20～25℃の適温と，多湿が要求されるので，熱帯地域での接ぎ木は最適要因が整った時期に行う．　　（井上弘明）

**つぎきなえ　接ぎ木苗**（grafted nursery plant）→接ぎ木

**ツー・ステップ・ローン**（two-step loan）→機関金融，非機関金融

**つちのりきがくせい　土の力学性**（soil mechanic properties）

土には，ため池の堰堤や道路の盛土などのような材料としての役割と，ポンプ場や取水堰などの基礎としての役割がある．材料として使用するためには，構造物の目的に適した種類の土を集め，望ましい特性が発揮されるように管理する必要がある．また基礎として使用するためには，基礎下の土層が上部からの荷重を安全に支持し，沈下やせん断破壊を起こさないように設計する必要がある．次に，土を活用して土木的な小規模構造物を建設する場合の技術的な留意点を述べる．

土を土木材料として使用する場合：

ため池の築堤には，周辺に堰堤のコアとなる粘土質材料が十分にあるかどうかを検討する．ため池築堤のための盛土は，根塊など土以外の不純物が入らないように注意が必要である．また盛土の締固めは非常に重要であることから，締固め土層厚を決定し，含水比に注意しながら十分な施工管理を行う．

灌漑水路は切り土部分に建設するのが望ましい．もし盛土部分に建設する場合は，十分な締固めを行う．この場合，盛土部分はどうしても沈下することから，水路のライニングは沈下が落ち着くまで待つのが望ましい．

素堀水路の予定路線上に砂質土がある場合は，漏水が考えられることから，路線を変更する．もし，路線変更ができない場合は，土の入れ換えを検討する．

道路の盛土部分やため池の法じりは，流水により洗掘される恐れがある．このため土のうの設置やソダ柵工により保護する．また道路の側溝は，流水により洗掘されないよう保護する．

道路の盛土材料に水分を含んだ砂質土などを使用する場合は，材料を乾燥させるために一定期間土を盛り上げ，適度に乾燥させてから使用する．

道路を盛土により建設する場合は，水による膨軟化を防ぐため，道路表面に水たまりができないように維持管理を行う．また，水田部分に道路を建設する場合は，乾期に水田の表土を取り除き，土取り場から優良な土を運搬して盛り上げる．

素堀排水路や切り盛り土の法面保護のためには，牧草や現地の雑草を張り付け，侵食防止対策を行う．

土そのものを基礎として使用する場合：

地盤支持力が弱いと思われる場所に構造物を建設する場合は，支持力を調査するために，試験的に杭を打設してみるのが効果的である．構造物を建設する場合は，予定地が以前何に使用されていたかの，その土地の使用歴を調査する．

河川近くの軟弱地盤にポンプ場などを建設する場合は，沈下を防止するために杭基礎などの対策を行う．

河川の護岸を杭で実施する場合は，河床の洗掘を考慮し十分深く根入れする．

泥炭地帯は極端な軟弱地盤であることから，構造物の建設は避けるのが望ましい．

　　　　　　　　　　　　　　　（吾郷秀雄）

**ツノアイアシ**（itchgrass）

学名：*Rottboellia exaltata* L. f.　インド原産で世界の熱帯～亜熱帯に広く帰化．高さ1～3mの大型のイネ科の一年生草本．茎は太く，よく分枝して繁茂する．路傍，空地などの非農耕地に普通に見られるが，農耕地に侵入した場合は作物との競合にきわめて強く，

大きな雑草害をもたらす強害雑草となる．特にサトウキビ，トウモロコシ，陸稲畑などでは大きな問題となっている．主として種子で増殖する．フィリピンでは，周年にわたって円柱形をした穂状花序を出し，個体当たり約2,200個の種子を形成するという．種子の休眠性はみられない場合が多い．防除には，深耕による種子の埋め込み，ダラポンの茎葉散布，陸稲畑ではトリフルラリンなどが有効である．手取り除草は，葉鞘に鋭い毛があるため障害をひき起こすことがあるので十分な注意が必要である．一部で家畜の餌とされるが，この毛のため家畜に障害をひき起こすことがある． （原田二郎）

**ツマグロヨコバイるい　ツマグロヨコバイ類**（green leafhoppers, GLHs, *Nephotettix* spp.）
タイワンツマグロヨコバイ *N. virescens*（インド，バングラデシュ，ネパール，スリランカ，ミヤンマー，タイ，ヴェトナム，ラオス，インドネシア，中国，台湾，フィリピン，日本（沖縄・九州）に分布．クロスジツマグロヨコバイ *N. nigropictus*（前種の分布地のほかオーストラリア，パプアニューギニア）．ツマグロヨコバイ *N. cincticeps*（日本・中国・韓国・ロシア極東部）．このほか，アジアに3種 *malayanus, parvus, sympotricus*，アフリカに2種 *afer, modulaus* が分布している．*malayanus* は通常イネではなくて，*Leersia* spp.を寄主とする．*N. virescens* は RBSV (rice bunchy stunt), RDV (rice dwarf), RGDV (rice gall dwarf), RTYV (rice transitory yellowing), RTV (tungro), RYD (yellow dwarf)；*N. nigropictus* は RDV, RGDV, RTYV, RTV, RYD；*N. cincticeps* は RBSV, RTYV, RTV, RYD のウイルスやファイトプラズマの媒介虫である． （持田　作）

**つみまき（てんぱ）　摘み播き（点播）**（hill seeding）
摘み播き（摘播）は種子を数粒ずつ一定の距離をおいて播く方法である．これに対して点播は作条内に1粒ずつ，一定の距離・間隔をおいて種子を播く方法である．いずれも条播よりも日光の入射もよく，空気の流通も充分に行われるので作物の生育も均一となる．また，ムギでは極寒の時も作物が相互に保護しあうので，寒風をさえぎり，霜柱に対する抵抗力も強まる．普通，播種は穴を掘って種子をそこに入れるか，または点ぱん器による． （堀内孝次）

**ツムギアリ**（weaver ants）→アリ類

**つるしょくぶつ（よじのぼりしょくぶつ）　つる植物（よじのぼり植物）**（climbers, liana）（リアナ・ライアナ）
熱帯多雨林には，特につる（よじのぼり）植物が多い．他の樹木に巻きつくもの，付着する根をもつもの，巻きひげでからむもの，ラタンのように刺であちこち引っかかりながら登るもの，あるいはクワ科フィカス属の植物のように樹上から気根を垂らすものなどがある． （渡辺弘之）

**つるわれびょう　つる割病**（Fusarium wilt）
ウリ科野菜やサツマイモが *Fusarium oxysporum* に侵される病気で，地際部の茎は最初褐色を呈し，のちに縦に割れぼろぼろとなり，地上部は萎凋，枯死する．これらの茎の導管部を切断すると褐変化しており，Fusarium 病の診断には便利な方法である．*Fusarium oxysporum* はカビの一種で，この菌は寄生性の分化が明瞭で，ウリ，メロンを侵す菌は f. sp. *melonis*，キュウリ菌は f. sp. *cucumerinum*，サツマイモ菌は f. sp. *batatas*，スイカ菌は f. sp. *niveum* である．例えば，スイカ菌はスイカのみを侵し，他の作物は侵さない．これらも病原菌は典型的な土壌病原菌であり，連作障害の大きな原因となっている．これらの病害を防除する主な方法として土壌消毒や抵抗性品種および抵抗性の台木に感受性品種を接木する方法などで被害を防いでいる．なお，*F. oxysporum* f. sp. *melonis* には品種によって病原性が異なるレースがあり，4レースが確認されている． （小林紀彦）

**ツングロびょう　ツングロ病**（rice tungro disease）

ツングロ病は、東南アジア、南アジア、中国南部に発生するイネのウイルス病で、イネの作期が重なり、年中イネが生育している灌漑地帯に多く発生する。発生は、バングラデシュ、インド、インドネシア、マレーシア、フィリピン、タイ、ベトナムに多く、通常、常発地帯に局地的に発生しているが、時に大発生を起こし、広い範囲で大きな被害をもたらすため、大変おそれられている。発病したイネは、葉が黄色～橙黄色になり、株は萎縮し、分けつ数は減少し、穂は出すくみ、不稔粒や変色米が多くなる。田植え後早い時期に感染したイネは 60～100 % 減収となる。病徴は品種によっても異なり、感染してもほとんど被害を生じない品種もある。病原体は、イネツングロ桿菌状ウイルス（rice tungro baciliform badnavirus, RTBV）とイネツングロ球状ウイルス（rice tungro spherical waikavirus, RTSV）である。RTBV は桿菌状で、2重鎖の DNA ウイルス、RTSV は多面体で、単鎖の RNA ウイルスである。両ウイルスはともにタイワンツマグロヨコバイなどのヨコバイ類により媒介される。媒介虫による両ウイルスの伝搬様式は、半永続的で、発病株で吸汁した媒介虫はすみやかにウイルス伝搬能を獲得し、数日間保持する。RTBV はツングロ症状を生じるが、単独では媒介虫により伝搬されず、その伝搬には RTSV の助けを必要とする。一方、RTSV は、軽い萎縮を生じるのみであるが、単独で伝搬され、RTBV のヘルパーとしてツングロ病を拡散する。RTSV は、ツングロ病の発生していない地帯でも、独立の病気として広がることがあるが、被害が軽いため、気づかれずに見過ごされていることが多い。九州で 1973～74 年に発生した "イネわい化ウイルス" は、RTSV と同一種とされている。ツングロ病の防除は、殺虫剤の散布による媒介虫の防除、品種抵抗性の利用ならびに耕種法によっている。イネの周年栽培地帯では、媒介虫が年中発生し、病気が急速に広がることが多く、周辺にツングロ病が発生している場合の経済的要防除水準は低く、農薬散布による防除は困難である。熱帯アジアでは、ツングロ病抵抗性品種が広く栽培されている。抵抗性品種の多くはタイワンツマグロヨコバイに対する耐虫性を持ち、一部は RTSV 抵抗性を持っている。しかし、利用された耐虫性は必ずしも安定でなく、耐虫性品種の多くは、数年間広く栽培された後、耐虫性に適応したヨコバイの発生により、ツングロ病に対する抵抗性を失ってきた。現在安定な抵抗性を目指したウイルス抵抗性品種の育種が進められている。熱帯地域では地域毎にイネの作期を揃え、作期の間に一定の間作期を置くとツングロ病の発生が抑えられることが知られている。インドネシアの南スラウェシでは、1983 年以来、この方法によるツングロ病の総合防除が実施されている。

（日比野啓行）

**ツンチャオダム**（tuong cao dam）

ベトナムの発酵食品。米、大豆、食塩を発酵させたペースト状のものであり、野菜、肉、魚用のソースとして使用される。タンパク質 12～15 %、還元糖 8～10 %、食塩 12～15 %。

（林 清）

**ツンパンサリ**（tumpangsari）→アグロフォレストリー、農林複合農業

## て

**ディーアイディー** DID（densely inhabited district）→都市化

**ていおんすわり 低温坐り**（Low temperature setting）→坐り

**ていかっせいねんど 低活性粘土**（low activity clay）

熱帯の丘陵地や台地に分布する生成年代の古い土壌では、いわゆる強い風化作用を受けた結果、化学的に反応性に乏しい粘土が富化する。すなわち、風化に伴って易溶性塩基が溶脱し、引き続いて粘土鉱物の骨格をなすケイ酸が溶脱する。そのため、土壌中の粘土鉱

物組成に，2：1型ケイ酸塩鉱物の占める割合が減少し，1：1型ケイ酸塩鉱物の割合が増加する．さらに風化が進むと，風化抵抗性の強い鉄・アルミニウムの（加水）酸化物と石英が相対的に濃縮され，赤色の強風化土壌が生成する．強風化の結果生成した粘土を低活性粘土と呼ぶ（→風化）．アメリカ農務省（USDA）の土壌分類である Soil Taxonomy の中で，酸性・低肥沃度の熱帯強風化土壌の代表的なものは Oxisols である．Oxisols として分類するときに特徴土層として用いられる Oxic 層の定義は以下のとおりである．(1) 比較的粘土含量が高い（> 15 %）．(2) 粘土の陽イオン交換容量（CEC）および有効陽イオン交換容量（ECEC）が小さい．すなわち，それぞれ $\leq$ 16 cmol (+) kg$^{-1}$ 粘土，$\leq$ 12 cmol (+) kg$^{-1}$ 粘土である．(3) 易風化性鉱物（長石，雲母，有色鉱物）をほとんど含まない．また，同じく熱帯に広く分布する低肥沃度の Ultisols, Alfisols の特徴土層として用いられる kandic 層でも上記の CEC, ECEC の規定が適用されている．これらは，2：1型ケイ酸塩鉱物がもつ高い永久荷電性と，火山灰土壌で卓越する非晶質粘土が示す高い変異荷電性を排除するための規定である．つまり，粘土あたりの負荷電量が小さいことが強風化土壌の中心概念であると考えられている．熱帯強風化土壌では負荷電のほとんどが1：1型ケイ酸塩鉱物の末端や，鉄・アルミニウム酸化物に由来する変異荷電であることが，低活性粘土の中心概念になる．土壌学の分野では，低活性粘土は Uehara (1979) によって定義された．すなわち，比表面積が 100 m$^2$g$^{-1}$ より小さいか，変異荷電性粘土に富むために CEC で表わされる表面荷電密度が低い，あるいは，その両方を示す粘土とされている．低活性粘土が多い土壌では，養分保持力に乏しく化学的に不活性であると考えられるが，その反面，土壌粒子は鉄やアルミニウムによって結合しているため，粘土が分散しにくく透水性・排水性に優れた性質を持つ．ブラジルのセラード高原には低活性粘土に富む Oxisols が分布しているが，土壌酸性は弱く，降水量が多いものの排水性に優れているため水管理はそれほど難しくない．むしろ，東南アジアの熱帯サバナ気候下に広範に分布する低肥沃度，強酸性の Ultisols では，乾季には水不足が，雨季には排水不良や強酸性の問題が顕在化するため，農林業にはリスクが大きいと考えられる．

〔櫻井克年〕

**ていこうせい（さくもつのむしにたいする）抵抗性（作物の虫に対する）**(resistance) →耐虫性

**ていこうほう　蹄耕法**(hoof cultivation)
メン羊あるいはウシを過放牧し，播種床を設ける造成法．傾斜地の草地造成に向く．

〔江原　宏〕

**ティーシーエーサイクル　TCAサイクル**(tricarboxylic acid cycle) →解糖系

**ティーじがためつぎ　T字型芽接ぎ**(T-budding) →接ぎ木

**ていしょとくこく　低所得国**(low income country) →開発途上国

**ていしょとくすいじゅんのわな　低所得水準の罠**(low level equilibrium trap) →開発

**ディーゼルきかん　ディーゼル機関**(diesel engine)
ガソリン機関とともに代表的な内燃機関であり農産業用としては同様に広く受け入れられている．燃料がガソリンではなく軽油あるいは重油といった低価格の低質燃料で作動することから経済的である．ドイツの Rudorf Diesel により発明された．

熱効率：ガソリン機関の 25〜28 % に比較して熱効率は幾分高く，約 30〜35 % である．

構造：ガソリン機関が空気と燃料であるガソリンの混合気をシリンダー内に吸入するのに対し，ディーゼル機関では空気のみを吸入し，きわめて高い圧縮比（約 11〜22）で圧縮する．ピストンによる圧縮が最高に達した上死点付近で燃料である重油または軽油が高圧力（30〜100 MPa）で噴射される．

短時間に完全燃焼を終わらせるには，吸入空気に渦流を起こさせることが有効である．渦流を起こすには，吸入工程の空気流動を利用する流入渦流，圧縮行程中に発生させるピストン渦流，部分燃焼によって生じた圧力を利用する燃焼渦流がある．こうした目的から燃焼室には直接噴射式，渦流室式，予燃焼室式などがある．

重要構成部分：ディーゼル機関の心臓部は燃料を圧送する燃料ポンプと燃焼室に高圧で燃料を噴射する噴射ノズルである．燃料噴射ポンプは燃料を所要の圧力と正確なタイミングで圧送する機能が求められる．燃料噴射ポンプから送られてくる高圧燃料が噴射ノズルを通じて，粒径 10～100 μm の霧状となって燃焼室に噴射され，多数の火炎核が生じて自然発火する．

保守：ガソリン機関のように電気系統がないのでメインテナンスは比較的容易である．特に長期間運転しない場合の保守では気化器が不要なため残存燃料による気化器内での燃料変質，およびメーンジェットノズル内の詰まりなどのトラブルがない．したがって長期間放置した機関でも燃料系の点検で容易に始動ができる．始動が困難な場合は始動可能な状態でクランクし，燃料が噴射しているかどうかを音で確認すると良い．2～3回クランク軸を回転（これをクランキングという）したとき燃料が正常に噴射していれば「ジッ，ジッ」といった音を聴くことができる．この音が聞こえたら必ず機関は始動する．保守のための機関の分解組み立てでは，燃料ポンプの次段に位置する吐出弁（delivery valve）に注意を要する．プランジャで吐き出された燃料が逆流しないための逆止弁であり，球状の弁がバネで圧着された状況で油路を塞いでいる．燃料の圧力が大きくなるとバネの力を凌ぐため，瞬間的に圧力の平衡が崩れ，燃料が逆止弁を通過して燃料パイプに送られる．分解時にはこのバネをなくすことが多い．組み立てて試運転をするときに始動しないほとんどの場合は，このバネが挿入されていない場合が多いので注意を要する． （伊藤信孝）

**ていとうにゅうじぞくがたのうぎょう　低投入持続型農業**（low input sustainable agriculture）

レイチェル・カーソンの『沈黙の春』によって警鐘が鳴らされた農薬問題への関心，石油危機を契機にした化石エネルギーに依存した農業への反省，あるいはローマクラブが指摘した「成長の限界」への認識など，すでに1970年代から農業と環境との関係に関心が高まっていたが，1980年代に入って深刻な農業不況に陥ったアメリカでは，これまでの農業のあり方を見直そうとする機運が急速に高まった．そして，連邦環境保護局が地下水の最大の汚染源は農業であるという報告を出すに至って，従来の資材多投入型農業に代わる新たな農法を求める動きが1980年代半ばから農業省などを中心に始まった．1984年に設置された代替農業（alternative agriculture）に関する委員会は，投入資材を軽減し，農場内の物質循環や生物の相互作用を活用している多くの農家事例を集め，その広範な調査結果から，アメリカ農業が進むべき持続的な代替農業の方向を提唱した．それが，LISAとも略称される低投入持続型農業である．作物輪作の導入，総合的害生物防除（integrated pest management）の推進，土壌保全のための耕うん法の改良，有機物の利用と農場内循環の確立，耕種部門と畜産部門の複合化などによって，投入資材の削減を実現しながら，環境の保全，生産性の維持，生産物の安全性の確保を図ろうとする総合的な農業技術政策として，政府の強力な支援のもとにこの農業の普及が進められた．その背景には，世界的に関心が高まっている地球環境問題に配慮しながら，世界における食糧大国としての地位を確保しつづけようとするアメリカ政府の強い意志が働いていた．

低投入持続型農業がどういう農業であるのかについて明確な定義があるわけではない．

「代替農業技術は，明確に定義された，ある一つの農作業や経営の組み合わせをさしているわけではない．むしろそれは，生産コストの削減や，健康や環境への配慮，生物の相互作用や自然の物質循環の利用などに向けて歩み始めた農家が使っている一連の技術と経営の選択肢にすぎない」(National Research Council, Alternative Agriculture, 1989) とあるように，低投入持続型農業の具体的な内容は生産者によっても，また地域によってもさまざまである．ただ，熱帯農業との関連において注目される点として，この農業が推進されるなかで持続型農業における生物間の相互作用などをあつかう農業生態学的な研究が進展したことをあげることができる (Gliessman, S. R., Agroecology, Sleeping Bear Press)．経営規模が小さく，しかも栽培される作物構成種や農業に関わる生物群集が非常に多様な熱帯地域では，アメリカのような大規模経営のもとで進められる低投入持続型農業をそのままあてはめるのは難しく，熱帯のそれぞれの地域に固有な持続的農業の方向性を探る上で，農業生態学的な研究手法が大いに期待されるからである． 　　　　　　　　　　　　（田中耕司）

**ていぼう　堤防**（embankment, river bank）
河川からの溢水によるはん濫を防止するため，河川に沿って堤防が設けられる．堤防で守られる土地を堤内地，河川側を堤外という．
なお，堤防とは一般にこうした目的で作られた人工構造物を指すのに対し，河川下流部において洪水の土砂堆積で自然に形成された沿岸の高みは自然堤防（natural levee）と呼ばれる．また，溜池の堤・土手は日本語では堰堤だが，英語では区別されない．
堤防によって，大河川の洪水を定められた河道に完全に閉じこめることは難しい．大規模堤防の破堤は，洪水被害をかえって大きなものにしかねない．上流に大規模ダムを建造して洪水流を貯め込むことをしない限り，溢れるところでは溢れさせ，遊水池・遊水地を確保した上で，守るべきところを堤防で守る，という考え方が必要である．また，霞堤のような，はん濫を防ぐというより，はん濫流の勢いをそぐための堤防も有効である．
　　　　　　　　　　　　（後藤　章）

**ティルス**（tirs）→熱帯土壌

**デオキシリボかくさん　デオキシリボ核酸**
（deoxyribonucleic acid, DNA）
デオキシリボ核酸（DNA）は，デオキシリボースという糖に4種類の含窒素塩基であるアデニン（略号 A），グアニン（略号 G），シトシン（略号 C），チミン（略号 T）が結合したヌクレオシド（nucleoside）にリン酸基が結合したヌクレオチド（nucleotide）を基本単位としたポリヌクレオチドからなる巨大分子である．通常，細胞内では2本のポリヌクレオチドが，互いに等距離で規則的な周期をもつ二重らせん構造をとるが，双方のポリヌクレオチド間は，塩基であるAに対してはTが，Cに対してはGが対になって結合している．これを相補的塩基対という．この構造は，ワトソンとクリックによって1953年に発見された．DNA 内の塩基配列の一部は，遺伝子として働き，その配列の RNA への転写，翻訳を経て，タンパク質が合成されるので，DNA 内の塩基配列は遺伝情報を担っているといえる．真核生物の核にある染色体は，DNA とタンパク質からなる構造であるが，細胞の遺伝子のほとんどはこの DNA に含まれていて，細胞分裂にともなって正確に複製され，娘細胞へ分配される．しかし，DNA は紫外線や特殊な薬品によって損傷し，突然変異の原因となる．遺伝子を含む塩基配列のみを DNA から切り出して，クローニングベクターと呼ばれる別の生物の DNA 内に挿入すると組み換え DNA となる．DNA を特定の塩基配列部位で切断する酵素を制限酵素と呼び，遺伝子組み換えなど，DNA を扱うさまざまな実験で用いられる．DNA の塩基配列を調べることによって，その中の遺伝子の働きを知るだけでなく，塩基配列の相同性から，親子鑑定や品種鑑定を行うこともできる．
　　　　　　　　　　　　（夏秋啓子）

**でかせぎ　出稼ぎ**（migrant, temporary worker）

出稼ぎには，一国内での農村から都市への一時的移住と，国際的な労働移動の2種類がある．いずれにせよ，その多くは季節労働であり，農閑期の所得源として重要な役割を果たす．また，所得水準の低い家計において所得上昇手段として出稼ぎが行われるとともに，天候などによる不確実性の大きい農家家計では，所得源を多様化し部門間の所得を平準化するため，家計メンバーの一部は都市で就労し，残りのメンバーは農業および農村非農業生産活動に従事するという戦略がとられることも多い．国内の農村から都市への出稼ぎは都市化を促進させるが，都市フォーマル部門の雇用が出稼ぎ者を吸収できない場合，残りの人々は都市インフォーマル部門に吸収される．また，国際的な労働移動は受入国にとっては労働コストの削減，本国にとっては出稼ぎ者の送金による本国の所得の上昇といった利益を生むが，受入国の雇用問題との調整など政治的・社会的・文化的な問題を生起させる．　　　　　　　　　　　（上山美香）

**てきおう　適応**（adaptation）

動植物が環境の変化に対して遺伝的，生理的，および行動的に反応し変化することをいう．気候的・地勢的などの環境の変化に対して，生体の機能的反応が一定の方向性を示していると判断される場合に適応現象として説明可能となる．適応した結果は，形態学的・生理学的・生態学的側面に長い時間を経て現れてくるので，その判断には動植物比較論的な広範な知識が必要とされる．遺伝的適応とは，自然淘汰による進化論的変化の場合と人為選抜による育種学的変化の場合に大別され，後者は持続するためには環境制御も重要となる．　　　　　　　　　　　（建部　晃）

**てきかざい　摘果剤**（chemical fruit thinner）→摘花・摘果

**てきか・てきか　摘花・摘果**（fruit or flower thinning）

摘花・摘果は，果実肥大の促進，品質の向上，翌シーズンの結実確保のために有効な園芸技術である．早い時期に摘花・摘果を行う方が樹木への負担を少なくし，効果が大きい．そのため摘蕾を行うこともある．ドリアンでは花叢あたり2〜3花残して摘蕾する．また，開花後1〜2カ月までの幼果時の摘果によって，残した果実の細胞数が増加し，大果を期待することができる．しかし，幼果期までに摘果を完了させようとすると，不時落果に対処できなくなる危険性があり，2〜3回に分けて作業する方が望ましい．カンキツなどで隔年結果の著しい場合は，数本の枝を選んですべての花蕾を摘む部分摘果を行うとよい．摘花・摘果には手摘み・機械摘果・薬剤摘果があるが，熱帯では機械を用いることはまれである．摘果剤・摘花剤には花や果実に障害を与えて脱落させるものとホルモンの作用によるものとがある．前者には石灰硫黄合剤・マシン油・DN（dinitro-化合物）剤などがあり，後者にはNAA・Carbaryl（商品名Sevin日本ではデナポン）・Ethephon（商品名エスレル）・Ethychlozate（商品名フィガロン）などがある（日本で摘果剤・摘花剤としての認可のないものを含む）．摘果剤の処方は果樹の種類やステージによって異なるので注意を要する．また，薬剤のみによって適正な着果数を得ることは困難であり，仕上げの摘果を手作業で行うのが好ましい．　　　　　　　　　（樋口浩和）

**てきかせんたん（とったん）　滴下尖端（突端）**（drip tip）

熱帯の植物には葉の先端が長く伸びる，あるいはするどく尖るものが多い．インドボダイジュがその例であるが，傘の骨の先のように，葉の上の水滴をすばやく流し，光合成を活発にするための適応と考えられている．
　　　　　　　　　　　　　　　　（渡辺弘之）

**てきせいぎじゅつ　適正技術**（appropriate technology）

文化的，地理的に異なる集団はその置かれた環境に適合的な技術を保有するという考え

に立つ技術思想，およびそれに基づいて創出された技術をいう．その端緒は，地場のニーズを満たすための地場生産をうたった M. K. Gandhi の思想にさかのぼる．1960 年代の中国の自力更生路線，70 年代の「もうひとつの開発」，「中間技術論」を提唱した Schumacher の著書 "Small is Beautiful" の刊行（1973 年，邦訳『人間復興の経済』は 76 年刊）などにより，世界的に普及した．適正技術の条件として，環境との調和，低コスト性，地場の原料の利活用，就業機会の創出，小規模性，容易な使用および維持管理，容易な製作，協同の促進，再生可能エネルギーの利用，分りやすい技術構造，状況変化への柔軟な対応，特許などの費用の不要，非暴力性などが指摘される．なお，適正技術の他に，技術の特質に対する力点の置き方の違いによって，中間技術，村落技術，人民の技術，的中技術などの類似概念がある．　　　　　　　　　（水野正己）

**テクタイト**（tektite）

黒曜石に似た暗緑色～黒色のガラス質物質である．形状は球・厚みのある円・だ円・紡錘形・薄板状など多様であり，表面も気泡による小さなくぼみが無数にあるものから気泡の少ない滑らかなものまで多様である．このような形態から，テクタイトはガラスが溶融した状態で空中を飛行し，過去の地表面に散在したと考えられ，実際のテクタイトの産出も過去のある時期に地表面であった層準からである．テクタイトの成因としては，巨大隕石が地球に衝突した際に地表物質が溶融した状態で空中に飛散し，それが急冷してガラス化したものとする説が有力である．これまでにテクタイトの分布が知られている地域は，オーストラリアから東南アジア一帯，アフリカ中部と北部，東欧，北米に限られる．テクタイトは瞬間的に地表に散在した物質とみなされるので，その年代と産出層準は当時の地形・地表状態を推定する際の重要な資料になる．　　　　　　　　　　　　（吉木岳哉）

**デザートペーブメント**（desert pavement）

→乾燥地形

**データバンク**（data bank）

コンピュータによる情報検索に対応して統一的に管理された情報の集合体を指すが，情報集積される前のソフトウェアシステムをいう場合もある．ともに同じ意味で使われる用語であるが，最近はデータベースの用語が多用されるようである．インターネットによる情報提供が増大一途の現状にあり，途上国を中心にした熱帯農業に関する情報を収集することは容易になりつつあるが，AGRIS の活用が最も重要である．AGRIS（International Information System for the Agricultural Sciences and Technology）は，FAO を中心とした世界の 150 以上の国および国際機関の協力によって作成されている途上国中心の農業研究・技術に関する文献データベースである．1976 年以降現在までの収録件数は，約 290 万件にも及び毎年 10 数万件追加されていく状況にある．日本は，1975 年より年間約 6 千件の情報を提供している．農学文献データベースとしては英国で作成されている有名な CAB などがあり，AGRIS は文献の絞り込み困難とか抄録がほとんど付与されていないないなどの欠点もまま感じられるが，両者に収録対象に相違があるので丹念に検索すれば貴重な情報が得られることは間違いない．　（建部　晃）

**データベース**（data base）→データバンク

**てつ　鉄**（iron）

原子量 55.85 の鉄族金属であり，Fe と略記される．動植物にとって必須微量元素である．植物では鉄は葉緑素の合成に不可欠である．また，光合成や呼吸に関連する酵素活性や窒素固定微生物の活性に必要である．鉄が欠乏すると若い葉から黄化が生じる．土壌中には多くの鉄が含まれるがその吸収性は低く，特に石灰質土壌では鉄の溶解性は減少し鉄欠乏が生じやすい．動物では植物同様に呼吸に関連する酵素活性に不可欠であり，ヘモグロビンの必須構成成分でもある．穀類や草類には通常充分な鉄が含まれるので欠乏は生

じにくいが，ミルク中の鉄含量は低いので受乳中の動物では鉄欠乏による貧血が生じやすい．　　　　　　　　　　　　　　　（松井　徹）

**てつしゅうせきそう　鉄集積層**（iron illuvial horizon）

酸化鉄 $Fe_2O_3$ は還元状態では水に溶けやすい二価鉄（$Fe^{2+}$）に変わる．水に溶けた二価鉄は，土壌水の動きに従って上→下，下→上，横方向に移動して酸化的部位に到達して沈殿し集積層を形成する．

熱帯地方でラテライト皮殻が灰白色の pallid zone の上に乗っているのは pallid zone における鉄の還元溶解と上方への移動，酸化的表層での酸化沈殿を示している（→ラテライト化）．疑似グライ土など排水不良な台地土壌では水は土壌中を横方向に動き，その水が鉄を還元溶解する．二価鉄を溶解した停滞水が酸化的表層に近づくと溶解している二価鉄を酸化沈殿させる．

排水の良い低地水田土壌では，作土から還元溶脱した鉄 $Fe^{2+}$ が酸化的下層土で沈殿し鉄集積層およびマンガン集積層を形成する．

なおポドゾルでも灰白色の溶脱層の下に鉄を主とする集積層が形成される．ポドゾルの場合は溶脱への還元の関与が弱い場合（乾性ポドソル）と強い場合（湿性ポドソル）がある．　　　　　　　　　　　（三土正則）

**てつせき　鉄石**（ironstone）→ラテライト化

**デメバエるい　デメバエ類**（eye-stalked flies, Diopsids）

複眼が長い柄部の先端にあり，トビメバエ（突眼ハエ）とも呼ばれる．熱帯に生息，アジアにも産するが，特にアフリカに多く，*Diopsis* 属の種は，50 余種が知られている．イネ害虫として，西アフリカに分布する *D. thoracica*（*D. macrophthalma* は異名，成虫体長 8～10 mm，翅端に斑紋なし）と *D. apicalis*（成虫やや小型，翅端に黒斑あり）がいる．前種では，卵は 1 粒ずつ若穂・茎に産下．孵化幼虫は葉舌部より茎に侵入，心枯れを起こす．しかし，葉鞘部が食害されて黄変・枯死することはなく，メイチュウ加害と区別可能．被害は分げつ期に起こり，出穂後は起こらない．年中水のある湿地水田に多いが，陸稲でも被害がある．心枯率 80 % にも及ぶことがある．野生イネ *Oryza barthii*，スゲ *Cyperus difformis* にも寄生．乾期を幼虫・蛹で，または湿地帯にて群で過ごした成虫は雨期の到来により性的に成熟，雌は産卵を開始．イネ品種間で被害差あり．*D. apicalis* 幼虫も，イネに被害を与えるが，前種やメイガの幼虫を食い殺すこともある．stem borers と呼ばれたこともあったが，今はそのようには呼ばれない．
　　　　　　　　　　　　　　　　（持田　作）

**デュリばん　デュリ盤**（Duripan）

Soil Taxonomy で定義された，盤層の一つ．シリカ $SiO_2$ で膠結された次表層で，長時間水に浸けても崩れないが，熱 KOH で処理すると崩れてくる．火山灰の風化初期の露頭などで，デュリ盤だけが突出し上下が崩落しているのがみられる．→盤層　　（三土正則）

**テラスかんがい　テラス灌漑**（terrace irrigation）

傾斜地をテラス状に造成して重力灌漑する方法．ルソン島のイフガオ州やバリ島の棚田で典型的に見られる．　　　（河野泰之）

**テラスこう　テラス工**（terracing）

斜面を横断して畦畔状の土塁（テラス）を築き，表面水を緩やかに流す代表的な土壌保全工法．斜面が長大になるほど，下流に向かって多量の表流水が集まりガリ侵食を誘いやすい．斜面の途中で表流水を集め，土壌侵食を起こさない流速で，安全に集水路に導くために設けられる．テラスに沿って縦断方向にわずかに勾配をつけた傾斜テラス（graded channel terrace）が一般的であり，横断面形状から緩斜面では広幅型（broad base terrace），やや急斜面になるにつれて畝型（steep back-slope terrace）になる．また，乾燥地では，流出水を湛え土壌水分をかん養（water harvesting）する水平テラス（level terrace）や，急

傾斜地では，高い畔を築き斜面を削って傾斜を緩めながら階段状にした階段テラス (bench terrace) がある．さらに，流出水に懸濁した微細な土壌成分を沈降させて捕捉するために，流末で表流水を滞留させながら管路でゆっくりと上澄みを排水するテラス (impoundment terrace) などが工夫されている．
（松本康夫）

**テラスさいばい　テラス栽培**（terrace cultivation）

傾斜地の斜面を段々畑状にし，土壌侵食の防止と土壌水分保持に効果がある．→棚田
（林　幸博）

**テラローシャ**（Terra roxa）→熱帯土壌

**テラ・ロッサ**（Terra rossa）

夏乾燥・冬湿潤な地中海性気候下で，石灰岩上に発達した赤色の土壌．テラ・ロッサはイタリア語で赤い土の意．炭酸塩は洗脱され，遊離の炭酸塩は存在しないが，塩基飽和度は比較的高く反応は中性〜微酸性である．遊離の塩基を含まないので粘土の凝縮が起こらず粘土の下方移動が進み，粘土集積層を形成している．粘土はカオリナイトが優勢であるが，塩基飽和度は比較的高く，反応は微酸性〜中性である．Soil Taxonomy の Rhodoxeralfs に相当する．

おなじ石灰質母材に由来しても，比較的若く粘土の集積層をもたない褐色の土壌はテラ・フスカ（ラテン語の「褐色の土」の意）とよぶ．
（三土正則）

**デルタ**（delta）→三角州．

**デルタ 13 シー　デルタ** $^{13}C$（$\delta^{13}C$）

炭素には，通常の炭素 $^{12}C$ 以外に，質量数 13 の安定同位体 $^{13}C$ がある．$^{13}C$ の $^{12}C$ に対する存在比の標準試料に対する偏差をデルタ $^{13}C$ といい，次の式で求める．

$\delta^{13}C$ (‰) = [$R$(sample) / $R$(standard) $-1$] $\times 1000$．ただし，$R = {}^{13}CO_2/{}^{12}CO_2$

この値は通常，負の値になり，値が低いほど $^{13}C$ の割合が少ない．植物が炭酸固定する場合，$^{12}CO_2$ と $^{13}CO_2$ を分別するが，この程度が炭酸固定回路の種類，植物種，生育状態などで異なる．$C_3$ 植物の炭酸固定酵素 Rubisco は $C_4$ 植物の PEPcarboxylase に比べて $^{13}CO_2$ を排除する傾向が強いため，$C_3$ 植物では $C_4$ 植物に比べてより低い $\delta^{13}C$ 値を示す．$C_3$ 植物では，葉内での $CO_2$ の拡散や Rubisco での炭酸固定の過程で分別が起こる．その分別の程度は，葉内と外気の $CO_2$ 分圧の比 Ci/Ca に比例する．また，光合成速度と蒸散量の比である水利用効率も Ci/Ca に比例することから，デルタ $^{13}C$ は水利用効率の指標として使うことができる．
（寺尾富夫）

**テレコネクション**（teleconnection）

遠隔結合，遠隔相関ともいう．互いに遠く離れた場所の気圧や高度の間に有意な相関関係があり，気象学的に結びついていると考えられること．例えば，北太平洋中部で気圧が低いと，アメリカ東岸の気圧も低くなる (PNA パターン) が，これは，偏西風帯の中に数千 km もの長い波長をもった波があって，大気現象が関連しあっているために生じる．冬季の 500 hPa 天気図において，PNA（太平洋・北アメリカ），EA（東大西洋），EU（ユーラシア），WP（西太平洋）パターンの四つが，相関係数 0.72〜0.86 の高い相関を持つテレコネクションパターンとして抽出される．これらは熱帯で放出される多量の凝結熱や山岳の地形効果による局地的な外力によって励起されたロスビー波が，非一様な場を伝播するため生じると考える理論が有力であるが，波の伝播以外のメカニズムも働いていることが示唆され，最近では，海洋の変動などとの関係も重視されている．
（佐野嘉彦）

**テレンタン**（terentang）→付表 18（南洋材（非フタバガキ科））

**でんきとうせき　電気透析**（electrodialysis）→分離，膜分離

**てんぐすびょう　てんぐ巣病**（witches' broom）

主として木本において，枝の一カ所からぜい弱な枝が異常に数多く密生し，外観がほう

き状あるいは塊状になる病気の総称．草本の茎で発生することもある．その病徴がてんぐ（天狗）の巣を連想させるためついた病名．英名は「魔女のほうき」の意味である．病葉は生育不良となることが多く，木本では枯死することもある．ファイトプラズマ，菌類，あるいはダニ類の寄生が原因となる．ファイトプラズマによるジャガイモてんぐ巣病やサツマイモてんぐ巣病はヨコバイ類によって伝搬される．また，サクラてんぐ巣病は子のう菌 *Taphrina wiesneri*，アスナロてんぐ巣病は *Blastospora betulae* など菌類の感染によって起きる．この場合，菌類の感染によりホルモンの異常を招いててんぐ巣症状を呈する．

(夏秋啓子)

**テンサイほりとりき　テンサイ堀取機**
(beet harvester)

テンサイの根部を掘り取る収穫機．テンサイは，葉の部分と根の部分に分けられるが，収穫前，あるいは収穫と同時工程で葉の付け根部分である冠部を切断する作業が行われる．これをタッピングと称している．これを行う機構をビートタッパといい，フィーラホイールとタッピングナイフから構成している．

機種としてはトラクタ直装型のビートタッパによるタッピングのあとに掘り取りを行うテンサイ堀取機とビートタッパを装着したテンサイ掘取機がある．後者のビートタッパを装着式のテンサイ掘取機にはタッピング後直ちに掘り取る，すなわちタッピング工程と掘り取り工程を直列に配置したタイプとタッピング工程と掘り取り工程を並列に配置した機種がある．

作業能率は，トラクタ直装ビートタッパ＋テンサイ堀取機の体系で 25〜28 a/h（作業速度 1.3〜1.7 m/s），タッパ装着式テンサイ堀取り機（2 条用）で 20〜21 a/h（作業速度 1.2 m/s）程度である．　　　　(杉山隆夫)

**でんしせん　電子線**(electron beam) →ソフトエレクトロン

**てんじょうがわ　天井川**(raised bed river)

堤防内の砂れきの堆積により，河床の高さが周囲の平野面より高くなった河川．平野部で洪水を防ぐために堤防を建設し，河道を固定化すると，砂れきの供給堆積がさかんな河川では堤防内での堆積が進行して河床が高くなり，ふたたび氾濫の危険が増す．氾濫を防ぐために堤防をかさ上げするとさらに河床が高くなる．このような繰り返しにより，本来の河床面である周辺平野部より著しく高い河床をもつ天井川が形成される．扇状地の河川や，崩壊しやすい岩石の山地から流出する河川は，運搬する土砂やれきが多く，天井川になりやすい．典型例として，中国の黄河下流部（5〜10 m），ライン川下流部，富山県の常願寺川，近江盆地の草津川などがある．

(水野一晴)

**てんすいいねさいばい　天水稲栽培**
(rain-fed rice cultivation)

天水田で営まれる稲作である．雨期には湛水する畦畔があり田面は水平であるが，用排水路がない．雨量が不安定で収量は一定しない．→天水田　　　　　　(安田武司)

**てんすいじょうばたこうさく　天水常畑耕作**(rain-fed permanent upland cropping)

灌漑システムをもたない畑作栽培の最もプリミティブな耕作方法で移動式耕作（焼畑）から進歩した発展形態として位置付けられる．Joosten (1962) によると *R* 値（*R* 値は耕作年数を全土地利用期間（＝耕作年数＋休閑年数）で割った％で示した値）が 66 以上を常畑として定義し，休閑期間の短くなった形態と捉えることが出来る．移動式耕作（焼畑）からの常畑化への条件としては土壌水分と肥沃度の確保が必要とされ，土壌条件のよい地域に常畑化は限られる．水分条件は作物を替えることで対応するなど伝統的技術をもっている地域もある．例えばインド，南ネパールなどでは雨季の降雨が少ないとシコクビエが植えられ，十分な降雨あると水稲が栽培されるという降雨条件による作物選定が実施され

ている．また肥沃土の確保は肥料の投入のほかマメ科作物との混作や緑肥の導入などが工夫されている．さらに丘陵地における常畑化には土壌侵食の問題もかかえることになる．
(西村美彦)

**てんすいでん　天水田**（rain-fed paddy field）

作物生産（通常は水稲生産）に必要な水を，直接降る雨水や自然に流入する雨水流出水に依存する水田．→天水稲栽培　(渡邉紹裕)

**てんすいのうぎょう　天水農業**（rain-fed agriculture）

農地での作物生産に必要な水を，人工的な水路などの施設によって供給するのではなく，天水，すなわち雨水によってまかなう農業を天水農業という．水路などを建設して必要な水を供給することによって生産を行う灌漑農業（irrigated agriculture）と対比される．天水農業には，農地に直接降下する雨水に依存する場合と，周辺あるいは遠方に降った降水の流出水が，比較的低位部の作物生産の場に自然に流入して，生産に利用される場合がある．前者の場合は，作物の生育期間中に，十分な量の降雨が適当な間隔で降らないと，安定した生産は期待できない．後者の場合は，大河川下流デルタなどの低平地で，雨季の河川の増水が自然に流入するところで見られるが，長期間湛水されることが多いため，ほとんどは水稲が生産される．

世界的に見ると，農地（約15億 ha）の内灌漑農地は約15％に過ぎず，残りの農地では天水農業が営まれている．
(渡邉紹裕)

**でんせんせいむにゅうしょう　伝染性無乳症**（contagious agalactia）

*Mycoplasma agalactiae* または *M. capricolum* subsp. *capriocum*, *M.mycoides* subsp. *mycoides* LC, *M. putrefacies* が原因となるヤギ，メン羊の感染症で，乳房炎，関節炎，角結膜炎などを発症する．(江口正志)

**てんてき　天敵**（natural enemies）

ある生物個体群について，食物連鎖の上位にあって死亡要因として働くほかの生物．病害虫雑草防除・管理では，有害生物（pests）の個体数を減ずるように働く偽寄生者・捕食者・病原体（pathogen）・植食性動物を指す．
→生物的防除．　　　　　(持田　作)

**てんてきかんがい・てんてきかんすい　点滴灌漑・点滴灌水**（drip irrigation）

パイプ等を圃場に設置し，その小孔から作物の根本周辺のみに用水を滴下する灌漑方法．乾燥地に適した灌漑方式で，水利用効率を高めるだけでなく，塩害を軽減できる．→畑地灌漑，灌水法
(黒田正治・中野芳輔・河野泰之)

**でんどう　伝導**（conduction）→顕熱放散，体温調節機構

**でんどうき　電動機**（electric motor）

電動機は電気エネルギを機械式エネルギに変換する機械装置である．種類としては大別して4種類ある（図13参照）．

上記の中でも農業用には誘導電動機（induction motor）が最も広く利用されている．構造が簡単，安価，取り扱い容易，良好な性能に加えて，故障・振動・騒音なども少ないのがその理由である．欠点といえば回転速度が一定で変えることができないことである

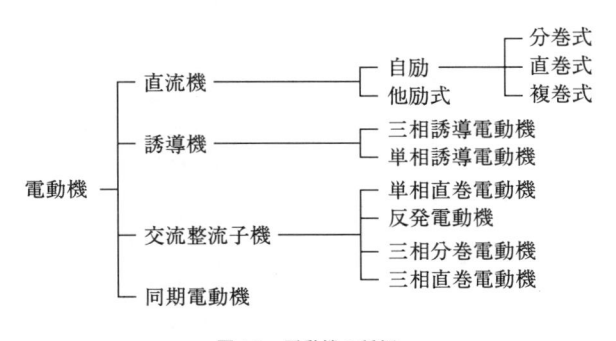

```
                              ┌─ 分巻式
              ┌─ 直流機 ──┬─ 自励 ──┼─ 直巻式
              │           └─ 他励式  └─ 複巻式
              │
              ├─ 誘導機 ────┬─ 三相誘導電動機
  電動機 ──┤              └─ 単相誘導電動機
              │
              │                 ┌─ 単相直巻電動機
              ├─ 交流整流子機 ─┼─ 反発電動機
              │                 ├─ 三相分巻電動機
              │                 └─ 三相直巻電動機
              └─ 同期電動機
```

図13　電動機の種類

が，回転速度を変える必要のない定速度での運転であればほとんど問題はない．

電動機が作動する原理は，磁石のN極とS極の間に自由に回転可能な円板（銅またはアルミ製）を配置し磁石を円盤に沿って回転すると，円板が磁束を切り円板内に渦電流が流れる．この渦電流と磁束の間にはフレミングの左手の法則が成り立ち，円板に回転力が生じる．この円板はアラゴの円板（Arago disk）といわれ，誘導電動機はこの原理を用いている．三相誘導電動機は固定子の巻線に三相交流を流すと磁場の方向が次々と変化し回転磁界を生じる．アラゴの円板に相当する回転子がこれを追って回転する．三相電源が容易に得られる所では単相よりも価格の安価な三相誘導電動機が有利である．

構造は簡単で主要部分を掲げると次のようである．すなわち固定子（stator）を構成する鉄心と固定子巻線，発生した動力を取り出す回転子（rotor），その回転子の両端を支持する軸受けから構成される．また長時間の運転から発生する熱を逃がすための冷却羽根（fan）が一般には装備されている．さらに軸受け端にはカバーとなるエンドブラケットが装着されている． （伊藤信孝）

**でんとうてきのうこうぎじゅつ　伝統的農耕技術**（traditional cultural technology）

熱帯地域では，1960年代に始まった「緑の革命（green revolution）」以前には，技術の導入・改良の主な担い手は，村に暮らしてきた農民であった．改良の基本となる「理論的根拠」は，日々の観察と試行錯誤による経験である．したがって，例え外来の技術が導入されたとしても，その技術の適用には村という在地がもっている自然・社会環境が無意識のうちに考慮されていた．技術の導入・改良が引起す環境の変化は，農民の予測の範囲である．この条件を備えて発展してきたのが，在地の技術としての伝統的農耕技術の特色と言えよう．地域，村々によって自然・社会環境が違えば，当然，技術内容も異なっている．

環境適応力に優れ，農民が主体的に継承し易い，つまり，農民にとって親しみやすく，持続性がすでに備わった技術的な特徴を指摘し得る．しかし，自然環境に対する適応力を高めるために，概して，収量性を抑えた品種，栽培技術によって成立し，地域差が大きく普遍的ではないことが，一般的なマイナスの特徴とされてきた．「緑の革命」を支えた近代的農耕技術は，正反対の特徴を備えていたが，当初思ったほど近代的農耕技術は農家に受容されず，導入の結果は農村社会に富の不平等を拡大させたと指摘されるに至り，改良品種，化学肥料，農薬，動力灌漑などの個別技術の組み合わせに終始した普及への反省から，作付体系（cropping system），営農体系（farming system）という総合技術の視点が，技術の改良・普及に関する政府主導の事業に新たに加えられることになり，1970年代末から実際に農家が参加する方法が積極的に選択されるようになった．これを契機に，生産性という効率の物差しだけでは把握できない環境適応力に優れ，社会経済的にも無理のない持続的農業を支える技術として，伝統的農耕技術が再評価されるようになった．日本人にとって未知である熱帯地域の自然・社会環境で，技術の開発・普及に携わろうとする人は，在地の技術を学ぶことから始めることが，是非求められよう．村に暮らしてきた農民の言葉に素直に耳を傾け，栽培技術に学ぶことで，取り組まなければならない真のニーズも見えて来るのである． （安藤和雄）

**でんばたりんかんこうさく　田畑輪換耕作**（paddy field and upland rotation）

水田を一時的に畑に変えて畑作栽培し，一定期間後には再び水田に戻して水稲を栽培する．輪作体系の一つで，畑作物にはマメ科が多い． （林　幸博）

**テンパリングかんそう　テンパリング乾燥**（tempering drying）

一般に，収穫後の穀物の含水率は30% w.b.以下の場合が多く，減率乾燥となる．こ

こでは，穀粒内部からの水分拡散に支配され，穀粒表面からの水分蒸発能力に比べて内部からの水分補給は小さく，乾燥速度は時間とともに減少する．すなわち，通気乾燥を長時間連続しても乾燥速度は低下し，通気は十分な水分を吸収せずに排出され，効率は悪くなる．

そこで通気を一定時間休止すると，穀粒表面からの蒸発は制限されるが，内部からの水分拡散が続いて表面近くの水分は上昇し，通気を再開した時には容易に蒸発できるようになり，連続通気の場合よりも短い実通気時間（少ないエネルギー投入量）でより大量の水を乾燥できることが知られている．このような休止期間を挟んだ乾燥方法をテンパリング乾燥と呼び，実用的には間欠通気を採用したり，テンパリングタンクを使用して行われる．

(木村俊範)

## テンペ (tempeh)

テンペはインドネシア原産のダイズ発酵食品で，ジャワ島住民に親しまれている．1600年代には存在していたらしく（ザ・ブックオブテンペ，シャートレッフ&アオヤギ，1985），伝統的な発酵食品といえる．納豆の仲間には，日本の納豆，ネパールのキネマ，タイのトゥアナオなどがあり，これらはいずれも細菌で作られるが，テンペは納豆の仲間とはいえ，糸状菌の"くものすかび"（リゾープス属糸状菌）で作られる．形状は，ダイズ一粒一粒が白い菌糸で覆われたケーキ状である．製造工程は次のとおり：ダイズの洗浄，加熱，浸漬，脱皮，排水，種菌の接種，充填，発酵．一般に，糸状菌は乾燥・低 pH に耐え，細菌は湿潤・中性 pH を好む．このことから製造の際，ダイズの皮と実の間に水が残るのを防ぐため脱皮したり，乳酸発酵で pH を下げるなどの工夫がみられる．テンペの種菌にはウサールとラギテンペがある．ウサールはハイビスカスの葉で作られ，ラギテンペはキャッサバデンプン粕で作られたものである．米国農務省北部研究所の Hesseltine によると，テンペ製造が可能なリゾープスには，*Rhizopus oligosporus*, *R. stolonifer*, *R. formosaensis*, *R. achlamydosporus*, *R. oryzae*, *R. arrhizus* などがあるが，現在では彼らにより同定された *R. oligosporus* NRRL 2710 株が最も適しており，広く使用されている．この菌の特徴は，その名が示すとおり「胞子が少ない」点にあり，白い良いものができる．またタンパク・脂質の加水分解能が高く，強い抗酸化物質を生成し，好ましい香りを与える．安全性に全く問題はない．本菌の生育温度は 30〜42℃，生育 pH は 3.0〜7.5 と幅広い．テンペの性状は次のとおりである．無塩，白いケーキ状，納豆のようなクセがなく淡泊な風味，薄くスライスでき料理の素材として幅広く使える，消化性がよく栄養価が高い，高タンパクで肉に比べ低カロリー，コレステロールを含まない，不飽和脂肪酸が豊富，ビタミン B 群が多い，食物繊維，ミネラル，レシチンも豊富．さらにイソフラボンによる活性酸素除去作用や活性酸素除去を触媒する酵素が発見されている．現地のテンペにはビタミン $B_{12}$ が含まれているものもある．$B_{12}$ は抗悪性貧血作用があり，レバーなど肉類に多いが，ダイズなど植物起源の食品にはない．糸状菌も生産しない．テンペの $B_{12}$ は混入した細菌 *Klebsiella pneumoniae* により作られる．本細菌の食品への利用は避けた方が無難であろう．インドネシアでの調理法は揚げるのが一般的で，ステーキ状には厚めに切り，スナック状には薄めに切り，揚げる．アメリカでは，コレステロールを含まないタンパク源として一時注目され，テンペバーガーやソーセージなど，いろいろな形態で商品化された．日本でも岡山県で，テンペ味噌，ハトムギテンペ，テンペコロッケなどの商品化の試みがみられている．

(岡田憲幸)

## てんりゅう 転流 (translocation)

緑葉などのソース器官で生産された光合成産物，あるいは根で吸収された無機養分が貯蔵器官や生長中の組織などのシンク器官に移動すること．異なる器官間の転流は維管束に

存在する篩管を通って行われ, 炭水化物は主にショ糖の形で移動する. 転流物質のまでおよび篩管から実際の利用部位までの移動経路は, 原形質連絡を通るシンプラスト経由の場合と一旦細胞外に出るアポプラスと経由の場合とがある. 後者の場合, 転流物質が原形質膜を通過するための輸送タンパク質が介在することが多く, 近年, 糖やアミノ酸のトランスポーターが多く発見されている. 篩管を通らない同一器官の細胞間での炭水化物などの移動も転流と呼ばれるが, 同様の移動経路を通るのかどうかは明らかでない. (寺尾富夫)

## と

**トアナオ**(tua nao)
日本の納豆に似たタイの発酵食品. 蒸し大豆を竹筒に詰めバナナの葉で覆い, 3～4日発酵する. 加熱調理後, 食する. 乾燥したトアナオもある. (林 清)

**どう 銅**(copper)
原子量63.55のアルカリ金属であり, Cuと略記される. 動植物にとって必須微量元素である. 植物では葉緑体に多く存在し, 光合成に関与する酵素の活性に不可欠である. また, 生体内における多くの酸化還元反応に関与する酵素の活性に必要である. 銅欠乏は有機質の多い土壌やアルカリ性の土壌で生じやすい. 欠乏症としてはムギ類では新葉の先がコヨリ状となり, 出穂した穂軸は伸びず, 不稔となる. カンキツ類では若枝の樹皮に水ほうができる皮疹症となり, 欠乏が進行すると枝枯れとなる. 銅の過剰は鉄, 亜鉛, マンガンの二次的な欠乏を生じる. 動物でも酸化還元酵素の活性に必須である. また, 動物体内の鉄輸送に関与しており, コラーゲンやエラスチンの成熟にも不可欠である. 欠乏すると毛の脱色, 貧血, 成長不良, 下痢, 運動失調を生じる. 反芻動物ではモリブデン過剰により吸収が抑制され, 欠乏症が生じやすくなる.
(松井 徹)

**トウガラシ** →香辛料野菜, 付表29 (熱帯野菜)

**どうがれせいびょうがい 胴枯性病害**(canker)
主に木本植物の若木や成木の茎幹を侵して巻き枯らしを起こす病気の総称で単に胴枯病と称することもある. 熱帯・亜熱帯地域では多犯性の赤衣病とボトリオディプロディア胴枯病の二つが代表的な病気である.

赤衣病 (あかごろもびょう) は熱帯・亜熱帯に広く分布し, 枝や幹の樹皮表面を, 白色のち淡桃色の菌糸膜が覆い, 覆われた樹皮はやや陥没しやがて亀裂を生じて巻き枯らしとなり, 上部は萎凋して枯れる. 一般にアカシア・マンギウム・モルッカネム・メキシコライラック・ディゴなどマメ科樹木は高感受性であり, カンキツ・ビワなどの果樹や, マホガニー・コーヒーノキ・モクマオウ・ユーカリなどの特用樹・林木などにも激しく発生し, 胴・枝枯れ被害を起こす. (→赤衣病)

ボトリオディプロディア胴枯病 (Botryodiplodia canker) は, 不完全菌類, 分生子果不完全菌 (Coelomycetes) の *Lasiodiplodia theobromae* による樹木の病気で, 主に木本植物の樹皮を侵し, やや陥没した淡褐色から灰褐色の病斑を形成, 樹皮表面に径1～2mmのいぼ状隆起を多数形成し, 頂部から黒色の胞子 (分生子) 粘塊を溢出する. 病斑が茎幹を一周すると上部は萎れて枯れる. 熱帯・亜熱帯地域に広く分布し各種樹木の胴枯れ・枝枯れを起こすが, パパイア・マンゴ・グアバ・バナナ・キウイフルーツなど熱帯果樹類の果実の軸腐れや腐敗も起こす. また温帯地域でも胴・枝枯性病害を起こす. 病原菌は時に有性世代 (テレオモルフ: *Botryosphaeria rhodina*) を形成するが, 伝播は主に分生子による. 分生子は雨滴の飛沫や雨水の流下にともなって分散し, 地上に流れた胞子は乾燥後に土埃とともに風により分散する. また, 分生子塊上を通過する昆虫類の体表に付着して分散することもある. 発芽適温は25～30℃にある.

マホガニー・ココア・マメ科樹木類・キダチヨウラク・アメリカフウ・パラゴムノキ・アカキナノキ・キンコウボクなどの被害が大きく，発生誘因としては旱ばつのほか，樹冠の枝葉の大きい樹種では風による枝基部の損傷がある． (小林亨夫)

**どうぎいでんし　同義遺伝子**（multiple genes）→量的形質

**とうきゅうせんべつき　等級選別機**（grader）

青果物などの選別に利用することが多く，外観品位を選別するものと，糖度や味などの内部品位で選別するものがある． (杉山隆夫)

**どうけいせつごうたい　同型接合体**（homozygote）

特定の遺伝子座に関し対立関係にある対立遺伝子のすべてが機能的，座位的に相同である接合体をいう．ホモ接合体ともいう．

1対立遺伝子では，（AA），（aa），2対立遺伝子では，（AABB），（AAbb），（aaBB），（aabb）の遺伝子型をもつ個体をいう．すべての遺伝子について同型接合の個体からなる系統を純系といい，自殖や同系交配を繰り返して得ることができる．しかし，厳密には純系を育てることは困難であるので，着目する形質に関してはホモであり，他は著しい変異を伴わなければ純系とすることが多い．

(秋濱友也)

**とうけつせいえき　凍結精液**（frozen semen）→人工授精

**とうけつほぞん　凍結保存**（cyropreservation）

動植物，微生物などの組織を液体窒素やフリーザーなどを用いて凍結して保存する技術．動物では繁殖のために精子を液体窒素中に，微生物では糸状菌などの保存技術の一つとして液体窒素やフリーザーに保存する技術が実用化されている．植物では種子の多くがそれ自体保存性が高いこと，栄養体は保存後の再生のための培養操作による変異発生の危険性などのため，実用的な利用例は少ない．用いられる材料は冬芽や茎頂などの成長点を含む器官，培養細胞などで，クワやナシの冬芽では段階的に温度を下げた後に液体窒素やフリーザーに保存する予備凍結法（prefreezing method）がほぼ確立されている．茎頂では凍害防御剤（グリセロールや糖など）を加えて予備凍結後に液体窒素中で保存する方法や，高調液を加え予備凍結なしでいきなり液体窒素中に保存するガラス化法（vitrification method）などがある．栄養繁殖性作物の二重保存技術（圃場保存の補完技術）として検討されている場合が多い． (白田和人)

**とうこうせんさいばい　等高線栽培**（contour farming）

斜面の等高線方向に沿って畝（横畝）を立てたり，作条して作物を栽培する営農様式．条間に窪地（畝間）を作り，斜面に発生した表流水を畝間に沿ってゆっくりと流しながら，また浸透させることによってリル侵食の発生を抑制する代表的な土壌保全農法である．土壌保全効果は畝間の排水性に左右され，激しい降雨の時や不規則な斜面では畝の決壊を招きやすく，いったん決壊すると斜面が急なほど連鎖的な土壌侵食につながる．斜面の勾配と畝間の排水性に応じた適正な適用限界がある．また畝間流末が集水路に誘導されていない場合には，畑面の境界に沿ってガリ侵食を誘うことがある．強い降雨があったり，急傾斜地では枕畝などを挿入しながら傾斜畝や上下畝（縦畝）になる．広大な欧米の緩傾斜地では，土壌保全の効果を高めるために帯状作付（strip cropping）を併用することが多い．斜面を等高線方向に帯状に区切り，牧草と作条作物や穀物を交互に植え付けて，たとえ畝が決壊しても牧草によって土壌が捕捉される効果を利用したものである． (松本康夫)

**どうしついでんしけいとう　同質遺伝子系統**（isogenic line；isolines）→多系（混合）品種

ある特定形質の発現に係わる遺伝子だけを異にして，ほかのすべて（または大部分）の遺

伝的背景を同じくする系統をいう．戻し交雑や突然変異により作出される．

同質遺伝子系統は，個々の遺伝子の機能や遺伝子間の働き合いを生理・生化学的に調べる基礎的研究に大変に有効である．また，実用的には，多型（混合）品種（multiline）の育成に不可欠である．

例えば同質遺伝子系統の種子を別々に増殖しておき，病原菌レースの構成変化に対応して，系統の種子を混合する．感受性品種も入れる．稲のいもち病抵抗性の例では感受性系統は混合していない．採種時，罹病度によって系統の種子生産性が異なり，また，多系（混合）品種の中の抵抗性の割合は変化するので，品種の抵抗性割合を維持するための種子生産には注意が必要である．

| 1回親（抵抗性給源） | 反復親 | 同質遺伝子系統 | 多系（混合）品種 |
|---|---|---|---|
| D1 (R1) / 5 * A (+) | → | A (R1) | → |
| D2 (R1) / 5 * A (+) | → | A (R2) | → |
| D3 (R3) / 5 * A (+) | → | A (R3) | → |

（藤巻　宏・横尾政雄）

**どうしつばいすうたい　同質倍数体**（autopolyploid）→倍数体

**とうしゅこう　頭首工**（head works）

河川，地下水などの水源から用水路へ水を取り入れるための施設．河川の場合，堰と取水口などを合わせて呼ぶ．　　　（佐藤政良）

**とうすいせい　透水性**（water permeability）

土壌における水の移動の難易を透水性という．土壌の透水性は，農耕地の雨水獲得や侵食，作物への水供給，酸化還元状態，養分の溶脱などに影響を及ぼす．水田などのように，土壌孔隙が水に満たされた状態での土壌水の流動を浸透あるいは飽和透水という．この場合，水は水圧と重力により下方に移動し，その速度は，孔隙の大きさや量，屈曲の程度，連続性などで決まる．畑のように孔隙が必ずしも水で満たされていない状態での土壌水の流動は浸潤あるいは不飽和透水と呼ばれ，浸潤部先端の気相-液相界面のメニスカスに生じる負圧毛管力と重力により水が移動する．透水性の測定は，一般に100 ml容あるいは400 ml容の採土円筒で採取した非攪乱試料を実験室に持ち込み定水位法か変水位法で，あるいは野外ではシリンダー法やオーガーホール法などにより行う．なお，現場土壌の透水性は土壌表層のクラストおよび植物根や土壌生物がつくる管状の粗孔隙の有無などにも左右される．　　　　　　　　　（田中　樹）

**とうすうさくげん（ほうぼくかちくの）頭数削減（放牧家畜の）**（destocking）→牧畜開発

**とうた　淘汰**（culling）

生産能力がよくないとか，遺伝的疾患などの望ましくない形質がみられるとか，不治の病気にかかっているなどの理由により，繁殖に供用しないことを意味する．（建部　晃）

**どうにゅうえんげいさくもつ　導入園芸作物**（introduced horticultural crops）

在来作物に対し，近年温帯あるいは熱帯の他地域から導入された作物を導入作物と呼ぶ．地域で長い歴史を持つ在来作物に比べ，導入作物はその栽培に問題が生じることが多いが，熱帯地域では経済発展に伴う食生活の多様化に伴い，近年特に温帯作物の導入が盛んである．温帯野菜の場合，花芽分化や結果（アブラナ科野菜など），球形成（タマネギ），ランナー発生（イチゴ）などに低温・長日などが必要な野菜があり，導入の際問題となる．また，温帯果樹の場合，休眠・花芽分化が不規則となることが多い．これらの問題については，適応品種の導入・育成，好適栽培法の開発などにより，徐々に解決に向いつつあり，今後も，導入作物の栽培が増加すると思われる．また，熱帯他地域からの導入については，地域発展の手段として，環境条件の似た地域から導入される場合が多く，成功例もあるが，利用法の普及など，栽培以外の要素も関係しており，必ずしもうまくいく場合ばかりではない．　　　　　　　　　　　（縄田栄治）

**どうにゅうかじゅ　導入果樹**（introduced fruit crops）
　特定の国あるいは地域において，原産ではなく外部から移入した果樹の種類をいう．主要熱帯果樹の原産地は，インド西南部・中国南部（マンゴ，ビワ，カンキツ），東南アジア（バナナ，マンゴスチン，ドリアン），中央アメリカ（パパイア，パイナップル，アボカド，パッションフルーツ）などであるが，交易に伴って原産地以外の地域にも導入が進み，現在では各々の種類の適応可能な気候条件を有する地域に広く分布し，栽培されるようになった．導入後，各々の地域において品種改良が進められ，栽培条件や市場の特性に応じた新たな品種がつくられている．　　（片岡郁雄）

**とうはんさきゅう　登坂砂丘**（climbing dune）→乾燥地形

**どうはんさくもつ　同伴作物**（companion crop）
　主作物と同時に播種され，収穫は別に行われる作物のこと．マメ科牧草と禾穀類の組み合わせが一般的．随伴作物ともいう．
　　　　　　　　　　　　　　　（根本和洋）

**とうひかせつ　逃避仮説**（escape hypothesis）
　母樹のまわりでは種子や実生の死亡率が高く，その結果母樹から一定の距離をおいた部分で多数の後継樹が生き残るとする仮説（Janzen, 1970）．現在までの調査で，この説に適合する例も数多く見つかっている．このような現象が生じるのは，捕食者が母樹や，高密度で生育する種子・実生に誘引されるため，あるいは寄生者が母樹から由来したり，感染の確率が種子・実生の高密度集団で高いためとされている．翼を持ってはいるが散布距離の短いフタバガキ科などの種子は，母樹近傍や高密度集団内での高い死亡率から逃避するという適応的な意味をもっていると考えられる．　　　　　　　　　　　（神崎　護）

**どうぶつえん　動物園**（zoological garden）
　国内外の珍しい動物を展示するのみの事業から，動物へのストレスを緩和する工夫が尊重されるようになってきて，施設の形態が多様化している．同時に，希少動物の繁殖を重視し，近親交配を防ぐデータベース化や国内外の園の動物の貸し借りによる協力が進行している．今後，動物園の社会的任務が拡充されるものと期待される．　　　（建部　晃）

**とうぼく　頭木（トウボク）**→萌芽更新（pollarding）

**とうみ　唐箕**（winnower）
　穀類の選別に用いられ，比重の差を利用して，風力で充実の良い精粒と充実の悪い屑粒・わら屑・ごみなどに分ける機械である．
　人力用と動力用があるが，現在では大半が動力用である．
　構造は，ろ斗・送風機，選別風胴からできており，ろ斗から落下した穀粒は，送風機から送られた風で，比重の重い精粒は手前の1番口に，軽いしいなや屑粒は2番口へ，わら屑やごみなどは唐み先の三番口に選別される．それぞれの間には，仕切板があり，仕切板の上下高さまたは角度を調節して，選別状態を調整できるようになっている．
　風の強さを調節するためには送風機の両側面の吸気口の大きさを変えるか，送風機のカバー下面のカバーを開いて行うようになっている．　　　　　　　　　　　（杉山隆夫）

**とうみつ　糖蜜**（molasses）→製造副生産物
　製糖工場での製造副生産物．主成分は糖分で，嗜好性が良いために家畜の飼料に利用される．　　　　　　　　　　　　　　（矢野史子）

**トウモロコシ**（maize, corn, *Zea mays* L.）
　トウモロコシは世界の3大食用作物の一つである．原産地は中央・南アメリカとされているが，その原種は明らかではない．その栽培は寒帯を除き世界全域に分布している．現在世界のトウモロコシ生産の約40％（1999）をアメリカが占めており，その4分の1を世界各国に輸出している．熱帯の途上国では，特に，中南米，アフリカ各地および東南アジ

アの畑作地帯では重要な主食として栽培されている.

トウモロコシは雌雄異花で，他殖性作物である．胚乳のデンプンの種類と分布によってフリント，スイート，デント，ポップ，ワキシー種などに分類される.

低緯度の熱帯で栽培されている品種は一般に，日長と温度の変化に対してきわめて敏感に反応する．熱帯におけるトウモロコシの生育日数は80日から150日に及び，各種の作期や作付体系に合わせて各種の品種が栽培されている．トウモロコシは耐乾性が他のイネ科雑穀類に比べて劣る．特に，栄養成長期から開花期にかけて要水量が多く，雨季の中休みが開花時期にあたると被害が大きい.

トウモロコシには各地に多くの在来種が存在し，利用されているが，一代交配による $F_1$ 雑種，あるいは多品種の相互交配からなる混成品種が育成されている．近年，先進国では遺伝子組換えによる除草剤耐性品種が育成され，普及しつつある.

CIMMYT（国際コムギ・トウモロコシ改良センター）では各種の改良品種を育成し，途上国に普及あるいは育種素材として提供している．同センターの調査によれば，熱帯の国々で改良品種（$F_1$ ハイブリッドを含む）の栽培面積比率は約50％以上に達している.

熱帯の畑作地帯では，トウモロコシは単作より他作物（マメ類，根菜類，イネ科雑穀など）と間混作で栽培されること多い．トウモロコシは養分要求度の強い作物であり，肥沃な土壌と多肥条件が多収の基本であり，途上国で施肥量の不足から改良種の能力が十分に発揮されないのが現状である.

熱帯では病虫害の発生が多く，特記すべき病害としては，東南アジアにおけるべと病（Sclerospora ssp.）がある．タイではべと病抵抗性品種として Suwan-1 が育成されたが，さらに，これに早熟性，多収性を付加した Suwan-2, -3 が育成され，近隣の東南アジア，さらにはアフリカ，南アメリカの国々の育種素材として利用されている．インドネシアでは Arjuno，フィリピンでは IPBvar-1, -2 が育成されている．虫害ではアワノメイガの被害が多く，各地で抵抗性品種が育成されている.

トウモロコシの子実は成熟期に 25～40％の水分を含むために，収穫後の脱穀，乾燥が順調に行われないと腐敗し，また貯蔵中に *Aspergillus flavus* 菌により発がん性物質アフラトキシン（aflatoxin）が産出されるので注意が必要である． (廣瀬昌平)

**トウモロコシだつりゅうき　トウモロコシ脱粒機**（corn sheller）

トウモロコシの穂軸から子実を分離して脱粒する定置式機械である．トウモロコシ脱粒機には人力用と動力用の2種類があり，トウモロコシの穂の投入孔数により1穴式，2穴式，4穴式に分けられる.

動力用には，つめを全面にもった脱粒円板とかさ歯車上のみぞ付きロールと両者を結ぶばねにより，回転差を利用して脱粒するばね式と螺旋状の溝付きシリンダとコンケーブによって，一方向から供給オーガで供給し脱粒するシリンダ式がある.

穀粒水分が高いと損傷が急激に増加するため，穀粒水分が20％以下に乾燥した状態で脱粒する必要があるが，動力式で750～1,000 kg/h，人力用で90～140 kg/h程度の作業能率である． (杉山隆夫)

**とうりょうさくもつ　糖料作物**（sugar crops）→雑種強勢

**どうりょくきかい　動力機械**（powered machinery）

動力機械は一般に動力とそれを用いた機械ということで Power and Machinery の用語で用いられることが多い．ここでは動力装置または動力源を有し，その動力で自走および作業する機械を指す意味で Powered machinery としてある．普通農業機械はそれ自身が動力源を内装するものと，動力は外部から得て所定の作業を遂行するものに分けられる．前者

の代表的なものにトラクタ，コンバイン，ブルドーザなどがある．また後者については動力源を有する機械（例えばトラクタ）の作業機（アッタチメント attachment という）として利用されるものでそれ自身での作業は不可能である．耕うん機械としてのプラウやロータリはその代表的なものであるが前者はトラクタにけん引されて耕うん作業をするのに対し，後者はトラクタが内装する動力取り出し装置（PTO, Power take off という）から回転動力を得て所定の耕うん作業を遂行する．

動力源には石炭を燃料とした蒸気機関，自然エネルギーを利用した風車や水車，天然ガスや化石燃料を用いた内燃機関，ジェット機関などがあるが，農業として最も広く利用されているのがディーゼル機関およびガソリン機関である．蒸気機関は産業革命の象徴として広く利用されたが石油の発見から急速にその地位を奪われ，今や人類は石油にエネルギーの100％を依存しているといって過言でない．可搬性，制御性，インフラ整備をふまえた安定供給，品質管理，取り扱い性などを考慮しても，石油に勝るものは現時点では見あたらない．しかしエネルギーの大量消費は環境破壊に比例するため，再生可能で安全かつ安定供給が可能なバイオマス燃料が近年注目されつつある．バイオマス燃料のように，含酸素燃料は内燃機関での燃焼の後も排気ガス中の有害排気ガス成分が少なく，環境に優しいエネルギーとしても期待されつつある．またバイオマス資源としては単位量当たりの生産量が高い高効率のバイオマスで短期間に急速に最終段階まで成長する植物が有望視され，樹木よりはむしろイネや雑草の方が有利との提言もある．ただ現時点ではバイオマスからのエタノールの生産コストが高く，石油に対して競争力がない．しかしイネを例に取ると玄米のみならず，わらも葉も全てを利用するホールクロップ（whole crop）利用によってかなりのコストダウンがはかれるとの

報告もある．最近自動車産業では燃料電池の実用化が急速に進行しつつあり，水素生産の原料としてエタノールやメタノールが必要との観点からもバイオマスからの燃料生産は必務である．

（伊藤信孝）

**どうりょくさんぷんき　動力散粉機**（power duster）
粉状の農薬などを送風により散布する機械を散粉機と称する．これには，人力式と動力式があり，動力散粉機には背負形，電動式前掛け形，車輪形がある．水田作業には背負動力散粉機が多く利用されている．構造は粉剤を入れるタンクと粉状農薬を十分解離し，空気中に分散させるための送風機とそれを駆動する原動機，かく拌装置，粉剤供給口，調量装置，装着具および噴頭からなっている．多く利用されている背負式は動力として空冷2サイクルガソリンエンジン（$1.1〜2.9\,kW$）が用いられている．噴頭や噴管のみの取り替えにより，粒剤，粒状肥料や種粒などの散布が可能である．さらに，薬剤タンクに薬液吸込管と加圧ポンプを取り付けて，噴管先端にミスト噴頭を接続して，ミスト機としても使用できる．粉剤用多口ホース噴頭はパイプダスタともいわれ，長さ$30〜50\,m$で，直径約$10\,cm$のビニルなどのパイプで下側に吐出口を持っている．

（笹尾　彰）

**どうりょくふんむき　動力噴霧機**（power sprayer）
噴霧機は吸い込んだ液剤農薬をポンプで加圧し，これを噴口から噴出することにより微粒化した液滴粒を散布するものである．加圧の動力源としてエンジンなどを使用するものを動力噴霧機と称する．

動力噴霧機は可搬形，定置形，走行形に分けられる．機体は動力伝達機構，加圧部，脈動防止装置，圧力調節装置，ホース，ノズルおよび動力源（エンジンなど）から構成されている．動力源として$2〜3\,kW$の4サイクル空冷ガソリンエンジンを用い，Vベルト・

プーリーで伝達される物が多い．加圧部はピストン式，プランジャ式，ダイヤフラム式の3種が，ダイヤフラム式は耐久性などの点から日本ではあまり普及していない．シリンダ数を多連にしたり，空気室を装備して，脈動（間欠的吐出し）を防止している．また，過大な圧力に対して機体を保護するために圧力調節機構が組み込まれている．　　（笹尾　彰）

**とうろく　登録（家畜の）(registration)**
家畜の品種ごとの斉一性を高めるために，毛色などの体型上の特徴や望ましい能力などを定め，条件を満たす個体のみを選別し，その個体固有の名前と番号を付与・記録することが登録の最初の手順である．登録の信頼性を高めるためには，その個体の名号，登録番号と生年月日のみならず，その個体の両親と繁殖者や所有者が明記されることが肝要であり，これが血統登録の基本となっている．無論，外貌上の特徴である毛色・斑紋・鼻紋などが記載されることが必要であり，個体識別の信頼性を与えるものである．これらに加えて，体尺測定値や能力などの情報も付加されることがある．種雄牛の場合には，血液型や既知の遺伝病を引き起こす因子を保有しているかどうかの情報も重要なものである．
（建部　晃）

**とうろくきょうかい　登録協会 (breed society, registration association)**
一般に，登録協会は家畜の品種別に設立されており，わが国の乳牛（ホルスタインとジャージー）や肉牛（黒毛和種，日本短角種など）の登録が数十年以上にわたり継続実施されている．競走馬や種豚も登録協会があり，先進国では犬・猫などの愛玩動物も登録協会が設立されることが多い．血統登録と体型審査の主要な業務に加え，全国規模の育種事業，共進会や広報活動などを通じて家畜の遺伝的改良に貢献している．しかし，途上国の主要な家畜であっても，個体識別がされながらも地道な登録が蓄積されていく組織化された登録協会の設立に到達しないことが多い．小さな群単位から大きな集団になればなるほど，登録の果たす役割が大きくなり家畜改良も進展するが，途上国では登録という情報のインフラ整備が未発達のままであることが多い．
（建部　晃）

**とうろくしゅし　登録種子 (registered seed)** →原原種・原種

**どうわれ　胴割れ (cracking of brown rice)**
玄米に亀裂が生じることを胴割れといい，日本の穀物検査規格では被害粒とみなし，その混入量が規制されている．胴割れ米発生の主な原因は，乾燥，吸湿に伴って，米粒内部と表面に水分勾配が生じ，収縮や膨張歪によるものとされている．胴割れの測定は，農業機械学会の定めた以下の基準で行われる．
① 定義：玄米の胚乳部に亀裂の生じている粒をいう．② 分類：i．軽胴割れ粒‥精米上の影響が少なく，買い入れ検査の際に被害粒として計数されない程度の胴割れ．ii．重胴割れ粒‥検査の際に被害粒として計数される程度の胴割れ粒．③ 測定方法：すべて整粒の玄米で行い，測定粒数は250粒前後が望ましい．
（吉崎　繁）

**とくせいひょうか　特性評価 (characteristic evaluation, charactarization)**
育種素材，生物学研究素材，中山間地域の農業振興作物として利用が期待される植物遺伝資源についてはさまざまな特性を評価して種子や穂木などの生殖質とともに利用者に提供する必要がある．特性評価は生物の遺伝的特性を明らかにすることであり，一次特性，二次特性，三次特性がある．一次特性は個々の遺伝資源を外見から識別できる形態または生態的特性である．イネでは稈長，穂長，穂数，玄米長，玄米幅，出穂期などであり，一般に圃場で栽培して調査・観察する．二次特性は耐冷性，耐乾性などの環境ストレス，いもち病，白葉枯病などの病害抵抗性，トビイロウンカ，ツマグロヨコバイなどの虫害抵抗性など，主として育種の素材として遺伝資源を利用する場合有用な特性である．三次特性

は収量や生産物の特徴に関する特性である．イネでは玄米重，千粒重，腹白の程度，アミロース含量などである． （長峰　司）

### どくそ　毒素 (toxin)

生物体が作る毒性の強い物質を毒素という．微生物が産生する毒素では，外毒素（エクソトキシン，細菌タンパク毒素），内毒素（エンドトキシン，細菌内毒素），マイコトキシン（かび毒，カビの産生する二次代謝物のうち，ヒトおよび動物に病変あるいは異常な生理活性をもつ物質でアフラトキシンなど→マイコトキシン）などがよく知られている．植物病理の分野では病原菌が分泌する細胞毒性物質を毒素と定義しており，非特異的毒素と宿主特異的毒素がある．非特異的毒素は菌によって分泌され，宿主細胞を殺して防御力を喪失させる作用があり，これによって菌は宿主内に侵入増殖する．これに対して宿主特異的毒素 (host-specific toxin) は，宿主においてのみ毒素の作用が現れ，菌の毒素の生成能力の有無と病原性の有無が一致し，病害抵抗性の品種間差異と毒素耐性の品種間差が一致するなどの特徴があり，ナシ黒斑病菌など *Alternaria* 属の病原菌の毒素がこれに当たる．
（小林紀彦）

### とこじめ　床締め (compacting of subsoil, subsoil compaction (compacting))

水田において漏水による作物の生育障害を軽減するため，心土に対して行う鎮圧作業．
（江原　宏）

### ドーサ (Dosa)

米粉とブラックグラム粉に食塩と水を加え一晩発酵を行い鉄板の上で丸く薄く焼き上げる． （高野博幸）

### としか　都市化 (urbanization)

都市化の本来の意味は，産業の高度化とともに，これまで農村であった地域が都市へと発達することであるが，人口の都市化という場合は，都市自体の成長，発展を表わすというよりは，むしろ農村人口が既存の都市に移住することによって，都市人口が相対的に増加することをいう．全人口に占める都市居住者の割合の推移をみると，もともと都市居住比率の高かったラテンアメリカでは，1980年の65％から98年には75％に増加し，80年に20％強でしかなかった東アジア，南アジア，サブサハラアフリカにおいても，98年にはそれぞれ35％，27％，33％に上昇している．ただし，国によって都市の定義が異なるため，各国の統計を比較する場合には注意が必要である．都市への人口の集積は，集積の経済や規模の経済による費用低減などの便益を提供し，また，安価な交通手段，社会的文化的施設などさまざまな便益をもたらすとされるが，他方で，急激な人口増加に対して住宅や社会環境などのインフラ整備が追いつかず，社会サービス供給の低下，犯罪や環境汚染，交通混雑の増大などの問題を惹起するという現実がある．近年の途上国における都市拡大には目覚しいものがある．以前は巨大都市の多くは先進国に存していたが，今日ではその大部分を途上国の都市が占めており，また人口増加が著しいのはすべて途上国の大都市である．その結果，国連の推計によれば，2010年には世界15大都市のうち12都市は人口1,500万人以上の途上国都市が占めるとされている．こうした都市化が惹起する問題には，都市への人口移動による都市－農村間の問題と，都市内部における問題とがある．前者では，インフラ整備など都市偏重の政策によって，向都移動に拍車がかかるほか，所得・教育・保健衛生水準などの格差拡大が深刻な問題を生むとされる．都市内部の問題で最も深刻なのは都市貧困層の問題である．都市への急激な人口流入は，出身地，エスニックグループおよび所得階層別居住区を作り出したが，住宅供給の不足や社会インフラの未整備などの問題から，低所得者層の居住区にはスラムや貧民街が増えている．貧困層の大多数はインフォーマル部門に従事し，低所得で，生活保障もない．こうした都市内部の所得格差の拡大や犯罪の増加など，都市環境の

悪化の要因になっている． （上山美香）

**としのうぎょう　都市農業**（urban agriculture）

農産物市場が近い都市部は，生産物や生産資材の運搬に有利な立地特性から，集約的な野菜や生乳生産が行われる傾向がある．しかし，1980年代の構造調整策期のアフリカ諸国では，都市住民による自給的農業の隆盛をみた． （安延久美）

**としバイアス　都市バイアス**（urban bias）

都市・工業部門の振興に偏った途上国の開発政策の特質を表現する用語． （水野正己）

**どしゃどめ　土砂溜**（sedimentation tank）
→農地保全，土壌保全

**どじょうおせん　土壌汚染**（soil pollution）

土壌の汚染は，その上に生育する植物の汚染となり，その植物を経て食物連鎖につながる動物の汚染を引き起こす恐れがある．神通川流域土壌のカドミウム汚染が，地域住民のイタイイタイ病の原因となったことを思い出せば，土壌汚染の重大さがわかるであろう．土壌汚染には汚染の原因物質によって有機物による汚染（→），重金属による汚染（→），放射性核種による汚染（→）などがある．最近問題となることの多いダイオキシンは有機物汚染の代表例であろうし，神通川のカドミウムは重金属汚染の最も身近な例であろう．放射性核種による土壌汚染で深刻な問題となった事例は，わが国では幸いにしてまだないが，1986年のチェルノブイリの原子力発電所の事故は北ヨーロッパの広い範囲で土壌汚染を引き起こした．わが国のいわゆる土壌汚染防止法は，これらのうち重金属汚染の一部（カドミウム，銅，ヒ素）を対象とするに過ぎない．近年，各種汚染土壌の修復（レメディエイション）法の研究に高い関心が集まっている． （久馬一剛）

**どじょうおんどレジーム　土壌温度レジーム**（soil temperature regime）

Soil Taxonomyの中で用いられている土壌温度特性の定量的定義を指す．土壌温度とは深さ50 cmにおける温度である．土壌温度レジームは，年平均土壌温度（MAST）と夏期の平均土壌温度および冬期の平均土壌温度の差によって，Cryic, Frigid（Isofrigid），Mesic（Isomesic），Thermic（Isothermic），Hyperthermic（Isohyperthermic）に分けられている．括弧の中"Iso"の意味は，夏期の平均土壌温度および冬期の平均土壌温度の差が6℃未満であることを指し，これらを総称してイソ気候と呼ぶ．イソ気候は熱帯圏に特有であり，標高の高いところから低いところへ向け，IsofrigidからIsomesic, Isothermic, Isohyperthermicとなる．Soil Taxonomyの亜群以上の分類カテゴリーで用いられている土壌温度レジームは1998年以降ではCryicのみになった．それ以外の土壌温度レジームについては，ファミリーで用いられている．Cryicはギリシャ語のkryosを語源とする．意味は"非常に寒い"である．この土壌温度レジームは，一般に，「MASTが8℃よりも低いが，決して永久凍土をもたない．」と定義されている．FrigidはCryicとMASTは同じだが，夏期の平均土壌温度がCryicよりも高い．MASTが8℃未満で，夏期と冬期の平均土壌温度の差が6℃よりも大きい．MesicはMASTが8℃以上，15℃未満で，夏期と冬期の平均土壌温度の差が6℃よりも大きい．ThermicはMASTが15℃以上，22℃未満で，夏期と冬期の平均土壌温度の差が6℃よりも大きい．HypertherimcはMASTが22℃以上で，夏期と冬期の平均土壌温度の差が6℃よりも大きい．IsohyperthermicはMASTが22℃以上で，夏期と冬期の平均土壌温度の差が6℃よりも小さく，熱帯低標高地に広くみられる土壌温度レジームである． （平井英明）

**どじょうかいりょう　土壌改良**（soil improvement）

耕土の生産力向上，肥沃度の管理のために，土壌の理化学的な性質を矯正すること．問題土壌の特性に応じて，その改良策は異なる．単に土壌改良材を用いて問題を矯正するとい

うより，総合的な観点から問題を除去し，生産性を向上させることが重要である．

塩類土壌（→）：塩類土壌では，適切な排水とリーチングを行い，塩分濃度を低下させる必要がある．中でもアルカリ土壌（→）では，交換性ナトリウムをカルシウムに置き換える必要がある．このため安価で，効果が高い石こうが最もよく用いられる．

酸性硫酸塩土壌（→）：酸性の矯正が必要であるが，コスト，技術的な問題から，土壌の酸化と熟成を進め，生成した酸をある程度除去した上で，石灰による中和を図ることが望ましい．

熱帯泥炭土壌（→）：多くは強酸性（pH 3.5〜4.5）を示しており，カルシウム，マグネシウムのような成分含有率も低い．このため，石灰資材の投入と同時にドロマイトや泥炭岩などの副成分を含む資材の投入も効果的である．
（八丁信正）

**どじょうクラスト　土壌クラスト**（soil crust）

クラスト（土壌皮殻，土膜）は，土壌表面に形成される堅密な薄層構造である．降雨や灌漑水の水滴の作用により土壌の表面構造が崩壊し，微小粒団や細粒質が最表層に密に充填されることによって形成される．その形成に影響を及ぼす要因には環境要因と土壌要因がある．前者には降雨特性，微地形，植生やマルチなどの土面被覆の有無などが，後者には降雨に対する土壌構造の安定性，粒径分布，土壌粒子の分散性，有機物や鉄・アルミニウムなどの非晶質成分などが含まれる．また，Naなどを多く含む水による灌漑，長年の耕作による土壌有機物の消耗や粒団構造の破壊の累積は，クラストの形成を助長する．クラストはわずか数 mm 程度の厚さであるが，その影響は作物の初期生育の阻害，耕起作業負荷の増大，耕地の雨水獲得機能の低下，土壌侵食の加速など，栽培管理や土壌保全のさまざまな局面に及び，熱帯の畑土壌の生産安定性や基盤保全に影響を及ぼす．（田中　樹）

**どじょうこうぞう　土壌構造**（soil structure）

土壌構造は，土壌中にある無機質および有機質の単粒子あるいは粒子群の形状・大きさ・配列状態によって特徴付けられる物理的構成である．土性や水分条件（酸化還元条件），乾湿の繰り返しによる膨潤収縮，作物根や土壌生物の働きなどにより形成される．農耕地では，耕うんによりもとからある土壌構造が破壊されたり，新たに土塊ができたりする．不適切な水分条件下での作業機の導入や家畜による踏圧，乾いた土壌への降雨や灌水に伴うスレーキング（沸化作用）により壊れることもある．形態的特徴によって粒状，塊状，柱状，板状，単粒状，壁状に区分され，土壌調査における主要項目となっている．機能的な面からは，耕うんの難易や受食性の程度を左右し，さらに土壌構造と表裏をなす孔隙構造に注目し列記すれば，保水性・透水性・通気性，作物根の伸張，土壌養分の保持や移動，土壌生物の生息空間や微環境の形成など農耕地や生態系の重要な性質とかかわりがある．
（田中　樹）

**どじょうコンシステンシー　土壌コンシステンシー**（soil consistency）

水分含量に応じて変化する土壌の力学的挙動あるいは状態変化を総称してコンシステンシーと呼ぶ．土壌は過剰な水分状態にあると流動性を示し，水分が減少するにつれて粘着性や可塑性が現われ，次第に脆くなり堅硬になる．これは土壌を構成する粒子同士の引力と反発力，粒子間にある水のメニスカスの張力が水分含量により変化するために起こる．変化の境界となる水分含量をそれぞれ収縮限界，塑性限界，液性限界，凝集限界と呼ぶ．土壌コンシステンシーは耕うん作業の難易やその後の物理性を左右する．例えば，現場土壌の水分条件が収縮限界から塑性限界付近にあるのが砕土作業に最適とされるが，塑性限界よりも水分が多くなると土壌の練り返しにより孔隙の減少や排水・通気不良が起こり，乾

燥後に硬い土塊を残す．逆に，土壌が収縮限界よりもさらに乾燥状態にあれば牽引負荷が大きくまた牽引具の磨耗が起こる．
(田中 樹)

**どじょうさんせい　土壌酸性**（soil acidity）
世界中の土壌の大部分が酸性を示す．ただし，乾燥地の塩類集積土壌や石灰岩風化土壌など特殊な生成環境にあるものがこの例外となる．土壌が酸性を示すのは土壌溶液中に水素イオンを生成する物質が溶存しているか，イオン交換基に他のイオンによって交換溶出されると酸性物質を生成するものが吸着しているためである．このような物質の主なものは，硫酸，硝酸，炭酸のような無機酸，シュウ酸，クエン酸，フルボ酸などの有機酸，$Al^{3+}$イオンのような加水分解しやすい多価イオンである．土壌中に存在する水素イオンに由来する酸性のことを活酸性，塩類の添加によって交換溶出した成分が発現する酸性のことを潜酸性または交換酸性と呼ぶ．後者は土壌中の粘土や有機鉱物が水素イオンやアルミニウムイオンを吸着している場合に生じ，交換溶出された水素イオンそのものやアルミニウムイオンの加水分解によって生成する水素イオンによって酸性を発現するものである．また，土壌の酸性化にともなって粘土鉱物が崩壊し，放出されてくるアルミニウムにも同様の作用がある．土壌の母材は究極的には火成岩であり，そのままの状態ではアルカリ性を示す物質が多く含まれている．しかし，岩石が風化し粘土化する際に，アルカリ性を示す塩基類が溶脱するため，結果として土壌中に残された反応性の高い物質には酸性を示すものが相対的に多くなる．風化に最も大きな影響を与える要因の一つが雨である．雨には大気中の炭酸ガスや窒素やイオウの酸化物などが溶け込んでいる．雨中で，炭酸ガスは重炭酸イオン，窒素やイオウの酸化物は硝酸や硫酸となり，これが土壌に添加されることになる．そのため降水量の多い地域では土壌は究極的には強酸性を示すことになる．例えば，大気と平衡にある純水のpHは約5.6であり，全溶存炭酸濃度は約$10^{-5}$Mである．逆に，乾燥地でアルカリ土壌が生成するのは，雨が少ないために塩基性成分が溶脱せず，地表付近に集積するためである．また，生物の呼吸によって発生する二酸化炭素，生物の代謝にともなって土壌中に放出される有機酸，アンモニアの酸化によって生成する硝酸なども土壌の酸性化に寄与している．そのため微生物の働き（硝化作用）によって硝酸を生ずるアンモニウムイオンを含む化学肥料の過剰施用も農耕地土壌の酸性化の一因となる．土壌酸性の生物に与える負の影響は数多く知られている．放線菌や細菌の活動は土壌pHが5.5以下になると低下する．高等植物に対しては土壌溶液中の水素イオンより，酸性土壌中に存在するアルミニウムイオンやマンガンイオンなどの害作用の影響の方が大きいといわれている．熱帯で強酸性を示す土壌としてはUltisolsや，Inceptisolsの一部などがその代表的なものである．酸性の主な原因は多量の交換性アルミニウムの存在である．海岸近くのマングローブ跡地（Entisols）などが農地として乾陸化された場合や魚池が作られた場合などには，海水中の嫌気的な条件下で生成した硫化物を含有する堆積物が，地上での酸化によって多量の硫酸を生じることがある．これは酸性硫酸塩土壌（→）と呼ばれる特殊な酸性土壌の一つである．
(櫻井克年)

**どじょうさんそう　土壌三相**（three phase of soil）
土壌は，固相・液相・気相の三つの相から構成される．固相は土壌の骨格ともいえる無機粒子と有機物からなり，その構成成分はさまざまな形状や大きさ，化学組成を持つ．固相間の空間を孔隙と呼び，そこに存在する溶液部分を液相，気体部分を気相と呼ぶ．固相，液相，気相は土壌の全体積に対する体積比で表わされ，その割合が三相分布である．固相率あるいは液相と気相の合計である孔隙率は，土壌の緻密度を表わす指標となる．土壌

三相の分布割合や相互の物理的・化学的関係は，土壌の母材や堆積様式，生成過程，土地利用状況，耕うんなどの土壌管理，動植物の活動，気候条件などを反映する．特に，液相と気相の割合は固相と比べて短期間に刻々と変化する．三相分布の違いは，保水性，透水性，通気性，植物根の伸張や土壌生物の生息空間，土壌管理の難易などに影響を及ぼす．

(田中 樹)

**どじょうしんしょく　土壌侵食**（soil erosion）

土壌侵食は，雨水や風の作用で土壌が流失または飛散・移動する現象である．この過程は自然条件下でも進行している（正規侵食）（→）が，人為的な手段による誤った土地利用や山火事などの結果，その速度が岩石風化による土壌生成速度（10～40年で1mm）を上回ると，表層の土壌が失われていく（加速侵食）ので，営農上の，あるいは土木的な土壌保全対策が必要となる．雨水による侵食は水食（water erosion）（→）と呼び，湿潤熱帯から半乾燥熱帯の広範な地域において森林伐採，作物栽培，放牧によって進行している．風による侵食は風食（wind erosion）（→）と呼び，半乾燥熱帯および乾燥熱帯において放牧，薪採取などによって進行している．侵食の営力である雨や風の強さを侵食力（erosivity），土壌の侵食されやすさを受食性（erodibility）という．水食の営力である雨滴の運動エネルギーは，土壌構造を破壊し，結果として生じた土粒子を斜面の低い方向へ飛ばす．土粒子の移動が継続すると，雨滴侵食（raindrop erosion, splash erosion）といわれる土壌侵食になる．雨滴による土塊の破壊によって生じた微細土粒子は土壌間隙の目詰まり，土壌クラスト（→）の形成を引き起こし土壌の浸透能を低下させる．浸透能が降雨強度を下回ると，雨水の地表湛水とその流下が始まり，土粒子は剥離，輸送される．地表面が滑らかに均平であると，地表水は斜面に一様に広がり，土壌は斜面全域で一様に流亡する．これを面状侵食（sheet erosion）という．面状あるいは帯状に発生した流去水が，地形の小さな起伏に従って次第に集中して細流となり，土壌を運搬し細かい網目状の溝（リル）をつくる．これを細流侵食（rill erosion）という．また，溝と溝の間で起こる面状の侵食をインターリル侵食（interrill erosion）という．さらに，侵食が進むと，流去水は傾斜地の凹部や小溝に集中し，また表土の崩落やは行（creep）など重力の作用も加わって溝の幅・深さが拡大していく．このような土壌侵食を地隙侵食（gully erosion）という．こうしてできた溝（ガリ）は土木的工事によってのみ回復できるものであるので，そうなる前に対策を講じなければならない．水食の発生には降雨の量と強度（→危険降雨），斜面長や傾斜，土壌の性質（粒径組成，分散性，透水性，団粒構造など），植生による被覆などが影響している．農地における水食の抑制には，堆厩肥の施用による土壌の受食性の改善，等高線栽培による斜面長の短化，適正な作物の選択による地表被覆の増加が有効である．

風食においては，風の衝撃力や摩擦力が地表に作用して土塊を破壊し土粒子を転がし跳ね上げる．地上を滑動し跳躍した土粒子は近隣の土粒子に衝突してこれを新たに転がし跳ね上げる．さらに風の揚圧力は土粒子を空中に舞い上がらせ，土粒子は輸送される．0.1～0.2mmの土粒子が最も移動しやすいが，＜0.1mmの粒子は浮遊（suspension），0.05～0.5mmの粒子は跳躍（saltation），0.5～2.0mmの粒子は転動（creep）によって移動することが多い．こうして移動した土粒子は風が弱まった物かげで静止したり，落下してそこに堆積する．風食は大陸風の卓越する乾燥・半乾燥地で広範にみられ，その発生には，風速と風向，地形，土壌の物理性（土壌水分，容積重，粒径組成など），植物による被覆などが影響している．風食の抑制には，防風林を設置する，風向と畝を直交させる，収穫残さにより被覆を維持するなどの策が採られる．

土壌侵食は，肥沃な表土を奪い作物の生産性を減少させる．その結果，減少した作物の生産性を補うために，農業のさらなる集約化，急傾斜地や土層の浅いより不適切な土地の開墾が進められ，土壌侵食がさらに増大する．このように，土壌侵食による土地劣化は，悪循環に陥りやすい．したがって土壌侵食防止技術が実際に現地において適用され，土壌の保全に成功するには，住民・政府の土壌侵食に対する危機意識が醸成されている必要がある．　　　　　　　　　（真常仁志・松本康夫）

**どじょうしんしょくりょうすいていしき**
**土壌侵食量推定式**（soil erosion prediction model）

土壌侵食量の予測は，種々の土壌保全法や栽培管理の効果を事前に評価する上で有用であり，推定式が世界中で開発されている．水食量の推定式として有名なものに，アメリカにおける膨大な野外試験の結果を基に統計的に導かれた USLE（Universal Soil Loss Equation）と，その改良型である RUSLE（Revised USLE）がある．USLE，RUSLE ともに次式のように水食に関わる諸パラメータの積によって水食量を推定する．$A = R・K・LS・C・P$．
$A$：単位面積当たりの年間土壌侵食量（t ha$^{-1}$）
$R$：降雨因子（MJ・mm ha$^{-1}$ hr$^{-1}$）　$K$：土壌因子（t・h MJ$^{-1}$ mm$^{-1}$）　$LS$：地形因子（無次元）
$C$：作物管理係数（無次元）　$P$：保全係数（無次元）．$R$など各パラメータの推定法や決定法についてはいくつもの実験式が提案されている．水食量の予測において USLE，RUSLE が果たした先駆的役割は大きいものの，いくつかの問題点が指摘されている．統計的に導出されたこれらの式では，侵食発生過程が不明であるため，既存のデータが存在しない新しい土地や土壌での水食量推定には危険が伴うこと，圃場からの土壌の流亡のみに注目しているため，流失土壌が再堆積する場所や，表面流去水や流失土壌とともに移動する化学物質の挙動について予測できないこと，これらの式は面状侵食と細流侵食のみを対象としており，溝の生じた地隙侵食は予測できないことなどである．これらの問題点を踏まえ，土だけでなく，地表面流去水による化学物質の流出についても予測可能な物理的推定式が1980年代から提案され，その初期のものとして，EPIC（Erosion / Productivity Impact Calculator），CREAMS（Chemical, Runoff, and Erosion from Agricultural Management Systems）が合衆国において開発された．その後，比較的広い面積を対象にした AGNPS（Agricultural Non-Point Source Pollution Model）やより物理的な推定式で長期間のシミュレーションを目指した WEPP（Water Erosion Prediction Project）が開発された．風食量の推定式には，USLE に準じた経験的推定式として WEQ（Wind Erosion Equation）が，WEPP に準じた物理的推定式として WEPS（Wind Erosion Prediction System）がある．すべての過程に物理的なモデルを用いる決定論的な推定式の構築が望まれるが，実際には計算テクニックや理論の不備などのため困難である．例えば，物理的なモデルを指向している WEPP では，長期間の予測が可能なものの，パラメータが多く，扱える計算対象領域は2.5 km$^2$ が限界とされている．対照的に AGNPS では 10 km$^2$ までの広い面積に対してシミュレーションを行うため，降雨の流出については経験式を用いており，しかも一降雨についてしか予測できない．このように，いずれの推定式も一長一短はあるが，推定式を用いたシミュレーションは，土壌保全策のための現地試験にかかる労力や時間を軽減する上で，非常に有効である．　　　　　　　（真常仁志）

**どじょうず　土壌図**（soil map）

土壌図はある地域全体の土壌の分布状況を地図上に示したものである．その地域とは，世界全土の場合もあれば，ある国の場合や，ある県や村の場合もある．Soil Taxonomy には世界全土の土壌図が掲載されているが，その作図単位は土壌目である．また，アメリカ全土の土壌図の作図単位には土壌亜目を用い

た土壌アソシエーションが用いられている．一方，FAO/Unesco の世界土壌図では，その作図単位に 106 ある土壌単位（例えば，Orthic Ferralsols）を用いた，土壌アソシエーションが基本である．これら土壌分類単位を基本として，作成される作図単位の他に，礫含量，塩類濃度，硬盤層といった植物生育と密接に関連した性質に基づく土壌相を世界土壌図の中には図示している．この土壌相は異なる土壌単位をまたがって図示されている．土壌図の作成には，土壌調査（soil survey）が基本となるが，その土壌調査のスケールが異なれば土壌図のスケールも異なり，作図単位も異なる．アメリカでは，小縮尺（1:25万〜100万）から大縮尺（1:1,000〜15,000）まで5段階あり，その縮尺によって，作図単位の構成土壌分類名が土壌目・亜目・大群から土壌統へと変化する．また，その用途が土壌資源の提示から土地管理・利用法の提示へと変化する．大縮尺の土壌図を作成するには次のような順序で進めてゆく．① 航空写真・地形図を基本図とし，植生，地形，土地利用や土地表面の色から，土壌の分布状態を予測し，土壌調査地点を決める．② 調査地点においてオーガーによる試穿により土壌の特性を把握し，各土壌区の境界を決める．③ 調査対象地域の土壌の構成と分布を把握し，環境要素や土地利用との対応を検討する．④ 代表的な地点で試坑を掘り，詳細な土壌断面記載を行い，土壌分類名や土壌相名を付与し，作図単位を決定する．土壌図の凡例に用いられる作図単位には次のものがある．土壌アソシエーション（土壌群域）：ある地域の景観上に現れるいくつかの代表的な土壌を包括した名称が与えられている．小縮尺（100万分の1から5万分の1）の土壌図の作図単位として用いられていることが多い．アメリカの土壌図では，構成する代表的な土壌は同じ土壌目・亜目・大群である場合もあれば，目・亜目・大群が異なる場合もある．唯一必要な要件は，ある地域に一定パターンをなして存在することである．アメリカ全土の土壌図を作成する際に用いられる小縮尺用の作図単位は A1a というように記号化されていて，すべて土壌アソシエーションである．具体的には例えば A1a は Aqualfs with Udalfs, Aquepts, Udolls, Aquolls : gently sloping となる．一方，FAO/Unesco の世界土壌図（1:500万）の作図単位もアソシエーションであることが多い．20% 以上作図単位と異なる土壌単位が出現する場合をアソシエーション，20% よりも小さい場合をインクルージョンとしている．この土壌単位に加えて，土性と傾斜度が作図単位に加えられている．例えば，Fx1-2ab は，Xanthic Ferralsols, medium textured, level to rolling を，Lc5-3a は，Chromic Luvisols, fine textured, and Chromic Vertisols, level to gently undulating を表わしている．土壌コンプレックス（土壌複合相）：比較的大縮尺（1:12,000〜1:32,000）の土壌図の中で，同一景観内に異なる土壌統が入り組んで存在し，単一の土壌統（土壌コンソーシエーション）で図示できない場合，そのいくつかの土壌統を包括したものを土壌コンプレックスという．通常，この作図単位には土壌相名を付記して用いられている． (平井英明)

**どじょうすい　土壌水**（soil water）

土壌中にはさまざまな状態の水が存在し，作物や生物への水分供給，温熱条件への影響，いろいろな物質の溶解や移動，土壌コンシステンシーなどに関わる．気相では水蒸気，固相では吸湿水も土壌水に含まれるが，通常は土壌中の孔隙に保持されている液態の水を指す．液態の土壌水は保持力の形態により，膨潤水・毛管水・重力水に区分される．膨潤水は固相表面に吸着されているイオンの浸透圧により保持される水である．毛管水は，水の表面張力と固相表面への付着力に由来する毛管力により保持される水で，植物に利用される有効水分の主体をなす．毛管水は土壌の毛管孔隙の量を反映し，埴質土壌や団粒構造が発達した土壌では多く，砂質土壌では少ない

傾向にある．重力水は，孔隙内に保持されず重力によって自由に動く水で，土壌内の養分の流亡や粒子の移動を促す．なお，土壌水という用語は，一般に物理的な状態を念頭に用いられ，溶存成分の化学組成など肥沃度を意識する場合は土壌溶液と呼び区別している．
〈田中　樹〉

### どじょうすいぶんレジーム　土壌水分レジーム（soil moisture regime）

土壌水分レジームとは，Soil Taxonomy の中で用いられている，土壌中もしくは土壌のある層位における水分状態のことをいう．土壌水分レジームでいう「乾」とは永久しおれ点（1,500 kPa）において保持されている水分量よりも少ない土壌水分（塩含有量が高い場合も含んでいる）状態である．水分状況が「湿」とはその他の場合で，「湿」状態にある水分状態を Aquic, Udic, Ustic, Xeric, Aridic (Torric) と5区分している．土壌水分レジームの制御部位は，土性によって異なり，fine-loamy, coarse-silty, fine-silty, clayey の場合は，概ね地表より10〜30 cm, coarse loamy の場合は20〜60 cm, sandy の場合は30〜90 cmである．Aquic とはラテン語の aqua を語源としている．年間のある時期（数日間以上）水で飽和されるため，完全に無酸素状態になり，土壌が還元状態になる水分状態をいう．Udic とはラテン語の udus を語源としていて，多湿を意味する．「乾」となる日数が積算で90日未満である．平均土壌温度の夏期と冬期の差が6℃以上の場合，夏至後の4カ月以内に連続して「乾」になる日数が45日未満である．土壌水分と降水量が蒸発散量を上回るため，ある時期，水が土壌中を下方へ移動する．水がすべての月に下方へ移動する，すなわち降水量が蒸発散量を常に上回る場合，perudic という．Ustic とはラテン語の ustus を語源とし，焼けた（乾燥）状態を意味し，次の何れかを満たす場合をいう．①年平均土壌温度（MAST）が22℃以上または平均土壌温度の夏期と冬期の差が6℃未満ならば，90日以上連続して「乾」である．② MAST が22℃より低く，かつ MAST の夏期と冬期の差が6℃以上であれば，90日以上連続して「乾」である．ただし，いずれの場合であっても，「湿」の期間が積算して180日より長くなければならないなどの規定がある．Xeric とはラテン語の xeros を語源とし，乾状態を意味する．地中海性気候（冬に多湿，夏に乾燥）下の水分状況をいう．蒸発散量の少ない冬期に降水があるので土壌中より養分の溶脱が起こる．定義は次の通りである．MAST が22℃未満で，夏と冬の平均土壌温度差が6℃よりも大きい場合，夏至後の4カ月間のうち，45日間以上連続して「乾」であり，冬至後の4カ月間のうち，45日間以上連続して「湿」である．加えて，MAST が6℃より高い場合は積算で180日より長期間「湿」であるか，MAST が8℃より高いとき，連続して90日以上が「湿」である．Aridic とはラテン語の乾を，Torric は熱乾を意味し，乾燥気候下に普通にみられる．土壌の乾燥が起こり易いような物理的な性質（土壌クラスト（→）形成のため水の浸潤が困難である場合や，急傾斜のため表面流去が早い場合）をもち，塩類集積が起こり易い．いずれの用語も，同じ意味で用いられているが，使用される分類カテゴリーが異なる．次の条件を満たす．MAST が5℃よりも高い場合，積算で180日より長期間「乾」であり，かつ MAST が8℃より高いとき，「湿」になる期間が連続して90日未満である．
〈平井英明〉

### どじょうそう　土壌相（soil phase）

土壌相区分は，分類上のカテゴリーを問わず，土地利用上影響が大きいと考えられる重要な土壌の性質に基づいて行われるものである．アメリカの土壌分類の場合，表層土壌の土性，侵食の程度，土地の傾斜角，礫の種類と含量や可溶性塩類の量がそれに当たるので，実用上，大変有用な情報が含まれることになる．アメリカの土壌図には，Logore silt loam, 15 to 25 % slopes, moderately eroded

(下線部が相名)というように作図単位として記されている.一方,FAO/Unesco 世界土壌図(1972〜1978)を見てみると,異なる最上位カテゴリーの土壌単位であっても,同一相として作図されている.FAO/Unesco での土壌相は stony (れき含量), lithic (浅い岩石境界), petric (鉄などの結核や固結したプリンサイトを多量に含む), petrocalcic (炭酸カルシウム固結層), petrogypsic (硫酸カルシウム固結層), petroferric (鉄固結層), phreatic (浅い地下水の存在), fragipan (高い容積重と乾燥時に固結), duripan (ケイ酸による固結), saline (高塩類含量), sodic (交換性ナトリウム含量6%以上), cerrado (古い地形面と貧栄養特有の植生) の12種類ある.

(平井英明)

**どじょうたいか(れっか) 土壌退化(劣化)**(soil degradation) →砂漠化,土壌侵食

**どじょうでんせんびょう 土壌伝染病**(soil-borne disease) →病気(作物の)の種類と病原

**どじょうどうぶつ 土壌動物**(soil fauna, soil animal)

土壌動物の正確な定義はないが,概ねその生活史の大部分を土壌中または土壌の表層で過ごす小動物をいう.分類学的には8門78目にも及び,体長0.1 mm に満たない微小種から10 cm を越す大型種まで様々である.また,その生息場所や生活形態の他,調査・採集・分類・同定の方法などが種によって異なる.この多種多様な土壌動物の調査研究には通常系統的な分類は別にして,簡便な分別分類方法としては大型土壌動物(mega-fauna, macro-fauna,体長2 mm 以上),中型土壌動物(meso-fauna,体長0.2〜2 mm),小型土壌動物(micro-fauna,体長0.2 mm 未満)の三群に大別分類され,土壌環境の評価などに利用される.代表種としては生息個体数の大きいミミズ・ダニ・トビムシ・ヒメミミズ・線虫・ヤスデ・ダンゴムシ・陸棲の貝類などがあげられる.この他,集団社会生活をするアリやシロアリ,ハチ類なども加わるが別途単独で扱う場合が多い.一般に耕地化された土壌環境に生息する土壌動物相は森林や草地に較べて貧弱化する.この傾向は土壌圏の生物生態系の乱れを招き,土壌の生物的物質循環機能や肥沃度を低下させる.多くの土壌動物は動植物遺体などを積極的に摂食分解して速やかにそのエネルギーと養分を土壌中に広く放出分配する.この摂食排糞活動と徘徊移動は土壌有機物(腐植)の形成を助けたり土壌の理化学性を改質・改変する.これに伴い土壌の生物化学的活性(土壌酵素活性や土壌呼吸量)は高まり,物質変換が円滑に進み肥沃性が維持増強される.熱帯や亜熱帯域に生息する土壌動物の生態や機能に関する調査研究は不充分でその知見も少ない.しかし,熱帯域に生息する土壌動物の生態や機能は温帯域のそれと大きな差異はない.一般に熱帯域では比較的長期にわたる激しい気象環境変化(雨季と乾季)があるところから,土壌動物の生息環境としては不適当になり,種や生息数に偏りがある.しかし,熱帯域にあってもその土壌環境が広範囲に裸地化や耕地化が進まなければ,おおむね種々の土壌動物が生息できる土壌環境にあって,土壌動物の役割や機能に期待できる.ミミズ・ダニ・トビムシなどは種々の土壌環境で普遍的に生息している.特に,雨季にその個体数増加や活動が活発になる傾向を示し,乾季には土中やや深いところに移動して乾燥に耐えるような生活をしている.熱帯では一般にシロアリの土壌撹乱作用が大きいといわれるが,バイオマスの大きいミミズの活動とその機能が注目される.タイやフィリピンには排泄物で大きな糞塊(タワーキャスト:tower casts,糞塔・糞塚)を形成して,土壌構造を改質改変する超大型種のミミズ(*Pheretima megascolesid* sp.)が,ジャワ島やスマトラ島ではやや小型のミミズ(*Pheretima* sp.)が多数生息する.この他,中小型土壌動物類も植物遺体の摂食腐朽分解に積極的に参加している実態が明らかに

され，持続的農業生産技術に少なからず寄与している．　　　　　　　　　　（松本貞義）

**どじょうのみずポテンシャル　土壌の水ポテンシャル**（soil water potential）

土壌水の状態は，作物生育や土壌物理性に密接に関わるためさまざまな表現形があり，含水比や含水率などの量的概念あるいはポテンシャルで表わすエネルギー概念が用いられる．土壌の水ポテンシャルは，マトリックポテンシャルと浸透ポテンシャル，重力ポテンシャルで構成される．マトリックポテンシャルは，固相表面の吸引力やさまざまな大きさや形状の孔隙の液相と気相の界面に働く毛管力により生じ，孔隙径が小さくなるほど土壌の水分保持力は大きい（すなわち水ポテンシャルは低い）．浸透ポテンシャルは，土壌水中の溶質（可溶性の有機物や塩類）の和水に伴う浸透圧により生じる．塩類を多く含む土壌では，水ポテンシャルが植物根内よりも低くなり吸水が妨げられる．重力ポテンシャルは，湛水の深さや土壌断面中の土壌水から地下水面までの距離などにより決まり，浸透や排水など水の移動に関係する．水ポテンシャルは，単位質量当りエネルギー（比ポテンシャル J kg$^{-1}$）などで表わされるが，通常これらは圧力（Pa）に換算される．一般に，その数値には負号がつけられ，絶対値が大きいほどその水は強い力で土壌に保持されていることを意味する．なお，従来よく用いられてきたpFは，Schofield（1935）が提案した概念で，土壌の水分保持力を水柱高（$H$ cm）に換算し，その値を常用対数で表示したものである（= log $H$）．過去の文献や報告書では，水保持力が水柱高（$H$ cm）やpF，バール（bar）などで表示されているので，次の関係を覚えておくと便利である：$H$ (cm) = 0.1 kPa，1 バール (bar) = 100 kPa = 100 J kg$^{-1}$．pF = log (-10.2 $\phi$)，ただし $\phi$ は土壌に保持される水のポテンシャル (- kPa)．　　　　　（田中　樹）

**どじょうびせいぶつ　土壌微生物**（soil microorganisms）

肉眼で観察されない微小な生物（おおよそ 1 mm 以下）を便宜的に微生物と呼び，一部の後生動物・原生動物・多くの藻類と真菌・細菌およびウイルスが含まれる．土壌微生物は，土壌表面・孔隙内・粒子表面などの土壌環境に生息する微生物の総称であるが，一般的に細菌・真菌・微小藻類・原生動物を指すことが多い．放線菌とは糸状の菌糸を形成するグラム陽性細菌の一種で，抗生物質の生産やキチン分解などの点で特徴的であり，しばしば細菌と分けて扱われる．また糸状菌は，真菌のうち栄養繁殖期に菌糸状をなす藻菌・接合菌・子のう菌を指す．土壌は，その生成過程や温度，水分，塩類濃度，pH，Eh などの物理的・化学的条件が非常に多様であるが，土壌微生物はあらゆる土壌中で活動しており，それぞれの環境の違いを反映した特徴ある土壌微生物相（ソイルマイクロフロラ）を構成している．例えば湛水状態の水田土壌では，無酸素状態となるため，好気条件でしか生息できない糸状菌は減少し，かわりに嫌気性細菌が活動する．熱帯地域の土壌では，一般にグラム陽性細菌で耐熱性・耐乾燥性の高い胞子を形成する *Bacillus* 属菌と放線菌が温帯地域の土壌に比べて多く，またそれらの種構成も温帯とは異なっていることが知られている．土壌微生物は土壌生物の中で最も現存量が多く，畑土壌では細菌と菌類だけで土壌生物の 90 % 以上を占める．その菌体に蓄積される窒素の量は，地上作物の窒素量に匹敵するともいわれ地力窒素としても重要な意味をもつ．また，微生物の代謝回転によって年間に微生物バイオマスから放出される窒素，リンの量は毎年生産される作物中の窒素，リンに匹敵するという報告もある．さらにイオウや金属元素の形態変化や，セルロースやキチン，リグニンなどの高分子有機物や農薬の分解にも深く関わっており，土壌微生物はその生物量と代謝能力という点で土壌中での物質循環に重要な役割を果たしている．高温の熱帯では温帯に比べ有機物の微生物分解が速く

進行するため，熱帯の畑地土壌の有機物量は一般に温帯の畑地に比べて少なくなる．一方，土壌肥沃度の向上を目的に緑肥として熱帯の農地にしばしば導入されるマメ科植物やアカウキクサは，根粒菌，茎粒菌，ラン藻などの窒素固定能を有する微生物との共生により窒素の欠乏した環境で生育が可能である．また菌根菌は N, P, K, Mg などを宿主植物に供給することで共生関係を形成している．

（村瀬 潤）

## どじょうほぜん 土壌保全（soil conservation）

土壌侵食に対して農耕地などを守り，土壌のもつ再生産機能を維持更新する人為的な働きかけ．土壌侵食は，外的な作用である風雨などに起因して起こり，土壌や地形，人為的な地被形成や農耕地の保全様式などの諸要因に大きく左右される．土壌や地形といった土地条件は，人為的にコントロールしにくい自然的な要因であるが，例えば森林を伐採して無計画に耕地化したり，誤った土地利用や過耕作，過放牧を繰り返すことによって劣化し，人為的な要因に変貌する一面をもっている．地被形成や保全管理作業は，耕作に伴って人為的に行われ，栽培する作物や耕作の様式と密接に関わっている．これら一連の諸要因には，栽培上の気候・気象条件に加え土地の所有形態や慣行農法，機械化作業体系など社会経済的な側面が強く反映される．

農作業の一環として耕作の過程で行われる土壌保全を，保全農法（conservation farming）という．農家の知恵と工夫によって，より軽微な労務で大きな土壌保全効果を発揮するような技術，いわゆる慣行的保全農法が各地ではぐくまれてきた．保全農法で対処しきれない多量の表流水の処理やガリ侵食の抑制などは土工と構造物を伴い，このような土木的な手段によって行われる土壌保全を，保全工法（conservation works）という．経営面積の大きい農場形態の国や地域では，保全農法を基軸に土壌保全が展開されるが，零細な分散錯圃の多い国や地域では，公共的な保全工法が主流である．

土壌保全の基本的な考え方は，水食に限ってみると，① 土壌面を雨滴などからどのように保護するか，② 土壌への降雨の浸透をどのように促進するか，③ 地中に浸透しきれない降雨が表面水となって流れる際にどのように安全に流すか，④ 農耕地や背後流域から所有界などを伝って集まる多量の流出水をどのように安全に排除するか，という土壌面被覆や土壌・土層の改良と表流水のコントロールが中心となる．また，一連の排水処理の過程で，⑤ 流出水とともに運ばれてくる流亡土壌をどこでどのように分離してできるだけ下流に流さないようにするか，という堆砂の計画的な処理がきわめて重要になる．土壌保全の対象として侵食作用が注目されるが，ほぼ同時に堆積作用が必ず起こっており，二次的な土壌侵食を防ぐためにも土砂溜を排水路の合流点や遷緩部，植栽の単位となる区画ごとに1カ所程度設けて定期的に堆積土壌を浚渫しながら下流に土壌が流出する事態を避ける必要がある．

水食に有効な土壌保全技術としては，① 間作・混作，② マルチング，③ 不耕起栽培，④ 等高線栽培，⑤ テラス工，⑥ 排水路工，⑦ 土砂溜工，⑧ ガリ抑止工などがある．広義には水食を受けやすい傾斜や土壌を区分して計画的な土地利用を図ることが理想である．風食に有効な土壌保全技術には，水食と共通する土壌面被覆の他に卓越風と直角方向の，① 間作・混作，② 帯状作付，③ 畝立，④ 防風林・防風垣などがある．

（松本康夫）

## どじょうゆうきぶつ 土壌有機物（soil organic matter）

植物遺体，動物遺体が分解されて微生物体や腐植に変換されたものを土壌有機物という．高分子の二次生成物である腐植と炭水化物，タンパク質，ペプチド，アミノ酸，油脂，ワックス，有機酸などからなる非腐植物質に分けられる．腐植物質は比較的長く土壌中に

とどまり，分解と再合成が繰り返されるが，非腐植物質の大部分は微生物によって容易に利用されるため土壌中での滞留時間は短い．また，腐植物質は土壌中の金属イオンや酸化物，粘土鉱物と複合体を形成して安定化する．そのため，微生物による分解も受けにくくなる．土壌有機物の含有量は，気候，植生，母材，地形などの土壌生成因子の影響を大きく受ける．農耕地（畑作）では耕起を行うので土壌有機物が空気と接触する可能性が高くなり分解が加速される．森林の中では，高温で乾湿の入れ替わる熱帯サバンナ気候下の森林で最も蓄積しにくい．焼畑農地で土壌有機物含有量が速やかに減少するのは，土壌侵食のためばかりではなく，植被のない状態におかれたときに土壌温度が高まり，腐植物質の分解が急速に進むこともその一因である．
(櫻井克年)

**どじょうりゅうぼうりょう　土壌流亡量**（soil loss）

土壌侵食に伴って失われた表土の量．通常，単位面積当たりの流亡土量（unit soil loss）に換算して土壌侵食の程度を表現する．USLE などの土壌侵食量推定式（→）がある．
(松本康夫)

**どそうかいりょう　土層改良**（subsoil improvement）

深耕，硬盤破砕などにより作土層以下の土層の通気・通水性，膨軟性の改良と酸性矯正を行うこと．
(八丁信正)

**とち／じんこうひりつ　土地／人口比率**（land-man ratio）

人口と土地面積との相対的関係を表わす．逆数は人口密度である．土地／人口比率（$A/L$）≡労働生産性（$Y/L$）／土地生産性（$Y/A$）の関係が成立する．人口成長率が高く，農業労働人口が増加する低所得国の多くは，土地／人口比率が低下し，土地に対する人口圧力が上昇する．その結果，1 人当たりの食料供給量の減少と農業労働力の増加による耕地への負担の増大が生じる．こうした問題への解決策として，人口成長の抑制や，未墾地への耕地拡大がある．しかし，未墾地が減少し，耕境が劣等地へと移動するにつれ，農業産出あるいは農業所得を増大させる限界費用が上昇する．その場合，灌漑や土地改良，改良品種や肥料技術の開発により土地生産性が向上すれば，耕地拡大と実質上同じ効果により農業産出を増加させることができる．一方，農業労働人口の増大を防ぎ耕地への過重な負担を削減するには，非農業部門を拡大し，農業余剰労働力を吸収することが必要とされる．
(野口洋美)

**とちかいかく　土地改革**（land reform）

土地改革は，土地や土地利用権の再配分に関わる政策である．改革範囲が農地に限られる場合を農地改革（上からの土地改革），同じく小作制度に限られる場合を小作改革，農民革命の一環として社会主義国で行われた土地の無償再配分を土地革命（下からの土地改革），などに区別される．入植政策は一般に土地改革に加えない．また，農業改革は，土地改革と農業技術改革との両者を包含する概念である．土地改革の目的は，実施主体の政治基盤の安定化，社会正義，貧困解消，農業増産，公平，効率性の実現など多岐にわたる．また，土地改革の性格は，土地の再配分か集団化か，小規模家族農業か大規模農場制か，多様な土地保有制か「耕作者に土地を（land for tillers）」に基づく自作農主義か，土地所有の変更か経営規模の変更か，といった改革内容によって規定される．東アジアの経験では，土地革命は革命期の中国が典型例であり，農地改革の典型例は戦後の日本，韓国，台湾とされる．改革前の小作関係は多様で，小作料（小作農が地主に支払う反対給付で，土地所有が収取する経済余剰である地代を上回っていた）の支払形態によって，収穫物を両者で一定比率で分け取る分益小作，小作料が収穫物の一定量または一定金額に固定された定額小作（物納または金納）などがあった．ラテンアメリカでは，20 世紀始めのメキシコ革

命による村落共同体エヒードの復帰にはじまり，土地再配分型の土地改革は1959年のキューバ革命で頂点に達した．その後は，アメリカの対外援助と相容れず，漸進的改革に後退し，農業の生産力向上・近代化政策に落ち着いた．一部の国を除いて，土地改革論がアジアやラテンアメリカで現実味をもったのは1960年代までであり，その後は次第に熱が冷めてきた．その理由は，土地改革の政治闘争や革命との近親性，私有財産制の部分否定や国家の強権的介入という市場経済制度との矛盾，農村過剰人口の存在と再配分可能地の不足，小規模家族農業の経済的自立の困難性，工業化による農業の経済的魅力の低下などである．1990年以降，東欧，旧ソ連諸国では農業改革の一環として農地所有制度改革が行われているが，その内容は，社会主義革命による集団化以前の時代への復帰である．また，過去の土地改革は，小作権，共有地の権利，技術普及，農業金融などにおいて男子世帯主優先などジェンダーバイアスを著しく有していた． (水野正己)

**とちかいりょう　土地改良**（land improvement）
狭義には灌漑排水施設の整備や圃場整備，土壌改良などによる既耕地の改良をいい，新たな農地の開発は開拓であって土地改良には含まれない．しかし，わが国では広義には土地改良法によって行われる国や県の補助事業の全て，いわば農業土木全般を指す意味でも用いられる．また，土地改良法(1949)は，以前の地主中心の耕地整理組合や普通水利組合などに代わって設立された自作農中心の農民団体である土地改良区を規定している．土地改良区は，土地改良事業の事業主体となって補助事業の実施を申請できるばかりでなく，できあがった施設の管理まで行うことができる．重要事項は組合員の総会で決定される．
以上は，日本の土地改良の著しい特徴で，基本的には個々の農家の自助努力で行われるアメリカや，大規模灌漑排水施設の整備が国営事業として実施されることの多い熱帯諸国とは異なっている． (冨田正彦)

**とちこうはい　土地荒廃**（land degradation）
→砂漠化，土壌侵食

**とちしょゆう　土地所有**（landownership）
→土地制度

**とちせいど　土地制度**（land system）
土地は，農業生産にとって最も基本的な生産要素の一つであり，したがって，土地所有のあり方は農業開発にとってきわめて大きな意味を持つ．近代的な土地所有権は，土地の自由な利用および処分を内容とするが，そのような意味での土地権が途上国においてどの程度まで確立されているか不明である．土地所有，土地利用やその規制など，人間と土地との関係の総体を示す土地制度はさまざまな条件によって規定され，それには歴史的（植民地主義による被支配の経験など），地理的（地形，標高など），経済的（経済体制，経済発展の水準など），政治的（国家権力と農民との関係など），社会的（農村構造など），文化的（土地観など），技術的，政策的（開発政策など），相続制度的（男系の単独相続，女系の単独相続，均分相続の別など）諸条件が関係してくる．かくして，その途上国における態様は国毎に異なることはもちろんであるが，国内の地域的にもきわめて多様であり，かつ開発が行われている今日では急速な変化の過程にあるとみられる．しかしながら，一般に，途上国においては全国的な土地調査が行われていないか，仮りに行われていたとしても調査の範囲，精度，捕捉度などの問題があり，土地制度の全貌は決して明らかにされているわけではない．けれども，農業・農村開発の計画や履行において考慮すべき要素として，土地制度に関する情報は基本的である．こうした土地制度に関する情報の欠如のため，援助に支えられて行われる途上国の開発事業は，土地にまつわる種々の問題を惹起している．その第1は，慣行土地権をめぐる問題で

ある．これは，すでに植民地期から植民地当局者にとって大きな問題とされてきた．開発との関係でいえば，慣行土地権の保有主体やその権利内容が不明確なことも問題を複雑にしている要因である．近年においては，オーストラリアのアボリジニの土地権と企業による資源開発とをめぐる問題が知られている．第2に，土地の権利関係は，土地とそれに伴う資源の（季節的）利用あるいは占有の事実に基づいて成立している場合が多いが，それらに十分配慮しない開発調査と事業実施に伴う土地資源の争奪がある．これは，セネガル川流域開発計画など，アフリカ各地において頻発している．第3に，道路建設，水田化（土地改良），灌漑施設建設といった開発投資によって地価上昇がもたらされ，有力者による土地奪取など，開発を巡る（開発する側が予期していなかった）土地紛争の発生である．第4に，入植政策に関連して，入植地をめぐる地方の土地慣行と入植者の地権との不整合や未調整に起因する問題が，インドネシアを始めとする入植政策の実施国で生じている．第5に，政府の政策的意図に基づいて行われる土地国有化政策，集団化政策，土地改革などに伴う土地をめぐる理想と現実との乖離に起因する問題がある．これには，無主地の土地，林野，共有地に対する安易な国有化などの土地法制がもたらす諸問題を含めて考えることができる．第6に，都市化や工業化に伴う一般に無秩序な農地転用を許容している土地利用秩序（の欠如）に発する諸問題がアジアの新興工業化国（地域）において深刻化している．これらの何れもが現実的な問題の処理を迫られていると同時に，それらがどのように処理されるかが，今後の土地制度のあり方にも大きく影響するとみられる．　（水野正己）

**とちなしろうどうしゃ　土地無し労働者**（landless laborer）→農村階層構成

**とちぶんきゅう　土地分級**（land suitability classification）

広義の土地分類の一種で，土地の利用上の適性を格付けして分類すること．土地利用区分の前提となる．

土地需要予測などに基づいて定められた用途ごとに必要土地面積を計画区域内に貼り付けるのが土地利用計画の策定であり，その際に参考とするのが，個々の土地の土地利用適性に関する情報で，わが国では土地分級が主に用いられる．土地分級の方法としては，当該土地利用目的に関わる土地の要因を抽出し，要因ごとに算出した土地評価値（定性的な評価を含む）を適当な方法で総合化して，優良性の序列をつけるというやり方が一般的である．農地の場合は土地生産性や土地基盤の整備水準などに基づいて農地の優良性を評価し，最終的に数段階にクラス分けする．しかし，熱帯諸国の多くでは評価の基礎資料となる地形図や土壌図などが不十分なことから精度の高い土地分級は難しく，リモートセンシングによる代替などの試みがなされている．　（冨田正彦）

**とちぶんるい　土地分類**（land classification）

土地の性質を各種の条件で分類すること．国土庁土地分類基本調査などの土地分類図もある．　（冨田正彦）

**どちゃくのちしき　土着の知識**（indigenous knowledge）

農民の知識（rural people's knowledge），地元の知識（local knowledge），土着の技術的知識（indigenous technical knowledge），などとも称される．世界銀行『世界開発報告1998/99』は「開発における知識と情報」を特集し，特に農業や医療，環境資源の管理（生態系情報，種の多様性保存）の分野における土着の知識に即した研究開発の重要性と可能性の大きいことを指摘した．さらに，途上国が，先進国の知識のみならず，自分達の国の歴史的経験に基づいて育まれてきた知識からも，多くの利益を得ることが可能であるとし，その保存，利用を促すためには，そうした知識を体得している人々の開発への参加が不可欠な

ことを強調した．こうした知識は農村地域の貧しい人々が多く伝承，保有しており，研究者や開発実務者が貧困層の声に耳を傾けるだけでなく，貧困層みずからがそうした知識の保全と利用ができるような条件の確保（知的所有権を含む）が求められる．　　（水野正己）

**とちりよう　土地利用**（land utilization）

土地の利用は，土地・水の条件，農業経営の状況のほか，その利用の収益性に規定される．　　　　　　　　　　　（安延久美）

**とちりようけいかく　土地利用計画**（land-use planning）

土地の私的および公的な利用を含めて，土地を最も合理的かつ有効適切に利用することを目的に立案される計画．資源や環境を損なうことのない土地利用の代替案を策定し，その中から最良の案を採択するために，土地（水域を含めて）の潜在的利用可能性，土地利用の代替パターン，他の物的・社会的・経済的条件を，土地所有者・計画家・意思決定者の関与の下で，システマテックに評価することが重要となる．その土地利用を実現するための方策についても土地利用計画の枠組みの中で取り扱われる．土地利用計画は，国際レベル・国レベル・地方レベル・地区レベルと階層性を有し，それぞれ目的や精度が異なってくる．

Desakota地域（インドネシア語の村（desa）と都市（kota）の合成語で，東南アジア諸国などの大都市周辺において都市化が急速に進んでいる地域）に代表される発展途上にある地域では，無秩序な土地利用の展開が環境問題を含めたさまざまな地域問題をひき起こしている．これに対して，適切な土地利用計画の策定がこの問題解決の重要な手がかりとなる．　　　　　　　　　　（小林愼太郎）

**とつぜんへんい　突然変異**（mutation）

遺伝子本体であるDNAの塩基配列上に変化が生じると突然変異が起こることがある．多くの生物でこの現象が知られているが，家畜でもかなり多くの出現例が奇形・致死として遺伝様式が調査されてきた．生存上不利でない外貌上の特徴を示す突然変異ならば，集団の中に遺伝的変異として保有されることになる．動植物育種にとって好ましい変異を求めてさまざまな化学的・物理的突然変異誘起法が開発されてきたが，最近実験動物を用い遺伝子導入による挿入突然変異（insertional mutation）を起こさせ遺伝子の形質発現に関する基礎的研究がなされている．（建部　晃）

**とつぜんへんいいくしゅ　突然変異育種**
（mutation breeding）

突然変異育種は，人為的に突然変異を起こし，これを栽培植物の品種改良に利用する技術である．突然変異は自然界でも生じているが，きわめて低い頻度で利用には適さない．変異原の処理によって突然変異頻度は十分に高めることができる．変異原により植物の細胞核の染色体や遺伝子が損傷を受けると大半は原状修復されるが，誤った修復がなされると遺伝情報の一部に変化を生じ，これが後代に伝わり突然変異体となる．

1950年代に人為突然変異の利用が始まって以来，世界では約2,000品種，わが国では150の突然変異品種が登録され，広く利用されてきた．変異原としては，$\gamma$線，X線，中性子線，$\beta$線，化学変異剤などが用いられてきたが，現在では$\gamma$線が最も広く，効果的に利用されている．

$\gamma$線の照射方法は，長期間を低線量で照射する緩照射と，短期間に高線量照射する急照射がある．前者は，ガンマーフィールド（円形の照射圃場）やガンマーグリーンハウス（照射温室）を，後者にはガンマールーム（照射室）により，植物の材料を照射する．植物種の繁殖様式によって，植物体，種子，胞子，花粉，球根，挿し苗，培養体など，種々の材料が使われている．放射線に対する植物の感受性（弱さや強さ）が植物の種属間で100倍に及ぶ差異があり，適正な範囲の処理を行う必要がある．

育種方法は，種子繁殖植物（イネ，ムギ類な

ど）および栄養繁殖植物（果樹，イモなど，種子以外で増殖する種類）に大別される．種子繁殖植物では，照射した種子からの植物の自家受精によって，次代で分離する劣性突然変異が用いられてきた．栄養繁殖植物では，照射した繁殖体からの植物を切戻し法などにより，枝変りとして現われる変異体が利用されたが，多くはキメラ性突然変異体となり，性質が不安定なため利用が制約された．

近年，放射線照射と組織・細胞培養技術を組み合わせることにより，突然変異の頻度や種類を向上させ，またキメラのない突然変異体を誘発できる方法が開発された．これは放射線照射によって起きた細胞単位の突然変異は，培養技術により再生植物単位に誘発され，多種類の突然変異体が短期間に獲得できる．

栄養繁殖性が高い比率を占める熱帯植物では，多くの場合不結実性のため交雑による品種改良が困難であった．このような植物の改良には，突然変異育種が有効であり，培養技術の導入により，さらに効率的に品種改良を進めることができる．

植物の依頼照射は，農業生物資源研究所放射線育種場で常時受け付けられている（茨城県那珂郡大宮町，TEL：0295（52）1138）．

（永冨成紀）

**トップこうはい　トップ交配**（top cross）
→組合能力検定

**トビイロウンカ**（brown planthopper, BPH）

同翅目ウンカ科の吸汁性昆虫で，学名は *Nilaparvata lugens*．南アジア～東アジア～オーストラリア（クインズランド）・太平洋諸島（カロリン・マリアナ諸島，フィジ，パプアニューギニア，ソロモン群島）に分布．寄主：野外で *Leersia hexandra* で世代を繰り返す系統も発見されているが，通常イネ（*Oryza sativa*）のほか野生稲）．生態：雌雄とも長・短翅型がある．1～62の卵が1卵塊として，イネの葉身・葉鞘の組織内に産み込まれる．熱帯では卵期間7～10日，若虫期間11～15日，雌産卵前期間，3～6日（短翅雌），3～7日（長翅雌），成虫雌寿命は，22～26日（短翅雌），27～31日（長翅雌）位．産卵前期間の短翅雌・長翅雌間の相違は，低温で顕著になり，長翅雌では長くなるが，熱帯条件下では余り差はない．1雌産卵数は，飼育条件によって，変動が大きく，0～1,474卵が観察されている．日本列島では越冬できず，梅雨前線に伴って，中国南部からセジロウンカとともに日本の水稲田に飛来，繁殖して被害を与える．中国南部へは，さらに南の地域から飛来すると考えられているが，明確な移動のルートは解明されていない．被害と対策：吸汁による直接害とウイルス病（grassy stunt, ragged stunt, wilted stunt）媒介虫としての間接害がある．日本型イネには抵抗性主遺伝子は見付かっていないが，インド型イネ，特にスリランカのイネでは品種間差異が知られている．感受性品種では，多数の成虫・若虫が吸汁すると立枯れになる（→ホッパーバーン）．熱帯で灌漑が完備し，水稲の周年栽培が可能な水田で，感受性品種が連続して作付され，作期が乱れて年中異なった発育段階のイネが見られる所では，大規模なホッパーバーンが起こる可能性が高い．しかし，最近では，抵抗性品種の育種が進み（→耐虫性），1970年代東南アジアの各地で見られたような大規模な被害は，見られていない．吸汁量の相対値は加害力を示すと考えられるが，長翅型雄を1とすると，短翅型雄1.8，長翅型雌2.5，短翅型雌2.6，5齢若虫6.0である．本種は殺虫剤によってはリサージェンスが起こることで知られている．IGR（→IGR）である buprofezin は本種の特効薬とされ，脱皮阻害作用があるとされる．これを使用すれば，天敵に影響なく，散布時期・濃度・施用法を誤らなければ，防除は難しいものではない．

（持田 作）

**トビムシ**（spring tail, Collembola）→土壌動物

**とびむし　跳虫**（hoppers）

バッタ，ウンカ，ヨコバイ，アワフキ，シタベニハゴロモ，アシブトウンカ，ツノゼミ，

アオバハゴロモ類などの成虫・若虫，特にバッタなどでは翅で飛ぶ成虫ではなく，脚で跳ねる若虫をいうことが多い．　　（持田　作）

**どぼくざいりょう　土木材料**（construction materials）

練り石積み：モルタル（砂と少々のセメントと水を混ぜ合わせたもの）などを結合材として用いた石積み．小規模なダム，取水堰，道路の橋脚などに用いられる．

鉄筋コンクリート：コンクリートを鉄筋で補強したもの．橋梁や取水堰などに用いられる．

蛇カゴまたはフトンカゴ：鉄線を円筒形または長方形に編み，中に石材を詰めた工作物．河川の護岸，道路法じりの保護などに用いられる．

焼きレンガ：粘土を所定の型枠に入れ，乾燥後焼き上げたもの．簡易な橋脚や水路ライニング，建物の壁などに用いられる．

日干しレンガ：粘土を所定の型枠に入れ日に干したもの．建物の壁などに用いられる．

モルタルブロック：モルタルを所定の型枠に入れて締固めたもの．簡易な水路ライニングや建物の壁などに用いられる．

丸太，木材：現地にある木材を使用．簡易な橋脚や橋梁，取水堰などに用いられる．

土：現地にある土を締固めて使用．ため池の堰堤，道路や水路の盛土などに用いられる．

麻または肥料袋：使用済みの袋．仮設工事や崩壊防止のための土のう用の袋などに用いられる．　　（吾郷秀雄）

**トラシ**（trassi）

インドネシアの発酵食品で，エビをペースト状にし食塩20～25％で乳酸発酵を行ったもの．　　（高野博幸）

**トラップ**（traps）

昆虫類を採集するためのトラップとして，誘引源（光・臭気［フェロモン，糖蜜，果物，メチルオイゲノール，動物の死体など］，炭酸ガス［蚊］，色彩［黄色水盤，色彩粘着トラップ］，囮［家畜に集まるツエツエバエ］など）のあるもの，吸引トラップ（掃除機タイプとジョンソン型），ネットトラップ，落とし穴（ピット）トラップ（誘引源を入れておくこともある），粘着トラップなどがある．また主作物の害虫による被害回避のために植えられる害虫誘引用の作物トラップ・クロップ（trap crop）もある．　　（持田　作）

**トランスアマゾン・ハイウエイ**（trans-Amazon Highway）

貧農の国内入植と周辺資源開発のため建設された3,300 kmキロのブラジルアマゾン熱帯林横断道路．　　（榮田　剛）

**トランスグルタミナーゼ**（Transglutaminase）→坐り

**トランスジェニックしょくぶつ　トランスジェニック植物**（transgenic plant）→バイオテクノロジー

**トランスマイグレーション**（transmigration）

移住を表わす．特にインドネシアにおける，ジャワ島をはじめとする人口ちゅう密地域から外島と呼ばれるその他の島々へ向けた移住を意味することが多い．

肥沃な土壌と降雨にめぐまれたジャワ島の人口増加は著しく，政府による移住計画の開始はオランダ植民地時代の1905年にさかのぼる．独立以降，トランスミグラシ（transmigrasi）と呼ばれ，中央政府の所轄する移住・入植計画とともに，地方政府による地域内移住計画や人々の自発的な移住も拡大した．入植地の生計手段も，従来の灌漑稲作に加え，さまざまなプランテーション農業へと多様化していった．

インドネシアに限らず，交通・通信手段の発達にともない，世界のいたるところで民族言語集団の居住範囲を超えた人口移動や，さらに国際的人口移動が生じている．半乾燥地からより湿潤な地域への移動や，木材をはじめとする天然資源開発に伴った居住区域の奥地化などは，発展途上国に広くみられる現象

である． 　　　　　　　（増田美砂）

**ドリアン**　→熱帯果樹, 付表 1, 22（熱帯・亜熱帯果樹）, 付表 18（南洋材（非フタバガキ科））

**とりき　取り木**（layering, marcotting, gooteeing）
　自根の植物を形成するための栄養繁殖法の一つ．他の栄養繁殖法では繁殖が困難な植物体に対して適用する．この繁殖法では母本から枝を切り離す前に地際あるいは地上部で不定根を誘導し，それを母本から切り取って繁殖個体とするもので，不定根の形成が可能なら一年のどの時期でも適用できる．地際部で不定根を誘導する方法には盛土法（stool layering）と横伏せ法（trench layering）があり，リンゴのわい性台木の繁殖法などに広く用いられている．これに対して，地上部で不定根を誘導する高取り法（air layering）はタイの北部でロンガンやレイシの繁殖法として広く利用されている．他の繁殖法に比べて高度な技術や装置が必要とされず，その成功率も高いため，タイなどではカンキツ類，グアバ，サポジラなどの繁殖にもこの方法が適用されている． 　　　　　　　（米森敬三）

**トリックル・ダウンかせつ　トリックル・ダウン仮説**（tricle down effect）→人間の基礎的必要

**トリパノソーマしょう　トリパノソーマ症**（trypaosomiasis）
　動物性鞭毛虫綱に属するトリパノソーマ原虫によって起こるヒト，ウマ，ウシを中心に問題となる住血性の疾病で，吸血昆虫によって媒介される． 　　　　　　（磯部　尚）

**とりひきひよう　取引費用**（transaction cost）
　市場を通じた取引行為を円滑に行うために要する情報入手や契約締結・履行などを確保する諸費用の総計． 　　　（水野正己）

**トレーラ**（trailer）
　原動機を装備した自走式車両にけん引されて農業資材や収穫物を搬送するために用いられるけん引型車両をいう． 　　（伊藤信孝）

**トロピカル・デザイン**（tropical design）
　熱帯特有の美的要素を持つ植物や生産風景あるいは，熱帯の風土の中で培われた技術によってつくり出された特徴ある成果物などを総合的にとり込んだ意匠計画．熱帯農業の代表的な景観としては，ココヤシのプランテーション，コーヒーやカカオ畑，その他バナナなどがあり，メキシコの乾燥地域のサイザル畑なども含めて観光資源としても評価される．日本の熱帯的な生産風景は，亜熱帯地域の沖縄にみられるパイン畑，サトウキビ畑などがある．また，耕地防風林のモクマオウ．農家の軒先に植えられたバナナやパパイヤ．色鮮やかなブーゲンビリアやハイビスカス．強烈な日射をさえぎるガジュマルなどは熱帯個有の風景として認識されやすい．熱帯農業に関するランドスケープデザインの意義は，生産を目的とする農業の景観の中から，熱帯特有の美的要素を見い出し，総合的に計画することにより，農の文化や技術の素晴らしさを人々に理解させることにある．（山本紀久）

**とんコレラ　豚コレラ**（米；hog cholera, 欧；classical swine fever）
　豚コレラは，急性，亜急性，慢性，不顕性など多様な病型を示す豚の代表的なウイルス病で，国際獣疫事務局（OIE）による最重要疾病（リスト A）の一つである．
　原因：フラビウイルス科（Family Flaviviridae）のペスチウイルス属（genus *Pestivirus*）に分類される豚コレラウイルス．血清学的に牛ウイルス性下痢・粘膜病ウイルス（BVD-MD）およびボーダー病ウイルスと交差．豚の腎臓，精巣の初代または継代細胞で増殖するが，例外を除き細胞変性効果を示さない．pH $<$ 3.0 および pH $>$ 11.0 で不活化されるが，低温域で生残する．エーテル，クロロホルムに感受性．消毒薬には 2 % 水酸化ナトリウム，1 % ホルマリン，4 % 炭酸ナトリウム，イオン性および非イオン性界面活性剤などがある．ウイルス株の病原性は多様で，

高病原性株は伝染力が強く急性で致死率の高い病気を起こすが，低病原性株には無症状のものも存在する．病原性はブタを数代継代することにより復帰する．

疫学：自然宿主はブタとイノシシ．直接および間接的な接触感染により伝播．ウイルスを含む血液，臓器，分泌液，排泄物が感染源となる．感染経路は経口および経粘膜感染，擦過傷などの創傷感染，交配など．残飯給餌による伝播例も多い．経胎盤感染で胎児は免疫寛容となり娩出後も持続感染してウイルスの汚染源になる．アジア，中南米，ヨーロッパおよびアフリカの多数の国に発生．

症状と病変：急性型では2～6日の潜伏期で，高熱，食欲不振，元気消失，結膜炎，鼻漏，便秘後下痢，嘔吐，後躯麻痺，紫斑などを示す．白血球減少症と栓球増多が高熱に併発，8～20日の経過で死亡．ウイルス株の病原性により症状は多様で不顕性感染もある．慢性型では，食欲不振，発熱，白血球減少，下痢，皮膚炎を繰り返し，発育遅延と背弯姿勢を特徴とするヒネ豚となる．子宮内感染では，胎齢により胎児死亡によるミイラ化，死産，奇形，生後死，先天性痙攣症などさまざまな転帰をとる．急性型の病変は，全身性出血，特にリンパ節と腎臓の出血病変，脾臓の梗塞，DIC（汎発性血管内凝固症候群）など敗血症の特徴を示す．囲管性細胞浸潤を特徴とする脳脊髄炎，リンパ組織の退行性病変，血管内皮細胞の変性や時に回盲部のボタン状潰瘍が認められる．

診断：類症鑑別としては，アフリカ豚コレラ，BVD・MD，サルモネラ症，豚丹毒，急性のパスツレラ症，レプトスピラ症，クマリン中毒およびその他ウイルス性脳炎などがある．実験室内診断では，罹患豚の扁桃などの凍結組織切片を用い蛍光抗体法でウイルス抗原を検出する．培養細胞でウイルス分離を試み，蛍光抗体法や免疫組織化学で抗原を証明する．END現象を示す株に対してはニューカッスル病ウイルスの感染により細胞変性効果が明瞭となる．急性型では抗体は検出されないが，血清診断には中和テストやELISAによる抗体検査を行う．

予防：獣医行政機関，獣医師および農場主などとの密接な情報交換と検疫の強化，残飯給餌の中止あるいは残飯加熱の励行，抗体調査，獣医衛生管理の徹底を図る．発生国では生ワクチンによる積極的な疾病予防を行う．清浄国あるいは清浄化推進国では通常ワクチン接種が禁止されている．発生時の蔓延防止策には，殺処分，消毒，移動規制および疫学調査を基本とする防疫を行う．　（村上洋介）

**どんせいはつじょう　鈍性発情**（silent estrus，または silent heat）→発情

**とんたんどく　豚丹毒**（swine erysipelas）
*Erysipelothrix* 属菌（豚丹毒菌）の感染によって起こる感染症で，ブタは敗血症，蕁麻疹，関節炎，心内膜炎などの症状を呈す．

（江口正志）

## な

**ないはつてきはってんろん　内発的発展論**（endogenous development）
現在の途上国にとって発展とは，初発から先発国をモデルとする外発的発展（exogenous development）でしかなかった．しかし，1970年代の「成長の限界」や石油危機を契機として，民族や地域に固有の伝統文化に根ざした独自の発展を目指す「もう一つの開発」が提起され，これと軌を一にして内発的発展論が打ち出された．日本では鶴見和子によって先鞭がつけられ，「内発的発展とは，目標において人類共通であり，目標達成への経路と創出すべき社会モデルについては，多様性に富む社会変化の過程である．共通目標とは，地球上のすべての人々および集団が，衣食住の基本的要求を充足し人間としての可能性を十全に発現できる，条件をつくり出すこと」とされた．

（水野正己）

ないぶきせいちゅう　内部寄生虫（endoparasite）

内部寄生虫（内寄生虫）の定義はやや煩雑である．通念的に定義すると，宿主の内臓・組織など，体の内部に寄生する多細胞の寄生虫となる．単細胞である原虫類は含まない．内部寄生虫に対応する用語は，体の表面に寄生するダニなどの節足動物を主とする外部寄生虫である．ただし，寄生部位が体の内側か，外側かだけでは，区分できない種類もある．例えば体表に寄生する数種の糸状虫は内部寄生虫に属し，ウマの胃に寄生するウマバエ幼虫，鼻咽頭に寄生するヒツジバエ幼虫は，外部寄生虫である．よって次の定義が必要となる．

内部寄生虫を臨床寄生虫学的に定義すると，吸虫類 Trematoda，条虫類 Cestoda および線虫類 Nematoda の総称となる．これを蠕虫 helminth という．内部寄生虫と蠕虫は，同義語であるが，用語として「内部寄生虫」が広く用いられている．問題となる寄生虫種のほとんどが，ここに包含される．

さらに，内部寄生虫の寄生虫分類学的な定義となると，前述の helminth 蠕虫（吸虫類，条虫類，線虫類）の他に，まれに見られる寄生虫が加わる．すなわち，線形虫類（ハリガネムシ類）Gordiacea と鉤頭虫類 Acanthocephala である．これら二類は，線虫類と同じ袋形動物門に属する．またさらに，内部寄生虫として，舌形動物門の舌虫類および環形動物門のヒル類を含める書も多い．

内部寄生虫感染動物の症状は，慢性経過をとる例が多い．しかし，濃厚感染による急性経過，異所寄生・迷入による特殊な症状を示す場合がある．また，ヒトに重篤な症状をもたらす人獣共通寄生虫の問題もある．慢性経過は，内部寄生虫症の一般的な臨床的特徴である．多くの内部寄生虫の寄生部位が消化管系統であることから，症状は下痢や貧血などであり，発育遅延・停止，泌乳量減少，乳質低下などを引き起こす．濃厚感染による急性経過は，例えば子牛の突然死型乳頭糞線虫症，血便を主徴とする（豚）鞭虫症，めん羊・ヤギに貧血をもたらす捻転胃虫症，めん羊とウシの急性肝蛭症，子牛の牛回虫症などがある．異所寄生・迷入は，寄生虫が本来寄生する器官とは別の器官に寄生した状態で，寄生部位に応じた症状を示す．例えば，ウシの糸状虫 *Setaria digitata* が，めん羊・ヤギ・ウマに寄生すると脳脊髄に迷入し，腰麻痺を主徴とする脳脊髄糸状虫症が起こることがある．小腸に寄生する豚回虫の成虫が胆管に迷入し，胆管閉塞を起こしたヒト・ブタでの症例も知られている．人獣共通寄生虫症はヒトに致命的障害を与えるものがある．例えば熱帯に多い豚囊虫，冷涼地帯に多いエキノコックス（包虫）は，特に重要である．ヒトの肝蛭症も散発している．

熱帯には多くの寄生虫種が分布している．心和む牧歌的風景，家畜の放し飼いや有機農法は，同時に内部寄生虫の楽園にもなる．ここに家畜を密飼いし，放置すれば濃厚感染が起こり死亡事故が発生する危険がある．熱帯ではヒトへの寄生虫感染も多い．特に幼児は感染しやすいので，手洗いの励行，生肉や生野菜の処置に注意する必要がある．

（平　詔亨）

ないぶしゅうえきりつ　内部収益率（internal rate of return, IRR）→経済評価

ないぶんぴつかくらんぶっしつ　内分泌撹乱物質（endocrine disruptors；EDs）→環境ホルモン

ないぶんぴつぶっしつ　内分泌物質（endocrine factor）

内分泌腺の細胞が分泌し循環系を介して体全体に行き渡り，標的細胞の特異的な受容体に結合することにより細胞の機能を調節する物質であり，動物ではホルモンとも呼ばれる．循環系を介さずに分泌した細胞周囲の細胞に作用する場合はパラクリン物質と呼ばれる．その化学構造からステロイド，ペプチド，アミン，アミノ酸に分けられる．ステロイドホ

ルモンやアミノ酸である甲状腺ホルモンは細胞膜を通過し，細胞内に存在する受容体と結合することにより直接遺伝子発現を調節する．ペプチドホルモンやカテコールアミンは細胞膜上の受容体と結合することにより，細胞室内の第二メッセンジャーの濃度を高める．第二メッセンジャーは一連の細胞内情報伝達物質のカスケード反応を介して細胞機能を調節する．いくつかのホルモンはパラクリン物質や神経伝達物質でもある．内分泌系は神経系と密接に関連しており，中枢と末梢の間に複雑な情報網が構築されている．中枢内で生じた神経興奮の変化は中枢からのパルス状のホルモン分泌や遠心性神経興奮の変化として内分泌腺に伝えられる．内分泌腺ではこれらの情報を末梢組織に伝えるためにホルモンが分泌される．また，分泌されたホルモンは中枢にも送られ，末梢組織の状況を伝達することによるフィードバック経路が構築されている．このような経路とは異なり，内分泌腺自体が体内状況を認識し，直接ホルモン分泌を調節している場合もある．ある種の人工物質や植物由来の物質はホルモン受容体と結合し，ホルモン様作用を示したり，ホルモンの作用を抑制したりする．これらを内分泌撹乱物質と呼ぶ．マメ科植物にはエストロジェン様物質が存在しており，これを多く含む牧草を摂取すると繁殖障害が生じる．その他内分泌撹乱物質によるアンドロジェン，甲状腺ホルモン，活性型ビタミンDの機能撹乱が知られている．一方，ホルモンまたはホルモン様物質を動物生産性向上に用いる試みが行われており，成長ホルモンによる成長促進，泌乳量増加やエストロジェン様物質・アンドロジェン様物質による成長促進，アドレナリン様物質（$\beta$-アゴニスト）による肉生産向上・体脂肪減少などがある．植物ホルモンは内分泌因子とはいえないが，標的細胞における作用機構には共通点がある． （松井　徹）

**ナイロビようびょう　ナイロビ羊病**（Nairobi sheep disease）→付表33

**（なえぎの）こうかしょり　（苗木の）硬化処理**（hardening, hardening-off）

熱帯の厳しい自然環境下に山出しする苗木は，山出しに先立って乾燥や太陽光の直射に馴らすことが必要であり，山出しの1カ月ほど前から，灌水の頻度や量を減らしたり，シェードを外して強光に当てる，といった操作を行うのが普通である．このような操作を硬化処理と呼ぶ．ただし，これまでのところ，硬化の度合いを定量的に把握する方法が知られていないので，苗木の反応を見ながら，前述のような操作を逐次強めて，馴化を行うのが普通である． （浅川澄彦）

**なえたちがれびょう　苗立枯病**（damping-off, seedling blight）

生物は幼若の時は抵抗力が弱く，病害に侵されやすい．植物も同様で，幼若時すなわち苗の時期は病害に罹りやすい．苗立枯病はそういう病害であるため，多くの病原体が関与しており，一つの植物の苗立枯病が数種類の病原体によって起こされている．病原体別にみると，*Fusarium avenaceum* によるアワ，イネ，トウモロコシの苗立枯病，*F. solani* によるイネおよび *F. oxysporum* によるウルシの苗立枯病，*Pythium graminicola, P. spinosum, P. irregulare* によるイネ，*P. sylvaticum* によるイネおよびトウモロコシの苗立枯病，*P. debaryanum* によるエンドウ，トウモロコシ，ウルシ，キュウリの苗立枯病，*P. ultimum* によるトウモロコシ，*P. vexans* によるトマトの苗立枯病がある．また，*Rhizoctonia solani* によるエンドウ，ウルシ，オクラ，キャベツ，キュウリ，タマネギ，トウガラシ，トマトおよびナスの苗立枯病がある．イネでは *Rhizopus* 属菌，*Trichoderma viride*, *Mucor* sp. および *Phoma* sp. など，ケシでは *Pleospora papaveracea*, および *Alternaria* sp. による苗立枯病がある．これらは主として土壌伝染性の病原菌であり，苗は抵抗力が弱いため，罹病すると大部分が枯死に至る．また，きわめて幼少な時期，すなわち発芽直後の出芽前立枯と呼ばれるも

のがあり，不発芽と間違えられることもある．防除法としては，現在，農薬による土壌消毒や，種子消毒が行われている．また，これら病原菌に対する拮抗微生物を種子に付着させるバクテリゼーションが生物的防除法として研究され，一部実用化されている．なお，細菌の一種 Burkholderia plantarii によるイネ苗立枯があるが，糸状菌による苗立枯病とは区別してイネ苗立枯細菌病と称している．

（山口武夫）

**なえはたびょうがい（じゅもくの） 苗畑病害（樹木の）**（diseases of forestry nursery）

苗畑では大量の苗木を連続して生産するので病害の発生と蔓延が起こりやすく，病害のために苗木育成が困難になることもある．そのため，苗畑病害の回避や防除のための適切な対策が不可欠である．苗畑の病害のなかで樹種に共通して発生する代表的なものには，苗立枯性病害，および微粒菌核病，灰色かび病，くもの巣病などがある．また，植栽木でも発生するさび病やうどんこ病なども発生する．これらの病害の中で最も重要なものは，ここでは土壌伝染性の苗立枯性病害（damping-off）である．

苗立枯性病害はどんな樹種にも発生する．症状は苗木の生育段階に応じて次の五つの型に分けられ，各々に複数の病原菌が関与している．地中腐敗型（preemergence damping-off, seed rot）は播き付け種子が，種子に付着潜在または播種床に生息する病原菌に侵されるもので，発芽しないか，発芽しても地中で枯れてしまう．首腐れ型（top rot）は発芽まもない幼苗の枝葉部から変色が始まって苗全体が枯れる．倒伏型（postemergence damping-off）は幼苗の根系の基部が病原菌に侵されて，褐色壊死した地際部から苗が倒伏する．この倒伏型は最も発生しやすい苗立枯で，いったん発生すると急激に拡がる．苗の倒伏部は円状に広がり，苗は腐敗消失するか，乾燥した残がいになる．根腐れ型（root rot）は根系全体の細根が侵され，水切れ状態になっ て全身が萎凋枯死する．枯死しなくても著しい生育不良が起きる．乾燥や過湿で発生が助長される．すそ腐れ型（foot rot）はかなり大きくなった苗木の主軸が雨水や灌水によりできた土ばかまの中の病原菌に侵され，それから上部が萎凋枯死する．前三者は播種床で発生し，病原菌としてリゾクトニア菌（Rhizoctonia solani），ピチウム菌（Pythium spp.）が主に関与し，後二者は苗床で発生し，フザリウム菌（Fusarium spp.），キリンドロクラジウム菌（Cylindrocladium scoparium），疫病菌（Phytophthora spp.）が病原菌として関与する．地中腐敗型では種子に付着潜在する炭疽病菌（Colletotrichum spp.）や灰色かび病菌（Botrytis cinerea）なども関与する．

苗畑病害の防除には，一般的に，まず育苗管理の面から乾燥や過湿を避ける適当な灌水，苗の生育期に応じた日覆いによる日光調整，適正な肥培，適宜な除草などにより，病気が発生しにくい環境を作ると同時に，病気にかかりにくいバランスの取れた健全な苗木の育成に努める必要がある．また，病気発生に対して普段から注意することが必要で，罹病苗の早期発見による除去や，感染源になる罹病落葉の除去や焼却など苗畑での病原菌密度を低下させる衛生管理を行う．あわせて病原菌の感染を回避や防御するための薬剤散布による防除が必要である．病気が発生していても，苗木の生育に支障がない程度であれば，薬剤散布の必要はない．幼若な苗木ほど被害が激しく発生し，生育への影響も大きいので，生育初期の薬剤散布が重要である．

（河辺祐嗣）

**ナガボノウルシ**（gooseweed）

学名：*Sphenoclea zeylanica* Gaertn． 熱帯アフリカ原産で世界の熱帯に広く帰化．草丈7〜150 cm のナガボノウルシ科の一年生草本．茎は直立，分枝し，切ると乳液が出る．基部は白い柔組織に囲まれる．葉は互生し，葉身は長楕円形〜披針状長楕円形で，長さ2.5〜12.5 cm，幅0.5〜5 cm．葉柄は0.3〜3 cm．

周年にわたり茎頂または途中の節（葉と対生して）より長い柄を伸ばして緑色，円錐形の頂生花序をつける．長さ7.5 cm，幅1.2 cm位．花は2.5 mmと小さく，白緑色で密集してつく．種子は長楕円形，黄褐色，約0.5 mmで，生産量はきわめて多い．灌排水路，池，水田，湿った畑地などに生育するが，水田では稲に多大の雑草害を与え，主要な雑草の一つとなっている．種子で増殖する．防除は手取り除草が主で，2,4-Dなどフェノキシ系除草剤の効果はほとんど期待できない．

(原田二郎)

**ナタ**（nata）

ナタは *Acetobacter xylinum* が菌体外に生産するセルロースを利用した発酵食品で，フィリピンでつくられている．特徴的な物性と白色半透明な外見を有し，しばしば，さいの目状に切ってフルーツカクテルに混ぜるなど，デザートとして食される．

ナタは，種々の原料からつくられるが，ココヤシの実（ココナッツ）の核殻の空洞に含まれる果水や粉砕したココナッツの果肉（胚乳）に水を加えて調製したココナッツミルク，またはココナッツミルクからココナッツクリームを取り除いた脱脂ココナッツミルクを主原料としてつくるナタデココ（nata de coco）と，パイナップルの果汁を主原料としてつくられるナタデピナ（nata de pina）が有名である．その他，パイナップル以外の果汁やサトウキビジュースなどによってもつくられる．

以下に代表的なココナッツの果水を主原料としてつくるナタについて，その製法を記述する．

ココナッツを割り，直ちにその果水を，ろ布でこす．ろ過した果水1 kgに，砂糖100～150 gとリン酸アンモニウム5 gを加えて沸騰させ，加熱・殺菌する．冷却後，氷酢酸を8～20 mlを加え，培養液とする．次に培養液に容量の10 %程度の発酵母液（スターター）を加え，広口瓶に分注する．その深さは7.5 cm程度とする．28～31 ℃で10～15日間培養すると，約2.5 cmの繊維性の層（ナタ）が形成される．

収穫したナタを水で良く洗浄後，1 cm角に切り，さらに水による浸漬，洗浄により酢酸を除去する．次に，ナタに適当量の砂糖を加え，煮熟し，シロップ漬けとする．

シロップ漬けの前のナタは，その95 %が水分であり，残りの固形分はセルロースである．

ナタの製造に必要不可欠な微生物は，*A. xylinum* である．*A. xylinum* は食酢醸造汚染菌の一つで，菌体外に水不溶性のセルロースを多量に生産する特徴を有する．また，酢酸耐性や酢酸資化性も強い．

フィリピンから日本へのナタの輸出量は，1990年には200 tであったが，日本において一大ブームを引き起こした1993年（1～11月）には8,743 tと急増した． (新国佐幸)

**ナトリウム**（sodium）

原子量22.99のアルカリ金属で，Naと略記される．植物にとって必須元素ではないが有用元素であり，オオムギ，イネ，イタリアンライグラス，トマトなどではカリウム欠乏時にその機能の一部を代替する．また，$C_4$ 植物であるヒエ，バミューダグラス，ヒユなどではナトリウムは必須である．動物においてナトリウムは必須な多量元素であり，カリウムや塩素と共に体液の浸透圧や酸塩基平衡の維持に重要な役割を果たしている．体内における貯蔵量は限られているので，毎日摂取する必要がある．ナトリウムは主に尿中に排泄されるが，ミルク中や汗中への排泄も重要であり，泌乳中の動物や熱帯地帯，乾燥地帯ではナトリウムの要求量が高まり，欠乏しやすくなる．また，カリウムの過剰摂取もナトリウムの要求量を高める．ナトリウムが欠乏すると，動物は木，土や他の動物の汗を舐めるようになる．次いで食欲低下，成長抑制，泌乳減少や体重減少が生じる．通常は食塩として動物に補給される．一方，乾燥地帯では飲水

中のナトリウムが高い場合があり，その過剰が問題となる． (松井　徹)

**ナムチュア**（nen chua）

ベトナムの発酵食品．豚生肉にスパイスをまぶした後，バナナの葉で包み25～30℃で3～5日間発酵させたもので，加熱処理をせずにそのまま食べる．生ハムに近い味である． (林　清)

**ナメクジ・カタツムリるい　ナメクジ・カタツムリ類**（slugs and snails）

ナメクジやカタツムリは軟体動物門・腹足綱・有肺亜綱に属し，陸産貝類と総称される．ナメクジ類は殻を失うか失いつつある陸産貝類で，殻のかわりに特殊な粘液で体を覆っている．また，熱帯各地に分布あるいは持ち込まれ重要な水田害動物となっている apple snail（複数種の総称．日本にはスクミリンゴガイと呼ばれる *Pomacea canaliculata* が持ち込まれている）はカワニナなどと同じ前鰓亜綱に属す．ナメクジやカタツムリは一部で食用，ペットあるいは殻の収集の対象となっているが，農業害動物として研究対象に扱われることは少なく，その生活史や生理生態あるいは防除法については不明の点が多い．ナメクジ・カタツムリ類の特徴の一つに生殖に関する雌雄同体現象 hermaphroditism がある．種により，雄性先熟・雌性先熟・両性同熟のものが見られるが，ナメクジ類は雄性先熟のものが多いといわれている．産仔様式も種により卵生から卵胎生・胎生と見られるが，その境界は明確ではなく同一個体でも条件によってこれらの産仔様式を使い分けている（例えば，随意的卵胎生）．移動には腹足の蠕動運動を利用し，ムチン質の粘液によって壁面の移動も可能である．食性は種により幅広く，植食性から肉食性・腐食性と見られ，摂食には歯舌と呼ばれる口器内のヤスリ状器官を用い，動植物の生体・死体などの食物を舐食する．熱帯地域で最も重要な農業害動物として知られている種はアフリカマイマイ *Achatina fulica* である．本種は東アフリカ沿岸部原産の大型陸貝で，卵と孵化直後の稚貝の大きさはおよそ5mmだが，成長すると最大で殻高30cmに達するものもある．本種は食材あるいは投機対象として，世界の熱帯・亜熱帯地域に持ち込まれ，各地で作物に甚大な被害を及ぼしている．また，寄生虫病を引き起こす広東住血線虫 *Angiostrongylus cantonensis* の中間宿主となっており，これによる感染症例が数例報告されている．現在のところ，国内では沖縄・奄美地方と小笠原諸島に侵入・定着しており，これらの地域は本種の分布の北限と見られる．本種を含め陸生貝類の防除には，メタアルデヒドを含む毒餌（baits）による誘殺や，銅イオンを用いた物理的障壁による被害回避の手段が用いられている．本種の生物的防除のため各地で天敵が導入されたが，ハワイ諸島ではそれらのいくつかはかえって同諸島の固有陸貝類を圧迫する結果となり，太平洋諸島地域の一部では渦虫類・コウガイビルの一種である *Platydemus* 属が導入され熱帯性陸産貝類の絶滅が危惧されている．この他，熱帯・亜熱帯地域に分布あるいは持ち込まれ農業害動物として問題化しているものとしては，例えばアメリカ・カリフォルニア州では，カタツムリ類としては *Helix aspersa* が，ナメクジ類としては *Peroceras reticulatum, Limax poirieri, Milax gagates* が報告されている． (小谷野伸二)

**ならたけびょう　ならたけ病**（Armillaria root rot）

担子菌門ハラタケ目キシメジ科ナラタケ属（*Armillaria*）菌の寄生による根腐性病害．寄主範囲は林木・庭園樹・果樹などから草本まできわめて広く，針葉樹も広葉樹も侵す．本菌の感染方法は，感染根と健全根の接触部からの直接感染，感染部からの根状菌糸束と呼ぶ暗褐色のひも状の組織の土中への伸長，罹病木上の子実体（黄褐色～茶褐色の傘の，シイタケ型のきのこ）からの胞子の飛散である．感染すると樹皮下に灰色の菌糸膜が形成される．地上部は萎凋し，病勢が激しい場合は落

葉・枯死する．特に幼齢木は枯死しやすい．自生の森林を伐開したあとの植栽地に発生しやすいといわれる．熱帯で本病に関与する種としては，アフリカで *A. mellea*, *A. heimii* など，インド・スリランカでは *A. fuscipes*（*A. heimii* と同一の疑いがある），オーストラリアでは亜熱帯・温帯を中心に *A. luteobubalina*, *A. novae-zelandiae* などが挙げられている．また，東南アジア・中南米でも本病害発生の報告がある．　　　　　　　　　（長谷川絵里）

**ナーン**（Nan）

平焼きの発酵パンは，エジプト，中近東，パキスタン，インドなどで紀元前から作られていた．この製法は今でも引き継がれており，中でも日本で最も身近に接することができるのがインドの「ナーン」である．日本ではその形から「木の葉ブレッド」あるいは「ぞうりパン」と呼ばれたが，今では「ナーン」という名称で直接販売されている．ナーンは小麦粉（中力粉）を原料にしている．初めの頃はパンの基本原料である小麦粉，パン種（酵母），食塩および水で作られていたと考えられるが，今では牛乳，砂糖，卵，バター（インドではギー（→））なども使われるようになってきている．製法は，すべての原料でパン生地を調整した後，3時間ほど発酵を行ってから50g程度に分割し，細長い三角形に整形する．整形後，炭火で450℃にした石釜（タンドールという）内の壁に生地を直接張り付けて焼成する．ナーンは熱い状態で適当な大きさにちぎり，カレーをつけて食べる．　（高野博幸）

**なんなんきょうりょく　南南協力**（South-South cooperation）

途上国間の開発協力のことで，TCDC（途上国間技術協力）もこれに含まれる．その端緒は，1970年代のG77（77カ国グループ）による発展途上国間経済協力会議や集団的自力更生を打ち出した非同盟諸国会議にさかのぼる．近年の高まりは，途上国の中にはすでに一定程度の経済発展を成し遂げた国が出現し，そうした国の中から新興援助国として他の途上国の開発を支援する国が現われたことによる．この南南協力の優位性は，開発途上地域内・地域間の経済・技術格差の縮小，貿易・投資の促進，協力関係の強化，適正技術の移転，低コストで効率的な開発協力の推進などにある．日本の南南協力に対する支援として，第三国研修（日本の援助により技術移転を受けた国を拠点として，日本からの援助で行われる），第二国研修（日本の技術協力を通じて育成した途上国の専門家を活用し，当該国において，日本からの援助で行われる），第三国専門家制度（日本の技術協力を通じて育成した途上国の専門家を，日本からの援助で第三国へ派遣して行われる）などの制度が設けられている．また，1998年には沖縄県において新興援助国を集めた南南協力支援会合が開催された．　　　　　　　　　（水野正己）

**なんなんもんだい　南南問題**（South-South problem）→南北問題

**なんぱくさいばい　軟白栽培**（blanching）

日光を遮って栽培し，緑色の部分を白くすること．ネギ，ミツバ，黄ニラなどが有名．
　　　　　　　　　　　　　　（高垣美智子）

**なんぷびょう　軟腐病**（bacterial soft rot）

本病は，アブラナ・ナス・ユリ・セリ・キク・サトイモ科などに属する広範囲の作物に発生し，熱帯では畑のみならず輸送・市場病害としても被害の大きい細菌病である．病原細菌は *Erwinia carotovora* subsp. *carotovora* である．葉や茎に，はじめ小さな水浸状病斑を形成する．その病斑は速やかに拡大し，軟化・腐敗を起こす．この腐敗は非常に早く数日の内に進むのが特徴である．地際部や地下部が罹病した場合には，地上部の異常（萎凋）によってはじめて気づく．本病原細菌は土壌あるいは雑草などの根圏で生存し，風雨，害虫，農作業などによる傷口から感染する．また，風雨による飛沫，灌漑水，細菌エアゾールなどで二次伝染する．そのため，本病を防ぐには連作回避や雑草防除など圃場衛生を図るとともに害虫の加害を防ぎ農作業時の付傷

などに気を付けることが大切である．また，銅・抗生物質・オキソリニック酸・微生物製剤などの散布も有効である．なお，E. carotovora には，本菌の他3種の亜種 subsp. atoroceptica, subsp. betavasculorum および subsp. wasabiae があり，これらによる病徴やその発生生態はそれぞれ少しずつ異なる．

(植松　勉)

**ナンプラ**（nampla）→魚醬油

**なんぼくもんだい　南北問題**（North-South problem）

東西の冷戦が小康状態に入った1950年代の終わりに，戦後独立して国連加盟を果たした多くの途上国と，すでに高度の経済発展を遂げた先進国との経済格差をめぐる問題が，国際政治の表舞台に登場した．途上国の大半が南半球に，先進国の大半が北半球に位置することから，英国ロイド銀行の Oliver S. Franks 卿が「東西問題」と対比させて「南北問題」と呼んだのが契機となり，一般に使われるようになった．少なくとも南側にとって南北問題は南北格差の縮小を目的としていたが，半世紀に及ぶ開発は，逆に南北格差の拡大をもたらし，さらに途上国間の格差も拡大させ，いわゆる「南南問題」を新たに生み出した．NIES（新興工業経済地域）などの出現にみられるように，途上国の多様化が進んだ今日，北が南に資金・技術協力を行うだけでなく，途上国相互間の協力により南の地域全体の経済発展を図っていくことが重要視されている．また，南北の垣根を越えて共通の価値観の下に対処する必要がある環境，人口，貧困といった地球的規模の問題の顕在化により，かつての南北問題は大きな変容を遂げている．

(牧田りえ)

**なんようざい（ひフタバガキか）　南洋材（非フタバガキ科）**

熱帯アジアでは，フタバガキ科が優勢なため，それ以外の多くの科の樹木から生産される木材を非フタバガキ科の木材といって区別することが多い．これらの中には，市場材として確定した用途をもち，個別に利用される樹種もあるが，多くは雑木扱いをされている．カラキおよび銘木と呼ばれる貴重材も非フタバガキ科である．産地の森林資源，特にフタバガキ科の枯渇により，市場性の低い非フタバガキ科の木材も生産するようになった．続いて，産地がフタバガキ科の少ないか，あるいは，分布していない地域に移動している．この結果，生産される樹種は変化し，徐々に非フタバガキ科の樹種比率が高くなってきている．チーク，ダオなど銘木として取り扱われるいくつかの樹種も非フタバガキ科に属する．非フタバガキ科の樹種は非常に多いが，その中からいくつかを選んでみると，アカシア類，アガチス，アロウカリア，イピル・イピル，カランパヤン，ケンパス，ゴムノキ，ジェルトン，ジョンコン，セプター，ターミナリア類，テレンタン，タウン，ニャトー，プライ，モルッカンソウ，ビンタンゴール，マンゴ，メライナ，ドリアン，メルバオ，メンクラン，ユーカリ類，ラミン，レンガスなどがある（付表18）．これらの中には固有の名前で取り扱われている樹種も多い．市場では，MLH と呼んで多樹種の木材を一括して取り扱うことがある．これは miscellaneous light hardwoods あるいは mixed light hardwoods の略と考えられるが，雑木を意味すると考えてよく，特定の樹種名ではない．これは生産地で，多数の樹種が少量ずつある場合，生産者が仕分けをせず一括して輸出するためである．このような木材は，通常，価格は低く，主として，合板の心板，家具の枠材，あるいはパレットなど利用されているので，消費者の目に直接触れることは少ない．一方，生産者の代表である SEALPA はこのような市場性の低い樹種を lesser known species と呼んで，その利用性を高めるため種々の努力をしてきている．→南洋材（フタバガキ科）

(須藤彰司)

**なんようざい（フタバガキか）　南洋材**（フタバガキ科）

南洋材とは東南アジアに産出する木材に対する一般的な呼称である．産地が拡大し，ニューギニア地域に産出する木材も含まれるようになった．統計によれば，1998年には，南洋材は用材供給量9,206万 m³ の 12.3 ％ を占めている．南洋材が，世界の他の地域に産する熱帯材と異なるのは，フタバガキ科（植物分類上ではフタバガキ科のフタバガキ亜科）が，きわめて優勢で，市場材として取り引きされる木材の大半を占めることである．ラワンというフタバガキ科（Dipterocarpaceae）のなかの一群の木材のフィリピン名が南洋材の代名詞として使われて長年月が経過している．現在，ラワン類は実質的には輸入されていないが，その名前はまだ人々の記憶の中に残っている．第二次世界大戦後の南洋材輸入再開時から，それ程大量のラワン類が，長期にわたって，フィリピンから輸入されたことを物語っている．ラワンとはフィリピン産で，フタバガキ科の *Parashorea*, *Pentacme*, *Shorea* 3 属のうちで，堅さ・重さの中庸な木材のグループである．したがって南洋材すべてを意味するものではない．現在，同類の木材は，マレーシア，インドネシアで生産されているが，メランチと呼ばれる．フタバガキ科：19属，約500種以上がありほとんどが重要な木材資源となっている．主な属は *Anisoptera*（メルサワ），*Cotylelobium*（レサック），*Dipterocarpus*（クルイン，アピトン），*Dryobalanops*（カプール），*Hopea*（ホペア），*Parashorea*（ホワイトセラヤ），*Pentacme*（ホワイトラワン），*Shorea*（メランチ，セランガンバツ），*Vatica*（レサック）などである．主なものの性質を付表に示した．→南洋材（非フタバガキ科），付表19（南洋材（フタバガキ科））

（須藤彰司）

**ナンヨウヒメノマエガミ**（witchweed）

学名：*Striga lutia* Lour. インド原産で，世界の熱帯～温帯に広く分布するゴマノハグサ科の一年生の半寄生植物．茎は直立分枝し，高さ 20～30 cm，四角に角ばり白毛がある．

葉は対生か互生し，葉身は線状披針形，全縁，両面と縁にとげがあり，無柄．花は枝上部の葉腋に単生し無柄で，花冠は黄色，白色，桃色など種類が多い．主としてイネ科の作物や野生植物に寄生するが，その他キク科，ナス科，マメ科，カヤツリグサ科など寄生範囲は広い．雨量の少ない乾燥した所を好み，湿った所では生育は著しく劣る．畑作物に寄生して蔓延した場合は収穫が皆無となることがある．種子で増殖する．種子は休眠して発芽しないが，その打破には寄生植物が生産するストリゴルが関与するという．防除には，寄生を受け難い品種（モロコシ）の選抜が有効で実用化されている．一部の地方で全草が下痢に有効であるとされ，薬用として利用される．

（原田二郎）

に

**にくしつ　肉質**（texture）

食物を食べた時に口腔内で感じる物理的感覚をいい，硬さ，粘弾性，せん断力，咀しゃく性などが関係し，外観，食味，風味と共に食物の重要な嗜好特性を構成している．熱帯・亜熱帯果実にはマンゴスチン，レイシ，リュウガン，ランブータンなど多汁な仮種皮を食用とするもの，グアバ，マンゴ，バナナ，パイナップルなど発達した子房を可食部とするもの，ポメロ，ライム，オレンジなど子房壁の内果皮が発達して多汁なじょうのうとなったカンキツ類など多様な特性の肉質がみられる．肉質は果実の成熟に伴い，果肉や果皮組織の細胞壁多糖類（ペクチン，ヘミセルロース，セルロース）の量的，質的変化によって軟化し，また収穫後の追熟によっても軟化する．軟化や細胞壁分解にはポリガラクチュロナーゼ，セルラーゼ，$\beta$-ガラクトシダーゼなどの酵素が関係している．一般には可食部分の軟化をもって果実の収穫指標とするが，マンゴ，バナナなど用途によって未熟な硬い果実，あるいは緑熟果（成熟しているが完全に軟化し

ていない)を収穫する場合がある.一方,カンキツ類ではフラベド(外果皮)の油胞に含まれるテルペン類を主体とした精油も風味に寄与する重要な成分である. (弦間 洋)

**ニクズク**(Nutmeg tree)
*Myristica fragrans*. ニクズク科の常緑高木.インドネシア・マルク(モルッカ)諸島を原産とする.乾燥した種子およびメースと呼ばれる仮種皮を香辛料として利用する.蒸留後得られる精油は,食用・薬用・種々の香り付けなど,幅広く用いられる.栽培適地は,海岸近くの高温湿潤な傾斜地とされ,実際の栽培も,熱帯の島しょ地域で行われている.現在の主産地は,インドネシア・グレナダ・スリランカなど.ニクズクは,通常半年毎に開花結実するが,開花結実に関与する環境要因はよくわかっていない.雌雄異株であり,開花まで,雌雄の区別がつかないため,栽植時は多めに植える必要がある.チョウジと並ぶ,香料貿易の中心品目であり,過去においては,プランテーション作物として,栽培されていたが,今日では農家による小規模生産が主体となっている. (縄田栄治)

**にじせんい 二次遷移**(secondary succession)
二次遷移は,伐採跡地,焼畑跡地など植物群落がすでに成立していた場所を出発点とする遷移.一次遷移系列の中途段階から出発する形となる. (神崎 護)

**にじゅうけいざい 二重経済**(dual economy)
非ヨーロッパ諸国において,輸入されたヨーロッパ資本主義と土着の前資本主義的経済が併存する状態のこと.ヨーロッパ社会では社会階層間に相互関係があり,資本主義が社会の統一をもたらしているが,アジア社会ではそのような相互関係と統一が存在しない.アジアでは,発展の過程に社会成員のすべてが参加することはなく,またヨーロッパ資本主義が導入されてもその原則や成果を普及させる制度が存在しない.したがって,アジアへのヨーロッパ資本主義の導入は,社会の上層部を西洋化しても,資本主義経済は農村社会とは切り離され,植民地的な二重の経済構造を生む.オランダの社会経済学者であり植民地行政官であった J. H. Boeke(1884～1956)が,植民地期インドネシア社会の分析に対してこの概念を適用したが,アジアの植民地一般に当てはまるとされた.ヨーロッパ資本主義のアジア社会への不適合を強調した二重経済論は,途上国の経済発展に否定的な見解を暗示している. (見市 建)

**にじゅうまきしめき 二重巻締め機**(double seamer)
缶胴と缶蓋・缶底とを巻締めるための機械.主要部分はリフター,チャック,巻締めロールで,一般にこれらを巻締めの三要素と呼んでいる.巻締めロールは第一ロールと第二ロールからなる.リフターは缶をのせる台で,缶の高さに合わせて調節できる.チャックは巻締めされる缶を上部から固定する.第一巻締めロールで缶胴のフランジ部分を缶底あるいは缶蓋のカール部分に重ね合わせて二重に巻き込む(第一巻締め).次いで第二ロールでこの部分を強く圧着する(第二巻締め).第一ロールと第二ロールは,ロールの内溝の形状が異なる.この際,缶底あるいは缶蓋のカール部分に塗布してあるシーリングコンパウンドで巻締め内部の空隙を埋め,気密性を完全にしている.以前はハンダ付けにより缶胴に缶底・缶蓋を取り付けていたが,二重巻締めにすれば鉛が缶内の食品と接触しないため衛生的であり,これをサニタリー缶と呼ぶ. (田中宗彦)

**にじりんしゅ 二次林種**(secondary species)
放棄された農地や,皆伐跡地などに成立する二次林を構成する樹木.二次遷移の初期に出現する先駆種から,より遷移の進んだ段階で優占する後期二次林種まで,さまざまな特性の樹木がこの中に含まれている.極相種に比べて,生長が早く材の比重が軽く,稚樹の

耐陰性が低いなどの特性を持つ．

二次林種の中には，その生長の速さから植林に利用される樹種も多く，メライナ（*Gmelina arborea*）やイピルイピル（*Leucaena leucocephala*）のような先駆種が多用されている．後期二次林種（late secondary species）と呼ばれる *Shorea leprosula* のような種群は，極相林の中にも存在し，生長が速いので植林に多用されている． （神崎　護）

**にだんかねつほう　二段加熱法**（two-step heating）→坐り

**にっちょうはんのう　日長反応**（photoperiodic response）

一日24時間中の昼と夜の長さの割合が生物に及ぼす影響を日長反応と呼ぶ．昆虫では休眠・発育・化性に影響を及ぼす．また，植物では開花・結実・休眠など種々の生理反応に大きな影響を及ぼす．

（日高輝展・縄田栄治）

**ニティソル**（Nitisols）→ FAO-Unesco 世界土壌図凡例

**ニトソル**（Nitosols）→ FAO-Unesco 世界土壌図凡例

**にばいたい　二倍体**（diploid）→倍数体

**にぼしひん　煮干し品**（boiled and dried product）

魚貝類をいったん煮熟した後，天日または乾燥機を用いて干した製品をいう．煮干し品のなかで最も多いものは，カタクチイワシや小型のマイワシを原料とした煮干しイワシである．その他の製品としては，エビ，アワビ，貝柱，ナマコなどからつくられるものもあるが，その割合はそれほど多くない．煮干しイワシは，大きな煮釜に5〜6％の食塩水を入れて沸騰させ，ここに5〜10 cm の原料が入ったセイロを入れ，再び沸騰するまで煮熟する．煮熟したイワシは，放冷後乾燥させるが，天日と乾燥器を併用するのが一般的である．煮干しイワシは，油が少なく，銀白色に輝き，腹が切れず，頭，尾がついたものが良品とされており，「だし」の原料として古くから利用されている．また最近では，カルシウムの供給源としてそのまま食べられる自然食品として注目されるとともに，特別な加工設備を必要としないことから，途上国での多獲性魚の利用にその製法が適用され始めている．

（遠藤英明）

**にほんがた　日本型**（Japonica）→アジア稲

**にほんのうえん　日本脳炎**（Japanese encephalitis）

日本脳炎ウイルスが原因．ブタは通常無症状で死産などを起こす．ヒト，ウマ，ウシなどは脳炎． （村上洋介）

**にほんのせいふかいはつえんじょ　日本の政府開発援助**（Japan's ODA）

日本の政府開発援助（ODA）は，資金の流れから二国間援助と多国間援助（国際機関に対する出資・拠出）に分けられる．二国間援助は途上国側に返済義務のない贈与（グラント・エレメント，G.E. 100 %）と返済義務のある円借款とに分かれ，さらに贈与は無償資金協力と技術協力とに分類される（図14参照）．無償資金協力は，特に開発の遅れの目立つ国々が優先され，人間の基礎的必要（BHN）に関連する分野が中心になっている．技術協力は人材育成と技術向上によって途上国の国造りを推進することを目的としており，専門家派遣，研修員の受け入れ，技術移転に必要な機材の供与，これら三つを組み合わせたプロジェクト方式技術協力，青年海外協力隊員の派遣といった形態で実施される．一方，円借款は途上国の政府に対して低利・長期の緩やかな条件で開発資金を貸し付けるもので，途上国の経済社会基盤の整備を進めるとともに，返済義務を課すことによって経済的自立のための自助努力を喚起することを狙いとしている．日本の1998年の二国間 ODA は1兆1,264億円に達し，金額ベースでは DAC（開発援助委員会）加盟の先進21カ国中8年連続で第1位となった．日本の二国間 ODA は150を超える途上国を支援しており，1997

[ 392 ] に

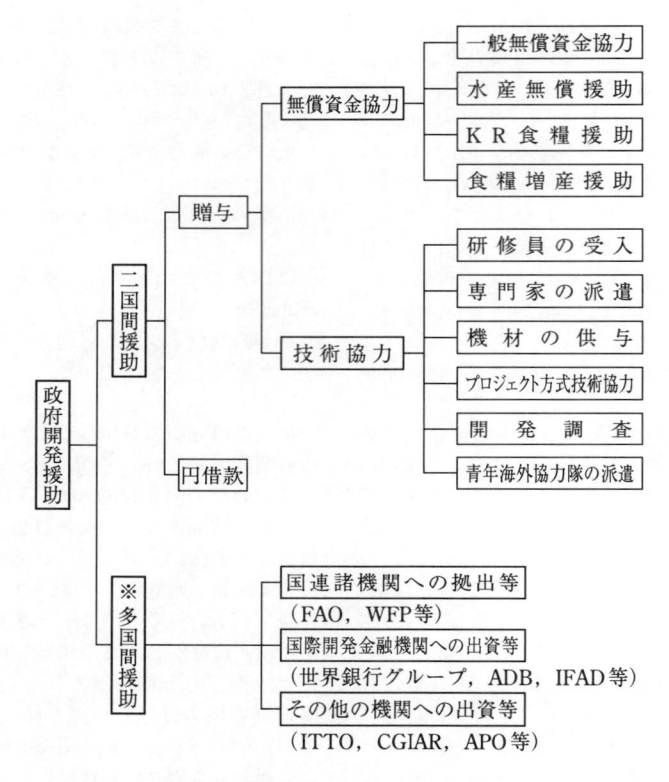

```
政府開発援助
├─ 二国間援助
│   ├─ 贈与
│   │   ├─ 無償資金協力
│   │   │   ├─ 一般無償資金協力
│   │   │   ├─ 水産無償援助
│   │   │   ├─ KR食糧援助
│   │   │   └─ 食糧増産援助
│   │   └─ 技術協力
│   │       ├─ 研修員の受入
│   │       ├─ 専門家の派遣
│   │       ├─ 機材の供与
│   │       ├─ プロジェクト方式技術協力
│   │       ├─ 開発調査
│   │       └─ 青年海外協力隊の派遣
│   └─ 円借款
└─ ※多国間援助
    ├─ 国連諸機関への拠出等（FAO，WFP等）
    ├─ 国際開発金融機関への出資等（世界銀行グループ，ADB，IFAD等）
    └─ その他の機関への出資等（ITTO，CGIAR，APO等）
```

図14 日本のODAの構成（農林水産業協力の構成を含む）
資料：海外経済協力基金『年次報告（1999年）』および農林水産省『海外農林水産業協力の概要（平成10年）』
（注） ※は無償援助．

年では，そのうち55カ国において日本が最大の援助供与国となっている．地域別配分については，70年代のアジア重視から徐々に多様化が進み，97年には二国間ODA総額に占めるアジアの割合が46.5％にまで低下していたが，アジア通貨・経済危機への対応により，98年には再び62.4％に上昇した．98年の分野別配分をみると，運輸・通信・エネルギーなどの経済インフラが39％と依然として最大シェアを占めており，20.2％の教育・保健などの社会インフラおよびサービス，12.4％の生産セクターがこれに続く．日本のODAは確実に途上国の国づくりに貢献してきたが，98年では対GNP比率が0.28％でDAC21カ国中第12位にとどまり，国際目標とされる0.7％とはかなりのかい離があること，また贈与比率（ODA全体のうち贈与部分の占める割合）およびG.E.がDAC21カ国中最も低かったこと（96／97年時）が指摘されており，一層の改善が要請されている．日本のODAに対する期待がますます高まる一方で，ODAは厳しい国家財政事情の下で実施されており，ODA事業を適正かつ効率的・効果的に実施し，事業の透明性を高め，日本国

民の理解と支持を得ることが不可欠となっている．このような目的意識の下に，日本政府は援助の基本理念および各地域ごとの援助方針を92年に「政府開発援助大綱」としてまとめ，さらに99年8月には今後5年間のODAの方向性を具体的に明示した「政府開発援助に関する中期政策」を公表している．この中期政策では，基本姿勢として次の項目を挙げている．①DACが96年に策定した「新開発戦略」(2015年までの達成目標を掲げた国際的な開発援助のガイドライン)を踏まえること．②既得権益化を排除し，状況変化に応じて援助方法を適時適切に見直すこと．③「人間中心の開発」および「人間の安全保障」の視点の強化，途上国政府，先進国政府，国際機関，民間部門，民間非営利団体(NGO)など，あらゆる開発主体が適切な役割分担を行ないつつ連携すること．④「顔の見える援助」を推進するための大学，シンクタンク，民間部門の専門家の経験の積極的な活用とNGOとの連携を強化すること．NGOとの連携については，NGOの活動を支援する「草の根無償資金協力」の予算規模が89年度の発足当時の3億円から98年度には57億円へ拡大していることや，99年度から始まったJICA（国際協力事業団）の「開発パートナー事業」などに具体的にみることができる．また，援助の効率化は，主要な被援助国について案件選定の際の指針となる「国別援助計画」の策定や，ODAと非ODAの円借款業務の統合による国際協力銀行の設立(1999)といったODA改革の動きにもみられる．日本の農業関連ODAは，1954年のコロンボ・プランへの加盟とともに稲作技術の専門家派遣と研修員受け入れから開始された．対象分野は，稲作から次第に畑作改良を含む食料増産，さらに畜産，園芸，林業へと広がり，その後は特定分野の技術改良を目的とするものだけでなく，加工流通，農民組織の育成，環境保全などへと多様化し，開発の受益者であり担い手である農民および住民を主体とした農村開発の総合的な取り組みも重視されるようになってきた．今後は，96年世界食料サミットのローマ宣言を踏まえ，途上国自身による国内の食料増産努力を積極的に支援し，環境と開発の両立を図る持続可能な農業開発への協力を推進していくこととされている． (牧田りえ)

**ニャトー**（nyatoh）→付表18（南洋材（非フタバガキ科））

**にゅうか　乳化**（emulsification）

互いに混合しない油と水のような2液を混ぜて一方（分散相）を他方（連続相）の中に均一に分散させることを乳化という．乳化状態の分散液をエマルションとよぶ．通常は安定に存在することはできない．例えば，油を水に加えて撹拌すれば一時的な分散状態をつくり出すことはできるが，すぐ元の2液相に分離してしまう．このときドデシル硫酸ナトリウムのような界面活性剤を加えて分散させると，活性剤分子が油滴のまわりに親水基を外側に向けて吸着層を形成し，油滴の破壊を防ぎ，類似水溶性を示し，そして吸着層のため静電気斥力が増加し，油滴の再結合が妨げられ，乳化状態が安定化されることになる．この界面活性剤の働きを乳化作用といい，この目的で界面活性剤を利用するとき，乳化剤という．界面活性剤以外にも，レシチン，コレステロールなども乳化作用を示し，アルギネート，カラギーナンなどは乳化の補助剤となる．

乳化剤の選択にあたっては，両液の性質，製品への影響，乳化の型が水中油滴型か油中水滴型かなどを考慮して決める．乳化の応用例としては，化粧品，医薬，農薬，食品，合成樹脂の乳化重合，塗料，靴墨，各種油類の乳化，アスファルトの乳化などがある．油中水滴（W/O）型の乳化には比較的親油性の強い油溶性の乳化剤を，水中油滴（O/W）型の乳化には親水性の強い水溶性の乳化剤を選ぶのが原則である．非イオン系の界面活性剤は，その親水・親油性の程度を表現するのにHLB（Hydrophile Lipophile Balance）値を用い

る．完全親油性ではHLB＝0，完全親水性ではHLB＝20である．HLB値は乳化剤の選択の目安となる．W/O型の乳化にはHLB＝3.5〜6，O/W型の乳化にはHLB＝8〜18の乳化剤が適する．食品の乳化剤として用いられるものは天然物と合成品に大別され，大豆リン脂質である大豆レシチンや卵黄などが前者の例である．合成品には，グリセリン脂肪酸エステル，ショ糖脂肪酸エステル，ソルビタン脂肪酸エステルなどがあり，食品衛生法で規定されている．　　　　　　　（中嶋光敏）

**ニューカッスルびょう　ニューカッスル病**（Newcastle disease）

鳥類のウイルス病．緑色下痢，開口呼吸などの呼吸器および神経症状．気管腸管の充出血．　　　　　　　　　　　　　（村上洋介）

**にゅうしょくせいさく　入植政策**（resettlement policy）

過剰でちゅう密な地域の人口問題・雇用問題を解決し，あわせて人口希少地の地域開発を行うために，政策的に人口を移動し入植地に定着させ農業に従事させるプログラム．アジアでは，20世紀初頭より行われてきたインドネシアの移住政策（transmigration policy）が知られている．独立以後のインドネシアでは，スハルト元大統領の開発政策の下でスマトラをはじめカリマンタンなど，さらに武力で併合したイリアンジャヤへとその移住入植地は拡大した．多くは居住地から挙家離村の形で家族単位で入植させる．移住先での村落の形成のためには，出身村や集落単位で集団移住するほうが容易なため，挙村移住の形を取る場合が少なくない．平均2 ha程度の農地が与えられ，屋敷地として0.5 ha程度が与えられる．入植当初は，0.5 haの屋敷地を集約的に利用して陸稲，キャッサバ，トウモロコシなどを栽培して食料を確保しつつ，2 haの農業経営を行う．稲作のみではなく，オイルパームなどの換金作物の栽培も多い．この場合には，収穫物の処理加工工場と組み合わせた中核農園農家システム（nuclear estate system, PIR : Perkebunan Inti Rakyat）の一環として入植させる場合が多い．林業と組み合わせたアグロフォレストリーを行う移住政策も行われている．　　　　　　　（米倉　等）

**にゅうとうふたいしょう　乳糖不耐症**（lactose intolerance）→ミルク

**にゅうぼうえん　乳房炎**（mastitis）

乳房炎とは主として微生物の感染によって起こる乳房組織の炎症反応を主徴とする疾病の総称である．関与する微生物のほとんどは細菌であり，100種以上の細菌が原因となる．臨床的には乳房の腫脹，発赤，疼痛，硬結，乳量の低下または停止などが見られる．時に発熱，食欲不振，下痢，脱水，起立不能などの全身症状を伴うこともあるが，臨床症状のないまま乳汁性状の異常や異常成分の出現にとどまる場合もある．感染や発症には微生物の種類や病原性などの微生物側の要因に加え，ウシの栄養状態や抵抗性などの生体側の要因，さらに搾乳器具の調整不備や衛生管理不備などの外的要因などが複合的に関わっている．乳房炎は臨床検査，乳汁の理化学的検査および微生物学的検査などにより診断される．治療は化学療法が主であり，必要に応じ冷あん法や温あん法，頻回搾乳などの物理療法，補液や抗炎症剤投与などの全身療法が補助的に行われることもある．国によってはある種の原因細菌に対してワクチン接種による予防が試みられている．　　　　（江口正志）

**ニョクマム**（nuoc-mam）→魚醤油

**にんげんかいはつしすう　人間開発指数**（Human Development Index）

国民総生産を超えるより包括的な社会経済指標として，国連開発計画『人間開発報告』の1990年（初年度）版で提示された．寿命，知識，生活水準という人間開発の三つの基本要素を組み合わせ，各国の人間開発の総合力を可能な限り測定する試みである．修正や改良が加えられ，平均余命，成人識字率，平均就学年数（初等・中等・高等教育の合計），および各国の生活費によって調整された1人当た

りの実質GDPに基づく購買力（購買力平価）を組み合わせて人間開発指数（HDI）が算出されるに至っている．HDIは，0～1までの数値で表された目盛りの上で，各国がどこに位置するのかを示す．HDIが0.5未満の国は，人間開発水準の下位グループに入り，0.5以上0.8未満が中位グループ，0.8以上が上位グループとなる．97年の指数によると，174カ国中，カナダが0.932で1位，シエラレオネが0.254で最下位であった．HDI値を用いて，長期的な人間開発の動向や同じ国の異なる人口グループの異同を把握することも可能である． (牧田りえ)

**にんげんかいはつほうこく　人間開発報告** (Human Development Report)

国連開発計画（UNDP）が1990年から毎年発行している報告書．「人間開発指数」「人間貧困指数」「ジェンダー開発指数」などを紹介し，人間開発政策に先駆的役割を果たしてきた． (牧田りえ)

**にんげんのきそてきひつよう　人間の基礎的必要** (Basic Human Needs)

人間生活に最少限必要とされる食料，住居，衣服などの消費物資と，安全な飲料水，衛生設備，保健，医療などの地域社会に不可欠なサービスを人間の基礎的必要（BHN）という．貧困層のBHNの充足を目指して，貧困撲滅を開発や援助の第一の目標とし，成長よりも雇用と所得再分配を優先する政策アプローチをBHNアプローチと呼ぶ．トリックル・ダウン仮説（経済成長というパイを大きくすれば，やがてその恩恵は少しずつ貧しい人々にも及ぶとする考え）に対立する有力な仮説の一つとして，1970年代後半から，援助機関の開発戦略に取り入れられた．世界銀行『世界開発報告（1990年版）』が「貧困」をテーマに掲げたことを一つの契機に，トリックル・ダウンかBHNのどちらか一方を支持するよりも，貧困の撲滅には社会全体の経済成長と貧困層への基礎的な社会サービスの提供が共に必要である，とする考え方が主流になってきてい

る． (牧田りえ)

## ね

**ネガリムマイクロキャッチメント** (negarim microcatchment) →ウォーターハーベスティング

**ネキリムシるい　ネキリムシ類** (cutworms)

熱帯でのネキリムシ類はヤガ科Noctuidaeの2種，カブラヤガ *Agrotis segetum* およびタマナヤガ *Agrotis ipsilon* である．カブラヤガは日本，アジア各地，ヨーロッパ，アフリカなどに広く分布する．野菜各種，タバコ，トウモロコシ，マメ類，ダリアなどに被害を与える．幼虫は夜間，作物の根や根際の茎をかみ切るため，ネキリムシと呼ばれる．作物は大きい被害をこうむる．幼虫は体長4cm，暗灰色で側面は暗色の筋がある．蛹は暗褐色．卵は白から紅色に変わる．成虫は200～1,000個の卵を産付する．タマナヤガは前種に似るが，全世界に分布する．被害作物および被害の特徴は前種同様である．本種は長距離移動性害虫として知られ，時に大発生する．殺虫剤による防除，深耕による幼虫，蛹の捕獲，中間野生食草の除去などがあるが，防除は困難性を伴う． (日高輝展)

**ねぐされ　根腐れ** (root rot)

病原菌の侵入や不良環境条件（例えば土壌の過湿など）により植物の根系に異常を起こし，根部が腐敗・腐朽を起こす症状を根腐れという（→病徴）．一般的に根腐れ症状を示す病気を総称して根腐病ということもあるが，根腐病は作物の種類によって病原が特定される．（→根腐病） (服部　力)

**ねぐされびょう　根腐病** (root rot)

根腐病は主として糸状菌の寄生によって作物の根が腐敗する病気で倒伏あるいは萎凋症状を伴うことが多い．病原菌は，ほとんどが土壌伝染性であり，作物によって病原の種類が異なる場合が多い．代表的なものとしては

① *Fusarium solani* によるインゲンマメ，エンドウ根腐病．② *Rhizoctonia solani* によるカブ，ダイコン，ニンジンの根腐病とインゲンマメおよびダイズのリゾクトニア根腐病．③ *Pythium* 属菌によるソラマメ，トウモロコシ，コンニャク，サトウキビ，キュウリ，トマトなどの根腐病．④ *Phytophthora fragariae* によるイチゴ根腐病などがある．このほかに，*Aphanomyces euteiches*：インゲンマメおよびエンドウ，*Thielaviopsis basicola*：サツマイモ，*Cylindrocladium floridanum*：ラッカセイ，*C. destructans* f. sp. *panacis*：チョウセンニンジンなどの根腐病がある．高温多湿な湿潤熱帯は，これらの病原菌の生育にとってきわめて良好な条件であるため，マメ科作物・野菜類などでは発病が多く，被害を与えている．防除は土壌消毒が最も効果的であるが，経済的に問題があり，実施されているところは少ない．現在のところ抵抗性品種も育成されておらず，発病株の早期発見による除去程度の消極的な防除法が採られている．なおこのほか根腐れ症状を呈す病害として，*Colletotrichum atramentarium* によるトマト，ナスの黒点根腐病，*Pyrenochaeata terrestris* によるトマトおよび *Pyrenochaeata* sp. によるニンニクの紅色根腐病などがある．　　　　（山口武夫）

**ねぐされびょう（じゅもくの）　根腐病（樹木の）**（root rot）

樹木の根腐病は土壌伝染性の木材腐朽菌が病原となることが多い．地上部の症状としてしばしば葉の小型化・萎凋・落葉・枯死などを伴う．熱帯地域における樹木の根腐病の病原菌にはきわめて多犯性の種類が多く，また同一作物が複数の病原菌によって被害を受ける場合もある．しばしば強い伝染性を有し，被害が広域にわたる場合もある．代表的なものとしては *Phellinus noxius*（= *Fomes noxius*）によるゴムノキ，ヤシ類，チャ，チークなどさまざまな木本植物の南根腐病（brown root rot），*Rigidoporus microporus*（= *Fomes lignosus*）によるゴムノキ，カカオ，ココヤシ，コーヒーノキ，チャなどの根腐病，*Rigidoporus hypobrunneus*（= *Poria hypobrunnea*）によるチャ，ゴムノキなどの根腐病，*Ganoderma philippii*（= *G. pseudoferreum*）によるゴムノキ，チャ，コーヒーノキ，ココヤシ，キナノキなどの根腐病，*Ganoderma boninense* によるアブラヤシ，ココヤシなどヤシ類根腐病などの根腐病がある．*Phellinus noxius* については根の接触を通じた伝染および担子胞子による伝染双方によって被害が拡大することが明らかにされている．現在のところ有効な防除法は確立していない．　　（服部　力）

**ネズミるい（ねったいの）　ネズミ類（熱帯の）**（tropical rodents）

熱帯地域では農業生産力の低い所が多く，天候不順，有害生物などにより大きな被害を受け，食料不足に陥ることが生じ易い．有害生物のなかでネズミ類の占める役割は大きく，そのなかには衛生上有害な種類も多い．したがって，ネズミ害に対して有効な対策の確立が急がれている．

熱帯地域には約570種のネズミが生息するが，それらのなかで農業上有害なネズミと被害作物の一部を付表20に示す．一般に農作物のネズミによる被害は1〜90％と地域差が顕著である．フィリピン，インドネシア，マレーシア，タイの諸国では1960年代よりネズミの生態，被害解析，防除法の研究と防除対策の推進により，近年ではイネの被害はかなり減少している．一例を挙げると，フィリピンでは1975年のイネ被害茎率は5％（全国平均）であったが，1980年では0.52％以下となっている．農産物を貯蔵する倉庫などの貯蔵施設では加害種は約9種であるが，共通の種はドブネズミ，クマネズミ，ハツカネズミの3種である．被害量は5〜10％の場合が多い．

ネズミの個体群動態について述べる．アフリカ西部のセネガルではセネガル川の北方流域で，11〜7月は乾季，8〜10月は雨季であり，乾季では降雨がなく，雨季，乾季の差が

明白な気候となっている。12～3月にムギを栽培(灌漑している)、4～6月は休耕し、7～11月にイネを栽培している。加害ネズミはナイルサバンナネズミとヒューバートヤワゲネズミ Mastomy (= Praomys) huberti であった。イネ、ムギの成長に伴い個体群サイズは収穫期にピークに達し、その後にそれは急速に減少した。したがって、この場合の個体群サイズの変動は2山型を示した。イネを栽培する前の乾季の休耕期から雨季初期の播種期には、土堤に火入れをして雑草の除去が行われた。さらに、この時期は可食物の欠乏、繁殖活動の停止、高い捕食圧、旱ばつによりネズミにとって厳しく、周辺への分散もあって、生息数は著しく減少した。マレーシアでは1年中雨が降り、一斉に広面積でイネの栽培が行えないため、1年間のうち10回の収穫期がある所ではコメクマネズミは生殖成長期の水田を順次に移動し、個体群密度は少しばかりの変動を示しながら、高密度を維持することになった。また、マレーシアのアブラヤシ農園にマレーシアクマネズミを5頭(雌雄)放飼した後それは指数関数的に増殖(瞬間増加率は0.1157/週)し、28カ月で200～600頭/haに達し、平衡状態となることが知られている。経済的に許容できる密度は30頭/haと推定されている。

東南アジアのサトウキビ農園では、苗を植えつけて1～4カ月の間では、草丈が低く、周辺の雑草地に定住し、そこから農園内との間にネズミの出入があるが、被害は目立たない。その後、サトウキビが生長すると、農園内に定住するネズミが増加し、糖度の上昇する成熟期にむかって個体群密度は著しく増大することとなる。収穫後、それは著しく減少する。南米北部のサトウキビ農園は約5.3 ha単位で運河に取り囲まれ、大きな水路網ができている。この周辺にサバンナ、水田などがある。加害種ヌマコトンラットはこれらの農園や周辺の水田、畑、サバンナに生息している。1年に2回の雨季(5～7月、12～1月)に降雨量が多いと、サバンナが冠水し、ネズミは土堤や周辺に移動し、農作物に大きな被害を与えることとなる。サバンナが、ネズミの発生源となっている。東南アジア、アフリカ、南米でネズミの大発生が時々あるが、その周期については、十分に明らかにされていない。

防除法には、次の四つの方法がある。①化学的防除：この方法では、殺そ剤が大きな比重を占めている。急性中毒殺そ剤では、安全性の高いリン化亜鉛が最も多く用いられる。現地で調達できるコメ、トウモロコシを基材とし、少量の植物性油、砂糖を加えて練り、本剤を1～3％含ませて調製した生毒餌を施用することが多い。本剤は価格が安く、効果が早く現れるので、農民は次に述べる慢性中毒型の薬剤よりもこれを用いることを望む傾向が高い。ヒト、家畜、野生鳥獣が誤食することを防ぐため、耐水性の毒餌容器(竹筒、ココヤシの殻など)を用いることが奨励されている。急性中毒剤の場合、無毒餌で餌慣しをした後に、毒餌を施用すると効果が高い。サトウキビ畑では、草丈が高くなると農園内にヒトが入り難い。そこで、毒餌を入れた紙袋を、農園の外側から内部に投げ入れる施用法がある。慢性中毒型殺そ剤のワルファリン(0.025％)などの毒餌を2日毎に施用し、持続的に摂食させることにより殺そ効果を得ることができる。摂取量の変化をみて、施用日数を決めるが、本来強いネズミは4週間ほど施用しなければならない。ワックスブロックのタイプ(1個は約5 g)のものは自家調製ができ、耐水性がある。農薬用の手回式散紛機を改良したくん煙器(ワラに硫黄粒を包んだものをくん煙材料とする)によりネズミ穴に有毒ガスを吹き込んだ後、ネズミ穴を掘り、捕獲する方法がインドネシアで用いられる。イネの出穂期以後は、毒餌の摂取性が低いので、くん煙法が用いられる。一部の地域でネズミを食用、飼料に利用している所では化学的防除は利用し難い。②生態的防除：農耕地内の除草と清掃、畦の幅を30 cm以下

とし，水田では水位を 15 cm 以下にすることで，ネズミは巣を作り難くなる．輪作，混作で被害が減少することもある．③生物的防除法：ネズミを捕食する天敵を保護し，増殖を図ることも有効である．マレーシアのアブラヤシ農園で，メンフクロウ Tyto alba を定住・増殖させるため，園内に巣箱（約6個/ha）を設け，クマネズミ類の防除に効果をあげている．④物理的機械的防除：ポリエチレンシート（厚さ 0.3 mm，地上 50 cm の高さ）で水田や苗床を取り囲み，1～1.5 m 毎に竹棒などで支柱を立てる．15～50 m 毎にシートの下方部に小穴を開け，多頭捕りかごを内部側に設置する．湛水状態にしてあるので，水位より少し高めに盛土をし，その上に多頭捕りの大型わなを置く．これは防護柵とわなを併用する方法である．インドネシア，マレーシアで，この方法により高い効果を得ている．これは，費用がかかるので，共同防除として利用した方がよい．ココヤシの樹幹にアルミニウム板（厚さ 0.15 mm，幅 30 cm，地上 2.5 m の高さ）を巻き付けると，クマネズミの登はん防止に有効であるが，価格が高いので，広く用いられていない．鍬で，ネズミ穴を掘って，逃げ出したネズミを手で捕獲する方法も行われる．生け捕り型，捕殺型のわなも用いられている．収穫期に一部の水田を残し，網で三方向より取り囲み，一方向より 10 数人の農民がこん棒を持って網のある方に歩き，見つけたネズミを撲殺する方法は，東南アジア，アフリカで行われている．化学的防除法に過度に依存することによる環境に対する負の効果の反省から，ネズミ防除の場合でも，総合的ネズミ管理システム（Integrated Rodent Management, IRM）の設立が提唱されている．熱帯でも，この戦略の研究が行われている．

(草野忠治)

**ねつぎ　根接ぎ**（inarching）→接ぎ木

**ねつしゅうし　熱収支**（heat balance）

特定の領域（空間，面）における熱エネルギーの出入りの収支をいう．ここでは特に，耕地の熱収支を例に取り上げてみる．耕地や森林に作用する太陽放射フラックスおよび有効長波放射フラックスで決まる純放射フラックス $Rn$ は，水の蒸発，空気・植物・土壌の加熱，光合成による固定，に分配利用される．これらの間にはエネルギーの保存則が成立しており，熱収支式は次式となる．$Rn = lE + H + Bp + Bs + \lambda P$（$lE$：潜熱フラックス，$H$：顕熱フラックス，$Bp$：植物体加熱フラックス，$Bs$：地中伝導熱フラックス，$\lambda P$：光合成固定フラックス，各項は熱収支成分という）．さらに，熱収支式を変形すると蒸発散量 $E$ が次式により求められる．$E = (Rn - Bp - Bs - \lambda P)/l(1+\beta)$．ただし $l$：蒸発潜熱，$\beta$：ボーエン比（$\beta = H/lE = 0.5 \Delta T/\Delta e$，$\Delta T$：2高度間の気温差，$\Delta e$：水蒸気圧）．ここで $Bp$ と $\lambda P$ は他の項より小さいので無視されることが多い．この方法で蒸発散量を見積もることを熱収支法またはボーエン比法と呼ぶ．よく茂った耕地や林地のボーエン比は 0.2～0.4 である．熱収支の研究法としては，その他に渦相関法，チェンバー法，などもある．熱収支の研究は，耕地環境成立メカニズムの研究，蒸発散量の評価，温室環境制御法の研究など幅広く利用されており，耕地微気象研究の有力な手段となっている．　(佐野嘉彦)

**ねつしゅうしほう　熱収支法**（heat balance method）→蒸発散

**ねつせいたこきゅう　熱性多呼吸**（panting）

暑熱条件下で呼吸気道からの蒸散量を促進するために起こる浅く速い呼吸．パンティングという言葉も用いられる．汗腺の発達してない動物では暑熱条件での熱放散に重要な役割をはたす．呼気が気管支や気管を通過する際に気道粘膜表面に浸出した水分が体の熱を使って蒸散し，気体となって呼気とともに体外へ排出される．このとき気化に要する体熱を使うので，熱が体外へ放散される．熱性多呼吸を行っているときは口を開いた呼吸（開口呼吸）の場合が多い．鼻腔を介した場合よ

り，単位時間当たり多くの空気を出し入れできるためである．熱性多呼吸時の多くの吸気は肺胞まで達せず，主として上部気道で熱交換が行われるが，温度がさらに上昇すると，呼吸数を減らした深い努力型の呼吸に移行する．ウシで常温下では1分間40回程度の呼吸数であったものが，高温環境では200回近くにも増加することがある．　　（鎌田寿彦）

## ねったい　熱帯 (the tropics)

概観：熱帯とは地球上のどの部分を指すのかという問いに対する答えは必ずしも一通りではないが，天文気候学的には二つの tropic の間にある地域 intertropical zone の意味である．ここでいう二つの tropic とは，Tropic of Cancer（カニ座）（北回帰線：23.27°N）と Tropic of Capricorn（ヤギ座）（南回帰線：23.27°S）を指す．いま，熱帯をこのように定義すると，世界の陸地面積の38％が熱帯地域にある．また，この熱帯陸地の43％がアフリカに，28％が南米に，20％がアジアにあって，残りの5％がオーストラリア，4％を北米・中米が分けあっている．熱帯をこのようにとらえて，この中に国土の主要な部分が含まれる国を数え上げると，その数は120をこえ，そのほとんど全部が発展途上にある．そこには現在（2000年）世界の人口のほぼ半分が住んでいるが，その人々の肌の色も，言語や文化もきわめて多種多様であって簡単な概括を許さない．人間だけでなく，熱帯の自然環境もきわめて変異に富んでいる．一般に，熱帯といえば，低地の高温を思い浮かべるが，例えばアンデスの山地には寒冷な気候の下でインディオたちが生活しているし，雨の量や分布も所によって非常に大きく変異する．結局，この広い地域をくくる共通項としては，ただ年間の温度較差が小さいということだけしかなく，「気温の年較差が日較差よりも小さいのが熱帯」といういい方もあるぐらいである．実際アメリカの土壌分類では年間の土壌温度較差6℃以内のものを熱帯圏の土壌と考えている．

気候：ここにみたように，気候学的に熱帯を定義しようとする試みは昔から多い．よく知られている Köppen の気候分類（→）では，最寒月の平均気温が18℃以上の湿潤地域をA気候区としているが，これは湿潤熱帯の低標高地をカバーする気候区に他ならない．水収支を考える上で重要な Thornthwaite の気候分類（→）においても，気温の関数である最大蒸発散量を熱効率の指標とし，それが最も大きな区分をメガサーマルというが，これも熱帯低標高地の気候区にあたる．農業的にみた熱帯気候の特徴として，降水量の年々変動の大きいことと，スコール性強雨の頻度が高いことに留意する必要がある．特に後者は土壌侵食の危険性を大きくするから土壌保全に留意しなければならない．熱帯の畑作はこの点に最大の問題をもっている．

植生：気候と植生との関係で Köppen は月降水量60 mm を熱帯雨林を支える限界的な雨量と考えた．Mohr も同様に月雨量60 mm 以下では熱帯雨林は水不足になるが，100 mm 以上なら水ストレスはないとした．Walter の気候ダイヤグラム（→）にも60 mm と100 mm を同じ考え方で基準にとっている．熱帯の森林は水ストレスの程度により，樹高や種組成を変え，気候帯に沿って熱帯雨林から常緑季節林，半落葉季節林，落葉季節林（またはモンスーン林，あるいは雨緑林），サバンナ林へと遷移する．アジアの熱帯雨林にはフタバガキ科（Dipterocarpaceae）が優占するが，アフリカの熱帯雨林や，セルバ（selvas）と呼ばれるアメリカの熱帯雨林ではマメ科（Leguminoseae）が優占する．しかし，その構造や相観は相互に類似している．アジアの熱帯雨林はその樹高やバイオマス量でアフリカやアメリカの熱帯雨林を凌駕している．これは氷期に気候乾燥化の影響を受けることが少なかったこと，きわめて雨量が多いことによっている．落葉季節林は焼畑などの強い人為の干渉を受けると二次的なサバンナ林となり，林床にはイネ科の草本が入ってくる．二次的サバンナ

林は毎年乾季に落葉するとともに下草が枯れ，そこに野火が入ることによって維持される，いわゆるファイヤ・クライマックスと考えられている．このサバンナ林にさらに人為による干渉が加わると，サバンナ草原となる．これも年々の火入れによって維持されているが，多くはかなり地力が低下しているために，自然のままに放置してもなかなか森林の回復は望めない．このサバンナ草原の中で特に地力の低いところは，熱帯アジアでは，チガヤ (*Imperata cylindrica*) 草原となる．

地質と地形：熱帯圏の陸地には古生代から中生代にかけての古い超大陸であるゴンドワナ大陸（→）に起源するものが多い．アフリカ大陸の主要部や南米の広大なブラジル高地などがそれで，楯状地（→）と呼ばれる安定な地塊を形作っている．これらの大陸の安定地塊の上では，隆起・沈降などの激しい地殻変動がないため，地表に近い基盤の岩石は長い時間にわたって深くまで風化を受け，その産物である赤色風化殻（→）は表面からゆっくりと削剥されて，準平原（→）と呼ばれる緩やかな起伏で特徴付けられる地形をつくっている．熱帯アジアでも，インドのデカン半島はゴンドワナ起源である．こういう安定な地塊に対し，第三紀以後の造山運動によって今も隆起を続けるヒマラヤのような山地や新しい時代の火山活動の影響を受けている土地は，地質的な変動帯にあるといえる．アフリカやアメリカの熱帯圏に比べ，アジアの熱帯圏には，ヒマラヤ造山帯と環太平洋火山帯に属する土地が広く，そこでは変動帯としての特徴がみられる．すなわち，モンスーンによる降水の多さもあって，隆起する山地や火山は激しく侵食され，流れ下る大河は大量の土砂を低地に運ぶ．そのため熱帯アジアには，例外的なまでに広い沖積平野とデルタが形成されることになる．このように，熱帯アジアが新しい山地と沖積低地の組み合わせによって特徴付けられるのに対し，熱帯アメリカとアフリカには古い台地地形が卓越する．

土壌：上で述べたことは土壌の性質と土地利用を大きく規定している．熱帯アフリカとアメリカにみられる大陸の準平原上の土壌は，長時間の風化を受けてきわめて瘠薄化しているのに対し，熱帯アジアの，特に低地の土壌は新しい堆積物に由来し肥沃度が高い．アジアでも台地上の土壌は一般にやせているが，火山噴出物によって修飾されたものでは例外的に高い肥沃度を示すものがある．

土地利用：熱帯アジアに広く存在する沖積平野やデルタなどの低地は，自然のままでも稲作の適地となるため，水田稲作面積が全耕地の半ばにも達する．低地水田での土壌肥沃度の高さと農地としての安定性のために，アジアは高密度の人口を養うことができている．それに対してアメリカやアフリカでは低地面積が小さく，もっぱら畑作に依存しているが，土壌肥沃度の低さと，土壌侵食のために，生産性は低くかつ不安定になりがちである．

熱帯圏の将来：熱帯は開発のポテンシャルが大きいと考えられてきたが，熱帯アジアではもはや新しい農地開発の余地はない．熱帯アフリカとアメリカでは，まだまだ土地資源にゆとりがあるように見えるが，現在まで未利用の土地の多くは，気候的あるいは土壌的に利用の可能性を制約されており，見かけほどの開発余力はなく，増えつづける人口を養うことは容易でない．また，土地資源の窮迫が熱帯林の破壊，生物多様性の低下や種の絶滅，過耕作（→）や過放牧（→）による土地/土壌劣化から砂漠化（→）などの環境問題を引き起こす恐れも大きい．熱帯の将来は必ずしも明るくはないといわねばならない．

(久馬一剛)

**ねったいアメリカざい　熱帯アメリカ材**
中南米諸国産の木材は樹種が多く，その中で化粧的な価値の高いものが選択されて，ヨーロッパ，ついでアメリカへ輸出されている．世界で，最も軽いとされるバルサ，重いとされるリグナムバイタなどもある．日本で

も，洋風家具材のマホガニー，バイオリンの弓に使われているブラジルウッド，さらに，家具，内装用に評価の高いブラジリアンローズウッド（ワシントン条約で，絶滅のおそれある種とされている）などは典型的なものである．明治時代に，すでに，マホガニー，リグナムバイタなどの熱帯アメリカ材が輸入されていた記録がある．これらは，当時勃興した洋式造船に用いられたものである．日本市場では，距離的な制約があるため，装飾的な価値の高い樹種の木材が少量ずつ取り扱われてきている．そのためか，樹種名が統計に明記されていることは少ない．最近，チリから人工造林のラディアタマツ（→熱帯産マツ類の木材）が大量に輸出されていることは大きな変化である．熱帯アメリカ原産のカリビアマツはアジア・太平洋地域に植栽されて，木材生産がされている．主なものの一部を挙げると，アルバルコ，イペ，ココボロ，セドロ，マホガニー類，モンキーポッド，パープルハート，バルサ，ブラジルウッド，リグナムバイタなどがある．（→付表21）（須藤彰司）

**ねったいうりんきこう　熱帯雨林気候**
(tropical rainforest climate)→ケッペンの気候分類

**ねったいかじゅ　熱帯果樹** (tropical fruits)
熱帯および亜熱帯を原産地とし，それらの地域で露地栽培が可能な果樹類で，代表的な種類は付表22に示すとおりである．ほとんどは果肉や果汁をそのまま利用する木本性植物であるが，バナナ，パイナップル，パパイヤ，パッションフルーツなど多年生の草本類も含まれる．

生育には高温が必要である．耐寒性は弱く，ほとんどの種類では10℃以下で生育が停止し，0℃以下になると甚だしい寒害を受け，枯死してしまう．耐寒性および樹体生長や開花における温度，日照，土壌水分などの要求量の違いからそれぞれに栽培適地や栽培の北限地と南限地が異なる．

開花様式は環境条件に対する開花反応の違いから，二つに大別され，生育に良好な環境条件下であれば周年開花する果樹（無季性果樹）と，年に1回ほぼ決まった時期にしか開花結実しない果樹（定季性果樹）とがある．無季性果樹にはバナナ，パイナップル，パパイヤ，グアバなどがあり，枝葉の生長に適した環境条件が与えられると開花を続け，枝葉の生長を抑制するような環境条件下では開花しない．定季節性果樹にはマンゴ，ドリアン，マンゴスチンなどがあり，花芽分化に低温や乾燥などの環境要因の刺激が必要で，これらの刺激が不十分であると開花が困難になる．

熱帯果樹の中にはドリアン，ジャックフルーツ，ランサー，マレイフトモモ，ゴレンシなどのように幹や枝に直接果実が着生する種類がある．このような着果様式を幹生（花）果（cauliflory）と呼ぶ．

熱帯果樹の種子の寿命は比較的短いが，特に，ドリアンやマンゴスチンのように東南アジア原産の果樹類の中にはリカルシトラント種子（recalcitrant seed）と呼ばれ，果実から取り出すと容易に発芽力が失われる種子がある．このような種子では乾燥や低温が発芽能力の消失をより早める．

栽培様式にはプランテーションや大規模農園などで大規模に栽培される形態から，焼畑やホームガーデンなどのように主に自給を目的として小規模に他の作物と混作されて栽培される形態がある．果実は現金収入の手段として有効な作物である．　　　（宇都宮直樹）

**ねったいクズ　熱帯クズ**（tropical kuzu）
学名：*Pueraria phaseoloides* (Roxb.) Benth, Tropical kudzu, puero（オーストラリア）．熱帯クズは東～東南アジアの低地を原産地とする永年生の暖地型マメ科牧草，あるいは，熱帯性被覆作物である．熱帯アジア，オーストラリア北部，熱帯中南米諸国の湿潤地域に分布している．2n = 22, 24．根粒菌はカウピー型であるため，特別の接種を必要としない．

直径5～6 mmの深根性の直根をもち，根域は4.5～10 mにも広がる．土壌に接したつる

性の茎の節から分枝と発根し続け，生育速度が速い草種である．茎には茶色の毛が密生する．葉は丸みを帯びた三角形で，裏面にも密な毛で被われている．種子は1,000粒重が11～13gで，かなり硬実を含む．最適生育温度は昼/夜で32℃/24℃とされている．降雨量は1,500mm以上を必要とする．

プランテーションの被覆作物としての広く利用されているが，飼料として，生草，乾草および放牧のいずれにも利用される．家畜の嗜好性は高い．ほふく茎の伸長を抑えるような重放牧は，定着個体数を減少させる．

(川本康博)

**ねったいざいのとくちょう　熱帯材の特徴**
(characteristics of tropical woods)

熱帯材の中には，温帯産の木材に見られない性質をもつものがある．その性質は熱帯材の特徴といえるようにほとんどすべてに共通するものと，一定の範囲の樹種に限られるものとがある．いくつかの典型的なものを次に示す．

年輪：熱帯産の樹木には年輪がないといわれている．熱帯産の樹木の場合には，一年間に明らかな雨季乾季の区別のある地域に生育する樹種の一部（チークは典型的な例）を除いて，明らかな年輪は認められない．一方で，不定期に，何らかの原因によって形成された木材組織の変動が，認められる樹種がほとんどである．「熱帯材には，すべてに年輪はない」「年輪がないから，木材組織の変動がなく，成長輪の形成はない」などとは考えるべきではない．熱帯産の樹種で，成長輪は，特に迅速な生長をする場合，一見して，認められないこともあるが，材面を広範囲に注意深く観察すると，ほとんどの場合，程度の差はあっても認められる．シリカ：樹種によって，シリカが放射組織，軸方向柔組織の細胞，繊維細胞，時には道管中に小塊あるいは，ガラス状で認められることがある．後者の場合は細胞の内壁に張り付いているように見える．シリカの存在は，温帯産材では知られていない．切削の際，刃物を早く摩耗させるので，加工機械の刃物には硬い金属が使われ，製材用の鋸の歯には，硬い金属の溶着が行われる．シリカを含むと海虫に抵抗性があるといわれたことがあるが，否定されている．シリカを含むことは樹種あるいは属などによる特徴となっていることが多い．一例を挙げると，木材がよく似ているメランチ類の中では，ホワイトメランチ類はシリカを含むが，レッドおよびイエローメランチ類は含まない．前者と後者では亜属の違いがある．交錯木理：木材の構成要素の配列方向（木理）は一般的には，多少の角度の変動はあっても樹軸に平行か，あるいは一定の傾斜をもっている．しかし，多くの熱帯産の樹種では，いくつかの成長層ごとに，その配列方向が繰り返し樹軸に交わっている．このような木理を交錯木理という．国産の樹種には例が少なく，クスノキ科のクスノキあるいはタブノキに軽度のものが知られている．交錯木理の木材の仕上げには注意が必要で，しばしば，毛羽立ちの原因になるが，一方で，よく仕上げると，リボン杢が出て美しい材面が得られる．放射断面に沿って割裂することが難しいのも特徴である．脆（ぜい）心材：熱帯材の丸太の横断面を見ると，樹種によって，心材のさらに内側に，ほぼ円形で，毛羽だって，色が違っている部分をもつものがある．この部分から木片を採って，折ってみると，腐朽していなくても，チョークのように，もろいことがわかる（通常の木材の場合には，粘りがあり，ささくれだって折れるのであるが）．この部分を脆心材と呼んでいる．脆心材は，樹体中で，基部からほぼ円錐形になって軸方向に伸長している．この部分の接線断面から切片を採り顕微鏡で観察すると，細胞が，その長軸にほぼ直角に折れていることがわかる．これは，木材を鉄筋コンクリートの建物に例えると，鉄筋が折れた建物をコンクリートだけで維持している様な状態である．このため，衝撃に対する抵抗が低下しているので，利用に当たって

は十分な注意が必要である．脆心材の存在は，接線断面をかんなで削って，光線に斜めに当てて見ると，材面に細かい皺があることで確かめられる．脆心材の発生原因については，樹体内における長期間にわたる応力，化学変化，その他の説があるが，いずれの場合にも適用される定説はまだない．（須藤彰司）

## ねったいざいのぼうえき　熱帯材の貿易
(trade of tropical woods)

FAO林産物統計によって熱帯材丸太の貿易を見ると，世界全体で1991年の2,680万 m$^3$から1996年の1,730万 m$^3$へ大幅に減少している．この要因は熱帯林資源の枯渇化，持続可能な森林経営に向けての生産削減，木材加工工業化政策の推進などであり，1980年代末から1990年代始めにかけてヨーロッパを中心に展開された熱帯材不買運動も影響している．しかし資源保有国における木材加工工業化政策が進む中で，製材品，合板といった製品の貿易量は増加しており，またマレーシアの家具産業に見られるように，ゴム廃材などを使った製品の輸出という新しい動きもある．

日本において熱帯材は一般に南洋材と呼ばれる．これは日本の熱帯材輸入が主に東南アジア諸国から始まったことによるが，特に戦前から戦後1960年代までは，フィリピンが主要相手国であった．戦後の推移は図15のとおりで，1948年から1950年代にかけて管理貿易下で木材輸入が再開されたが，ほとんどがフィリピン材を中心とする南洋材丸太によって占められ，合板などに加工され，重要な外貨獲得商品としてアメリカ，ヨーロッパに輸出されていた．ちなみに南洋材はラワン材ともいわれるが，これは主要輸入樹種であるフタバガキ科の一部樹種をフィリピン名でラワンと呼んでいたことに由来している．

その後，1960年代以降，日本経済が高度経済成長期に入ると住宅建築などの木材需要が急増し，自由貿易化もあって米材，北洋材も含めて丸太輸入が増加した．従来の合板輸出市場は低賃金を武器とする韓国，台湾に席巻されたが，国内合板産業は国内市場に活路を見出し，南洋材丸太輸入量は1973年に2,680万 m$^3$を記録した．また1970年代にはフィリピンでの資源枯渇もあって，主要な相手地域も日本資本の開発輸入によるインドネシアやマレーシアのサバ州へ移行した．しかしその後，1982〜85年のインドネシアでの木材加工工業化に伴う丸太輸出制限・禁止政策によって丸太輸入は減少傾向を強め，相手地域もサバ州，サラワク州，さらには大洋州のパ

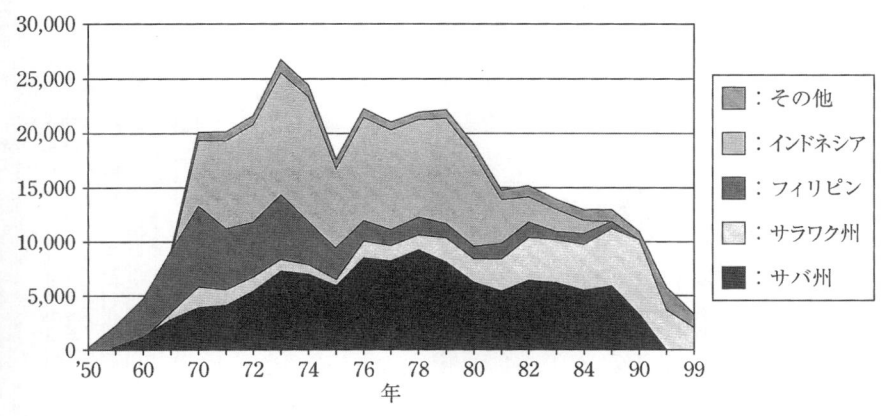

図15　南洋材丸太入荷量の推移 (1,000 m$^3$)

プアニューギニア，ソロモン諸島へと拡大した．この相手地域の拡大は未利用樹種を含めて輸入樹種を多様化させるとともに，小径木化を含め材質を低下させた．これによって白系良質大径材に依存してきた国内の南洋材製材業は壊滅的な打撃を受け，合板産業も小径木用ロータリーレースの導入を余儀なくされた．

その後，1990年代に入ると，サバ州，サラワク州での持続可能な森林経営に向けた動きや木材加工化政策による丸太生産・輸出規制によって，南洋材丸太輸入量は現在の350万 $m^3$ 程度まで減少し，製品輸入が増加している．なおサバ州，サラワク州での生産・輸出規制が始まった1993年から，従来10万 $m^3$ 程度に過ぎなかったアフリカ材丸太の輸入が増加し，1997年には66万 $m^3$ に達したが，産地国での輸出規制，搬出・輸送期間の不安定性などから，現在では再度減少に転じている．

(荒谷明日児)

### ねったいざいのりゅうつう　熱帯材の流通
(distribution of tropical woods)

日本における熱帯材丸太輸入は従来，東南アジア諸国およびパプアニューギニア，ソロモン諸島といった大洋州諸国から，南洋材輸入として行われてきた．これら南洋材丸太は1970～80年代前半には60～75％が合板工場，40～25％が製材工場に向けられ，合板生産量は700～800万 $m^3$ 程度，南洋材製材品(以下製材品という)の生産量は250万 $m^3$ 程度を維持してきた．ちなみに南洋材丸太輸入がピークとなった1973年の合板生産量は860万 $m^3$，製材品生産量は630万 $m^3$ であった．しかし，1980年代後半以降，インドネシアさらにマレーシアでの木材加工工業化政策による丸太輸入の大幅減少と，合板，製材品といった製品輸入の増加で，国内での製品生産は大きく減少した．丸太輸入量が350万 $m^3$ となった現在では，生産量も合板330万 $m^3$ (総供給量の約40％)，製材品40万 $m^3$ (約30％弱)へと大幅に落ち込んでいる．

特に合板は，1990年代に入り，国内の合板産業が針葉樹へ原料転換していることから，生産量の40％がすでにロシアのカラマツ，ニュージーランドのラジアータパインなどの変わっており，またカナダ，アメリカなどから若干ながら針葉樹合板の輸入もある．このため従来，合板総供給量のほとんどすべてを

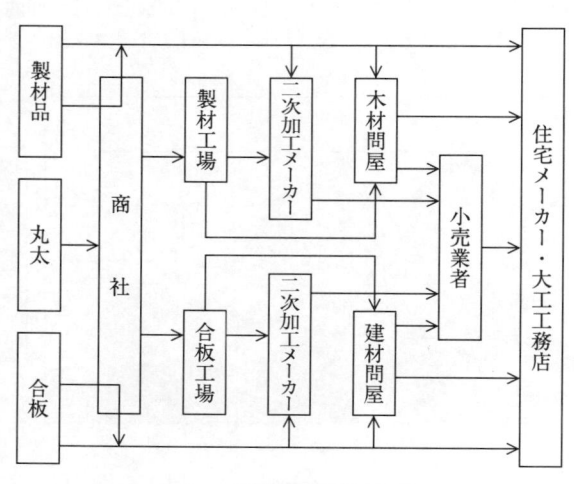

図16　熱帯材の主要流通経路

占めていた南洋材合板の比率は輸入・国産含めて約80％に低下し，総供給量に占める国内産南洋材合板比率は約25％に過ぎなくなった．

これら丸太および製品の流通経路を見ると図16のとおりである．従来，丸太，製品とも他材種と同様に商社が輸入し，丸太は合板工場，南洋材製材工場に，製品は国内産，輸入品を含めて木材問屋，建材問屋といった流通業者や，家具，建具，フローリング工場などの二次加工メーカーに流れていた．しかし，現在では大型定期コンテナ船のサービスが普及したことなどから，問屋などの流通業者，住宅メーカー，各種加工業者など川下業種による直接輸入が増えている．これら製品の最終需要の用途を見ると，製材品は家具用，建築内装用，梱包用などが多く，合板は建築用，家具用，建具用，展示装飾用，梱包用，キャビネット用などとなっている．

また，新たな傾向として1990年代中ごろ以降，マレーシアなどからのファイバーボードの輸入や，川下業種による熱帯材を使った家具，家具部材，各種建築用木工品といった，直接需要に結びつく製品の輸入が急速に増えている．　　　　　　　　（荒谷明日児）

**ねったいサバンナきこう　熱帯サバンナ気候**（tropical savanna climate）→ケッペンの気候分類

**ねったいさんマツるいのもくざい　熱帯産マツ類の木材**（tropical pine trees）

熱帯には天然のマツ類が生育している地域があるが，近年，原産地を遠く離れた地域で，造林されるものが増加してきている．これらからの木材は，現在は，短伐期でパルプ用材を目標にしていることが多いために，材質的に劣る未成熟材部の比率が高く，一般に用材としては良質ではない．天然生の中には，かつて，輸入されて化粧的な用途に用いられたカンボディア産メルクシマツのように，樹齢が高いため，年輪幅が狭くなっているものもある．樹種，生育環境などの違いはあるが，木材の性質は一般的なマツ類のそれとほぼ同じと考えてよい．よく知られているものに，カシアマツ，カリビアマツ，メルクシマツ，パチュラマツ，ラディアタマツなどがある．（→付表23）　　　　　　　　（須藤彰司）

**ねったいしゅうそくたい　熱帯収束帯**（intertropical convergence zone）

赤道付近の北緯5～10°付近の熱帯内に形成される対流圏下層の収束帯．熱帯内収束帯とも呼ぶ．また単にITC，またはITCZと略すことも多い．ほぼ地球をとりまくように1年を通して存在し，対流活動が活発で降水量も多い地域である．収束帯を形成している対流雲群は，数kmから1,000km程度のスケールで，いくつかの階層構造を持つ擾乱として存在し，常に生成，移動，発達，消滅を繰り返しており，ほぼ一様な雲分布としての古典的な概念である収束帯として捉えられることは少なく，ある時間・空間スケールで変化をする構造を持っていると考えられる．この収束帯は初期には赤道前線または熱帯前線と呼ばれたが，中・高緯度の前線のように，前線を境界にして大気の温度差を伴わないため，単に南北両半球の大気の収束する場，つまり，南北貿易風が収束する地域として，収束帯の語が使用されるようになった．その後，熱帯収束帯の語は赤道付近を取りまく雲列に対して使用されるようになり，海上の雲列と最高水温域との関係が注目されはじめた．加えて，気象衛星写真の解析と熱帯の気象力学の進展により，西部熱帯太平洋域のように，水平収束は弱くても高い海水温と活発な蒸発のため，常に潜在的不安定な大気成層を示す地域や，インドモンスーン地域のように水平成分の大きな地域など，対流活動を引き起こすメカニズムも多様であることがわかってきている．収束帯は，気流の解析，衛星写真の解析の結果などから，北半球に赤道からやや離れて存在し，季節によっては南半球の赤道付近にもう1本存在するときもあることが指摘されている．この現象の説明として，北半球

の収束帯は，赤道を越えて方向を転じた貿易風と北半球の貿易風とのあいだの収束帯であり，南半球のそれは，貿易風が高緯度側から低緯度地方に吹くとき速度を減じるため，速度収束を起こしたと考えられていた．しかし，最近の研究によれば，ITCZ が北半球側に形成されることは，簡単な大気海洋結合モデルから大気海洋相互の作用によるものであると考えられている．つまり，南半球側は北半球に比べ海水温が低く，対流の起こりやすい北半球に向かい南風が生じる．この南風が南半球の海水温のさらなる低下を引き起こす，いわば正のフィードバック効果が起こり，ITCZ は北半球側に現れることになるというものである．最近注目されている収束帯内の擾乱は，30～60日の周期でインド洋から太平洋域を東進し，発達，消滅を繰り返すもので，インドモンスーンの強弱やエルニーニョの発現と関係していることが指摘されている．

(佐野嘉彦)

**ねったいしょくぶつえん　熱帯植物園**
(tropical botanic gardens)

主として熱帯・亜熱帯性植物を栽培・展示することにより，教育・研究などに資する施設．世界では，フォスター植物園（アメリカ），フェアチャイルド熱帯ガーデン（アメリカ），ホープ植物園（ジャマイカ），リオデジャネイロ植物園（ブラジル），ラエ植物園（パプア・ニューギニア），ペナン植物園（マレーシア），ボゴール植物園（インドネシア），シンガポール植物園（シンガポール），墾丁熱帯植物園（台湾）などは熱帯地域にあり，自生植物や世界の熱帯植物が集められている．なお日本の大部分の地域では，熱帯植物の生育条件としては気温が低すぎるために温室内で栽培・展示される．熱源としては，清掃工場からの高温水（東京都夢の島熱帯植物館），温泉熱（熱川バナナ・ワニ園）を利用する例もある．一方，九州の一部などの亜熱帯地域では「亜熱帯植物園」と称して，自生植物やヤシ類が野外に植栽されている． (飯島健太郎)

**ねったいていきあつ　熱帯低気圧** (tropical cyclone)

熱帯の海洋で発生する，前線をもたない対流圏の低気圧性循環の総称．温度の南北傾度の大きい温帯地方における「温帯低気圧」と対比される．機構的には，対流群によって（水蒸気の凝結による潜熱によって）発達維持される擾乱をさす．熱帯低気圧の発生・発達には大量の水蒸気の補給が重要で，大陸や低海水温地域に進んだ場合，水蒸気の供給が減り熱帯低気圧の勢力も衰える．熱帯低気圧の多くは北緯 10～20° の海洋上で発生する．赤道付近には ITCZ（熱帯収束帯）（→）と呼ばれる雲の帯があり，この一部が発達して熱帯低気圧となることが多い．熱帯低気圧はその強さ（最大風速）によって，① tropical disturbance（熱帯擾乱）：最大風速17ノット以下，② tropical depression（TD）：最大風速17～34ノット，③ tropical storm（TS）：最大風速34～63ノット，④ typhoon（TY）：最大風速63ノット以上にわけられる（なお，typhoon は西半球ではハリケーン（hurricane）と呼ばれる）．以上の定義は国によって多少の差がある．強い熱帯低気圧は大雨と強風をもたらし，社会に非常に大きな損害を与えることがある．熱帯低気圧の発生場所は，北半球では西太平洋，東太平洋，ベンガル湾，アラビア海，大西洋，カリブ海である．このうち西太平洋が最多発生地域であり（年間約30個），ついで東太平洋が多い．季節的には 6～10 月によく発生する．これらの低気圧は亜熱帯高気圧の周りを吹く風に流され，低緯度（20° より赤道側）では西進，これより高緯度側では東進することが多い．熱帯低気圧発生の気候学的条件としては，海面水温が高いこと（26～27℃以上），赤道から 5～7° 離れていること，風の鉛直成分が小さいこと，初期擾乱があることが挙げられている．さらに発生，発達の力学的メカニズムは第2種条件付き不安定（CISK，シスク）によって説明される．CISK とは，熱帯低気圧のような数百 km ス

ケールの循環と,それよりも小さな空間スケール(数 km 程度)の積乱雲が,互いに強め合う相互作用によって熱帯低気圧を発達させるメカニズムであるが,簡単に説明すると次のように考えられる.地表付近の空気は,ある中心(熱帯低気圧の中心)に向かって吹き込み,中心付近で収束し強い上昇流を生む.上昇気流中で放出される潜熱の影響で,中心付近の対流圏上部は周辺部に比べて高温となり,地上に低気圧が形成される.中心気圧が下がると中心に向かって収束する風が強まり,対流活動が一層強化されることになる.この一連の正のフィードバックをもつメカニズムが CISK と呼ばれるものである.

(佐野嘉彦)

**ねったいでいたんど　熱帯泥炭土**(tropical peat soils)

泥炭は,低湿地で有機物が分解を阻害されて蓄積したものであり,わが国では比較的寒冷な東北から北海道にかけてかなり広く分布する.しかし,温度は泥炭生成にとっては副次的要因であり,熱帯の東南アジア島しょ部にも広大な泥炭地があり,自然状態では,熱帯雨林の一部をなす湿地林を支えている.東南アジア島しょ部には世界の熱帯圏にある泥炭地の 2/3, 2,000 万 ha 以上が集中している.ボルネオ島のサラワク,カリマンタンやスマトラ島に広大な面積があるほか,イリアンジャヤやマレー半島の南部にも分布する.このように,泥炭の主要な分布地域は熱帯雨林気候下にある低湿地域とほぼ重なっており,年間を通じて湿潤多雨で滞水,湛水することが熱帯泥炭生成のための要件である.熱帯の泥炭は,温帯のそれがほとんどヨシやスゲなどの草本遺体から成っているのと異なり,湿地林を構成する木本の遺体が水中につもり,難分解性のリグニン質材料を残した木質泥炭であって,きわめて貧栄養である.アメリカの土壌分類では,Histosol 目の中で分解の低い Fibrist ないし Hemist 亜目に入る.熱帯の泥炭でも温帯のそれと同様高さ数 m に達する平頂のドームを作っているが,このドーム全体が年中水で飽和されているために有機物は分解をまぬがれている.ドーム状泥炭の中央部では 12 m 以上もの厚さをもつ場合があり,そこでは湿地林植生もドーム周縁部の浅い泥炭上に成立する植生に比べて貧弱になる(padang 林).これは中央部では植物の根が無機質土壌に届かず,そのためにもともと貧栄養なのがさらに貧栄養化するためである.熱帯泥炭の貧栄養性はその極端な酸性に現われており,水に懸濁したときの pH はほとんどが 3 台である.このことはカリウム,カルシウム,マグネシウムなど植物にとっての必須成分が欠乏状態にあることを示しているが,それだけでなく,リン酸をはじめ,銅・亜鉛・ホウ素など微量元素も欠乏していることが多い.窒素だけは泥炭を作っている有機物中に含まれているがすぐには有効化しない.したがって,泥炭を排水して農地化したときには,石灰を施用して酸性の矯正を図るだけでなく,窒素をも含めあらゆる養分を施肥によって補給しなければならない.農地開発におけるもう一つの大きな問題は,排水による泥炭の脱水・収縮と泥炭そのものの分解による急速な土地沈下である.開拓当初は年間何十 cm も沈下するが,一応落ち着いてからも主として分解による年間 2～3 cm の沈下が続く.そのため薄い泥炭は短期間で分解消滅し,その下から厄介な酸性硫酸塩土壌(→)が顔を出して開発を失敗に終わらせる例が多い.泥炭を保全的に使うためには水田化するのが最良と思われるが,稲作はほとんどの場合青立ち不稔によって失敗している.これは強酸性と微量要素,特に銅欠乏によるものと考えられている.このように泥炭地での農地開発はきわめて難しい問題をはらんでいる.

(久馬一剛)

**ねったいどじょう　熱帯土壌**(tropical soils)

Ⅰ.熱帯における土壌生成作用と風化作用:熱帯の自然は変化に富んでおり,したがって

そこにみられる土壌もまた多種多様であって，温帯や寒帯に出現する土壌が熱帯圏に存在しても不思議ではない．ただ年間を通して高温，多湿な湿潤熱帯低標高地帯の条件は，他の気候帯には求めることのできない熱帯固有のものであり，ここに生成する土壌もまた熱帯に固有である．そのように考えると，熱帯における土壌の変異の幅は，他の気候帯におけるよりも広いということができる．土壌生成の観点からも，他の気候帯で卓越するものが，熱帯の土壌生成の中に認められるのは当然であり，例えば温帯北部から寒帯の針葉樹林下で標識的に記載されてきたポドゾルは，熱帯の高地はもちろんであるが低地にも出現するし，温帯に広く分布し，粘土の移動集積で特徴づけられる土壌，例えば灰褐色ポドゾル性土壌とか，赤黄色ポドゾル性土壌とよばれてきた土壌は，広く熱帯に出現することが知られている．高温多湿な熱帯の低標高地帯では，化学的風化作用が，温帯にくらべてはるかに強く働くことが，熱帯に固有な土壌の生成に導く．かつてこの作用をラテライト化と呼んで，土壌生成作用の一つと考えてきたが，これはアリット化とかフェラリット化と呼ばれてきた風化作用そのものであるといえよう．

Ⅱ. 熱帯に広く分布する土壌：上に述べたように熱帯には他の気候帯に分布する土壌も出現するので，ここでは熱帯に特に広く分布する土壌に限定して簡単に説明しよう．以下の説明で，土壌名の後には，慣用名，アメリカの土壌分類名，FAO-Unesco 世界土壌図凡例の土壌単位名の順序で英訳名をつけてある．慣用名としてあるものはアメリカ農務省の旧分類（1938, 1949）名や，特殊な地方名である．熱帯での分布が特に広い土壌のほとんどは，高温多湿の条件下，安定な地面上で長時間の風化作用を受けて生成したものであり，鉄の残留集積による強い赤色化を示す．ここではまず，かつての大土壌群レベルの命名によって，赤色を呈する土壌のうちの主要なものを挙げておく．

暗赤色および赤褐色ラトソル（Dark red and reddish brown latosols；Oxisols；Ferralsols）：ラトソルはもともとアメリカの Kellogg によって提案された亜目（Suborder）段階での土壌分類名であり，かつてラテライト土壌などの名で呼ばれていた土壌に対する総称である．主要な特徴は次のとおりである．① 粘土のケイ酸／アルミナ（$SiO_2$ / $Al_2O_3$）比が小さい．② 粘土含量の割に無機部分の陽イオン交換容量が小さい．③ 易風化性鉱物含量が低い．④ 可溶性物質の含量が低い．⑤ 粒団の安定性が比較的高い．⑥ 赤色味が強い．⑦ 物質の断面内移動によってできる集積層をもたない．⑧ A1 層上に厚い有機物層をもたない．⑨ 粒径組成でシルトの相対含量が低い．これらのうち他の土壌との比較で最も重要なのは，粘土，鉄などの断面内での移動による集積層を持たない点である．暗赤色および赤褐色ラトソルはラトソルの中心概念に近く，均一な深い断面をもち，カオリン鉱物よりなる粘土の含量は高いが，酸化鉄・アルミナによって安定な構造を作っており，透水性はよい．土壌反応，塩基飽和度は一般に低い．

赤黄色ラトソル（Red yellow latosols；Oxisols；Ferralsols）：上に述べたラトソルの要件を満たすが，暗赤色および赤褐色ラトソルと比較すれば，粘土含量，構造の安定度，塩基飽和度などいずれも低く，色も赤色味が弱い．これらの特徴は多少とも母岩から継承されたものである．

赤褐色ラテライト性土壌（Reddish brown lateritic soils；Ultisols；Nitisols）：A 層における A1 と A2 の分化がない点を除けば，次に述べる赤黄色ポドゾル性土壌と類似している．ただし，後者がケイ酸質な母材上に発達するのに対し，赤褐色ラテライト性土壌は多少とも塩基に富む母材上に発達する．もともとアメリカの東南部で記載されたもので，より赤色味の弱い黄褐色ラテライト性土壌とともに暖温帯から熱帯の森林地帯に分布すると

された．アフリカの大地溝帯などに広く分布するFAO-UnescoのNitisolsと最もよく対比される．赤褐色ラテライト性土壌のうち塩基飽和度の高いものはAlfisolsに入る．

赤黄色ポドゾル性土壌（Red yellow podzolic soils; Ultisols; Acrisols）：もともとはアメリカ合衆国東南部を標識地として定義されたもので，よく発達した排水良好な酸性の土壌であって，薄い表層腐植と，有機・無機質のA1層の下に淡色の漂白されたA2層をもち，さらにその下には赤色，赤黄色ないし黄色のより粘土質なB層を有する．母材はいずれも多少ともケイ酸質である．他の土壌との比較で重要な点は，強い洗脱を受けた漂白層A2層の存在と，粘土集積B層の存在である．ただし熱帯に出現する赤黄色ポドゾル性土壌や赤褐色ラテライト性土壌などのB層に集積する粘土は，温帯に出現するものよりも活性が低いことが知られるようになっており（kandic層の存在），そのことで温帯の同種土壌と識別される．

以上が熱帯に広く分布する主要な赤色土壌である．次には，それほど分布は広くないが，特徴的な熱帯土壌について述べる．

テラローシャ（Terra roxa; Oxisols, Alfisols; Ferralsols, Luvisols）：南米ブラジルでの命名．塩基性母材（玄武岩，輝緑岩など）に由来する熱帯〜亜熱帯地方の赤色ないし紫赤色（2.5 YR 3/3〜3/6）の土壌．ある角度から日光を当てると紫色を呈するのでこの名がある．真性テラローシャとよばれているものは，安定な地形上にあって風化が進み，Oxisolsに分類される．一方，構造性テラローシャと呼ばれているものでは，粘土の風化（カオリナイト化）と移動集積が進み下層土の構造がよく発達している．また，交換性塩基，特にカルシウム，マグネシウム含量が高く，塩基飽和度が高いのでAlfisolsに分類される．熱帯・亜熱帯地方の肥沃な土壌の一つである．

レグール（Regur; Vertisols; Vertisols）：もともとはインドのデカン半島の地方名であるが，アメリカの旧分類でも使われた．乾燥時に亀裂が入る粘土質土壌で黒色を呈する．しかし，黒い色の割に有機物含量は低いのが一般である．粘土含量は30％以上で主要な粘土鉱物はスメクタイトであるため，乾湿に伴う収縮と膨潤が激しい．乾季・雨季の交替する熱帯〜温帯の低地に分布する．乾季に生じた亀裂に表層物質が落ち込むが，それに続く雨季には膨潤する粘土に起因する強い内圧を生じ，土層内に対流または反転ともいうべき動きを生ずる．その結果光沢を示すすべり面（スリッケンサイド（→）），ギルガイ（→）と呼ばれる凹凸のある特異な微起伏などが発達する．母材は塩基性沖積堆積物，火成岩などが多い．この土壌の呼び名は国によって異なり，黒棉土（インド），マーガライト土壌（インドネシア），バドーブ（スーダン），ティルス（モロッコ），スモーニッツァ（ブルガリア），グルムソル（アメリカ）などいろいろである．無機養分に富み，特に水田としては水にさえ恵まれれば肥沃度が高い．

Ⅲ．熱帯土壌の特性：すでに述べたように，熱帯の土壌には強い化学的風化作用を受けたものが多いために，粘土の含量は比較的高いものの，その質は一般に不良である．すなわち鉄・アルミニウムの加水酸化物とカオリナイトを主とする粘土鉱物が粘土の主体をなしている．このような粘土は低活性粘土（→）と呼ばれ，陽イオン交換容量の低さによって特徴付けられ，しばしば5 meq/100 g土壌（あるいは5 cmol/kg土壌）以下といった値を示す．この粘土の質の悪さに加えて，高温多湿の条件下で有機物の分解が早く，有機物による土壌改良が難しいことも，一層土壌の肥沃度管理を困難にしている．さらに，風化によって遊離された塩基類の洗脱による土壌の酸性化とリン酸欠乏も，熱帯土壌に広く見られる問題である．酸性が強く，アルミニウム障害が起こるために根域が制限されて生産性が上がらないといった事例は少なくない．いろいろな微量元素（銅，亜鉛，モリブデン，

ホウ素など）の欠乏もかなり頻繁に見られる．土壌の物理的な性質の中では，熱帯の強雨の下で土壌の侵食抵抗性の大小が問題となる．ラトソルは酸化鉄やアルミニウムによる被覆によって土壌粒団が安定化され高い侵食抵抗性をもつが，赤黄色ポドゾル性土壌の表土は不安定で侵食に対する抵抗性が低い．アフリカや南米ではラトソルの分布が広いのに対して，熱帯アジアには赤黄色ポドゾル性土壌の分布が非常に広く，土壌侵食（→）の危険が特に大きい点に注意する必要がある．また，土壌侵食の前段としての土壌クラスト（→）形成でも赤黄色ポドゾル性土壌の危険性が大きい．土壌の保水力は旱ばつ抵抗性との関わりで重要な性質であるが，ここでは活性の高い粘土を持つレグールを例外として，低活性粘土の卓越する土壌で保水力はおしなべて小さい．土壌の生物性についてはまだあまりよく調べられていないが，熱帯土壌における窒素固定能や菌根菌を介してのリン酸供給などについて報告が増えつつある．やはり土壌有機物レベルの低さが，土壌生物の活性を基本的なところで制約していると考えられる．土壌生息性の害虫や病原菌は，ダイズの根こぶ線虫の例，バナナのフザリウム萎ちょう病（パナマ病）の例などにみるように，熱帯の畑作における大きな生産制限要因になる可能性がある．　　　　　　　（久馬一剛・三土正則）

**ねったいにおけるがいちゅうのはっせいせいたい　熱帯における害虫の発生生態**（biology of insect pests in the tropics）

食葉性害虫（昆虫）の発生生態（休眠・成長・活動［摂食・生殖・日周・分散と移動など］・個体数の変動など）に関与する環境要因は，温帯と熱帯で共通したものもあるが，しないものも多い．温帯では日長が休眠開始の引き金になり，休眠終了には温度の上昇が関与する場合が多い（→休眠）が，熱帯では一般に乾季の強さと長さ・降雨（水分）がより重要である．そして乾季の影響で引き起こされる植物・作物の質的量的状態の変化によって，昆虫の休眠・分散と移動・摂食行動などが促進あるいは抑制される．それらの条件下で，気温の（温帯に比べて）わずかな低下・日長の変化などが第二義的に働くことが多いと考えられている．しかし，それらの要因が昆虫にたいしてどのように働くかは，その昆虫が存在する場所に大きく左右される．雨量から，熱帯・亜熱帯は熱帯雨林地帯（明瞭な乾季がなく年中高温多湿）・サバンナ地帯に二大別され，その間に湿潤地帯（雨季が1年に1回あるいは2回ある）が存在する．一方高度から分けると，低地・中程度の高度の山地・高山地に三大別される（具体的には緯度と地理的環境により変わる．例えばペルーからボリヴィアにかけての中央アンデス［南緯8～18°］では2,000 m 以下が熱帯作物地帯，2,000～3,000 m トウモロコシ，3,000～4,200 m ジャガイモ，4,000～4,500 m アルパカなどの放牧地になり，それぞれの地帯に生息する昆虫は1日24時間内で温度的に冬と夏を経験することになる）．また農業要因：作物の種類［一年生（イネ・ワタなど）・多年生作物（サトウキビなど），低草木（パイナップル・ジュート・チャなど）・中木（カンキツ類・コーヒー・ココアなど）・高木（パラゴムの木・マンゴウ・ココヤシ・アブラヤシなど）］，栽培法［単作・複作，一毛作・多毛作，輪作，混作，つなぎ作，放任状態（ブラジルナッツ），火入れの有無，稲作における灌漑水の有無，殺虫剤・除草剤散布の有無］などで害虫の発生は大きく左右される．逆に昆虫にとって環境が良くなると，本来なら乾季に幼虫休眠に入るべきイネのイッテンオオメイガ・シロメイガは完全灌漑地帯では休眠しなくなる．低地湿潤地帯の雨季と熱帯雨林地帯での昆虫の1世代に要する期間は，食材性（カミキリムシ・ボクトウガなど）・食腐植性（コガネムシ類）などを除く食植性の種類では一般に30日内外の種が多い．熱帯低地での日周活動は（温帯と異なって）夜間の低温による抑制は起らず，昼・薄暮・夜間・薄朝活動性の四つに大別される．しかし，

大害虫であるハキリアリ Atta cephalotes では複雑で，コスタリカでの観察では，1日の気温が23〜34℃・相対湿度55〜100％の快晴日，巣から出ていく働きアリ・荷物（切取った葉）を運ぶアリ・空身で帰巣するアリの数はいずれも正午（12時）に最低（0に近い）に達した．その後出ていくアリは日没付近（18時）で最大になり，次の日正午まで徐々に減少する．葉を持ち帰るアリは正午から次第に増え翌日午前1〜4時頃ピークに達し，気温が30℃を超える10〜15時には減少し，特に正午には0になった．この時間帯では，空気湿度も低下し正午には最低湿度50数％を示した．空身で帰巣するアリの数のピークは20時に現われ（出ていくアリのピークより2時間遅れ），前記二者の中間の値・傾向を示した．葉を巣に運び込む活動は空気の湿度に一義的に左右されるが，ほかの要因も直接・間接に関係しているらしい．環境の変化に伴って，（短距離の）分散活動は卵巣未成熟状態でカメムシ・バッタなどに水平あるいは垂直方向（低地⇔山地）に（温帯におけるより）より頻繁に起るようである．熱帯における昆虫の個体数の長期的な変動・周期性については（短期的な変動については→季節消長），訪花昆虫を含むチョウ・ハエ・甲虫・カメムシ・セミ類で，害虫についてはバッタ（アフリカのサバンナなど）・アフリカヨトウ Spodoptera exempta などについての雨量・食草量・個体数の変動・移動方向などの関係，アジアの水稲害虫（シロメイガ・トビイロウンカ・アジアイネシントメタマバエなど）の発生に及ぼす品種・乾季の長さ・栽培条件・灌漑などが調べられている．
(持田　作)

**ねったいのしっぺい　熱帯の疾病**（diseases in the tropics）

熱帯で重要な疾病には，熱帯のみで発生する疾病と，他の地域にも見られるが特に熱帯で多発する疾病とがある．前者は，主として感染症の病原体（細菌，ウイルス，真菌，寄生虫）やその媒介生物の分布が熱帯地域に限局されているという生物学的要因によって決定される．風土病（地方的流行病）はこの範疇に入る．後者は，特に自然環境要因（高温多湿），社会・経済的要因（劣悪な衛生状態，低栄養状態，医療制度の不備など），および文化的要因（割礼のような特殊な儀礼など）による．二つのタイプの疾病のいずれにおいても，感染症は最も発生頻度が高く，重要な疾病である．付表24〜27に熱帯で重要な感染症をまとめた．異なる病原体による感染症でもよく似た症状が観察される場合が多いので，的確な治療を実施するためには専門家による鑑別診断が必要である．一般に，細菌感染症の治療には抗生物質，真菌感染症や寄生虫感染症の治療には化学療法剤がかなり有効であるが，ウイルス感染症では病原体に対する原因療法はあまり期待できず，むしろワクチン接種を受けるなどの予防に心がけることが重要である．ただし抗生物質や化学療法剤が多用される地域では，それらの薬剤に耐性を持つ病原体が出現する可能性がある．特にマラリア，結核，梅毒，淋病などで問題となっている．感染経路が経口感染の場合は生水・氷・生食品などを回避することにより予防が可能である．性行為により伝播する感染症も個人レベルでの予防は可能である．一方，吸血昆虫によって媒介される感染症，保菌動物・保菌者・病原体に汚染した土・水との直接接触または飛沫・粉じんを介した経気道感染（いわゆる空気感染）により成立する感染症を回避するのはかなり難しい．特に，その地域が特定の感染症の流行地である場合には，日常生活でかなりの注意が必要である．感染症の流行地は，ヒトや動物などの移動に伴って多少変化する可能性があるので，政府やボランティア団体などが提供する最新の情報をインターネットなどを通して入手するほうが良い．感染症以外でも熱帯で多発する種々の疾病が知られている．例えばヘモグロビン症（赤血球中のヘモグロビンの質または量の異常）による貧血は重要であり，中でも

アフリカの鎌形赤血球症やアジアのサラセミアはよく知られている．これらは遺伝的疾患であり，婚前に注意が必要である．緊縛性心内膜線維症や原発性熱帯性心筋症は多いが，その原因は不明である．肝硬変や肝細胞癌はウイルス感染以外の原因（穀類やピーナッツ中でカビの一種が産生するアフラトキシンなど）によっても発生する可能性があると考えられている．アジアの貧困地域ではビタミンAと$B_1$欠乏症は顕著である．甲状腺腫や周産期死亡の重要な原因であるヨード欠乏症は，アフリカ，南米の多くの国，インド，インドネシア，ネパールなどでは高いレベルに達している．ブラックアフリカとジャマイカでは，熱帯のミエロパチーと呼ばれる多発性神経炎（下肢の弛緩性麻痺，筋無力症など）が知られ，キャッサバなどの植物由来の毒物が原因であるという説がある．その他に，熱帯以外からの訪問者は，発汗による水分と塩分の不足に注意する必要がある．過度の不足は，食欲不振・体重減少の原因となる．また水の硬度が原因で，下痢・肌荒れ・結石が起こることもある．栄養のバランスがとれた食料の入手が困難な場合，各種栄養素の欠乏による疾患以外にも，免疫力の低下が起こり感染症に罹患する可能性も高くなる．また，交通事故による障害も意外に多い．注意せねばならないのは，治療のための外科手術時の輸血である．輸血によって種々の感染症が伝播される可能性がある．　　　　　（西淵光昭）

**ねったいのじゅもくびょうがい　熱帯の樹木病害**（tree diseases in the tropics）

熱帯の樹木病害は，基本的には温帯の病害と同じであり，温帯の病害と共通するものが多い．しかし熱帯樹木に特異的な病害もある．熱帯地域では気温が高いため，菌糸の生育適温は25から30℃の間にあり，温帯の病害を起こす菌類より生育適温がやや高めである．また温帯では秋から冬にかけて菌類の活動は停止するが，熱帯では菌類は1年中活動が可能であり，胞子形成のサイクルが速い．

また，特に葉枯性病害では，患部で1年中菌類が活動可能であるため，絶えず胞子が形成されて病気が1年中繰り返し発生する．

東南アジア，中央アフリカ，アマゾン流域などに分布する熱帯，亜熱帯地域の熱帯多雨林を構成する樹木，特にフタバガキ科の樹木には各種の葉枯病，枝・胴枯病，土壌病害が報告されている．しかし天然林においては，樹種が多様であるために病害が急激に蔓延する例はほとんど知られていない．

最近熱帯地域において，苗畑や造林地での樹木病害の事例が増えている．苗畑や苗木に発生する共通病気としては，苗の立枯病（*Rhizoctonia solani, Fusarium* spp., *Clylindrocladium scoparium, Pythium* spp.），微粒菌核病（*Macrophomina phaseolina*），灰色かび病（*Botrytis cinerea*），くもの巣病（*Rhizoctonia solani*），白絹病（*Athelia rolfsii*）などがある．また造林面積の多いマツ類には，葉枯病（*Pseudo cercospora pini-densiflorae*），赤斑葉枯病（*Dothistroma septosporum*），葉ふるい病（*Lophodermium australe*），デイプロディア病（*Sphaeropsis sapinea*）などが記録されている．また熱帯では宿主が多様であるため病原の種類も多く，さび病菌ではアカシア属だけでも56種が記録されている．一般的に，熱帯における重要病害は土壌伝染性の病害（→根腐れ，腐朽性病害）や胴枯性病害（→）など多犯性の病害で，多くの造林樹種に被害を与えている．

　　　　　　　　　　　　　（伊藤進一郎）

**ねったいのじんこうぞうりん　熱帯の人工造林**（tree planting in the tropics）

環境造林（environmental planting），産業造林（industrial planting），住民造林（community planting）に分けることが多い．環境造林は，環境を保全する目的で主に国や公共機関が行う造林で，荒廃地緑化（rehabilitation in degraded land）も含められる．産業造林は，なんらかの産品を企業的に生産する目的で行う造林で，産品としては用材，パルプ・チップ材，燃材，特用林産物（例えばアラビアゴム，

タンニン, ナッツ類）などがある．住民造林は, 地域で使う建築材や薪炭材, 飼い葉, あるいは特用林産物を生産する目的で, 主に地域住民自身が村や特定のグループあるいは個人レベルで行う造林であり, 社会林業における造林ということもできる．近年増えているいろいろな方式のボランティア造林は環境造林の範疇にはいるが, 実行面では住民造林と組み合わされることが多い．

森林を造成または再生する主な方法は植樹造林で, 苗畑で苗木を育成して予定地に植え込むが, 住民造林では近年, 直播き（→）が見直されており, また発根が容易な樹種では直挿し（→）も行われる．苗木には, ポット苗（→）, 裸根苗（→）, スタンプ苗（→）, 山引き苗（→）などがある．スタンプ苗は別として, 苗木が山出しの基準の大きさになる時期を見通して, それより1カ月ほど前から山出しに備えた硬化処理（→）を行う．この操作は, 熱帯の厳しい自然環境下で植えられる苗木にとって特に重要な操作である．

一方, 植栽予定地では, 植栽時期を想定して地拵え（site preparation, ground preparation）を行う．全面にわたって現存植生を刈り取ることもあるが, 苗木を植え込む場所を帯状, 筋状, または坪状に刈り払うほうがよい．帯状に伐開して1〜数列に植栽する方法を帯状植栽（strip planting）あるいはラインプランティング（line planting）と呼んでいる．仕立てようとする樹種が自然にもかなり更新している場合, 更新稚樹が少ない箇所に局部的に行う植栽は補整植栽（enrichment planting）と呼ばれる．低地の湿潤熱帯林は構成樹種が多く, 利用樹種を収穫した後には多数の未利用樹種の立木が残るので, 地拵えにあたっては残存木を除かなければならない．この作業は上木整理と呼ばれる．上木整理の後, 伐倒した未利用樹種や雑草木は乾燥・焼却することが多いが, この作業は火入れ（prescribed burning）と呼ばれている．火入れ地拵えは, 熱帯ではしばしば用いられているが, あらかじめ防火線を作設し, 十分に注意して行わないと周囲に延焼する恐れがあり, また有機物を失うことになるため, 林地の生産力を保つという視点からも望ましい方法とはいえない．荒廃地の地拵えでは, 土壌の物理性を改善するために, トラクタやブルドーザなどに装着したリッパーで耕うんすると効果があるが, 表面侵食を増す恐れがあるので, 15°くらいまでの斜面で, できるだけ等高線に沿って行うことが必要である．

地拵えが終わったら予定の間隔で植え穴を掘る．植え穴のサイズは直径30 cm×深さ30 cm程度が普通であるが, 土が硬いところ, 乾燥が厳しいところではもっと大きくするほうがよいとされており, ミャンマーの乾燥地では, 長さ180 cm×幅45 cm×深さ45 cmの中央にさらに30 cm角の穴を掘り下げる巨大な植え穴が掘られている．湿潤熱帯で, 土があまり硬くないところでは, あらかじめ植え穴を掘っておく必要はなく, 植える時に掘りながら植えている．半乾燥地〜乾燥地では, 降水をできるだけ有効に利用するため, 植え穴自体あるいはその周囲に各種の集水工法（→）が試みられている．雨季が始まると, 例えば1週間の積算降雨量が60 mmを超えた時点で植え付けを開始, 植栽した苗木の根元を刈った草などで覆う．この操作をマルチング（mulching）と呼ぶ．

植栽の間隔は, 目的や樹種の特性によってまちまちである．森林を造成または再生することが第一の目的である荒廃地の緑化を含めた環境造林では, 限られた経費でできるだけ広い面積に植栽したいこと, 除間伐は普通には行わないことから, 一般に疎植で, せいぜい3 m×3 mである．常風が強いなど自然環境が厳しいサイトでは, 3〜5本を近寄せて植える, 一種の巣植えも試みられている．チップ・パルプ材の生産を主とする早成樹の造林でも普通には3 m×3 mが多いが, 3 m×2 m, 2 m×2 mなどの間隔もとられている．用材生産のための産業造林でもほぼ同じ間隔で

植えているが，*Eucalyptus deglupta* の事例では，4 m × 4 m の間隔で植えても 3〜8 年生ですでに競争が起き，自然枯損現象が観察されている．

植栽後しばらくして活着状況を調査し，生存率が所定の率（例えば 90 %）以下であれば補植（re-filling, infilling, blanking, beating-up, supple-mentary planting, compensatory planting）を行う．所定の率（例えば 50 %）に達しなければ，次の年の植栽時期に全面に植え替えるのが普通で，これは改植（replanting）と呼ばれる．林分造成後は，適時に下刈や枝打ち（→），除・間伐などを行う．前述のように，植樹の代わりに，直播き（→），直挿し（→）なども一部で行われている．

Pandey（1995）によると，1990 年における熱帯人工林面積の 23 % はユーカリ類，10.5 % はマツ類，7.7 % はアカシア類，5 % はチーク，残りの 53.8 % はその他の樹種であった．この時点での 3 熱帯における主要な植栽樹種は次のとおりである．

熱帯アフリカ：在来広葉樹種 *Acacia nilotica, A. senegal, Faidherbia albida*（マメ科），*Khaya ivorensis*（アフリカマホガニー），*Mansonia altissima, Triplochiton scleroxylon*（アオギリ科），*Nauclea diderrichii*（アカネ科），*Terminalia superba, T. ivorensis*（シクンシ科），外来針葉樹種 *Cupressus lusitanica*（メキシコイトスギ），*Pinus caribaea, P. elliottii, P. kesiya, P. patula*（マツ属），外来広葉樹種 *Acacia mearnsii, Cassia siamea, Prosopis* spp.（マメ科），*Azadirachta indica*（インドセンダン），*Casuarina equisetifolia*（モクマオウ），*Eucalyptus camaldulensis, E. globulus, E. microtheca, E. robusta, E. saligna*（ユーカリ属），*Gmelina arborea, Tectona grandis*（クマツヅラ科）．

熱帯アジア・オセアニア：在来針葉樹種 *Pinus kesiya, P. merkusii, P. roxburghii*（マツ属），在来広葉樹種 *Acacia auriculiformis, A. mangium, A. nilotica, Albizia* spp., *Dalbergia sissoo, Paraserianthes falcataria, Xylia* spp.,（マメ科），*Casuarina* spp.（モクマオウ属），*Eucalyptus deglupta, E. globulus, E. grandis, E. hybrid, E. urophylla*（ユーカリ属），*Gmelina arborea, Tectona grandis*（前出），*Styrax tonkinensis*（エゴノキ科），外来針葉樹種 *Pinus caribaea, P. elliottii, P. oocarpa, P. patula*（マツ属），外来広葉樹種 *Leucaena leucocephala*（ギンネム），*Swietenia macrophylla*（オオバマホガニー）．

熱帯アメリカ：在来針葉樹種 *Cupressus lusitanica*（前出），*Pinus caribaea, P. elliottii, P. oocarpa, P. patula*（マツ属），在来広葉樹種 *Swietenia* spp.（マホガニー属），*Prosopis* spp.（プロソピス属），外来針葉樹種 *P. kesiya*（ケシアマツ），外来広葉樹種 *Acacia* spp.（アカシア属），*Eucalyptus globulus, E. grandis, E. saligna, E. urophylla*（前出），*Gmelina arborea, Tectona grandis*（前出）．ただし，一種の場合にはよく使われている和名を，複数種の場合には属名または科名を括弧内に記した．また，外来樹種，在来樹種は各熱帯内に分布するかどうかによっており，厳密な意味での区分ではない（→外来樹種，在来樹種）．代表的な植栽樹種の造林特性は付表 28 にまとめられている． （浅川澄彦）

**ねったいマメかさくもつ　熱帯マメ科作物**（Leguminous crops in the tropics）

熱帯地域では，マメ科（Leguminosae, Fabaceae，約 700 属，約 20,000 種）の約 30 種が，子実，茎葉，塊根を食用にしたり，子実の脂肪，タンパク質，多糖類などを工業原料にする目的で栽培されている．そのほか約 20 種が飼料や緑肥，土壌保全などに利用されている（→作付体系．同付表 5, 7）．それらのほとんどはマメ亜科に属する 1〜多年性の草本種であるが，アグロフォレストリーで，飼料や肥料木，被陰樹，薪炭材，建材などとして重要な役割を果たしている木本種も多い．

食用マメ類（pulses）の多くは温帯地域の原

産だが，広い生態的適応によって，古くから熱帯〜亜熱帯地域の作付体系に採用され，栽培されてきた．多くのマメ類は単作よりも混作や間作（→作付体系．同付図1）により栽培されているが，緯度や季節だけでなく，高度によっても温帯種の多種類のマメの適地が得られ，周年的に栽培ができる．また，非〜弱感光性の品種の普及で栽培地域や作付時期の選択の幅が大きくなり，作型（→作型）も多様化して生産量を増大している．

熱帯地域の伝統的な作付体系でマメ科作物の多いのは，まず食料として，乾燥子実の栄養価が高く，貯蔵性が優れることから穀類やイモ類，動物性食料を栄養的に補完するという重要な役割のほかに，次のような作物としての機能によるところが大きい．

① 地力の維持と間作物や後作物への寄与：根粒菌との共生 $N_2$ 固定作用による働きで，マメの植物体残渣の土壌への還元を通じて N を供給する；根が分泌する有機酸の働きで土壌中の可給態のリン酸が増える（キマメ．Ae et al., 1990）．② 直根型の根系によって土壌の物理性が改善される．また，土壌深層部の養・水分を吸収・利用できる．③ 概して乾燥に強いが，種類が多く，その生態的特性や草型などが多様で作付体系に採用しやすい．

しかし，熱帯地域では，十分に施肥が行われず，また，マメ類の作物体残渣の大部分は圃場外へ持ち出されて飼料や燃料に利用され，家畜の糞も燃料にすることが多い．作物が利用できる土壌中の N は，生物的，そして，焼き畑や土壌侵食など非生物的要因によって流亡したり消失したりするが，熱帯地域で，マメ類の土壌への N 供給量はその平均全共生 N 固定量の 5〜20% という試算がある（Henzell et al., 1968）．マメ類の N 供給機能を過大に評価せず，適正な施肥も必要である．

資材の投入量，改良品種種子の生産・配布組織，収穫物管理と市場・流通制度などの改善や整備が前提になるが，熱帯地域のマメ類の生産阻害要因には，病虫害，収量が低いことと収量の不安定性，莢実の熟期の非斉一性，莢実の自然裂開性，倒伏，感光性，旱ばつ，低温など，作物生理的な研究課題が多い．
〔前田和美〕

**ねったいモンスーンきこう　熱帯モンスーン気候**（tropical monsoon climate）→ケッペンの気候分類

**ねったいやさい　熱帯野菜**　→在来園芸作物，付表29（熱帯野菜）

**ねったいリゾート　熱帯リゾート**（tropical resort）
ゴーギャンが描いたタヒチ，サマーセット・モームが書いた南太平洋の島々など，熱帯特有の自然や風物は多くのアーティストを魅了し，その作品によって広く世に紹介された．誰でも，地球上のどこにでも旅行できる現代になって，日本人が捉える熱帯リゾートは海外ビーチリゾートと同義語になった．海外旅行の初心者が集中するグアム，サイパン．より自然を求める人々が好む，フィジー，タヒチ，モルディブ，セイシェル．多様なリゾートビジネスが集積するハワイ．フィリピン，タイ，インドネシアなど ASEAN（東南アジア諸国連合）諸国にあるビーチリゾートの人気も高い．ビーチに面してホテルなどの滞在施設が立地し，やがて増殖して形成される伝統的タイプに対して，一定の土地をまとめてリゾート開発する新しいタイプが増えている．熱帯に居住する人々を対象にした山地の避暑地開発もこのところ多い．〔猪爪範子〕

**ねったいりん　熱帯林**（tropical forests）
熱帯を大きく，北回帰線と南回帰線にはさまれた地域とするが，そこの自然環境はきわめて多様である．砂漠や乾燥地さえもあり，実際に森林の成立している面積はそれほど大きくない．森林を大きく，樹木が地表の大部分を覆う，すなわち樹冠は閉鎖され，地表に草本層が形成されない閉鎖林（closed forest）と，樹冠は閉鎖せず，地表に草本が繁茂する疎林（open forest）とに大きく区分する．疎林は一般に乾燥地域に成立するが，人為的過剰

利用によっても出現する．熱帯林を一年中雨の降る地域（湿潤熱帯）に成立する熱帯雨林（熱帯多雨林）と，明瞭な乾季をもつモンスーン域（モンスーン熱帯）に成立する熱帯モンスーン林とに大きく分けることができる．温帯・亜寒帯では気温が植物の生育・森林タイプを決定する大きな要因であるが，熱帯では気温は植物の生育を妨げる要因でなく，水分条件，特に，その量・季節配分が大きな要因となる．降水量とその季節配分は，地域によっても，年次によっても大きく変動するので，両者を明確に地図上に区分することはできない．両者の移行帯・中間帯も広いのである．モンスーン林では，雨季になると新葉を展開するので，雨緑林・熱帯季節林とも呼ばれる．もちろん，火山分布地域か，非火山地域かといった地質・土壌でも成立する森林のタイプが異なる．厳密には熱帯雨林（多雨林）は南米アマゾン河流域，東南アジア島しょ部，アフリカ西海岸コンゴ河流域しかない．

東南アジアを例にとっても，いわゆる多雨林は島しょ部といわれるマレー半島，スマトラ，ボルネオを中心とするスンダ域と，ニューギニアを中心とするサハル域に分かれて分布する．スンダ域では，ラワンあるいはメランティと総称されるフタバガキ科樹木が優占し，これにマメ科・クワ科など，多様な樹木が混交する．サハル域ではオーストラリアと同様，ユーカリを主とするフトモモ科の樹木が優占する．この東南アジア，スンダ域の多雨林はアマゾン河流域やコンゴ河流域の多雨林と比較しても，より種の多様性に富んだ森林である．

巨木，それも連続した樹冠からとびでる突出木（エマージェント・ツリー）があること，多くが大きな板根をもつこと，樹幹に直接，花や実をつける幹生花（実）の多いこと，つる植物の多いことなどが特徴である．一方，ミャンマー，タイ，カンボジアなど大陸部，あるいはフィリピンからオーストラリアにかけて散らばる島々は，乾季には葉を落とし乾燥に耐える落葉樹で構成される．主要な樹木は同じフタバガキ科であるが，樹高は低く，樹皮の厚いものが多い．毎年のように侵入する野火に耐えるためである．種類数は少なくなるが，チーク，シタン，コクタン，カリンなど，高級家具材として利用される樹木を含んでいる．ミャンマー中央乾燥地，インドネシアコモド島・チモールなど，さらに乾燥のきびしいところには，林床にチガヤ（*Imperata cylindrica*）など草本植物が繁茂するサバンナ（サバナ（savanna, savana））と呼ばれるところさえある．

標高によっても森林タイプは異なり，標高とともに樹種が変化するが，山岳地にはイヌマキ類・クスノキ科の常緑樹を主とする山岳林が成立する．特に，標高500〜800mの雲のかかるところでは，霧による水分供給があり，せん苔・地衣類・ラン・オオタニワタリなどが着生した雲霧林（cloud forest），あるいはコケ（鮮類）林（moss forest）と呼ばれる特異な森林が成立する．

低地にはヒース林（heath forest）あるいはケランガス（kerangas）（→）と呼ばれる低木からなる森林がケイ砂の発達するところに成立する．泥炭湿地や湿地にはカユプテ（*Melaleuca cajuputi*）やニッパヤシ（*Nipa fruticans*）が優占する低湿地林（swamp），また海岸にはモクマオウ（*Casuarina* spp.）などを主とする海岸林，そして潮干帯にはヒルギ科樹木を主とするマングローブ（林）が成立する．

この他，大陸部において，タケ類の優占するタケ林（bamboo forest），あるいは山岳地でマツ類の優占するところをマツ林（pine forest）・針葉樹林（coniferous forest）などと細かく区分することもある．各国の林業省・林野局などで，管理・施業のため森林区分・タイプ図を作成している．

チーク（*Tectona grandis*），マツ類（*Pinus* spp.），ユーカリ（*Eucalyptus* spp.）類を植栽した製材・合板・パルプ用材生産を目的とする産業造林，ギンネム（*Leucaena leuco-*

*cephala*)，カリアンドラ（*Calliandra* spp.）なごマメ科の早生樹を荒廃地の緑化目的で植栽する環境造林，さらには，薪炭林・家畜飼料林など地域住民の利用のための家畜飼料に適したアカシア（*Acacia* spp.）類などの樹木を植栽する住民造林などといわれる人工林がある．ここからの森林産物の供給は天然林への圧力を和らげ，また地域生活環境，ひいては大きく地球環境保全にも影響する．地球環境の保全，生物多様性・有用遺伝子資源の保全からも，天然林と同様，熱帯の人工林の造成管理も重要な課題である．　　　（渡辺弘之）

**ねったいりんかいはついいんかい　熱帯林開発委員会**（CFDT : Commitee on Forest Development in the Tropics）

1965年にFAO憲章第6条に基づき，熱帯林の開発に関する技術的，経済的，社会的な問題を研究することを目的として設置された国際的な委員会．　　　　　　（熊崎　実）

**ねったいりんけいえいのさぎょうほう　熱帯林経営の作業法**（silvicultural system for tropical forests）

熱帯林の作業法も皆伐作業，択伐作業，傘伐作業に大別でき，各作業に人工更新，天然更新が組み合わされる．皆伐作業の場合には植樹造林によることが多いが，母樹法による場合には天然下種更新により，また広葉樹林の場合には萌芽更新によることもある．択伐作業の場合には本来的には天然下種更新によるが，実際には補助的に植栽することもある．傘伐作業の場合にも天然下種更新が主体である．

皆伐作業（clear-cutting system, clear-felling system）は，更新しようとする林分にあるすべての立木を伐採する方法で，あとは人工造林（植樹造林，直播き造林，直挿し造林など）によって更新するのが普通であるが，天然下種のための母樹を単木的あるいは群状に残す母樹法（seed tree system）もこの変形とみることができる．母樹法は熱帯マツ林で比較的広く行われており，林床植生が少ないところでは成功している．択伐作業（selection system）は，更新面・更新期間を定めずに，林分の全面から単木的に選んだ個体を逐次伐採する．その後の更新は，伐採時にすでに林分内に存在していた個体（前生稚樹）や，伐採後に自然に落ちた種子から芽生える個体（後生稚樹）によるが，本数が十分でない場合には補整植栽（enrichment planting）を行い，有用樹種の十分な個体数を確保する．熱帯林では最も普通にとられる更新法であるが，伐採のタイミングが早すぎるとツル植物や雑草木が生い茂り，目標樹種が被圧されてしまう．一方，タイミングが遅いと，せっかく発生した稚樹が光不足で消失することもある．傘伐作業（または漸伐作業）（shelterwood system）は，更新面の立木を少なくとも3回に分けて伐採する．最初の伐採は予備伐と呼ばれ，残された木の樹冠に十分に日光を当てて結実を促すとともに，地表に差し込んだ日光は有機物の分解を促す．次に行う伐採は下種伐と呼ばれ，稚樹を一斉に発生させる．その後，稚樹の成長に応じて必要な光が当たるように上木を抜き伐ってゆく伐採を後伐と呼ぶが，後伐はできるだけ頻繁に実施することが望ましい．もとは中・北欧で開発された作業法であるが，この考え方が熱帯降雨林に導入され，代表的なものがMalayan Uniform System（MUS）である．前生稚樹が多い低地林では成功したところもあるが，必ずしも期待どおりには更新していないらしい．その後，前生稚樹が少ない丘陵林ではより弾力的なSelective Management System（SMS）に改変された．またほぼ同じ時期に，西アフリカ，ナイジェリアの低地降雨林の更新にも適用されたが，成功しなかったらしい．MUSはもともとは低地フタバガキ林〔主にメランティ（Meranti, *Shorea* spp.，フィリピンのLauan），クルイン（Keruing, *Dipterocarpus* spp.，フィリピンのApitong）〕で，前生稚樹が十分にあることを前提として，かなり強度の伐採率で行う更新法で，マレーシアで開発された．前生稚

樹は1m²当たり数本〜数10本が基準とされている．伐採から5〜7年後に更新状況を調べて，基準に足りない場合には enrichment planting（補整植栽）を行う．伐採が丘陵林に進むにつれて，前生稚樹が少なく，結実も不規則で，したがって伐採後の更新もよくないなどの理由で，伐採率を下げ，伐採の間隔を短くした，より弾力的な施業法 SMS に改変された．ナイジェリアでは1930年代に4種類の天然更新法が試みられているが，その中のUniform System はこれまでの傘伐作業法に似ており，1950年代に熱帯傘伐作業法（Tropical Shelterwood System（TSS））として定式化された．マレーシアのMUSのナイジェリア版ともいわれる．

更新法（regeneration method）は人工造林（artificial regeneration）（→）と天然更新（natural regeneration）に大別される．前者には植樹造林，直播き（→），直挿し（→）が含まれ，後者には天然下種更新と萌芽更新（→）が含まれる．熱帯林は，適正な択伐を行いながら，巧みに天然下種更新を促すのが理想的であるが，皆伐またはそれに近い状態に撹乱されてしまうと天然下種更新は難しいので，植樹造林や直播き造林によらなければならない．実際，荒廃した林地に熱帯林を再生する場合には，普通には植樹造林が行われている．直播き造林は苗木育成の手間が省け，アカシア類，マツ類，メリナなどで成功例はあるが，せっかく育ちかけた稚樹が林床の植生によって被圧されることが多い．天然更新の中の下種更新もユーカリ類，アカシア類などで成功例がある．萌芽更新は天然生林の作業法としても重要であるが，植樹造林で造成された森林の2代目以降の作業法としてもきわめて重要である．産業造林における多くのユーカリ類（*Eucalyptus deglupta* は例外とされる）や一部のアカシア類，チークなどは普通には萌芽更新によって代替わりされている．（浅川澄彦）

**ねったいりんこうどうけいかく　熱帯林行動計画**（TFAP：Tropical Forests Action Programme）

開発途上国，先進国，国際機関などが協調して熱帯林の保全と適正な開発を図るための行動計画．1985年にFAOなどが主唱して開始された．（熊崎　実）

**ねったいりんのしょゆうとほゆうのこうぞう　熱帯林の所有と保有の構造**（land tenure of tropical forests）

歴史的にみると世界の森林の多くは，当初，部族や氏族の共有の資産であった．これらのグループのメンバーはそれぞれ森林の利用権をもっていて，一定の取り決めに従いながら，さまざまな産物を採取していたと思われる．しかし強い権力をもつ支配者が出現するようになると，森林の一部が権力者の占有物として囲い込まれていく．中部ヨーロッパや日本などでは，近代国家の成立とともに，領主や教会の所有林は国有林に編入され，地元の住民たちが慣行的に利用していた森林は，権利者に分割されて個人有林になるか，公有林として市町村などに引き継がれることになった．

熱帯の発展途上地域では，ヨーロッパの植民勢力の到来が主要な転換点となっている．すなわち，集団所有・共同利用の土地は，しばしば所有者のいない土地と見なされた．また20世紀になって独立を果たした途上国でも，集団的所有を認めず，地元民の共同利用に供されてきた森林は国有化されるケースが多かった．これが森林を管理する政府の部局と地元民との対立を生み，森林の消失・劣化を加速させたといわれている．

ただし，広大な森林を国有化した途上国においても，森林のすみずみにまで国の管理が及んでいるわけではない．地元民による伝統的な管理が根強く残っているし，名目的には国有化されたものの，国有林での伐採や焼畑が黙認されているケースも少なくない．一部で二重支配（dual control）と呼ばれる状態が生まれている．その一方で，移動耕作などで荒れてしまった森林の利用権を地元の集落や

農民に移管する動きもアジアの各地で見られるようになった．例えばインドでは地元の利用者グループ（user group）を国有林の管理に参加させ，政府の森林部局と責任と便益を分かち合うシステムが広がっている．これは村落林業の一つの形態であって，共同森林管理（joint forest management, JFM）と呼ばれる．

いずれにせよ，途上国においては排他的な森林の所有権がそれほど成熟しておらず，なお流動的な状態にあって，正確な実態把握は困難だが，概括的には次のような傾向が指摘できる．まずアフリカの英語圏の諸国では，地元民の要求をある程度汲んで国有化されており，私的な森林所有が比較的多い．逆にフランス語圏では，所有の証明のない未占有地をすべて国有にしたため私有林がほとんどない．アジアの諸国の森林は国で管理されている部分が80～90％に達している．ただしパプアニューギニアなどの太平洋諸国では部族の所有となっていて，政府がこの森林を利用する場合には部族との協議を必要とする．ラテンアメリカでは，森林の大部分が国有化されている諸国がある反面，中央アメリカなどを中心に私有林もかなり見られる．またメキシコには集落有のものが相当にあるといわれる． （熊崎 実）

**ねったいりんのとうけい 熱帯林の統計**
(forest statistics in the tropics)

一般に森林といえば，「樹木が群がって生えているところ」のことだが，樹木とは何か，群がるとはどの程度の群がりを指すのかで，広狭さまざまな定義がありうる．特に熱帯地域では，背丈の高い樹木が密生する熱帯雨林もあれば，低木がまばらにしか成立しない乾燥林も広く分布する．こうした林相の変化には切れ目がないため，どこまでを森林とみなすかで，森林の面積は大きくもなるし小さくもなる．

森林の定義が明確になったとしても，種類別の森林面積を詳しく調べあげるのは容易なことではない．高度の調査技術をもつ工業国でも，森林の変化を定期的にモニタリングしている国はごく限られている．まして途上国の多くは，調査に投入する資金がなく，また多額の費用をかけて精密に調査するほどの価値を森林に認めてこなかった．そのためどこの国にも森林の統計はあるのだが，定義と精度がまちまちで，熱帯林の全体としての状況が把握できなかったのである．

ようやく1970年代の後半になって，FAOとUNEPが共同して，統一した定義と手続きのもとにグローバルな熱帯林調査を実施し，さらに10年後の90年にも同様の調査（Global Forest Resources Assessment 1990）を行なっている．この調査で使われた森林などの定義は次の通り．まず，森林（forests）というのは，樹冠粗密度（樹冠の地上への投影面積/区域面積）が10％以上の生態的なシステムで，野生の動植物相と自然の土壌からなっており，農業に利用されていないものを指す．また樹木とは1本の幹があって樹冠の形がはっきりしており，成熟すると樹高が5m以上になる永年生の木本をいう．森林は，天然林（natural forests）と人工林（plantation forests）とに区分され，後者にはさらに森林でなかったところに植える裸地造林（afforestation）によるものと，以前に森林であったところに植える再造林（reforestation）によるものとがある．もう一つの森林区分として，樹木が密に立っていてその下に草の層が形成されない閉鎖林（closed forest）と，樹冠粗密度が10％を超えているものの閉鎖度が低く，下に連続した草本層が形成される疎林（open forest）とに分けられることがある．

森林の定義に該当しない木本植生は，その他樹林地（other wooded land）と呼ばれる．その代表的なものは移動耕作のあとに形成される森林休閑（forest fallow）と樹高0.5～5mの木本が優占する低木地（scrub）である．森林が農地や住宅地などに転用されて樹冠粗密度が10％以下の土地利用に変化することを森林消失（deforestation）と呼ぶ．この場合，農

地や居住地などの完全な無立木地に変化するケースと，木本植生を若干残して，その他樹林地に変化するケースとがある．また，10％以上の樹冠粗密度を保ったまま，閉鎖林が質の劣った疎林などに変化する現象が森林劣化（forest degradation）である．さらにもともとの森林の2/3くらいが虫喰い状に蚕食され，残りの1/3くらいが農耕地のなかに分散して残るような状態を断片化（fragmentation）と呼んでいる．森林の生態系としての統合性が損なわれるという意味で，これも森林の質的な低下の一つというべきだろう．

森林の消失・劣化を防止する手段として，熱帯の諸国においても，森林の一部を木材生産林，保安林（protection forest），自然保護林（conservation forest）などに指定して，森林の転用や伐採を法律で規制している．しかし，実際には必ずしも厳格な規制が行なわれているわけではなく，森林の保全にどの程度役立っているのか疑問視する向きも少なくない．
（熊崎　実）

**ねっちゅうしょう　熱中症**（heat illness）
高温環境への不適応または許容限界を超えたときに発症する急性の症状の総称で，熱中症，熱痙攣，熱射病の3病型に大別できる．あとのものほど重度である．体の中で生産された熱の放散が妨げられることによって起こり，高温の影響が強すぎる場合，循環器の機能が低下したり，水や電解質の代謝に異常をきたしたり，体温調節に失調をきたし，生命の危険をも招来することがある．最も重度の熱射病では，中枢神経障害により，もうろう状態や昏睡状態となり，体温の著しい（3〜4℃）上昇，頻脈，体を冷却しても震えや血管収縮などの反応が起こらない，などの症状が見られる．治療法としては，水浴，気流・冷水などで冷却したり，補液や強心剤の投与がある．より高い生産状態を示しているものに生じる傾向があり，気象条件が急に高温多湿になるようなときには注意を要する．畜舎で飼育しているときは通風換気をよくし，舎外で飼育しているときは樹や工作物で日陰ができるようにする．
（鎌田寿彦）

**ねつてきちゅうせいけん　熱的中性圏**（thermoneutral zone）
産熱量は気温が高過ぎたり低過ぎたりしない場合は最も低い値をとり一定である．この範囲を熱的中性圏といい，次のような物理的調節だけで体温を一定に保てる範囲をいう．① 暑くなったときに開放姿勢をとり外界と接触している体表面積を増やし，寒くなったときに収縮姿勢をとり外界と接触している体表面積を少なくする，といった姿勢の変化により熱放散量を調節する．② 暑くなったときに体表面の血管を拡張させて深部からの血流をより多く体表面に送り込み，寒くなったときに体表面の血管を収縮させ深部からの血流をできるだけ体表面に送らない，といった血管の拡張度合により熱放散量を調節する．③ 発汗量を調節し，蒸散による熱放散量を調節する．熱的中性圏の下限が下部臨界温度，上限が上部臨界温度である．成獣では幼獣より広くなる．
（鎌田寿彦）

**ねっぱ　熱波**（heat wave, hot wave）
非常に高温な気団が広範囲に進入し，急激な気温上昇を引き起こす現象．北アメリカ大陸やヨーロッパ大陸などで異常な高温が記録されたときに用いられる．温暖前線や低気圧の通過によって引き起こされる．フェーン現象もその一例．→局地風
（佐野嘉彦）

**ねっぷう　熱風**（hot wind）
局地風の中で高温乾燥なものを指すが，気象学用語としては一般的ではない．中央アジアや西シベリア南部に吹くスハベイ（スホベイ）などが例としてあげられる．→局地風
（佐野嘉彦）

**ねつほうさん　熱放散**（heat loss）
体から放出される熱のこと．熱損失ともいう．家畜の飼育されている大概の条件では家畜の体温の方が外界より高く，体の中で産生された熱は常に体外へ出ていき，熱放散が起こる．熱放散の方式としては顕熱によるもの

と潜熱によるものとがあり，前者では放射，対流，伝導の3経路が，後者では蒸散がある．

　高温環境では体温と外界の温度差が小さいので顕熱による熱放散量は少ない．水浴びや泥濘状態に体を浸けるなどの家畜の行動は伝導による熱放散量を増やそうとするものである．蒸散による熱放散は高温環境での体温維持に重要な働きをしている．蒸散の経路としては発汗による水分の蒸散と，汗腺以外から皮膚表層と呼吸気道で不感蒸散とがある．ウシ，ヒツジ，ヤギ，ブタ，ニワトリなどの家畜は汗腺が発達していないので，不感蒸散により熱放散量を確保し，特に熱性多呼吸により呼吸気道からの蒸散量の調節を行っている．
　　　　　　　　　　　　　　（鎌田寿彦）

**ねつらい　熱雷**（heat thunderstorm）
　強い日射で地面が局地的に強く熱せられ，大気が熱的不安定になって生ずる上昇気流が原因で起こる雷雨．内陸部や山岳部で発生することが多く，真夏の午後の入道雲による雷雨が代表的であるが，冬季の海上で見られる雷も熱雷の一種と考えられる．日本では高温・多湿な小笠原気団に覆われているときに発生しやすい．上空に寒冷な空気が流入していると，大気は不安定化しやすく強い雷雨となる．熱雷は同一の気団内に発生するので気団雷ともよばれる．一般に，雷は上昇気流のある所で発生するところから，上昇気流の発生原因によって分類される．違った性質を持つ気団の境界，特に温暖な気団と寒冷な気団の境界で発生する界雷と呼ばれるものもあるが，雷の原因は幾つかの機構が複合していることが多く，熱雷と界雷の双方の原因が考えられるときには熱界雷と呼ぶこともある．
　　　　　　　　　　　　　　（佐野嘉彦）

**ねつりゅうにゅう　熱流入**（heat gain）
　外部環境から体に入り込む熱のこと．熱流入の経路としては放射，対流，伝導の三つがあり，いずれの経路でも体外の温度が体温より高いときに熱流入が生じるが，通常家畜が飼育されている条件では家畜の体温より外界が高いことはまれであり，対流と伝導によって熱が体の中に入るケースは少ない．日なたにいる場合，太陽からの放射熱が体に流入し，寒冷条件では心地よく，高温条件では暑さを感じる．暑熱条件では家畜に対して熱流入，特に放射熱による熱流入を極力少なくすることが望ましく，そのためには被陰樹の活用や，地上からある程度離した位置に屋根を設けるか，屋根の下に断熱材を施して日陰を作ることが考えられる．
　　　　　　　　　　　　　　（鎌田寿彦）

**ねつりょうぞうか　熱量増加**（heat increment）
　動物が採食・消化する過程で発生する熱のことで，食餌誘発性熱産性（diet-induced thermogenesis），特異動的作用（specific dynamic action），特異動的効果（specific dynamic effect）などの同義語がある．採食直後から産熱量は増加しだし，やがて減少に転ずるが採食前の産熱量に戻るにはかなりの時間を要する．家畜を一定期間絶食させた後に産熱量が最小値で安定するが，このときの値を維持のための産熱量といい，採食によって維持のための産熱量を上回った部分が熱量増加となる．採食による口腔の筋肉の運動，消化管の運動，消化液の合成・分泌，能動輸送，ルーメンや盲腸における発酵，吸収物質の体内での移送，グリコーゲン・体脂肪・体タンパク質の合成，などに際して生産される熱によって熱量増加は構成される．熱量増加によって生産される熱は体温維持に必ずしも有効に使われないので，動物が有効に利用した正味エネルギーをを求めるためには代謝エネルギーから熱量増加が差し引かれる．タンパク質を摂取したときの方が，炭水化物や脂肪を摂取したときに比べて熱量増加が大きい．熱量増加は総エネルギーの15〜20％程度を占めるといわれている．高温環境で体温の上昇を防ぐために，熱量増加を少なくする方策をとることが考えられる．
　　　　　　　　　　　　　　（鎌田寿彦）

**ネピアグラス**（napier grass）
　学名：*Pennisetum purpureum* Schumach.，一

般名：napier grass, elephant grass，中国名：狼尾草，和名：ナピアグラス，ネピアグラス．チカラシバ属の大型で永年生の暖地型イネ科牧草である．湿潤熱帯アフリカ原産とされ，現在は東南アジアを中心に，熱帯・亜熱帯の年間降雨量 1,000 mm を超える湿潤気候で，乾季が短い地域に広く分布している．

定着した根は比較的深く，幅広く根域を作る．茎基部は分げつが多く株状になる．十分な生育環境で，刈り取り間隔が長いと，各分げつから出芽する直径約 3 cm の茎（稈）は直立に伸び，草高 3～5 m 以上になる．茎（稈）には約 20 の節があり，各節から幅 3～5 cm で葉身 60～100 cm が出る．刈り取り間隔が短いと節間が短くなり，葉部割合も増える．生育期間が長く，不十分な生育条件下ではこれらの節から高位分げつが生じる．これらの節が地面に接触すると出芽と発根がみられる．普通，種子は形成されないため，後述するように，草地造成は 2 節の残した茎を土壌面に差し込み，栄養茎繁殖によって行う．穂は円錐花序で幅 3 cm，長さ 30 cm の円柱形である．小穂が密生し，淡黄褐色，それぞれの小穂の基部には 20～30 本の総包毛が輪生する．葉茎は細い毛で被われているが，品種によっては，毛がないものもある．登録品種は，cv. Merkeron, cv. Wruk wona, cv. Capricorn, 矮性の cv. Mott などがある．染色体は 2n = 28 (2x), 56, 27 (4x)．

ネピアグラスは湿潤熱帯環境に適しているが，比較的耐旱性がある．これに対し，冠水には弱い．肥沃で作土層が厚く，根が侵入しやすい土壌を好む．土壌 pH は中性～弱アルカリ性を好むが，酸性（pH 4～5）条件でも生育する．最適気温は 25～40 ℃，最寒月の平均気温が 12 ℃ 以上であれば，枯死することなく，生育可能である（Russell & Webb, 1976）．

ネピアグラスは牧草類のなかで，最も高い生産量を示す．Vincente-Chadler ら（1953）が降雨量 2,000 mm のプエルトリコで，約 90 kgN/10 a の窒素施肥を行い，90 日間隔で刈取りを行った有名な報告では，年間乾物生産量 8.5 t/10 a であることが示されている．わが国では，沖縄本島では，プエルトリコの試験と同様の刈り取り，施肥管理で生草収量 38 t/10 a, 乾物 5.2 t/10 a が報告されている（宮城，1981）．

家畜への利用は現在，多くの熱帯諸国で行われているような生草利用（cut & carry）の他に，放牧やサイレージ利用もされている．水分が多く，茎（稈）も太いため，乾草は乾季のみに限られる．ネピアグラスは踏圧に弱いため，重放牧は好ましくない．サイレージ利用については多くの試験結果がある．可溶性糖含量が低い，気温の低い時期では，糖蜜などの発酵基質を添加すると良質のものができる（宮城ら，1993）．（表 12）

〔川本康博〕

**ねりせいひん　練り製品**（fish paste products, surimi-based products）

練り製品は，魚肉に 2～3 % 程度の食塩を加えてすり潰し，その後加熱処理して作られるゲル型食品の総称であり，わが国の伝統的かつ代表的な水産加工食品の一つである．練り製品は，鮮魚としての価値が低い魚や，他の加工食品に不向きな魚など，種類や大小を問わず，広範囲の魚を原料として利用できる

表 12　刈取り間隔の違いと乾物生産量，飼料成分との関係

|   | 乾物収量 (t/10 a/年) | 葉重/地上部重 | 乾物率 (%) | 粗タンパク質含量 (%) | 非構造性炭水化物 (%) | NDF (%) | 乾物消化率 (%) |
| --- | --- | --- | --- | --- | --- | --- | --- |
| 6週間隔 | 2.5 | 0.55 | 13.1 | 9.2 | 6.3 | 64.5 | 63.6 |
| 12週間隔 | 4.6 | 0.32 | 16.7 | 6.2 | 7.2 | 69.4 | 49.5 |

こと，畜肉や野菜をはじめ，調味料・デンプン・油脂・植物タンパク質などを自由に配合できること，形状，味，食感が魚自体からは想像できないこと，手を加えずにそのまま食べることができることなど，他の水産加工食品にはない特徴を持っている．現在多種多様な練り製品が製造されているが，一般的にはかまぼこ類，焼きちくわ類，魚肉ハム・ソーセージに大別される．その中で，カニ風味かまぼこは1970年代に開発された比較的新しい練り製品であり，海外でも脚光を浴びている．現在製造されている練り製品の大部分は，スケトウダラ冷凍すり身を原料としている． (石崎松一郎)

**ねんりょう・ゆし　燃料・油脂**（fuel & lubrication oil）

ガソリン：農業機械用には通常自動車用のレギュラーガソリンが用いられる．

軽油：ディーゼルエンジン用燃料．セタン価の低い軽油はノッキング発生原因となるので注意．ゴミや水の混入しないように管理が必要．

エンジンオイル：粘度によるSAE番号で種類の区別がある．農業機械用には通常30番オイルを用いる．

ギヤオイル：農業機械用には一般にSAE分類による90または80番オイルを用いる．回転速度，潤滑装置の構造により一定しないので，説明書に従って使用する．

すべてのオイル類はフィルター交換に注意する事が肝要である．

グリース：軸受部分などに用いる半個体状の潤滑剤で，その稠度により国際分類があるので，指定された種類を使用する．

油圧作動オイル：エンジンオイルやギヤオイルと兼用できるオイル，専用オイルとあり，その機械の指定に従って使用する．

(下田博之)

**ねんりん（ねったいざいの）　年輪（熱帯材の）**（growth ring）→熱帯材の特徴

**のうか　農家**（farm household）

農業経営を行う世帯．「家」を形成し，集落を構成する日本の農家のような社会集団は，世界的にはまれである． (水野正己)

**のうがくてきてきおう　農学的適応**（agronomic adaptation）

タイのチャオプラヤー水系をモデルに，前近代の東南アジア大陸部における稲作展開の地域差を自然への適応形態の違いによって捉えようとした用語．水系上流部の山間盆地の稲作が工学的適応の稲作であるのに対して，水系下流部のデルタの稲作を農学的適応の稲作とした．稲作においては，その基盤となる水利条件をいかに整備していくかが大きな技術的課題であるが，東南アジア大河川のデルタ地帯においては，前近代の技術段階では乾季の降雨寡少による水不足や雨季の洪水による水過剰という特異な水文条件を改善し制御することが困難で，人々は洪水の季節的リズムに合わせた稲作を行わねばならなかった．そのために雨季の長期間の深湛水条件下でも生育可能な浮稲を選択して，デルタの水文条件に適応した稲作を成立させた．自然条件を改変することなく，イネの品種という農学的技術を投入することによってその特異な所与の水文条件に適応を遂げたことから，デルタの稲作を農学的適応の稲作と性格づけた．

この言葉は東南アジア歴史学の用語として石井米雄によって提唱された（石井米雄編『タイ国－ひとつの稲作社会』創文社，1975）．上流部の山間盆地を単位とした小王国が盆地の水稲生産力を王国の経済的基盤として成立したのに対して，デルタ地帯のアユタヤーに成立した王国は，海外との交易を王国の財政基盤とし，稲作開発にさほどの関心を示さない港市国家として成立したことを説明するのにこの言葉が用いられた．

このように，本来は，タイにおける政治権

力の展開と稲作との関係を説明するための用語であったが，稲作技術の発展過程を説明する用語として，工学的適応と常に対照させながら農学分野においてもしばしば用いられた．稲作技術を構成する個々の技術要素やそれらの相互規定性よりも，稲作を可能たらしめた自然に対する人間の「はたらきかけ」と「かかわり」の様態をきわめて包括的に概念化した魅力的な言葉であったからである．そして，チャオプラヤー水系にとどまらず，他の東南アジアや東アジア各地の稲作技術発展を説明するモデルとしても広く用いられるようになった．その結果，本来の歴史学における用法を離れて，稲作の発展段階を説明する農業技術用語としても用いられるようになった．例えば，農学的適応の稲作から工学的適応の稲作への発展というように，概念がさらに拡大して稲作技術の発展段階を区分する言葉として，本来の文脈とは異なった意味合いで用いられることも多くなった．このため，稲作発展の過程を技術史的に扱おうとする場合には，これ代わって「立地適応型技術」(environment-adaptive technology)という用語を使うのがよりふさわしいという考えも提出されている（田中耕司「稲作技術発展の論理－アジア稲作の比較技術論に向けて」『農業史年報』第2号，1988)．→工学的適応

(田中耕司)

**のうぎょうかいはつ　農業開発**（agricultural development)

農業開発とは途上国における栄養水準と生活の向上，飢餓と貧困の解消のため，農業技術の開発・普及による生産性向上などを通して経済全体を政策的に発展させることを意味する．農業開発の目的には，成長，持続性，安定性，公平性，効率性があるとされる．しかし，農業開発の意義や課題は時代とともに変遷してきており，大きく三期に区分できる．第一期は，開発経済学が一分野として確立した1950年代，および60年代である．この時期の主たる関心はマクロの経済成長と近代化にあり，農業と一般産業との相互連関，経済成長における農業の役割，農業の成長過程などが注目された．ルイスの2部門モデルが示されたのもこの時期である．第二期は，70年代で，農業開発における公平性の概念が重要視されるようになった．この背景には，ラディカル派経済学による開発経済学に対する批判（制度や政治に対する配慮が不十分であったことなど），急速な経済成長の副作用（内乱，軍事政権の樹立など），所得格差の拡大があった．これを反映して，所得分布と経済成長の関係，雇用創出などが議論された．この時期には，農家行動に関するミクロ的な関心が高まり，生産，所得，雇用の拡大を制限する要因，農業研究と普及制度との関連性，農業開発過程の複雑さや地域の特殊性などに関する知識が蓄積された．誘発的革新の理論が検討されたのもこの時期である．第三期は，再びマクロの経済成長に関心が集まった80年代以降である．この時期には，注目すべきアプローチとして食料政策分析が登場した（80年代初め）．これは，農家の生産意欲を高めるために適正な価格を実現する必要があるとする立場，および貧困層が適切な栄養状態を保つために食料価格を低水準に抑えるべきであるとする立場を総合したものである．政策形成は金融市場と商品市場が統合された開放型経済で行われるため，食料農業政策をマクロ政策に連結させる必要があることが強調された．また，80年代の中頃からは食料の安全保障の問題に関心がもたれるようになった．この時期にはインドやインドネシアなどのアジア諸国で食料自給率が向上したにもかかわらず，依然として貧困層は食料を十分に入手し得なかった．そのため，食料安全保障の問題を捉える際には，供給だけでなく需要側の条件も検討する必要があることが指摘された．食料自給率の改善に農民の食料購買力向上が伴っていないことは，第二期に検討された所得と経済成長の問題が引き続き重要なテーマであることを意味した．持続可能な農

業開発の問題も，酸性雨，大気汚染などの深刻化を背景として，この時期に注目されるようになった． （林　清忠）

### のうぎょうかいはつきょうりょく　農業開発協力（agricultural development cooperation）

　先進国が途上国の農業開発のために行う研究や普及への支援．途上国は，先進国と比べ，全人口に占める農民の比率が高いが，農業の生産性が低いため，食料自給ができず輸入に依存することが多く，また農村部が貧しい．これらの問題を解決するために各国が農業開発を目指すが，経済全体の立ち後れのため政府が農業研究と普及に充てられる予算が不足する．その結果，公的研究・普及機関は高度な科学教育を受けた人材が足りず，設備が貧弱なため，新しい技術の確立と普及が遅れてしまい，停滞から脱出しにくい．こうした悪循環を打破するためには，途上国政府は自らの農業開発政策遂行への協力を先進国政府に要請し，これを受けて先進国側は人的・資金的・物的支援をする．農業生産の特定の技術的な問題（例えば塩害耐性）を解決するために専門知識を持った人材を相手国に派遣し，あるいは先進国の研究機関で課題として取り上げ研究を肩代わりする．途上国の人材養成のために相手国で研修を行ったり，先進国の大学その他の教育の場に学生や実習生を迎え入れ，教育費を資金面から補助する．相手国の設備を充実するために施設の建設と修復をし，機器を提供する．さらに，研究や普及方法の改善のために，相手国の研究者や普及員と研究や普及事業を共同で行う．こうした政府間の農業開発協力活動は，無償の形態と，低利・長期返済の有償の形態とがある．さらに，より間接的な形態として，農村に入り農民と生活や農作業をともにしながら農業改良のために働く青年海外協力隊や，NGOへの助成金補助制度などもあり，これらも広い意味での農業開発協力に含められる．

（コールドウェル）

### のうぎょうかいりょうふきゅう　農業改良普及（agricultural extension）

　農業者が農業生産の新技術を取り入れることを目指して行われる教育活動．最も一般的な形態においては，政府公務員の農業改良普及員が末端行政単位にある普及所に配置され，研修会を指導し，展示圃場を設け，個別農家を訪ねて問題を診断し，技術改良を推薦する．農業改良普及は技術移転モデルの一環であるが，このモデルにおいては，試験場や大学などの農業研究者が科学の原理と実験に基づいて新しい技術を開発した後，普及員が科学的知識をあまり持たない農業者に新技術を教え諭し，伝え渡す．公的農業改良普及制度はアメリカ合衆国において1862年の農工大学設立に始まり，大学教育と対になって，現場教育を指した．日本においては，明治初期の老農の活動が実質的には農業改良普及活動であったが，公的な普及組織が設立されたのは戦後である．また，途上国においては，普及組織は政府主導の農業開発の重要な手段とされてきた．特に1960年代から70年代にかけての東南アジアの「緑の革命」においては，イネの改良品種と新生産技術（肥料，灌漑，病害虫防除など）を一括方式で広めるのに広く活用された．しかし，近年，ブラジルのPaulo Freireや英国のRobert Chambersなどにより，農業者の在地の知識と発意が再評価され，主体的な農業開発と地位向上のために，農業者自身による現状分析，解決策の設定，研究者や普及員の情報提供者としての活用を図る参加型開発モデルが，技術移転に代わって提唱されている．また，農業改良普及は主として政府機関によって行われてきたが，政府組織が脆弱で，国家予算が不足するアフリカにおいては，NGOが農業改良普及を肩代わりすることが少なくない．さらに，ラテン・アメリカを中心に，市場優位モデルに基づいて，公的農業改良普及組織を廃止し，新技術情報提供を民営化する例が増えている．

（コールドウェル）

## のうぎょうかくめい　農業革命 (agricultural revolution)

製造業に代表される非農業部門では，封建的手工業からマニュファクチュア，さらに近代的機械制工業への移行過程で産業革命が起きたが，これとほぼ平行して，封建的農法から近代的農法への移行過程で過渡的農法の段階が形成され，その後の近代的飛躍に結節した．この時期の農法の変革を促した一連の動きを農業革命と呼ぶ．その農法近代化を実証した代表的な国が英国であり，そこでは17世紀中葉の市民革命を経て農業近代化の諸条件が醸成され，1770～1840年にかけてのエンクロージャー（土地囲い込み）による大規模経営成立の上に，新しい技術体系をもつ近代的農法が形成された．この場合，主穀式（三圃式）農法から穀草式農法を経て輪栽式農法への移行が進んだが，地目・作目構成上の変化だけでなく，その移行が社会的な技術段階に規定されるという点が注目されねばならない．特に農業においては土地制度の変化と密接不可分に結びつく．英国の例では，主穀式農法は封建的な土地制度，穀倉式農法は封建制の移行過程で私的経営のための小農的囲い込み，輪栽式農法は従来の封建的・共同体的土地規制に代わる大規模な囲い込みを通じて実現された農法であり，社会変革と一体化し推移していることからその動きは革命に相当するとされる．農業革命はそれぞれの国で進行しており，例えば米国では1860年から20世紀にかけての時期を指し，農業が資本主義化しその技術的基礎として畜力機械化農法が完成し，農業が内包的拡大，すなわち労働節約的機械化農法へ発展する過程と重なる．こうした農業革命はフランスや旧ソビエトでも起きており，農業が近代化に対応するエポックを形成している．　　　　　　　　（諸岡慶昇）

## のうぎょうきょうどうくみあい　農業協同組合 (agricultural cooperatives)

農民を組合員とし農業生産に必要な信用・購販売・技術指導などの事業を行う協同組合．
　　　　　　　　　　　　　　　　　　（岡江恭史）

## のうぎょうきんゆう　農業金融 (agricultural finance)

一般に農業金融とは，農業生産に関わる資金の貸借のことをいう．そして，農村金融とは，非農業活動をも含む農村における資金の貸借および貯蓄のことをいう．しかし，そのほとんどが途上国である熱帯地域においては，両者は混然一体となっていることが多く，両者を分離することは困難である．また同地域においては生産額および労働人口の多くが農業生産に携わっているため，農業金融はとりわけ重要である．農業金融は他産業の金融に対して以下のような特質を有している．① 農業金融の長期性．農業生産は生物の生育過程に結びついたものであり，工業のように各工程を分解するようなことはできない．また農業生産の季節的な制約や土地改良投資なども農業金融の長期性の要因となっている．② 経営体の零細性．農業生産が全体として巨大であるにも関わらず個々の経営体が零細であるために，一件あたりの貸付および預金額は零細である．さらに，季節性と地域性による制約のため農産物の価格変動が激しいことから，零細な農家にとってはリスク回避が重要となる．③ 消費金融的性格．農業経営体の多くが家族経営であり，そこでは企業部門と家計部門が未分離である．特に多くの熱帯諸国にみられるように，農業生産の自給的性格が強い場合には，収入のすべてが貨幣収入とは限らないため，生産的用途に投じられた資金が償還資金に結びつかない場合もある．農業金融の以上のような特質から，農業は一般の金融機関の融資対象となりにくく，そのため，農業専門の金融機関が政府の補助で設立・育成されるのが一般的である．また上記③の消費金融的性格のために，農村には商人や地主のような非機関貸し手が存在する．経済発展における農業の役割には，食料および工業原料の供給，農産物輸出による外貨獲得，工業製品の国内市場，工業化のための資本蓄積

などが含まれる。このため、途上国の農業金融は、農業生産のための金融のみならず、工業化のための条件整備の役割も担っている。第二次世界大戦後に政治的独立を果たした途上国は工業化を国家の最重要課題として、農業は工業に貢献するための「奉公農業'Indentured Agriculture'」としての役割を果たすことになり、農業金融政策もこの政策に沿ったものになった。1980年代から世界銀行が主導して行われてきた構造調整政策は市場メカニズムを重視したものであり、途上国が独立いらい採用してきた開発主義的な政策を見直すものであり、農業金融も経済自由化の流れに沿って変化してきている。　　　（岡江恭史）

**のうぎょうけいえい　農業経営**（farm management）

農業経営とは「単一の経営主体の意志によって秩序づけられた農業生産を中核とする組織」（磯辺秀俊）あるいは「農産物の生産を担当する収支経済の単位」（渡辺兵力）などと定義される。農業生産は、土地、労働、資本という3要素を結合させて農産物を作り出すという物的生産過程と、それによって新たな価値を生み出す価値生産過程とを含む。この意味で農業経営は技術と経済の相互交渉の場であるといえる。農業経営にはさまざまな形態があり、その形態に応じて経営目標が定められ、その下で経営管理が行われる。農業における最も代表的な経営形態は家族農業経営である。特にアジア、アフリカでは家族農業経営が中心である地域が多い。近年、家族農業経営あるいは小農の相対的な有利性が、土地生産性などの経営面だけでなく、環境保全の側面からも認識されるようになっている。
（山田隆一）

**のうぎょうけんきゅう　農業研究**（agricultural research）

熱帯や亜熱帯の農業を対象とした研究、およびそうした研究と密接に結びつく教育・普及を含め、途上国の農業研究に関心が向けられた歴史は長いが、理論的にその積極的意義を論証した業績は限られており、またその日も浅い。T. W. Schultzの業績はその中でも特筆される。彼は、与えられた技術体系の下で、最も効率的な資源配分を行った結果成立する長期的かつ安定的な均衡状態にある農業を慣習的農業と呼び、新しい生産要素が導入されている現代農業と区別した。このように区分して農業を捉えると、農業をてことして経済の成長を行うためには、慣習的農業というある技術水準の下で成立する一つの均衡状態から抜けだし、現代農業という不均衡状態に進まなければならない。その段階へ移行する鍵は、高い収益率をもつ新しい投入要素の供給にあり、それを達成するための方策が研究と教育の充実であり、これは公共部門の果たすべき任務であることを論証し主唱した。このような主張は、農業を前近代的な経済部門とみなし、工業化一辺倒であった途上国の経済政策を批判し反省を促した。この考え方は、近年の農業を重視した途上国開発計画の理論的背景となっている。この慣習的農業の命題からは、第一に途上国の農民は有利な経済機会に対し速やかに反応すること、第二に新しい収益性の高い投入要素は、研究の成果としてもたらされる改良品種や肥料、および教育によってもたらされる資質の優れた労働力であるとされる。その収益性の高い経済機会を創り出す原動力が、研究と教育にあることを実証的に示し、そのための政府や公共部門の役割を強調している。この考え方は、1960年代に熱帯アジアで始まる緑の革命にも色濃く反映されている。　　　　　　（諸岡慶昇）

**のうぎょうけんきゅうとうし　農業研究投資**（investment in agricultural research）→農業研究

**のうぎょうさくしゅてき　農業搾取的**（agriculture-exploitive）→農業政策、農業保護

**のうぎょうじんこう　農業人口**（agricultural population）

工業化前の社会では、労働人口のほとんど

が農業に従事していたが，工業化の進展に伴い農業人口比率が低下し，農業人口と工業人口との逆転が生じる．この構造変化の第一段階では，農業人口は絶対的増加・相対的減少を呈し，農業過剰人口が顕在化する．第二段階では，農業人口は絶対的停滞・相対的減少となり，農産物市場が展開し，また都市の労働市場の展開により労働力の向都移動が活発化する．第三段階では，農業人口は絶対的・相対的に減少する．大量の離村・離農の結果，究極的には農業生産はますます女性や高齢者によって担われる．先進国の農業人口比率は，多くても5％またはそれ以下になっている．工業化が急速に進展したアジア諸国でも農業人口は急減しており，例えばインドネシアの全就業人口に占める農林漁業就業人口比率は，1996年に44.0％と半数を割り込んだ．
　　　　　　　　　　　　　　（水野正己）

**のうぎょうせいさく　農業政策**（agricultural policy）

通常の経済活動の一部門としては農業も工業も同様であり，全面的に市場経済の機能に委ねても再生産が順調に進行するのであれば，理論的には農業政策は必要ないはずである．しかし，現実には資本主義の発達した先進国とそれ以外の途上国との間で資源の賦存や産業の配置が異なることから，社会的安定を図るため各国の実情に応じた農業政策が必要とされることになる．一般に先進国では人口成長率が低く，食料消費の高度化が進んでいるため食料需要の伸びが鈍く，他方で農業生産性の上昇が食料生産と供給とを増加させ，農産物価格と農業所得の低下を招く．しかし，農業部門から工業部門への急激な資本と労働力の移転が社会的・政治的不安定と混乱を招くおそれがあるため，政府としては農業保護政策を採用する必要が生じる．他方，多くの途上国では，低い所得水準の下で政治的・社会的安定を図るため食料価格を制度的に低く設定したり，政府の歳入を確保して工業化を促進するため農業に輸出税をかけたり，工業部門保護のため為替レートを低く設定して輸出産業としての農業を圧迫するなど，農業搾取（的）政策が採られてきた．タイ国のライス・プレミウム政策はこの典型とされる．
　　　　　　　　　　　　　　（千葉　典）

**のうぎょうせいさん　農業生産**（agricultural production）

農業生産は，一部の施設型農業を除き，過半が自然条件や立地条件に強く規制されるためきわめて不安定かつリスキーで，近接した地域や農家においてもその影響は多様な違いをみせる．また，農業生産における投入産出関係は，一般に収穫逓減の法則に支配される．これは，無数の生産要素の組み合わせの中で，一つの生産要素を除く他のあらゆる生産要素の投入量を一定に保ち，その特定の生産要素の投入量を追加的に等量づつ増加していくとき，追加的に得られる産出量の増加が次第に減少する関係をいう．肥料を増投しても適量を超えると収量が漸次下降する傾向が，その例である．熱帯・亜熱帯に位置する途上国の農業生産は，自然や立地条件，また生産に内在する要因に影響されやすく，長い経験に依拠しながら，連作による障害を回避するために灌漑水を利用する稲作や，混作・間作，また輪作体系などを取り入れた畑作のように，その生産力を持続させる栽培技術が生み出されてきた．しかし，慣行農法に依るところが多い作物栽培は，一般に低位停滞的水準に留まることから，近代農学による技術の改良への期待が高い．「緑の革命」は，そうした問題に応える近代農学の成果として広く知られている．他方，農業生産は灌漑施設や市場へのアクセスに関係する道路などのハード，および教育などのソフトの両面のインフラ整備の程度に強く左右され，加えて各国の経済発展段階や土地所有制度などにも強く規定される特徴を有している．先進国ではこうしたさまざまな制約的要因を克服しながら農業生産を営んでいるが，途上国では増大する人口圧に対処するため，国際機関や先進国の技術協力

を得ながら，国内生産を増強させる保護施策を最優先課題に置くところが多い．

(諸岡慶昇)

**のうぎょうせいさんひ　農業生産費**（cost of production）

生産物1単位を生産するためにために必要とされた価値犠牲のこと．通常，物財費，労働費，土地地代，資本利子，租税公課からなる．

(安延久美)

**のうぎょうせいたいけい　農業生態系**（agro-ecosystem）

作物生産の場としての農地やその周辺領域を生態系生態学的視点から捉え，農業の場が一つの生態系を構成していると考える見方がある．つまり，生態系を「あるまとまった地域に生活する生物の全てと，その生活空間を満たす無機的自然（要素）とが形成している一つの系」であるとした吉良の定義を認めるならば，森林・草原・海洋・陸水など自然生態系と同様に農業生態系を一つの生態系と見なしうるからである．したがって，農業の場において生態学の研究調査の手法が適用可能であり，農地に関わる人間の行為を含めた生物的・非生物的構成要素とその間にある相互作用の動態を明らかにしようとする立場をとる．農業生態系を自然生態系との対比で考察するならば，自然生態系における遷移過程がエントロピーを低くする方向，つまり安定化をたどることによって，極相（climax）に至る．それに対して農業生態系では一般に，土地生産性を高めるために雑草防除や土壌管理として繰り返される耕起などの農作業によって，毎年のように遷移の始相に引き戻されることになる．また，自然生態系における極相段階では，系内での生産－消費物質がほぼ閉鎖的に循環することによって持続的な安定化を実現するのに対して農業生態系では，その存立目的である食料の生産を実施する場として，系内で生産された物質の一部あるいはすべてを系外に持ち出す開放系をとる．そのため，人間による管理あるいは欠乏資源の継続的な補充なくしては成立できない．したがって，農業生態系は，自然のもつ能力に依拠しつつもその安定性は人間の管理技術に多くを依存している．一般に，農業生態系内の微生物相や昆虫相を含めた動・植物などの生物学的構成要素は，自然生態系に比べて単純である．これは，限られた資源や労働力のなかで土地生産力を維持しようとして，作物との競合関係をもつ生物学的構成要素をできる限り排除し，また生産物に対する経済的要求や管理の単純化に努めた結果ともいえよう．

ただし，立地する生態学的背景，知識や技術の水準，また目的とする生産物に対する要求などの違いが作付け体系の多様性に反映する．すなわち，熱帯地域のように不安定な降雨分布や脆弱な生態環境，絶え間ない病虫害の脅威にさらされる立地条件下では，高い農業生産性よりもむしろ確実に生産物の収穫が保証されるような作付け体系が選択される．例えば，伝統的な焼畑農業や畑作あるいは屋敷畑に見られる多様な作物を組み合わせる作付け体系である．これらは，自然生態系が持っている安定性を模倣し，また自然の回復力に依存した農業生態系を再構築した営農システムといえる．そのため，可食部あるいは利用部以外の大部分が農地に再投入される事によって，一定の閉鎖系を維持している．

一方で，先進国における集約農業は，高度な直接・間接エネルギーの多投入によって維持される農業生態系である．すなわち，食料生産のあらゆる場面において人間に代わって機械が労働力の主体となり，間接的エネルギーとして多量の化学肥料や農薬に依存してのみ維持できる農業生態系となっている．したがって，産出量を基礎とした生産性とエネルギー効率は逆相関する．というのも，多量の産出量を引き出すためには，それ以上のエネルギー投入を必要とするためである．多量のエネルギーによって維持されるこのような農業生態系は，外部からの不断のエネルギー補給なくしては維持できない開放系である．

したがって，立地する環境よりもむしろ社会的・経済的状況によって大きな影響を受けることにもなる．農業生態系の規模については，土地利用のあり方によってさまざまである．多くの場合，小規模な自給自足的な農業ほど自然や人為に依存した集約的土地利用を行い，閉鎖的な養分循環系を構成している．規模が拡大するに伴って，外部からのエネルギー補給への依存度が高まり，それと同時に産出物としての生産物と排出物の量を増加させる開放系へと移行する．そのため，せっかく資源として投与された種々の物質が汚染物質として周辺環境を劣化させることにもなる．

農業生態系は，その立地する生態環境と社会環境のもとで多様な系を構成するが，安定で持続的な生産システムをもつ農業生態系の確立は，人間のもつ管理技術をどのように自然環境に適応させてゆくかにかかっている．

（林　幸博）

**のうぎょうそしき　農業組織**（agricultural organization）

組織とは，特定の目標を達成するために，各種の資源・情報を合目的的に結合させ，人々の行動を調整する社会的装置をいう．このような人々の合理的な協働の場としての組織に対して，人々の合理的な交換の場が市場とされ，両者が相互補完的に機能しているところに，近代産業社会に固有の構造原理があるとされる．したがって，農業の組織化は農業発展においてきわめて重要な意義を有してしている．農業組織を初めて経済分析の俎上に乗せた T. W. Shultz は，組織の型と生産物の量との2変数により欧米の歴史的経験を整序し，① 農業技術の研究開発（農業技術の生産）においては，かなり集権的な組織が最善の組み合わせとして選択されたが，② 農業のその他の分野においては，一層の分権化の方向（家族農場）を選択することにより最善の組み合わせとしてきたとした．そして，農業の経済組織の命題は，分権的組織化の優位性および市場の調整が作用するように組織化を図ることであるとした．しかしながら，各々の社会においてどのような農業組織（家族農場，集団農場，大農園，共同経営，法人組織など）が選択されるかは，経済，社会，政治，歴史，情報，将来への期待などさまざまな条件に依存している．

（水野正己）

**のうぎょうのインボリューション　農業のインボリューション**（agricultural involution）→貧困の共有

**のうぎょうのきかいか　農業の機械化**（agricultural mechanization）

耕うん機やトラクタに代表される農業機械の導入による農業生産システムへの移行をいう．農作業の一部のみ機械化する場合から，一貫した機械利用による包括的な技術体系への移行という場合もあるが，東南アジアなど低緯度の熱帯地域の多くは零細な経営規模を反映して部分的移行に止まる．これらの地域では，緑の革命に象徴されるように，1960年代後半以降は生物化学的技術の導入による土地生産性の向上が主要な技術革新であった．例えばインドネシアのジャワなどのように人口ちょう密な地域では，急速な農業の機械化は農村の雇用機会を減少させるものとして，その導入に慎重な政策を採る場合が少なくなかった．他方マレーシアなど工業化と都市化が一段進んだ国や地域では，自立的な農業の機械化が進展している．途上国の農業においても，労働，土地，資本といった資源の賦存の状態に応じた適切な機械化が望まれる．

（米倉　等）

**のうぎょうのぎじゅつしんぽ　農業の技術進歩**（technological progress in agriculture）

経済成長パターンには，大きく二つの局面があることが知られている．第一は，物的資本の形成を経済成長の主動力とした初期工業化局面である．この段階では，資本の増加が速く，労働生産性（国民所得÷労働）の増加が資本装備率（資本÷労働）の上昇を下回るため，資本係数（資本÷国民所得）が上昇する．

第二は，高度工業化局面であり，労働生産性の向上が資本装備率の増加を上回り，資本係数は低下する．この局面での経済成長の主要な源泉は技術進歩である．技術は近代経済学理論では生産関数として定義され，その進歩は生産関数の上方シフトとして計られる．このとき技術進歩は生産関数のシフトとして3分類される．第一は，資本装備率を一定として要素間の限界生産性比率を変化させない技術変化と定義される「中立的技術進歩」である．第二は，資本装備率を一定として資本の限界生産性を労働の限界生産性に比べて増大させる技術変化と定義される「資本使用的・労働節約的技術進歩」である．これは，初期工業化局面の技術進歩に対応する技術進歩であり，この局面ではほぼ一定の賃金率に対して利潤率は低下せず，資本の分配率は上昇する．第三は，資本装備率を一定として労働の限界生産性を資本の限界生産性に比べて増大させる技術変化として定義される「労働使用的・資本節約的技術進歩」である．これは，高度工業化局面の技術進歩に相当し，この局面では資本と労働の限界代替率の上昇率が資本装備率の増加率を上回るため，労働分配率の上昇が実現する．以上のような経済成長パターンの違い，つまり技術進歩の型の違いに注目することは，政策手段を選択する上で重要な意味をもつ．すなわち，所得水準を向上させるには，初期工業化局面では貯蓄・投資率を増加させ資本蓄積を強化する開発戦略が，また高度工業化局面では教育や研究などによって人間の技能や知識を向上させる投資が，それぞれ有効なことが示唆される．途上国の農業において技術進歩がもたらされる一つの契機は，先進国の農業技術の移転である．このとき資本使用的である先進国からの借用技術を，途上国の要素賦存状況に適合した資本節約的な方向に改良する必要がある．この過程は適正技術の開発に向けた誘導的技術革新として把握でき，これによって経済効率が高められるとともに，分配上の公正も改善される．

そのためには，農業技術研究や土地基盤に対する適切な公共投資や制度的革新が必要であると指摘されている． 　　　　（林　清忠）

のうぎょうのこようきゅうしゅうりょく
**農業の雇用吸収力**（labor absorption of agriculture）

途上国の多くは農業に依存した経済構造を呈し，就業機会の多くが農業部門によって提供されてきた．近年の経済発展とともに農業の相対的ウェイトは縮小しつつあるが，就業人口比でみた場合には50％を上回る場合もあり，依然として大きな割合を占める．人口の多い熱帯アジアの国々では，農業は雇用機会，就業機会の提供を通じて人々に所得獲得の機会を提供する産業としてとりわけ重要である．雇用吸収力の程度は，技術的農学的意味からの労働投入の必要性という条件と，生産と分配のための社会的・制度的条件とによって決定される．例えば，緑の革命で採用された生物化学的技術は労働の多投を必要とする品種の開発に特徴があった．このことは，労働過剰経済においては，零細な農民や土地をもたない農村の労働者に雇用機会を提供するという重要な効果をもった．伝統的な農業技術の体系のもとにある農村社会では，雇用機会を農村社会のメンバーに等しく提供し所得を分かち合う社会的制度が多く存在する．労働多投型の農業技術変化はこのような社会的仕組みと適合的で，一定の制度変化を伴いつつも，雇用慣行の急激な変化や破壊を防止しうる．しかし，逆にこのような慣習的な制度が残存し続けることは，農業社会の必要な変化を押し止めてしまう弊害にもつながりかねない側面をあわせ持つ．他方，労働節約的な技術変化の場合には，農業雇用機会を著しく減じることで伝統的農村社会を不安定化させる可能性が高くなる．農業は伝統的に主要な雇用の場であると同時に，工業など非農業部門へ労働力を供給する産業でもある．途上国では，工業化の進展とともに農村地域から首都を中心とする大都市に人口移動が生じて

いるが，経済発展のスピードほどには非農業雇用機会が増加していない．また流入する人口を吸収するための都市機能の充実も十分には行われていないのが，多くの途上国の実情である．このため，大量の潜在的就業可能人口が農村に滞留せざるを得なかった．このような状況を理論化したのがルイスモデルであり，「無制限労働供給理論」として知られている．これはさらに，G. Ranis と J. C. H. Fei によって二部門モデルとして理論化された．これは，「余剰労力」と「制度的固定賃金水準」の概念を提示し，農業における雇用および制度的に定められた賃金水準と工業化との関連をモデル化したいわゆるラニス＝フェニスモデルとして知られる．また，農村と都市間の人口移動モデルの代表例としては，ハリス＝トダロモデルが知られる． （米倉 等）

**のうぎょうのしょうぎょうか　農業の商業化**（agricultural commercialization）

自給自足のための農業生産から，市場向けの販売を目的とした商品生産への移行をいう．封建社会においては，領主が貢租として得た農産物を販売する場合や，租税や地代の支払いが貨幣化された際に，農民自身によっても農業の商業化は行われていた．封建社会が崩壊し資本主義経済が浸透すると，近代工業の確立とともに工業製品が農村へ流入し，農村の自給自足体制が崩壊する．農民は生活物資および肥料・農薬などの農業投入財を購入するようになる．これらの財を購入するために，単なる剰余農産物の販売から，貨幣の獲得を目的とする利潤追求の商品作物，換金作物の生産へと変化する．さらに，都市の非農業人口の食料需要の増加に伴い，果樹，野菜といった市場向けの生産が拡大する．また，加工原料用農産物の需要拡大も進む．農業の商業化は，農産物輸出による外貨獲得，税制や金融市場を通ずる貯蓄，資金の移転などにも重要な役割を果たす． （野口洋美）

**のうぎょうのたようか　農業の多様化**（agricultural diversification）

国民所得の増加に伴う食料穀物需要の低下や，畜産物，野菜，果実の需要の増加など，消費需要の多様化に対応した農業生産の変化を，農業の多様化という．1960年代以降の緑の革命の時期は穀物増産が最大の課題とされたが，一定程度の経済発展を成し遂げたアジア諸国では，食料穀物生産の有利性が低下し，農業の多様化が農業開発における課題になっている．この場合，農業の多様化は，農民世帯の所得向上の観点から，非農業生産活動の振興も含めた農村経済の多様化（多角化）の一環として位置づけられる必要がある．農業の多様化を供給側からみると，個別経営の観点からは，複数の農業生産活動を組み合わせて経営多角化を図ることにより，リスク（気象変動，病害虫被害，市場価格変動，投入財の使用の時機，機械の故障，家畜の疾病など）の分散を図ることが可能となる．さらに，経済発展に伴い経営の専門分化が不可避な段階に達すると，個別経営としては単一経営に専門特化するが，経営群としては地域内の水平的統合あるいは部門間の垂直的統合により，農業の多様化が図られる． （野口洋美）

**のうぎょうほご　農業保護**（agricultural protection）

農業保護とは，対外的には輸入数量制限や高関税率の設定，国内的には補助金制度や生産者価格の支持制度などの政策手段を通じて，国内の農業部門を護ることをいう．農業保護水準を計測する尺度としては，名目保護率や有効保護率などがある．一般的に，途上国では低位安定的な価格制度など農業搾取的な政策がとられることが多い．これに対して，多くの先進国では高位安定的な価格制度や補助金制度の導入などによって農業保護的な政策が実施されている．こうした経済発展に伴う農業保護水準の上昇について，次のような背景が指摘されている．第一に，途上国では，非農業部門の労賃上昇を抑制するために，賃金財である農産物価格を低く抑える必要がある．第二に，経済発展に伴って農民の

政治力が高まる．第三に，家計支出に占める食料費の比率（エンゲル係数）が低下することに伴い，農産物価格の引き上げなどの農業保護に対して，消費者の反発が小さくなる．

(石田　章)

**のうぎょうほじょきん　農業補助金**
(agricultural subsidy)

農業補助金制度の内容は多岐にわたるが，途上国における補助金制度の変遷を概観すると，次のような一般的傾向がある．つまり，食料不足が重要な政策課題である発展初期段階においては，食料増産を意図した開墾や土地改良事業，あるいは化学投入財の使用促進を目的とした事業が農業補助金の支出対象となることが多い．これに対して，経済発展の過程において，農業政策の課題が食料問題から農業調整問題に移行することに伴って，農村救済を意図した経営支援のための補助金制度が拡充される傾向にある．また途上国では，農業部門の重要性が高いこともあって，国家財政に占める農業補助金に関連した支出額は意外と多い．しかし，農業補助金の支出決定メカニズムに関する透明性に欠ける途上国では，政権与党や政治家が農民や地方有力者の支持を得るために，経済効率性を軽視した恣意的な補助金配分が行われるケースもある．

(石田　章)

**のうぎょうもんだい　農業問題**（agrarian question）

資本主義における農業問題の起源は，19世紀末にまでさかのぼる．当時，ロシア，インドおよびアメリカなどからの農産物輸入増加を主因として発生した農業恐慌により，ヨーロッパの農民は経済的困窮と経営困難に陥っていた．その際，労働者階級の側から，封建的地主勢力に対抗して農民層の底辺部分を労働者の味方とし，彼らの可能な発展の方向性を示す必要を提起したのが F. Engels であった．これに対し K. Kautsky は，農民層は遅かれ早かれプロレタリア化への道を歩むとして，あらゆる農業保護に反対する姿勢を取った．すなわち，経済学的観点からの農業問題は農民問題として発現したのであり，資本主義的経済発展の中で，労働者階級の視点から労農同盟と社会変革を展望しつつ，農民のどの階層を政策的に保護すべきか（またはすべきでないか）という問題であった．翻って現代の農業問題を考える場合，どのような立場・視点から農業問題を把握するかによってその内容は異なる．多くの先進国では資本主義の発展に連動した農業保護政策の帰結として構造的な農産物過剰に陥っており，農業保護の費用を減らす必要に迫られているが，農民層の政治的重要性に鑑み農業保護を即座に打ち切ることはできない．農民層のどの部分をどの程度に保護すべきかという問題は，政府にとっても国民各層にとっても今なお重要な政治的課題であり，効率性を重視すれば大規模経営の保護育成が，農業経営全体の維持を重視すれば幅広い農業保護が，労農同盟を展望するのであれば小農保護が，それぞれ提起されることになる．日本やスイスのような食料輸入先進国では，食料安全保障を確保するという視点からの国内農業保護の必要性が，消費者一般にとって農業問題のいま一つの中心をなす．これに対して，多くの農民や都市住民が貧困に苦しんでいる開発途上地域では，貧困の克服が最大の社会的課題である．農業問題はその各論として，土地改革や農業政策，食料価格政策などのあり方を問うものになり，世界史的意義を異にするものの，個々の局面では19世紀末農業問題に類似の課題が出現する．そこでは，土地所有者，大農，中農，小農，土地無し農民，労働者の各階層にとって問題の所在がそれぞれ異なり，基本的には政府の階級的基盤が政策の方向性を決定づけるが，解決困難な矛盾に直面することも多い．例えば，政府は政治的基盤と財源をともに地主ないし大農に相当依存しているものの，外貨獲得に占める輸出農業の役割が大きい場合，政治的には農業保護優先，経済・財政的には農業搾取優先というジレンマが生じ

る．なお，農産物需給の観点からとらえた場合，食料問題の対立概念として農業問題（または農業調整問題）が定義されることがある．これは，資本主義の発展に伴う農工間の不均等発展などの構造的要因により，食料市場において供給が需要を恒常的に上回る事態を指し，特に先進国に特徴的な現象であったが，近年では新興工業化国や主要な輸出農業国となった一部の途上国もまた農業調整問題に直面するようになってきている．　（千葉　典）

**のうぎょうろうどう　農業労働**（agricultural labor)

農業労働とは，農業部門での生産活動に従事する労働力をいう．経済発展に伴い若年層に忌避される傾向が途上国においてもみられる．　　　　　　　　　　　　（野口洋美）

**のうこうしりょう　濃厚飼料**（concentrate)

粗飼料に対して用いられる用語で，粗飼料に比べて可消化養分量が多く，粗繊維が少ない．穀類，ぬか・ふすま類，油粕類，農産製造粕，動物質飼料などが含まれる．粗飼料と濃厚飼料との区別は習慣的なもので，学術上，厳密な区別はなく，例えばアルファルファ乾草は粗飼料として扱われるが，これを粉末にしたアルファルファミールは濃厚飼料として扱われるのが普通である．粗飼料とともに濃厚飼料はエネルギー，タンパク質の供給源として重要であり，エネルギー給源，タンパク質給源，その中間型に分類できる．粗飼料に比べると栄養価が高くブタ，ニワトリの飼料としても，草食家畜の飼料としても重要である．個々の濃厚飼料は栄養成分に偏りがみられることが多いため，単体で家畜・家禽に給与されることはなく，給与飼料全体の栄養素がバランスよく含まれるように数種類の飼料が混合して使用される．

濃厚飼料の一般成分や栄養価には，同一飼料で粗飼料ほどにはそれほど大きな差はないが，各種の要因によって変動がみられることもある．特に製造粕類は製法によって飼料の栄養価が大きく変化する．例えば，植物性油粕類には，採油方法として古くから用いられてきた圧搾法と，溶媒による抽出法および両者を併用した圧抽法による粕があり，圧搾法による粕では残留する脂肪分が7％前後と多いのに対して，抽出法や圧抽法では残留脂肪分が著しく少なく1％程度である．現在，植物性油粕の大部分は抽出粕または圧抽粕であるが，一部ではまだ圧搾法によるものが流通している．殻や皮を除去したあとに採油された粕では，未処理のものよりも粗タンパク質含量が高く，粗繊維含量は低い．

飼料の形態は家畜の嗜好性や消化性に影響すると考えられており，濃厚飼料のうち穀類やマメ類では，何も処理せずに全粒のまま給与すると，不消化なままで排泄されることが多いが，蒸煮後に圧扁あるいはフレーク化すると消化率が改善されることが知られている．貯蔵中の発熱やかびの発生などによる飼料の品質低下，飼料中の酵素分解による養分損失などを防止するためには，十分に乾燥した飼料を低温低湿条件下で貯蔵することが必要であり，嫌気的に貯蔵する設備としてかなり大型の気密サイロが用いられる．また，倉庫内での飼料の貯蔵性を良くするために，防虫剤，くん蒸剤，かびの発生を抑制する防かび剤などが使われ，脂肪含量の多い飼料には，貯蔵中における脂肪の変敗を防止するために抗酸化剤が添加されることもある．

　　　　　　　　　　　　（北川政幸）

**のうさぎょうかんきょう　農作業環境**
（ergonomical media for farmwork)

日々の農作業は安全かつ快適に遂行される必要がある．農作業を取巻く環境は，温度，湿度，あるいは騒音，振動といった直接的な環境を指すことが多いが，ここでは，快適性評価との関係から，人間機能に影響を及ぼす数々の要因について解説を加える．すなわち，人の作業遂行能力に影響する要因として，① 外的要因：機械システム，人間システム，狭義の環境，② 内的要因：知覚，情報処理，操作，③ 内的要因に影響を及ぼす背後要因：知

識,経験,情緒,意欲,に分けられる.

内的要因は人間の情報処理系と考えてよい.しかし,この内的要因には多くの背後要因が関り,大きな影響を与えている.人間の情報処理には六つの特徴がある.① 入力情報である感覚器からの情報量が非常に多く,かつ多様である.作業上,最も重要な役割を占めるのが視覚であり,一般に 90 % を超える作業は視覚に頼っている.② 大量の入力情報に対し,処理できる量が限られている.また,保持時間も短く,作業時の「ド忘れ」につながることがある.③ 処理された結果に対し決断をするが,個人の資質が影響する.④ 処理された情報の増幅度が大きい.全身の運動神経に指令が流れ,目的に向かって行動を起す調整能力が優れている.⑤ 膨大な長期記憶容量を持っており,繰り返しの効果,情報の系統化,意味付けという特性がある.⑥ 全体の情報処理系の精度は意識水準によって維持されている.これら六つの特徴があるが,感情や情緒が作業の精度に大きく影響することを忘れてはならない.

外的要因の中には,機械システムからの問題,組織や家庭を含んだ人と人の問題,作業場の環境要因などが影響を及ぼす.

これらの内的,外的要因は単独あるいは複合して人間に影響する.いろいろな分類が行われているが,ここでは黒田の分類に従って解説する.これらの要因から,安全・快適を阻害するものを排除・改善すべき具体的項目を見いだせるよう指導者のみならず,農業者も心がける必要がある.

① 病理的要因:病気本来の作業への影響の他,全身倦怠感やおっくうさなども意識水準の維持にマイナスとして影響する.作業パフォーマンスに影響するものとして,心循環系の疾患,糖尿病による低血糖症,結石による痛み,消化器系疾患,中枢神経系疾患などがある.

② 生理的要因:作業環境からくる物理的条件が人の機能に影響する.温度,湿度,振動,騒音などで,それぞれの因子については,外部刺激と生体内部の変化(量-反応関係)が明らかな項目が多いが,この関係が解明されていない項目については今後の研究展開を待たねばならない.疲労,睡眠不足,欠食,二日酔などの一般生活からもたらされる意識水準の問題も無視してはならない.意識水準は,作業中一定のレベルに維持されることはなく,時間の経過とともに低下して行く.特に単純・単調労働では,その低下状態は著しくなり,いざという時の判断・操作遅れにつながることが多い.

③ 身体的要因:人間の空間的位置づけと作業の方向が問題となる.これらについては,人間工学の成果として設計などに応用されているが,農業では積極的に活用されているとは言い難い.これらの応用には静的な値だけではなく,人間の動的な行動も視野に入れねばならない.

④ 薬剤による要因:優れた薬剤の開発によって治癒が可能になった反面,これらの薬剤の作用又は副作用が人の作業機能に影響し,労働安全上注意を払わねばならないことも生じている.病気治療のための薬剤でも作業への影響を考えねばならないのはもちろんであるが,麻薬類やアルコールの影響も無視できない時代となっている.

⑤ 心理的要因:安全の要因として心理的要因が大きく響いていることは各自も体験しているであろう.日本人は率直に感情や心配ごとを外部に表現しないだけ,内面で心理的な要因が脹れ上がる傾向にある.これらは,一点集中,こだわり,不安,あせり,自信過剰,意欲の過剰,注意の不足,恐怖,退屈,という言葉で代表できる.

⑥ 社会心理的要因:組織は人を構成単位としている.組織内の人-人系の問題は無視できないほど作業に影響している.生活体験の中では家族関係(死別,離婚,別居,結婚,妊娠,健康など)や職場関係(配置転換,解雇,仕事への適応など)などがあげられる.組織

を構成して作業が行われるからには，集団としての作業分担，メンバーの技能水準の差異，協調態勢のあり方など円滑にはいきにくい事項があり，これらの歪みが感情的もつれや深い溝を作り，意欲の減退，作業能率の低下や最悪の場合には事故につながることがある．また，組織が大きくなれば，人事管理や給与，経済変動なども作業に影響する．（石川文武）

**のうさぎょうかんり　農作業管理**（farm-work management）

農作業管理とは労働・作業者が耕地，機械・施設，資材などの労働手段をもって，作物成長を組織的・計画的に制御する行為である．しかも各農作業工程では，生産（栽培，飼育），品質，適期性，生産費などについても管理する．管理の中味は人事・労務管理も関係してくるが，生産面の作業管理が中心となる．

主な人事・労務管理を上げると，作業分担を適所適材とし，作業量が不均等にならぬようにすること，作業における安全管理に留意する．小集団作業の組合せに注意する．作業者の作業能率を考慮して賃金を決める．事前に作業能率の基準をきめておくなどがある．一方作業面の管理では，作業法を常に検討し，作業改善を図り作業能率を高める必要がある同時に，作業精度も常に向上させる必要があり，これらにより，消耗資材の無駄をなくし個人の能力を最高度に発揮させることができる．これらの管理を通じて常に農業生産の合理化水準を向上させるように努める．

（遠藤織太郎）

**のうさぎょうぎじゅつ　農作業技術**（farm-work techinique）

農作業は技術を媒介にして発展し，生産目的の達成をより効果的にしていくもので，技術的作業こそ農作業の本質といえる．しかし，技術は農業生産にあって，自らに目的と計画性を有しているものではなく，目的と計画を立てて農業生産の実現に働きかける農作業に対して，その行動についての原理ならびに方法ないし，仕方を提供しているにすぎない．したがって，農作業に適用される技術は農作業の目的と計画の中で，その成果を最も大ならしめる農作業技術としての創造的な構想から出ているものでなければならない．すなわち，農作業技術は作業の手段，作業の対象，作業主体（農作業者），作業の環境，作業の時期などをいかに組み合わせれば，それらの相互規定的行動の結果，目的とする生産物が最も合理的に得られるかということを作業という面から客観化したものである．つまり生産諸要素の有機的統一体としての構造を作業という面から準則化したものが農作業技術である．

（遠藤織太郎）

**のうさぎょうけいかく　農作業計画**（farm-work planning）

農作業計画は，目標とする生産物を生産するためには，どのような作業をどういう順序で行えばよいかを検討し，それぞれの作業を季節的に配列してみるところからはじまる．複数作物を栽培し，季節的に作業が重複する場合には，規模を勘案して，作業の必要量を計算して労働力の時期的な配分を調整する．次にこれらの作業が実行可能かどうかについて，まず，自家保有労力で消化できる方法と手段を考える．消化できない場合は，最低の雇用労力で消化できる手段を考える．その際，利用すべき機械の選定や整備すべき施設・設備の規模，機械・施設などの利用経費と労賃などを比較検討し，最適な合理化水準を決定する．これにはコンピューター利用による農作業計画の最適化手法などが有効である．作業計画で大切なことは，労働力をいかに有効に利用させるかということで，労働力を遊休化させないことが基本となる．それには年間通して作業量が一定となるよう計画する．

（遠藤織太郎）

**のうさぎょうせいど　農作業精度**（farming accuracy）

農作業は目的と計画をもって行われるもので，正確に行わなければならない．この農作業の正確度を示す指標を農作業精度という．

すなわち，農作業の結果を質的に評価する指標が農作業精度である．農作業では作業精度が優れ，作業の量的評価の指標である作業能率も高いことが望ましい．しかし，両者は一般に競合関係にあり，作業能率を高めると作業精度が低下する傾向にある．そのために作業精度を高めるには，それに見合った作業能率が機械機具ごとに存在するので，それぞれの機械作業に見合った一定の作業精度を保持しながら，作業能率も高めるよう実施することが重要である．しかも，作業精度は同じ農作業でも，その評価基準が作物の種類，作業目的・計画など，相互関連の中で異なることがあり，作業能率とも強く関係してくるので，作業評価の絶対指標としてみるよりも，むしろ農作業の総合評価を行う相対指標として，位置づけるべきものである． （遠藤織太郎）

**のうさぎょうそしき　農作業組織**（farm-work organization）

農作業では各作業操作を別々の人に分担させ，分業形態をとることができる．近年では機械化が進み，一つの機械を中心に数人の作業者が集団で行う作業形態をとることが多い．しかし，作業者の人数と作業の編成，各人の作業内容などにより作業能率に大きな差が生ずる．このため作業工程毎に適正な作業組織を検討しておく必要がある．この場合まず，集団で作業をした方がよいか，分業形態をとった方がよいかを検討する．一般に集団で同一操作を行う方法は最も能力の低い人の能率に支配され，不利な作業法となる．この場合には個人の能力が最高度に発揮される作業法を採用する必要がある．分業形態をとるときには，その集団を構成する個々人の性格や体力，熟練度，作業適性などをよく検討して，その人に適した作業を分担させ，労働力に無駄がなく作業が流れるようにすることが大切である．その時の人数が作業集団の構成する最適の単位となる． （遠藤織太郎）

**のうさぎょうたいけい　農作業体系**（farm-work system）→機械化作業体系

**のうさんぶつぼうえき　農産物貿易**（trade of agricultural products）

農産物貿易は，農業ないし農産物の社会的，自然的特質に基づき，工業製品の貿易とは異なる性質をもつ．すなわち，工業部門では自由貿易により貿易参加国の経済厚生が向上することが多いが，農業部門では以下の理由により自由貿易命題が必ずしも該当しない．また社会的理由により自由貿易になじまない．それは農業のもつ四つの特質と関連している．第一の特質は，農業は国民に対して必須の食料を供給しており，国家の安全保障と深く関わっている．第二は，食料の安全性の問題である．第三は，農業が国土保全などの自然環境の維持に貢献しているという事実である．第四は，農業が文化の継承や他に行き場のない中高年労働者の扶養に役立っているという事実である．農産物貿易を自由化すると，上記の農業の非市場的価値は正当に評価されず消滅してしまう可能性もある．

（明石光一郎）

**のうさんぶつりゅうつうこうしゃ　農産物流通公社**（agricultural marketing board）

旧英領植民地国が独立後に設置した主要農産物の流通・貿易を独占的に行う半政府機関．流通部門のアフリカナイゼーションを促進したが，経済効率性を欠き，多くは構造調整政策の過程で民営化の標的とされた．

（水野正己）

**のうしゅく　濃縮**（concentration）

濃縮には，蒸発濃縮，膜濃縮，凍結濃縮の三つを使用することができる．蒸発濃縮は，液状食品を加熱，蒸発により濃縮することであり，濃縮ジュースの製造，粉乳などの乾燥食品製造の予備操作として多用される．対象が食品の場合，高温下での処理は品質を損ない価値をさげるため，減圧下での蒸発が用いられる．濃縮の進行とともに，液状食品の粘度が上昇し，加熱管への付着がおこるため，その対策をとられた装置が工夫されている．三つの濃縮法の中で，エネルギー効率は低い

が，装置が安価であり，広く使用されている．

膜濃縮では，種々の膜技術の中から，逆浸透法が使用される．溶液はその濃度に応じた浸透圧を有するが，溶質を通さず溶媒（水）を通す膜を介して，溶液側に浸透圧以上の圧力を加えると溶媒が膜を透過する．この現象を逆浸透といい，用いる膜を逆浸透膜と呼んでいる．酢酸セルロース，ポリアミドなどの高分子膜を用いて，果汁，牛乳，酵素などのさまざまな液状物質の濃縮に実用化されている．逆浸透法は海水の淡水化，エレクトロニクス用超純水の製造など，溶質を除いて純水をつくるためにも広く使用されている．

水溶液を凍結させると水のみが氷になる性質を利用した方法が凍結濃縮である．低温操作であるため，加熱変性は起こらず，フレーバー成分の散逸も少なく，高品質の濃縮液が得られる．凍結濃縮法には，懸濁結晶法と凍結界面前進濃縮法がある．前者は溶液全体に分散した多数の氷結晶の成長により，また後者は単一氷結晶の成長により凍結濃縮が進行する．前者はすでに実用化され，高級インスタントコーヒーの製造などに利用されている．しかし，多数の氷結晶と溶液の分離が必要であるため生産性が低く，コスト高であることから懸濁結晶法は広く普及していない．凍結界面前進濃縮法は，容器冷却面に生成した単一の氷相を溶液側に成長させる．界面において溶質は液相側に排除される．氷結晶が一つしか存在しないため，溶液と氷結晶の分離はきわめて容易である．現在，実用化をめざした研究開発が進行しており，注目されている． (中嶋光敏)

**のうそんかいそうこうぞう　農村階層構造**
（rural class structure）

農業が生産活動の中心的位置を占める農村社会においては，土地所有の構造が当該社会の経済階層構造を規定する基本的要因となっている．このため，「アジアの多くの国々における農業は厳しい土地制度の基盤の上にはじめて成立し，…（中略）…農業生産の場である農村の社会構造が，土地制度をはじめとして民族，宗教などの条件によって，厳しく規定されて」（大野盛雄「農村研究の課題と態度」（大野編『アジアの農村』東大出版会，1969年，p. 13）いることから，土地をメルクマールとして農村構造を把握することの重要性が指摘されてきた．実際，地主制の発達をみた戦前期の日本農村においては，地小作関係，本分家関係，親方子方関係が重層構造をなしていたとされるが，その基本は地主，自作，自小作，小作，農村雑業層（極零細耕作者，賃仕事，小商いなどで，農村インフォーマル部門を形成する）の階層秩序であり，特に農村内部の政治的支配関係を含めれば，土地の支配の多寡が決定的であった．熱帯モンスーンアジアの国々では，土地の私有制度や地主制度の発達の程度はさまざまであるが，小農民が農村人口の多数を占めており，また水稲作であれ，陸稲作（しばしば焼畑農耕と結びついている）であれ，稲作農業の基本的な生産単位は小農民世帯である．そこでの農村階層構造は，地主，自作，小作，および土地無し労働者が基本となっている．この土地無し層は，無断占拠者として村内に住みついた者を含んでおり，農業労働や日雇い労働に就いて生計を営んでいる．また，土地保有規模がきわめて僅かなため，土地無しに近い零細農民も数多く存在している．こうした土地無し労働者が戦前期の日本の農村以上に厚く滞留し，農村社会の最底辺を形成しているところに大きな特徴がある．この背景として，人口増加，土地の外延的拡大の限界，地主による土地の取上げ，負債，農地転用，経済発展の遅れなどがある．また，こうした土地無し層の広範な存在は，必ずしも土地改革によって解消されるものではなく，また農村貧困問題の深刻化，農村社会不安の増大，限界地への開墾侵入，都市インフォーマル部門への流出とその肥大化など，さまざまな社会経済問題の背景要因にもなっている．ところで，1990年代以降の経済成長の著しいアジア諸

国では，経済成長の影響が農村部にある程度まで及んだ．その結果，村外雇用の増加に伴い出稼ぎが増加し，土地無し労働者層の過少就業状況に改善がみられるようになったとされる．また，村内の非農業就業機会の増加に伴い，経済的機会にたくみに適応し得る学歴の高い層を中心に，在村非農業世帯として高い世帯所得を実現している例もあるとされる．こうした農村就業構造の変化に伴い，従来の土地保有の多寡に規定された農村階層構造に変化が生ずる兆しが現われている．

(水野正己)

**のうそんかいはつ　農村開発** (rural development)

農村開発は，英語の rural development に由来する．したがって，もとのルーラル・デベロップメントに立ち返れば，「農村発展」の訳語をあてることもできる．例えば，農耕文化の発祥から現代にいたる農業の変遷，あるいは近現代の社会経済の変化に伴う農業・農村の変容といった長期的な変化とその意味を問題にする立場からすれば，むしろ農村発展という訳語を当てた方がより適切である．しかしながら，途上国開発の文脈においては，一般に，農村開発あるいはルーラル・デベロップメントという用語が用いられている．第二次大戦後の世界が直面していた深刻な問題の一つは，アジア，アフリカ，ラテンアメリカ地域の農村貧困問題であった．これに対応して，1950年代の農村開発は農業改革および土地改革を中心に展開された．これとならんで農村地域で「コミュニティ開発」政策が採られた．しかしながら，1960年代半ばになると，「緑の革命」の技術が登場し，途上国開発における農業投資の有利性が高まり，貧困解消に向けた上からの政策対応としての農村開発が提起されるに至った．それは，アメリカの国防長官退任直後の R. McNamara が世界銀行の総裁に就任していた時期 (1968〜81年) のことである．同総裁の下で，貧困の撲滅を旗印とした開発金融が拡大された結果，世界銀行の貸付において重点化された分野の一つが農村開発であった．その農村開発に対して，World Bank, "Rural Development Sector Policy Paper" (1975) は以下のような定義を与えている．すなわち，「農村開発はある特定の人々─つまり農村貧困層の経済社会生活の改善をねらいとする戦略である．それは，農村地域で生計を営む人々の中でも，小農や小作農，土地無し労働者を含む，最も貧しい層に開発の恩恵をもたらすものである」．その特徴は，①農業開発の焦点が小規模土地保有農民へ移行したこと，②小農民の生産性，生産量および所得の増加が目標とされたこと，③小農民に対する農業信用，農業研究，技術普及サービス，インフラ整備が政策の中心に据えられたこと，④貧困地区を対象とする地域開発計画として履行されたこと，⑤「総合」的プロジェクトとして実施されたこと，である．この場合の総合とは，例えば，灌漑開発，発電事業，農村道路建設，農村生活インフラ整備，農業信用事業，農産物流通改善などの複数の事業を有機的に連関させて，農村地域の総合的開発を企図するものであり，「農村総合開発 (IRD)」計画として実施された．1970年代の後半から80年代の前半にかけてブームともいうべき時期を迎えた政策としての農村開発は，およそ以下のような特徴を有していた．すなわち，①目的としては，貧困問題への政策対応という性格を有していたこと，②手段としては，期間や対象地域を限定した幾多のプロジェクトとして実施されてきたこと，③貧困解消の方法としては，国際的な援助に支えられた灌漑農業開発を中心に据えた農業増産，所得向上，雇用増加という経済学的解決を目指していたこと，である．なお，農村開発，農業開発，地域開発は，それぞれ力点を置くところが異なるだけで，同質の内容を多分に有する開発プロジェクトとみなすことができる．この時期の農村開発プロジェクトが抱えていた問題として，以下の点がある．①プロジェクト計画は肥大化，総合化す

る傾向があり，そのため目標の過大化，計画策定の複雑化による実施の困難化や，計画と履行とのかい離を招来したこと．②プロジェクトの計画・実施・評価という一連の過程への受益農民の参画欠如していたこと．③プロジェクトを取り巻く政策環境との不整合－貧困農民に配慮しない非効率的な国内諸制度の存在－のために，農村開発プロジェクトの実施はそれを取り巻く政策環境に大きく影響されたこと．さらに，④貧困問題に対処する農村・農業開発プロジェクトが前提にしている技術・経済的処方箋に関わる問題であり，世界銀行を始めとして世界の援助機関・政府が灌漑開発に力点を置いた農村・農業開発を実施してきたことから，さまざまな地域間格差を招来する結果となったことである．その第一は，灌漑農業地域と非灌漑農業（天水農業）地域との格差である．つまり，緑の革命技術の確立している農業部門や当該技術の普及・定着条件を有している地域が有利化し，開発の恩恵を優先的に受けることになった反面，天水農業や畑作農業地域は等閑視されてきた．第二は，これと関連して小規模経営層や小作層，土地無し労働者層は不利な条件に置かれてきたことである．第三は，アジア地域とサハラ以南のアフリカ地域との食料生産における格差がもたらされたことである．前者の地域は水稲農業が中心であり，まさに稲の緑の革命の舞台となった．その結果，例えば東南アジアのかつての米輸入国は1980年前後までに一旦は米自給を達成するに至った．しかしながら，アフリカの農業に関しては伝統的な食料作物研究の欠落という条件も重なり，モンスーンアジアで達成された農業増産や農業所得，農村雇用の増加は実現されなかった．そればかりか，1980年代の半ばに農業危機に直面する国が，サブサハラアフリカの各地に出現した．農村開発は，途上国の「農業問題」の処理に臨む政策的対応として，国際開発機関や援助国，途上国政府によって作出され，実施されてきた．そこでは，世界銀行が中心的推進者として積極的な役割を果たしてきた．農村開発政策の中心は，貧困の解消を目指して，多数の小規模農民を対象に灌漑農業技術を普及・浸透させ，それによって増産・所得向上を実現することにおかれた．この政策努力は，一方ではアジア地域を中心に一定範囲で食料増産をもたらし，小農民の貧困の緩和に貢献してきた．しかしながら，途上国の農村貧困問題の根本的な解決は，依然として深刻な課題となっている．アジア地域を除くとむしろ農村貧困問題は悪化すらしている．世界の貧困人口は，2000年に8億人を上回る規模で存在するとされる．貧困層はアジアを中心に減少しているとされるが，サブサハラアフリカでは逆に増加している．また，将来的に不安定化する要因を抱えているとされる食料安全保障の面からみれば，90年代の当初に8.4億人に達していた栄養不足人口は，2010年においてもなお6.8億人，食料援助の改善を前提した改善シナリオにおいてもおよそ4.4億人の規模で存在すると，FAOは推定している．このような観点からすれば，農村開発は国際開発協力の課題としても存続し続けることになろう．この場合，農村開発は，国際機関や政府の側の一方的な政策的働きかけにとどまらず，それに対応した農民の側からの，いわば下からの突き上げとの相互関係の中で展開してきたことも事実であり，今後ともこうした政府と農民との相互関係の中で農村開発に関わる政策展開が進むこと，および経済活動の水準や所得水準に応じて農民の生産・生活環境整備の要求水準は変化していくことが，それぞれ予想される．このことは，多くのアジア諸国の農村開発においては，農業部門の多様化といった課題にとどまらず，農業生産の「川下」および「川上」部門も含めた開発，農村における非農業部門の開発といったさまざまな要請が現実的課題となっていることに既に現れている．また，これまでは途上国の政府が開発に対して第一義的な責務を有しており，それを国際開発機

関が支援するということが前提されてきたが，今後は農村開発に関与する主体の多様化がいっそう進むとみられる．農村開発の中心主体が農村住民であり，とりわけ農村貧困層であることはいうまでもないが，農村の極貧層へのアクセスという点で NGO (民間公益団体) が GO (政府組織) よりも格段に優れていることはすでに常識化している．今後は，こうした NGO と GO およびその他の開発機関との連携，分担関係の構築がいっそう大きな課題となる．21 世紀における開発においてもう一つ触れておかねばならない点は，構造調整をはじめとする市場指向型政策への移行が世界銀行などによって急速に進められてきているなかで，環境問題や地域社会の持続性などに十分配慮した農村貧困問題に対する適切な政策がいかに構想され，それを履行するための諸条件がどのように確保されるかということである．加えて，市場化の動きは開発途上地域の僻地農村といえどももはや孤立した世界にとどまることを不可能にしており，世界の農村地域社会の行く末はグローバルな社会経済的変化との関連で捉えられねばならなくなっている．世界銀行を中心とする開発諸機関は，開発を第一義的には経済問題として捉えてきた．しかしながら，これまでの開発，特に農村開発の経験から，開発が経済のみならず，政治，社会，文化など多くの領域と関連しており，特に社会が有している固有の価値の問題と不可分であることが認識されるに至っている．農村開発においても，途上国の農村地域社会の未来像をどのように描きうるかという問いかけが常に開発の出発点になされねばならない．こうした問題は，これまでほとんど考慮されることのなかった視点を要求する．例えば，アジアで工業化の進展の著しいいくつかの国では，一方で農村・農業開発の展開により食料増産が実現され，光り輝く側面がみられるものの，他方では，農業部門における土地や水資源の劣化，労働力の弱体化，若年層の農業・農村離れなど，当初は予想もされなかった現象が急速に進行しつつある．こうした現実は，農村生活の向上を目指す，新たな段階を迎えた「農村開発」の意義と役割の創造を要求している．

(水野正己)

**のうそんかいはつちょうさりょこう　農村開発調査旅行**(rural development tourism) →参加型農村調査法

**のうそんかじょうじんこう　農村過剰人口**(rural overpopulation) →無制限労働供給理論

**のうそんきんゆうしじょうろん　農村金融市場論**(rural financial market) →機関金融，非機関金融

**のうそんけいかく　農村計画**(rural planning)

農村計画とは，農村地域における経済計画，社会計画および空間計画の総体であり，社会・経済条件を整備・形成する総合的判断である．うち空間計画は経済計画や社会計画の与件を受けて策定される．しかし「農村地域」には，都市部も農村部もある広い「地域」の農村部分を指す場合と，農村的地域の中の比較的狭い空間領域を指す場合の二通りがある．したがって農村計画も，都市計画と相俟って地域計画を構成する意味での農村計画と，例えば農村集落のような純農村部の一領域の農村計画とがあることになる．一般には，後者を狭義の農村計画，前者を地域総合計画と称されることが多い．国土の大半が農村的状態にあった昔のわが国や現代の途上国の多くにはこの概念が当てはまるが，国土の都市化・近代化の著しいわが国の現代などにあっては，農村計画は両者を含めた階層的なものとして捉える必要がある．さらに近代化の進展に連れて計画を実現していく事業などの主体が農民・地域住民から自治体や政府に移行していく傾向がある．これらの結果，例えば熱帯諸国の純農村部集落の自力更生計画と，大半が中小都市への通勤圏内にあり，行政補助事業の支援を受ける現代のわが国の農村部の整備計画とでは，おなじ農村計画といってもかな

り異なることに留意する必要がある．

計画の目的は，計画地域における住民，企業および公共のさまざまな営為によって次第に実現されてゆくべき「地域の将来像」を地域住民の合意の形として事前に明示して個別事業の具体的計画と実施の規範となることにある．この将来像が妥当なものであるためには，地域の環境・資源の現況と動向の総合的把握に立脚した合理性を有する地域の開発・整備方向の総合的展望になっていなければならない．計画の前提として考慮せねばならない条件には，技術と文化の両面での社会の近代化に関わるものと，人間活動と自然環境との調和に関わるものとに大別される．両者は互いに矛盾するところから近代化をほぼ達成したともいえる都市や工業ではポスト近代化のあり方が種々に模索されている．しかし農業・農村は，熱帯諸国はむろん日本の場合でもまだ近代化の過程にある．農業・農村の計画は，さらなる近代化と自然環境との調和という，ともすれば相対立する目的の同時進行を見据えねばならないところに固有の難しさがある．

計画に盛り込まれる整備の目標は，農業近代化の落ち着く形としての，営農の地域展開方向，土地改良の方向，地域資源の循環的利用の展開方向であり，次に農村近代化の落ち着く形としての，生活環境基盤の整備方向，地域活性化などの進め方，都市との交流の形であり，さらに自然環境との関係，優良農地の保全と都市的土地利用の調和などである．計画結果は，具体的な展開・保全・整備の項目ごとの目標数値と，目標達成後の土地利用計画図の形で表現される． （富田正彦）

**のうそんこうぎょう　農村工業** (rural industry)

農村工業とは，一つは，農村地域に伝統的に立地してきた在来小規模製造業を指す．これは，農産物加工，農業生産・農村生活資材の供給，地場産業などとして立地してきたものである．二つは，地域開発戦略の一環として，農村地域での立地を促進された工業であり，農村部に滞留する過剰人口の吸収や地域間格差の是正を狙いとするものである．後者の農村工業の立地を規定する条件としては，安価な農村労働力の存在，農村地域への交通通信網の整備のほか，資本，経営者能力，原料・エネルギー供給，生産物市場と情報，工業の地方分散政策，地方経済の振興政策などが挙げられる．経済発展の著しい東アジアの経験によると，例えば日本の場合，高度成長期後の 1971 年の農村地域工業導入促進法制定などにより促進された工場の地方分散の結果，第二種兼業農家化を通じた農村地域の人口維持がある程度実現された．しかしながら，韓国では工業団地育成型の工業化が積極的に推進された結果，工業の地方分散が遅れ，兼業機会に乏しい農村から挙家離村型の農村人口流出が進み，第二種兼業が相対的に少ない農業構造がもたらされた．途上国における農村工業の意義は，第一にそれが農業の振興と深く結びついており，農業の生産性向上と農民世帯の農村工業製品やサービスの需要との間に大きな関係が存在することである．第二に，農村工業それ自身のみならず，前方・後方関連の雇用創出効果が見込まれることである．このため，労働集約的な農村工業が農村貧困層にもたらす雇用機会の増加が期待される．第三に，地域の農業生産は，その「川下」の連関である加工，貯蔵，配送などを含む前方・後方連関部門の競争力の上昇がなければ，単なる廉価な原材料供給産業にとどまらざるを得ないことから，農業の競争力を上昇させる意義がある．第四に，先に述べた東アジアの経験によれば，人口ちょう密なアジア諸国の小規模農民世帯の所得向上にとって兼業機会は重要な位置を占めており，農村地域社会の維持発展の上からも，農村地域に多様な就業機会を創出するという大きな意義が指摘できる．農村工業の端緒は，東南アジア諸国の高度に発展したキャッサバ加工（タピオカ，スターチ）の例のごとく，農産物の加工（穀物

生産の場合，収穫作業や収穫後処理の加工業）である．こうした農業の前方・後方連関部門を農村地域に樹立することはたやすいことではなく，政策選択，制度，労働集約的民間部門の育成に資する情報，支援策，制度などに関する研究が求められる．21世紀における農業開発の最大の焦点の一つはサブサハラアフリカの農業とされるが，そこでは農産物の加工業が発展しておらず，農村工業の振興も大きな課題になっている．　　　（水野正己）

**のうそんざつぎょうそう　農村雑業層**（rural informal-sector labor）→農村階層構造

**のうそんしゅうぎょうこうぞう　農村就業構造**（rural occupational structure）→農村階層構造

**のうそんそうごうかいはつ　農村総合開発**（integrated rural development）→農村開発

**のうそんだいたいエネルギー　農村代替エネルギー**（rural alternative energy）

農村地域において自然資源の利活用によって得られるエネルギーであり，化石エネルギーに代替するエネルギーを指す．これらの多くは再生可能なエネルギー（renewable energy）である．農村代替エネルギーは，バイオマスエネルギー，太陽エネルギー，畜力エネルギー，風力エネルギー，水力エネルギーなど多様である．第一に，バイオマスエネルギーとは主として農業廃棄物を利用して生産されるエネルギーのことである．バイオマス燃料は固体・液体・気体燃料に分類される．例えば，固体燃料としては家畜の糞，畑作物の残滓，籾殻，ココナッツなどの外皮などであり，調理用あるいは籾乾燥用（籾殻の場合）などとして利用される．液体燃料としてはアルコールなどがあり，ガソリンの代替品として用いられる．これはサトウキビなどから生産される．気体燃料としてはメタンガスなどがある．これは，ブタをはじめとした家畜の糞尿あるいは人糞尿などを発酵させてつくられるものであり，主として調理用に利用される．第二に，太陽エネルギーには，熱エネルギーとしての利用と光エネルギーとしての利用とがある．熱エネルギーとしての利用は，乾燥の熱源としての利用，施設暖房利用，動力変換利用，除湿への利用などがあるが，熱帯地域においては農産物の乾燥のための太陽エネルギー利用が代表的である．第三に，畜力エネルギーとは，耕うん，運搬，脱穀などの農作業における動力として大家畜などの家畜を利用したエネルギーであり，その利用は熱帯地域では特に盛んである．この他，風力エネルギーとしては風車ポンプ，水力エネルギーとしては水車ポンプなどがある．さらには干満差を利用した潮汐灌漑などもある．これらは，自然資源に恵まれているが，化石エネルギー利用が経済的に困難である熱帯地域において特に有用である．（山田隆一・平岡博幸）

**のうちかいかく　農地改革**（agricultural land reform）→土地改革

**のうちかいはつ　農地開発**（farm land reclamation）

農地とは，作物の栽培を目的として用いられる土地のことで，肥培管理の行われている牧草栽培地，樹園地などを含む．こうした土地利用のために，自然の生態系に人間が農業生産の目的で介入することを農地開発と呼ぶ．つまり，開墾や干拓により新しい農地を造成し，持続的な生産が可能となるように保全し，生産性を向上させるために改良するという一連の行為を指す総合的な概念である．農地造成と混同して使用される場合も多いが，図17に示すように，農地保全を含むほとんどすべての土地に対する介入のことを農地開発と呼ぶことができる．農地開発に水資源開発や生物資源の開発，さらには社会・経済的な開発を加えたものを農業開発と考えることができる．

農地開発では単なる土地の造成や利用といった個別の対応ではなく，地域の自然，社会・経済条件に最も適合した持続的な土地利用の達成を目的とする．これは，近年その重要性が認識されつつある統合的土地・水資源管理

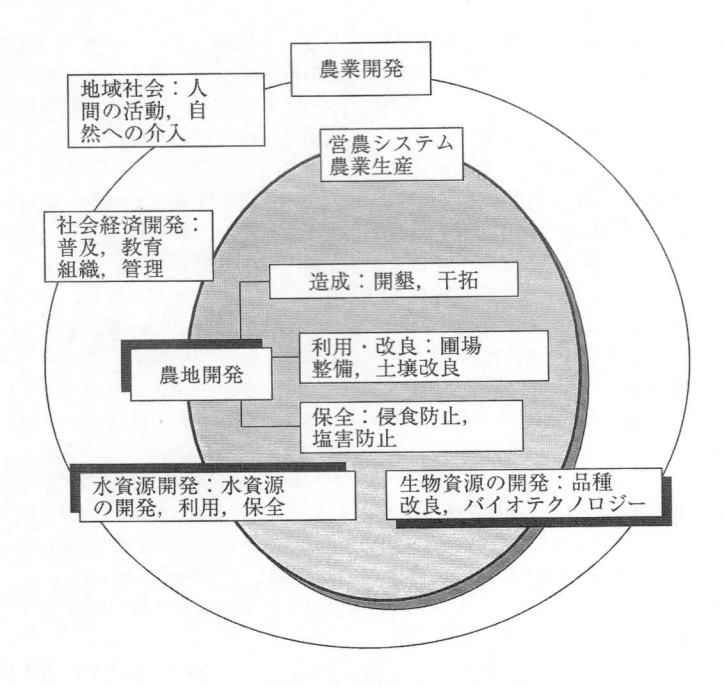

図17 農地開発と農業開発の概念図

に通ずる考え方である．

増大する人口に対応した食糧生産の増加を図るためには，大きく分けて既存農地の生産性の増大（収量の増大，耕地利用率の向上）および農地面積の拡大で対応する必要があるが，世界に残された開発可能適地は徐々に減少し，結果としてこれまで耕地の拡大が進まなかった熱帯林や沢沼地帯での開発が進行している．これに対して熱帯林の開発に対しては，熱帯林行動計画，湿地の開発に対してはラムサール条約などにより，開発に制限が加えられつつある．

農地開発においても農地の保全を中心に，環境や生態系に及ぼす影響を十分考慮した持続可能な土地利用や生産活動を確保することが重要である．

農地開発のポテンシャル

農地開発のポテンシャルを評価するために

FAO（1993, Agriculture towards 2010 p. 119-128）では農業・生態ゾーニング（Agro-ecological zoning）の手法を用いて，世界の天水農地の開発可能性について検討を加えている．評価にあたっては，① FAO/Unesco の世界土壌地図に基づく土地の賦存量，② 主要な気温の状況，③ 作物の成長に必要な水分が供給できる期間をもとに算定した水分状況の指標，が用いられている．評価は国ごとに行われ，七つの天水利用農地に区分している．この中で比較的生産性の高い（自然条件上問題のない地域で適正な投入や管理を行って生産した場合と比較して 40 % 以上の収量を上げられる）地域は，湿潤半乾燥地域，半湿潤地域，湿潤地域，生産性の高い低平地（Fluvisols and Gleysols）に区分されている．その他の三つの区分は限界的生産地域であり，獲得できる収量レベルは制限のない地域と比較して 20

〜40％程度である．比較的生産性の高い地域はサブ・サハラアフリカでは，土地面積の約34％（7.5億ha），ラテンアメリカで35％（7.2億ha），近東・北部アフリカで4％（0.5億ha），東アジアで27％（1億ha），南アジアで37％（1.8億ha），中国を除く途上国全体で28％（18億ha）と計算されている．しかし，傾斜（16〜45％）や土層厚（50 cm以下），低肥沃度，排水不良地域，化学的問題土壌などの条件を考慮すると，開発可能な土地は約9千万haに減少し，この内比較的生産性の高い地域はその60％程度であると考えられる．地域的には，サブサハラアフリカ（45％）およびラテンアメリカ（29％）で7千万haと開発ポテンシャル全体のほぼ2/3を占めている．

地域別の開発事例

農地の開発を進める場合，特に土地の所有権が明確になっていない場合には，開発にともない伝統的な土地利用に対する制限が強まることとなり，現地住民との間に土地問題が発生しやすい．アフリカでは伝統的に土地は部族によって共同的に所有され，多くの場合，部族の長（Clan chief）がその利用について管理・調整している．このため開発にあたっては，近代的な登記に基づく土地所有と伝統的な土地利用の権利を有する地域の住民との間を如何に調整を行うかが大きな課題となる．例えば，ガーナでは，開発にあたって国が土地の評価を行い，部族・個人の所有権が確定できた場合には，その評価額に対応した補償を支払うこととされているが，実際には明確に伝統的な土地の所有権を証明するのが難しく，したがって補償も行われない場合が多い．

未開発地域を多く有するインドネシアでは，ジャワ島の過剰人口（人口の約60％が面積7％のジャワ島に住んでいる）緩和，貧困の解消，森林の保護を目的とした移住政策がとられてきた．入植地は道路や灌漑施設の建設と連携して実施される場合が多く，新しい作物や家畜の導入，集約的な技術の導入など地域の農業に大きな影響をもたらしている．一方で，適切な造成計画が実施されず，農業生産の不振や，地域環境の悪化を招く場合も見受けられる．例えばスマトラやカリマンタンの沿岸低湿地では，深い排水路の掘削により堆積物の乾燥を促進すると，大量の硫酸が発生し毒性が発現（酸性硫酸塩土壌）したり，泥炭地では乾燥による泥炭の収縮・分解により地盤の沈下が発生する．こうした地域で持続的な農業生産を行うためには適切な地下水位の管理が必要である．

アマゾンの熱帯林に代表される未開発地域を有する南米地域においては，先進国の反対をよそに，積極的な開発が実施されている．ブラジルでは，トランスアマゾニア道路の建設とともに，内陸部への開発が道路を中心として行われ，貧困農民の入植や大規模牧畜農業が推進されている．国立アマゾン研究所は，こうした開発に伴う森林伐採により1978年から1991年までの13年間の森林伐採率は10.5％に達したと報告している．（ラテンアメリカの環境と開発，水野　一，西沢利栄　新評論社 p.87（1997））しかも，多くの場合熱帯林に火入れをした後の草地に粗放的な牧畜が行われており，熱帯雨林伐採による環境へのコスト（$CO_2$のシンク，遺伝子資源，生物多様性の破壊と先住民の文化や伝統，生活の破壊）と比較して利益の小さな開発に止まっている．

農地開発と土地利用計画

農地開発を行う場合には，土地資源の状況およびその潜在的生産力について十分な知識と情報が必要である．生産性の評価においては，いろいろな土地利用（作物，牧畜，森林）や必要な投入，および管理（技術）レベルに対応した評価を行う必要がある．この場合，土地ばかりでなく，水資源も一体的に管理するという観点から，流域を単位とした資源保全，利用計画とすることが重要である．つまり，森林の開発は，流域における保水力の減少，下流部での滞砂，洪水，流量の低下，水質汚

濁などの問題につながることを認識したうえで，統合的な流域の開発計画を策定し，それに基づいて個々の土地資源，水資源利用計画とする必要がある．　　　　　（八丁信正）

**のうちぞうせい　農地造成**（land reclamation）

開墾や干拓により農地を拓き，それを熟地化するまでの過程を指す．農地を造成する方式としては開田と開畑に大別することが可能である．開畑の場合，多くは傾斜地で造成される事が多く，農地の保全を考慮して，傾斜畑や階段畑の形態となる．傾斜畑は，土層が比較的薄く，傾斜も15°以下の場合に現況地形のまま全面耕起する山成畑，土層は深いものの比較的傾斜が急な場合に用いられる改良山成畑や斜面畑に区分される．

傾斜地の開発において誤った機械，特に重機を使用すれば土壌侵食は加速され，場合によっては急速に被害が拡大することとなる．一方，人力中心の保全・開発は，その速度が非常に遅く，大量の人員を動員し，広域的な対応を行うことは容易なことではない．例えば，15°(29％) の傾斜地に 4.6 m 幅のベンチテラスを1 ha 構築するには，D-6のブルドーザーであれば47時間で済む．ところが，人力であれば425人/日，つまり2人の家族労働で7カ月働きつづける必要がある．開墾においては傾斜が急になればなるほど，切盛り土量が増大し，人力施工は困難となる．このため，開発の規模や対象によって，どのような技術を適用するかは非常に難しい選択となる．

また，熱帯諸国では，人口圧や貧困のため，限界地域，特に急傾斜地の無秩序な開墾が行われ，土壌侵食や森林破壊などの環境問題を引き起こしている．増大する人口圧力や貧困によってもたらされる環境劣化の悪循環を正しく理解することが，適正な土地利用および持続的農業確立のために非常に重要である．

水田の造成にあたっては，湛水機能を保持するために水田の周囲に畦畔を造成し，その内部を均平に保つ必要がある．畦畔の造成では占め固めを十分に行ない，漏水や畦畔の崩壊を防止する必要がある．また，均平の確保の度合いにより直播の発芽や初期の生育状態，必要湛水深が変化し，水需要が大きく変化するため，十分な均平度を確保する必要がある．さらに，均平作業を行なう場合に人力，畜力，あるいは機械を使用するかによって，圃場の大きさも規制を受ける．区画を大型化する場合は水回り（給水，排水）に長時間を要する可能性があり，その観点からの検討も必要である．

適正な減水深を確保するため火山灰地や石礫地域では客土や床締めによる浸透抑制型工法，低湿地や泥炭地では明きょ・暗きょ排水による浸透促進型工法が用いられる場合もある．

熱帯地域における水田開発は，低湿地で行われることが多く，排水改良を行った場合，湿地の生態系の破壊にもつながり，十分な注意が必要である．また，乾燥地域においては，集積した塩分の除去を目的として水稲が輪作体系の中に取り入れられる場合も多いが，田面の均平度の低さや，田畑輪換による浸透量の増大など，用水量の増大につながりやすいことにも注意が必要である．　（八丁信正）

**のうちてんよう　農地転用**（farmland conversion）

工業化が急速に進んでいるアジアの新興工業化国では，産業構造の変化に伴い，相対的に希少資源である土地の利用競合が生じている．高速自動車道を始めとする産業基盤や，工場，事業所，商業用地，人口の都市集中による住宅，学校の建設用地，リクレーション用地（公園，ゴルフ場），あるいはリゾート開発などは，すべて非農業目的の土地の需要を増大させる．これらの国々は，かつて低平地に灌漑開発などを集中的に行い優良農地として整備してきた例が多い．そうした地域において，農地の旺盛な転用需要により，農地転用，潰廃が続出している．その典型として，

バンコクからアユタヤ方面に北上する高速道路沿いの地域，ジャカルタからボゴールに至る地域，大マニラ首都圏などが挙げられる．無秩序な開発は農業の発展にもさまざまな影響を及ぼすことから，土地利用計画や開発規制に関する政策・制度，および優良農地の利用・保全に関する政策・制度の確立が急務となっている． (水野正己)

**のうちのしゅうだんか　農地の集団化**
(farm-lot consolidation)
　各農家が所有する農地が分散している場合に，所有者間で農地の権利調整を行って各農家の農地をまとめて所有・利用できるようにすること．わが国の農家の所有耕地面積は狭小で耕地片が分散している場合が多い．このため農作業，特に機械化作業の労働生産性を落とすので集団化して農業機械の移動回数を減らすとともに耕地区画を大きくして作業能率を向上させることが望まれる．このため，換地処分 (disposition of substitute lot) や交換分合 (exchange and consolidation) が行われる．圃場整備事業をきっかけにして分散していた農地を農家毎に集団化するのが換地処分，一戸の所有農地が一団地になれば集団化率100％という．対して，圃場の形状を変えずに所有関係のみを変更することで集団化することを交換分合といい，工事を伴わない利点があるが，区画毎にわずかな高低差を伴って水平造成されている水田では交換の面積バランスをとることが難しい． (富田正彦)

**のうちほぜん　農地保全** (farmland conservation)
　土壌侵食や土壌劣化などによる農耕地の荒廃を未然に防いだり荒廃地を修復し，農業基盤の再生産機能を維持増進する農法的，土木的な働きかけ．狭義には，大陸的畑作農業を展開する欧米諸国の土壌保全とほぼ同じ意味であるが，地質的，地形的に複雑な傾斜地で営農展開される日本などでは農耕地の基盤崩壊が多く，地滑りや土石流などの農地災害を含む．

　地球的規模で進行している農耕地の砂漠化現象は，現在の乾燥地や半乾燥地で著しく，かつての農耕地が土壌侵食や土壌劣化により荒廃する過程であるといわれる．強い蒸発作用によって灌漑用水や土壌中の塩類が表層に集積する塩類集積が土壌劣化の一因である．かつての古代文明の崩壊も，同様の過程を辿ったであろうと推測されている．また，湿潤な熱帯地域で不適切な開墾が進めば，強い降雨で表土が流出し，表土に蓄積された有機物は短期間に分解されて土壌の劣化をもたらす．さらに，硫黄化合物を含んだ堆積土の干陸化に伴う土壌の硫酸酸性化や泥炭土壌の乾燥による不等沈下なども農耕地の荒廃をもたらす一因である．このように農地保全の対象は農耕地の拡大とともに急速に広がってきた．反面で，農地保全技術の適用には社会経済的な制約が大きく，近年，地球的規模で進行している農地の潰廃や食料生産の停滞を克服できるまでに至っていない．

　農地保全が論議されるまでには，無秩序な開墾と上下流の対立の歴史があった．欧米の歴史をみると，例えば西部開拓時代のアメリカ合衆国や農奴解放直後のロシアにあっては，広大な土地で新たな未墾地を求めて，一方で荒廃した耕地を放棄しながら，急激な開墾が繰り広げられた．フランスでは，革命の後，王室の林野が解放され急激な開墾が行われた結果，洪水が頻発するようになった．上流の開墾に規制が加えられたが，当時の社会情勢では，この規制が上下流の対立をもたらし，結果的に下流域では自己防衛ともいえる堤防や治水ダムに頼らざるを得なかった．イタリアやギリシャの地中海沿岸やスペイン，ヨーロッパ山岳部にかけては，慣行的に森林でのヤギ，ヒツジの放牧が権利として認められ過放牧の様相を呈するとともに，規制できなかったために下流部に広範な沼沢地が出現した．一方，ドイツでは，河川が舟運水路として管理され，その保全が優先されたために，森林管理が徹底し高度な森林保護政策が採ら

れた．そのため，農地保全はほとんど表面化していない．

農地保全の議論が活発になるのは，せいぜい 1930 年代以降である．アメリカ合衆国を初め，アフリカ，オーストラリアなどで大陸的な緩斜面で商業的な作物の栽培が進み，土壌侵食が激しくなって農業生産が伸び悩むようになった．折しも世界を巻き込む大恐慌の中，アメリカ合衆国のように土地の私有制のもとで粗放農業を基軸にする国々では開発規制に限界があり，表土の流出が国土資源の損失であるという積極的な啓蒙活動が繰り広げられた．国家的な援助を受けて耕作者に土壌の保全や土地の管理を義務づけるようになった．国家体制として農地保全技術の開発が要請されたのである．また，ロシア革命後のソビエト連邦では，土地条件の良好な部分と劣悪な部分を平等に耕作するように土地が配分され，斜面の傾斜方向に長い短冊状の耕地に区画された．その結果，長大な斜面でガリ侵食が進行し，土地の再分割を余儀なくされた．この打開策として集団農場制が生まれたという．ソビエト土壌学の展開とともに輪作などによる土壌構造の改善を中心とした農地保全技術が芽生えた．

一方，急峻な地形の中で耕作しやすい地質地帯を選んで棚田や階段畑として開発してきた日本のような国では，例えば棚田自体が土壌保全的であるため，第二次世界大戦前まで土壌侵食という言葉すらなかった．一部の地域を除いて，土壌保全よりも地滑りなどの農地基盤の崩壊が懸念され，その修復が繰り返されてきた．千枚田という棚田景観はその足跡である．第 3 紀層地滑り地帯や破砕帯地滑り地帯が傾斜地農業地帯でもあったのである．傾斜畑地帯にあっても，土壌侵食に伴う耕土の不足分を心土耕によって容易に補えたり，耐食性の砂れき質土壌が中心であり，しかも海岸などに沿接して下流住民との社会的対立を生む契機が少なかったといわれる．とはいえ，土上げや傾斜畝など過重な土壌保全作業に営々と支えられてきたことはいうまでもない．ところが，戦後から 1970 年代に至る広範な農地開発に伴って農地保全のあり方が問題になっている．長大な斜面で商品作物を栽培する機械化単作農業が中心になり，化学肥料による土壌劣化や連作障害を初め，区画境界線や渓流などの土砂洗掘と堆砂，裸地状態の耕作放棄地の介在，最近では，河川水質の保全に対し下流住民の高度な要求が高まってきた．これらの社会背景は継続的な農地保全対策を要求しており，放置すれば営々と引き継がれてきた傾斜地農業の存続を脅かし衰退の危機すらはらんでいる．

日本の農地開発とそこで繰り広げられた農家の保全管理の現状を直視しながら，過去の貴重な経験を積み上げ，活かすことが求められている．農地保全の課題を要約し，今後の農地保全を展望すると次のようになる．

営農面の課題

耕作放棄：過重な農作業に加え，農家の高齢化に伴って収益性の低い農耕地が放棄され，土壌流亡の発生源や有害生物の巣窟になりつつある．農業の構造的な問題である．

耕地分散：畑面の監視が行き届かなくなり，適時の適切な保全作業が軽視されがちである．耕作放棄を生む一因でもある．

畑面利用：畑全面にわたって植栽され土砂を滞留させる余地がない．畝間流末部の畦畔などを活用した草生帯を確保する必要がある．

連作障害：土壌構造の劣化に起因する一面があり，汚染土壌を流したいという潜在的な耕作形態を生む．牧草輪作体系を組入れ肥培管理につなげる必要がある．

土壌構造：表土を心土から補う心土耕作に移行しがちで，過度の耕うんは表土の細粒化を助長する．有機質肥料による土壌構造の維持改善を図る必要がある．

啓蒙活動：一部農家は表土が流れることを嫌がり多様な工夫をするが，多くは作業性や排水を重視したり保全作業の精粗が錯綜して

いる．多様な保全作業の工夫例を紹介しながら活用できるような支援活動が不可欠である．

農地基盤の課題

区画形態：一部農家は畝立などを工夫するが，農作業を犠牲にせざるを得ない．流末境界線を適正な勾配で設定し，保全性と作業性を両立できる耕作形態を誘導する．

道路：道路の連続と構造が不十分で寸断されると農作業や保全管理ができない．また，道路側溝を整え，わだちなどの舗装が望まれる．

排水路：遷緩部や屈曲部で溢水しやすい．圃場境界線に承水路を配置し土砂を含む短時間（10～30分間）の豪雨を流せる系統的な集水路が求められる．

土砂溜：排水路の堆砂は溢水の危険を増す．排水路の一部を掘り下げたり膨らませて土砂溜として活用する工夫が必要である．洪水を全て吸収できる容量をもった沈砂池は非現実的で浚渫しやすい分散的な土砂溜が望ましい．

土層構造：下層の硬基盤で浸透が遮断され表土が飽和し流れやすい．心土破砕や深耕を行ったり，暗きょを敷設する必要がある．

農地の総合的保全管理

農地保全は，定義の一面にも現われているように農法的，土木的な技術の側面に偏りすぎた嫌いがある．ところが，農地保全作業の主体は耕作する農家であることを忘れてはならない．日常的な農作業に加え，傾斜地であれば農耕地の保全作業は農家の肩に重くのしかかる．一方で，季節的に過重な農作業と対価に見合わない収益性に見切りをつけて農家の農地離れ，いわゆる耕作放棄が潜行している．リスクを抱え収益性の低い農地は次々と見捨てられていくというのが現実である．農地に対する耕作意欲を高め，農家の保全意識をいかに持続するか，という新たな視点が不可欠である．少なくとも農地保全は，技術的な側面に偏ることなく耕作者の意欲や意識を高める総合的な保全管理の中で位置づけておく必要がある．また，通常の耕作作業に加えて農家の営農形態を想定しながら排水と土壌保全を両立する農耕地の姿を考え，傾斜や土性などに応じた保全農地としての計画的な土地利用区分や農家が保全しやすいような支援体制がなければならない．保全農地では，貴重な土壌が流亡しにくい農耕地の形態に整えることが必要であり，土壌流出や表土崩壊をできるだけ抑制できる農地の基盤改良が求められる．しかも，個々の耕地面における"発生源対策"は，「水土保持」を原則として基本的に耕作者の義務と責任を明確にするとともに，個々の農耕地から流出し集まった多量の表流水に対する"排水対策"は，効果的な「水土分離」が原則であり，個々の農家で対応しきれないため共同的，公共的な線・点的施設に頼らざるを得ない．土砂の浚渫など維持管理にあたっても個々の農家が対応できる性格ではないため，共同的保全作業の組織化を図る必要がある．さらに，保全作業の誘導や農耕地の集団化，輪作体系への移行など営農面を取り入れた継続的な普及・啓蒙活動が重要である．

農地保全は，人間の農耕地に対する関わり方を基軸とした適正な土地利用計画のもとで，技術と組織を両輪とした総合的な保全管理の水準に高揚しなければならない．

(松本康夫)

**のうぼくふくごうのうぎょう　農牧複合農業**（mixed agriculture, mixed farming system）

農業経営方式として農業と牧畜が有機的かつ物質循環的に総合されたシステムで，天水畑作と草地放牧複合，または灌漑畑作または水田農業と畜産複合などの形態をとる．前者は農業的土地利用法としてはもっとも長い歴史をもち，ヨーロッパで主要な持続的体系といえる．一方後者，畑作の例はエジプトのナイル水系，パキスタンのインダス水系などにみられる食用作物と同様に飼料作物栽培が重視されている．いずれも家畜飼養は一方では

耕作のための牽引力の確保, 糞尿の肥料, 厩肥としての利用の面で農耕と有機的に深く関わり, そしてまた地域によっては乳の供給源として生活に必須のものである. 熱帯アジアにおける水田耕作と水牛飼養, かつてのわが国の水田耕作の牛耕もこの例にあたる. これらが大規模化するにつれて, 家畜は耕作機械に置き換えられ, 家畜飼養と作物栽培の結合が希薄となって, 独自に発展する傾向がある. しかし外部からの資材投入量を抑制して農地の肥沃性を維持し, 農業生産を持続するために, 農牧複合の重要性をふたたび認識することが必要である. なおアフリカのトゥルカナ, フルベのように牧畜民ながら雑穀栽培も行う人々もいるが, この場合は畜産と農業のあいだに物質循環がないことから半農半牧とし, 有畜農業または農牧複合農業とは区別する. 　　　　　　　　　　　　（高村奉樹）

**のうみん　農民**（peasant）

peasant は, 途上国の小規模な農耕民（非農業的生業に従事することを含む）を示す用語として用いられ, 先進国の企業的農業者を指す farmer とは区別される. 農民の社会は, 外界と基本的に隔絶されたものではなく, 都市・産業社会との関係性を前提にして成り立つ部分社会（part society）を構成するとされる. 第三世界の農民（社会）が開発問題の最大の対象とされてきたのは, 20 世紀の社会主義革命が全て農民の世界で生起したことや, それが人口爆発, 貧困など, 現代世界の後進性の表徴とみなされてきたことによる. 農業・農村開発の重要性が認識され, また「緑の革命」技術の登場により, 開発における小農民への関心も高まった. しかしながら, 世界の農民存在の態様はきわめて多様であり, したがって, 開発問題との関連で農民が直面する問題も多様性を極めることに留意する必要がある. 　　　　　　　　　　　　（水野正己）

**のうみんうんどう　農民運動**（peasant movement）

農民の生存維持を侵すような, 国家・地主による新しい増税の賦課導入などに対して採られる, 農民による抵抗の一形態を指す. 途上国の農村社会では, 地主などの裕福階層がパトロンとして小作農などの貧しいクライアントの生存維持を保障し, 他方で小作農はその返礼として地主の不時に労働力を提供するなど, 忠義を尽くす互酬関係が広くみられる. 互酬関係は, 社会のすべての成員に対して, 最低限の生活の維持を保障しようとする倫理観（モラル）の共有を背景に, 不確実性の高い生産体系を有する農村社会におけるセーフティー・ネットの機能を果たしている. J. C. Scott は, 東南アジアの農民一揆の研究に基づいて, 農民運動はこうした生存維持機能を有する地主–小作関係のバランスが崩壊したときに起こるとした. 市場経済の浸透など近代化の影響による伝統的互酬関係の動揺が, 農民の抵抗・反乱の誘因となるとされる.

（鼻野木由香）

**のうみんしゃかい　農民社会**（peasant society）→農民

**のうみんそうぶんかい　農民層分解**（differentiation of peasantry）

資本主義的市場経済の浸透と機械化技術の発達により, 農民層の一部が商業的大経営の富裕層へ, 他の大多数の農民が自営農から農業部門内外での賃労働者へと, 分解されることをいう. 伝統社会が, 市場経済の影響を受けるにつれ, 農民は農業生産物を商品化し, 貨幣稼得の必要や市場動向への対応を迫られる. 農民間で富を追求する競争が行われ, 生産の合理化や生産力の向上が図られる. 競争に打ち勝った農民はさらに土地を集積し, 経営規模を拡大する. 一方, 敗者となった農民は, こうした富裕な農民に土地を吸収されることとなる. 経営規模を拡大する農民は, これまでの家族労働力に加えて, 雇用労働も必要とするようになり, 企業家となる. 一方, ほとんどの土地を手放した零細農民は, 農業生産だけでなく, 賃労働により生計を立てざるを得なくなり, 労働者となる. このように

して，市場経済の浸透によって，農民層が企業家と労働者に分解される． (野口洋美)

**のうみんのけんり　農民の権利**（farmers' right）→植物遺伝資源の収集，保存と利用

**のうみんりそん　農民離村**（rural exodus）→都市化

**のうやくざんりゅう　農薬残留**（pesticide residue）

農薬は，使用目的によって，作物の茎葉，水面，土壌に施用される．茎葉処理の場合は，作物への付着は，約10％程度であり，残りは，大気，土壌，河川に放出された後，光分解や生物による代謝・分解受けながら消失する．このような農薬の環境への拡散によって，放出が多いものや代謝・分解が遅いものなどは環境中に少しずつ残留し蓄積する．地球上の生物は，大きな生態系を形成しており放出農薬の残留とは，密接な関係にある．生物は，すべて食物連鎖に組み込まれ，捕食者と被捕食者の関係にあり，それらの関係は非常に複雑に絡み合っている．放出された農薬の生物への濃縮度は，食物連鎖の上位のものほど高くなる傾向がある．このことから農薬が食物（食品）中に許容される基準が食品衛生法による規格として「農薬の残留基準」が設けられている．除草剤のように直接土壌処理をすることによって雑草を枯死させる薬剤は，土壌から地下水への残留，さらに飲料水への残留につながることがある．(大澤貫寿)

**のうやくのしようきじゅんとあんぜんせい　農薬の使用基準と安全性**（safe and safety use of pesticide）

作物中の残留農薬が登録保留基準以下になるために農薬使用者らが守るべき使用基準で，農林水産省が決定する．登録保留基準（standard for withholding registration）とは農薬取締法の規定に基づき環境庁長官が定める．これは各農薬の作物ごとの残留性，土壌についての残留性，水生生物に対する毒性，水質汚濁性に関して，農薬の登録を保留することができるかどうかの残留，毒性などに関する判断基準値である．この安全使用基準を守って農薬が使用されていれば，農薬が例え残留したとしても人畜に影響を及ぼさないと判断できる．また短期毒性試験，有用動物への影響試験，代謝試験などを参考に使用者の安全を図るための注意事項を設定している．使用時におけるマスク，手袋，めがね，合羽の装着などである．安全性に関しては，食品衛生法と農薬取締法に基づく登録保留基準と安全使用基準によって作物や食品中の残留農薬の消費者に対する安全性を確保している．安全性の評価は，毒性試験（急性毒性，亜急性毒性，慢性毒性），環境内での動態（移行，残留，代謝，分解）試験や標的外生物への影響について試験調査されている．これらの試験結果に基づき厚生省により農薬の食品残留基準が品目毎にもうけられている．その基礎となるのは，1日当たり摂取許容量（acceptable daily intake, ADI）である．ADIは毎日実験動物に一定量の農薬を混入した飼料を2年間にわたり投与し，2世代以上にわたって子孫に与える影響を調査し，何ら健康に影響の認められない量（無作用量）を算出し，100倍の安全係数を乗じた値である．これをもとに許容限界（permissible level）をADI（mg/kg/日）×体重（kg）/食物係数（kg/日）から求める．食物係数は，厚生省の実施している国民栄養調査の結果に基づいて日本人が一日に摂取する米，麦・雑穀，果実，野菜，芋類，豆類，茶，糖類，ホップなどの食品の平均摂取値（量g）である．このようにして一生涯農薬を摂取しても安全な量を作物ごとに残留量を決めている． (大澤貫寿)

**のうやくのせいざいとせよう　農薬の製剤と施用**（formulation and application of pesticide）

農薬の有効成分に界面活性剤の希釈剤，補助剤などを加えて適当な性状，形態に加工することにより有効成分を的確に目的部位のみに到達させ，人畜に対して施用時の安全性を確保するため農薬の製剤と施用方法は重要な

要因である．製剤の種類としては病害虫雑草防除の目的により，①粉剤，②水和剤，③水溶剤，④（微）粒剤，⑤くん煙剤，⑥乳剤，⑦フロアブル剤，⑧くん蒸剤，⑨マイクロカプセル剤などがある．これら薬剤の施用法は，対象目的に応じて，雑草，病害虫防除のため作物の茎葉や湛水状態の水田水面への地上散布，土壌中の病原菌，線虫，雑草種子防除のための土壌施用，いもち病やウンカなどの防除を対象としたヘリコプタによる水田への空中散布，土壌中の病害虫防除のため燻蒸剤を常温でガスにしての施設内施用などがある．
〔大澤貫寿〕

**のうりょくけんてい　能力検定**（performance test）
家畜の経済的に重要な量的形質は，一定の規則の下で実施された測定値で表現される．例えば，搾乳牛の泌乳能力は，一乳期の乳量，成分率（乳脂率など），成分量（乳脂量など）などとして，肥育牛の産肉能力は一日当たり増体重，ロース芯面積，脂肪交雑の程度，枝肉歩留率などとして表現される．無論，ブタやニワトリでもそれぞれの重要な形質に対して実施されている．飼育条件をきちんと設定した検定場で実施して得られた測定値は，能力検定成績として正確な記録となるが，実施するのに必要な労力と経費がかかる（検定場方式という）．一方，実際に飼育されている農家で得られた測定値は，特別な経費はかからないが，飼育条件次第で変動しやすい（現場方式，フィールドシステムという）．種雄牛の能力検定を後代検定というが，先進国では現場方式による雌牛の能力検定成績によって算出されることが多い．雌牛の能力検定が普及していない途上国では，検定場方式が好ましいと考えられる．
〔建部　晃〕

**のうりんふくごうのうぎょう　農林複合農業**（agrisilvicultural systems）
農作物を有用樹種と組み合わせて栽培する土地利用方式でアグロフォレストリー（→）の最も基本的な形態．有用樹種としては高木のココヤシ，アブラヤシ，カカオ，パラゴムなどの樹木作物または林木が植えられ，低木ではコーヒー，茶があるが，高木が低木の庇陰樹となるなど異種有用樹種が互いに混作されることもある．農作物としては多くの種類が用いられる．

これらを大きく二つにわけて説明する．

① 木本類の植栽を目的として，生長初期段階でトウモロコシ，オカボ，マメ類やキャッサバを随伴畑作物として栽培し，樹冠が閉鎖するまで生長した段階以後は，もっぱら林業または工芸樹園として管理されるもの：タウンヤ法（Taungya method）はミャンマーの北部で，19世紀半ばからチーク造林に用いられ，以後多くの地域に適用されている．ミャンマーではチーク植栽と同時にオカボが栽培されたが，インドネシアの森林産業公社によるツンパンサリ（Tumpangsari）も同様である．しかしタイではチークのほかにタイワンセンダン，パラゴムとキャッサバ，トウモロコシなどを組み合わせることがある．またタンザニアではココヤシ園の造成に際して，若いココヤシ樹間にマメ類とキャッサバを間・混作する．キャッサバは収穫まで1.5～2年を要するとしても，ココナッツが初収穫できるまで，二，三回はこの間作を繰り返すことができる．畑作物のための除草が行われるので，とくにココヤシ管理のための労働は不用，またココヤシの樹冠が十分発達したのちは，その被陰効果によって除草は不用になる．

いずれも畑作物を栽培利用しつつ幼木を管理造林するが，年を経て主体が林木となるものを silviagriculture と呼ぶこともある．わが国の有名林業地も，同じように森林伐採，火入れの後，スギ植栽と同時にソバ，雑穀，ダイズ，オカボをつくる木場作，切替畑をもとに発達したとされる．

② 各種の有用な中・高木および低木を空間的に配置して，その下層に食用作物を定常的に栽培するもの：インドネシア，ジャワ島西部地域にみられるプカランガン（pekarangan）

は，ホームガーデンとして家屋の周辺に有用な高中木のココヤシ，マンゴ，グネツム，パパイヤ，バナナなど多種類の果樹，香辛料など有用植物を植栽し，その下層にはヤムイモ，サトイモ，インゲンマメ，トウモロコシなど多数の食用作物が植え込まれて，年間を通じての食料の安定自給に重要な役割をはたしている．多様な有用樹種および農作物による集約的で恒常的な土地および空間利用の例である．高木性の樹木と低木性の食用または工芸作物との組み合わせの例として，中部・南アメリカでコーヒーの母とも呼ばれる高木のハゴロモノキ (*Gravillea robusuta* A. Cunn) は，アフリカ東部でもネムノキの近縁種 (*Albizzia* spp.) とともに，コーヒー園の被陰樹，生長後は用材として利用される．　　　　（高村奉樹）

**のうりんちくふくごうのうぎょう　農林畜複合農業**（agrosilvopastoral systems）

農作物と有用樹種の育成に，さらに牧畜を組み込んだ土地利用の形態．別項の農林複合農業にさらに家畜飼養を加えた場合，または有畜農業に林木生産を組み込んだ場合，など主体がどこにおかれるかで多様な形態がある．小規模ながら，農林畜の結合がより緊密な例としてインドネシアのバリ島で試みられている土地利用方式（three strata system）を挙げておこう．約1haの正方形の農地を，縦横それぞれ二分割して四区とし，各区の周辺にデイコ (*Erythrina* spp.)，ガマル (*Gliricidia sepium*) などの高中木類をヘッジとして植え，その内側に在来草種のほかに乾燥に強いイネ科 (*Paspalum* spp.)，マメ科 (*Stylosantes* spp.) などの牧草を帯状に配し，中央部にはトウモロコシ，ダイズ，キャッサバなど食用作物を植える．食用作物が収穫されたあとには，バリ牛が放牧されるが，外側の樹木は強い季節風を防ぎ，蒸発散抑制に役立つとともに，飼料枯渇時には枝，葉を飼料として利用する立体的な土地利用の試みである．一方，アフリカのタンザニア北部キリマンジャロ山麓地域のチャガ人は，キハンバ（kihamba）という複合農業を営んでいる．家屋周辺の 0.5～1.0 ha のところに多種類の作物および有用樹木類を植える．ネムノキの近縁種 (*Albizzia* spp.)，クワ科の植物 (*Ficus* spp.) などが高中木の被陰樹，同時に薪炭材や建築材用として植えられ，中層にはバナナ，アボカドなどの果樹類，特に商品作物コーヒー（アラビカ種）を植え，在来の薬用樹種もみられる．さらにその下層のインゲンマメ，サトイモ，トウモロコシおよび野菜類は日常利用される．このホームガーデン内にヒツジ，ウシなど家畜を飼養するが，そのミルクは販売し，厩肥はもっぱら換金作物のコーヒーに施用する．被陰樹の落葉も，居住地より少し高度の低いトウモロコシ畑シャンバ (shamba) の作物残渣とともにキハンバの土壌被覆，肥沃性の保持のために利用される．トウモロコシは化学肥料を用いて，本来は出づくりのシャンバで換金作物としても栽培されており，これを含めて，より安定した営農体系ができている．ただしコーヒーは今世紀初頭に栽植されて以後，せん定を重ねて古木となっており，生産物価格の不安定のほかに出稼ぎ，近隣地方都市での就労のため労働力が不足し，コーヒー栽培の将来は明るくない．　　　　（高村奉樹）

**ノジュール**（nodule）

土壌中で特定の物質の濃縮がすすみ，さらに乾燥履歴が加わると，濃縮物は硬化することがある．これら土壌中の硬化した二次生成物をノジュールと呼ぶ．ノジュールは同心円状の内部構造をもつことがしばしばあり，それを特に同心円状ノジュールまたは結核と呼ぶ．結核はコンクリーションとも呼ばれる．沖縄の珊瑚石灰岩由来の土壌（島尻マージ）には，鉄・マンガン質のノジュールがしばしばみられる．そのほか乾燥地帯では，炭酸石灰，硫酸石灰などのノジュールが広くみられる．ポドゾルの集積層にはオルトシュタインと呼ばれる鉄質のノジュールがみられる．わが国では，日本海に面した低湿地にシデライト（炭酸第一鉄）のノジュールがしばしば観

察される. （三土正則）

## は

はいいしょく　胚移植（embryo transfer）
　雌の体内（卵管または子宮角）に初期胚を移植し，妊娠させる技術のことをいう．ウサギで最初の成功例が報告（1891年）されて以来，今ではほとんどすべての家畜で胚移植により産子が得られている．特にウシでは，精子の場合と同様の方法で初期胚を凍結保存する技術が確立し，胚移植は実用技術の一つになっている．胚移植は，ウシのように産子数の少ない家畜では雌側からの改良促進に有効であり，さらに特定品種の増産，凍結胚の輸送による品種の輸出入などを可能にしている．胚移植の技術的過程は，卵管または子宮からの胚の採取，採取した胚の検査および保存，受胚雌の卵管または子宮への胚の注入の各段階からなる．生体内での胚の発育は，胚そのものの健常性と胚を取り巻く環境としての卵管および子宮の生理状態に大きく依存しており，胚移植には正常な胚を用いること，移植胚と卵管・子宮との生理的同調性を確保することが鉄則である．そのため，通常，卵管から採取した胚は卵管に，子宮から採取した胚は子宮に移植する．また，胚移植が実用的な技術として成立するためには，多数の良質な移植胚が確保できること，胚の凍結保存が可能であること，非外科的で簡便な移植方法により高い受胎率が期待できることなどの条件が必要である．ウシでは，胚が子宮に到達する排卵後6〜8日に子宮を灌流する方法で胚（後期桑実胚〜初期胚盤胞に発生）を採取する．通常は，人工授精の7日目にバルーンカテーテルと呼ばれる特殊な細管を子宮頸管を経由して子宮角内に挿入し，バルーンを膨らませて子宮体側を塞いでから子宮角内に灌流液を注入する非外科的方法が用いられる．実体顕微鏡下で灌流液を注意深く観察し，胚を回収する．次いで回収した胚の発育ステージや形態を観察して移植可能な正常胚を選別し，精子の凍結保存に似た方法で凍結保存する．凍結胚は液体窒素中で保存し，移植の直前に融解して受胚雌の子宮角深部に注入する．この時，胚の発育段階と受胚雌の子宮内環境が適合していることが大切であり，性周期で1日以内のずれが許容限界であるとされている．現在，ウシにおける胚移植による受胎率は50〜60％台に達しており，人工授精による受胎率と同程度にまで高められている．過排卵：ウシのように単胎の動物（排卵数は通常1個）では，子宮灌流による胚の採取は効率が悪い．そこで，FSH（下垂体から分泌される卵胞刺激ホルモン）あるいはPMSG（妊馬血清性性腺刺激ホルモン，eCGともいう）を投与して一度に多数の排卵を誘起する．これを過剰排卵（superovulation, またはmultiple ovulation）という．ウシの場合，発情後9〜14日目の黄体期に卵胞刺激ホルモンを投与し，次いで黄体退行作用のあるプロスタグランジンを投与して発情を誘起する．人工授精の後，前述の方法で子宮を灌流すれば，通常は1回に10数個の移植胚が採取できる．体外受精を用いた移植胚の生産：卵巣から採取した未受精卵を体外培養下で成熟させ，体外受精（in vitro fertilization；IVF）した後，さらに培養して胚盤胞に発生させて移植胚を作出する方法がある．未受精卵の採取には，超音波画像診断装置の助けを借りて生体の卵巣から吸引採取する方法，屠体の卵巣から吸引あるいは細切して採取する方法の二つがある．いずれの場合も未受精卵を適当な培地の中で前培養し卵を成熟させた後，予め受精能獲得処理を施した精子を加えて受精させる．体外受精の後，さらに体外培養を続け桑実期胚または胚盤胞へ発生させる．ウシでは，この方法により1対の屠体卵巣から10数個の移植胚の作出が可能であり，特定品種の肉用牛の増産に効果を発揮している．また，近年になって初期胚の割球あるいは特殊な条件下で培養した体細胞を除核した未受精

卵に細胞融合させる方法（核移植，nuclear transfer）で，同じ遺伝子を持つ個体を多数作り出す技術，いわゆるクローン技術が発達したことにより，胚移植の応用範囲がさらに拡大しつつある．　　　　　　　　（金井幸雄）

**はいいろかびびょう　灰色かび病**（gray mold）

トマト，キュウリ，イチゴ，シクラメンなど多数の野菜類，果実類，花類に発生する病気で Botrytis cinerea という糸状菌の寄生によって起こる．果実や花が褐色に変色し，表面には灰色のかび（分生胞子）が密生する．被害果実はのちに腐敗する．温室やハウス栽培の野菜類で湿度の高い時に特に発生が多いほか輸送中にも発生し被害を与える．熱帯地域では雨季の湿潤な天候が続くときは露地栽培の野菜類にも発生する．防除はハウスでは湿度を下げ乾燥させることが最も重要であるが，湿度が制御できない露地では，病気が発生し始めたらベンゾイミダゾール（ベンレート，トップジンなど）およびジカルボキシイミド（ロブラール，スミレックスなど）の薬剤を散布する．ただし，連用すると耐性菌が出やすいので，同一の薬剤の連用はさける．
　　　　　　　　　　　　　　（梶原敏宏）

**バイオテクノロジー**（biotechnology）

生物のもつ機能を利用した新しい技術全般のことで，生物工学技術ともいう．バイオテクノロジーは広く動物，微生物，植物を超えた概念であるが，ここでは植物のバイオテクノロジーについてのみ言及する．

植物のバイオテクノロジーは，植物生理学，植物遺伝学，分子生物学などを基礎として発展した新しい研究分野である．そして，研究対象により，植物組織や細胞を操作・研究の対象とする細胞工学，遺伝子やDNAを対象とする遺伝子工学などに分けられるが，いずれも密接に関連しあって植物のバイオテクノロジー分野を構成している．組織培養は，植物細胞工学の基礎技術となっている．近年，組織培養の技術は急速に進展し，さまざまな植物に組織培養技術を適用することが可能となってきた．そのため，組織培養の農業分野，とりわけ育種分野での活用が進んでいる．代表的な例としては，プロトプラストを利用した体細胞雑種の作出（トマトとジャガイモの雑種ポマトやオレンジとカラタチの雑種オレタチ）や，ソマクローナル変異を利用した有用形質の選抜（イネやイチゴなどの新品種開発に応用）がある．また，多くの栄養繁殖性植物で茎頂培養によるウイルスフリー植物の作出やクローン増殖による培養苗の生産が実用化されている．

1953年に J. D. Watson と F. H. C. Crick は，遺伝子の本体について DNA（デオキシリボ核酸）の2重らせん構造モデルを発表した．その後，1960年代末から70年代にかけて DNA リガーゼ（DNA 連結酵素，DNA 鎖の結合や複製に関与）やさまざまな制限酵素（DNA をある特定の塩基配列のところで切断する酵素 restriction enzyme）が相次いで発見された．DNA リガーゼと制限酵素は，その働きから，それぞれ「のり」と「はさみ」に例えられる．

また，同じころバクテリアの細胞内に存在する小型の環状 DNA，すなわちプラスミドの研究が進み，DNA 断片をプラスミドに組み込み，バクテリアを増殖させることによって，その体内で増殖させ，大量の DNA 断片を入手できるようになった．

これらの技術開発によって，人為的に組換えた DNA 断片の大量増殖が可能となり，遺伝子操作技術は著しく進展した．

さらに，1970年代には DNA の塩基配列を解明する方法が開発され，DNA 断片の塩基配列を読みとることが可能になった．その後も DNA の解析や増幅を容易にする新手法が続々と開発された．現在は多くの植物で遺伝情報を塩基配列のレベルで解読しようとする試みが進められている（例：イネゲノムプロジェクト）．

DNA の情報を読みとる研究が進む一方で，高等植物に直接外来遺伝子を導入し，特定の

形質を発現させようという研究も進められている．ある特定の有用な遺伝子を交配によらずに植物に導入できれば，育種における利用価値はきわめて大きい．こうした見地から，多くの植物，農作物で遺伝子導入によるトランスジェニック植物（形質転換植物）の作出が試みられてきた．

現在，植物において用いられている遺伝子導入法は，生物的導入法と直接導入法とに大別される．生物的導入法にはウィルスを用いる方法などもあるが，最も一般的なのはアグロバクテリウム（*Agrobacterium tumefaciens*など）を用いる方法である．

アグロバクテリウム（*A. tumefaciens*）は根頭癌腫病を引き起こす植物病原菌として知られており，植物に感染すると，Tiプラスミド上の一部分，T-DNA（Transfer DNA）を植物の染色体DNAに組込む．このT-DNA領域に人為的に導入したい遺伝子を組み込んで，植物に感染させることにより遺伝子組み換えが可能となる．

アグロバクテリウムを利用した形質転換の手法は，以前は単子葉植物への適用は困難であるとされていた．しかし，近年はイネ科の作物においても数多くの成功例が報告されるようになり，現在では，最も一般的な遺伝子導入法となっている．

直接導入法として一般的なのは，プロトプラストへのエレクトロポレーション法（電気穿孔法），パーティクルガン法（ボンバードメント法）である．エレクトロポレーション法は，パルス電圧により細胞に穴をあけ，そこから目的とする遺伝子を細胞内に取り込ませるという手法で，植物の場合，細胞壁取り除いたプロトプラストが用いられることが多い．そのため，プロトプラストからの植物体再分化系が確立されていない植物では，この手法は適用が困難である．パーティクルガン法は金やタングステンの微粒子にDNAを付着させ，これを直接細胞内に撃ち込む手法である．この手法はアグロバクテリウム法やエレクトロポレーション法に比較すると，遺伝子の導入効率は低いといわれているが，アグロバクテリウムの感染が困難な植物や，プロトプラスト培養が困難な植物でも適用が可能である．以上に述べてきたような遺伝子導入法を用いて，すでに幾種類もの作物で虫害抵抗性，除草剤抵抗性などに関する有用な遺伝子を導入した形質転換植物が作出されている．

今後，生体機能の解明やゲノム解析の研究が進歩し，有用遺伝子の単離が進むにつれて，さらに多種類の形質転換植物が作出されていくものと考えられる．そして農業分野でのバイオテクノロジー技術の導入と利用がますます進展するであろう．

しかし，形質転換植物の実用化にあたって，その環境に対する安全性の評価や，社会的な受け入れがスムーズに進むか否か大きな問題であり，この解決に向けての一層の努力が必要とされている．　　　　　　　　　（松岡　誠）

**はいごうしりょう　配合飼料**（formula feed）

複数の濃厚飼料を主体に，無機物，ビタミン，アミノ酸などの不足分を添加物を用いて補うことで，家畜の養分必要量に見合うように，適切な割合で混合されたもの．その際に，養分の量的質的充足だけでなく，家畜の嗜好性，生産物の品質，飼料価格などについても考慮されている．家畜の維持，成長，生産のために必要とされる栄養素が過不足なく給与されるためには，特性の異なる種々の飼料を組み合わせて混合する必要がある．そのためには，家畜が必要とする養分量を知るとともに，給与しようとする各飼料の特性を十分に把握することが重要である．養分の必要量を知る上での指針となるのが飼養標準であり，研究成果の蓄積，飼養技術の進歩に応じて，家畜ごとに定期的に改定されている．かつては原料が単体で購入され，飼養目的に応じて自家配合されることも多かったが，飼養規模の拡大に伴い，配合飼料への依存が高まると

ともに,さまざまな配合飼料が市販されている. （北川政幸）

**はいごうしりょうき　配合飼料機**（feed mixer）

粗飼料,濃厚飼料および特殊飼料などを一定の割合で配合して混合する機械.
（吉崎　繁）

**はいすい　排水**（drainage）

過剰な水を排除することを排水という.対象とする土地の規模に応じて,農地・圃場レベルの排水を圃場排水,広域の場合を地域排水という.

圃場排水は,地表水の排除を目的とした地表排水と,土壌中の過剰水分の除去,地下水位の低下を目的とした地下排水とに分類される.両者とも,まず排水路網の整備と排水先の確保によって実現される.地下排水では,排水路の水位を低い状態に保つことが必要であるとともに,土壌の水はけが悪い場合には,土壌中に暗渠を埋設して排水を促進することもしばしば行われる.排水先を確保すること,あるいは排水路水位を低く維持することが困難な場合には,排水路末端にポンプ場を設けて,機械排水を実施するのが有効である.

広域レベルでの過剰な地表水は,河川本流からの溢水・逆流と,地域内部あるいは背後集水域からの流出によってもたらされる.前者を外水,後者を内水と呼んでいる.河川側（堤外）の水位（外水位）と地区内（堤内）の水位（内水位）との関係から,地域排水はいくつかのタイプに分けられる.

第一は常時重力排水であり,外水氾濫のおそれがない場合である.この場合の内水対策は,いくつかの機能をもった排水路の整備によって果たされる（→排水路）.排水路の水は排出先河川に重力で自然に排水されることになる.

一方,外水氾濫のおそれがある場合には,それを防止するために,堤防と逆水防止樋門（ひもん）が必要である（→排水樋門）.河川水位の上昇が一時的であるならば,一時滞留した内水は水位低下とともに重力排水によって内水が排除される.これが第二のタイプ,滞留・重力排水である.

しかし,内外水位の逆転状態が持続し,その間内水が上昇,停滞するような場合には,排水樋門に付随して機械排水が必要となる.ふだんは重力排水が可能で,一時的に機械排水を必要とする場合を,洪水時機械排水タイプという.

さらに,干拓地などでは,常時内水位を外水位より下げておくため,ポンプや風車動力による常時排水が必要となる場合がある.これを常時機械排水という.

地域排水計画では,確保すべき内水位と予想される外水位との関係から,排水タイプが決められることになる.また,内水の量（地区および背後集水域からの流出）と地区内貯留との関係から,計画排水容量（排水量）を算定する.流出量の算定には,流出解析の手法が用いられる（→流出解析）.また,排水容量を節約するには,地区内の低地・湿地を遊水池として確保し,流出を貯留・調節することが有効である.

確保するべき内水位に関しては,畑地や居住地では,湛水を許容しない地表水排除の計画が必要であるのに対し,水田では一般に,1～2日程度の湛水が許容される.土地利用の見直し・調整や,低位部の遊水池としての位置づけなどが,コストの削減に有効である.

排水改良を必要とする地域は主に,多雨域の湿潤な低湿地である.熱帯地域では,各地に未開発の低湿地が残っている.また,農地開発が進行しても,排水不良のため低位の生産性に悩まされている.農業生産の向上のためには,低湿地の排水改良が望まれているが,こうした低湿地は野鳥の生息や魚類の繁殖などに大きな環境的役割をもつ場合が多く,排水計画の着手には慎重で多大な環境配慮が必要である.

また,排水の必要性は湿潤域の低湿地にとどまらない.熱帯乾燥地域においては,高地

下水位が水分の毛管上昇によって塩類集積を引き起こす．こうした高地下水位による水分過剰を water logging と呼んでいる．パキスタンでは灌漑による地下水上昇が塩類集積の原因となってきた．これを防止するため，地下水位を1.5 m以深に保つよう，大規模な地下排水プロジェクトが進められている．

一方，排水による土壌の乾燥が新たな問題を生じる場合もある．メコンデルタ，あるいはスマトラやカリマンタンの沿岸湿地などでは，汽水環境下で生成された酸性硫酸塩土壌（acid sulphate soil）が広く分布する．この土壌は乾燥条件下で強烈な酸性を呈することから，この地域の開発には，過剰な地表水の排水を促進しつつも，地下水位を高くコントロールする方策が必要となる．また同時に，新鮮な水の供給（灌漑）も必要であり，有効である．

また，デルタ低位部では，一般にクリーク網が発達し，水郷地帯を形成している．このクリーク網は灌漑，排水，交通路などの多機能を有しており，その水位・水量の管理・制御では，灌漑と排水とを不可分のものとしてとらえる必要がある．

以上の三例のように，排水は灌漑と密接に関連しており，地域の水の制御技術として一体的に論じるべき場合が少なくない．

(後藤　章)

**はいすいひもん　排水樋門**（drainage sluice)

排水路の水位よりも排水先の河川本流の水位が高くなる場合には，河川から排水路への逆流が起こる．これを防ぐには，排水路に逆水防止樋門を設ける必要がある．これを排水樋門という．また，堤防を管路でくぐる構造の場合には，排水樋管という．

河川水位の上昇が一時的であり，水位低下とともに重力排水によって内水が排除されるならば排水樋門の設置だけでよいが，逆水状態が持続し，その間内水が上昇，停滞するような場合には，排水樋門に付随して機械排水が必要となる．(→排水)　　(後藤　章)

**はいすいふりょうでん　排水不良田**（ill-drained paddy field)

高地下水位，排水路の整備不良，田面不均平のため，排水の制御が困難な水田．高収量栽培技術や機械化農作業の導入に当たっては，排水改良が必要となる．　(八島茂夫)

**はいすいりょう　排水量**（drainage discharge)

排水計画において，どれだけの量の排水が必要かを見積もることが重要である．対象地区の単位面積当たりの排水量を単位排水量という．また，洪水時のそれを単位洪水排水量，常時機械排水の場合における非洪水時のそれを単位常時排水量と呼ぶ．

単位洪水排水量は，その地域の降雨条件と対象地区の規模，および地区内での貯留条件や湛水の許容度によって異なる．洪水時に機械排水を行う場合には，遊水池の確保など，地区内貯留機能の増強が洪水排水量の節減に大きく貢献する．(→排水，排水路)

単位常時排水量は，水田地帯ではほぼ浸透量に相当する（概略 $5 \sim 10$ mm/day $\fallingdotseq 0.05 \sim 0.1$ m$^3$/s/km$^2$ 程度）ものと考えてよい．畑地では $1 \sim 2$ mm/day 程度の小さな値となる．

(後藤　章)

**はいすいろ　排水路**（drainage canal)

排水路はその機能から次の3種に分類される．

①排水路：地区内の水を集めて地区外に導くもので，幹線，支線，小排水路からなる．

②承水路：背後集水域からの流出水を地区内に流入させないための水路．

③放水路：承水路または排水路の水の一部を地区外に導くための水路．

承水路，放水路では一定の流量を流下させるだけの断面と勾配が要求される．また，地区内排水路では，そうした通水機能に加えて，集水機能と貯留機能が考慮される．水路の密度・配置，水路の深さ・断面，勾配などを与えれば，降雨に対する水文計算と水路の水理

計算から，地区内排水路水位の変化，地区外排出量の推移のシミュレーションができる．こうしたシミュレーションから，一定の内水位を上回ることなく，雨水を流下せしめる排水路の諸元が決定される．　　　（後藤　章）

**ばいすうたい　倍数体**（polyploid）

自然界の生物，特に植物では一連の倍数性を示す植物群がある．コムギ属はその好例で，体細胞染色体数（2n）が14（2x），28（4x），42（6x）の種があり，それぞれ7の2倍，4倍，6倍である．

このように同一属内ないし近縁種間の染色体数に，一連の倍数関係がみられる現象を倍数性という．これらの倍数性染色体数の最大公約数を基本染色体数としxで表わす．xの2倍の植物を二倍体（2x），4倍のものを四倍体（4x），6倍のものを六倍体（6x）と呼ぶ．これらのうち，三倍体以上のものを総称して倍数体という．基本染色体数（x）はゲノムの単位でもある．

コムギ属の基本染色体数（x）は7で，このうちいずれか1本が欠けたり余分にあっても生存にとって重大な影響を及ぼす．子孫を残すことのできる二倍体や倍数体は，同種ゲノム（相同ゲノム）をペアーで有している．コムギ属の二倍体種のゲノム構成はAAであり，四倍体のゲノム構成はAABB，六倍体はAABBDDである．このうちのAABBとAABBDDは異質倍数体と呼ばれ，両者はともにコムギの栽培過程で生じたものと考えられる．AABBは，栽培種AAと野生種BBとの間に雑種ABが生じ，この雑種植物にたまたま形成された非還元性配偶子同士の受精（AB＋AB）により生じたと考えられる．このような過程を複二倍体化，できた植物を複二倍体という．また，AABBDDは栽培種AABB（二粒系コムギ）と野生種（タルホコムギ）DDとの間に雑種ABDができ，その倍加により生じたと考えられる．つまり，二次的複二倍体である．

自然界にみられる倍数体には，このような異質倍数体が多いが，栄養繁殖性の植物にはAAAAやAAAAAAなど同一のゲノムを偶数個有する同質倍数体の他AAAやAAAAAなど奇数ゲノムの同質倍数体もある．

ところで，コムギ栽培していると，時として細く伸長した弱々しい個体が現れることがあり，そのような個体の染色体数を調べてみると，2n＝7（A）や2n＝14（AB）また2n＝21（ABD）であったりすることがある．これらはいずれも親植物の半数分の染色体しか有しておらず，半数体と呼ばれている．いずれも不稔性で，コルヒチンを処理して染色体を倍加すると，すべての遺伝子に関しホモ純系となる．二倍体の半数体は一倍体，四倍体の半数体は二倍体，六倍体の半数体は三倍体となり，半数体すなわち一倍体とは限らない．
　　　　　　　　　　　　　　　　　（天野　實）

**ばいど　培土**（molding, earthing up, ridging）

うね間の土を株基に寄せる作業．倒伏の防止，無効分げつの抑制，除草などが期待される．　　　　　　　　　　　　　　（江原　宏）

**ハイドログラフ**（hydrograph）→河川流出

**はいばいよう　胚培養**（embryo culture）
→組織培養

**バインダ**（grain binder）

作物を刈り取って，結束する動力刈り取り機である．現在，市販されているバインダは，ほとんどが歩行型であり，1条刈りと2条刈りがある．

① バインダの構造　バインダは，主として引き起こし部，刈取部，搬送部，結束部，走行部，機関部から構成している．

引き起こし部は，デバイダ，引き起こしチェーンから構成しており，作物を引き起こしチェーンに取り付けたタインで引き起こすようになっている．

刈取部はすべて往復動刃（レシプロ刃）である．

搬送部は突起付チェーン，スターホイル，ガイド棒から構成されており，刈り取った作

物を連続的に結束部に搬送する役目を担っている．

結束部はすべてノッタビル方式であり，結束量は調節可能である．結束紐には天然繊維と合成繊維のものがあり，天然繊維としてはジュートやサイザルが，合成繊維としてはポリプロピレンやポリエチレンが使われている．

走行部は，すべて車輪式であり，1条刈りは1輪式と2輪式が，2条刈りはすべて2輪式がある．車輪は，ラグ付き広幅タイヤや低圧タイヤ，鉄車輪付きタイヤなどがある．

機関部はすべてガソリン機関であり，機関出力は1条刈りが1.4～2.6 PS，2条刈りが2.4～3.8 PS程度である．

② バインダの作用　各部の作用を説明すると，まずデバイダで隣の作物との絡みを外し，続いて，引き起こしチェーンのタインで倒れた作物を引き起こし，刈刃で刈り取る．刈り取られた作物は，搬送チェーンで結束部へ搬送する．結束部において，搬送された作物が一定量に達すると結束し，束を機外に放出する．

③ バインダの性能　生研機構の型式検査によれば，圃場作業量は，1条刈りで作業速度が0.8 m/sの時，8 a/h程度，2条刈りで0.8 m/sの時14 a/h程度である．また，穀粒損失は，0.2～0.4％程度，結束ミスはほとんどなく，高性能である．

(杉山隆夫)

**ハウスさいばい　ハウス栽培**（plastic greenhouse culture, growing in plastic greenhouse）→施設栽培（protected cultivation），温室栽培（greenhouse culture），ガラス室栽培（glasshouse culture），プラスチックハウス（plastic house），ビニールハウス（vinyl house），ファイロンハウス（FRP house）

(米田和夫)

**はがれせいびょうがい（じゅもくの）　葉枯性病害（樹木の）**（leaf blight of trees）

葉の組織が病原菌の侵入を受けると，最初に局部的な細胞死（壊死）が起こり，茶褐色の病斑が生じる．病斑の形は斑点，円斑，角斑，輪紋，褐斑などさまざまであるが（→病徴），これらの病斑が拡大して葉の大部分を占めるとその病葉は急激に落葉する．このような症状を葉枯れと称し，葉枯れの症状を示す病害を葉枯性病害（時に葉枯病と総称することもある）という．葉は光合成を行う場所であるため，落葉は樹木の生育に大きな障害を与えることから，熱帯・亜熱帯林では特に重要な病害であり，葉枯性病害によって枯死する樹木も少なくない．熱帯・亜熱帯林に発生する葉枯性病害の多くは菌類病であり，雨季・乾季を問わず周年病原菌胞子を産出し，容易に伝搬・感染する病害である．また，苗畑や若齢・成熟造林地にかかわらず広範囲に被害が見られるのも葉枯性病害の特徴である．普通病原菌胞子は空中に放出され，風に乗って空気伝搬するが，苗畑では種子に付着している場合があることから，防除法の一つとして種子消毒が重要である．特に，種子を海外から輸入した場合は，播種時の種子消毒が必須である．熱帯・亜熱帯において，特に重要な植栽樹種であるマツ類，チークおよびユーカリに発生する代表的な葉枯性病害には次のようなものがある．

① マツ類葉枯病（Cercospora needle blight）：苗畑に育苗された苗木から林地に植栽された成木まで発生する．感染すると，まず最初に針葉上に褐色の壊死病斑が生じ，その後病斑は互いに融合しながら拡大する．最終的には針葉全体が茶褐色に変色して枯れ，感染葉は落葉する．通常，褐色病斑上に病原菌胞子が形成され，風あるいは雨水によって飛散伝搬し，健全針葉上に到達すると，再び感染する．熱帯・亜熱帯地域のマツ類において，最も重要な病害で，病原菌は *Cercospora pini-densiflorae* である．② チーク葉枯性病害：チークはインド，ミャンマー，タイ，ベトナム，インドネシアなどの東南アジア固有の有用樹木である．近年の伐採量の増加によ

って，世界的に貴重な天然チーク林が枯渇し，各国で造林計画が進められている．ところが，造林木を育てる苗畑において，葉枯性病害が発生し，造林計画の遂行に大きな障害となっている．特に，重要な苗畑に発生する葉枯性病害は，次の3病害である．さび病は，葉面上にできた多数の夏胞子塊の形成（橙黄色）により，茶褐色から灰褐色に変色し，苗全体が枯死する重要な病気である．病原菌は，さび病菌の一種 *Olivea tectonae* である．造林木にも発生するが，生育に影響はない．フォモプシス斑点病は，造林地で普通に見られる病気であり，特に初回間伐の遅れた閉鎖林において，葉上に激しい斑点性症状を示す．病原菌は *Phomopsis variosporum* である．褐斑病（病原菌；*Pseudoepicoccum tectonae*）は過湿な造林地で発生する葉枯性病害である，若齢木に激しく発症する．③ユーカリ葉枯性病害：ユーカリはオーストラリア原産のフトモモ科の樹木であるが，熱帯・亜熱帯に適し，生長が早いことから，緑化樹，パルプや薪炭材として，東南アジア地域を中心に広範囲に植栽されている重要な樹種である．近年ユーカリの植栽面積の増加に伴って葉枯性病害の発生が増え，苗畑では全滅に至る場合も少なくない．苗畑で広く発生する重要な葉枯性病害として，黒粉斑点病（病原菌；*Phaeophleospora epicoccoides*）および角斑病（病原菌；*Pseudocercospora eucalyptorum*）がある．これらの病原菌は，いずれも苗木および成木の葉を侵し，斑点症状を呈した後，落葉する．

（窪野高徳）

**ハキリアリるい　ハキリアリ類**（leaf cutting ants）

南米に産する．ツノハキリアリ属 *Acromyrmex* 27種，ハキリアリ属 *Atta* 15種より成る．果樹や樹木などの葉を切り取る重要害虫である．

（日高輝展）

**バークビートル**（bark beetle）→キクイムシ類

**バグーン**（bagoong）

頭部を除去した魚を天日乾燥後，塩を加え，1～4カ月発酵させたペースト状のもの．フィリピンの発酵調味料．水分40～50％，塩分20～25％．

（林　清）

**はくしょくがいちゅう　白色害虫**（white insect pests）

ミズメイガの一種 *Parapoynx stagnalis*，あるいはコブノメイガ *Cnaphalocrosis medinalis* の幼虫による被害水稲田が白く遠望できることから，これらを，特に白色害虫と呼ぶことがある．

（持田　作）

**はくじんにゅうしょくこっか　白人入植国家**（white settler state）

植民地化が進んだ19世紀末から20世紀の初頭にかけて，南アフリカ，南ローデシア，北ローデシア，ケニア，ベルギー領コンゴ，アンゴラ，モザンビーク，南西アフリカ，タンガニーカ，ニアサランドの各地にヨーロッパからの農業移民が進出した．白人入植者（セトラー）は，アフリカ人の低賃金雇用労働力に依存した資本制大農場を建設し，コムギ，オオムギ，トウモロコシ，ラッカセイ，ダイズ，果樹，野菜，サトウキビ，タバコ，綿花などの輸出農産物生産に従事した．この白人入植者によって造られた国家を白人入植国家という．入植者達が永く政権の座についた南アフリカおよびジンバブエでは，植民地期の土地所有構造が独立後も温存された．このため，ヨーロッパ系農場主が支配する大規模商業的農業とアフリカ人の小規模農業との二極分化のもとで，アフリカ人農業の発展が阻害されるとともに，アフリカ人農民による土地要求運動の根本原因を形作ってきた．

（水野正己）

**はざし　葉挿し**（leaf cutting）→挿し木

**バシ**（basi）

アルコール飲料．サトウキビの搾汁液を加熱濃縮後，赤色に着色のため duhat の樹皮や gnava の葉を加え，30～35℃，4～6日間発酵させて調製．フィリピン．アルコール含量9～14％．

（林　清）

はしゅき　播種機 (seeder)

播種機は播種様式により散播機，条播機，点播機に分類される．

散播機はムギや牧草および水稲などの種子を圃場全面にばら播き（散播）をする時，条播機は，穀類，野菜類および牧草などの種子をすじ条または帯状に播種する時，点播機は，穀類および野菜類の種子を一定の間隔に単粒（1粒）または複数粒ずつ播種する時に用いられる．

散播機としては，ブロードキャスタ，動力散粒機および人力散粒機などが使用される．播種後はロータリ耕うん機やツースハローで浅く表土を撹拌して覆土を行う．水稲の湛水直播ではヘリコプタも使用される．

条播機と点播機は構造的には共通な部分が多く，栽培面積などに応じて人力用，ティラ用，トラクタ用が使用されている．

条播機および点播機の主要構造は，種子ホッパ，種子繰出装置，種子導管，作溝器，覆土器および鎮圧器から成る．

種子繰出装置は，ホッパ内の種子を必要な数量だけ取り出すもので，種子の大きさや形状，一度に取り出す量の多少により，ロール式，ベルト式，傾斜円板式など種々の方式がある．丸穴ロール式では種子の大きさや種類によってロールそのものを交換するが，横溝ロール式では左右にロールをスライドさせてロール溝の幅を変えて，播種量を調節する．作溝器は播き溝を作るもので，ショベル形，ホー形，シュー形，単円板形（シングルディスク）および複円板形（ダブルディスク）などがあり，播種床の状態，わらや前作物の残渣の状況により使用される形状が異なる．シュー形は，残渣や雑草が少なく，細かく砕土された圃場などに用いられ，ホー形や円板形はやや硬めの圃場や残渣物の多い圃場で使用される．

点播機のうち，特に1粒を一定間隔かつ一定深さに播種する方法を精密播種といい，正確に1粒ずつ繰出すために空気を利用した吸引式または加圧式の種子繰出装置を有する機械を精密播種機と称する．また，条播機および点播機に施肥装置を装備して，播種時に化学肥料を種子近傍に施用し，施肥効果を高める目的の施肥播種機がある．

この他の播種機としては，バレイショ種子を植え付けるポテトプランタがある．バレイショは形状が大きく不揃いであることから，植付部は特殊な構造を有する．カップチェーン式は，種芋の大きさが揃っている場合の播種に適し，欧米に広く普及している．傾斜板バケット式は，切り芋の播種に適し，北海道地方で普及している．他にホルダ式，串刺しニードル式，カップベルト式などがある．

(永田雅輝)

パスツレラしょう　パスツレラ症（pasteurellosis)

*Pasteurella* 属菌の感染によって起こる感染症である．ウシでは特定の血清型の *P. multocida* が原因となる出血性敗血症（→）およびさまざまな血清型の *P. multocida* や *P. haemolytica*, *P. trehalosi* などの感染によって起こる呼吸器病（パスツレラ肺炎）や局所感染症が知られており，家禽では特定の血清型の *P. multocida* によって起こる家禽コレラ（家禽コレラを参照）が，ブタでは萎縮性鼻炎に関わっているだけでなく特定莢膜抗原型の *P. multocida* による肺炎，人では *P. multocida*, *P. haemolytica*, *P. pneumotropica*, *P. urea* などが原因となる局所感染，呼吸器感染，敗血症などの全身感染が知られている．

ウシのパスツレラ肺炎は子牛での発生が多いが，成牛が感染し斃死する事例も散見される．感染子牛は発熱，元気消失，膿性鼻汁漏出，呼吸器症状などを呈する．輸送，密飼，環境の激変などによるストレスおよびパラインフルエンザ3型ウイルス，牛伝染性鼻気管炎ウイルス，マイコプラズマなどの微生物による先行呼吸器感染が本菌の感染，発病に大きく影響する．感染牛の気道内には粘液や血液などがみられ，加えて肺に浮腫，小葉間結合

織の拡張，胸膜に線維素の付着，附属リンパ節の浮腫，腫大などが観察される．発症初期には感受性のある抗菌性物質での治療が奏功する．予防はストレスの回避が最も大切であるが，それに加えウイルスの先行感染を抑えるワクチン接種も効果的である．

ブタパスツレラ肺炎は莢膜抗原型A, DのP. multocida の感染によって起こる．この菌は健康豚でも上部気道に保菌されており，発病にはブタの抵抗性や飼育環境の変化などの誘因が必要である．ほとんどの年齢のブタが感受性を示す．散発的な発生が主であるが，まれに集団で発生することもある．食欲減退，元気消失，横臥，発熱，腹式呼吸などの症状を呈し，数日の経過で死亡する例もある．肺に暗赤色の肝変化病巣が形成され，重篤な例では胸膜炎を起こす．予防にはストレスの回避が大切である．ワクチンを使用している国もある．治療には感受性のあるさまざまな抗菌性物質が応用される．

ヒトではイヌやネコとの接触，あるいは咬傷，ひっかき傷などからの感染が多い．数日以内に激痛や発赤，腫脹などの炎症症状が局所に出現する．通常は限局性の病変を形成する．治療には抗菌性物質が使われる．

〔江口正志〕

バスマティー (basmati) →芳香米

はたち，ひのうこうちざっそうとそのぼうじょ　**畑地，非農耕地雑草とその防除**(weeds of upland field and non-arable land and their control)

畑地は水田のような灌漑水による雑草抑制手段がないので，雑草の発生量も多く放置した場合は収穫が皆無となる．一方，非農耕地は農耕地と異なり耕起，収穫など農作業による撹乱がないため，大型多年生雑草や低木が生育し，視界を妨げ交通上の障害となり景観を損ねるなどのほか，農作業の障害や農耕地雑草・野鼠・病害虫の発生源，家畜への障害など農業上にも大きな問題となっている．さらに，乾季に地上部が枯死する雑草は火災の発生源としても問題である．畑地雑草は，一年生作物と永年生作物とでは，撹乱の頻度が異なるため同一ではないが，一般的な草種をあげると次の通りである．

イネ科雑草：コヒメビエ，イヌビエ，メヒシバ，オヒシバ，ツノアイアシ，ギョウギシバ，オガサワラスズメノヒエ，チガヤ，タツノツメガヤ，パラグラス，ハイキビ，アゼガヤなど．カヤツリグサ科雑草：ハマスゲ，クグ，*Cyperus aromatics*，ショクヨウガヤツリなど．広葉雑草：イヌビユ，ハリビユ，ノゲイトウ，カッコウアザミ，コセンダングサ，タカサブロウ，フシザキソウ，コトブキギク，ムラサキムカシヨモギ，オナモミ，ナンバンルリソウ，シマツユクサ，ショウジョウソウモドキ，シマニシキソウ，キダチミカンソウ，エビスグサ，カタバミ，スベリヒユ，ニセトコン，ヒロハフタバムグラ，シマカナビキソウ，センナリホウズキ，イヌホウズキなど．また，代表的な非農耕地雑草として次の草種が挙げられる．ヒマワリヒヨドリ，*Mikania micrantha*，キダチハマグルマ，ダンドク，キアサガオ，ニオイニガクサ，エダウチクサネム，ナンヨウカワラケツメイ，ハブソウ，エビスグサ，オオオジギソウ，*Mimosa pigra*，シマイチビ，ホソバキンゴジカ，キンゴジカ，オオバボンテンカ，クサトケイソウ，パラグラス，ムラサキヒゲシバ，チガヤ，トキワススキ，ペニセタム属雑草，セイバンモロコシ，シチヘンゲ，ハマビシなど．これらの非農耕地雑草も樹園地や永年作物畑などにはしばしば侵入して強害雑草となる．

畑地の雑草防除は，家畜・小型機械による耕起や鍬による除草が主流となっている．しかし，畑の畦幅が狭く，間・混作されることが多いため，中耕作業を実施する配慮がなされず鎌を用いた手取りが主体である場合も多い．その他，雑草を火で焼いて防除する方法は，焼畑以外でも樹園地や非農耕地で行われており，また，ビニールなどの資材や種々の植物体がマルチに利用されている．雑草発生

を抑制する生理活性物質を含む植物を利用した伝統的雑草防除法も各地で行われている（→アレロパシー）．化学的防除は年々増加しているが，経済性や農業用水と生活用水の未分離，雑草にも依存する家畜の存在など発展途上国の特有な条件が制約となっているのも事実である．主な除草剤は，作付け前のパラコートやグリホサート，トウモロコシでのEPTC，アトラジン，ワタでのトリフルラリン，ジウロン，MSMA，陸稲でのプロパニルやチオベンカーブ，ジャガイモ，ラッカセイ，マメ類でのDNBPなどである．

ゴム，ココヤシ，オイルパーム，コーヒーなどの永年作物や果樹園の雑草管理は，マメ科の被覆植物を下草として栽培し，土壌侵食の防止，根粒菌の働きによる土壌の肥沃化，家畜飼料の確保などの役割も併せて行っている．被覆植物として次のような草種が利用される．ササハギ，ヒロハヒメクズ，クズモドキ，ナタマメ，タカナタマメ，ムラサキチョウマメモドキ，チョウマメ，ウズラモタヌキマメ，ハイマキハギ，ソロフジ，シロバナナンバンクサフジ，クズインゲンなど．また，大型の多年生雑草や低木が侵入した場合は，グリホサートのスポット散布，刈払機や鎌を用いた手取り除草が実施される．非農耕地の雑草防除は，刈払機などによる人力除草かグリホサート，パラコートなど非選択性除草剤の散布による防除が一般的である．

（原田二郎）

**はだかねなえ　裸根苗**（bare-root seedling）
普通の苗床でじかに育て，掘り上げた後ほぼそのままの形で山出し，植栽する苗木．熱帯では裸根苗はあまり用いられていないが，普通のポット苗で形成される巻き根を避けるために，マツ類などで最近見直されている．

（浅川澄彦）

**はたちかんがい　畑地灌漑**（upland irrigation）
作物が必要とする土壌水分は降水によって供給されるが，降水が不足する場合，灌漑によって土壌水分を補給する．畑地灌漑方式は地表灌漑，撒水灌漑，マイクロ灌漑に分類できる．地表灌漑は重力を利用して圃場に用水を導入し，土壌中に浸潤させる方法で，畝間に通水して畝側面から浸潤させる畝間灌漑，低い畦畔で細長く帯状に区切り，水を薄層流として全面流下させるボーダー灌漑，畦畔で囲まれた小区画の中に湛水する水盤灌漑などがある．撒水灌漑は圧力水をノズルから噴射させ，降雨のように植生の上に撒水しながら灌漑を行う．この方式は，多くの地形条件に適用できるが風の影響を強く受ける．マイクロ灌漑には，緩い灌漑強度で作物の根元に吸水する点滴灌漑，パイプに開けた多数の孔から低圧水で撒水する多孔管灌漑，比較的狭い範囲に撒水を行うマイクロエミッター灌漑（マイクロスプレヤ，マイクロジェット，マイクロスプリンクラ）などの方法がある．

（黒田正治・中野芳輔）

**ハダニるい　ハダニ類**（spider mites）
作物を加害するハダニ類とその捕食性ハダニ類がある．前者は，ハダニ科 Tetranychidae，ヒメハダニ科 Tenuipalpidae，フシダニ科 Eriophyidae に属する．後者はカブリダニ科で，捕食性天敵生物として，世界各地でハダニ類の防除に利用されて，効果をあげている．いずれも世界的に分布する．

（日高輝展）

**バーチカル・ポンプ**（vertical pump）
渦巻きポンプの一種で，羽根車軸が垂直に配置されている縦軸ポンプに属し，羽根車の回転により生ずる遠心力によって，水に圧力エネルギーを与え，吸込管から吸い上げた水を吐出管から吐出して揚水する．主要部は羽根車またはプロペラ，主軸，胴体，吸水孔，吐出口からなっている．細長い鉄板製胴体を垂直にし，胴体内の長い縦軸の羽根車かプロペラを運転することにより，下端の水中にある吸水孔からの水を上昇させて，上方から吐き出す簡単なポンプである．低揚程用で，その揚程は胴体の長さに左右され，1.2〜3.6 m 程度である．

（笹尾　彰）

パチュラマツ（patula pine）→付表（熱帯産マツ類の木材）

**はっかん　発汗**（sweating）

汗をかくこと．汗腺から体表面にでた水分が蒸散する際，体熱を使うので冷却作用があるが，汗腺が発達していない家畜種では効果は小さい．　　　　　　　　（鎌田寿彦）

**バッグ・バーン**（bug burn）

カメムシ類（*Scotinophara* spp., *Tibraca* spp. など）による作物（イネなど）の立枯症．
（持田　作）

**はつじょう　発情**（estrus, heat）

発情とは，雌が雄との交尾を受け容れる行動的現象をいう．生殖生理学的には，発情は排卵に先立って精子を雌の生殖器内に導き，受精を確実にするという意味がある．一般に排卵された卵子の受精能力は数時間～24時間以内である場合が多く，受精を確実にするためには，精子は予め卵管上部の卵管膨大部と呼ばれる部位まで上向し，排卵される卵子を待ち受ける必要がある．このため，家畜をはじめとする多くのほ乳動物では，雌は排卵に先立つ限られた時間にのみ雄を許容する発情行動を示す．発情は，卵巣の卵胞から分泌される卵胞ホルモン（発情ホルモンともいう）が視床下部に存在する性中枢に作用することによって誘発される．排卵直前の大卵胞からは多量の卵胞ホルモンが分泌され，排卵とともに分泌が止まり，間もなく発情も終了する．1回の発情の持続時間と排卵時間（カッコ内）は，ウシ・スイギュウで12～26時間（発情終了後10～12時間），ヒツジ・ヤギで24～36時間（発情開始後24～36時間），ブタで40～70時間（発情開始後36～40時間），ウマ96～168時間（発情終了前26～36時間）である．栄養不足やその他の原因によって卵巣機能が低下し，長期にわたって発情がみられない場合，これを無発情（anestrus）と呼ぶ．一方，外見的には明瞭な発情徴候（発情期に特有の行動や外部生殖器の変化）を示さないが，卵胞発育は正常に進行し，排卵がみられる状態のものを鈍性発情（silent estrus，または silent heat）と呼ぶ．熱帯地域の途上国では，家畜に対して十分な飼養管理が与えられない事例が数多く見受けられ，そのような場合には無発情や鈍性発情を示す個体が多くなる．
（金井幸雄）

**はつじょうどうきか　発情同期化**（estrus synchronization）→性周期

**はっせい（さくもつびょうがいの）　発生（作物病害の）**（disease occurrence）→病気（作物の）の生態

**はっせいよさつ（さくもつびょうがいの）　発生予察（作物病害の）**（forecasting of crop disease）→病気（作物の）の生態

**はってんとじょうこくかんぎじゅつきょうりょく　発展途上国間技術協力**（Technical Cooperation among the Developing Countries, TCDC）

技術水準の格差が大きい対先進国との協力に替わって，途上国間で行われる技術協力．
（水野正己）

**はつどばんプラウ　撥土板プラウ**（moldboard plow）

撥土板プラウは，刃板，撥土板，ビーム，円板り刀などから構成される．この耕起法は，作土の表層と下層を反転し，前作目の残渣，散布した堆肥，緑肥，雑草といった地表面の有機物を土中に還元する．作業後の土塊が比較的大きく，作物根部への酸素の供給はもちろん，微生物や小動物の活動の活性化により，有機物の分解や団粒構造の形成を促進する効果があり，土作りに効果的な耕うん法といわれている．この耕起作業後に播種や移植を行う場合，ハローなどを用いた砕土整地を目的とする二次耕うんが必要である．（小池正之）

**バッファーゾーン**（buffer zone）

緩衝地帯．1971年に開始したユネスコ（Unesco）の MAB 計画（Man and Biosphere Programme）とともに広まった概念．

MAB 計画によると，個々の生物圏保護区（biosphere reserve）は，厳重に保護されるべき

コアエリア（core area），それをとりまくバッファーゾーン，およびその外にある移行地帯（transition area）の三つの区域により構成される．

さまざまな人間活動が営まれる移行地帯に対し，バッファーゾーンは明瞭な領域として設定され，コアエリアとともに国内法による何らかの規制を必要とする．そこでは環境教育やエコツーリズム，調査研究など，生態系・生物相の保護と両立できる限定された活動のみが認められる．

日本では，1980年に4カ所の生物圏保護区が登録された．その後，それに倣った森林生態系保護地域が国有林に導入され，1995年までに計26カ所が指定された．これら保護地域は，コアエリアに相当する保存地区，およびバッファーゾーンにあたる保全利用地区からなっている． （増田美砂）

パティス（patis）→魚醤油

バドーブ（badob）→熱帯土壌

パトロン・クライアントかんけい　パトロン・クライアント関係（patron-client relations）
地主と小作農との互酬関係．農村社会におけるセーフティ・ネットの機能を持つ．
（鼻野木由香）

バーナリゼーション（vernalization）
花芽分化に要する一定期間の低温．→開花習性，園芸作付体系 （縄田栄治）

バナナ →熱帯果樹，付表1，22（熱帯・亜熱帯果樹）

バニラ（vanilla）
*Vanilla planifolia*. ラン科の常緑つる性草本．果（莢，バニラビーン）の加工（キュアリング，短時間の熱湯浸漬後，1日1～2時間程度天火乾燥と密封保蔵を組み合わせて，接触刺激を与えながら2～3週間発酵させる）後析出するバニリン結晶を香料として用いる．近縁種の *V. pompoma*, *V. tachitensis* も，香気に劣るものの，*V. planifolia* 同様に用いる．熱帯中央アメリカ原産で，大航海時代以降，世界に広まった．一時，人工バニラに押されて生産が低下したが，現在では再び盛んに生産されている．温暖（25℃前後）高湿を好み，強光・強風を嫌うため，熱帯の島しょ部で生産が多く，通常生木支柱下で栽培される．近年，組織培養によるバニリン生産が試みられている．
（縄田栄治）

パニール（panir）
主にインドで消費されているチーズ．ウシ，スイギュウ，ヤギ，ヒツジの乳を半日程度発酵後，加熱し，カードを調製後，加塩熟成する．水分40～50％，タンパク質25％，脂質25％． （林　清）

バハダ（bajada）→乾燥地形

バヒアグラス（bahia grass）
学名：*Paspalum notatum* Fugge．原産地は南米．季節的に0℃以下でも生存可能な比較的耐寒性のある永年生暖地型イネ科牧草である． （川本康博）

パープルハート（purpleheart）→付表21（熱帯アメリカ材）

バベシアびょう　バベシア病（babesiosis）
*Babesia* 属の原虫によって起こるウマ，ウシ，ヒツジ，ヤギ，イヌなどの疾病で，ダニが媒介し，貧血を主症状とする． （磯部　尚）

パーボイリング（parboiling）
元来，米の予備炊飯を意味する言葉であったが，現在では籾を水に浸漬し，これを蒸熱し，乾燥した後に，通常のように搗（とう）精する加工方法をいう．この処理によって米粒が硬化して精米時の砕粒が減り，歩留まりが向上したり，粘りが減って嗜好性が改善する他，栄養価も増すといわれている．
（木村俊範）

パーボイルドライス（parboiled rice）
特徴としては，①米粒が硬化することにより搗精の際の籾殻の除去が容易になり，②搗精中の砕米の発生が減少して精米歩留まりが向上するとともに，完全粒割合が増加する，③米粒内の酵素活性が低下し，表面に付着していた害虫の卵やカビの胞子の活性が失われ，籾や精米の硬化により昆虫の食害を受け

にくくなるなどの理由から貯蔵性が向上し，④炊飯時の溶出物が減少し，体積増加が多くなり，炊飯後に通常より硬く，粘りの少ない米飯となる，⑤操作中に，米粒の胚芽，糠層に多いビタミンB群やミネラルの多くが胚乳に移行し，ビタミン$B_1$含量の多い精米が得られることなどの各種の効果が認められている．製法としては，以下の例がある．(1) 原法 (在来法，冷水浸漬法)：籾を開放タンクの冷水中で12～72時間浸漬し，開放容器中で蒸気または直火により30～60分蒸熱した後，天日または蒸気加熱の乾燥床で乾燥する．長い浸漬期間中に発酵が進行し，米に特有のにおいと味がつき，米が黄色に着色する．(2) インド型改良法 (温水浸漬法)：インドのCFTRI (中央食品技術研究所) で開発された改良法．浸漬温度を70～80℃とし，3～4時間で終了させる．加熱は常圧あるいは加圧蒸気処理で約20～30分間．従来法の長時間浸漬による腐敗・発酵の問題を解決しているインド周辺での中心的製法．(3) 加圧蒸煮法：1970年代にインドのPPRC (籾加工研究センター) で開発された方法．籾浸漬時間は短くし，3 $kgf/cm^2$程度の加圧蒸気処理を15～20分間行う．蒸煮後の籾水分が低いので乾燥工程の負担が軽減される反面，製品の色が黒く，硬化が進みすぎるという問題点もある．(4) アボリオ法：米粒の表層のみを糊化させ，微温湯を用いて籾の浸漬時間を短くし，連続蒸熱機により1～2 $kg/cm^2$の加圧下で5～15分間蒸熱し，加熱空気により乾燥する．(5) コンバージョン法：イギリスを起源とし，アメリカで1941年に工業化された製法．籾を真空装置に入れ，減圧下で3時間温湯に浸漬し，再び真空で引いて約1時間蒸熱し，蒸気の間接加熱によってテンパリング乾燥する．米のにおいと着色を改良し，米粒の表面にゼラチン状の皮膜ができるので水洗による成分の損失が少ない．この米はコンバーテッドライスと呼ばれ，強化米の一種である．上記の5種類の方法に加えて，わが国でも桜井が玄米をパーボイルする方法を考案した．また，木村らは，パーボイリングの蒸煮条件，乾燥条件と品質との関係を調べ，浸漬工程でのpHコントロール，減圧処理や低温蒸煮などを試みている．
〔大坪研一〕

**ハマキムシるい　ハマキムシ類**（tortricid moths）

チャハマキ Homona magnanima，チャノコカクモンハマキ Adoxophyes sp. など日本，熱帯地域に広く分布し，チャ，バラ，ミカンなど加害する多食性害虫である．〔日高輝展〕

**ハマスゲ**（purple nutsedge）

学名：Cyperus rotundus L．インドが原産とされるが，現在では世界の熱帯から温帯にかけて広く分布するカヤツリグサ科の多年生草本．地下に直径2.5 cm程の黒色の堅い塊茎があり，根茎を伸ばして地上に株を出して群生する．葉は線形で長さ15～30 cm，ややロゼット状に広がり，葉鞘基部はしばしば赤褐色をおびる．茎は高さ15～80 cm，苞葉は花序枝より長いか，またはほぼ同長．小穂は幅2 mm，長さ1～5 cmでやや扁平，鱗片は通常赤褐色を呈する．小花の柱頭は3分岐する．塊茎をつけるカヤツリグサは数種あるが，塊茎が根茎でつながり，地上茎を生じない塊茎が混じるのが本種の特徴である．変異が大きく，いくつかの変種に分けることが多い．畑，樹園地，草地，路傍，庭園，天水田，水田畦畔などに繁茂する強害雑草である．ベンダゾン＋MCPの茎葉処理などの効果が高いが，プロパニル，トリフルラリン，ペンディメタリンなどに対して抵抗性を示す．塊茎は種々の目的で薬用として利用される．
〔森田弘彦〕

**ハマダ/タッシリ（がんせきだいち）　ハマダ/タッシリ（岩石台地）**（hamada/tassili）
→乾燥地形

**バミューダグラス**（bermuda grass）

学名：Cynodon dactylon (L.) Pers.，一般名：Couch grass, Green couch（豪），bermuda grass（米），和名：ギョウギシバなどと呼ばれる．

原産地は定かでないが，現在，熱帯や亜熱帯に広く分布する永年生暖地型イネ科牧草である．ほふく型で茎葉は細く，草高は100～120 cm に達する．生育適温は 24 ℃ 以上とされ，15 ℃ 以下になると生育が遅くなる．耐霜性は弱い．耐旱性はあり，耐冠水性にも特に優れる．さまざまなタイプの土壌に生育するが，pH 5.0 以上の肥沃な土壌での生産性が高い．重放牧に耐え，土壌侵食の抑止力も強いが，雑草化することが多く，東南アジアの途中相草原の優占種の一つでもある．栄養価や嗜好性の高い良好な草地を維持するには施肥を必要とする．栄養茎による繁殖も行われているが，現在では種子も市販されている．

(川本康博)

**パームかくかす　パーム核粕**（palm kernel meal）→製造副生産物

熱帯地方に多くできる油ヤシ（oil palm）の核から油をとった粕．家畜の飼料になる．

(矢野史子)

**パームゆ　パーム油**（palm oil）

オイルパーム（あぶらやし）の中果皮（油脂含量 45～50 %）から圧搾採油される．オイルパームは西アフリカ，インドネシア，マレーシアなどで生産され，植物性油脂の主要な原料の一つである．なお，種子は性質の異なるパーム核油の原料となる．果肉は収穫から搾油までの過程で酵素による加水分解を受けやすく，パーム原油には遊離脂肪酸が多く含まれる．また，カロテンが多く含まれ赤橙色を呈するが，これらは精製によって除去される．主要な脂肪酸はパルミチン酸とオレイン酸で，その他ミリスチン酸，ステアリン酸，リノール酸が少量含まれる．脂肪酸工業原料，石鹸原料，加工油脂，フライ用油脂として利用される．精製パーム油をさらに分別したものに，高融点のパームステアリンと低融点のパームオレインがある．前者はマーガリン，ショートニングに，後者はフライ油として主に利用される．

(長尾昭彦)

**バリうし　バリ牛**（balinese cattle）

バンテンから家畜化されたと考えられている．染色体数は，一般家畜牛と同様であるが，それとの雑種一代目の雄はおおむね繁殖能力がなく雌の方は有するようである．バリ牛の主要飼育地帯は，名前どおりインドネシアのバリ島であり，その周辺の島にも移入されている．オーストラリア北部のコバーグ半島に野生化したバリ牛がいて，同国で一般家畜牛との交雑育種が試みられたが，インドネシアではバリ牛は国宝的扱いで国外移出を警戒している．毛色は，子牛の時雌雄共に黄褐色ないし赤褐色であるが，雄は性成熟時に黒褐色ないし黒色となる．四肢はストッキングをはいたような白色で，臀部に大きな白斑を有するという特徴がある．成雄を去勢すると，雌と同様な子牛時の毛色に戻る．体格は，バンテンよりも小型で，良好な飼育条件下で雄は約 400 kg，雌は 300 kg 近くになるが晩熟である．肉質は，脂肪沈着のない赤肉である．インドネシアのマドゥラ島とその周辺にバリ牛に近縁なマドゥラ牛という地方種がいる．バリ牛よりも多様な影響を受けてマズラ牛が成立したと考えられているが，何よりも同島ではケラパンという競馬ならぬ競牛で地方文化を担っているということで有名である．

(建部　晃)

**ハリガネムシるい　ハリガネムシ類**（wireworms）

コメツキムシ類の幼虫の総称である．熱帯では，農作物を加害するハジガネムシ類は数種が知られている．オーストラリアではサトウキビを食害する *Lacon* spp.，アメリカ大陸の甘藷害虫 *Heteroderes laurenti* Guer，タバコを加害し，世界的に広く分布する *Heteroderes* sp. が発生する．幼虫はこれら作物の発芽時の種子に食入し，発芽不能にする．また，地下茎を食害することにより，幼苗の地上部が枯死する．被害甘藷は針金を穿したような食痕を作り，品質をおとす．成虫は体長 2～3 cm で細長い．幼虫は赤褐色で皮膚は硬く，光沢がある．殺虫剤による防除法は，種子に混

和して播く.また,イモの場合,土壌混入する.天敵生物はゴミムシ類が幼虫を捕食する.　　　　　　　　　　　　（日高輝展）

**ハリケーン**（hurricane）→熱帯低気圧

**パリッドゾーン**（pallid zone）→ラテライト化

**ハリナシミツバチ**（stingless honey bees）→ミツバチ類参照

**バルククーラ**（bulk cooler）
冷凍機と貯乳タンクを組み合わせたもので,搾乳した乳を冷却し低温に保っておく装置.　　　　　　　　　　　　（吉崎　繁）

**バルサ**（balsa）→付表21（熱帯アメリカ材）

**バルハン**（barchan）→乾燥地形

**はるまきせい　春播性**（spring-growing habit）→秋播性

**ハルマッタン**（harmattan）
西アフリカに吹く砂塵を伴う乾いた風.→局地風　　　　　　　　　　　　（佐野嘉彦）

**ばれいしょほりとりき　馬鈴薯堀取機**（potato digger）
馬鈴薯堀取機には,茎葉を除去した馬鈴薯を掘り取り,土砂を分離し畝上に置く堀取機.この他に,茎葉を除去した馬鈴薯の掘り取り,土砂分離,積込み,搬出の各作業を一工程で行う馬鈴薯収穫機（potato harvester）がある.　　　　　　　　　　　　（杉山隆夫）

**はんえんけいバンド　半円形バンド**（semicircular bund）→ウォーターハーベスティング

**はんかんそうきこう　半乾燥気候**（semi-arid climate）
ソーンスウエイトの気候分類（→）における水分指数が−20から−40の値をとる.　　　　　　　　　　　　（久馬一剛）

**バーンクリーナ**（barn cleaner）
ストール式牛舎用の糞尿処理機械で,シャトルストローク形とコンベヤ形がある.　　　　　　　　　　　　（吉崎　繁）

**パンゴラグラス**（pangola grass）
学名：*Digitaria decumbens* Stent,一般名 pangola grass（米,豪）, pasto pangola（ペルー）, pangola digit grass（フロリダ）などと呼ばれる.
南アフリカ原産で,ほふく型で草高は1 mに達する永年生の暖地型イネ科牧草である.生育適温は25〜30℃とされ,15℃以下では生育が減退する.降水量800〜1,000 mm以上の比較的湿潤な気候に適する.耐旱性に優れるが冠水に対する耐性はあまりない.あまり土壌を選ばず,肥沃でない土壌での生育も比較的旺盛である.種子は不稔割合が高く,繁殖茎を用いた栽培が行われる.雑草との競合力は強く,強放牧にも比較的耐性がある.わが国では南西諸島の南部地域にのみ利用されている.導入・栽培利用されている品種は台湾からA-24とトランスバーラがある.　　　　　　　　　　　　（川本康博）

**ばんこん　板根**（buttress）
熱帯林で頻繁に観察される幹の基部に板状に張り出した構造.地中を横にのびる根の背面が発達して,幹にまで達して形成される.湿地林では非常に頻繁に見られるが,熱帯多雨林でも多くの種がこのような構造を発達させる.日本では南西諸島に分布するアオギリ科のサキシマオウノキが有名.板状根とも呼ばれる.
種によって板根の達する高さや形態に違いがある.熱帯の樹木の多くが浅根性であるために,樹木を構造的に支える役目をしていると考えられている.　　　　　　　　　　　　（神崎　護）

**ばんじょうこん　板状根**（plank root）→板根

**はんしょくしょうがい　繁殖障害**（reproductive failure）
個体の繁殖機能が,一時的あるいは長期にわたって正常に発揮されなくなった状態をいう.繁殖障害の原因には,特定の病原菌による流産や子宮内膜炎のように感染性のものと,生殖器の形態異常や機能異常による不妊などの非感染性のものがある.非感染性の繁

殖障害には，雄では精巣機能減退症，雌では卵胞発育障害，卵胞囊腫などがある．精巣機能減退症の雄では，雄性ホルモンの分泌が不足し造精機能が低下するため，交尾欲減退や精子減少が起る．ウシやブタでは，夏季の高温多湿の影響によって一時的に精巣機能が減退し，精液性状（人工授精の項を参照）が悪化して受胎成績が悪くなることがあり，これを特に夏季不妊症（summer sterility）と呼んでいる．雌における卵胞発育障害は，直接の原因は下垂体からの性腺刺激ホルモン分泌の減少であるが，栄養不良や暑熱ストレスがその誘因になっている場合が多い．これに対し，囊腫化した大卵胞が排卵しないで長期に存続するものが卵胞囊腫である．卵胞囊腫は産乳量の多い乳牛で多発し，この場合，性周期が不規則になったり，連続発情したりする．一方，生殖器に異常が認められず，正常な発情を示すのに受胎しないものをリピート・ブリーダー（repeat breeder）と呼ぶ．その原因としては受精障害や胚の早期死滅などが考えられている．また，これとは異なるが，交配直後の母体の体温上昇は初期胚の発生を阻害し胚の死滅を促進することが知られているので，熱帯の畜産では特にこの点に対する配慮が必要である．　　　　　　　　（金井幸雄）

**はんすうたい　半数体**（haploid）→倍数体

**ばんそう　盤層**（hard-pan）

土層中で，なんらかの理由で圧密，膠結などの作用を受け，作物の根が通らない程度に硬くなった土層をいう．①熱帯地方に典型的にみられるのはラテライト皮殻で，下方の灰白色層から還元鉄が上昇し，地表近くで酸化沈殿し鉄盤層が形成されたとみられている．火山灰地帯にも盤層が発達している．南九州のボラ・コラと呼ばれる玄武岩由来の硬化物，富士山麓のやはり玄武岩質のジャリマサ・エカスマサなどがその例である．膠結物はケイ酸と考えられている．Soil Taxonomyではケイ酸で膠結されたデュリ盤と，圧密によって形成されたフラジ盤とを定義して区別してい

る．水田土壌の作土下方に発達する鋤床（または耕盤層）も盤層の一種である．これは造田時の床締めや農業機械の走行による圧密が原因である．　　　　　　　　（三土正則）

**バンテン**（banteng）

東南アジアの各地に生息する野生牛であるが，ジャワ西部の自然保護区にいるのを除けば，生息数は減少している．最も優美な野生牛といわれ，バリ島などで飼育されているバリ牛の野生原種である．　　　　（建部　晃）

**はんてんびょう　斑点病**（leaf spot, leaf blight, spot blotch）

主として葉に斑点（丸みを帯びた小さな病斑）を生じる病気．葉を侵す植物病原菌は淡褐色～褐色の斑点状の病斑を生じるものが多い．このため多くの栽培植物で斑点病が記載されており，その数は120種以上に達する．病原菌の種類もきわめて多岐にわたっており，不完全菌類22属，子囊菌類7属，鞭毛菌類1属である．不完全菌類では *Cercospora* 属によるものが最も多く，野菜類，草花類，庭木類など多数の植物に発生する．しかしながら被害は葉に斑点を生じる程度で経済的に重要なものは少ない．主な作物は，キュウリ，メロン，スイカ，ニンジン，セロリー，パセリ，トウガラシ，サクラ類，ヒャクニチソウ，ペチュニアなどがあるが，比較的発生が多く防除を必要とするものは *Cercospora apii* によるセロリー斑点病が挙げられる．ついで *Phyllosticta* 属によるものが多く，ダイズ，ソバ，サツマイモ，コンニャク，ユリ，モモ，ツツジの斑点病がある．*Septoria* 属による斑点病はレタス，アスター，キキョウ，ヤナギに発生する．このほか重要なものは *Alternaria dianthi* によるカーネーション斑点病，*Stagonospora curtisii* によるスイセン斑点病，*Stemphilium lycopersici* および *S. solani* によるトマト斑点病などで，発生が多いと病斑が融合して大きくなり葉枯れを起こすことがある．子囊菌によるものでは *Cochliobolus sativus*（不完全時代 *Bipolaris sorokiana*）によるオオ

ムギ，コムギの斑点病がある．この菌は宿主範囲が広く，イネ，ライムギなどイネ科作物・牧草にも寄生し斑点病を起こす．*Mycosphaerella* 属によるものではエンドウ，バラなどの斑点病がある．このほか子嚢菌では *Didymella* によるマサキ，*Phyllachora* によるカシ類，*Physalospora* によるツバキの斑点病がある．このほか鞭毛菌類 *Physoderma maydis* によるトウモロコシ・テオシントの斑点病などがある． (梶原敏宏)

**ハンバーガー・コネクション**（hamburger-connection）

中米やアマゾンの熱帯林が破壊，牧場に転換されて安い牛肉が大量に市場に供給されるシステム． (榮田 剛)

**パンパスグラス**（pampas grass）

学名：*Cortaderia selloana*．イネ科コルタデーリア属の多年草．南米のアルゼンチン，南部ブラジル原産で耐暑性に富む．花や草姿は，ススキを大型にしたような形態であり，わが国の植栽では高さ1～3m，自生地では6mにも達する．9～10月に出る花穂は光沢のある銀白色で観賞価値が高い．日当たりが良く，排水性のよい土地を好む．耐寒性に劣り，わが国では東京以北での露地越冬は難しい．オーナメンタルグラスの一素材であり，ヨーロッパをはじめとして庭園の植込み材料として植栽されている．その他，切り花やドライフラワーにも活用されている．増殖方法としては株分けが容易にできる．適期は4～5月，茎を少し残して刈り取り，根を切り分ければ再生する．日本への伝来は明治中頃とされる．パンパスグラスは英名であり，「大草原に生える草」の意味．別名「シロガネヨシ」．
 (飯島健太郎)

**はんべつひんしゅ 判別品種**（differential variety）

病原菌のレースを判別するために，人為的に選ばれた数種の宿主品種，系統を一組としたものを判別品種という．病原菌のレースを判別するために，どのような品種，系統を選びだすかが最初の重要な段階である．病原性に関し同じ遺伝子をもつ菌の系統に対しては，常に同じ反応を示し，異なった遺伝子をもつものに対しては明らかに異なった反応を示し，環境条件によってそれらの反応が変わらないものを選ぶ必要がある．具体的には可能な限り多数の菌の系統を用い，多数の品種に接種を繰り返し，抵抗性，感受性の度合いを判定しながら選び出す．例えば，イネいもち病ではわが国の場合インド型品種3，中国型品種3，日本型品種6を一組としている．ムギ類さび病やジャガイモ疫病などでは国際的に判別品種がとりきめられていてレースを判定している． (梶原敏宏)

**はんもん（どじょうの） 斑紋**（土壌の）（mottle）

土壌中のある成分が特定の部位に濃縮し，または特定の部位から除去されて，周りの基質と色，固さなどが異なるものを斑紋という．例えば，酸化還元の繰返しによって鉄が特定の部位に濃縮した赤褐色析出物を斑鉄といい，マンガンが濃縮した黒色の析出物をマンガン斑と呼ぶ．その形状により根に沿って発達する糸根状・管状，割れ目面に形成する膜状，基質に濃縮する雲状などと区分する．乾燥気候地帯では溶解，析出によってカルシウム，マグネシウムの炭酸塩や硫酸塩が析出し，地方によりレス人形やレス小僧などと呼ばれる．炭酸塩が根の孔に添って析出したものは擬菌糸状などと形容される．

割れ目面や根の孔に添って鉄，マンガンが除去され，その部分だけ灰色となることがある．これも斑紋に含めて「灰色の斑紋」などと呼ばれる．斑紋は土壌中で形成したものであり，さまざまな風化段階の礫や，土器の破片，炭化木片などは周りの土と色や固さは違っても斑紋とはいわない． (三土正則)

**はんらんげん 氾濫原**（flood plain）

河道周辺に分布し，洪水時には河道から溢れた流水によって覆われることのある低平な土地を指す．谷底平野（→）・扇状地（→）・沖

積平野（→）のいずれにもみられ，平野の成因は問わない．氾濫原には，自然堤防（→），河道跡（三日月湖を含む），蛇行州，後背湿地（→）などの微地形がみられる．微地形によって堆積物の特徴が異なり，一般的に，流路堆積物，蛇行州・中州堆積物，自然堤防堆積物，後背湿地堆積物の順に細粒になる．

（吉木岳哉）

**はんらんげんりようのうぎょう　氾濫原利用農業**（flood-plain farming）

洪水を氾濫原に湛水させ，それが地中に浸透するのを待って，作物を植え付ける農法である．西アフリカなどの大河川氾濫原でよくみられる．　　　　　　　　　　　（北村義信）

**バンレイシ** →熱帯果樹，付表1（熱帯・亜熱帯果樹）

**はんわいせい　半矮性**（semidwarfness）

草丈ないし稈長が相対的に短縮する遺伝的特性をいう．耐倒伏性・耐肥性や草型を向上させるので，禾穀類の多収化を図る上で重要な特性である．緑の革命に貢献したメキシココムギは日本の農林10号の半矮性遺伝子（$Rht1, Rht2$）を，イネの IR8, IR20 などは中国品種低脚烏尖の半矮性遺伝子（$sd-1$）をそれぞれもつ半矮性高収量品種である．日本の水稲，コムギ，オオムギの栽培品種の多くはすでに半矮性化されている．→緑の革命

（菊池文雄）

# ひ

**ひあつちかすい　被圧地下水**（confined groundwater）

被圧帯水層中の地下水を指し，その循環速度は不圧地下水に比べ通常かなり小さい．

（堀野治彦）

**ひいれ　日入れ**（greening）

暗黒密閉条件下で発芽させた種籾や枝に，徐々に日光を当てて，緑化させること．

（髙垣美智子）

**ひいんじゅ　被陰樹**（shade tree）

庇陰樹とも書く．苗畑や，農作物を栽培する畑の周囲あるいは全面，家屋敷の周囲などに植え込んで日陰をつくる樹木．畑の全面に植えるのはコーヒーやチャ，カカオなどを栽培する場合で，植栽する本数は少ない．適度に樹冠を拡げ，葉を多く着ける性質のものがよいが，厚手の葉は光を強く遮断しすぎるので薄い葉をもつ樹種のほうが良く，また窒素固定樹木が勧められている．地域により，目的によって違いはあるが，よく使われる樹種として，*Acacia decurrens, Albizia* spp., *Erythrina* spp., *Faidherbia albida, Leucaena leucocephala, Prosopis* spp.（以上マメ科），*Azadirachta indica, Casuarina* spp., *Grevillea robusta* などがある．　　　　　　（浅川澄彦）

**ひえいぞくせいでんぱん　非永続性伝搬**（non-persistent transmission）

昆虫によるウイルス媒介様式の一つで，口針型伝染とも呼ばれる．虫は病植物からウイルスを獲得後，潜伏期間なしで直ちに媒介を開始できるが，短期間で媒介力を失う．キュウリモザイクウイルスやジャガイモYウイルスなど主要なアブラムシ媒介ウイルスはこれに属し，秒単位という非常に短時間の獲得吸汁および接種吸汁時間でウイルスを伝搬するようになるが，健全植物を数度吸汁すると無毒に戻る．またウイルス獲得吸汁前に絶食させると伝搬率が高まり，脱皮によって伝搬力を失う．一つのウイルスが多種のアブラムシによって媒介されることが多いが，その機構は，口針に付着したウイルスが機械的に移動するのではなく，ウイルスの外被タンパク質が関与する複雑なものであるといわれている．ツマグロヨコバイがイネわい化ウイルスを媒介する様式もこれに似るが，獲得吸汁・接種吸汁時間やウイルス保持期間が非永続型よりやや長く，半永続性伝搬と呼ばれる．

（野田千代一）

**ヒエぞくざっそう　ヒエ属雑草**（*Echinochloa* spp.）

イヌビエ（barnyardgrass）学名：*Echino-*

chloa crusgalli (L.) P. Beauv. は熱帯から亜寒帯まで世界中に分布するイネ科の一年生草本. 形態, 生態とも非常に多型で変異が大きく, 各地域に適応した系統の分化が知られている. 茎はよく分げつして直立または下部がほふくして高さ 20～150 cm になる. 葉は無毛で葉舌を欠き, 通常は縁辺が白色, 硬質化してざらつく. 穂は長さ 5～18 cm で, 多数の枝梗を出し, 円錐形になる. 小穂は有芒または無芒で変化が大きく, 長さは 3～4 cm, 第一包穎の長さは小穂の 1/2～1/3 である. 水田, 畑を始めとするすべての耕地に発生する最も普遍的な強害雑草.

コヒメビエ (jungle rice) 学名: *E. colonum* (L.) Link はインド原産で世界の熱帯から亜熱帯にかけて分布する一年生草本. 穂は長さ 5～15 cm, 前種に比べると, 穂の枝は 1～3 cm でややまばらにつき, 特に下部の枝が短く, 成熟しても傾斜しない. 小穂は無芒で 2～2.5 mm, 短毛が密生する. 前種同様に畑, 水田などに発生する強害雑草である. その他熱帯に生育するヒエ属雑草として, アフリカ原産の多年生のヒエ *E. stagnina* (Retz.) P. Beauv. と *E. picta* (Koen.) Michael がある. 前種が主として深水環境に生育するのに対して, 後種はしばしば水田に発生し雑草となる.

(森田弘彦)

**ピーエフ pF** (pF) →土壌の水ポテンシャル

**ピーエフ-すいぶんきょくせん pF-水分曲線** (pF-soil moisture curve) →水分特性曲線

**ひがしアジアのきせき 東アジアの奇跡** (East Asian Miracle)

日本, 香港, 韓国, 台湾, シンガポール, インドネシア, マレーシア, タイの 8 カ国の高い経済成長とその持続を指していう. 1993 年に世界銀行が公表した同名の政策調査報告書に由来する. それによれば, 東アジアの奇跡とは, 経済の急成長と所得の不平等度の低下と, それらをもたらした公共政策のあり方を指す. そして, 農業部門の変革, 人口増加の抑制, 製品輸出の増進, 高い貯蓄率に支えられた物的資本形成, 高い教育投資による人的資本形成などの要因と, マクロ安定化政策, 政府の選択的介入, 経済運営の機構・制度の形成といった公共政策とを, 成功の要としている. 農業部門については, 農地改革の実施, 農業改良普及事業, 灌漑などの農業基盤の整備, 地方公共投資が, 「緑の革命」の浸透を促してダイナミズムを創出し, 1965～88 年の東アジアの農業生産性は年率 2.2 % (南アジアは 0.6 %)で伸びたことが指摘されている.

(水野正己)

**ひがた 干潟** (tidal flat)

潮間帯にある砂や泥からなる広く平坦な部分で, 潮汐平底ともいう. 潮の干満に伴い周期的に空気中への露出を繰り返し, 低潮時に露出したとき, 表面に漣痕(れんこん)と呼ばれる波状の凹凸が見られる. 干潟は, 内湾や河口域のように泥や有機物が堆積しやすいところに発達し, その背後に温帯ではアシ原, 熱帯ではマングローブ林などの湿原が広がる. 干潟の規模は潮差と比例し, 潮差の大きな海岸では, 高潮時前後だけ海水をかぶる高位干潟と, 低潮時だけ露出する低位干潟がある. 干潟の動物には, アサリなどの二枚貝やカニ類のように砂泥中に体を埋没させるか, または穴居しているものが多く, これら底生動物を餌にしているシギ類やチドリ類といった鳥類も多い. 植物は, 珪藻類や渦鞭毛藻類のような藻類や, アナアオサ, アオノリ類などの海藻類や顕花植物のアマモなどが見られる.

(水野一晴)

**ひかりこきゅうけいろ 光呼吸経路** (photorespiration pathway)

光と ATP, $O_2$ を消費して有機物を酸化し $CO_2$ を放出する葉肉細胞の代謝経路である(図 18). 葉緑体の通常の $CO_2/O_2$ 分圧比では, RubisCO のオキシゲナーゼ反応が一定の割合(カルボキシラーゼ反応の 1/5～1/3)で起こり, リブロースビスリン酸(RuBP)が分

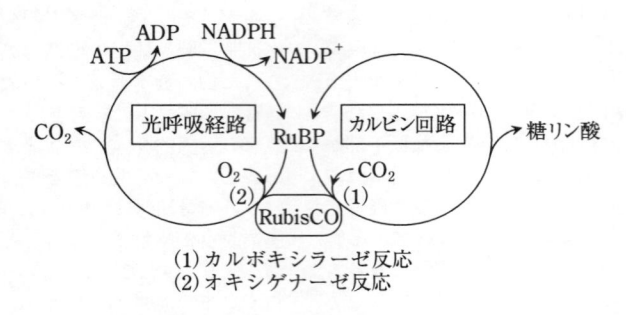

```
      ADP  NADPH
   ATP ↘  ↓ ↗NADP⁺
  ┌──────┐    ┌──────┐
CO₂←│光呼吸経路│ RuBP │カルビン回路│→糖リン酸
  └──────┘    └──────┘
        O₂↘   ↗CO₂
        (2)  (1)
         ┌────────┐
         │RubisCO │
         └────────┘
      (1) カルボキシラーゼ反応
      (2) オキシゲナーゼ反応
```

図18 光呼吸経路

解される．分解産物の一部はペルオキシゾーム，ミトコンドリアを経て $CO_2$ として放出され，残りは葉緑体で ATP と光合成電子伝達系の電子を消費して RuBP に再生される．強光，乾燥，無風，高温などの条件下では葉緑体の $CO_2/O_2$ 分圧比が低下し光呼吸が促進される．$C_4$ 植物は RubisCO が局在する維管束鞘細胞に $CO_2$ を濃縮する機構をもち光呼吸活性が低い．光呼吸はエネルギー的損失であり植物の生産性を低くする要因であると従来考えられていたが，現在では，光呼吸経路は $C_3$ 植物の葉緑体の $CO_2$ 不足と光エネルギー過剰を解消し強光阻害を防ぐために不可欠な緩衝的経路であるとされている． （真野純一）

**ひかりりようこうりつ　光利用効率**（efficiency for light utilization）

葉は光を吸収し，それを化学エネルギーに変換し光合成を行う．照射光に対する葉の光吸収率は，弱光，強光にかかわらず照射光量のおよそ 70～90％ と見積もられており，残りは反射と透過による非吸収部分である．光合成速度は照射光強度により変化する．そして単位照射エネルギー当たりの光合成量すなわち光合成における光利用効率は，光強度によって大きく変動する．弱光下では光強度と光合成速度の間に比例関係が認められ，光強度の増加に伴って光合成速度が比例的に増加し，光利用効率が最も高い．しかし光強度が一定程度を超えて強くなるとその増加に対して光合成速度の増加が追いつかなくなり，やがては一定値に達し，光強度の上昇に対して光合成の応答が見られなくなる．このため光利用効率は弱光下で高く強光になるほど低下する． （前　忠彦）

**ひこけつたいせきぶつ　非固結堆積物**（unconsolidated sediment）

続成作用（→堆積岩）が進んでおらず，堆積物粒子がわかれる状態にある堆積物をいう．未固結堆積物ともいう．非固結（未固結）物質（unconsolidated material）といった場合，基盤岩石の風化物や土壌物質も含まれる． （吉木岳哉）

**びしょうけいよう　微小形葉**（nanophyll）→葉面積スペクトラ

**ヒスタミン**（histamine）

赤身魚で起こりやすいアレルギー様食中毒の原因物質．魚肉中の遊離ヒスチジンから細菌のヒスチジン脱炭酸酵素の作用で生成される． （藤井建夫）

**ヒストソル**（histosols）→ FAO-Unesco 世界土壌図凡例

**ヒースりん　ヒース林**（heath forest）→ケランガス

**びそ　鼻疽**（glanders）

*Burkholderia mallei* によって起こるウマの感染症で，肺，鼻腔，皮膚などに特徴的な結節を作り，急性例では 2 週間以内に死亡する．原因菌はヒトにも感染する． （江口正志）

**ピゾリス**(pisolith)

土壌中に形成される同心円状の内部構造をもった鉄質の球状体のことで，ピゾライト・結核・コンクリーション・散弾状結核などいろいろな名前で呼ばれる．典型的には熱帯に広く出現する．わが国では，沖縄で石灰岩由来の土壌中に鉄・マンガン質のピゾリスが出現する．火山灰の下層土には「弘法の土まんじゅう」，「ウズラの卵」などと呼ばれる，芯がマンガン質(黒色)で皮殻が黄白色のピゾリスが存在する． (三土正則)

**ビタミン**(vitamin)

微量で動物体内の代謝，生理機能に対して作用する有機物である．ビタミンB群およびビタミンCからなる水溶性ビタミンとビタミンA, D, E, Kからなる脂溶性ビタミンがある．水溶性ビタミンはほとんどが補酵素の成分として作用する．ビタミン$B_1$(チアミン)は補酵素であるチアミンピロリン酸として，糖質やケト酸代謝に関連する酵素の機能に必須である．欠乏すると脚気やウェルニッケ脳症が生じる．ビタミン$B_2$(リボフラビン)は補酵素であるフラビンモノヌクレオチドやフラビンアデニンジヌクレオチドの構成成分であり，生体内酸化還元作用に重要な役割を果たしている．欠乏時には舌炎，口角炎，皮膚炎を生じる．ビタミン$B_6$(ピリドキシンなど)はピリドキサールリン酸やピリドキサミンリン酸の構成成分であり，アミノ酸代謝に関連する酵素の補酵素である．欠乏すると血色素減少症，小赤血球性貧血を生じる．ナイアシン(ニコチン酸，ニコチンアミド)は補酵素であるニコチンアミドアデニンジヌクレオチドやニコチンアミドアデニンジヌクレオチドリン酸の構成成分であり，生体内酸化還元作用に重要である．欠乏するとペラグラ(皮膚炎など)を生じる．パントテン酸はCoAとして糖代謝や脂質代謝におけるアシル基転移酵素の作用に重要であり，欠乏すると皮膚過敏症を生じる．ビオチンは脂肪酸代謝，糖代謝におけるカルボキシル基転移酵素の補酵素として作用しており，欠乏すると皮膚紅斑炎を生じる．葉酸はテトラヒドロ葉酸として核酸やアミノ酸代謝に関連するメチル基・ホルミル基・ヒドロキシメチル基転移酵素の補酵素であり，欠乏すると巨赤芽球性貧血を生じる．ビタミン$B_{12}$(コバラミン)はアミノ酸代謝に関連しているアシル基・メチル基転移酵素の補酵素であり，欠乏すると悪性貧血を生じる．特別な場合を除き，反芻胃内微生物は十分量のこれらビタミンB群を合成できるので，反芻動物は摂取する必要はない．ビタミンC(アスコルビン酸)は還元作用やヒドロキシル化に重要であり，欠乏すると壊血病を生じる．霊長類やモルモットを除くほ乳動物並びに鳥類は特別な場合を除きビタミンCを摂取する必要はない．ビタミンAには陸生動物や海水魚の有するレチノール(ビタミン$A_1$)と淡水魚の有する3-デヒドロレチノール(ビタミン$A_2$)がある．ラットでは3-デヒドロレチノールはレチノールの約40%の活性を有する．数種のカロチノイドは体内でビタミンAに変化するのでプロビタミンAと呼ばれる．レチノールは体内で代謝されて活性を有するレチナールやレチノイン酸となる．レチノールからレチナールへは体内で可逆的に変化するが，レチナールからレチノイン酸の変化は不可逆的である．レチナールは視覚作用に重要であり，ビタミンAが欠乏すると夜盲症を生じる．レチノイン酸は多くの遺伝子発現を調節する因子である．そのためビタミンA欠乏による障害は多岐にわたる．欠乏すると，成長抑制，繁殖障害を生じ，上皮障害により感染症にかかりやすくなる．ビタミンDには植物性の$D_2$(エルゴカルシフェロール)と動物性の$D_3$(コレカルシフェロール)がある．ビタミンD自体の生理活性は低く，動物体内で活性型ビタミンDとなりカルシウムやリン代謝に関連する遺伝子発現を調節し，これらの吸収を促進する．家禽以外ではビタミン$D_2$と$D_3$の活性はほぼ同程度であるが，家禽ではビタミン$D_2$の活性はきわ

めて低い．欠乏すると成長中の動物ではくる病を，成熟した動物では骨軟化症を生じる．また産卵鶏では産卵率や孵化率の低下，軟卵を生じる．ビタミンEにはトコフェロールとトコトリエノールがある．トコフェロールの方が活性が高い．ビタミンEは抗酸化能を有し，含セレン酵素やビタミンCとともに体内で産生された過酸化物を消去する．また，血小板の凝集を抑制する．欠乏すると筋肉の炎症・萎縮や繁殖障害を生じ，雛では滲出性素質や脳軟化症を引き起こす．ビタミンKには生草に多く含まれる植物性の$K_1$（フィロキノン），微生物が産生する$K_2$（メナキノン）と合成品の$K_3$（メナジオン）がある．消化管内微生物は$K_2$を合成するが，ニワトリでは微生物による合成量は充分ではなく摂取する必要がある．ビタミンKはタンパク質中のグルタミン酸残基を$\gamma$-カルボキシグルタミン酸に変える酵素の活性に不可欠であり，欠乏すると血液凝固不全や骨代謝の異常を引き起こす．

（松井　徹）

**ピータン**（pietan）

東南アジアで卵の長期貯蔵法として発達．ニワトリ，アヒルの殻付き卵を塩，石灰で覆い，外側に籾殻をまぶし，室温で15〜50日貯蔵．卵はゲル化．非加熱でも可食．（林　清）

**ヒツジ**（sheep）

ヒツジは，ヤギと同じ頃同じ西アジア一帯で野生種のアルガリを主体にし，アジアムフロンの亜種であるウリアルと地中海の島にいるムフロンとが関与して家畜化されたと考えられている．最初の家畜化の目的は，ヤギと同様に食肉の供給源とすることであったが，尾部や臀部の脂肪沈着性が遊牧民に注目され重視されるようになった．羊脂が，油脂給源となり乾燥地での生活に役立ったものと想像される．また，羊毛も使い道が工夫され，フェルトなどを作る技術開発がなされたと想像される．西アジア一帯でほぼ同時期に家畜化されてきたヤギとヒツジの利用が食肉中心から次第に分化し，今日の先進国と途上国にみられる両者の顕著な役割を担うことになった．綿繊維よりも毛繊維の保温性の良さに着目したイギリスで，近代産業興隆の中で羊毛工業の技術発展と同調させながら，ヒツジの品種分化が促進された．英連邦のオーストラリアとニュージーランドは，イギリスとの連携によってヒツジ飼育を基幹産業とし，オーストラリアン・メリノとコリデールという代表的品種を作出した．イギリスなどで毛用種以外に，産肉性に重きがおかれた品種であるサウスダウン，シュロプシャー，サフォーク，チェビオットなどが作出されている．わが国にも毛肉生産のためにこれらの品種が導入されたが，市場を形成するには至らなかったといえる．熱帯・亜熱帯地域の品種分化センターであるインドで，ヒツジは毛用および肉用に飼育されるのであるが，後者の役割が大きいようである．羊毛生産の大部分がカーペット生産用であり，衣料用はその10％程度で自給できず，自給量の3倍ほどの輸入がある．畜肉の中で羊肉の割合は低く，最大供給源の山羊肉の半分以下である．毛用種としてマルワリやデカニが人気があり，肉用種としてネロールとマンディアが注目されているようである．だが，品種数が約40と大きなものであるが，品種内変異も同様に大きくて品種分化の途上にあるようだ．西アジアで飼育されるヒツジは，脂尾羊タイプの在来種が目立つが，インドと同様な毛肉生産に加え乳利用もされる兼用種が中心である．ヒツジとヤギは，ほぼ同じ時期に同じ地域で同じ食肉目的用に家畜化されたが，今日の世界の畜産に占める位置は大きく異なるものとなった．先進国でヒツジは，毛生産が主用途で肉生産は副次的であり，ヤギは山間部での乳生産に限定される乳牛の補完的家畜であり，ともにすでに高度に改良されて畜産に占める位置は固定化しているといえる．一方，熱帯・亜熱帯地域や途上国でヒツジは，毛生産（カーペット中心で先進国と異なる）と肉利用（時には羊脂利用）の割合が高く時には乳利用もされる

多用途の兼用種が多い．背景に，衣料品とカーペットの明白な耐用年数の相違と需要量の相違，また湿潤熱帯地は乾燥熱帯地ほどカーペットの需要がないことなどあって，羊肉のウエイトを可変的に柔軟にしている．ヤギは，肉・乳・毛（カシミヤ・モヘア）生産と用途が多く，兼用種が多いが，各用途の専用化・品種分化も進行中といえる．熱帯地域のヒツジとヤギは，先進国のそれと比較すればポテンシャルの高い家畜といえよう．

(建部 晃)

**ピーティーオーきかく　PTO 規格**（standard PTO）

トラクタの後部，側腹部などにある動力取出し軸の規格．通常 540 rpm, 1,000 rpm の 2 種がある．　　　　　　　　　　(下田博之)

**ひでんせんせいびょうがい（じゅもくの）
非伝染性病害（樹木の）**（non-infectious diseases of trees）

樹木に病気を起こす原因（→病気（作物）の種類と病原）は生物的要因と非生物的要因に大別できるが，非生物的要因による病気は伝染性がなく非伝染性病害（非寄生病，生理病）と呼ばれる．非伝染性病害の原因としては次のものがある．① 不適切な土壌条件（養分不足，土壌水分の不足または過剰，土壌中の有害物質），② 不適切な気象条件（不適切な温度や湿度，光の不足や日長，強風，多雪），③ 大気汚染物質（亜硫酸ガス，酸性雨），④ 薬害（殺菌・殺虫剤，除草剤）などである．熱帯地域で報告されている樹木の非伝染性病害の中では，土壌条件に関するものが多い．例えば，フタバガキ科樹木（ブルネイ）が，降雨量 100 mm 以下の月が 3 カ月間続いて 50 % 以上が枯死，$Cedrela\ odorata$，マホガニー類（コスタリカ）が，乾燥条件下で 50 % 以上が異常落葉，$Pinus\ kesiya$, $P.\ oocarpa$, $Acacia\ auriculiformis$（タイ）が，2 年間の乾燥条件下で 80〜90 % に枝枯れ，萎凋・枯死が発生した例などである．またカルシウム，マグネシウム，マンガンの欠乏による $Shorea\ robusta$（インド）の枯死，強酸性土壌で $Azadirachta\ excelsa$（マレーシア）の枝枯れ被害，$E.\ camaldulensis$（タイ）がホウ素他微量元素不足による葉や幹の変色，まれに枯死した例もある．気象条件では，急に強い光にあたった $Acacia\ mangium$（マレーシア）の葉焼けや枝枯れ被害の事例がある．

熱帯地域でも，最近都市部に近いあるいは工場や幹線道路に近い地域において，大気汚染物質による被害例が報告されている．例えば，発電所から 5 km 以内の地域において，$Azadirachta\ indica$, $Shorea\ robusta$, $Terminalia\ arjuna$ など 12 種の樹木（インド）の葉に可視被害が発生した例，大気汚染地域における $Ficus$ spp., $Prosopis\ glandulosa$, $Acacia\ nilotica$ の葉面積や葉重量が減少した例などある．また $Eucalyptus$ spp. や $Acacia$ spp.（南アフリカ）が，フッ素に対して著しく感受性であることや亜硫酸ガスに対する熱帯樹木の耐性比較など，大気汚染物質に対する熱帯樹種の反応が明らかにされている．また苗畑や若齢造林地での薬剤利用の増加により，薬害（除草剤によるチークの葉の変形や萎凋）の事例も増えている．　　　　　　　(伊藤進一郎)

**ピートモス**（peat moss）

ミズゴケが堆積してできたもので，園芸用植え込み資材として利用されている．堆積年代によって性質が異なる．ピートモスは少量でも水分保持力の変化も大きいので，栽植材料として評価される．しかしまたある程度の水分を保った状態で製品化されているが，乾燥が進むと水濡れが悪くなって吸水しにくくなる特徴がある．pH は強酸性で保肥力を持つ資材である．塩基分はほとんど含まれていない．　　　　　　　　　　　　　(米田和夫)

**ピーナッツだっきょうき　ピーナッツ脱莢機**（peanut thresher）

掘り取って，乾燥したラッカセイの脱莢を行う機械である．構造は，水稲やダイズなどの動力脱穀機と同一であり，こぎ胴と受け網，唐みファンから構成する．投げ込み式の間欠

**ヒナはくり　ヒナ白痢**（pullorum disease of fowl）

*Salmonella* Gallinarum biovar Pullorumによって起こる鳥類（ニワトリ，シチメンチョウ，アヒル，キジ，ホロホロチョウ，ウズラ，カナリア，スズメなど）の急性感染症である．本病の原因菌は鳥類以外にも人を含む各種ほ乳動物に感染する．本病はアジア，アフリカ，アメリカ，ヨーロッパなど世界的に発生が確認されている．感染幼雛は白色の下痢を呈し，敗血症死する．成鳥は感染しても無症状で保菌していることが多いが，元気消失，食欲不振，発熱，翼垂，泥状下痢，産卵率の急激な低下などの症状を呈し，時に高率に死亡することもある．本病は母鳥から卵を介して雛に伝染する（介卵伝染）．保菌卵は孵卵中に死亡することが多く，死亡せず孵化しても孵化後1週間以内に死亡する雛が多い．汚染卵殻や汚染糞便などが汚染源となり，またそれらによって汚染された飲水や飼料を介して本病が広がる．本病は全血急速凝集反応や血清急速凝集反応，試験管内凝集反応，その他の方法により血清学的に診断可能であるが，急死例の存在や反応用抗原の交叉反応性，感染鳥での抗体未産生や抗体価の低下などの理由により，原因菌の分離が最も確実な診断法である．感受性を示す抗菌性物質による治療も行われるが，卵巣などに巣くう菌を完全に除くことが容易でないことから，種鶏群の清浄化によって非汚染鶏を生産供給し，それを衛生的に管理することが防止の基本である．
　　　　　　　　　　　　　（江口正志）

**ビニールハウス**（vinyl house）→プラスチックハウス（plastic house），ファイロンハウス（FRP house），温室（greenhouse），ガラス室（glasshouse culture）

**ひびょうげんせい　非病原性**（avirulence）
　宿主に対する寄生者の寄生性に関する遺伝子型相互関係で知られている．宿主の抵抗性遺伝子に対応する非病原性遺伝子を有する病原菌は抵抗現象を誘発する．　　　（加藤　肇）

**ひふくしざい　被覆資材**（covering material）→施設園芸

**ビブリオしょう　ビブリオ症**（Vibriosis）
　*Campylobacter fetus*（以前は*Vibrio*属に分類されていた）によって起こるウシ，ヒツジの生殖器感染症で，雌では不妊，流産などの繁殖障害を起こす．雄牛は症状を示さず，生殖器に長期間保菌する．　　　（江口正志）

**ビーホールボーラー**（beehole borer）
　ビーホールボーラー（*Xyleutes ceramica*）はチーク造林上の最も重要な害虫である．本害虫はボクトウガ科に属し，成虫は全体に灰褐色の色彩を呈する開帳10cmに及ぶ大型のガである．ミャンマー，タイからマレーシア，フィリピン，インドネシアを経てニューギニアに至る熱帯地域に広く生息する．幼虫は生立木の材内にビーホールと呼ばれる孔道を造るため，材質が著しく損なわれる．加害樹種は，クマツヅラ科のチーク，メリナ，グローリーツリーなど5属5種にわたり，ノウゼンカズラ科のカエンボク，ハマザクロ科の*Duabanga sonneratioides*も寄主として記録されている．1年1化で，まれに2年1化の個体が現れる．生活史は生息地の気候条件によって異なると考えられる．乾季と雨季の明瞭なモンスーン気候下のタイでは，成虫の羽化は2月下旬から始まり，乾季の終わる3月下旬まで続く．羽化直後の雌成虫の卵巣はすでに成熟しており，卵は生立木の幹の粗皮下に産下される．孵化した幼虫は絹糸を吐き風に乗って分散後，幹に穿孔を始める．若齢期には樹皮内を摂食し，成虫に伴い材内へと穿孔する．辺材部や心材部に造られる孔道は，最終的には全長約25cmに及ぶ．成熟した幼虫は，タイでは雨季の終わる11月頃から12月にかけて材内で蛹化し，翌年の乾季の終わりに成虫となって現れる．被害は生長の良い林分で多くなる傾向がある．効果的な防除法はまだ開発されていない．　　　　　　（後藤忠男）

### ひもくざいりんさんぶつ　非木材林産物
(non-wood forest products / non-timber forest products)

林産物は，木材と非木材林産物に大別することができる．

熱帯林の種多様性は，これらの産物にも反映され，特に熱帯雨林帯では，1960年代以降に木材伐採が拡大するまでは，むしろさまざまな非木材林産物が主要輸出品目をなしていた．しかし1960年代以降の木材貿易拡大とともに非木材林産物はいったん忘れ去られ，FAO林産物年鑑（Forest Products Yearbook）は，1954年から71年までは森林副産物として断片的な情報を載せていたが，そののち扱わなくなった．

ところが近年，生物多様性とのかかわりの中で非木材林産物が再び脚光をあびるようになり，FAOが10年ごとに実施している世界の森林資源アセスメント2000年版（Forest Resources Assessment 2000）では，まとまった情報が提供されることとなった．

1. 国際商品としての非木材林産物

FAOは，ハチミツ，アラビアゴム，籐，竹，コルク，各種のナッツ，キノコ，樹脂，精油，医薬原料となる動植物など，少なくとも150品目が国際的に取引されていると見積もっている．

東南アジアの熱帯雨林を例にとると，個々の産物は時代とともに変化し，古くは香料や香辛料，19世紀後半になると各種の野生ゴムやタンニンを産する樹皮の生産量が増加した．20世紀に入るとそれらは衰退し，かわりに塗料原料となる樹脂や油脂として利用されるナッツの輸出が拡大した．

多様性をその特質の一つとする熱帯雨林から，樹脂や果実を採集することができたのは，流域に住み森林を熟知した人々であった．また個々の小生産者と国際市場の間を華僑仲買人の集荷ネットワークがつないでおり，雨滴が大海に至るように，河川を通じて産物が運び出され，同時に工業製品が奥地の人々にもたらされた．今日でも，その時代の名残をとどめる屋形船がボルネオの河川を往来し，往路には船室を店代わりに日用品を販売している．そして帰路には生ゴムをはじめ，砂金やナッツ，ツバメの巣，ハチミツなどの産物や工芸品を集荷し河口へと運んでいる．

しかし，20世紀前半に較べると，今日の非木材林産物市場は大幅に縮小している．その方向性には，合成品に代替されるか，栽培化によって天然ものの市場が衰退するかの二つが見いだされる．前者には，まだ小規模の天然もの市場が残されているダマールやコパル／アルマシガと呼ばれる *Shorea* spp. や *Agathis* spp. の樹脂，合成品にすっかり駆逐されたタンニンや各種染料などがある．後者には，白檀（*Santalum album*）などの香料や，ニッケイ（*Cinnamomum* spp.），チョウジ（*Eugenia aromaticum*），ニクズク（*Myristica fragrans*）などの香辛料が挙げられる．雑多な野生ゴムを駆逐して天然ゴムの代名詞となったパラゴム（*Hevea brasiliensis*）のように，もとはアマゾン流域の野生種であったものが，東南アジアにおいてプランテーション化に成功したため，劇的な産地の変化までもたらしたものもある．

特に工業原料として商品化された非木材林産物については，産業規模が大きくなるにつれ原料の大量安定供給が要求され，その帰結として化学合成あるいは栽培に向かったといえよう．

今日，天然ものの生産は，代替や栽培化の困難な籐，沈香（*Aquilaria agallocha*）やジェルトン（*Dyera costulata*）などに限定されつつある．カカオバターの代替品として用いられるイリペナット（*Shorea macrophilla* など）は，栽培化されたカカオの価格変動に対する調節弁の役割も果していた．しかし木材伐採の拡大はこうした産物をもたらす樹木にもおよび，資源上の制約も生産量減少の背景をなしている．高価格の実現する沈香は，投機的な行動をうけながし，過度の採集により枯渇

しつつある.

しかし日本を中心にみると，中国からはマツヤニ，西アフリカからアラビアゴム（*Acacia senegal*）やシアナット（*Vitellaria paradoxa*），その他山菜やキノコ類も各地から輸入している．世界的にみると，依然として相当品目の非木材林産物が市場に出回っているものと思われる．

2. 人々の生活と非木材林産物

かつては，それぞれの環境が内包する種多様性に応じてさまざまな利用がなされ，それはまた森林に対する伝統的知識として，世代をこえて継承されてきた．しかし工業加工された食品や化学合成された医薬品の普及は，社会の変化と相まって，そうした知識の体系を脅かしている．

例えば，18世紀末の西アフリカ探検で知られたMungo Parkは，その著書の中でシアバター（shea butter）を紹介し，それまでに食したどのバターよりも美味と評している．19世紀のニジェール川航海記には，シアナットの木はいくらでも生えており，市では大量のシアバターが取り引きされているとある．このようにかつては食用にむけて家族内手作業で加工されていたシアバターであるが，今では大量安価に出回る落花生油やパーム油に国内市場を奪われ，むしろ化粧品の原料やカカオバター代替品としての輸出市場だけがまだ残されている．

限られた地域の中で維持され，また人々の物質生活を豊かにしてきた非木材林産物の現状を包括的に把握するには，まず分類の体系をつくり，統計資料を整備しなければならない．ところが森林あるいは樹木のさまざまな部位が利用され，かつ用途も多岐にわたるため，国際的合意を獲得し，さらに情報収集体系を構築する段階にはまだ至っていない．

FAOの提唱する非木材林産物の定義は，「森林その他の樹園地や森林外に分布する樹木からもたらされる，木材をのぞく，生物に由来する財」となっている．すなわち，薪炭や工芸用の木片などを含むあらゆる形態の木材はそこから除外される．また有形の財貨のみを対象とし，サービスは含まない．

以下はFAOの示す分類体系の例であるが，利用部位，利用方法および用途という異なる基準が混在しているところからも，網羅的な体系づくりの難しさがうかがえる．

① 植物起源：植物の部位
・食料（直接食物，飲料，調味料，香辛料，飼料として利用，あるいは油脂やデンプン，甘味，香味などを抽出）
・化学成分（直接あるいは成分抽出により，医薬，香料，農薬，染料，着色料などに利用）
・繊維（編物，詰物，屋根葺き，家具・工芸品に利用）
・肥料
・緑樹，装飾用枝葉
・その他（コルクなど）
② 植物起源：植物の滲出物
・ゴム（食用や工業用）
・樹脂（香料や工業用）
・ラテックス（食用や工業用）
③ 動物起源
・食料（獣肉，ハチミツ，ツバメの巣など）
・皮革
・化学成分（コチニールなど）
・その他（蜜蝋，ラック，絹，没食子など）

具体例については，人々の日常生活において何らかの利用がなされているものすべてを含めると，枚挙に暇がないだろう．ナイジェリアのサバンナ帯で，休閑地に生育する樹木名を村人に挙げてもらったところ，即座に32の現地名を数え，そのうちこれといった用途のない樹木は1種にすぎなかった．

3. 非木材林産物の再評価

FAOは，かつて森林副産物として隅に追いやられていた非木材林産物を近年主要プログラムの一つに据えた理由として，国際的な環境保全目標の一つである生物多様性保全に対する貢献をあげている．

しかし個々の非木材林産物の中には，すでに市場の衰退したものも少なからず含まれ，とりわけ国際商品としての復興には，既存の市場メカニズムに対するさまざまな工夫が必要とされる．よく知られた例として，NGOなどの仲介するフェアトレードがあり，生産者と消費者を直接つなぐことによって，特定の需要を喚起している．欧米では，化粧品や自動車など一般メーカーの製品原料確保にも，そうした手法が採用されている．

もう一つ注目すべき点として，医薬原料としての可能性が挙げられる．WHOによると，発展途上地域の人口の80％以上が民間薬に依存し，1万種以上の植物が利用されていると推測される．その多くは森林からもたらされており，知的財産権としての伝統的知識および地域住民の森林に対するアクセスの保障や，収穫にかかわる何らかの統制，医薬品としての品質改善などといった取り組みが必要とされている．

4. 持続的森林経営と非木材林産物

森林総体の保全という面から留意すべき点として，ここではどの部位が利用されるかによって，生態系に与える影響も異なってくることを指摘しておきたい．植物体すべてを利用するもの，あるいは部分であっても採集の際に植物体の枯死を伴うものについては，木材伐採と同様，生産活動に対して何らかの規制が適用されない限り，資源の枯渇を招く恐れがある．具体的には，籐や沈香のように主幹を採集するもの，樹皮や根を利用するもの，山菜やキノコ，動物に由来するものの多くがこれに相当する．

それに対し，果実や滲出物を利用する場合には，逆に樹木そのもの健全な生育が生産における前提をなし，非木材林産物の利用が直接森林保全に結びつく．

各種のゴムや樹脂，果樹には，一定期間果実や樹液を採集したのち，最終的には木材として利用できるものも少なくない．またバオバブ（*Adansonia digitata*）のように葉や実など，さまざまな部位が利用されるもの，イピルイピル（*Leucaena leucocephala*）や*Faidherbia albida*など土壌改良効果も期待できるものなどは多目的樹種（multi-purpose tree, MPT）と総称され，林地外における植栽が奨励されている． （増田美砂）

**ひもち　日持ち**（shelf life）→貯蔵

**ビャクダン　白檀**（sandal wood）→カラキ

**ヒユぞくざっそう　ヒユ属雑草**（*Amaranthus* spp.）

ホナガイヌビユ（slender amaranth）学名：*A. gracilis* Desf. は熱帯アメリカ原産といわれ，世界の熱帯，暖温帯に広く帰化．日本にも暖地の農耕地周辺に帰化し，近年増加しつつあるヒユ科の一年生草本．茎は直立，分枝し，高さ10～90 cm．葉は互生し，葉身は広卵形で先端は短く尖り，基部は丸い．3～9×2～5 cm．葉柄は細長く，葉身とほぼ同長．茎頂や上部の葉腋から花序を出し，長さ10 cm程の密な穂をつくる．農耕地，荒地，路傍，庭先などに普通にみられるが，極端に湿った場所には生育しない．畑地雑草で，高標高地には特に多い．種子で増殖する．防除は手取り除草による．

ハリビユ（spiny amaranth）学名：*A. spinosus* L. は熱帯アメリカ原産で世界の熱帯，亜熱帯に広く帰化．一年生草本．高さ40～100 cm．茎に稜があり，無毛で赤みをおびる．葉は狭卵形で鈍頭．葉柄は長く，基部の両側に開出するとげがある．茎頂や葉腋に団塊状の花序をつけ，下部は球形，上部のものは穂状をなす．雄花，雌花が混在する．農耕地，荒地，路傍など比較的肥沃な所に好んで生育し，重要な畑雑草となる．種子で増殖する． （原田二郎）

**びょうがいていこうせい　病害抵抗性**（作物の）（crop resistance to diseases）

作物が病原体の侵入・感染に耐える，あるいは対抗して，病気による影響を克服，軽減する機能を病害抵抗性という．また，抵抗性は宿主が病原の働きを抑制あるいは遅延させ

る能力であるともいえる．

抵抗性を静的抵抗性と動的抵抗性に分けることができる．前者は宿主植物の形態的性質すなわち毛茸，クチクラ層の有無や厚さ，気孔の閉鎖やまばらな分布，水孔の構造など病原体の侵入を妨げる構造によるものであり，後者は植物が病原菌に接触あるいは感染後に生じる生理的・生化学的反応で，細胞壁の変化，抗菌性物質ファイトアレキシンの生産や宿主細胞の過敏感死による防御などである．

病害抵抗性の強弱は作物の品種あるいは個体によって変異があり，強いものから弱いものまで連続的である場合が多い．実用上はある基準を設けて抵抗性の強弱が判定されている．

このような品種の抵抗性は，主働遺伝子による真性抵抗性とポリジーン（微働遺伝子）による圃場抵抗性とに大別される．真性抵抗性は質的な高度の抵抗性で，病原体のレースに対し特異的に抵抗反応を示す．圃場抵抗性は，レースに対し非特異的な抵抗性で，程度は低いが安定した抵抗性とされている．ただし，作物によっては，主働遺伝子支配の量的抵抗性のあることも知られている．主働遺伝子支配の抵抗性を高度圃場抵抗性，微働遺伝子による圃場抵抗性を狭義の圃場抵抗性とし，両者を広義の圃場抵抗性とする考え方もある．病原菌レースによって抵抗性に大きな差異がある場合を垂直抵抗性，あらゆるレースに対し同程度の抵抗性を示す場合を水平抵抗性と呼ぶこともある．前者は真性抵抗性と，後者は圃場抵抗性とほぼ同義とみてよい．

真性抵抗性には病原菌レースの分化あるいは病原性レースの増殖による抵抗性の崩壊，すなわち抵抗性品種の罹病化現象がある．日本では，イネいもち病，イネ白葉枯病，トマト萎凋病その他で抵抗性の崩壊が起こった．イネ縞葉枯病には，外国稲から導入した真性抵抗性遺伝子を持つ日本稲品種があるが，未だに抵抗性崩壊が起こっていない．

抵抗性崩壊の対応策には，圃場抵抗性の利用，真性抵抗性品種への圃場抵抗性の導入，多系品種の栽培，異なる真性抵抗性遺伝子の集積がある．近年育成されるほとんどのイネ品種には，いもち病圃場抵抗性が導入されている．イネいもち病にはササニシキBL，イネ白葉枯病にはIR24，トヨニシキ，密陽23号の準同質遺伝子系統が育成されており，それぞれ実用化されている．

複数の病害に抵抗性を持つことを複合抵抗性という．コムギ，野菜では複合抵抗性が実用化されている．イネでも病害虫に広い抵抗性を持つ品種が育成されている．また最近はバイオテクノロジーを利用して，形質転換法によるウイルス抵抗性植物の作出が行われている． 　　　　　　　　　　　　　（守中 正）

**びょうがいのぼうじょ（さくもつの） 病害の防除（作物の）**（control of crop diseases）

1. 病気の発生に関与する要因

病害虫による作物の被害は，予想外に大きく，穀類だけに限ってみても，潜在生産量の42.1％に達する．もし何の防除措置を講じなければ69.7％にも達するといわれている（Oerkeら，1994）．このうち17.5％は病害によるとされている．1995年の世界の穀類の生産量は18億9,600万tであったから，無防除の場合の病害による被害量は5億7,300万tに達する．この量は約19億人の1年分の必要カロリーに匹敵する．現在の技術では病害による被害を皆無にすることは不可能であろうが，20％軽減することは可能と考えられ，約3億8,200万人の1年分の必要カロリーが確保できると推定され，病害（虫）の防除が食糧の確保に必要不可欠であることが理解できよう．病害の防除には，まず病気の発生について理解しておく必要がある．病気が発生する要因として，主因，素因，誘因があり，どの要因が欠けても病気は発生しない．主因は要因の中で最も重要で，病原体（pathogen）がこれにあたる．病原体の種類はきわめて多く，それぞれの病原によって病気の発生様相も異なる（→病原体の項参照）．素因と

は病気になる植物そのもの、すなわち病原体の宿主が持つ要因で、遺伝的に病気に弱いもの、あるいは強いものがある（→抵抗性の項参照）。誘因はいわゆる環境要因で、気象条件、土壌条件、作物の栽培条件などである。病原体や作物（宿主）など主因、素因があっても病原体の活動に適した気象条件や、宿主の抵抗性を低下させるような条件があってはじめて病気が発生する。そしてそれぞれの要因の大きさ、特に誘因の大きさによって病害（病気による被害）の大小が支配される場合が多い。病害防除の基本はこれら成立要因を排除し、病気が発生しないようにすることである。

2. 病害の防除技術

1）病原体の制御による防除法：この防除法は病気発生の主因となる病原体を、化学的、物理的、生物的方法によって直接制御する方法である。① 化学的防除法：この方法は化学物質すなわち薬剤によって病原に直接作用して殺すか増殖などを抑制する方法で、一般的にいわれる農薬の利用で個別防除技術では最も開発が進んでいて、現在の防除技術の主流になっている。化学的防除は、フランスで1885年硫酸銅と生石灰を混合して作ったボルドー液が、ブドウべと病に有効であることが明らかにされて以来、ジャガイモ疫病をはじめとして、非選択的に多くの病気に対して効果が認められ、世界中で広く用いられるようになった。1900年代のはじめは、ボルドー液のほか無機銅剤や石灰硫黄合剤などの無機硫黄剤など、非選択的でしかも予防的な作用を持つものが主体であった。1930年代にジチオカーバメイト系の有機硫黄剤が開発され、1940年以降有機塩素系、有機水銀系、有機リン系、ベンゾイミダゾール系など、効果の高い新しい有機合成剤が次々に開発され、広く用いられるようになった。また、医薬として抗生物質ペニシリンが発見されたのを契機として、農業用抗生物質として、いもち病に高い効果を示すブラストサイジンSがわが国で開発され、その後も紋枯病に対してバリダマイシンが、うどんこ病その他に対し有効なポリオキシンなどの抗生物質が続々と開発され広く使われている。最近は殺菌剤の開発も進み、従来の非選択的、予防的な薬剤に変わって、特定の病原に選択的に効果を示すもの、さらに特定の代謝系（例えばエルゴステロールの生合成を阻害するEBI剤）にきわめて低濃度で効果を示すもの、植物体に直接作用して死滅させるのではなく、宿主の植物に作用して病原に対する抵抗性を増進する作用をもつ薬剤が開発され、実際の防除に効果的に利用されるようになった。② 物理的防除法：熱あるいは光質などを利用し、病原を殺すか不活化して制御する方法である。熱による方法は古くからムギ類黒穂病など種子伝染性の病害の防除に利用されてきた。病原の宿主である種子には影響はないが、種子に潜伏あるいは付着している病原を死滅する温度に一定時間保って制御する方法で、風呂湯浸法、冷水温湯浸法がある。最近ではウイルス病や一部の細菌病、糸状菌病に対して乾熱（70℃前後、1～5日程度）による種子消毒法が開発利用されている。また、果樹のウイルス病では種類によって、苗木を高温室内処理してウイルスを不活化し防除することが可能なものもある。土壌病害の防除には、蒸気消毒、熱水土壌消毒、火炎焼土法など熱を利用した方法が用いられるが、特に省資源、環境保全の観点から太陽熱を利用した方法が脚光を浴びている。この方法は、わが国では西南暖地のハウスで夏期高温時に土壌の表面を透明なビニールで覆い畝間に水を入れ土壌湿度を飽和状態に保ち、20～40日間放置する。この間、土壌温度は40～45℃まで上昇し、土壌によって伝染する野菜類の病害の防除に有効である。半乾燥～乾燥熱帯地域では、きわめて有効な方法と考えられる。このほか糸状菌の胞子形成を誘導する紫外線（UV-A）を遮断して発病を抑制する方法、ウイルスを媒介するアブラムシやスリップスの色彩に対する反応

を利用して媒介虫の飛来や行動を抑制し，ウイルス病の発生を抑制する方法なども開発されているが，まだ普遍的に利用されるまでには至っていない．③生物的防除法：この方法は，従来薬剤によって効果的な防除が困難なウイルス病や土壌病害の防除に適用されてきたが，農薬に偏った防除に対する反省，省資源的，環境保全的な観点から，広く実用化が進められようとしている方法である．わが国ではタバコ白絹病を *Trichoderma lignorum* によって防除する方法が実用化されている．果樹などの根頭がんしゅ病の防除には病原細菌と近縁の非病原細菌 *Agrobacterium radiobacter* 84 を接種して病原細菌の感染を防ぐ方法が実用化されている．また非病原性 *Fusarium* を接種してサツマイモつる割病を防ぐ方法も報告されている．ハクサイ，ダイコン，ジャガイモなどの軟腐病に対しては病原菌 *Erwinia carotovora* の病原性を消失させて製剤化したもの，ナス，トマトの灰色かび病に対して製剤化した枯草菌 *Bacillus subtilis* の1系統を予防的に散布して，対象の病害による被害を抑える方法も実用化されている．しかしながら，いずれも合成薬剤を用いた化学的防除に比べて効果が劣る場合が多く，今後さらに効果的な方法の開発が望まれている．ウイルス病に対しては，TMV の弱毒系統が作出され，これを事前に接種しておきウイルスの被害を回避する方法がある．

2) 宿主の抵抗性を利用した防除法：宿主の抵抗性を利用した防除法は，最も効果的，経済的な方法で，世界的に最も重要視されている．特に熱帯地域の開発途上国では最も有力な防除法である．作物は品種によって病気に対してそれぞれ抵抗力が異なるのが普通である．イネいもち病，ウイルス病，白葉枯病，ムギ類さび病，ジャガイモ疫病など被害の大きい主要な病気に対し，抵抗性の遺伝子解析が進み，優れた真性抵抗性品種（→抵抗性の項参照）が育成・栽培され，病気による被害の軽減に貢献している．しかし，真性抵抗性品種は，病原の新しい系統の出現によって急速に罹病化し，イネいもち病，ジャガイモ疫病その他で大きな問題になっている．このため抵抗性の度合いは高くないが，病原の系統などに関係なく複数の遺伝子が関与して抵抗性を発揮する圃場抵抗性を持つ品種の育成利用が進められている．抵抗性品種の利用はきわめて有効な防除の手段であるが，病気の種類（例えばイネ紋枯病など）によっては抵抗性を示す品種が得られず育種に利用できないものもある．さらに一つの作物には，病原の異なった多くの病気が発生し，品種の抵抗性はそれぞれに対して異なり，すべての病気に対して抵抗性を持つ品種（複合抵抗性品種）の育成には限界がある．したがってまず被害の大きい病気に対して，今後は組み換えなどの遺伝子工学の手法なども用いて，抵抗性品種の育成を進める必要がある．

3) 環境の制御による防除：病害の発生に大きな影響を与える温度や湿度を一般の露地栽培で制御することは限界があり，実用的な面からは不可能である．しかし施設栽培では温度，湿度を制御し灰色かび病，菌核病，キュウリ斑点細菌病など防除に成功した例もあり，有効な方法である．また基盤整備，土地改良，施肥の改善，作期の移動，輪作，栽培方法の改善など昔から提唱されている耕種的防除法も広義の環境制御による防除で，病害の発生をある程度抑えることは可能である．とくに熱帯地域の開発途上国では，輪作，栽培方法の改善，作期の移動などにより病害の発生を抑制することは，経済的な面からも重要な方法である．しかしこれによって病害の発生を完全に抑制することは困難である．とくに発生する病気の生態が明らかでない場合は対応の方法がない．また作物が栽培されて病気が発生した段階では，これらの方法は全く無力であって，栽培を始める前に病気の生態を十分考慮した上で事前に対応しなければならない．

4) 防除の総合化：現在のように効果の優れ

た農薬がなかった1945年頃までは，病害の防除は，宿主の品種，栽培方法・施肥の改善，輪作など宿主の抵抗性を利用し，環境制御による防除法を組み合わせた，いわゆる耕種的防除を柱とした総合防除で，いもち病の防除などはそのよい例である．1945年以降効果の高い薬剤が開発され，特にいもち病に対して有機水銀剤が卓効を示した．有機水銀剤はその残留性，毒性が懸念され使用禁止になったが，その後も優れた効果を示す薬剤が続々と開発された．その結果，薬剤による化学的防除の比重が大きくなり，防除すなわち薬剤散布と理解されるまでになった．しかしながら，1960年代後半から化学合成農薬の毒性，残留性が指摘され，農薬に偏重しない総合的な防除が求められるようになった．また，1945年以降野菜栽培が急速に拡大されるに伴い土壌伝染性病害やウイルスによる病害が多発するようになったが，効果的な薬剤がほとんどなく，その防除に総合的防除が提唱されている．病害の総合防除の概念は，害虫の総合管理（IPM）と基本的には同一であり，宿主の抵抗性を利用し，耕種的防除，生物的防除とともに，薬剤による防除の効率を高めるため，病気の生態を明らかにして的確な発生予察を行い薬剤による要防除水準を設定して，経済性，安定性，安全性の高い効率的な防除を行うことである． 　　　　（梶原敏宏）

**びょうき（さくもつの）のしゅるいとびょうげん　病気（作物の）の種類と病原**
(diseases of crops and causal agents)

### 1. 作物の病気

何らかの原因によって，作物が形態的，生理的異常を起こすことを病気と呼んでいる．病気を起こす原因には，寄生植物，菌類，細菌，ウイルス，線虫などの寄生や，昆虫，小動物の加害による生物的要因と，気象，土壌，植物栄養，有害物質などの非生物的要因がある．通常，病気とは菌類，細菌，ウイルス，線虫などの寄生によって起こる伝染性の異常を指す場合が多い．

### 2. 病気の種類

1）生物的要因による病気：植物の病気は，菌類，細菌，ウイルス，線虫など微生物の寄生によって起こる伝染性の異常を指す場合がほとんどである．特に菌類による病気（菌類病）が圧倒的に多く，わが国で知られている約6,000の病気のうち，73％は菌類病である．① 菌類による病気：菌類は真核多細胞生物で，菌糸または酵母として成育し，従属栄養を営む．生殖器官として，有性生殖あるいは無性生殖の胞子をつくる．植物に寄生して栄養を獲得し，害を与える菌が病原菌である．植物病原となる菌類には，べん毛菌類，接合菌類，子のう菌類，担子菌類，不完全菌類がある．菌類を病原とする病気の中では不完全菌類によるものが多い．菌類病の病徴には，萎凋，変色，肥大，変形，腐敗，胴枯れ，枝枯れ，筋・縞，斑紋などがある．また病斑の部分に，標徴（肉眼あるいはルーペで識別できる菌類の器官）として菌糸束，菌核，分生子，分生子柄，分生子殻，胞子層，子のう殻，子のう胞子，担子器，担胞子などが形成される．菌類病の代表的な例としてイネいもち病がある．イネいもち病は温帯から熱帯の稲作地に発生し，葉，稈，穂のすべての部位を侵す．熱帯では葉に病斑が目立たなくても穂いもちの害が出る場合が多いようである．ブラジルで発生していたコムギいもち病がパラグアイ，ボリヴィアでも発生するようになった．また，ダイズかいよう病（cancro del tallo de la soja）も南米のダイズ生産地で被害が大きくなり問題になっている．生産地に多大な被害を与えた例として，コーヒーノキの葉に病斑を作るさび病がある．この病気は19世紀後半にスリランカで発生したが，被害が大きくなり，ついにスリランカのコーヒー栽培を，茶栽培に転換させることになった．1970年にはそれまで発生のなかったブラジルでも発生し，数年後にはコーヒーノキさび病は中南米各地に拡がった．② 細菌・ファイトプラズマによる病気：細菌は単細胞で，核には核膜

がないので原核微生物と呼ばれ，多くは二分裂によって増殖する．細菌は形態によって球菌，桿菌，らせん菌に分けられるが，植物の病原となる細菌は主として桿菌である．1980年，国際細菌命名規約による承認リストに採用された学名だけが有効とされることとなった．この命名規約による学名だけでは植物病原細菌群はどの植物に寄生する細菌か識別できなくなる．それを補うため，国際植物病理学会は病原型（pathovar）の分類階級を導入し，広く採用されてきた．その後，命名基準の変更，新種病原型の記載，新属の提案などがあり，現在のところ植物病原細菌は20近い属に細分されている．植物病原細菌は植物に斑点，葉枯れ，条斑，軟腐，萎凋，がん腫などの病徴を生じる．代表的な植物細菌病には以下のようなものがある．イネ白葉枯病は世界の稲作地域に発生する細菌病で，苗の急性萎凋症（kresek），若い葉の黄化症，成熟期イネの葉枯れ症を起こす．熱帯アジアでは急性萎凋症の被害が大きい．罹病イネ科雑草や前期作罹病イネが感染源になる．カンキツかいよう病は，日本，東南アジア，南北アメリカ大陸に発生する．この病原細菌は，病原性の違いによって，A，B，Cの3型が知られている．各地に広く分布し病原性が最も強いA型菌は，葉，枝，果実に発生し，表面がやや盛り上がり，中央がコルク化した病斑を作る．被害が大きく，防除が困難な病気である．その他，広い宿主範囲をもつ細菌による病気に，青枯病と軟腐病がある．一般的に細菌病は防除困難なものが多く被害も大きい．ファイトプラズマは，細胞壁を欠く不整球型多形の単細胞原核微生物で，感染植物の篩部と媒介昆虫の各種組織で増殖する．人工培養ができない．形態が動物病原のマイコプラズマに似ていたためマイコプラズマ様微生物（mycoplasma-like organism：MLO）と呼ばれてきた．ファイトプラズマによる病気の多くは吸汁性半翅目昆虫によって伝搬される．またらせん状構造のスピロプラズマ（spiroplasma）も知られるようになった．スピロプラズマは，人工培養ができる点がMLOと異なる．その後，分子生物学的研究手法によって，MLOはマイコプラズマ目細菌とは系統的に異なることが明らかになった．1994年の国際マイコプラズマ学会で，MLOを「ファイトプラズマ」と呼ぶこととし，暫定的な学名をつけて属名を*Phytoplasma*とすることが承認された．ファイトプラズマによる病気は，萎黄叢生症状を示すのが特徴である．ファイトプラズマによる病気の代表的なものには，温帯から熱帯アジアに広く分布するイネ黄萎病がある．この病気にかかると，葉色は黄緑色ないし黄白色になり，分げつはやや増加する．熱帯ではタイワンツマグロヨコバイが主な媒介虫である．潜伏期間が長いので，収穫期までに病徴が現われず，刈り株のひこばえで病徴が認められる場合が多い．サツマイモてんぐ巣病は植物全体が萎縮し，分枝が著しく多くなる．罹病植物の新葉は上方へ巻き上がり淡黄緑色になる．クロマダラヨコバイが媒介する．③ウイルス・ウイロイドによる病気：ウイルスは，核酸と外被タンパク質からなる核タンパク質で，宿主細胞の中でしか増殖できない．その大きさも非常に小さいので，菌類や細菌のように光学顕微鏡で観察することができない．ウイロイドは外被タンパク質のない核酸だけのきわめて小さい感染性病原体である．植物ウイルス病の病徴には，モザイク，斑点，輪紋，黄化，壊死，萎縮，葉巻，隆起，叢生などがある．熱帯アジアの代表的なイネウイルス病のツングロ病はタイワンツマグロヨコバイが主要な媒介虫である．RTBVとRTSVが混合感染すると，萎縮と葉の橙黄色変色の典型的な病徴を現す．インゲンマメゴールデンモザイク病は中南米のインゲンマメ栽培地で最も重要な病害の一つである．葉に鮮明な黄斑モザイクを生じ，子実は変形小型となって商品価値が落ちる．タバココナジラミが媒介し，防除は困難である．パパイヤリングスポット病は，熱帯，亜熱帯で広く発生する．葉

の斑紋奇形，果実の輪紋，斑点などを生じ，樹勢が衰える．汁液とアブラムシ類で伝染する．熱帯のウイロイド病には，フィリピンで発生するココヤシカダンカダン病がある．はじめは果実が丸く小さくなり，きずができ，葉に黄斑を生じる．その後，花序が壊死し，新葉が伸びなくなり，病斑は拡大融合し，ついには枯死する．④線虫による病気：植物寄生性線虫は，土壌中に生息し，根に寄生する種が多いが，植物の地上部に寄生するものもある．寄生様式あるいは感染部位によって，ネコブセンチュウ，シストセンチュウ，ネグサレセンチュウ，ハガレセンチュウ，マツノザイセンチュウなどの名称が付けられている．それらによる病気には，マメ類根こぶ線虫病，ジャガイモシスト線虫病，ニンジン根腐線虫病，イネ心枯線虫病，アカマツ材線虫病などの病名が付けられている．日本植物病名目録では，線虫が原因となって作物に明らかな症状を生じる場合に病名を与えることになった．

2) 非生物的要因による病気：非伝染性要因による病気ともいわれ，要因（原因）には一時的なものと継続的なものとがある．一時的な要因には，異常な高温や低温，風，霜，雹，乾燥，冠水など気象要因のほか，工場の煙，排気ガスなど大気汚染，農薬による薬害などがある．一時的要因による害の多くは一過性のものである．これに対して継続的な原因には，土壌の過湿，強酸性あるいは強アルカリ性，肥料三要素や微量要素の欠乏や過剰，塩類集積，鉱毒の流入その他による化学物質の蓄積など，主として土壌の不良による場合で，適当な対策を講じない限り，作物の異常は継続する．これは生理病と呼ばれることもある．最近は大気汚染，化学物質による土壌や水質汚染などを環境要因による害として重要視し，別に取り扱う場合もある．イネ秋落ち，赤枯れ，bronzing, straightheadなどは，代表的な非生物的要因によるイネの病気である．

3) その他：この他の病気の分け方には病原体の伝染の方法によって土壌病害（soil-borne disease），空気伝染性病害（air-borne disease），水媒伝染性病害（water-borne disease）などに分ける場合もある．また病原を特定せず病徴などによって萎凋病，立枯病などと総称する場合もある．さらに防除が困難な病害を一括して難防除病害と称することがある．複雑な感染経路を持つウイルス病，効果の高い適用薬剤のない病害（主に細菌病），発生要因の複雑な土壌病害などがこれにあたる．

(守中 正)

### びょうき（さくもつの）のせいたい　病気(作物)の生態（ecology of crop diseases）

病気は主因（病原体），素因（宿主）および誘因（環境条件）の三者が揃ったときに初めて発生する．熱帯地域では，この三者の内特に環境条件が温帯や寒帯とは大きく異なるので，病気の発生を規制する重要な要因となる．熱帯地域は気象的条件によって，乾燥熱帯と湿潤熱帯とに大別される．病気の発生には，気温と湿度（降水量）が大きく関わっており，熱帯地域の場合，病原体やその媒介者にとって，気温は十分に好適な条件（ものによっては高すぎる場合もある）であるが，湿度（降水量）が大きな制限要因となっている．すなわち，降水量が多い湿潤熱帯地域では病気はきわめて発生しやすい条件下にあるといえる．しかし，乾燥熱帯では湿度が低く病原体の増殖には不適な条件のところが多いため，病気の発生は作物生産の阻害要因とはなっていない．しかしながら，エジプトで灌漑によって水稲を栽培した結果，いもち病が大発生した記録がある．これは，降水量は少ないが，昼夜の気温の較差が大きいためイネの葉に結露を生じ，これがいもち病菌胞子の発芽と植物体への侵入・増殖を助けた結果であると報告されている．湿潤熱帯はモンスーン地帯と熱帯雨林地帯とに分けられる．熱帯雨林地帯は，年間を通して降雨があるため病原体にとってはきわめて良好な条件にあるといえる．しかしこの地域は生物の多様性に最も富んで

いる地域であり，昆虫相や微生物相が豊かで，天敵や拮抗微生物の効果と考えられるが，特定の病害が大発生しても長期間にわたってその大発生が持続することはほとんどなく，比較的短期間で終息する現象が見られる．一方，モンスーン熱帯では，雨季と乾季が明瞭に区別され，作物の栽培は主として雨季に行われてきた．近年は，灌漑設備が次第に整備され，乾季にも作物栽培が行われるようになったが，やはり病気の発生は雨季作において多く見られ，また発生する病気の種類も多い．さらに，湿潤熱帯においても，高度によって，気象条件は大きく異なってくる．渡邊は高度を5段階に分けて病害発生の特徴を述べている．それによると，① 熱帯低地（高度200 m以下）：ウイルス病や細菌病が多く，また，*Pythium* 属菌，*Phytophthora* 属菌，*Fusarium* 属菌，白絹病菌，*Rhizoctonia* 属菌などによる土壌病害や *Helminthsporium* 属菌，*Cercospora* 属菌による地上部病害が多い．② 高度200～700 m 地帯：*Rhizoctonia* 属菌による立枯病，根腐病および紋枯病，*Colletotrichum* 属菌，*Diplodia* 属菌による地上部病害が多くなる．ウイルス病や細菌病も依然として多い．③ 高度700～1,200 m 地帯：気温はやや冷涼となり，乾季・雨季が明瞭に分れる．ウイルス病はやや少なくなるがさび病（*Puccinia* 属菌，*Uromyces* 属菌，*Phakopsora* 属菌など）などが多くなる．イネいもち病（*Magnaporthe grisea* = *Pyricularia oryzae*）の発生も多くなる．④ 高度1,200～1,700 m 地帯：より低温となるため，低温性の *Pythium* 属菌，*Colletotrichum* 属菌による病害やうどんこ病（*Erysiphe* 属菌，*Sphaerotheca* 属菌など）などが多くなり，イネいもち病が激しく発生するようになる．⑤ 高度1,700 m 以上の地帯：栽培される作物の種類は少なくなり，霜害や寒害を受けることもあり，病害の発生は少なくなるが，べと病（*Peronospora* 属菌，*Pseudoperonospora* 属菌，*Peronosclerospora* 属菌，*Sclerophthora* 属菌など），さび病やいもち病が発生する．このように病気の発生は，熱帯地域でも一様ではない．もちろん，熱帯地域内では栽培される作物の種類も一様ではないが，大別するとイネが主体（東南・東・南アジア），ムギが主体（中近東・北アフリカ・南米）およびイモ類・バナナなどの栽培が主体（南太平洋島しょ地区など）となり，当然病気の発生もそれに伴って変わってくる．熱帯地域は開発途上国が多く，依然として人口の爆発的増加が続いており，食料特に農産物の需要の増加に対応する必要に迫られている．このため，食料増産の阻害要因としての病害は積極的に防除する必要がある．しかしながら，現時点では病害の防除は大部分の病害が薬剤防除に依存せざるを得ない状態にある．使用する薬剤などをなるべく減少させる減農薬栽培が必要であり，それを達成するためには，病気の発生生態の解明と発生予察が必須条件となる．特に病気の発生に大きく関与する気象条件の年次変動を明らかにして，それに対応する病害の発生予測（発生予察）はきわめて重要な意義を持ってくる．わが国では，イネいもち病や紋枯病およびウイルス病の媒介昆虫として重要なウンカ・ヨコバイに関してはコンピュータを用いた発生予察が実用化されている．今後は熱帯各地域ごとにそのような発生予察システムの構築が必要である．

伝染源と伝染方法：病原体が生存し，病気を引き起こす源となるものを伝染源といい，病気の最初の発生源となるものを第一次伝染源という．第一次伝染源としては，発病した前作物の罹病部位，土壌中の罹病植物残渣，病原体の耐久生存器官，罹病あるいは病原体が付着した種子，病原体を運ぶ昆虫さらにはある程度の遠距離を飛来する胞子などがある．これらの第一次伝染源は次に述べるような各種の伝染方法で，植物に接触・付着し，侵入・感染・発病を起こすことになる．① 種子伝染：罹病あるいは病原体を付着させた種子によって発病するもので種子伝染病と呼ばれている．イネばか苗病（*Gibberella fujikuroi*），

ムギ類黒穂病（*Tilletia*属菌，*Ustilago*属菌，*Sphacelotheca*属菌など），マメ類の炭疽病（*Colletotrichum*属菌）などの菌類病，イネもみ枯細菌病（*Burkhorderia glumae*），トマトかいよう病（*Clavibacter michiganensis* subsp. *michiganensis*）などの細菌病，オオムギ斑葉ウイルス，キュウリ緑斑モザイクウイルス，ダイズモザイクウイルスなどのウイルス病が種子伝染病として挙げられる．種子以外で種苗あるいは球根などの栄養繁殖体では，罹病したものが直接伝染源となるので，注意する必要がある．② 空気伝染：胞子を形成する糸状菌病の多くは主に空気伝染する．病斑上に形成された胞子が風（湿度のある）によって空気中に飛散し，新しい葉に付着，露や雨滴などの水があると発芽し，宿主細胞内に侵入・感染・発病する．菌核病菌の菌核では胞子を形成する器官が菌核の発芽によって生じ，形成された胞子が空気伝染することがある．胞子が飛散する距離は，病原の種類によって異なり，例えば熱帯地域のトウモロコシに大発生したべと病菌の場合およそ50 mと報告されている．しかし，さび病菌の胞子のようにかなりの長距離を気流に乗って移動し遠隔地の植物に発病することが知られている．③ 水媒伝染：イネ黄化萎縮病，イネ白葉枯病，イネ紋枯病などは病原細菌あるいは遊走子・菌核などが水の流れに乗って植物に付着して感染発病する．イネ白葉枯病は，灌漑水路の雑草に存在する病原細菌が灌漑水の流れに乗って栽培イネに達し，発病する典型的な水媒伝染である．特に熱帯アジアの稲作地帯では苗代を本田の一部に設けて育苗することが多く，苗代でイネ白葉枯病に感染しそのまま本田に移植されており，それが，わが国では発生が減少したにもかかわらず，熱帯では依然として多発している原因と考えられる．④ 土壌伝染：土壌中に生息している病原菌によって感染発病する場合を土壌伝染と呼んでいる．土壌伝染する病原体は土壌微生物の一員であり，通常は土壌中の有機物（動植物の遺体）を分解して栄養を摂取している．土壌伝染性病原菌はどちらかといえばその有機物分解能力が低く，むしろ植物の根を利用する能力を持っている．土壌伝染する病害は，細菌病では青枯病・軟腐病など，糸状菌病では苗立枯病・立枯病・根腐病・萎凋病・菌核病・つる割病などがある．ウイルス病では，媒介者が土壌に生息している場合，土壌伝染ウイルスと呼ばれている．例えば，*Polymixa graminis*によって媒介されるムギ類の縞萎縮ウイルスや線虫で媒介される*Nepovirus*グループなどがそれである．⑤ 虫媒伝染：病原体が昆虫や線虫などによって媒介される場合を虫媒伝染と呼ぶ．虫媒伝染する病原体は主としてウイルスであるが，ファイトプラズマも虫媒伝染する．媒介虫はウンカ・ヨコバイ，アブラムシなどの吸汁性のものが多い．線虫でも口針を持つハリセンチュウの類がウイルスを媒介する．その他コナジラミ，コナカイガラムシ，アザミウマ，ハダニ，フシダニなどもウイルスを媒介する．作物を収穫した後，流通・貯蔵過程で発生する病害を貯蔵病害と呼んでいる．熱帯ではトウモロコシやラッカセイなどが流通・貯蔵過程で*Aspergillus flavus*の寄生により強力な発がん物質アフラトキシンに汚染されて，大きな問題となっている．

（山口武夫）

**ひょうげんがた　表現型**（phenotype）
遺伝子型に対する対語　→遺伝子型

（藤巻　宏）

**びょうげんせい　病原性**（pathogenicity）
植物病原細菌・糸状菌が宿主細胞内に侵入・増殖する性質をいう．酵素・毒素・抵抗性発現抑制物質（サプレッサー）などが関与する．

（加藤　肇）

**びょうげんせいしけん　病原性試験**（pathogenic study）
微生物農薬として利用される真菌，細菌やウイルスなどの微生物が植物や動物の生体組織に侵入し，増殖を繰り返し生体に何らかの障害などの症状を示すことやそれらにより発

病が認められるかなど動植物への影響を調べる試験である。　　　　　　　　（大澤貫寿）

**びょうちょう　病徴**（symptoms）

植物体に侵入した病原は，植物から栄養を吸収して植物を弱らせ，また酵素，毒素を分泌して植物に害を与える．その結果，植物に萎縮，黄変，立枯れなど全身的な症状や，局部または部分的に斑点，条斑，腐敗，異常増殖など，外形，色に種々の異常な症状が現われる．このような症状を病徴という．病徴は病原の種類と植物の組合わせによって，植物に特有の反応を示す．菌類（糸状菌）による病気では，病徴のほかに，病原体自体が植物の表面に現われることがあり，これを標徴（signs）と呼ぶ．ウイルスによる病気では標徴は現われず，細菌病でも標徴を認めることはほとんどない．病徴には種々の表示方法があり，分類方法もさまざまであるが，一般的によく用いられる主な病徴には次のようなものがある．①萎凋（wilt）：植物全体（ときに一部）が萎れる症状で，導管などが侵され水分の通導が妨げられた場合に起こる．細菌（青枯病）や糸状菌（*Fusarium* その他）によって起こる．萎凋が急激に進むと青枯れになり，末期には立枯れになる．②萎縮（dwarf）：植物の生長が抑えられ全体が小さく，矮小化する症状で，茎数の増加を伴うことが多い．矮化（stunt）ということもある．ウイルスやファイトプラズマに感染した場合によく現われる症状である．③萎黄（yellows）：草丈が低くなり萎縮すると同時に全葉あるいは片側の葉が黄色になる症状でウイルスやファイトプラズマ，*Fusarium* 菌の寄生によって現われる症状である．④叢生（prolifiration）：萎縮に似るが，草丈や茎の節間が極端に短く，茎または小葉数が増加したものを叢生という．ロゼット（rosette）ともいわれる．枝の一部などにこのような症状が出た場合，特に天狗巣ということもある．⑤徒長（elongation）：罹病した個体が異常に伸長する症状で，黄化や退緑を伴うことが多い．イネばか苗病で見られる典型的な症状である．⑥がん腫（tumor）：器官の一部が肥大しこぶ状になる症状で，類似した症状に肥大または増生がある．⑦腐敗（rotting）：植物が病気にかかって腐る症状で，腐敗する部位によって，根腐れ，茎腐れ，花腐れ，芽腐れなどがあり，干からびて腐る場合は乾腐という．ミイラ化も乾腐の一種である．これと対照的に軟らかくなって腐る場合は軟腐という．さらに腐るときの色によって，白腐れ，黒腐れなどと区別する．⑧斑点：病気にかかり局部的に現われる最も普遍的な症状である．単に斑点という場合も多く，また色の変化も考慮して，褐点，黒点といい，ウイルスに侵され組織が死んで褐色または黒褐色に変色したものを，特に，壊死（斑）と呼ぶ．やや大きい斑点ができる場合は，黄斑，褐斑，黒斑，また斑点に紋様が見られるときは褐紋，ひょう紋などと呼び，かさぶた状のやや盛り上がった斑点は特にそうか（scab），おでき状の斑点は潰瘍（canker），またウイルス病の代表的な症状で緑色と黄緑色の斑点が入り交ざって現われる症状をモザイク（mosaic）や斑紋（mottle）と呼んでいる．⑨葉脈や茎に沿って細長い変色部を生じる症状は条斑（stripe, streak）で，イネ科植物に主に発生，色の表現を加えて褐条，黒条ということもある．⑩病気の末期には植物全体，あるいは一部が枯れるが，全体が枯れる場合には，立枯れ，急激に枯れる場合は，葉焼け，焼枯れ，枯れる部位によって，芽枯れ，枝枯れ，胴枯れなどという．　　　　　　　　　　（梶原敏宏）

**びりゅうきんかくびょう　微粒菌核病菌**（charcoal rot）

微粒菌核病菌 *Macrophomina phaseolina* は農作物や樹木幼苗から植栽木まで幅広く侵す病原菌として，世界的に有名な土壌伝染性病菌である．根系部から地際部まで侵し，病斑壊死部が地際部形成層を一周巻き枯らすと，その部位から上部は急激に萎れて枯死する．枯死木の地際部樹皮を剥ぐと，木部表面上あるいは樹皮内面部に微小な黒色の菌核（径

0.1～1.0 mm) が多数形成する特徴があり，本病菌の感染が容易に確認できる．本病菌は元来熱帯性の土壌病原菌で，生育適温は 30～38℃ であり，乾燥土壌に植えられた造林木に被害が目立つ．熱帯・亜熱帯地域から温帯地域にかけて広く分布し，多くの植物に被害を与える多犯性病菌である．熱帯・亜熱帯において被害が報告されている主な樹種は，ユーカリ類 (*Eucalyptus* spp.)，アカシア類 (*Acacia* spp.) およびマツ類 (*Pinus* spp.) である．

(窪野高徳)

**ひんこん　貧困** (poverty)

世界銀行『世界開発報告1990』は，貧困を最低の生活水準に達することができない状態と定義し，生活水準には最低限の栄養を維持するための食料品の購入に必要な支出として計測できる部分と，国や文化によって優先度や福祉の概念が異なるために計測不可能な部分とがあると記している．貧困を指標化するために，ある程度は恣意的にならざるを得ないとした上で，必要最低限の生活を維持するための食料支出および非食料支出の合計で設定した「貧困ライン」に基づく「貧困者比率」（貧困ライン以下の人口の総人口に対する比率）や「貧困ギャップ」（貧困層の消費水準の貧困ラインからの不足分を足し上げることにより貧困の深刻さを示す指標）などが便宜上ひろく採用されている．世界銀行は1日1人当たり1ドルの支出を貧困ラインと定め，各国の家計消費の調査結果を1993年の購買力平価（一国の物価水準と他国の物価水準との比率）を用いて貧困ラインを下回る人々の数を推計している．その推計結果によれば，1996年時点で途上国人口の24.5％，11億9,060万人が貧困状態にあり，貧困者比率は南アジア (42.3％) とサブサハラアフリカ (48.5％) でとりわけ高い．貧困は90年代半ばに一旦緩和されたものの97年後半以降の金融・経済危機により再び拡大傾向がみられる．以上は「絶対的貧困」の概念に基づく見方である．これに対して，ある国もしくは地域の中でその大多数の人々あるいは平均的生活水準よりも貧しい状態にあることを「相対的貧困」と呼び，不平等の視点から貧困をとらえる見方もある．また，UNDP（国連開発計画）は，貧困を収入レベルや人間の基礎的必要 (BHN) の充足度で測るだけでなく，社会生活を営むために不可欠な「潜在能力 (capability)」に着目し，生存，知識，および保健衛生面からみた生活水準で貧困度合を示す「人間貧困指数 (HPI)」を97年から導入している．90年代の10年間を振り返ると，世界の貧困は一方で削減された地域があるものの，他方では拡大している地域もあり，貧困削減は依然として克服できていない開発目標である．99年11月にアジア開発銀行が貧困削減を最優先目標とする戦略を改めて打ち出したこと，また『世界開発報告 2000/01』が10年ぶりに再び貧困をテーマに掲げなければならない事実は示唆的である．同報告は次の三つの側面から貧困対策を提案している．すなわち，① 貧困層の発言と意思決定への参加を増やすことおよび不平等の拡大を押さえることによって貧困層のエンパワーメントを強化すること，② 個人および国家レベルにおける種々のショックに対する保障を貧困層に与えること，③ 持続的な経済発展のための諸条件を整えることによって，貧困層が貧困から脱出する機会を創出すること，である．

(牧田りえ)

**ひんこんギャップ　貧困ギャップ** (poverty gap) →貧困

**ひんこんこく　貧困国** (poor country) →開発途上国

**ひんこんせん/ライン　貧困線/ライン** (poverty line)

人間が最低限の生活を営むのに要する絶対的な水準．現在は，時代の変化に対応し，相対的な水準設定の傾向がみられる．→貧困

(鼻野木由香)

**ひんこんのあくじゅんかん　貧困の悪循環** (vicious circle of poverty) →開発

## ひんこんのきょうゆう　貧困の共有
(shared poverty)

アメリカの人類学者 C. Geertz は，インドネシアのジャワにおける人口圧力の増大への対応として水田耕作の集約化，特に単位面積当たりの労働投入量の増大による人口収容力の拡大性向を指摘し，このような社会変化の帰結を「貧困の共有」と呼んだ．それによると，このような高人口密度状況への対応としての集約的土地利用は，労働の集約化による稲作農業の精緻化という適応パターンを一方的，不可逆的に進行させ，「農業のインボリューション（agricultural involution）」と呼ばれる現象を引き起こすが，その過程では土地保有ならびにそれに代表される富のほぼ均等な細分化が進み，経済的な生産物を絶え間なく増加する人口の間で微細な断片に分割し続けていくことにより，ジャワ農村社会は比較的高度な社会的経済的一体性を維持した．すなわち，これによって農民は，結果的に当事者たちすべての生活水準の低下を余儀なくされつつも，彼の仲間たちと宗教，政治，社会，経済の各面で同質性を維持することができたとされる．　　　　　　　　　　　（北原和久）

## ひんこんのわな　貧困の罠（poverty trap）
→開発

## ひんしゅ　品種（家畜・家禽）（breed, race）

家畜を分類する場合に，動物分類学上の最終は家畜牛を表現する学名が *Bos taurus* であるように，属と種の二つの名称で完結していてその下は通常ない．厳密な動物分類学の対象は，地球上に生息する（かって生息した）動物であり，門・綱・目・科・属・種という風に全体との整合性を配慮しながら細分化している．家畜は，これらの動物から派生し，人間生活に役立つように人為的に遺伝的改良された社会的産物として，その用途の明白化と共にさらに分類される名称を持つようになった．これが品種であり，家畜名の下の最初の分類であるが，品種名の成立由来は地名・外貌上の特徴などで便宜的なものが多い．品種の成立は，社会的要因に依るところがあるとはいえ，外貌や生産能力の面である程度の遺伝的斉一性を保持していることが必要であり，先進国の主要な家畜品種にはその登録協会があり品種の純粋性を保つ努力を継続している．品種は，動物分類学的な遺伝的近縁を考慮せず成立し，独立的な存在ではあるが，品種間の近縁程度を把握することは生産システム構築の点で重要となる．　（建部　晃）

## ひんしゅ　品種（作物）（variety, cultivar）

作物品種は，植物分類学的特性とは異なる農業上有用な特性で区別される．「品種」とは，いつの時代か世界のどこかで，農業上の有用性をもつために栽培されたことのある作物の系統または集団をいう．作物育種で作られる多種の系統は，有用性が必ずしも定かでない．これに対して，作物品種は遠い昔から現在にいたるいずれかの時代に世界のどこかで，何らかの有用特性を発揮した実績がある．　　　　　　　　　　　　（藤巻　宏）

## ビンタンゴール（binntangor）→付表18
（南洋材（非フタバガキ科））

## ひんてい　浜堤（beach ridge）

波によって打ち上げられた砂れきが，波の到達点上限付近に，堤状に堆積してできた地形．波や潮汐の状況によって，発生・消失・変動し，れき浜や砂れき浜で特に顕著に見られる．海岸線に平行あるいは斜行して，数列あるいはそれ以上並んで浜堤列をつくることもあり，その間に低地・湿地をはさむ浜堤平野となる．個々の浜堤は，海側に急傾斜し内陸に向かって緩く傾き，比高数 m，幅数十 m，長さは数 km に及ぶ．一般に，浜堤の高さは波の強さと関係するが，波の荒い外洋に面したところでは大規模，波静かな湾内では低平である．　　　　　　　　　　　　（水野一晴）

## ふ

**ファイトアレキシン**（phytoalexin）
微生物の感染あるいはその分泌物により誘導されて植物が作る低分子の抗菌物質の総称．微生物の分泌物（elicitor）に反応して誘導される． （寺尾富夫）

**ファイトクローム**（phytochrome）
日長反応や光形態形成に関与する光受容体色素蛋白質．赤の光（600～700 nm）を吸収するPr型で合成され，吸収によりPfr型に変わる．Pfr型は近赤外光（700～800 nm）を吸収してPr型に戻る．コードする遺伝子からいくつかの種類に分類され，通常の光反応に関与するのはBタイプである． （寺尾富夫）

**ファイトプラズマびょう（さくもつの）　ファイトプラズマ病（作物の）**（phytoplasma disease）→病気（作物の）の種類と病原

**ファイトレメディエーション**（phytoremediation）→環境修復

**ファージ**（phage, bacteriophage）
ファージは，細菌を宿主とするウイルスの総称である．また，ファージは毒性ファージ（virulent phage）と穏和ファージ（temperate phage）に大別される．毒性ファージは宿主細菌に吸着・感染，増殖し，その宿主を溶菌して子ファージを放出するサイクルのみをとり，感受性細菌を指示菌とする平板培地上では溶菌斑（plaque）を作る．一方，穏和ファージは，感染によって子ファージを放出（溶菌）するサイクルと，そのゲノムを宿主細菌の染色体に組み込んでプロファージ（prophage）として溶原化し，宿主と平和的共存状態をとることもできる．このプロファージは，まれに染色体から離れて増殖を始め放出される．これを誘発といい，この誘発は溶原菌の紫外線照射などによっても起こり，毒性ファージと同様に溶菌斑を作る．植物病原細菌のファージには，球形，鞘状の尾を持つ有尾形および繊毛状型の3種類があり，そのゲノムは一本鎖あるいは二本鎖のDNAまたはRNAで構成されている．これらファージの宿主特異性は高く，植物病原細菌の検出・同定，系統類別，病原性研究に，また細菌病の発生予察などの手段として広く利用されている．
（植松　勉）

**ふあつちかすいすい　不圧地下水**（unconfined groundwater）
自由地下水面を持つ不圧帯水層に存在する地下水をいう．自由地下水（free groundwater）とも呼ばれる． （堀野治彦）

**ファーミング・システムけんきゅう・ふきゅう　ファーミング・システム研究・普及**（farming systems research and extension, FSRE）
主として途上国を対象に，特定地域の農家もしくは農家集団を一つのシステムとしてとらえ，その中のサブ・システム（農業【耕種，畜産】，非農業的経済活動，家計）間，およびそれらを取り巻く外部諸条件（自然的，社会・経済的）との相互規定関係を明らかにした上で，発展の制約要因を探り出し，営農改善ならびに地域の社会経済の持続的発展を図る実践的研究方法を指す．問題の所在を営農現場で農民の自発的発言からくみ取ろうとする「現場主義」，自然科学から社会・人文科学まで関連研究分野の研究者・実務家が特定のフィールドを対象に共同研究・開発を行おうとする「学際主義」，問題解決を旨とする「実践主義」を特徴とする．生産と生活が一体化している小農を一つのシステムとして捉えようとするアプローチは，1940，50年代に，アメリカ東南部山岳地帯を中心とした地域開発計画（条件不利地域の雇用・所得確保）や，日本の「総合研究」「営農試験地事業」（農業研究の一般的目的が食糧自給達成にあり，営農形態が多様性を持つ）に先駆的にみられる．一方，60，70年代フランス語圏西アフリカ諸国では，ゾーニング，類型化を含む同様のアプローチが登場した．三者は，学際主義，システム・アプローチ，実践主義において共通するが，アメリカでは「普及」，日本では「実証

試験」，西アフリカでは「地域に根ざした農村開発」という点に特長があった．FSRE は主に CGIAR 傘下の国際農業研究機関の主導のもと，70，80年代を通じて，アフリカ，東南・南アジア，ラテンアメリカを中心に，それぞれの国の研究・普及機関との共同研究・開発プロジェクトの形をとって進められ，診断→設計→試験→普及という一連の過程の体系化が栽培，農業経済の専門家達によってなされてきた．プロジェクトの実効性・定着度を高めるべく内発的・参加的手法が追求され，そのための制度・組織，農民・研究者・実務家の三者の関係のあり方などについて議論が深められてきた．90年代以降，要因分析の積み重ねにより全体を理解しようとする要素還元的分析手法は複雑なファーミング・システムにおいては農民の経験的把握ほどの正確さを持ち得ないとの反省から，主に人類学者や社会学者により「技術移転」パラダイムからの転換が提唱されている．すなわち診断から普及までの全過程において農民に主導権を移し，外部支援者としての研究者の活動を持続性の観点からのモニタリング，農民の要求に応じた情報提供や視察などにとどめる方が，時間的，費用的により効率的であるとの主張で，主に NGO により実践に移されている．一方，伝統的な還元主義的手法の有効性を認め，問題はそれをシステム論的接近手法，農民参加とどう組み合わせるかにあるとする改良主義的主張もある．また，先進国においても80年代半ば以降，条件不利地域の地域振興が政策課題として浮上するに伴い，経営と生活の再結合，持続的農業の基盤となるべき農村コミュニティーの再構築を図るうえでシステム・アプローチ，参加型研究・開発の有効性が再認識されている． （横山繁樹）

**ファームポンド**（farm pond）

本来は，各農場が設置する灌漑用水の調整池．日本の畑地灌漑事業では，集落程度の規模で共同利用する，1日以内程度の流量調節を目的とした調整池を指す．最近，日本では水田地帯でも導入される場合がある（水田ファームポンド）． （佐藤政良）

**フィードロット**（feed lot）

裸地に作った囲いに家畜を入れ，濃厚飼料を多給して仕上げる集団的肥育方式の場．家畜を飼養するための草のない場所という意味でドライロットと同意に用いられ，フィードロットを用いた肥育をフィードロット方式という．肉牛のフィードロット方式は，合衆国穀倉地帯の農家で副業的に生まれた．その後，1950年代に入り，合衆国西部での都市の発達と人口増大により牛肉需要が増大するにつれ，耕種農業に向かない広大な土地を活用する大規模な企業フィードロットが発達した．企業フィードロットでは一頭当たりの収益は多くないが，多頭を肥育すること，肥育牛の肥育ステージごとに給与する飼料の質と量を調節して栄養管理を容易に行い，肥育期間を短くすることにより，経営を成り立たせている．熱帯地域では一般に，飼料用穀物の大量給与は経済的に成り立ちにくいが，経営規模を小さくし，地域特有の副産物を有効利用することによる効果的な肥育が期待されている． （山崎正史）

**フィッシュミール**（fish meal）

多獲性魚類タンパク質の有効利用を目的に，原料の粗砕・蒸煮・圧搾・固−液分離・油−液分離・回収エキスの濃縮添加・乾燥・粉砕・冷却という一連の単位操作を連続的に機械化した，水産原料を用いる唯一の完全自動化産業である．底棲性白身魚を原料に工船上で製造した洋上ホワイトミールは飼料としての栄養価も高く，品質の安定性にも優れているが，近海で漁獲された回遊性赤身魚を原料に陸上で製造したブラウンミールは，原料の特性上品質劣化が速い欠点を持つ．一方で水産加工残滓で副産物として排出される内臓や骨などの不可食部や，残飯などの都市残滓もミール製造原料になり，タンパク資源リサイクルの一翼を担っている．油−液分離工程で得られた魚油は，水素添加してマーガリンな

どの原料として利用できる．オールステンレス製のプラントで衛生管理に配慮すれば，食用ミールを製造することも十分可能で，人口の爆発的増加に対応する可能性も秘めている．　　　　　　　　　　　　　（林　哲仁）

**フィロディ**（phyllody）

花弁の部位が葉のような形態に変化する異常．葉化．ファイトプラズマやダニ類の寄生が主な原因である．　　　　　　（夏秋啓子）

**ふうか　風化**（weathering）

風化とは，比較的不安定な岩石・鉱物が，可溶性の成分を失いながら，より安定な状態へと移行する過程である．多くの岩石・鉱物が高温・高圧の地下深所，あるいは海洋底などで生成しており，地表付近の条件では熱力学的に不安定であるところに，風化の原動力は求められる．風化は便宜的に，物理的風化，化学的風化，生物的風化に大別される．物理的風化すなわち岩石や鉱物の物理的崩壊は，温度変化に伴う岩石・鉱物そのものの膨張・収縮，間隙水の凍結・融解，またそこでの塩の結晶の成長，生物の活動などによってもたらされる．物理的風化は，化学反応の進行しにくい寒冷あるいは乾燥条件下で優勢である．また粒子の細粒化は表面積の増大をもたらし，化学的風化を加速する．化学的風化は，加水分解，水和，酸化還元，炭酸化合，キレート化などによる鉱物構成成分の溶解である．これらほとんどの反応において水の存在が不可欠であること，また多くの化学反応の速度が高温下でより大きいことから，化学的風化は高温湿潤条件下で優勢である．またその場の土壌水の動きは，風化生成物の組成に大きく影響する．すなわち洗脱条件下で溶解成分が常に除去されればその反応は一方的に進むであろうし，水が停滞するような地形条件あるいは乾燥気候下で水が蒸発散により失われるような条件では，新たな沈殿物（二次鉱物）が生成するであろう．通常の洗脱条件下における元素・イオンの相対的易動度は，水溶液中における各イオンを含む鉱物・塩の溶解度および鉱物結晶中における各元素の存在位置を反映して，$Cl^-$，$SO_4^{2-}$ > $Ca^{2+}$，$Na^+$ > $Mg^{2+}$，$K^+$ > $Si^{4+}$ > $Fe^{3+}$，$Al^{3+}$ の順となる．これは，風化の進行に伴い脱塩基，脱ケイ酸が起こり，強風化土壌では鉄・アルミニウムの和水酸化物が残存するという一般的な経験に合致する．生物的風化は，生物の活動に由来した物理的風化および化学的風化の総称である．植物根の生長に伴う岩石の物理的破砕，植物根や微生物より分泌・放出される有機酸による鉱物構成成分の溶解，土壌生物の呼吸に伴う土壌空気への炭酸ガスの供給など，多くの物理的・化学的風化において，生物活動は重要な役割を果たしている．これらの風化作用によって，土壌を構成する岩石・鉱物は三つの大きな変化を受ける．すなわち，① 粘土化の進行，② 脱塩基・脱ケイ酸の進行，③ 赤黄色化の進行（鉄・アルミニウムの残留集積）である．また風化はしばしば土壌体だけでなくより深層にまで及ぶことから，これを含めて風化殻とも呼ぶ．湿潤熱帯における残積成風化殻は数十 m に達することがある．
　　　　　　　　　　　　　（舟川晋也）

**ふうかかく　風化殻**（weathering crust）→ 風化

**ふうしょく　風食**（wind erosion）

強風によって土壌が飛散流亡する現象．風向，風力分布と防風林や植栽の形態，土性，土壌の構造や乾燥状態に左右される．
　　　　　　　　　　　　　（松本康夫）

**ふうせい　風成**（aeorian）

風の働きによってできたことを示す．
　　　　　　　　　　　　　（荒木　茂）

**ふうせき　風積**（aeorian deposition）

風によって，レス・黄土・砂丘砂・火山灰などが運搬・堆積することをいう．供給源から遠ざかるほど細粒化し，層厚が減少する．
　　　　　　　　　　　　　（水野一晴）

**ふうどびょう　風土病**（endemic disease）

一定の地域に，持続的に発生する病気を指す．endemic disease がこれに相当するが，日

本語の「風土病」は植物病理学では, 常用されない. 植物疾病は宿主・病原体・環境要因によりその発生が規定される. endemic disease の発生には, 常にある病原体が存続して生存していること, その病原体に侵される宿主が持続的に作付けされているか, 中間宿主が生息していること, 環境が常に発病に好適であることが必要である. したがって, 土壌伝染性の病害やある地域の土質が常に植物の体質を, ある病原菌に罹りやすくしている場合などが, これに相当する. また, 現時点で, 病原体の分布がある地域に限定され, 恒常的に発生している場合も, 広義の endemic disease である. (加藤 肇)

### フェアトレード (fair trade)

正義, 平等, 人権尊重に基づいて, 第三世界の生産者と先進国の消費者とをもう一つの貿易取引関係 (alternative trade, AT) で結び, 経済的, 社会的, 人間的開発を促進する運動. 1960年代にヨーロッパの NGO の間で開発協力の一環として始められ, 70年代後半にはビジネスとして拡大し, 80年代には貿易事業として専門化し, 一般市場への浸透が図られた. 90年代には, フェアトレード商品のラベル表示化や AT 実践団体の国際的ネットワーク組織が形成されている. 生産者と消費者の交流のほか, 生産者に対して, 公正な価格の支払とまっとうな労働条件の保障, 平等な就業機会, 子供の就労と不公正な労働慣行の禁止, 長期の互恵関係の樹立, 可能な限りの技術的・資金的援助の提供, 社会的説明責任の明確化, 環境面で持続可能な技術の採用, 地場流通および貿易取引の促進, 社会経済発展の促進, などに運動の力点がある. 日本では,「草の根貿易」と呼ばれることもある. (水野正己)

### ふえいようか　富栄養化 (eutrophication)

湖沼など閉鎖性水域では滞留時間が長いため, 窒素やリンなどの栄養塩類の濃度が高いと, 太陽光による光合成によって植物プランクトンが大発生する. この植物プランクトンの中では, 表面にペンキを流したように浮かぶアオコ (ミクロキスティスなど) が富栄養化の象徴として受け止められている. 植物プランクトンが大発生するとそれを餌とする動物プランクトンが増殖する. この中には赤潮, あるいは淡水赤潮といわれる種類のものもあり, 魚類を大量に死滅させる場合がある. またある種の動物プランクトンは悪臭の原因になって, 飲料用水としての適性をきわめて悪くする. またこれらの増殖した動植物プランクトンの遺骸は湖底に沈殿し, COD や BOD 濃度増加の原因になり, さらには湖底近くの水塊を嫌気状態にし, 鉄やマンガンなどの金属の溶出を誘うなど二次, 三次の水質汚濁を引き起こす. これらを総称して富栄養化という. 閉鎖性水域での富栄養化は本来自然的に起こる現象であるが, 集水域の人間活動によりそれが過剰に進行して問題となる. 富栄養化物質の発生源は, 家庭・畜産・工業・処理場などの特定発生源と山林・農地・市街地・降水・地下水などの非特定発生源に大別される. 熱帯においても処理不充分な家庭・産業排水や農地からの肥料の流入により水域の富栄養化が起こっている. また建設直後のダム湖では, 沈水した植物が高水温のため速やかに分解し, 湖水の無酸素化や栄養塩回帰に伴う植物プランクトンの大発生が起こる.

(三沢眞一・村瀬 潤)

### フェオゼム (Phaeozems) → FAO-Unesco 世界土壌図凡例

### フェノロジー (生物季節学 phenology)

季節の推移に伴って生じるさまざまな生物現象を, 気象や気候との関連で研究する分野. 植物の場合には, 開花, 結実, 開葉, 落葉などが, 動物の場合には, 鳥の渡り, ほ乳類や昆虫の休眠, 昆虫の羽化, 変態などが対象となる. これらの生物現象は, 生物の置かれている環境条件, 特に気象条件によって制御されているため, 継続的な気象の観測によって, 例えばサクラや果樹の開花日の予想が可能となる. 一方, 伝統的な農業暦などでは, 生物季節学的な観察に基づいて, 必要な農作業を

開始する時期を決定することが行われてきた.

温帯では,気温と日長の季節較差が大きいため,生物季節を制御する主要因は,温度や日長条件である場合が多い.熱帯ではこれらの要因の変動は小さいかわりに,水分環境の季節較差が最も顕著であり,生物季節も水分環境と強く関連している場合が多い.

(神崎 護)

**フェラリットか　フェラリット化**(ferrallitization)→ラテライト化

**フェラルソル**(Ferralsols)→ FAO-Unesco 世界土壌図凡例

**フェロモン**(pheromones)

雌雄のいずれかにより分泌される性フェロモン sex pheromone は,通常雌が放出し雄がそれを感受して配偶行動が生ずる.鱗翅目155種について282種類のフェロモン成分が明らかにされている.農業害虫対策のため合成フェロモンによる大量誘殺法,交信攪乱法などが開発実用化されている.集団生活する社会性昆虫以外にも生活環の一時期に集合生活する昆虫類ドクガ類・ハバチ類幼虫,ゴキブリ類にみられる集合フェロモン aggregation pheromone がある.また,ミツバチ,アリ類が外敵の攻撃に対して,仲間に知らせる警報 alarm pheromone,働きバチ,働きアリにみられる,道しるべフェロモン trail pheromone,コクヌストモドキ Tribolium castaneum など一定空間内での最適密度維持のための産卵フェロモン ovipositional pheromone,社会性昆虫では仲間認知のための体表フェロモン cognition pheromone などがある.さらに,言葉としてのフェロモンは化学的相互作用による情報伝達に利用される.

(日高輝展)

**フェーン**(foehn)

山越えをして吹き降りてくる比較的高温で乾燥した風.ヨーロッパアルプスの谷間に吹く南よりの暖かい乾燥した強風の呼称であった.現在では,山越え気流による風下側での気温上昇を表わす一般用語(フェーン現象).成因としては次の二つが考えられる.① 潜熱の放出によるもの:湿潤な気流が山越えをする際に,風上斜面を上昇するときには水蒸気を凝結させながら約 0.5 ℃/100 m の湿潤断熱変化で降温し,降水によって水分を失った気流が風下側で約 1 ℃/100 m の乾燥断熱昇温で吹き降りてくると,乾燥して高温な風となるタイプ.これは,風上側の降水量に相当する水蒸気の潜熱が風下側の昇温に対応すると考えられる.② 力学的な要因によるもの:上空の温位の高い空気が下層の温位の低い空気を押しのけ,力学的に風下側の斜面にまで降下することにより生ずる乾燥した昇温のタイプ.現実のフェーンは ①② の両方の要因によるものも多い.

(佐野嘉彦)

**フォックステールげんしょう　フォックステール現象**(fox-tail)

カリビアマツ,メルクシマツ,オーカルパマツなどの熱帯性マツで,幹の数 m の高さまで側枝が形成されず,狐の尾のような樹形を呈する現象.特に湿潤な低地降雨林地帯で見られる現象で,なかでもカリビアマツで多くの事例が知られている.気象条件が関係しているという説や,土壌の肥沃度が関係しているという説,産地・系統による遺伝的形質と環境の交互作用とする説もあるが,まだはっきりしたことはわかっていない.

(浅川澄彦)

**フォーレージハーベスタ**(forage harvester)

牧草やコーンなどの飼料作物を大量に細断・収穫する機械である.

(杉山隆夫)

**ふかみずかんがい　深水灌漑**(deep-water irrigation)

深く湛水する灌漑方法.排水不良地で結果的に深水になる場合と用水供給が不確実な地区で事前に必要水量を田面に貯える場合がある.

(河野泰之)

**プカランガン**→農林複合農業,屋敷畑耕作

**ふかんじょうさん　不感蒸散**(insensible perspiration)

動物の汗以外の蒸散によるものをいう.こ

れらには皮膚の真皮の水分が角質層を通過して表面に出て蒸散するものと，呼吸気道粘膜表面からの水分蒸散とがある．皮膚表面での汗腺以外からの水分蒸散と呼吸気道からの水分蒸散は意識されないので不感といわれ，意識される発汗と区別される．皮膚からの不感蒸散量は皮質の水蒸気圧と皮膚表面に接する空気の水蒸気圧の差に比例する．呼吸気道からの不感蒸散量は蒸気圧の差と換気量の二つの要因によって定まる． （鎌田寿彦）

### ふきゅうせいびょうがい（じゅもくの）　腐朽病害性（樹木の）（wood rot, wood decay）

樹木が病原菌の寄生によって生立木の時点で，心材や辺材の腐朽分解が起こる現象を腐朽性病害，生立木腐朽，あるいは材質腐朽病害と呼んでいる．腐朽性病害は，さまざまな樹木に発生し，材の利用上最も問題となる病害である．一般に，腐朽性病害は外観から被害の発生や被害程度を見分けることはむずかしく，子実体（キノコ）が発生してはじめて被害に気づく場合が多い．また腐朽病害は他の病害と異なり，菌の感染から被害発生までに時間がかかるため，菌類の感染経路や被害を再現することは難しく，防除は非常に困難である．木材腐朽は，腐朽菌の生産する酵素によって心材，辺材のセルロース，ヘミセルロース，リグニンが分解されるために起こる．木材の腐朽は，白色腐朽と褐色腐朽に大別される．白色腐朽は，木材中のセルロース，ヘミセルロース，リグニンの分解が同時に進行し，腐朽部位は白くなる．一方褐色腐朽は，セルロースとヘミセルロースが選択的に分解され，リグニンはほとんど分解されないために腐朽部は褐色となる．それぞれの腐朽を起こす菌類の種類は分類学的に異なっており，それぞれ白色腐朽菌，褐色腐朽菌と呼ばれる．前者は針葉樹，広葉樹の両方で見られるが，後者は針葉樹に多く，広葉樹では少ない．

一般に，腐朽性病害によって樹木が急激に衰弱・枯死することは少ないが，腐朽性病害が原因で枯死する場合もある．それは，辺材部の腐朽により水分通道が妨げられて樹勢が衰弱し，少雨，乾燥などの環境条件が引き金となって枯死する場合である．腐朽性病害に罹病した樹木は，台風や強風によって腐朽部からの幹折れ，あるいは根返りを起こしやすい．腐朽が発生する部位により，根株心材腐朽（butt heart rot），根株辺材腐朽（butt sap rot），樹幹心材腐朽（stem heart rot），樹幹辺材腐朽（stem sap rot）に分けられる．

天然林における腐朽被害の詳しい調査事例は少ないが，*Shorea robusta*（インド）では心腐れ被害が73％に発生していた事例や *Ganoderma* spp. によって *Dipterocarpus alatus*（タイ）の50〜60％に心腐れ被害が発生していた事例などがある．またシマサルノコシカケ（*Phellinus noxius*）による被害報告も多い．一方人工造林地においては，*Acacia mangium* の心腐れ被害など，最近腐朽性病害の発生事例が多く報告されている． （伊藤進一郎）

### ふくごうかんきょうせいぎょ　複合環境制御（integrated environment control）

温室の環境制御方法の一つ．温室環境としては，気温，湿度，光強度，風速，炭酸ガス濃度，地温，土壌水分（養液栽培制御）などが制御可能なものとして挙げられる．最も単純なシステムでは，これらの要因を個別にセンサで測定し，オンオフ制御するが，大がかりになると環境要因を個別に制御することは，エネルギー・経費の両面から無駄が多くなる．作物を取りまく環境要因は互いに関係しあっているので，生育にとって最適で，経費的にも合理的なプログラムをコンピュータに組み込んで，複数の環境要因を関連させて同時に制御する方法がとられる．これを複合環境制御という．具体的には，最も制御しにくい日射量の瞬時値・積算値をもとに天候を判断し，作物の物質生産活動が最も活発となるような日中の環境条件を与え，また夜間温度についても同化産物の転流を促す時間帯と，転流が終了した後の呼吸抑制時間帯に分けて，総合的に環境条件を制御する方法が採られること

が多い.　　　　　　　　　　　(篠原　温)

**ふくごうけいやく　複合契約**(interlinkage)
途上国の農村においては，しばしば地主と小作農の間で，土地の賃借と同時に信用の供与も行なうような契約が結ばれる．このように，複数の市場にわたって相互依存的な契約が同時に行なわれることを複合契約あるいはインターリンケージという．上記の信用契約と小作契約のインターリンケージの他にも，商人が金貸しとしての役割をも担い，商品の売買契約と同時に信用契約が結ばれるといった例がある．このような取引が行われる理由として，リスクの存在，情報の非対称性の問題がある．信用契約を考える場合，途上国には返済を強制する法律的な機構が存在しないことが多く，貸し手と借り手との間に何ら結びつきがないとすると借金踏み倒し確率が高くなるが，土地契約や商品取引が同時に行われることによって，モラルハザードの問題が緩和され貸し手のリスクが軽減される．また，このような契約形態は取引費用の削減といった意味も持つ.　　　　　(上山美香)

**ふくごうしゃかい　複合社会**(plural society)
異なる社会の構成要素が融合することなく，併存する社会．J. S. Furnivall が植民地期インドネシア研究で適用した概念．
　　　　　　　　　　　　　　(見市　建)

**ふくごうていこうせい　複合抵抗性**(multiple resistance)
単一の病原でなく，複数の病原に対して示す抵抗性をいう．　　　　　(梶原敏宏)

**ふくごうのうぎょう　複合農業**(mixed farming)
農業経営において，農作物栽培と家畜飼養を組み合わせて，草地，または作物の残滓による家畜飼養と家畜の堆・厩肥による畑，水田土壌の肥沃性の維持を図ることによって，資源の有効な利用をはかる歴史的なシステム．→農牧複合農業　　　　　(高村奉樹)

**ふくこうはい　複交配**(double cross)　→一代雑種

**ふくごうひんしゅ　複合品種**(composite variety)　→合成品種

**ふくさく　複作**(polyculture)
一年間という期限に限らず年を越える複数作物の複数回数からなる作付方式で複合作付体系の多様化をいう．multiple cropping より古く中国で使われていた概念であり(石塚)例えば水稲とサトウキビの数年にわたる作付体系がこれに当る.　　　　(西村美彦)

**ふくろかけ　袋かけ**(bagging)
果実の外観保持やミバエなど病虫害の被害回避のため，幼果～収穫期に新聞紙やポリエチレン袋をかけること．マンゴ，グアバ，スターフルーツ，レンブなどで行われる．
　　　　　　　　　　　　　(片岡郁雄)

**ふこうきさいばい　不耕起栽培**(no-tillage cultivation)
耕起しないで播き溝を切り播種する．有効・経済的な除草剤の使用が前提となる．直播法．→最少耕起栽培　　　(三宅正紀)

**ふこうきはしゅき　不耕起播種機**(no-tillage planter)
不耕起栽培は，前作物の収穫後の圃場を耕起せずに次の作物を育成する栽培技術で，欧米では土壌侵食および乾燥地帯の水分蒸発の防止を主目的として，トウモロコシ，ムギ，ダイズを中心に普及している．日本では作業の省力化，適期播種，発芽時の水分環境改善などを目的として，ムギやダイズなどでの実例がある．不耕起播種機は，圃場内に前作物の残渣が多いことや土壌が硬いことなどの条件に対応出来るように，作溝器に特徴があり，ディスクを駆動させてわらなどを処理するとともに播き溝を切り，その中へ種子を落下させるものである．種子繰出装置は条播機や点播機と同じ機構である．　　(永田雅輝)

**フジマメ**(Lablab bean)
学名：*Lablab purpureus* ( L. ) Sweet cvs. Rongai, Highworth, 和名：フジマメ，ラブラブビーン．一年性あるいは短年性のつる性の暖

地型マメ科牧草である．1属1種である．2n＝20, 22, 24．熱帯アフリカ，熱帯アメリカ，東南～南アジアに広く分布する．

葉は7～15 cmの広い3枚の小葉からなり，茎は細かい毛があり，3～6 mにもなる．種子はその臍部分に目立つ白線があるのが特徴であり，3,000～4,000粒/1 kgである．根粒菌はカウピー型である．年間降雨量が400 mm以下でも生育可能であり，比較的耐旱性は高いが，耐湿性は低い．開花は短日性で，花色はRongai（ロンガイ品種）で白，Highworth（ハイワース品種）は紫である．

同草種は牧草でもあるが，種子は熱帯地域，特に熱帯アフリカではヒトの食糧でもある．

播種量は5～10 kg/haで，トウモロコシ，ネピアグラスなどの長大飼料作物との混作では高い生産性がある．これまでの資料では，年間数回の刈り取り利用で単作で4～5 t DM/haが得られている．飼料としての価値は消化率で60～70％，粗タンパク質で10～22％と高い． (川本康博)

**ふしょく　腐植**（humus）→土壌有機物

**ふしるい　節類**（boiled and smoke-dried fish fillet）

かつお節，まぐろ節，さば節，いわし節およびそれらを削り機で薄片にした削り節などを総称して節類という．調味料として用いられ，代表的な製品はかつお節である．

**かつお節**（boiled and smoke-dried skipjack fillet）：かなり古い時代から製造されていたものと推定されているが，現在のような焙乾法により製造されるようになったのは，約300年ほど前からといわれている．その後，製造法にいろいろな改良が加えられ，現在では製造工程の多くの面に機械が取り入れられている．

原料：カツオが用いられる．カツオは温帯・熱帯水域に広く分布する魚で，日本近海では，春先に南方水域から黒潮に乗って北上し薩南海区，伊豆諸島海区を経て秋には東北海区へ索餌回遊するものと，吐噶喇列島・沖縄水域や伊豆諸島・小笠原水域に周年出現する瀬付性のものとがある．回遊性のカツオは，春先から秋口にかけて次第に肥満していき，脂質含量が高くなる．かつお節の品質は，原料魚の脂質含量の影響を強く受け，高過ぎても，低過ぎても香味の良い製品はできない．かつお節の原料には，脂質含量が1～3％程度のカツオが適している．日本近海で漁獲されるカツオのほか，南方海域で漁獲・冷凍されたカツオも節の原料に使われる．

かつお節の製造法は，地域により多少異なるが，生切り，煮熟，焙乾，カビ付けなどの主要工程は変わらない．静岡県下で行われている製造法は，次のようである．

生切り：頭切り包丁で頭部，腹肉の一部（はらも）および内臓を除去する．清水中で血抜き後，背皮突き包丁で背びれ（背皮）を除き，身降ろし（みおろし）包丁で魚体を上身（うわみ），下身（したみ）および背骨（中落ち，なかおち）の三枚降ろしにする．原料魚が3 kg以下の小形の場合には，上身，下身から1枚ずつ合計2枚の節を製造する．これらを亀節（かめぶし）と呼ぶ．3 kg以上の大形のカツオの場合には，上身，下身をそれぞれ側線に沿って身割り包丁で背肉部と腹肉部とに分割し，背肉部から雄節（おぶし）を，腹肉部から雌節（めぶし）を製造する．これらの節を本節（ほんぶし）といい，1本のカツオから雄節2本と雌節2本合計4本の本節が製造される．

かご立て：身降ろしした肉片を，煮かごに形を整えながら順次並べて煮熟の準備をする．この操作をかご立てという．

煮熟：かご立てをした煮かごを数枚ずつ重ねて煮釜へ入れ，煮熟する．煮かごを入れるときの煮熟水の温度は，原料魚の鮮度が良好な場合には魚肉の急激な収縮による身割れを防ぐため，やや低めの75～80℃とし，一方鮮度が劣る場合には85～90℃とやや高めにして，魚肉が強めに収縮するようにする．煮かごを入れたら煮熟水の温度を90～95℃ま

で上げ，その温度で亀節では45～60分間，本節で60～90分間煮熟する．

かご離し・骨抜き：煮熟が終了したら煮釜から取り出し，放冷する．次いで，水中で煮熟肉中に埋没している骨を抜き取り，さらに雄節では頭部側から2/3弱，雌節および亀節では1/2弱の皮を皮下脂肪と共に取り除く．骨を取り残すと，乾燥に伴って節はねじれなどの変形を起こす．

水抜き焙乾（みずぬきばいかん）：節をせいろうに並べ，これを数枚ずつ重ねて火山（ひやま）に乗せ，火床（ひどこ）で堅木の薪を燃やして焙乾する．この焙乾を水抜き焙乾または一番火（いちばんび）という．火床から対流により上昇してくる空気の温度を110～140℃に約1時間保ち，節の表面が黄褐色になるまで焙乾する．焙乾終了後，せいろうを火山から降ろして翌日まで放冷する．

このような焙乾法を手火山式（てびやましき）というが，このほか耐火性の壁で囲った大形の炉の上に鉄製の棚を2～4段設け，棚の上に節を並べて焙乾する棚式焙乾法がある．

修繕：水抜き焙乾の翌日に修繕を行う．節の身割れや損傷した部分に，そくい（もみ）を竹へらでよくすり込んで整形をする．そくいは，カツオの生肉に煮熟肉を加え，よく擂かいしたのち裏ごししたものである．

焙乾：修繕後直ちに焙乾する．これを二番火という．水抜き焙乾と同様に行うが，火力は水抜き焙乾のときより弱めにする．焙乾後せいろうを火山から降ろし，翌日まで放冷する．このようにして，亀節の場合には八～十番火まで，本節では十～十二番火まで焙乾する．焙乾が進み，水分が減少してくると，節の表層部が強く焙乾するようになる．このようなときには，焙乾を1日または2日間休んで，節表面から水が蒸発するのを抑え，節内部の水が表層部へ拡散するのを促がす．この操作をあん蒸（あんじょう）といい，このような焙乾法を間歇焙乾（かんけつばいかん）という．焙乾が終わった節は，表面がタールでおおわれ，黒褐色を呈するので，荒節（あらぶし）または鬼節（おにぶし）という．

日乾：荒節をむしろ上で，1日天日乾燥する．

削り：荒節を樽か木箱に詰めて3～4日間放置すると，タールでおおわれた節の表面は湿り気を帯びてくる．このとき，皮の付いている部分を残して節の表面を削り包丁で薄く削り取る．削りは，節の整形と，次のカビ付け工程でカビの繁殖を容易にするために行う．包丁に代えて，サンドペーパーを張ったグラインダーを用いて荒節の表面を削り取る地方もある．表面を削った節は，赤褐色を呈するので，裸節（はだかぶし）または赤むき（あかむき）と呼ぶ．

カビ付け：裸節を2,3日間天日乾燥後，カビ付け用の樽または木箱に詰めてふたをしておくと，夏季の気温の高い時期には10日前後で，節の表面は青緑色のカビでおおわれてくる．これを一番カビ付けという．カビの付いた節は，むしろ上で天日乾燥すると共に，付着したカビをブラシで払い落とす．再び木箱に詰めて，二番カビ付けを行う．このようにして，一般にカビ付けは四番カビ付けまで行われる．繁殖するカビの種類については，初めに繁殖する青緑色のカビはペニシリウム属（Penicillium）のものであるが，カビ付けが進むにしたがって淡緑灰色のアスペルギルス属（Aspergillus）のものへ変化するという説と，最初からアスペルギルス属のカビが付く，とする説とがある．

最近，温度と湿度を適度に調節した室の中でカビ付けを行う地方もある．また，不良カビの繁殖を抑制し，かつお節の優良カビであるアスペルギルスグラウカス（A. glaucus），アスペルギルスルーバー（A. ruber）およびアスペルギルスリペンス（A. repens）の繁殖を促がすために，純粋培養したこれらの優良菌の胞子を種菌として裸節に散布することも行われる．

カビ付けの効果については，不明な点も多いが，一般に次のような効果が認められている．① 優良カビの繁殖により水分および脂質が減少する，② かつお節特有の香気が発生する，③ 優良カビが繁殖することにより，不良カビの繁殖が抑制される，④ 繁殖しているカビの色から節の乾燥度を推定できる，⑤ だし汁が濁らない．

四番カビ付けが終わり，仕上がった節は本枯節（ほんがれぶし）という．このときの節の水分は 18 % 前後であるが，その後の貯蔵中に日乾するので，水分は減少し，市販されるときには 13～15 % となる．

製造歩留り：亀節について，歩留りの変化を製造工程を追って調べた一例を示すと次のようである．頭部・内臓除去後 (63.5 %，原料魚に対して，以下同じ），身降ろし後 (57.4 %)，煮熟・骨抜き後 (51.9 %)，水抜き焙乾後 (43.7 %)，八番火後 (27.4 %)，削り後 (21.5 %)．削り後，日乾，カビ付け工程で水分はさらに減少し，本枯節の歩留りは亀節で 18 % 程度，本節では 16～17 % となる．

その他の節類：まぐろ節，さば節，いわし節などが製造されるが，いずれも削り節の原料とされるため，生切り，焙乾，カビ付けなどは，かつお節製造におけるほど丁寧には行われない．

削り節は，かつお節（荒節または二番カビ付けまで行ったもの），さば節，いわし節などを，蒸気で蒸してから削り機で薄片にしたものである．薄片にすると，節は特有の芳香や色調を消失し易くなる．薄片をプラスチック製の小袋に詰め，袋内を窒素ガスで置換することにより，こうした劣化はある程度防止できる．

香味について：かつお節だし汁のうま味は，長い間イノシン酸（inosine 5′-monophosphate, IMP）のヒスチジン塩によるものと信じられていた．しかし，IMP とグルタミン酸との間にうま味の相乗効果が見出されて以来，かつお節だし汁のうま味には，主として IMP とグルタミン酸との相乗作用および共存する各種遊離アミノ酸が寄与しているものと考えられている．ただし，かつお節だし汁の分析結果に基づいて IMP および各種アミノ酸から調製した人工エキスのうま味は，かつお節だし汁より淡白であることから，かつお節特有の芳香もうま味性に寄与しているものと推定されている．　　　　　　　（小泉千秋）

**ブタ　豚**（pig, swine）

ブタは，今から 8 千年前には今日なお世界各地に現存する野生原種のイノシシから家畜化された．家畜化があちこちで多元的になされた可能性が高く，世界の 3 大品種分化センターは中国，イギリスを含むヨーロッパ北西部と 19 世紀後のアメリカである．用途は，単純明快に食肉生産用であり，ウシ，ウマのような多様性もなく祭事や儀礼的使役に登場することもほとんどない．ただし，皮革・被毛などの生産物は付加的に利用されているし，最近ではヘアレス・ミニピッグの作出などが医学研究用に期待されている．品種資源は，ヨーロッパでこの 1 世紀足らずに作出されたランドレース（デンマーク系，イギリス系，オランダ系など）を筆頭に大ヨークシャー，バークシャー，タムワース，ピエトレンなどが，アメリカではアメリカ系ランドレース，デュロック，ハンプシャーなどが作出され，養豚産業で国際的に供用されている．中国も実に豊富な品種資源を有するものの，現代的な養豚産業に直結する品種とはなっていない．10 数年前にフランスと日本で多産性に注目し導入された梅山豚（めいしゃんとん）は，品種造成にまだ成功してない状況にあるが，有望品種の発掘・造成に今なお国際的に注目されてはいる．ブタは，定着農耕社会に受け入れられたが，遊牧民社会から拒絶された．これは遊牧が苛酷な環境下で往々にして生死の極限的判断を迫られることが多いことから考え抜き，ブタの乾燥地飼育の不適性，豚の掃除夫的生態に対する不潔観（寄生虫や発病回避の意識もあろう），遊牧民の豚飼育定

着農耕民に対する敵対的優越感意識などがミックスして醸成された思想と思われる．イスラム教は遊牧民の宗教であり，その教えは生活全般・社会システムの規範となるほど他の世界宗教(キリスト教・仏教)よりも堅固であり，徹底したブタに対する忌避行動が示されることが多い．ユダヤ教徒にとっても，ブタは同様な位置づけになっている．熱帯・亜熱帯のイスラム教支配下地域では豚飼育はほとんどみられない．だが，熱帯アジアでは様相が少し異なってくる．インドでは，ヒンズー教徒からも不浄な動物として嫌われているが，指定カーストなどの社会的地位の低い貧農に未改良在来豚が飼育され，国立・州立機関では欧米品種が改良用に飼育されている．が，他の畜種に比べれば積極的ではない．イスラム教徒の多いインドネシアでは，国内各地に点在するキリスト教系住民によってバリ豚・バタック豚・ニアス豚などの小型の在来豚が飼育されている．また，経済力の強い華僑系住民やシンガポールに対し，近代的な欧米品種による養豚場から豚肉が供給されているようである．タイやフィリピンなどにも，台湾の小耳種タイプに似た小型の在来豚が多くの各地で飼育されていることが調査されている．熱帯地域で，ブタは宗教による民俗性抜きでは語れない家畜である．　　(建部　晃)

**ぶたすいほうびょう　豚水疱病**(swine vesicular disease)

豚水疱病ウイルス感染による豚固有の伝染で症状は口蹄疫に類似．伝播力弱く低死亡率．　　　　　　　　　　　　(村上洋介)

**フタバガキかじゅもく　フタバガキ科樹木**(Dipterocarps)

東南アジア熱帯で最も適応放散した樹木の一群で，3亜科，17属，570以上の種からなる．アジア熱帯では，フタバガキ亜科(Dipterocarpoideae)の14属530種近くが分布し，アフリカ熱帯ではモノテス亜科(Monotoideae)の2属40種前後が，南アメリカではパカライマエア亜科(Pakaraimaeoideae)の1属1種とモノテス亜科の1属1種の分布が確認されている．

東南アジアでは主要な木材資源となっており，サラノキ属(*Shorea*)はラワンやメランティの名で，フタバガキ属(*Dipterocarpus*)はアピトンやクルインの名で流通している．*Shorea macrophylla* などの果実(イリッペ・ナッツ illipe nuts)，*Neobalanocarpus* 属などから採取される樹脂(ダマール)，*Dryobalanops* 属からとれる竜脳などはフタバガキ科の代表的な非木材産物である．

フタバガキ科樹木は主に外生菌根(*ectomycorrhiza*)と共生しており，苗圃での菌根菌の接種は，苗の生長と生存率を飛躍的に上昇させることが知られている．また隔年結果現象と一斉開花は，フタバガキ科で顕著に見られる．　　　　　　　　　　(神崎　護)

**フタバガキかじゅもくのがいちゅう　フタバガキ科樹木の害虫**(insect pests of dipterocarps)

東南アジア熱帯で重要な樹木であるフタバガキ科樹木は種数も多く，これらを加害する害虫の種数も単純ではないが，幹に孔をあけ被害を与える穿孔性害虫，葉を摂食する食葉性害虫および種子を加害する種子害虫などがある．穿孔性害虫は種類が多いが，そのほとんどはカミキリムシ科に属する．*Celosterna pollinosa sulphurea* は，タイで *Dipterocarpus alatus* に穿孔し材質を著しく劣化させ，若齢木が加害されると生長が遅滞する．成虫は体長約4cmで，4～8月にかけて幹や太枝に産卵する．本種は *Anisoptera costata* にも激しい被害を与える．また，*Shorea robusta* には，アジアに広く分布する *Hoplocerambyx spinicornis*(体長約5cm)が加害し枯死させることがあるほか，*Gnatholea simplex* が辺材部に穿孔し害を与える．このほか，トラカミキリ類(*Chlorophorus* 属)，ミヤマカミキリ類(*Massicus* 属)，*Dorysthenes* 属，*Aeolesthes* 属などの数種がフタバガキ科樹木を加害することが報告されている．カミキリムシ科以外で

は, ゾウムシ科の Rhynchites contristatus が Hopea parviflora の若い枝を輪状に食害し, 先端部を萎凋させることが知られている. 食葉性害虫では, ドクガ科の数種の幼虫が激しい被害を与える. 特に, アジア西部に分布する Dasychira horsfieldii は多くの双子葉樹木を食害するが, フタバガキ科の Dipeterocarpus, Shorea, Hopea 属などの樹種も加害される. 種子害虫としては, ハマキガ科の Enarmonia pulverula が, インドで Dipterocarpus 属, Shorea robusta の種子に穿孔し害を与えることが知られている. また, Alcidodes crassus などのゾウムシ科甲虫は Dipterocarpus, Hopea, Shorea 各種の果実に食入し種子にも著しい被害を与える. (後藤忠男)

**フタバガキかじゅもくのびょうがい　フタバガキ科樹木の病害** (diseases of dipterocarps)
熱帯林を構成する主要な樹種であるフタバガキ科樹木には, 葉枯病, 枝・胴枯病, 土壌病害などの発生記録があるが, 樹種が多様であり, 天然林内において急激に発生し蔓延するような病害の発生はほとんど記録にない. しかし, 材の利用上からは腐朽性病害 (→腐朽性病害) が潜在的には重要な病害で, マンネンタケ属菌 (Ganoderma spp.) やキコブタケ属菌 (Phellinus spp.) による辺材, 心材の腐朽被害が報告されている.

近年フタバガキ科樹木の人工造林が進められるようになったが, それに伴って苗畑や造林地で病害の発生が報告されている. 炭疽病菌 (Colletortichum gloeosporioides, マレーシア) による Shorea spp. 苗木の葉枯れ, Cylindrocladium, Cylindrocarpon, Fusarium 属菌などによる Dipterocarpus 属苗木の枯死などの報告がある. しかしフタバガキ科樹木の病害は, 特定の種, 特定の地域で断片的に報告されているにすぎず, 詳しい調査事例が少ない. (伊藤進一郎)

**フタバガキかのもくざい　フタバガキ科の木材** (dipterocarp timbers) →南洋材 (フタバガキ科)

**ぶたはんしょくこきゅうしょうがいしょうこうぐん　豚繁殖呼吸障害症候群** (PRRS; porcine reproductive and respiratory syndrome) →付表33

**ブッフェルグラス** (buffel grass)
学名: Cenchrus ciliaris L., 一般名: Buffel grass, ブッフェルグラス, アフリカンフォックステイル. 南アフリカ原産で, 熱帯各地に自生する. 叢生型で 1.5 m 以上の草丈に達し, 非常に深く強力な根を張る永年生暖地型イネ科牧草である. 比較的乾燥した気候に適し, 砂質土壌を好み重質土での生育は良くない. 耐寒性はあまりない. 冠水にも弱い. 一部の有性生殖系統を除き, 単為生殖 (アポミクシス) である. 穂は特徴のある狐の尾状で多くの小穂からなる. 暖地型イネ科牧草の中で, 粗タンパク質含量や消化率は比較的高いが, 成熟に伴うその低下は著しい. 種子からの定着が容易で, 一旦定着すると蹄傷や火入れに対し耐性が強い. タウンズビルスタイロとの組み合わせで良好な混播効果が得られている. (川本康博)

**ぶつり/きかいてきぼうじょ　物理/機械的防除** (physical / mechanical control)
害虫を物理的・機械的手段により死滅・繁殖率を低下させ, あるいは農産物を害虫の加害から守る方法. 一般には時間・労力・費用が掛かり, 大規模実施は困難な場合が多く, また耕種的防除などと重なる部分がある. 捕殺 (幼木のアゲハチョウ Papilio 幼虫)・刺殺 (コーヒーのカミキリムシ Dirphya 幼虫・コーヒーのナガシンクイムシ Apal e 成虫)・焼殺 (野焼きによる家畜寄生性ダニ類)・遮断 (樹幹バンド・スプレイバンドによるコーヒーカミキリ Anthores 成虫, コーヒーハマキガ Eucosma 成虫, ジャックフルーツ果実の袋掛けによるミバエ産卵防止)・温湯処理 (球根のダニ・ショクガバエ幼虫, マンゴ果実のミバエ幼虫)・高温乾燥 (乾燥炉 kiln による木材害虫)・珪藻土や焼き稲籾殻を用いたマメ類種子の保存・低温保存 (ボリヴィアの低地サンフアン

[海抜 280 m 前後] で栽培した米を精米, ラパスのアルト地区 [海抜 4,200 m] まで運んで保存 [主として品質保持], 必要に応じて低地に戻す) など. 温帯地方で使用される電気・光・黄色トラップ・粘着テープ・網・超音波 (ネズミ) などは資材・コストの点から熱帯での利用は一般的でない. (持田　作)

**ぶつりてきしゅうふく　物理的修復** (physical remediation) →環境修復

**ぶつりてきふうか　物理的風化** (physical weathering) →風化

**ふていせいびょうがい　不定性病害** (indefinite disease)

腐生菌などが特殊環境下で病原となり生じる病気. →病気の種類と病原　　　(守中　正)

**ふなどおし・こうもん　舟通し・閘門** (lock)

堰などに設ける船を通すための施設. 閘室内の水位を上下流の水位に調節して入出させる. (佐藤政良)

**ふにゅう　腐乳** (sufu)

腐乳は乳腐ともいわれ, ダイズを主原料として, 中国および台湾でつくられる発酵食品である. 生産地により多様な腐乳がある.

その製法は, 生産地で異なるが, 通常, ダイズから豆腐をつくる工程, 豆腐に糸状菌を生育させカビ付け豆腐をつくる工程, カビ付けした豆腐を食塩を含む諸味に漬け込んで熟成させる工程の, 3段階の工程がある.

カビ付けに利用される微生物としては, *Actinomucor* 属, Mucor 属や *Rhizopus* 属の糸状菌が知られている. また, 漬け込む諸味も, 酒の諸味 (もろみ) を使うもの, 味噌や醤油風なもの, 紅麹を含むものなど多様である. 特に, *Monascus* 属を利用した紅麹を含む諸味で熟成された腐乳は紅色をしており, 紅腐乳と呼ばれる. (新国佐幸)

**ふにんざい　不妊剤** (chemosterilants)

aphamide, apholate, tepa, metepa, hemel, hempa, methiotepa, methotrexate, metyle apholate, morzid, tretamine など. →不妊化雄放飼法 (持田　作)

**ふにんちゅうほうしほう　不妊虫放飼法** (sterile insect technique)

害虫防除法の一種である. この方法は対象害虫を人工的に大量飼育し, 放射線照射によって不妊化したのち, 野外に放飼する方法である. 不妊化された雄が野外の雌と交尾すると, その雌の産む卵は正常に発育せず, 子孫を残すことができなくなる. 不妊化された雌は野外の雄と交尾しても, 卵を産まず子孫を残さない. そこで, 野外の害虫の数を上回る数の不妊虫を放し続けると, 野外の害虫の数はしだいに減って遂にはこれを根絶することができる.

この方法はアメリカ南部の家畜の害虫であるラセンウジバエ (*Cochliomya hominivorax*) を根絶するために E. F. Knipling によって発案され, 1954 年に南米のキュラソー島で実験的に成功したのち, アメリカのフロリダ州 (1959), テキサス州 (1964) など南部諸州と, メキシコ (1991) でそれぞれ根絶を達成した (括弧内の数字は根絶年). その後, 不妊虫放飼法は果実の害虫であるミバエ類 (fruit flies), リンゴ害虫のコドリンガ (codling moth), アフリカの家畜害虫ツェツェバエ (tsetse flies) などで試みられ, これらの害虫を地域的に根絶することに成功している.

不妊虫放飼法は全ての害虫に適用できる方法ではない. Knipling はその成功の条件として, ① 対象害虫を大量飼育できること, ② 不妊虫が野外でよく分散すること, ③ 不妊化によって雄の交尾行動が変わらないこと, ④ 雌は一生に1回しか交尾しないか, もし多数回交尾する場合には不妊雄の精子が雌の体内で正常な雄の精子と競争できること, ⑤ 対象害虫の密度がもともと低いか他の方法で低くすることができ, 不妊虫がこれを上回ることが経済的に可能なこと, の5点を挙げた. このほかに, 根絶対象地域が島のように隔離されているか, 十分に広くて周囲から移動してくる害虫の影響がほとんどないことも成功の条件である. したがって, この方法は個々の農

家が簡単に取り入れることはできない．成功例はいずれも，上記の条件を満たし，広い地域を対象にしたプロジェクトとして行われたものである．

わが国では，ウリ類の害虫であるウリミバエ（*Bactrocera cucurbitae*）が，沖縄県八重山群島に1919年に侵入し1974年までに鹿児島県奄美群島まで分布を拡大したため，植物防疫法によりウリ類の本土への移出ができなくなった．この制限を解くため，1972年から不妊虫放飼法によって，これらの地域からウリミバエを根絶する事業が行われ，1989年に奄美群島，1993年に沖縄県全域で根絶を達成した．また東京都小笠原諸島ではカンキツなどの害虫で1925年ごろ侵入したミカンコミバエ（*Bactrocera dorsalis*）をこの方法によって1985年に根絶した．　　　　　（小山重郎）

**ブビンガ**（bubinga）→付表13（アフリカ材）

**ブーム・スプレヤ**（boom sprayer）

水平の長い管に多数の噴霧ノズルを取り付けたブーム（長桿）から走行しながら散布を行うトラクタ直装式または自走式の動力噴霧機械．　　　　　　　　　　（永田雅輝）

**ふゆほうしそう　冬胞子層**（teleutosorus, teliosorus）

さび菌の胞子型の一つである冬胞子（teleutospore, teliospore）を形成した胞子層を冬胞子層という．冬胞子は夏胞子と違って一種の休眠胞子で，発芽のときに前菌糸体（担子器）を生じる器官である．　　　　　（梶原敏宏）

**プライ**（pulai）→付表18（南洋材（非フタバガキ科））

**プライミング**（priming）

種子に一定の水分を与え，斉一な発芽をさせる処理．浸透圧処理，塩類処理などがある．　　　　　　　　　　　　　（高垣美智子）

**ブラジリアンローズウッド**（basilian rosewood）→付表21（熱帯アメリカ材）

**ブラジルウッド**（brasilwood）→付表21（熱帯アメリカ材）

**プラスチックハウス**（plastic house）→施設園芸

**プラスチックマルチ**（plastic mulching）

土壌表面を薄いフィルムで覆い，地温上昇，雑草抑制，蒸散防止，作物生育促進などを図る．　　　　　　　　　　　　（米田和夫）

**プラスミド**（plasmid）→バイオテクノロジー

**プラノソル**（Planosols）→FAO-Unesco世界土壌図凡例

**フラベド**（flavedo）→肉質

**プラヤ**（playa）

砂漠の内陸盆地の最も低い部分にみられる底の平坦な凹地．一時的に水をたたえるが普段は乾いている．シルト，粘土の堆積物からなり，しばしば塩分の析出，石膏，炭酸塩の堆積物を含む．プラヤとは北米やオーストラリアでの名称であり，南米ではサラール，サリーナ，イランではケウィール，中央アジアではタキール，南アフリカではパンと呼ばれている．→乾燥地形　　　　　　（荒木　茂）

**プランティン**→熱帯果樹，付表1, 22（熱帯・亜熱帯果樹）

**プランテーションのうぎょう　プランテーション農業**（plantation agriculture）

熱帯の代表的な農耕様式の一つにプランテーション（plantation）がある．この用語は最初，植民地集落（colony）と同義語として用いられたが，16世紀以降のヨーロッパ諸国の海外植民地進出に伴って熱帯作物を大規模に栽培する栽植企業農園を指すようになった．プランテーションの特徴は企業性，輸出向けの作物特性にあり，一般には熱帯，亜熱帯に適応した単一作物を大面積で生産し，その生産物を独占的に世界市場に輸出し，最大の利益を獲得することを目的とすることにある．これを可能にしたのが巨額の資本，高度の栽培技術と豊富な労働力であり，加工のための工場設備である．

プランテーションの歴史は，ヨーロッパの植民者が本国の保護のもとに南北アメリカの

広大な土地と，アフリカから導入した黒人奴隷労働によってサトウキビ，葉タバコを単一栽培する企業を16世紀後半に組織したのが始まりである．その後種々の変遷を経るが，19世紀になるとヨーロッパ諸国が産業革命を経て，経済発展を経験する．その間自由主義政策の展開に伴い，奴隷制度は廃止され初期のプランテーションは衰退した．一方，アジアでは19世紀になり，ヨーロッパ諸国はアジア原産香辛料の買い付けに加えて，熱帯各地から各種の作物を積極的に導入し，新しいプランテーションの経営を始めた．その後，組織，作目（チャ，コーヒ，ゴムなど），地域の変遷を経るが，そこに見られるのは一貫した大資本による熱帯農産物の国際市場の独占であり，それを可能にしたのは広大な土地支配と域外からの移民と安い現地労働者であったといえる．その繁栄は第二次大戦まで続くが，その後は植民地の相次ぐ独立によってプランテーションの性格は変化することになる．すなわち，熱帯地域への農業資機材の流通および加工部門に活躍するアグリビジネス企業の直営，契約栽培方式によるプランテーション作物栽培が行われるようになる．一方，開発途上国政府による小農の自立政策の一貫として，小農を組織化し，プランテーション作物生産に従事させ，農場の中核に設けた加工場へ作物生産物を計画的に供給させる核エステート方式がマレーシア，インドネシアで実施された．プランテーション作物の種類は大きく二つに分類される．その一つは一年生畑作物，その二は多年生作物であるが，後者は多年生畑作物（バナナ，サトウキビ，パインアプル），灌木作物（アラビカコーヒー，チャ）および樹木作物（カカオ，ゴム，ココヤシ，アブラヤシ）などである．このうち，チャ，コーヒー，カカオは18世紀末から19世紀に産業革命を経て定着した都市生活者による需要の増大，そして，ゴムは19世紀末から発達した自動車産業と関連して大々的にプランテーション栽培が行われた．

なお，プランテーションをマレーシア，インドネシアでエステート（estate），ブラジルではファゼンダ（fazenda）と呼ばれる場合がある．　　　　　　　　　　　（廣瀬昌平）

**プリンサイト**（plinthite）

有機物に乏しい，風化の進んだ粘土，石英の混合物．形態的には，三二酸化物（$Fe_2O_3$）に富む赤色〜暗赤色部と，白色部とがまだら模様（網状斑といわれる）をなす．湿潤状態ではプリンサイトはナイフで切れるほど柔らかいが，露出して湿潤と乾燥が繰り返される外気に曝すと不可逆的に硬化する．硬化したものはアイアンストーンと呼ばれ，もはやプリンサイトではない．　　　（三土正則）

**プリントソル**（Plinthosols）→ FAO - Unesco世界土壌図凡例

**ふるいわけ**（screening）→製粉機

**フルヴィソル**（Fluvisols）→ FAO - Unesco世界土壌図凡例

**ブルータング**（bluetongue）→付表33

**ブループリント・アプローチ**（blueprint approach）→参加

**ブルセラしょう　ブルセラ症**（brucellosis）

*Brucella melitensis* の感染によって起こる人獣共通感染症で，ウシ，ブタ，メン羊，ヤギ，ウマ，イヌ，その他の動物では早流産が，人では波状熱がみられる．*B. melitensis* には6種類の生物型があり，各生物型はそれぞれ比較的限られた宿主から分離されることが多いが，それ以外の動物にも感染する．*B. melitensis* biovar Melitensis の宿主はヤギ，メン羊であり，*B. melitensis* biovar Aabortus はウシ（ウシの伝染性流産）を，*B. melitensis* biovar Suis はブタ，野ウサギ，トナカイを，*B. melitensis* biovar Ovis はメン羊を，*B. melitensis* biovar Canis はイヌを，*B. melitensis* biovar Neotomae はサバクキネズミを宿主とする．ウシでは経口，経皮感染を起こし，また交配によっても伝播する．感染後，菌血症によりリンパ節，脾臓，乳腺，胎盤などに菌が運ばれそこで増殖する．乳腺で増殖した菌は乳汁

中に大量に排出される．また，胎盤で増殖した菌は胎盤炎を起こし，早流産（妊娠7～8カ月）の原因となる．感染牛は正常出産であっても生殖器から大量の菌を排出する．汚染乳汁や汚染胎盤，汚染悪露などが感染源となり，感染が広がる．清浄国では摘発・淘汰により清浄度の維持を計っているが，汚染国ではワクチンが接種されている．ヒトでは化学療法が行われるが，原因菌は細胞内寄生性であるため治療は容易ではない． （江口正志）

**プレートテクトニクス**（plate tectonics）

地球の表面が10～20個程度の硬いプレートに隙間なく覆われていると考え，各プレートが球面上で回転運動をする結果としてプレート間にさまざまな地学現象が起きるとする理論であり，地球内部が有するエネルギー（内的営力）によって形成された地形および地質構造を地球規模で統一的に考えるために発展した．また，そのようなプレート運動を引き起こす地球規模の物質循環様式に対してもプレートテクトニクスの語が用いられる．地球表層部のリソスフェア（lithosphere）が一体性を保ちほとんど変形することなくアセノスフェア（asthenosphere）の上を運動するとき，それをプレートという．すなわちプレートはほぼリソスフェアを指す．リソスフェアの下位にあるアセノスフェアはマントルがわずかに部分溶融していると考えられ，リソスフェアに比べて流動性に富み，密度も小さい．プレートは海洋地域を含む海洋プレート，大陸地域を含む大陸プレートに大別される．海洋プレートは中央海嶺で生成され，プレート運動にともなって移動し，海溝で沈み込む．海嶺で生成された海洋プレートは時間の経過とともに冷却して下位のアセノスフェアよりも密度が大きくなるため，海溝部で別のプレートの下へ潜り込み，アセノスフェアの中へ消滅する．一方，大陸プレートは密度の小さい大陸地殻を含むためアセノスフェアへ潜ることはない．このようなプレート運動はマントル対流の一部として作用しており，地球内部の熱の放出，物質循環にとって非常に重要な役割を担っている．2枚のプレートに挟まれる境界では，両プレートの運動方向と速度の差がもたらす相対的な運動方向の違いにより，ひろがる境界，せばまる境界，ずれる境界の3種類がある．せばまる境界には，①海洋プレートが他方の海洋プレートの下に沈み込む，②海洋プレートが大陸プレートの下に沈み込む，③二つの大陸プレートが衝突する，の三つの型があり，それぞれの境界では特有の地形が形成される．①の境界の例として伊豆-小笠原-マリアナ弧，②としてアンデス山脈，③としてヒマラヤ山脈が挙げられる．また，ひろがる境界の典型的な例としては中央海嶺，平行移動型としてはカリフォルニアのサンアンドレアス断層が挙げられる．プレート境界近傍では2枚のプレートの運動によってひずみが生じるために地震が多く発生する． （吉木岳哉）

**プレッシャーチャンバー**（pressure chamber）

pressure bomb ともいう．切り取った葉を，切り口を外に出して密閉容器に入れ，圧力を加えて，切り口から導管液が出始めるときの圧力を測定して水ポテンシャルを求める装置または方法． （寺尾富夫）

**プログラムえんじょ　プログラム援助**（program assistance）→プロジェクト援助

**プロジェクト・サイクル・マネジメント**（Project Cycle Management, PCM）

プロジェクトとは，一定の予算と人材で期間内に目標（開発効果）を達成すべく計画された事業である．終了後も参加した個人や組織が自律的に活動を継続し，新たに生じた問題に対処する能力・体制の確立を最終目標とする．プロジェクト・サイクル・マネジメント（PCM）は，計画→実施→評価の過程をプロジェクト概要表（Project Design Matrix, PDM）に基づいて管理運営する手法で，参加型計画手法（Participatory Planning）とモニタリングと評価手法からなる．米国国際開発庁

(USAID)のロジカル・フレームワークおよびドイツ技術協力公社（GTZ）のZOPPに起源を持ち，90年代初めに国際開発高等教育機構（FASID）が開発し，現在JICAなどで利用されている．全過程を基本的に同一のPDMを用いるので一貫性がある．問題構造，開発効果の発現プロセスが論理的に整理される．さまざまな立場の関係者が主体的に計画に参加できるが，参加者の範囲，質，進行のし方によって，計画の良否は大きく左右される．参加型計画は，援助側，被援助側双方の関係者によるワークショップの形で行われ，進行役（moderator）が中立の立場で司会進行し議論の整理を助ける．分析・計画立案過程が視覚化され記録に残る．ワークショップは以下のステップからなる．参加者分析：プロジェクトに直接・間接に関わる者（個人，組織）全てをグループ分けし，社会経済的地位，利害関係，関心，期待，プロジェクトへの参加可能性などを分析する．問題分析：問題の構造を「原因→結果」関係に整理し体系的に把握し，中心問題を特定する．4～5層からなるピラミッド型の問題系図が作成される．目的分析：問題系図で示された「原因→結果」関係を，問題が解決された望ましい状態を想定して「手段→目的」関係に変換する．目的系図の最下層に示されたことが具体的な活動内容となる．プロジェクト選択：目的系図からまとまりのある「手段→目的」体系を複数特定し，それらの得失を比較（受益者，住民ニーズ，目的達成の公算，政治的妥当性，相手政府の優先度，経済性，社会的リスク，他のプロジェクトとの関連，環境への影響など）して実施すべきプロジェクトを選択する．PDM作成：PDMはプロジェクトの概要を示す一枚の表．投入（人，物，金），活動内容，目標，波及効果，達成度の計測指標，達成に必要な外的条件などが論理的相互関係に沿って整理される．プロジェクトのモニタリングおよび評価もPDMに基づいて行われる．前者はプロジェクトの進捗状況のチェックで，必要に応じて計画内容やPDMも修正されるが，目標自体を変えることはなく，基本構造は一貫性が保たれる．後者の評価は，終了時に効率性，目標達成度，インパクト，計画の妥当性，持続性の5項目で行われ，今後のプロジェクト立案に教訓として活かされる．PDMを用いることによりプロジェクト実施者が途中で交代しても，また評価者が計画過程には関与していなくとも，プロジェクトの概要について共通理解が得られる． （横山繁樹）

**プロジェクトえんじょ　プロジェクト援助**（project assistance）

援助供与国または機関（ドナー）と被援助国との間で，支援される事業が事前に具体的に規定されている場合の援助．対象事業は，道路，発電所，灌漑設備，学校，病院といった社会・経済インフラの建設や，医療機器，消防車，放送設備などの機材供与の形態をとる．プロジェクト援助には，ドナーの貢献度を明示しやすいこと，被援助国の実施機関に対してドナー側から手厚い指導ができること，政権交代などの外的条件の影響を比較的受けにくいこと，といった長所があるが，他方では，事業完了後の運営・維持管理が現地側で十分にできないこと，便益の及ぶ地域および人口が限定されること，という短所が指摘されている．これに対して，近年，国際機関を中心に，具体的な事業を規定せずに資金協力を行う「プログラム援助」を重視する傾向が顕著にみられる．この援助方式は，被援助国の特定セクター全体の開発を視野に入れた包括的アプローチをとるため，必然的に被援助国政府がオーナーシップ（当事者意識）を持って政策立案，予算作成，実施にあたること，すなわち行政能力の強化をも狙いとしている．

（牧田りえ）

**プロトプラスト**（protoplast）→組織培養

**プロバイオテクス**（probiotics）

抗生物質（antibiotics）に対峙する概念．プロバイオテクス研究は腸内菌そうと宿主との相互作用の解明を柱とする腸内細菌学の応用

学であり，有用な腸内細菌を育成することで健康の維持・増進あるいは回復を図ることがその基本思想である．したがって，「腸内菌そうのバランスを改善することによって宿主動物に有用な影響を与える生きた微生物，ならびにそれらを含む食品」がプロバイオテクス本来の定義である．この定義では抗生物質との区別を明確にするため，生きていること，腸内菌そうの改善を伴うことの二点が強調されているが，微生物の菌体（死菌）や代謝産物が直接生体に作用する場合も広義のプロバイオテクスとして扱われる．

プロバイオテクスに利用される微生物は，腸内菌そうの優占種として知られる *Bifidobacterium* と *Lactobacillus, Enterococcus, Streptococcus* などの乳酸菌が主流となっている．*Bifidobacterium* 属では *B. longum, B. infants, B. breve, Lactobacillus* 属では *L. bulgaricus, L. acidophilus, L. casei, Enterococcus* 属では *Ent. faecalis, Ent. faecium* が代表菌種である．この他，*Bacillus* 属では有胞子性乳酸菌の *B. coagulans* も利用されている．

これらの微生物は凍結乾燥菌体を加工した生菌製剤やヨーグルトなどの発酵食品の形態で摂取されている．生菌製剤には単一菌種を含むものが多いが，発酵乳では官能的な品質を考慮して，*L. bulguricus, S. thermophilus* と併用されるのが一般的である．

代表的なプロバイオテクス効果の例は以下のとおりである．

整腸作用：発酵乳の整腸作用は経験的にも知られており，プロバイオテクスの応用が進んでいる．食品では *L. bulgaricus, L. acidophilus, L. casei, S. thermophilus, B. longum, B. breve* を用いた発酵乳が特定保健用食品として認可されている．上記菌種に加え，医薬品では *Ent. faecalis, Ent. faecium, B. coagulans* を有効成分とする生菌整腸剤が市販されている．糞便中の腸内腐敗産物（アンモニア，インドール，フェノール，スカトール類）量の低下，糞便水分量の増加と pH の低下による便性改善，*Bifidobacterium* の増加を特徴とする腸内菌そうの改善を伴う例が多い．発酵乳として摂取する場合は生菌の作用に加え，発酵乳に含まれる乳酸菌の代謝産物，すなわち，乳酸やバクテリオシンの抗菌活性あるいはβ-galactosidase 活性によって乳糖から生成するオリゴ糖が，腸内菌そうの改善に関与することが考えられる．

血圧降下作用：*L. helveticus* 酸乳の血圧降下作用が，高血圧自然発症ラットおよびヒト臨床試験で確認されている．有効成分は発酵過程で *L. helveticus* プロテーゼの作用でβ-カゼインから生成するトリペプチド（VPP, IPP）のアンジオテンシン変換酵素阻害活性によるものである．*L. casei* 菌体抽出液の経口投与による高血圧症患者の血圧降下作用も示されている．血管弛緩に作用する血流中のプロスタサイクリン活性の増加が血圧降下の機序と考えられている．

抗がん，免疫賦活作用：表在性膀胱がん摘出患者への *L. casei* 経口投与による再発率の低下や *L. acidophilus* 経口投与によるマウス肝がんの抑制効果などが認められている．食品・食品添加成分あるいは汚染物質として摂取された発がん物質前駆体は腸内細菌によって発がん物質に変換される．代表的な例としては亜硝酸と二級アミンからのニトロソアミンの生成が挙げられる．発がん物質産生に関与する腸内細菌由来の酵素として，β-glycosidase, β-glucuronidase, nitratereductase, nitroreductase, azoreductase などがあり，乳酸菌や発酵乳の投与で糞便中のこれら酵素活性が低下する．また，乳酸菌の菌体によるT細胞，NK細胞を活性化も認められている．乳酸菌の経口投与によるがん抑制効果は，腸内菌そうを介した発がん物質の生成抑制と菌体による免疫賦活の二つが有力な機序と考えられている．

乳糖不耐性症の緩和：小腸内のラクターゼ活性が低下すると乳糖は消化されず大腸に到達し，浸透圧の上昇，腸内細菌により生産さ

れたガスや代謝産物による下痢や腹痛などの乳糖不耐の症状を引き起こす．乳糖不耐性症は白色人種より有色人種で多く，牛乳が原因食品であることは良く知られている．牛乳には4～5％の乳糖が含まれ，そのうちの20～40％が乳酸発酵によって消費される．さらに，発酵乳には乳酸菌のラクターゼ活性自体が含まれることから，発酵乳の摂取は乳糖不耐性症の緩和に有効である．

腸管感染防御：B. breveによるカンピロバクター腸炎あるいはEnt. faeciumによる病原性大腸菌の下痢症に対する治癒効果などの臨床例がある．畜産分野では，ニワトリ親鳥の糞便嫌気培養物が雛のサルモネラ感染予防に利用され効果を挙げている．腸管感染症の治癒・予防の機序の一つとして，乳酸菌による病原菌の腸管上皮からの競合排除が挙げられる．腸管感染症病原菌は小腸上皮細胞の糖タンパク質，糖脂質，細胞外マトリックスタンパク質を認識する付着因子（アドヘシン）を持っており，特定部位へ付着した後に毒素を産生する．乳酸菌には病原菌と同じレクチン性のアドヘシンを持つものがあり，株化細胞Caco 2を用いた実験ではL. acidophilus，各種Bifidobacteriumに病原性大腸菌，Salmomella, Yersinia, ListeriaのCaca 2細胞への付着阻害が確認されている．乳酸菌アドヘシンの構造解析は，定着株のスクリーニング・作出への展開が考えられることから，腸管感染予防以外のプロバイオテクス強化への応用が期待されている．

血中コレステロール低減作用：発酵乳のコレステロール低減作用については多くの臨床例があるが，再現性に乏しく明確な結論が得られていない．作用機序としては，乳酸菌によるコレステロール資化や胆汁酸の脱抱合，菌体表面へのコレステロール吸着が考えられる．発酵乳成分としては，コレステロール合成に関与するHMG-CoA reductaseインヒビターの存在などが指摘されている．

このように，さまざまなプロバイオテクス効果が注目され，発現機構の解明と応用に関する研究が進展している．一方，高齢化に伴う国民医療費の増加や抗生物質による耐性菌出現の問題から予防医学が重視され，プロバイオテクスの重要性も増大している．現在のところ，プロバイオテクスの応用は生菌剤や発酵乳の整腸作用が中心であるが，その適用範囲は拡大するものと考えられている．

（井澤　登）

**ブロメリア**（Bromeliad）

主として南アメリカに分布するブロメリア（*Bromelia*）属などパイナップル科の植物．一般にアナナスと総称される．樹幹に着性しているものも多い．葉の基部に水をため利用するが，この水たまりが多様な小動物のすみかになっていることでも知られる．（渡辺弘之）

**プロリン**（proline）

アミノ酸の一種．乾燥，塩ストレスで蓄積し，浸透圧調節や代謝系の保護に機能する．

（山谷知行）

**ふわごうせい　不和合性**（incompatibility）

植物の場合，同一種に属する個体であっても，生理遺伝学的原因で，自家または他家受粉しても受精が起こらない場合がある．

自家（同一遺伝子型）花粉が受粉しても，受精が起きない場合を「自家不和合性」という．自家不和合性を示す植物にはいろいろあり，ソバやサクラソウのように，異形花型（雄しべと雌しべの長さが，個体によって異なるもの）のものや，同形花型でも，ナス科やバラ科のような配偶体型のものとアブラナ科やサツマイモのような胞子体型のものなどがある．多くの場合，複数の離反遺伝子（s）によって説明されている．近年，同一の離反遺伝子をもつ植物では，受粉時に柱頭または花柱において自他認識がなされ，花粉の発芽・侵入（胞子体型）または花粉管の伸長（配偶体型）を阻止する物質が形成されるためであるとされている．これらは遺伝的に異質なものを後代に残そうとする他家受粉植物の生き残り戦略の一つだと考えられている．

自家受粉植物であるイネのインド型と日本型との交雑で種子ができない場合には、交雑不親和性（ときには不和合性）と呼ばれている。これは、品種分化の過程で起こった遺伝的変動（ゲノム構造の変化）が原因である。
（高柳謙治）

**ぶんえきこさくのう　分益小作農**（share-cropper, share tenant）→土地改革

**ぶんかがた　分化型**（forma specialis）
植物に寄生する菌類の分類で、亜種より下位の分類基準で特定の宿主などに対する適応性を基準として分けたものを分化型という。すなわち、形態的には全く差がないが、宿主の種に対する病原性が異なり特定の種だけしか寄生できないものを分化型といい f. sp. と表記する。例えば黒さび病で、コムギを主体に寄生するものを *Puccinia graminis* f. sp. *tritici*、エンバクに寄生するものを *P. graminis* f. sp. *avenae* と区別する。なお宿主の品種によって病原性に差異を示すものをレースまたは生態型という。（→レース）　（梶原敏宏）

**ふんさい　粉砕**（crashing, grinding）
農産物などを利用・加工し易いように機械力を用いて固形原料を小片化あるいは細分化する操作をいう。粉砕操作にあっては圧縮力、衝撃力、せん断力などの力を原料特性に合わせて利用している。一般的に硬い原料を粗く粉砕する場合には圧砕ロールなどの圧縮的処理を、中程度あるいは微粉砕への利用にはハンマーミルなどの衝撃的な処理を、さらに比較的柔らかな原料では磨砕ミルなどのせん断処理が用いられる。

粉砕処理を効果的に実施するために、原料の特性や希望する処理後の製品特性を十分に把握して、粉砕処理方法の選択や前処理の選択を考慮する必要がある。例えば、硬い原料の場合には、一般的に粉砕するための処理エネルギーを要し、処理時間も長くかかり、装置磨耗も早いために、比較的緩慢な処理を頑丈な装置構造をもった装置によって行うことが望ましい。さらに、材料の水分含有率による粉砕効果の変動があることや、粉砕中の材料の加熱による変質などを考慮する必要もあり、粉砕処理にかかるコストと粉砕処理後に付加される価値を考慮しなければならない。

各原料での粉砕工程について簡単に述べる。繊維質の多い材料、例えば糖製造用のサトウキビの粉砕には、衝撃せん断形のハンマーミル（shredderという）、あるいは回転刀状の歯をつけたせん断形の通称カッタが用いられるように、圧縮力よりもせん断力によって粉砕される場合が多い。微粉砕の場合は、ひき臼形を近代化したディスクミル形の高速度粉砕か、ひき臼に長時間かけて粉砕する。食肉などの柔軟性材料でソーセージ原料とする場合は、切断による粉砕が効果的である。例えば回転刀形（ミートチョッパ、サイレントカッタ）が広く用いられている。バレイショ、タピオカの粉砕では、ロールの表面に歯をつけた磨砕機が用いられている。果実においては、搾汁を目的とする場合でも果汁中の固形分の微粒子化によって違った風味となるので、性状により機種を異にする。一般には、チョッパ形、ハンマ形が用いられ、リンゴの場合では、ロール磨砕機、また果肉の微細化にはコロイドミルが用いられている。

穀類は多少硬いため圧縮の効果も期待できるので、衝撃せん断形あるいは圧縮せん断形が用いられている。ダイズは油脂抽出ではロール粉砕機で圧扁を行い、豆腐用はひき臼形あるいは自由粉砕機で粉砕される。
（五十部誠一郎）

**ぶんさん・ぎょうしゅう　分散・凝集**（dispersion and flocculation）
分散とは粘土などの土壌コロイド粒子が分散媒（水など）の中に均一に散らばり安定すること、凝集とはこれらが互いに付着し沈降することをいう。　（田中　樹）

**ぶんすいこう　分水工**（diversion works）
用水路から一段下のレベルの水路に、あるいは複数の用水路に用水を分けるための構造物。
（佐藤政良）

**ぶんせいほうし　分生胞子**（conidium, conidiospore）

真菌類が無性生殖によって形成する胞子のうち，遊走子などの胞子嚢胞子や厚膜胞子などの芽胞子以外を，分生子または分生胞子という．分生胞子は真菌類の重要な増殖器官で，病気の蔓延には大きな役割を果たすと同時に，その形態や形成方法は種によって特徴があり不完全菌類の分類の基準となっている．　　　　　　　　　　　（梶原敏宏）

**ぶんぱいしゃかい　分配社会**（distribution-oriented society）

農業生産の増大よりも，むしろ生産物の分配や雇用機会の配分などにおいて互恵的で平等的な制度や慣行が重視される農業社会．ジャワ稲作農村がその例で，これを農業経済学の金沢夏樹は分配社会と呼んだ．（米倉　等）

**ふんむかんすい　噴霧灌水　→灌水法**

**ふんむかんそう　噴霧乾燥**（spray drying）

溶液・微粒子スラリーを，熱風中に微粒子として噴霧し，乾燥粉末を製造する方法．一般に，乾燥粉末の粒子径は数10～数100 $\mu$mであり，乾燥時間は数秒～数10秒と非常に短い．食品医療薬品などの熱に弱い物質も，熱変性せずに製造することも可能である．伝熱容量係数が小さく，熱効率も低いので，噴霧できる範囲で予備濃縮をすることが望ましい．また，乾燥製品の回収方法（強い吸湿性によるケーキングを起こす製品など）の工夫が必要となることもある．　　　（山本修一）

**ふんむこう　噴霧耕**（aeroponics, spray culture）

湿気中に根を暴露し，培養液を噴霧する養液栽培．（→養液栽培）　　　　（篠原　温）

**ぶんり　分離**（separation）

分離とは混合物から目的とする成分を分けることをいう．大きさ・密度差による分離，溶解度差，蒸気圧差，吸着性の差などによる分離が可能となる．

大きさ・密度差による分離法のなかで，固体-固体の分離として，ふるいと分級がある．ふるい分けは網目を通る粒子と通らない粒子に分ける方法で，粉末化した製品の大きさを揃えるために用いられる．また，沈降速度の違いによって分ける方法が分級である．小型で処理能力が高いことから，遠心分級器が広く使われ，小麦粉などの製粉に利用される．

固体-液体の分離には圧搾，ろ過，沈降法が用いられる．圧搾は，固液混合物を圧縮し固液分離を行う方法である．連続式とバッチ式があり，バッチ式は醸造におけるもろみの分離などに用いられている．連続式にはスクリュープレス式とローラープレス式があり，搾汁に利用されている．液体中に懸濁している物質を，ろ材を通して分離する方法をろ過という．加圧式と真空式が一般に使用される．真空式では，回転円筒型（オリバー型）が代表的な装置で，円筒の内側を真空に引き，円筒側面のろ材上にケーキを形成させ，スクレーパーによりかき取る．ろ材には，焼結金属，セラミックス，天然あるいは合成繊維の織物，ポリマーなどがある．また，飲料からの微粒子の除去には，珪藻土をろ材とする清澄ろ過が行われており，除菌の場合にも適用できる．遠心ろ過（脱水）は，比較的大きい微粒子に適用される．連続式には，バスケットを有するもの，横型円筒を有する装置があり，固体の排出の様式によって，押出型とスクリュー排出型がある．ショ糖結晶，グルタミン酸結晶などの回収，脱水に利用されている．沈降法としては，遠心沈降が工業的に重要であり，微粒子を含む液体に適用される．装置は，その構造上，円筒型，分離板型，デカンター型に分けられる．円筒型，分離板型は固形物粒子の少ない液体に用いられ，デンプンの濃縮，ジュースの清澄などに利用される．デカンター型には水平式と，垂直式があるが，濃度の高い懸濁液に用いられる．

互いに溶解しない液-液混合物の分離には遠心沈降機が用いられる．例えば，食用油製造の脱酸工程では，油相と水相の分離にシャープレス型遠心分離機が用いられている．

膜を利用した分離法として，逆浸透（RO），ナノろ過（NF），限外ろ過（UF），精密ろ過（MF），透析（DS），電気透析（ED），透過気化（PV）がある．RO, UF, MFは加圧下で操作され，膜のふるい分け機能によって分離が行われるが，分離される分子，粒子の大きさは，RO < NF < UF < MFの順である．ROでは3～8 MPaの圧力下で塩類，糖類などの分離濃縮が可能であり，果汁など多くの液状食品の濃縮に応用されている．また，海水の淡水化に大規模に使用されている．UFは，0.1～1 MPaの圧力下でタンパク質，多糖などの分子量の大きい物質と低分子物質の分離に使用され，チーズホエーからのタンパク質の回収や酵素の精製などに広く用いられている．MFは0.1～数$\mu m$の微粒子の除去に用いられ，飲料の除菌に有効である．NFはROとUFの間に位置し，分子量200～2,000程度を対象物として，調味液の脱色，アミノ酸の脱塩などに使用されている．

溶解度差による分離としては，抽出，晶析が用いられる．抽出は，固体原料から目的物質を含む成分を水あるいは有機溶媒を用いて溶解分離する方法である．ヘキサンを用いた油量植物からの油の抽出，ビートからのショ糖の温水抽出，超臨界炭酸ガスを利用したコーヒーの脱カフェインなどがある．

晶析は溶解している物質を結晶として沈殿させ分離する方法である．溶液を過飽和状態にする必要があるが，それには，①溶媒を蒸発させる，②冷却して溶解度を下げる，③pHを変えて，両性電解質を等電点沈殿させる，④有機溶媒を加えて溶解度を下げる，⑤塩を加えることによる塩析などを用いる．ショ糖の晶析，各種アミノ酸の発酵液からの晶析などが実用的に用いられている．

蒸気圧差による分離として，蒸留操作があり，単蒸留，分子蒸留，水蒸気蒸留，連続蒸留が用いられる．単蒸留は濃縮塔，還流液のない蒸留装置で，ウィスキーなどの蒸留酒の製造に用いられる．分子蒸留は高真空下における蒸留で，蒸発速度の差によって分離が行われ，熱的に不安定な物質の分離に用いることができ，脂肪酸の分別蒸留，ビタミンの濃縮がある．水蒸気蒸留は水蒸気の吹き込みにより，共沸蒸留を利用して沸点の高い成分を分離する方法であり，油脂の脱臭工程で利用されている．連続蒸留は気液平衡における気相と液相の組成の違いを利用して，多段で連続的に分離する方法で，焼酎甲類用のアルコール製造などに応用されている．

吸着は，吸着性の差を用いた分離法である．吸着は，液固，液液，気固および気液界面において見られる溶質の濃縮現象であるが，実際的には液－固間の吸着現象が利用される．代表的な吸着剤は活性炭であり，広い表面積を持っており，糖溶液の脱色に用いられている．活性炭の吸着力はファンデルワールス力に起因すると考えられ，非極性物質に対する吸着力がある．油脂の脱色では活性白土が主に用いられる．その他の吸着材として，シリカゲル，アルミナがある．イオン交換樹脂は，スチレン-ジビニルベンゼン共重合体などの高分子に，種々の解離基を結合させたもので，そのイオン交換基の吸着性で分離を行う．解離性官能基を持つ化合物だけでなく，糖のように非電解質の分離にも広く利用されている．糖の分離精製，アミノ酸の分離，脱色，イオン性物質の除去に広く利用される．ODSシリカはシリカゲルに非極性のオクタデシル基を共有結合させた分離材で，高速液体クロマトグラフィの充填剤として利用されている．機能性食品の分野において，オリゴ糖の高純度化にスケールアップしたODSシリカを用いたクロマトグラフィが使われている．

解離性に基づく分離としては，イオン交換樹脂によるクロマトグラフィとイオン交換膜による電気透析がある．電気透析は，分子の静電気的特性と分子の大きさの違いによって分離を行う方法で，イオン交換樹脂を膜状に形成したものを用いる．陽イオンは陽イオン交換膜を，陰イオンは陰イオン交換膜のみを

通過するので，電極の間にそれぞれの膜を交互に配置することによって脱塩される部分と濃縮される部分が生じる．

以上，農産物，食品を対象とした分離の概念と代表的な応用例について示した．分離は多岐にわたり，その一部を紹介したにすぎない．高効率の分離手法の適用は，製品の低コスト化を可能とするため，今後，対象物の微細領域での存在状態を把握した新たな分離法の開発が望まれている． （中嶋光敏）

**ぶんりゅうしゅうすい　分流集水**（flood diversion, diversion of spate flow）

Wadi（→）に小ダムあるいは堰を築いて，洪水を耕地に分流し，牧草，穀物などの水補給を行う技術である． （北村義信）

## へ

**へいしかく　柄子殻**（pycnidium）

分生子殻ともいう．菌類の無性的繁殖器官の一つで，菌糸の塊りで多くはフラスコ形を呈し，頂端に孔口があり，内部には多数の分生子を形成する． （梶原敏宏）

**へいたんかさよう　平坦化作用**（pediplanation, etchplanation）

熱帯の大陸には小さな起伏をもった平原，いわゆる準平原が広く分布しているが，これらには W. M. Davis が仮定したような造山帯における侵食輪廻は適用できない．大陸で，地盤が安定していることと，湿潤温帯においてみられるような V字谷の形成をともなった河川の激しい侵食作用がみられないためである．準平原という用語は，その形成作用と結びつけて使われるので，このような平原をつくった作用に対してはエッチプラネーション（食刻作用＝西洋の銅版画において酸による腐食作用によって表面を浮き出させるように，侵食によって地質の硬軟が浮き出される作用）の語が用いられてきた．その内容は厚い風化土壌の生成から，その削剥，インゼルベルクの生成を含む広範なものである．ドイツの地形学者 J. Büdel は，乾季と雨季の交替する熱帯においては，岩盤と風化層との間（風化基底面）に停滞した，炭酸を多く含んだ水が強力に岩石を分解する一方，地表面においては流水によって侵食が起こるという二重の平坦面形成作用があるとした．不均一な岩盤の割れ目にそって浸透した水は凹凸のある風化基底面をつくりだし，地表面低下によって凸部の岩塊が顔をのぞかせる過程をよく説明している．一方，平坦面はペディメンテーションによって形成されるとの考えもある．ペディメントとは山地の前面にひろがる緩傾斜面（2〜4°程度）を指し，山地の急斜面と，低地の堆積平野との中間に位置する侵食面である．山地急斜面が侵食により，角度をかえずに平行的に後退することによって平坦面が拡大していく作用をペディメンテーション，平坦面をペディプレーンと呼ぶ．植物被覆の少ない乾燥-半乾燥地域に多く見られる景観（西部劇でみられるテーブルマウンテンと平原）で，時として起こる豪雨による面状侵食が主な営力であるとされるが，湿潤地域でもこの作用がはたらくと考える人もいる．しかし，実際の熱帯の平坦地形は，単一の生成作用で説明されるよりはるかに複雑である．安定した大陸上で，数億年にわたる侵食作用を受けてきたために，複数の作用が一つの景観の中に表現されていることが多い．ラテライトの硬盤層（→ラテライト化）を頭にいただいた島状丘（→インゼルベルク）が平原にそびえたつ例，分厚い赤土に被われた山のなかから，巨大な未風化岩石が露出していく過程などがその例である．このような地形は，多元的（polygenetic）であるといわれ，過去の気候変化と関連づけて議論されている．

（荒木　茂）

**ペクテノトキシン**（pectenotoxin）→下痢性貝毒

**べたがけ**（direct support covering）

通気性のあるポリエステルやポリプロピレンなどの資材を直接作物に掛けて保温する．

(米田和夫)

**ペディプレーン**(pediplain)
ペディメントの拡大によって形成された平坦で広大な地形．乾燥地域で形成される最終地形と考えられている（→平坦化作用）．
(荒木 茂)

**ペディメント**(pediment)
乾燥地域の山地前面にひろがる平滑な侵食緩斜面（→平坦化作用）． (荒木 茂)

**ヘテローシス**(heterosis) →雑種強勢

**べとびょう べと病**(downy mildew)
比較的下等な菌類として位置付けられている鞭毛菌亜門，卵菌綱，ツユカビ目，ツユカビ科（Peronosporaceae）に属する菌の寄生によって起こる各種作物の病気で，古くは露菌病ともいわれたが，現在はアワ白髪病を除いてべと病に統一されている．ツユカビ科に属する菌は，菌糸に隔膜がなく（無隔菌糸体），宿主に侵入した細胞間菌糸から宿主の細胞内に吸気をさし込んで栄養を吸収する．絶対寄生菌で培養は現在のところ不可能である．べと病は主に葉に発生し，黄緑色～黄色の病斑を形成する．多くは葉脈に限られて角斑状になる場合や葉全体が黄色になる場合もある．湿度が高いと病斑の裏面に特徴のある白色～灰色の分生胞子を形成する．ツユカビ科は分生胞子柄の形態，分生胞子の発芽法から *Sclerospora, Plasmopara, Pseudoperonospora, Peronosclerospora, Peronospora, Bremia, Bremiella* の7属にわけられている．このうち *Sclerospora* など前3属は分生胞子（胞子嚢と呼ぶこともある）から遊走子を出して発芽するが，*Peronosclerospora* など後の4属は，分生胞子は発芽管を出して直接発芽するという特徴をもっている．またほとんどが有性生殖によって形成される厚い細胞壁を持った耐久体の卵胞子を形成するが，種によってはまだ卵胞子の形成が確認されていないものもある．多くの作物に発生し，重要なものに次のようなものがある．ブドウべと病（*Plasmopara viticola*），ウリ類べと病（*Pseudoperonospora cubensis*），ホップべと病（*Pseudoperonospora humuli*），トウモロコシべと病（*Peronosclerospora maydis* など），ハクサイ・キャベツなどアブラナ科野菜のべと病（*Peronospora parasitica = P. brassicae*），ネギ類べと病（*Peronospora destructor*），ホウレンソウべと病（*Peronospora effusa*），ダイズべと病（*Peronospora manshurica*），タバコべと病（*Peronospora tabacina*），レタスべと病（*Bremia lactucae*）などがある．このうち，トウモロコシ，アブラナ科野菜，ダイズ，タバコのべと病は熱帯・亜熱帯地域でも発生が多く，重要な病害である．特にトウモロコシべと病は熱帯・亜熱帯で最も重要な病害の一つで，かっては本病のためトウモロコシの栽培ができなくなるとまでいわれた病害で，発芽直後に感染し，全身が黄色になって生長が止まり全く実をつけなくなる．幸い抵抗性品種の開発，有効な薬剤（メタラキシル剤）の開発によって，最近では被害が回避されるようになった．またタバコべと病は blue mold と呼ばれアメリカ大陸に発生していたが，20世紀後半にイギリスで発生，瞬く間に欧州全土に拡がり大被害を与えた恐るべき病害である．日本や東南アジア地域には未発生であるが，植物検疫で最も侵入を警戒している病害である．
(梶原敏宏)

**ペネプラネーション**(peneplanation)
準平原をつくる地形形成作用．→準平原，正規侵食 (荒木 茂)

**ぺヘレイ**(pejerrey)
南米原産の養殖白身魚 (林 哲仁)

**ヘマタイト**(hematite)
土壌中に存在する鉄鉱物としては，ゲータイトに次いで広く分布する．純粋なヘマタイトは，マンセル表色法で 10R～2.5 YR3/4 を呈し，土壌に赤～紫赤色の色を与えている主要な鉄鉱物である．熱帯土壌中に最も広く分布する．カンボジアで採取した一例では，マンセル表色法で 10R～2.5 YR3/4 を得た．X線回折では 0.368 nm, 0.269 nm, 0.251 nm に

明瞭な反射を示す．ヘマタイトはほとんど全てが高温で乾湿が激しく繰返す熱帯地方に出現し，結核やノジュール（→）などの硬化物に存在することが多い．

わが国では土壌生成作用で発達したヘマタイトは存在しないが，火山の熱水風化生成物として紋別山（北海道），屋島（香川），唐津（佐賀）などにその存在が知られる．

土壌中の鉄鉱物にはそのほか冷帯に偏在するフェリハイドライト，湿性条件で生成するレピドクロサイトなどがある．　（三土正則）

**べんえきひようひりつ　便益費用比率**
(benefit-cost ratio) →経済評価

**へんせいがん　変成岩**（metamorphic rock）
既存の岩石が変成作用を受け，鉱物学的・構造的・化学的に変化した岩石の総称である．岩石は火成岩（→）・堆積岩（→）・変成岩に分類される．堆積岩や火成岩は，それが形成されたときと異なる温度・圧力条件下では，その条件に応じて異なる組織構造や鉱物組成に変化しようとする．このような変化のうち，大部分が固体の状態で，地下深部で起こるものを変成作用という．主な変成作用として接触変成作用と広域変成作用がある．接触変成作用は熱変成作用ともいい，火成岩体，特に花崗岩類などの深成岩体の周辺における温度上昇によってもたらされ，ホルンフェルスなどを生じる．広域変成作用は造山帯に特徴的にみられ，広大な範囲に変成作用が及び，結晶片岩や片麻岩などを生じる．　（吉木岳哉）

**へんせいふう　偏西風**（westerlies）
極を取り巻いて，西から東にむかって吹く帯状風のこと．南北両半球，中緯度地方の上空は，対流圏圏界面までほぼ定常的な偏西風が卓越しており偏西風帯と呼ばれる．これは中緯度地帯が，年間を通して気温の高い低緯度地方と気温の低い高緯度地方とにはさまれ南北気温傾度が大きいためである．また，温度風の関係から偏西風帯中は地表から一様に風速が増えていき，圏界面付近で最も強い西風となる．これが偏西風ジェット気流である．南北気温傾度が冬に大きく，夏に小さいことに対応し，偏西風の強さは冬に強く，夏に弱くなる（冬40m/s，夏20m/s；平均値として）．偏西風帯の位置も冬には緯度30°くらい，夏には50°くらいになる．偏西風は，高気圧・低気圧の移動，発達に密接に関係し，地上の天気にも影響する．冬の成層圏を吹く極夜偏西風，熱帯地方の上空を吹く局地的な偏西風も存在するが，年間を通じて，ほぼ定常的に吹くのは中緯度偏西風である．
　　　　　　　　　　　　　　　　（佐野嘉彦）

**へんたい（こんちゅうの）　変態（昆虫の）**
(metamorphosis)
脊椎動物と異なり，骨格のない昆虫類は，キチン質表皮が骨格の役目を果たす．表皮の脱皮により，卵から形態・機能的に全く異なった発育段階を経て成長を遂げ，性的に成熟した成虫に達する現象．後胚子発育とも呼ぶ．異なった意見もあるが，変態の違いによって昆虫を分ければ以下の通り；① 無変態類 Ametabola（生殖能力・大きさを除いて，未成熟段階虫（nymph）と成虫（imago, adult）が形態的にほとんど変わらない：原尾目 Protura，粘管目 Collembola，總尾目 Thysanura，双尾目 Diplura），② 少変態類 Paurometabola（生殖能力・翅を除いて，若虫（nymph）と成虫に形態的に大差なく，食性も類似：直翅目 Orthoptera，ゴキブリ目 Blattaria，竹節虫目 Phasmida，蟷螂目 Mantodea，革翅目 Dermaptera，倍舌目 Diploglossata，等翅目 Isoptera，絶翅目 Zoraptera，紡脚目 Embioptera，噛虫目 Corrodentia，食毛目 Mallophaga，総翅目 Thysanoptera，虱目 Anoplura，異翅目 Heteroptera，同翅目 Homoptera），③ 半変態類 Hemimetabola（未成熟段階虫（仔虫 naiad）が水棲であるもの：積翅目 Plecoptera，蜻蛉目 Odonata，蜉蝣目 Ephemeroptera），④ 完全変態類 Homometabola（卵より幼虫（larva）・蛹（pupa）を経て，成虫になる：隠翅目 Siphonoptera，双翅目 Diptera，鞘翅目 Coleoptera，撚翅目 Strepsiptera，鱗翅目 Lepidoptera，膜翅目 Hymenop-

tera, 毛翅目 Trichoptera, 長翅目 Mecoptera, 脈翅目 Neuroptera). 農業害虫, 或いはそれらの天敵として, 未成熟段階の幼虫, 若虫, 仔虫などが重要で, 一部成虫も関与する.

(持田 作)

**ペンマンしき　ペンマン式**（Penman's formula）→蒸発散能

## ほ

**ぼうえきじゆうか　貿易自由化**（trade liberalization）

貿易における関税や非関税障壁を撤廃し, 自由貿易の実現を目的とする一連の政策をいう. 自由貿易推進の根底には, 自由貿易が資源の最適配分を実現し, 貿易に参加する全ての国の経済厚生を高めるという考え方がある. 逆にいえば, 自由貿易を制限する関税や非関税障壁は資源の最適配分を損なうので, 撤廃しなければならないという考え方であり, 現在の国際貿易交渉の前提となっている. このような考え方は, 歴史的には Ricardo の「比較生産費説」にさかのぼる. 19 世紀の貿易自由化は主として英国の主導の下になされたが, 第二次世界大戦後は, 米国主導で IMF・GATT（関税と貿易に関する一般協定）・世界銀行からなるブレトン・ウッズ体制の下で推進され, 世界貿易は大幅な拡大をみた. なお, ガット・ウルグアイ・ラウンド合意により, 95 年から GATT にかわる機関として WTO が発足した.

(明石光一郎)

**ぼうえきふう　貿易風**（trade wind）

対流圏下層を亜熱帯高圧帯から赤道低圧帯に向かって吹く東よりの風. 赤道偏東風ともいう. その風向から, 北半球では北東貿易風, 南半球では南東貿易風と呼び, 両半球とも緯度 5～30°付近の海洋上で卓越し, 特に亜熱帯高気圧の東南側（南半球では東北側）で安定して存在する. 貿易風帯の大気層は比較的冷たく安定しているが, 熱帯内収束帯に近づくに連れ, 海面からの水蒸気供給を受けて, しだいに潜在的不安定な大気へと変質する. この風系は対流圏中・上層部の反貿易風とともにハドレー循環系の一部をなし, 地球の低緯度側における熱・水蒸気量の南北交換に大きな役割をもつ. ほぼ定常的に吹くので帆船時代の貿易に利用されたといわれるが, 近年の観測によると変動が大きく, この変動がエルニーニョやラニーニャの誘因の一つに挙げられている. →エルニーニョ, 熱帯収束帯

(佐野嘉彦)

**ぼうか（じゅ）たい, ぼうかせん　防火（樹）帯. 防火線**（firebreak〔tree〕belt, firebreak, fireline）

林地で発生した火災の延焼を防ぐために, 林縁あるいは林内に設ける帯状の空地. あらかじめ作設しておく固定防火線と, 被災時に急造する臨時防火線とあり, 前者は被災時に十分な効果が発揮できるように, 火災危険期に入る前に雑草木を刈り払い, 刈ったものは片付けるか, 焼却しておく必要がある. 作設した帯状地に防火性・耐火性の強い樹種を植え込んだものは防火樹帯と呼ばれる. 防火性の強い樹種（枝条が燃えにくく, 火災の延焼を防ぐ性質のある樹種）：例えば *Acacia auriculiformis*, *Garcinia* spp., 耐火性の強い樹種（樹皮が厚く, 地表火程度なら火災後に萌芽しやすい性質の樹種）：例えば *Tectona grandis*, *Gmelina arborea*, *Grevillea robusta*, *Calliandra* spp. など.

(浅川澄彦)

**ほうがこうしん　萌芽更新**（coppicing, regeneration by sprouting）

伐り株にある不定芽から発生した枝条を育てて後継樹とする更新法で, 普通には幹の根元近くから出る枝条が対象であるが, 樹種によっては根の部分から萌芽（根萌芽）するものもある. 萌芽枝の数は自然間引きによってもかなり減少するが, 1 年～1 年半くらいの間に 2～3 本程度に減らすのが普通で, この操作は singling と呼ばれている. 太めの材を生産する場合には 1 本にすることもある. 伐期, 更新回数は樹種, 生産する丸太のサイズ

によっても異なるが，燃材生産のための *Eucalyptus saligna* の場合で，12年伐期で3〜4回（初回は実生を植栽）という例，工業用木炭・パルプ材生産のための *E. grandis* の場合で，7年伐期で3回（初回は実生を植栽）という例がある．更新回数は伐り株の枯損率および萌芽の強さによって決められている．伐り株の枯損率は平均して3〜5％とする報告と，5〜15％とする報告がある．これらの数字を踏まえて，萌芽更新は2回，収穫は実生から計3回というのが安全な目安とされている．萌芽による更新法として，ほかに頭木（とうぼく）萌芽更新（pollarding），截枝（せっし）萌芽更新（lopping）があるが，これらはむしろ収穫法の一種とみるべき施業である．前者はアグロフォレストリーで栽培する樹木の枝条を刈り取る収穫法の一種で，high pruning の一種ともされている．約2mの高さで主軸も含めたすべての枝を刈り取り，この位置での萌芽を期待するもので，わが国でいう頭木更新にあたる．後者は梢頭部だけ残して幹下部の枝を刈り取る収穫法の一種で，広義の枝打ちの一種とみることもできる．枝を刈ったあとの再生は幹下部における萌芽に期待する．なお，これらと並列される場合の pruning は，太い枝は切り詰め，幹に着いている細い枝は刈り取る収穫法で，この場合にも更新は萌芽に期待する．　　　　　　　（浅川澄彦）

**ほうこうまい　芳香米**（scented rice, aromatic rice）

ポップコーン様の匂いを持つイネの品種群を香り米ないし芳香米という．匂いの主成分はアセチルピロリンとされる．芳香米は植物体全体に特有の匂いを持ち，特に匂いの強い品種では苗の段階から識別可能である．炊飯時にはとりわけ強くにおう．芳香米はインド亜大陸，東南アジア大陸部および島しょ部，中国大陸，朝鮮半島から日本まで各地に栽培が分布する．とりわけインド・パンジャブ地方および隣接するパキスタンの品種 Basmati，ならびにタイの品種 Khao Dok Mali はその良質の芳香ゆえに商品米として栽培され，世界的に流通している．このほかフィリピンなどに国内規模で流通する著名な芳香米が存在する．また主に自家消費用として各地に多くの芳香米品種が栽培されるがその生産はきわめてわずかである．このような品種はその匂いも著しく強いものが多い．近年ではこのような品種の作付けは減少傾向にある．
　　　　　　　　　　　　　　　　（宮川修一）

**ほうしゃ　放射**（radiation）→顕熱放散，体温調節機構

**ほうしゃせいかくしゅによるどじょうおせん　放射性核種による土壌汚染**（soil pollution due to radio-nuclides）

核拡散防止条約の締結以前には，アメリカや当時のソ連など核保有国による水爆実験などから大量の放射性核種が大気中に放散され，それがフォールアウトとして地上に降り，土壌の放射能汚染を引き起こした．それらの中には $^{137}$Cs, $^{90}$Sr のように半減期の長い核種が含まれており，土壌を通じて生物の放射能汚染を引き起こすことが憂慮された．近年では，1986年に起こったウクライナのチェルノブイリ原子力発電所の大事故で撒き散らされた，放射性核種による土壌や水体の汚染がヨーロッパの広い範囲で問題となり，今日に尾を引いている．現在，放射能汚染問題の中で最も憂慮されているのは原子力発電所からの核廃棄物の蓄積である．核燃料サイクルに明るい見通しが立たない中で，増え続ける廃棄物の処理に関心が高まっている．
　　　　　　　　　　　　　　　　（久馬一剛）

**ほうしゃせん　放射線**（radiation）→食品照射

**ほうしゃせんしょうしゃ　放射線照射**（irradiation of radioactive ray）→不妊化放飼法，ミバエ類参照

**ほうしょくかせつ　飽食仮説**（satiation hypothesis）→一斉開花

**ほうせき　崩積**（colluvial deposition）

岩石の風化によってできた砕屑物が主とし

て重力により斜面下方に崩落・堆積すること.
(水野一晴)

**ほうにんじゅふん　放任受粉**(open-pollination) →合成品種

**ほうふうりん，ほうふうたい　防風林，防風帯**(windbreak, shelterbelt)

風衝地帯の苗畑や新しい造林地，農耕地，家屋などを常風や強風から保護するために設ける帯状の樹林.生長が速いという意味ではユーカリ類は最も有望な樹種であるが，降水量の少ない地域(500 mm/年以下)では，隣接する畑の苗木や作物との水の競合に留意する必要がある.インドセンダン(ニーム)やハゴロモノキも有力な候補樹種と考えられており，アフリカでは実際によく植えられている.わが国では，防風林は樹高の数倍まで風速を低下させる効果があることが知られているが，ナイジェリアにおけるユーカリ林の例では，樹高の15倍の範囲まで風速低下が認められたとされている.　　　(浅川澄彦)

**ほうぼくそうち　放牧草地**(pasture, grassland for grazing)

草地は放牧地と採草地に分けられるが，家畜の放牧が行われる草地(pasture)を指す.放牧地での適切な飼養頭数(牧養力)によって草地管理を行う.　　　　　(川本康博)

**ボーエンひほう　ボーエン比法**(Bowen ratio method) →熱収支

**ほがり　穂刈り**(ear reaping)

インドネシアやマレーシアの一部で行なわれてきた稲の刈取り法である.穂首下30 cm程の所でアニアニと呼ぶナイフ様の穂積み具で切取って，3〜4 kgの束に結束し家に運ぶ.

穂積みを慣行としたインドネシアでは，この方法は稲作形態，社会的慣習，田植え・除草などの作業に従事した報酬などと結びついて複雑な内容を持って行なわれる.穂積みに参加できる人は，村内外を問わない場合，村内の人のみから，田植え等に従事した人だけ，家族だけまでなど，まちまちである.

穂積み量の中の何割かが現物給として渡されるが，穂積みのみ参加の人で1/8〜1/10，田植・除草等手伝った人で1/4〜1/8の穂が与えられるなど人によって異なる.

穂積みは長稈穂重型の在来品種の栽培，過剰な農村人口，能動の不備な水田の運搬作業などとも関連して慣習となってきたが，短稈穂数型品種の普及，収穫の機械化などによって変わってきている.　　　　(下田博之)

**ボーキサイト**(bauxite)

アルミニウムの原鉱.鉱石中にアルミニウムを$Al_2O_3$として50〜60%程度含み，その主成分はギブサイト，ベーマイトである.カオリンなどの粘土鉱物を相当量含む場合がある.ボーキサイト鉱床は，一般には，熱帯の風化作用で岩石中の塩基類の洗脱，ケイ酸塩の分解とケイ素の溶脱が起こり，残留したアルミニウムが相対的に富化したものであると考えられている.　　　　　(舟川晋也)

**ぼくそう　牧草**(pasture, pasture species, pasture plant, grass)

野草のなかから，家畜の飼料として育種された草種を指す.主にイネ科草種とマメ科草種がある.牧草はその生育特性から暖地型と寒地型に明確に分けられる.defoliation(刈り取り，剪葉)に対して，再生能力がある.
(川本康博)

**ぼくそうはんてんき　牧草反転機**(tedder)

フォーレージハーベスタ(forage harvester)などで刈り取り，列条に飼料畑に整列放置した牧草を乾燥させるために反転する機械をいう.　　　　　　　　　　　(伊藤信孝)

**ぼくちくかいはつ　牧畜開発**(pastoral development)

牧畜(pastoralism)は，放牧地の共有を前提とした家畜飼養であり，土地の私有を前提とする畜産とこの点で区別される.さらに，農耕との結合を有しない遊牧(nomadic pastoralism)および農耕と結合した農牧(agro-pastoralism)に分類される.牧畜開発においては，国境をまたぐ移動に伴う紛争の回避，教育および保健衛生サービスの提供を目的に，

定着化政策（家畜の恒久的な水飲み場の設置，換金作物生産の奨励を含む）や家畜飼養頭数の管理政策，そのための放牧頭数削減（destocking）も行われてきた．このほか，放牧地の利用管理技術の改良，草地の生産性向上技術，家畜の保健衛生，飼育技術の改良，家畜生産物の流通販売などとともに，旱ばつなどによる家畜の減少から頭数を回復する（restocking）支援策も講じられてきた．しかしながら，従来の牧畜開発には一般に牧畜民を畜産物の供給者，砂漠化の原因者かつ被害者，政治的少数者などとみなす偏見，畜産としての開発への傾斜（家畜一頭当たりの生産性向上），牧畜の特質を踏まえた総合的な開発政策の欠如，といった欠陥が多くみられた．

(水野正己)

**ボクトウガるい　ボクトウガ類**（Cossid moths）

ボクトウガ科（Cossidae）のガ類で，世界に約1,000種いる．幼虫は植物の茎，幹に穿孔するため，有用樹の害虫となる種が多い．西アフリカの *Eulophonotuso obesus* は *Triplochiton scleroxylon* を加害し，同じく *E. myrmyleon* は *Cola nitida* を加害する．*Xyleutes ceramica* はチークの重要害虫である（→チークの害虫）．*X. persona* はインド，スリランカ，タイ，マレーシア，ジャワ，中国南部に分布し，タガヤサンなど *Cassia* 属の造林木や庭園樹を加害する．*X. nebulosa* はアフリカに分布し，マメ科樹種を加害する．インドからニューギニアにかけて分布する *Zeuzera coffeae* は，カカオ，コーヒーノキの重要害虫であるが，ボルネオ島ではユーカリ造林地に大きな被害がある．穿孔中の幼虫を殺すため穿孔部への薬剤注入が行われるが，のこ屑や綿に殺虫剤を染み込ませて穴の入り口に詰めるだけでも効果があるという． (中牟田 潔)

**ぼくめつ　撲滅**（eradication）→ IPMと害虫管理

**ぼくようりょく　牧養力**（carrying capacity）→放牧草地

**ほこう　補光**（supplemental lighting, supplemental irradiation）→施設園芸

**ほしくさ　乾草**（hay）

生草を乾燥して水分含量を15％以下に調製したもので，年間平衡的に家畜に給与できる．乾草の品質は，草種とその生育時期，乾燥法，貯蔵法などによって異なり，栄養価も品質によって大きく左右される．イネ科牧草は開花時期を過ぎると急速に葉部割合が減少して栄養価値が低下するが，マメ科牧草は生育時期による差は比較的少ない．飼料価値および養分収量からみて一般に，前者は開花直前，後者は開花期に刈り取るのがよい．乾草の調製法は，自然乾燥法と人工乾燥法とに大別され，乾草の品質が乾燥日数により左右されるので，いずれの方法による場合も，乾燥は短時間で行う．刈り取り後すぐに水分含量を30～35％以下にすれば，呼吸が停止して糖，タンパク質，アミノ酸の損失が少なく良質のものができる．乾草調製後は，そのまま収納することもあるが，容積が大きいので通常は，圧縮梱包され，取り扱いが利便化され，水分の吸収も少ないので貯蔵性が高まる．

(北川政幸)

**ほじょうせいび　圃場整備**（farm land consolidation）

既成の水田や畑の土地・労働生産性を向上させるために行う，区画整理，農道整備，用排水整備，土層改良，土壌保全などの一連の土地改良のことである．しかし，事業の内容は実施後の効果見合いであるため，必然的に効果の高い用排水整備や整地・均平作業が中心となる．水田の場合，区画整理を行わないと用排水の系統的な整備は困難であるが，土地所有者の利害関係の調整が難しく，多くの場合所有形態に応じた水路整備になり易い．水田の開発では，水田の収益性，開発レベルに対応して，当初は掛け流しの灌漑が行われ，その後圃場レベルの用水路整備（所有境界に沿った整備），最終的に用排分離および区画整理を伴った圃場整備が実施される場合が多

い.

畑の圃場整備においてはアクセスを容易にするための道路の整備や農地保全を目的とした排水路の整備が中心となる. （八丁信正）

**ほじょうていこうせい　圃場抵抗性**（field resistance）

病気に対する植物の抵抗性は，真性抵抗性と圃場抵抗性に分けられる．圃場抵抗性は病原菌の増殖速度を減らす方向に働き，病原菌のいずれのレース（群）に対しても作用するので非特異的で水平抵抗性ともいわれ，微働遺伝子によって支配される．

20世紀の作物育種で真性抵抗性の崩壊現象を経験した結果，多くの作物で圃場抵抗性利用の方向に移っている．圃場抵抗性を支配する微働遺伝子のいくつかが劣悪形質遺伝子と密接に連鎖している場合，この連鎖を打破して望ましい組み換え型を得なければならない．圃場抵抗性は量的形質として表現されるため，関与遺伝子の数や作用の解析が困難な場合が多く，また，望ましい組み換え型を得るために雑種集団の規模を大きくする必要があるなど，圃場抵抗性育種上の問題は多い．

近年，DNAマーカーとの連鎖を利用したQTL（量的形質遺伝子座）分析が圃場抵抗性にも適用されつつある．QTL分析によって圃場抵抗性に関与する遺伝子の染色体上の位置が明らかになれば，繁雑な病原菌接種試験を用いることなく，DNAマーカーによって多数の雑種個体の圃場抵抗性遺伝子型が判別でき，育種効率が高まることが期待されている．

（横尾政雄）

**ほじょうはいすい　圃場排水**（on-farm drainage）　→排水

**ほじょうようすいりょう　圃場容水量**（field capacity）　→水分定数

**ほしょくきせいしゃ　捕食寄生者**（parasitoids）

寄生蜂・寄生バエのように，宿主から栄養を取り，終には宿主を死に至らしめる寄生者．→寄生者　　　　　　　　（持田　作）

**ほしょくしゃ　捕食者**（predators）→寄生と捕食

**ほぞんりょう　保存料**（preservative）

食品の腐敗，変敗の原因となる細菌，かびなどの微生物の発育を抑制して食品の保存性を高めるために使用される食品添加物である．生活スタイルの多様化でますます加工食品は種類，量ともに増加し，それとともに保存料の使用量も増えている．その一方で人々の健康と食品の安全性に対する関心は高まり，加工食品に対しても低塩，低糖，低添加物化が求められている．食品の製造と包装に関する技術は著しく進歩し，また流通・貯蔵方法においても冷凍，冷蔵が普及するなど，食品の保全対策は向上したが，それでも腐敗，変敗を必要限度阻止するにはなお保存料の使用が必要である．しかし保存料を添加してもその効果は殺菌剤とは異なり，微生物の増殖を抑制する静菌作用でしかない．とはいうものの微生物の発育を阻害するという点からは細胞毒性を持っているといえる．それだけに，より安全性の高い保存料の使用が望まれる．保存料は指定添加物（いわゆる化学的合成品で，厚生大臣が指定したもの）と既存添加物（いわゆる天然添加物で，天然の原料からつくられ，長年使用されてきたもので厚生大臣が天然添加物として認めたもの）の保存料に大別される．指定添加物には安息香酸類，ソルビン酸類，プロピオン酸類などの有機酸およびその塩類，パラオキシ安息香酸ブチル，パラオキシ安息香酸イソブチルなどの有機酸エステル類，亜硫酸ナトリウム（結晶），二酸化硫黄などの無機塩類がある．なかでもソルビン酸類はカビ，酵母，好気性菌などに対して幅広く効果があるので食肉加工品，水産加工品，ジャムなど多くの加工食品に使われている．現在使用が認められているこれらの保存料にはすべて成分規格と対象食品別に使用基準が定められていて，用途名併記で「保存料（ソルビン酸K）」のように表示される．既存添加物には植物からのヒノキチ

オール抽出物，ペクチン分解物，微生物の発酵法でつくられるポリリジン，魚のしらこタンパクなどがあるが，いずれも成分規格や使用基準はない．表示も用途名併記で「保存料（ヒノキチオール）」でよい．これらは一般に特定の細菌，酵母，カビには静菌作用を示すが，それ以外には効果が劣るなど指定添加物の保存料ほどの普遍性はない．さらに保存料ではないが，そうざい，漬物（浅漬），サラダなど近年増加が著しい保存性の低い食品に対して短期間，腐敗や変敗を阻止する目的で使われるのが日持向上材である．ワサビやチャなどの抽出物，グリシン，酢酸などが使用されているが，それらは保存料ほどの効果はなく，使用には制約がある．しかし低温貯蔵などと併用して保存効果を上げている．

(村田道代)

**ボーダーかんがい　ボーダー灌漑**（border irrigation）→畑地灌漑

**ポットなえ　ポット苗**（potted seedling）

主要な生育期間をポットで育てる苗木．ポットには，ポリエチレンまたは塩化ビニールの袋・チューブ，多種の素材でできたルートトレーナー（→）と呼ばれる育苗用ケース，タケ筒，ベニヤ単板，廃品利用のミルクパックや空き缶などがある．培土にも，森林土壌から，バーミキュライトなどを用いた合成培土まで各種ある．培土を詰めたポットに直接種子を播き付ける方法と，種子は播き付け箱に播いて，発芽後にポットに移植する方法とある．山出しに当たっては，ポットごと植栽予定地に運んで，現地でポットを外して植栽するのが普通であるが，一部のルートトレーナーの場合には，苗畑でケースから苗木を外し，大型の袋に入れて予定地に運ぶ方法も取られている．このような苗木はプラグ苗（plug seedling）と呼ばれ，根系が培土をしっかり抱え込み，多少手荒に扱っても地下部はほとんど崩れず，著しく乾燥させなければ，山出しにともなう生長の停滞は起こらないという．

(浅川澄彦)

**ホッパー・バーン**（hopper burn）

トビイロウンカ・セジロウンカ・*Thaia assamensis* 加害によるイネ，ヒメヨコバイ類加害によるワタなどの集団的な立枯れ・葉枯れ症状で，坪枯れ状に発生する．最初は黄化することが多い．

(持田 作)

**ホテイアオイ**（water hyacinth）

学名：*Eichhornia crassipes*（Mart.）Solms．南米アマゾン川流域原産で世界の熱帯〜温帯に広く帰化．ミズアオイ科の多年生浮遊水生雑草．茎は短く，ロゼット状を示す．葉身は卵円形，葉柄の中程が肥大してフロートを形成．根はアントシアンを含み暗紫色．乾季に，茎頂に総状花序を作り，淡紫色の美しい花をつける．雄ずいは6個で3個は短い．河川，池沼，水路などに繁茂し，水流をせき止め灌漑，水上交通の障害や洪水の原因となる．生活排水の流入で富栄養化した都市近郊の陸水環境では一層深刻である．種子と分株で増殖．2,4-Dや非選択性除草剤で枯死するが，水質汚染が懸念されるので人力による除去が一般的．微生物や昆虫利用による生物防除も可能．若い葉は食用，葉柄は工芸品の材料．バイオマス源としての利用には高水分が問題である．

(原田二郎)

**ポドゾル**（Podzols）

寒冷湿潤気候の針葉樹林下によく典型的に発達する．

厚い堆積腐植層（O層）／
灰白色の溶脱層（E層）／
黒褐色の集積層（Bh, Bs層）／

褐色のC層の層位配列をもつことで特徴づけられる．ロシアではこの土壌を寒冷湿潤気候下の成帯性土壌とみなした．

アメリカ合衆国では，浅い位置から出現する溶脱層は耕起などによる人為撹乱を受けるので，次表層の鉄，腐植集積層を特徴次表層（Spodic層）とみなし，それをもつ土壌をスポドソルと定義した．

ポドゾルは強い酸性で可給態養分に乏しく，植物の生産性は低い．そのため石灰施用

による酸性の矯正，無機質肥料の施用による P, K, S の補給，有機質肥料の施用による N の富化と物理性の改善などが必要である．
→FAO-Unesco 世界土壌図凡例 （三土正則）

**ポドゾルヴィソル（Podzoluvisols）**
→FAO-Unesco 世界土壌図凡例

**ポドゾルか　ポドゾル化（podzolization）**
有機物のキレート化作用により，表層土の粘土の破壊を伴いながら，溶出された鉄・アルミニウムが有機物とともに下層へ移動する土壌生成過程．これらの金属元素の洗脱を受けた表層土は灰白色の E 層を，集積した下層土は赤色，暗赤色の Bh 層や Bs 層（Soil Taxonomy における spodic 層の一部）を形成する．従来このポドゾル化の概念は，亜寒帯の針葉樹林下の比較的砂質な母材上での土壌生成を説明するのに用いられてきたが，湿潤熱帯においても海岸の古砂丘には厚い E 層をもつ典型的なポドゾルが生成している．→ジャイアントポドゾル　　　　　　　（舟川晋也）

**ボトムアップ・アプローチ（bottom-up approach）**
地域住民を主体に，現場から開発を考案する方法．多様性や地域性が尊重される．
（水野正己）

**ポーラーフロント（polar front）**
寒帯前線のこと．寒帯気団と中緯度気団（亜熱帯気団）との境界が寒帯前線である．上層圏界面近くに寒帯前線ジェット気流を伴う．気団の境界として前線を考えた場合，極気団と寒帯気団との境界の極前線（arctic front）や中緯度気団と熱帯気団の間にできる亜熱帯前線（subtropical front）が挙げられる．ポーラーフロントの訳語としての極前線を使用する場合があるが適切ではない．ポーラーフロントは大規模な前線で，両半球中，南北の温度傾度が最も大きい地域に存在し，前線上に温帯低気圧が発生・発達する．また寒帯前線ジェット気流は寒帯圏界面と中緯度圏界面の切れ目に位置し，南北に大きく蛇行しているが，場所によっては分岐したり消滅をしたりする場合もあり，高層天気図においても認識しづらい．北半球の冬季，日本付近では，寒帯前線ジェットと亜熱帯ジェット気流が合流し，非常に強いジェット気流がみられることがある．
（佐野嘉彦）

**ポリジーン（polygene）**→量的形質

**ほりぬきいど　管井戸，掘り抜き井戸（artesian well）**
被圧地下水を取水するために同帯水層まで貫かれた井戸であり，被圧が大きい場合には自噴する．
（堀野治彦）

**ボロイネ（Boro）**→インディカ，生態種

## ま

**マイクロキャッチメント（microcatchment）**
→ウォーターハーベスティング

**マイコトキシン（mycotoxin）**
カビ（真菌）が産生する二次代謝産物でヒトや動物に対して有毒なものをマイコトキシンあるいはカビ毒と呼ぶ．飼料を汚染したマイコトキシンが原因と思われる家畜の障害は多数発生しており，中毒事例が数多く論文報告されている．

飼料を汚染するカビは，圃場の作物に寄生し，場合によっては植物に病害をもたらす圃場菌（field fungi）と，収穫後に汚染し，水分の比較的少ない状態を好む貯蔵菌（storage fungi）とに分けられる．マイコトキシンを産生するカビのうち，*Fusarium* 属，*Rhizoctonia* 属などは前者に，*Aspergillus* 属，*Penicillium* 属などは後者に属する．

赤カビと呼ばれる *Fusarium* 属のカビは種々のマイコトキシンを産生し，人や動物に有害作用を示すことが知られている．*Fusarium* 属のカビが産生するマイコトキシンのうち主要なものは，トリコテセン，ゼアラレノン，フモニシンの3種である．

トリコテセン（trichothecene）マイコトキシンは，共通骨格をもつ50種以上のマイコトキシンのグループである．構造上の特徴から

さらにA，BおよびCの三つのグループに分類される．タイプAのトリコテセンマイコトキシンには，T-2トキシン（T-2 toxin），HT-2トキシン（HT-2 toxin）など，タイプBには，デオキシニバレノール（deoxynivalenol；ボミトキシン，vomitoxin），ニバレノール（nivalenol），フザレノンX（fusarenon-X）など，タイプCには，ロリジンA（roridin A），ベルカリンA（verrucarin A）などがある．これらのトリコテセンマイコトキシンのうち，特にデオキシニバレノール，ニバレノールおよびT-2トキシンによるムギ類やトウモロコシの汚染が世界各地で問題になっている．トリコテセンによる中毒症状としては，飼料摂取量の低下，嘔吐，胃腸炎，皮膚炎などのほか，無白血球症（ATA）や再生不良性貧血などの血液障害も見られる．さらに，免疫機能の異常を誘発したり，催奇形性や発がん性も有する．

ゼアラレノン（zearalenone）は，*F. graminearum* などが産生するマイコトキシンである．ゼアラレノンは女性ホルモンのエストロジェンと同じような作用を持ち，外陰部の肥大や死流産などを引き起こす．家畜のなかでは特にブタの感受性が高いが，乾草を汚染したゼアラレノンによる流産などがウシでも報告されている．

フモニシン（fumonisin）はウマの白質脳軟化（equine leukoencephalomalacia）やブタの肺水腫（porcine pulmonary edema）の原因物質として近年知られたマイコトキシンで，*F. moniliforme* および *F. proliferatum* が産生する．はじめフモニシンB1およびB2が単離されたがそのほかにも同族体が存在する．フモニシンはスフィンゴ脂質の生合成経路を阻害し，これによって毒性を示すものと考えられている．また，ラットに肝臓がんを誘発すること，疫学調査からヒトの食道がんとの関連性があることなどが報告されており，公衆衛生上も注目を浴びている．

アフラトキシン（aflatoxin）はコウジカビの仲間の *Aspergillus flavus* や *A. parasiticus* が作るマイコトキシンで，広く農産物を汚染していること，そして実験動物に強い発がん性を示すことから，最も注目を浴びているマイコトキシンである．アフラトキシンは類似の化学構造を持つ十数種類の化合物のグループであるが，毒性が強く量的にも多いのはアフラトキシンB1である．急性中毒の症状としては，肝臓の壊死や肝硬変などの肝障害が特徴的で，肝臓が障害されると，食欲の低下や増体率の低下などの二次的な症状も示す．また，出血性の下痢を呈するとの報告も多い．病理組織学的には，門脈周囲の線維化，胆管の増生などが特徴的である．ウシでのアフラトキシン中毒は，ほとんどの場合トウモロコシ，ピーナッツ，綿実などの穀物の汚染によるものであるが，アメリカでは，放牧中にカビで汚染したスイートコーン生草を食べたウシがアフラトキシン中毒になったという報告もある．また，アフラトキシンはルーメンフローラにも影響を及ぼし，VFAの産生を低下させるとの報告もある．アフラトキシンは，マウス，ラット，アヒル，ニジマスなどに肝臓がんを誘発することが知られている．また，アフラトキシンに汚染された飼料を摂取したウシの乳汁に，アフラトキシンが移行する．乳汁中に現れるのはアフラトキシンB1がウシの体内で代謝されてできたアフラトキシンM1で，アフラトキシンB1と同じように発がん性を有していること，そして化学物質に対する感受性が高い乳幼児期の主要な食品である乳および乳製品を汚染するマイコトキシンとして重要である．

オクラトキシンA（ochratoxin A）は，イソクマリン誘導体の一種で，*A. ochraceus* などの *Aspergillus* 属や *Penicillium* 属の真菌が産生するマイコトキシンである．主に，オオムギ，コムギ，トウモロコシなどを汚染するが，チーズもオクラトキシン産生の良い基質であるといわれている．オクラトキシンを産生する一部の *Penicillium* 属菌は，4℃でもオクラ

トキシンを産生するため，高温多湿の国々だけでなくヨーローッパ諸国のような寒冷地でも問題になる．オクラトキシンは，腎臓に対して強い毒性を示すが，そのほかにも肝毒性，催奇形性，発がん性を示す．反芻家畜はオクラトキシンを加水分解する能力が高いのでオクラトキシンによる中毒は起こりにくいといわれている．オクラトキシンはこれを摂取した単胃家畜（ブタ・ニワトリ）の筋肉，脂肪，卵などを汚染することから，特にヨーロッパの畜産業界での関心が高い．

シトリニン（citrinin）は，黄変米の原因菌である *Penicillium citrinum* や *P. verrucosum* が産生するマイコトキシンである．オクラトキシン A と同様に強い腎毒性を有し，穀物を同時汚染することも多い．

スラフラミン（slaframine）は，赤クローバーなどのマメ科の牧草に寄生する *Rhizoctonia leguminicola* が産生するマイコトキシンで，ウシに流涎を主徴とする中毒を起こす．体内に入ったスラフラミンは肝臓で酸化されてケトイミン（ketoimine）体に変化し，これが毒性を示す．すなわち，ケトイミン体はムスカリン受容体のアゴニストで，ムスカリン受容体刺激により唾液分泌が亢進するものと考えられている．

パツリン（patulin）は，*Penicillium patulum*, *P. claviforme*, *P. expansum*, *Aspergillus clavatus* などが産生するマイコトキシンである．これらのカビで汚染したリンゴやそのジュースのパツリン汚染がヨーロッパなどで問題になっているが，サイレージのパツリン汚染も報告されている．パツリンは毛細血管の拡張や出血を引き起こすほか，筋肉の痙攣を誘発する．

スポリデスミン（sporidesmin）は，*Pithomyces chartarum* が産生するマイコトキシンで，ヒツジ，ウシ，ヤギなどの顔面湿疹（facial eczema）の原因物質と考えられている．罹患した動物は，顔や乳房など体毛の少ない部分に，重度の皮膚炎を起こす．また，不妊にもなるといわれる．顔面湿疹はニュージーランドで大きな問題となっているが，オーストラリア，南アフリカ，アメリカなどでも発生の報告がある．顔面湿疹は肝原性（hepatogenous）光線過敏症の一つである（→光線過敏症）．スポリデスミンは銅の触媒作用によって酸化されてラジカルを発生し，これが分子状の酸素と反応してスーパーオキサイドを産生すると考えられており，これによって肝が障害を受ける．肝機能が障害されると，クロロフィルの代謝産物で光作用物質であるフィロエリスリン（phylloerythrin）を血中から胆汁へ排泄できなくなる．フィロエリスリンは太陽光線によって活性化されてラジカルを発生し，これが光線過敏症を引き起こす．亜鉛を投与すると銅の吸収が阻害されるため，ニュージランドでは本症予防のための亜鉛投与が行われている．また，亜鉛はスポリデスミン代謝産物に結合し，その自動酸化を阻害するともいわれている．

このように，マイコトキシンは家畜に中毒をもたらすばかりでなく，場合によっては畜産物を汚染して人の健康に影響を及ぼす可能性もある．特にアフラトキシンは強い発がん性を有し，牛乳を汚染する可能性があることから，多くの国で飼料中のアフラトキシンの許容濃度を定めている．日本ではアフラトキシン B1 の許容基準を，飼料の種類によって 10 ppb あるいは 20 ppb と定めている（畜産局長通達）．

飼料中のマイコトキシンの分析法は種々報告されているが，わが国では，「飼料安全法」に基づいて飼料分析の公定法である「飼料分析基準」が定められており，主要なマイコトキシンの分析法もこの基準に収載されている．また，機器分析の前のスクリーニング用に，簡易にマイコトキシンの有無を検査できる分析キットも市販されている．

マイコトキシン中毒を防ぐためには，飼料のカビ汚染を防ぐことが基本である．カビの繁殖は，水分，気温，栄養条件などによって

影響を受けるが，このうち最も大きな要因は水分である．圃場では密植をさけるなどして風通しを良くし，収穫後の保存の際も湿度に十分注意する必要がある． 　　　　　（宮崎　茂）

**マイトトキシン**（maitotoxin）→シガテラ

**マーガライトどじょう　マーガライト土壌**（margalite soils）→熱帯土壌

**まきしおづけ　撒塩漬け**（dry salting）→立塩漬け

**マグ**（mageu）

南部アフリカの夏季の伝統的発酵飲料．トウモロコシデンプンを乳酸発酵し調製する．アルコールは含まない．pH 3.5．固形物含量 10 %． 　　　　　　　　　　　　　　（林　清）

**マグネシウム**（magnesium）

原子量 24.31 のアルカリ土類金属で，Mg と略記される．動植物にとって必須多量元素である．植物では葉緑素の構成成分であり，炭酸の固定に不可欠である．さらに，動植物のエネルギー代謝経路における多くの酵素の活性に必要である．また，動物では神経の興奮に重要な役割を果たしている．植物においてマグネシウムが欠乏すると葉緑素ができないので特に古い葉が黄化するが，窒素不足とは異なり葉脈部分の緑色は残る．酸性土壌からは溶脱しやすいため，欠乏が生じやすい．動物体内ではその多くが骨に存在しており，その代謝はカルシウムやリンと密接な関連がある．マグネシウムが欠乏するとマグネシウムテタニーと呼ばれる痙攣を生じ死に至る場合がある．カリウムや窒素の過剰摂取は反芻動物のマグネシウム吸収を抑制する．生長初期の牧草にはこれらが多いので牧草中マグネシウム含量が少ないとこのような草地で放牧された動物に痙攣が生じ，これを特にグラステタニーと呼ぶ． 　　　　　　（松井　徹）

**まくぶんり　膜分離**（membrane separation）

分離技術の一つとして，膜を用いた分離法がある．膜を透過する速度が物質によって異なっていると，混合物を分離することが可能となる．これが膜の選択透過性である．膜透過を起こさせるには，適切な駆動力が必要である．圧力を加えて分離するものには逆浸透，ナノろ過，限外ろ過，精密ろ過がある．逆浸透は，水は通すけれども溶質は通さない逆浸透膜を用い，果汁・牛乳などの液状食品の濃縮，海水の淡水化などに利用される．ナノろ過は，低分子と中分子の分離や低分子とイオンの分離が可能であり，調味液の脱色・脱塩などに利用される．限外ろ過は，低分子成分を膜透過させ，高分子成分を濃縮することができ，タンパク質の回収・精製などに利用される．精密ろ過は，微粒子，微生物を膜で阻止し，除菌などに利用される．電位差を駆動力にしたものに電気透析があり，イオン交換膜を用いてイオンを透過させることにより，食塩製造・脱塩に実用化されている．（中嶋光敏）

**マグロ**（tuna）

赤身の高級大型回遊魚であるが，近年資源量の減少が顕著で国際的な規制が強化されている． 　　　　　　　　　　　（林　哲仁）

**マコレ**（makore）→付表 13（アフリカ材）

**マッドクレイ**（mud clay）→酸性硫酸塩土壌

**マツノマダラメイガるい　マツノマダラメイガ類**（*Dioryctria* spp.）

マツ科針葉樹の新梢，幹，球果に穿孔加害するメイガ科（Pyralidae）のガ類で，似た種が多い．幼虫は老熟すると体長 15〜20 mm に達し，体は灰色を帯び黒点を散布し頭部は褐色，坑道内に繭を作って蛹化する．成虫の前翅は長さ 10〜13 mm，灰褐色と濃褐色の複雑な斑紋がある．マツノマダラメイガ *Dioryctria abietella* は北半球温帯に広く分布するが，台湾，タイ，北インド高地にも生息してマツ属，モミ属，トガサワラ属の害虫となっている．マツノシンマダラメイガ *D. sylvestrella* もタイ，ベトナムに分布が及び，ケシアマツやカリビアマツを加害している．*D. rubella* は東南アジアのマツ属自生地に分布しスマトラのメルクシマツやフィリピンのベンゲット

マツの造林地で樹幹穿孔害が大きい（→マツ類の害虫）． (松本和馬)

**まつやに　松脂**（pine resin）

マツ（*pinus* spp.）の樹液．揮発性のテレビン油（turpentine）と不揮発性のロジン（rosin）からなる．また生マツヤニから生産されるロジンをガムロジン，材から抽出されるものをウッドロジンとして区別する．

日本におけるテレビン油の主な用途は溶剤であり，紙サイズ剤などに毎年8～9万tのロジンを消費している．世界のロジン生産量をみると，1980年代後半以降中国が米国を抜いて1位となり，日本も中国からの輸入ガムロジンに頼っている．

マツは，熱帯地域でも限られた面積ながら植林されている．インドネシアのジャワ島では，国有林におけるメルクシーマツ（*Pinus merkusii*）の短伐期施業とマツヤニ採集を組み合わせ，地域住民に対する雇用創出をはかっている．

マツに限らず，樹脂を産する樹種は，用材としても利用価値が高いものが多い．その多目的性や収入の継続性は，今後住民林業のあり方を考える上で注目に値する． (増田美砂)

**マツるいのがいちゅう　マツ類の害虫**（insect pests of pines）

熱帯のマツ類には土着種と導入種が亜種を含めて約20種類ある．現在，早成樹として広く植栽されているのは，ケシアマツ，メルクシマツ，カリビアマツ，オーカルパマツなどであり，害虫では次の種類が重要である．

①シンクイムシ類（pine tip moth, pine shoot moth）：主な種類は，メイガ科（Pyralidae）の *Dioryctria rubella*, *D.stylvestrella*, *D. robella*, *D. abietella*, ハマキガ科（Tortricidae）の *Rhyacionia cristata*, *Petrova cristana* などの小型のガである．新梢の針葉基部に産卵，幼虫は新梢の髄に潜入して食害する．このため新梢は枯れたり，折れやすくなり，上長生長が著しく阻害されるほか，球果種子の害虫としても知られる．中心軸がなくなると側枝が代わって生長するため通直性が損なわれる．粗皮の粗い樹種では太枝や幹にも潜入・食害するため（stem borer），そこから上が枯れたり折れることもある．弱齢林の重要害虫であるが壮齢林ではほとんど問題にならない．②食葉性害虫（defoliator）：カレハガ科（Lasiocampidae）幼虫は pine moth, pine caterpiller などと呼ばれ，*Dendrolimus punctata*, *Gonometa podocarpi*, *Lechriolepis baseryfa* などが重要である．熱帯では発育成長が早く，年に3～4世代経過する．ドクガ科（Lymantridae）は tussock moth と呼ばれ，*Orgyia* 属に大発生する種類が多い．これらの中～大型のガの幼虫は針葉を食害し，ときに丸裸にすることもあり，条件によってはマツは枯れる．マツハバチ科（Diprionidae）は pine sawfly と呼ばれ，*Diprion*, *Neodiprion*, *Nesodiprion* 属が各地で大発生している．③吸収性害虫（sap sucker）：半翅目カサアブラムシ科（Adelgidae）*Adelges*, *Piners* 属は微小なアブラムシで，体は柔らかく楕円形，白色の綿状の糸や塊に覆われている．針葉，小枝や虫こぶ内に生息して樹液を吸収し樹勢を弱らせる．アブラムシ科（Aphididae）の *Cinara* 属，ハダニ類（Tetranychi- dae）も多い．④穿孔性害虫（bark beetle, wood borer）：ほとんどが二次性（衰弱木，新鮮な倒木・枯死木を穿孔して産卵加害する性質）であり，旱ばつ，山火事，激甚な食葉被害などにより密度が増大し，枯損被害が発生する．熱帯では *Dendroctonus frontalis*, *D. valens*, *Ips calligraphus*, Scolytidae などキクイムシ科の樹皮キクイムシ（bark beetle）が有名である．衰弱の原因には松ヤニ採取や地表火によることも多い．キクイムシ科以外ではゾウムシ科，カミキリムシ科などがある．⑤その他；激甚な松枯れの病原マツノザイセンチュウ *Bursaphelenchus xylophilus* は北米大陸から今世紀はじめに日本に侵入し，最近，韓国，中国他に拡大した線虫で，被害は，現在，中国南部に拡大している．1999年ポルトガルでも侵入が確認された．ケシアマツなどは

感受性であるため，東南アジア各地の天然・人工林に侵入する危険性がある．枯損木中にマツノザイセンチュウが検出されたら，媒介昆虫 Monochamus 属のカミキリムシの駆除を徹底し，侵入初期に根絶する必要がある．

(山根明臣)

**マツるいのびょうがい　マツ類の病害**
(diseases of pines)

　熱帯・亜熱帯の造林樹種グループの一つ針葉樹 (soft wood) のほとんどはマツ属 (Pinus spp.) である．そして東南アジアおよび中米原産のマツ類が熱帯・亜熱帯の各地に相互に導入，植林され，それに伴って原産地に限られていた病害虫が同様に各地に導入され，各種のマツに被害をおよぼしている．主な病害には3種類の葉枯性病害と漏脂胴枯病がある．

　① 葉枯病・赤斑葉枯病・褐斑葉枯病は主に熱帯・亜熱帯地域のマツ類養苗畑において被害の激しい病害であり，高感受性樹種では幼齢造林地においても激しく発生する．葉枯病 (needle blight, 病原菌：*Pseudocercospora pini-densiflorae*) は東南アジア原産の，赤斑葉枯病 (Dothistroma needle blight, *Dothistroma septospora*) と褐斑葉枯病 (brown spot needle blight, *Lecanosticta acicola*) は中米原産の，いずれも不完全菌類に属する病原菌により起きる．葉枯病は針葉上の退緑色〜灰褐色の変色部が暗緑色すすかび状の胞子 (分生子) 塊に覆われる．赤斑葉枯病と褐斑葉枯病は針葉の褐色小斑に膨らみを生じて裂開，黒色子座を露出し，白色粘塊 (赤斑葉枯病) か，黒緑色塊 (褐斑葉枯病) かを生成する．熱帯・亜熱帯の造林地・天然更新地では雨季に伝播するが，苗畑では灌水を行うため乾季にも発病・伝播する．潜伏期は葉枯病で2〜3週間，赤斑葉枯病と褐斑葉枯病は3週間から1カ月である．温帯では胞子形成期，感染期，潜伏期間，発病期が3種類の病気でそれぞれ異なり，複雑である．葉枯病にはカリビアマツ・アレッポマツ・フランスカイガンショウ・ラジアタマツ・ウーカルパマツなどが高感受性で新植地でも発生する．ケシヤマツ・メルクシマツは1〜2年生苗木では感受性であるが，以後抵抗性に変わり造林地では発生しない．スラッシュマツ・ダイオウショウ・テーダマツは抵抗性である．赤斑葉枯病と褐斑葉枯病にはラジアタマツ・アレッポマツ・カナリーマツが高感受性で，カリビアマツ・スラッシュマツ・ケシヤマツ・フランスカイガンショウ・ダイオウショウは感受性で幼苗期に被害が大きい．

　② 漏脂胴枯病 (pitch canker) は枝や幹から白色の樹脂が流下し，患部はでこぼこに膨らんでついには枯死する．発生地はアメリカ (南部)・ブラジル・南アフリカ・日本 (南西諸島) で，アメリカ・南アでは枝枯れによる採種園の被害 (スラッシュマツ・ラジアタマツ・テーダマツ・バージニアマツ) が問題であり，日本ではリュウキュウマツ天然更新幼樹から造林若齢木，成木の枯死が問題になっている．病原菌は不完全菌類フザリウム属の *Fusarium circinatum* で，マツ樹体表面に常に存在し，強風下の砂の吹きつけによる傷口などから発病する．マツ被害枝上での病原菌の胞子 (分生子) 形成は稀であるが，サトウキビなど他の植物上の枯死葉上には多量の胞子形成が認められ，伝染源としての可能性が検討されている．

(小林享夫)

**まびきせんてい　間引きせん定** (thinning-out pruning) →せん定

**まひせいかいどく　麻痺性貝毒** (paralytic shellfish poison, PSP)

　PSPは渦鞭毛藻 (わが国では *Alexandrium catenella*, *A. tamarense* および *Gymnodinium catenatum* の3種が問題となる) が生産する毒である．アサリ，ホタテガイ，ムラサキイガイ，マガキなどの二枚貝が餌である渦鞭毛藻からPSPを取り込み，主に中腸腺に蓄積して中毒を引き起こす．二枚貝のほかに，マボヤやオウギガニ科のカニ類も中毒原因となる．中毒症状はフグ中毒の場合とほぼ同じ

で，死亡することもある．PSP成分はNa⁺チャンネルをブロックする強力な神経毒で，サキシトキシン（STX）群，ゴニオトキシン群など30成分近くの存在が確認されている．STXのヒトに対する中毒量は0.5 mg（約3,000 MUに相当する．PSPの1 MUは体重20 gのマウスを30分で死亡させる毒量と定義されている）と推定されている．監視体制が整備され，毒化貝類の出荷規制（規制値は4 MU/g）が行われている． （塩見一雄）

**マホガニーマダラメイガ** (mahogany shoot borer)

チョウ目メイガ科のガで，幼虫がセンダン科のマホガニーとその近縁種の新梢に穿孔し，壊滅的な被害を与える重要害虫である．成虫は前翅長13～15 mm，前翅は灰褐色で通常暗色の線と斑点を持つが，アジアの *Hypsipyla robusta* では個体によっては黒帯を持つか全体に黒化する．後翅は灰色～灰褐色半透明．中南米熱帯には *H. grandella*，アジア，アフリカ，オーストラリア熱帯には *H. robusta* が分布する．これまで有効な被害防除法は見出されておらず，熱帯で両者のいずれも分布しないところはフィジーなど一部の島しょに限られるので，マホガニーの人工造林はほとんどの地域で不可能となっている．両者の生態はよく似ており，1世代の完了に1～2カ月を要し，高温，多湿な条件下で成長が早い．*H. robusta* はインド北部では幼虫越冬し，アフリカのサバンナ地帯では乾季に幼虫で休眠する．

被害部には新たな新梢が複数生じるので，幼齢木の梢端が加害されると生長後に主幹の分岐した樹型となり，十分な長さの通直な材が得られない．幼虫は，花，実（種子）も食べる．アフリカ産の *H. robusta* は樹皮も食害するが，アジア産のものは通常このような摂食習性を示さない．被害を受けるのはセンダン科の樹種が多く，マホガニー，アフリカマホガニーのほか，*Chukrasia, tabularis, Toona,, Entandrophragma, Lovoa, Carapa* などである

が，地域（メイガの系統）によって樹種選好性が異なり，オーストラリアの *Toona ciliata* は中南米では被害を受けず，サバでは中南米原産の *Cedrela odorata* が被害を受けない．*C. odorata* は，アジア，アフリカ，オーストラリアでも一般に被害が軽微であり，アフリカマホガニーの被害もアジア，中南米では軽微である．これらの樹種はその原産地で被害が著しいため，在来樹種は感受性，外来樹種は非感受性とする見解もあるが，中南米原産のマホガニーはどこでも被害が大きい．マホガニーマダラメイガに対する対策としては抵抗性ないし弱感受性の樹種を植えるのは一案である． （池田俊弥）

**マホガニーるい　マホガニー類** (mahogany) →付表21（熱帯アメリカ材）

**マム** (mam)

ベトナムの発酵食品．主に小海老（一部には魚）を発酵させたペーストで，豚肉や野菜などの調理済み料理の味付け，あるいは魚醤の代わりとして用いる． （林　清）

**マメかさくもつ　マメ科作物** (leguminous crops) →付表5, 7

**マルサスのじんこうほうそく　マルサスの人口法則** (Marthusian law of population)

イギリスの古典派経済学者 T. R. Malthus は，人口成長の傾向を食糧生産との関係を通じ理論化した．マルサスは，人口は人間の本能的行動からねずみ算的つまり幾何級数的に増加するが，食糧生産は土地の制約があるためせいぜい算術級数的にしか増加しないと仮定し，人口の増加とともに生じる食糧需要の増加は，食糧生産をいずれ超過してしまうことを主張した．そして食糧の需要超過は，飢餓や病気を通じて人口を減少させ，結局人口は食糧生産量水準に制約されること，言い換えればその食糧生産量で生存できるぎりぎりの人口しか存在できないとし，人口の増加傾向に警告を発した．マルサスの議論は，単純明解な理論であるが故に，現実においての妥当性には問題があるにもかかわらず，早ばつ

や急激な人口増加の現象が起こった際に警告として頻繁に用いられてきた. （南部雅弘）

## マルチさいばい　マルチ栽培（mulching）

土壌表面をさまざまな材料を用いて被覆して作物を栽培する方法. マルチの材料にはワラや茎葉部などの作物残渣やプラスチックフィルムなどの他, 樹木の枝葉, 樹皮, 鋸屑, 雑草, 紙（エコマルチ）, 石, 砂, ピート, 陶器・煉瓦破片, 米糠, 家庭ごみや産業廃棄物など, 作物に有害でない材料であれば利用することが可能である. マルチの効果は用いる材料によって異なるが, 多くの場合, 土壌侵食防止, 地温の上昇あるいは抑制効果, 土壌水分保持効果, 雑草防除効果等々がある. 材料が有機物の場合には, 養分補給効果もある. 寒地における地温の上昇と熱帯における地温の抑制や土壌水分保持効果は, 栽培環境の改善と土壌の微生物活性を高めることによる作物の生育促進効果を生み出す. カバークロップと組み合わせてマルチの効果を期待する方法は, リビングマルチと呼ばれている. マルチによるデメリットには, 敷きワラなどの作物残渣が病害虫の繁殖の場となったり, フィルムマルチの廃材処理が困難なことなどがある.
（林　幸博）

## マレーアオスジカミキリ（albizzia borer）

東南アジアの *Paraserianthes falcataria*, *Acacia mangium* の造林地で樹幹穿孔害の大きいカミキリムシ科（Cerambycidae）の昆虫で, *Alibizia* 属, *Acacia* 属, その他多くのマメ科有用樹も加害する. 学名は *Xystrocera festiva* Thomson. 鞘翅長 20～25 mm, 橙褐色の地色, 前胸背と鞘翅外縁に金属光沢をもつ青緑帯がある. メスは 60～300 卵の卵塊を樹皮の裂け目などから樹皮下に産み, 幼虫は主幹の樹皮下を根元に向かって集団で食い進むため被害木の損傷は著しい. 老熟幼虫は個体毎に材内に穿孔して蛹化するが, これも風折れの原因となる. 1 世代の完了に 4～8 カ月かかり, 未経産メスの飛翔距離も短いので増殖と拡散は緩やかであり, 被害木を伐倒除去するのが容易で確実な防除法である. （松本和馬）

## マレーシア（Malesia）

植物学で, 湿潤熱帯（島しょ部）東南アジアを指す用語. マレーシア植物区系とパプア植物区系からなる. （竹田晋也）

## マンガンしゅうせきそう　マンガン集積層（manganese illuvial horizon）

多価マンガンは還元的条件下で, 容易に還元されて水に溶け易い二価マンガン（$Mn^{2+}$）となり, 水の動きに従って上→下, 下→上および横方向に移動し, 酸化的部位に到達して沈殿する.

例えば, 排水のよい水田土壌では, 表層から溶脱したマンガンが作土の下方で明瞭な集積層を作る. 排水不良な灰色台地土では, 下から上への水の毛管上昇が卓越し表層付近にマンガンの集積がみられることが多い. 集積層のマンガンは, 点状・糸根状の形で集積していることが多い. 点状のマンガンは多少とも硬化しているのが普通である. （三土正則）

## マングローブ（りん）　マングローブ（林）（mangrove）

熱帯の海岸, 河口, 干潟, 入り江など, 潮干帯の塩水のまじる泥地・沖積地に主として成立する特有の植生. 海水の温度, 海流の方向, 塩分濃度, 潮位の幅, 堆積する土壌などで, 構成樹種は地域ごとで大きく異なる. 構成樹種の違いから大きくは, 東アフリカ, インド, 東南アジア, オーストラリアを主とするインド洋・太平洋域と, 西アフリカ, 中央アメリカ, 南アメリカを中心とする大西洋域の二つに分ける. 同一地域でも干潮時でも水に浸かるところと, 干潮時には干上がるところで樹種が違う. 干潮時でも水に浸かるところには, マヤプシキ・ヒルギダマシなどが生え, 一般に海岸線と平行して樹種が置き換わる成帯構造を示す. 泥の中に生立するため, また酸素を取り込むため, 支柱根, 直立したあるいは膝を曲げたようなさまざまな形の気根を出す. サキシマスオウノキなどでは板根をもつ. マングローブの代表種ヒルギの仲間

は胎生種子（幼根）をつくる．多くの樹種の材は堅く，足場丸太・製炭に利用され，樹皮はタンニン原料となる．エビ・カニ・魚貝類の繁殖地として重要であるが，多くの地域で製炭のための過剰な伐採，スズの採鉱，エビ・カニ養殖池への転換などで，その面積が急速に減少している．　　　　　　　　（渡辺弘之）

**マングローブのがいちゅう　マングローブの害虫**（insect pests of mangroves）

マングローブの葉は堅い上にタンニンを多く含み，昆虫の餌としては不適なためマングローブ林は他の熱帯林に比べて植食性昆虫の種類が貧弱だと考えられてきた．しかし最近の研究では，マングローブ樹木から100種以上の植食性昆虫が記録され，マングローブの昆虫相は多様であることがわかってきた．これらの昆虫の食害形態は葉を食べる，枝や幹に穿孔する，吸汁する，虫こぶを形成する，花や果実を食べるなど多様であったが，その中では食葉性のガの種数が最も多かった．大発生して葉を食いつくすような被害を与える昆虫としてはハムシの一種 *Monolepta cavipennis*，ミノガの一種 *Oiketicus kirbyi*，ヤガの類 *Achaea serva* と *Ophiusa melicerta*，メイガの一種 *Nephopterix syntaractis* が知られているが，このような激しい被害は例外的であり，マングローブ林の管理上，問題になることはほとんどない．

マングローブ造林時の害虫としては，まず採取した種子がキクイムシに食害されていることがある．苗畑では，昆虫による被害もあるが，最も重要なのはカニによる種子や苗木への食害である．新植造林地では，マルカイガラムシの一種 *Aulacaspis marina* の被害が起きることがある．このカイガラムシ寄生された葉は褐変し，枯れ落ちる．被害が大きいと全葉が枯れ落ち，枯死に至る．　　（尾崎研一）

**マンゴ**　→熱帯果樹，付表1, 22（熱帯・亜熱帯果樹）

**マンゴスチン**　→熱帯果樹，付表1, 22（熱帯・亜熱帯果樹）

**まんせいどくせい　慢性毒性**（chronic toxicity）

生体内で分解されにくい農薬や化学物質は急性毒性が小さくても食物連鎖を通して生物濃縮され，人体に摂取され脂肪組織に蓄積する．したがって人畜が連続的に摂取した場合に発現する毒性の試験として，慢性毒性試験を行うことが必要である．農薬など化学物質に長期間暴露されたときに生じる毒性である．慢性毒性試験は農薬を餌に混ぜ投与して実施される．一般的には，24カ月間ラットに経口的に投与するか12カ月間イヌに経口的に投与して被検物質の作用性，発がん性や催奇性を病理，組織学的に検索する．遺伝子や染色体への影響（変異原性，mutagenicity）などについても調べる．　　　（大澤貫寿）

## み

**ミオシン**（myosin）→坐り

**ミクロサーマル**（microthermal）→ソーンスウエイトの気候分類

**みず　水**（moisture, water）

植物にとって水は，種々の化合物の溶媒・高比熱による熱的安定・気化熱による冷却・水素結合への寄与など，種々の機能を果たしている．また，光合成による物質生産の材料である二酸化炭素が気孔を通して吸収されるため，活発な蒸散が物質生産のために不可欠である．したがって，作物への豊富な水の供給は，作物生産にとってきわめて重要である．また，適度な土壌水分は植物体への栄養供給にとって重要である．高温・強日射の熱帯では，農耕地における蒸発散量が大きく，作物の水要求量も大きい．このため，灌漑の整備が遅れていることとあいまって，水が作物生産の制限要因となることが非常に多い．→灌漑・乾燥耐性・水収支・水循環・水ポテンシャル・水利用効率．

飼料中に含まれる水分には，炭水化物，タンパク質などの飼料成分と結合している結合

水とそうではない遊離水とがあり，通常，水分という場合には，この両者の合計量をいう．水分の測定法として，135℃乾燥法と105℃恒温法があるが，通常は，前者つまり試料を135±2℃で2時間乾燥したあとの減量を水分とする方法が用いられている．水分を差し引いた残量が乾物であり，飼料を乾燥して空気中に放置しておくと，水分含量は10～15％になる．このような乾燥状態のものを風乾物という．飼料中の一般成分は，原物あるいは乾物中の含量で表示される．飼料の水分含量は飼料の種類，生産・貯蔵条件などにより変動するため，飼料間の成分や栄養価の比較には乾物表示で行われることが多い．乾熱加工した穀類で水分の調整をしていないものは水分が少なく，生草，サイレージあるいは生の製造粕などでは水分が多くまた変動も大きいので，飼料成分が原物表示されている場合には，飼料の水分含量の変動が他のすべての成分値に対して大きな影響を与えるため，注意する必要がある．

家畜の体内では，水分は溶液などとして存在するばかりでなく重要な構成成分となっており，栄養素の運搬，老廃物の排泄，体温調節，体型の保持など重要な生理的役割を果たしている．これらの機能維持のために水分出納が調節されている．体内で利用される水分は飲水，飼料中の水分および体内での代謝により生成される水分（代謝水）から得られるが，これらのうち飲水が主要な給源となっている．水分の要求量は，生産物の産出，糞，尿など体内における水分消失に関係する要因をはじめ，採食量，飼料中の水分，タンパク質，無機物含量さらには気温，湿度などによっても影響される．

熱帯で飼養されている家畜の，水分出納や水分要求量については明らかでないことが多いが，さまざまな暑熱適応がみられている．インド牛が熱帯に多いのは汗腺の発達がよいためと考えられ，一方，スイギュウは被毛が粗で汗腺が少ないため，暑熱環境に対する適応性は低く，水浴することで熱を放散している．熱帯のヒツジは呼吸数を増やして熱放散するほかに，砂漠種では，長くて細い足により，高温の地表からできるだけ距離をおいて体躯を維持している．ラクダが瘤に，インド牛が肩峰にそれぞれ脂肪を集中的に蓄積するのは，皮下脂肪として蓄積される脂肪を少なくすることによって，外部に熱を放出しやすくするための環境適応と考えられている．ラクダは滅多に飲水しない家畜の代表であり，水分欠乏時には，1日のうちに6℃以上も体温を変化したり，糞，尿中への水分排泄を減らすことなどによって，体重の27％以上もの水分を失っても平気で生活するという．ラクダが乾燥地域で示す，このような並はずれた耐暑性についてはよく知られている．

(縄田栄治・北川政幸)

**ミズオジギソウ** →在来園芸作物，付表29 (熱帯野菜)

**みずかんり（のうぎょうようすいのかんり）水管理（農業用水の管理）**（water management for agricultural use）

水管理という用語は集水域および水源貯水池の管理，水質管理，場合によっては洪水管理といった広い内容をさすことがあるが，ここでは農業用水の管理という意味に限定して用いる．農業用水の水利システムは施設システムと社会システムの統合として捉えることができる．農業用水の管理を考えるときも，施設システムと社会システムに分けて考えると理解しやすい．

施設システムの管理は，維持管理と操作管理からなる．維持管理は水利施設の機能を維持するために行われるすべての行為のことであり，これにより水利施設は老朽化から免れ耐用年数が伸延する．操作管理は取水，送水，配水，分水，排水に関わる水利施設の操作方法のことであり，その内容は後述する社会システムによって規定されるとともに，水利施設の物的な機能水準の制約を受ける．

施設システムに必要な資材も維持管理に深

い関係をもつ．伝統的な技術，在地の技術で造られた施設システムは身近な資材，例えば土，木材，わら，椰子殻，柴，石れきなどを用いているため，その入手は比較的容易でほとんど経費を要しない．しかし，近代的技術で造られた施設システムは大規模かつ高性能で，現地調達が不可能な資材を用いるため，農民負担で賄うことが困難である．

水管理の社会システムは，水管理の責任と権限をもつ管理主体，管理主体と利水者の関係，および利水者相互の横の関係などによって性格を異にする．管理主体には国家，機関，農民組織，個人などがあり，管理主体と利水者の関係には統制，自治，契約，信託などがある．なお，水管理の社会システムでは，管理組織が一元的な場合と重層的な場合がある．

水管理の社会システムに関する幾つかの例を示す．今日，わが国で広く見られる土地改良区-農業集落-農家という水利システムは二つの重層的な管理組織，すなわち土地改良区と農業集落からなる．土地改良区と農業集落の関係は信託的であり，農業集落と農家の関係は自治的である．

途上国に見られる大・中規模の水利システムの多くは，国家-農民という一元的な管理組織であり，両者は国家が全面的に水管理の責任と権限をもつ統制的関係にある．1980年代以降，途上国政府はこうした水利システムを国家-農民グループ（水利組合）-農民という重層的組織に改編しようと試みている．この場合，国家-農民グループの関係は統制的であるが，農民グループ-農民の関係では自治を目指している．

途上国の小規模な水利システムの中には農民グループ（水利組合）-農民という形態の一元的かつ自治的な管理組織が存在する．インドネシア・バリ島のスバック，北タイ・チェンマイ盆地周辺のムアンファーイなどがそうである．しかし，1980年代以降の国家による基幹水利施設の改良により，その管理形態に変化が生じている． （水谷正一）

**みずかんりへののうみんさんか　水管理への農民参加**（farmers' participation in water management），あるいは**参加型水管理**（participatory irrigation management, PIM)

小規模で伝統的な農業用水では，水の直接的な利用者である農民が水利施設を建設し，維持管理を行うことがある．また，水利施設を新設・更新・改良する場合，政府が資金・資材・技術を提供するとしても，利水者である農民が事業内容を検討したり，事業後の維持管理を担うことがある．こうしたことを総称して水管理への農民参加という．

1980年代以降，途上国で水管理への農民参加が強く唱えられるようになった．これは1950年代から国家主導で建設された大・中規模灌漑システムにおいて，政府が直接担っていた維持管理の一部もしくは全部を農民管理に移行し，国家の財政支出を縮減することを目的としたものである．また，1990年代になると世界銀行は途上国における構造調整策の一環として灌漑システムの民営化を提唱し，その一手段として国家型水管理から参加型水管理（PIM）への移行を進めている．これらの取り組みの評価は，今後の検証に待たれる．
 （水谷正一）

**みずごけ　水ごけ**（sphagnum moss）
→ピートモス，植え込み資材

**みずしげんかいはつ　水資源開発**（water resources development）

現在および将来予想される水需要に対して供給が不足する場合，それに対処する方法として新たに水源を確保することをいう．現在地球上の水不足人口は3.4億人と推定され，干ばつ時には深刻な水不足を来しているが，2025年にはこの数が10倍になると予想されている．農業用水としての河川水の利用は全利用水の約70％を占めている．灌漑される農地は全世界の農地の1/5以下に過ぎないが，そこから生産される穀物生産量は世界穀物生産量の1/3以上に及んでいる．安定した

食料生産のためにはさらに灌漑用水量の確保，すなわち水資源の開発が重要である．しかし，幾つかの国を経由して流れる国際河川の水資源開発には困難な協議が必要であり，紛争の原因となることも多い．1996年3月には国際水審議会が設けられ，2000年3月にはオランダ・ハーグ市で大規模な第2回世界水フォーラムが開催され，水資源開発上の国際問題が議論されるようになってきた．国家間に限らず，一国内の河川においても利害の調整がなされない場合には地域間に激しい対立が生じる．このような水争いは利水量が増え大半の河川流域で渇水流量を越えて利用されるようになった近世以来，各地で頻発してきた．それほどに水資源の開発は人間の死活に関わる重要課題であることを意味している．

開発対象としては，河川，湖沼などの地表水，地下水，および海水がある．下水処理水の再利用や家屋，グリーンハウスの屋根に降る雨水を貯める水源確保の方法や節水，反復利用，漏水防止など，需要量を減少させる方法もあるが，通常水資源開発といえば，上述の地表，地下水および海水の三つが主な対象である．特に地表水が重要であり，地表水の中でも河川水の利用率を上げることは，安定した水量確保のためにまず検討されるところである．

開発方法としては変動する河川流水の未利用流量である洪水流量など，必要流量以上の流水を一時貯留できるダム貯水池の建設，ため池築造などがある．また，自然湖沼をそのような貯留施設と見立てて，許容できる湖沼の水位変動内で水量の有効利用を図る方法もとられる．地下水についてはポンプを利用して，浅井戸や深井戸を掘り，揚水する方法が一般であるが，古代から用いられる方法として，水平方向に横井戸を掘り，山麓などの豊富な地下水をこれによって下流に導水して灌漑用水や飲用水として利用する方法がある．導水ルートに沿って地上から立て穴を何本も掘り，そこから地下で横方向に掘り進んで建設した横井戸はカナートあるいはフォガラと呼ばれる．また，地表水と地下水を連動させ，地下水の揚水と河川による地下水補給によってより安定的な循環利用を図ることも行われるようになってきた．

海水の淡水化はコスト面で高価になるため，財政的に耐えられるところや，砂漠地域，離島など少量の水開発に対応し，効果も大きい限られた条件下で実施されている．

(畑　武志)

**みずしゅうし　水収支**（water balance）

ある領域において，ある期間内の水の出入りを考えると，物質の保存則より，出入りの差が領域内の貯留量の変化と釣り合っていることが要求される．この事実を水収支という．

自然の河川流域では，インプットは降水量，アウトプットは蒸発散量と流出量である．期間内の降水量を $P$，蒸発散量を $E$，流出量を $Q$，さらにその期間での流域貯留量の変化を $\Delta S$ とし，これらを同一の単位（通常 mm）で表わすと，次の水収支式が成り立つ．

$$P - E - Q = \Delta S$$

期間のとり方によっては，貯留量変化 $\Delta S$ を無視してよい場合がある．一般に，期間を数年から数十年にとれば，$\Delta S$ は他の項に比較して無視しうるものとなる．また，$\Delta S$ が最小となるように，1年の区切りを乾季の終わりにとり，これを水文年 hydrologic year という．流域からの蒸発散量の直接的測定は困難であり，長期水収支で $\Delta S$ をゼロとして，蒸発散量を推定する場合が多い．(後藤　章)

**みずじゅんかん　水循環**（hydrologic cycle）

降水（または降雨）として陸地や海洋に降り注いだ雨水が，太陽からの放射により再び大気へと戻る一連の過程を指し，水文循環とも呼ばれる．表13には地球上での分布割合を示す．地球上に存在する水の総量は，およそ $13.5 \times 10^8 \, km^3$ といわれており，そのうち約97％が海水である．残る3％程度のう

表13 地球上における水の分布割合
(R. L. Nace, 1964による)

| 存在形態 | 割合（％） | |
|---|---|---|
| 海水 | 97.2 | |
| 氷山・氷塊 | 2.15 | |
| 地下水 | 0.62 | |
| | 浅層 | 0.31 |
| | 深層 | 0.31 |
| 土壌水分 | 0.005 | |
| 湖沼 | 0.0017 | |
| | 淡水 | 0.009 |
| | 塩水 | 0.008 |
| 大気中 | 0.001 | |
| 河川 | 0.0001 | |

ち，2/3は極地に氷雪として存在するので，われわれ人類が利用できる淡水はごく限られた量である．このような地球上における水の分布から大気中の水の循環速度を計算すると，大気中の水蒸気量と地球全体での降水量 $(1{,}000\,\mathrm{mm}/年 \fallingdotseq 5.1 \times 10^5\,\mathrm{km}^3)$ とからおよそ9日となる．湖沼や河川水など陸地に存在する水（陸水）の循環速度は，河川の形状や湖沼の大きさ，あるいは降水量などの気象条件などによって地域的にも異なるが，河川水（数日～数週間）・土壌水・湖沼水・地下水（数年～数十年あるいは数百年）の順で長くなる．このような水の循環速度，言い換えれば滞留時間は，水資源の質的・量的な保全と管理を考える上で重要な要素である．

1年を期間として地球上での水循環を概観すると，地球表面のおよそ30％を占める陸地での降水量は約720 mmである．このうち310 mmが河川水や地下水として海洋に流出し，残り410 mmが蒸発散として大気へ戻る．一方，海洋での降水量は約1,120 mmで，これに陸地からの流出量 $310 \times 3/7 \fallingdotseq 130\,\mathrm{mm}$ を加えた量が海面からの蒸発によって失われている．このような水の循環によって，長期的にみればそれぞれの形態の水量は安定することになる．

陸地に降る雨水は，地表に樹木や作物などが存在する場合には遮断の影響を受けたのち，滴下したり樹幹流となって地表面に達する．また，直接地表面に達するもの（直達降雨）もある．地表に達した雨水は，地表面の特性に応じて，一部は土壌中へ浸入し，残りは地表面を流下して河川へと流出する．後者は地表流出と呼ばれる．土壌中へ浸入した雨水の一部は毛管張力などによって土壌間隙内に保水され，残りは重力によって鉛直方向へと移動する（鉛直降下浸透）が，透水性の異なる土壌が層を成す場合や土層が不均一な場合には，飽和状態あるいは不飽和状態で斜面勾配方向の流れ（側方浸透）を生ずることもある．これが河川へと流出する過程を中間流出

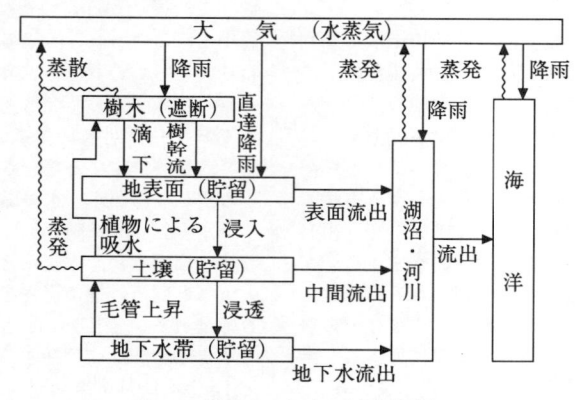

図19 地球上における水循環過程

と呼ぶ．なお，中間流出は応答の早さにより早い中間流出と遅い中間流出に細分されることもある．早い中間流出に対しては，土壌中の植物根の痕跡や小動物による連続孔隙内を流下する流れ（パイプ流）が大きな役割を果たす．さらに地中深く浸透した雨水は，地下水帯に達して地下水を涵養し，やがて地下水流出として河川へと流出する．以上のような流れは主として重力に支配されるが，土壌の吸引圧による流れも存在し，特に地下水面近傍では毛管張力による上方への水移動が生ずる．これらの水循環過程を図19に示す．

われわれ人類の自然に対するさまざまな営みは，この水循環に大きな影響を与える．例えば，森林の伐採は地表面近傍における水循環を変化させる．樹木と下草などの除去により，降雨の大部分は直接地表に達するようになる．また，それまで植被により安定的に保たれていた土壌表面は気象の影響を直接受けるようになり，表層土壌の特性は大きく変化する．一般的には，土壌表面の浸入能や透水性が低下して地表流出成分は増大し，下層への浸透量は減少する．これは，降雨時の流出量増大と無降雨時の流出量減少をもたらす．また，地表流出の増加により，土壌侵食量も増大する．さらに，植生の除去による蒸発散量の減少は，周辺地域の気温や湿度など気象環境にも影響を与えることになる．

このように，水循環は，洪水災害や渇水災害などわれわれの日常生活に直接関わるだけでなく，さまざまな物質の運搬・拡散を担うことにより水質汚染・汚濁などの水環境問題にも関わっている．また，蒸発散による太陽エネルギーの再配分を通して気象環境を支配するなど，「地域・地球環境の形成」と大きな関わりを有している．したがって，それぞれの規模での水循環を理解し，その知識に基づいて適切な保全・管理の在り方を考えることが重要である．　　　　　　　（高瀬恵次）

**みずなわしろ　水苗代**（wet nursery, lowland nursery）

熱帯では一般的な苗代である．耕起後，代かきし床面を均平にし，矩形（幅1.0～1.5 m）の苗床を作る．苗床と苗床の間に溝を作るか苗床を上げ床にする．播種量は60～90 g/m$^2$．発芽後苗代を湛水状態に保つ．

（和田源七）

**みずポテンシャル　水ポテンシャル**（water potential）

水ポテンシャル（$\Psi_w$）は対象とする系と純水からなる系との水の化学ポテンシャル（それぞれ，$\mu_w$, $\mu_0$，エネルギーの単位）の差を水の部分モル体積（$V_w$）で割ったものとして定義され（$\Psi_w = (\mu_w - \mu_0)/V_w$），圧力の単位で表される．水は土壌，植物体中を水ポテンシャルの高い方から低い方へと移動する．植物や土壌の水ポテンシャルは次式のようにその構成要素によって決まる．

$$\Psi_w = \Psi_s + \Psi_p + \Psi_m + \Psi_g$$

$\Psi_s$ は浸透ポテンシャル，$\Psi_p$ は圧ポテンシャル（植物細胞では膨圧），$\Psi_m$ はマトリックポテンシャル，$\Psi_g$ は重力ポテンシャルである．水を多く含む植物細胞では $\Psi_m$ は無視でき，草高の低い植物では $\Psi_g$ も無視できる．土壌では $\Psi_p$ は通常無視できる．ある系の水ポテンシャルはそれと平衡している水蒸気圧 $e$ と同温度の飽和水蒸気圧 $e_0$ との比から $(RT\ln(e/e_0))/V_w$ によって計算できる．

（平沢　正）

**みずりようこうりつ　水利用効率**（water use efficiency）

植物が乾物を生産した量をそれに使用した水の量で割った値．→デルタ$^{13}$C

（寺尾富夫）

**みぞほりき　溝掘機**（trencher）→車輪型トラクタ

**ミツバチるい　ミツバチ類**（honey bees）

われわれがその蜜を利用するミツバチは，少なくても20,000種はいるとされるミツバチ上科 Apoidea 中の7科の一つに属す．ミツバチ科は4亜科に分類され，ミツバチは通常9種に分けられる．採蜜用セイヨウミツバチ

*Apis mellifera* を除き，主に熱帯アジアに分布．同様に蜜を利用するハリナシミツバチはハリナシミツバチ亜科 Meliponinae に属し約400種，中南米・東南アジア・アフリカ・オーストラリアの熱帯に分布．女王・雄・働蜂のカーストを形成，社会生活を営む．

(持田　作)

## みどりのかくめい　緑の革命 (Green Revolution)

### 1) 技術面からみた成果

国際トウモロコシ・小麦改良センター (CIMMYT) で育成されたメキシココムギの品種や国際稲研究所 (IRRI) で育成され「奇跡の米」と呼ばれた品種 IR8 が，1960年代慢性的食料不足に苦しんでいた熱帯アジア，中近東，ラテンアメリカなど途上国の収量水準を顕著に増加させたことを「緑の革命」と呼んでいる．これらの育成品種は高収量性品種 (High-yielding varieties; HYV) あるいは近代品種 (Modern varieties; MV) と呼ばれ，十分な施肥と灌漑条件下で多収性を発揮し，感光性程度が低いため異なる季節や地域でも生育期間がほとんど変わらない広域適応性を示す．メキシココムギや IR8 などの特徴は，多肥条件下でも伸びすぎて倒伏しないように稈長を短くさせる半矮性遺伝子 (semidwarfing gene) をもち，生育後期まで太陽エネルギーを効率よく利用できる受光態勢などの特性により，これまでの伝統的な在来品種では実現困難であった収量の画期的な向上を可能にしたことである．メキシココムギの育成には，日本の小麦品種「農林10号」のもつ半矮性遺伝子が貢献した．この半矮性遺伝子は，大正時代に関東地方の代表品種であった短稈の「達磨」に由来している．農林10号は，第二次大戦後日本進駐軍の農業顧問であったアメリカ農務省の Dr. Salmon の目にとまり，他のいくつかの品種とともにアメリカに導入された．農林10号と米国品種との交配組み合わせから，半矮性で秋播性の品種 Gaines が育成され，アメリカ北西部で世界最高の収量を記録した．メキシコにおけるコムギ育種計画の責任者であった Dr. Norman Borlaug は，農林10号の半矮性遺伝子をもつ雑種系統の種子をアメリカから取り寄せ，メキシコ在来の草丈が高く春播性の耐病性品種と交配して，半矮性で草丈が低く，病気にも強い早熟で高収量の一連の品種育成に成功した．メキシコでは，この品種の普及により1940年には ha 当たり750 kg であった収量が，1970年には3,200 kg に増加した．これらの品種は，さらにインド，パキスタン，トルコなど50カ国以上で栽培され増収に貢献した．1970年，Dr. Borlaug はその功績によりノーベル平和賞を受賞した．1962年にフィリピンの Los Baños に設立された IRRI の育成品種 IR8 は，中国の半矮性地方品種「低脚烏尖 Dee-geo-woo-gen; DGWG」とインドネシアで育成された草丈の高い「Peta」との交配から1966年に生まれた．この品種は倒伏抵抗性が強く窒素反応性が大きいため，従来品種に比べて2～3倍の収量増加を可能にし，生育期間も従来品種の160～180日から135日に短縮された．1960年代の後半に IR8 はミラクルライスとしてアジアの国々で広範囲に普及されるようになった．しかし，IR8 は普及後に白葉枯病やトビイロウンカの被害が目立つようになったため，IRRI はこれらの欠点を改良した高収量品種を次々に育成した．1969年に IR20 が，1973年には IR26 が生まれた．1982年には，IR36 がアジア地域で1,100万 ha の水田に栽培された．この品種は在来品種，野生近縁種を含む多数の品種から病害虫抵抗性，不良土壌耐性などの遺伝子を取り込んで育成された早生，半矮性，高収量，良質の品種である．その後，IR64，IR72 などの品種が育成された．これらの高収量品種は第三世界の米生産地の55％で栽培されている．IRRI では，現在21世紀に向けて，多くの遺伝資源を用いて現在の品種より25％多収の理想型 (ideal plant type) 品種の育成に取り組んでいる．

(菊池文雄)

2) 社会面への波及効果

前述のように「緑の革命」は，1940年代におけるメキシコのコムギ作から60年代以降の東南アジアを中心とした稲作に連なる，一連の農業近代化の態様を総称する．この「緑の革命」のその後の展開は，先に技術面について述べた萌芽期から，普及期と続くポスト緑の革命期に3区分される．以下では，「緑の革命」の社会効果面を中心に，普及期とそれに続くポスト緑の革命期について概説する．

［普及期］IR系品種は，規模に対して中立，すなわち経営規模の大小に関わらず増収を保証する技術として，60年代中葉からアジアの熱帯諸国で急速かつ広範な普及をみたが，その結果は必ずしも一様ではなかった．病害への耐性，食味の違い，肥料などの投入費とその見返りの程度，農作業の手間といった点で，地域性や採用した農民個々の経営特性によって成果は相当の幅を示した．「緑の革命」や「ミラクルライス」に対する過度の期待もあり評価が割れるところであるが，この奇跡の米の育成に加わった植物生理学者による改良品種公表当時の著作には，熱帯の新しい米作りについて，適切な水管理，栽植密度，施肥，病害虫防除などの栽培管理技術が伴って初めて高収性が発揮されるという条件が付されている．普及の過程で，地域によってその効果の表われ方が異なることから，途上国の稲作地帯は，①特に極端な生育障害要因がなく収量が比較的高い地帯と，②生産力が低い地帯－この地帯は，さらに個人（研究者，普及員，農民）の努力で解決できる地帯と，大規模な公共事業なしには改善できない地帯に分割されている－とに，それぞれ分けてその効果を検証する方途が取られ，普及指導も綿密さが加味されていくこととされた．こうした対応の要は，先に触れたように，IR8の公表当時から指摘されたことではあるが，普及の効果は水利や交通地理的条件に加え，農村の社会構造や農家の経営構造の差異によって異なることも次第に明らかになってきた．

通常，アジア各国における緑の革命は二つのタイプの技術変化によって説明される．一つは生物学的技術であり，もう一つは機械学的技術である．生物学的技術は改良品種や適時適量を満足させる肥料に代表され，土地生産性を向上させる．一方，機械学的技術はトラクタの導入に代表される農業機械化がこれに当たり，通常は労働生産性を高めるものである．したがって，技術進歩が資本増大的な場合は資本－労働比率が向上し，労働が資本に代替されていく．生物学的技術の進歩の場合には，土地が二毛作や多毛作を通してより集約的に利用されるので，労働需要はかえって高まることになる．

緑の革命は，このように多面的な波及効果を内在させている．緑の革命をめぐる論議はさまざまであるが，その特徴としては，①緑の革命技術の採用に関して土地保有や農場規模による差異が観察されているものの，それらは新技術の採用の著しい制約要因ではない．②ほとんど土地をもたない貧農や農業労働者を除けば，土地保有も農場規模も農業生産性の成長率の差異の根源ではない．③新技術の導入により労働需要が増大し実質賃金が上昇した国もあるが，同一の国でも機械化のために労働雇用が減少し，実質賃金が低下した地域もある．④緑の革命の開始時は，多くの場合，現存する所得配分の不均衡を拡大させ，大規模な地主は小作人や農業労働者よりも相対的に多くの便益を得た．

しかし，緑の革命を経験した地域では，小農にとっての雇用や実質賃金は絶対額でみると，一般に著しく上昇していることに注目するべきであるといった議論が続いている．また，新品種の採用は確かに灌漑田や天水良好田に限られているが，労働・土地・農産物市場の調整を照らし合わせて考えれば，所得配分を著しく悪化させることはないという見方もある．例えば，近代品種が採用された地域では労働需要が増加するにつれて，雇用機会のみならず賃金率も増大しており，長期的に

は，稲作不適地から適地への永久的あるいは季節的労働移動が生じ地域間賃金が平準化され，不適地の人々，特に土地無し労働者や零細農民により高い労働所得を分け与えることが可能になった事例報告もある．また，稲作不適地では規模拡大だけでなく，代替作物や農場外雇用へシフトすることによって，均衡が回復していること，そのことから差別的な近代品種の採用が地域の所得分配を悪化させるという証拠はないとする見解もある．同時に，土地条件が異なる地域に生じる土地収益の地域的差異や，地主により大きな利益を与えた生産環境の違いは不公平を増幅させたが，稲作適地と不適地の間で潜在的に生じる所得格差は，農場規模や土地保有条件を変えることによって，また土地利用や労働時間の配分を代替的作物や農場外雇用にシフトさせることによって緩和することができるとする論議もある．

このように緑の革命の評価は一様でないが，解決すべき幾つかの問題を抱えながら，少なくとも東南アジアに関しては物的豊かさをもたらしたとする考え方が多い．

[ポスト緑の革命期] 緑の革命との関連では，途上国の食料増産に寄与した農業の技術研究を中心とする開発援助に理論的基礎を与えた点で，1976年にノーベル経済学賞を授与された T. W. Schultz の業績が特筆に価する．彼は，途上国の農業の生産性が低く農民が貧しいのは，生産要素の量と質の不足が絶対的な規制要因となっていること，さらに途上国の農民も新しい経済機会が与えられればそれに反応する資質をもつこと，また，経済成長促進の前提となる農業の生産性向上をもたらす農民教育を充実させ，新しい知識を開発し農業生産に活用することが重要であることを，途上国の事例分析を踏まえ理論化し論証した．彼の論議の核心は，慣習的農業には限界生産力がゼロである余剰労働力は存在しないという点にあり，それまで支配的であった限界生産力ゼロの労働者を雇用すると利潤を極大化できないので，その生産プロセスは明らかに非効率的となるとみる開発途上経済の捉え方に対置するものであった．Schultz の研究成果に対し反論はあるが，重要なことは，アジアの緑の革命を通してその仮説の妥当性，つまり農民は経済的機会が与えられればそれに充分反応する能力があり，高い収益性を確信すればリスクを避けずに近代的投入財を投入して生産性をあげ，慣習的農業から脱却することができることが広く支持される動きをみせていることである．

世界の趨勢からいえば，20世紀後半に食料穀物生産は人口増加を上回る速度で成長した．緑の革命の寄与は大きく，アジア，特に東南アジアの米穀事情はその経験を通して大きく変化した．革命と呼ばれる期間を指定することは難しいが，おおむね1970年代中後期で当初の目的を果たし，80年代以降を「ポスト緑の革命」とみる向きが多い．この背景には，以下の理解がある．第一に，多くの国で米の自給体制が整う動きをみせていることである．第二に，自給達成とともに米過剰に悩むことになり，増産のための財政負担の増大や米の価格低下という事態を招いている国もある．したがって，米に替わる商品作物の発見とその生産体制の確立に全力を尽くすことが要請され始めた．第三に，マクロ的には米が劣等財になりつつあるということである．工業化が進み1人当たりの国民所得が増大しても，米に対する潜在需要の伸びがあまり期待できない懸念が生じている．米の輸出の問題は，タイという強力な米輸出国と競争しなければならないので，見込みは薄いといわざるをえない．第四に，緑の革命技術がいくつかの環境問題を伴ったことである．その代表は化学肥料と農薬である．これらの増投の結果，農薬に対する耐性がある病害虫の発生，土壌の肥沃度の低下，水の汚染といった問題が生じている．第五に，緑の革命の成功は灌漑可能な耕地にまだ限定されていることで，ここには灌漑投資の限界や稲作の恩恵か

ら遠い畑作地帯の農業振興をどう図るかという課題が含意されている．

こうした見方に立って，ポスト緑の革命期では，教育の充実を機軸とした社会的なインフラ整備，環境への配慮，伝統的なコミュニティ基盤を活かす住民参加型の村づくりなど，ソフト面をより重視する取り組みが各国で精力的に進められている． (諸岡慶昇)

**みなみかいきせん 南回帰線 (the Tropic of Capricorn)** →熱帯

**ミネラル (mineral)**

無機物または無機塩類を示す．生物体内における存在量から，多量元素，微量元素および超微量元素に分類される．生物はその生命の維持や正常な生育のため多くのミネラルを取り込む必要があるが，これらを必須元素と呼ぶ．植物における必須多量元素には窒素，リン，イオウ，カリウム，カルシウムおよびマグネシウムがあり，必須微量元素としては鉄，マンガン，銅，亜鉛，モリブデン，ホウ素および塩素が挙げられる．さらに，特定の植物や特定の環境下で植物の生育に有利に作用する元素としてケイ素，ナトリウム，コバルト，ニッケル，アルミニウムやセレンがあり，これらは有用元素と呼ばれる．動物における必須多量元素にはカルシウム，リン，イオウ，カリウム，ナトリウム，塩素，マグネシウムがあり，必須微量元素には鉄，亜鉛，銅，クロム，コバルト，セレン，マンガンやモリブデンがある．また，超微量元素であるヒ素，ホウ素，シュウ素，カドミウム，フッ素，鉛，リチウム，ニッケルなども必須であると考えられている．これら必須な元素でも過剰に摂取すると中毒を生じる．また，ミネラル間には相互作用があり，あるミネラルの過剰は他のミネラルの欠乏を生じる場合がある．動物と植物では必須である元素の種類やその必須な量が異なっており，動物が必要とする必須元素を植物が充分供給しない場合や，植物中のミネラルが動物にとって過剰となるといった問題が生じる．特に草食動物ではこの問題は深刻である． (松井 徹)

**ミバエるい ミバエ類 (fruit flies)**

ミバエ類は双翅目ミバエ科 (Diptera : Tephritidae) に属する昆虫の総称であり，世界で約4,000種が知られている．このうち農作物に害を与える有害ミバエ種でわが国に関係が深いものは，ミカンコミバエ (*Bactrocera dorsalis*)，ウリミバエ (*Bactrocera cucurubitae*)，チチュウカイミバエ (*Ceratitis capitata*) である．これらのミバエ類は野菜や果物の果実に産卵し，幼虫がこれを加害するために，世界的な害虫とされているが，日本には分布せず，その侵入を防ぐため，「植物防疫法」によってこれらのミバエ類の寄生する農作物は分布地域からの自由な輸入が禁止されている．

ミカンコミバエは近年，きわめて近縁の多くの種にわかれていることが明らかにされたため，「ミカンコミバエ種群」と称されている．カンキツ類，マンゴ，スモモ，カキ，パパイヤ，成熟バナナなど約300種の果物を加害し，東南アジア，ミクロネシア，マリアナ諸島，ハワイなどに分布する．成虫の体長は約7.5 mmで，雌は卵を果実に産み，幼虫が育ちきると果実の外に脱出して土中でサナギとなる．防除法としては，雄がメチルオイゲノールという誘引剤に強く誘引されるため，これと殺虫剤をまぜて木材の繊維をかためた板に浸みこませ野外に置くことによって，すべての雄を誘殺し，雌の交尾の機会を失わせ，その子孫を絶やすという「雄除去法」がある．この方法は，このハエが1919年に沖縄県に侵入し1929年に鹿児島県奄美諸島まで分布を拡大したものに対して用いられ1986年までに全域の根絶に成功した．このハエが1925年に侵入した東京都小笠原諸島では，不妊虫放飼法により1985年に根絶を達成した．

ウリミバエはキュウリ，メロン，スイカなどウリ類とマンゴウ，パパイヤ，マメ類など約100種の果実を加害し，東南アジア，マリアナ諸島，ハワイなどに分布する．成虫の体長は約7 mmで，卵，幼虫，サナギの行動はミ

カンコミバエによく似ている．防除法としては，このハエを大量増殖し，放射線照射によって不妊化し，野外に放飼するという「不妊虫放飼法」がある．この方法は，このハエが1919年に沖縄県に侵入し，1974年に鹿児島県奄美群島まで分布を拡大したものに対して用いられ，1993年までに全域の根絶に成功した．

チチュウカイミバエはカンキツ類，成熟バナナ，マンゴなど約300種の果実に加害し，ハワイ，南アメリカ，オーストラリア，中近東，ヨーロッパ，アフリカなどに分布する．成虫の体長は約4mmである．防除法としては成虫の餌となるタンパク加水分解物に殺虫剤をまぜた「毒餌剤」の散布による誘殺法があるが，「不妊虫放飼法」も有効である．日本への侵入が最も警戒されているが，侵入・定着したことはない．→不妊虫放飼法

(小山重郎)

### ミルカ (milker)

乳頭に対する刺激と吸引との周期的な繰り返しによって，乳汁を吸い出す機械装置．

(吉崎　繁)

### ミルキングパーラ (milking parlor)

放し飼い牛舎において，ウシを誘導して搾乳作業を能率的かつ衛生的に行う専用の搾乳室．

(吉崎　繁)

### ミルク (milk)

ミルクは最も完全な単一食品であるといわれ，その成分の中で特に，ヒトが要求するすべての必須アミノ酸を含むタンパク質，カルシウム，カリウム，リンやその他の微量栄養素，ビタミンA，ビタミン$B_1$，$B_2$が重要である．また，乳脂肪は貴重な動物性脂肪源であり，カルシウムの吸収にも役立つ．ミルクの生産と消費の状況は家畜種，地域，時代などの条件により次のように異なる．第一に，熱帯で生産されるミルクのうち，2/3がウシ，1/4がスイギュウ，残りがヒツジ，ヤギ，ラクダなどから搾られたものであるとされる．搾乳家畜は，大規模な酪農場での例を除いて乳用に特化した品種ではなく汎用種であるが，ウシについては交配種（温帯ウシ×ゼブの各品種）も一部の小農で飼養されるようになっている．砂漠地帯を除く熱帯のほぼ全域においてウシが主要な搾乳家畜である他に，インド，パキスタンではスイギュウ，西アジアや北，東，西アフリカの牧畜（遊牧）地帯ではヤギ，北および北東アフリカ，インドの一部とイランやイラクではヒツジ，そして西アジアからアフリカの砂漠地帯ではラクダがミルクの大切な供給源となっている．第二に，伝統的に，東南アジアではミルクが利用されることが少なかった．ここが高温で湿潤な熱帯雨林およびモンスーン地帯であり，人に感染する疾病をミルクが媒介しやすいために，その利用が忌避され続けたのであろう．最近では東南アジアでも酪農生産が徐々に伸び，ミルクを都市に供給できるようになった．しかし国内，地元からの供給のみでは，さらに勢いよく増加している需要を満たすことができず，輸入された脱脂乳とバターオイルを材料に，還元乳や練乳，アイスクリームが製造されている場合がある．第三に，都市近郊の酪農によって生産されたミルクは高価格であり，都市の低所得者層にとって購入が難しい．一方で，地方の小農は自家でミルクを生産，消費できるが，現金収入は依然少ないままである．そこで多くの国ではそうした問題を解決するために，酪農のさらなる発展とともに，低価格の輸入還元乳との競合を解決するよう図っている．ミルクは生のまま飲まれることはなく，加熱されるか，発酵乳，チーズなどのカード製品，乳脂肪製品，濃縮乳製品，粉乳などに加工された後に消費される．加工の意義には次の二つがある．一つは，加熱や脱水および溶液を酸性にすることで腐敗や感染症を防ぎ，できるだけ長期間保存することである．もう一つは，北欧人種に少なく，アジア系人種に頻度が高いといわれる乳糖不耐症の発症を防ぐことである．乳糖不耐症とはミルクを飲んだ後，常に腹痛や鼓腸，下痢を起

こす体質のことで，離乳後に乳糖分解酵素ラクターゼが減少もしくは欠損したことにより，乳糖が適度に消化されないために起こる．発酵乳では乳糖が乳酸に変化しており，ミルク中にあった成分を無理なく消化できるようになっている． （山崎正史）

**みんかんこうえきだんたい／ひせいふそしき　民間公益団体／非政府組織**（Non-Governmental Organization, NGO）

政府以外の組織のうち，民間企業や経済団体，政党を除外した，非営利を目的とした組織を指す．日本ではNGOと呼ぶ方が多いが，米国ではNPO（Non-Profit Organization）の方が一般的である．NGOと政府との間にはしばしば対立がみられたが，途上国における草の根レベルの活動から，人権問題や環境問題についての国際社会での発言に至るまで，開発のパートナーとしてNGOの重要性は高まっている．世界銀行をはじめとする多国間および二国間援助が国際NGOや被援助国の国内NGOの活動を支援するために使用される機会が増え，また，国連環境開発会議（地球サミット，92年），社会開発サミット（95年，2000年），世界食料サミット（96年）など，国際会議へのNGOの参加は不可欠なものとなっている．日本でも95年の阪神大震災を契機に，98年に「特定非営利活動促進法（NPO法）」が成立し，NGOの重要性が国民レベルで認識されるようになった．

（牧田りえ）

**みんぞくかがく／エスノサイエンス　民族科学／エスノサイエンス**（ethnoscience）→森林に関する伝統的知識，土着の知識

## む

**ムアンファーイ**→水管理

**むかくか　無核果**（seedless fruit）

単為結果力が強く，種なしで生育した果実．バナナ，パイナップル，パンノキなどがこの例である． （米森敬三）

**むじん　無尽**（rotating savings and credit association, ROSCA）

頼母子講ともいい，これを組織する構成員が口数に応じて出資して資金を積立て，構成員が資金を必要とするときにその積立資金から融資を受ける組合的金融組織のこと．近代的な銀行組織ができる以前から存在し，アジア，アフリカ，ラテンアメリカ地域では現在でも多く組織され，機能している．日本においては，最初は鎌倉時代に宗教的な目的（神社仏閣の修復・参詣など）のために組織されたが，江戸時代になって相互扶助を目的として組織される庶民金融機関として発達した．その後，明治末から大正・昭和戦前期に営業無尽として隆勢をみ，多くの無尽会社が設立されたが，戦後は相互銀行に改組され，さらに1989年に第二地方銀行として，地域の小口取引の銀行として日本経済の中で確固たる地位を占めるに至った．無尽は農民にとって不安定な農業生産のリスク回避の役割をしており，このような非機関金融を日本のように機関金融に取り込んでいくことが途上国農業金融の発展の課題である． （岡江恭史）

**むせいげんてきろうどうきょうきゅう　無制限的労働供給**（unlimited supply of labor）

D. RicardoやW. A. Lewisは，工業部門への労働供給は，その賃金水準が，人々が生存可能なレベルで与えられれば無制限に行われると想定した．Ricardoは，労働供給の源泉をマルサス的人口法則に見い出し，賃金が生存レベルを上回る限り人口は増加し続け，したがって労働が無制限に供給されると想定した．Lewisは，工業以外の産業，特に農業部門における賃金が平等分配を原則に決定され限界生産力を下回っていることから，限界生産力原理に基づいて賃金が決定されている工業部門に農村から労働力が移動すると主張した．Ricardoは，労働供給の増加が資本家にとって1人当たり賃金コストを減少させ，そのことが資本蓄積の源泉になるとして経済発展モデルを構築したが，Lewisは，リカード・モ

デルを発展させ，農村の余剰労働力こそ工業化推進の源泉であるとし，農業・工業の二部門の経済発展モデルを構築した．（南部雅弘）

**むせいせいしょく　無性生殖**（asexual reproduction）→育種

**むせんまい　無洗米**（washing-free rice）
湿式研米機の一種である無洗米機を用いて瞬間的に精白米を水洗し，脱水乾燥を行った白米．研米機内で糠同士をつけて取り除く乾式によるものもある．無洗米は，手間がかからない上，家庭よりとぎ汁を出さず，環境保護につながるものとして，普及しはじめている．弁当業界や食品メーカーなどでも，水の節約ととぎ汁を排水処理しなくてすむことから，無洗米の使用が増加している．
（吉崎　繁）

**むらさきいね（こめ）　紫稲（米）**（purple rice, black rice）
イネの植物体がアントシアン系の色素（色素本体は cyanidin）によって紫色に着色されている品種・系統をいう．また玄米が濃い紫色で着色されている場合は紫米，紫黒米ないし黒米という．この場合はアントシアン系の色素とタンニン系の色素とを含んでいる．植物体各部位の発色は分布遺伝子と抑制遺伝子の組み合わせで変化し，葉身葉鞘が紫のイネが必ずしも紫米ではなく，また紫米，黒米が必ずしもそのような紫稲ではない．東北タイではかつては紫稲（紫米）は特別視され，どの田でもその一隅にわずかずつ栽培されたとされる．紫米は現在主に菓子などの材料として生産され，タイでは竹筒飯（カーオラーム）や粽（カーオトムマット）などの材料となる．またおこしも作られる．紫米の市場での価格は白米の2倍程度である．（宮川修一）

**むはつじょう　無発情**（anestrus）→発情

**ムラサキタガヤサン　→カラキ**

# め

**メイチュウるい　メイチュウ類**（stem borers, stalk borers）
メイガ（螟蛾）科の幼虫の中で，イネ・カヤツリグサ科などの植物の茎に食い込んで生育する習性のあるニカメイチュウ，シロメイチュウ spotted stalk borer : *Chilo partellus*, maize stalk borer : *Busseola sorghicida* などをいうが，同様の習性を示すダイメイチュウ purple stem borer : *Sesamia inferens*・ボクトウガ類の一種 castor stem borer : *Xyleutes capensis* の幼虫を指すこともある．本来幼虫を指すが，成虫も含めて，種を表わすことも多い．
（持田　作）

**メガサーマル**（megathermal）→ソーンスウエイトの気候分類

**メガシティー**（megacity）
アジアの人口1,000万人以上の巨大都市（圏）をいう．21世紀の初めには，北京，ボンベイ，カルカッタ，ジャカルタ，大阪，ソウル，上海，天津，東京に続いて，バンコク，ダッカ，カラチ，マニラがこれに加わる．アジア開発銀行の予測によれば，2025年までにアジア全域で合計20に達する．また，既存の巨大都市（圏）の肥大化も見込まれ，例えば，ジャボタベック（Jabotabek, ジャカルタ，ボゴール，タンゲラン，ベカシ）は現在の人口1,200万人が2025年までに2,500万人に増加するとされる．急速な巨大都市化は，交通，通信，エネルギー，生活用水，保健衛生の確保という都市問題ばかりでなく，農村人口の向都移動，近郊農地の転用需要の増大とスプロール化，非農業用水需要の増加に伴う用水の利用競合や汚染，食料需要の変化など，農業上の諸問題も惹起する．これらの問題解決においては，従来の中央政府主導型から，地方政府や民間部門主導型への役割変化が企図されている．（水野正己）

メソサーマル（mesothermal）→ソーンスウエイトの気候分類

メライナ（gmelina）→付表18（南洋材（非フタバガキ科））

メランチ（merati）→南洋材（フタバガキ科），付表19（南洋材）

メルクシマツ（marcus pine）→付表23（熱帯産マツ類の木材）

メルサワ（mersawa）→南洋材（フタバガキ科），付表19（南洋材）

メルバオ（merbau）→付表18（南洋材（非フタバガキ科））

メルルーサ（hake）
　近年開発された深海性白身魚　（林　哲仁）

**めんえきちんこうはんのう　免疫沈降反応**（immuno-precipitation）

　抗原抗体反応を用いて，特異的にタンパク質などの物質を検出する方法の一つで，抗体と結合した物質を沈降させて集めたり，取り除く反応．ポリクローナル抗体では抗体が結合することで沈降を起こすが，さらに，抗体に結合性を持つProtein Aなどのタンパク質にセファロースなどの支持体を結合した物を加えて沈降反応を強める．この支持体をカラムに詰めてクロマトグラフィーにより特異抗体やそれに結合する特異な抗原を精製することもできる．通常，ラジオアイソトープを用いてタンパク質全体を標識した後，免疫沈降させ，SDSポリアクリルアミドゲル電気泳動を行ってオートラジオグラフィーをとることにより検出することがよく行われるが，感度が高い他の検出法でも可能である．また，免疫沈降法では，特異な抗原タンパク質を検出すること以外に，そのタンパク質に結合するタンパク質や他の分子を検出することができ，生体内での分子の結合による情報伝達など，さまざまな解析に利用可能である．

（寺尾富夫）

メンクラン（mengkulang）→付表18（南洋材（非フタバガキ科））

**めんじょうしんしょく　面状侵食**（sheet erosion）→土壌侵食

**メンデルのほうそく　メンデルの法則**（Mendel's law）

　オーストリアの修道僧で生物学者であったGregor Johann Mendelによって発見された遺伝の法則．1865年に'植物雑種に関する実験'として発表されたが，1900年のH. de Vries, C. E. Correns, E. Tschermakによる再発見までは真価は認められなかった．メンデルの法則は，一般には優性の法則，分離の法則，独立の法則の三つからなる．

　第一の「優性の法則」では，対立形質に関するホモ接合個体（$AA$と$aa$）を交配して雑種（$Aa$）をつくると，雑種第一代（$F_1$）では対立形質の一方（$A$）だけが現われ，もう一方（$a$）は表面に現われない．表面に現われる対立形質（$A$）を優性，現われない形質（$a$）を劣性という．

　第二の「分離の法則」では，雑種第一代のヘテロ接合個体（$Aa$）どうしをかけ合わせると，雑種第二代（$F_2$）では，両親の優性形質（$A$）と劣性形質（$a$）が3対1の割合で分離してくる．その原理は次の通りである．$Aa \times Aa$の交配では，母本は2種類の遺伝子型をもつ配偶子（卵子）$A$と$a$を1対1の割合で作り，父本も$A$と$a$の2種類の配偶子（花粉）を1対1の割合で作る．これらの卵子と花粉が自由に組合わさる結果，次の世代では，$AA$と$Aa$と$aa$の3種類の接合体が1:2:1の割合で作られる．$AA$と$Aa$が優性親（$AA$）と同じ表現となり，$aa$のみが劣性親（$aa$）と同じ表現となるため，見かけ上3:1の分離比となる．

　第三の「独立の法則」では，二つ（またはそれ以上）の形質に関し同時に分離する世代では，それぞれの形質が他の形質の分離様式に影響されることなく，独立に遺伝し分離する．その後の研究により，独立の法則はそれぞれの形質に関係する遺伝子が異なる相同染色体に座乗する場合にのみ当てはまることが明らかにされた．二つの形質を支配する遺伝子が同じ相同染色体に座乗すると，それらは連鎖

して遺伝し，独立の法則は成り立たない．このような連鎖する遺伝子は，減数分裂にあたり相同染色体が対合する際，一定の比率で組み換えられる．この組み換え率から連鎖地図が作られる． （秋濱友也）

## も

**モーア**（mower）
牧草刈倒し用作業機をモーアと呼び，機構上，レシプロモーアとロータリモーアがある．
（小池正之）

**もうひとつのかいはつ　もうひとつの開発**（another development）
1人当たり所得や貿易額の増大を目的とした経済成長一辺倒の開発は，先進国と途上国との経済格差を縮小させるよりも，むしろ拡大させるものであるとし，1970年代の中葉になって提起された新たな開発理念．「もうひとつの開発」は，既存の開発を乱開発（maldevelopment）として退け，開発を個々の人間のみならず全ての人間の発展ととらえ，① 人間のニーズの充足を指向し，② それぞれの社会に根ざした内発的で，③ 自然的，文化的資源の長所を活用する自力更生的で，④ 地域のエコシステムの潜在力の合理的な利活用を図り，⑤ 構造転換に基づく人々の意思決定への参加を可能ならしめること，を開発に不可欠な要件として掲げた．「もうひとつの開発」の実現は，それぞれの社会の自力更生的開発を保証する経済的，政治的，文化的な国際環境が前提となることから，「新国際経済秩序」の樹立と不可分であるとされた． （水野正己）

**モグラあんきょさくこうき　モグラ暗渠作溝機**（mole drainer）
心土破砕機（サブソイラ）の後方に円錐形の弾丸（もぐら，モール）を取り付けた作業機．土中に暗きょ排水溝を作り圃場の排水効果を高めるために使用される． （永田雅輝）

**モザイクびょう　モザイク病**（mosaic）
植物ウイルスの感染によって，主として葉に緑の濃淡ができる病徴をモザイクというが，このような病徴を示す病気の総称．細胞内の葉緑素生産に異常が生じた結果として，葉の緑の濃淡が観察されるが，濃淡の度合いは濃い緑から薄い緑を経て黄色までさまざまであり，葉の凹凸を伴うこともある．また，単子葉植物では葉脈に沿って生じる緑の濃淡を，条斑と呼ぶこともある．高温下では病徴が軽微になることもある．多数の植物でモザイク病が発生するが，特定のウイルスが原因ではなく，各種のウイルスが病原となりうる．タバコモザイクウイルスによるタバコモザイク病，キュウリモザイクウイルスによるバナナモザイク病，キュウリモザイクウイルス他4種類以上のウイルスがそれぞれ病原となるトマトモザイクウイルス病など多数が知られている． （夏秋啓子）

**もちごめ　もち米**（glutinous rice, waxy rice）
粘り気の強い米で，粳（うるち）米とは区別して利用されており，調理方法などの異なることが知られている．その差異は穀粒などの貯蔵デンプンの組成に起因する．すなわち，もち米の貯蔵デンプンはほとんどアミロペクチンのみで成り立っており，アミロースを含んでいないものが多い．もち米はヨードデンプン反応により赤紫色に染まることから，青く染色される粳米のデンプンと識別される．収穫・乾燥の過程でりょく化し，米粒が白く不透明になるものが多い．アジアでは広い地域で粳米とともに栽培されており，餅や菓子などに加工して利用されている．中でもタイ北部や東北部からミャンマー北部，ラオス，ベトナム北西部，中国南部などにかけてはタイ系の人々を中心に，おこわなどに調理され主食として利用されている．この地域は米に限らずモチ性食品の重要性が高く，モチ文化の中心地として注目されている． （小林伸哉）

**もどしこうざつ　戻し交雑**（backcrossing）
品種Aと品種Bとを交雑し，その雑種にどちらかの親品種を交雑することを戻し交雑と

いう．最初の交雑に一回だけ使われる品種が一回親（donor parent），反復して交雑に用いられる品種が反復親（recurrent parent）と呼ばれる．戻し交雑は，古くから家畜の血統維持に活用されていた．1922年アメリカ合衆国農務省のH. V. HarlanとM. N. Popeという2人の育種家がオオムギの耐病性の改良に戻し交雑を用いて，大きな成功をおさめた．それ以来，コムギやイネなどの自殖性作物の改良に戻し交雑が用いられるようになった．野生種などの遠縁品種のもつ病害抵抗性に関する優性主働遺伝子などをほかの特性のすぐれた優良品種に導入するのに，特に有効である．戻し交雑育種における最大の難関は，遠縁品種などから導入する有用遺伝子と密接に連鎖し不利な作用をもつ遺伝子の除去である．

（藤巻　宏）

**モナドノック**（monadnock）

残丘．W. M. Davisのいう準平原上に一段高くそびえる丘陵状の地形で，その部分が特に堅い岩石から成る場合と，最後まで河川の侵食から取り残された場合がある．

（荒木　茂）

**もみ・わらひ　籾・わら比**（grain-straw ratio）

収穫指数について，特にイネでは籾・わら比という．　　　　　　　　　　（倉内伸幸）

**もみがら　籾殻**（rice husk, rice hull）→籾摺機

**もみがらねんしょうろ　籾殻燃焼炉**（rice husk burner）

米の収穫後処理には，熱源あるいは動力を必要とするものが多く，発展途上国では，その原料として加工副産物である籾殻が使用される．その燃焼装置を籾殻燃焼炉といい，直接着火して燃焼させ，熱風を得たり，ボイラと組み合わせて蒸気や温水を取得し，乾燥機やパーボイル設備に利用する直接燃焼炉，他方，炉内にて熱分解やガス化反応を行わせて燃焼性や制御性に優れた気体燃料（一酸化炭素，メタン，水素など）に変換するガス化燃焼炉などがある．後者からのガスをエンジンに導いて動力を発生させて利用したり，さらに発電機と組み合わせて発電し，精米機などのモータを回す方式も試みられている．

エネルギーや電力の需給環境に劣る発展途上国では，きわめて重要な技術といえる．

（木村俊範）

**もみすりき　籾摺機**（rice husker）

籾摺り機は，乾燥後の籾を脱ぷ，選別して，玄米にする機械である．籾摺り機は籾摺り作用の違いから摩擦式と衝撃式に分けられる．現在市販されているものの大半は，摩擦式であるロール式籾摺り機が大半であるが，一部衝撃式のインペラ式が普及している．

前者のロール式籾摺り機は，脱ぷ部，風選部，万石部などから構成している．供給された乾燥籾は脱ぷ部において一対のロールの間を通過する時に，ロールの回転差によって脱ぷされる．脱ぷ部を通過した未脱ぷの籾，籾殻，しいな，玄米は風力によって選別され，籾殻，しいなは機外へ，籾と玄米は万石部へ送られる．万石部の選別方式には，主に自然流下式と揺動式，回転円筒式があり，玄米と籾に分ける．分けられた玄米は精粒口と屑粒口へ，また籾は脱ぷ部へ送られる．

一方，インペラ式籾摺り機は，脱ぷ部，風選部，万石部などから構成している．供給された乾燥籾は，脱ぷ部において高速に回転のインペラで脱ぷされる．脱ぷ部を通過した未脱ぷの籾，籾殻，しいな，玄米は風力によって選別され，籾殻，しいなは機外へ，籾と玄米は万石部へ送られる．自然流下式の万石によって玄米と籾に分けられる．分けられた玄米は精粒口と屑粒口へ，また籾は脱ぷ部へ送られる構造となっている．　（杉山隆夫）

**もみぶんりき　籾分離機**（paddy separator）

籾摺機を通過した摺り米（玄米，籾）中に混入している籾を分離し，籾摺機に送り返す機械．　　　　　　　　　　　　（吉崎　繁）

**モラル・ハザード**（moral hazard）

短期資金などを受入れた金融機関の貸し手

が，比較的危険な投資先にも融資を行うこと．原義は保険加入者が保険対象である危険を避ける努力をしなくなること． （北原和久）

**モラルエコノミーろんそう　モラルエコノミー論争**（moral economy dispute）

ベトナム戦争が終末を迎えつつあった1970年代の前半は，アジアの農民研究が再熱した時期であり，これを受けて80年代の初めに行われた論争を指す．その一方の旗頭が，政治学的アプローチを試みた J. C. Scott "The Moral Economy of the Peasant, Rebellion and Subsistence in Southeast Asia"（Yale Univ. Press, 1976，高橋彰訳『モーラル・エコノミー —東南アジアの農民叛乱と生存維持—』勁草書房，1999年）である．それによると，東南アジアの小農民は生存水準ぎりぎりの生活をしており，彼らの生産と生活は安全第一で，リスク回避の行動原則と，いかなる事態においても共同体の全成員の生存が保証されるべきであるとする「生存倫理」に基づいており，パトロン・クライアント関係を含む村落社会の共同体的規範に則った所得再分配・社会保障機能がこれを支えてきた．しかしながら，植民地的支配，市場経済の浸透，人口増加などにより，こうした小農民の生存を保障してきた倫理規範は侵食され，機能不全に陥ったとする．これに対して，ベトナムを研究対象にして政治経済学的アプローチを試みた S. L. Popkin "The Rational Peasant"（Univ. of California Press, 1979）は，小農民の行動原理は彼らひとりひとりにとっての利害得失に基づく合理的なものであり，あるグループの成員が自分たちのために行う共同の営為である「集合的行動」（例えば，農民運動への参加）も，費用負担は回避して成果だけを享受する「ただ乗り問題」が生ずるために，個々の成員はそれぞれの損得勘定に基づいて行動するとし，J. C. Scott が説く共同体的な相互扶助を痛烈に批判した．両者の対立的な主張は農民運動の理解にも及ぶ．すなわち，モラルエコノミー説では，「生存倫理」の喪失に対する義憤とその回復のための最後の手段として農民叛乱を位置づけるのに対して，政治経済学説は，小農民を政治行動に駆り立てる原理は自己利益の得失であるとし，農民運動を外的経済環境の変化に対するむしろ積極的な対応とみるところに特徴がある． （水野正己）

**もりつち（マウンド）さいばい　盛り土（マウンド）栽培**（mound culture）

周囲の表土をかき集めてマウンド（盛り土）を作り，その上や側面で作物を栽培する伝統農法の一つ．ヤムイモやキャッサバの栽培．
 （林　幸博）

**モルッカンソウ**（moluccan sau）→付表18（南洋材（非フタバガキ科））

**もんがれびょう　紋枯病**（sheath blight）

紋枯病は主としてイネ科の作物（アワ，イネ，オオムギ，キビ，トウモロコシ，ヒエ，モロコシ，およびイグサ，ショウガなど）に *Thanatephorus cucumeris*（*Rhizoctonia solani*）の AG-1 グループに属する糸状菌によって起きる病害である．特に，熱帯アジアでは稲作地帯で広く発生しイネの最も重要な病害の一つになっている．イネ紋枯病では，第一次伝染源は一般には前作の罹病株に形成された菌核であり，これが最高分げつ期頃のイネに付着して発芽し，葉鞘基部から菌糸が侵入感染する．その後は菌糸の形態で上部へ進展し，上部の葉鞘へと病斑が拡大する．この第二次伝染に関しては，特に湿潤熱帯では胞子によって起きる可能性も示唆されている．本病の発生はわが国においても近年のイネ栽培法の変化に伴って多発するようになったが，熱帯アジアのイネ栽培地域でも多発しているとの報告がある．多発するようになった原因は，いわゆる緑の革命で導入された多収品種が草型として短桿多けつで，さらに，多収を得るために窒素肥料の施用を必要とするといった性質を持っていることに関連すると考えられる．すなわち，多けつ型品種の密植は，水面を浮遊している菌核がイネに付着する可能性を高くして第一次感染を増加させ，さらに，

イネ株内および株間の微気象が本病原菌の進展にとって好適な条件を与えることで，発病を促進する．熱帯のイネ栽培地域の気温は，本病原菌の生育適温28～32℃とほぼ同等であるため，イネの栽培方法の変化はただちに本病の多発生に結びつくものと思われる．本病による被害は病斑が上部に進展するほどひどくなる．また，イネは本病に対して出穂後にその抵抗力が弱くなるので，本病はより上部へと病斑を拡大して大きな被害をもたらしている．したがって，本病の被害を少なくするには，病斑の上部進展を阻止することが肝要である．

熱帯アジアで栽培されていた在来品種は主として長桿少けつ型で，ほとんどが無施肥栽培であったため，本病の発生は少なく，また，発生しても，病斑の上部進展が少ないため被害は目立たなかった．しかし，人口の急激な増加に対応するため収量の飛躍的増大に迫られて多収品種が導入された結果，被害が顕在化するようになった．現在，多収で実用的な抵抗性品種といえるものはないので，防除は専ら薬剤に依存している．わが国では，近年優れた防除薬剤が開発されたが，その中で微生物源農薬であるバリダマイシンは，インドネシアでも，きわめて有効である．本剤は，発病が少ない場合は幼穂形成期頃に1回，発病が激しい場合でも2回散布することによって，かなり高い防除効果が期待できる．なお，紋枯病に類似の症状を示す病害として，褐色紋枯病・赤色菌核病・褐色菌核病・灰色菌核病・球状菌核病・褐色小粒菌核病などがあるので，防除に際しては注意する必要がある．

〔山口武夫〕

**モンキーポッド**（monkeypod）→付表21
（熱帯アメリカ材）

**モンスーン**（monsoon）→季節風

や

**ヤギ**（goat）

ヤギは，9千年ほど前には西アジアに生息するベゾアールヤギから食肉用に家畜化された．家畜ヤギは，東方に伝播する過程で野生種のマルコールヤギと交雑し，南方のアフリカへ伝播する過程で野生種のアイベックスヤギと交雑してそれぞれの土地の在来ヤギの基本型を作出したようである．東進したヤギは，モンゴルや中国およびインドで角がよじれてなく耳が小型で直立した体の小型なタイプが定着していった．さらに別の体型をしたヤギ，つまりよじれた角と下垂した大きな耳を持つ黒色ヤギやローマ鼻ともいわれる顔面が凸隆した大型ヤギが西アジアからインドにかけて定着していった．インドは，品種分化の一つのセンターであり，約20の品種を保有している．乳用タイプのジャムナパリ，ビータルなど，肉用タイプのバーバリ，ベンガル，マラバリなど，北部にはカシミア織り用の良質繊維を産するチェグなど（パシミナヤギ）がいて，無論東南アジアの品種資源の供給源となっている．アフリカに南下したヤギは，長い導入の歴史の過程で各地に種々雑多なタイプが定着していった．ピグミーヤギといわれる小型なものからジャムナパリのような大型ヤギまで乳肉用に実用家畜として飼育されている．おおむね肉用の大型ヤギの方が多いようである．ウシが動く不動産とみられがちに対し，ヤギは動物性タンパク質の供給源そのものとなりやすい．ヤギの品種分化のもう一つのセンターは，スイスとイギリスのグループで乳用目的に特化して改良した．ザーネン，ブリティシュ・トッケンブルグとアングロ・ヌビアンが著名であり，先進国で乳牛の補完畜種として飼育されることもある．わが国ではザーネン種がよく知られているが，九州と沖縄には肉用在来ヤギともいえる小型のシバヤギやそれより大きなトカラヤ

ギがわずかにいる．後二者は，東南アジアに広く分布する小型の肉用ヤギ（しばしば kambing katjng マメヤギと表現する）と遺伝的組成を共有することが調べられた．また，もう少し大型の下垂長耳種である肉用ヤギ（おなじく kambing etawa）もインドネシアでは多くみられる．ヤギは，先進国で poor-man's cow（貧者の乳牛）と蔑称されたが，熱帯地域や途上国で乳肉のみならず皮革・被毛も有益な家畜であり，広範な環境適応性を有し宗教上も中立であるが故に，将来の活躍が期待される筆頭家畜といえる．　　（建部　晃）

**やきはたいどうこうさく　焼畑移動耕作**
(shifting cultivation)

焼畑は，古くは世界のどの地域でも行われていた農業形態の一つであり，作付けする畑地の移動に伴って住居も移動するので移動耕作と呼ばれたが，現在では住居を固定させて畑地のみを移動させる方法が一般的になっている．焼畑の造成は，森林や叢林の樹木を伐採・乾燥・火入れして土地を開き，そこで一定期間作物の栽培を行う．東南アジアでは陸稲やイモ類を主作物とした間・混作で，掘り棒を用いた穴播き・穴植えによる不耕起栽培を行う．アフリカでの主作物は，雑穀類やイモ類となる．伝統的な焼畑農業ではおおむね1～2年と短期の作付けを行った後，その跡地は長期間休閑させて地力の回復を自然に依存する．これは，自然生態系に見られる安定した閉鎖的養分循環系の模倣といえよう．地力の回復を早めるために，休閑開始時にマメ科などの特定の樹木の種子を播いたり，植栽する場合もあり植栽休閑方式と呼ばれる．火入れの際には，通常斜面の上部から火をおろす．そうすることで地中深くまで熱が通り，雑草の埋没種子や病害虫に対する滅菌効果があり，さらに焼土効果によって土壌中の有効態窒素が増加する．これは，熱によって死滅した土壌微生物の遺体が，その後の降雨時に分解・無機化されて有効態窒素を放出するからである．焼畑を東南アジア大陸部における作付け-休閑期間によって類型化すると，①1～2年の短期作付けと10～15年の長期休閑方式で，休閑後は成熟した二次林が成立する森林休閑方式である．②1～2年の短期作付けと5～6年の短期休閑方式は，休閑後の植生が叢林となるので叢林休閑方式とも呼ばれる．③長期作付けした後，非常に長期間休閑されるか，あるいは放棄するような略奪的焼畑とも呼ばれるやり方で，跡地は森林が再生することなく草原となる．多くの場合，根茎で増殖する耐火性の雑草種であるチガヤ（*Imperata cylindrica*）がまん延する．近年の人口増加と焼畑地域への市場経済の浸透による耕地への負荷を強めた結果，③のような長期作付け方式の焼畑が増えつつある．このようにして，放棄された土地の増加がまた土地不足を招くといった悪循環に陥っている．その結果，森林の減少が地球環境問題ともなっている．したがって，焼畑のもつ生態学的な合理性を包含した常畑農業の可能性が模索されている．複合型営農システムであるアグロフォレストリーやアレークロッピングなどがその例である．

アフリカのサバンナ地域で行われている焼畑のように，休閑地が草地となる場合には草地休閑方式と呼ばれる．アフリカでの焼畑には，ザンビアで伝統的に行われてきたチテメネ方式がある．　　（林　幸博）

**ヤク**（yak）

チベット高原や中央アジアの標高 2,000 m を越える寒冷な山岳地帯において，住民の生活にとって不可欠の家畜となっている．乳・役・毛・肉・糞（燃料用など）と多目的に利用される．野生ヤクは標高 4,000～6,000 m の高山地帯に生息し，雄の体重は 800～1,000 kg，雌の体重は 325～360 kg と雌雄で大きさが極端に異なる．高地への適応が進んでいるので，標高の低い土地では病気にかかりやすく夏の暑さに弱い．ヤクは中国で 2～3 の品種への分化が進み，野生ヤクよりも小型でさまざまな毛色の特徴のある品種造成へ進行し

たが，雑種利用も盛んである．ヤクの染色体数は，ウシと同数の60で両者間で繁殖可能であり，通常ヤクを雌にして雑種を作ることが多い．この一代雑種をチベットではゾー，中国ではピエン，モンゴルではハイニクと呼ぶが，さらに戻し交雑を続け得られる産子に雌雄別の呼称を用いることもあるようだ．これらの交配の目的は，乳量の向上にあるのだが，標高が高くなるほどヤクの血液割合が高くなり，高地適応性への配慮がなされているともいわれている．交配に用いられる雄牛は，黄牛，ホルスタイン，ジャージーなどである． (建部 晃)

**やくばいよう　葯培養**（anther culture）
→組織培養

**やしきばたこうさく　屋敷畑耕作**（home-garden systems）
　家屋の周囲において伝統的に集約的農業生産構造を成立させたもの．ジャワ島のプカランガン（Pekarangan），スリランカのカンディアンガーデン（Kandyan garden），バングラデシュのバリビタ（Bali bhita）が有名．樹木菜園とも呼ばれる．典型的な屋敷畑は，家屋の周辺に果樹や農作物，薬用植物，園芸植物などをさまざまに組み合わせて配置したものであり，高木・中木・灌木・草本類を空間的に多重層構造である熱帯雨林の生態系を再構築したものといえる（多重層耕作）．樹木と作物を相互補完的に組み合わせる方法は，いわば伝統的なアグロフォレストリーシステムを構成しており，樹木の深根が下層の養分を吸い上げて地表に供給するポンプの働きをして，その養分を草本類が利用する効率的な資源の利用形態をもつ．屋敷畑の中には養魚池もあり，これは同時にトイレの機能をもつ．家畜や家禽の糞尿が養魚の飼料として利用されることもある．　多重層耕作→屋敷畑耕作
(林 幸博)

**ヤシしゅ　ヤシ酒**（arrack）
　東南アジアの蒸留酒．種々の製法あり．米を糖化し，糖蜜，ココヤシの樹液を加え発酵させたのち，ポットスチルで蒸留する．アルコール分60％． (林 清)

**ヤシとう　ヤシ糖**（palm sugar）
　サトウヤシ（*Arenga pinnata*）の樹液を煮詰め，ココナツの実などに流し込んで固めた赤茶色の砂糖． (北村義明)

**やしるい　椰子類**（Palms）
　常緑の木本性単子葉植物．ヤシ科 Palmae は約220属2,500種あるが，それらの大部分は熱帯や亜熱帯に分布し，シュロのようなごく少数の種が暖温帯に生育する．幹（茎）は分岐せず単一で直立するものが多いが，シュロチクのように根もとが分げつして叢生になるもの，トウのように茎がつるとなって樹上に登るもの，ニッパヤシのようにほとんど茎がなく地表に横走するものもある．また，幹の表面は滑らかで葉痕を有するもの，古い葉鞘で密に包まれたもの，トックリヤシのように基部がトックリ状に肥大したもの，さらにドームヤシ属のように二叉に分枝する例外的なものもある．葉は，掌状または羽状で革質，まばらに互生するトウ類を除き，すべて茎頂に密生して葉冠を形成する．葉鞘，葉柄，葉身の三つの部分に分化し，一般に大型で，ニッパヤシのように10mを超えることもある．葉柄の基部は幅広い葉鞘となって幹をしっかりと抱く．葉鞘部の維管束由来の繊維だけが残ったものが，シュロのシュロ毛である．葉身は，扇状の単葉から扇状あるいは羽状に切れ込んだ複葉まで，さまざまである．各小葉は，発生のとき単一の折りたたまれた葉身の折り目の部分が切り離されるというヤシ科に特有の形態形成過程を経て，つくられる．この折りたたまれた下側の折れ目で切れるか，上側の折れ目で切れるかによって，ヤシ科は大きく2群に分けられる．花は単性あるいは両性で，単一または分岐した花軸に多数の小花が密生して肉穂花序をつくる．それが大きな苞（仏焔苞）に包まれている．花序は腋生し，樹の成熟に伴い周期的に開花するが，サゴヤシなどでは頂生し，開花結実後，植物体

は枯死する．風媒花または虫媒花である．花は3数性で，花被は内・外それぞれ3枚の花被片からなり，おしべは通常6本，めしべの子房は1室または3室で，各室に1個の胚珠がある．果実は液果，核果あるいは堅果などで，大きさはさまざまであるが，比較的大型のものが多い．種子はよく発達した胚乳に富み，ココヤシやアブラヤシのように油脂を蓄積しているもの，ゾウゲヤシのように硬質になっているものもある．

椰子類の利用は多面的である．果実が食用・工業用油脂原料になっている代表的なものは，ココヤシとアブラヤシである．ナツメヤシの果実は糖類に富み，食用になる．サゴヤシの幹からはデンプンが採取される．サトウヤシでは，切断した花序から糖液が得られる．ビンロウジュの果実には，アルカロイドが含まれ，興奮性の嗜好料に使われる．ココヤシ中果皮やシュロ葉鞘の繊維類はタワシ，縄，敷物，等などの材料となる．暖地・熱帯地方では多数の椰子類が観賞用や街路・庭園・公園に植栽されている．→付表31

(杉村順夫)

**やせいいね　野生稲**(wild rice) →アジア稲

**やそう　野草**(native grass)

山野，河川敷，堤防，畦，道路端，鉄道敷などに自生する草類をいう．野草のなかでもマメ科，キク科には粗タンパク質が多く，栄養価は高いが，イネ科は粗繊維が多く栄養価は高くない．野草類は生育が進むと繊維含量が増えていくため，栄養価，嗜好性とも低下する．このような変化はイネ科の野草では急激であり，開花期を過ぎると粗繊維が著しく多くなる．このため，野草を採草あるいは放牧利用するには適切な生育時期を選ぶ必要がある．

野草には家畜に対して有毒な草も少なくないが，茎葉に特異な臭気，刺激性の苦味・渋味があるものが多いため，通常，放牧家畜は有毒草を選別し採取することはない．しかし，飼料が不足したり，限定した土地に放牧されると，これらを食べて中毒を起こすことがある．また，野草が生育している土壌中の微量元素の欠乏や過剰によって，放牧家畜に異常な症状が現れることがあり，Co欠乏やMo中毒などが知られている．　(北川政幸)

**やちだ　谷地田**(paddy field on narrow valley bottom)

アフリカ大陸に存在する内陸小低地は，西アフリカのハウサ語圏ではFadama, 仏語圏ではBasfondやMarigot, 英語圏ではInland Valley, 東や南アフリカのバンツー語圏ではDambo あるいは Mbuga と呼ばれる．古い大陸であるアフリカ，とりわけ西アフリカでは準平原地形が卓越する．谷地田は緩やかに起伏するこの準平原の小集水域の低地部分に当たる．標高は数10mから数100mにすぎないが，河川の源流部である．低地の幅は数10mから数100mで，雨期における川の流量は通常1t/sec以下である．流出率はスーダンサバンナ帯で5〜10％，ギニアサバンナ帯で10〜20％，森林移行帯で20〜40％，赤道森林帯では30〜60％程度である．上流部の流路は明瞭でない場合も多いが，細流の勾配は最上流部でも1〜5％，通常1％以下である．河川型の場合，側面勾配は1〜5％はあるが，河川勾配は0.1〜0.2％程度ときわめて緩やかになり，蛇行や小さな三ケ月湖さえ見られる．全体としての勾配は降雨の多い赤道森林帯では高くなり，少ないスーダンサバンナ帯ではさらに緩やかになる．このような緩勾配がアフリカ型谷地田の特徴であり，モンスーンが弱く降雨が全般的に少ないこと，岩石資材の入手が困難であることなどが重なって，小規模の灌漑システムの発展をも難しくしている．

西アフリカの谷地田低地の土壌肥沃度は，地域によっては例外的に肥沃な場合もあるが，一般にきわめて低い．交換性塩基，粘土含量，有効陽イオン交換容量 (ECEC), 粘土の活性度，などいずれも小さい．世界的に見

ても最低の部類に入る．特に，赤道森林帯やギニアサバンナ帯の谷地田土壌は貧栄養である．このような低肥沃度の原因は，古い地質と長期に渡る強風化という自然環境要因が主因であるが，森林破壊と土壌収奪型の農耕の継続に加え，低地における水田農業のような土壌保全型の農業システムの展開がなかったことも一因であろう．

雨が少ないアフリカとはいえ，低地部には水が集まる．このため，雨季の湿地稲作や乾季の野菜栽培など，谷地田は価値の高い農地である．集水域全体に対して灌漑水田開発が可能な低地部の面積は，スーダンサバンナ帯では1～3％，ギニアサバンナ帯で2～5％，赤道森林帯で3～10％程度，西アフリカ全体では約900万haに達し，相当の灌漑水田ポテンシャルがあると推定される．大きな土木工事をすることなく，村落共同体のレベルで堰を作り，水路を掘り，小規模であるが持続性の高い灌漑水田を開発することができる．谷地田生態系の持続可能な農業開発はサブサハラのアフリカの食料・環境危機を救うカギとなると考えられている．　　　　（若月利之）

**やまびきなえ　山引き苗**（wildling, wilding）

林地で自然に発生した苗木を掘り上げ，一旦苗畑に運び込んでポットに植え，ある期間馴化した上で山出しする苗木．フタバガキ科樹木の種子には寿命の短いものが多いため，現地で採取した種子を苗畑に運び，播きつけるまでの間発芽力を維持するのが難しいこともあり，1990年代の中頃に無性的な繁殖法が開発されるまでは山引き苗によることが多かった．そのほかにも，自然条件で発芽，生育しやすい樹種の場合には，この方法で繁殖体を殖やすことも多い．例えばチークやセンダンなどで，ほかにも多くの広葉樹で知られる．
　　　　　　　　　　　　　　　　（浅川澄彦）

## ゆ

**ゆい　結い**（labor exchange）

農作業などにおける労働力の交換で，手間替えとも呼ばれる．労賃の支払いを伴わない点に特徴がある（しかし，飲食の提供は行われることが多い）．特に水田農業における田植えなど，農繁期の労働力需要のピークに対応するための相互扶助的な社会慣行の一つである．結いが行われる前提の一つは，集落や親族などの地縁的・血縁的関係で結ばれた農民世帯の存在である．交換される労働力が一定期間を取ってみれば質量ともに均衡する対称的交換である．したがって，不均衡が生じる場合には，労賃の支払いなどにより差額を埋め合わせて，均衡が図られることもある．一般に，経済発展に伴う商品生産の進展に伴い，農繁期の労働力需要への対応は結いなどの交換労働から共同作業によって代替され，さらに労働市場が拡大すれば雇用労働（雇い）あるいは農業の機械化へと移行する．
　　　　　　　　　　　　　　　　（岡江恭史）

**ゆうがいどうぶつ　有害動物**（animal pests）

動物・植物・ウイルスで，人間にとって有害な働きをするものをpests（→害虫とは）と呼ぶ．有害動物とは具体的に無脊椎動物（昆虫類，ダニ類，ナメクジ・カタツムリ類，線虫類，ヤスデ類など）と脊椎動物（げっ歯目（→ネズミ類），サル類，イノシシ類（→イノシシ類），シカ類，コウモリ類，鳥類（→鳥害）などである．　　　　　　　　　　（持田　作）

**ゆうかくか　有核果**（seeded fruit）

果実中に種子を持つもの．通常は受精によって種子形成が起こるが，マンゴスチンでは単為生殖によっている．　　（米森敬三）

**ゆうきぶつによるおせん　有機物による汚染**（pollution due to organic substances）

有機物質による水や土壌の汚染の例は枚挙に暇がない．古くから知られているのは，易

分解性有機物を含んだ排水が水田に入って土壌の還元障害を起こすケースである．近年は，さまざまな合成有機化学物質による水あるいは土壌の汚染が日常的に起こっているが，中でもダイオキシンによる土壌汚染，トリクロロエチレン，テトラクロロエチレンなどの溶剤による地下水汚染が頻繁に報告されている．合成農薬による水汚染も問題となることが多い．殺虫剤や除草剤として土壌に入ったものの多くは，生物的・非生物的な分解過程を経て無害化されるが，その一部が水の動きに乗って水体に入る．アメリカでは26州で井戸水の中に除草剤が検出されたという．　　　　　　　　　　　（久馬一剛）

**ゆうこううりょう　有効雨量**（effective rainfall）

圃場に降った雨のうち，作物の生育，栽培管理などに有効となる雨水量．　（河野英一）

**ゆうこうすいぶん　有効水分**（available water）→水分定数

**ゆうこうたいようぶん　有効態養分**（available nutrients）

作物にとって吸収可能な土壌中の養分を有効態養分あるいは可給態養分という．土壌中のケイ酸，リン酸，硝酸などの陰イオン，アンモニア，塩基類（Ca, Mg, Na, K）などの陽イオンについて有効態の概念が適用される．有効態ケイ酸（available silica）は水田土壌のケイ酸供給力の指標として，pH 4，1 M 酢酸アンモニウム緩衝液に可溶性のケイ酸として測定されてきた．近年では，たん水還元状態で得られる水溶性のケイ酸が水稲茎葉中のケイ酸含量と高い相関関係にあることが知られている．有効態リン酸（available phosphate）の測定法としては，Truog 法（pH 3，0.001 M 硫酸抽出）がわが国では最も広く用いられている．しかし，熱帯の強風化土壌のリン酸レベルは Truog 法の測定限界値以下になることが多く，Bray 法（0.03 M $NH_4F$ + 0.1 M HCl 抽出）を用いることが多い（→リン酸固定）．有効態窒素は微生物学的方法により定量されることが多い．土壌を 25 ℃か 30 ℃で 4 週間培養し生成する窒素を測定する方法である．有効態のアンモニアや塩基類は，交換性陽イオンとして抽出されるものと考えて良い．しかし，その他の微量重金属元素と同様，0.1 M や 0.2 M HCl 溶液で抽出されるものを有効態（可給態）とすることもある（→交換性陽イオン）．　　　　　　　　（櫻井克年）

**ゆうこうどそうしん　有効土層深**（effective soil depth）

有効土層とは植物根が正常に伸張できる物理状態にある土層であり，通常その深さは地表から盤層および緻密層，基岩あるいは地下水面までを考える．土壌の肥沃性を知る目安として，単位重量当たりの養分量（すなわち養分濃度）を用いることが多いが，熱帯地域では必ずしも適切ではない場合がある．一般に熱帯の土壌は瘠薄であるといわれるが，例えば，西アフリカのサヘル帯やスーダンサバンナ帯に分布する幾つかの砂質土壌は，塩基保持量や養分濃度が低い状態にありながら，2 m 余りにも及ぶ土層深を考慮すると作物生産を支えるのに十分な養分賦存量があるともいえる．同様に，有効土層深の大きい土壌では土壌孔隙（特に毛管孔隙）の総量が多くなるため，降雨条件と土壌の水分貯留能力が作物生育を左右する半乾燥熱帯では特に注目すべき事柄である．　　　　　　　（田中　樹）

**ゆうこうのうちゅう（ぶたのうちゅう）　有鉤嚢虫（豚嚢虫）**（*Cysticercus cellurosae*）

有鉤嚢虫（豚嚢虫）は，ヒトを終宿主とする有鉤条虫 *Taenia solium* の幼虫で，米粒大の嚢胞として観察される．主に豚肉を介して人に感染する脳嚢虫症は，熱帯などを含む発展途上国に多い．公衆衛生上，きわめて重要な寄生虫である．　　　　　　　　　（平　詔亨）

**ゆうすいち　遊水池**（retarding pond）→排水，堤防

**ゆうせい　優性**（dominance, dominant）→メンデルの法則

**ゆうせいふねん　雄性不稔**(male sterility)
　遺伝的原因または環境の影響で花粉の機能が失われて起こる不稔現象をいう．北海道や東北地方におけるイネの冷害は，減数分裂期の低温による雄性不稔が原因となって起こる．遺伝的雄性不稔(genetic male sterility)には，核遺伝子による遺伝子性雄性不稔(genic male sterility)と細胞質と核遺伝子の相互作用による細胞質性雄性不稔(cytoplasmic male sterility)とがある．トウモロコシ，イネ，野菜・花き類などの一代雑種($F_1$ hybrid)種子の生産には，細胞質性雄性不稔がよく利用される．しかし，自殖性作物であるイネでは，日長や温度に感応する雄性不稔遺伝子が一代雑種種子の生産に活用されている．遺伝子性雄性不稔は，放射線や化学物質による突然変異として誘発することができる．また，細胞質性雄性不稔は，野生種などの遠縁種の細胞質と栽培種の核ゲノムとの組み合わせで，誘発される．→一代雑種　　　　　　　　(藤巻　宏)

**ゆーえすえるいー　USLE**(universal soil loss equation) →土壌侵食量推定式

**ユーカリるい　ユーカリ類**(eucalyptus)
→付表18(南洋材(非フタバガキ科))

**ユーカリるいのがいちゅう　ユーカリ類の害虫**(insect pests of eucalyptus)
　穿孔性害虫ではナガシンクイムシ科(Bostrichidae)の *Apate monachus* および *A. terebrans* がガーナのユーカリ造林地で大きな被害を与える．タマムシ科(Buprestidae)の *Agrilus opulentus* はパプアニューギニアで *Eucalyptus deglupta* の造林地で多発，ボクトウガ科(Cossidae)の *Zeuzera coffeae* はインドネシアとマレーシアで *E. deglupta* を加害するが，特にカリマンタンとサバで被害が大きい．またコウモリガ科(Hepialidae)の *Sahyadrassus malabaricus* はインドで，*Zelotypia stacyi, Aenetus lignivorus* はオーストラリアで，*Endoclita hosei* はサバでユーカリを穿孔加害することが報告されている．なお根を穿孔加害するコウモリガとして *Abantiades labyrinthicus* が知られている．
　食葉性害虫ではゾウムシ科(Curculionidae)の *Hypomeces squamosus* (インドから東南アジアに分布し多食性)がタイ，マレーシアで造林地，苗畑のユーカリ類を加害する．ハマキガ科(Tortricidae)に属する *Strepsicrathes rhothia* はガーナでユーカリ類の主要な害虫で，特に苗畑の *Eucalyptus tereticornis* に被害が多い．またミノガ科(Psychidae)の *Kotochalia junodi* はナイジェリアの造林地で多発，*Oiketicoides sierricola* は西ナイジェリアで特に幼樹に被害をもたらす．このほかブラジルではハキリアリ *Atta sexdens* による被害が大きい．
　吸収性害虫ではカスミカメムシ科(Miridae)の *Helopertis theivora* がスマトラで，*H. schoutendeni* がマラウイでそれぞれ新梢を加害し，新梢が枯れる被害が報告されている．このほか造林地では *Coptotermes* 属や *Macrotermes* 属などのシロアリ類による被害も多い．　　　　　　　　　　　　　(松本和馬)

**ユーカリるいのびょうがい　ユーカリ類の病害**(diseases of eucalyptus)
　近年，熱帯・亜熱帯地域において，生長の早いユーカリの種(例えば，*Eucalyptus camaldulensis* など)が早生樹種として植林されはじめ，サバンナ化した地域の環境緑化用樹種，チップ材および薪炭材として重要な樹種となっている．ところが，原産地はもとより，東南アジア各地域に植林されたユーカリ成木および苗木において多くの病害が発生し，問題になっている．主要な病気は次のようなものがある．①葉枯性病害：ユーカリ葉枯性病害は光合成を阻害し，同化作用の減退を引き起こすことから，苗畑や幼木において特に重要である．主な葉枯性病害は，黒粉斑点病(病原菌；*Phaeophleospora epicoccoides*)および角斑病(病原菌；*Pseudocercospora eucalyptorum*)の2種である．苗畑に発生した場合は，ボルドー液やマンネブ剤の適正散布によって防除が可能である．②胴枯病：近年オー

ストラリアではユーカリ天然林において材質劣化を引き起こす胴枯病菌とそれに伴う変色菌や腐朽菌による被害が多発し，問題になっている．胴枯病菌として Endothia gyrosa, Botryosphaeria ribis および Cytospora eucalypticola が報告されている．これらの病原菌は苗木や幼木を枯死に至らしめる病原力を有するが，成木は枯死しない．しかし，成木の場合は，幹が陥没してがんしゅ状を呈し，激しい材質劣化を引き起こす．③ならたけ病：ならたけ病菌は寄主範囲が広く多犯性であることから，森林病害として世界的に着目されている菌類である．病原菌は Armillaria luterobubalina である．本病原菌に感染すると，根茎部の腐敗が起こり，成木でも容易に萎凋枯死する．また，本病原菌は，枯死した樹木の根および伐根が伝染源となって近接する健全木の根系部へ感染するため，しばしば集団枯死を引き起こす．④疫病：オーストラリアおよび東南アジア地域のユーカリ林で猛威を振るっている病気に Phytophthora cinnamomi による疫病がある．本病原菌は世界的に広く分布する土壌伝染性病菌であり，寄主範囲が非常に広く約1,000種にも及ぶ．根茎部が侵され，苗木から数十メートルに及ぶ大木まで被害を受け，短期間に全身枯死に至らしめる重要な病害で，森林破壊の大きな問題になっている．　　　　　　　　　　　　（窪野高徳）

**ゆうぼく　遊牧**（nomadism）
ウシ，ラクダ，ヒツジ，ヤギなどの家畜を土地に定着することなく放牧し，その生産物を利用する自給自足的な生業形態．搾乳と去勢が，遊牧を支える二大技術であるとされている．西アフリカ，北東アフリカ，アラビア半島からインド亜大陸に至る乾燥，半乾燥地帯には定住耕種農業の結びついた遊牧，すなわち，牧畜が広く分布している．また，耕種農業を含まない遊牧が営まれている例としては，西アフリカのフラニ族のものが知られている．古くから営まれてきた遊牧は現在，人口と耕地面積の増加，草地荒廃，貨幣経済の浸透や定住化政策など，20世紀の後半に顕著な出来事を受けて急激に衰退しつつある．しかし，耕種農業に不向きな土地での農業システムを構築するためには，遊牧の研究，再評価と保護が求められる．例えば草地を持続的に利用できる飼養規模や移動方法を明らかにするとともに，遊牧民への教育や医療その他のサービスを拡充することが必要であろう．
　　　　　　　　　　　　　　（山崎正史）

**ゆしかす　油脂粕**（oil meal）→製造副生産物
油実類などから採油した後に得られる製造副生産物．粗タンパク質が多く家畜の飼料として利用される．　　　　　　　　（矢野史子）

**ユーピーオーブイ　UPOV**→種苗法
**ゆりょうさくもつ　油料作物**→付表32

## よ

**よういおんこうかんようりょう　陽イオン交換容量**（cation exchange capacity, CEC）
一定重量の土壌がもつ陽イオン交換基に，他のイオンによって交換可能な形態で保持されている陽イオン（→交換性陽イオン）の総量を陽イオン交換容量といい，cmol(+) $kg^{-1}$ あるいは mol(+) $kg^{-1}$ として示す．cmol(+) $kg^{-1}$ で示された数値は従来の meq/100 g と同じである．温帯地域の土壌は永久荷電性粘土（一定荷電性粘土）に富むものが多いのに対し，熱帯土壌にはより風化の進んだ変異荷電性粘土に富むものが多く，陽イオンの保持力が小さい．そのためCECの値が$<5$ cmol $kg^{-1}$ 土壌と低いものが多い（→低活性粘土）．一般に，土壌のCECは土壌をpH 7, 1 Mの酢酸アンモニウムで飽和し，それを塩化ナトリウムなどで交換溶出して測定する．変異荷電性粘土に富む熱帯の土壌は酸性が強く，土壌pHが5以下と低いものが多い．そのためpHを7に調整することによって変異負荷電が発現し，実際の現場条件で発現するCECを過大評価することになる．したが

って，CECの測定には上記の方法を用いず，実際に保持されている陽イオンの総量（Ca＋Mg＋K＋Na＋Al）を測定し，これを有効陽イオン交換容量（effective CEC, ECEC）とよび，土壌肥沃度の指標値として用いることが多い．→交換性陽イオン　　　　（櫻井克年）

**ようえきさいばい　養液栽培**（soilless culture, hydroponics, nutriculture）

地面から隔離された栽培床に作物を植え，培養液で栽培を行う方法．固形培地を使う方法（固形培地耕）と，使わない方法（いわゆる水耕栽培，噴霧耕も含まれる）に大別される．培養液の管理がコンピュータなどで自動化でき，省力・大規模栽培が可能なため，企業的な経営が求められる将来の農法として期待されている．

養液栽培は，①土壌条件に関わらず，どこでも同じ地下部条件が得られ，②連作障害にわずらわされず，③耕うん，有機質補給，除草，土壌消毒が省かれ，省力的で，衛生的な労働環境での生産が可能で，④肥料・水の大部分が作物に利用されるため，節水・節肥料で環境への負荷も軽減できる，などの利点がある．反面，①施設・設備のコストが高い，②土壌が持つ緩衝能が利用できないため，培養液の管理には相当な精度・知識が必要となる，などの欠点もある．熱帯では，コスト高と高い根圏温度による生育不良のため，ほとんど普及していないが，近年都市部では清浄への関心の高まりから，研究が進められている．
　　　　　　　　　　　　（篠原　温）

**ようきんせい　養菌性**（xylo-mycetophagy）→アンブロシアビートル

**ようさいるい　葉菜類**（leaf vegetables）

葉・花・茎を利用する野菜を総称して葉菜類（葉茎菜類とも）という．農林水産省選定主要野菜28品目の内では，ハクサイ，キャベツ，ホウレンソウ，ネギ，タマネギ，レタス，セルリー，カリフラワーが葉茎菜類と分類されている．主要な葉菜類の多くは生育適温が比較的低く，熱帯地域ではそれらの主産地は高地が多い．また熱帯では高温性のカイラン，ヒユナ，エンツァイなどの利用が盛んである．葉菜類の主要な生理障害として葉の縁腐れ（チップバーン tip burn）があり，これはCa欠乏により葉の周辺が最初水浸状になり，ついで灰白色もしくは茶褐色になる症状である．一般的にCa含量は葉身中が最も高く，そのため葉菜類では不足しやすく発生が多い．多雨や乾燥による根の障害，Caと拮抗する肥料の多施与などで吸収が抑制されると助長される．　　　　　　　　（位田晴久）

**ようじゅ　陽樹**（sun tree）

生育の初期段階に強い光による障害を受けにくく，むしろ強光下でないと定着ができないような樹種を指す．→陰樹　（神崎　護）

**ようしょくどうぶつ　葉食動物**（folivore・herborovous animals）

植物食の動物（Herivore）のうち，特に葉だけを食べる動物．植物も食べられないようにアルカロイド・サポニンなど生産しているので，これらを解毒できるように適応進化している．　　　　　　　　　　（渡辺弘之）

**ようすいかんがい　揚水灌漑**（lifting irrigation）

水源となる水路や河川の水位が圃場面より低い場合，あるいは地下水を水源とする場合，灌漑用水はポンプによって揚水される．
　　　　　　　　　　　　（荻野芳彦）

**ようすいぎじゅつ　揚水技術**（water lifting technology）

揚水技術には，その動力源の違いにより，人力，畜力などによる古くからの技術，風力，水力，太陽熱などの自然エネルギによるもの，化石燃料，電力によるものなど種々の技術が含まれる．

人力はおおよそ300 wh/dayのエネルギに換算されるが，これを揚水目的に用いると，約60 $m^3$・m/day（例えば，揚程3 mなら20 $m^3$/day）の揚水能力に相当する．なお，役畜牛では人力の約10倍，役畜馬では約20倍の能力である．古くから用いられてきた人力に

よる揚水機としては，はねつるべ，足踏車，スウィングバスケット，アルキメデスポンプなどがあり，畜力利用では，ペルシャ水車（またはサーキア），Circular Moht などがある．

風力による揚水（すなわち風車）には，水平軸型のもの（American farm windmill, IT windpump など）と垂直軸型のもの（S rotor, darrieus wind turbine など）がある．一般に風車により揚水が可能なのは，風速が 2.5 m/s から 10 ないし 15 m/s の範囲とされ，例えば風速 5 m/s では，ロータ（風受け）の面積 1 m$^2$ 当たり 75 w/m$^2$ のエネルギが得られる．

水力による揚水には，古くからの水車のほか，流水エネルギを衝撃圧に変換する水撃ポンプ（hydraulic ram）や，タービン軸を回転させる無動力ポンプなどがある．例えば中国などで5万基以上用いられている無動力ポンプの場合，500 $l$/s 程度の安定した流水と5 m以上の水位差があれば，5 ha 程度の水田への低揚程灌漑が可能となる．太陽熱を利用する揚水方式としてソーラーポンプがある．一般に地表面で得られる太陽エネルギは 1,000 w/m$^2$ に達することから，その利用拡大の可能性は大きいが，現時点では受光装置であるシリコンセルが高価であるなどの理由から，揚水灌漑への普及度は低い．

化石燃料，電力による揚水技術のうち，近年乾燥地域の途上国において著しい普及を示しているのが管井（tubewell）である．tubewell は，通常 7.5～35 cm 口径のボーリング孔を 20～30 m の深さに穿孔し，ガイドパイプを挿入した後，孔内または孔外の地表面に揚水ポンプを設置して，地下水を汲み上げるものである．その容量は 10～100 $l$/s とさまざまである．この tubewell が急速に普及した背景には，tubewell で用いられる小型ポンプおよび動力源である電力モータやディーゼルエンジンが途上国でも安価に製造できるようになったこと，および戦後に開発された大規模な地表水灌漑地区で末端給水が不安定なため，農民が自衛手段として設置を急いだこと

が挙げられる．しかし，このことは無計画な地下水開発を誘引し，地下水位の低下や枯渇など，新たな環境問題を引き起こすとともに，農村部での貧富差を拡大させるなど，多くの途上国で深刻な社会問題ともなりつつある．化石燃料や電力を動力源とする揚水技術では，tubewell の他に，地表の溜まり水や浅い地下水を汲み上げるための低揚程の遠心力ポンプの普及が進んでいる．　　　　　（真勢　徹）

**ようすいきじょう　揚水機場**（pump station）

灌漑用水を水源から用水路へ揚水したり，地域からの排水を河川に汲み出したりするポンプを設置するための施設で，ポンプ設備（ポンプ，原動機など），運転管理設備，取付水路などが設備として含まれる．灌漑用水路から，より高い受益地のための用水路へさらに揚水する揚水機場や，畑地に対する散水灌漑のために圧力を加える必要から，ファームポンドなどに設置されるもの，末端水田パイプラインのためのものなどもある．ポンプの原動機としては，電動モータまたはディーゼルエンジンが使用されることが多い．ポンプは，揚水流量と揚程（水を揚げる高さ）などによって，渦巻，軸流，斜流ポンプなどの形式が選択される．水源の水位と吐き出し水位の差を実揚程，それに，揚水の間に損失するエネルギ（水柱高さで表した水頭）を加えたものを全揚程という．　　　　　（佐藤政良）

**ようすいりょう　用水量**（irrigation water requirement, duty of water）

灌漑のために必要な用水量で，灌漑計画や灌漑管理に使われる指標である．単位としては目的により，単位面積あたり流量（$l$/sec/ha），単位流量当たり面積（ha/m$^3$/sec），単位時間当たり水深（mm/day）などが使われる．

水田用水には，代かきや落水後の再湛水など土壌を浸潤し，水深を与えるための用水，並びに，湛水後の減水深を補給するための用水がある．畑地における用水は，作物の生育に必要な土壌水分を保つための水量である．

これから有効雨量を減じたものを純用水量という．純用水量に，圃場での灌漑ロス，水路からの漏水・溢流，分水時の管理ロスなど，各種のロスを加えたものを粗用水量という．灌漑施設の流量は，粗用水量に基づいて制御される．

広域の用水量は，作期のスケジュール，栽培作物，天候などにより，日々変動する．これを期別用水量といい，その最大値を，ピーク用水量という．灌漑施設の規模は，ピーク用水量に基づき決定される．（八島茂夫）

**ようすいりょう　要水量**（water requirement）

作物の乾物1gを生産するのに要する総蒸発散量で，蒸散係数とも呼ばれ，水利用効率の検討に用いられる．水資源の乏しい乾燥地域での灌漑計画には，特に重要な指標である．

要水量は作物間で大きな差があり，一般の栽培作物の要水量（蒸散係数）は，おおむね200～1,000の間に分布する．イネやムギなどの$C_3$植物に比べ，光合成速度が著しく大きいソルガムやトウモロコシなどの$C_4$植物は，水利用効率が高いため，要水量は小さくなる．
（八島茂夫）

**ようせきじゅう　容積重**（bulk density）

土壌の単位体積当たりの固相重量をいい，仮比重とも呼ばれる．これは土壌の種類によって異なり，同じ土壌でも構造の発達程度や充填の状態によって違いがある．一般に火山灰土壌や腐植含量の多い土壌で小さく，鉱質土壌で大きい．また，表層土よりも下層土で容積重は大きい．測定には，容積100 m$l$・高さ5 cmの採土円筒が用いられる．単位体積当たりの乾土重量で表わされる容積重は現場土壌の緻密度を表わす指標となる．

（田中　樹）

**ようとう・やぎとう　羊痘・山羊痘**（sheep pox, goat pox）

ポックスウイルス科（Family Poxviridae）カプリポックスウイルス属（*Genus Capripoxvirus*）の羊痘と山羊痘ウイルスが原因．両者は近縁ウイルス．アフリカ，中近東，アジア諸国で発生．直接および間接的な接触伝播，昆虫による機械伝播．感染源は皮膚病変，唾液，鼻汁，糞など．常在地での罹患率は70～90 %，致死率5～10 %であるが，初発地での致死率は50 %以上で若齢個体ほど高率．潜伏期は10～20日．発熱，食欲不振，流涙，流涎，呼吸困難，呼吸速迫，眼瞼浮腫，粘液性鼻漏，粘膜充血に続き，無毛部を中心に体表の皮膚粘膜に発疹を形成．発疹は丘疹，水疱，膿疱から痂皮に移行．痂皮は瘢痕を形成し脱落治ゆする．治ゆまで20～30日を要す．診断法には新鮮な発疹病変部，肺，血清を用い，ウイルス分離，ELISA，蛍光抗体法，ゲル内沈降反応など．治療法なし．検疫と隔離，発病家畜の淘汰により防疫．弱毒生ワクチンにより予防．国際獣疫事務局による最重要疾病（リスト A）の一つ． （村上洋介）

**ようはいけんようすいろ　用排兼用水路**
（dual purpose canal）

用排兼用水路とは，灌漑用水路と排水路の両面で機能している水路である．自然の小河川を灌漑水路として活用している場合や，デルタ低位部のクリークなどは用排兼用の例である．これに対して，灌漑用水と排水の機能を独立させた水路システムを用排分離という．

用排兼用システムでは，排水が自動的に灌漑用水として再利用されるため，全体として節水的である反面，低平地では水路の水位が低いため揚水取水が必要であったり，逆に水位が高いため排水不良が生じたりする．近代的灌漑システムでは，こうした用排兼用の場合の管理の煩雑さを避けて，機能的な用排分離を指向する場合が多いが，用排兼用水路はより環境適応的保全的な側面を有しており，この点は見直されてよい． （後藤　章）

**ようぶんけつぼう　養分欠乏**（nutrient deficiency）

熱帯の特に荒廃地における造林では，いろいろな原因でしばしば欠乏症状が見られる．

最もよく知られているのはダイバック（die-back）で，熱帯マツ類やユーカリ類で報告されている．ホウ素欠乏とされるものが多く，ホウ砂の施用によって防止できるという．しかし，ある種のマツで見られるダイバックは亜鉛欠乏によるといわれるし，リン，イオウ，モリブデンの欠乏もダイバックの原因になるという報告もある．ダイバック以外の欠乏症状としては，マツの一種で，多軸化，針葉の捩れや疎生，着葉期間の短縮などが報告されている．ユーカリの苗木については無機養分の欠乏症状が詳しく調べられており（Evans, 1992），それによると，症状が下部の葉から現われるのは N，P，Ca，Mg の欠乏で，S，Fe，Mn，B，Mo，Cu，Zn，K の欠乏の場合には幼葉から症状が現われるとされている．これらの要素の欠乏により，葉の各部にクロロシス（黄化現象 chlorosis）などの変色や特有の変形などが起こる．　　　　　　　　　　（浅川澄彦）

**ようめんせきしすう　葉面積指数**（LAI：Leaf Area Index）

単位土地面積当たりの葉面積．例えば，耕地 $1\,m^2$ の上にあるすべての葉の面積の合計が $3\,m^2$ である場合には，葉面積指数は 3 となる．　　　　　　　　　　　　　　（倉内伸幸）

**ようめんせきスペクトラム　葉面積スペクトラム**（葉面積型　leaf size spectrum）

構成種の 1 枚当たりの葉面積を求めて，植物群落ごとに作成した頻度分布を葉面積スペクトラムと呼ぶ．植物の生活形（life form）の一種として利用された．葉の面積は次のような階級に分けられる（単位は $mm^2$）．

| | | |
|---|---|---|
| 極微小形葉 | leptophyll | 〜25 |
| 微小形葉 | nanophyll | 25〜225 |
| 小形葉 | microphyll | 225〜2025 |
| 亜中形葉 | notophyll | 2025〜4500 |
| 中形葉 | mesophyll | 4500〜18225 |
| 大形葉 | macrophyll | 18225〜164025 |
| 巨大葉 | megaphyll | 164025〜 |

低地の熱帯多雨林では中形葉がスペクトラムのピークとなり，標高や緯度の増加とともに葉は小型化し，乾燥化によっても小型化する．　　　　　　　　　　　　　　（神崎　護）

**ようりょくたい　葉緑体**（chloroplast）

高等植物の葉肉細胞，および，真核藻類の細胞にある小器官で，チラコイドと呼ばれる多数の小胞と可溶性タンパク質，核酸などで満たされたストロマが内・外包膜で包まれた構造を持っている光合成器官．チラコイドにはクロロフィル・タンパク質複合体と電子伝達タンパク質で構成される光エネルギーを酸化還元力に変換する光化学系・および光化学系・複合体と，電子伝達の結果生成した pH 勾配を ATP 合成に変換する共役因子が局在している．電子伝達の結果生成した還元力を利用してストロマの酵素が $CO_2$，$NO_2^-$，$SO_4^{2-}$ の還元同化を行う．包膜は光合成に必要な種々の化合物と光合成産物の輸送機能を持つ．その他，電子伝達系とタンパク合成に対する遺伝子を持つ葉緑体 DNA とその複製，タンパク合成系，葉緑体の環境適応機能なども含まれる．$C_4$ 植物の葉肉細胞の葉緑体では $C_3$ 植物と異なる炭酸固定系が働き，維管束鞘細胞には光化学系・を持たず ATP 合成と $CO_2$ 固定のみを行う葉緑体が分化している．チラコイドを構成する脂肪酸側鎖の飽和度と光合成の高温耐性の間に相関が認められている．浸透圧を調整すれば無傷で葉緑体を単離することが可能である．　　　　　（高橋正昭）

**ヨトウるい　ヨトウ類**（noctuids）

ヨトウガ（夜盗蛾）科の幼虫，あるいはその種類を指す．鱗翅目中，最大の科で約 500 属 2 万種以上が知られている．開帳 30 cm 世界最大のナンベイオオヤガ *Thysania agrippina* を含めて，成虫は中〜大型，色彩は大体地味で黒〜暗茶褐色のものが多いが，けばけばしい色彩を，特に後翅にもつ種もいる．大部分の種が薄暮・薄明活動性，あるいは夜行性であるが，昼行性もいる．成虫の多くが，夜間光に誘引される．成虫の一部は果実を食害する（→吸蛾類）が他の種では成虫は農作物に被害を与えることはない．卵は球状・やや平

らで，淡色・鈍色あるいは淡青色，ばらばらまたは1～多層の塊を成して寄主植物，あるいはその近くに産下される．幼虫は夜盗虫（armyworms）・根切り虫（cutworms）・螟虫（borers, stem borers, stalk borers）・シャクトリムシ（looper, semilooper），その他（webworms, leafworms）などとその習性・形態などに関係した一般名がつけられていることがある．幼虫の食性は食草性が大部分で，農作物害虫が多く含まれる．夜盗虫の多くは若齢では昼間も摂食するが，老齢になると，昼間は作物の根元に棲息し，夜間上部を食害する種も多い．これらの種には，大発生すると群れを成して，食草を食い尽くし，移動するものがある．例えばアワヨトウ *Mythimna separata*（東南アジア，オーストラリア），*M. unipuncta*（アフリカ，南中北米），*Spodoptera exempta*（アフリカ），*S. frugiperda*（南中北米），*S. mauritia acronyctoides*（アジア，オーストラリア，東アフリカ一部）などである．また，昼間土中に潜んで，夜間幼作物の根元を切る根切り虫として，タマナヤガ *Agrotis ipsilon*（世界各地），カブラヤガ *A. segetum*（主としてアフリカ～欧州・東南アジア・東アジア）など，茎に入る種類イネヨトウ *Sesamia inferens*（アジア，大洋州），*S. calamistis*（アフリカ）：茎・実に入る種オオタバコガ *Helicoverpa armigera*（アフリカ～東アジア～オーストラリア），タバコガ *H. assulta*（前種にほぼ同じ分布），*H. zea*（南中北米），*Heliothis virescens*（南中北米）などが有名．成熟幼虫は植物組織内や土中で蛹化する．（持田 作）

## ら

**ライスセンタ**（rice center）→カントリエレベータ

**ライムコンクリーション**（lime concretion）乾燥，半乾燥地帯に広く出現する，炭酸カルシウムの硬化析出物のこと．その形からレス人形，レス小僧，目玉などと呼ばれる．根の孔などに添って白色の石灰が糸根状に析出することも多く，それらは擬菌糸状と呼ばれる．酸にとけて発泡する．　　　（三土正則）

**ラギ**（ragi）

インドネシアやマレーシアでつくられている発酵飲食品製造用のスタータ，餅麹の一種である．団子状の形をしており，タイの Loogpan（Luk-paeng），フィリピンの Bubod，ネパールやインドの Murcha と同種のものである．

ラギには，タペ用のラギ・タペ（Ragi Tape），テンペ製造用のラギ・テンペ（Ragi Tempe）など，その用途ごとの種類がある．

ラギの製法は，通常，まず，米の粉に，水を加えて練り，直径1～3cmの扁平な団子状に成形する．その際，香辛料や植物の葉などを添加することがある．成形後，発酵室で発酵させ，次に，天日などで乾燥後，常温で保存流通される．

キャッサバイモを発酵させたインドネシアのタペ・シンコンをつくる場合，皮をむいて蒸したキャッサバイモに，粉にしたラギをふりかけ発酵させる．ラギには *Rhizopus* 属の糸状菌ばかりでなく，酵母，乳酸菌も含まれるので，発酵中に，デンプンは加水分解され糖になり，さらに，乳酸やアルコールなどの香気成分も生成される．　　　（新国佐幸）

**ラクダ**（camel）

アラビアを中心にして北アフリカ，中東，西南アジア，インドなどの砂漠地帯で飼育されているヒトコブラクダ（Dromedary camel, Arabian camel）と中央アジアからモンゴル・中国までの寒冷な平原で飼育されているフタコブラクダ（Bactrian camel）の2種類がいて，カスピ海沿岸で両者は混在している．主な用途は，いうまでもなく輸送用であるが，乳・肉・毛も積極的に利用されることも多い．苛酷な輸送時にコブの貯留脂肪が代謝されて，エネルギーと水分の補給源となっているが，体温の日内変動が5～6度と大きく体温調節用の水分消費が抑制される機能がある．

フタコブラクダのコブの脂肪総量は100 kgにもなることがあり、輸送時に後部のコブから消失する傾向があるといわれる．両ラクダ間の雑種第一代はヘテローシスを示し、コブは一つになるという．南米のペルーとボリビアなどの高地草原に家畜化されたアルパカ (alpaca) とラマ (llama)，家畜化されなかったグアナコ (guanaco) とビクーニャ (vicuna) という4種がラクダ類似動物 (cameloid) として知られている．特に，アルパカの毛は高級品として尊重され，肉・毛皮もアンデス高原住民に利用されている．これらのラクダ類似動物は相互に交雑可能であり，アルパカとより体が大きいが毛質のよくないラマとの交雑が最も多いようである．　　　　（建部　晃）

### ラグーン（lagoon）

浅海の一部が，砂嘴や砂州，沿岸州などによって外海と切り離された結果できた浅い湖沼のことで，潟（かた）や潟湖（せきこ）ともいう．一般に1カ所または数カ所の狭い潮口によって外海と通じ，ここから海水が出入りし，汽水をたたえる．潮口付近にはデルタ状の潮汐三角州 (tidal delta) ができ，湖内は陸上から流入する淡水によって運ばれた浮遊土砂が堆積し浅瀬となる．この浅瀬には，塩水や汽水のみの特殊な植物が生育し，これらがさらに多くの土砂を堆積し，最期には塩分に耐える植物の生い茂った塩性湿地 (salt marsh) となる．熱帯では，このような場所はマングローブの生い茂る湿地 (mangrove swamps) となっている．ラグーンは世界的に分布するが，低緯度で潮差の小さいところに多くみられる．日本でも海底が比較的緩傾斜で潮差が小さい沿岸によく発達し，このため太平洋側より日本海やオホーツク海沿岸に多くみられ，河北潟，サロマ湖などはその典型例である．　　　　（水野一晴）

### ラディアタマツ（radiata pine）→付表23
（熱帯産マツ類）

### ラテライトか　ラテライト化（laterization）

土壌生成作用の一つであるが，母材・鉱物の風化作用までも含んだ概念である．アリット化，フェラリット化とも呼ばれる．ラテライト化においては，母岩の風化が進むとともに，塩基類に加えてケイ素の洗脱が進行し，結晶化度の高い鉄・アルミニウムの和水酸化物やカオリナイトに富む強風化土層（Soil Taxonomyのoxic層）が生成する．それらのうち，地表に露出すると不可逆的に硬化するものをラテライト，あるいはプリンサイトと呼ぶ．硬化したものもラテライトと呼ぶことが多いが，近年は未硬化のものをプリンサイト，硬化したものを鉄石（アイアンストーン）と呼びわけるようにしている．これらのラテライトまたはプリンサイトの生成に導く過程が狭義のラテライト化であるが，広義には強い風化作用を伴う土壌生成作用一般をいう．主として亜熱帯・熱帯の乾湿の繰り返される地域で進行し，Soil TaxonomyのOxisol, Ultisolの一部に広く見られる生成作用である．ラテライト化においては，通常の風化における脱塩基・脱ケイ酸に伴う鉄・アルミニウムの相対的濃縮に加え，停滞水による擬似グライ化過程が想定される場合も多い．すなわち，まず排水の良好な条件下で母岩が風化を受け，カオリナイト，ギブサイト，ゲータイトなどの二次鉱物が生成し，塩基類やケイ素が相対的に洗脱，除去される．細粒化した土層が厚くなるにしたがって，ある段階で土壌中に雨水が停滞するような状況がもたらされる．そして雨季の還元，乾季の酸化条件の繰り返しが，ラテライト層における鉄の濃縮を加速する，という考え方である．ラテライト層（あるいはプリンサイト）を持つOxisolに典型的な土壌断面は，以下のような層序を持つ．①表層土：しばしば侵食によって失われている．②ラテライト（プリンサイト）層：この層は部分的に硬化している場合がある．湿潤で柔らかい場合でも，長期間空気中にさらすと硬化することが多い．赤色が強く，黄色あるいは紫色の斑紋が見られることがある．③斑紋を持つ粘土層：淡黄色の基質中に

かなり大きな赤色，黄色，褐色の斑紋が存在する．④パリッドゾーン（pallid zone）：淡黄色から白色の均質な粘土層．⑤赤化した母岩．これら各層位の厚さは多様である．ラテライト層の鉱物組成・化学組成は多様であるが，一般に易風化性鉱物に乏しく，粘土画分では鉄・アルミニウムの和水酸化物やカオリナイトに富み，元素組成としても鉄・アルミニウムが母岩中と比べ濃縮されている場合が多い．シルト・砂画分では難風化性の石英が主構成成分となる．土壌の陽イオン交換容量は小さく，例えば Soil Taxonomy では oxic 層の条件として，粘土あたりの陽イオン交換容量が 16 cmol kg$^{-1}$ 未満，同じく有効陽イオン交換容量が 12 cmol kg$^{-1}$ 未満を用いている．これらの鉱物学的・化学的条件を反映して，ラテライト層には，植物の養分元素が乏しい，粘土粒子の分散性が低くその断面内移動の程度が小さい，などの性質が広く見られる．現在地表にみられるラテライトの多くは古い安定な地形面上にあり，その生成は第三紀中新世〜鮮新世にまでさかのぼるといわれる．地表近くでは自然に硬化してラテライト皮殻を形成しているが，深部にある未硬化のものはレンガ状に切り出して放置し，不可逆的に硬化するのを待って建築材料などに用いる．ラテライトはラテン語の later（煉瓦）を語源とする． （舟川晋也・三土正則）

**ラテライトひかく　ラテライト皮殻**（iron crust, cuirasse lateritique）→ラテライト化

**ラトソル**（Latosols）→熱帯土壌

**ラハール**（lahar）

もともとはインドネシア・ジャワ島において火山の斜面から山麓へ向けて流下する火山泥流や火砕流に対して用いられた語であるが，現在は火山泥流（volcanic mudflow）を指す語として広く用いられている．火山泥流による堆積物を指すこともある．火山泥流は火山活動に伴って発生した火山砕屑物の流下現象から火砕流を除いたものすべてを指し，火山活動と関係のない地震や集中豪雨によって火山体が崩れて発生した土石流・泥流は含まない．火砕流（pyroclastic flow）とは火口から噴出した高温物質が流下する現象である．火山泥流物質は一般に 100 ℃ 以下の低温で，流下速度は速い．火山泥流の発生要因は多様であるが，火山噴出物が火口湖や河川に流入して多量の水を含んだり，噴出物が斜面に不安定に堆積した状態で降雨があったり，火山体が崩壊したりすることによって発生する．

（吉木岳哉）

**ラミン**（ramin）→付表 18（南洋材（非フタバガキ科））

**ラワン**（lauan）→付表 19（南洋材（フタバガキ科））

**らんざつうえ　乱雑植え**（random planting）→移植栽培

**ランブータン**→熱帯果樹，付表 1, 22（熱帯・亜熱帯果樹）

## り

**リオせんげん　リオ宣言**（The Rio Declaration on Environment and Development）

1992 年にブラジルのリオデジャネイロで開催された地球サミットで採択された環境と開発に関する基本原則． （熊崎　実）

**リキシソル**（Lixisols）→ FAO‐Unesco 世界土壌図凡例

**りくとう　陸稲**（upland rice）

傾斜地や畦畔を持たない土地に，年間を通じて湛水しない畑状態で栽培されるイネで，水分供給を降雨のみに依存している．陸稲はそのほとんどが乾土状態で直播され，厚く覆土されることが多い．焼畑耕作の一要素として広く分布し，棒であけた穴に播かれる．熱帯では，山間の傾斜地で重要な畑作物であり，混作されることが多い．陸稲は，水稲と同一の種に属し，栽培地域にみあった種々の品種があるが，水稲と比較して特性に大きな違いはみられない．しかし，畑状態で栽培され降雨に依存するため，耐旱性，深根性であるこ

と，また，低肥沃度土壌に栽培されるため，酸性や低リン酸条件に強いことが挙げられる．特に，干ばつ害は陸稲生産を不安定にする最大の要因であり，耐旱性の向上は陸稲育種において最も重要な課題となる．　　（安田武司）

**リグナムバイタ**（lignumvitae）→付表21（熱帯アメリカ材）

**りくなわしろ　陸苗代**（dry nursery, upland nursery）

熱帯では水利の便の悪い地域でのみ見られる．充分に砕土した畑地に苗床（幅 1.0～1.5 m）をつくり $m^2$ 当たり 70～100 g を播種する．播種後に覆土し灌水する．以後生育状態をみながら必要に応じて灌水する．
　　　　　　　　　　　　　　　（和田源七）

**リサージェンス（復活）**（resurgence）

本来の定義は，元の動物個体数より，増えた状態をいう．例えば，原因は何であっても，殺虫剤散布によって，（一時的に下がった）害虫の個体数が，ある時間が経過した後（元の）レベルより増加した時，殺虫剤誘導多発生（insecticide-induced resurgence）と呼ぶことがある．しかし，リサージェンスそのものを誘導多発生と呼ぶのは，本来の定義から離れた解釈である．リサージェンスの原因の一つに殺虫剤使用が挙げられるが，そのメカニズムは，天敵の減少だけでなく，直接・間接的な害虫の産出次世代数増加などによることもあり，きわめて複雑な場合が多い．アブラナ科野菜のコナガ *Plutella xylostella*（マレーシア・カメロンハイランド，ヴェトナム・ダラット，フィリピン・バギオ，インドネシア・レンバンなど），カンキツのダニ（世界各地），水稲のトビイロウンカ（東南アジア各地）などが殺虫剤によるリサージェンスの好例として挙げられる．　　　　　　　　　（持田　作）

**リステリアしょう　リステリア症**（listeriosis）

*Listeria monocytogenes* の感染によって起こる反芻動物の感染症で，さまざまな病型を示すが，化膿性脳炎を呈する例が多い．ヒトにも感染し，髄膜炎や敗血症などを起こす．
　　　　　　　　　　　　　　　（江口正志）

**りたいしきトラクタ　履帯式トラクタ**（tracklaying tractor）

軟湿地や不整地のような車輪型トラクタで走行困難なところでは，履帯式トラクタが用いられる．平均接地圧は 39～59 kPa であり，人の足と同程度の値である．履帯の沈下量は接地圧と地盤の支持力に係る静的沈下と対路面との滑りによる滑り沈下からなり，履帯の全沈下量はこれらの和となる．そして，全沈下量が大きくなると，車両は走行不能に陥る．履帯は車両の可動性または走行性の向上にとって有効であり，地盤の地耐力に対応した種々の形状の履帯が用いられている．また，車両が発揮しうるけん引力は，履帯接地部で得られる推進力から，車両の進行を妨げようとする走行抵抗を差し引いて求めることができる．　　　　　　　　　　　　　　　（小池正之）

**リターンピリオド**（return period）→計画基準確率

**りっちひょうか　立地評価**（site assessment）

適切な作業法を決めるためには，立地条件を正確に把握し，評価することが前提になる．新たに植林する場合には，対象地域に関わる各種の既存資料をできるだけ多く収集する．例えば，地形図，航空写真，土壌図，地質図，植生図，気象データなどで，これまでに植林されたことがあれば，その際の生長経過や収穫量も調べる．これらの情報を組み合わせることによって大まかな立地評価は可能で，それによって大まかな区域分けを行う．より具体的な情報を得るためには現地調査（踏査，preplanting survey, reconnaissance）を行う．踏査の項目は，地形（水系，傾斜，斜面の方位など），土壌（土壌型，化学性，物理性，土性，堅密度，有効深度など），基岩，植生などである．土地生産力を具体的に評価するためには，同じ樹種の人工林の成長資料が必要であるが，ない場合には，現存植生の主要な樹種

ないしは草種について，生育状況と環境要因との関係を解析することで代替する．Evans (1992) によれば，スワジランドの *Pinus patula* の人工林で，12年生の樹高が，海抜高・斜面での位置・傾斜・土壌の肥沃度の関数として示されている．なおわが国では，立地条件に応じた施業方法を採用できるように立地級という考え方を採っているが，立地級は立地指数で表示することになっており，立地指数は地位級と地利級を乗じた値で定められ，樹種別に異なる．地位級は土壌，地形，地床植物の種類と繁茂状況などによって樹種別に決められており，地利級は生産物の運搬などに関する経済的位置で，自動車道と運材距離に対応した立木価格から林小班ごとに現在と将来の地利級を樹種別に算出することになっている．このような考え方を参考にして，関連情報を収集，蓄積することが必要である．
(浅川澄彦)

**リピート・ブリーダー**（repeat breeder）→繁殖障害

**リフトバレーねつ　リフトバレー熱**（Rift valley fever）

人獣共通のウイルス病．発生はアフリカ．ヒツジ，ヤギ，ウシの流産．幼獣は高死亡率．
(村上洋介)

**リボかくさん　リボ核酸**（ribonucleic acid, RNA）

リボ核酸（RNA）は，リボースという糖に4種類の含窒素塩基であるアデニン（略号 A），グアニン（略号 G），シトシン（略号 C），ウラシル（略号 U）が結合したヌクレオシド（nucleoside）にリン酸基が結合したヌクレオチド（nucleotide）を基本単位として，これが長く連結したポリヌクレオチドからなる巨大分子である．DNA と似ているが，糖の種類と，チミンではなくウラシルを有する点で大きく異なる．しかし，A と U，C と G が相補的に結合するため，DNA の塩基配列を転写する機能をもつ．

細胞内には，DNA からなる遺伝子から塩基配列を転写するメッセンジャー RNA (mRNA)，タンパク質を合成する場であるリボソームの構成要素となるリボソーム RNA (rRNA)，特定のアミノ酸と結合してリボソームへ運ぶ転移 RNA（tRNA）の3種類がある．また，一部のウイルスは DNA ではなく RNA を遺伝物質として持っている．真核細胞では，DNA から転写によってまず mRNA 前駆体ができ，RNA プロセッシングという過程を経てから mRNA となって細胞核から細胞質へ移動する．RNA プロセッシングでは，mRNA 前駆体中のイントロンという生物学的情報を持たない部分が除去される．この除去などにあたって酵素として働く RNA はリボザイムと呼ばれており，自身を切断する触媒作用をもつ．すなわち，RNA は遺伝情報を保存するだけでなく，化学反応を触媒する酵素としてのはたらきがあることから，進化の過程では DNA 以前に RNA が使われていたのではないかという説もある．細胞の進化におけるこの段階のことを RNA ワールドと呼ぶ．
(夏秋啓子)

**リモートセンシング**（remote sensing）

「物体は，照射された電磁波に対して，固有の分光反射特性，分光放射特性を有する」という原理を利用して，地表面方向からの分光放射エネルギ強度を航空機や人工衛星に搭載された光センサーにより測定し，海面を含む地表面と大気の性質や状態に関する情報を得る遠隔計測技術．

リモートセンシングデータは，多重分光波長帯で測定された画像型デジタルデータであるために，種々のコンピューターアルゴリズムで処理，解析される．数100 km四方の広域を同時に，均一の測定精度で反復計測できるため，平面的な環境のモニタリング手法として利用される．地表面でのセンサーの空間解像度は，1 m四方以下から，数 km四方のものまである．陸域では，広域の植生分布調査，土地利用・土地被覆分布調査，災害モニタリング，資源探査，標高測定などに利用され，ま

た，海域では，水質モニタリング，波浪高測定，漁場探査などに利用されている．

(吉野邦彦)

**りゅういきかんり　流域管理**（watershed management, river basin management）

流域管理とは，流域内の環境，生態系を保護し，自然資源を荒廃させないで，持続可能な水・土地利用を行うことを目的とする地域管理のことである．流域管理は，単に流域の自然環境を劣化から防止し，保全するだけでなく，その地域の人間の生活・生産環境，社会・経済活動の最適化を指向する総合的地域管理である．したがって，流域管理は，流域内における生態系の保全，水循環・物質循環の平衡に十分配慮した上で，資源，環境，防災，衛生，産業，経済，社会，政治などの諸要素を総合的に考慮して，地域の理想的な将来目標を達成するための行動方針を形成し，実施・評価・管理するプロセスのことである．

なお，流域とは，河川，湖沼などが，降水によって生じる地表流出を集水する地域のことであり，集水域とも呼ばれる．流域は何層もの階層構造を形成しており，本流の大流域から支流の中流域，さらにその支流の小流域など，その面積規模に大きな差がある．このため，米国地質調査所では，その相対的な面積規模に応じて，river basin, subbasin, watershed, subwatershed のように使い分けることを提案している．この場合，本流の流域が river basin, 支流の流域が subbasin, その下位の支流の流域が watershed, さらにその下位の流域が subwatershed として区別される．したがって，各階層の流域において理想的な目標を設定し，それをもとに上位階層の最適化を図ることが望ましい．

流域の荒廃は，近年，世界各地でみられ，農林業に多大の影響を及ぼしている．特に，途上国においては食料生産の低迷，食料事情の悪化に結びついており，問題はより深刻である．その原因は，流域の概念を無視し，保全対策を怠り，不適切な自然資源の開発と利用を行ってきたことにある．流域は，水循環，物質循環，生態系の基礎的影響領域であり，それを無視した自然の改変行為は，それらの循環系の量的，質的，時間的，空間的な不均衡を引き起こす．その結果，土壌侵食，土砂流出・堆積，洪水，水質汚染，富栄養化，ウォーターロッギング，塩類集積などの災害，水環境悪化，土地劣化はもとより，水資源の利用をめぐる上下流住民間の対立や，漁業など他産業への影響など，社会的問題も誘発される．すなわち，流域は，水・物質循環，生態系だけでなく，人間活動，地域社会においても単位となる地域であり，持続可能な土地利用，資源利用を計画する上で基準となる．したがって，土地利用，灌漑や生活用水のための水資源開発，地域の生活基盤整備においては，流域を基準に計画し，管理する必要がある．

流域管理に当たっては，自然資源の系統的評価が不可欠である．土地利用計画を立てる場合，土地資源の詳細な情報（土壌，水文，植生，気候など）とその評価が前提条件となる．例えば，土壌については，養分量，有効根群深，圃場容水量，土壌構造，物理特性を地点ごとに整理しておけば，最適栽培法，土地保全対策，作物収量，農家収入などの評価，予測に有効である．これらの情報を時間的，空間的に評価しながら，流域を管理していくためには，少なくとも1万分の1（あるいは5万分の1）程度の地図情報として整理しておく必要がある．流域の環境，防災，衛生問題などに対しては，リアルタイムの評価，管理が必要であり，可能な限りリモートセンシングと地理情報システム（GIS：Geological Information System）を活用した体制を整備していくことが望ましい．　　(北村義信)

**りゅういきへんこう　流域変更**（water transfer）**・広域導水**（inter-basin water conveyance）

ある流域から別の流域へ流域を越えて河川水を導水すること．　　　　(田中丸治哉)

**りゅうかい　瘤塊**（nodule）→ノジュール

**リュウガン**　→亜熱帯果樹，付表1，22（熱帯・亜熱帯果樹）

**りゅうきさんごしょう　隆起珊瑚礁**（raised coral reef, elevated coral reef）

地盤の隆起によって現在の海水準上に位置することになった過去のサンゴ礁をいう．離水サンゴ礁ということもある．隆起の激しい地域では何段もの隆起サンゴ礁が階段状に発達し，サンゴ礁段丘群を形成する．サンゴ礁は過去の海水準を示すよい指標であり，また，サンゴは $^{14}C$ 法やウラン系列法によって年代を知ることができるため，隆起サンゴ礁は海水準変動と地殻変動の解明にとって重要な研究対象である．パプアニューギニアのヒュオン半島では高度1,000 mに達するサンゴ礁段丘群が知られており，第四紀の海水準変化と地殻変動との関連を解明するための研究地域として有名である．　　　　　（吉木岳哉）

**りゅうこうびょう　流行病**（epidemic disease）

時を限り，広域に大発生（epidemic, epiphytotic）する病害を指す．病原体・宿主・環境要因の三者が発生に好適な時，流行が起こる．すなわち，病原体が対象宿主を侵害する能力（virulence）をもつこと，宿主が対象病原体に感受性（susceptible）であること，環境要因が感染・伝播に好適であり，その条件が持続することによる．環境要因とは気象・土質・施肥，虫媒伝染性病害にあっては，媒介虫の分布・密度・伝播などである．例えば，①感受性単一品種の栽培による流行例は多くあるが，バナナ品種 Gros Michel に *Fusarium oxysporum* f. sp. *cubense* が中米で流行（1910年），②隣接した野生の宿主から病原体が栽培作物に移った例，スリナムでカカオに *Crinipellis perniciosa* が流行（1895年），同じくスリナムでゴムに *Mycrocyclus ulei* が発生（1911年），③既存の病原体が新導入植物に流行を起こした例，ガーナにおける cacao swollen shoot virus の流行（1936年），④病原体と作物が同時に移入され，後にそれが判明した例，カンキツに citrus tristeza virus の流行（アルゼンチン・ブラジル，1937年；アメリカのカリフォルニア，1939年），⑤既存の病原体に新品種を侵す菌系が出現した場合，など色々の原因が関わった例があり，新規作物・品種の導入には，既存の情報と現場を十分検討する必要がある．　　　　　（加藤　肇）

**りゅうしゅつかいせき　流出解析**（runoff analysis）

流域における降雨時系列と河川流量時系列との関係を数量的に解析することを流出解析という．これは，流域の降雨に対する応答特性を一連の数式によって表現することであり，流域で生起する降雨流出過程を数式群によってモデル化することでもある．このモデルを流出モデル，または流域モデルと呼ぶ．

治水計画や水資源計画においては，長期間にわたる流量データが必要となるが，そうした流量記録が存在しない場合が多い．一般に，雨量データは長期にわたって観測されている場合が多いので，流出モデルによって，雨量記録から流量データを再現することが可能となる．

流出モデルには，合理式，単位図法，タンクモデル，雨水流法，SHEモデルなど，簡易なものから複雑で汎用的なタイプまで，種々のモデルが存在する．解析の目的と使用可能なデータの存在に応じて，適切なモデルを選定し，適用することが重要である．

　　　　　（後藤　章）

**りゅうしゅつとくせい　流出特性**（runoff properties）

ある流域における河川流出の特徴を規定する第一の要因は降雨である．その流域の降雨特性を含んだ流出流量そのものの変動特性，頻度特性などを「広義の流出特性」という．それに対して，同じ降雨が与えられたとしても，流域によって異なる流出パターンが得られる点に着目した，流域の降雨に対する応答特性を「狭義の流出特性」という．

狭義の流出特性とは，端的にいって，雨水を流域内に短期的あるいは長期的に貯え，流出を調整する，すなわち流域保水特性のことである．これを規定する要因は，地形，地質・土壌，土地利用などであり，これらによって，降雨の直接流出率，出水の速度，地下水の涵養流出などが説明される．

森林伐採や都市開発などの土地利用変化は，洪水流出の増大や地下水の枯渇などをもたらすことが多い．開発行為に際しては，それが流出特性に与える影響を事前に予測評価することが必要である．(→河川流出)

(後藤　章)

**りゅうりょうちょうせつ　流量調節**（discharge control）

用水を各灌漑地区に正確に配分・分水するため，ゲートやバルブによって流量を制御する．

(畑　武志)

**りょうすいしせつ　量水施設**（flow measurement facilities）

水路を流下する用水などの流量を計測するための施設．管水路の流量に関しては，電磁流量計，超音波流速計などの電気式流量計，ベンチュリーメータなどの水理学的原理を用いた装置などがある．熱帯地域を含め，灌漑に広く用いられている開水路では，水理学的原理に基づくパーシャルフリューム，量水堰（三角堰，全幅堰など）がある．その他，堰上げゲートの上下流水位とゲート開度から流量が計測できるほか，水位と流量が1対1になるような場所では，両者の関係（Q-Hカーブ）をあらかじめ求めておき，あとは水位の計測によって流量を推定する方法が広く用いられる（河川の流量計測ではこの方法が一般的）．開水路における水理学的流量観測法では，水頭（エネルギ）を消費することになるので，低平地域における量水にとって制約条件になる．

(佐藤政良)

**りょうてきけいしつ　量的形質**（quantitative trait, quantitative character）

数，色，形など数や区分で不連続的に分類される質的形質に対して，長さ，重さ，時間などの連続量で計測される形質をいう．農業上重要な収量や成分含有量などは量的形質である．ヒトの身長や体重，イネの草丈，果実の目方など長さや重さなどの連続量で表させる形質も，また穂や果実の数などの不連続数で表わされる形質も量的形質である．

Mendel が遺伝の法則の発見に使ったエンドウマメの種子の形や子葉の色は，質的形質の代表例である．Mendel 以前の研究者は，ヒトの身長や体重などの量的形質の遺伝分析をおこなったために，明確な遺伝の法則を発見できなかったともいわれている．今世紀に入り Mendel の法則の再発見により質的形質の遺伝が確認され，その細胞遺伝学的な基礎が明らかにされた．

その一方で，イギリスの統計遺伝学派は，ヒトの身長や体重，作物の草丈や収量などの量的形質の遺伝分析を統計遺伝学的方法で進めた．また，W. L. Johannsen は，インゲンマメの豆の重さの選抜実験を行い，豆の重さの変異が遺伝要因と環境要因とで決まり，自家受粉により重さの異なる豆をもつ純系（遺伝的に純粋な系統，pure line）を作ることに成功した．量的形質は，ポリジーン（polygene）と呼ばれる多数の遺伝子に支配されている．個々のポリジーンは作用が微少で，同じ方向に働く同義遺伝子で，それらの量的形質遺伝子座（QTL, quantitative trait locus）は，異なる染色体上に分散している．

量的形質の変異は，遺伝子型効果と環境効果，それに両者の相互作用の結果として現れる．このため，個々のポリジーンの効果を正確に評価することは困難である．そこで，改良の対象とする形質に関し，異なる種類の雑種集団の変異を統計遺伝学的方法で解析する．例えば，自殖第2世代（$F_2$）集団や戻し交雑世代（$B_1F_1$）集団などの雑種集団の形質の分散を分析し，遺伝要因による分散（遺伝分散），環境要因による分散（環境分散），両者の相互作用とに分割する．このような分散分

析の結果から，全分散に対する遺伝分散の割合（遺伝率または遺伝力，heritability）を推定することができる．遺伝率の高い形質ほど，人為選抜の効果があがる．実際の育種では，量的形質の改良を理論的に進めることは難しく，多くの農業形質の改良には，科学的データの蓄積とともに，育種家の長い経験が役立てられているのが現状である．

最近になって，アラビドプシスやイネなどの植物ゲノムの解析研究の結果，きわめて多数の分子マーカーをマップした精緻な連鎖地図（linkage map）がつくられた．その結果，量的形質を支配するポリジーンの遺伝子座を染色体上に位置づける QTL 解析が急速に進展している． （藤巻 宏）

**りょっかこうほう　緑化工法**（revegetation technology）

緑化工法は，① 人為あるいは自然に失われた緑地を再生する工法，および ② 環境条件を改善して新たな緑地を創造する工法である．前者では，土木工事に伴う法面（法面緑化），過放牧などにより砂漠化した土地（熱帯雨林地帯緑化），自然発生した崩壊跡地（治山砂防緑化）などを対象とし，後者では都市の人工地盤や壁面（都市緑化），海岸砂丘（海岸砂防緑化）や砂漠（砂漠緑化），生態系保全指定地（生態系保全緑化），環境保全人工林（環境林造成）などを対象としている．

緑化工法は，対象とする土地の環境条件を把握し（土壌，微気象，気候，地形，植生など），緑化植物を決め，植物の生育環境を改善し（肥料，マルチ，客土などを用いた緑化施工），緑化植物を植栽し，緑化後の植生を管理する（緑化植物モニタリング，灌漑）技術である．緑化工法は，防災から展開してきた技術であるが，今後は生態学的配慮に基づく環境保全面を十分に考慮していく必要がある．
→土壌侵食　　　　　　　　（大槻恭一）

**リルしんしょく　リル侵食**（rill erosion）

斜面に発生した表流水が次第に集まって表土を流し明瞭な流路痕（小溝）を形成する土壌侵食の形態．細流侵食，雨裂侵食ともいう．
→土壌侵食　　　　　　　　（松本康夫）

**リレーさく　リレー作**（relay cropping）

前作物の収穫前の立毛中に後作物を播種または植付ける作付け方法で「つなぎ作」（前田）ともよばれている．前作物と後作物とが一時的に同時に栽培され，いわゆる混作（inter-cropping）であるがこの期間は通常短い．前作と次の作付けとの時間的ずれを「間」としてさすことで，「間作」といわれたこともある（渡部）が，むしろ英語からくる作付けの継続性を意味し「間作」より狭義につかわれる．熱帯でみられるこの形態は乾季の土壌水分不足を考慮して，雨季作栽培から乾季作栽培に移る際に多く実施されている．インドではトウモロコシとヒヨコマメなどのマメ類の組み合わせ，水稲とヒヨコマメ，レンズマメの組み合わせの形態がみられる．また，インドネシアでは水稲とリレーされるダイズの不耕起栽培との組み合わせがみられる．さらに前作物による被陰効果を利用した作付けとしても用いられている．トウモロコシの生長期にカンショまたは野菜を植える組み合わせなどがこの例に当たる．→作付体系　（西村美彦）

**リン**（phosphorus）

原子量 30.97 の窒素族元素で，P と略記される．動植物にとって必須多量元素である．リンはリン酸の形で生物体内に存在している．リン酸有機化合物としては核酸，リン脂質，リンタンパク質，ATP などがある．また，動物ではカルシウムとともに骨や歯の無機構成成分として重要であり，リン酸イオンとして体液の pH や浸透圧調節にも関与している．植物の種実中でリンはフィチン態リンとして蓄積されているが，単胃動物におけるフィチン態リンの利用性は低い．植物においてリンが欠乏すると，成長点付近の細胞分裂が低下し，草丈，分げつが低下し，子実形成も抑制される．また，葉色は暗緑色となる．放牧中の動物，特に反芻動物では最も欠乏しやすい元素である．リンが欠乏すると，骨の脆弱化，

体重増加抑制，泌乳量低下，強直，食欲低下などが生じる．また，ウシでは異食症を呈する．カルシウムとリン代謝は密接な関連があり，産卵鶏を除いて飼料中のカルシウム：リンは2：1〜1.5：1が望ましい．　（松井　徹）

**りんかいおんど　臨界温度**（critical temperature）

気温が低下していく，または上昇していくと体の中での産熱量が増加しだすが，その増加開始時の気温を臨界温度という．上部（upper）と下部（lower）の臨界温度がある．

気温が低下していくと，熱放散量が増加してくるので家畜にとってある温度条件で最少の産熱量で体温を保てる範囲を超え，化学的調節によって熱放散量に見合った産熱量に増加させようとする．この温度が下部臨界温度である．下部臨界温度は幼獣の方が成獣より高く，また，小型の家畜の方が大型の家畜より高い．一方気温が上昇していくと，熱性多呼吸により体熱放散量を多くしようとするが，熱性多呼吸の回数が多くなることは呼吸運動に伴う産熱量も増加させることになり，産熱量が増加してしまう．この点が上部臨界温度である．臨界温度は気動，気湿，敷料や床面の濡れ具合，採食量などによっても影響される．　（鎌田寿彦）

**りんかん　林冠**（canopy）

植物群落の最上層を形成する葉層のことをキャノピーと呼び，森林の場合には林冠と訳されている．植物群落の一次生産のほとんどは，強光にさらされているこの階層で行われ，森林に生育する植物のほとんどは，林冠で花を咲かせ種子を生産している．このため，花粉を運ぶ昆虫や，種子を捕食する鳥の多くもまた，林冠を主要な生活場所としている．樹木は地上数十mに位置する林冠での活動を維持するために，地中から水や栄養分を移動させなければならず，通導組織・支持組織としての幹や枝を発達させている．

現在，飛行船やクレーン，あるいはタワーと吊り橋を併用した施設などが実用化されて，林冠のさまざまな生物についての研究が行われている．このような研究分野を，林冠生物学（canopy biology）と呼んでいる．
　　　　　　　　　　　　　（神崎　護）

**りんさく　輪作**（crop rotation）

種々の異なった性質をもつ作物種を組み合わせ，一定の順序で栽培する．すなわち，同一耕地あるいは複数に分割された耕地において，複数の選択された作物を一定の順序に従って作付けし，数年後にはもとに戻る方式である．輪作期間内に牧草や休閑を採用する場合もある．輪作作物としてマメ科の作物や牧草を栽培したり，休閑期間を置くことにより地力の回復が経済的に可能である．また，連作障害を回避したり，特定の病害虫に感受性をもつ作物と交替して異種の作物や抵抗性をもつ作物を導入することにより病害虫防除も可能となる．輪作される作物の組み合わせによっては，農作業に要する労働力配分を節約できる．→作付体系　　　　　（林　幸博）

**リンさんきゅうしゅうけいすう　リン酸吸収係数**（phosphate absorption coefficient）
→リン酸固定

**リンさんこてい　リン酸固定**（phosphate fixation）

酸性から中性を示す土壌に添加されたリン酸は，活性アルミニウムや鉄などと反応して強い結合状態（特異吸着，specific adsorption）となり，容易に溶出しなくなる．これをリン酸固定という．厳密にはリン酸収着（phosphate sorption）とよばれる．鉄やアルミニウムに富む火山灰土壌や熱帯の強風化土壌では，施肥したリン酸が植物に利用できない形態として固定されるため，肥培管理上の大きな問題となる．わが国ではpH 7の2.5％リン酸アンモニウム液を用いて測定するリン酸吸収係数をリン酸固定の指標値として用いている．アメリカのSoil Taxonomyでは，酢酸-酢酸ナトリウムでpH 4.6としたリン酸カリウム溶液（1 mgP/ml）を用いる方法でリン酸収着量を測定する．熱帯強風化土壌のリン酸

吸収係数は 100～800 程度, 火山灰土壌では 1,500 以上である. 一方, リン酸収着率はそれぞれ 40 % 程度, 85 % 以上である.

(櫻井克年)

リンバ (limba) →付表 13（アフリカ材）

**りんばんかんがい　輪番灌漑** (roatational irrigation)

灌漑受益地を, 水路単位や上流側と下流側などの用水路系の空間配置に基づいていくつかの区域に分けて, 各区域に順次, 用水を供給する灌漑方法. 時間や日単位で計画的に給水地区をかえなければならないので, 強力な統制力をもった水利組織が必要である. 連続灌漑と比較して, 多くの水管理労力を必要とするが, 配水ロスを小さくすることができるので, 水源水量に余裕がない場合に実施される. したがって, 平常時には全受益地が連続灌漑されていても, 渇水時には輪番灌漑が緊急措置として導入されることがある. より水源水量が厳しいシステムでは, 平常時においても, 輪番灌漑を実施している. また, 一つのシステム内の幹支線水路レベルで輪番灌漑する場合と, 各幹支線水路には常時給水されるがその内部で輪番灌漑を行う場合がある. このような輪番灌漑の方法の違いは, 水源水量の厳しさや受益地の地形などの自然条件に加えて, 水利組織の形態やその歴史的変遷に起因する.

(河野泰之)

**りんぶんかいりょう　林分改良** (timber stand improvement)

フィリピンで, 択伐作業法や母樹法などによって更新された林分に対して行う保育方法のことで, 枝打ちや除間伐を含めている. 具体的には, 樹冠・幹形が優れ, 生長も優れている, 胸高直径が 5～20 cm の個体を収穫予定木 (potential crop tree) として選び, 本数の調節も含めてそれらの育成をはかる. 現在では, 普通の人工造林地の保育一般にも使われているようである.

(浅川澄彦)

**りんぼくふくごうのうぎょう　林牧複合農業** (silvopastoral systems)

樹木生産と林内家畜放牧による営農. 森林の中に各種家畜を放牧することは, 古くから東南アジアのモンスーン域で行われてきた. わが国では中部・東北地方などのカラマツ, スギ林内でのウシ, ウマの放牧の事例があるが, 家畜の行動による林木幹の傷害問題も生じた. 林内放牧あるいは混牧林とよばれるこのシステムは, タイ, インドネシアではユーカリやチーク林のなかにウシ, スイギュウはじめ小家畜なども放牧して飼養する. 飼葉収集, 給餌の省力ができるうえ, 低木, 林床の雑草を食べることによって, 林木管理のための下刈りや除草が代行され, そのうえ家畜の排泄物による林木への施肥効果も期待できる. ただし草種によってはチガヤ (*Imperata cylindrica*) のように若芽時代以後は家畜の嗜好性にあわず, 除草効果がない場合があり, 林床の植生管理には配慮が必要である. なお飼料用樹木をまとめて栽植して, その枝葉を刈り込んで飼料とする場合もある.

(高村奉樹)

## る

**るいしんこうはい　累進交配** (upgrading)

この交配は, 現在飼っている品種よりも他の品種の方が望ましくても経済的理由などで一挙に取り換えられない場合, また現在飼っている品種に他の品種が持っている能力を付与したい場合などに, 望ましい品種を数代かさねて交配し, その品種に近づけたり, また両品種の好ましい能力を最大限に発揮させようとする方法である. このほか, 同一品種内で改良を進めるために, 特定の雄やその系統を何代にもわたって交配する場合にも累進交配ということがある. 熱帯アジアの途上国などで, 耐暑性などの環境適応性の優れたゼブー牛の泌乳能力を改良するために, ホルスタインやジャージー品種が累進交配される試みが数 10 年にわたって実施されている.

(建部 晃)

**るいせきさいむ　累積債務**（accumulated debt）

途上国が，外資導入による経済開発を目的として，先進国から借りいれた債務が蓄積して膨大な額に達することをいう．特に深刻であったのは，1980年代にラテンアメリカでおきた累積債務危機であった．多くの国は，民間商業銀行から変動利子率で借款を行っていたが，その利子率の基準となるユーロ市場ロンドン銀行貸し出し金利は，アメリカの高金利政策に伴い，77年の6％から81年の16％にも上昇し，84年まで10％を上回った．また高金利政策は世界的不況と一次産品の市況悪化をもたらし，債務国のデット・サービス・レシオ（債務元利支払額の財・サービス輸出額に対する比率）が急上昇した．82年にメキシコが債務不履行に陥り，国際金融危機が発生した．IMF（国際通貨基金）や世界銀行などの国際機関は危機克服のためにさまざまな努力を行い，ベーカー提案，ブレディ提案などにより，ラテンアメリカの累積債務問題は一段落したとされる．しかし，サブサハラアフリカに多い重債務貧困国家（HIPC）に対する債務救済問題は依然深刻化している．

（明石光一郎）

**ルヴィソル**（Luvisols）→ FAO‒Unesco 世界土壌図凡例

**ルージーグラス**（ruzi grass）

学名：*Brachiaria ruziziensis* Germain and Everard，一般名：Kennedy ruzi grass（オーストラリア），Congo signal grass（アフリカ），prostrate signal grass（ケニア）．雨季の初期生育に優れ，数種のマメ科牧草との混播の相性がよい．種子生産量は多く，定着も容易な永年生暖地型イネ科牧草である．タイでは種子生産が出来るという理由から，国の奨励草種で作付面積も広い．

（川本康博）

**ルートトレーナー**（root trainer）

苗木の根系をうまく育てるために使われる育苗用ケースの総称．発泡スチロール製のブロックにキャビティ（cavity）が抜かれているタイプ，筒型のキャビティを繋ぎ合わせたタイプ，穴のあいたトレーに筒型のキャビティを挿入するタイプなどがある．個々のキャビティは下方がやや細く，下端は開いている．内壁には普通，90°の間隔で縦に4本の突起がある．キャビティには各種のサイズがあり，樹種により，育成する苗木の大きさによって選択できるものもある．キャビティには普通，人工培地を詰め，直接種子を播きつけるか，育苗箱で発芽させた芽生えを移植する．育苗には，ケース（またはブロック）を網を張った架台に載せ，下方の開口部の下を開けておく．これにより，下方開口部から突き出た根端は萎縮，枯死して自然根切り（air‒pruning）の状態となる．ポリエチレンや塩化ビニールのバッグやチューブで苗木を育てると，育苗期間が長くなるにつれて，下部の根がポットの内壁に沿って巻く．このような根系の形は植栽後まで残り，後年主根を変形させ，折損などの原因になることもある．このような巻き根の形成を避け，叉状分岐を促し，根系が適正に発達するような各種の育苗ケースが開発されている．この種のケースで育てた苗木は，根系がしっかり培土を保持しており，ケースから外しても簡単に地下部が崩れない．このような苗木はプラグ苗（plug seedling）と呼ばれ，山出しの際に扱いやすい．従来のバッグやチューブに比べて初めにかかる経費は高いが，気を付ければ数回は使えるので，結局はずっと安くつく（約1/6）とされている（Josiah & Jones, 1992）．　（浅川澄彦）

**ルビスコ**（rubisco）

リブロースビスリン酸カルボキシラーゼ/オキシゲナーゼ［ribulose‒1, 5‒bis‒phosphate（RuBP）carboxylase/oxygenase］の略称で，光合成の $CO_2$ 受容体である RuBP を基質に $CO_2$ 固定を行い PGA を生産する反応を触媒する（RuBP カルボキシラーゼ活性）酵素である（EC 4.1.1.39）．同時にこの酵素は同じ RuBP を基質に $O_2$ を取りこみ PGA とグリコール2‒リン酸を生成する光呼吸の初発反

応も担っている（RuBPオキシゲナーゼ活性）．ルビスコは葉緑体のストロマに局在する．高等植物の場合，52 kDaの分子量を持つ大サブユニット8個と14〜18 kDaの分子量を持つ小サブユニット8個からなる巨大タンパク質で，大サブユニットは葉緑体DNAにコードされ，小サブユニットは核DNAにコードされている．植物界のみならず地球上で最も多量に存在するタンパク質でもある．$C_3$植物の場合，単一タンパク質としてルビスコだけで緑葉全タンパク質の25％から35％にも相当する（$C_4$植物の場合は5〜8％）．ルビスコの基質は，$HCO_3^-$ ではなく溶存$CO_2$である．ルビスコの生体内での活性発現は，葉に照射される光強度に強く依存しており，この活性制御には，酵素rubisco activaseが関与している．一方，ダイズ，イネ，タバコなどのいくつかの植物では，ルビスコの活性を著しく抑える阻害物質カルボキシアラビニトール1-リン酸（carboxyarabinitol-1-phosphate, CA 1 P）が暗所で高濃度に生産されていることが知られている．　　　（牧野　周）

## れ

**レイシ** →亜熱帯果樹，付表（熱帯・亜熱帯果樹）

**れいとうすりみ　冷凍すり身**（frozen surimi）→すり身

**レグ/セリール（礫砂漠）**（reg/Serir）→乾燥地形

**レグール**（regur）→熱帯土壌

**レゴソル（Regosols）** → FAO-Unesco世界土壌図凡例

**レシバージュ**（lessivage）
レシベ化ともいう．土壌断面内における粘土の機械的移動・集積作用を包括する概念で，主としてargillic層，natric層，kandic層（Bt層）を持つAlfisol, Ultisolの生成を説明する．レシバージュの起こる主要な土壌環境として以下の四つが挙げられる．① 比較的寒冷な大陸中緯度ステップ（Mollisol）からより湿潤な森林帯（典型的にはSpodosol）への移行地帯においては，表層土壌のCa源枯渇に伴い粘土の分散・移動が起こる（Alfisol）．② 半乾燥・乾燥地帯でNaに富む表層土壌が洗脱条件下におかれた場合，土壌溶液のイオン強度の低下に伴ってNa飽和度の高い粘土の分散・移動が起こる（Solonetz型土壌, Alfisol）．③ 比較的温暖で風化の進む地域では，乾燥気候下のAridisolと湿潤気候下のUltisolやOxisolの間でAlfisolが，また④ より湿潤な条件下で塩基飽和度の低いUltisolが生成する．これらのうち，土壌粒子の分散を抑止するAlイオンに富んだ④のUltisolにおいて，常に粘土の機械的移動が起こっているかについては，疑問が残されている．　　（舟川晋也）

**レシベか　レシベ化** →レシバージュ

**レス（こうど，こうしゃ）　レス（黄土，黄砂）**（loess）
砕屑物質を起源とする非固結で無層理の風成細粒堆積物をいう．均質で主にシルトからなり，多孔質である．一般に炭酸塩に富み，黄土人形とよばれる炭酸カルシウムの結核がしばしばみられる．中国北部，ヨーロッパ，アフリカのサハラ以北，北米，南米南部，ニュージーランドなどでレスの分布が知られる．中国黄土高原のレスは最大層厚が200 m以上あり，堆積開始は約240万年前にさかのぼる．レスの供給地は細粒物質のある乾燥した裸地が広がる風の強い地域であり，氷河から流れ出す河川の堆積域（アウトウォッシュプレーン），氷期に干上がった海底，砂漠地域などである．一方，レスの堆積地は供給地の風下側に位置する植生のある地域である．レス中には堆積の中断期に形成された土壌がしばしば埋没し，その時期は一般に気候の温暖期に対応する．日本でローム層とよばれる（黄）褐色・無層理の細粒堆積物もレスと同様の成因をもつと考えられている．
　　　　　　　　　　　　　　（吉木岳哉）

レース（race, pathogenic race）
　植物病原菌で形態的に差のない同一種に属しながら、生理的性質の異なる個体群が存在する．この現象を生理的分化（physiological specialization）という．その中で宿主の種に対する病原性が異なる個体群を分化型（→分化型）として分けるが、その下位にあたる宿主の品種、系統に対する病原性を異にする個体群をレースと呼び区別している．イネいもち病、ムギ類赤さび病、黒さび病、黄さび病、ジャガイモ疫病などでその存在がよく知られている．レースの存在は病害に対する抵抗性品種の育成にとって重要である．抵抗性品種の育成に際しては、常に病原性の異なるレースが存在することを念頭におき、抵抗性を検定しなければならない．また、仮に抵抗性品種が育成されても、新しいレースの出現によって抵抗性品種の罹病化が起こる．
（梶原敏宏）

れっせい　劣性（recessive）→メンデルの法則

レプトスピラしょう　レプトスピラ症（Leptospirosis）
　Leptospira interrogans の感染によって起こる人獣共通感染症である．ヒト、ウシ、ウマ、メン羊、ヤギ、ブタ、イヌ、げっ歯類など多くの種類の動物が感染する．ヒトが感染すれば突然の発熱や稽留熱、頭痛、全身衰弱、激しい筋肉痛、結膜の充血、虹彩炎、髄膜炎、無尿などの症状を呈し、重症例では出血や黄疸を伴い、時に死亡する．動物での急性感染初期には元気消失、食欲不振、結膜炎、出血、貧血などがみられ、後期になってウシ、ウマ、メン羊、ヤギ、ブタなどでは流産や死産が観察される．ウシでは乳房炎や無乳症も起こる．慢性感染動物の病変部は腎臓に限局し、臨床症状のないまま排菌する．汚染源は感染動物組織およびそれから排出された汚染尿とそれによって汚染された水、土壌などである．レプトスピラは皮膚や粘膜の傷口から侵入するだけでなく健康な粘膜をも通過し、また汚染飛沫の吸入などによって伝播する．診断は臨床材料からのレプトスピラの分離および血清学的試験（凝集反応、蛍光抗体法、補体結合反応、ELISA など）によって行われる．治療には感受性を示す各種抗生物質が使われる．
（江口正志）

レプトソル（Leptosols）→ FAO‐Unesco 世界土壌図凡例

レメディエーション（remediation）→環境修復

レリックどじょう　レリック土壌（relict soil）→古土壌

レンガス（rengas）→付表18（南洋材（非フタバガキ科））

れんさ　連鎖（linkage）→メンデルの法則

れんさく　連作（continuous cropping）
　一圃場が長年にわたり休閑することなく単作作物が連続して栽培される場合をいう．広義には異なる種類の作物も含まれるが、同一種が連続栽培される場合を指すことが多い．畑作物栽培では障害を生じさせるので避ける傾向にある．
（西村美彦）

れんさくしょうがい　連作障害（injury by continuous cropping）→病気（作物の）の種類と病原

れんじくぶんし　連軸分枝（sympodial branching）→単軸分枝

レント・シーキング（rent‐seeking）
　政府によって設定された制度や各種優遇措置から生じる便益を求めて行われる活動．
（北原和久）

## ろ

ろうすいでん　漏水田（leaking paddy field）
　一般に、土壌の透水係数が高く、地下水位が低いため、適正減水深以上の減水深が生じる水田．漏水抑制対策としては、客土や床締めなどがある．
（八島茂夫）

ろうどうをたいかとするしょくりょう　労

働を対価とする食料（food for work）

援助食料を現物賃金として支払い，食料の配給と基盤整備との一石二鳥を狙う公共事業． （水野正己）

ろか　ろ過（filtration）

固体微粒子が懸濁ないし分散している液体に対して，液体のみを通過させるろ材に通すことによって液体と微粒子を分離する単位操作をろ過という．懸濁液体から清澄液を得ることを目的とする場合と，固体（ろ滓とよばれる）を得ることを目的とする場合がある．ろ材としては，ろ紙，各種繊維の織布および不織布，砂れき，粘土，ケイ藻土などが用いられる．ろ材中を液体を通過させる推進力としては，重力，遠心力，圧力（スラリーに対する加圧または減圧，ケーク層への直接的な機械的圧力）が用いられ，それぞれ重力ろ過，遠心ろ過，加圧ろ過，真空ろ過，圧搾ろ過に分類される．ろ過では必ずその後にろ滓の分離・回収というプロセスが必要である．ろ滓を製品とする場合やろ液の収率を上げるためにはろ過ケークの洗浄が必要である．またコロイド状物質を含むような難ろ過性物質に対しては，ケイ藻土，セルロース，酸性白土などのろ過助剤が用いられる．通常のろ過でも，目の細かいろ紙を用いるとろ過速度が著しく遅くなるため，吸引ろ過あるいは加圧ろ過などが行われる．

ろ過機に供給される原液の固体濃度は数 ppm から数 10％ と広範囲に及ぶ．濃度が高い場合はケークろ過とよび，ろ材表面に堆積したろ滓によってさらにろ過を推進することになる．濃度が低いときにはろ材内でのろ過を含む清澄ろ過という．前者は主にろ材またはケーク表面で粒子が孔をふさぐような架橋現象を起こし，そこに粒子が捕集される表面ろ過であり，後者はろ材層内部で粒子を捕集する閉塞（へいそく）ろ過である．

同様の方法で気体中の浮遊固体または液体微粒子を分離することができるが，この場合はろ過とよばず，ろ過集塵という．

ろ過機はフィルターともよばれ，大きく分けてケークろ過機，清澄ろ過機に分類される．ケークろ過機は，重力を利用した重力ろ過機，フィルタープレスを代表とする加圧ろ過機がある．真空ろ過機は，ろ材の排出側を減圧して上流側からの大気圧で加圧ろ過を行う方法であり，連続操作を行いやすく，連続ろ過機として用いられている．典型的な真空ろ過機はオリバーフィルターとよばれる連続回転円筒型真空ろ過機で，スラリー中に円筒ろ過機の下部を浸漬させ，内側を負圧にしてろ過を行い，ろ布上のケークは機械的にかき取り回収する．遠心ろ過機は遠心機の円筒壁にろ材を張り，遠心分離と同時にろ過を行う．

清澄ろ過としては，ろ材ろ過機や助剤層ろ過機が用いられる．飲料水や工業廃液のろ過などきわめて固体濃度の薄い液体を対象とするので，圧力も低い場合が多く，ろ材も砂層，繊維充てん層から多孔質の磁器や金属焼結体を用い，ケークを形成せずろ材内で粒子を捕集する．助剤層ろ過機は，助剤でプレコートした層でろ過を行う． （中嶋光敏）

ローズウッド（rosewood）→カラキ

ローズグラス（rhodes grass）

学名：*Chloris gayana* Kunth，ペルーでは pasto Rhodes，和名：オオヒゲシバなどと呼ばれる．熱帯アフリカ原産で合衆国には 1902 年に導入された．熱帯や亜熱帯で広く栽培されている永年生暖地型イネ科牧草である．染色体は $2n = 20$（2倍体），30，40．

茎は細く多葉性で葉の幅約 1 cm，長さ 15～50 cm で草高は 1～1.5 m の多年生のほふく型草種である．花序は円錐花序で約 10 本の枝梗を分岐する多年生，ほふく型の暖地型イネ科牧草である．短日植物である．

生育適温を調べた報告は多いが，30～35 ℃ を生育適温としたものが多い．光合成の適温は 35 ℃ である．品種によっては耐霜性，越冬性を有し氷点下の冬を生き延びることもある．年間降水量 600～750 mm と比較的乾燥した地域でよく生育し，灌漑地でも利用され

る．耐水性はあまり強くない．さまざまなタイプの土壌で生育可能であるが酸性土壌は好まない．耐塩性を有するため，海岸沿いの草地で利用されることが多い．リンとカリウムが適度に存在すると窒素施肥に対して収量およびタンパク質含量は直線的な反応を示す．

年間乾物収量で58 t/ha という報告もある（ジンバブエ）．通常は，適切な施肥と水分条件を維持すれば，15～25 tDM/ha の収量は得られると考えられる．栄養成分として粗タンパク質含量4～13％，粗繊維30～40％で，消化率は40～60％である．粗タンパク質含量は，窒素施肥により敏感に増加する．茎葉を枯死させる *Cochiliobolus* 菌や，穂に侵入する *Fusarium gramineum* 菌などに罹病することがある．シュウ酸などによる毒性の報告はない．

種子は開花の3週間後以降に登熟し，種子量は100～650 kg/ha に達するが，種子の登熟時期は一定でなく長期にわたって連続し，脱粒しやすいので，効果的な採種は困難である．種子数は400万～900万/kg に達する．雨季あるいは雨の前に深さ2 cm 以内に播種し，播種量は1～4 kg/ha とする．種子の発芽は比較的早く，播種後1～7日目である．実生の生育は旺盛であるが被陰されると生育が衰えやすく，最適な生育には約13時間の日長を必要とする．本草種は通常単播で放牧，生草および乾草利用されるが，一部においてはマメ科牧草との混播も行われている．放牧利用する場合には十分に定着させてから放牧利用すること，成熟が進みすぎると栄養価の低下が激しいので比較的若い草地に放牧すること，窒素施肥を行うことなどの注意が必要である．植物体が細いので，乾草調製は比較的容易でありその品質もよい．サイレージの発酵品質は，他の暖地型イネ科牧草と同様にあまりよくない．嗜好性は，若いうちはかなりよい．わが国では西南暖地では一年性としての利用がなされるが，沖縄県では本来の永年生として主に採草地において，青刈り，乾草，ロールベールサイレージなどに利用されている． 　　　　　　　　　　（川本康博）

**ロータリこううんき　ロータリ耕うん機**（rotary tiller）

5～10 kW のエンジン出力をもつ駆動型耕うん機を指し，水田などの耕起と砕土に用いる． 　　　　　　　　　　　　　　　（小池正之）

**ロータリプラウ**（rotary plow）

らせん刃を装着した回転耕うん装置であり，水田や畑作の畝立て耕や土寄せに用いられる． 　　　　　　　　　　　　　　　（小池正之）

**ローティ**（roti）

小麦粉，米粉，ソルガムまたはメイズ粉，ブラックグラム粉を使いチャパティ同様に作る． 　　　　　　　　　　　　　　　（高野博幸）

**ロバ**（ass）

ロバは，ウマより早くエジプトでアフリカノロバから家畜化されたといわれている．現在，地中海沿岸諸国，南西アジア，エチオピア，中南米など世界各地で飼育されている．家畜化に関与したアフリカノロバの他に，アジアノロバとして，キャン（Kiang，別名チベットノロバ）やオナガー（Onager，別名ペルシャノロバ）がよく知られている．ロバは，粗食に耐えて耐暑性にすぐれ強健で耐久力があるので，熱帯や乾燥・山岳地帯で使役家畜として利用されている．ロバとウマの飼育地帯では，雄ロバ（染色体62）と雌馬（染色体64）との一代雑種がラバ（騾馬 mule，染色体63）として作出されとりわけ重宝がられる．体格が馬とロバの中間でロバよりも役畜としての適性が高いからである．エチオピア，スペイン，中東諸国，熱帯アメリカなどで飼育されている．逆交配の雄馬と雌ロバとの一代雑種は，ケッテイ（hinny）と呼ばれるが，ラバよりも小型で役畜として劣るので利用されることはほとんどない．また，ラバもケッテイも雌雄ともに通常繁殖力はない． 　　　（建部　晃）

## わ

**わいかさいばい　わい化栽培**（cultivation using dwarfed fruit tree）

省力化のために樹高を低く保ち，密植により生産力を維持する栽培．わい性台木や遺伝的わい性品種を用いる．　　　（米森敬三）

**わいせいだいぎ　わい性台木**（dwarfing rootstock）→わい化栽培

**ワクチン**（vaccine）

感染症などの感染や伝播を防ぐため，人工的に免疫を生体に付与するための生物学的製剤をいう．一般的には，感染症予防のための接種，予防接種に使われる．病原体を動物や培養細胞で生物学的あるいは色素などで化学的に弱毒化あるいは無毒化した生ワクチン，ホルマリンなど化学的あるいは温度や紫外線など物理学的に活性を失わせた不活化または死菌ワクチン，病原体の遺伝子を一部組み換えた遺伝子組み換えワクチン，病原体の一部を利用したサブユニットワクチン，病原体遺伝子そのものを用いるDNAワクチン，鼻腔，呼吸器，消化管などの粘膜を経路とする粘膜ワクチン，餌や食品に組み込んだ食物ワクチンなど種々のものがある．　　（磯部　尚）

**ワジ・かれだに　ワジ・涸れ谷**（wadi）

砂漠気候下で，降雨のあと一時的に流水を有するが，通常は流水のない河谷のこと．
　　　　　　　　　　　　　　　（後藤　章）

**ワジしゅうすい　ワジ集水**（terraced wadis）

wadiに石積みの小ダムを築き，堆積土砂で形成される上流側テラスにオリーブ，イチジク，ナツメヤシ，穀物などを栽培する技術．チュニジア，中国，メキシコなどでみられる．
　　　　　　　　　　　　　　（北村義信）

**わじゅう　輪中**（polder）

デルタ地帯において，連続堤防によって囲まれた低地を，その形状から輪中という．必然的に，たえず洪水の危険にさらされている地域である．堤防によって河川からの溢水が妨げられたとしても，豪雨時には輪中内部の水の排除が問題として残る．内水の排除には，機械排水が有効であるが，開発途上国ではそのコストがネックとなっている．

メコンデルタの一部では，洪水期の水位上昇が数メートルに及ぶため，これによる氾濫をすべて防止するのは困難である．したがって，洪水盛期には氾濫を許容するかわり，氾濫開始を遅らせ，氾濫期間を縮小するための輪中堤防が設けられている．これによって氾濫前後の作期の拡大，多期作の実現を図っている．　　　　　　　　　　　　（後藤　章）

**ワシントンじょうやく　ワシントン条約**（Convention on International Trade in Endangered Species of Wild Fauna and Flora：CITES）

絶滅のおそれのある野生動植物種の国際取引を規制しその保護を図ることを目的とした国際条約．1972年ワシントンの条約採択会議で採択され1975年から発効した．
　　　　　　　　　　　　　　（熊崎　実）

**わた　棉**（cotton）

アオイ科（Malavaceae）一年生草本〜多年生低・高木のワタ属（*Gossypium*）の総称．多数の種の中で種毛を生ずる種は限られ，栽培種には染色体 $n=13$ 型（旧世界棉）と $n=26$ 型（新世界棉）があり，旧世界棉はアジア棉といい，*G. areboreum* と *G. herbaceum* の2種，新世界棉は *G. hirsutum*（陸地棉），*G. barbadens*（海島棉），両種雑種系のエジプト棉がある．種毛長はアジア棉，陸地棉，海島棉とエジプト棉それぞれ2.3 cm以下，2.5〜3.8 cm，3.0〜6.0 cmで，海島棉系が紡績用に最も優れ，次に陸地棉，短毛のアジア棉と続く．適地は高温で十分な日照，降雨1,000〜1,500 mm/年，栄養生長期に多く，開花期以降少ない所．アジア棉は花が下向き咲きで多雨地域に，海島棉と陸地棉は花が上向き咲きで開花期以降寡雨地域に適す．栽培地は海島棉が西インド諸島，南米，アメリカ合衆国温暖乾燥

地帯で，世界の棉生産の1/3を占め，陸地棉は西アフリカとアメリカ棉作地域の90％を占める． （早道良宏）

### ワラ（イナワラ）(rice straw)

米作地帯では，穀実を収穫した後に残るイナワラ（乾燥）が家畜の飼料として多く用いられている．イナワラの粗タンパク質含量は5％弱で乾燥野草の粗タンパク質含量（5.9～8.5％）より低いが，可溶性無窒素物37.6％，粗繊維28.4％を含んでいるので，エネルギー供給源として有用である．熱帯地方のイネは生長が早いので，イナワラ中の粗灰分，特にケイ素やカリウム含量が高いが，動物に必要なリンやカルシウムはあまり多くない．ウシに対する栄養価は大麦ワラや小麦ワラよりは高いが，単独で給与するのではなく，タンパク質，カルシウム，リン，ビタミンAなどを十分補給する必要がある．嗜好性を増したり栄養価を高めるために，アンモニアなどで処理したり（アンモニア処理ワラ），石灰処理をすることがある．また高水分の材料でサイレージを作る際に，水分調節の目的で混合されることもある． （矢野史子）

### ワラバンディ (Warabandi)

インドからパキスタンにかけての地域で古くから用いられてきた輪番灌漑方式．通常40ha規模からなる末端灌漑水路単位（Chakと呼ばれる基本単位）の農民間で取り交わされる水配分上の約定である．1週間を1サイクルとして，各農家は耕作面積に応じた通水時間の割り当てを受ける．その際，下流農民が被りがちな不利益を考慮して，実灌水時間以外に必要な送水時間（Bharai）の扱いについて，綿密な話し合いが行われる．この制度を実施するために，農民は評議会（Panchayat）を組織し，数名の評議員と世話役（Patwari）を任命する．ワラバンディ制度は，水配分に関しては，個の自由度を規制する集団行動をとるが，配水後の作物選択などは，個別の営農方式をとる点で，湿潤アジアでの稲作水利などとは異なる水利共同体である． （真勢 徹）

### ワルダ（西アフリカ稲開発協会：West Africa Rice Development Association：WARDA）

WARDAは，1969年にリベリアの首都モンロビにおいて開催された「西アフリカにおける米の自給に関する国際会議」において，その設立が決定された．その後，UNDP, FAO, ECA (Economic Commission for Africa)などの支援により，1970年にセネガルにおけるWARDA憲章会議でWARDAが編成され，活動を開始した．当初は，イネの栽培や，病害虫防除などの技術の開発，普及および加盟国間の相互調整組織とした活動を中心としたが，近年の都市化の進行により，西アフリカ地域の伝統的穀物（ソルガム，ミレットなど）やイモ類（キャッサバ，ヤムなど）に代わって，嗜好性があり調理も簡単なコメの消費が顕著な伸びを示しているため，1986年にCGIAR加入を機会に大幅な組織改革を行い，従来の普及・調整的役割から，西アフリカ諸国のコメの自給達成を目指す研究組織へと変革を図った．なお，1988年に本部をリベリアのモンロビからコートジボアールのボアケに移し，セネガルとナイジェリアに地域事務所を置いている． （安延久美）

## ん

### ンゴロ・システム (Ngoro system)

アフリカ，タンザニアの南西部，ムビンガ地区のマテンゴの人々による海抜900m以上，12月～4月の雨季に900～1,200mmの降水量がある丘陵傾斜地に，150年以上にわたって営まれてきた在来農法．従来は短期休閑ののち，再生する小灌木や雑草を刈り，最大傾斜線および等高線に沿って格子状に配列して土で覆い，初年の雨季末近くにインゲンマメを，同年末からの雨季初にはトウモロコシまたはムギを輪作する．この輪作を1～2サイクル行ったのち，雑草，作物残渣を格子中央の穴部に並べて表土で覆い，もとの畝部と

の反転をして，さらに輪作を続ける．名称は作物の生長とともに，畝中央の穴（ンゴロ）が顕著に見える状況に由来する．傾斜地での雨季の過剰水の排除とともに保水性にもすぐれ，有機質の利用によって土壌の肥沃性を保持し，土壌侵食を防ぐ効果もあることから，在来農法の優れた環境利用の一つの例といえる．この農法を開発し伝承してきた人々の名を冠して，マテンゴのピット栽培（Matengo system）ともいう．しかし近年では山腹の各村の戸数，人口増加のため耕地の拡張は進められたが，休閑期間の短縮を余儀なくされ，土壌の肥沃性の低下が危惧されている．またこの地域の村落では約半世紀前からコーヒーの栽培が併せて行われており，最近のブタ，ヤギ，ウシの飼養とともに新たに広義のマテンゴ・システムが模索されている．

（高村奉樹）

# 付　表

1. 亜熱帯果樹 …………………………… 581
2. カミキリ類（longhorn）………………… 582
3. 家畜の種類 …………………………… 586
4. 香辛料 ………………………………… 590
5. 熱帯地域で飼料や土壌保全に利用される
   主要マメ科植物 ……………………… 591
6. 国際農業研究協議グループ国際農業
   研究センター一覧 …………………… 592
7. 熱帯地域の主な一年生の
   食用マメ科作物 ……………………… 594
8. イネ科作物（雑穀類）………………… 596
9. 嗜好料類 ……………………………… 596
10. 樹液類（ゴム・樹液類）……………… 597
11. 需根作物 ……………………………… 598
12. 樹木作物 ……………………………… 600
13. アフリカ材 …………………………… 602
14. 繊維作物 ……………………………… 605
15. Soil Taxonomy - FAO - Unesco
    土壌分類対比表 ……………………… 607
16. 代表的な暖地型イネ科牧草と
    乾季・雨季での生育 ………………… 608
17. 熱帯・亜熱帯地域で実用栽培されている
    主な暖地型マメ科牧草とその農業的適応
    の要約 ………………………………… 609
18. 南洋材（非フタバガキ科）…………… 610
19. 南洋材（フタバガキ科）……………… 615
20. 熱帯地域におけるネズミの
    重要有害種と被害作物 ……………… 617
21. 熱帯アメリカ材 ……………………… 618
22. 熱帯果樹の種類と栽培適地 ………… 620
23. 熱帯産マツ類 ………………………… 621
24. 熱帯で重要な細菌感染症 …………… 622
25. 熱帯で重要なウイルス感染症 ……… 625
26. 熱帯で重要な真菌感染症 …………… 627
27. 熱帯で重要な寄生虫感染症 ………… 629
28. 熱帯における代表的な植栽樹種の
    造林特性 ……………………………… 632
29. 熱帯野菜 ……………………………… 636
30. 牧草 …………………………………… 637
31. 椰子類 ………………………………… 639
32. 油料作物 ……………………………… 640
33. 家畜のウイルス性疾病 ……………… 642

付表1　亜熱帯果樹

| 和名 | 英名 | 学名 |
|---|---|---|
| アボカド | avocado | *Persea americana* |
| オウギヤシ | palmyra | *Borasus flabellifer* |
| カシュー | cashew − nut | *Anacardium occidentale* |
| カニステル | canistel | *Pouteria campechiana* |
| グアバ | guava | *Psidium guajava* |
| ココヤシ | coconut | *Cocos nucifera* |
| ゴレンシ | carambola | *Averrhoa carambola* |
| サポジラ | sapodilla | *Manikara zapota* |
| サラカヤシ | salak | *Salacca edulis* |
| タマリンド | tamarind | *Tamarindus indica* |
| チェリモヤ | cherimoya | *Annona cherimola* |
| テリハバンジロウ | strawberry guava | *Psidium cattleianum* |
| トゲバンレイシ | soursop | *Annona muricata* |
| ドリアン | durian | *Durino zibenthinus* |
| ナツメヤシ | date | *Phoenix dactylifera* |
| パイナップル | pineapple | *Ananas comosus* |
| パッションフルーツ | passion fruit | *Passiflora spp.* |
| バナナ | banana | *Musa spp.* |
| パパイヤ | papaya | *Carica papaya* |
| パラミツ | jackfruit | *Artocarpus heteropllus* |
| パンノキ | bread − fruit tree | *Artocarpus altilis* |
| バンレイシ | sugar apple | *Annona squamosa* |
| ピスタチオ | pistachio | *Pistacia vera* |
| ピタヤ | pitaya | *Hylocereus undatus* |
| フェイジョア | feijoa | *Feijoa sellowiana* |
| フトモモ | rose apple | *Eugenia jambos* |
| マカダミア | macadamia | *Macadamia ternifolia* |
| マンゴ | mango | *Mangifera indica* |
| マンゴスチン | mangosteen | *Garcinia mangostana* |
| ランサー | langsat | *Lansium domesticum* |
| ランブータン | rambutan | *Nephlium lappaceum* |
| リュウガン | longan | *Nephlium longana* |
| レイシ | litchi | *Nephlium litchi* |
| レンブ | wax jambu | *Eugenia javania* |

（縄田栄治）

付表2 カミキリ類 (longhorn)

| 種名 | 食樹 | 分布 | 備考 |
|---|---|---|---|
| Acalolepta cervins (Hope) | Adina, Anogeissus, Anthocephalus, Buddleia, Camellia, Clerodendron, Duabanga, Ficus, Gmelina, Homalium, Oroxylum, Salcocephalus, Sambucus, Tectona, Terminalia | ネパール, インド, ミャンマー, インドシナ, 中国 | 生立木を加害. 特にTectona, Gmelinaの若い造林地では幹にゴールができ, 幹折れ被害を起こす. |
| Alcidion delatum Bates Anthoree leuconotus Pascoe | Solanum melangena Coffea | ギアナ 中央〜東・南アフリカ | エッグプラントの害虫 コーヒー生木の大害虫. |
| Apriona germari (Hope) | Aleurites, Artocarpus, Broussonetia, Cajanus, Celitis, Citrus, Crataegus, Ficus, Morus, Salix | インド, 西パキスタン, ミャンマー, タイ, インドシナ, 中国, 台湾, 半島マレーシア | 生立木を加害. |
| Aristobia approximator Thomson | Annoma, Cassia, Eucalyptus, Lagerstroemia, Peltophorum, Pyrus, | インド, ミャンマー, タイ, インドシナ, マレーシア | 生立木を加害. |
| Batocera rubus (Linnaeus) | Alstinia, Artocarpus, Bischofia, Castilla, Dyera, Erythrina, Ficus, Garuga, Mangifera, Ochroma | インド, ミャンマー, タイ, インドシナ, 中国, 台湾, 韓国, 沖縄 (輸入), マレーシア, インドネシア, フィリピン, パラワン | 数多くの果樹害虫. 果樹を枯死させる場合もある. 沖縄に1980年代に侵入. |
| Batocera rufomaculata DeGeer | Acacia, Albizia, Artocarpus, Barringtonia, Bauhinia, Buchanania, Canarium, Carica, Ceiba, Cocos, Dalbergia, Dyera, Erythrina, Ficus, Garuga, Hevea, Lamnea, Mangifera, Moringa, Morus, Musa, Platanus, Shores, Spondias, Sterculia, etc. | アンダマン, スリランカ, 西パキスタン, インド, ミャンマー, タイ, チベット, イスラエル, 東アフリカ, マダガスカル, モーリシャス, カリブ諸島 | 生立木を加害, 枯死させる場合もある. |
| Batocera wyllei Chevrolat | Aucoumea klaineana, Alstonia congensis | アンゴラ, カメルーン, ゴールドコースト, ナイジェリア, ウガンダなど | 生立木を加害. |

付表2　カミキリ類（longhorn）　続き1

| 種名 | 食樹 | 分布 | 備考 |
|---|---|---|---|
| Bixadus sierricola (white) | Coffea | アンゴラ，コンゴ，カメルーン，ガボン，ガンビア，ナイジェリア，シェラレオネ，ウガンダなど | コーヒー生木の大害虫. |
| Celosterna scabrator (Fabricius) | Acacia, Cassia, Casuarina, Mangifera, Pithecolobium, Prosopis, Pyrus, Shorea, Tectona, zizyphus | スリランカ，西パキスタン，インド，モーリシャス，レユニオン，コンゴ，東アフリカ | 生立木の根部を加害. |
| Chlorophorus annularis (Fabricius) | Bambusa, Dendrocalamus, Slnooalamus, Slnobambusa | 日本，韓国，中国，台湾，東南アジア，PNG，ミクロネシア，ハワイ，オーストラリア（輸入） | 乾燥した竹類の害虫 |
| Cordylomera spinicornis (Fabricius) | Acacia, Baphia, Celtis, Entandrophragma, Funtumia, Khaya, Turraenthus | ガンビア，ゴールドコースト，象牙海岸，モザンビーク，ナイジェリア，ニアッサランド，セネガル，ウガンダ，シェラレオネ，ザンジバルなど | 伐採直後の材を加害. 被害大. |
| Diaxenes dendrobii Gahan | Dendrobium, Thunia | インド，ミャンマー，イギリス（輸入） | 生きたランを加害 |
| Dirphya princeps (Jordan) | Coffea | カメルーン，コンゴ，ガボン，ケニア，タンガニーカ，ウガンダ，象牙海岸など | コーヒーの生枝に穿孔加害 |
| Dorysthenes hugeli Redtenbacher | Cedrus, Dalbergia, Pyrus, Quercus, Rhododendron, Shorea | インド，西パキスタン | 果樹の根を加害 |
| Epepeotes spinosus (Thomson) | Ficus, Albizia, Artocarpus, Mangifera, Morus, Theobroma | マレーシア，シンガポール，インドネシア | 通常，枯木，衰弱木を加害，時に生立木を加害 |
| Euryclelia cardinalis (Thomson) | Eusideroxylon cardinalis | マレーシア半島，ボルネオ，ニュージーランド（輸入） | 輸入材のウリンの辺材部加害 |

付表2 カミキリ類 (longhorn) 続き2

| 種名 | 食樹 | 分布 | 備考 |
| --- | --- | --- | --- |
| Hoplocerambyx spinicornis (Newman) | Dipterocarpaceae | ネパール,インド,東南アジア,PNG,パラオ諸島 | 通常,枯死木加害.大発生時には生立木も加害する. |
| Lagocheirus araneiformis (Linnaeus) | Bqrsera, Ficus, Hura, Saccharum, Sapium, Spondias | メキシコ,中央アメリカ,カリブ諸島,アルゼンチン,ブラジル,ギアナ,コロンビア,エクアドル,ペルー,ベネズエラ,ブラジル,フロリダ,ハワイ,タヒチ | サトウキビの害虫 |
| Lagocheirus undatus undatus (Voet) | Aleurites, Allamanda, Araucaria, Euphorbia, Hibiscus, Manihot, Plumeria, Pseudopanax | メキシコ,中央アメリカ,キューバ,ハワイ | キャッサバの害虫 |
| Monochamus centralis Duvivier | Combretodendron, Maesopsis, Coffea | コンゴ,カメルーン,ゴールドコースト,ナイジェリア,ウガンダなど | 特に湿地林で生立木への加害大 |
| Oemlda gahani (Distant) | Allophylus, Artocarpus, Cupressus, Domheya, Eucalyptus, Fagalopsis, Gymnosporia, Juniperus, Lagunaria, Olea, Pinus, Podocarpus, Polyscias, Pygeum, Rapanea, Tricholadus | ケニア,プレトリア,シェラレオネ,タンガニーカ,ウガンダ | 針葉樹の人工造林木のみならず建築材も加害 |
| Phoracantha semipunctata (Fabricius) | Eucalyptus spp. | PNG,オーストラリア,ニュージーランド,東アフリカ,モーリシャス,エジプト,イスラエル,キプロス,トルコ | 樹齢に関係なく衰弱木や樹皮付き丸太を加害 |
| Phosphoras virescens (Olivier) | Coffea, Cola, Theobroma | カメルーン,ゴールドコースト,ナイジェリア,リベリア,シェラレオネ,タンガニーカ,トーゴなど | 4,5年生の若い木を加害 |

付表2 カミキリ類 (longhorn) 続き3

| 種名 | 食樹 | 分布 | 備考 |
|---|---|---|---|
| Phryneta leprosa (Fabricius) | Antiaris, Bosqueia, Celtis, Chaetacme, Chlorophora, Coffea, Ficus, Holoptelea, Morus | 熱帯アフリカ | 衰弱木を加害．造林地での害虫． |
| Plocaderus obesus Gahan | Buchanania, Butea, Cordia, Eriodendron, Garuga, Gmerina, Salmalia, Mangifera, Sterculia, Shorea, Terminalia, | スリランカ，インド，ミャンマー，タイ，中国，台湾 | 生立木の心材部を加害 |
| Rhytidodera simulans (white) | Canarium, Elaeocarpus, Mangifera | タイ，マレーシア，インドネシア | マンゴの生枝加害 |
| Steirastoma breva (Sulzer) | Bombax, Ceiba, Chorisia, Cocos, Eriodendron, Erythrima, Hibiscus, Malachra, Pachira, Salix, Theobroma | カリブ諸島，アルゼンチン，ブラジル，ボリビア，ペルー，ギアナ，スリナム，ベネズエラ，フロリダ | プランテーション，特にカカオの大害虫 |
| Stenodontes (Mallodon) spinibarbis (Linnaeus) | Alexa, Alnus, Aspidosperma, Catostemma, Citrus, Dalbergia, Eucalyptus, Miconia, Ocotea, Ormosia, Populus, Robinia, Salix | メキシコ，中央アメリカ，ドミニカ，アルゼンチン，ブラジル，ギアナ，ウルグアイ，パラグアイ，ベネズエラ | 大型のカミキリムシであり，木材の辺材，心材をとわず加害するため，被害は大きい． |
| Stromatium barbatum (Fabricius) | 針葉樹～広葉樹まで広範囲な材を使った家具，建築材 | アンダマン諸島，スリランカ，西パキスタン，インド，バングラディッシュ，ミャンマー，タイ，セイシェル諸島，マダガスカル，モーリシャス，レユニオン | 家屋害虫 |
| Stromatium fulvum (Villires) | 主に広葉樹を使った家具，建築材 | キューバ，ブラジル，アルジェリア，モロッコ，チュニジア，エジプト，ペルシャ，トルキスタンスリランカ，インド，東南アジア，中国，台湾，日本（南西諸島），PNG，オーストラリア（輸入） | 家屋害虫 |
| Stromatium longicorne (Newman) | 主に広葉樹を使った家具，建築材 | | 家屋害虫 |

(槇原 寛)

付表3　家畜の種類

| 種名 | | |
|---|---|---|
| 日本語名 | 英名 | 学名 |
| [偶蹄目] | | |
| ウシ | cattle | *Bos taurus* （*B. indicus*） |
| バリウシ | Bali cattle | *Boc javanicus* |
| ガヤール | gayal, mitan | *Bos fromtalis* |
| ヤク | yak | *Bos gruniens* |
| スイギュウ | buffalo | *Bubalus bubalus* |
| ヒツジ | sheep | *Ovis aries* |
| ヤギ | goat | *Capra fircus* |
| ヒトコブラグタ | Arabian camel | *Camelus dromedarius* |
| フタコブラクダ | Bactrian camel | *Camelus bactrianus* |
| ラマ | lama | *Lama glama* |
| アルパカ | alpaca | *Lama pacos* |
| トナカイ | reindeer | *Rangifer tarandus* |
| ブタ | pig | *Sus domesticus* |
| [奇蹄目] | | |
| ウマ | horse | *Equus caballus* |
| ロバ | donkey | *Equus asinus* |
| [長鼻目] | | |
| インドゾウ | Asian elephant | *Elephas maximus* |
| アフリカゾウ | African elephant | *Laxodonta afticana* |
| [食肉目] | | |
| イヌ | dog | *Canis familiaris* |
| キツネ | fox | *Vulpes vulpes* |
| ネコ | cat | *Felis catus* |
| フェレット | ferret | *Mustela furo* |
| ミンク | American mink | *Mustela vison* |
| [兎目] | | |
| ウサギ | rabbit | *Orvctolagus cuniculus* |
| [ゲッシ目] | | |
| ヌートリア | coypu, nutria | *Mycrocastor coypus* |
| モルモット | guinea pig | *Cavia porcellus* |
| ハムスター | Syrian hamster | *Mesorocetus auratus* |
| マウス | mouse | *Mus muculus* |
| ラット | Norway rat | *Rattus norvegicus* |
| [キジ目] | | |
| ニワトリ | domestic fowl | *Gallus domesticus* |
| クジャク | peafowl | *Pavo cristatus* |
| ウズラ | Japanese quail | *Coturnix coturnix japonica* |
| ホロホロチョウ | Guinea fowl | *Numida maleagris* |
| シチメンチョウ | turkey | *Meleagris gallopavo* |

| 原種 | | 用途 | | | |
| --- | --- | --- | --- | --- | --- |
| 英名 | 学名 | 食用 | 被服皮用 | 役愛玩用 | 実験用 |
| aurochs* | Bos primigenius* | ◎ | ◎ | ◎ | |
| banteng | Bos javanicus | ◎ | | ◎ | |
| gaur | Bos gaurus | ◎ | | ◎ | |
| wild yak | Bos mutus | ◎ | ◎ | ◎ | |
| wild buffalo | Bubalus arnee | ◎ | | ◎ | |
| Asiatic mouflon | Ovis orientalis | ◎ | ◎ | | |
| bezoar goat | Capra aegagrus | ◎ | ◎ | | |
| 不明 | | ◎ | ◎ | ◎ | |
| wild bacterian camel | Camelus ferus | ◎ | ◎ | ◎ | |
| guanaco | Lama guanicoe | | | ◎ | |
| 不明 | | | ◎ | | |
| reindeer | Ragifer tarandus | ◎ | ◎ | ◎ | |
| wild boar | Sus scrofa | ◎ | ◎ | ◎ | |
| wild horse (tarpan) * | Equus ferus* | | ◎ | ◎ | |
| wild ass | Equus africanus | | ◎ | ◎ | |
| Asian elephant | Elephas maximus | | | ◎ | |
| African elephant | Laxodonta africana | | | ◎ | |
| wolf | Canis lupus | ◎ | | ◎ | ◎ |
| red fox | Vulpes vulpes | | ◎ | | |
| wild cat | Felis silvetris libyca | | | ◎ | ◎ |
| western polecat | Mustela putorius | | | ◎ | |
| ranch mink | Mustela vison | | ◎ | | |
| rabbit | Oryctolagaus cuniculus | ◎ | ◎ | ◎ | ◎ |
| coypu, untria | Mycocastor copyus | | ◎ | | |
| cavy | Cavia aperea | ※ | | | ◎ |
| Syrian hamster | Mesocrocetus auratus | | | | ◎ |
| mouse | Mus musculus | | | | ◎ |
| Norway rat | Rattus norvegicus | | | | ◎ |
| red jungle fowl | Gallus gallus | ◎ | | ◎ | ◎ |
| peafowl | Pavo cristatus | ◎ | | ◎ | |
| Japanese quail | Coturnix coturnix japonica | ◎ | | | ◎ |
| Guinea fowl | Mumida meleagris | ◎ | | | |
| turkey | Meleagris gallopavo | ◎ | | | |

付表3　家畜の種類

| 種名 | | |
|---|---|---|
| 日本語名 | 英名 | 学名 |
| ［ガンカモ目］ | | |
| アヒル | duck | *Anas platrhynchos* |
| バリケン | muscovy duck | *Cairina moschata* |
| ヨーロッパガチョウ | goose | *Anser anser* （*Anser cinerius*） |
| シナガチョウ | Chinese goose | *Anser cygnoides* |
| ［ハト目］ | | |
| ハト | pigeon | *Columba livla* |
| ［スズメ目］ | | |
| カナリア | Canary | *Serinus canarius* |
| ブンチョウ | Java sparrow | *Padda oryzivora* |
| ［オオム目］ | | |
| セキセイインコ | budgeriger | *Melopsittacus undulatus* |
| ［ペリカン目］ | | |
| ウミウ | cormorant | *Phalocrocorax capillatus* |
| カワウ | common chinese cormorant | *Phalocrocorax carbo* |
| ［ダチョウ目］ | | |
| ダチョウ | ostrich | *Struthio camelus* |
| 無脊椎動物・節足動物門 | | |
| ミツバチ | honey bees | *Apis mellifera* |
| カイコ | silk moth | *Bombyx mori* |
| 無脊椎動物・環形動物門 | | |
| ミミズ | earthworms | *Allolobophora sp.* |
| | | *Pheretima sp.* |
| 無脊椎動物・軟体動物門 | | |
| 食用カタツムリ | edible snails | *Helix sp.* |

※：かつて食用であった　※※：飼料・餌料として利用　＊：絶滅

(続き)

| 原種 | | 用途 | | | |
| --- | --- | --- | --- | --- | --- |
| 英名 | 学名 | 食用 | 被服皮用 | 役愛玩用 | 実験用 |
| mallard | *Anas platyrhynchos* | ◎ | ◎ | | |
| muscovy duck | *Cairina moschata* | ◎ | | | |
| greyylag goose | *Anser anser* | ◎ | ◎ | | |
| swan gouse | *Anser cvgnoides* | ◎ | ◎ | | |
| rock dove | *Columba livia* | ◎ | | ◎ | ◎ |
| Canary | *Serinus canarius* | | | ◎ | |
| Java sparrow | *Padda oryzivora* | | | ◎ | |
| budgeriger | *Melopsittacus undulatus* | | | ◎ | |
| cormorant | *Phalocrocorax capillatus* | | | ◎ | |
| common chinese cormoran | *Phalocrocorax carbo* | | | ◎ | |
| ostrich | *Struthio camelus* | ◎ | ◎ | | |
| honey bees | *Apis mellifera* | ◎ | | ◎ | |
| Chinese silk moth | *Bombyx mandrina* | | ◎ | | |
| earthworms | *Allolobophora sp.* | ※※ | | | |
| | *Pheretima sp.* | | | | |
| edible snails | *Helix sp.* | ◎ | | | |

(建部　晃)

付表4　香辛料

| 和名 | 英名 | 学名 | 利用部位 |
| --- | --- | --- | --- |
| インドナガゴショウ | long pepper | *Piper longum* | 果実 |
| ウイキョウ | fennel | *Foeniculum vulgare* | 果実・葉 |
| オオウイキョウ | anise | *Pimpinella anisum* | 果実・葉 |
| オールスパイス | allspice | *Pimenta officinaris* | 果実 |
| カルダモン | cardamon | *Elettaria cardamomum* | 種子 |
| キャラウェー | caraway | *Carum carvi* | 果実・茎葉・根 |
| カラシナ | Indian mustard | *Brassica juncea* | 種子・茎葉 |
| ガランガル（ナンキョウ） | greater galangal | *Alpinia galanga* | 根茎 |
| キンゴウカン | cassie − flowers | *Acacia farnesiana* | 花 |
| キンコウボク | champaka tree | *Michelia champaca* | 花 |
| クミン | cumin | *Cuminum cyminum* | 種子 |
| ゼラニウム | geranium | *Pelargonium capitatum* | 茎葉 |
| コリアンダー | coriander | *Coriadrum sativum* | 果実・茎葉・根 |
| コショウ | pepper | *Piper nigrum* | 果実 |
| シトロネラ | citronella grass | *Cymbopogon nardus* | 茎葉 |
| ショウガ | ginger | *Zingiber officinale* | 根茎 |
| ディル | dill | *Anethum graveolens* | 果実・茎葉 |
| ジンコウ | eagle − wood tree | *Aquilaria agallocha* | 樹脂 |
| セイロンニッケイ | cinnamon | *Cinnamomum zeylanicum* | 樹皮・葉・根 |
| ソゴウコウノキ | oriental sweet gum | *Liquidamber orientalis* | |
| ターメリック | turmeric | *Curcuma domestica* | 根茎 |
| チョウジ | clove | *Eugenia aromatica* | 花蕾 |
| トウガラシ | chilli | *Capsicum annuum* | 果実 |
| キダチトウガラシ | bird pepper | *Capsicum frutescens* | 果実 |
| ニクズク | nutmeg | *Capsicum frutescens* | 果実 |
| パチョリ | pachouli plant | *Pogostemon Patchouli* | 茎葉・新芽 |
| バニラ | vanilla | *Vanilla planifolia* | 莢 |
| パルマローザ | palmarose − grass | *Cymbopogon martini* | 葉・花 |
| ビャクダン（センダン） | sandalwood tree | *Santalum album* | 材 |
| ベチバー | vetiver | *Vetiveria zizanioides* | 根 |
| ベルガモット | bergamotte orange | *Citrus bergamia* | 果皮 |
| マツリカ（ジャスミン） | Arabian jasmine | *Jasminum sambac* | 花 |
| メレグエッタ | melegueta | *Amomum melegueta* | 種子 |
| レモングラス | lemon grass | *Cymbopogon citratus* | 茎葉 |

（縄田栄治）

付表5 熱帯地域で飼料や土壌保全に利用される主要マメ科植物

| 種名 | 飼料 | 土壌保全 | | | | |
|---|---|---|---|---|---|---|
| | | 緑肥 | 被覆 | 帯状作 | 敷草 | 生草<br>マルチング |
| *Anthonatha macrophylla* | | | | | X | |
| *Arachis prostrata* | | | X | | | X |
| *Calapogonium mucunoides* | | X | X | | | |
| *Centrosema pubescens* | X | X | X | X | X | |
| *Crotalaria spp.* | | X | X | | X | |
| *Desmodium triflorum* | | | | | | X |
| *Desmodium* spp. | | | | X | X | |
| *Flemingia congesta* | | | | X | X | |
| *Gliricidia sepium* | | | | | X | |
| *Glycine wigtii* | X | X | X | X | | |
| *Indigofera spicata* | | X | X | X | | |
| *Leucaena leucocephala* | X | | | X | X | |
| *Macroptilium lathyrus* | | X | | | | |
| *Psophocarpus palustris* | | X | X | | | |
| *Pueraria phaseoloides* | | X | X | | X | |
| *Sesbania glandiflora* | X | | X | X | X | |
| *Sesbania glandiflora* | X | | X | X | X | |
| *Stylosanthes gracilis* | X | X | X | X | X | |
| *Stylosanthes humilis* | X | X | X | | | |
| *Tephrosia spp.* | | | | X | X | |

(前田和美)

付表6　国際農業研究協議グループ国際農業研究センター一覧

| 略称 | 正式名 | 日本語名 |
|---|---|---|
| CIAT | Centro Internacional de Agricultura Tropical | 国際熱帯農業研究センター |
| CIFOR | Center for International Forestry Research | 国際林業研究センター |
| CIMMYT | Centro Internacional de Mejoramiento de Maiz y Trigo | 国際トウモロコシ・小麦改良センター |
| CIP | Centro Internacional de la Papa | 国際イモ類研究センター |
| ICARDA | International Center for Agricultural Research in the Dry Areas | 国際乾燥地域農業研究センター |
| ICLARM | International Center for Living Aquatic Resources Management | 国際水生生物資源管理センター |
| ICRAF | International Center for Research in Agroforestry | 国際アグロフォレストリー研究センター |
| ICRISAT | International Crops Research Institute for the Semi-Arid Tropics | 国際半乾燥熱帯地域作物研究センター |
| IFPRI | International Food Policy Research Institute | 国際食料政策研究所 |
| IWMI | International Water Management Institute | 国際水産資源研究所 |
| IITA | International Institute of Tropical Agriculture | 国際熱帯農業研究所 |
| ILRI | International Livestock Research Institute | 国際畜産研究所 |
| IPGRI | International Plant Genetic Resources Institute | 国際植物遺伝資源研究所 |
| IRRI | International Rice Research Institute | 国際稲研究所 |
| ISNAR | International Service for National Agricultural Research | 国際農業研究サービス |
| WARDA | West Africa Rice Development Association | 西アフリカ稲開発協会 |

| 所在地 | 設立年 | 研究内容 |
|---|---|---|
| コロンビア，カリ | 1971 | 穀物（マメ，キャッサバ，熱帯飼料，稲）農業生態系，（傾斜地農業，森林縁，サバンナ，アフリカ・アジアの生態的に脆い環境） |
| インドネシア，ボゴール | 1993 | 持続的森林管理 |
| メキシコ，メキシコ・シティー | 1971 | 穀物（小麦，トウモロコシ） |
| ペルー，リマ | 1973 | イモ類（ポテト，サツマイモ） |
| シリア，アレッポ | 1975 | 穀物（大麦．ヒヨコマメ，ヒラマメ，牧草，飼料用マメ），家畜（反芻動物） |
| フィリピン，マニラ | 1992 | 持続的水生生物管理 |
| ケニア，ナイロビ | 1991 | アグロフォレストリー（多目的樹木） |
| インド，パタンチェル | 1972 | 穀物（モロコシ，唐人稗，龍爪稗，ヒヨコマメ，ハトマメ，ラッカセイ） |
| アメリカ合衆国，ワシントンDC | 1980 | 食糧政策，農業開発に関する社会経済研究 |
| スリランカ，コロンボ | 1991 | 灌漑，水資源管理 |
| ナイジェリア，イバダン | 1971 | 穀物（大豆，トウモロコシ，キャッサバ，ささげ，バナナ，プランテーン，ヤム芋），多湿低地における持続的生産システム |
| ケニア，ナイロビ | 1973 | 家畜の病気，牛・羊・山羊（飼料，生産システム） |
| イタリア，ローマ | 1974 | 植物遺伝資源の収集・保全・研究・利用，バナナ資源保存・利用 |
| フィリピン，ロスバノス | 1971 | 稲，水田生態系 |
| オランダ，ハーグ | 1980 | 途上国の農業研究諸機関の強化 |
| コート・ジボワール，ブアケ | 1975 | 西アフリカにおける稲の生産 |

(水野正己)

付表7　熱帯地域の主な一年生の食用マメ科作物

| 作物名 | | 学名 | 原産地 | 主な生産地 | 利用部分 |
|---|---|---|---|---|---|
| ラッカセイ | Peanut, groundnut | *Arachis hypogaea* L. | 南アメリカ | 熱帯各地 | 子実<br>油料 |
| キマメ | Pigeonpea | *Cajanus cajan* (L.) | インド | インド・中南米 | 子実・茎燃料 |
| タチナタマメ | Jack bean | *Canavalis ensiformis* (L.) DC. | 南アメリカ | メキシコ | 子実[1] |
| ナタマメ | Sword bean | *Canavalis gladiata* (Jacq.) DC. | インド？ | インド・アフリカ | 子実[1] |
| ヒヨコマメ | Chickpea | *Cicer arietinum* L. | 南西アジア | インド・パキスタン | 子実・茎葉野菜 |
| グアル | Guar, cluster bean | *Cyamopsis tetragonoloba* (L.) Taub. | インド | インド・パキスタン | 若莢・子実<br>子実ガム原料 |
| ダイズ | Soybean | *Glycine max* (L.) Merrill | 中国 | 米国・南米・中国・インド | 子実・油料 |
| フジマメ | Lablab bean | *Lablab purpureus* (L.) Sweet | インド・アフリカ・南米アジア(？) | 南アジア | 子実[1]<br>茎葉飼料 |
| ガラスマメ | Grass pea, khesari | *Lathyrus sativus* L. | 地中海東部～南西アジア | インド・南アジア・アフリカ | 子実[1]<br>茎葉野菜 |
| ヒラマメ, レンズマメ | Lentil | *Lens culinaris* Medik. | 南西アジア | インド・南アジア・アフリカ | 子実 |
| ゼオカルバビーン | Geocarpa bean | *Macrotyloma geocarpum* (Harms) Maréchal et Baudet | 中央アフリカ | ナイジェリア・スーダン・マリ | 子実 |
| ホースグラム | Horsegram | *Macrotyloma uniflorum* (Lam.) Verdc. | インド | インド・ミャンマー | 子実<br>茎葉飼料 |
| ハッショウマメ | Velvet bean | *Mucuna pruriens* (L.) DC. var. utilis (Wall. ex Wight) Bak. ex Burck | 東南アジア？ | 東南アジア | 子実 |
| メキシコクズイモ | Mexican yam bean | *Pachyrrizus erosus* (L.) Urban | メキシコ・中央アメリカ | メキシコ・東南アジア | 子実[2]<br>塊根 |
| クズイモ | Yam bean | *Pachyrrizus tuberosus* (Lam.) Spreng. | 南アメリカ | 南アメリカ | 子実[2]<br>塊根 |
| デリバリービーン | Tepary bean | *Phaseolus acutifolius* A. Gray var. Iatifolius Freeman | 中央アメリカ | 中央～北アメリカ | 子実 |

付表7　熱帯地域の主な一年生の食用マメ科作物　(続き)

| 作物名 | | 学名 | 原産地 | 主な生産地 | 利用部分 |
|---|---|---|---|---|---|
| ベニバナインゲン | Runner bean | *Phaseolus coccineus* L. | 中央～南アメリカ | 中央～南アメリカ | 子実 |
| ライマメ | Lima bean | *Phaseolus lunatus* L. | 南アメリカ | 南アメリカ・南～東南アジア | 子実[1] |
| インゲンマメ | Common bean, kidney bean | *Phaseolus vulgaris* L. | 南アメリカ | 中央アメリカ・アフリカ | 子実 |
| エンドウ | Pea | Pisum sativum L. | 南西アジア | 熱帯高地 | 子実 |
| シカクマメ | Winged bean | *Psophocarpus tetragonolobus* (L.) DC. | マダガスカル | アフリカ・東南アジア | 若莢・子実 塊根 |
| アフリカヤムビーン | African yam bean | *Sphenostylis stenocarpa* (Hochst. ex A. Rich.) Harms. | 中央アフリカ | 中央～西アフリカ | 子実 塊根 |
| ソラマメ | Faba bean, broad bean | *Vicia faba* L. | 東南アジア | アフリカ | 子実 |
| モスビーン | Moth bean | *Vigna aconitifolia* (Jacq.) Maréchal | 南アジア | 南～・東南アジア・アフリカ | 子実 |
| アズキ | Adzuki bean | *Vigna angularis* (Willd.) Ohwi et Ohashi | 東アジア? | 東南アジア | 子実 |
| ケツルアズキ | Black gram | *Vigna mungo* (L.) Hepper | インド | インド・東南アジア | 子実 |
| リョクトウ | Mung bean | *Vigna radiata* (L.) R. Wilczek. | インド | インド・東南アジア | 子実 |
| フタゴマメ | Bambarra groundnut | *Vigna subterranea* (L.) Verdc. | 中央アフリカ | 中央～南アフリカ | 子実 |
| タケアズキ, ツルアズキ | Rice bean | *Vigna umbellata* (Thunb.) Ohwi et Ohashi | 南アジア | インド・東南アジア | 子実 |
| ササゲ | Cowpea | *Vigna unguiculata* (L.) Walp. var. unguiculata (L.) Ohashi | 中央アフリカ | アフリカ・南アジア | 子実 |
| ナガササゲ | Asparagus bean, yardlong bean | *Vigna unguiculata* var. *sesquipedalis* (L.) Ohwi et Ohashi | 中央アフリカ | アフリカ・東南アジア | 子実 |

[1] 完熟種子は有毒.前処理が必要.　[2] 同.茎葉,根も有毒.　　　(前田和美)

付表8 イネ科作物（雑穀類）

| 作物名 | 英名 | 学名 | 原産地 | 生産地 | 用途 |
|---|---|---|---|---|---|
| キビ | common millet | *Panicum miliaceum* L.. | 中央アジア〜インド | アジア, インド | 食用, 飼料用 |
| ソルガム | sorghum | *Sorghum bicolor* Moench | アフリカ | アフリカ, インド, 中国 | 食用, 醸造用, 飼料用 |
| トウジンビエ | pearl millet | *Pennisetum glaucum* L.. | 西アフリカ | 西アフリカ, インド | 食用, 飼料用 |
| シコクビエ | finger millet | *Eleusine coracana* Gaerhn. | 東アフリカ | 東アフリカ, インド | 食用, 醸造用 |
| テフ | tef | *Eragrostis tef* Zucc. | エチオピア | エチオピア | 食用 |
| フォニオ | fonio, hungry rice | *Digitaria exilis* Stapf. | 西アフリカ | 西アフリカ | 食用 |
| センニンコク | grain amaranthus | *Amaranthus hypochondriacus* Ham. | 中央アフリカ | 中央アメリカ, インド | 食用 |
| ソバ | buckwheat | *Fagopyrum esculentum* Moench | 東アジア | ロシア, カナダ, 中国 | 食用, 醸造用, 飼料用 |
| ヒエ | barnyard millet | *Echinochloa utilis* Ohwi et Yabuno | 東アジア | 東アジア, インド | 食用, 飼料用 |
| アワ | foxtail millet | *Setaria italica* L.. | 中央アジア〜インド | アジア, インド | 食用, 飼料用 |

（倉内伸幸）

付表9 嗜好料類

| 作物名 | 学名 | 英名 | 原産地 | 生産地 | 利用他 |
|---|---|---|---|---|---|
| カカオ | *Theobroma cacao* L. | Cacao | 熱帯南アメリカ | アイボリーコースト, カメルーン, ブラジル, ガーナ, インドネシア | 種子, 成果, チョコレート |
| コーヒー | *Coffee* spp. | Coffee | 熱帯アフリカ | ブラジル, コロンビア, ベトナム, アイボリーコースト, メキシコ | 種子, 喫飲料 |
| チャ | *Camelleia sinensis* (L) O. Kuntze | Tea | 上ミャンマー・アッサム | インド, 中国, スリランカ, インドネシア, ケニア | 葉, 喫飲料 |
| タバコ | *Nicotiana tabacum* L. | Tobacco | 熱帯南アメリカ | 中国, インド, アメリカ, ブラジル, トルコ | 葉, 喫煙料 |
| コーラ | *Cola acuminafa* S. et E. | Cola | 熱帯アフリカ | 熱帯中・南アメリカ | 種子, 喫飲料 |
| カート | *Catha edulis* Forsk | Abyssinian tea | 東アフリカ高地 | エチオピア, アラビヤ | 葉, 喫飲料 |
| ビンロウ | *Areca cateclm* L. | Areca-nut palm | 熱帯アジア | インド, 東南アジア, オセアニア | 子実, 咀嚼料 |

（早道良宏）

付表10 樹液類（ゴム・樹液類）

| 作物名 | 学名 | 原産地 | 生産地 | 利用他 |
|---|---|---|---|---|
| インドゴムノキ | Ficus elastica ROXB. | アッサム，ミャンマー，マレーシア半島 | 熱帯全域 | 弾性ゴム資源 |
| メキシコゴムノキ | Castilloa elastica CERV. | メキシコ，中米，南米北部 | 中南米，南・東南アジア | 弾性ゴム資源 |
| ラゴスゴムノキ | Funtumia elastica STAPF. | 西アフリカ，ウガンダ | 西アフリカ，西インド諸島 | 種子中にあるアルカロイド（強心薬），ゴム資源 |
| ザンジバルツルゴム | Landolphia kirkii DYER | ザンジバル | アフリカ全域 | 乳液から弾性ゴム |
| グッタペルカノキ | Palaquim gutta BURCK | 熱帯アジア | マレーシア，ジャワ | 電気絶縁材料，化学工業用特殊器材，チューインガム，代用皮革，医用填充材 |
| ニャトードリアン | Patena maingayi CLARKE | マレー半島 | マレーシア | 樹脂，樹皮染料 |
| バラタゴムノキ | Mimusops balata DUBARD | 南米北部（ギアナ，ベネズエラ），中米（パナマ） | 南米北部 | 可塑材混和料，防水布の塗料 |
| サポジュラ | Achras zapota L. | 中南米，西インド諸島 | 熱帯アジア，熱帯アメリカ，ハワイ | 乳液は染料（樹皮タンニン），接着剤，チューインガム，果肉は生食 |
| マニホットゴム（セアラゴムノキ） | Manihot glaziovii MUELL.-ARG. | アマゾン（ブラジル） | 熱帯（南米および東南アジア） | 弾性ゴム資源，乾性油（種子） |
| パラゴムノキ | Hevea braziliensis MUELL.-ARG. | アマゾン（ブラジル） | 東南アジア，南アジア，西アフリカ，南アメリカ | 乳液（ゴム，工業製品原料），種子（脂肪油，塗料，飼料） |
| クリプトステギア | Cryptostegia madagascariensis HEMSL. | マダガスカル | マダガスカル | 樹液よりゴム質 |
| グアユールゴムノキ | Parthenium argentatum A. GRAY | メキシコ | メキシコ，テキサス | 品質低位ゴム資源 |

（広瀬昌平）

付表 11

| 作物 | 学名 | 英名 |
|---|---|---|
| クワズイモ | *Alocasia macrorrhiza* L. | Giant taro |
| インドコンニャク | *Amorpgophallus conpanulatus* BLUM | Elephant foot |
| アメリカホドイモ | *Apios americana* MEDICUS. | Hodo |
| イモゼリ | *Arracacaia xanthothiza* Beacrft | Apio |
| 食用カンナ | *Canna edulis* KER － GAWL. | Edible canna |
| ウコン | *Curcuma longa* L. | Turmeric |
| タロイモ | *Colocasia esculenta* SCHCTT | Taro, Dasheen |
| サトイモ | *Colocasia antiquorum* SCHOTT | Dasheen |
| ハスイモ | *Colocasia gigantea* HOCK | Dasheen |
| インドアロールート | *Curcuma angustifolia* ROXB. | Curcuma angustifolia |
| スワンプタロ | *Cyrtosperm chamissinis* MERR. | Giant swamp taro |
| ショクヨウガヤツリ | *Cyperus esculentus* L. | |
| ダイジョ | *Dioscorea alata* L. | Winged yam |
| カシュウイモ | *Dioscorea bulbifera* L. | Potato yam |
| ギニアヤム（黄） | *Dioscorea cayenensis* Lam | Yellow yam |
| クラスターヤム | *Dioscorea dumetorum* Pox | Bitter yam |
| トゲドコロ | *Dioscorea esculenta* Burk | Lesser yam |
| ジネンジョ | *Dioscorea japonica* THUNB | Japanese yam |
| | *Dioscorea hispida* DENNST. | Asiatic yam |
| ナガイモ | *Dioscorea opposita* THUNB. | Chimese yam |
| ゴヨウドコロ | *Dioscorea pentaphylla* L. | Five － leaved yam |
| ギニアヤム（白） | *Dioscorea rotundata* Poir | White Gunea yam |
| カスカスヤム | *Dioscorea trifida* L. F. | |
| クワイ | *Eleocharis dulcis* | Water chestunt |
| アビシニアンバショウ | *Ensete ventricosum* | Abyssinian banana |
| サギソウ | *Habenaria* spp. | |
| キクイモ | *Helianthus tuberesus* L. | Jerusalem artichoke |
| オオクログワイ | *Heleocharis dulcis* Trin | |
| サツマイモ | *Ipomoea batatas* Lam. | Sweet potato |
| バンウコン | *Kaempfera galanga* BENTH. | Galanga |
| キャッサバ | *Manihot esculenta* CRANTZ | Cassava |
| クズウコン | *Maranta arudinacea* LINN | Arrowroot |
| ワラビ類 | *Nephrolepis acuta* PRESL. | |
| ハス | *Nehmbo nucifera* | Lotus, Water lily |
| クズイモ | *Pachyrrhizus erosus* (L) URBAN | Yam bean |
| ヤーコン | *Polymnia sonchifolia* | Yacon |
| シカクマメ | *Psophocarpus tetragonolobus* L. | Winged bean |
| ヤマワラビ | *Pteris moluccana* ACARDH. | |
| クズ | *Pueraria lobata* OHWL. | Kudzu |
| ハヤトウリ | *Sechium edule* SWARTZ. | Chayoye |
| ジャガイモ | *Solanum tuberosum* L. | Potato |
| チョロギイモ | *Stachys sieboldn* | |
| タシロイモ | *Tacca leontopetalodes* KUNZE. | Indian Arrowroot |
| アメリカサトイモ | *Xanthosoma sagittifolium* SCHOTT | Yautia, Tannia |
| フロリダアロールート | *Zamia floridana* DC. | Florida arrowroot |

需根作物

| 原産地 | 生産地 | 利用他 |
|---|---|---|
| ニューギニア | ニューギニア, サモア | 地下茎, 葉柄を食す. 自生, 栽培 |
| 北アメリカ | フロリダ, テキサス | 地下茎, 塊茎 |
| ベネズエラ | | |
| 西インド諸島 | 南米, 熱帯アジア | 根茎, 澱粉は病人食・幼児 |
| インド | | 着色剤, カレー, 薬用 |
| インド, 中国 | 南米, アフリカ, アジア | 地下茎, 葉, 葉柄 塊茎 |
| インドネシア | サモア, フィジー | |
| インド | インド | 根茎からデンプン |
| アジア西部, アフリカ | 中国華南, 揚子江沿 | 地下茎, 自生 |
| インドシナ | ナイジェリア | 塊茎, 走出枝, 野菜 |
| 熱帯アジア | 熱帯アジア, アフリカ | 塊根, アイスクリーム, 菓子原料 |
| アフリカ | ナイジェリア | |
| 熱帯アジア | | 塊根, |
| 熱帯アジア | 熱帯アジア, 太平洋諸 | 塊根を食用, 毒性強い |
| 熱帯アジア | 東南アジア | 塊根, 茎にトゲ |
| 日本 | 中国, 日本 | 塊根, トロロ |
| 中国 | オセアニア | 塊根 |
| 熱帯アジア | 熱帯アジア | 塊根 |
| アフリカ | | 塊根, |
| 南米 | 南米, 熱帯アジア | 塊根 |
| 中国 | 熱帯アジア | 水栗, アイスクリーム, スープ |
| 東アフリカ | 東アフリカアビシニアン地方 | 肥大茎部デンプン, 餅 |
| カナダ東部, アメリカ | インド, ガーナ | |
| 中国 | | 塊茎, イヌリン |
| 熱帯アメリカ | アフリカ, 南米, アジア | 食用, 工業原料, 飼料 |
| メキシコ, グアテマラ | 熱帯地域 | 根茎, 葉を薬味として利用 塊根を食用, 飼料, 工業原料 |
| 南米大陸北部 | 豪州, アジア熱帯 | 根茎, デンプン, 薬用 |
| 中国, メキシコ | 太平洋諸島, アジア | 根茎（レンコン）, 新芽, 茎, 種子 |
| 南米 | ペルー, エクアドル, ボリビア, アルゼンチン | 塊根を食用（生で食べられる） 塊根にフランクオリゴ糖を多く含む 健康食品 |
| パプアニューギニア | | 塊根, 子実, 若い莢, 高蛋白 |
| 中央アメリカ | | マッシュポテト, カマボコ 食用, 薬用, 胴体にくびれ |
| アンデス | 南米, アジア, ヨーロッパ | 塊茎, |
| 中国 | コスタリカ, 南米, アジア | 塊茎, |
| 東南アジア | 東南アジア | 幹と地下部のデンプンを食用 |
| 中米, 西インド諸 | 南米, カリブ, 太平洋 | |
| アメリカ | アメリカの熱帯・亜熱帯 | 半地下性の茎にデンプンを含む |

(豊原秀和)

付表12　樹木作物

| 作物名 | 学名 | 英名 | 原産地 | 生産地 | 利用他 |
|---|---|---|---|---|---|
| 嗜好料 ||||||
| カカオ | Theobroma cacao L. | Cacao | 熱帯南アメリカ | アイボリーコースト, カメルーン, ブラジル, ガーナ, インドネシア, | 種子, 成果, チョコレート |
| コーヒー | Coffee spp. | Coffee | 熱帯アフリカ | ブラジル, コロンビア, ベトナム, アイボリーコースト, メキシコ | 種子, 喫飲料 |
| チャ | Camelleia sinensis (L) O. Kuntze | Tea | 上ミャンマー・アッサム | インド, 中国, スリランカ, インドネシア, ケニア | 葉, 喫飲料 |
| コーラ | Cola acuminafa S. et E. | Cola | 熱帯アフリカ | 熱帯中・南アメリカ | 種子, 喫飲料 |
| ガラナ | Paullinia cupana HBK. | Guarana | 南アメリカ, アマゾン流域 | ブラジル | 種子, 喫飲料 |
| カート | Catha edulis Forsk | Abyssinian tea | 東アフリカ高地 | エチオピア, アラビヤ | 葉, 喫飲料 |
| ビンロウ | Areca cateclm L. | Areca-nut palm | 熱帯アジア | インド, 東南アジア, オセアニア | 子実, 咀嚼料 |
| 油脂料 ||||||
| 油ヤシ | Elaeis guniinensis Jacquin | Oil palm | 熱帯西アフリカ | マレーシア, インドネシア, ナイゼリア, タイ, コロンビア | 果実, 油脂原料 |
| ココヤシ | Cocos mucifera L. | Coconut palm | 熱帯太平洋諸島 | スリランカ, タイ, インドネシア, フィリピン, インド | 果実内乳, 油脂原料 |
| ババッシーヤシ | Orbignya martiama B.R. | Babassu palm | ブラジル | ブラジル | 果実核, 油脂原料 |
| 油桐 | Aleurites montana (Low) Willd. | 千年桐（中国・台湾） | 中国 | 中国, パラグアイ, アルゼンチン, マダガスカル, マラウイ | 果実, 油原料 |
| カシュウ | Anaeardium occidentale L. | Cashew | 熱帯アメリカ | インド, ナイゼリア, インドネシア, ベトナム, ギニア | 果実, 油原料 |
| 樹脂 ||||||
| パラゴム | Heavea brasiliensis (Willd. ex Adr. de Juss) Muell-Arg. | Para rubber tree | 南アメリカ・アマゾン | タイ, インドネシア, マレーシア, インド, ベトナム | 生ゴム原料 |
| アラビアゴム | Acacia senegal Willd. | Gum arabic acacia | 北アフリカ乾燥地帯 | スーダン, 乾燥西アフリカ | 菓子および医薬原料 |
| チタル（サポジラ） | Manilkara achras (Milb.) Fosberg | Sapodilla | 中部熱帯アメリカ | メキシコ, ギアナ, ブラジル | チューインガム |

付表12 樹木作物 (つづき)

| 作物名 | 学名 | 英名 | 原産地 | 生産地 | 利用他 |
|---|---|---|---|---|---|
| 繊維料 | | | | | |
| カポック | *Bombax pentondruru* L. | Capok. Silk-cotton tree | 西アフリカ | インド, インドネシア, タイ | 果実棉じょ, 充填用繊維 |
| 香辛料 | | | | | |
| 丁字 | *Eugenia caryplryllus* (Sprengel) Bullock & Harrison | Clove tree | モルッカ諸島-ザンジバル | インドネシア, マダガスカル, タンザニア, スリランカ, ニモロス | 花蕾, 丁土合油, 香料 |
| オールスパイス | *Pintenta dioica* (L.) Merr. | Allspice tree | 西インド地域 | インド, 英領ギニア, ブラジル | |
| 肉ずく | *Myristica fragrans* Houtt. | Nutmeg tree | モルッカ諸島 | インドネシア, ガテマラ, ラオス, マレーシア | 種子, 仮種皮, 香辛料 |
| セイロンニッケ | *Cinnamonnunt zeylanicum* Breyn | Ceyloncinnamon tree | スリランカ | インドネシア, 中国, スリランカ, ベトナム | 樹皮, 香辛料 |
| カイア | *Cinnamonmm cassia* (Nees) Nees et Blume | Cassia | 南アジア | ミャンマー, インド, 中国 | 樹皮, 香辛料 |
| タマリンド | *Tamarindus induca* L. | Tamarind | 乾燥熱帯アフリカ | インド, タイ, | 果実, 調味料 |
| 甘味料 | | | | | |
| ナツメヤシ | *Phenix dactvlifera* L. | Date palm | 中近東 | イラン, エジプト, イラク, サウジ, パキスタン | 果実, 果糖, 菓子 |
| サゴヤシ | *Metroxylon sagus* Roteboel | Sago palm | マレーシア | 東南アジア島しょ地域 | 樹幹, デンプン |
| 砂糖ヤシ | *Arega pinanta* Merr | Sugar palm | 東南アジア | 東南アジア島しょ地域 | 樹液, 砂糖, アルコール |
| ビキサ | *Bixa orellama* L. | Anatto tree | 熱帯アメリカ | ブラジル, フィリピン | 種子, 染料 |
| ワトッル | *Acacia mearnsii* De Wild. | Wattle | 東アフリカ | ケニア, タンザニア, ウガンダ | 樹皮, タンニン |
| イランイラン | *Cananga odorata* (Lam) Hook. f. & Thoms | Ylang-ylang | マレーシア | フィリピン, インドネシア, レニュオン | 花, 香料 |

(早道良宏)

付表 13　アフリカ材

| 市場名　学名 | 主な産地 | 性質 | 用途 |
| --- | --- | --- | --- |
| アゾベ，ボンゴシ<br>*Lophira alata* Bank ex Gaernt. f. | カメルーン，ライベリア，ナイジェリア，アイボリーコースト，ガーナ，ガボン，シェラレオネ | 心材の色：濃赤色－チョコレート色．規則的配列の細い淡黄色－白色帯がある．木理交錯，非常に重硬，気乾容積重は1.02 －1.09．耐久性高い． | 強度と耐久性の必要な用途．重構造物，港湾材，工場倉庫などの床板，庭園家具など． |
| アフリカンマホガニー，アカジョアフリカン<br>*Khava ivorensis* A. Chev. を含む *Khaya* spp. | 熱帯降雨林地帯に成育．造林される． | 心材の色：淡桃色－濃赤褐色，時に紫色を帯びる．木理交錯．リボン杢美．耐久性はあまり高くない．やや軽軟－やや重硬，気乾容積重は0.46 － 0.80．加工容易． | 家具，キャビネット，内装，化粧単板，薬器，箱，その他マホガニーに同じ． |
| イロコ，アフリカンチーク（市場名）<br>*Cjlorophora excelsa* Benth. & Hook. f., *C. regia* A. Chev. | 前者：西アフリカから東へタンザニアまで，後者：西アフリカ，セネガルからガーナまで． | 心材の色：淡黄褐色－チョコレート色．淡色の細い縞がある．油状の感触．木理交錯．やや重硬，気乾容積重は0.56 － 0.75．耐久性は非常に高い． | 家具，キャビネット，床板，海中の構造物，鉄道枕木，屋外用家具，化粧単板，内装． |
| イロンバ<br>*Pycnanthus angolensis* Warb. | 西アフリカ，アイボリーコーストから東へウガンダまで． | 心材の色：灰白色－桃褐色，辺材との差は少ない．青変しやすい．木理は一般に通直．耐久性は非常に低い．軽軟で，気乾容積重は0.51前後である． | 合板の芯板，梱包材，家具の骨組み． |
| エヨン<br>*Sterculia oblonga* Mast. | 西アフリカ，ライベリアからガボンまで． | 心材の色：黄白色－淡黄褐色で，辺材はほぼ同じ．材面は透明感を持つ．木理浅く交錯．重硬で，気乾容積重は0.70 － 0.85．耐久性は低い．蒸し曲げ可． | 耐久性の必要でない重構造物，器具柄，家具，床板，化粧単板 |
| オクメ<br>*Aucoumea klaieana* Pierre | 赤道アフリカ，ガボン，コンゴ，ギニア． | 心材の色：桃色－淡赤色－赤褐色．木理通直－交錯．シリカを含む．軽軟で，気乾容積重は0.40 － 0.50．耐久性は低い． | 合板．熱帯アジア産のメランチのような用途 |

付表13　アフリカ材　(続き1)

| 市場名　学名 | 主な産地 | 性質 | 用途 |
|---|---|---|---|
| オベチェ，ワワ，サンバ<br>*Triplochition scleroxylon* K. Sshum. | 西アフリカ，ナイジェリア，ガーナ，アイボリーコースト，カメルーン． | 心材の色：白色－淡黄白色，辺材との差は殆どない．木理交錯．軽軟で，気乾容積重は0.32－0.49．耐久性は低い．青変しやすい．加工容易． | 軽軟で，淡色の木材が必要な用途．建具，合板，欧州製のハイヒールの踵の芯． |
| サペリ，サベル<br>*Entandrophragma cylindricum* Sprague | アイボリーコースト，カメルーン，ザイール，ウガンダ． | 心材の色：桃色－赤色－赤褐色，放射断面に間隔のせまい規則的な細い縞があり，美しい．木理交錯．やや重硬で，気乾容積重は0.64．やや耐久性はあり．仕上げはかなり容易． | 装飾的な価値を利用して家具，キャビネット，化粧単板，内装，造船，指物，パネル． |
| シボ，ユティル<br>*Entandrophragma utile* Sprague | 西，中部アフリカ，ガーナ，アイボリーコースト，コンゴが主輸出国． | 心材の色：赤褐色－紫色を帯びた褐色．強度の木理交錯．やや重硬，気乾容積重は0.55－0.70．耐久性は高い． | 合板用材，サペリの代替としての用途，家具，キャビネット，建具，船舶，車両． |
| ブビンガ<br>*Guibourtia demeusei* J. Leon,<br>*G. tesmannii* J. Leonを含む *Guibourtia* spp. | ナイジェリア南東部からカメルーン，ガボンを経てコンゴへ． | 心材の色：桃色－鮮赤色－赤色色で，比較的不規則な紫色の条がある．木理交錯－通直．重硬で，気乾容積重は0.80－0.96．耐久性は高い．ろくろ細工可能． | 装飾的な材面を利用した用途がある．家具，美術品，大径material太鼓の胴．化粧単板，キャビネット，ろくろ細工． |
| マコレ，アフリカンチェリー（市場名）<br>*Tieghemella heckelii* Hutch. & Dalz. | 西アフリカ，シエラレオネからリベリア，ナイジェリア，ガーナ，アイボリーコーストへ． | 心材の色：桃色－桃褐色－赤褐色，色の濃淡による縞が出ることがある．木理交錯－交錯．やや重硬，気乾容積重は0.67－0.80．木材にシリカを含む．微粉が粘膜に炎症を起こすことがある．耐久性は高い． | カンバ類の代替として用いられる．家具，キャビネット，化粧単板，パネル，床板，造船など．日本では知名度が高い． |

付表13　アフリカ材　(続き2)

| 市場名　学名 | 主な産地 | 性質 | 用途 |
| --- | --- | --- | --- |
| マンソニア，アフリカンウオルナット（市場名）<br>*Mansonia altissima* A. Chev. | 西アフリカ，アイボリーコースト，ガーナ，ナイジェリア． | 心材の色：灰褐色，褐色，濃褐色であるが，紫色を帯びることが多い．木理通直．やや重硬で，気乾容積重は0.60 – 0.70．微粉が粘膜に炎症を起こすことがある． | 化粧的な用途，特にブラックウオルナットの代替として．家具，キャビネット，室内装飾，建具などに化粧単板として． |
| リンバ，アファラ，コリナ（市場名）<br>*Terminalia superba* Engel. & Diels. | 西アフリカ，シエラレオネからアンゴラへ． | 心材の色：黄褐色，不規則な黒褐色の縞がでることあり．木理は通直－やや交錯．やや重硬で，気乾容積重は0.48 – 0.67．耐久性は高くない．丸太は虫害を受ける． | 欧米では，合板用に，化粧的な価値のあるものは表に，それ以外は芯に．家具． |

（須藤彰司）

付表14 繊維作物

| 作物名 | 学名 | 英名 | 原産地 | 生産地 | 利用他 |
|---|---|---|---|---|---|
| 種子繊維 | | | | | |
| 棉 | Gossypinni spp. | Cotton | アジア・アフリカ | インド, 米国, パキスタン, ウズベクスタン, オーストラリア | 種毛, 紡績用繊維 |
| カポック | Ceiba pentandra (L.) Gaetn. | Kapok | 熱帯アメリカ | インドネシア, タイ, | 内果皮毛, 充填材 |
| ワタノキ | Bombox malabaricum DC. | Red cotton tree | インド | インド | 内果皮, 充填材 |
| 靭皮繊維 | | | | | |
| 芋麻 | Boehnreria nivea (L.) Gaud. | Ramie grass | 熱帯東アジア, | 中国, ブラジル, フィリピン, ラオス, 韓国 | 靭皮部, 紡績, ロープ |
| 黄麻 | Corchorus capsularis L. | White jute | 中国南部, | インド, バングラディッシュ, 中国, ミャンマー, | 靭皮部, 袋, カーペット, 布 |
| ケナフ | Hibiscus cannabinus L. | Kenaf | 熱帯・亜熱帯アフリカ, | インド, タイ, | 靭皮部, ロープ, 麻袋 |
| ローゼル | Hibiscus sabdariffa L. var. altissima, | Roselle | 熱帯西アフリカ, | インド, インドネシア, | 靭皮部, ローゼルの代用 |
| いちび | Abutilon theophrasti Medic. | Indian mallow | インド, | 中国, | 靭皮部, 黄麻代用 |
| サンヘンプ | Crotalaria juncea L. | Sunnhemp | インド, | インド, | 靭皮部, ケナフの代用 |
| 組織繊維 | | | | | |
| アバカ | Musa textilis Nee, | Manila hemp | フィリピン, | エクアドル, フィリピン, コスタリカ, | 仮茎, ロープ, Teabag紙, ネット |
| 緑葉サイザル麻 | Agave sisalana Perrine | Sisal hemp | 中央アメリカ・メキシコ, | ブラジル, 中国, メキシコ, ケニヤ, タンザニア, | 葉身, 結束用紐・網, アバカの代用 |
| 白葉サイザル葉 | Agave fourcroydes Lemaire | Henequen | メキシコ, | メキシコ, キューバ, コロンビア, | 葉身, 梱包用紐, 充填材 |
| ニュージーランド麻 | Phornniuni tenax Forst. | Newzealand flax | ニュージーランド, | アルゼンチン, チリ, 南アフリカ, | 葉身, 布, 紐, マット, 充填材 |
| モーリシャス麻 | Furcrea gigantea Vent. | Mauritius hemp | 熱帯アメリカ, | モーリシャス, | 葉身, 紐, 布, 麻袋 |
| 虎の尾ラン | Sansevieria guineensis (L.) Willd. | Bowstring hemp | 熱帯東アフリカ, | インド, 熱帯アフリカ, | 葉身, サイザルの代用 |
| ユッカ | Yucca gloriasa L. | Yucca | 熱帯アメリカ, | 中北米, | 葉身, 充填材, 観賞用 |
| パイナップル | Ananas comosus (L.) Merr. | Pineapple | 南アメリカ, | フィリピン, | 葉身, 紡績用 |
| ココヤシ | Cocos mcifera L. | Coconut palm | 北西南アメリカ, | フィリピン, インド, スリランカ, マレー, タイ, | 中果皮部, 充填材, 紐 |

付表14 繊維作物 (続き)

| 作物名 | 学名 | 英名 | 原産地 | 生産地 | 利用他 |
|---|---|---|---|---|---|
| 組編用繊維作物 ||||||
| ニッパヤシ | *Nypa fruticuns* Wurmb. | Nipa palm | 古地中海地域 | 南・東南アジア・オセアニア | 葉全体, 屋根葺材, マット, |
| パナマ革 | *Carludovica palmata* Ruiz & Pav. | Panama hat plant | 中央・北西南アメリカ | エクワドル, コロンビア, ペルー | 葉全体, パナマ帽子 |
| タコの木 | *Pandamus odoratissimus* L. f. | Screw pine | インド南海岸・東南アジア | メラネシア・ポリネシア・ミクロネシア | 葉全体, 屋根葺材, かご編材 |
| ロタン | *Calamus caesius* Blume | Rotan segaperak | 東南アジア | マレーシア, インドネシア, タイ, 台湾 | 茎全体, 藤製品 |
| その他 ||||||
| ヘチマ | *Luffa cylindrica* (L.) M. J. Roem. | Loofah | 熱帯アジア | 熱帯アメリカ | 果実, タワシ |
| ユーカリ | *Eucalyptus astringens* Maiden | | オーストラリア | 全熱帯地域 | 木部 (樹幹) パルプ |
| こうぞ | *Broussonetia paspyrifera* (L.) Vent. | Pepper mulberry | 中国 | オセアニア | 生皮, パルプ |

(早道良宏)

付表 15　Soil Taxonomy-FAO-Unesco 土壌分類対比表

| Soil Taxonomy 1999 | FAO-Unesco 1974 | FAO-Unesco 1988 |
| --- | --- | --- |
| Alfisols | Luvisols<br>Nitosols<br>Planosols<br>Podzoluvisols<br>Solonetz | Lixisols<br>Luvisols<br>Nitisols<br>Planosols<br>Podzoluvisols<br>Solonetz |
| Andisols | Andosols | Andosols |
| Aridisols | Solonchaks<br>Yermosols<br>Xerosols | Calcisols<br>Gypsisols<br>Solonchaks |
| Entisols | Arenosols<br>Fluvisols<br>Lithosols<br>Rankers<br>Regosols<br>Rendzinas | Arenosols<br>Fluvisols<br>Leptosols<br>Regosols |
| Gelisols | | |
| Histosols | Histosols | Histosols |
| Inceptisols | Cambisols<br>Gleysols | Cambisols<br>Gleysols |
| Mollisols | Chernozems<br>Kastanozems<br>Phaeozems<br>Greyzems | Chernozems<br>Kastanozems<br>Phaeozems<br>Greyzems |
| Oxisols | Ferralsols | Ferralsols |
| Spodosols | Podzols | Podzols |
| Ultisols | Acrisols | Acrisols<br>Alisols<br>Plinthosols |
| Vertisols | Vertisols | Vertisols |
| | | Anthrosols |

（注）Soil Taxonomy と FAO-Unesco の土壌名は必ずしも 1 対 1 で対応するものではない．ここでは主な対応先と考えられるものを示した．

（小原　洋）

付表16　代表的な暖地型イネ科牧草と乾季・雨季での生育

| 学名 | 一般名 | 乾季における生育 | 雨季における生育 |
| --- | --- | --- | --- |
| *Andropogon gayanus* | Gamba grass | 良好 | 中程度 |
| *Brachiaria brizantha* | St. Lusia grass | 良好 | 中程度 |
| *Brachiaria decumbens* | Signal grass | 良好 | 中程度 |
| *Brachiaria humidicola* | Creeping sugnal grass | 中程度 | 中程度 |
| *Brachiaria mutica* | Para grass | 中程度 | 良好 |
| *Brachiaria ruziziensis* | Ruzi grass | 中程度 | 中程度 |
| *Cenchrus cilialis* | Buffel grass | 良好 | 中程度 |
| *Chloris gayana* | Rhodes grass | 良好 | 中程度 |
| *Cynodon dactylon* | Bermuda grass | 中程度 | 中程度 |
| *Cynodon nelemfenses* | Giant star grass | 中程度 | 中程度 |
| *Digitaria decumbens* | Pangola grass | 中程度 | 中程度 |
| *Echinocloa stagnina* | Banyard grass | 中程度 | 中程度 |
| *Eleusine coracana* | African millet | 不適 | 中程度 |
| *Eragrostis curvula* | Weeping love grass | 良好 | 不適 |
| *Hyparrhenia rufa* | Jaraga grass | 良好 | 良好 |
| *Melinis minutaeflora* | Molasses grass | 良好 | 中程度 |
| *Panicum coloratum* | Coloured guinea grass | 中程度 | 良好 |
| *Panicum coloratum var. makarikariense* | Makarikari grass | 中程度 | 良好 |
| *Panicum maximum cv. Gatton* | Gatton panic | 良好 | 良好 |
| *Panicum maximum cv. TD58* | Purpule guinea grass | 良好 | 良好 |
| *Panicum maximum var. trichoglume* | Green panic | 中程度 | 中程度 |
| *Paspalum commersonii* | Scorbic grass | 中程度 | 中程度 |
| *Paspalum notatum* | Bahia grass | 中程度 | 中程度 |
| *Paspalum plicatulum* | Plicatulum | 中程度 | 中程度 |
| *Paspalum wettsteinii* | Broad leaf paspalum | 中程度 | 中程度 |
| *Pennisetum clandestinum* | Kikuyu grass | 中程度 | 中程度 |
| *Pennisetum purpureum* | Napier grass | 中程度 | 中程度 |
| *Pennisetum typhoides* | Pearl millet | 中程度 | 中程度 |
| *Setaria porphyrantha* | Purpule pigion grass | 中程度 | 中程度 |
| *Setaria sphacelata* | Setaria grass | 中程度 | 中程度 |
| *Sorghum sudanense* | Sudan grass | 中程度 | 中程度 |
| *Tripsacum laxum* | Guatemala grass | 良好 | 中程度 |
| *Urochloa mosambicensis* | Sabi grass | 良好 | 中程度 |

（川本康博）

付表17　熱帯・亜熱帯地域で実用栽培されている主な暖地型マメ科牧草とその農業的適応の要約

| 学名 | 一般名 | 栽培品種 | 播種量 (kg/10a) | 耐性 霜 | 耐性 旱ばつ | 耐性 湛水 | 最小降雨量 (mm) | 土壌適性 | 適応根粒菌型 | 備考 |
|---|---|---|---|---|---|---|---|---|---|---|
| Aeshynomene americana | aeshynomene (エスキノーミナ) | Glenn, Lee | 1-3 | 弱 | 中程度 | 強 | | | | |
| Calopogonium mucunoides | calopo (カロポ) | — | 1-3 | 弱 | 中程度 | 中程度 | 1200 | 多用 | カウピー | 先駆マメ科草，雑草抑制のための旺盛な生長 |
| Centrosema pubesoens | centro (セントロ) | Common, Belalto | 3-5 | 弱 | 中程度 | 強 | 1200 | 多用 | 特有種 | 熱帯低地環境に対して適応 |
| Desmodium heterophylium | hetero (ヘテロ) | Johnstone | 1-2 | 弱 | 中程度 | 強 | 1500 | 多用 | 特有種 | 熱帯湿潤海岸地域，パンゴラグラス及びシグナルグラスとよく組み合わせられる |
| D. intortum | desmodium (デスモディウム) | Greenleaf | 1-2 | 中程度 | 中程度 | 強 | 900 | 多用 | 特有種 | 熱帯，亜熱帯海岸地域でイネ科草とよく組み合わせられる |
| D. uncinatum | desmodium (デスモディウム) | Silverleaf | 1-3 | 中程度 | 中程度 | 弱 | 900 | 多用 | 特有種 | 不良条件下でグリーンリーフより耐性がある． |
| Glydne wightii | glycine (グライシン) | Tinaroo, Cooper, Clarence, Malawi | 2-5 | 中程度 | 強 | 弱 | 750 | 良排水 | カウピー | 亜熱帯及び高緯度熱帯に適応する |
| Lablab purpureus | lablab (ラブラブ) | Rongai Highworth | 10-20 | 中程度 | 強 | 中程度 | 600 | 多用 | カウピー | 被覆作物，緑肥，乾草及びサイレージに良い |
| Leucaena leucocephala | leucaena (ギンネム) | Peru, Cuningham El Salvador | 4-6 | 弱 | 強 | 弱 | 750 | 良排水 | 特有種 | 多年生低木 シグナルグラスとよく組み合わせられる |
| Lotonoris bainesii | lotononis (ロトノニス) | Miles | 0.5-1 | 強 | 中程度 | 最強 | 900 | 軽，砂状，良排水 | 特有種 | 酸性土壌に適応 嗜好性良好 |
| Macroptilium atropurpureum | sir atro (サイラトロ) | Siratro | 1-3 | 中程度 | 強 | 中程度 | 600 | 多用 | カウピー | 定着は容易 増殖良好，耐性良好 |
| M. lathyroides | phasey bean (ファジービーン) | Murray | 1-3 | 弱 | 中程度 | 最強 | 750 | 多用 | カウピー | 一年生で自家再生，湛水によく適応 |
| Macrotyloma axilare | axillaris (アクシラリス) | Archer | 3-5 | 弱 | 強 | 中程度 | 1000 | 良排水 | カウピー | 多くのイネ科草及びマメ科草と組み合わせられる |
| Macrotyloma uniflorum | uniflorus (ユニフロリクス) | Leichhardt | 5-20 | 中程度 | 強 | 中程度 | 600 | 砂状 | カウピー | 一年生，定着は容易で待機秋放牧に良い |
| Pueraria phaseoloides | puero (プエロ) | — | 1-3 | 弱 | 弱 | 強 | 1250 | 酸性土壌に対して強い耐性 | カウピー | 先駆種，嗜好性良好で生産性が高い |
| Stylosanthes guianensis | stylo (スタイロ) | Schofield, Cook, Endeavour | 2-5 | 弱 | 強 | 中程度 | 850 | 多用 | カウピー | 熱帯多雨，やせた土地に対して適応 |
| S. humilis | Townsville stylo (タウンスビルスタイロ) | Common, Patterson, Lawson, Gordon | 3-6 | 弱 | 強 | 弱 | 600 | 多用，良排水 | カウピー | 定着が容易で追播に良い |
| S. hamata | carribean (カリビアン) | Verano | 3-6 | 弱 | 強 | 弱 | 600 | 良排水 | カウピー | 周年放牧，現行のタウンスビルスタイロ地域によく適応 |
| S. scabra | shrubby stylo (シュラッビースタイロ) | Seca | 3-6 | 弱 | 強 | 弱 | 450 | 多用 | カウピー | 季節的乾燥熱帯によく適応 |
| Trifolium semipilosum | Kenya white clover (ケニヤホワイトクローバー) | Safari | 1-3 | 弱 | 強 | 中程度 | 1000 | 多用 | 特有種 | 亜熱帯，高緯度熱帯でホワイトクローバーより適応し，キクユグラスとよく組み合わせられる |

(川本康博)

付表18　南洋材（非フタバガキ科）

| 市場名　学名 | 主な産地 | 性質 | 用途 |
|---|---|---|---|
| アカシア類<br>*Acacia aulacocarpa* A. Cunn. ex Benth<br>ブラウンワットル | パプアニューギニア，オーストラリア．各地に造林される． | 心材の色：濃オリーブ褐色，濃褐色で，濃淡がある．気乾容積重は0.69. | 家具，建具など．造林木からの木材は用材としてより，燃料用が主．パルプ原料． |
| *Acrassicarpa* A. Cunn. ex Benth.<br>レッドワットル | パプアニューギニア． | 心材の色：濃黄褐色，金褐色で，濃淡がある．気乾容積重は0.71. | |
| *A. mangium* Willd.<br>マンギユムアカシア | オーストラリア．各地に造林される． | 心材の色：黄褐色，金褐色で，濃淡がある．気乾容積重は0.63. | |
| アガチス<br>*Agathis dammara* (Lamb.) Rich. (= *A. alba* (Lamb.) Foxw.) を含む *Agathis* spp. | 属としては東南アジアからニューギニア，オーストラリア，フィジー，ニューカレドニアにかけて産する．造林もされる． | 心材の色：桃色を帯びた淡褐色—淡黄褐色，色の変動が多い．耐久性は低い．気乾容積重は0.37 – 0.63. 針葉樹． | 家具（机などの引き出しの側板），建具，合板，ドア，碁盤．ナンヨウカツラ，ナンヨウヒノキなどという商品名もある． |
| アロウカリア<br>*Araucaria hunsteinii* K. Sch. (= *A. klinkii* Laut.)<br>クリンキパイン<br>*A. cunninghamii* Ait. ex D. Don<br>フープパイン | パプアニューギニア．造林される． | 心材の色：淡色で，淡褐色—淡黄褐色を帯びる程度．材面に小さい節を持つ．気乾容積重は0.44 – 0.52. 耐久性は高くない．針葉樹． | 建築の枠用材．床板，羽目板，床板，木型，合板，家具，キャビネットなど． |
| イピル・イピル<br>*Leuceana latisiliqua* (L.) Gillis (= *L. leucocephala* De Wit) | 中米原産．広く植栽される． | 心材の色：赤褐色．木理交錯．耐久性あり．虫害に強い．気乾容積重は0.73 | 用材としてより飼料，肥料木などを含めて多目的利用される．丸太の形で，建築用，支柱，彫刻，細工など．薪炭に賞用される． |
| カランバヤン，ラブラ<br>*Anthocephalus chinensis* (Lamk.) A. Rich. ex Walp. (= *A. cadamba* (Roxb.) Miq.) | アジアから太平洋地域．造林されることが多い． | 心材の色：淡黄白色—淡黄褐色．木理交錯．軟らかで，気乾容積重は0.35 – 0.52. 耐久性は低い．変色しやすい． | 淡色で，軽軟な木材の必要な用途．合板，茶箱，枠用材，パルプ材． |

付表18 南洋材（非フタバガキ科）（続き1）

| 市場名　学名 | 主な産地 | 性質 | 用途 |
|---|---|---|---|
| ケンパス<br>*Koompassia malaccensis* Maing ex Benth. | マレーシア，インドネシア． | 心材の色：赤褐色，やや橙色を帯び，後，濃褐色．木理交錯．材内師部をもつ．耐久性は高くはない．重硬で，気乾容積重は0.77－0.99． | 防腐処理をして枕木，器具柄，家具，重構造物． |
| ゴムノキ<br>*Hevea brasiliensis* Muel.－Arg. | 南米原産，ゴムを採取するため広く植栽されているされている． | 心材の色：淡黄白色．辺材との色の差は殆どない．木理殆ど通直．堅軟中庸．気乾容積重は0.56－0.64．変色し易い． | 家具用材，特に国産材の代替材として広く利用される． |
| ジェルトン<br>*Dyera costulata* Hook. f., *D. lowii* Hook.f. | マレーシア西部地域． | 心材の色：辺材との区別は殆どなく，白色－黄白色．木理通直．軽軟で，気乾容積重は0.42－0.50．耐久性は低い．材内師部をもつ． | 軽軟で，加工しやすいが，材内師部による穴があるので，表面に出るような用途には使われにくい．主として，家具，内装の枠，骨組みなどに．幹を傷つけてにじみ出るラテックスはチューインガムの原料． |
| ジョンコン<br>*Dactylocladus stenostachys* Oliv. | サラワク，西部カリマンタン． | 心材の色：淡橙褐色－淡桃褐色．接線断面を見ると，材内師部によるレンズ状の穴がしばしば見られる．木理通直．やや軽軟で，容積密度重は0.44－0.54．耐久性は低い． | 材面に穴が出るので，表面に出る用途には用いない．家具の骨組み，建具，木彫． |
| セプター<br>*Sindora coriacea* Maing ex Prain を含む *Sindora* spp. | タイ，マレーシア，フィリピン，インドネシア． | 心材の色：桃色を帯びた褐色を示すものが多い．濃色の縞を持つものもある．同心円状に配列する軸方向樹脂道をもつ．木理通直－やや交錯．やや軽軟－重硬で，樹種によりかなり異なる．気乾容積重は0.57－0.76．耐久性は幅がある． | 家具，キャビネット，合板，材面の美しいものは装飾的な用途に．仏壇にも． |
| ターミナリア類<br>*Terminalia brasii* Exell<br>ブラウンターミナリア | ソロモン，ブーゲンビル，ニューブリテン，ニューアイルランド．造林される． | 心材の色：淡褐色，辺材との区別は殆どない．やや軽軟で，気乾容積重は0.45．耐久性は低い． | パルプ原料 |

付表18　南洋材（非フタバガキ科）（続き2）

| 市場名　学名 | 主な産地 | 性質 | 用途 |
|---|---|---|---|
| *Terminalia calamansanai* (Blanco) Rolfe などを含む *Terminalia* spp. イエローブラウンターミナリア | タイ，マレーシア，フィリピン，インドネシア，ニューギニア，ソロモン． | 心材の色：褐色－黄褐色．やや重硬で，気乾容積重は0.67－0.74．木理交錯．耐久性は低い． | 合板，軽構造材，家具の骨組み，造作など． |
| *Terminalia catappa* L.. を含む *Terminalia* spp. レッドブラウンターミナリア | 熱帯アジア，ポリネシア | 心材の色：淡赤褐色－赤褐色，時に黄色を帯びる部分がある．やや軽軟で，気乾容積重は0.44－0.52．木理交錯．耐久性は低い． | 軽構造材，合板，家具の骨組み，造作など． |
| タウン，マトア *Pometia pinnata* Forst. | 熱帯アジア，太平洋地域． | 心材の色：桃褐色－赤褐色．木理通直－やや交錯．やや－重硬で，気乾容積重は0.45－0.80．耐久性は高くない． | 太平洋地域の代表的な市場材の一つ．家具，キャビネット，器具柄，内装． |
| テレンタン，キャンプノスペルマ *Campnosperma auriculata* Hook. f., *C. brevipetiolata* Volk. を含む *Campnosperma* spp. | 属としてはマレーシアから太平洋地域へ． | 心材の色：淡桃色－帯桃淡灰色．木理浅く－深く交錯．やや軽軟－軽軟で，気乾容積重は0.32－0.55．耐久性は低い．接線断面に水平樹脂道による濃色の点が見られることが多い． | 合板の芯板，家具の骨組み，集成材の芯板，フラッシュの芯材，マッチ，額縁． |
| ドリアン *Durio zibethinus* Murr. *D. oxleyanus* Griff. を含む Durio spp. | 東南アジア．果実採取のため植栽されることが多い（*D. zibethinus*）． | 心材の色：赤褐色－灰褐色．木理通直－交錯．やや軽軟で，気乾容積重は0.48－0.72．耐久性は低い． | 軽構造物，合板． |
| ニャトー，ペンシルシーダー *Palaquium erythrospermum* H. J. Lam. を含む *Plaquium* spp. | 東南アジアから太平洋地域へ． | 心材の色：桃色－赤色－赤褐色．木理通直－やや交錯する．やや重硬－重硬で，気乾容積重は0.47－0.89．耐久性は樹種により，低い－かなり高い． | この地域の代表的な家具，キャビネット用材．建具，内装，合板，器具柄． |
| ビンタンゴール，カロフィルム *Calophyllum papuanum* Laut., *C. obliquinervium* Merr. を含む *Calophyllum* spp. | 属としては，熱帯アジアから太平洋地域，さらに，オーストラリア，熱帯アメリカへ． | 心材の色：桃褐色－紅褐色．木理交錯－通直．やや重硬－重硬．規則的に配列する柔組織の帯が見られる．やや重硬－重硬で，気乾容積重は0.58－0.77．耐久性は特に高くはない． | 地域の代表的な家具，キャビネット用材．材質によって幅広い用途がある． |

付表 18　南洋材 (非フタバガキ科)　(続き 3)

| 市場名　学名 | 主な産地 | 性質 | 用途 |
| --- | --- | --- | --- |
| プライ<br>*Alstonia scholaris* (L.) R. Br. を含む *Alstonia* spp. | 東南アジアから太平洋地域へ. | 心材の色：黄白色, 辺材との差は殆どない. 木理通直. 軽軟で, 気乾容積重は 0.34 – 0.50. 耐久性は低い. 乳跡を持つので, 接線断面にはレンズ状の裂け目を持つ. | 軽軟で, 加工しやすいことを利用した用途が多い. 乳跡があるので, 表面に出る用途には適しない. 家具の芯材, 箱, マッチなど. |
| マンゴ<br>*Mangifera indica* Linn. を含む *Mangifera* spp. | 東南アジアから太平洋地域へ. 果実採取のため植栽される (*M. indica*). | 心材の色：赤褐色－濃褐色で, より濃色の縞を持つものもある. 時に心材の形成が十分でないものがあり, 淡色のこともある. 木理通直－やや交錯. やや軽軟－やや重硬で, 気乾容積重は 0.48 – 0.72. 耐久性は低い. | 建築, 家具, キャビネット. 材面の美しいものは化粧用. |
| メライナ, ヤマネ<br>*Gmelina arborea* Linn. | 熱帯アジア, インド, ミヤンマー, インドシナなど. 広く各地に造林される. | 心材の色：褐色を帯びた淡黄色, 辺材との差は少ない. 木理通直－交錯. 軽軟で, 気乾容積重は 0.40 – 0.58. 耐久性は低い. | 家具, 細工物, 彫刻, 合板. 造林木はパルプ用材. |
| メルバオ, クウイラ<br>*Intsia bijuga* (Colebr.) Kuntze, *I. palembanica* Mlq. | マダガスカルから熱帯アジアを経て太平洋地域におよぶ. | 心材の色：褐色－金褐色－赤褐色, 時に濃色の縞がある. 木理は交錯. 重硬で, 気乾容積重は 0.74 – 0.90. 耐久性は高い. 湿潤状態では鉄を腐食. | 強さと耐久性を必要とする用途. 橋梁, 土台, 床板, 重構造物, 枕木, 器具柄, 家具. |
| メンクラン<br>*Herritiera simplicifolia* (Mast.) Kost. を含む *Herritiera* spp. | 熱帯アジアから太平洋地域, 同属の樹種はアフリカにもある. | 心材の色：橙褐色－赤褐色で, 金色の光沢をもつ. 木理交錯. やや重硬－重硬で, 気乾容積重は 0.61 – 0.89. 耐久性は低い－やや高い. | 合板, 家具などメランチ類のように用いられる. 重硬なものは構造材. 支柱, 器具. |
| モルッカンソウ<br>*Albizia falcataria* (L.) Fosberg ( = *Paraserianthus falcataria* (L.) Nielsen) | モルッカ諸島から太平洋地域. 広く造林される. | 心材の色：淡黄白色, 時に桃色を帯びる. 辺材との差は少ない. 木理交錯. 軽軟で, 気乾容積重は 0.23 – 0.49. 耐久性は低い. | 軽軟で, 加工の容易さの必要で, 材面の美しさの不必要な用途. 集成材の芯板, 箱, 包装. |

付表18 南洋材（非フタバガキ科）（続き4）

| 市場名　学名 | 主な産地 | 性質 | 用途 |
|---|---|---|---|
| ユーカリ類<br>*Eucalyptus deglupta* Blum.<br>カマレレ，カメレレ | ニューギニア，インドネシア，フィリピンなど．造林される． | 心材の色：淡褐色，辺材との差は少ない（造林木）．赤褐色（天然木）．木理やや交錯－通直．耐久性は低い．やや軽軟．気乾容積重は0.42－0.45（造林木）． | パルプ材，合板．天然木は家具，建具，梱包材． |
| シドニーブルーガム<br>*E. saligna* Sm. | オーストラリア，造林される． | 心材の色：桃色－赤褐色．木理通直－やや交錯．気乾容積重は0.50－0.60（造林木）． | 建築，家具，パルプ，合板． |
| ラミン<br>*Gonystylus bancanus* Kurz | マラヤ，スマトラ，ボルネオ． | 心材の色：黄白色，辺材との差は少ない．耐久性は低い．木理はやや交錯．やや重硬で，気乾容積重は0.52－0.67． | 家具，建具，指物，内装などで，淡色の木材が好まれる用途． |
| レンガス<br>*Gluta renghas* Linn. を含む *Gluta* spp. と *Melanorhoea wallichii* Hook. f.. を含む *Melanorhoea* spp. | インドからマラヤ，ボルネオへ． | 心材の色：鮮やかな赤色－黄色など，樹種により異なる．濃色の縞を持つものもある．木理交錯．やや重硬－重硬，気乾容積重は0.57－0.88．新しい材面は皮膚の炎症を起こす． | 材面の色の美しさを利用した用途（十分な乾燥が必要）．家具，キャビネットなど．特異な色を利用した用途も． |
| ダオ<br>*Dracontomelon dao* (Blco.) Merr. & Rolfe | マレイシア地域から太平洋地域へ． | 心材の色：かなり変化があり，黄褐色，赤褐色，灰色，黄灰色などで，灰黒色，濃黒色，緑黒色の縞がある．木理交錯．気乾容積重は0.48－0.64． | 黒色の縞に化粧的な価値が高いので，主として化粧単板（ウオルナットの代用）として使われる． |
| チーク<br>*Tectona grandis* Linn. f. | ミャンマー，インド，タイ，世界各地に造林される． | 心材の色：金褐色，濃褐色で産地により差がある．しばしば黒色，紫色を帯びた縞がある．木理通直．重硬で，気乾容積重は0.57－0.69．年輪が認められる．耐久性は高い． | 船舶の甲板材としてよく知られている．現在はその化粧的価値の高いことから家具，内装材，化粧合板として使われる．世界の有名銘木の一つ． |

（須藤彰司）

付表 19　南洋材（フタバガキ科）

| 市場名　学名 | 主な産地 | 性質 | 用途 |
|---|---|---|---|
| メルサワ<br>*Anisoptera thurifera* (Blco.) Bl., *A. glabra* Kurz などを含む *Anisoptera* spp. | ミャンマー, タイ, マレーシア, フィリピン, インドネシアを経てニューギニアへ. | 心材の色：黄白色－淡黄褐色, 新鮮時桃色の縞があるが, 後退色する. 辺材との差は少ない. 木理交錯. 重硬. 気乾容積重 0.53 - 0.70. 散在する軸方向樹脂道を持つ. シリカを含む. | 家具, キャビネット, 建具, 合板などに用途は広い. |
| クルイン, ヤン, アピトン<br>*Dipterocarpus grandiflorus* Blco., *D. alatus* Roxb. などを含む *Dipterocarpus* spp. | インド, スリランカ, マレーシアを経て, フィリピン, インドネシアへ. | 心材の色：濃灰褐色－赤褐色. 木理通直－やや交錯. 短接線状に配列する軸方向樹脂道を持つ. 浸出した脂で材面が汚れていることが多い. 樹種により, やや重硬－重硬－非常に重硬. 気乾容積重は 0.64 - 0.91. シリカを含む. 耐久性は高くない. 薬剤処理容易. | 材面が美しくないため, 重構造物, 枕木（防腐処理）, 橋梁, 床板, トラックの車体, 時には合板など. |
| カプール<br>*Dryobalanops lanceolata* Burck, *D. aromatica* Gaertn. f. などを含む<br>*Dryobalanops* spp. | マレーシア, スマトラ, ボルネオ. | 心材の色：短赤褐色－濃赤褐色で, やや黄色をおびることもある. 生材時強烈な樟脳様の匂いを持つものが多い. 長く同心円状に配列する軸方向樹脂道を持つ. 木理通直－やや交錯－交錯. 重硬で, 気乾容積重は 0.56 - 0.83. シリカを含む. | 建築, 床板, 車両, 構造物, 合板など. |
| メランチ類<br>イエローメランチ類<br>*Shorea faguetiana* Heim, *S. regina － negra* Foxw. などを含む *Shorea* spp.<br>(*Richetioides* 亜属) | マレーシア, インドネシア, フィリピンなど. | 心材の色：やや緑色を帯びた黄褐色. 空気中に長く暴露すると灰色. 長く同心円状に配列する軸方向樹脂道を持つ. 木理交錯. やや軽軟－やや重硬で, 気乾容積重は 0.40 - 0.56. 耐久性は低い. | 合板, 家具, 建築. 用途は広い（材面が美しくないので, 表面に使われることは少ない）. |

ラワンは南洋材（フタバガキ科）の総称.

付表 19　南洋材（フタバガキ科）（続き1）

| 市場名　学名 | 主な産地 | 性質 | 用途 |
|---|---|---|---|
| ホワイトメランチ類 *Shorea gratissima* Dyer, *S. hypochra* Hance などを含む *Shorea* spp. (*Anthoshorea* 属) | インドからマレーシア，インドネシア，フィリピンなど． | 心材の色：淡黄白色－淡橙白色－淡黄褐色．辺材との差は少ない．長く同心円状に配列する軸方向樹脂道を持つ．木理交錯．やや重硬－重硬で，気乾容積重は 0.51 − 0.84．シリカを含む．耐久性は高くない． | 合板，特に淡色の木材が必要な家具，内装に賞用される．用途は広い． |
| レッドメランチ類 *Shorea leprosula* Miq., *S. pauciflora* King などを含む *Shorea* spp. (*Rubroshorea* 亜属) | マレーシア，インドネシア，フィリピンなど． | 心材の色：赤褐色－濃赤褐色（ダークレッドメランチ），淡灰褐色－桃色－淡赤褐色（ライトレッドメランチ）．木理交錯．長く同心円状に配列する軸方向樹脂道をもつ．濃色のものはより重硬で，気乾容積重は 0.38 − 0.50.（ライトレッドメランチ），0.64 − 0.80（ダークレッドメランチ）．耐久性は濃色のものがより高い． | 合板，建築，建具，その他用途は広い．代表的な南洋材． |
| ホワイトセラヤ *Parashorea malaanonan* Merr. | フィリピン，ボルネオ． | 心材の色：灰褐色－淡褐色で，時に，不規則な黒色の縞があり辺材との差は少ない．長く同心円状に配列する軸方向樹脂道を持つ．木理交錯．気乾容積重は 0.37 − 0.63．耐久性は高くない． | 合板，建築，建具など，利用に当たって，殆どライトレッドメランチと区別されていない． |
| セランガンバツ類 *Shorea laevis* Ridl., *S. robusta* Gaertn. f. などを含む *Shorea* spp. (*Shorea* 亜属) | インド，スリランカからマレーシア，インドネシア，フィリピンへ． | 心材の色：黄褐色－暗黄褐色褐色－赤褐色－暗赤褐色，紫色を帯びるものもある．普通木理交錯．長く同心円状に配列する軸方向樹脂道を持つ．重硬－非常に重硬で，気乾容積重は 0.84 − 1.10．耐久性は高い． | 重構造物，杭，土台，枕木など，強さと耐久性の必要な用途に賞用される． |

（須藤彰司）

付表20 熱帯地域におけるネズミの重要有害種と被害作物

| ネズミの種類 | 国名 | 被害作物 |
|---|---|---|
| | 東南アジア・太平洋諸島 | |
| *Rattus rattus* クマネズミ | フィリピン, マレーシア, インドネシア, タイ, 太平洋諸島 | コメ, トウモロコシ, ココナッツ, アブラヤシ, カカオ, サトウキビ, パインアップル |
| *Rattus argentiventer* コメクマネズミ | フィリピン, マレーシア, インドネシア, タイ, ベトナム, ニューギニア | コメ, トウモロコシ, アブラヤシ, サトウキビ |
| *Rattus tiomanicus* マレーシアクマネズミ | マレーシア, インドネシア, タイ | アブラヤシ, カカオ, 根菜類 |
| *Rattus losea* コキバラネズミ | タイ, 台湾, 中国南部 | コメ, サトウキビ, 根菜類 |
| *Rattus exulans* ナンヨウネズミ | フィリピン, マレーシア, インドネシア, タイ, ベトナム, 太平洋諸島 | コメ, トウモロコシ, ココナッツ, カカオ, サトウキビ, 根菜類, パインアップル |
| *Rattus norvegicus* ドブネズミ | フィリピン, マレーシア, インドネシア, タイ, 太平洋諸島 | サトウキビ |
| *Bandicota* spp. オニネズミ属 | ミャンマー, マレーシア, インドネシア, タイ, ベトナム, タイワン | コメ, サトウキビ, 根菜類 |
| *Mus* spp. ハツカネズミ属 | フィリピン, マレーシア, インドネシア, タイ, 太平洋諸島 | コメ, パインアップル |
| | 南アジア | |
| *Bandicota* spp. オニネズミ属 | パキスタン, インド, ネパール, スリランカ, バングラデシュ, ミャンマー | コメ, ムギ, トウモロコシ, ココナッツ, カカオ, サトウキビ, 根菜類 |
| *Nesokia indica* チビオオニネズミ | パキスタン, インド | コメ, ムギ, トウモロコシ, ワタ, サトウキビ, 根菜類 |
| *Millardia meltaoa* ミラードヤワゲネズミ | パキスタン, インド, ミャンマー | コメ, ムギ, トウモロコシ, ワタ, ココナッツ, サトウキビ |
| *Tatera indica* インドオオアレチネズミ | パキスタン, インド, スリランカ | コメ, ムギ, トウモロコシ, ワタ, カカオ, サトウキビ, 根菜類 |
| *Rottus rattus* クマネズミ | インド | コメ, ワタ, ココナッツ, カカオ, サトウキビ |
| | アフリカ | |
| *Rattus rattus* クマネズミ | 北部, 西部, 東部, 南部 | コメ, ムギ, トウモロコシ, サトウキビ |
| *Mastomys* (= *Praomys*) spp. チチヤワゲネズミ | 西部, 東部, 南部 | コメ, ムギ, トウモロコシ, ワタ, アブラヤシ, サトウキビ, 根菜類, イトスギ |
| *Arvicanthis niloticus* ナイルサバンナネズミ | 西部, 東部, エジプト | コメ, ムギ, トウモロコシ, ワタ, サトウキビ, 根菜類 |
| *Meriones* spp. スナネズミ属 | 北部〜中近東, インド, 中国北部 | コメ, ムギ, ワタ, サトウキビ |
| *Thryonomys swinderianus* ヨシネズミ (サトウキビネズミ) | 西部, 東部, 南部 | コメ, ムギ, トウモロコシ, アブラヤシ, カカオ, サトウキビ, 根菜類, パインアップル, 針葉樹 |
| *Gerbillus* spp. アレチネズミ属 | 北部 | コメ, サトウキビ |
| *Rhabdomys pumilio* ヨスジクサマウス | 東部, 南部 | コメ, ムギ, サトウキビ, 針葉樹 |
| | 中・南米 | |
| *Sigmodon hispidus* アラゲコトンラット | アメリカ南部〜中米, 南米北部 | コメ, トウモロコシ, ワタ, アブラヤシ, カカオ, サトウキビ |
| *Holochilus* spp. ヌマコトンラット | 南米北部海岸帯, ブラジル, ウルグアイ, アルゼンチン, ペルー | コメ, ワタ, カカオ, サトウキビ |
| *Oryzomys longicaudatus* オナガコメネズミ | チリ, アルゼンチン, ホンジュラス, エクアドル, 〜メキシコ | コメ, ムギ, トウモロコシ, ワタ, サトウキビ, 根菜類, コーヒー |
| *Zygodontomys brevicauda* | コスタリカ, 南米北部 | コメ, サトウキビ |

*Rattus rattus* には亜種も含む. リス, ヤマアラシは除いた.　　　　　　　　　　(草野忠治)

付表21 熱帯アメリカ材

| 市場名　学名 | 主な産地 | 性質 | 用途 |
|---|---|---|---|
| アルバルコ<br>*Cariniana pyriformis* Miers. を含む *Cariniana* spp. | コロンビア，ヴェネズエラ，ペルー，ボリビア，ブラジルなど． | 心材の色：淡桃褐色－赤褐色．木理通直－やや交錯．やや重硬－重硬．気乾容積重は $0.50-0.70$. シリカを含む．濃色のものは耐久性が高い． | 一般建築，家具，キャビネット，合板，床板，ろくろ細工． |
| イペ，ラパチョ<br>*Tabebuia serratifolia* (Vahl.) Nich. を含む *Tabebuia* spp. | 広く熱帯アメリカ． | 心材の色：新鮮時黄緑色，後濃褐色．道管の中に黄色の物質を含む．木理交錯．非常に重硬．気乾容積重は $0.91-1.20$. 耐久性は高い． | 強さと耐久性が必要な用途，橋梁，埠頭，床板．器具柄，ステキ，弓，化粧単板． |
| ココボロ<br>*Dallbergia retusa* Hemsl. | メキシコ，サルバドル，ホンジュラス，ニカラグア，コスタリカ，パナマ，コロンビアなど． | 心材の色：不均一で，オレンジ，黄色，赤褐色，濃紫褐色などが混在して，縞状になっている．特有の匂いをもつ．木理通直－やや交錯．重硬で，気乾容積重は $0.99-1.22$. | 化粧的な価値が高い．伝統的にブラッシュのハンドルに使われている．象嵌，器具柄，楽器，細工物，食卓用品． |
| セドロ，スパニッシュシーダー<br>*Cedrela odorata* Linn. | メキシコから西インド諸島，チリ以外の熱帯アメリカ．造林される． | 心材の色：淡褐色－濃赤褐色．金色の光沢がある．成長輪がやや認められる．木理ほほど通直．軽軟－やや軽軟．気乾容積重は $0.43-0.45$. 生材には芳香がある．病虫害に対して強い． | 伝統的な葉巻用の箱，キャビネット，彫刻，建築，化粧単板．ラテンアメリカの古典的な木材の一つ． |
| パープルハート<br>*Peltogyne densiflora* Spruce を含む *Peltogyne* spp. | パナマ，トリニダッド，さらに，アマゾン周辺地域． | 心材の色：生材時は褐色で，後鮮やかな紫色をおびる．木理通直－やや不規則－交錯．重硬－非常に重硬．気乾容積重は $0.80-1.05$. 耐久性は非常に高い． | 寄せ木，象嵌，ビリヤードのキュー，バットキャビネット，彫刻，強さと耐久性が必要な用途，化粧単板． |
| バルサ<br>*Ochroma lagopus* Sw. | 熱帯アメリカ，特に中米の国々は主産地．造林される． | 心材の色：白色－帯桃淡褐色．木理通直．軽軟で，世界の最軽軟材の一つ．気乾容積重は0.2程度． | 軽いほど評価される．熱，温度に対する絶縁性の必要な用途に賞用される．模型，救命具類． |

付表21　熱帯アメリカ材　（続き）

| 市場名　学名 | 主な産地 | 性質 | 用途 |
|---|---|---|---|
| ブラジリアンローズウッド<br>*Dalbergia nigra* Fr. Allem. | ブラジル. | 心材の色：褐色−紫を帯びた黒色で，赤色を帯びる部分もあり，全体の色は均一ではない．永続性のある芳香を持つ．重硬．気乾容積重は0.87程度． | 家具，建具，キャビネット，内装など化粧的な価値が必要な用途．欧米で最も著名なローズウッド（熱帯アメリカには，このほかにも種種類のローズウッドがあり，賞用される．いずれも同属）． |
| ブラジルウッド，ヘルナンブコ<br>*Caesalpinia echinata* Lam. | ブラジル東部 | 心材の色：生材時橙色を帯びるが，後濃赤色を帯びる．仕上げると美しい光沢をもつ．木理通直−やや不規則．非常に重硬．気乾容積重は0.90−1.25．耐久性は非常に高い． | 伝統的にバイオリンの弓に用いられることで著名．染料が採取される． |
| マホガニー類<br>*Swietenia mahagoni* King. および *S. macrophylla* King. | 前者は西インド地域．後者はメキシコ南部からブラジルにわたって分布し，世界の熱帯各地で造林される． | 心材の色：桃色−赤褐色で，光沢がある．マホガニー色の語源である．木理一般に通直．気乾容積重は0.48−0.81．寸度安定性は高い． | 高級家具，建築内装，キャビネット，楽器，木型，光学機械の箱など寸度安定性の必要な用途に賞用される． |
| モンキーポッド，レインツリー<br>*Samanea saman* (Jacq.) Merr. | メキシコから南米北部に分布．太平洋地域．熱帯アジアなどに広く造林され，庭園樹，街路樹などとして著名． | 心材の色：褐色−金褐色，色の濃淡による縞が出る．木理交錯．やや軽軟−やや重硬．気乾容積重は0.53−0.61． | 主として彫刻，家具，細工物（太平洋地域，アジアでは著名），化粧単板． |
| リグナムバイタ<br>*Guajacum officinale* Linn. および *G. sanctum* Linn. | 西インド諸島，中米，ヴェネズエラなど．殆どみられなくなった． | 心材の色：濃緑褐色で，時には殆ど黒色のものがある．木理交錯．高温で熱すると樹脂が出てくる．世界で最も重い木の一つ．気乾容積重は1.20−1.35． | かつて，船舶のスクリューの軸受け材としてよく知られていた．高い対摩耗性が要求される用途に賞用された． |

（須藤彰司）

付表22 熱帯果樹の種類と栽培適地

| 原産地 | 和名 | 学名 | 英名 | 栽培適地 |
| --- | --- | --- | --- | --- |
| 熱帯アジア | バナナ | *Musa* spp. | Banana | 熱帯・亜熱帯全域 |
| | ココナッツ | *Cocos nucifera* L. | Coconut | 熱帯全域 |
| | ドリアン | *Durio zibenthinus* Murr. | Durian | 熱帯湿潤 |
| | マンゴスチン | *Garcinia mangostana* L. | Mangosteen | 熱帯湿潤 |
| | ランブータン | *Nephelium lappaceum* L. | Rambutan | 熱帯湿潤 |
| | マンゴ | *Mangifera india* L. | Mango | 熱帯乾燥・亜熱帯 |
| | レンブ | *Eugenia javanica* L. | Wax jambu | 熱帯・亜熱帯全域 |
| | ミズレンブ | *Eugenia aqua* CURE. f. | Water apple | 熱帯全域 |
| | マレイフトモモ | *Eugenia malaccense* L. | Malay apple | 熱帯湿潤 |
| | ジャックフルーツ | *Artocarpus heterophyllus* LAM. | Jackfruit | 熱帯全域 |
| | コパラミツ | *Artocarpus integer* L. f. | Small jack | 熱帯湿潤 |
| | ゴレンシ | *Averrhoa carambola* L. | Star fruit | 熱帯全域 |
| | ランサー | *Lansium domestica* JACQ. | Lansat | 熱帯湿潤 |
| | リュウガン | *Euphoria longana* LAM | Longan | 熱帯高地・亜熱帯 |
| | レイシ | *Litchi chinensis* Sonn. | Litchi | 熱帯高地・亜熱帯 |
| (アフリカ?) | タマリンド | *Tamarindus indica* L. | Tamarind | 熱帯乾燥 |
| 熱帯アメリカ | パパイヤ | *Carica papaya* L. | Papaya | 熱帯・亜熱帯全域 |
| | パイナップル | *Ananas comosus* L. | Pineapple | 熱帯・亜熱帯全域 |
| | グアバ | *Psidium guajava* L. | Guava | 熱帯・亜熱帯全域 |
| | パッションフルーツ | *Passiflora edulis* Sims | Passionfruit | 熱帯高地・亜熱帯 |
| | オオミノトケイソウ | *Passiflora quadrangularis* L. | Giant granadilla | 熱帯湿潤 |
| | シャカトウ | *Annona squamosa* L. | Sugar apple | 熱帯乾燥 |
| | トゲバンレイシ | *Annona muricata* L. | Soursop | 熱帯湿潤 |
| | チェリモヤ | *Annona cherimola* L. | Cherimoya | 熱帯高地 |
| | サボジラ | *Achras zapota* L. | Sapodilla | 熱帯全域 |
| | アボカド | *persea americana* Mill. | Avocado | 熱帯高地・亜熱帯 |
| | カニステル | *Pouteria campechiana* Baehni | Canistel | 熱帯乾燥 |
| | カシュー | *Anacardium occidentale* L. | Cashew nut | 熱帯乾燥 |
| | アセロラ | *Malpighia glabra* L. | Barbados cherry | 熱帯・亜熱帯全域 |

(宇都宮直樹)

付表 23　熱帯産マツ類

| 市場名　学名 | 主な産地 | 性質 | 用途 |
|---|---|---|---|
| カシアマツ，ベンゲットマツ<br>*Pinus kesia* Role<br>(＝ *P. insularis* Endl.) | フィリピン，ミャンマーなど．造林される． | 心材の色：赤褐色－帯黄赤色．気乾容積重は0.48－0.75．変色菌の害を受けやすい． | 天然性のものは温帯産のマツのように利用されるが，造林されたものは，パルプ用材あるいは一般用材として使われるものが多い．合板用材，ボード用材としても利用される． |
| カリビアマツ<br>*Pinus caribaea* Mor. var. *hondurensis* Burrret & Golfari | ホンヂュラスなど，カリブ海沿岸地域．各地に造林される．フィジーに広い造林地． | 心材の色：淡褐色で，造林木は殆どが辺材で，淡色である．気乾容積重0.44－0.66．変色菌の害を受けやすい． | |
| メルクシマツ<br>*Pinus merkusii* Junch & De Vr. | ミャンマーからインドシナを経てインドネシア，フィリピンに． | 心材の色：赤褐色－帯黄赤色．造林木は淡色．気乾容積重0.39－0.42．変色菌の害を受けやすい． | |
| パチュラマツ<br>*Pinus patula* Shlechtendal & Chamisso | メキシコ | 心材の色：淡褐色．気乾容積重0.47． | |
| ラディアタマツ<br>*Pinus radiata* D. Don | カリフォルニア原産．ニュージーランド，チリ，南アフリカなどに広い造林地． | 心材の色：造林木は淡色で，殆ど心材の色は明らかではない．気乾容積重0.35－0.60．変色菌の害を受けやすい． | |

（須藤彰司）

付表24　熱帯で重要な細菌感染症

| 感染症名 | 病原体名 | 症状 | 治療法 | 感染経路 | 予防法 | 発生地域 |
|---|---|---|---|---|---|---|
| コレラ | *Vibrio cholerae*（コレラ菌）O1型およびO139型 | 水様性下痢による脱水症状，倦怠感 | 輸液，経口補水液・抗生物質投与 | 菌に汚染した水・氷・食品による経口感染 | 生水・氷・生食品等の回避 | 熱帯・亜熱帯地域 |
| 腸チフス・パラチフス | *Salmonella* Typhi（チフス菌），*Salmonella* Paratyphi A（パラチフスA菌） | 発熱，頭痛，腹痛，衰弱，便秘，軽度の下痢，腸出血 | 抗生物質（クロラムフェニコール等）投与 | 感染者の排泄物による直接感染および水・食品等を介した間接感染 | 患者の隔離・治療，生水・生食品等の回避，ワクチン接種 | 全世界 |
| 赤痢 | *Shigella dysenteriae*（赤痢菌） | 血便，しぶり腹，発熱，腹痛，下痢 | 抗生物質（アンピシリン等）・サルファ剤投与 | 患者・感染者の排泄物による直接感染および水・食品等を介した間接感染 | 患者の隔離・治療，生水・生食品等の回避 | 全世界 |
| 腸炎ビブリオ感染症 | *Vibrio parahaemolyticus*（腸炎ビブリオ） | 下痢，発熱，腹痛，嘔吐，悪寒 | 輸液，抗生物質（テトラサイクリン等）投与 | 菌に汚染した魚介類による経口感染 | 生または加熱不十分な魚介類の摂食の回避 | 全世界 |
| 結核 | *Mycobacterium tuberculosis*（結核菌） | 咳，喀痰，血痰，倦怠感，肺の乾酪壊死病変 | 抗結核薬投与 | 患者・保菌者の飛沫による経気道感染 | ツベルクリン検査とBCGワクチン接種 | 全世界 |
| オウム病 | *Chlamydia psittaci* | 発熱・頭痛・全身倦怠・咳 | 抗生物質（テトラサイクリン等）投与 | 鳥類が保菌し，排泄物中の菌を含む粉じんの吸入により，ヒトに経気道感染 | 保菌の可能性のある鳥類との接触の回避 | 全世界 |
| Q熱 | *Coxiella burnetii* | 発熱，頭痛，感冒様症状，肺炎 | 抗生物質（テトラサイクリン・クロラムフェニコール等）投与 | 哺乳動物とそのダニから排泄される菌が経口または経気道的に感染 | 保菌動物との接触を回避，職業上やむを得ぬ場合はワクチン接種 | 北欧・スカンジナビアを除く世界各地 |

付表 24　熱帯で重要な細菌感染症　(つづき 1)

| 感染症名 | 病原体名 | 症状 | 治療法 | 感染経路 | 予防法 | 発生地域 |
|---|---|---|---|---|---|---|
| 炭疽（病） | Bacillus anthracis（炭疽菌） | 皮膚の潰瘍（皮膚炭疽）；腹痛・血性下痢（腸管炭疽；肺炎），致死（肺炭疽） | 抗生物質（ペニシリン，クロラムフェニコール等）投与 | 感染動物（ヒツジ等）由来の皮革，毛，肉等を介した経皮・経気道・経口感染 | 動物へのワクチン接種，汚染した動物製品の回避 | 全世界 |
| ペスト | Yersinia pestis（ペスト菌） | 全身倦怠，頭痛，発熱，鼠径リンパ節腫脹，嘔吐，下痢，皮膚出血斑（腺ペスト）；胸痛，発作性咳，血痰（肺ペスト） | 抗生物質（ストレプトマイシン，クロラムフェニコール等）・サルファ剤投与 | 菌はネズミ等の齧歯類に寄生し，ノミの吸血を介して経皮的にヒトに感染，または患者の飛沫による経気道的感染 | 流行地域では齧歯類との接触を回避，薬剤の予防内服，ワクチン接種 | アジア，アフリカ，アメリカ大陸の限定された地域 |
| 野兎病 | Francisella tularensis（野兎病菌） | 感冒様症状，皮膚傷口の潰瘍，リンパ節腫脹，ペスト様・チフス様症状 | 抗生物質（ストレプトマイシン，テトラサイクリン等）投与 | 菌は野兎等の野生動物に寄生し，経皮的（傷口・ダニ刺咬口から）または経気道的（粉じんの吸入）にヒトに感染 | 野兎との接触回避 | 北半球 |
| 流行性脳脊髄膜炎（髄膜炎菌性髄膜炎） | Neisseria meningitidis（髄膜炎菌） | 下痢，嘔吐，皮膚出血斑，昏睡，痙攣 | 抗生物質（ペニシリン等）投与 | 患者・健康保菌者の飛沫による経気道感染 | ワクチン接種 | 全世界（特にアフリカ赤道地域には「髄膜炎ベルト」が存在） |
| 類鼻疽（類鼻症） | Burkholderia pseudomallei（類鼻疽菌） | 高熱，皮膚化膿胞，出血斑，呼吸器症状（肺炎），神経症状，下痢他様々な全身症状 | 抗生物質（テトラサイクリン，クロラムフェニコール等）・ST合剤投与 | 土壌・水中に分布する菌が経皮的（皮膚傷口）に，または経気道的（肺）に感染 | 流行地域では土壌・水との接触を回避 | アジア・アフリカ・中東の熱帯・亜熱帯地域 |
| 回帰熱 | Borrelia recurrentis（回帰熱ボレリア菌） | 発熱（3〜6日）と平熱（7〜10日）の周期を3〜10回繰り返し治癒する，肝・脾腫 | 抗生物質（テトラサイクリン等）投与 | シラミ（ヒト由来）またはダニ（齧歯類由来）の刺咬を介してヒトに感染 | シラミ・ダニ・齧歯類からの回避 | 世界の熱帯地域 |

付表24　熱帯で重要な細菌感染症　（つづき2）

| 感染症名 | 病原体名 | 症状 | 治療法 | 感染経路 | 予防法 | 発生地域 |
|---|---|---|---|---|---|---|
| ブルセラ症 | *Brucella melitensis* | 発熱（間歇的），発汗，頭痛，倦怠 | 抗生物質（テトラサイクリン等）投与 | 動物の流産の原因菌で，感染動物の排泄した菌が外傷・肉・乳製品を介して感染 | 感染動物あるいはその製品への接触を回避 | 全世界 |
| レプトスピラ症 | *Leptospira interrogans* | 発熱，頭痛，筋痛，結膜充血，皮膚発赤，黄疸 | 抗生物質（ペニシリン，テトラサイクリン等）投与 | 菌が寄生する野生動物から排泄され，ヒトの皮膚傷口から感染 | 菌に汚染した動物や水・土との接触回避，ワクチン（ワイル病用）接種 | 全世界 |
| 破傷風 | *Clostridium tetani*（破傷風菌） | 開口障害，嚥下・発語障害，全身の硬直性けいれん | 血清療法，外傷の消毒 | 土壌中に分布する菌の芽胞が外傷または臍帯（出産時）から感染 | 外傷の消毒，衛生的環境での出産，ワクチン（3種混合ワクチン等）接種 | 全世界 |
| 梅毒 | *Treponema pallidum*（梅毒菌） | 性器の無痛性潰瘍，皮膚のバラ疹・扁平コンジローマ，皮膚等のゴム腫，中枢神経麻痺 | 抗生物質（ペニシリン，テトラサイクリン，エリスロマイシン等）投与 | 性行為・輸血を介した感染，母子の垂直感染 | 感染者との性行為の回避 | 全世界 |
| 軟性下疳 | *Haemohilus ducreyi*（軟性下疳菌） | 性器（ペニス，陰唇等）の有痛性潰瘍，鼠径部リンパ節腫脹・潰瘍 | 抗生物質（テトラサイクリン，エリスロマイシン等）投与 | 性行為を介した感染 | 感染者との性行為の回避 | 全世界 |
| 淋病 | *Neisseria gonorrhoeae*（淋菌） | 粘液・膿汁分泌をともなう尿道炎，前立腺炎，副睾丸炎，膣炎，子宮内膜炎，卵巣炎 | 抗生物質（ペニシリン，テトラサイクリン等）投与 | 性行為を介した感染 | 感染者との性行為の回避 | 全世界 |

（西渕光昭）

付表25 熱帯で重要なウイルス感染症

| 感染症名 | 病原体名 | 症状 | 治療法 | 感染経路 | 予防法 | 発生地域 |
|---|---|---|---|---|---|---|
| A型肝炎 | A型肝炎ウイルス（HAV） | 発熱，全身倦怠，嘔吐，濃染尿，黄疸 | 安静 | 患者の便に汚染した食物・飲料水等による経口感染 | 生水・生食品の回避，ワクチン接種 | 全世界 |
| ポリオ | ポリオウイルス | 感冒様症状，下肢等の筋麻痺，呼吸麻痺，脳神経麻痺 | 対症療法 | 感染者の糞便に汚染された水・食品を介した経口感染 | ワクチン接種 | アフリカ，東南アジアの一部 |
| 麻疹 | 麻疹ウイルス | 発熱，皮膚の紅斑性点状丘疹，口腔内Koplick斑，呼吸器・眼部のカタル症状 | 呼吸器感染等の合併症状に対する抗生物質治療 | 患者飛沫の吸入による経気道感染 | ワクチン接種 | 全世界 |
| B型肝炎 | B型肝炎ウイルス（HBV） | 全身倦怠，黄疸，肝腫大 | インターフェロン投与等 | 輸血・性行為を介した感染，母子の垂直感染 | 汚染血液・感染者との性行為の回避，ワクチン接種 | 全世界 |
| C型肝炎 | C型肝炎ウイルス（HCV） | 急性肝障害，肝硬変 | インターフェロン投与等 | 輸血を介した感染，母子の垂直感染 | 汚染血液の回避 | 全世界 |
| エイズ | ヒト免疫不全ウイルス（HIV） | 感冒様症状，体重減少，日和見感染，悪性腫瘍，脳症 | 抗HIV剤（AZT, ddI等）投与，日和見感染に対する化学療法 | 輸血・性行為を介した感染，母子の垂直感染 | 汚染血液・感染者との性行為の回避 | 全世界 |
| エボラ出血熱 | エボラウイルス | 発熱，筋肉痛，頭痛，咽頭炎，嘔吐，吐血，血便，皮膚出血 | 対症療法 | 患者の血液・体液との接触を介した感染 | 患者の隔離・治療 | アフリカ中央部，西アフリカ |
| マールブルグ病（ミドリザル出血熱） | マールブルグウイルス | 発熱，筋肉痛，頭痛，咽頭炎，嘔吐，下痢，皮疹 | 対症療法 | 患者との接触 | 患者の隔離 | アフリカ東・南部 |

付表25 熱帯で重要なウイルス感染症 (つづき)

| 感染症名 | 病原体名 | 症状 | 治療法 | 感染経路 | 予防法 | 発生地域 |
|---|---|---|---|---|---|---|
| ラッサ熱 | ラッサウイルス | 発熱, 筋肉痛, 腹痛, 嘔吐, 顔面浮腫, 心のう炎 | 対症療法, リバビリンの経口投与・静注 | マストミス(宿主動物)の尿・唾液中または患者の排泄物中のウイルスがヒトの傷口等から侵入し感染 | 患者の隔離, 自然宿主との接触回避 | 西アフリカ |
| 狂犬病 | 狂犬病ウイルス | 食欲不振, 全身倦怠, 呼吸困難, 嚥下困難, 恐水性麻痺 | なし | 感染動物(特に狂犬)の唾液中のウイルスが咬傷から侵入し感染 | ワクチン接種(狂犬暴露後の発症予防を含む) | ほぼ世界各地 |
| 黄熱 | 黄熱ウイルス | 発熱, 頭痛, 筋肉痛, 肝障害, 黄疸, 皮膚出血 | 対症療法 | ネッタイシマカの吸血を介したヒトまたはサルからの感染 | ネッタイシマカからの回避, ワクチン接種 | アフリカ・中南米の熱帯周辺地域 |
| デング熱 | デングウイルス | 発熱, 頭痛, 骨関節痛, リンパ節腫大, 出血性紫斑(出血型) | 対症療法 | ネッタイシマカ・ヒトスジシマカの吸血を介したヒトからの感染 | ネッタイシマカ・ヒトスジシマカからの回避 | アジア, アフリカ, 中南米の熱帯地域 |
| 日本脳炎 | 日本脳炎ウイルス | 発熱, 頭痛, 嘔吐, 意識障害 | 対症療法 | コガタアカイエカの吸血を介した動物(ブタ等)からの感染 | コガタアカイエカの回避, ワクチン接種 | アジアの熱帯地域 |

(西渕光昭)

付表26 熱帯で重要な真菌感染症

| 感染症名 | 病原体名 | 症状 | 治療法 | 感染経路 | 予防法 | 発生地域 |
|---|---|---|---|---|---|---|
| コクシジオイデス症 | *Coccidioides immitis* | 感冒様症状, 関節炎, 肺炎, 胸膜炎, 皮膚の結節性紅斑・潰瘍, 内臓諸器官の炎症, 死亡等 | アムホテリシンB, ミコナゾール等の投与 | 土壌中で形成された胞子が空中に飛散し, 主として経気道的(肺)に感染 | 路面のアスファルト舗装等 | 米国南西部, 中米, ベネズエラの乾燥地, アルゼンチンの砂漠地帯 |
| ヒストプラズマ症 | *Histoplasma capsulatum*, *H. duboisi* | 感冒様症状, 結核様症状, 皮膚の結節・潰瘍, 内臓諸器官の炎症, 死亡等 | アムホテリシンB, ミコナゾール等の投与 | *H. capsulatum*の胞子は土壌中で形成され経気道的(肺)に感染, *H. duboisi*の感染様式は不明 | 特になし | 全世界(熱帯・亜熱帯地域に多発し, 特に*H. capsulatum*感染は中南米・アフリカ・アジアに, *H. duboisi*感染は東アフリカ地域に多い) |
| ブラストミセス症(分芽菌症) | *Blastomyces dermatitidis* | 肺の化膿性・肉芽腫性炎症およびその他の部位(皮膚・骨・関節・脳・前立腺・睾丸等)への転移 | ケトコナゾール等の投与 | 菌は自然界に分布し, 胞子が肺から侵入して感染, 酵母様細胞として増殖し, 他の部位へ転移 | 特になし | 北アメリカ(米国中部・東南部, カナダ, メキシコ)とアフリカ(北アフリカ, ザイール, 南アフリカ等) |
| 渦状癬(皮膚糸状菌症の1つ) | *Trichophyton concentricum* (渦状白癬菌) | 皮膚表面の白癬(「たむし」様症状)の1種で, 褐色の鱗状病変が同心円状に広がってゆく, 激しいかゆみ | トルナフテイトの外用, グリセオフルビンの内服 | ヒトからヒトへの直接接触による感染, 衣類等を介した間接感染 | 患者の治療, 個人的な衛生管理 | 東南アジア・南米の熱帯・亜熱帯地域, 南洋諸島, 台湾 |
| スポロトリコーシス(スポロトリクム) | *Suporothrix schenckii* | 皮膚の紅斑・結節・潰瘍, 最初の病巣に沿って数珠状に同様な病変が発生 | ヨードカリの内服 | 土壌・植物中の菌が皮膚の傷口から侵入して感染 | 皮膚の健康・衛生管理 | 世界中の熱帯・亜熱帯・温帯(特に南アメリカ・アフリカに多発) |

付表 26　熱帯で重要な真菌感染症　（つづき）

| 感染症名 | 病原体名 | 症状 | 治療法 | 感染経路 | 予防法 | 発生地域 |
|---|---|---|---|---|---|---|
| 癜風（でんぷう，「くろなまず」） | *Malassezia furfur* | 若年成人の皮膚発汗部（首，胸部，四肢の付け根，顔面等）に発生・拡大する平坦な淡褐色斑・脱色素斑，良性（自覚症状なし） | 酒石酸－次亜硫酸ナトリウム塗布，トルナフテイト・イミダゾール系外用薬等の投与 | ヒトからヒトへの直接接触による感染，衣類等を介した間接感染 | 患者の治療，個人的な衛生管理 | 全世界（特に熱帯・亜熱帯地域に多発） |
| 菌腫 | *Madurella mycetomatis* 等の真菌，*Nocardia asteroides* 等の放線菌 | 裸足生活者の足等が腫脹・硬結・腫瘤により変形，開口部から菌塊を排出，骨・関節部の化膿性肉芽腫病変 | 真菌性菌種にはアムホテリシンB・ケトコナゾール等，放線菌菌種にはサルファ剤の投与 | 原因菌は土壌・植物の棘に分布し，皮膚の傷口から感染 | 皮膚の健康・衛生管理 | 熱帯・温帯・亜熱帯（インド・アフリカ・南米・メキシコ等で多発） |
| リノスポリジウム症 | *Rhinosporidium seeberi* | 鼻粘膜・結膜・外耳道・膣・直腸に肉芽腫・乳頭腫・ポリープを形成 | 外科的切除，抗真菌剤の投与 | 環境中での生態不明，感染者・感染動物との接触や水浴による感染の可能性 | 患者の治療，個人的な衛生管理 | 熱帯（インド・スリランカ・ブラジルに多発） |

（西渕光昭）

付表27 熱帯で重要な寄生虫感染症

| 感染症名 | 病原体名 | 症状 | 治療法 | 感染経路 | 予防法 | 発生地域 |
|---|---|---|---|---|---|---|
| 肝吸虫症 | *Clonorchis sinensis*（肝吸虫），*Opisthorchis viverrini*（タイ肝吸虫） | 食欲不振，腹部膨満，下痢，発熱，全身倦怠，胆管炎症，肝腫大，脾腫，貧血，黄疸 | プランジカルテル投与 | 寄生虫の第二中間宿主がコイなどの淡水魚で，感染魚の生食によりヒトに感染し，胆管に寄生 | 淡水魚の生食回避 | 中国，韓国，日本，タイ，ラオス，カンボジア等 |
| 腸カピラリア症（フィリピン毛頭虫症） | *Capillaria philippinensis*（フィリピン毛頭虫） | 腹痛，下痢，嘔吐，鳴腹，悪心，腹部膨満，低蛋白血症 | メベンダゾール投与，輸液，高蛋白食 | 淡水魚，詳しくは不明 | 淡水魚の生食回避 | フィリピン，タイ等 |
| アメーバ赤痢 | *Entamoeba histolytica*（赤痢アメーバ） | 食欲不振，腹部不快感，しぶり腹，イチゴゼリー状粘血便，大腸粘膜内潰瘍，肝膿瘍 | メトロニダゾールの内服，デヒドロエメチンの筋注 | 感染者の糞便中に排出された寄生虫によって汚染した水・食品を介して経口感染，同性愛者間の性行為による感染 | 生水・生食品の回避 | 世界に広く分布するが，同性愛者の場合をのぞき主に発展途上国に患者が多発 |
| メジナ虫症 | *Dracunculus medinensis*（メジナ虫） | 皮下を移動する虫体により，皮膚に水疱・潰瘍形成，幼虫を体表に放出する時に激痛 | 虫体の摘出 | 幼虫を捕食したケンミジンコを含む水を飲用することによりヒトに感染，体腔内・皮下に寄生 | 飲料水の濾過・煮沸 | インド，中近東，アフリカ，中国の乾燥地帯 |
| ランブル鞭毛虫症（ジアルジア症） | *Giardia lamblia*（= *G. intestinalis*, *G. duodenalis*, ランブル鞭毛虫） | 下痢，腹痛，腹部膨満感，倦怠感，食欲不振，胆嚢炎，体重減少 | メトロニダゾール・チニダゾールの内服 | 感染者の排出する糞便中の嚢虫に汚染した水の摂取によって経口感染，栄養型となって十二指腸・小腸上部に寄生 | 生水の回避 | 世界に広く分布するが熱帯・亜熱帯の発展途上国に患者が多発 |
| アフリカ睡眠病（アフリカトリパノソーマ症） | *Trypanosoma brucei gambiense*, *T. b. rhodesiense*（鞭毛虫の1種） | 皮膚刺し口部に発赤・結節，発熱，肝・脾腫，リンパ節炎，心筋炎 | スラミン静注，ペンタミジン筋注等 | ツェツェバエの吸血を介しヒト・野生動物からヒトへ感染 | ツェツェバエからの回避 | アフリカ中西部・東南部 |

付表27 熱帯で重要な寄生虫感染症 （つづき1）

| 感染症名 | 病原体名 | 症状 | 治療法 | 感染経路 | 予防法 | 発生地域 |
|---|---|---|---|---|---|---|
| シャーガス病（アメリカトリパノソーマ症） | Trypanosoma cruzi（鞭毛虫の1種） | 感染局所の発赤腫瘤，眼瞼浮腫，発熱，肝・脾腫，リンパ節炎，心筋炎，巨大結腸 | ベンズニダゾールの内服等 | サシガメが糞便中に排泄する病原体が皮膚の刺し口や目の粘膜から侵入して感染 | サシガメからの回避 | メキシコ以南の中南米 |
| マラリア | Plasmodium falciparum（熱帯熱マラリア），P. vivax（三日熱マラリア），P. malariae（四日熱マラリア），P. ovale（卵形マラリア） | 発熱（三日熱・卵形マラリアは48時間，四日熱マラリアは72時間の周期），貧血，脾腫，意識障害，痙攣，急性腎不全 | クロロキン等による赤血球内原虫の殺滅，重症の熱帯熱マラリアにはキニーネ，プリマキンによる根治療法 | ハマダラカの吸血により，原虫がヒトに感染し，肝細胞内で増殖後赤血球内に侵入・増殖 | ハマダラカによる吸血を回避，予防薬の内服 | 熱帯・亜熱帯地域（原虫の種によって発生地域がおよそ限局される） |
| リンパ管系フィラリア症（リンパ管系糸状虫症） | Wuchereria bancrofi（バンクロフト糸状虫），Brugia malayi（マレー糸状虫） | 悪寒，熱発作，陰嚢・睾丸・精索等のリンパ節炎・リンパ管炎，陰嚢腫大，陰嚢水腫，乳び尿，上下肢や乳房などの象皮病 | ジエチルカルバマジンの内服等 | 感染者内の仔虫が吸血により蚊の体内へ移動し，感染型幼虫になり，ヒト吸血時に感染し，リンパ系組織に寄生 | 蚊（ハマダラカ類，イエカ，ヤブカ等）の回避 | 熱帯・亜熱帯地域（マレー糸状虫はアジアに限局される） |
| リーシュマニア症 | Leishmania donovani群，L. tropica群，L. mexicana群，L. braziliensis群（鞭毛中類，トリパノソーマ科） | ［内臓リーシュマニア症（カラ・アザール）］高熱，肝・脾腫，貧血，下痢，皮膚の色素沈着（黒褐色），死亡；［皮膚リーシュマニア症］皮膚の発赤・結節・潰瘍，鼻腔・口腔・咽頭部の潰瘍・組織欠損 | スチボグルコン酸ナトリウムの筋注または静注等 | 野生動物宿主または感染者内の原虫が吸血によりサシチョウバエ内に移動し，変態した後，吸血によりヒトへ感染し，細網内皮系細胞やマクロファージに寄生 | サシチョウバエの回避 | 東南アジアとオーストラリアを除く熱帯・亜熱帯地域 |

付表 27 熱帯で重要な寄生虫感染症 （つづき 2）

| 感染症名 | 病原体名 | 症状 | 治療法 | 感染経路 | 予防法 | 発生地域 |
|---|---|---|---|---|---|---|
| 住血吸虫症 | *Schistosoma japonicum*（日本住血吸虫），*S. mansoni*（マンソン住血吸虫），*S. haematobium*（ビルハルツ住血吸虫），*S. mekongi*（メコン住血吸虫） | 皮膚炎，腹痛，下痢，粘血便，食欲不振，貧血，黄疸，腹水貯留，肝硬変（日本・マンソン住血吸虫），血尿・膀胱障害（ビルハルツ住血吸虫） | プランジカルテル投与 | 中間宿主である貝から寄生虫が水中に遊出し，水中でヒトに経皮的に感染して，血管内に寄生 | 中間宿主となる貝の生息する水域では，素足歩行や水浴の回避 | アジア（日本住血吸虫），アフリカ，南米（マンソン住血吸虫），アフリカ・中近東（ビルハルツ住血吸虫），ラオス・カンボジア（メコン住血吸虫） |
| 糞線虫症 | *Strongyloides stercoralis*（糞線虫） | 腹痛，腹部膨満感，咳，水溶性下痢，喘息様発作，線状皮膚炎 | チアベンダゾール投与 | 環境（土壌等）中で自由生活をするが，環境変化により感染型幼虫に変化したものがヒトに経皮感染し，小腸に寄生 | 素足歩行や水浴の回避 | 熱帯・温帯の多湿な地域 |

（西渕光昭）

付表28 熱帯における代表的な植栽樹種の造林特性
①低地湿潤熱帯向け

| 種名 | *Acacia mangium* | *Eucalyptus deglupta* | *Pinus caribaea* var. *hondurensis* |
|---|---|---|---|
| 普通名 | Black wattle Mangium, Brown salwood | Kamarere Mindanao gum, Bagras | Caribbean pine |
| 和名 | マンギウム | カメレレ | カリビアマツ |
| 科名 | マメ科ネムノキ亜科 | フトモモ科 | マツ科 |
| 天然分布 | | | |
| 　緯度 | 1°〜19°S | 9°N〜11°S | 12〜18°N |
| 　国・地域 | オーストラリア、ニューギニア、インドネシア（モルッカ諸島） | PNG〜フィリピン（ミンダナオ島） | メキシコ〜ニカラグア |
| 標高 (m a.s.l.) | 0〜720m | 0〜2,500m | 0〜1,000m |
| 年平均気温 (℃) | 18〜28℃ | 20〜32℃ | 21〜27℃ |
| 年平均降水量 (mm) | 1,500〜4,000mm | 2,000〜5,000mm | 660〜4,000mm |
| 乾燥月 | 3〜4か月 | 0〜1か月 | 0〜6か月 |
| サイズ | | | |
| 　樹高 (m) | 25〜30m | 35〜70m | 35〜45m |
| 　胸高直径 (cm) | | 100〜250cm | |
| 増殖法（苗木タイプ） | 種子（ポット苗，裸根苗） | 種子（ポット苗） | 種子（ポット苗），直播き |
| 種子 (粒/kg) | 40,000〜110,000 | 200〜400万 | 52,000〜72,000 |
| 成長量 (m³/ha/年) | 20〜46 | 14〜50 | 10〜40 |
| 用途 | 建材，家具，パルプ，タンニンなど | 建材，家具，燃材，パルプなど | 建材，パルプ，松脂など |

| 種名 | *Swietenia macrophylla* | *Terminalia ivorensis* | |
|---|---|---|---|
| 普通名 | Large－leaf mahogany, Caoba | Idigbo, Framire | |
| 和名 | オオバマホガニー | フラミレ | |
| 科名 | センダン科 | シクンシ科 | |
| 天然分布 | | | |
| 　緯度 | 18°S〜20°N | 4〜11°N | |
| 　国・地域 | メキシコ〜ブラジル | 西アフリカ | |
| 標高 (m a.s.l.) | 50〜1,400m | 0〜700m | |
| 年平均気温 (℃) | 23〜28℃ | 24〜26℃ | |
| 年平均降水量 (mm) | 1,600〜4,000mm | 1,300〜3,000mm | |
| 乾燥月 | 0〜4か月 | 0〜2か月 | |
| サイズ | | | |
| 　樹高 (m) | 30〜40m | 35〜45m | |
| 　胸高直径 (cm) | 100〜200cm | 90〜150cm | |
| 増殖法（苗木タイプ） | 種子（ポット苗，ストリップリング） | 種子（ポット苗，ストリップリング，スタンプ） | |
| 種子 (粒/kg) | 2,000〜2,500 | 5,500〜6,600 | |
| 成長量 (m³/ha/年) | 7〜11 | 8〜17 | |
| 用途 | 建材，家具，合板，船材など | 建材，家具，パルプ，合板，被陰樹など | |

## 付表 28 熱帯における代表的な植栽樹種の造林特性
### ②熱帯高地向け

| 種名 | *Araucaria cunninghamii* | *Cupressus lusitanica* | *Eucalyptus globulus* |
|---|---|---|---|
| 普通名 | Hoop pine | Mexican cypress | Blue gum |
| 和名 | フープパイン | メキシコイトスギ | グロブラスユーカリ |
| 科名 | ナンヨウスギ科 | ヒノキ科 | フトモモ科 |
| 天然分布 | | | |
| 　緯度 | 0～32°S | 15～27°N | 43～38°S |
| 　国・地域 | PNG～オーストラリア（北東部） | メキシコ，グアテマラ | オーストラリア（ヴィクトリア，タスマニア） |
| 標高（m a.s.l.） | 0～2,000m | 1,300～3,300m | 1,500～3,000m |
| 年平均気温（℃） | 16～26℃ | 12～22℃ | 12～18℃ |
| 年平均降水量（mm） | 1,000～1,800mm | 1,000～2,500mm | 550～1,500mm |
| 乾燥月 | 2～4か月 | 2～3か月 | 2～3か月 |
| サイズ | | | |
| 　樹高（m） | 40～70m | 25～30m | 40～60m |
| 　胸高直径（cm） | 100～200cm | 60～100cm | 90～150cm |
| 増殖法（苗木タイプ） | 種子（ポット苗） | 種子（ポット苗，裸根苗） | 種子（ポット苗，裸根苗），直播き |
| 種子（粒/kg） | 2,400～2,800 | 170,000～320,000 | 70,000～100,000 |
| 成長量（m³/ha/年） | 10～18 | 15～40 | 10～40 |
| 用途 | 建材，家具，合板，パルプなど | 建材，家具，合板，パルプなど | 建材，家具，パルプ，船材，養蜂など |

| 種名 | *Grevillea robusta* | *Pinus patula* |
|---|---|---|
| 普通名 | Silky oak | Patula pine |
| 和名 | ハゴロモノキ | パトゥラマツ |
| 科名 | ヤマモガシ科 | マツ科 |
| 天然分布 | | |
| 　緯度 | 27～36°S | 18～20°N |
| 　国・地域 | オーストラリア（東～東南） | メキシコ |
| 標高（m a.s.l.） | 800～2,100m | 1,400～3,200m |
| 年平均気温（℃） | 13～21℃ | 12～18℃ |
| 年平均降水量（mm） | 700～1,200mm | 750～2,000mm |
| 乾燥月 | 2～6か月 | 0～3か月 |
| サイズ | | |
| 　樹高（m） | 25～35m | 20～30m |
| 　胸高直径（cm） | 90～120cm | |
| 増殖法（苗木タイプ） | 種子（ポット苗，裸根苗） | 種子（ポット苗，裸根苗） |
| 種子（粒/kg） | 80,000～105,000 | 100,000～140,000 |
| 成長量（m³/ha/年） | 5～15 | 15～40 |
| 用途 | 建材，家具，合板，養蜂など | 丸太，燃材，建材，パルプなど |

付表28 熱帯における代表的な植栽樹種の造林特性
③熱帯モンスーン帯～半乾燥地向け

| 種名 | *Acacia senegal* | *Azadirachta indica* | *Cassia siamea* (*Senna siamea*) |
|---|---|---|---|
| 普通名 | Gum senegal, Gommier | Neem, Nim | Cassia |
| 和名 | セネガルアカシア | インドセンダン | タガヤサン |
| 科名 | マメ科ネムノキ亜科 | センダン科 | マメ科ジャケツイバラ亜科 |
| 天然分布 | | | |
| 　緯度 | 11～18°N | 10～25°N | 1～5°N |
| 　国・地域 | アフリカサヘルゾーン (モーリタニア～ソマリア) | 東南～南アジア | 東南～南アジア |
| 標高 (m a.s.l.) | 0～500m | 0～1,000m | 0～1,000m |
| 年平均気温 (℃) | 22～32℃ | 21～32℃ | 21～28℃ |
| 年平均降水量 (mm) | 200～500mm | 450～1,200mm | 650～1,500mm |
| 乾燥月 | 6～8か月 | 5～7か月 | 4～6か月 |
| サイズ | | | |
| 　樹高 (m) | 2～5 (～13) m | 20～25m | 8～10 (～20) m |
| 　胸高直径 (cm) | | 100～150cm | |
| 増殖法 (苗木タイプ) | 種子 (ポット苗, 直播き) | 種子 (ポット苗, スタンプ, 直播き) | 種子 (ポット苗, スタンプ, 直播き) |
| 種子 (粒/kg) | 7,000～12,000 | 4,000～4,500 | 34,000～40,000 |
| 成長量 (m³/ha/年) | 4～7 | 5～18 | 8～12 |
| 用途 | アラビアゴム, 燃材, 飼料, 養蜂など | 建材, 家具, 飼料(葉), 薬用, 種子油など | 建材, 家具, 合板など |

| 種名 | *Eucalyptus camaldulensis* | *Gmelina arborea* | *Khaya senegalensis* |
|---|---|---|---|
| 普通名 | River red gum | Yemane, Gmelina | African (dry) mahogany |
| 和名 | カマルドゥレンシスユーカリ | メリナ | アフリカマホガニー |
| 科名 | フトモモ科 | クマツヅラ科 | センダン科 |
| 天然分布 | | | |
| 　緯度 | 32～15°S | 5～30°N | 8～15°N |
| 　国・地域 | オーストラリア | 東南～南アジア | 西～中央アフリカ |
| 標高 (m a.s.l.) | 0～1,500m | 0～1,200m | 0～1,800m |
| 年平均気温 (℃) | 19～26℃ | 21～28℃ | 19～29℃ |
| 年平均降水量 (mm) | 250～1,250mm | 1,000～4,500mm | 700～1,500mm |
| 乾燥月 | 4～8か月 | 2～4か月 | 5～7か月 |
| サイズ | | | |
| 　樹高 (m) | 20～40m | 20～30m | 15～40m |
| 　胸高直径 (cm) | 80～200cm | 60～100cm | 90～150cm |
| 増殖法 (苗木タイプ) | 種子 (ポット苗) | 種子 (スタンプ, ポット苗, 直播き), 挿し木 | 種子 (ポット苗, スタンプ, 裸根苗) |
| 種子 (粒/kg) | 700,000～800,000 | 400～3,000 | 3,000～7,000 |
| 成長量 (m³/ha/年) | 15～25 | 18～32 | |
| 用途 | 丸太, 燃材, 養蜂, パルプなど | 建材, 家具, 合板, パルプ, 養蜂など | 建材, 家具, 合板, 船材など |

付表28　熱帯における代表的な植栽樹種の造林特性
　　　　③熱帯モンスーン帯〜半乾燥地向け　（つづき）

| 種名 | *Tamarindus indica* | *Tectona grandis* | |
|---|---|---|---|
| 普通名 | Tamarind | Teak, Tec | |
| 和名 | タマリンド | チーク | |
| 科名 | マメ科ジャケツイバラ亜科 | クマツヅラ科 | |
| 天然分布 | | | |
| 　緯度 | 20°N〜10°S | 12〜25°N | |
| 　国・地域 | 東アフリカ（スーダン〜タンザニア） | カンボジア〜インド | |
| 　標高（m a.s.l.） | 0〜1,500m | 0〜900m | |
| 年平均気温（℃） | 21℃〜 | 22〜26℃ | |
| 年平均降水量（mm） | 500〜1,400mm | 1,250〜3,000mm | |
| 乾燥月 | 5〜9か月 | 3〜6か月 | |
| サイズ | | | |
| 　樹高（m） | 25m | 30〜40m | |
| 　胸高直径（cm） | 100cm | 90〜250cm | |
| 増殖法（苗木タイプ） | 種子（ポット苗）直播き | 種子（スタンプ,ポット苗） | |
| 種子（粒/kg） | 1,400 | 800〜2,000 | |
| 成長量（m$^3$/ha/年） | | 6〜18 | |
| 用途 | 食用，薬用（果実，葉），家具材，道具材など | 建材，家具，船材，パルプ，燃材など | |

①〜③の区分は大まかなもので，各区分に掲げた樹種はそれらの区分でよく植えられているものである．特性はA Guide to Species Selection for Tropical and Sub−Tropical Plantations（Webb *et al.* 1984）などによった．普通名には英名またはよく使われる現地名を挙げた．和名はできるだけ熱帯植物要覧によった．年平均気温，年平均降水量，乾燥月は，普通に生育すると考えられている範囲である．サイズは良い立地条件で到達できる樹高，胸高直径を示している．苗木のタイプのうち，スタンプ（苗）は根株苗とも言う．ストリップリング（stripling）は葉や枝を切り落とし，時には根も切り詰めた苗木のことをいう．幹は普通切り詰めないが，スタンプ苗の1種とみることもできる．

（浅川澄彦）

付表29　熱帯野菜

| 和名 | 英名 | 学名 | 利用部位 | 備考 |
|---|---|---|---|---|
| イヌホウズキ | nightshade | *Solanum nigrum* | 果実・茎葉 | |
| インドセンダン | neem tree | *Azadirachta indica var. siamensis* | 茎葉・花叢 | 樹木野菜 |
| オオクログワイ | water chestnut | *Eleochar is tuberosa et. Schultes* | 球茎 | |
| カイラン | Chinese kale | *Brassica oleracea var. albograbra* | 茎葉 | |
| カンコン（エンツァイ） | water convulvorous | *Ipomoea aquatica* | 茎葉 | |
| キダチトウガラシ | bird pepper | *Capsicum frutescens* | 果実 | |
| ギンネム | ipil ipil | *Leucaena leucocephala* | 茎葉・未熟種子 | 樹木野菜 |
| クズイモ | yam bean | *Pachyrrhizus erosus* | 塊根 | |
| クワズイモ | taro | *Xanthosoma spp.* | 球茎 | |
| ケナス | egg plant | *Solanum stramonifolium* | 果実 | |
| ケツルアズキ | blackgram | *Vigna mungo* | 幼苗 | |
| コリアンダー | coriander | *Coriandrum sativum* | 茎葉・果実・根 | |
| サトイモ | taro | *Colocasia esculenta* | 球茎・茎 | |
| シカクマメ | winged bean | *Psophocarpus tetragonolobus* | 未熟莢・塊根 | |
| シロゴチョウ | sesbania | *Sesbania grandiflora* | 花 | 樹木野菜 |
| スイートバージル | sweet basil | *Ocimum spp.* | 茎葉・種子 | |
| スズメナスビ(トルバム) | egg plant | *Solanum torvum* | 果実 | |
| ツルムラサキ | Ceylon spinach | *Basella alba* | 茎葉 | |
| トウガラシ | chilli, pepper | *Capsicum annuum* | 果実 | |
| トカドヘチマ | angled luffa | *Luffa acutangula* | 果実 | |
| ナガササゲ | yard long bean | *Vigna sinensis var. sesquipedalis* | 未熟莢 | |
| ナス | egg plant, brinjal | *Solanum melongena* | 果実 | |
| ニガウリ | bitter gourd | *Momordica charantia* | 果実 | |
| ネジレフサマメ | nitta tree | *Parkia speciosa* | 未熟種子 | 樹木野菜 |
| ハヤトウリ | chayote | *Sechium edule* | 果実 | |
| ヒユナ | Chinese spinach | *Amaranthus grageticuls* | 茎葉 | |
| フジマメ | lablab | *Dolichos lablab* | 未熟莢 | |
| ヘビウリ | snake gourd | *Trichosanthes anguina* | 果実 | |
| ミズオジギソウ | water mimosa | *Neptunia oleracea* | 茎葉 | |
| リョクトウ | mungbean | *Vigna radiata* | 幼苗 | |

（縄田栄治）

付表30 牧草

| 学名 | 一般名（英語） | 一般名（和名を含む） |
| --- | --- | --- |
| 1) Grasses | | |
| *Andropogon gayanus* | Gamba grass | ガンバグラス |
| *Brachiaria brizantha* | St. Lusia grass | |
| *Brachiaria decumbens* | Signal grass | シグナルグラス |
| *Brachiaria humidicola* | Creeping sugnal grass | クリーピングシグナルグラス |
| *Brachiaria mutica* | Para grass | パラグラス |
| *Brachiaria ruziziensis* | Ruzi grass | ルージーグラス |
| *Cenchrus cilialis* | Buffel grass | ブッフェルグラス |
| *Chloris gayana* | Rhodes grass | ローズグラス |
| *Cynodon dectylon* | Bermuda grass | バーミューダグラス |
| *Cynodon nelemfenses* | Giant star grass | ジャイアントスターグラス |
| *Cynodon plectostachyus* | African star grass | アフリカンスターグラス |
| *Digitaria decumbens* | Pangola grass | パンゴラグラス |
| *Echinocloa pyramidalis* | Antelope grass | |
| *Echinocloa stagnina* | Banyard grass | バンヤードグラス |
| *Eleusine coracana* | African millet | アフリカンミレット |
| *Eragrostis curvula* | Weping love grass | ウィーピングラブグラス |
| *Hyparrhenia rufa* | Jaraga grass | ジャラガグラス |
| *Melinis minutaeflora* | Molasses grass | モラセスグラス |
| *Panicum coloratum* | Coloured guinea grass | カラードギニアグラス |
| *Panicum coloratum var. makarikariense* | Makarikari grass | マカリカリグラス |
| *Panicum maximum cv. Gatton* | Gatton panic | ガットンパニック |
| *Panicum maximum cv. TD58* | Purple guinea grass | パープルギニアグラス |
| *Panicum maximum var. trichoglume* | Green panic | グリーンパニック |
| *Paspalum commersonii* | Scorbic grass | スコルビックグラス |
| *Paspalum notatum* | Bahia grass | バヒアグラス |
| *Paspalum plicatulum* | Plicatulum | プリカチュラム |
| *Paspalum wettsteinii* | Broad leaf paspalum | ブロードリーフパスパルム |
| *Pennisetum clandestinum* | Kikuyu grass | キクユグラス |
| *Pennisetum purpureum* | Napier grass | ネピアグラス |
| *Pennisetum typhoides* | Pearl millet | パールミレット |
| *Setaria porphyrantha* | Purple pigion grass | パープルピジョングラス |
| *Setaria sphacelata* | Setaria grass | セタリア |
| *Sorghum sudanense* | Sudan grass | スーダングラス |
| *Tripsacum laxum* | Guatemala grass | ガテマラグラス |
| *Urochloa mosambicensis* | Sabi grass | サビグラス |

付表30　牧草　（つづき）

| 学名 | 一般名（英語） | 一般名（和名を含む） |
| --- | --- | --- |
| 2) Legumes | | |
| *Aeschynomene americana* | Joint vetch | ジョイントベッチ，クサネム |
| *Arachis pintoi* | Pintoi | ピントイ，青刈ピーナッツ |
| *Calapogonium muconoides* | Calopo | カロポ |
| *Cassia rotundifolia* | Roundleaf cassia | ラウンドリーフカシア |
| *Centrosema pubescens* | Centro | セントロ |
| *Desmodium intortum* | Greenleaf desmodium | グリーンリーフデスモディウム |
| *Desmodium uncinatum* | Siverleaf desmodium | シルバーリーフデスモディウム |
| *Lablab purpureus* | Lablab bean | ラブラブビーン，フジマメ |
| *Lotononis bainesii* | Lotononis | ロトノニス |
| *Macroptilium atropurpureum* | Siratro | サイラトロ |
| *Macroptilium lathyroides* | Phasey bean | ファジービーン |
| *Macrotyloma axillaris* | Axillaris | アキシラリス |
| *Medicago sativa* | Lucerne | ルーサン，アルファルファ，ムラサキウマゴヤシ |
| *Neonotonia wightii cv. Cooper* | Glycine cooper | グライシンクーパー |
| *Neonotonia wightii cv. Tinaroo* | Tinaroo Cooper | チナールクーパー |
| *Pueraria phaseoloides* | Tropical kuzu | ネッタイクズ |
| *Stylosanthes guyanensis* | Stylo | スタイロ |
| *Stylosanthes hamata* | Caribbean stylo | ハマタスタイロ，カリビアンスタイロ |
| *Stylosanthes humilis* | Townsville stylo | タウンズビルスタイロ |
| *Trifolium semipilosum* | Kenya white clover | ケニアホワイトクローバー |
| *Vigna unguiculata* | Cowpea | カウピー，ササゲ |
| 3) Browse (Fodder tree) | | |
| *Acacia aneura* | Mulga acacia | マルガアカシア，マルガ |
| *Acacia auriculiformis* | | |
| *Albizia lebbeck* | | ビルマネムノキ |
| *Cajanus cajan* | Pigion pea | ピジョンピー，キマメ |
| *Desmanthus virgatus* | Hedge lucerne | デスマンサス，ヘジルーサン |
| *Desmodium gyroides* | | マルバハギ |
| *Desmodium tortuosum* | Beggarweed | |
| *Gliricidia sepium* | | グリリシディア，マドルライラック |
| *Leucaena leucocephala* | Leucaena | ギンネム，ギンゴウカン，イピルイピル |
| *Paraseianthes falcataria* | | |
| *Sesbania sesban* | Sesbania | セスバニア，ツノクサネム |

（川本康博）

付表31　椰子類

| 作物名 | 学名 | 英名 | 原産地 | 用途 |
|---|---|---|---|---|
| ココヤシ | *Cocos nucifera* | Coconut palm | 熱帯アジア/ポリネシア | 胚乳：油脂（食品・工業用），中果皮：繊維（タワシなど） |
| アブラヤシ | *Elaesi quineensis* | Oil palm | 西アフリカ | 中果皮・胚乳：油脂（食品・工業用） |
| ナツメヤシ | *Phoenix dactylifera* | Date palm | ペルシャ沿岸部 | 果肉：糖類（甘味食品），樹液：砂糖 |
| サゴヤシ | *Metroxylon saqus* | Sago palm | 熱帯アジア | 茎：澱粉（食品用） |
| サトウヤシ | *Arenga pinnata* | Sugar palm | マレーシア | 樹液：砂糖，茎：澱粉（食品用） |
| ニッパヤシ | *Nipa fruticans* | Nipa palm | 熱帯アジア | 葉：屋根ふき用，樹液：砂糖 |
| ビンロウジュ | *Areca catechu* | Areca — nut palm | マレー地方 | 種子：薬用 |
| オオミヤシ | *Lodoicea maldivica* | Double coconut | シェイシェル島 | 葉：屋根ふき用，胚乳：食用 |
| ウチワヤシ | *Borassus flabellifer* | Licuala | 熱帯アフリカ | 樹液：砂糖，胚乳：食用 |
| シュロ | *Trachycarpus fortunei* | | 中国 | 葉鞘部：繊維（縄，敷物，等など） |
| クジャクヤシ | *Caryota urens* | Fish — tail palm | インド | 茎：澱粉，樹液：砂糖 |
| スッテキトウ | *Calamus scipionum* | Malacca cane | 熱帯アジア | 蔓：籐細工用 |
| カンノンチク | *Rhapis humilis* | Large lady palm | 中国 | 園芸用 |
| シュロチク | *Rhapis excelsa* | Low ground rattan | 中国 | 園芸用 |
| カナリーヤシ | *Phoenix canariensis* | Phoenix | カナリー島 | 庭木 |
| キャベジヤシ | *Roystonea oleracea* | Cabbage palm | アメリカ | 街路樹 |
| シンノウヤシ | *Phoenix humilis* | Phoenix roebelenii | インド | 園芸用 |

（杉村順夫）

付表32

| 作物名 | 学名 | 英名 | 採油部位 | 油名 |
|---|---|---|---|---|
| アボガド | *Persea americana* | Avocado | 果肉 | アボガド油 |
| アマ | *Linum usitatissimun* | Flax | 種子 | アマニ油 |
| オリーブ | *Olea europaea* | Olive | 果肉部 | オリーブ油 |
| カカオ | *Theobroma cacao* | Cacao | 種子 | カカオ脂 |
| アブラギリ | *Aleurites fordii* | | 種子 | キリ油 |
| ゴマ | *Sesamum indicum* | Sesame | 種子 | ゴマ油 |
| イネ | *Oryza sativa* | Paddy | 種子（糊粉層） | コメ油 |
| ベニバナ | *Carthamus tinctoria* | Safflower | 種子 | サフラワー油 |
| ダイズ | *Glycine max* | Soybean | 種子 | 大豆油 |
| トウモロコシ | *Zea mays* | Maize | 種子（胚芽） | コーン油 |
| ナタネ | *Brassica* | Field mustard | 種子 | ナタネ油 |
| アブラヤシ | *Elaeis guineensis* | Oil palm | 中果皮 | パーム油 |
| | | | （種子（胚乳） | パーム核油 |
| ヒマ | *Ricinus communis* | Castor – oil plant | 種子 | ヒマシ油 |
| ヒマワリ | *Helianthus annuus* | Sunflower | 種子 | ヒマワリ油 |
| ワタ | *Gossy pium* | Cotton | 種子 | 綿実油 |
| ココヤシ | *Cocos nucifera* | Coconut palm | 種子（胚乳） | ヤシ油 |
| ナンキンマメ | *Arachis hypogaea* | Groundnut | 種子 | 落花生油 |

C12：0ラウリン酸，C14：0ミリスチン酸，C16：0パルミチン酸，C18：0ステアリン酸，

油料作物

| 主要脂肪酸 | 生産地 | 用途 |
|---|---|---|
| C18：1, C16：0 | メキシコ, アメリカ, インドネシア | 化粧品 |
| C18：3, C18：2 | 中国, アメリカ, インド | 塗料・印刷インキ |
| C18：1, C18：0, C16：0 | イタリア, スペイン, ギリシャ | 食品用・薬用・化粧品 |
| C18：1, C18：0, C16：0 | コートジボアール, ガーナ, インドネシア | チョコレート |
| α－エレオステアリン酸 | 中国, アルゼンチン, パラグアイ | 工業用 |
| C18：2, C18：1 | 中国, インド | 食品用, 薬用 |
| C18：1, C18：2 | インド, 中国, 日本 | 食品用 |
| C18：2, C18：1 | インド, アメリカ, メキシコ | 食品用 |
| C18：2, C18：1 | アメリカ, ブラジル, アルゼンチン | 食品用 |
| C18：2, C18：1 | アメリカ, 中国, 南アフリカ | 食品用 |
| 在来種：C22：1, C18：2<br>低エルカ酸種：C18：1, C18：2 | 中国, インド, カナダ | 食品用, 工業用 |
| C16：0, C18：1 | マレーシア, インドネシア | 食品用, 工業用 |
| C12：0, C14：0 | マレーシア, インドネシア | |
| リシノール酸 | インド, 中国, ブラジル | 薬用, 工業用 |
| C18：2, C18：1 | アルゼンチン, ロシア, フランス | 食品用 |
| C18：2, C16：0 | 中国, インド, アメリカ | |
| C12：0, C14：0 | フィリピン, インドネシア, インド | 食品用, 工業用 |
| C18：1, C18：2 | 中国, インド | 食品用 |

C18：1 オレイン酸, C18：2 リノール酸, C18：3 リノレン酸, C22：1 エルカ酸

（杉村順夫）

付表33

| 疾病名 | 原因と疫学 |
|---|---|
| ブルータング（bluetongue） | レオウイルス科オルビウイルス属ブルータングウイルス血清型多数 |
| 牛白血病（bovine leukemia） | 地方流行性白血病の原因はレトロウイルス科牛白血病ウイルス |
| 牛海綿状脳症（bovine transmissible spongiform encephalopathy） | プリオン．スクレイピー感染羊臓器を摂取して発生 |
| 牛伝染性鼻気管炎（infectious bobine rhinotracheitis） | 牛ヘルペスウイルス1型 |
| ナイロビ羊病（Nairobi sheep disease） | ナイロビ羊病ウイルス，マダニが伝播 |
| 豚繁殖呼吸障害症候群（porcine reproductive and respiratory syndrome） | アルテリウイルス科豚繁殖呼吸障害症候群ウイルス |
| Q熱（コクシェラ症，Coxiellosis，Q fever） | Coxiella bumetii |

家畜のウイルス性疾病

| 宿主動物 | 主症状 | 予防・治療 |
|---|---|---|
| ヒツジ，ウシ，シカ | 発熱，流涎，口腔の充血，潰瘍，びらん | ワクチン |
| ウシ | 全身リンパ節の腫大 | なし |
| ウシ | 運動失調等神経症状で死亡．神経細胞に空胞． | なし |
| ウシ | 上部気道炎と死流産 | ワクチン |
| ヒツジ，ヤギ，ヒト | 発熱，出血性腸炎，衰弱，流産，致死率30－70％ | なし |
| ブタ | 繁殖障害と間質性肺炎 | ワクチン |
| 家畜，野生動物，ヒト | 家禽は無症状．発熱と繁殖障害．人は感冒様症状 | ワクチン，抗生剤 |

(村上洋介)

| Ⓡ 〈学術著作権協会へ複写権委託〉 | | |
|---|---|---|
| **2003** | 2003年9月5日　第1版発行 | |

```
┌──────────┐
│ 熱帯農業事典 │
│          │
│ 学会との申 │
│ し合せによ │
│ り検印省略 │
│          │
└──────────┘
  Ⓒ著作権所有

  本体8000円
```

|  |  |
|---|---|
| 編　集　者 | 日本熱帯農業学会 |
| 発　行　者 | 株式会社　養　賢　堂<br>代表者　及川　清 |
| 印　刷　者 | 猪瀬印刷株式会社<br>責任者　猪瀬泰一 |
| 発　行　所 | 〒113-0033 東京都文京区本郷5丁目30番15号<br>株式会社　**養賢堂**　TEL 東京(03)3814-0911 [振替00120]<br>　　　　　　　　　　　FAX 東京(03)3812-2615 [7-25700]<br>URL http://www.yokendo.com/ |

ISBN4-8425-0350-5 C3061

PRINTED IN JAPAN　　　　製本所　板倉製本印刷株式会社

本書の無断複写は、著作権法上での例外を除き、禁じられています。
本書からの複写許諾は、学術著作権協会(〒107-0052東京都港区赤坂9-6-41乃木坂ビル、電話03-3475-5618、FAX03-3475-5619)から得て下さい。